Siemens SOLID EDGE

引領設計思維

總校閱 / 李俊達

作者群 / 李俊達、黃昱寧、黃照傑
廖芳儀、蔡義智、簡勤毅

印行

序

製造業近年不只面臨缺工問題，也因全球市場環境快速變動、產品走向少量多樣，迫使企業正視數位轉型的重要性，加上今年這波疫情衝擊全球，造成製造業生產停滯、產業斷鏈，人員難以復工等問題，後疫情時代下，使企業深切體認到維持生產產量以及降低人力作業依賴的必要，對導入新科技的意願高於以往，也使各式自動化軟硬體設備與整合系統更受關注。

數位化技術不僅改變產品的設計和製造方式，產品設計也正轉型為跨學科的協作方法，因為產品的複雜性正呈指數級增長，並且完整的設計到製造過程現在可以完全數位化。這樣的進步提高了所有公司的效率和效力，使它們成功並成長。尤其對於中小型企業，數位化提供了連接人員，設備和企業以降低或消除障礙的能力，可以成為競爭優勢的巨大來源。因此他們可以更輕鬆地利用數位化轉型超越大型企業。

西門子的 Solid Edge 軟體是一款經濟實惠、易於使用的軟體工具，其不僅提供豐富的設計能力，還提供可擴展解決方案。能夠輕鬆應對 3D 設計、模擬、製造、資料管理等產品開發流程的各個方面，完全滿足中小企業在數位化過程中對於效率和成本的考量。

Solid Edge 產品組合應用包括：

機械設計 - 創成式設計利用拓撲優化對功能強大的設計工具提供補充，可加速建立更輕量化的元件，非常適用於通過當今的增材流程即刻投入製造。也可以使用 Solid Edge 進一步優化形狀，以進行更加傳統的製造。

電氣設計 - 在設計初期解決電氣設計問題。Solid Edge 電氣設計軟體的開發宗旨即是為了滿足易用性和價值與功能同等重要的公司要求。

分析模擬 - 通過在設計初期開始進行模擬驗證，可以在最容易的階段進行變更，從而縮短製造時間，同時能降低製造成本。

資料管理 - 利用可擴展的資料管理解決辦法，包括 Solid Edge 內建的資料管理功能和 Teamcenter 的全部 PLM 功能。

加工製造 - 使用傳統的 CNC 加工或新的 3D 列印和增材製造功能製造產品或原型零件。

技術出版 - 迅速建立可清楚地表達您的產品的最高效製造、安裝和維護流程的 3D 技術文件。

雲端協同 - 通過基於雲端的資料管理平臺 Teamcenter Share，體驗免費的在線 CAD 管理、檢視和協同，包括根據瀏覽器存取以檢視和建立，並安全、受控地共用。

選擇技術平台是一項重要的決定，這是公司可以生存或生存的決定。西門子在 170 多年的製造和工程經驗中累積完整的數位化解決方案，可以提供您今天所需的下一代技術。Solid Edge 產品組合可為您提供充分利用整個工程流程所需的速度，在降低成本的同時提高生產率，並為中小型製造商提供市場上產品開發最具創新性和最全面的方法，並在您準備就緒時為您提供一條久經考驗的增長之路。

本書由西門子數位工業軟體 台灣區金牌代理商 凱德科技所撰寫，內容以 Solid Edge 2021 版本為主，作者群希望能以淺顯易懂的方式，讓讀者了解 Solid Edge 整體架構，本書重點鎖定在基本技巧的應用，讓讀者能在詳細的指導程序中，從使用者介面、草圖繪製、特徵建模、組立件設計、鈑金設計、工程圖紙、零件結構分析、內建檔案管理…等。由淺入深逐一前進，學會指令與概念，配合實例來學習，並加以圖解說明程序，讓讀者可以全程的學習並執行設計作業。我們也希望藉由這本書，推動並加速台灣製造業的數位化進程，從而透過數位孿生與工業 4.0 的智慧製造接軌。

在此，本人由衷的肯定此書對於讀者的莫大幫助，也謹代西門子數位工業軟體，對於凱德科技推動台灣製造業數位化所作的努力致上最高敬意。

西門子工業軟體　技術顧問

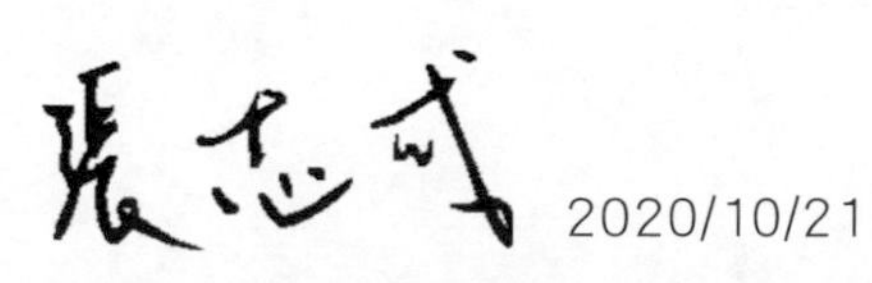
2020/10/21

編輯序

凱德科技於2008年編著Solid Edge第一本「Solid Edge學習書籍」，再於 2010 年編著第二本，經過 12 年的努力與成長，陸續完成多本書籍至今已邁向編著第六本，客戶在使用及學習上都獲得很高的評價。因 Siemens Solid Edge 軟體每年都會更新版本功能，因而凱德科技為了讓使用者獲取軟體最新功能，進而著手編輯本書籍，本書籍適用 Solid Edge2021 以上版本之功能，將新增功能或優化等功能，融入於本書籍範例。

本書編著由本人帶領五位 CAD 應用工程師 黃昱寧、黃照傑、廖芳儀、蔡義智與簡勤毅，具有多年在 CAD 教學資歷與客戶技術輔導經驗，清楚了解在設計及學習過程中，客戶常遇到的技術問題。本書內容重視基本知識與實用技術，通過實際範例來引導讀者，進而快速掌握學習和使用方法，並通過實例去說明與技巧，讓讀者充分了解Solid Edge優點，達到事半功倍的效果。

本書適合剛學習 3D 基礎設計人員以及相關專業科系師生使用，配合詳細的圖示與範例說明，且針對各個功能具有詳細說明與範例練習，以便了解 Solid Edge 各項功能及使用。

附錄 1 ~ 附錄 3 內容屬於進階章節，幫助讀者學習如何管理檔案、分析零件等各項功能設置應用，並且能夠有效的應用於實際工作上。

Siemens 選擇 CADEX 凱德科技為教育市場總代理、商業市場金牌代理，歷經 12 年的耕耘已經得到業界肯定，在台灣，凱德科技攜手 Siemens 將與您一同並肩作戰，落實在地化的服務精神，凱德科技是具有經驗的顧問服務團隊，為的就是提供您專業級的軟體服務。

凱德科技股份有限公司
台北工程部 經理 李俊達

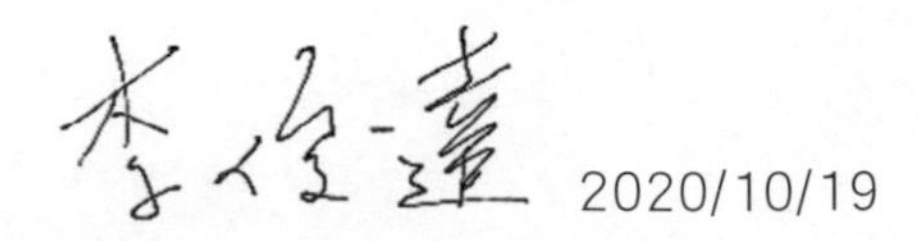

2020/10/19

目錄
Contents

5 幾何控制器與設計意圖

6 旋轉特徵

7 新增平面與即時剖面

8 螺旋、通風口、網格筋、刻字

9 掃掠特徵

10 舉昇特徵

11 陣列與辨識孔特徵

12 變數表與零件家族

13 組立件與干涉檢查

14 爆炸圖與零件明細表之應用

15 鈑金設計

16 建立工程圖紙

附錄 一 設計管理器

附錄 二 單一零件結構分析

附錄 三 Solid Edge 資料管理

CHAPTER

1 簡介

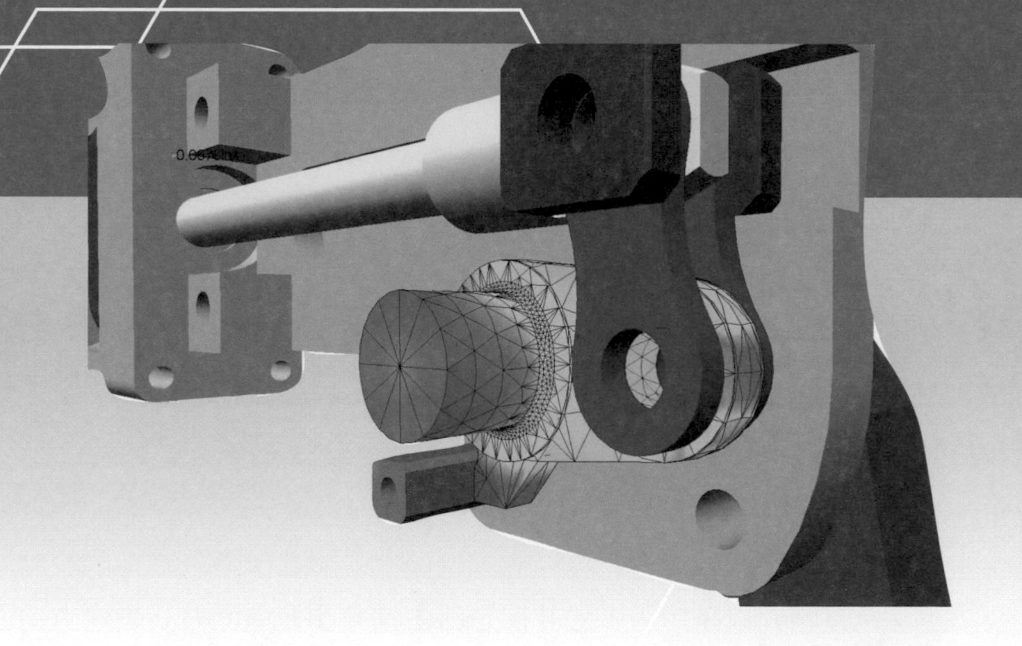

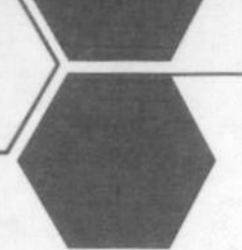

❖ Siemens Solid Edge

Siemens Digital Industries Software 最新版本的 Solid Edge® 軟體可為您提供從整個工程流程中獲得最大收益的速度，從而在降低成本的同時提高生產率。Solid Edge 2021 用戶側重於增強可用性，使用 Solid Edge 3D CAD 和 Solid Edge CAM Pro 可以提高生產率。借助 Solid Edge 佈線設計的新功能，用戶能夠準備工業控制面板的佈局，新的形狀搜索和概念建模功能使查找現有組件和開發新想法比以往更快，更容易。

❖ 機械設計

借助新的細分模型、閃電般的逆向工程，由人工智能（AI）支持的新用戶界面和智能 3D 模型搜索引擎，以創新思維的速度進行設計；在 UI 的進化，根據用戶行為預測下一步，使新手用戶可以根據專家的使用體驗命令預測；鈑金設計上，最困擾莫過於多邊緣折彎，在這個版本上強化了多邊緣折彎，並自動修剪或延伸它們。

細分建模

長時間以來，大多設計都是藉由鋪草圖及曲面方式去建立曲面造型模型，這次細分建模上無需專家知識即可根據形狀開發獨特的產品，使用程式化設計加速概念，創造出與眾不同的產品，設計上更為靈活及便利。

逆向工程

透過閃電般的性能改進和偏差分析，快速捕獲產品設計中的數字雙胞胎，將 3D 掃描數據與現有或其他掃描數據進行比較，以檢測單個組件中的偏差。

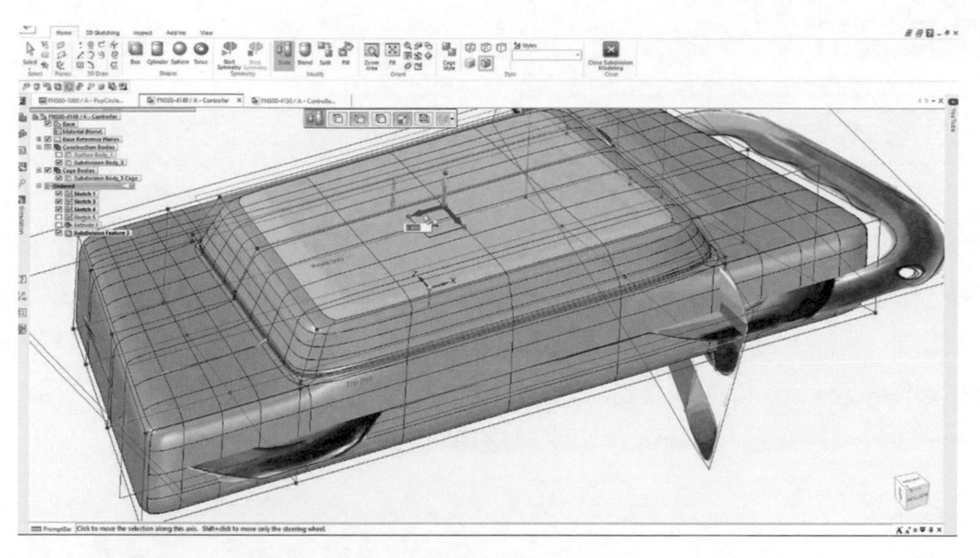

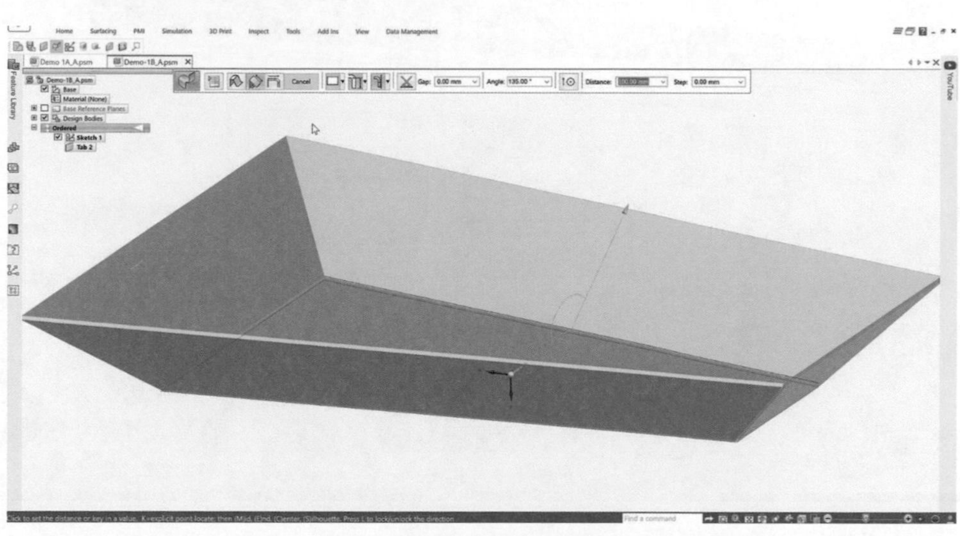

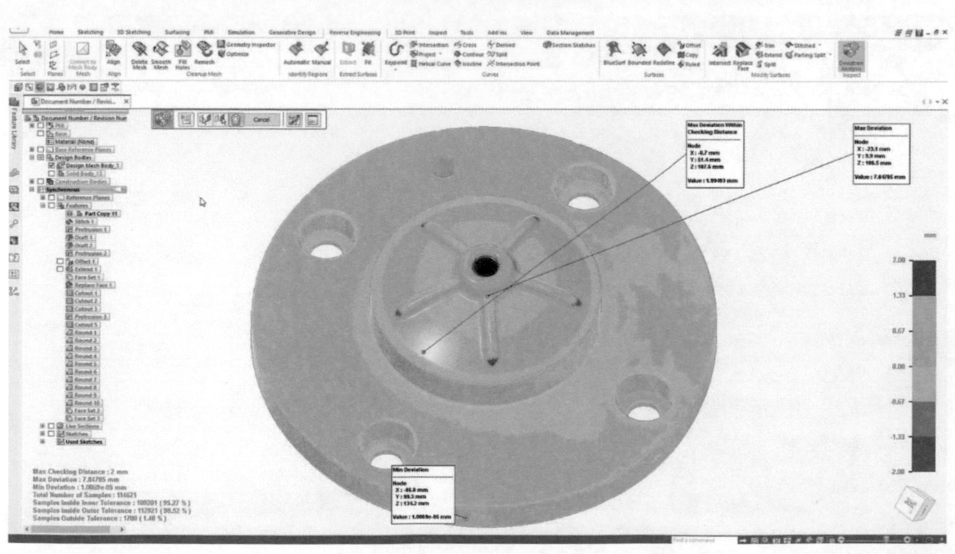

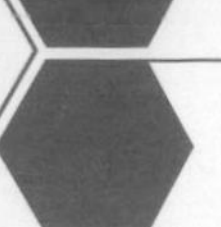

❖ 電氣設計

最好的電氣設計工具 - 基於 Mentor Graphics

「Solid Edge 佈線設計」提供佈線和驗證工具，用於快速建立和驗證電氣系統。「Solid Edge 線束設計」允許快速，直覺的線束和模板設計，自動選擇零件、設計驗證和製造報告。「Solid Edge PCB 設計」提供原理圖獲取和 PCB 佈局，包括草圖佈線、分層 2D/3D 規劃和佈局以及 ECAD-MCAD 協作。Solid Edge 電氣佈線可有效地建立佈線和組織電線、電纜與設計關聯，後續也能將電氣設計工作整合到 Teamcenter® 或者是 Capital™ 軟體之中。

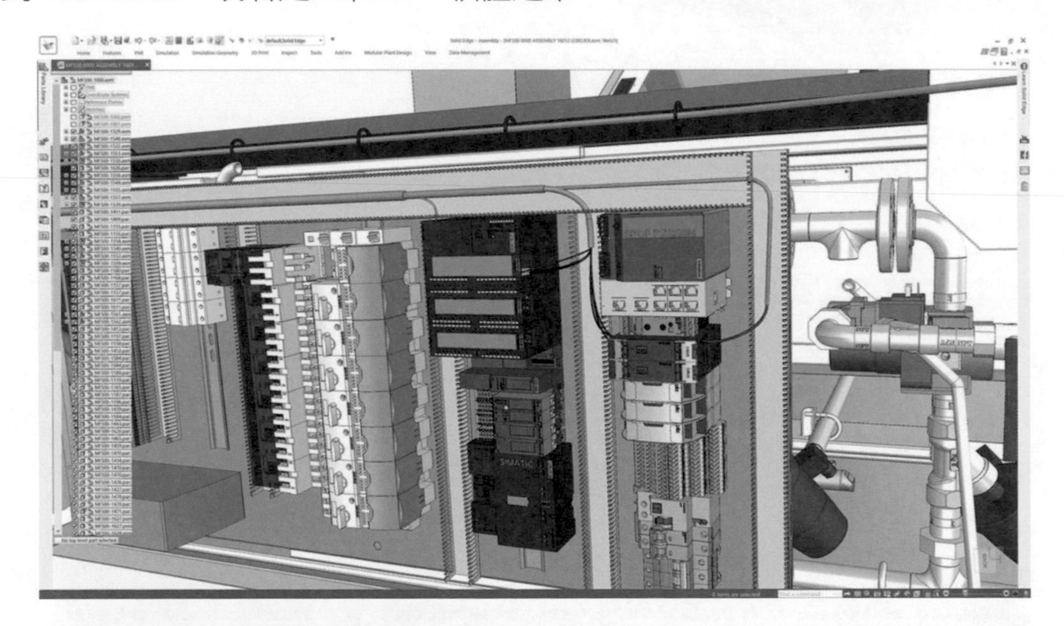

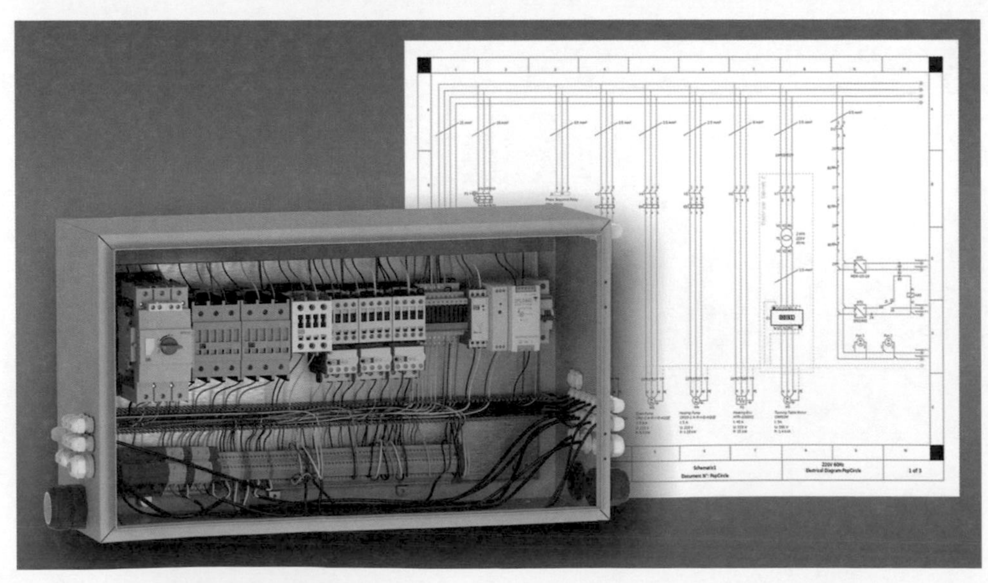

❖ 模擬

可擴展的驗證分析

在設計初期開始模擬，在最簡單的時候進行更改，縮短製造時間、降低製造成本。精確模擬可減少打樣原型的數量進一步減少時間和成本的浪費。

❖ Solid Edge Simulation

內建有限元分析(FEA)，允許工程師在 Solid Edge 環境中以數位化方式驗證零件和裝配設計。基於成熟的 Femap 有限元建模和 NX Nastran 求解器技術，Solid Edge Simulation 顯著降低了對打樣原型的需求，從而降低了材料和測試成本，並節省設計時間，Solid Edge 分析功能包括：單個零件分析、裝配分析、優化分析、模態、挫曲、瞬態及穩態熱傳遞等等，完整系統的定義和分析。最後在 Solid Edge Simulation 上也可將 CFD 計算出來的壓力及溫度加載在結構分析上，達到熱固耦合及流固耦合的運算。

❖ Solid Edge Motion Simulation

支持更複雜的設計，其中包含凸輪，齒輪和閂鎖等元素。它還支持彈簧，阻尼器以及一般力和力矩等元素。動態運動仿真完成後，您可以在 XY 曲線上顯示位移、速度、加速度和反作用力之類的量，將該數據導出到 Excel 以進行進一步分析，並將結果載荷導出到 Solid Edge 中，成功降低打樣實測時間及成本。

❖ Solid Edge Flow Simulation

FloEFD for Solid Edge 是唯一一款完全嵌入 Solid Edge 的前載計算流體動力學(CFD)分析工具。它是一款通用熱流分析軟體，無論是內部流、外部流、熱傳遞、輻射、對流、自由液面、旋轉機械及流場流動等，在設計過程中儘早進行 CFD 驗證有助於設計工程師檢查趨勢並消除不太理想的設計選項。

❖ FEMAP

高性能 FEA 建模，Femap 公認為行業領先獨立於 CAD 的前後處理器，用於專業級工程有限元分析，在高級分析議題中，除了一般線性能解決以外，它在非線性、震動、大位移等等也都是大家所關注的焦點，也能與 Solid Edge 達到無縫整合的目的。

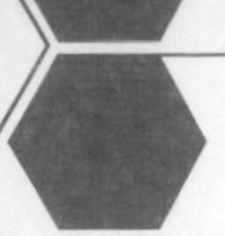

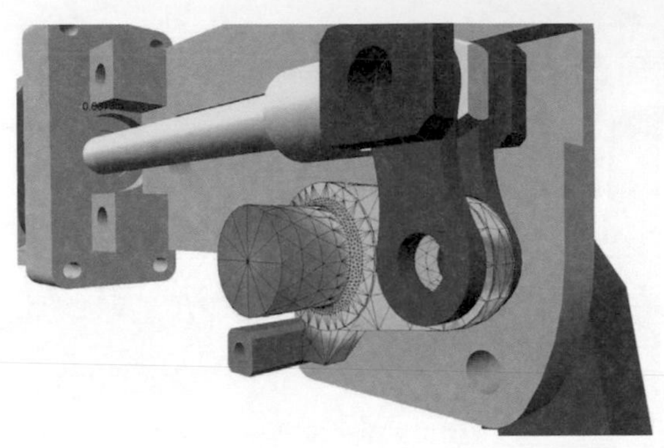

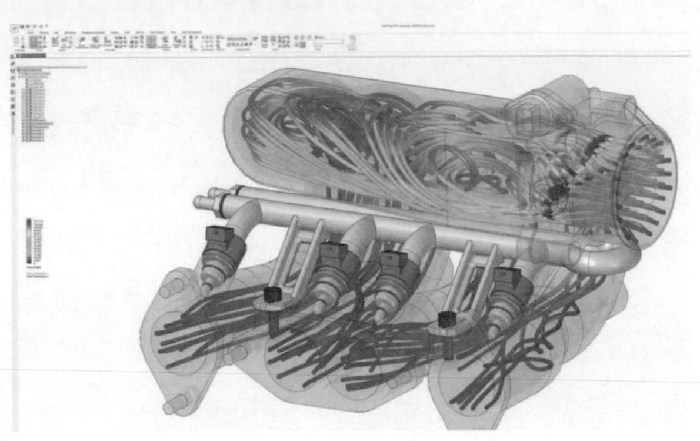

❖ 製造

以全彩色的方式將您的想法變為現實

「Solid Edge CAM Pro」即為 Siemens NX CAM，一個全面及高度靈活的系統，使用最新的製造技術，準確高效地打造世界一流的產品，使用最新的加工技術有效地編程 CNC 機床，從簡單的 NC 編程到高速和多軸加工。零件和裝配體的關聯刀具路徑可加速設計更改和更新。除了傳統的製造工藝外，Solid Edge 還支持自動列印準備和彩色列印，可直接為您的列印機或 3D 列印服務添加製造，從而使您的想法成為現實。

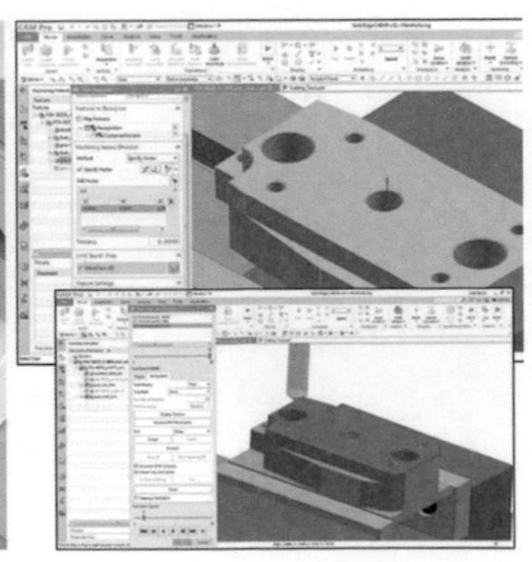

❖ 模組化工廠設計

- ✦ Solid Edge P & ID 設計 - 支持 P & ID 建立的 2D 流程圖與符號，支持工廠設計的嚴格管理要求。
- ✦ Solid Edge 管道設計 - 自動 3D 管道設計，具有全面的 3D 零件庫和用於工廠設計的全自動等角圖輸出。

用於模組化工廠設計的 Solid Edge P & ID 和管道解決方案包括對 P & ID 建立，鏈接 3D 管道和 Isogen® 輸出的支持，確保產品在第一次和每次都正確設計。Solid Edge P & ID Design 為 P & ID 提供 2D 流程圖和符號支持，支持 ANSI / ISA、DIN 和 EN ISO 標準，以滿足嚴格的管理要求。

「Solid Edge 管道設計」提供自動 3D 管道設計，具有全面的 3D 零件庫和用於工廠設計的全自動等角圖輸出。解決方案包括：使用整合 ISOGEN® 功能的 PCF 格式的全自動等角圖輸出。不同組件中相同長度的管和軟管 - 即使它們以不同方式彎曲 - 保持相同的 BOM 編號，降低製造和下游訂購的錯誤。Solid Edge 管道設計也支持通過零件進行佈線，允許更快的包材（包覆）設計，以及具有固定長度選項的柔性管和軟管設計。

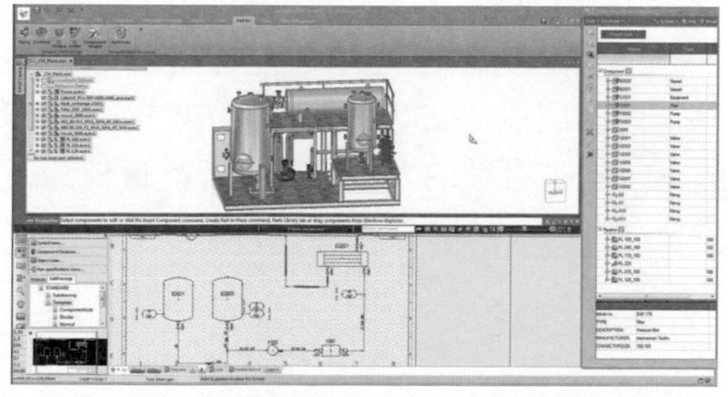

❖ 技術出版物

溝通清晰

快速建立和發布產品設計的詳細插圖，可用於製造、安裝和維護工作說明，並提供交互式數位化文件。當產品設計 (3D) 發生變化時，關聯更新可使文件保持同步。

輕鬆製作高解析插圖和交互式技術文件

清晰傳達設計的正確製造、安裝和維護步驟，對於產品性能和業務成功至關重要。使用 Solid Edge 技術出版物解決方案，您的設計人員可以快速製作多種類型的技術文檔 - 從最終用戶手冊的簡單插圖到製造和服務的交互式 3D 技術文檔。透過 Solid Edge 技術出版物製作高品質的文件，可以減少對專業技術作者或外包服務的需求。

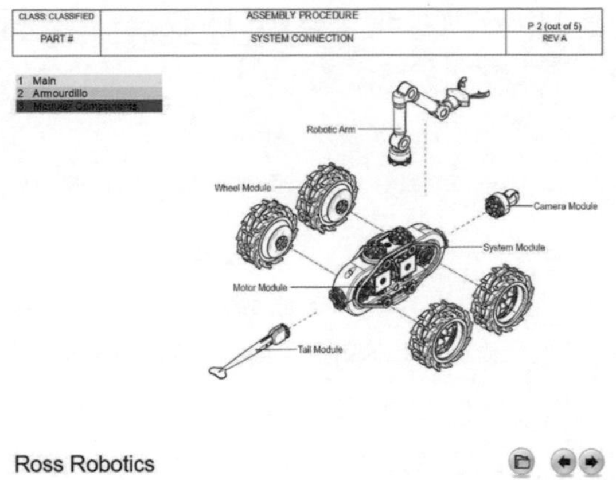

❖ 數據管理

有效管理數據，包括您的要求

可擴展的 CAD 數據管理解決方案，滿足所有製造商的需求，從初創公司到具有分佈式管理的大型製造商。新的 Solid Edge 需求管理 - 通過完整的可追溯性管理產品設計要求並滿足合規標準，易於設置與管理。

❖ Solid Edge數據管理

Solid Edge 具有許多數據管理功能，是核心 3D CAD 軟件不可或缺的一部分。其中包括整合到 Windows 資源管理器中，使用戶能夠查看零件和裝配體的縮圖，以及右鍵單擊操作，在版本管理器和視圖與標記的實用程序中打開 Solid Edge 文件。

❖ Solid Edge與Teamcenter整合

通過 Teamcenter®Integration for Solid Edge，您可以獲取、管理和共享 Solid Edge 數據，將 3D 模型和 2D 工程圖添加到單個產品數據源中，以供設計和製造團隊查找。Teamcenter 提供全方位的產品生命週期管理 (PLM) 功能，以進一步優化設計到製造過程。

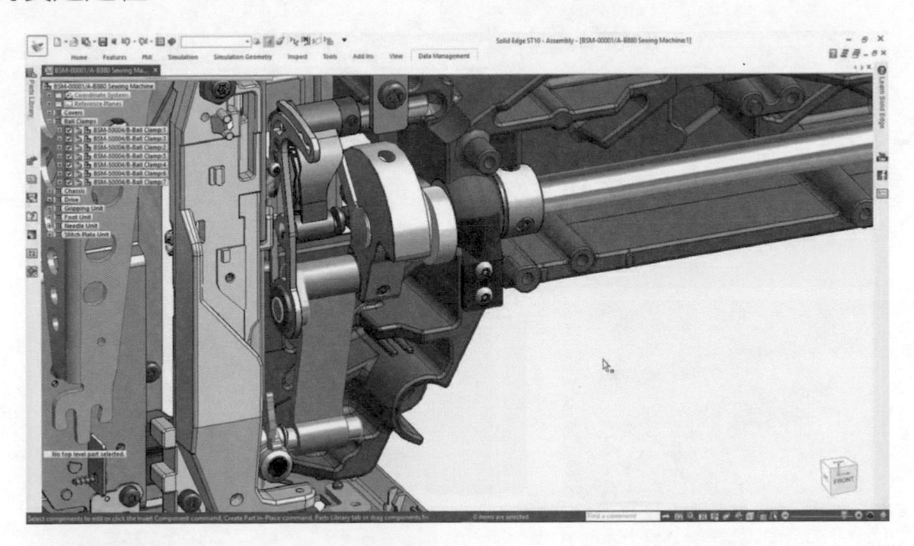

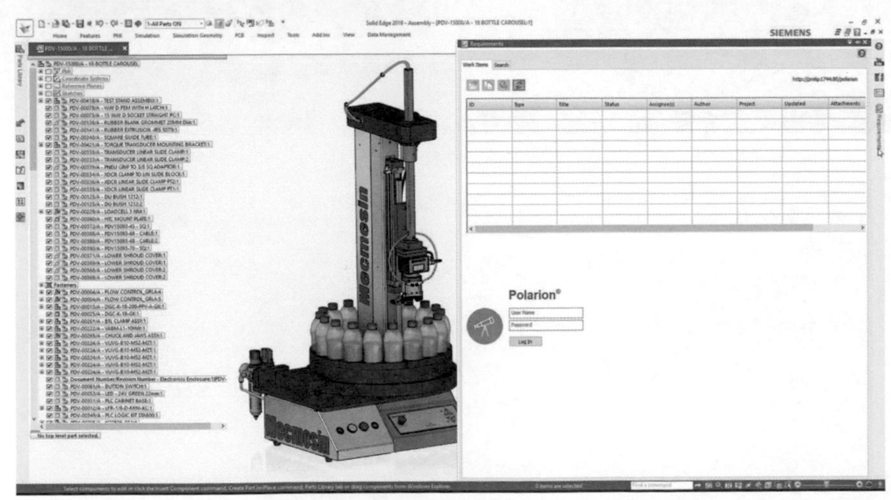

❖ Solid Edge Portal

基於雲端的免費協作

Solid Edge Portal 提供免費線上 CAD 管理、查看和協作。透過基於瀏覽器的訪問查看和標記 CAD 文件，您可以在任何設備上即時工作。體驗專案文件和 CAD 文件的安全，管理共享。

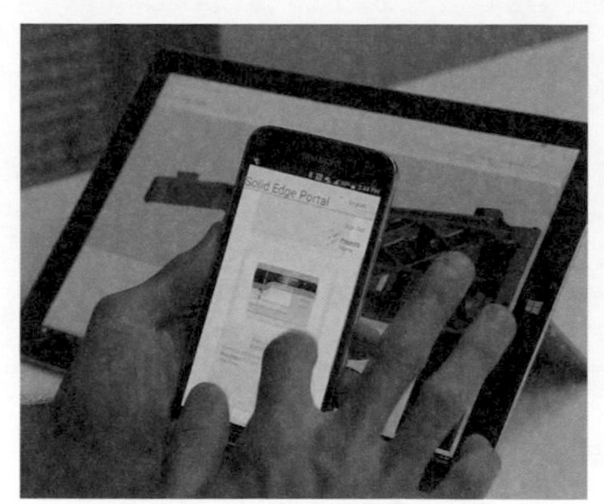

CHAPTER

2 使用者介面

章節介紹

藉由此課程，您將會學到：

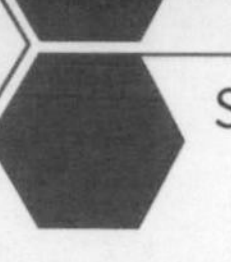

2-1 啟動 Solid Edg

❖ Solid Edge程式按鈕

1. 啟動 Solid Edge 可由 Windows 的「開始功能表」→「所有程式」→「Solid Edge 2021」點擊執行，或是在桌面上雙擊 Solid Edge 程式按鈕執行 。

❖ Solid Edge啟動畫面

開啟 Solid Edge 後可見到如圖 2-1-1。

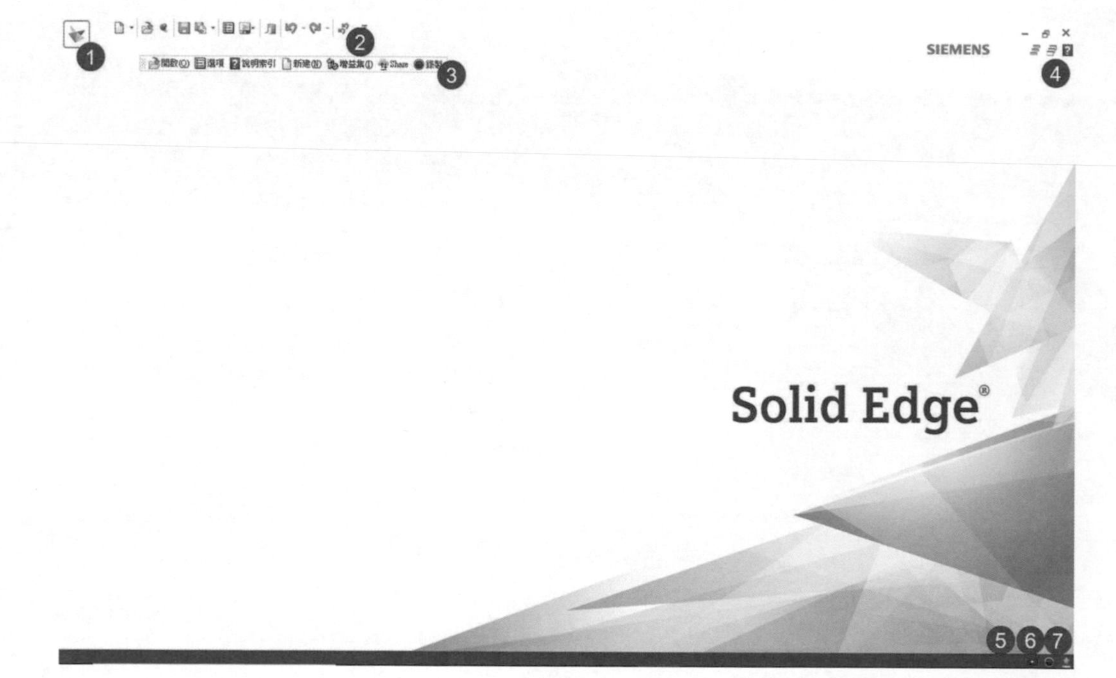

▲圖 2-1-1

❶ 應用程式按鈕
❷ 快速選取工具列
❸ 預測指令
❹ 説明
❺ YouTube
❻ 錄製
❼ 上傳到 YouTube

❖ 應用程式按鈕

選擇「應用程式按鈕」後，可見如圖 2-1-2。

▲圖 2-1-2

- **「學習」**：學習工具、説明和教學指導、入門、新增功能、線上零件庫。
- **「新建」**：新建零件、鈑金、組合件、工程圖、銲接。
- **「開啟」**：開啟、最近開啟的檔案、最近存取的資料夾。
- **「列印」**：列印圖紙。
- **「共用」**：Teamcenter Share、Solid Edge 首頁。
- **「設定」**：選項、增益集、自訂、主題。
- **「工具」**：比較視圖、比較模型、轉換、TraceParts 支援的原件。
- **「資訊」**：性質管理器。
- **「關於 Solid Edge」**：查看授權模組和版本資訊。

2-2 建立文件範本

❖ 建立、修改和儲存新文件

- 建立新文件時，使用相對應的範本開始作業。例如：使用「預設範本」建立新零件文件，文件將獲得副檔名為「.par」。
- 零件為「.par」、組件為「.asm」、鈑金為「.psm」、工程圖為「.dft」。

❖ 使用範本作為開始

- 「範本」是預設的性質、文字、屬性和樣式，使得後續建立檔案皆有相同的樣式開始作業，減少繁瑣重複設定的動作。
- 自訂範本的「性質」，最常見的是工程圖紙的標準圖框，其中包含的公司名、固定的註釋說明、製圖人…等項目。
- 內建有多種標準（DIN、JIS、ANSI、GB…等）預設範本可以使用，預設為ISO公制標準的範本，其中單位就是mm，若與常用規則不同，亦可以自定義範本。

編輯清單...

新建
開啟「新建」對話方塊，根據標準或自訂範本建立新文件。

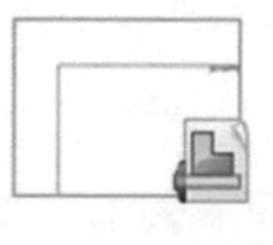
ISO 公制工程圖
使用預設範本建立新的工程圖文件。

ISO 公制零件
使用預設範本建立新的零件文件。

ISO 公制銲接
使用預設範本建立新的銲接文件。

ISO 公制鈑金
使用預設範本建立新的鈑金文件。

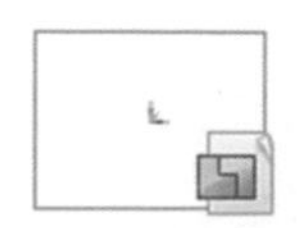
ISO 公制組立件
使用預設範本建立新的組立件文件。

▲圖 2-2-1

❖ 更換預設範本

● 點擊上方「編輯清單」，可更換不同標準的範本或是自訂的範本。

備註 範本清單的路徑位置 C:\Program Files\Siemens\Solid Edge xxxx\Template（版本編號隨年份改變）。如圖 2-2-2，會跳出「範本清單建立」選項，如圖 2-2-3。

● 將自訂的範本放置於上述路徑中，即可在新建文件選擇自訂的範本。

▲圖 2-2-2

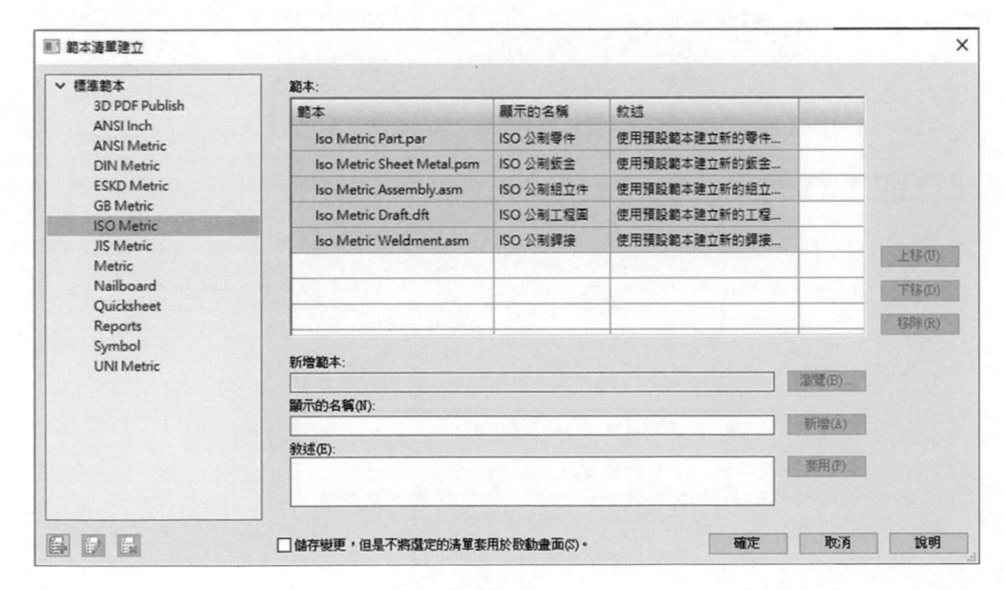

▲圖 2-2-3

2-3 使用者介面

Solid Edge 應用程式視窗由以下幾個區域組成，如圖 2-3-1。

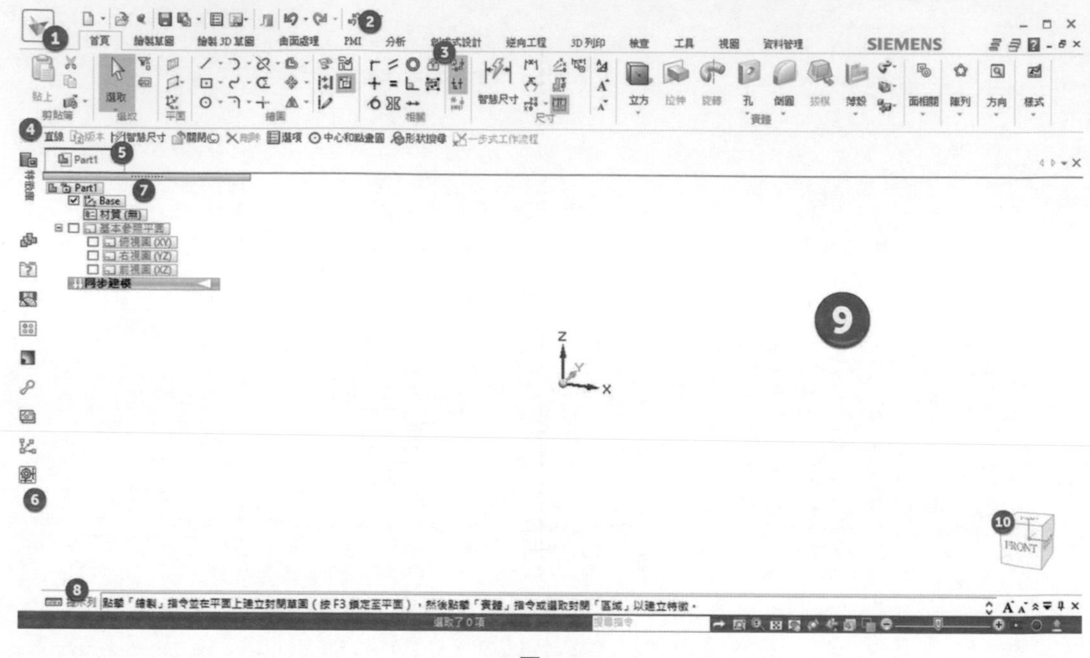

▲圖 2-3-1

❶「應用程式」按鈕

顯示「應用程式」功能表，可使用新建、開啟、列印、設定和資訊。

❷ 快速存取工具列

將經常使用的指令放於此工具列，可快速使用。可在選單上點擊右鍵「新增至快速選取工具列」、「自訂快速存取工具列」，增減工具中指令：

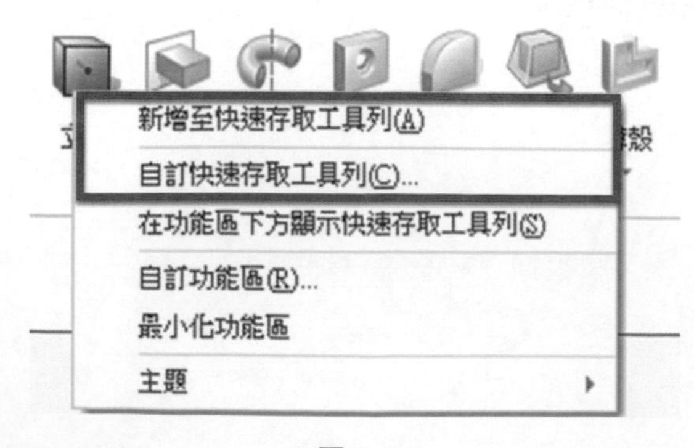

▲圖 2-3-2

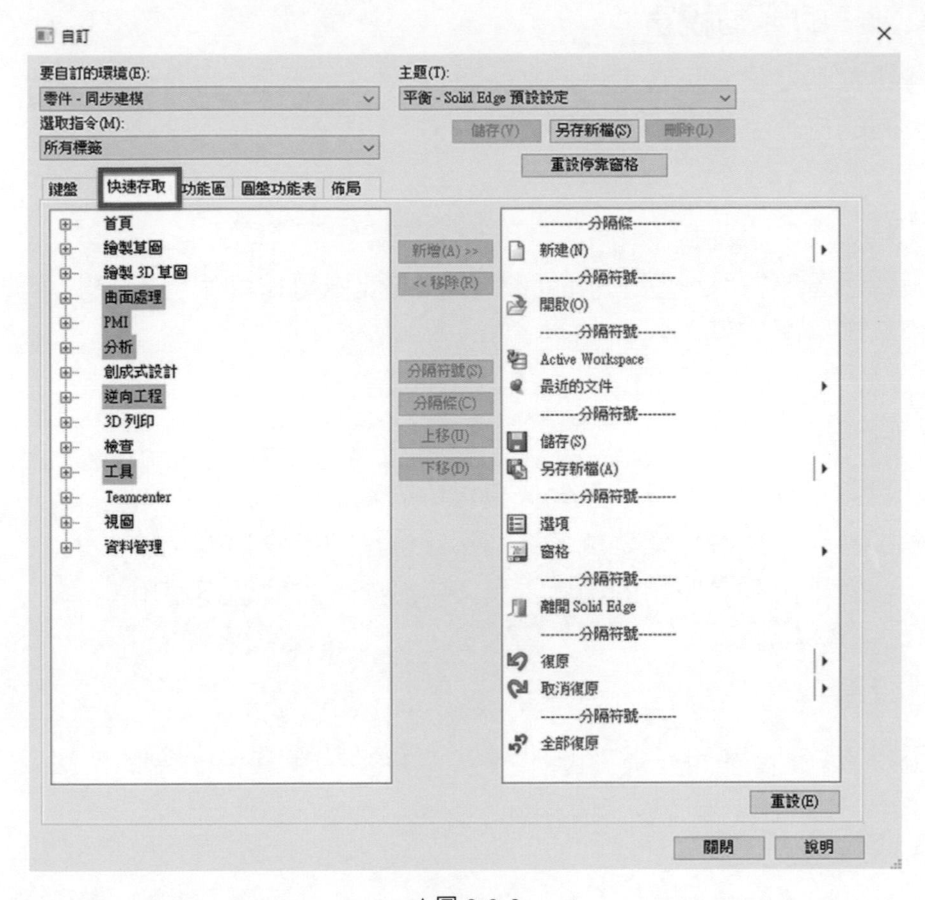

▲圖 2-3-3

❸ 功能區、功能標籤與群組

- 包含在標籤中群組的指令。
- 依循不同建模環境呈現功能頁籤和功能不相同。
- 可右鍵點擊「最小化功能區」，即可將功能列表隱藏，滑鼠靠近上方功能列表才會彈出，增加繪圖區空間。

❹ 預判指令

依照使用者使用習慣，記錄下一個指令可能會用哪些功能，系統預設紀錄 10 個功能。

❺ 檔案頁籤

開啟的檔案會顯示在此處，欲切換不同檔案也可點擊此處的不同檔案切換。

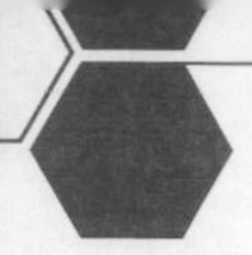

❻ 含標籤集的浮動視窗

這些標籤集是根據正在處理的文件類型(零件、鈑金、組合件、工程圖)不同，而顯示不同的標籤。

❼ 導航者

預設顯示著座標系、基準平面和材質，在此處可以利用勾選來顯示與隱藏繪圖指令和基準平面…等。

❽ 提示條

- 顯示目前動作說明和提示其他快捷鍵功能。
- 指令搜尋可以找尋已知功能名稱卻不知位置的指令功能。
- 顯示快速工具列將常用的顯示工具集中於此，方便切換使用。

❾ 模型視窗

顯示與 3D 模型或 2D 圖紙關聯的圖形，也就是繪圖工作區域。

❿ 快速檢視立方體

使用立方體各個面、邊、角達到快速變化視角。

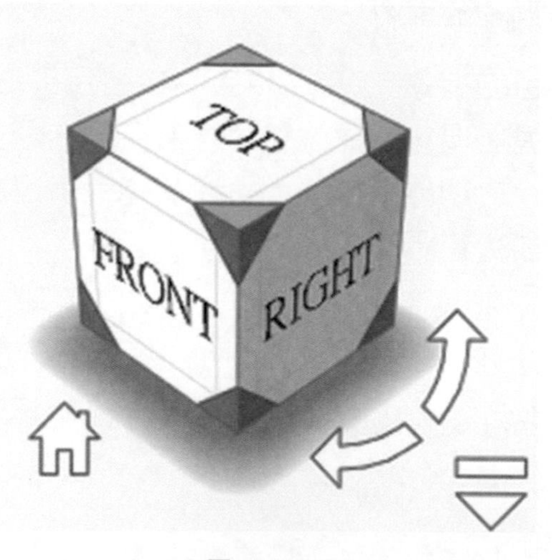

▲圖 2-3-4

❖ 語系變更

系統預設為中文，可從設定中調整為英文介面。

「應用程式按鈕」→「設定」→「選項」→「Solid Edge 選項」→「助手」標籤中的語言欄位，「在使用者介面中使用英文」選項打勾後重新啟動 Solid Edge，介面將轉換為英文介面。如圖 2-3-5

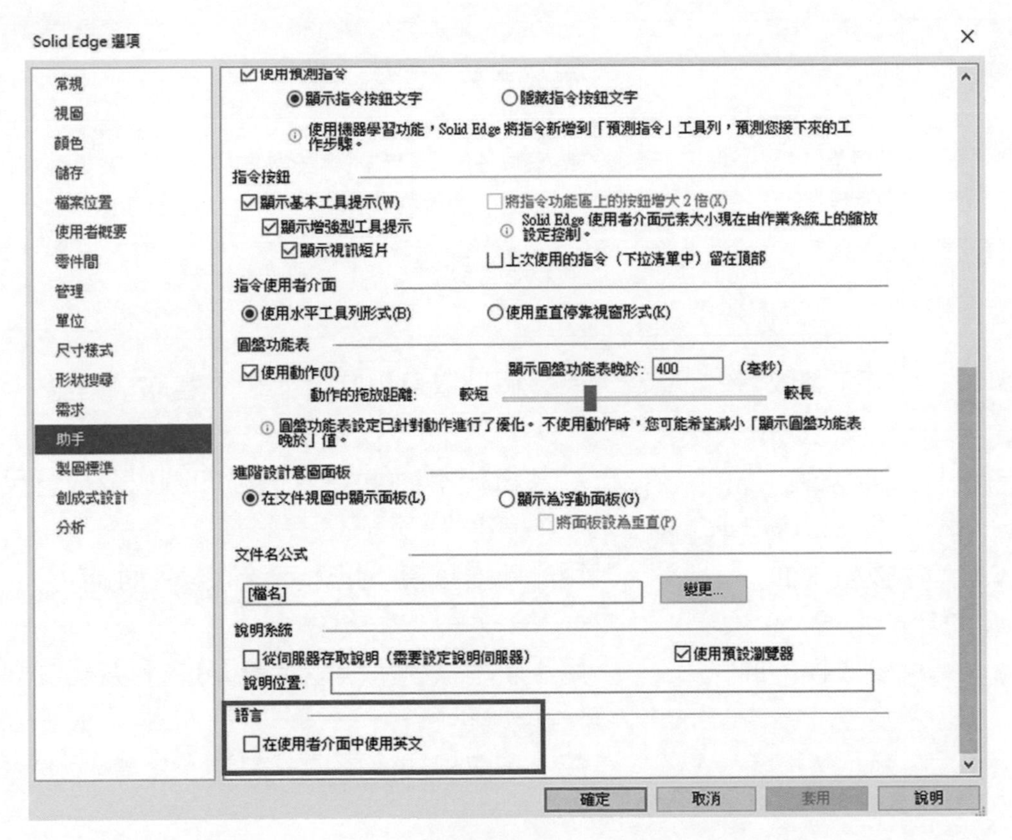

▲圖 2-3-5

2-4 游標概述

Solid Edge 中各種游標圖形，下表列出了一些游標類型的樣本範例：

- 顯示使用中指令，如「選取」、「縮放區域」和「平移」指令。
- 顯示使用中指令的目前步驟。

指令游標		
游標圖形	指令名稱	何時顯示
	選取	開始啟動「選取」指令時
	縮放區域	開始啟動「縮放區域」指令時
	縮放	開始啟動「縮放」指令時
	平移	開始啟動「平移」指令時

作業游標		
游標圖形	游標類型	何時顯示
	快速選取	有多個選取可用時，如在「選取」指令中
	2D 繪製	繪製 2D 元素（直線、圓弧和圓以及放置尺寸）
	拔模平面	用「新增拔模」指令定義拔模平面時
	要拔模的面	用「新增拔模」指令定義要進行拔模的面時
	新增 / 移除	將「選取模式」選項設定為「新增 / 移除」時

顯示目前可用的「幾何控制器」作業，預設「選取」游標將游標置於「幾何控制器」上不同元素上時會更新。

幾何控制器游標		
游標圖形	游標作業	何時顯示
	移動選定的元素	游標位於主軸、從軸或基本平面上方
	旋轉選定的元素	游標位於環面上方
	變更主軸或從軸的方向	游標位於主軸把手或從軸把手的上方

2-5 Solid Edge 中的操作

❖ 滑鼠操作說明

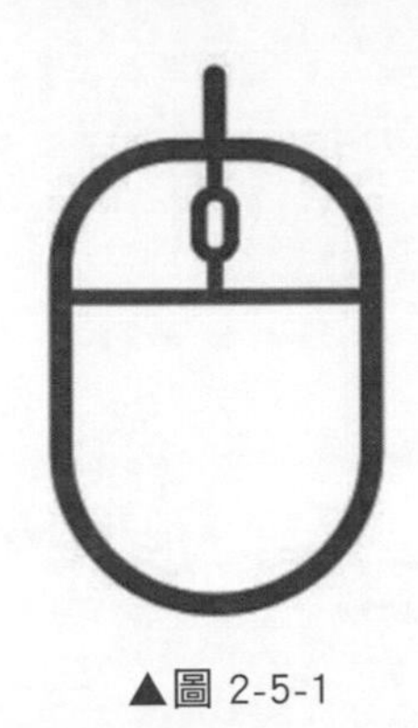

▲圖 2-5-1

【左鍵】－選取、指定方向

【滾輪】－滾動縮放畫面

【中鍵】－旋轉畫面

【右鍵】－確認、下一步、取消（草繪）

❖ 使用「指令按鈕」可瞭解指令

Solid Edge 在使用者介面控制項中提供了「指令提示」，當您將游標暫停在「指令按鈕」、「指令欄」和「快速工具列」中的「選項」以及「庫」內的項目上方，並檢視狀態欄中的控制項選項時，「指令提示」將顯示指令名稱、敘述和快捷鍵，有些指令還帶有動畫說明。如圖 2-5-2。

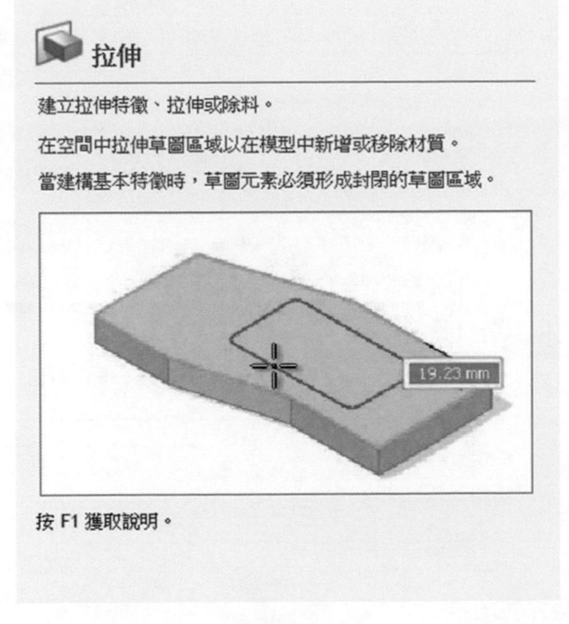

▲圖 2-5-2

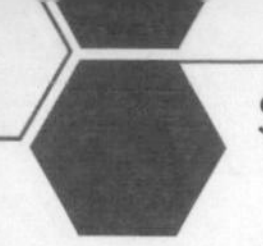

若想關閉「指令按鈕」的說明，在「應用程式按鈕」→「設定」→「選項」→「Solid Edge 選項」→「助手」，「指令按鈕」欄位中「顯示基本工具提示」，將勾選取消。如圖 2-5-3。

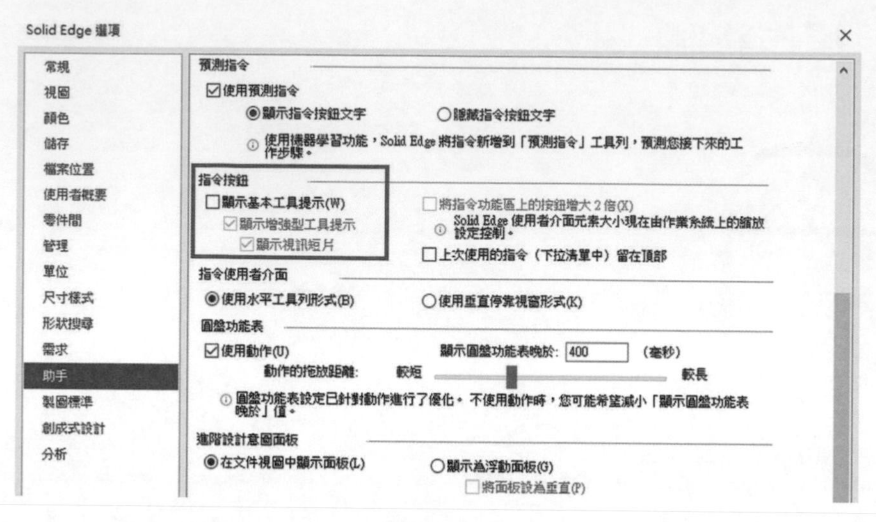

▲圖 2-5-3

❖ 檔案文件的單位

Solid Edge 的單位由會依不同檔案文件有不同的設定，若需要讓未來新建檔案都是正確的單位，必須開啟範本將範本設定成正確的單位，單位的設定在「應用程式按鈕」→「設定」→「選項」→「Solid Edge 選項」→「單位」。可從單位制切換符合使用的標準，或是直接從基本單位變更【值】、【精度】。如圖 2-5-4。

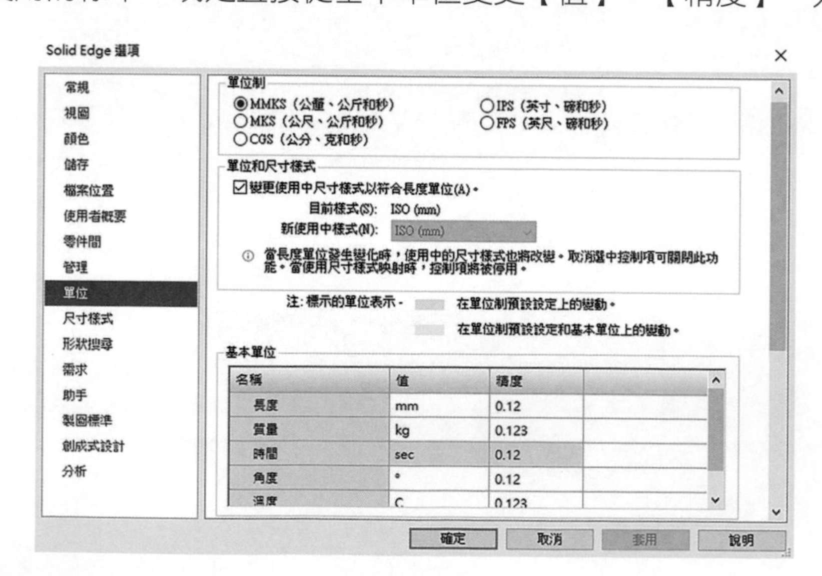

▲圖 2-5-4

CHAPTER

3 草圖繪製

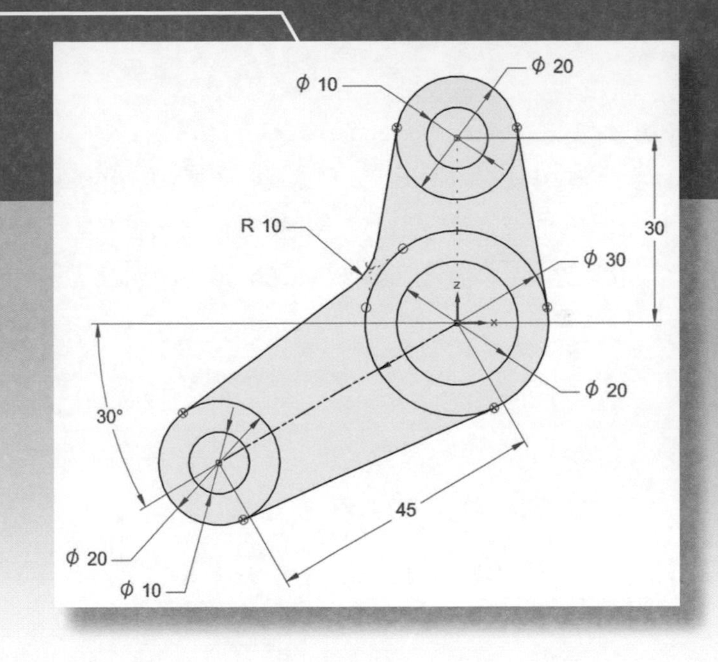

章節介紹

藉由此課程，您將會學到：

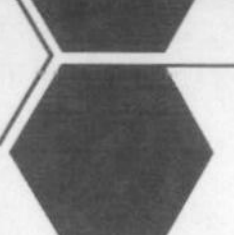

3-1 繪圖指令和工具

草圖元素的指令位於「首頁」→「繪圖」群組中。如圖 3-1-1。

- 在 Solid Edge 中可使用 2D 繪圖工具可在「零件」環境建構特徵，以及在「組立件」環境中繪製佈局。
- 在「工程圖」環境中，可以使用 2D 繪圖工具來完成模型圖紙或在 2D 視圖中從頭開始繪製草圖、建立背景圖紙、定義剖視圖的切割面…等等。

▲圖 3-1-1

❶ 繪製 2D 元素

可在 Solid Edge 中繪製任意類型的 2D 幾何元素，如：線條、弧、圓、曲線、矩形和多邊形…等等。在指令旁邊若出現小三角形記號表示有更多群組的功能可以下拉選取。如圖 3-1-2、圖 3-1-3。

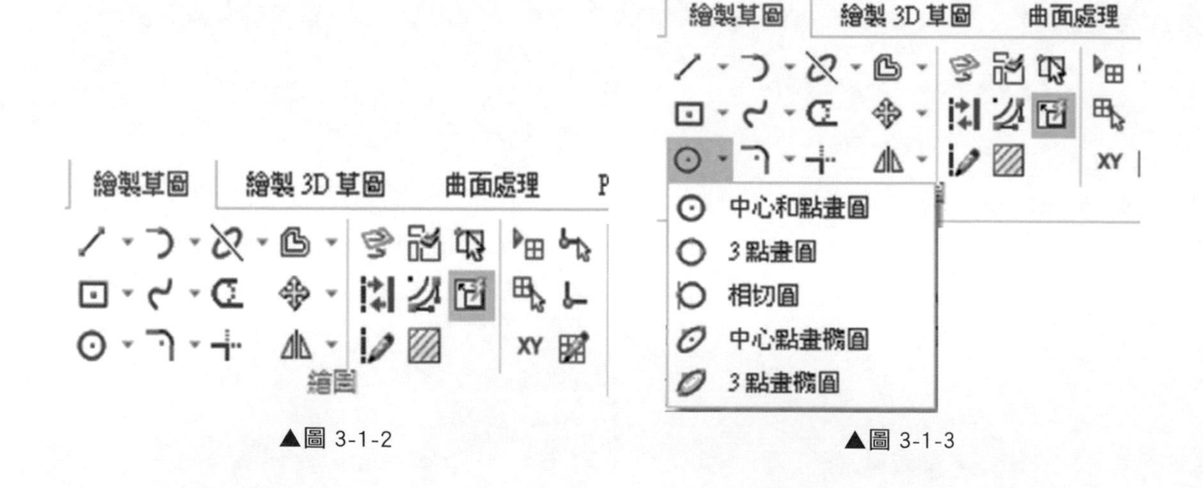

▲圖 3-1-2

▲圖 3-1-3

❷ 使用 2D 工具

- 移動、旋轉、按比例縮放和鏡射元素
- 修剪與延伸元素
- 新增倒斜角和圓角
- 從手繪草圖建立精度圖
- 變更元素的色彩

❸ 繪圖動態

當您繪圖時，軟體會顯示您正在繪製的動態顯示。如圖 3-1-4。這個動態顯示表示您在目前滑鼠游標位置處點擊後元素將具有的定義。

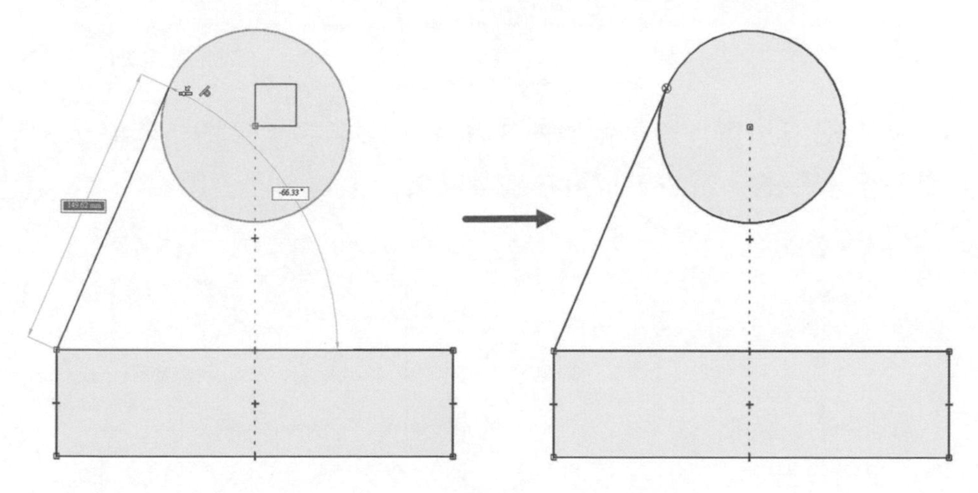

▲圖 3-1-4

- 點擊正在繪製的元素的點之前，「指令條」框中的值會隨著滑鼠游標的移動而更新。為您提供正在繪製的元素的大小、形狀、位置和其他特徵的即時回饋。套用和顯示關係。
- 繪圖時「智慧草圖」能辨識並套用控制元素的大小、形狀和位置的關係。當您進行變更時，關係可以協助圖形保留您的定義。當滑鼠游標上顯示了關係指示器時，您點擊便可套用該關係。如圖 3-1-5、圖 3-1-6。

▲圖 3-1-5

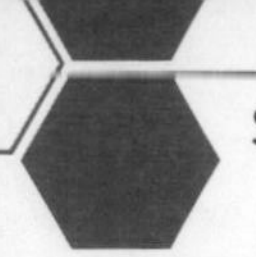

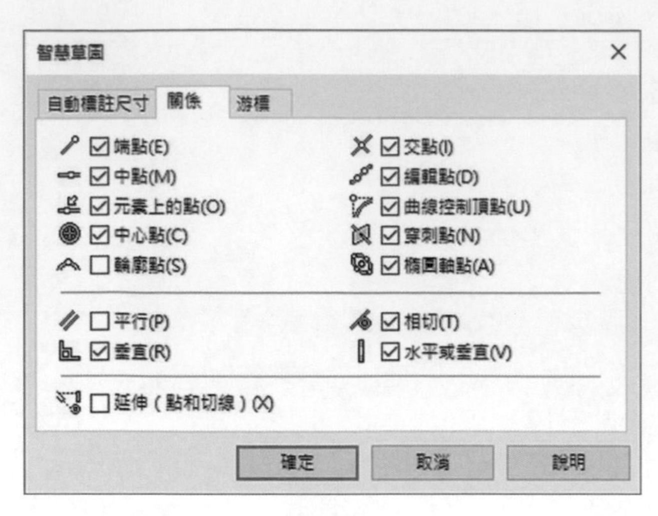

▲圖 3-1-6

例如：您點擊以放置直線的端點時，如果「水平關係」指示器顯示，則該直線將是完全水平的。當然，也可在繪製元素之後對它們套用關係。如圖 3-1-7。

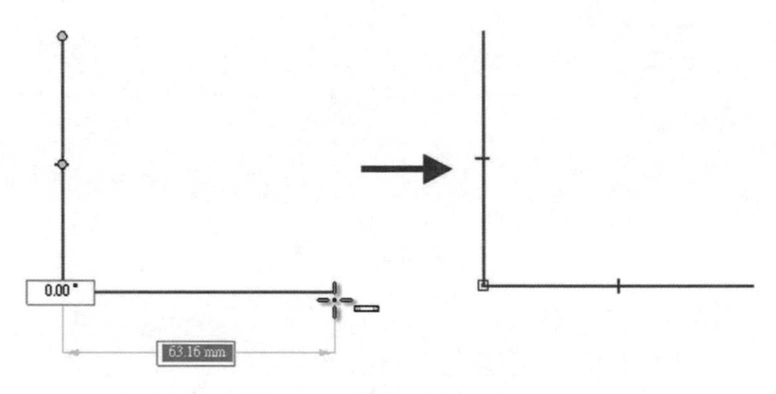

▲圖 3-1-7

● 相關限制條件運用方式如下面圖表，提供各位參考。

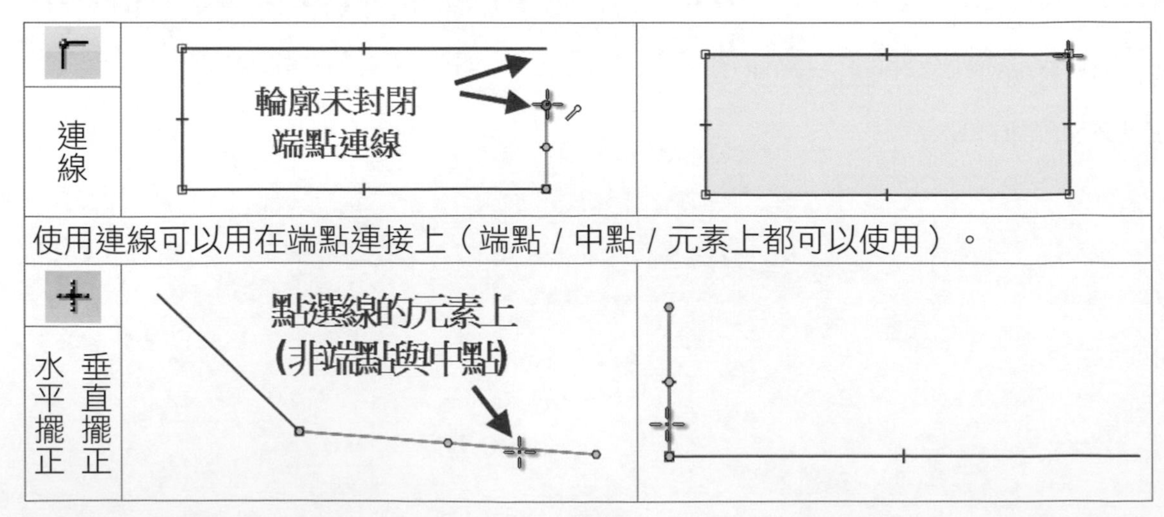

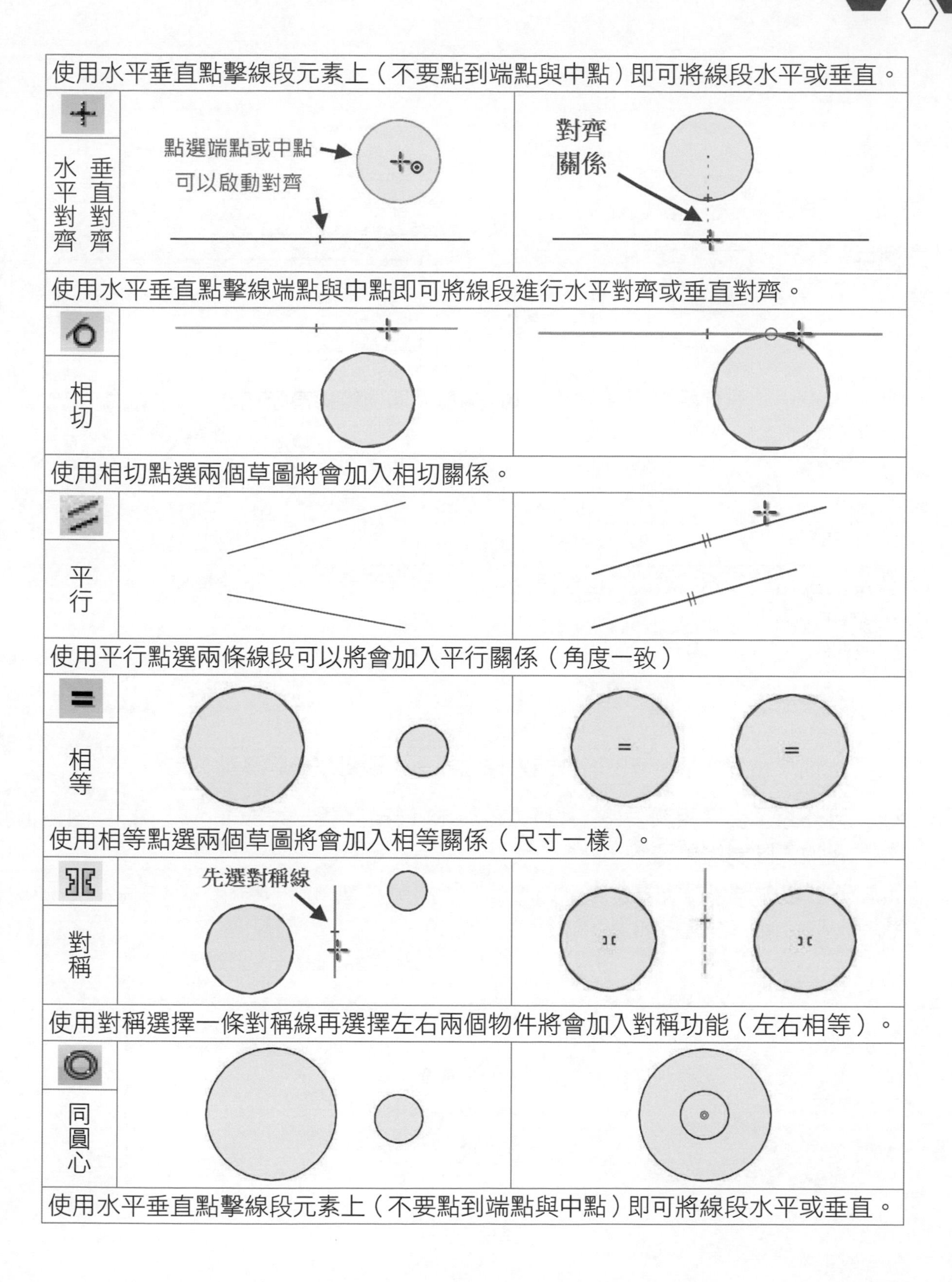

功能	圖例	說明
		使用水平垂直點擊線段元素上（不要點到端點與中點）即可將線段水平或垂直。
垂直對齊 水平對齊	點選端點或中點 可以啟動對齊；對齊關係	使用水平垂直點擊線端點與中點即可將線段進行水平對齊或垂直對齊。
相切		使用相切點選兩個草圖將會加入相切關係。
平行		使用平行點選兩條線段可以將會加入平行關係（角度一致）
相等		使用相等點選兩個草圖將會加入相等關係（尺寸一樣）。
對稱	先選對稱線	使用對稱選擇一條對稱線再選擇左右兩個物件將會加入對稱功能（左右相等）。
同圓心		使用水平垂直點擊線段元素上（不要點到端點與中點）即可將線段水平或垂直。

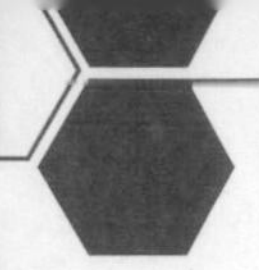

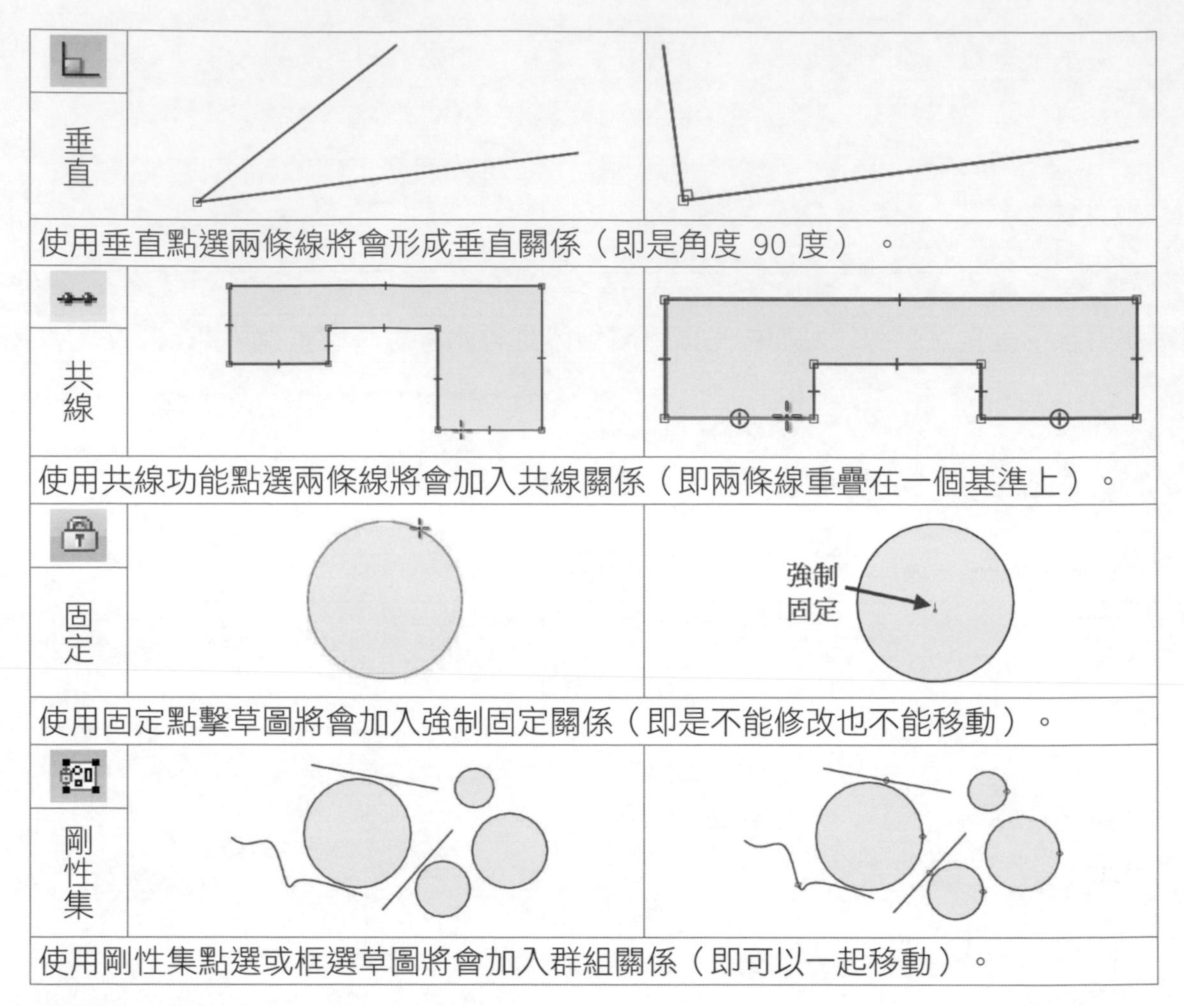

功能	說明
垂直	使用垂直點選兩條線將會形成垂直關係（即是角度 90 度）。
共線	使用共線功能點選兩條線將會加入共線關係（即兩條線重疊在一個基準上）。
固定	使用固定點擊草圖將會加入強制固定關係（即是不能修改也不能移動）。
剛性集	使用剛性集點選或框選草圖將會加入群組關係（即可以一起移動）。

備註 另外除了使用相關限制條件以外，Solid Edge 支援磁力線，可以用拖曳的方式加入限制條件關係。

當點選到草圖時，端點會出現藍色的端點，滑鼠移動到藍色端點上當游標變十字狀時，按住滑鼠左鍵。如圖 3-1-8、圖 3-1-9。

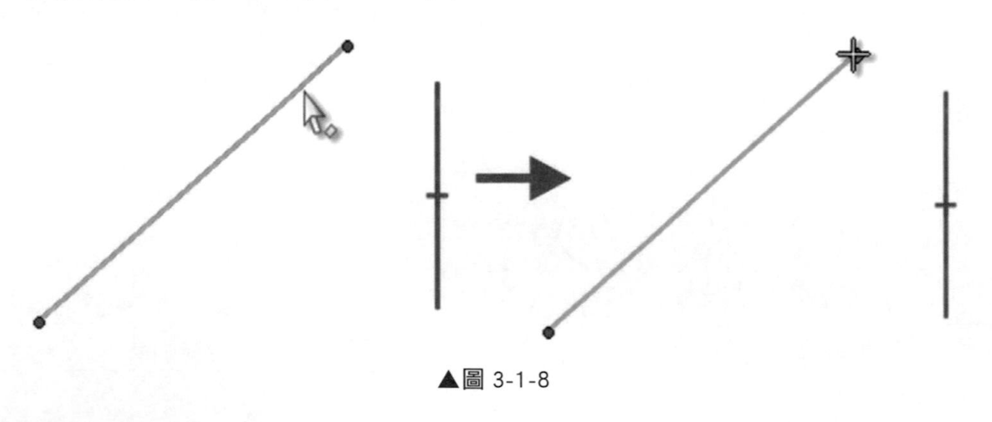

▲圖 3-1-8

按住滑鼠左鍵後拖曳至要連接的端點上，即可完成連接點。

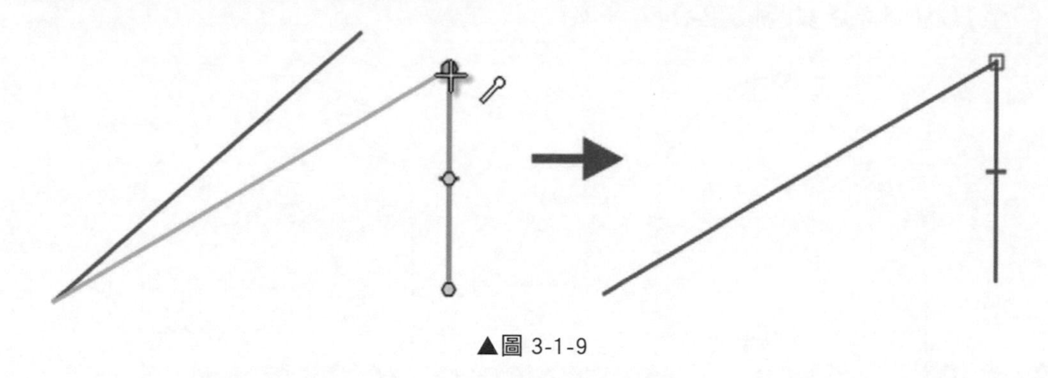

▲圖 3-1-9

3-2 修改工具

草圖修改工具：修剪、延伸、分割、圓角、倒角、偏移和鏡射…等等。

❶ 「修剪」指令：將一個元素修剪至與另一個元素的相交處。「點擊」要修剪的元素，或是按住滑鼠「左鍵」→「拖曳」劃過要修剪的元素。如圖 3-2-1、圖 3-2-2。

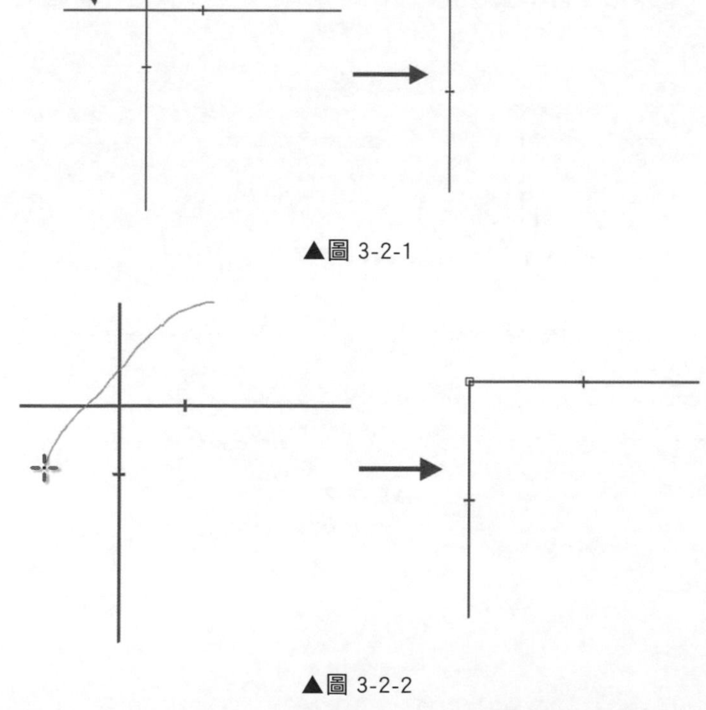

▲圖 3-2-1

▲圖 3-2-2

❷ 「修剪角落」 指令：按住滑鼠「左鍵」→「拖曳」劃過兩個開放元素延伸至其相交處。如圖 3-2-3。

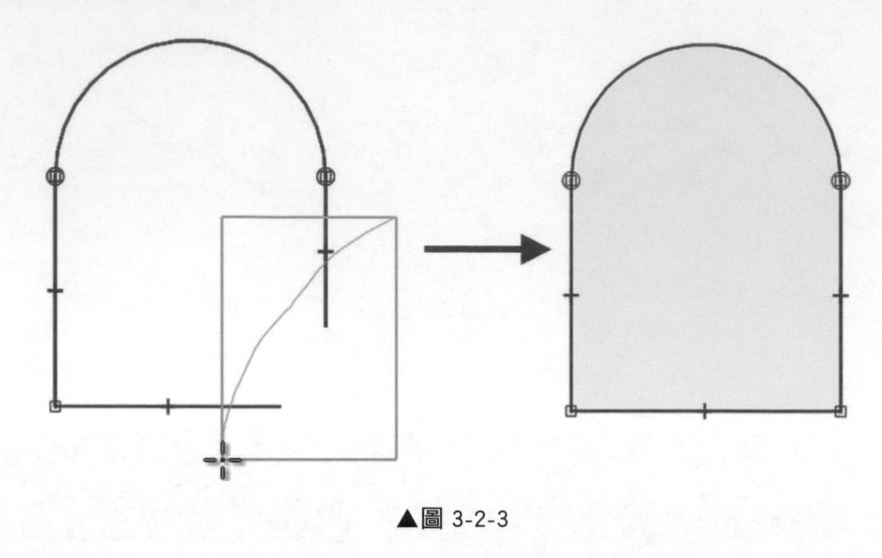

▲圖 3-2-3

❸ 「延伸」 指令：將開放元素延伸至下一元素。

滑鼠點擊要延伸的草圖元素，出現預覽後，再次點擊確定即可。如圖 3-2-4。

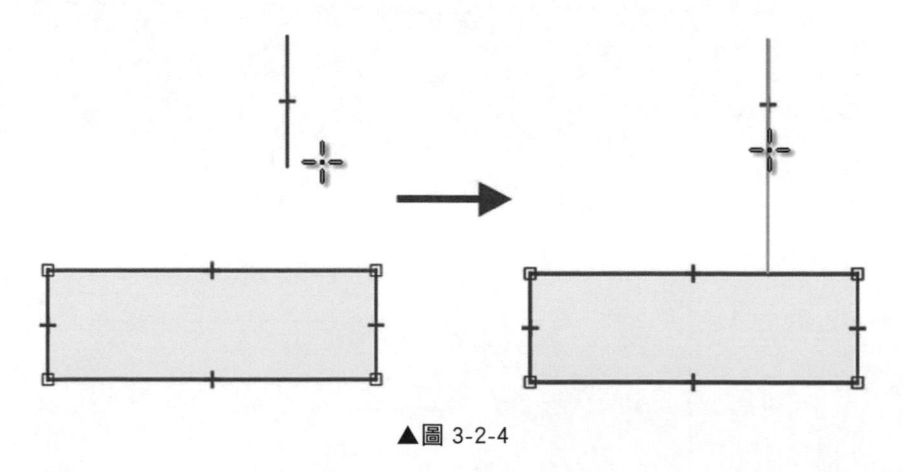

▲圖 3-2-4

❹ 「分割」 指令：可以在指定位置處對開放或閉合元素進行分割。在分割元素時，系統會自動套用適合的幾何關係。

例如：在分割圓弧時，在分割點處套用連接關係 (A)，而在圓弧的中心點處套用同心關係 (B)。如圖 3-2-5。

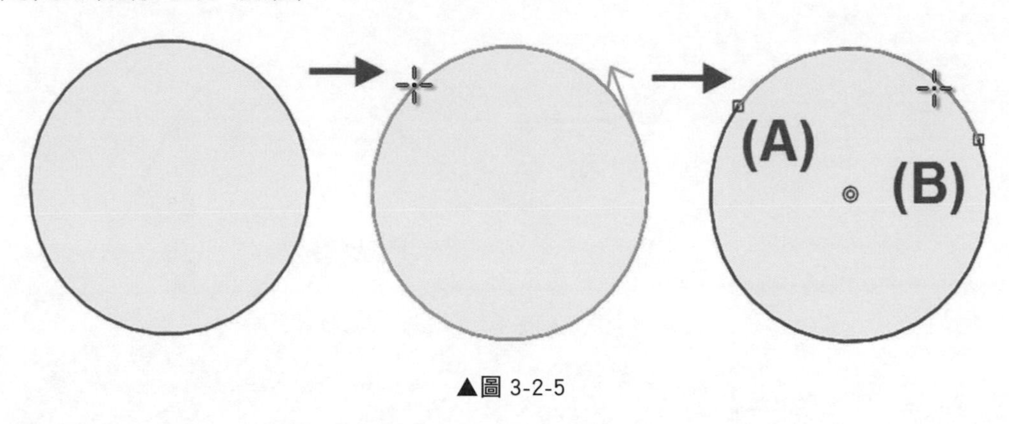

▲圖 3-2-5

❺ 「圓角」 和「倒斜角」 指令：可以針對角落做處理。如圖 3-2-6。

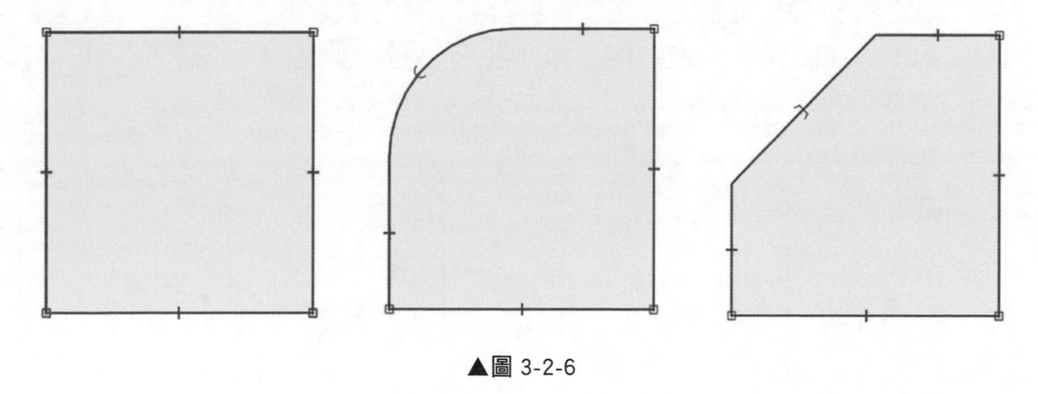

▲圖 3-2-6

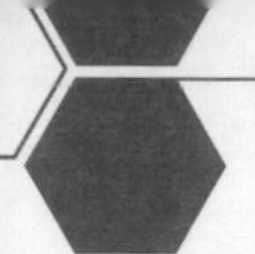

❻ 「偏移」 指令：將所選元素做一致的偏移副本。如圖 3-2-7。
「對稱偏置」 指令：將所選元素做對稱的偏移副本，原始草圖會自動轉換為中心線。如圖 3-2-8。

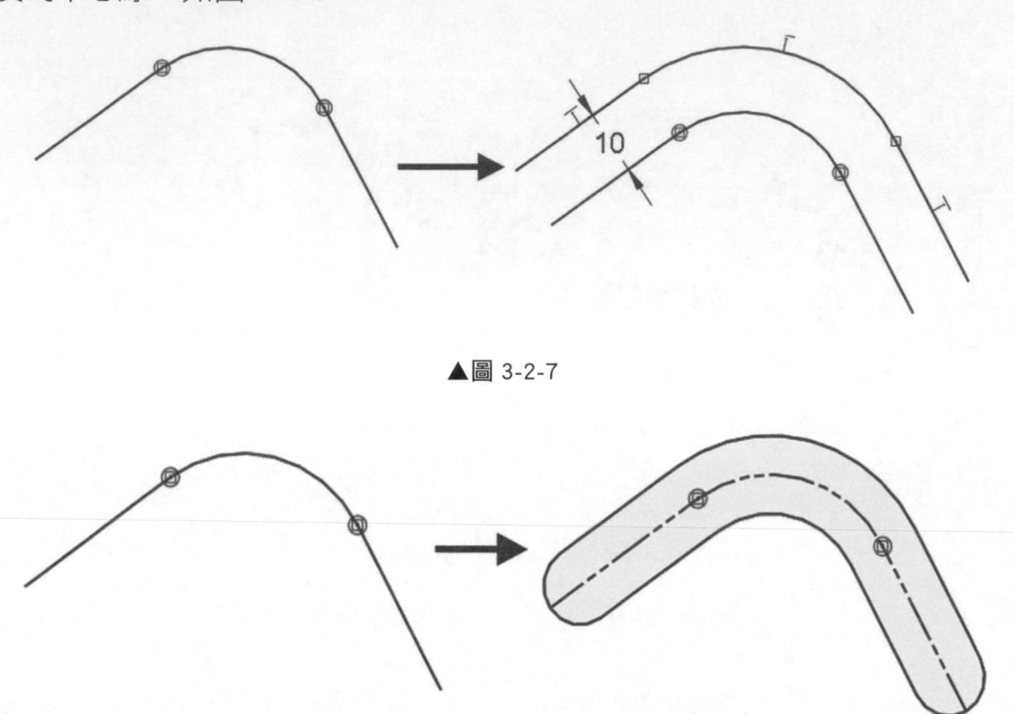

▲圖 3-2-7

▲圖 3-2-8

❼ 「鏡射」 指令：根據一條線或兩點執行鏡射圖元。
按住「ctrl」並點擊您要鏡射的元素，接著點選一條線或兩點執行鏡射。
如圖 3-2-9、圖 3-2-10。

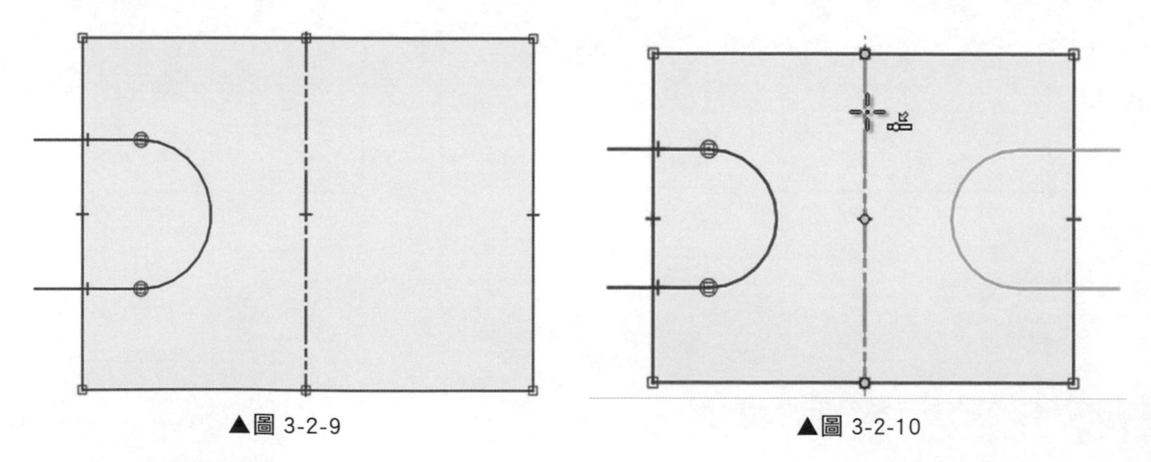

▲圖 3-2-9　▲圖 3-2-10

3-3 繪製草圖步驟

❶ 選取「首頁」→「繪圖」群組，或是由「繪製草圖」→「繪圖」群組中點選一個繪製草圖指令。如圖 3-3-1。

▲圖 3-3-1

❷ 繪製之前，請點選鎖頭或是碰到平面後按 F3 “鎖定” 於某個平面（基本參照平面或模型上平的面），鎖定之後，即可開始在平面上繪製草圖。
如圖 3-3-2。

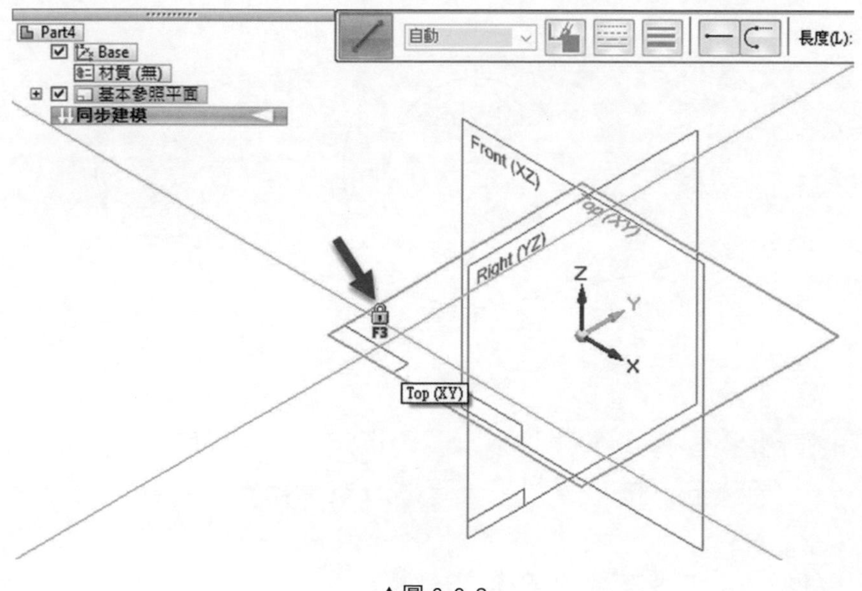

▲圖 3-3-2

❸ 依照目前的視圖方位繪製草圖，或是點選視窗最右下角的「草圖視圖」指令，將視圖旋轉至垂直於草圖平面。如圖 3-3-3。

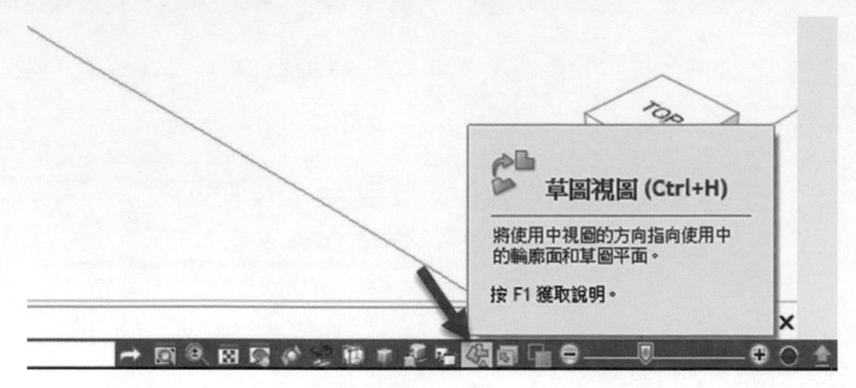

▲圖 3-3-3

❹ 繪製草圖並可執行任何與草圖相關的作業，例如：相關關係、尺寸標註…等等。

❺ 完成目前的操作或者繪製另一個草圖。如果草圖平面被鎖定，而您需要在另一個草圖平面上繪圖，可將該平面「解鎖」。

❻ 重複「步驟 2~4」。

備註 Solid Edge 的草圖可以是 “交錯”或者“多輪廓”草圖。如圖 3-3-4。如果新的草圖區域位於同一平面上，則可繼續繪製草圖輪廓。

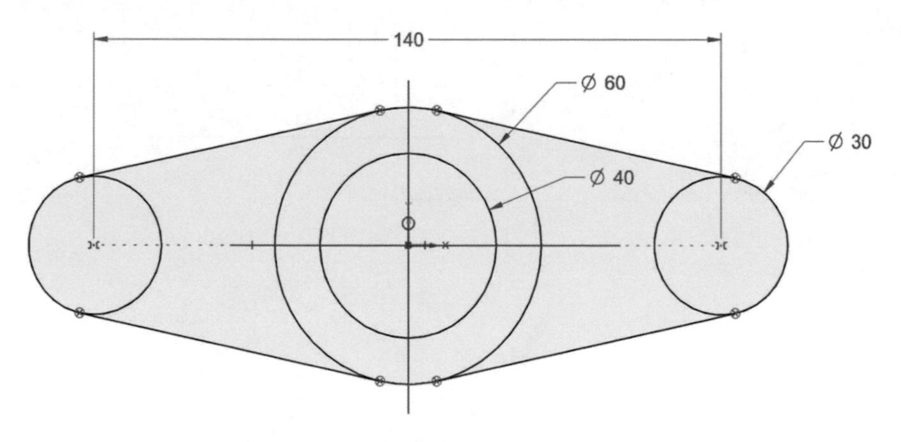

▲圖 3-3-4

❼ 若繪製的草圖平面不小心「解鎖」，要再指定「鎖定」某一草圖平面，可至「導航者」→「草圖」下拉，選到某一草圖→按滑鼠「右鍵」→選「鎖定草圖平面」。如圖 3-3-5。

「啟用區域」：切換草圖線架構或輪廓區域；「遷移幾何體尺寸」：拉出實體後是否保留草圖及尺寸，如圖 3-3-6、圖 3-3-7。

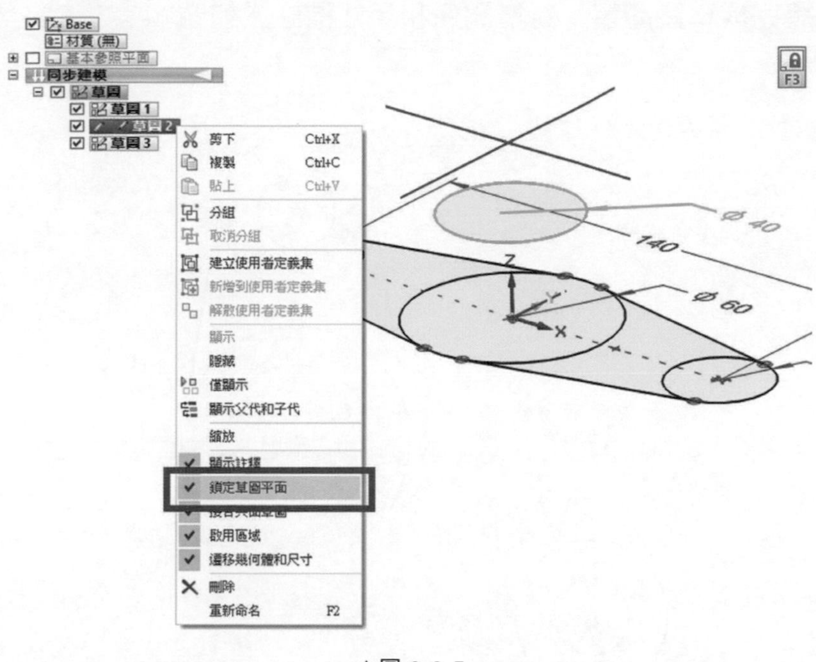

▲圖 3-3-5

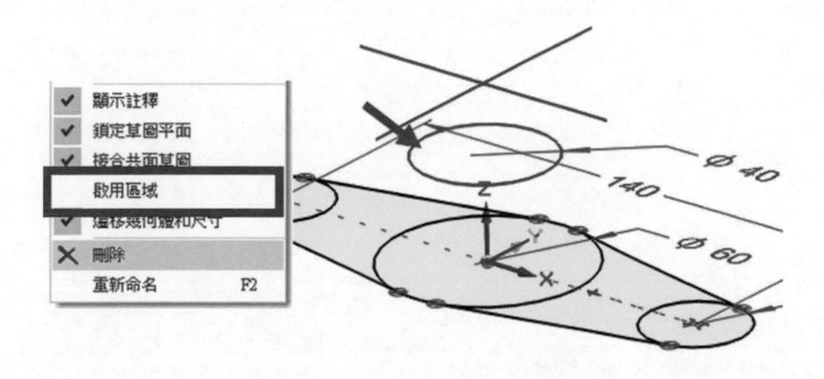

▲圖 3-3-6

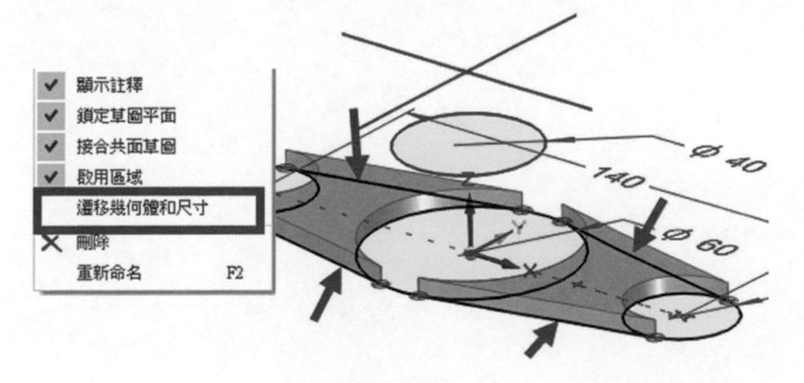

▲圖 3-3-7

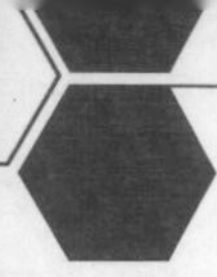

本小節我們將完成草圖繪製、新增關係和尺寸標註。如圖 3-3-8。

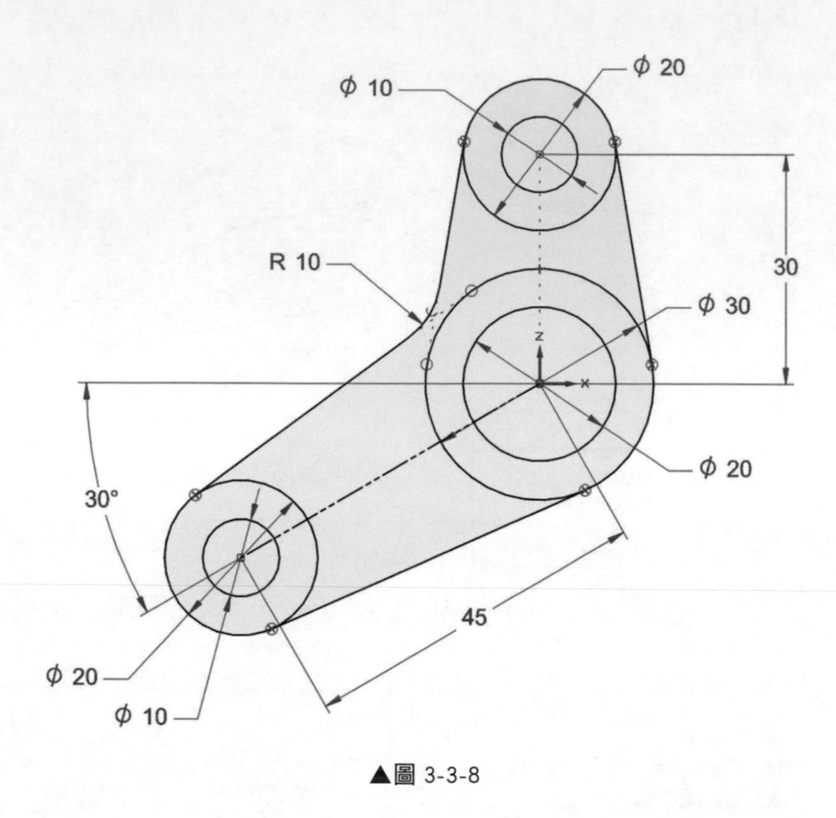

▲圖 3-3-8

3-4 基礎草圖練習

❶ 開啟零件範本。

由「應用程式按鈕」→「新建」→「ISO 零件」。如圖 3-4-1。

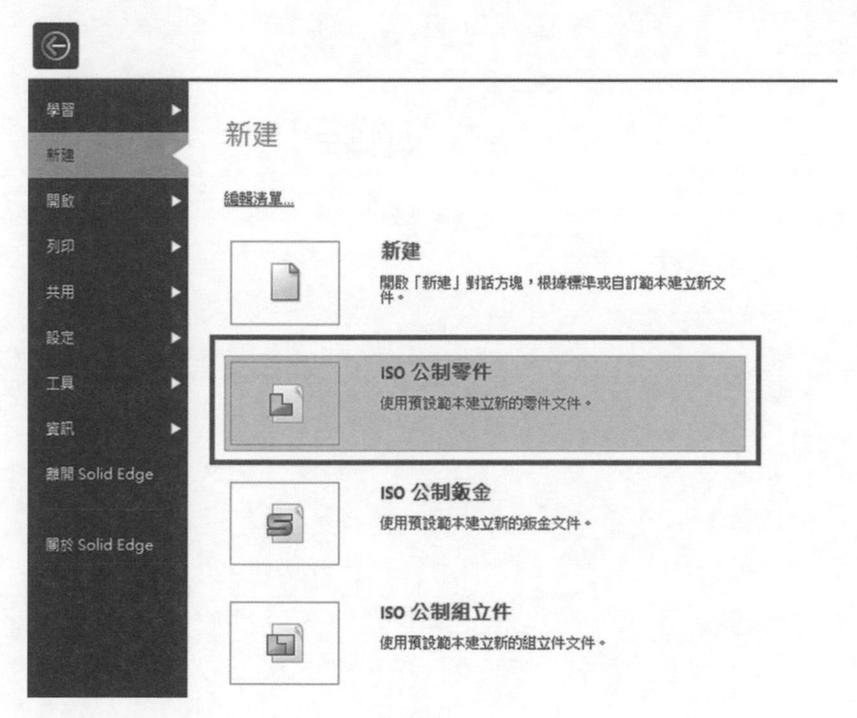

▲圖 3-4-1

❷ 選取草圖指令。

由「首頁」→「繪圖」群組中點選「中心和點畫圓」指令。如圖 3-4-2。

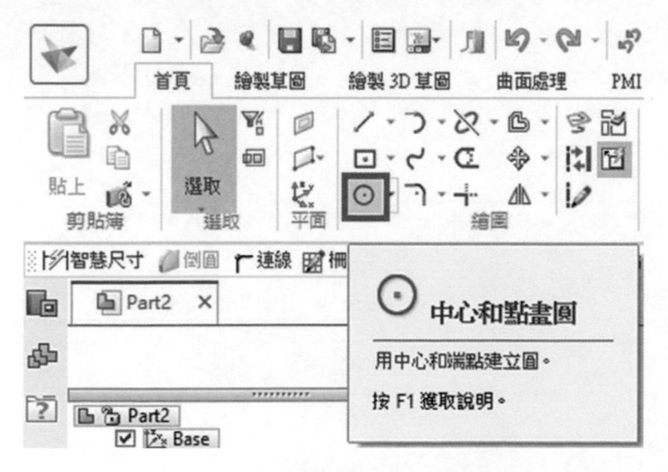

▲圖 3-4-2

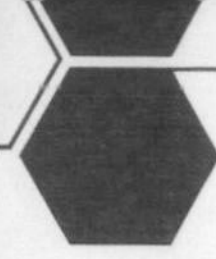

❸ 鎖定繪圖平面。

將游標靠近，並點選「基本參照平面」－前視圖，鎖定平面後會出現虛擬平面表示已經鎖在前視圖上。如圖 3-4-3、圖 3-4-4、圖 3-4-5。

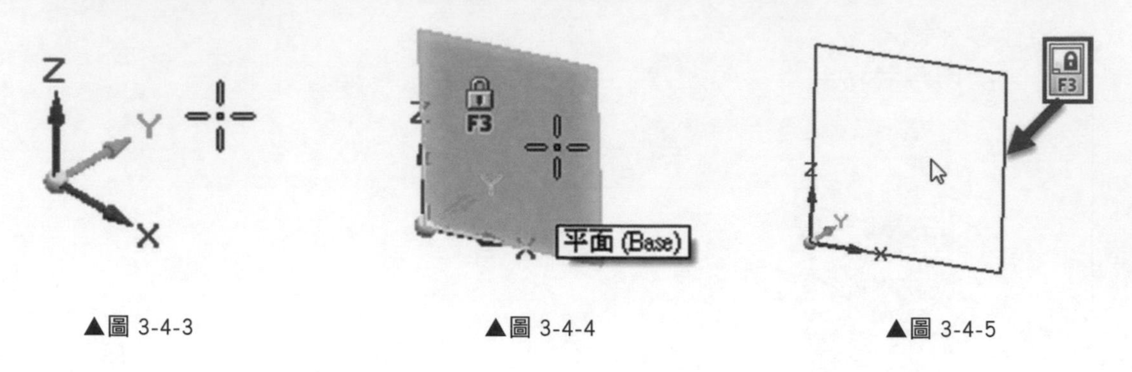

▲圖 3-4-3 ▲圖 3-4-4 ▲圖 3-4-5

❹ 利用「中心和點畫圓」繪製中心圓，點擊第一個點放置的位置，將圓心點放置於座標中心，繪製兩個同心圓。如圖 3-4-6、圖 3-4-7。

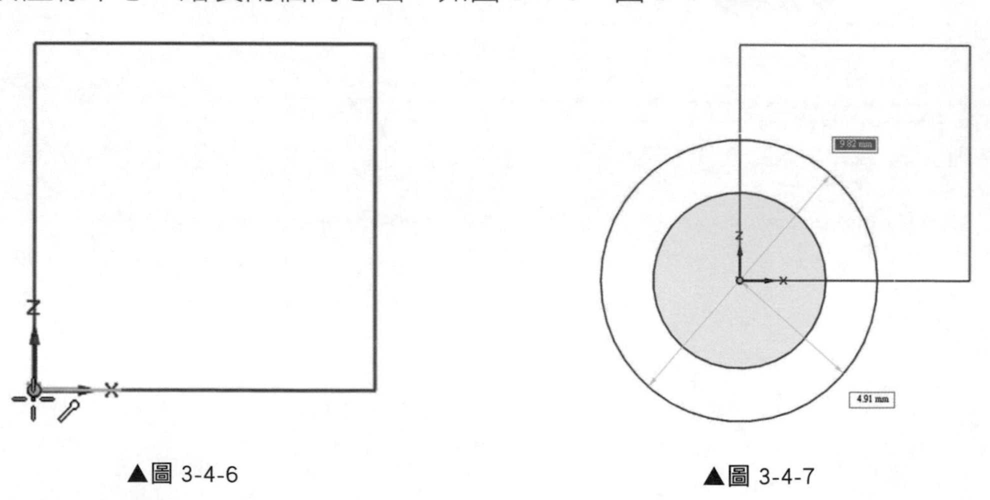

▲圖 3-4-6 ▲圖 3-4-7

❺ 接下來持續進行繪製，在繪製第三個圓時，如果去參考第一個或第二個圓，往上移動會出現下圖左側的水平垂直的引線，以提示正在繪製的是在下方圓心的垂直位置，過程如圖 3-4-8。

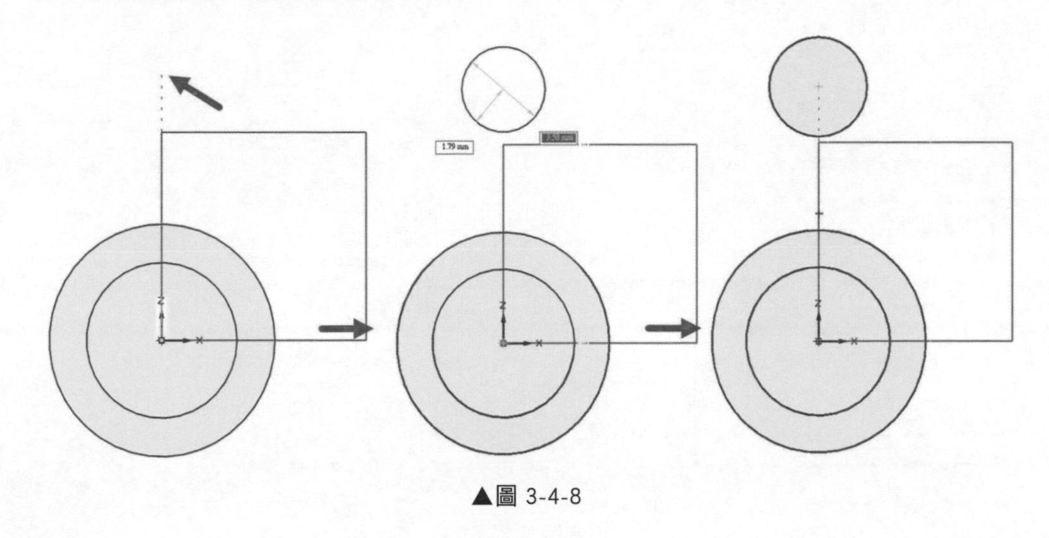

▲圖 3-4-8

❻ 接下來將上方兩個圓也繪製完畢，如圖 3-4-9。

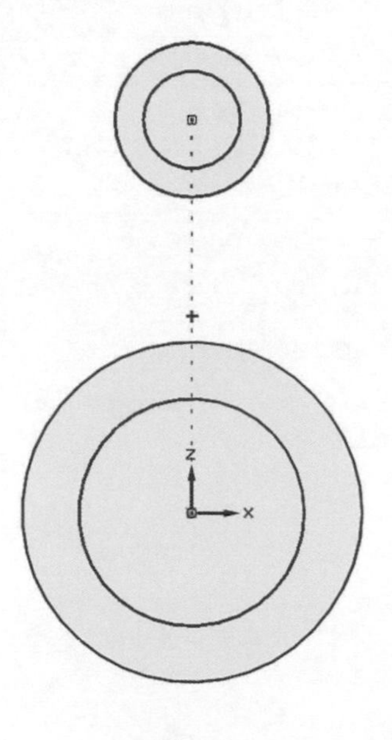

▲圖 3-4-9

❼ 接下來我們要繪製左下角有角度的部分，可以先利用「直線」繪製，再將它改成建構線，如圖 3-4-10、圖 3-4-11。

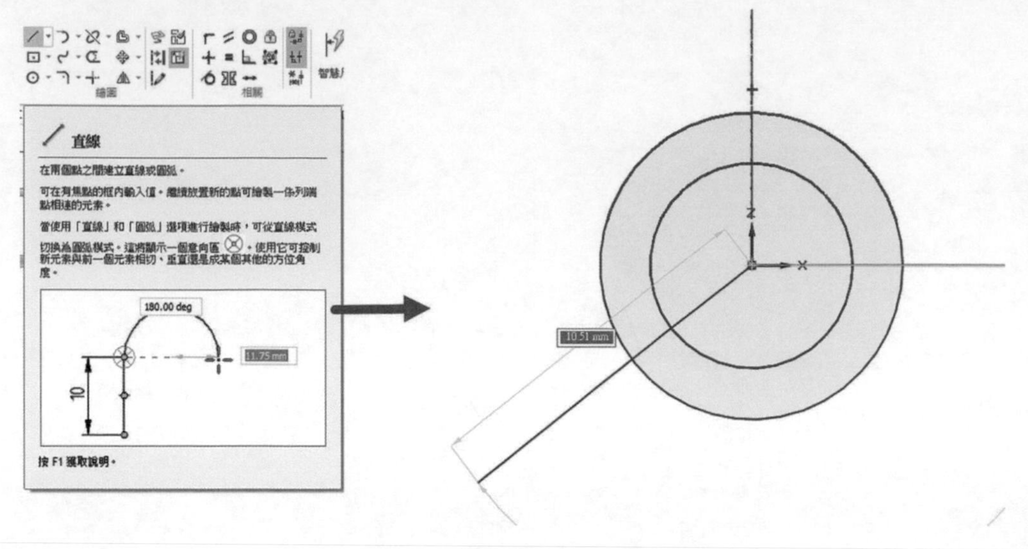

▲圖 3-4-10

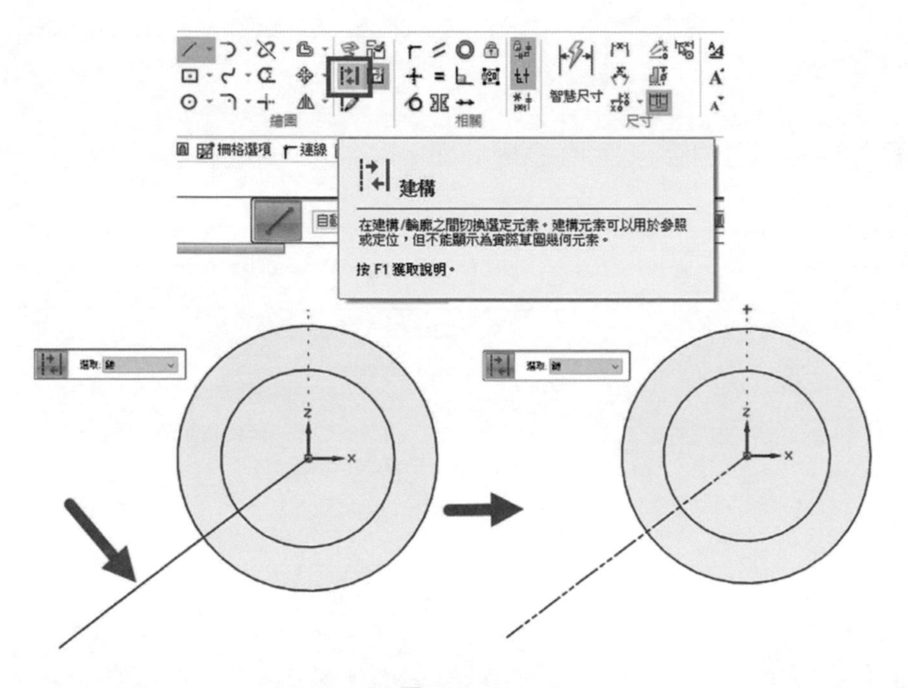

▲圖 3-4-11

❽ 在建構線末端繪製兩個圓，如圖 3-4-12。

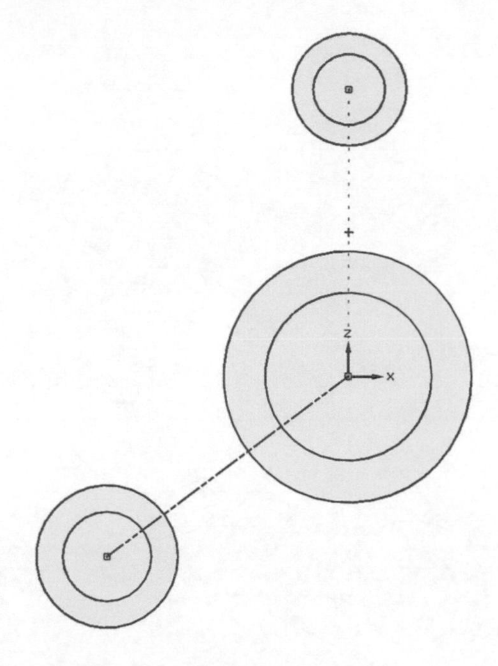

▲圖 3-4-12

❾ 利用「直線」進行繪製。

備註 繪圖的過程中，游標旁邊會出現輔助的符號，例如：水平、垂直、重合、端點、中點…等等記號，幫助您抓取，並會出現相關數值或角度，如圖 3-4-13。

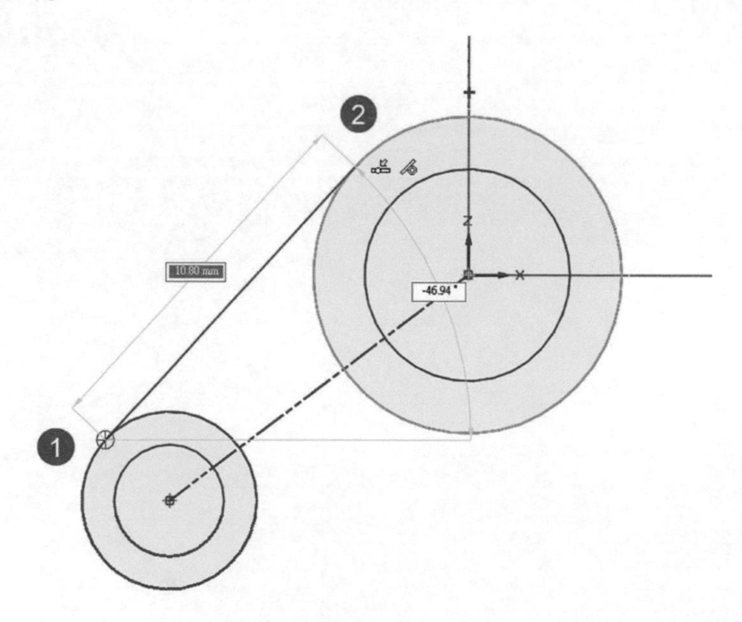

▲圖 3-4-13

❿ 接下來將其它圓，利用「直線」進行相切繪製，如圖 3-4-14。

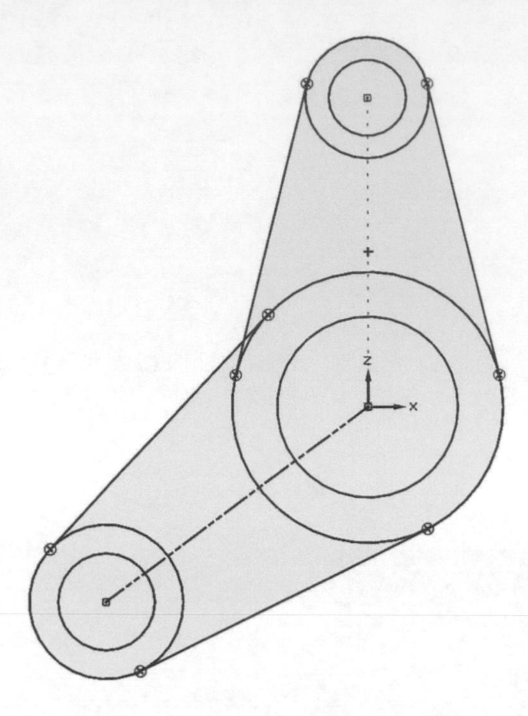

▲圖 3-4-14

備註 假如剛剛在繪製過程中，沒有同心或相切，可以給予相關的限制條件，例如：同心、相切、水平垂直，如圖 3-4-15、圖 3-4-16。

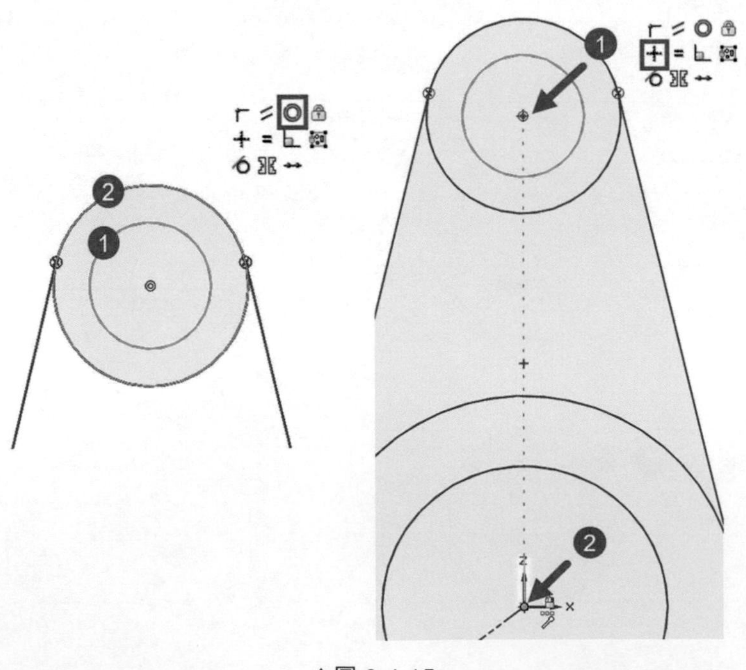

▲圖 3-4-15

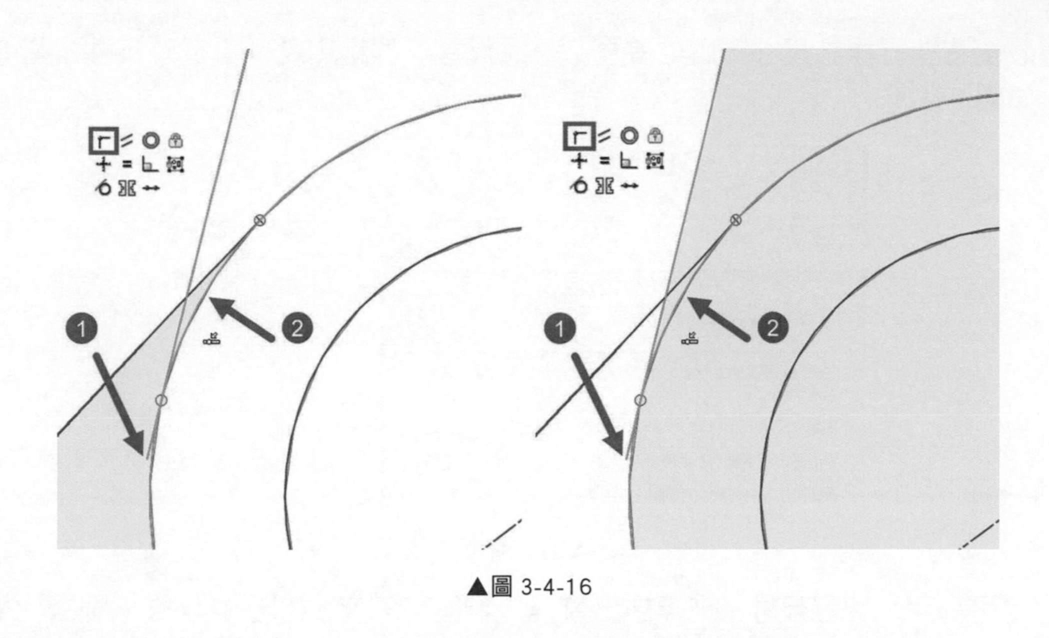

▲圖 3-4-16

⓫ 最後利用草圖中的「圓角」指令，將兩條交叉線選取，如圖 3-4-17。

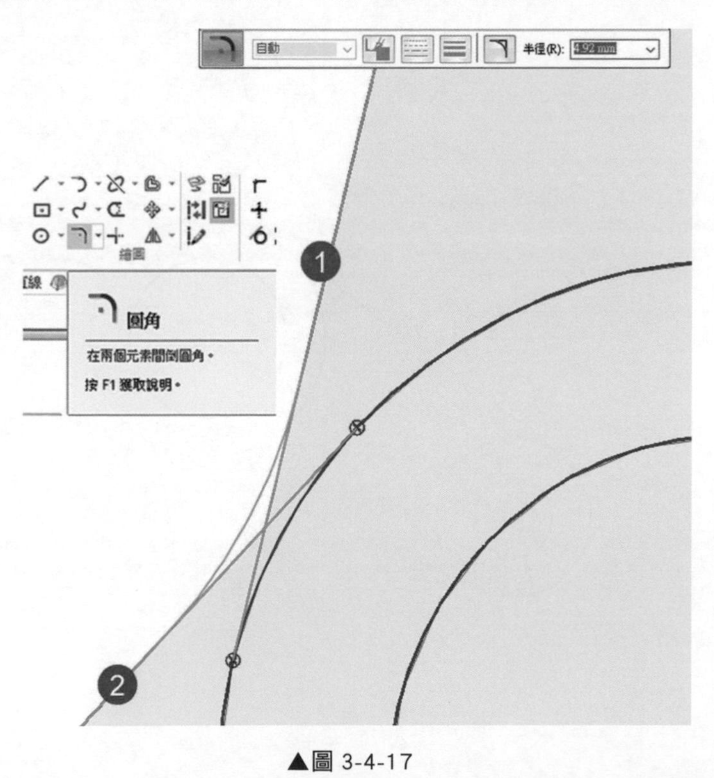

▲圖 3-4-17

⓬ 最後將進行標註尺寸，由「首頁」→「尺寸」群組中點選「智慧尺寸」指令，如圖 3-4-18。

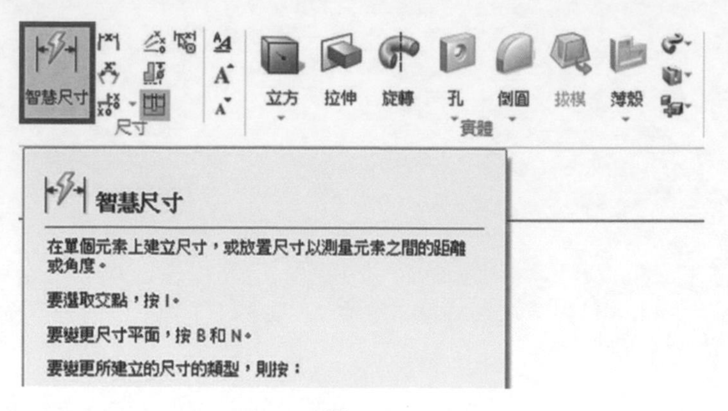

▲圖 3-4-18

● 可利用「智慧尺寸」來標註出直徑、半徑和角度。如圖 3-4-19、圖 3-4-20。

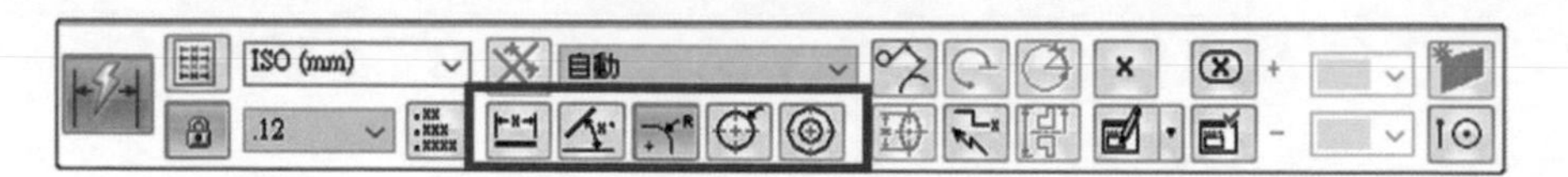

▲圖 3-4-19

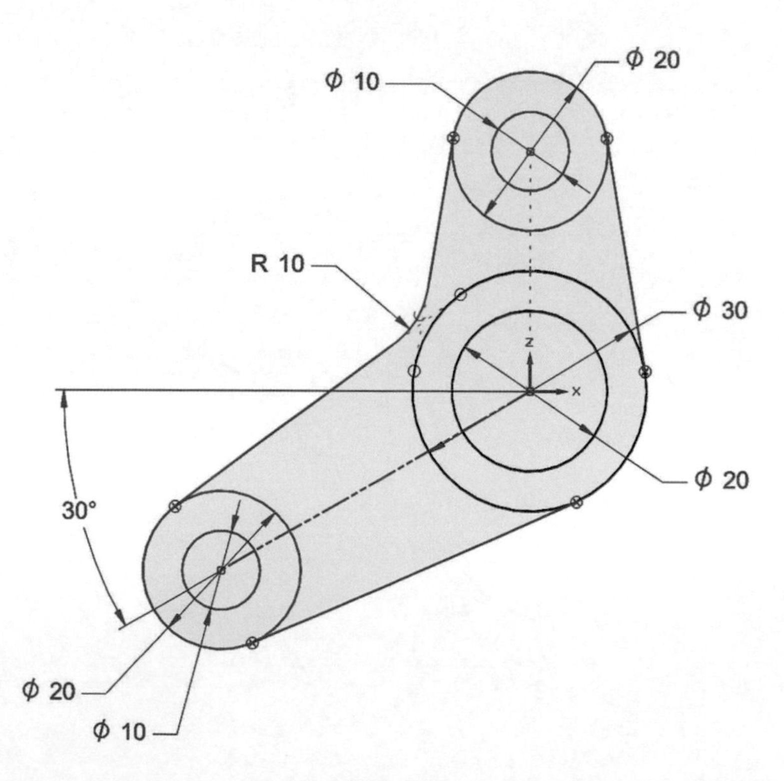

▲圖 3-4-20

- 點選要標註的線段，並選定適當位置放置尺寸。
- 尺寸放置之後立即自動跳出依尺寸修改方框，您可將尺寸輸入，並直接驅動草圖。如圖 3-4-21。

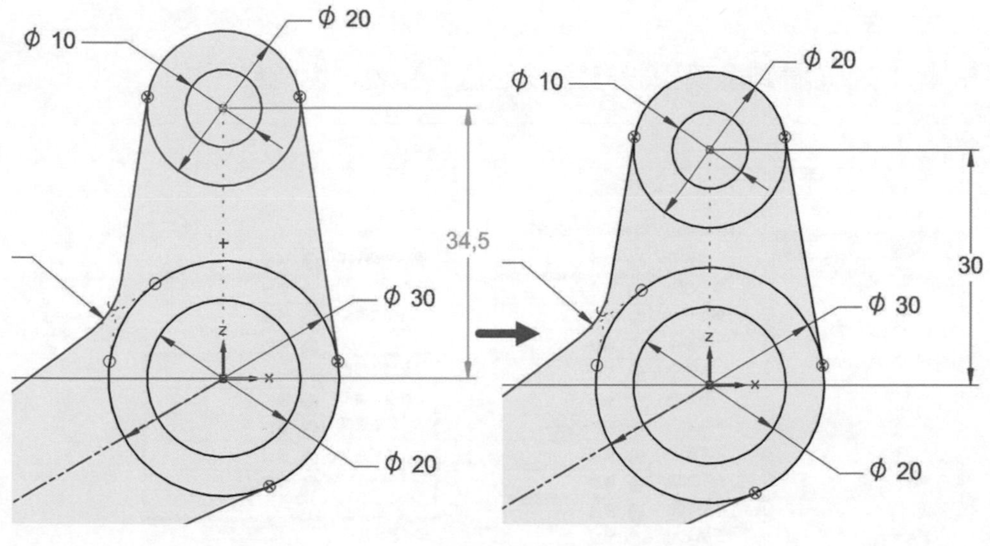

▲圖 3-4-21

- 在標註完成之後如圖 3-4-22，當草圖標註到「完全定義」時，系統預設會呈現「黑色」的草圖，您可由顏色來判斷草圖是否定義完全。

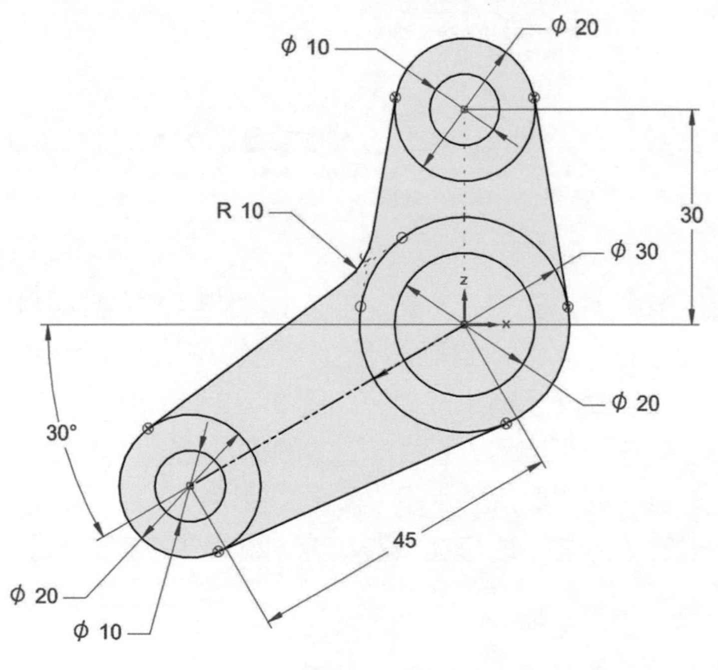

▲圖 3-4-22

備註 Solid Edge「草圖關係色彩」：

完全定義 - 黑色

定義不足 - 藍色

過定義 - 橘色

不一致 - 灰色

您由圖 3-4-23 看到系統預設的色彩定義，當然您也能自行修改。

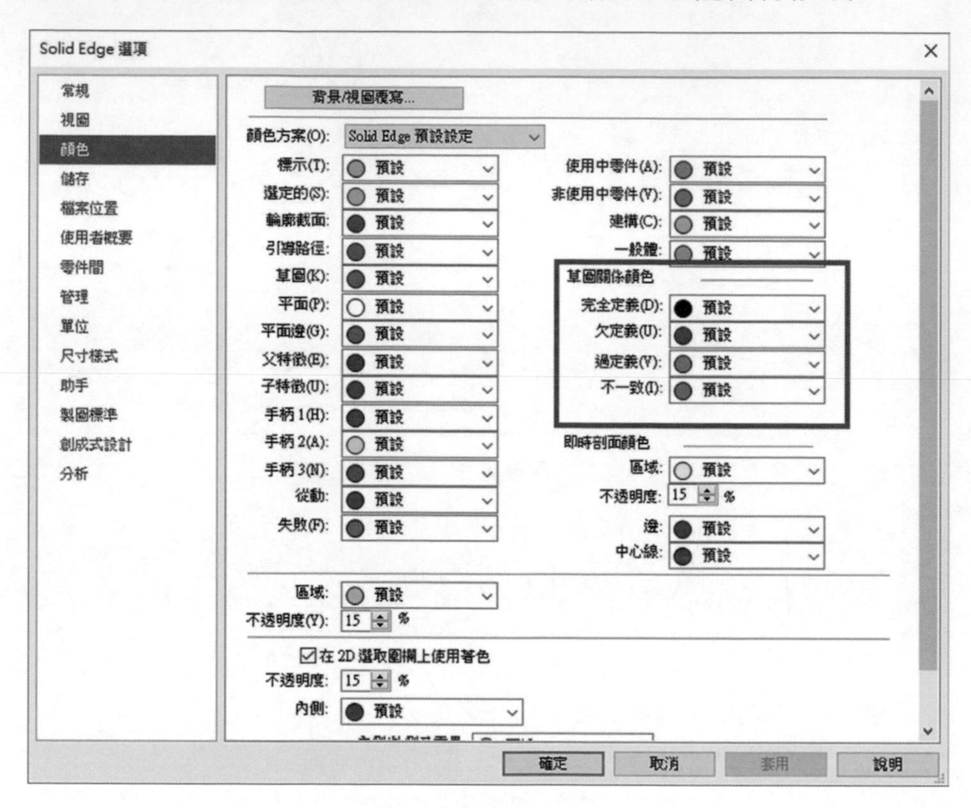

▲圖 3-4-23

⓭ 檢視草圖關係，由「首頁」→「草圖關係」群組中，「保持關係」指令：開啟時，繪製草圖過程中，系統自動給予基本的約束條件；反之關閉，僅會繪製出輪廓，之後需手動給予約束條件。如圖 3-4-24。

「關係手柄」指令：可顯示 / 隱藏草圖的關係，如圖 3-4-25。

這些「關係」包含到：連接、水平 / 垂直、相切、平行、相等、對稱、同心、共線、鎖定…等等，能幫助您在繪製草圖的過程中來定義草圖元素。

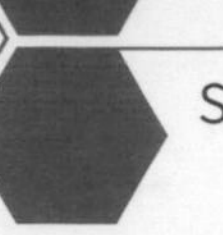

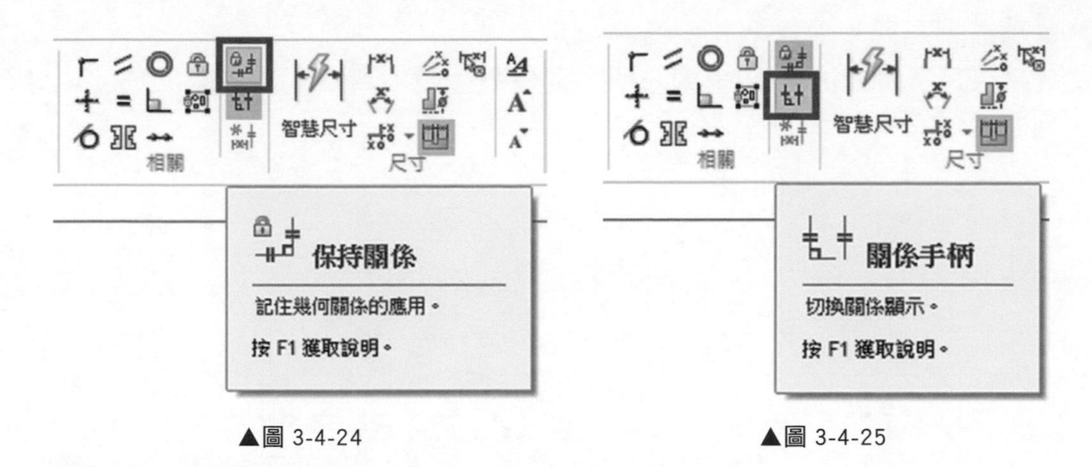

▲圖 3-4-24　　▲圖 3-4-25

備註 「關係」圖示：

關係圖示是用來代表元素、關鍵點和尺寸之間或關鍵點與元素之間幾何關係的符號。關係符號顯示指定的關係得到保持。如圖 3-4-26。

關係	手柄
共線	○
連接（1 個自由度）	×
連接（2 個自由度）	⊡
同心	◎
相等	=
水平/垂直	+
相切	○
相切（相切 + 等曲率）	
相切（平行相切向量）	
相切（平行相切向量 + 等曲率）	
對稱	) (
平行	//
垂直	¬
圓角	
倒斜角	
連結（局部）	
連結（點對點）	
連結（草圖到草圖）	
剛性設定（ 2D 元素）	□

▲圖 3-4-26

⓮ 草圖繪製完成，練習結束。

最終完成如圖 3-4-27，草圖完成尺寸標註、線段呈現“黑色”的色彩以及在圖面上可看到草圖的“關係”。

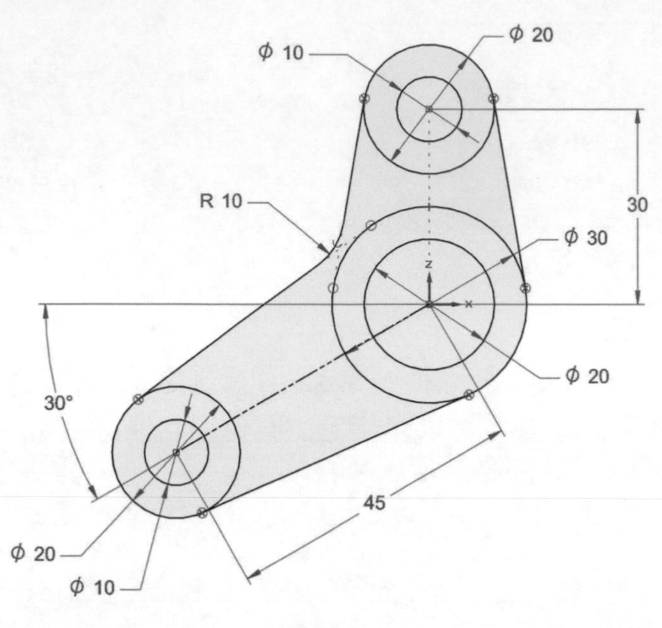

▲圖 3-4-27

3-5 草圖平面鎖定

當游標位於平的面或基本參考面上時，游標附近將顯示一個鎖定符號(F3)。點擊鎖定符號來鎖定平面。如圖 3-5-1。

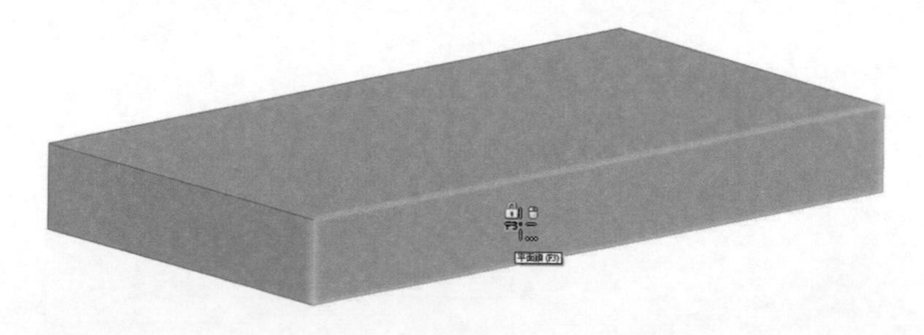

▲圖 3-5-1

備註 當您使用草圖平面鎖定的指令時，還可以按鍵盤的「F3 鍵」來鎖定和解除鎖定。

在您手動解鎖平面之前，無論游標位置如何，草圖平面都保持鎖定狀態。這使您可以輕鬆地在平面以外的無限延伸處繪圖。

鎖定了草圖平面後，將在圖形視窗的右上角顯示一個鎖定平面指示符號 F3 。如圖 3-5-2。

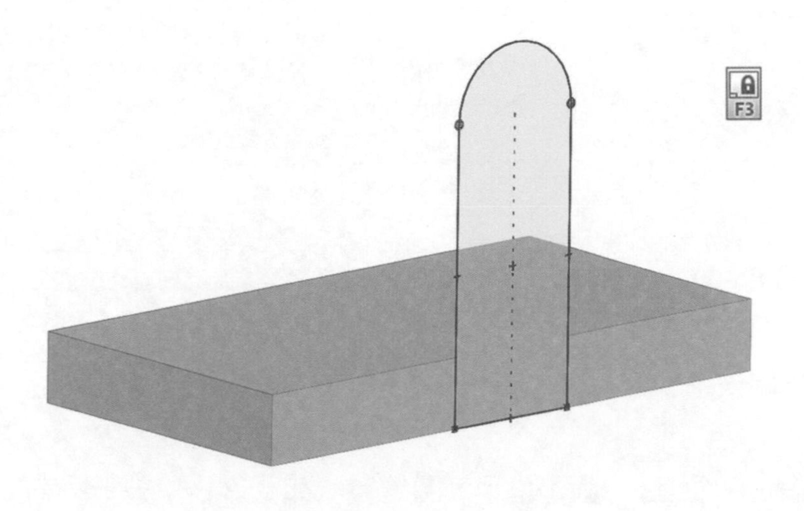

▲圖 3-5-2

備註 當您要解除鎖定草圖平面時，可以在圖形視窗中點擊此鎖定平面符號 F3 來解除鎖定平面，或按鍵盤的「F3 鍵」。

3-6 草圖區域

❶ 在 Solid Edge 中所繪製的草圖會以「區域」的方式呈現，如圖 3-6-1。當您滑鼠移動到「區域」的位置，即可選取「區域」進行拉伸或是除料等操作。

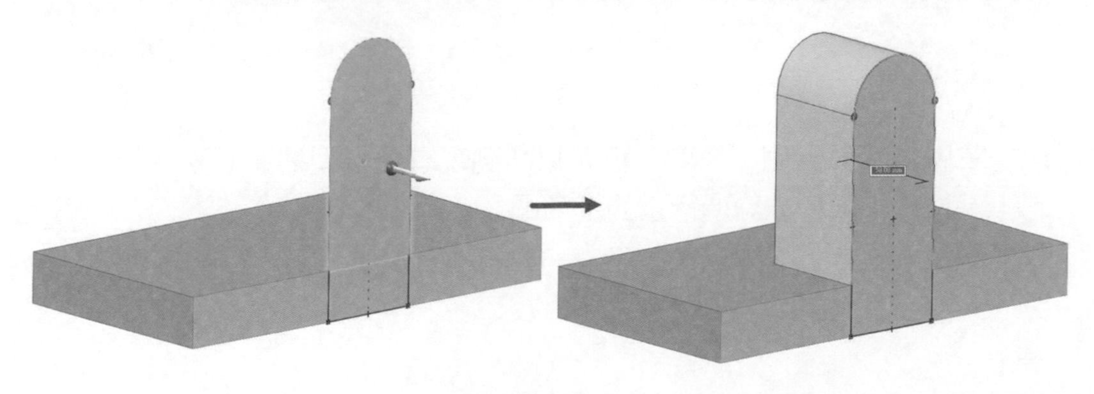

▲圖 3-6-1

- 在第一張草圖繪製為封閉區塊，系統將自動呈現出淺藍色的「區域」，選取「區域」，進行拉伸長料。如圖 3-6-2。

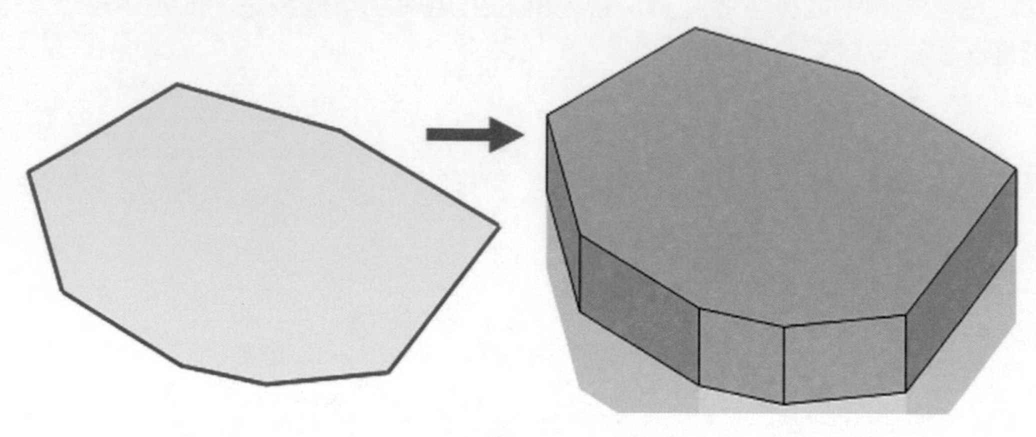

▲圖 3-6-2

- 在現有的平面上可繼續進行草圖繪製，如圖 3-6-3。只要草圖呈現出「區域」即可進行拉伸。

備註 以此範例，向上拉伸為「長料」，向下拉伸為「除料」。

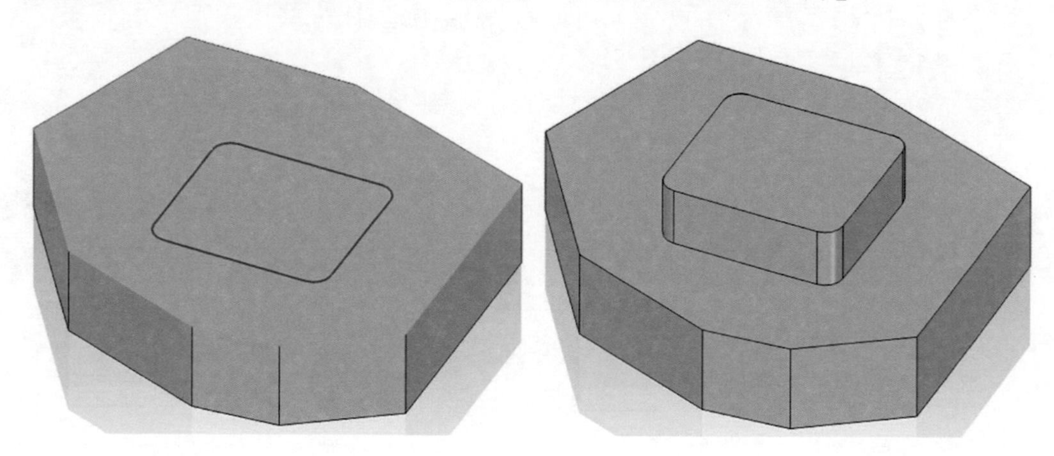

▲圖 3-6-3

- 若草圖為「非封閉」輪廓，但可以抓到現有的模型邊線，還是可以呈現出「區域」，一樣能夠進行拉伸。如圖 3-6-4。

備註 以此範例，左圖為向上拉伸為「長料」，右圖為向下拉伸為「除料」。

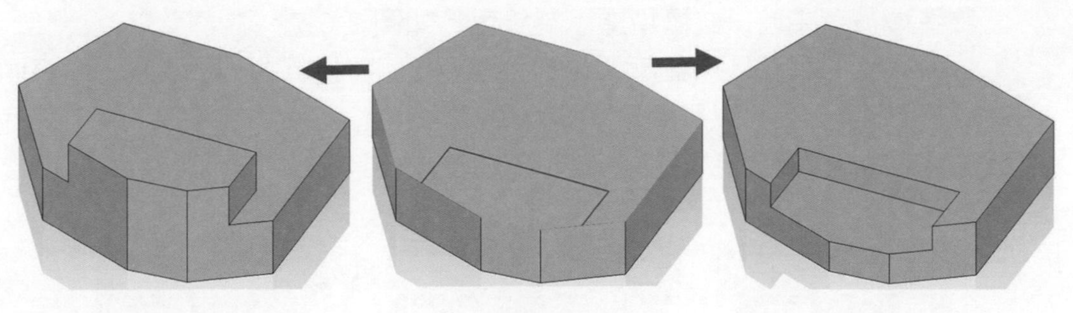

▲圖 3-6-4

❷ 區域範例

繪製草圖允許多輪廓、多區域、封閉、非封閉…等區塊。如圖 3-6-5。

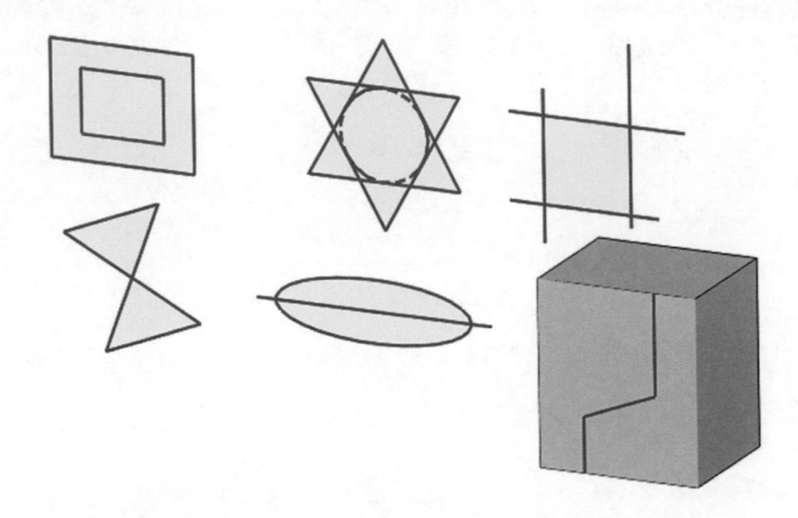

▲圖 3-6-5

● 選取區域

當游標移動到某個區域時，該區域顯示為橘色。如圖 3-6-6。

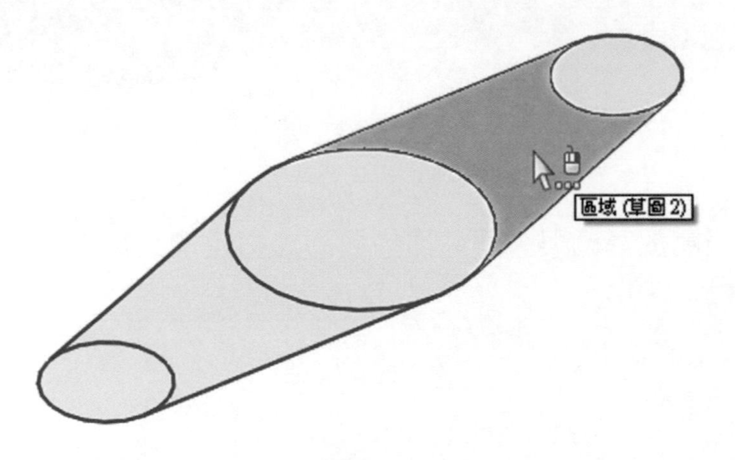

▲圖 3-6-6

當該區域被選中時，該區域顯示為綠色。如圖 3-6-7。

備註 點擊到某個區域，出現「幾何控制器」即可進行拉伸，依照方向不同，可呈現出長料以及除料兩種狀態。

備註 按住 ctrl 鍵，可複選到多個區域進行拉伸。

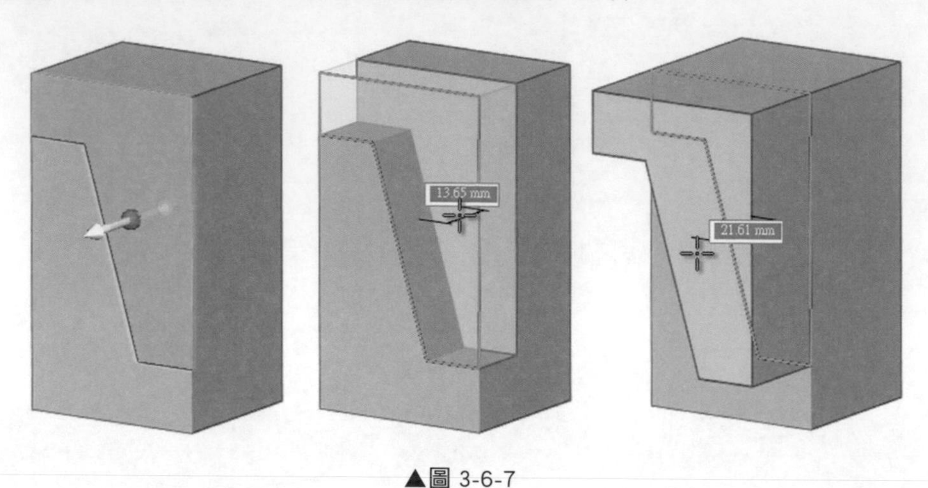

▲圖 3-6-7

● 開放草圖

開放草圖若不與模型的面共面，或者與模型的面共面但不接觸或穿過面的邊，並不會建立區域。如圖 3-6-8。

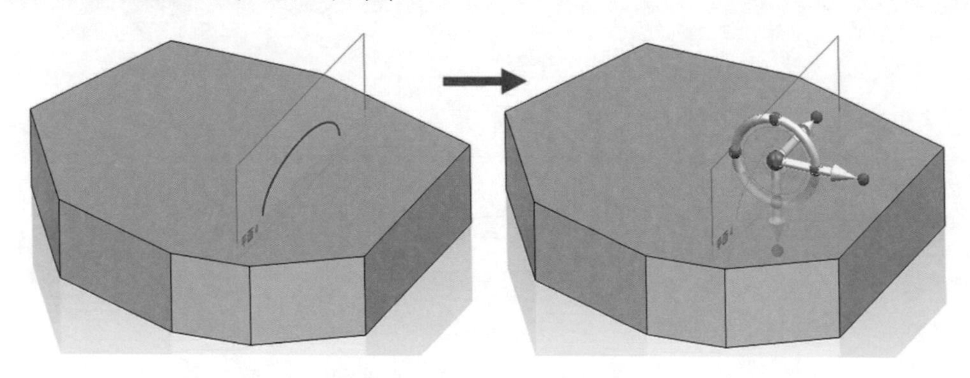

▲圖 3-6-8

如果某個開放草圖與某個共面的面的邊相連或交叉時，就可形成一個區域。如圖 3-6-9。

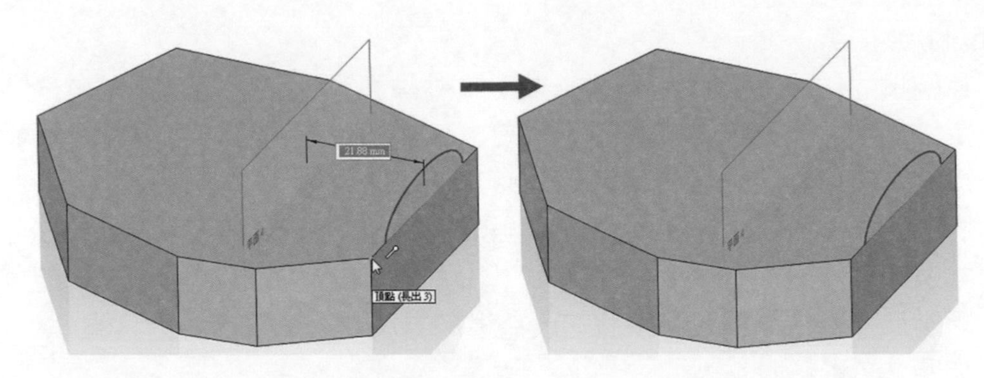

▲圖 3-6-9

備註 草圖也可以透過「幾何控制器」進行移動，點擊到草圖，出現「幾何控制器」後，拖拉箭頭沿著您要的方向拖動，配合鎖點模式準確的移動。

3-7 草圖尺寸標註

標註尺寸指令位於三處，位於「首頁」、「繪製草圖」和「PMI」標籤上的「尺寸」群組中。如圖 3-7-1、圖 3-7-2、圖 3-7-3。

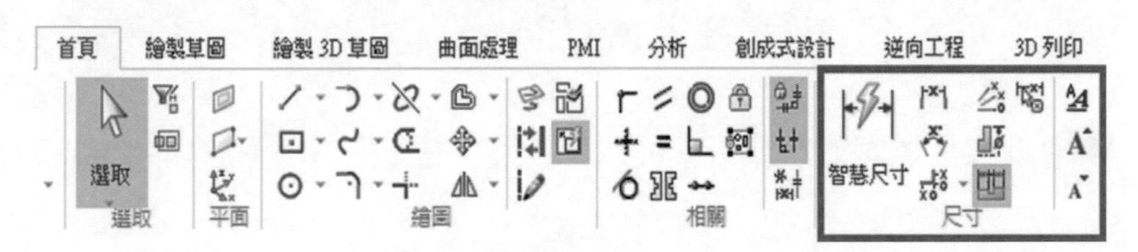

▲圖 3-7-1

▲圖 3-7-2

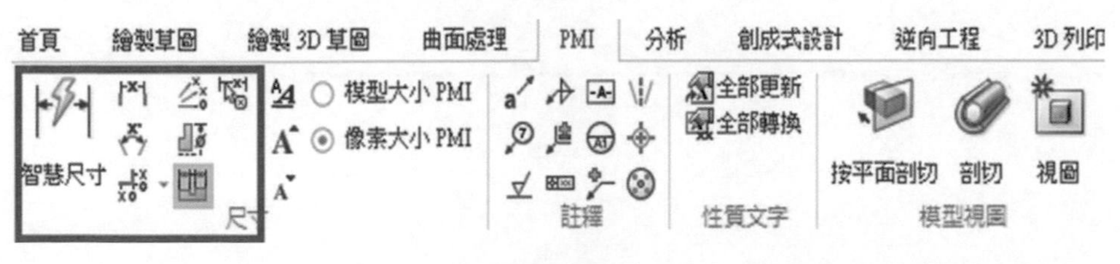

▲圖 3-7-3

● 鎖定的尺寸

❶ 草圖尺寸作為「驅動」來放置。驅動尺寸標為「紅色」。驅動尺寸也稱為「鎖定」的尺寸。鎖定的尺寸不能變更，除非直接編輯它。當草圖幾何體被修改時，鎖定的尺寸並沒有變更。

將一個尺寸改為「被驅動」（或解鎖的），方法是選取該尺寸，然後在「尺寸值編輯」快速工具列上點擊鎖 🔓 。被驅動尺寸標為藍色。不能選取被驅動尺寸進行編輯。必須將它改為鎖定的尺寸才能直接變更其值。

如圖 3-7-4。

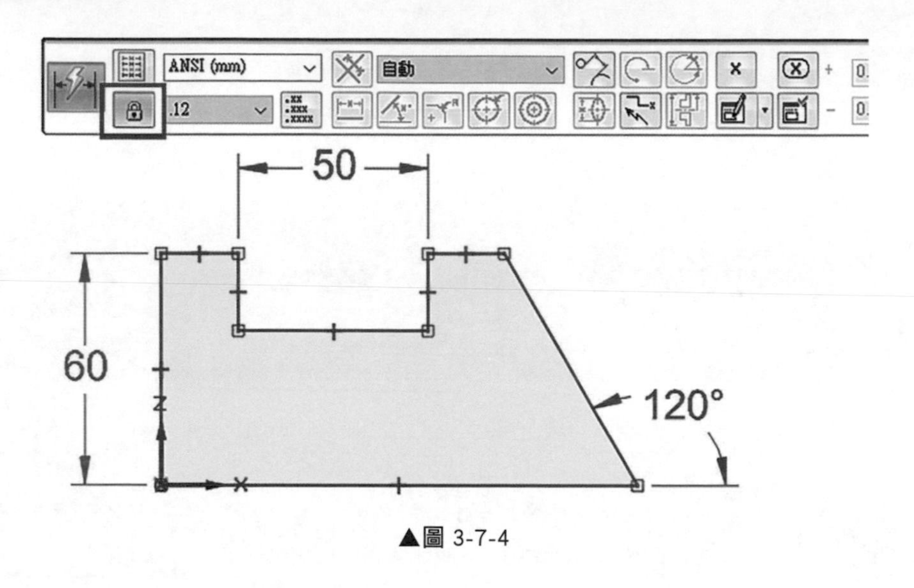

▲圖 3-7-4

備註 要變更鎖定的尺寸值，可點擊該尺寸值並輸入新值。如圖 3-7-5。

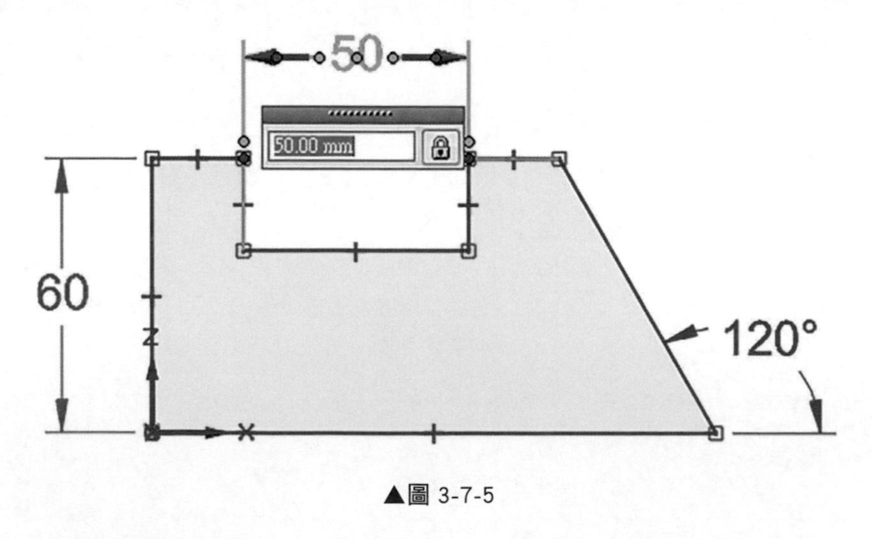

▲圖 3-7-5

❷ 草圖尺寸也會在立體模型中顯示出來，鎖定的尺寸呈現「紅色」，未鎖定的尺寸呈現「藍色」，您會發現這些鎖定的尺寸在模型的拖拉修改過程當中，不會因拉動而變更，還是一樣維持當初標註的值，而未鎖定的尺寸，可直接拖拉面進行快速修改，當然也可以給定參數來驅動。如圖 3-7-6。

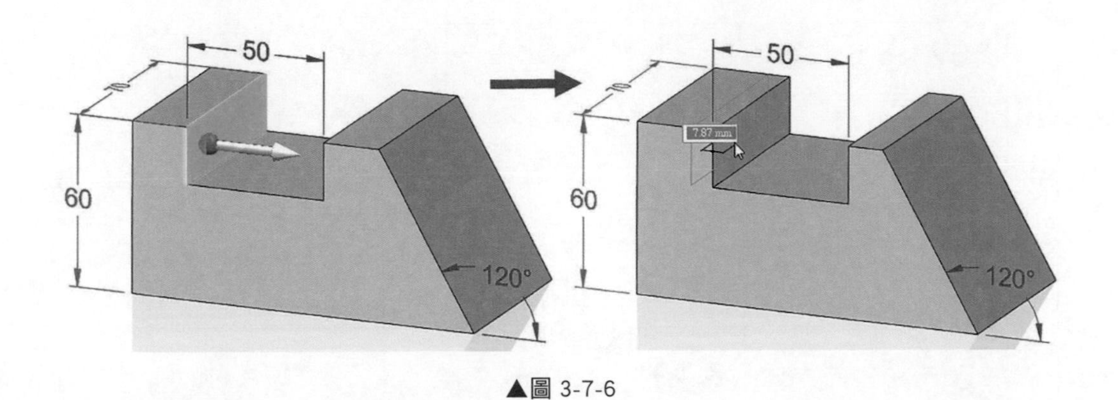

▲圖 3-7-6

練習範例

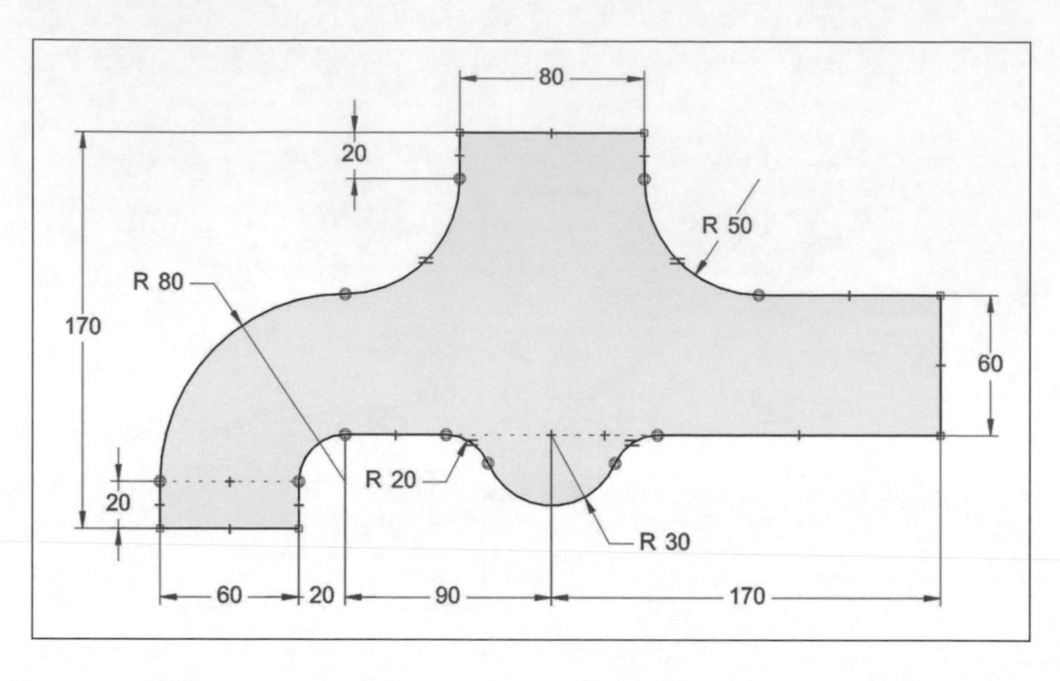

80
20
R 50
R 80
170
60
R 20
20
R 30
60
20
90
170

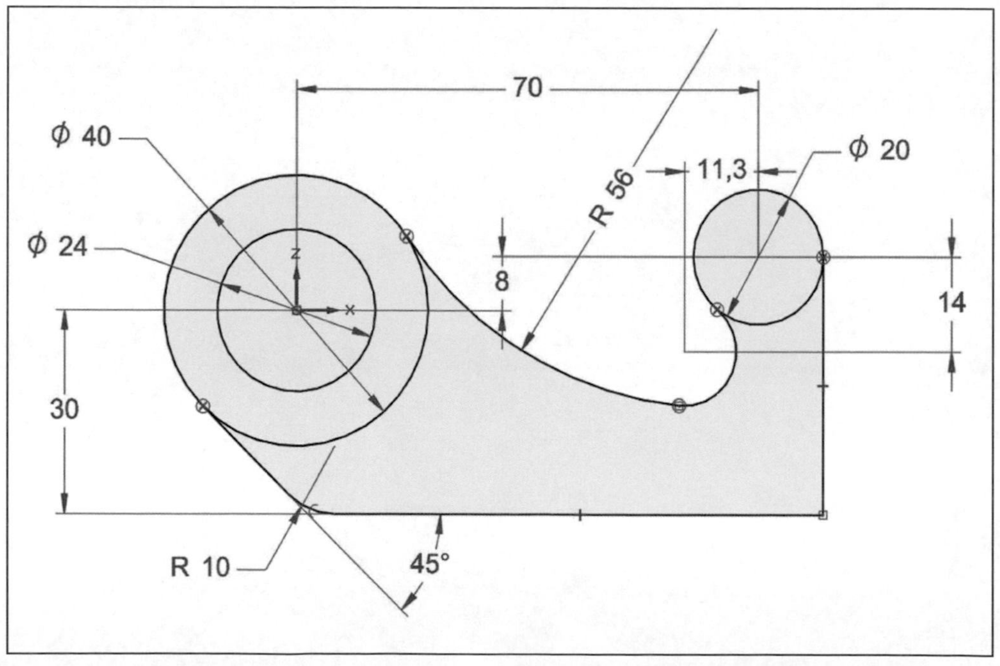

70
ϕ 40
R 56
11,3
ϕ 20
ϕ 24
8
14
30
R 10
45°

CHAPTER

4 建立基礎特徵

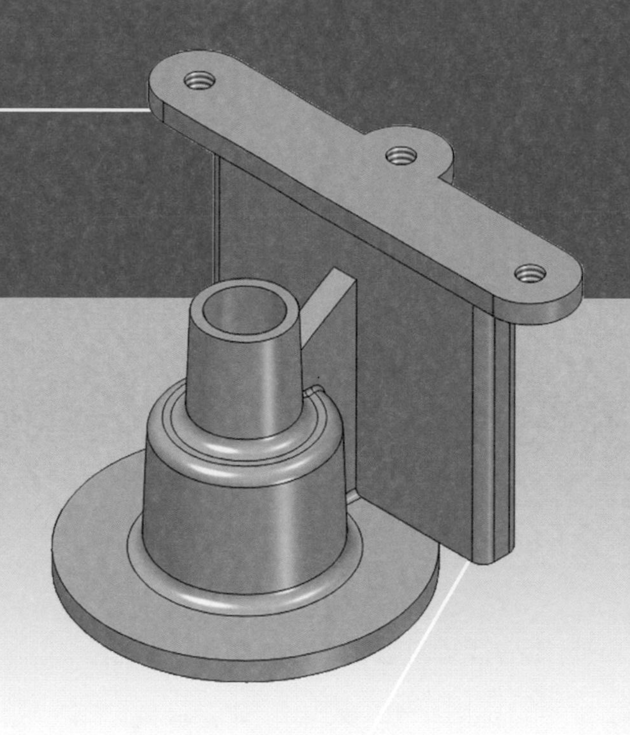

章節介紹

藉由此課程，您將會學到：

- 4-1 快速立體形狀
- 4-2 拉伸特徵
- 4-3 在面上建立拉伸特徵
- 4-4 拔模特徵
- 4-5 倒圓特徵
- 4-6 薄殼特徵
- 4-7 肋板特徵
- 4-8 孔特徵
- 4-9 同步建模與順序建模的差異
- 4-10 順序建模特徵
- 4-11 進階 - 變化倒圓特徵
- 4-12 順序建模 - 修改
- 4-13 總結 - Solid Edge 同步建模技術

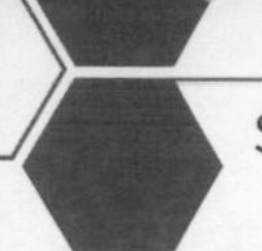

4-1 快速立體形狀

使用「立方」指令來快速建立「立方體」、「圓柱體」以及「球體」，並同時支援長料與除料特徵。如圖 4-1-1。

備註 「立方」指令位置：「首頁」→「實體」→「立方」。

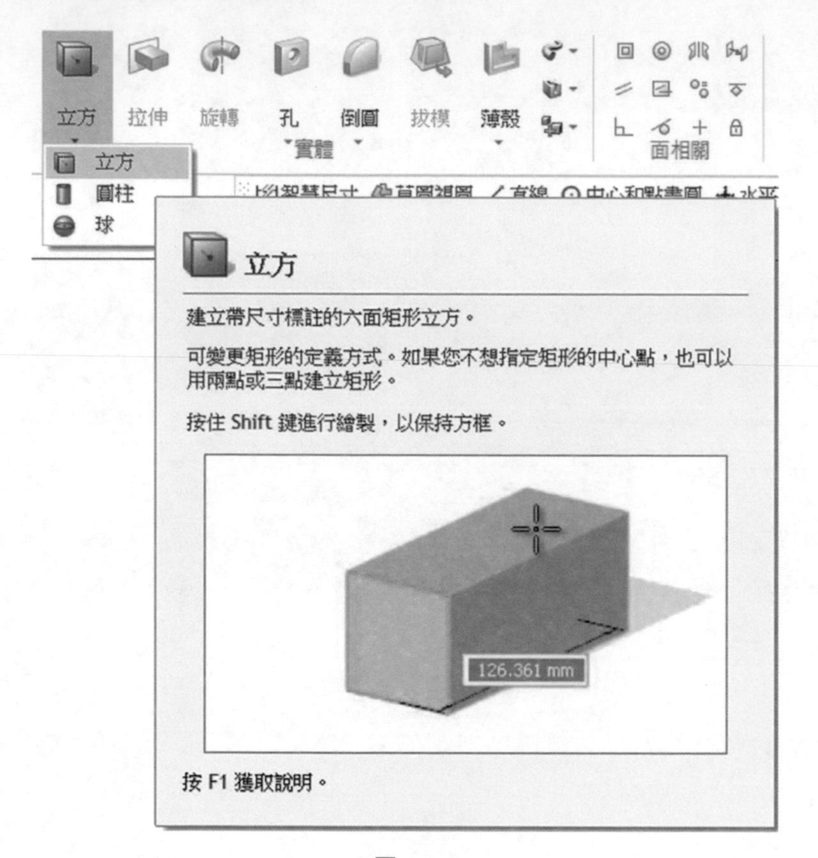

▲圖 4-1-1

❶ 利用「圓柱」指令來繪製圓柱體，進入範本 ISO 公制零件（同步建模）：在 Soild Edge 的初始頁面上點選 ISO 公制零件，進入零件建模環境底下，並且在「同步建模」底下操作。

❷ 點擊「立方」→「圓柱」：將滑鼠移到座標軸中的「俯視圖 (XY)」並鎖定 (XY) 平面，接著鎖定「原點」後可直接拉出圓形圖樣，如圖 4-1-2。

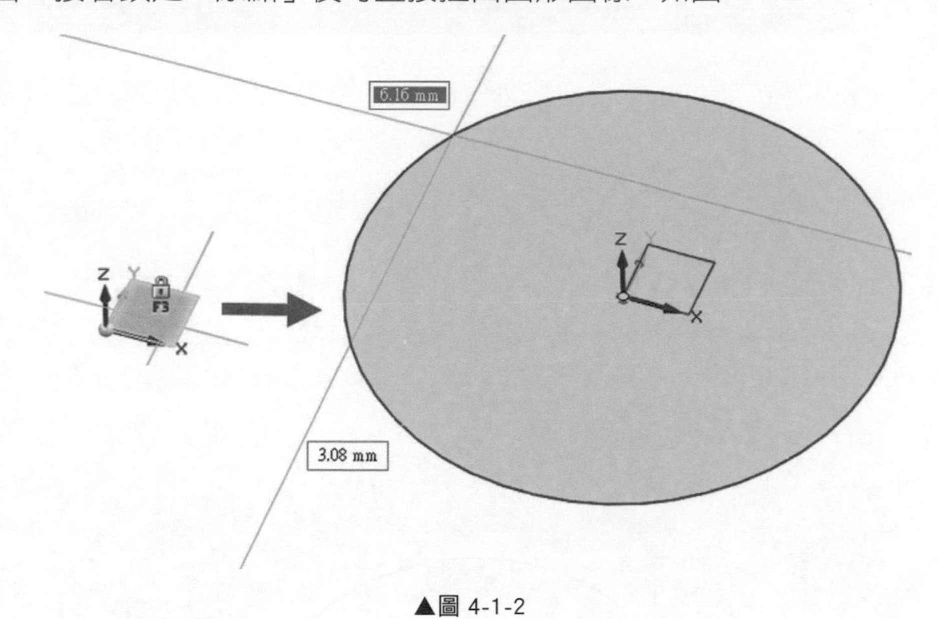

▲圖 4-1-2

❸ 出現反藍「尺寸框」可直接 Key in 數值，依範例輸入直徑 150 並拉伸長出 10mm，完成後如圖 4-1-3。

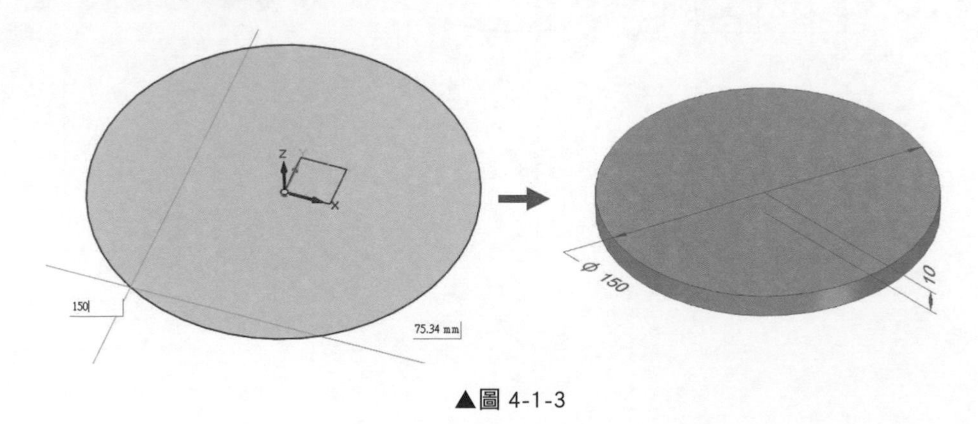

▲圖 4-1-3

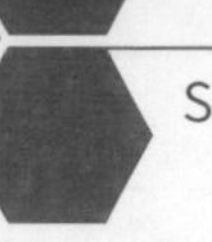

4-2 拉伸特徵

除了利用快速立體形狀建立特徵外，也可使用「拉伸」指令來建立實體特徵。「拉伸」指令是將已經繪製好的「封閉草圖」輪廓依照繪圖平面的垂直方向作拉伸「長料」或「除料」，即可完成立體的零件實體。

❶ 重複上述步驟，進入範本 ISO 公制零件（同步建模）：在 Soild Edge 的初始頁面上點選 ISO 公制零件，進入零件建模環境底下，並且在「同步建模」底下操作。

❷ 繪製「草圖」：在座標軸中的「俯視圖(XY)」上面繪製草圖，並用「智慧尺寸」標註相關尺寸，如圖 4-2-1。

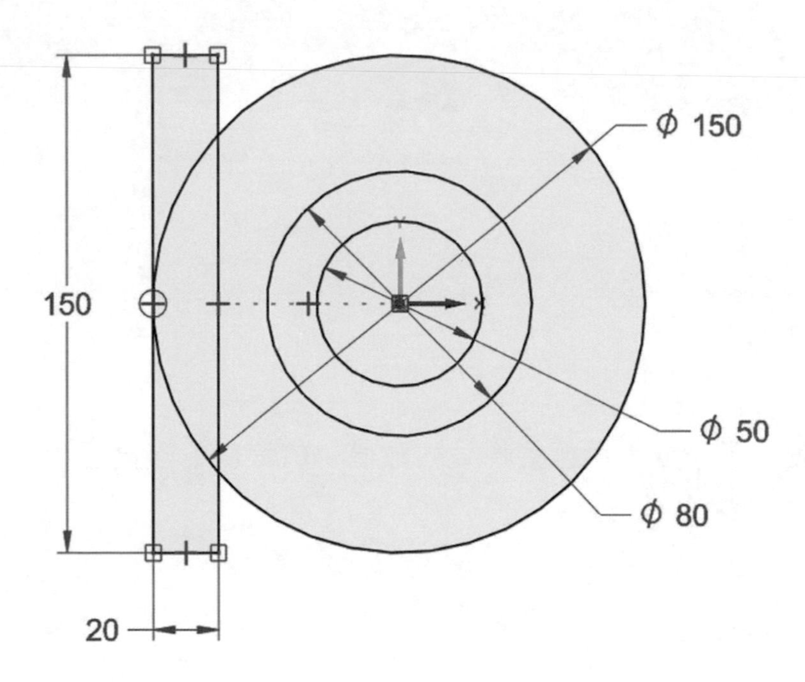

▲圖 4-2-1

備註 「智慧尺寸」指令位置：「首頁」→「尺寸」→「智慧尺寸」，如圖 4-2-2。

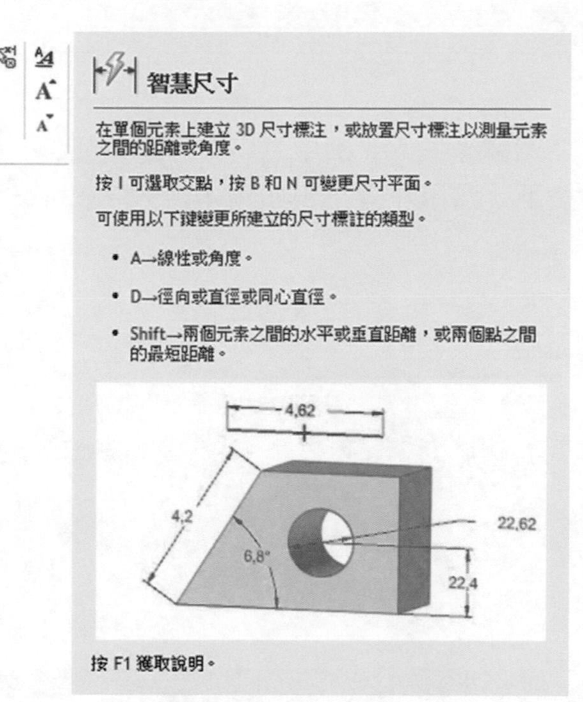

▲圖 4-2-2

❸ 從 2D 輪廓長成 3D 實體：選取「首頁」→「實體」→「拉伸」，如圖 4-2-3。

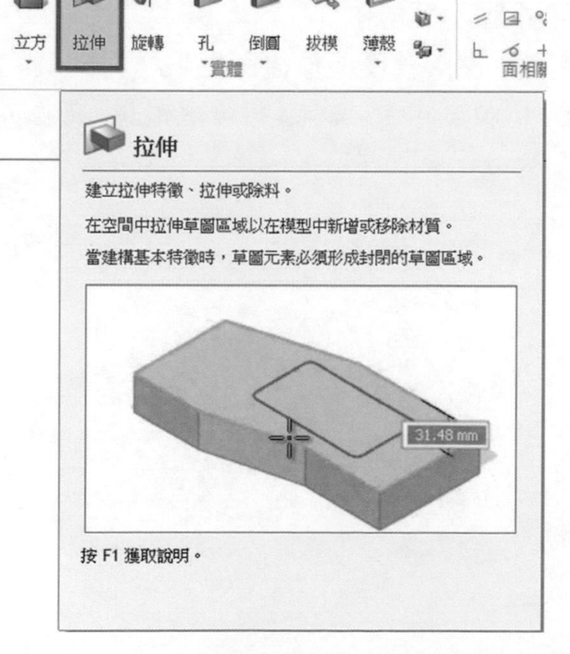

▲圖 4-2-3

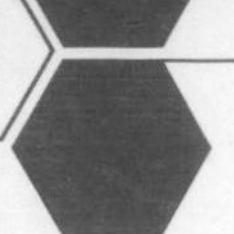

❹ 出現工具列，可選擇「鍵」、「有限」、「對稱」等設定相關，如圖 4-2-4。

▲圖 4-2-4

❺ 接著選取草圖鍵後按下「滑鼠右鍵」，定義量為「10mm」，滑鼠移動至輪廓下方然後按下「滑鼠左鍵」，如圖 4-2-5。

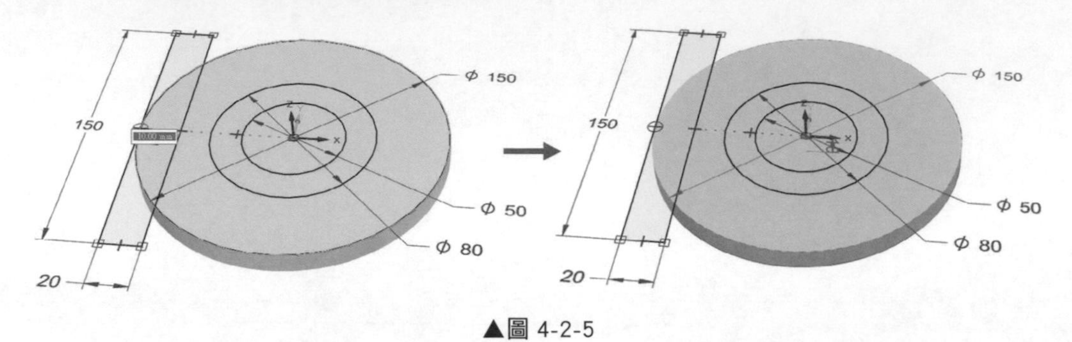

▲圖 4-2-5

4-3 在面上建立拉伸特徵

在現有模型上建立「拉伸 / 除料」特徵就是把實體的部分長出或除料，以達到設計所需要的實體外型。

❶ 建構「拉伸」特徵：點擊草圖區域後即出現「方向軸」和「工具列」，選取拉伸範圍「有限」以及拉伸 -「長料」等設定相關，如圖 4-3-1，點選「方向軸」後拉伸尺寸「60mm」，如圖 4-3-2。

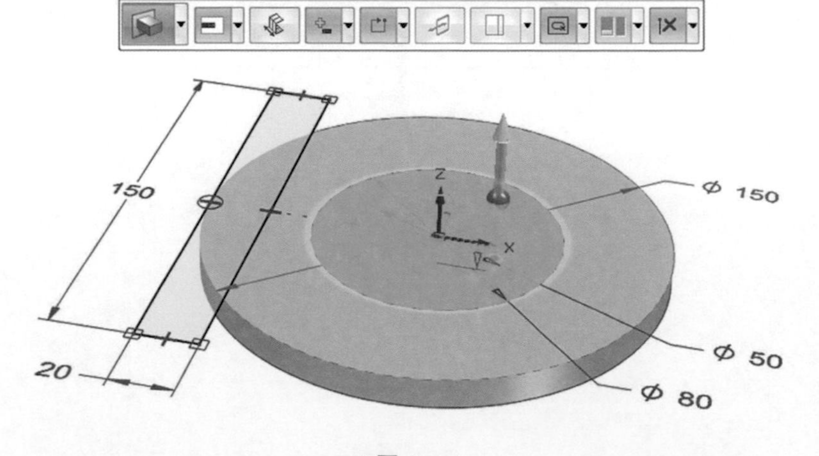

▲圖 4-3-1

備註 在圖 4-3-1 部分注意，在同步建模中，只要是草圖有在面上判斷有「封閉」，即可長出實體，不須要將草圖輪廓修剪至單一封閉。

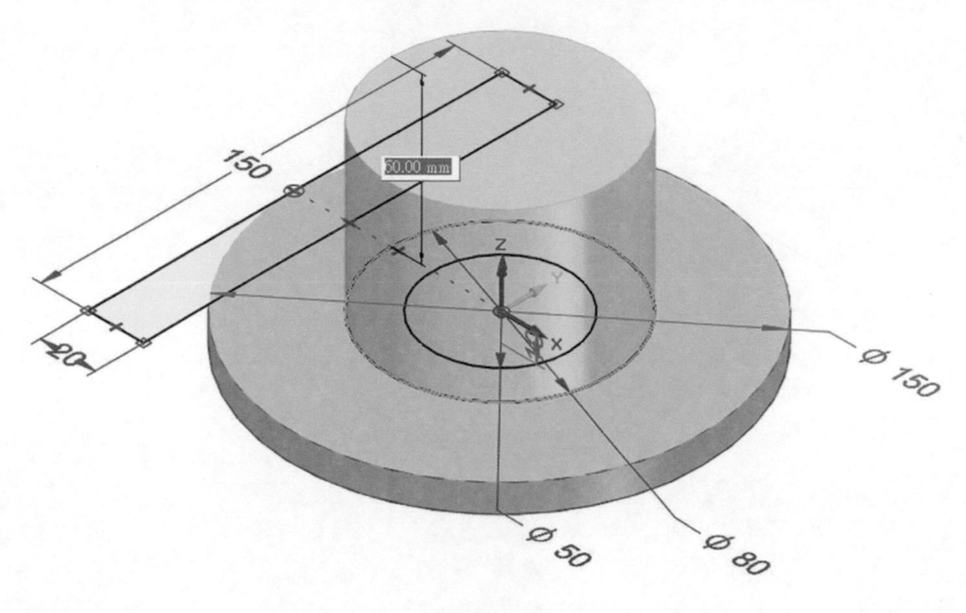

▲圖 4-3-2

❷ 將游標移動到草圖圓形上方，待游標變換為「快速選取」圖示時按滑鼠右鍵，並選取區域，如圖 4-3-3，出現方向軸，點選向上長料，輸入尺寸「110mm」，如圖 4-3-4。

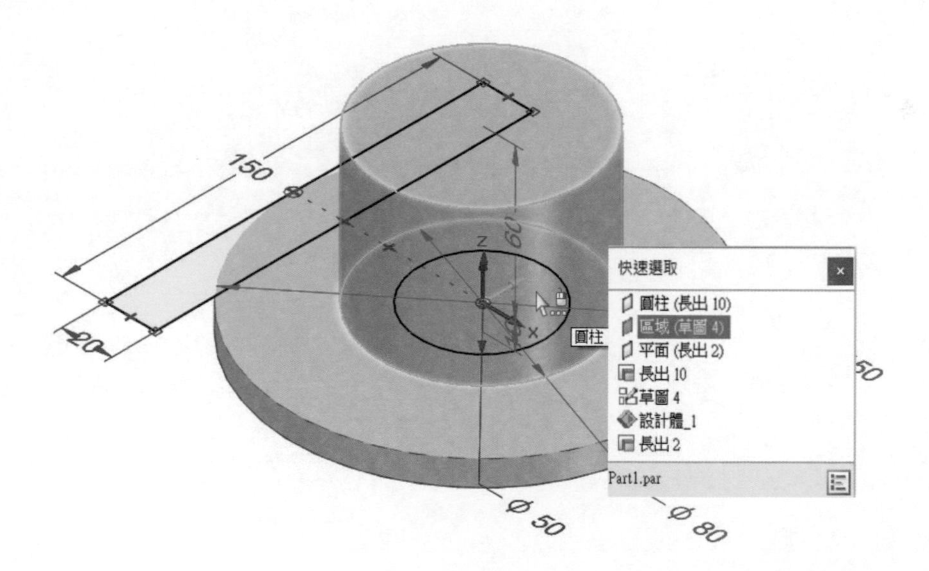

▲圖 4-3-3

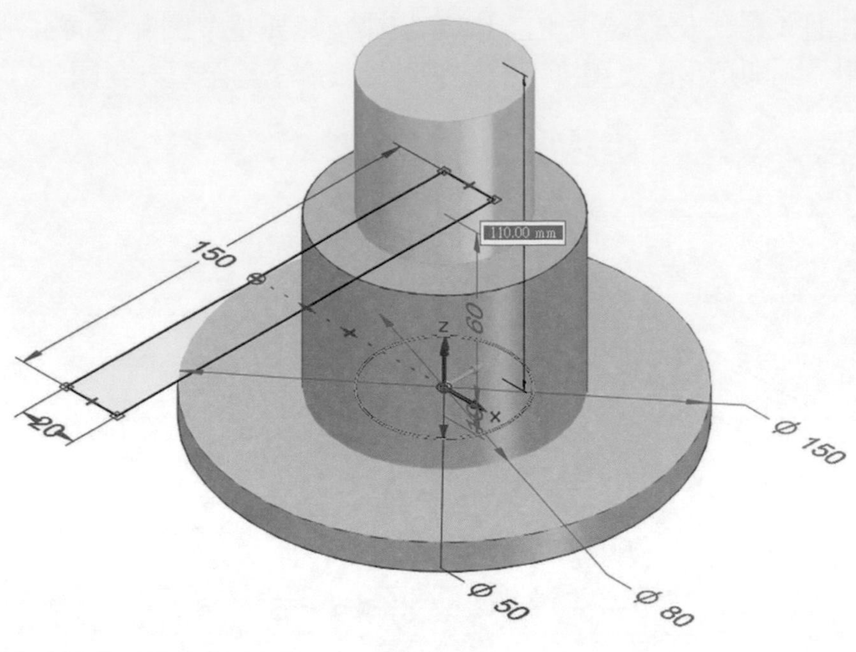

▲圖 4-3-4

❸ 重複「拉伸」特徵，將草圖矩形長料至「130mm」，如圖 4-3-5。

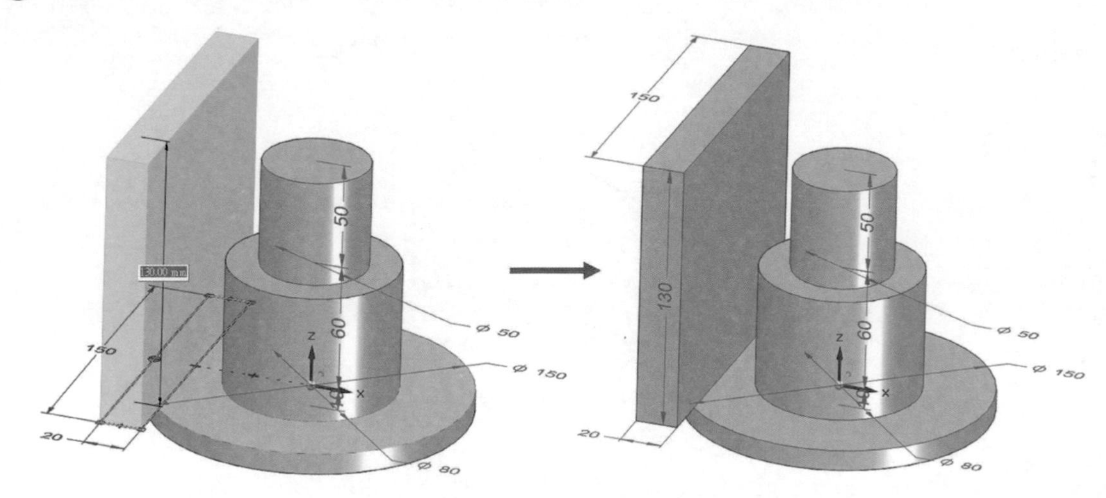

▲圖 4-3-5

4-4 拔模特徵

「拔模」特徵就是讓模型中所指定的面傾斜一個角度，讓物件可以在模具取出過程中更容易退出。

❶ 建構「拔模」特徵：選取「首頁」→「實體」→「拔模」，如圖 4-4-1。

▲圖 4-4-1

❷ 點擊「拔模」後出現工具列，如圖 4-4-2。

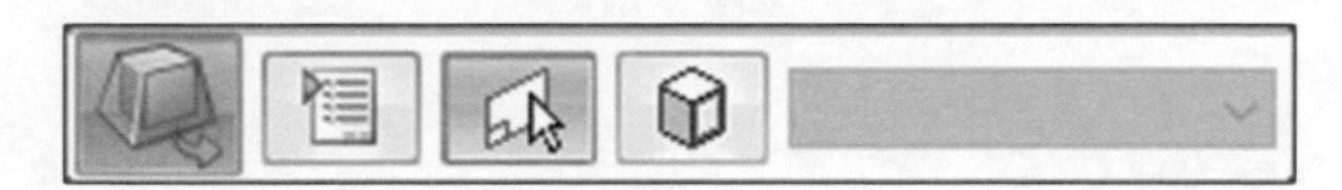

▲圖 4-4-2

❸ 選取：先選擇「拔模平面」為最底部的固定面，選取之後固定平面會以橘色亮顯，如圖 4-4-3。

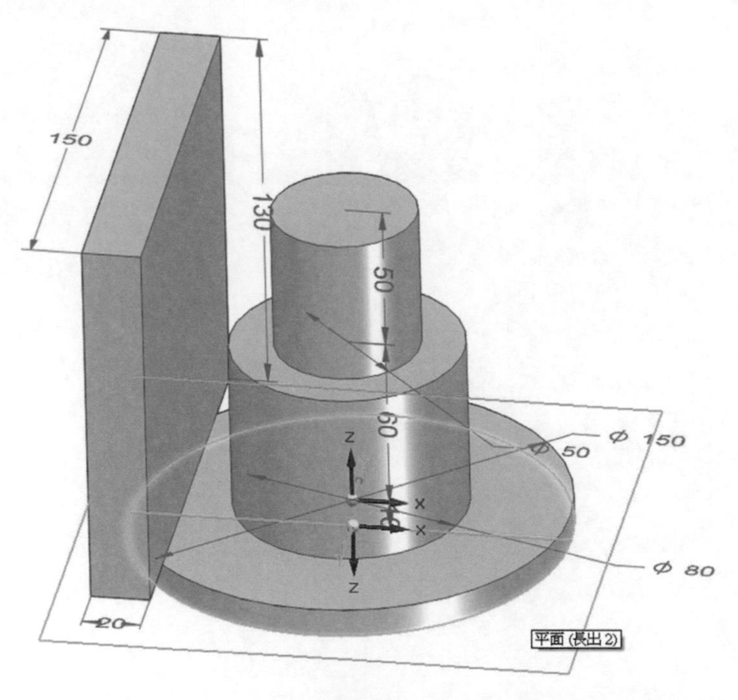

▲圖 4-4-3

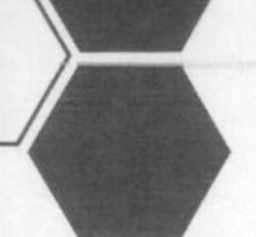

❹ 選取需拔模的面為上下圓柱面，點擊白色箭頭選擇拔模方向為「內側」方向，拔模角度為「2°」確定後按下「滑鼠右鍵」，如圖 4-4-4。

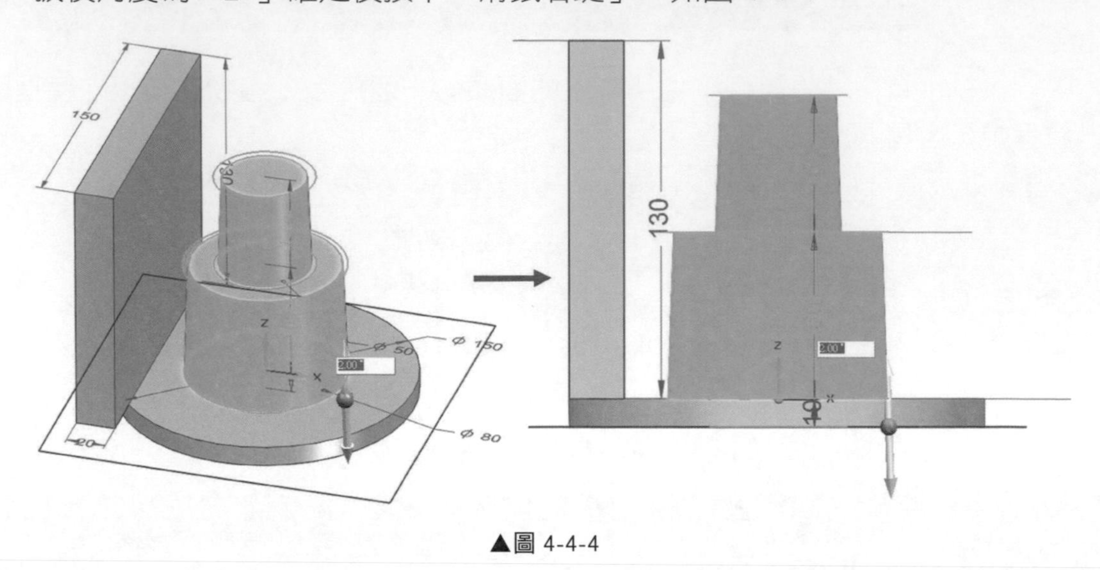

▲圖 4-4-4

❺ 完成：「拔模」後，如圖 4-4-5。

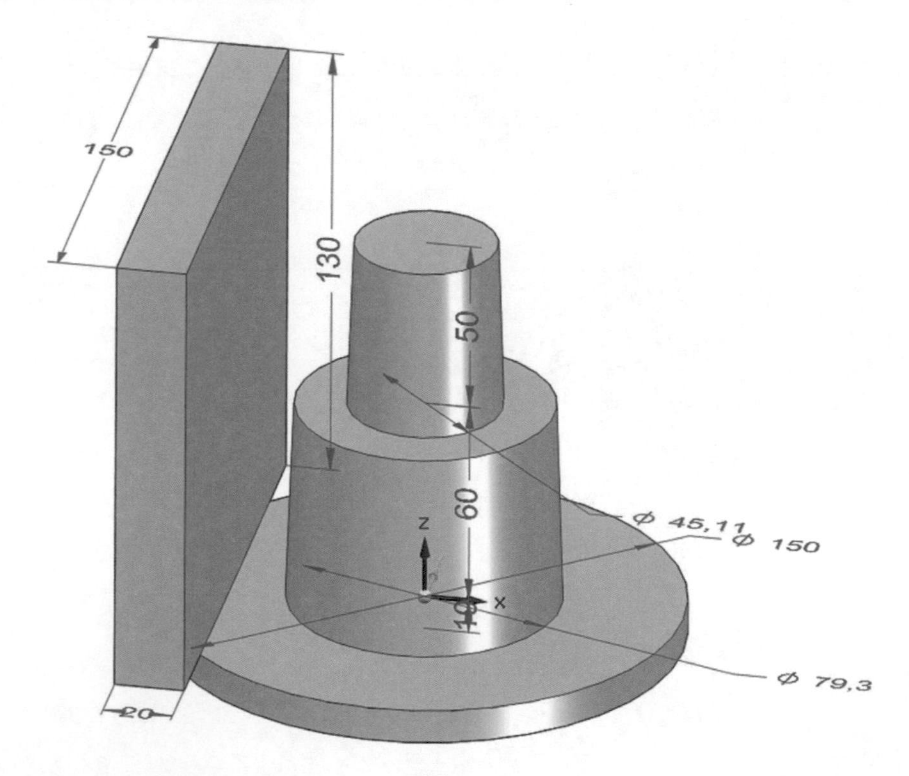

▲圖 4-4-5

4-5 倒圓特徵

倒圓特徵就是讓模型中所指定邊加以「倒圓角」，讓模型可以更圓滑，以「內圓角」或「外圓角」兩者皆可建立。

❶ 建構「倒圓」特徵：選取「首頁」→「實體」→「倒圓」，如圖 4-5-1。會出現工具列，如圖 4-5-2。

▲圖 4-5-1

▲圖 4-5-2

❷ 選取：接著選取所需要倒圓的「邊」或「鏈」，有七條邊線需要倒圓 R 值為「6mm」，可參考圖 4-5-3 亮顯處，全部選取之後按下「滑鼠右鍵」，完成後如圖 4-5-3。

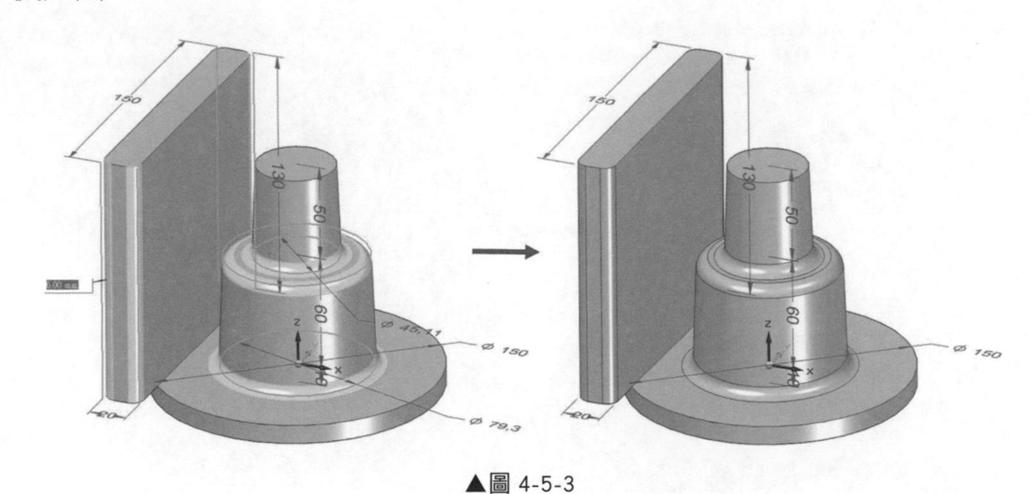

▲圖 4-5-3

4-6 薄殼特徵

使用「薄殼特徵」時，若沒有選擇實體的任何一面時，薄殼後實體零件將會產生中空實體狀態；若有點選「開放面」，該面的邊緣跟內部即成輸入值後的「薄殼厚度」；若點選「新增或排除面」，可以將該面新增或排除在特徵之外。

❶ 建構「薄殼」：選取「首頁」→「實體」→「薄殼」，如圖 4-6-1。

▲圖 4-6-1

❷ 在指令條上選擇「薄殼－開放面」，如圖 4-6-2。

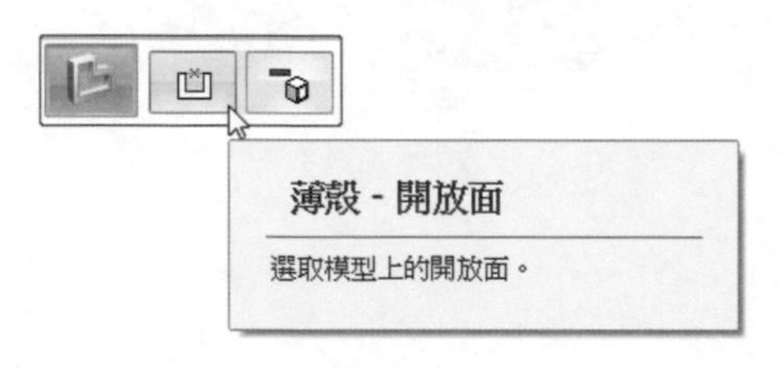

▲圖 4-6-2

❸ 點選模型上面與下面的模型面，如圖 4-6-3，定義薄殼值為「3mm」。

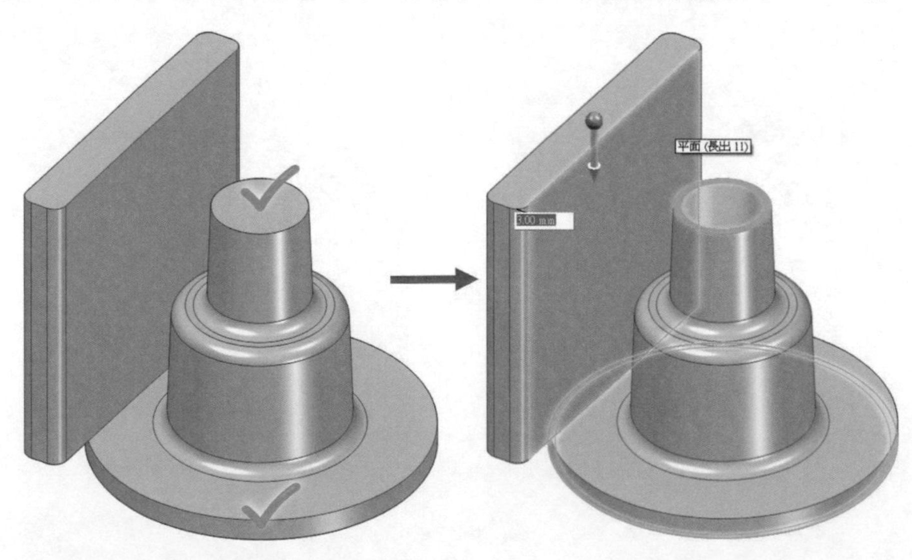

▲圖 4-6-3

❹ 點選「薄殼 - 新增或排除面」，如圖 4-6-4。

▲圖 4-6-4

❺ 將矩形處框選，完成後按下「滑鼠右鍵」，如圖 4-6-5。

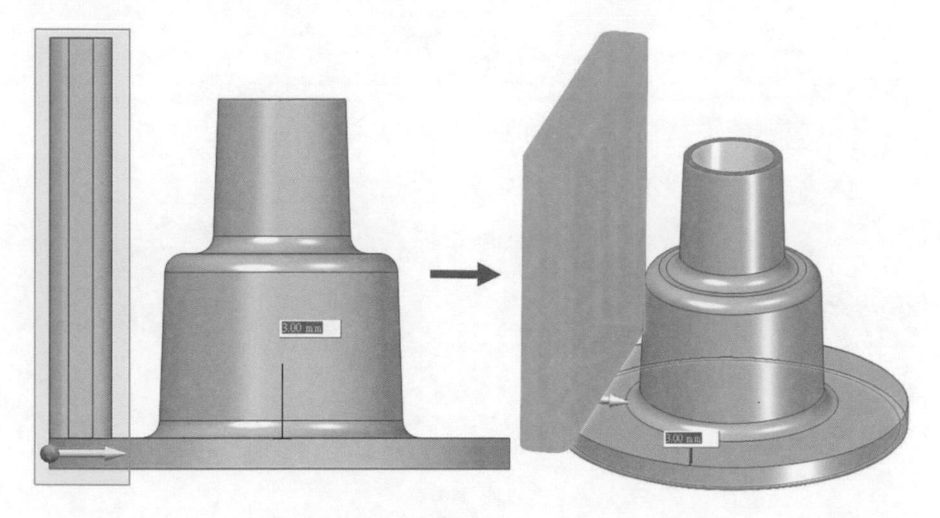

▲圖 4-6-5

❻ 完成後如圖 4-6-6，僅圓柱部分進行薄殼，矩形則會排除在薄殼特徵之外。

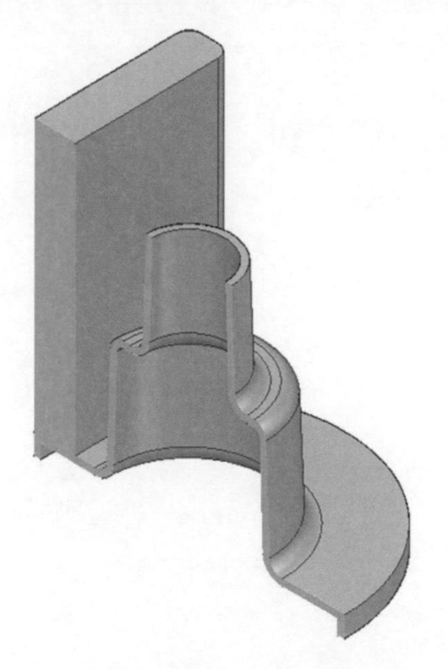

▲圖 4-6-6

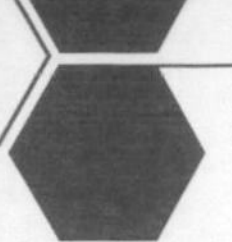

4-7 肋板特徵

「肋板」特徵可利用單一線段或草圖來延伸至模型上建立出肋板，通常做為補強或支撐等效果。

❶ 繪製「肋板」草圖：點選前視圖 (XZ) 繪製草圖並標註尺寸，草圖為單一線段如圖 4-7-1。

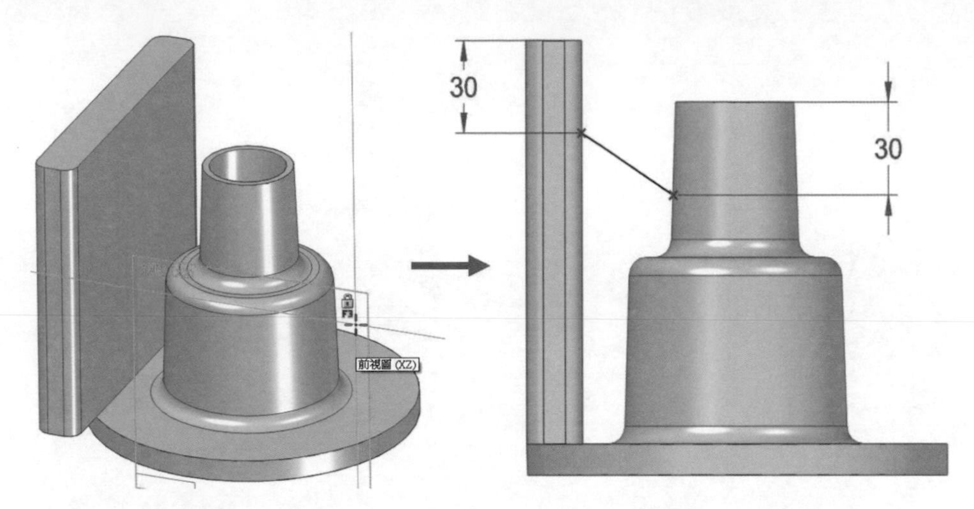

▲圖 4-7-1

❷ 建立「肋板」特徵：選取「首頁」→「實體」→「薄殼」→「肋板」，如圖 4-7-2。

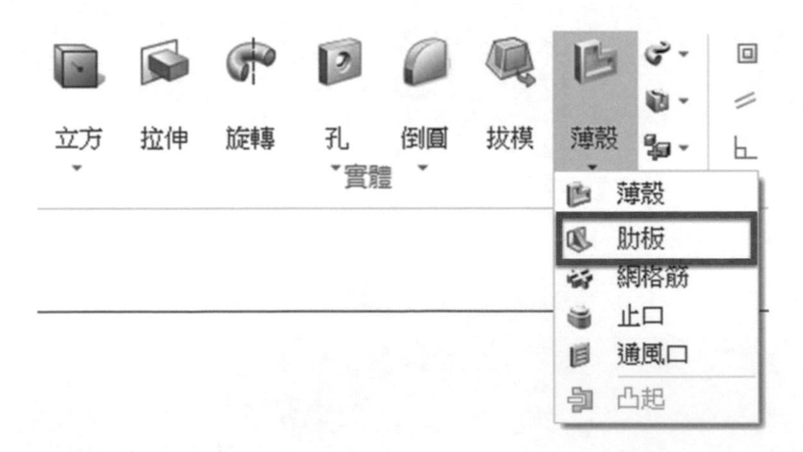

▲圖 4-7-2

❸ 出現「肋板」工具列，如圖 4-7-3。

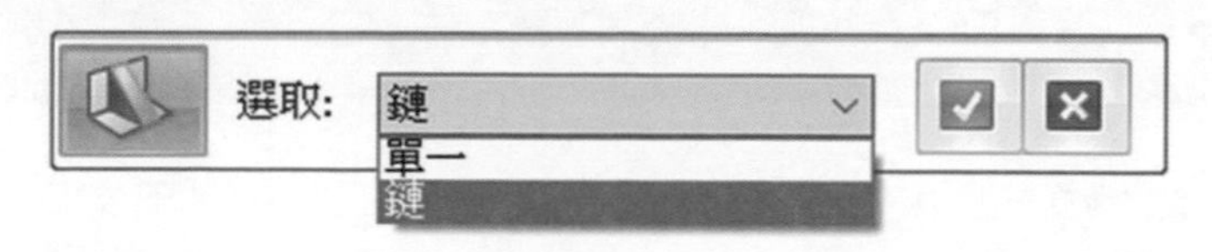

▲圖 4-7-3

❹ 選取：選擇先前繪製的草圖線段後按下「滑鼠右鍵」，接著出現下列工具列，如圖 4-7-4。

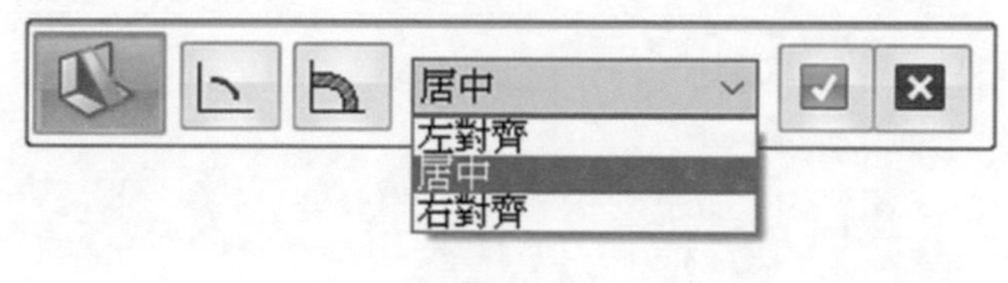

▲圖 4-7-4

❺ 肋板長出：選擇「方向」後，輸入肋板厚度值為「12mm」按下「滑鼠右鍵」，即可完成肋板長出，完成後如圖 4-7-5。

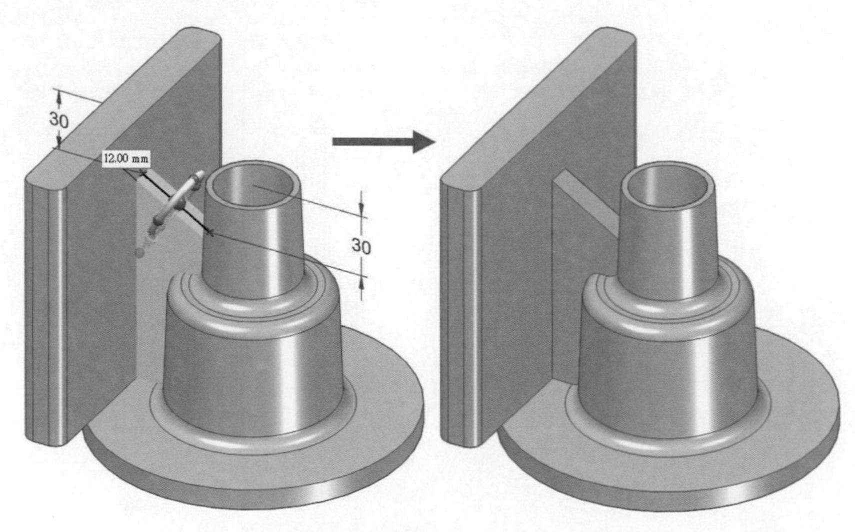

▲圖 4-7-5

4-8 孔特徵

使用「孔」特徵就是在實體中建立孔規格的工具，利用它可以建立「簡單孔(A)」、「螺紋孔(B)」、「錐孔(C)」、「埋頭孔(D)」、「沉頭孔(E)」，如圖 4-8-1。

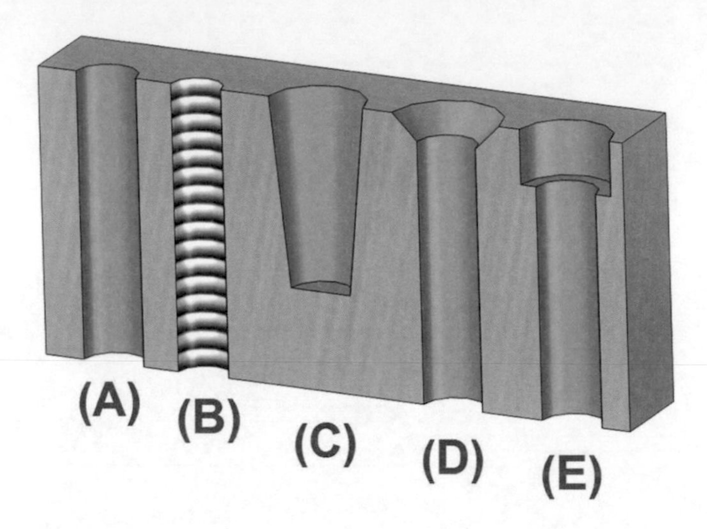

▲圖 4-8-1

❶ 重複「4-3 在面上建立拉伸特徵」，在頂部面繪製草圖完畢後，如圖 4-8-2，接下來建構拉伸特徵，輸入「10mm」，如圖 4-8-3。

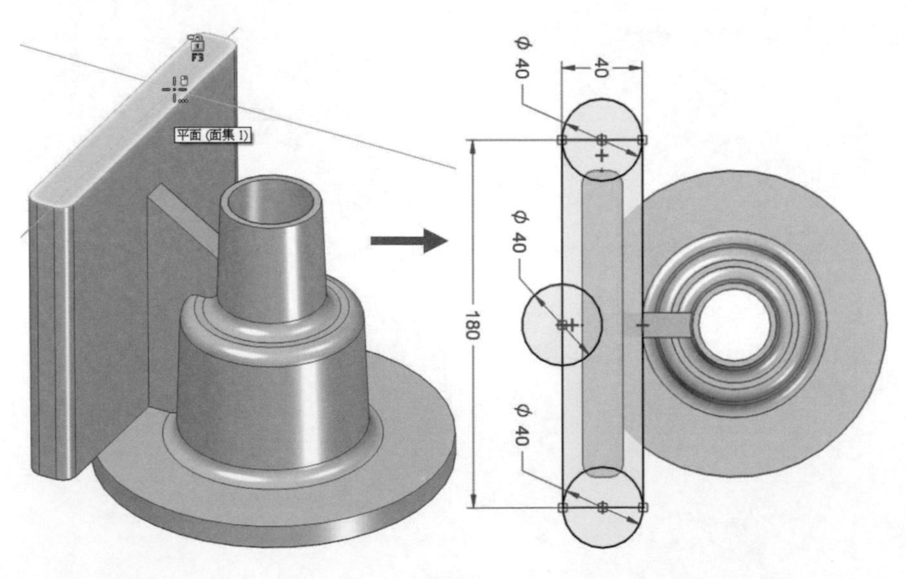

▲圖 4-8-2

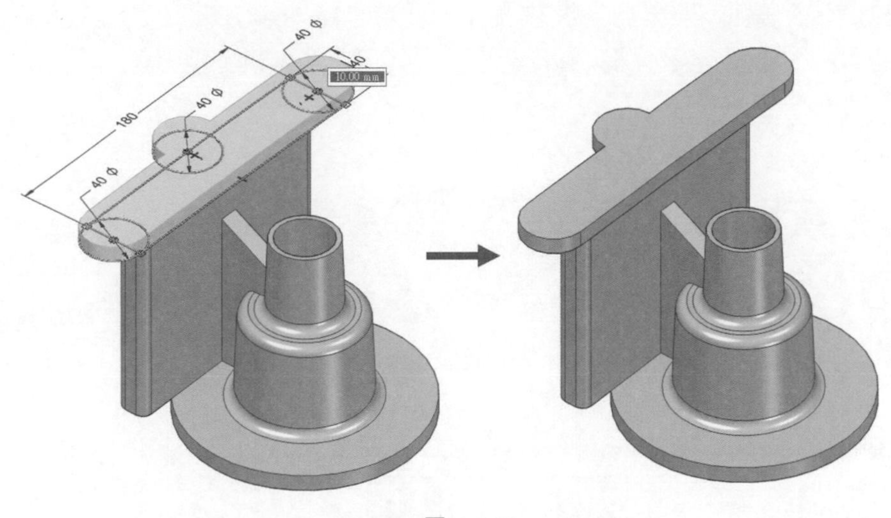

▲圖 4-8-3

❷ 加入「螺紋孔」特徵：點選「首頁」→「實體」→「孔」，如圖 4-8-4。

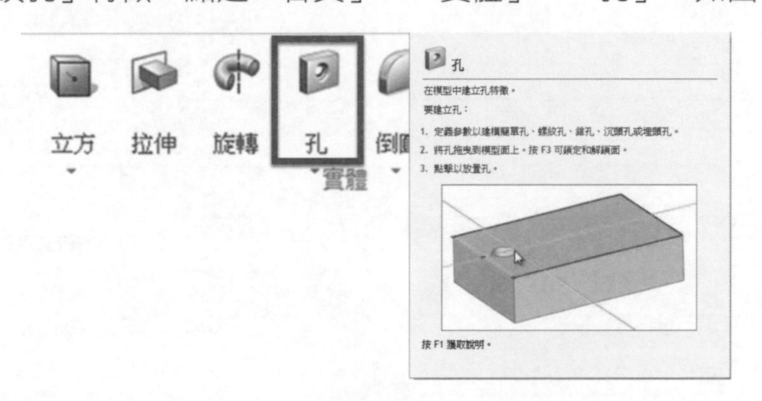

▲圖 4-8-4

❸ 接著出現孔特徵工具列，如圖 4-8-5。

▲圖 4-8-5

❹ 選擇孔選項，選取：類型 -「螺紋孔」、子類型 -「標準螺紋」、大小 -「M14」、螺紋範圍 -「至孔全長」以及孔範圍 -「貫穿」，如圖 4-8-6。

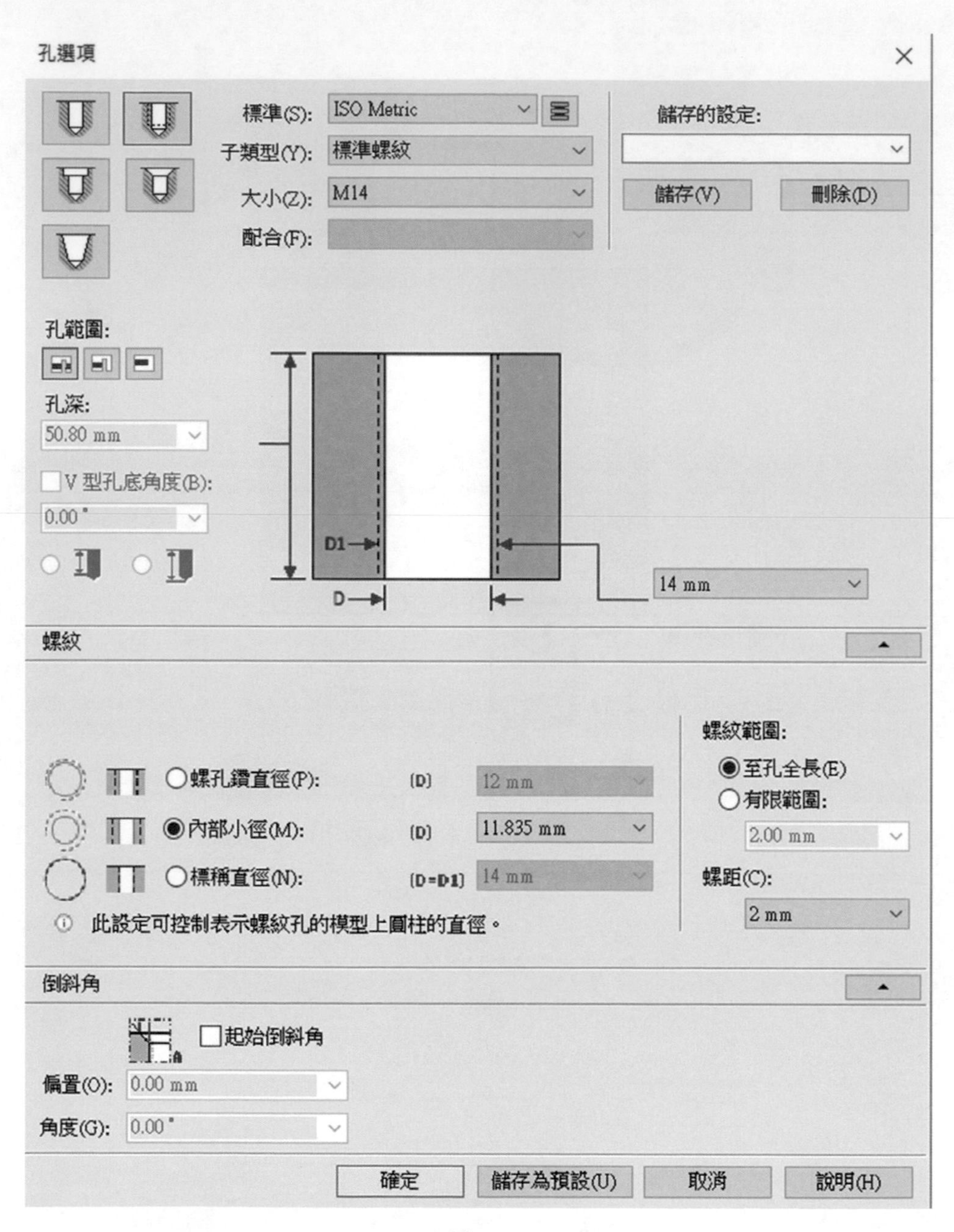

▲圖 4-8-6

❺ 「確定」之後，先點選要建立孔的平面，接著在下方角落放置三個孔，並鎖定同圓心，完成後如圖 4-8-7。

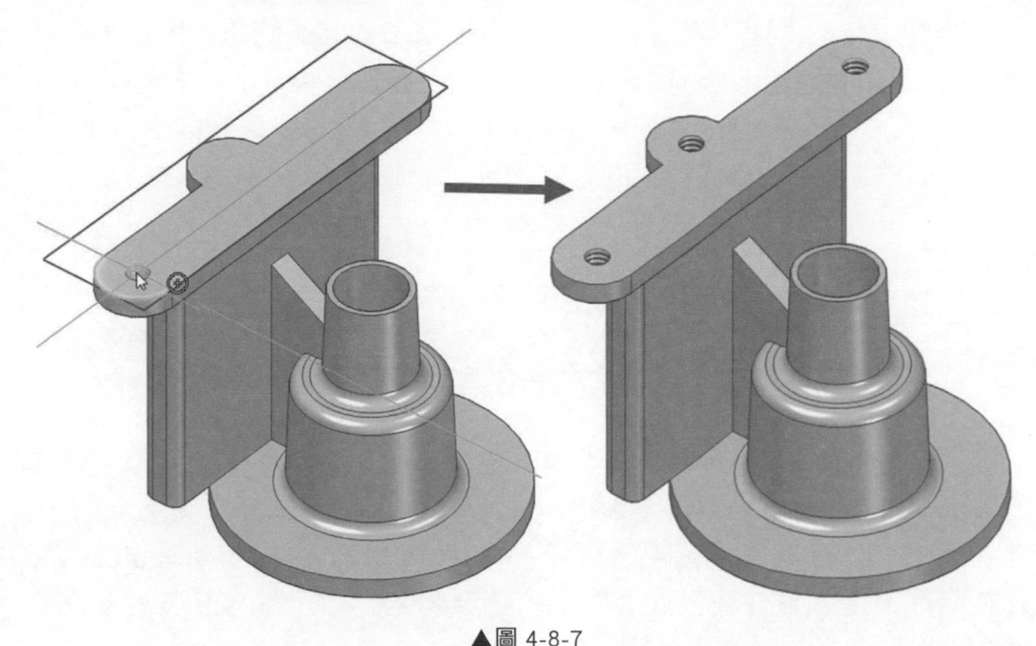

▲圖 4-8-7

4-9 同步建模與順序建模的差異

進行 3D 設計的過程當中，Solid Edge 提供了「同步建模」以及「順序建模」兩種方式，最主要的差別是：

- 在「同步建模」下，所建立的特徵稱為「同步特徵」。

  Solid Edge 使用具有專利的同步約束解算程式功能，單純的以幾何為考量，當點擊 3D 模型時是直接分析幾何圖形，不藉由歷史特徵來驅動，相對於傳統的特徵建模，擁有速度和靈活性，同時也兼具完整的參數控制。

- 在「順序建模」下，所建立的特徵稱為「順序特徵」。

  所有的特徵、草圖是有父子關係的，必須考慮特徵建構的先後順序，修改是藉由歷史紀錄來驅動，也就是特徵的編修跟草圖是有關連性的，修改完成之後特徵需要重新計算。

特性：

您可以選擇在「同步建模」或「順序建模」環境下單獨進行設計，也可以「同步建模」與「順序建模」混合使用，隨時進行切換。

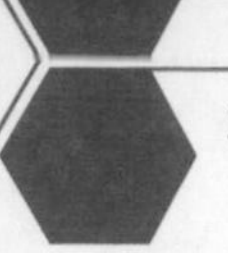

Solid Edge 允許「順序建模」所建構的特徵，可以拋轉成「同步建模」的特徵，就能使用同步建模的直覺性修改。

要注意的是，「同步建模」的特徵，特性是沒有父子關係，所以拋轉後父子關係會被打斷，而因此「同步建模」的特徵是沒有辦法移轉成「順序建模」的特徵。

備註 在混合模式下，即使在「順序建模」的環境下，當您點擊到的是「同步特徵」還是可以使用「同步建模」的方式來進行編修，不需再特別進行切換。

4-10 順序建模特徵

延續章節 4-1~4-8 的範例內容，接下來將使用「順序建模」的方式再建構一次，讓用戶可以比較一下「順序建模」與「同步建模」之間的差異。

❶ 進入範本 ISO 公制零件（順序建模）：在 Soild Edge 的初始頁面上點選 ISO 公制零件，進入零件建模環境底下，在環境空白處按「滑鼠右鍵」進入「順序建模」，並且在「順序建模」底下操作。

備註 或是先進入零件範本，再由「工具」→「模型」中→選擇「順序建模」。

❷ 點選繪製「草圖」指令：選取「首頁」→「草圖」→「草圖」，如圖 4-10-1。

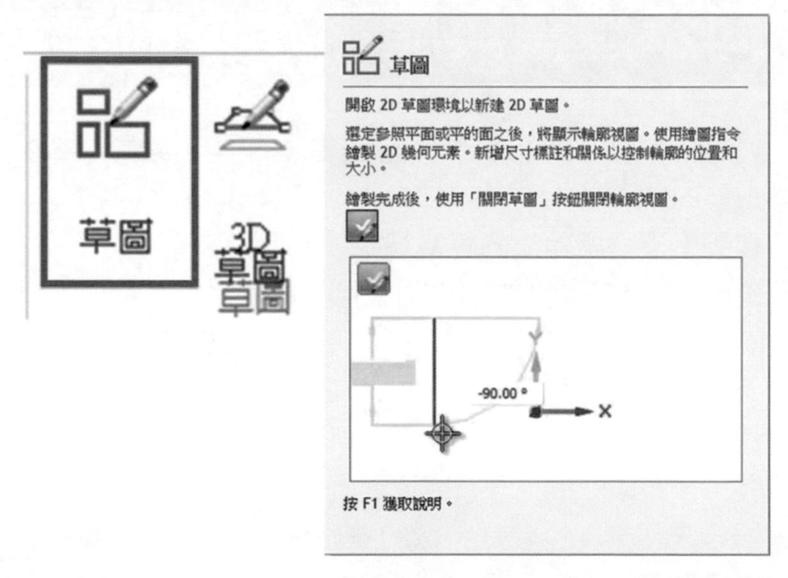

▲圖 4-10-1

❸ 選取要繪製草圖的「基準面」：出現草圖工具列並選擇「重合面」，如圖 4-10-2。

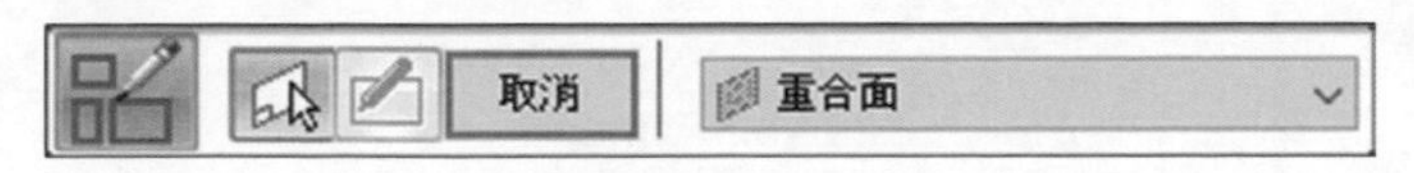

▲圖 4-10-2

❹ 點選座標軸中的俯視圖 (XY)，如圖 4-10-3。

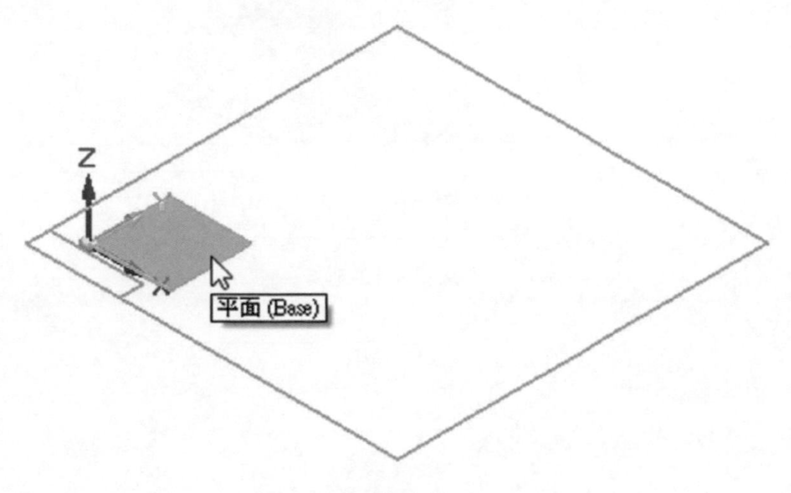

▲圖 4-10-3

❺ 繪製「草圖」：視圖會自動轉正為該視圖的草圖視圖，繪製草圖，並用「智慧尺寸」標註相關尺寸，完成後點擊「關閉草圖」，如圖 4-10-4。

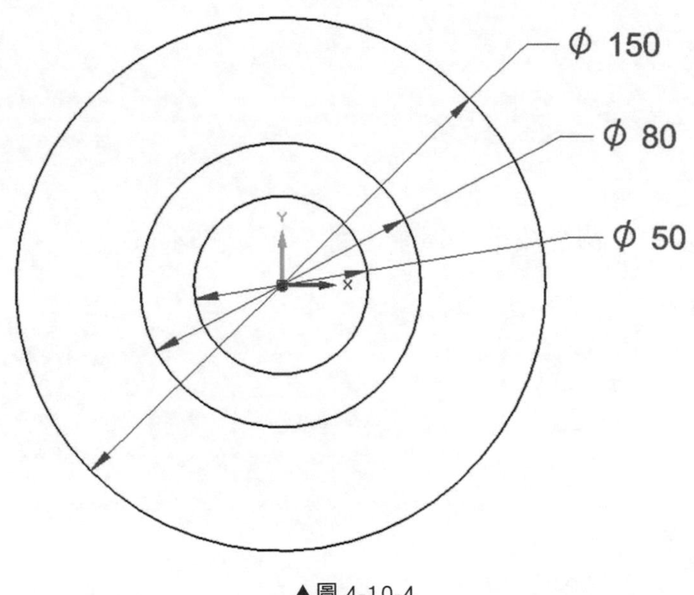

▲圖 4-10-4

❻ 從 2D 輪廓長成 3D 實體：選取「首頁」→「實體」→「拉伸」，如圖 4-10-5。

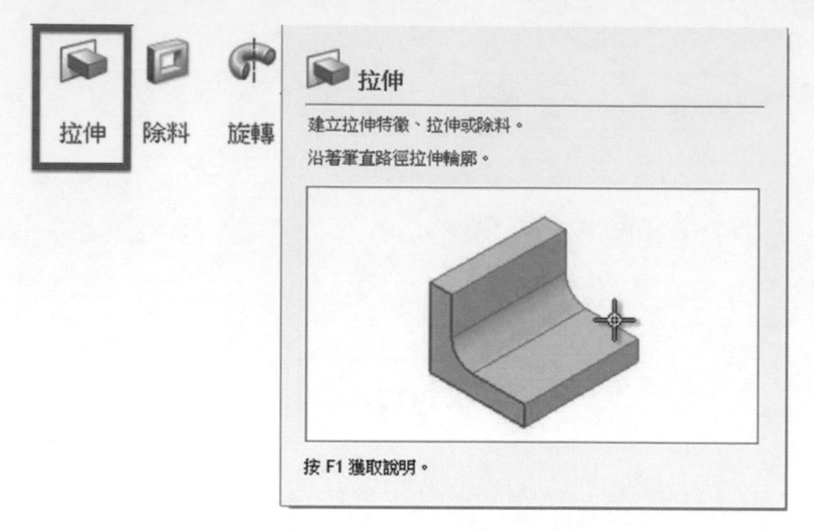

▲圖 4-10-5

❼ 出現工具列，並選擇「從草圖選取」跟「鏈」，如圖 4-10-6。

▲圖 4-10-6

❽ 點擊剛剛繪製的草圖後按下「滑鼠右鍵」，如圖 4-10-7。

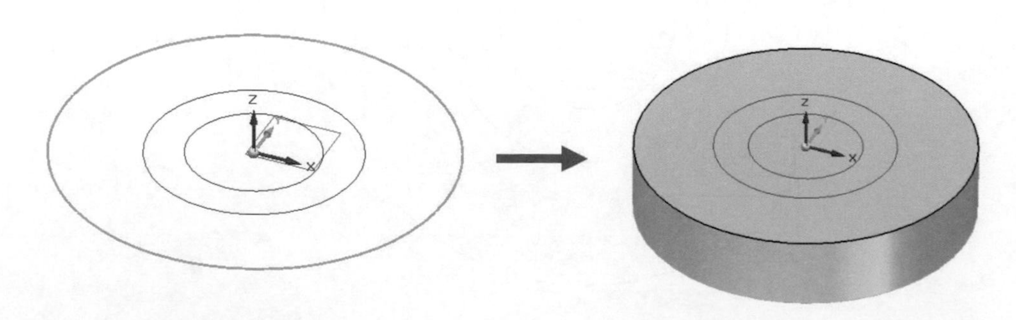

▲圖 4-10-7

❾ 此時，工具列會變成拉伸的工具列，選擇「非對稱」、「拉伸 - 有限延伸」，拉伸的距離為「10mm」後按下「滑鼠右鍵」，選擇平面往下拉伸的方向按下「滑鼠左鍵」，完成後如圖 4-10-8。

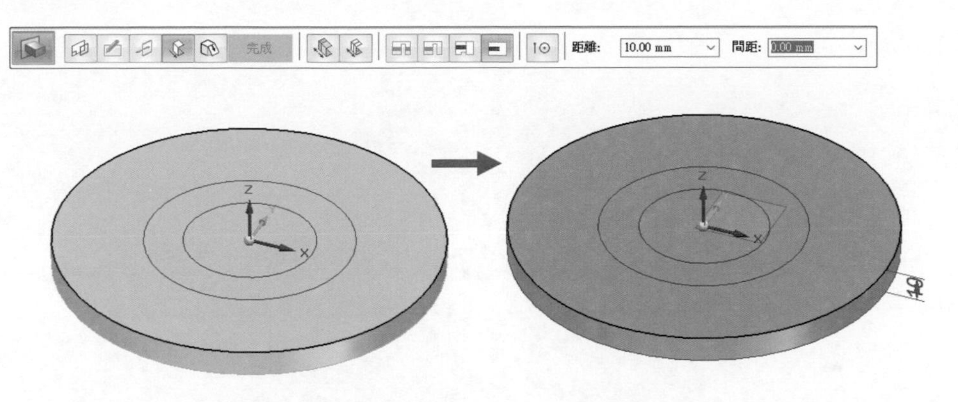

▲圖 4-10-8

❿ 重複三次拉伸步驟，各別輸入拉伸距離為大圓「60mm」、小圓「110mm」，完成後如圖 4-10-9。

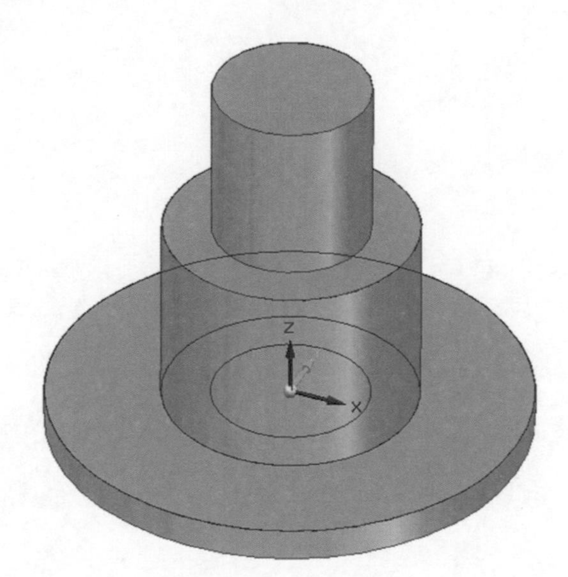

▲圖 4-10-9

⓫ 建構「拔模」特徵：選取「首頁」→「實體」→「拔模」，如圖 4-10-10。

▲圖 4-10-10

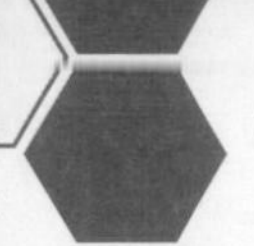

⓬ 出現「拔模」工具列，選取底部為固定平面，選取之後固定平面會以橘色亮顯，如圖 4-10-11。

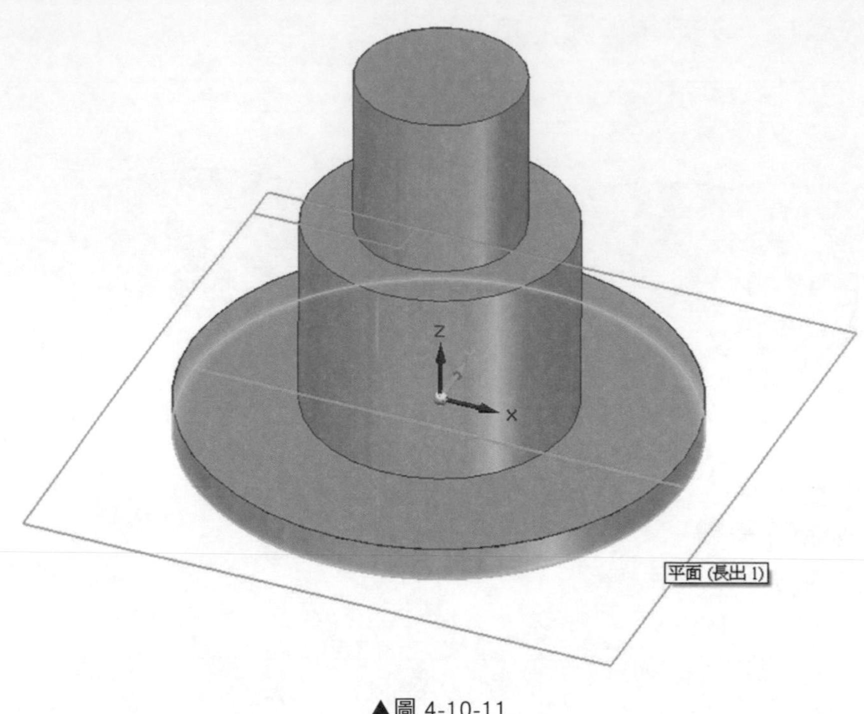

▲圖 4-10-11

⓭ 接下來選取需拔模的面為上下圓柱面，點擊箭頭選擇拔模往內側方向，定義量為「2°」，接下來「滑鼠右鍵」「接受」→「滑鼠右鍵」「下一步」→「滑鼠左鍵」「選擇方向」→「滑鼠右鍵」「完成」，如圖 4-10-12。

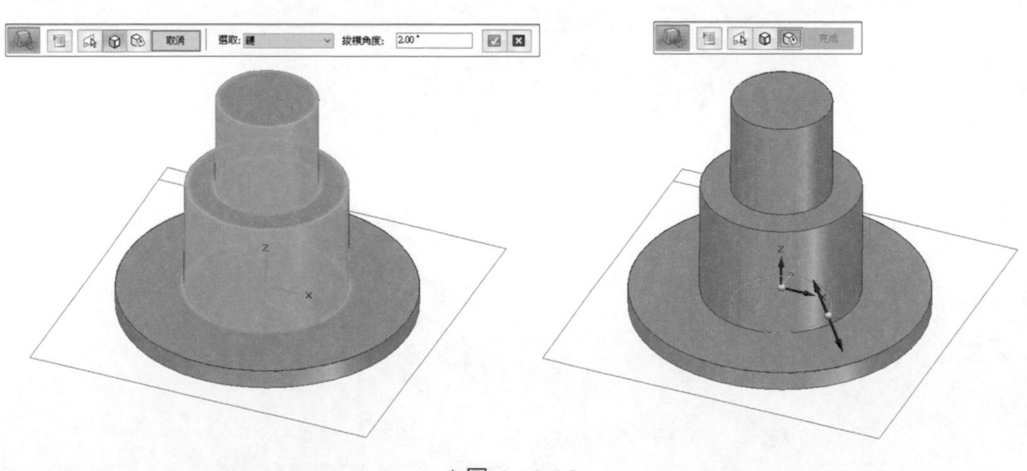

▲圖 4-10-12

⓮ 建構「倒圓」特徵：選取「首頁」→「實體」→「倒圓」。如圖 4-10-13。

▲圖 4-10-13

⓯ 出現「倒圓」工具列，設定「鏈」、半徑為「6mm」，有三條邊線需要倒圓，可參考圖 4-10-14 亮顯處，全部選取之後點擊「接受」「滑鼠右鍵」→「滑鼠右鍵」「預覽」→「滑鼠右鍵」「完成」。

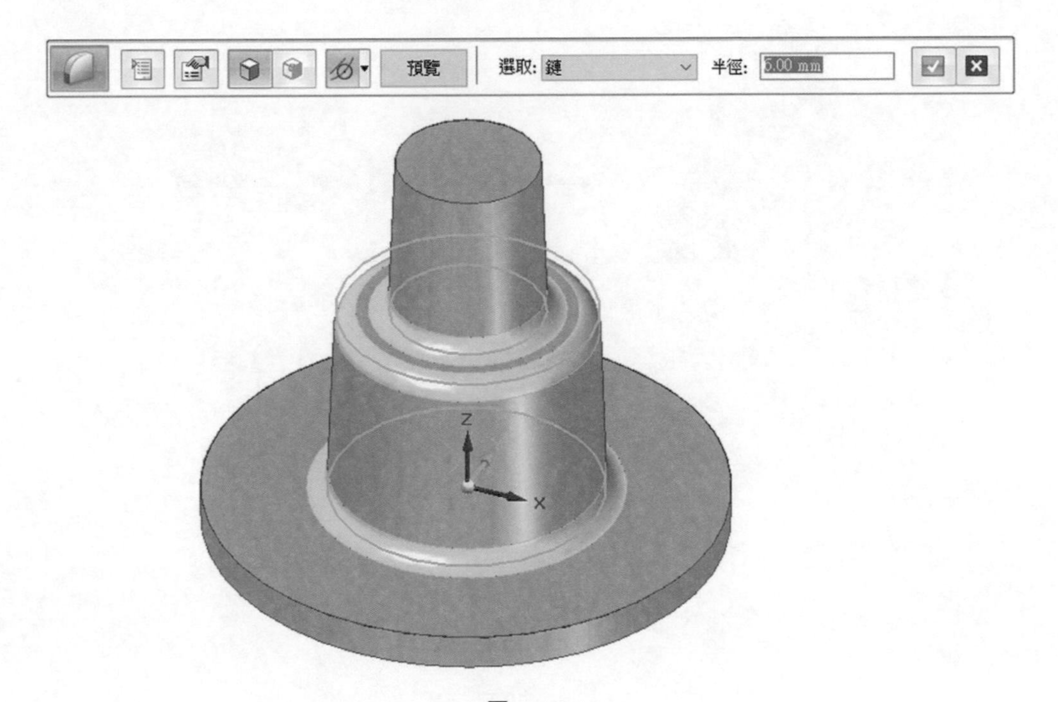

▲圖 4-10-14

⓰ 建構「薄殼」：選取「首頁」→「實體」→「薄殼」，如圖 4-10-15。

▲圖 4-10-15

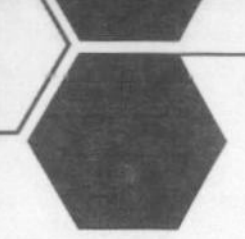

⓱ 在「薄殼」工具列先輸入厚度為「3mm」，再選擇「薄殼 - 開放面」、「鏈」，如圖 4-10-16。

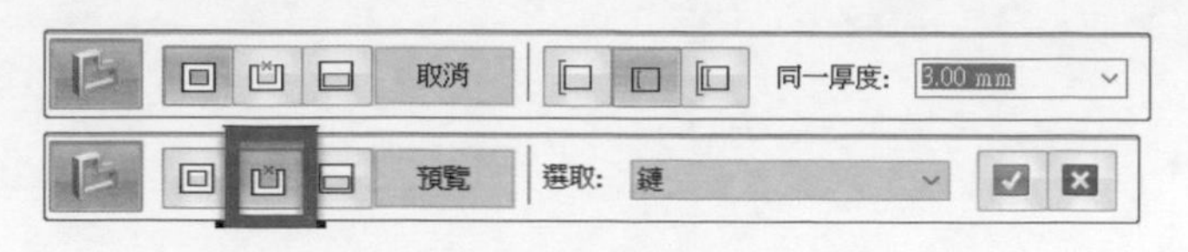

▲圖 4-10-16

⓲ 接著點選上面與下面的模型面，選取後按下「滑鼠右鍵」「接受」→「滑鼠右鍵」「預覽」→「滑鼠右鍵」「完成」，即可完成薄殼，如圖 4-10-17。

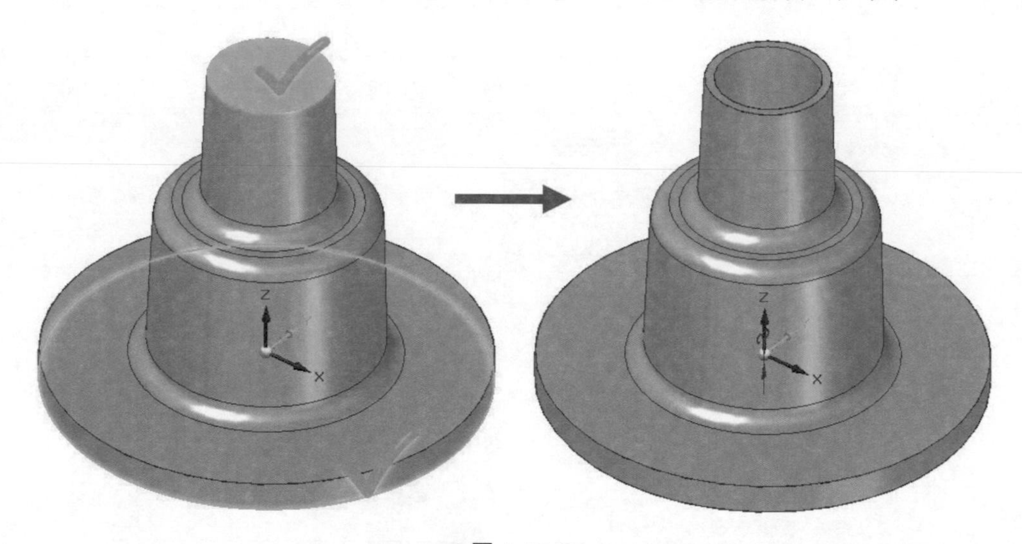

▲圖 4-10-17

⓳ 建構下一個圖形長料設計：「長料」特徵步驟，一樣先使用草圖步驟，選取「首頁」→「草圖」→「草圖」，如圖 4-10-18。

▲圖 4-10-18

⓴ 出現草圖工具列並選擇「重合面」，點選零件中亮顯的平面，並在平面上繪製要長料的草圖輪廓，如圖 4-10-19。

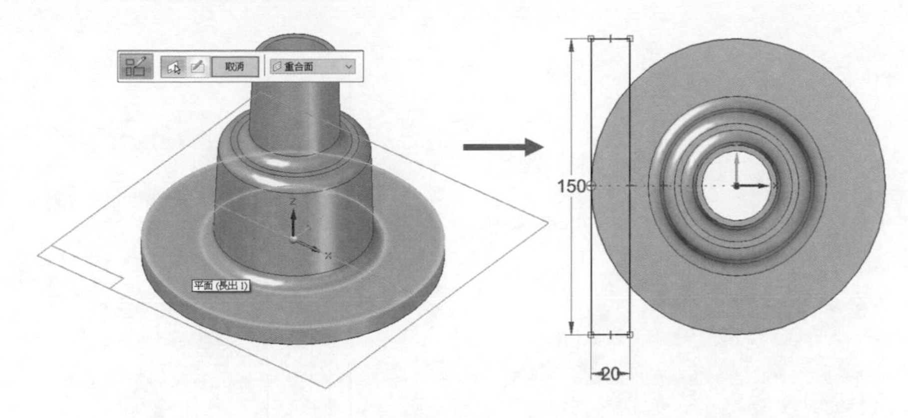

▲圖 4-10-19

㉑ 關閉草圖後，選取「首頁」→「實體」→「拉伸」，如圖 4-10-20。

▲圖 4-10-20

㉒ 出現工具列，設定為「從草圖選取」跟「鏈」，如圖 4-10-21。

▲圖 4-10-21

㉓ 選取草圖，接受後工具列會變成「拉伸」工具列，設定為「有限」，「130mm」，完成後，如圖 4-10-22。

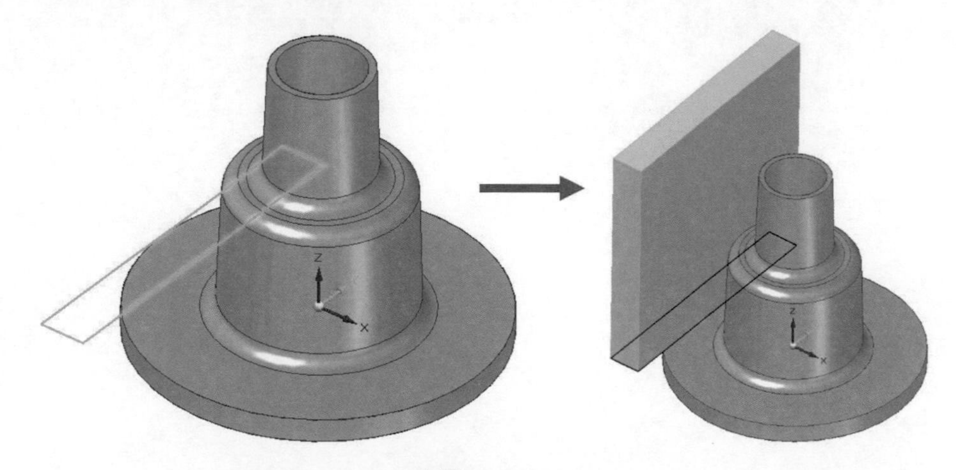

▲圖 4-10-22

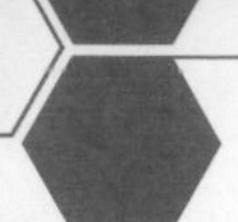

㉔ 一樣繪製另一個輪廓，選草圖功能，接下來選取平面，進入草圖模式，繪製以下草圖，如圖 4-10-23。

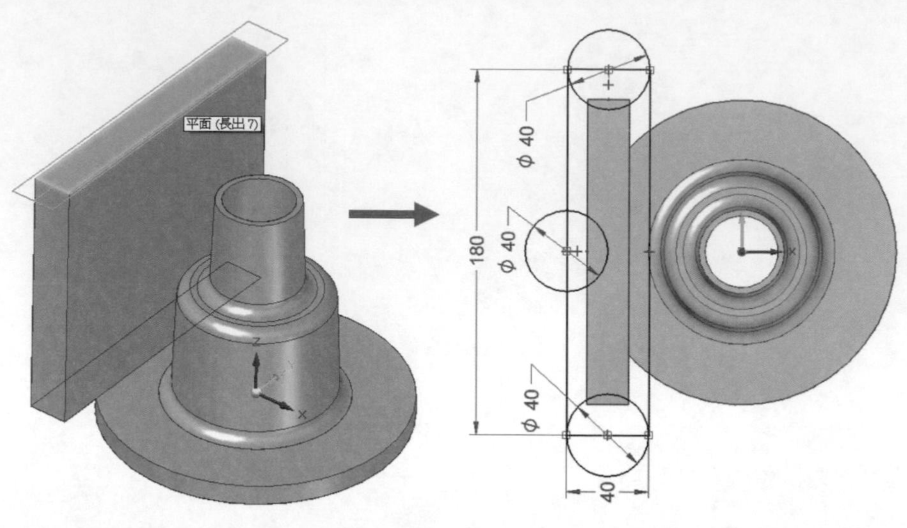

▲圖 4-10-23

㉕ 向上拉伸，輸入尺寸「10mm」，如圖 4-10-24。

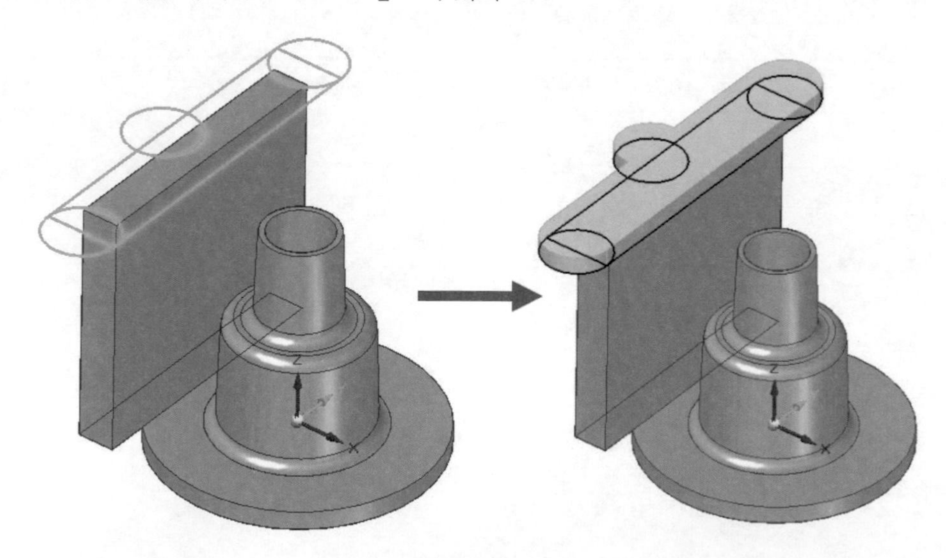

▲圖 4-10-24

㉖ 繪製「肋板」草圖：選取草圖功能選擇平面「前視圖 (XZ)」，參考下列圖形繪製，如圖 4-10-25。

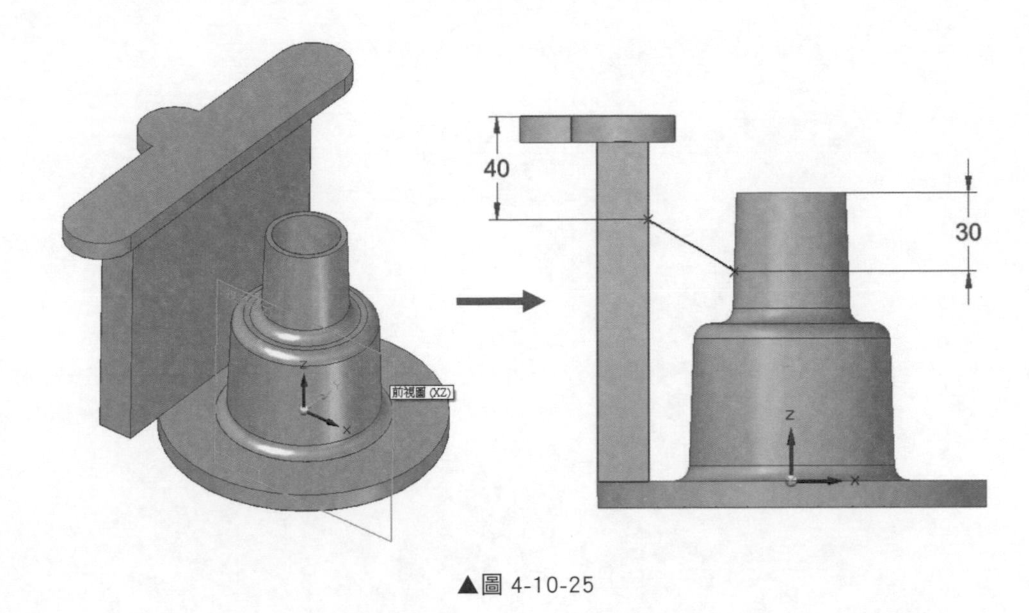

▲圖 4-10-25

㉗ 建構「肋板」特徵：選取「首頁」→「實體」→「薄殼」→「肋板」，如圖 4-10-26。

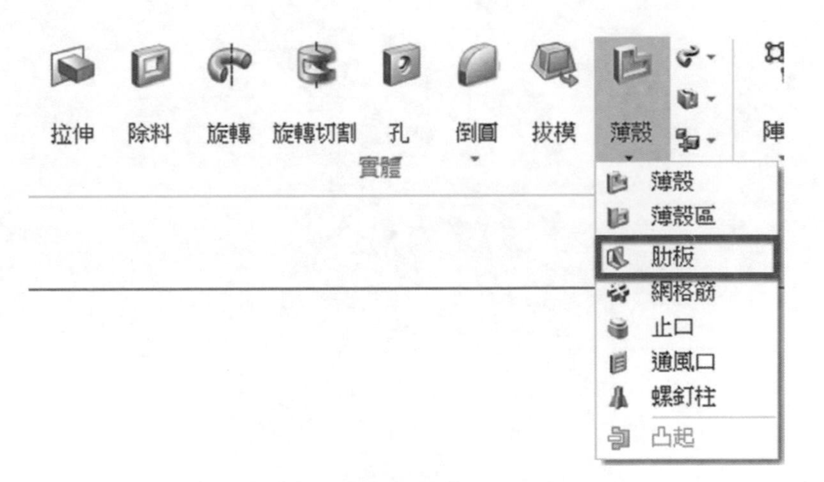

▲圖 4-10-26

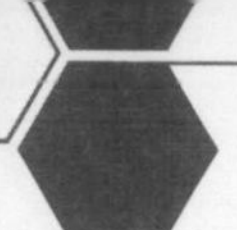

㉘ 接著出現「肋板」工具列，使用「從草圖選取」並選擇「鏈」或「單一」，並輸入厚度值「12mm」，如圖 4-10-27。

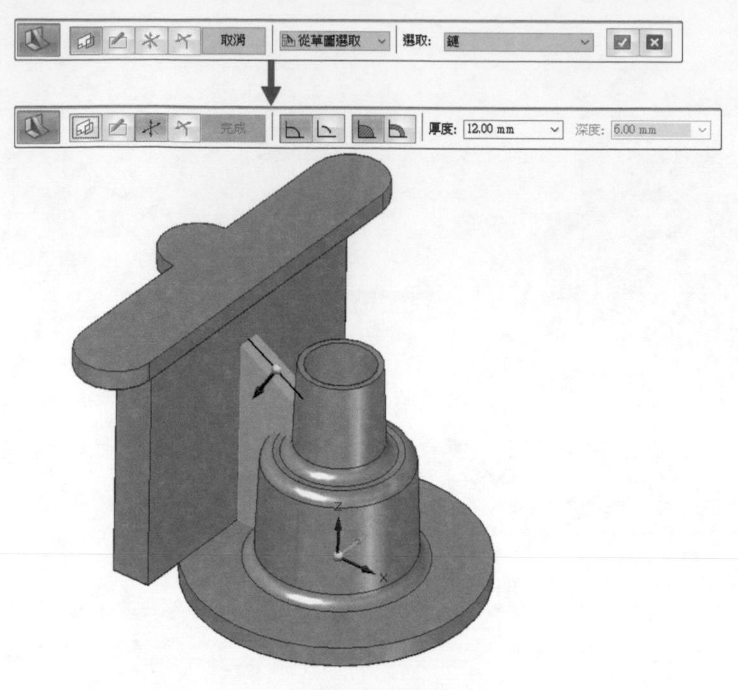

▲圖 4-10-27

㉙ 肋板完成，最後模型如圖 4-10-28。

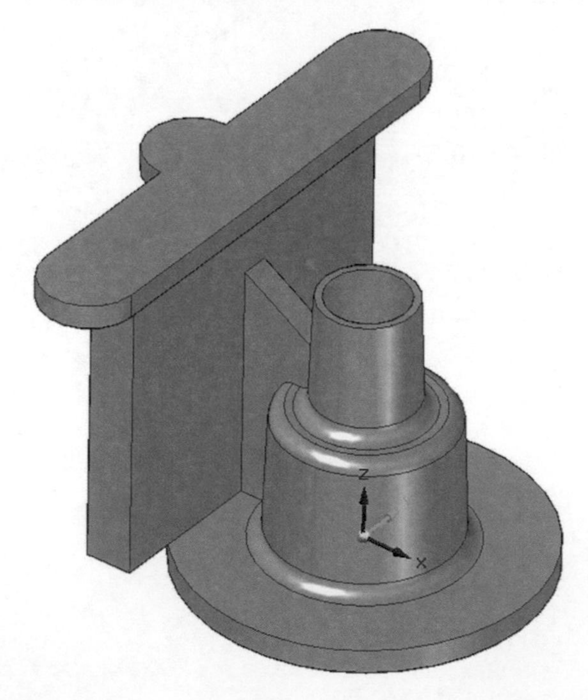

▲圖 4-10-28

❸⓪ 接下來建立「孔」特徵：選取「首頁」→「實體」→「孔」，如圖 4-10-29。

▲圖 4-10-29

❸① 出現「孔」工具列，選取要放置孔特徵的平面，如圖 4-10-30。

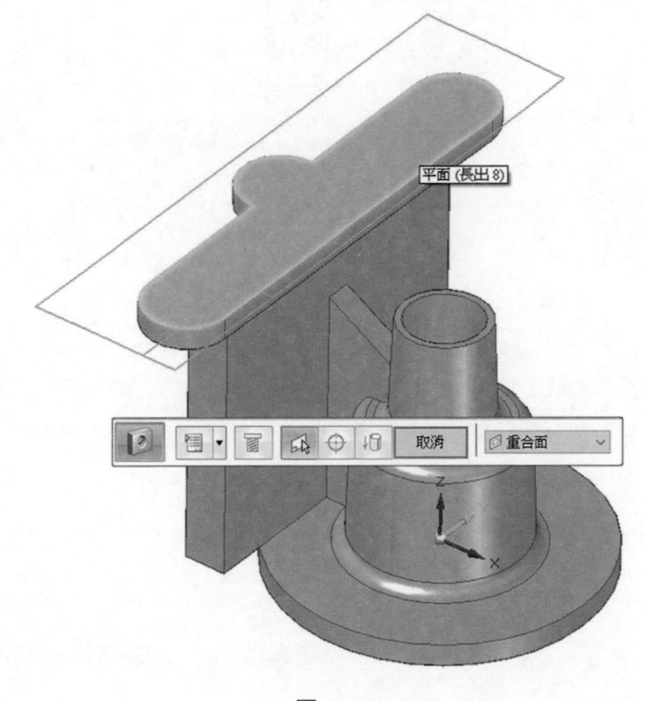

▲圖 4-10-30

❸② 進入草圖模式後，出現「孔」工具列，可以點選孔選項修改，如圖 4-10-31。

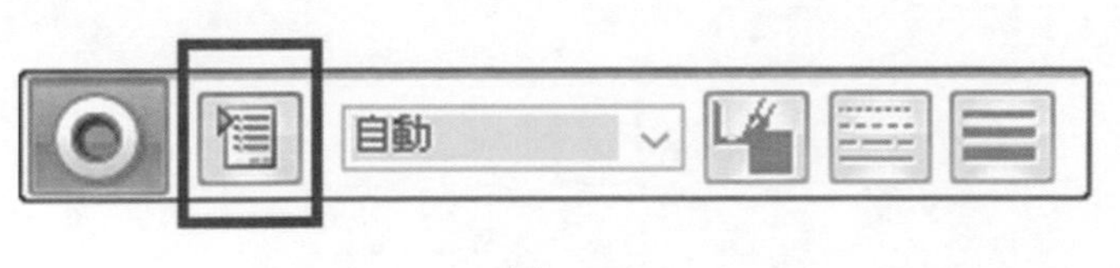

▲圖 4-10-31

33 設定「孔選項」，選取：類型 -「螺紋孔」、子類型 -「標準螺紋」、大小 -「M14」、螺紋範圍 -「至孔全長」以及孔範圍 -「貫穿」，如圖 4-10-32。

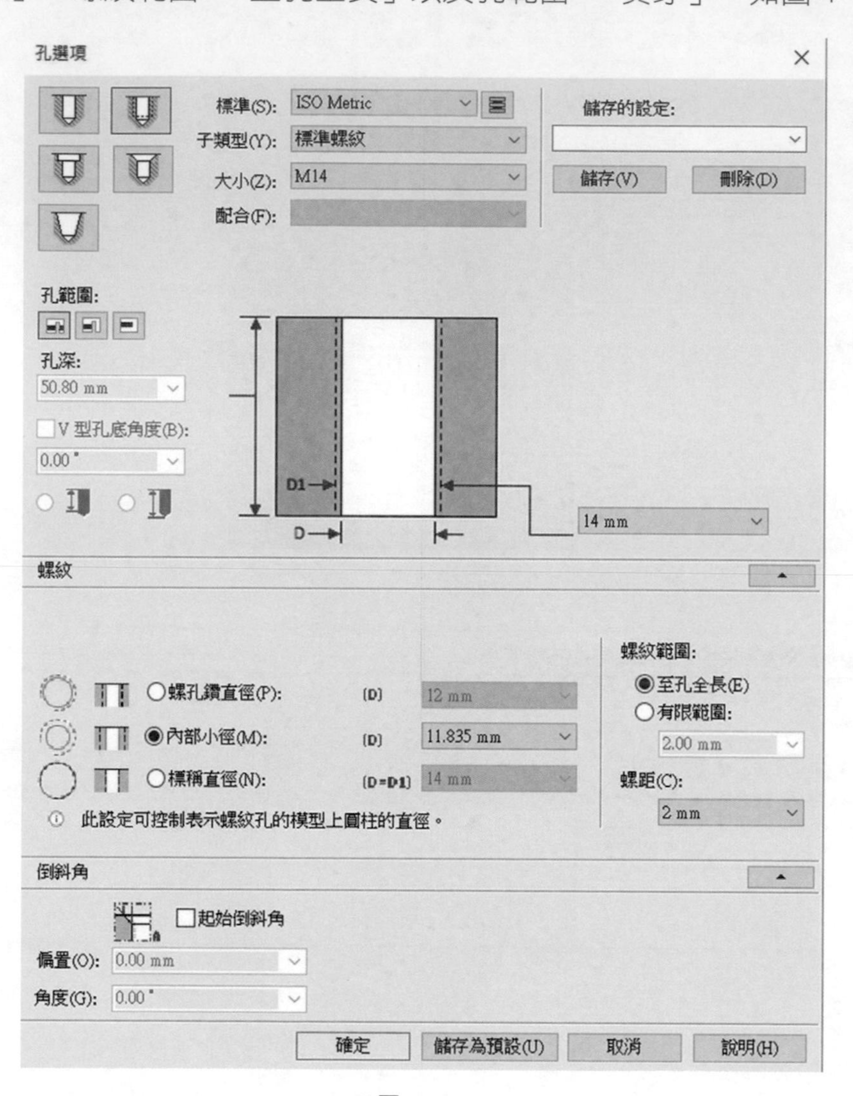

▲圖 4-10-32

備註 如果不小心取消掉孔選項，可以在首頁→特徵的地方找到孔繼續放置，如圖 4-10-33。

▲圖 4-10-33

㉞ 接著在下方角落放置三個孔，並鎖定同圓心。完成草圖後，除料方向選擇往模型外側，點選完成後按下「滑鼠右鍵」，如圖 4-10-34、圖 4-10-35。

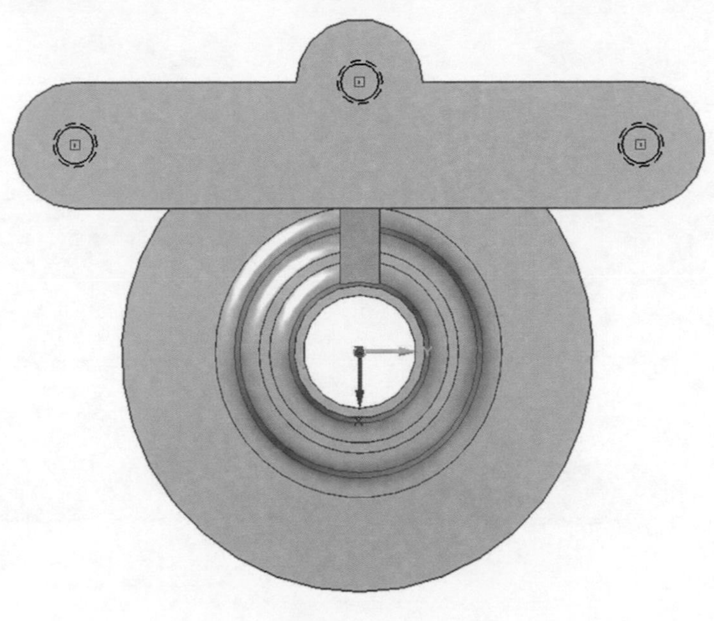

▲圖 4-10-34

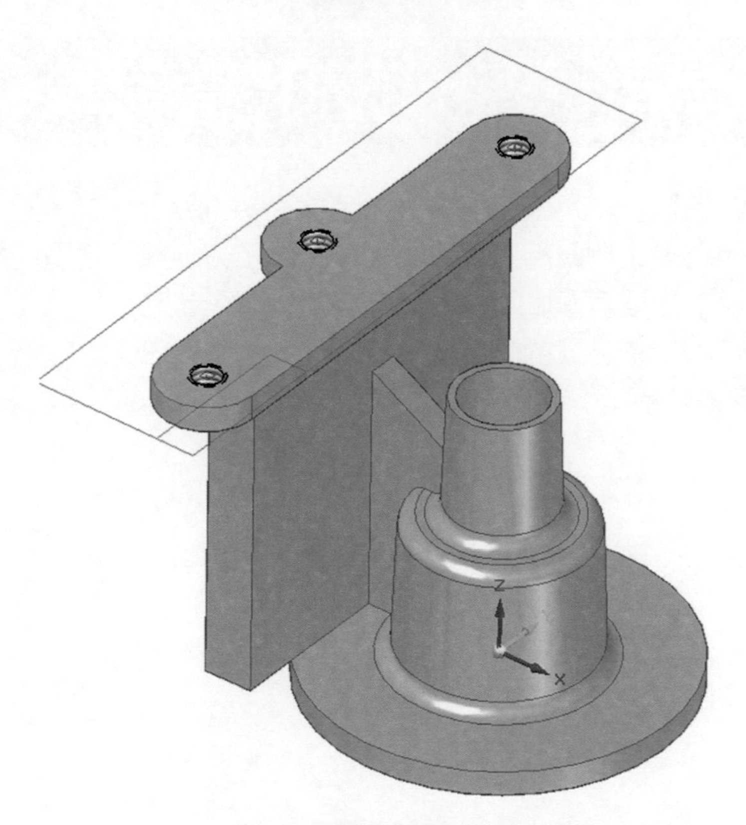

▲圖 4-10-35

35 最後將剩下的導圓角完成即可，輸入半徑為「6mm」，完成後如圖 4-10-36。

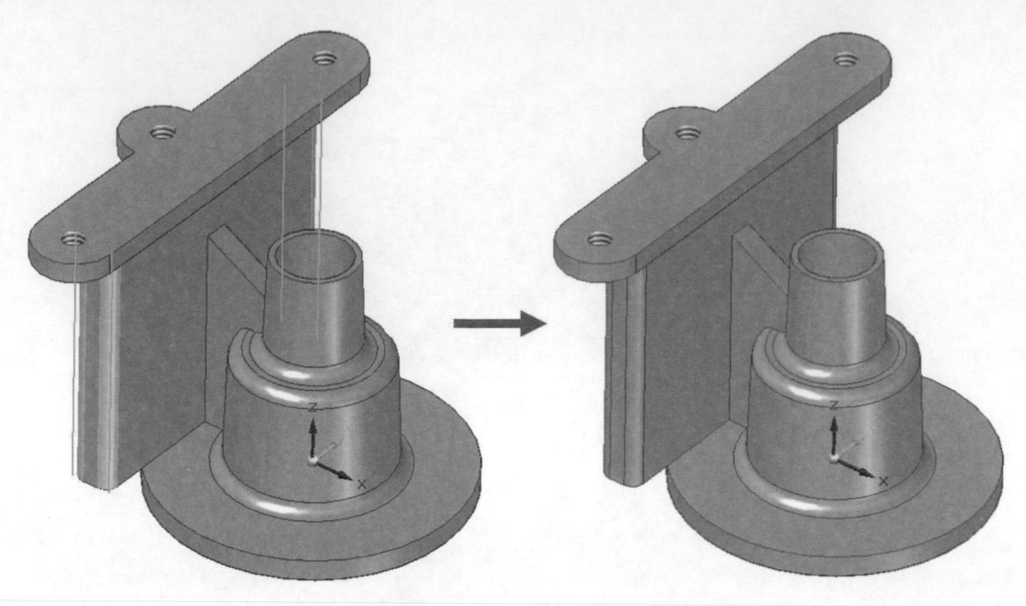

▲圖 4-10-36

4-11 進階 - 變化倒圓特徵

「變化倒圓特徵」就是讓模型中所指定邊從 A 頂點到 B 頂點中的邊線加以變化倒圓角。因為變化倒圓為不規則的外型，為了方便後續模型的編輯修改，建議在「順序建模」的環境下加入變化倒圓特徵。

1. 開啟剛剛 4-10 章節完成的順序模型範例。
2. 點選「倒圓」特徵：選取「首頁」→「實體」→「倒圓」，如圖 4-11-1。

▲圖 4-11-1

❸ 彈出「倒圓」工具列，點擊倒圓「選項」，如圖 4-11-2。

▲圖 4-11-2

❹ 在倒圓「選項」中，選擇「可變半徑」，如圖 4-11-3。

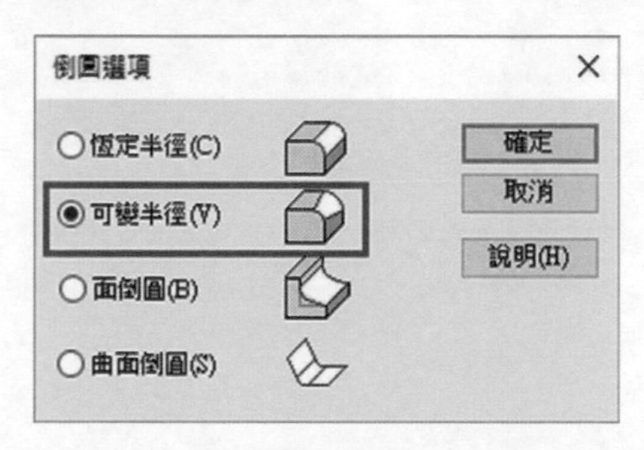

▲圖 4-11-3

❺ 按下「確定」後選取模型中的「邊線」按下「滑鼠右鍵」或按下「接受」，如圖 4-11-4、圖 4-11-5。

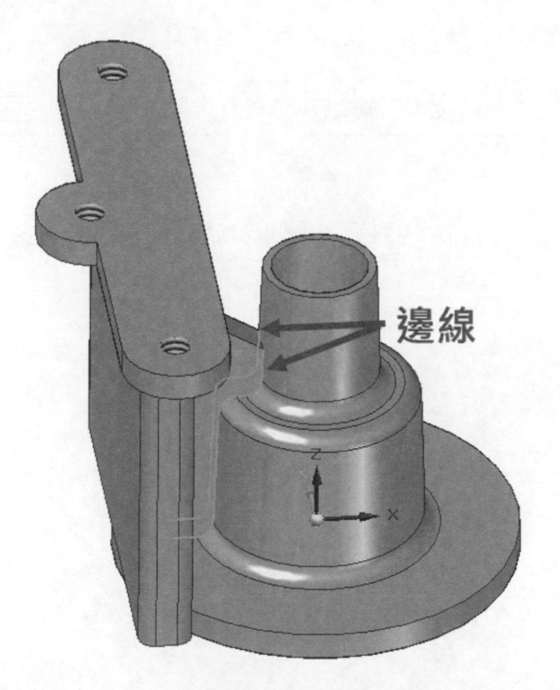

▲圖 4-11-4

▲圖 4-11-5

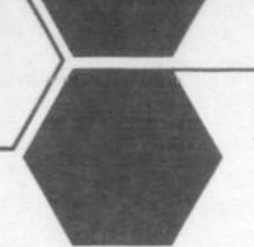

❻ 接下來點選模型中的「A 頂點」，如圖 4-11-6。

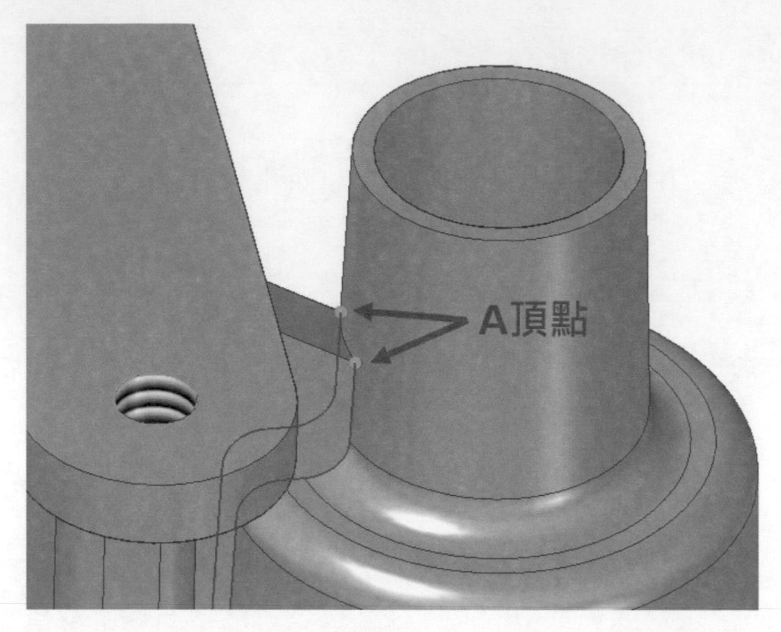

▲圖 4-11-6

❼ 在快速工具列中輸入「3mm」後按下「滑鼠右鍵」，如圖 4-11-7。

▲圖 4-11-7

❽ 接著點選「B 頂點」並在快速工具列中輸入「1mm」後按下「滑鼠右鍵」，如圖 4-11-8、圖 4-11-9。

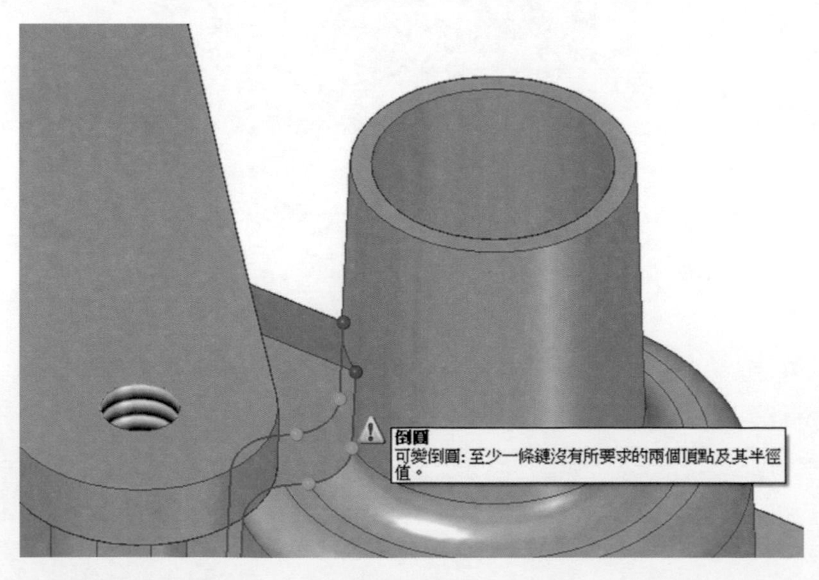

▲圖 4-11-8

▲圖 4-11-9

❾ 接著點選「C 頂點」並在快速工具列中輸入「2mm」後按下「滑鼠右鍵」，如圖 4-11-10。

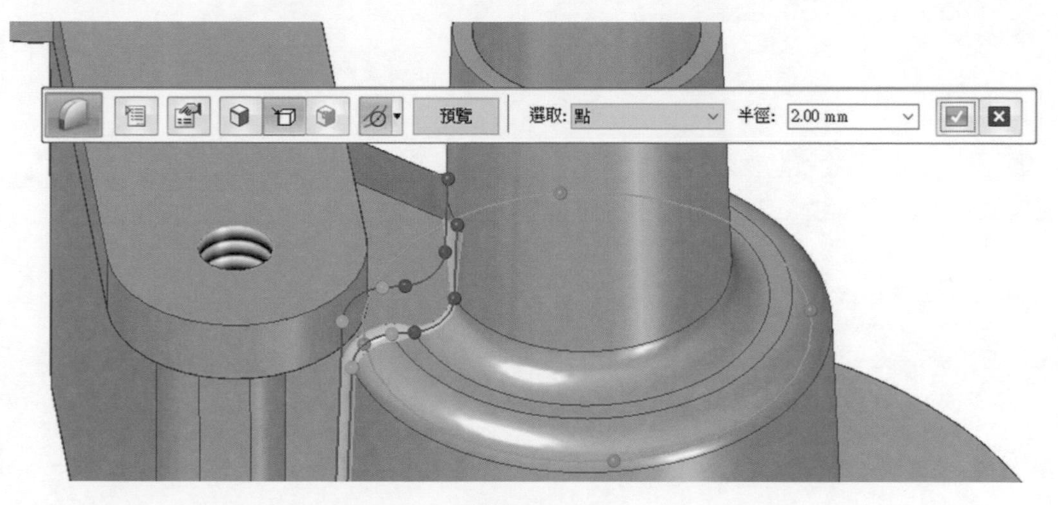

▲圖 4-11-10

❿ 接著點選「D 頂點」並在快速工具列中輸入「4mm」後按下「滑鼠右鍵」，如圖 4-11-11。

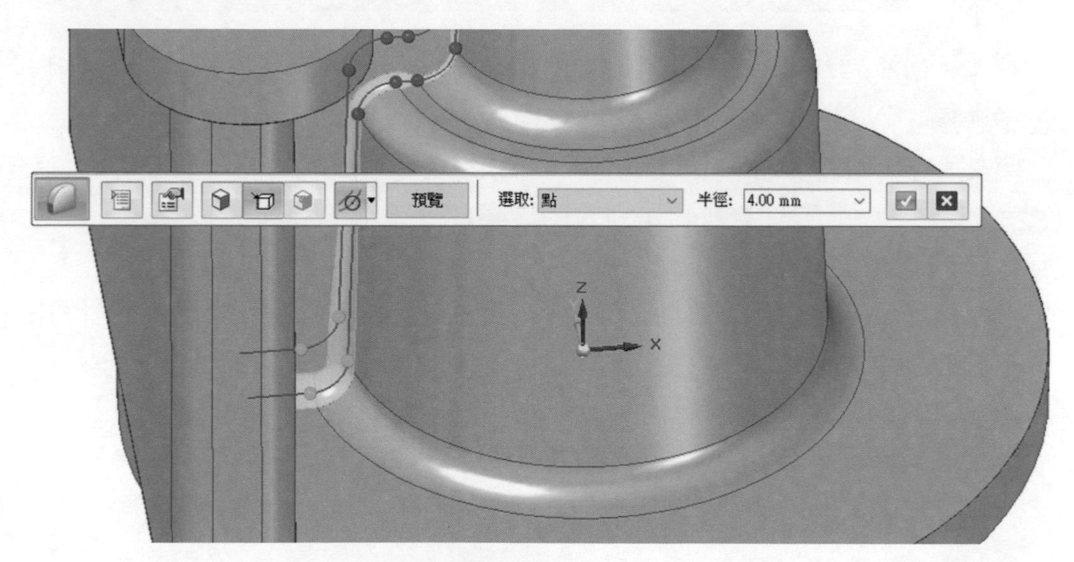

▲圖 4-11-11

⓫ 完成後，模型如圖 4-11-12。

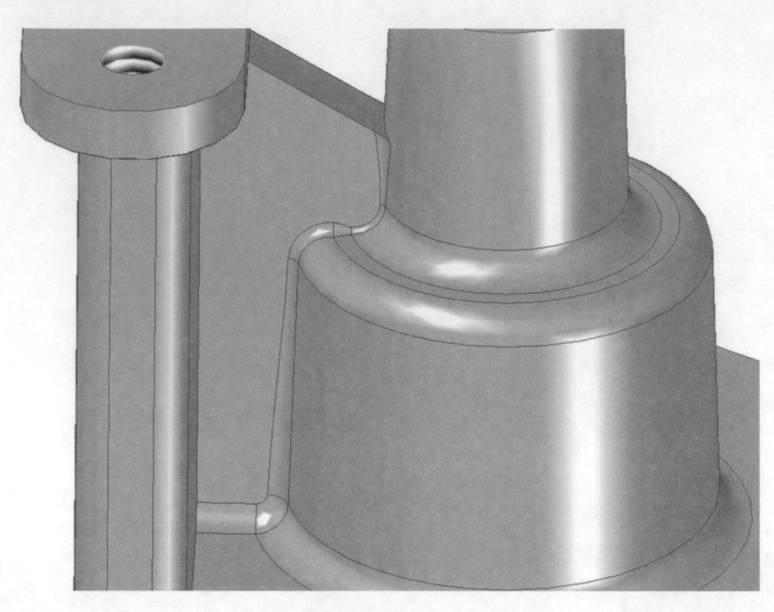

▲圖 4-11-12

4-12 順序建模 - 修改

通常「傳統建模」必須預先規劃和定義，包含：「草圖繪製」、「相關限制」、「特徵順序」以及「父子關係」的影響。

當使用「傳統建模」來編修模型，必須非常了解模型的建構順序，才有辦法順利完成編修，假若您拿到的是別人的檔案或外來檔，更是難以編輯，往往需要花費大量的時間處理。

「同步建模」是使用「幾何控制器」、「3D 尺寸（PMI）」加上「設計意圖」，只要直接拖曳模型就可以達到快速的修改，同時間又能確保幾何的正確性，不管是原始檔或外來檔案皆可處理，可以節省非常多的修改時間。

此章節我們會利用 4-10 所建立的模型，修改尺寸，讓大家了解傳統的修改模式以及會造成的問題。

❶ 開啟剛剛 4-10 章節完成的順序模型範例，如圖 4-12-1。

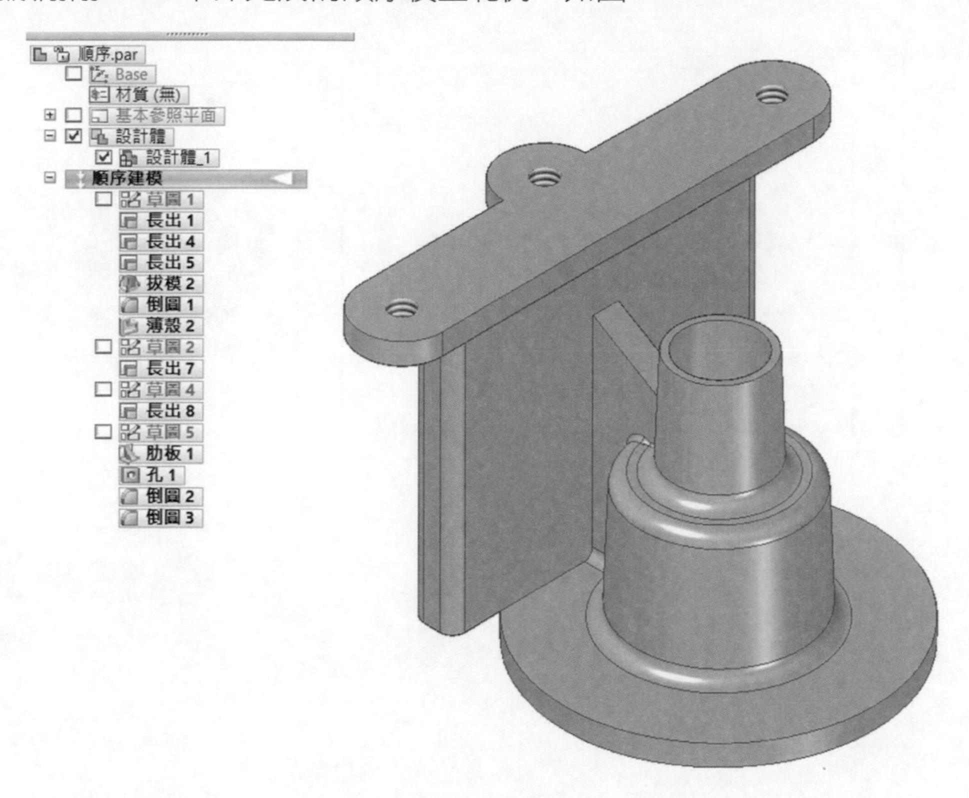

▲圖 4-12-1

❷ 選擇矩形長出的特徵，「編輯輪廓」，進入到草圖環境，如圖 4-12-2。

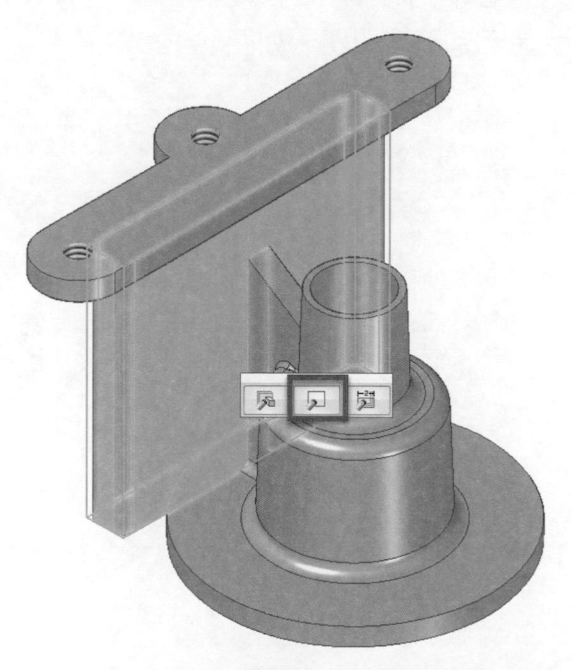

▲圖 4-12-2

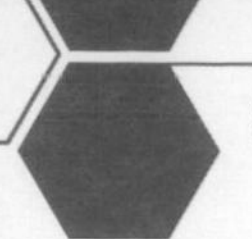

❸ 將尺寸「150 mm」更改為「170mm」，完成後離開草圖，如圖 4-12-3。

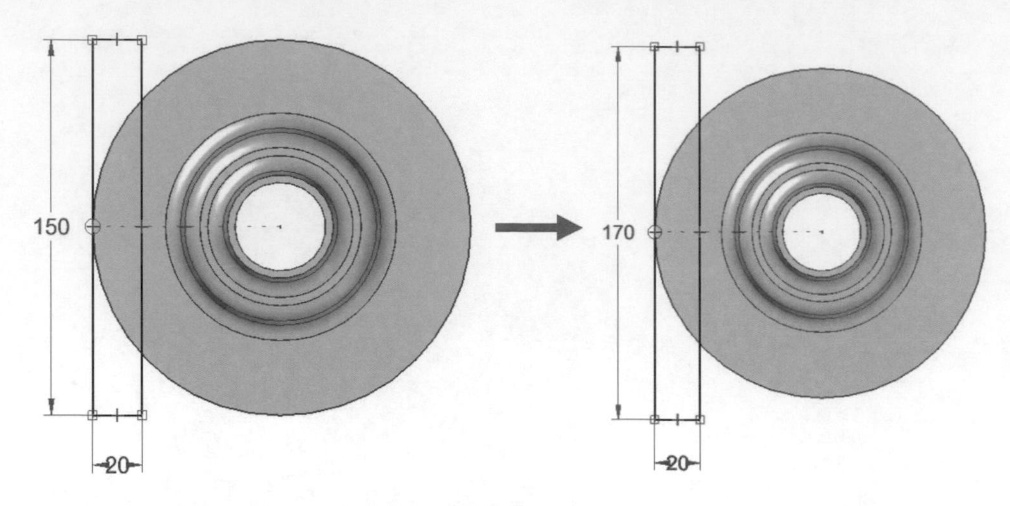

▲圖 4-12-3

❹ 因「螺紋孔」特徵是在「長出」特徵之後才建立的，所以當我們回到長出的草圖進行修改時，是看不到螺紋孔的，必須修改完後才會顯示，此刻也才能知道修改後的模型是否有干涉問題，如圖 4-12-4。

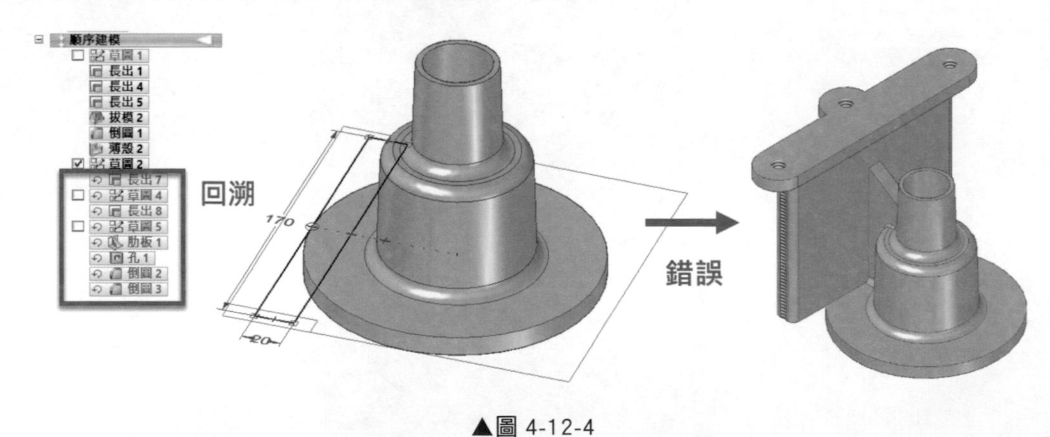

▲圖 4-12-4

❺ 接著再回到矩形長出的特徵，將尺寸改為「160mm」，如圖 4-12-5。

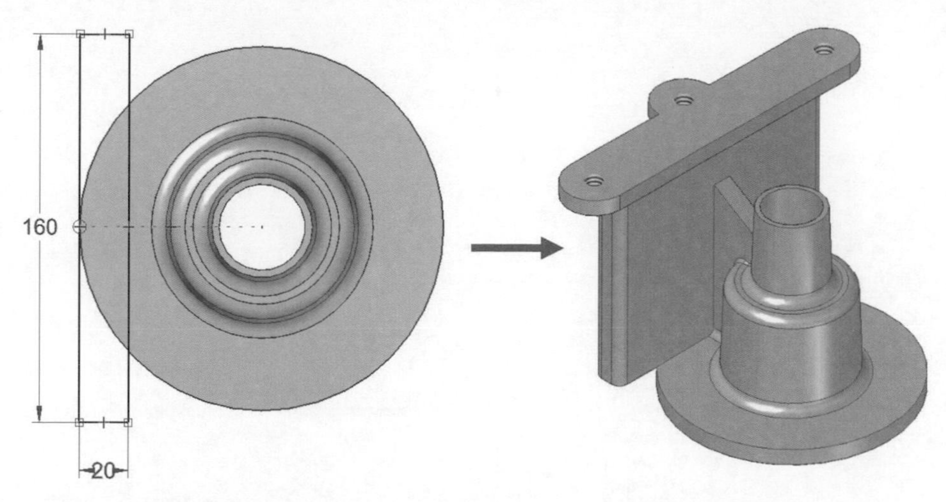

▲圖 4-12-5

備註 如果在草圖時皆已標好尺寸，可透過「動態編輯」修改尺寸，即可直接在 3D 模型上看到尺寸變化，如圖 4-12-6。

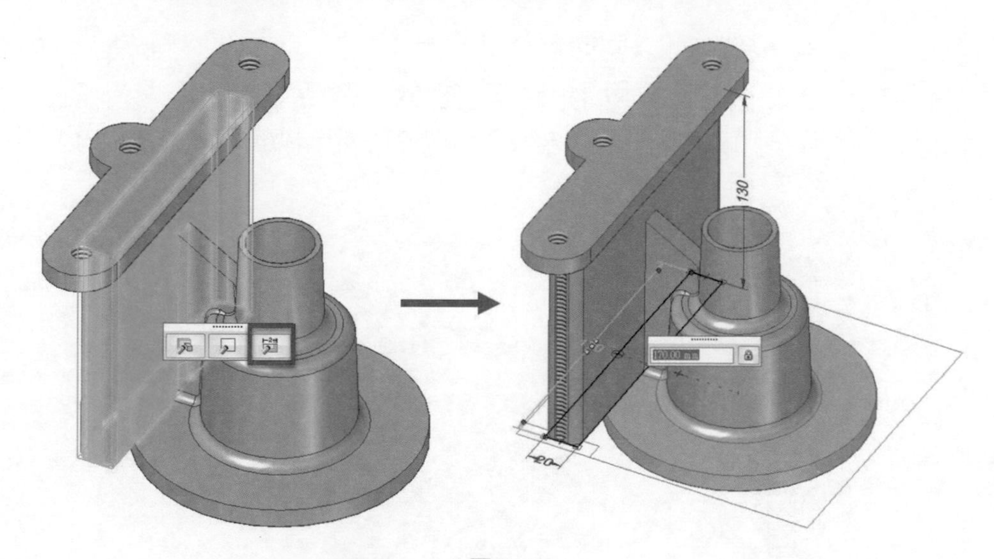

▲圖 4-12-6

傳統的建模方式，修改往往需要在 2D 及 3D 環境下切來切去，並且因為特徵彼此有父子關係，修改完成後必須再針對受影響的其他特徵再進行修改，非常花費時間。

而「同步建模」的特徵各為獨立，彼此並不會互相影響，但是藉由「設計意圖」功能可以幫助模型修改時保有「邏輯」與「規則性」。

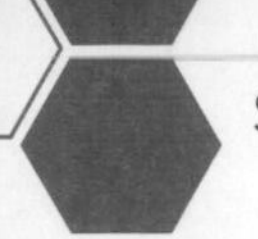

❻ 在「導航者」中將孔特徵選擇起來，點選「滑鼠右鍵」，「轉到同步」，如圖 4-12-7。

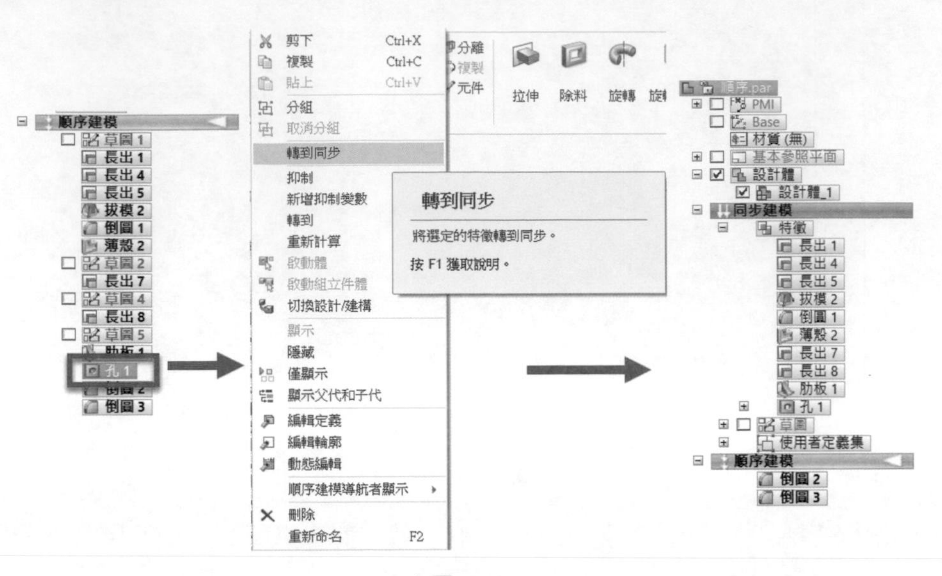

▲圖 4-12-7

此時在「導航者」中，可以同時看到「同步建模」與「順序建模」，這便是「混合建模」型式，此時在「同步建模」裡的特徵便可以使用「幾何控制器」進行修改，並且「順序建模」的特徵會以透明的狀態顯示。如圖 4-12-8。

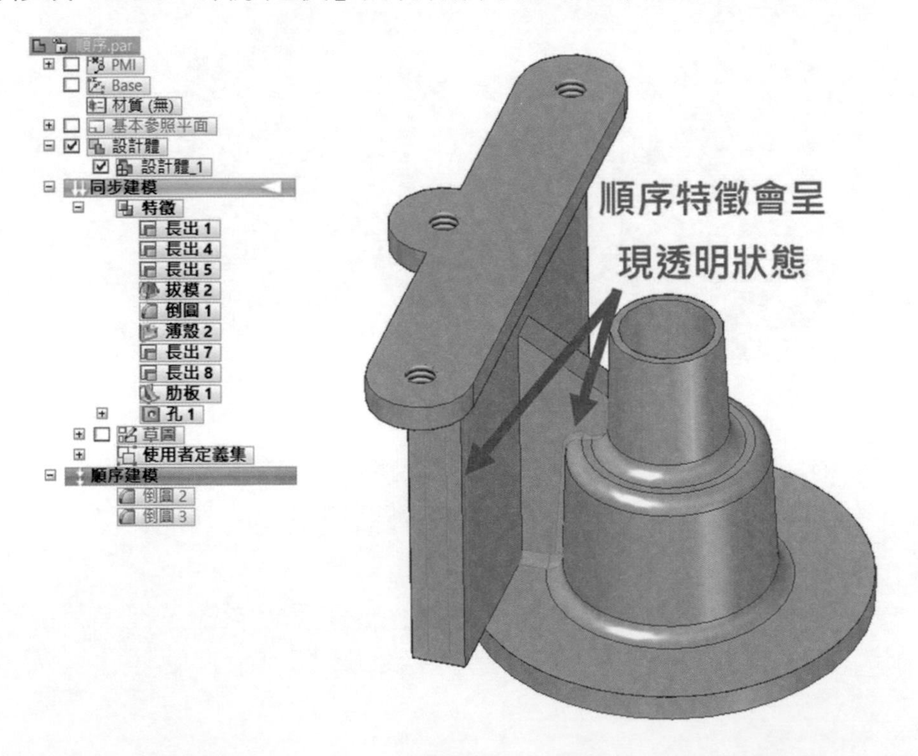

▲圖 4-12-8

❼ 利用「幾何控制器」將平面進行移動時，「設計意圖」自動判斷出對稱條件，不須修改 2 次，「順序建模」的倒圓也會跟著矩形位置做移動，如圖 4-12-9。

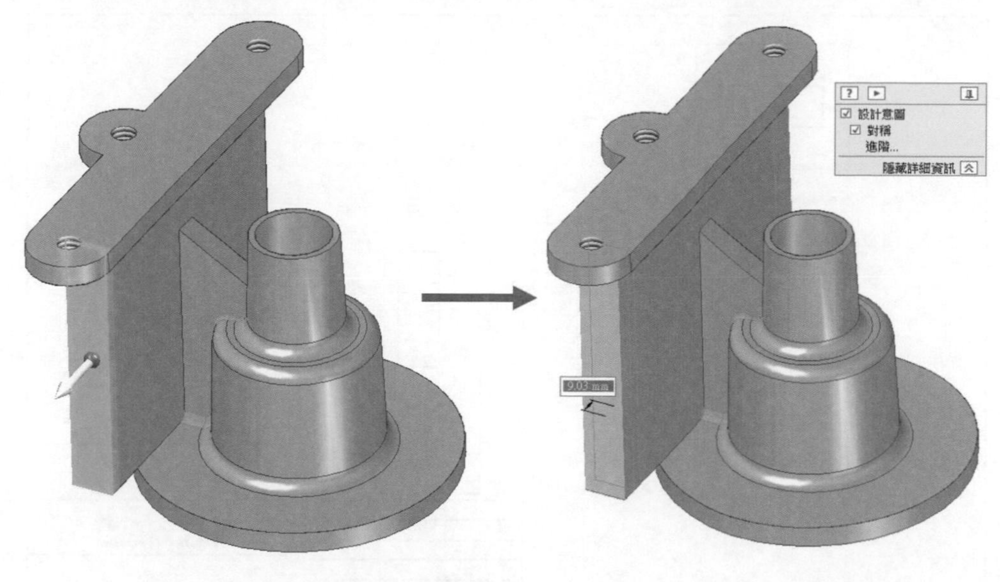

▲圖 4-12-9

4-13 總結 - Solid Edge「同步建模技術」

本章節主要是讓讀者了解「順序建模」以及「同步建模」兩者的差異，如同章節一開始所提到的，您可以任意選擇「順序建模」或「同步建模」來進行產品設計，當然 Solid Edge「同步建模技術」已經能彈性的在「混合模式」下來切換不同的設計方法。

Siemens Digital Industries Software 發展同步建模技術，從 2008 年發表至今，Solid Edge 2021 也是進入「同步建模技術」後的第 13 個大版本，希望能夠利用「同步建模技術」來「加速產品設計」、「縮短模型的編修時間」、「重用外來的模型」、以及「簡化 3D 軟體的學習時間」，目前發展至今，可以看到同步建模一直在進步，現在就連同步建模中也可以看到「順序建模特徵」，並重新計算，這十幾年來，Siemens Digital Industries Software 不斷在進步，而在這些版本，我們都相信 Solid Edge 已經完全實踐了這個理想。

Solid Edge 的「同步建模技術」已經是完全成熟的技術，可觀察目前時下各家 3D 軟體的演進也都跟隨並朝向「參、變數整合」，我們看到西門子的「同步建模技術」已經超越並遙遙領先，相信同步建模必然是 3D 設計發展的重要趨勢。

練習範例

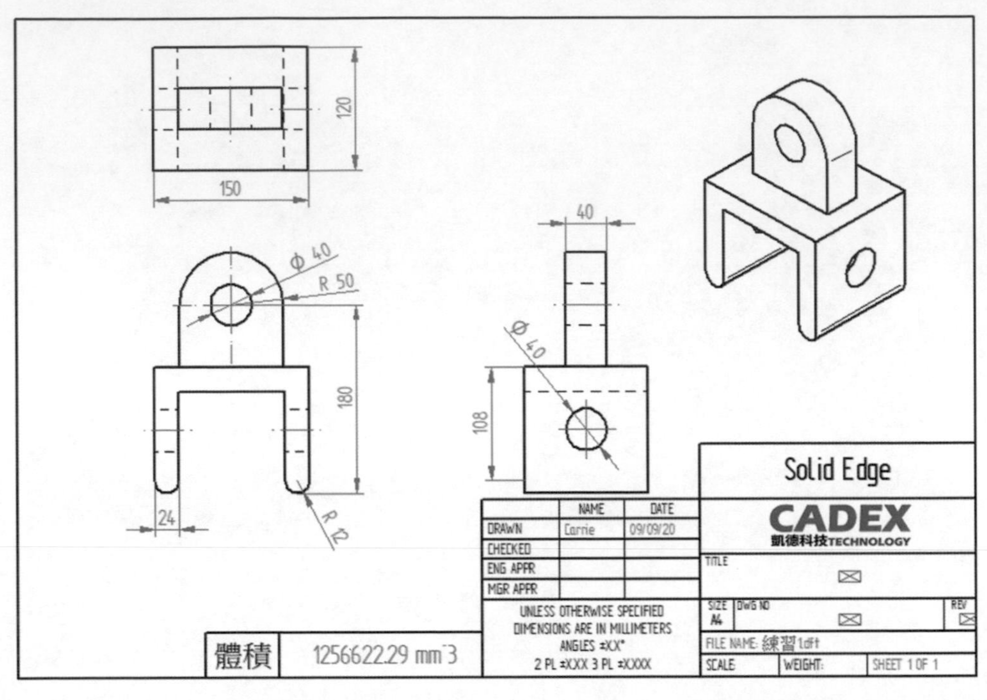
120
150
40
Φ 40
R 50
180
Φ 40
108
24
R 12
Solid Edge
CADEX
凱德科技TECHNOLOGY
NAME
DATE
DRAWN
Carrie
09/09/20
CHECKED
ENG APPR
MGR APPR
TITLE
UNLESS OTHERWISE SPECIFIED
DIMENSIONS ARE IN MILLIMETERS
ANGLES ±XX°
2 PL ±XXX 3 PL ±XXXX
SIZE
A4
DWG NO
REV
FILE NAME: 練習1.dft
SCALE:
WEIGHT:
SHEET 1 OF 1
體積
1256622.29 mm^3

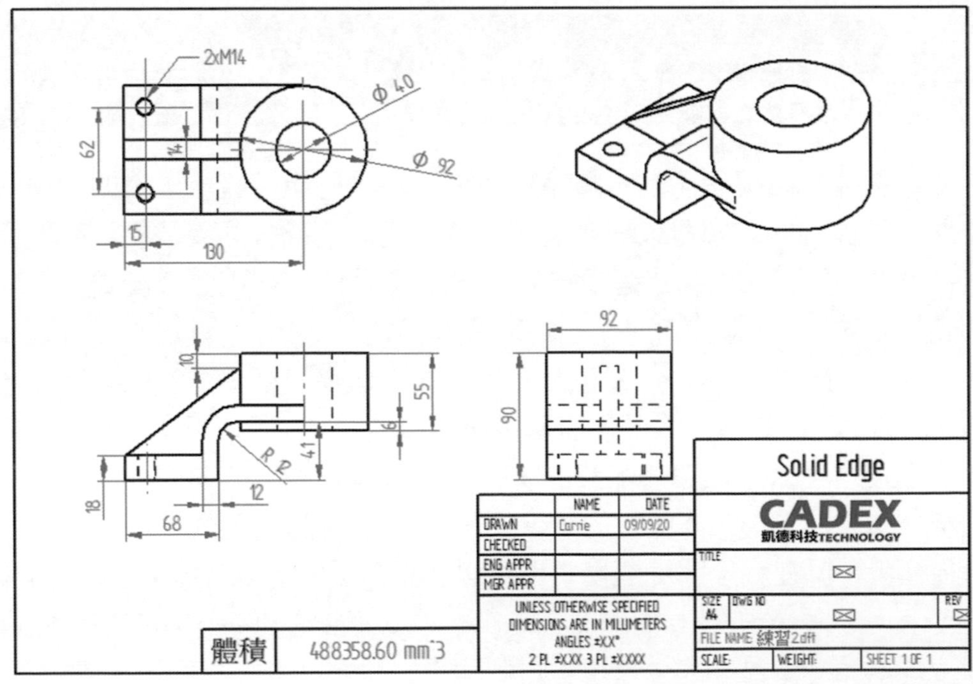
2xM14
Φ 40
Φ 92
62
14
15
130
92
90
10
55
6
41
R 12
12
18
68
Solid Edge
CADEX
凱德科技TECHNOLOGY
NAME
DATE
DRAWN
Carrie
09/09/20
CHECKED
ENG APPR
MGR APPR
TITLE
UNLESS OTHERWISE SPECIFIED
DIMENSIONS ARE IN MILLIMETERS
ANGLES ±XX°
2 PL ±XXX 3 PL ±XXXX
SIZE
A4
DWG NO
REV
FILE NAME: 練習2.dft
SCALE:
WEIGHT:
SHEET 1 OF 1
體積
488358.60 mm^3

CHAPTER

5 幾何控制器與設計意圖

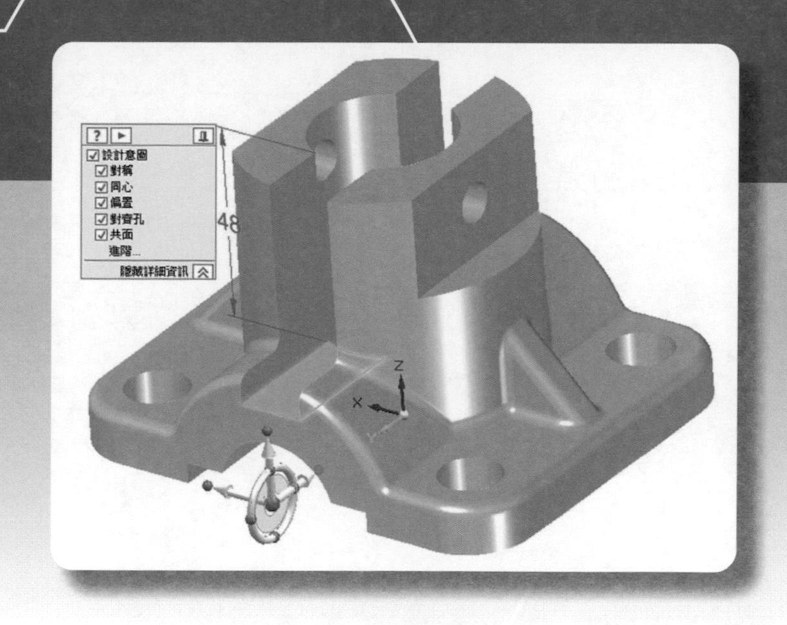

章節介紹

藉由此課程，您將會學到：

- 5-1 幾何控制器簡介
- 5-2 設計意圖
- 5-3 選取工具
- 5-4 面相關指令
- 5-5 綜合應用
- 5-6 特徵庫

5-1 幾何控制器簡介

「幾何控制器」是同步建模中非常重要的一個功能，能將草圖「拉伸」與「旋轉」，也可以將實體的面直接移動、修改、旋轉等設計變更。

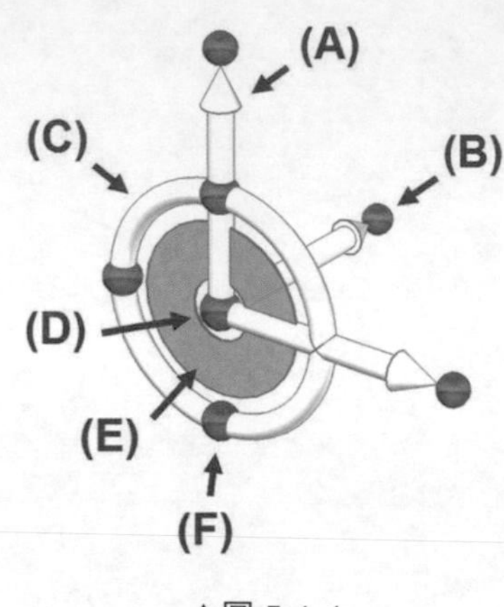

▲圖 5-1-1

項目		功能
(A) 方向軸	［白箭頭］	軸向方向距離修改
(B) 旋轉鈕	［藍點］	改變軸向方向
(C) 圓環	［白環］	旋轉方向角度修改
(D) 原點鈕	［藍點］	參考原點
(E) 平面	［藍面］	在平面方向兩軸移動修改
(F) 四分點鈕	［藍點］	軸向方向切換

點選欲修改的任何一個幾何面，都會出現工具列，方便切換修改模式。如圖 5-1-2。

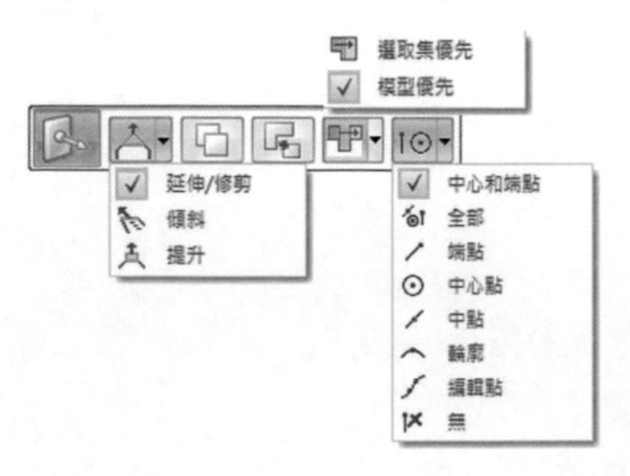

▲圖 5-1-2

延伸 / 修剪：透過延伸和修剪相鄰面修改模型。

傾斜：維持選取面的大小，透過傾斜相鄰面的角度修改模型。

提升：維持選取面的大小，透過相鄰面產生垂直面修改模型。

選取集優先：以選取面幾何為主，修改影響周遭幾何。

模型優先：以整體模型為主，若移動面經過孔或槽則選取面會被變形。

關鍵點：參考端點、中心點、中點、輪廓、編輯點。

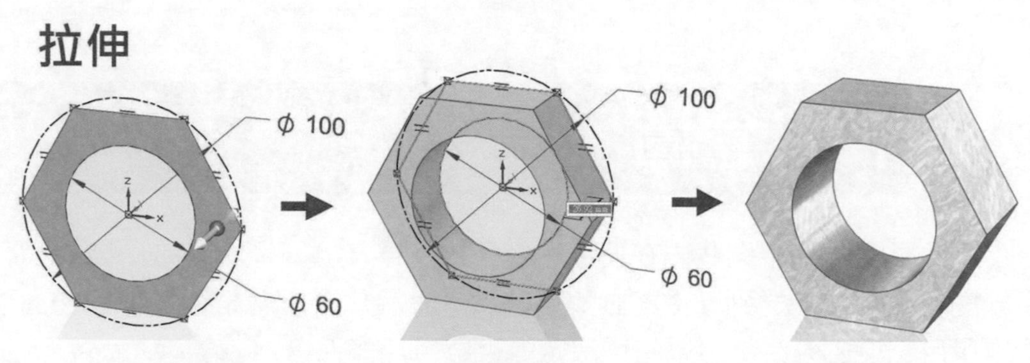

▲圖 5-1-3

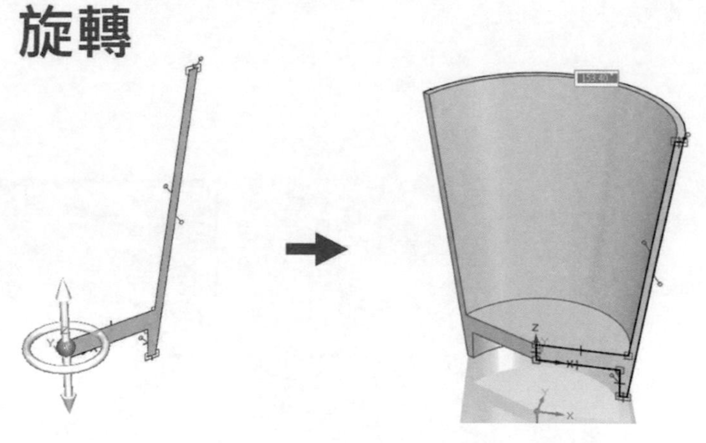

▲圖 5-1-4

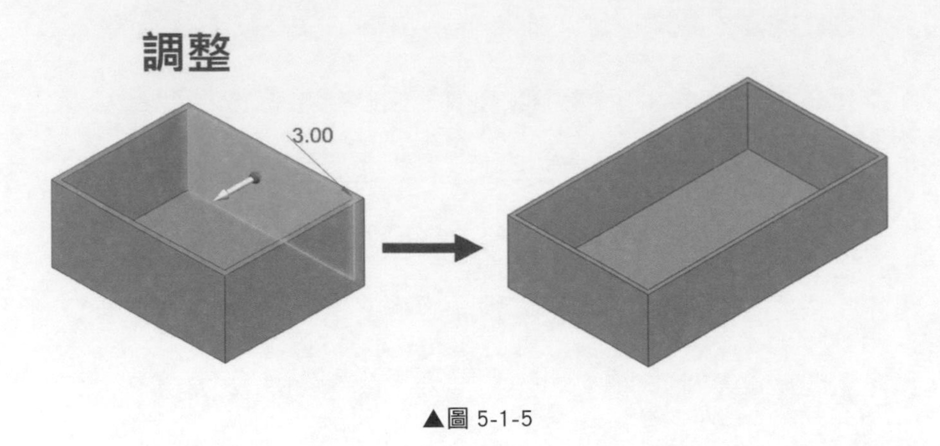

▲圖 5-1-5

5-2 設計意圖

「設計意圖」是協助我們在使用「幾何控制器」對實體模型進行變更時，利用關聯性和相關訊息達到一併移動與修改。「設計意圖」會根據選取到的面產生不同的項目，項目分為：（以勾選決定是否啟用此條件）

1. 根據選取面自行判斷相關條件
2. 草繪 2D 時的相關條件
3. 面相關條件

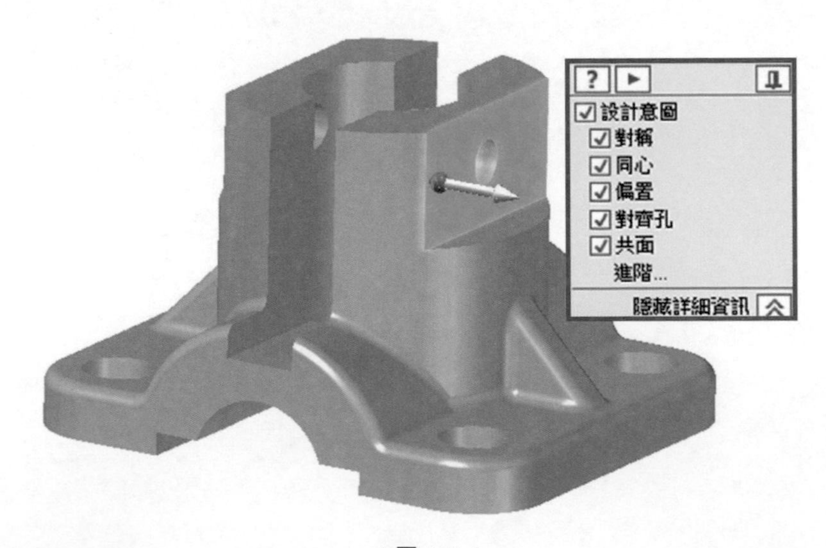

▲圖 5-2-1

5-3 選取工具

在正常選取模式下，若需要選取多個模型幾何面，則按著【ctrl】複選或是取消已選取的面。

除了正常選取模式外，可透過「選取管理器模式」一次性的選取多數模型面。「選取管理器模式」在正常選取模式的下拉選單中。如圖 5-3-1。

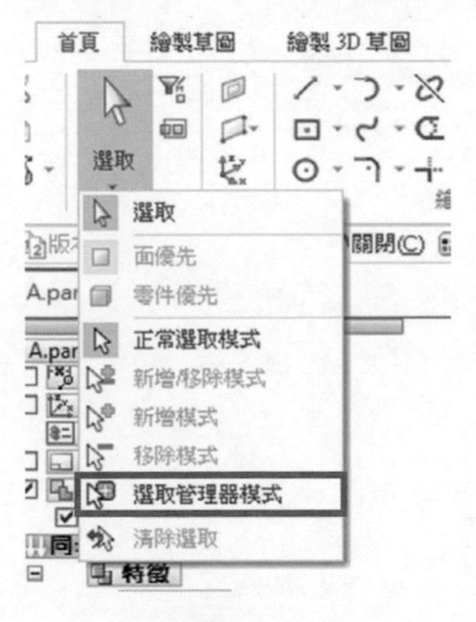

▲圖 5-3-1

切換至「選取管理器模式」後，依據接下來點選的面和功能產生不同的選取效果，選取完畢後按【空白鍵】可以離開選取模式。如圖 5-3-2。

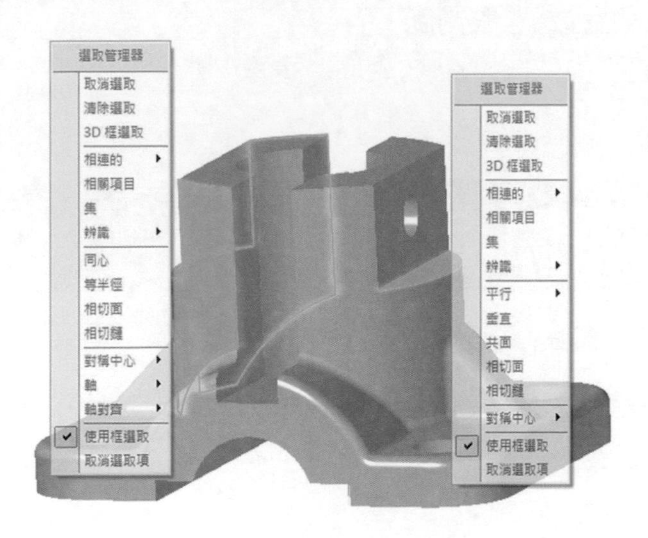

▲圖 5-3-2

- **相連的**
  - 相連的：選取面範圍延續的所有面。
  - 內部面：選取面範圍中間延續的面。
  - 外部面：選取面範圍外部延續的面。
- **相關項目**：選取具有面相關條件。
- **集**：以導航者項目為選取判斷。
- **辨識**
  - 特徵：選取以特徵為判斷的面。
  - 肋板 / 凸台：選取肋外型或是凸台外型的面。
  - 除料：選取凹槽或是除料的面。
- **平行**
  - 面：選取所有平行面。
  - 對齊的：使用框選範圍內的平行面。
  - 對立的：使用框選範圍外的平行面。
- **垂直**：框選範圍內所有垂直面。
- **共面**：框選範圍內所有共面。
- **同心**：選取所有同心曲面。
- **等半徑**：框選範圍內所有等半徑曲面。
- **相切面**：選取所有相切的面。
- **相切鏈**：選取所有相切面延伸至不相切為止。
- **對稱中心**：以不同平面做為中心對稱選取面。
- **軸**：以平行和垂直軸為選取判斷。
- **軸對齊**：框選範圍內依 X、Y、Z 軸向為選取判斷。

5-4 面相關指令

「面相關」指令是同步建模獨有的技術。若想在同步建模產生連結關係，則使用「面相關」指令賦予實體模型的相關條件，不僅僅針對從無到有的設計，也可以將中繼檔案賦予相關條件。共有 12 個面相關條件。如圖 5-4-1。

▲圖 5-4-1

「面相關」指令操作，首先選取修改面（種子面）→【確定】→參考面（目標面）→【確定】。

❖ 種子面：（移動的面）

種子面指的是第一個選擇的幾何面，也就是需要修改的幾何面，「幾何控制器」會鎖定在此面上。

❖ 目標面：（固定的面）

目標面指的是第二個選擇的幾何面，也就是要參考的基準，本身並不會有任何的變化，且目標面只能選一個。

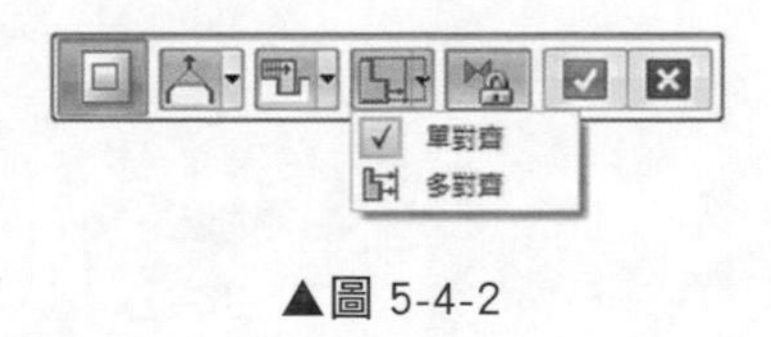

▲圖 5-4-2

單對齊：

一個種子面與一個目標面產生關聯。

多對齊：

選取的所有面與一個目標面產生關聯。

永久關係：

開啟時建立關聯，導航者的「關係」收集器中，會記錄這項關聯。以便抑制或刪除。如圖 5-4-3。

關閉時建立關聯，只有當下符合關聯條件，往後的設計變更不會有關聯。

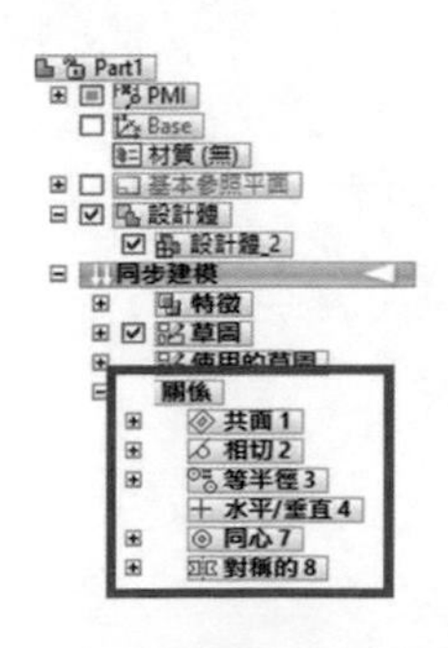

▲圖 5-4-3

共面：先選面Ⓐ再選面Ⓑ，使Ⓐ移動與Ⓑ共面。如圖 5-4-4。

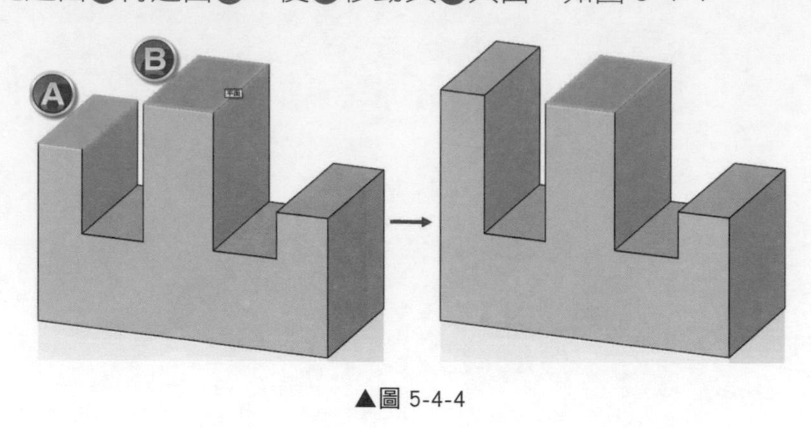

▲圖 5-4-4

平行：先選面Ⓐ再選面Ⓑ，使Ⓐ移動與Ⓑ平行。如圖 5-4-5。

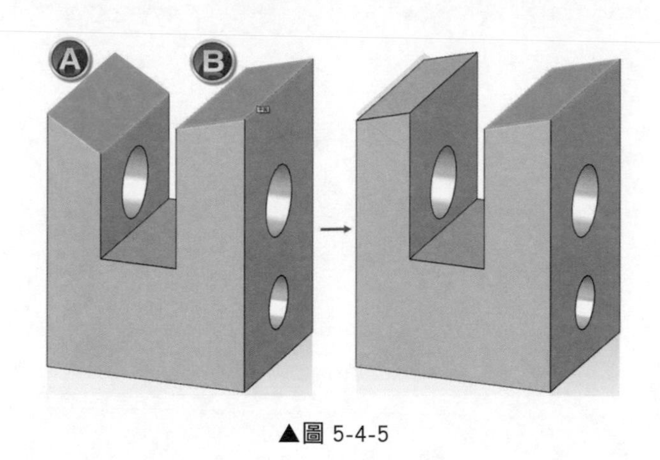

▲圖 5-4-5

垂直：先選面Ⓐ再選面Ⓑ，使Ⓐ移動與Ⓑ垂直。如圖 5-4-6

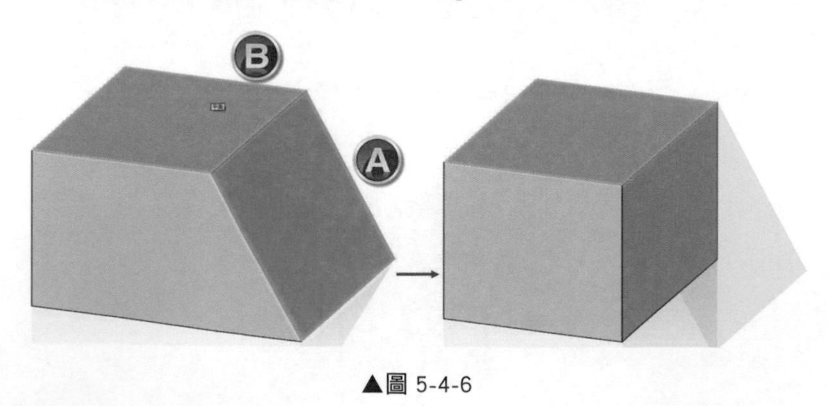

▲圖 5-4-6

同心：先選面Ⓐ再選面Ⓑ，使Ⓐ移動與Ⓑ同心。如圖 5-4-7。

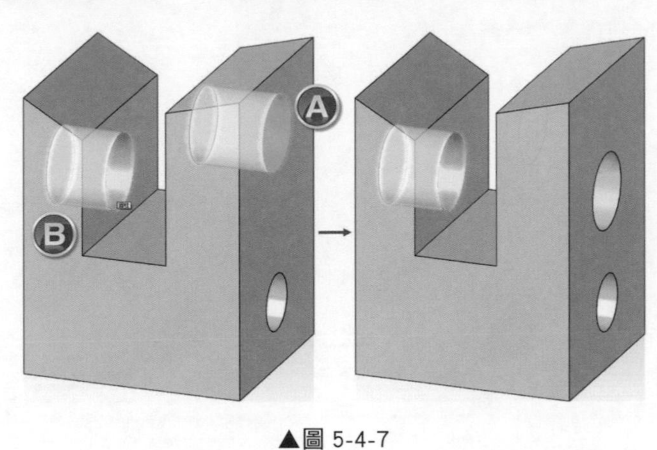

▲圖 5-4-7

對齊孔：先選面Ⓐ再選面Ⓑ最後選平面Ⓒ，使Ⓐ為標準，讓Ⓑ和更多孔移動，按照平面Ⓒ方向對齊排列。如圖 5-4-8。

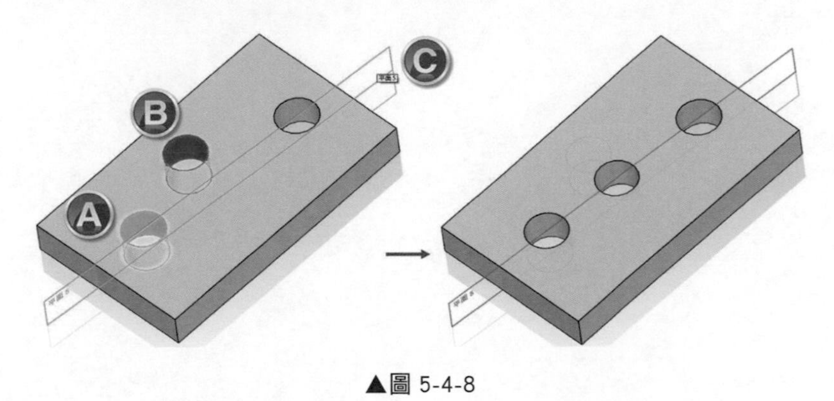

▲圖 5-4-8

相切：先選面Ⓐ再選面Ⓑ，使Ⓐ移動與Ⓑ相切。如圖 5-4-9。

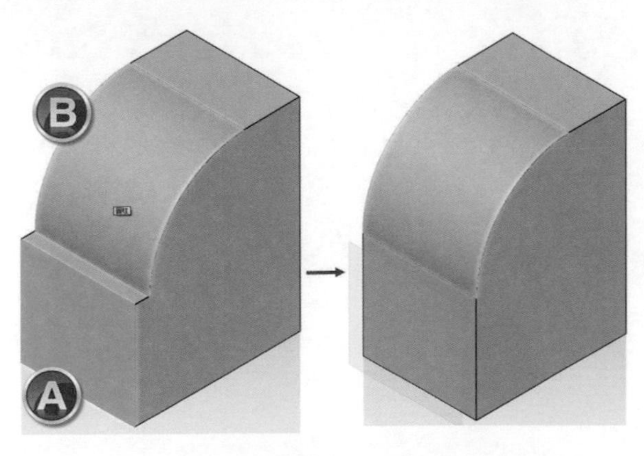

▲圖 5-4-9

對稱：先選面Ⓐ再選面Ⓑ最後選平面Ⓒ，使Ⓐ移動與Ⓑ參考平面Ⓒ對稱。如圖 5-4-10。

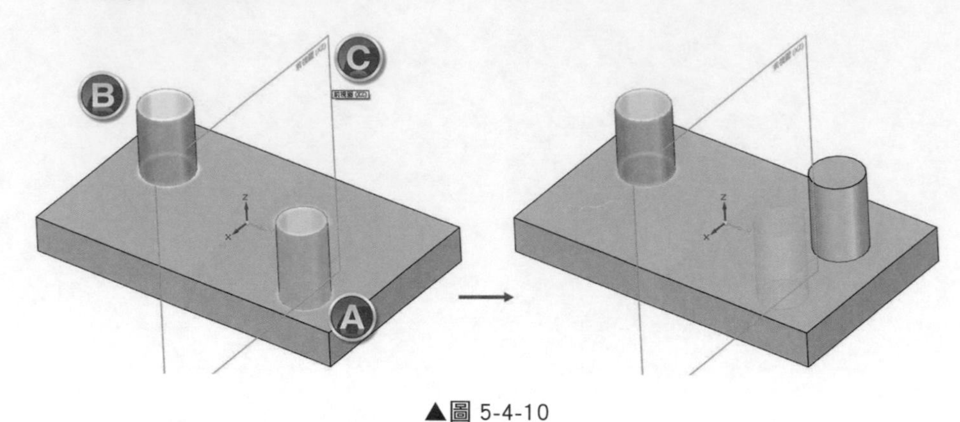

▲圖 5-4-10

相等：先選面Ⓐ再選面Ⓑ，使Ⓐ改變與Ⓑ相等大小。如圖 5-4-11。

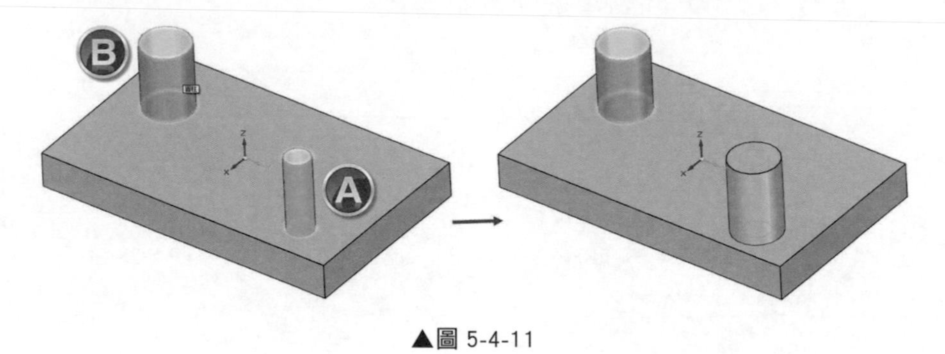

▲圖 5-4-11

水平 / 垂直：選面Ⓐ，使Ⓐ平行相近的水平 / 垂直平面。如圖 5-4-12。
先選點Ⓐ再選點Ⓑ，使Ⓐ對齊Ⓑ。如圖 5-4-13。

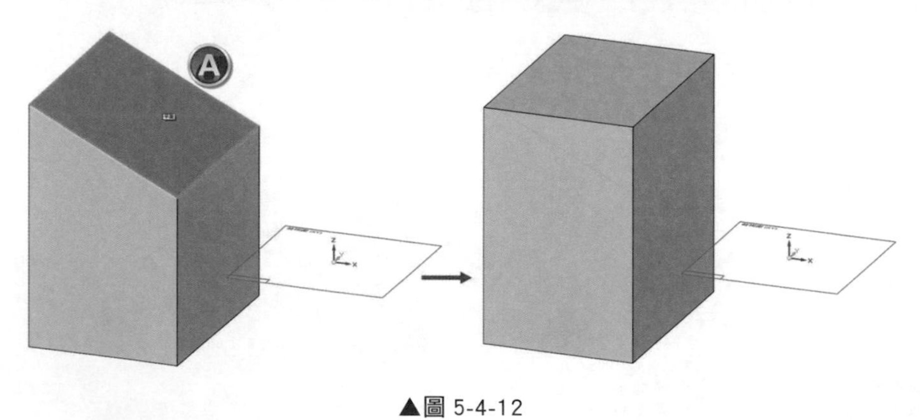

▲圖 5-4-12

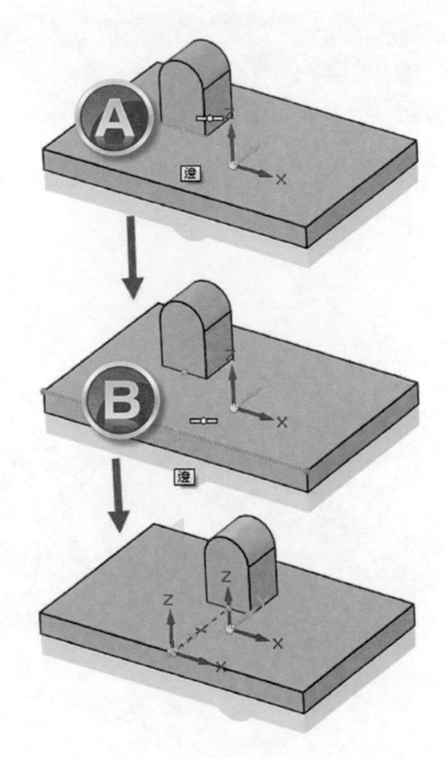

▲圖 5-4-13

偏置：使選定面 A 與 B 目標面半徑偏置，並套用使用者定義的偏置距離，如圖 5-3-14。

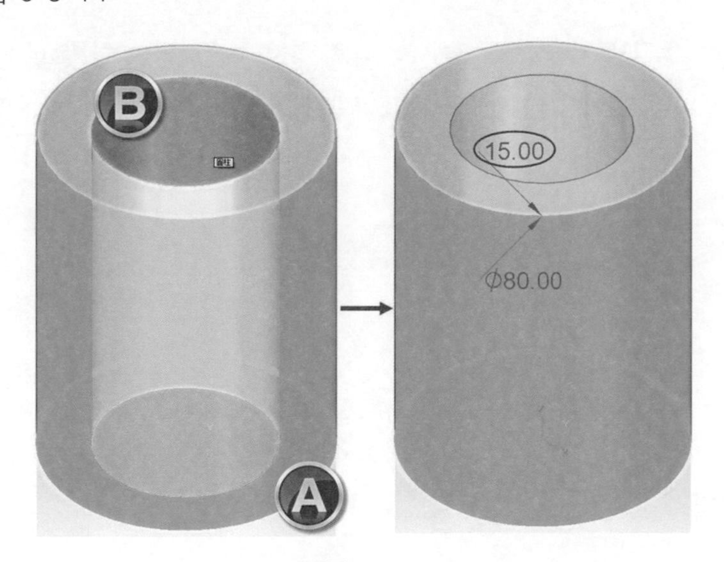

▲圖 5-4-14

固定：使所選平面固定。

剛性：當多個面之間套用剛性關係時，如果移動或旋轉任意一個面，其餘面將維持相同的空間方位。

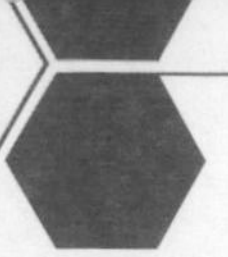

5-5 綜合應用

利用幾何控制器可以對中繼檔的模型進行設計修改，也能將『同步建模』的模型進行修改，需先將幾何控制器挪動到參考位置，再利用方向箭頭或是旋轉進行修改。

▲圖 5-5-1

❶ 若檔案開啟座標原點不在模型上，想將座標原點定義在模型上。先框選整個模型，點選中心藍點將幾何控制器移動到模型相對應的原點位置。如圖 5-5-2。

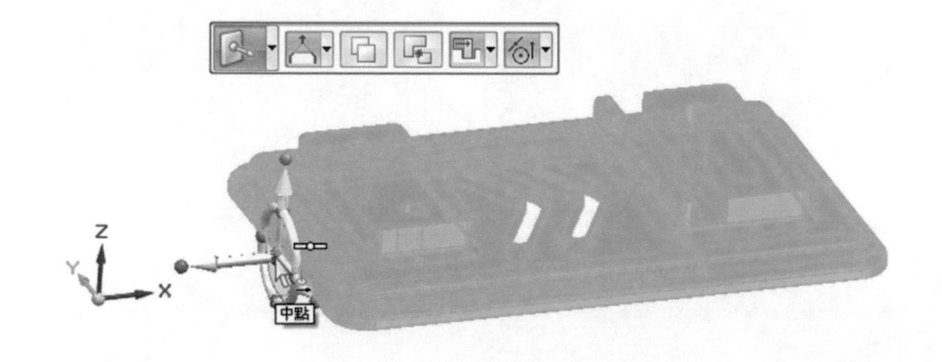

▲圖 5-5-2

❷ 將 X.Y.Z 三方向皆移動至座標原點。可利用幾何控制器的箭頭或是平面。如圖 5-5-3。

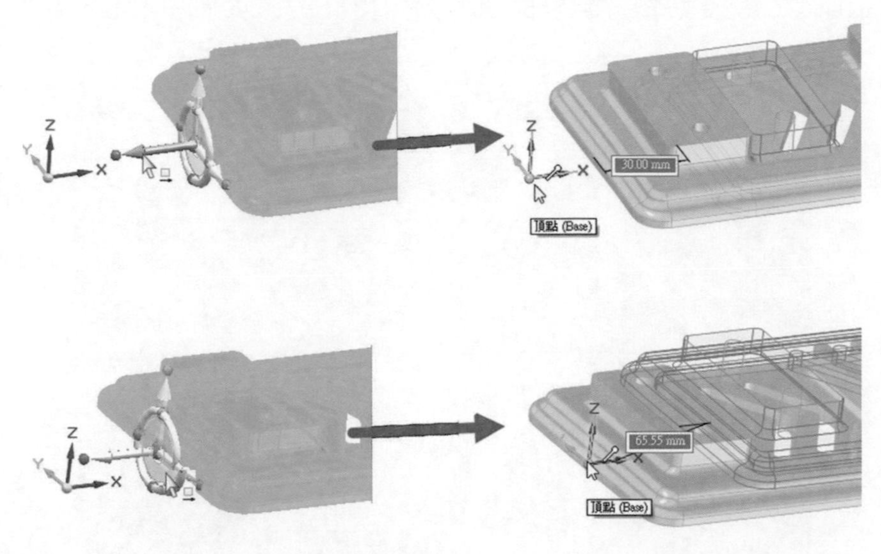

▲圖 5-5-3

❸ 單選一個平面，點擊箭頭使平面和周圍圓角一併移動。若想使模型的特徵一起移動，則先標註尺寸且設計意圖勾選，再點擊箭頭執行移動即可一併移動。如圖 5-5-4。

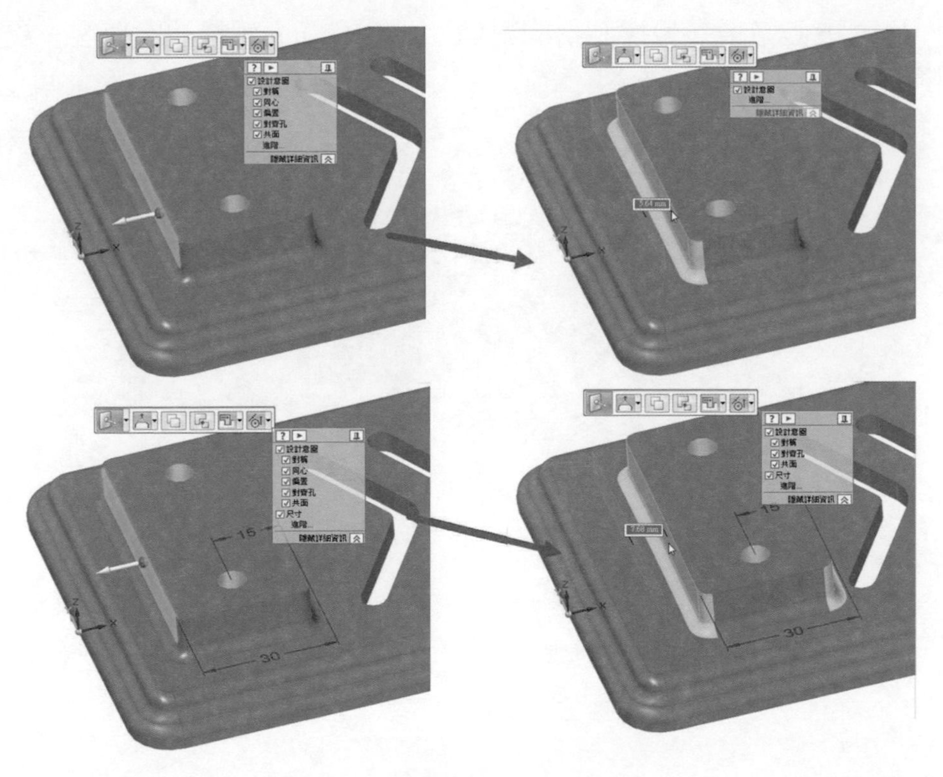

▲圖 5-5-4

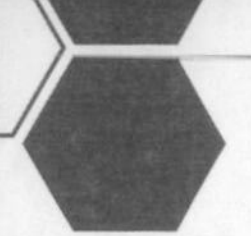

❹ 若想達到旋轉效果，可利用幾何控制器旋轉修改模型。先框選修改的模型面，再將幾何控制器放置在旋轉中心，按 shift 同時點擊幾何控制器的平面，直到旋轉軸正確，最後點擊方向盤即可輸入角度修改。如圖 5-5-5。

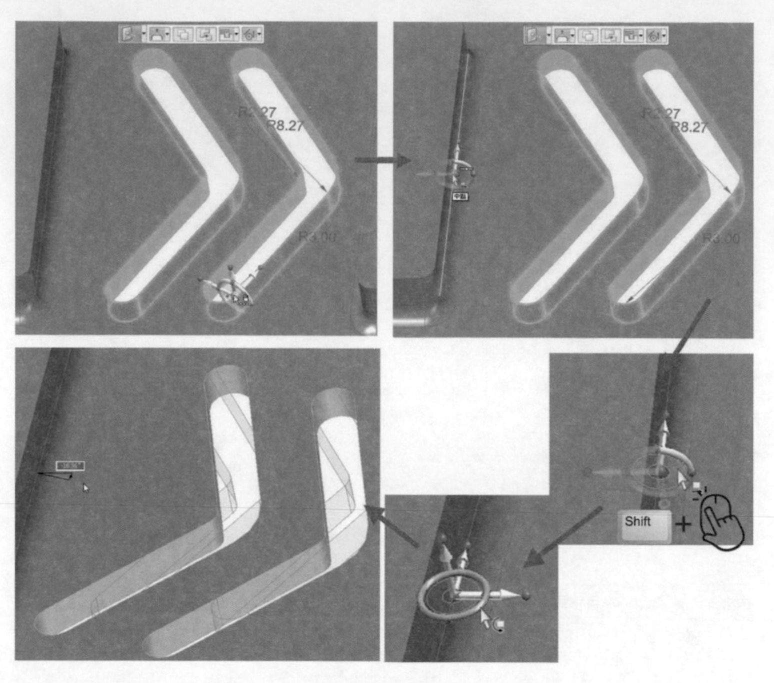

▲圖 5-5-5

❺ 平面移動透過勾選幾何控制器的對稱、共面…等，讓修改更簡易、更方便達到修改模型。如圖 5-5-6。

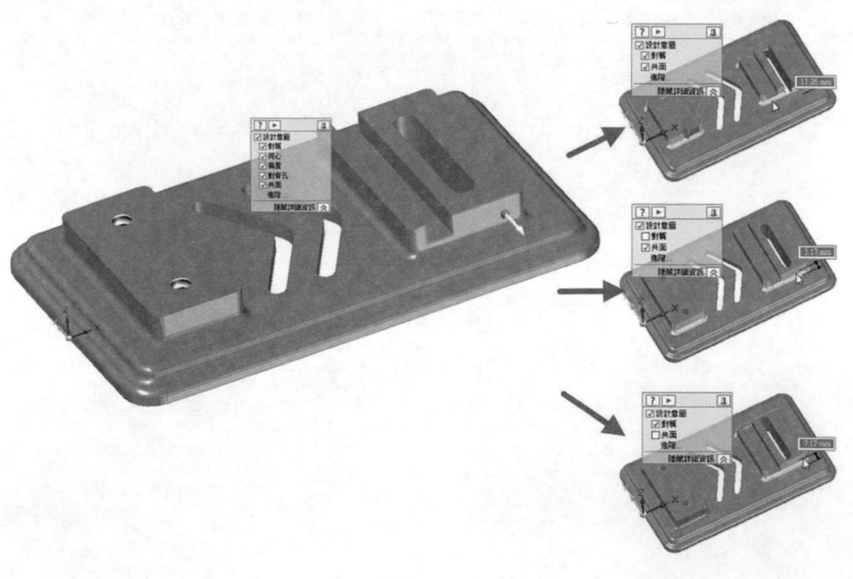

▲圖 5-5-6

❻ 標註尺寸將模型進行修改。使用【智慧尺寸】標註後，透過箭頭的方向決定哪一側為固定端，哪一側為移動端，也可以藉由藍色的邊框判斷被移動側。如圖 5-5-7。

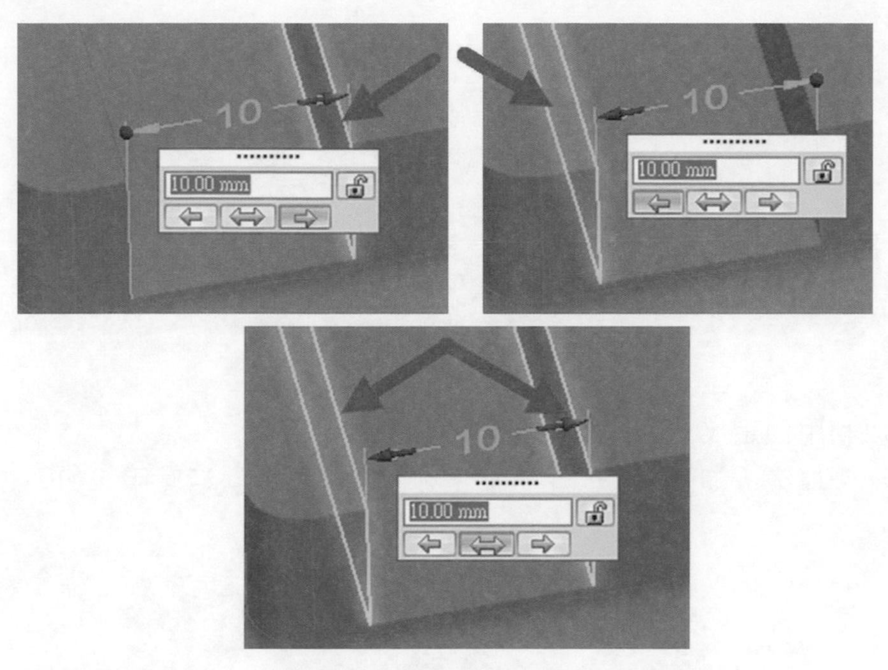

▲圖 5-5-7

❼ 刪除特徵。平面移動不僅僅是修改模型也可以填補凹洞還可以移除外形，只需先將局部面選取後，點選 delete。如圖 5-5-8。

▲圖 5-5-8

❽ 利用標註尺寸規則來進行修改。使用智慧尺寸標註出尺寸後，利用更改箭頭方向，改變基準或是移動邊，達到單邊修改或是對稱的雙邊修改。如圖 5-5-9。

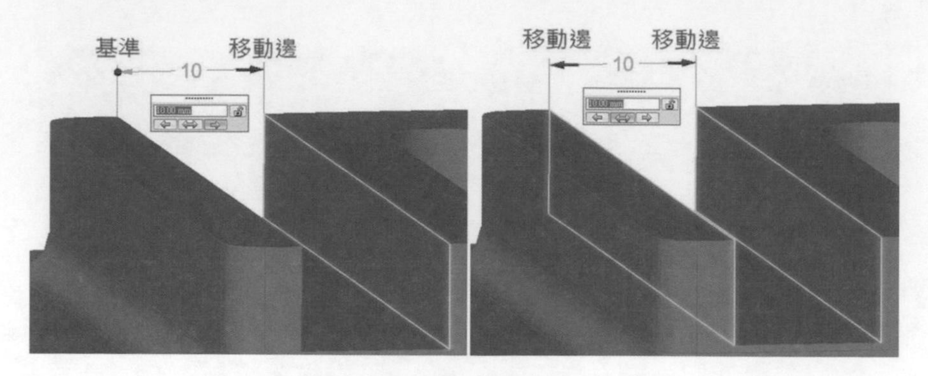

▲圖 5-5-9

也可以利用鎖定尺寸，將修改變得更容易。

❾ 開啟範例檔案「範例 5-5.x_t」，將上述的功能進行靈活應用。如圖 5-5-10。

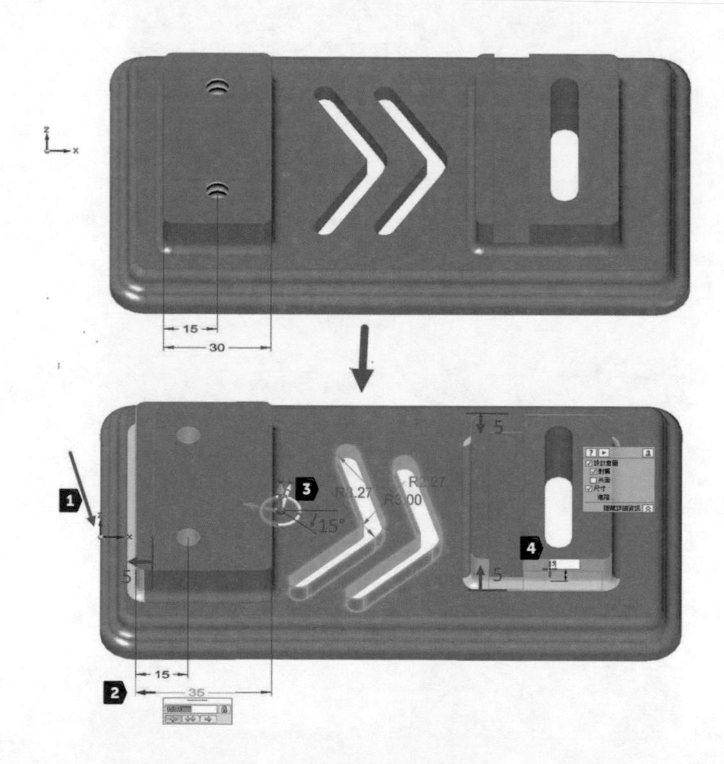

▲圖 5-5-10

(1) 移動原點
(2) 平面移動 5mm
(3) 以轉軸為中心旋轉 15°
(4) 以設計意圖的對稱條件修改兩側 5mm

5-6 特徵庫

「特徵庫」是將 Solid Edge 繪製的「特徵」，套用到其他模型上，藉由此模式節省重新繪製的時間。

「同步建模」繪製的特徵只能放置在「同步建模」的零件上，「順序建模」繪製的特徵只能放置在「順序建模」的零件上，彼此無法共通使用。

❶ 開啟範例檔「範例 5-6-1.par」，如圖 5-6-1。

▲圖 5-6-1

❷ 選取圖中模型的特徵，擺放好「幾何控制器」且調整好控制器平面。如圖 5-6-2。

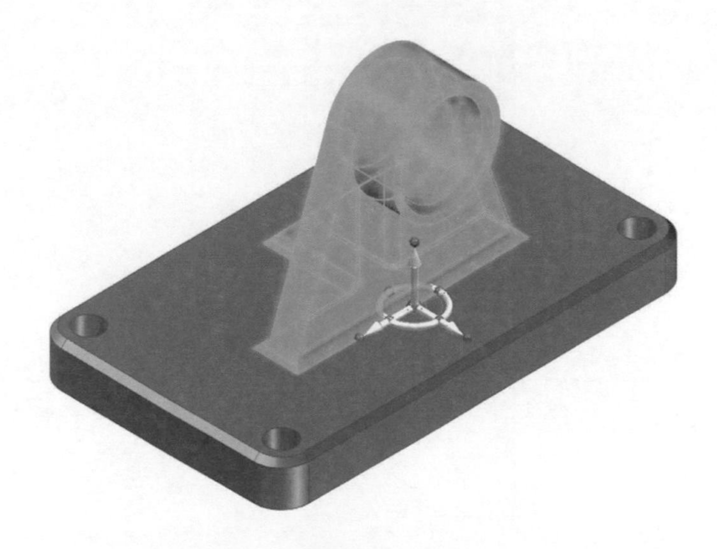

▲圖 5-6-2

❸ 選取想存取的資料夾位置【桌面】，點選「特徵庫」上的「+號」新增建立特徵庫成員。如圖 5-6-3。

▲圖 5-6-3

❹ 按下「+號」後，畫面上會出現【特徵庫條目】視窗，輸入建立名稱後，點選【儲存】即可建立特徵庫。如圖 5-6-4。

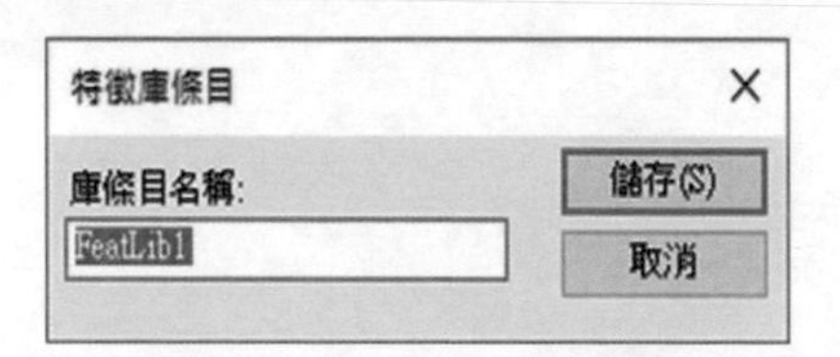

▲圖 5-6-4

❺ 儲存後，使用者可以從「特徵庫」當中，找到儲存的特徵。如圖 5-6-5。

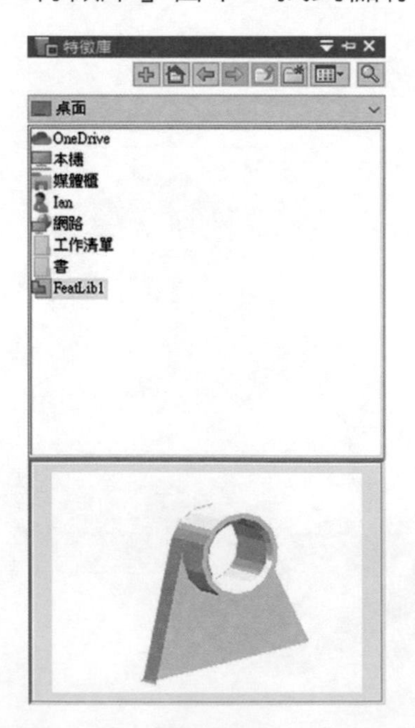

▲圖 5-6-5

❖ 入特徵的操作，利用範例進行說明：

❻ 開啟範例檔案「範例 5-6-2.par」，將特徵庫【FeatLib1】拖曳至畫面中放置，按鍵盤 F3，將平面鎖在欲放置的平面。如圖 5-6-6。

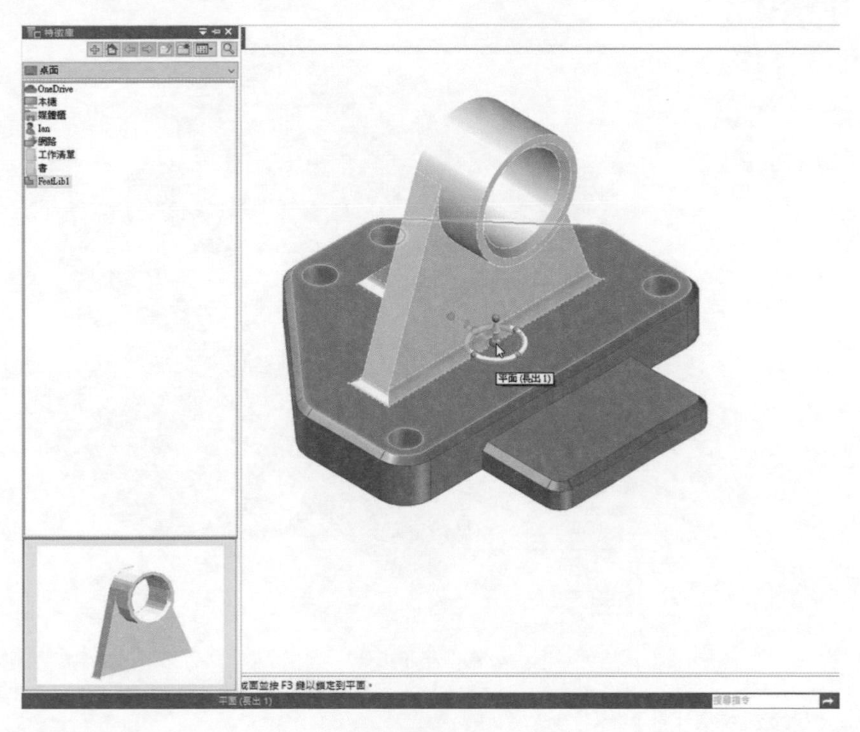

▲圖 5-6-6

❼ 利用幾何控制器將特徵移動到適當的位置，移動的方式可以輸入移動的距離也可以利用線條的端點或是中點。如圖 5-6-7。

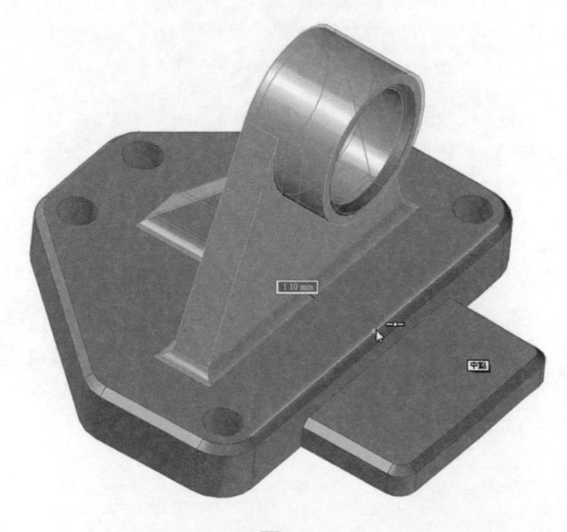

▲圖 5-6-7

❽ 放置的特徵是面集，需要以附加的方式將面集合併在實體上，在「面集 2」上按右鍵，點選附加，將特徵轉成實體。如圖 5-6-8。

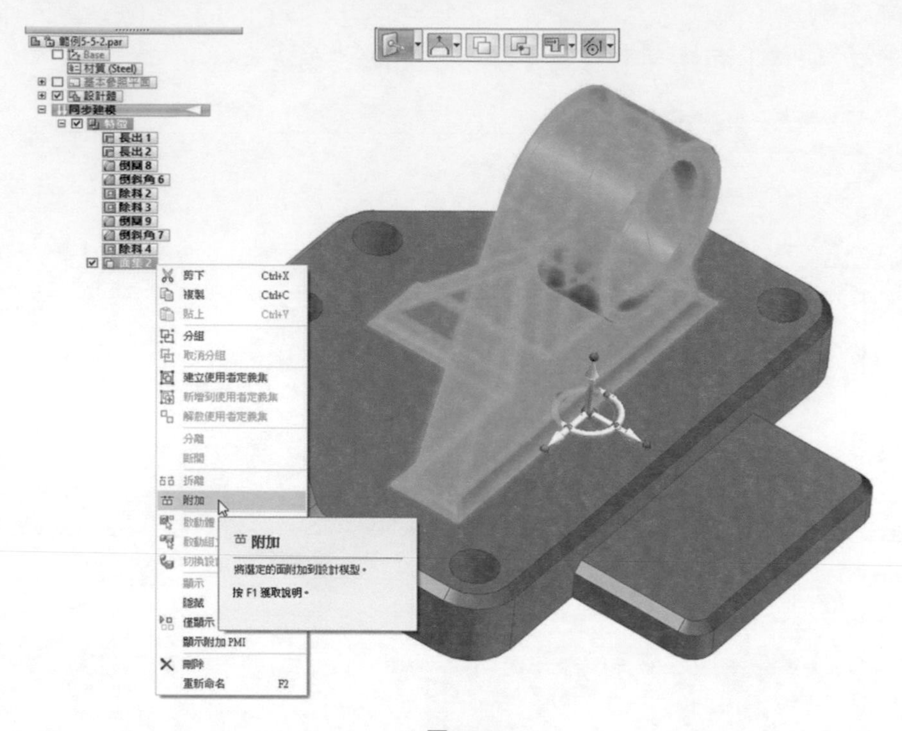

▲圖 5-6-8

❾ 完成特徵搬移。如圖 5-6-9。

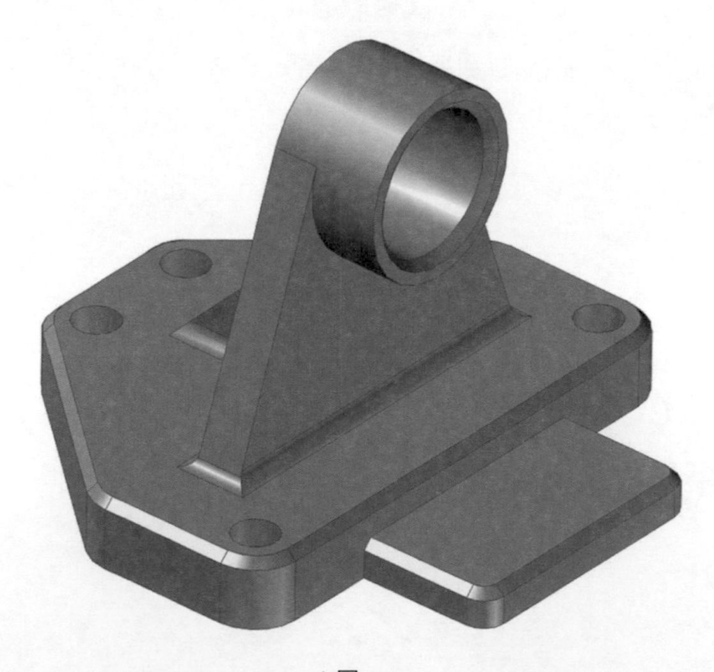

▲圖 5-6-9

CHAPTER

旋轉特徵

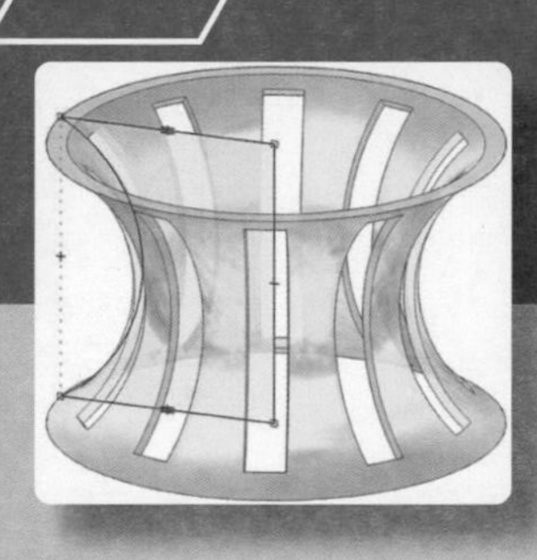

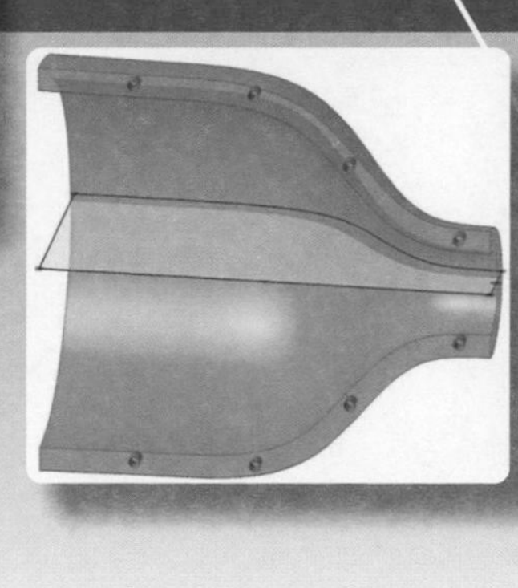

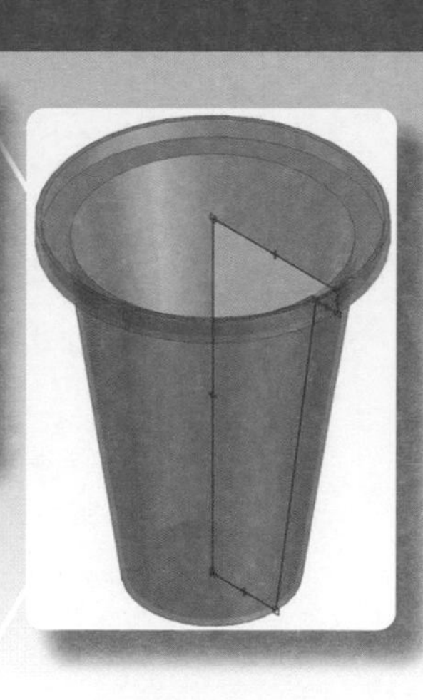

章節介紹

藉由此課程，您將會學到：

6-1　旋轉的定義

6-2　旋轉長出

6-3　旋轉除料

6-1 旋轉的定義

繪圖過程中，經常用到兩種方式，一是前面章節介紹到的「拉伸長料」和「拉伸除料」，另一就是本章節所要介紹的「旋轉長出」和「旋轉除料」。

「旋轉特徵」是利用草圖輪廓，繞著旋轉軸進行旋轉並設定角度，進而成為零件實體，如圖 6-1-1、圖 6-1-2。

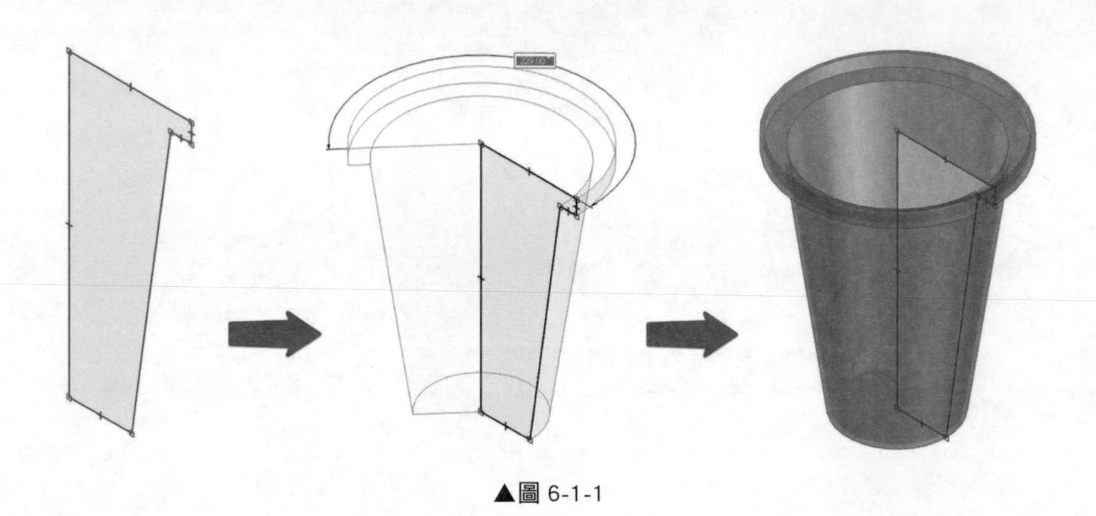

▲圖 6-1-1

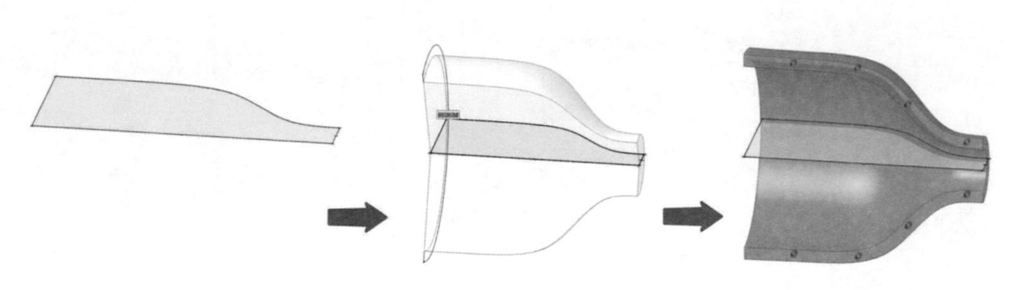

▲圖 6-1-2

6-2 旋轉長出

範例 一

❶ 繪製草圖：在「前視圖 (XZ)」上繪製如下草圖，並用「智慧尺寸」標註相關尺寸，如圖 6-2-1。

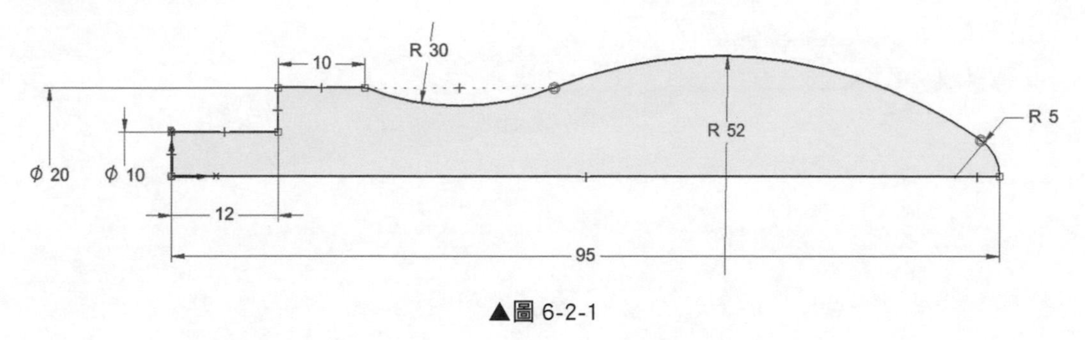

▲圖 6-2-1

備註 圖中直徑可使用「對稱直徑」標註，如圖 6-2-2。

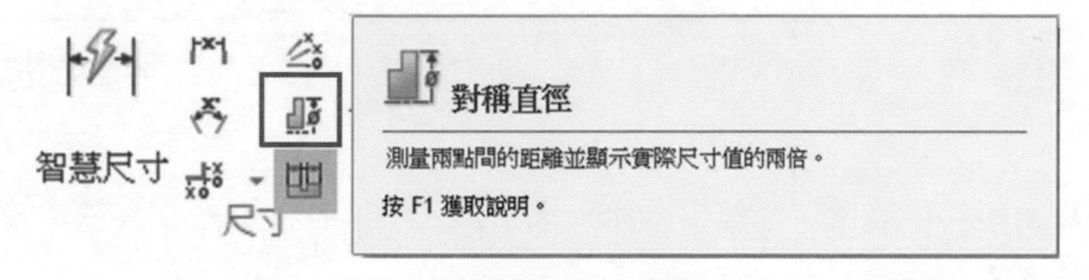

▲圖 6-2-2

❷ 點選指令：選取「首頁」→「實體」→「旋轉」，如圖 6-2-3。

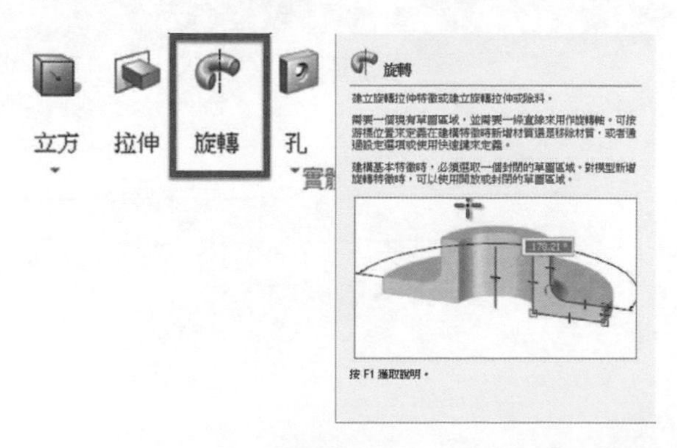

▲圖 6-2-3

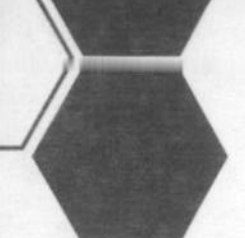

❸ 出現「快速工具列」，相關設定為「面」、「360°」、「對稱」等設定，如圖 6-2-4。

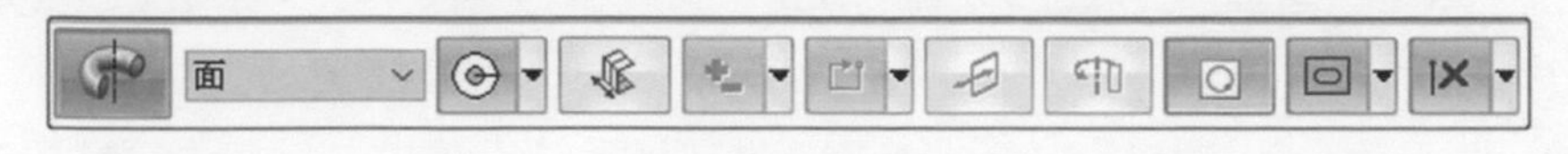

▲圖 6-2-4

❹ 選取：按滑鼠左鍵選取「封閉草圖」區域，如圖 6-2-5。

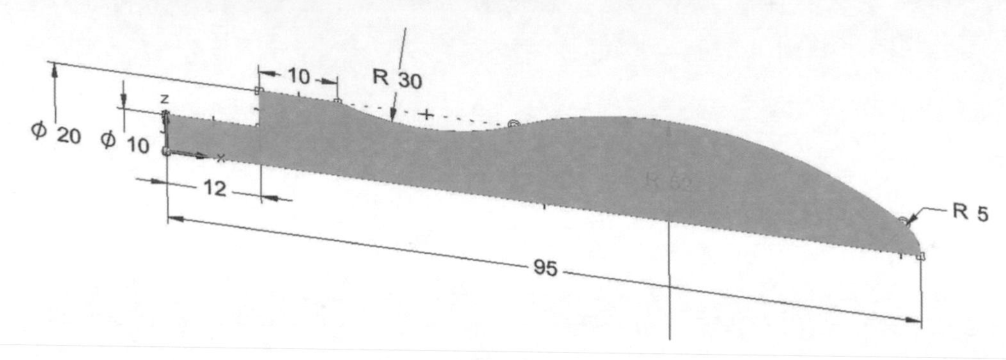

▲圖 6-2-5

❺ 選完輪廓按滑鼠右鍵或「enter」之後，快速工具列中的「旋轉 - 軸」就會顯示，如圖 6-2-6。

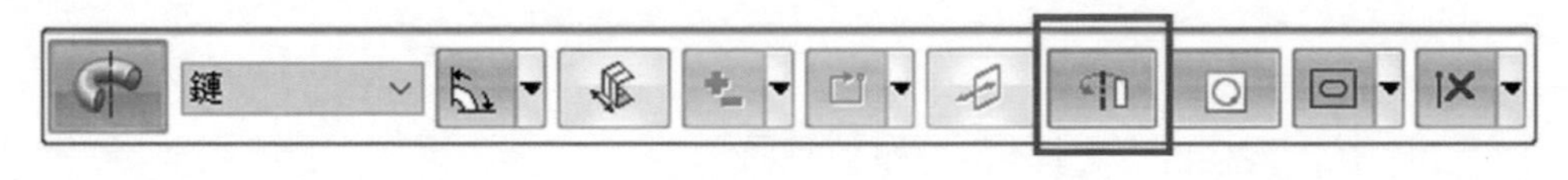

▲圖 6-2-6

❻ 接著選取一條草圖「邊線」當作旋轉「軸」，也可將座標 X 軸當作旋轉軸，如圖 6-2-7。

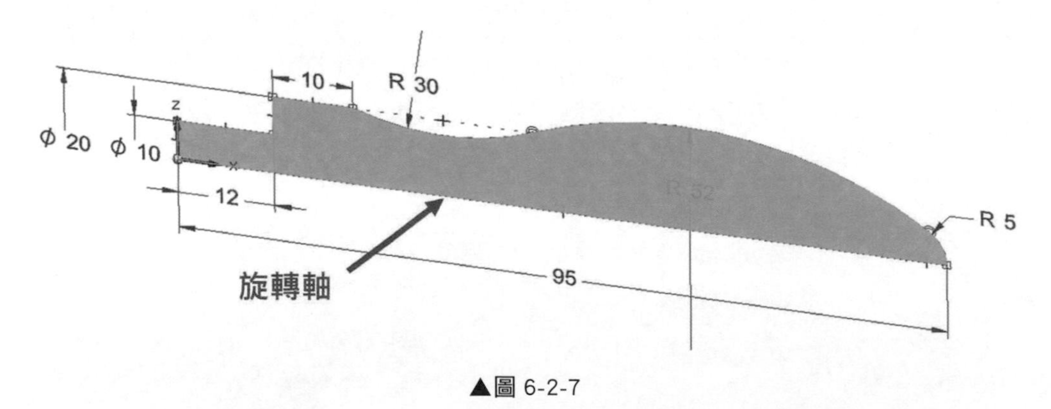

▲圖 6-2-7

❼ 完成：即可完成如圖 6-2-8。

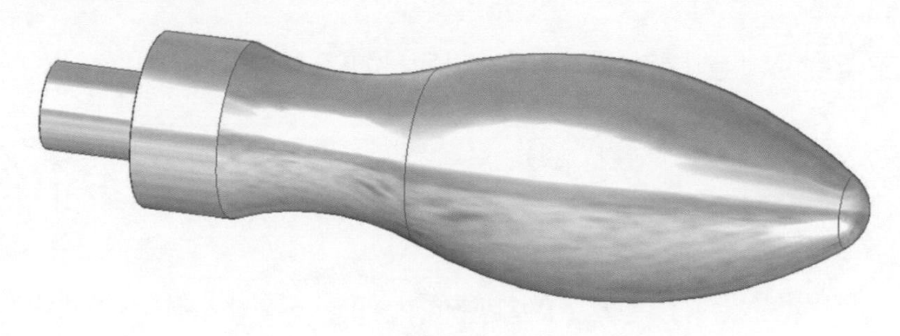

▲圖 6-2-8

範例 二

❶ 繪製草圖：在「前視圖 (XZ)」上繪製如下草圖，並用「智慧尺寸」標註相關尺寸，如圖 6-2-9。

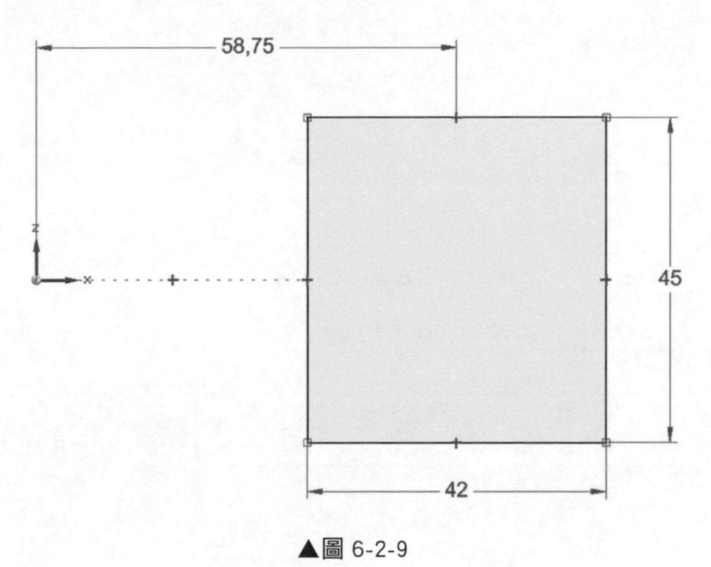

▲圖 6-2-9

❷ 點選指令：選取「首頁」→「實體」→「旋轉」，如圖 6-2-10。

▲圖 6-2-10

❸ 出現「快速工具列」，相關設定為「面」、「有限」、「對稱」等設定，如圖 6-2-11。

按滑鼠左鍵選取「封閉草圖」的輪廓面，如圖 6-2-11。

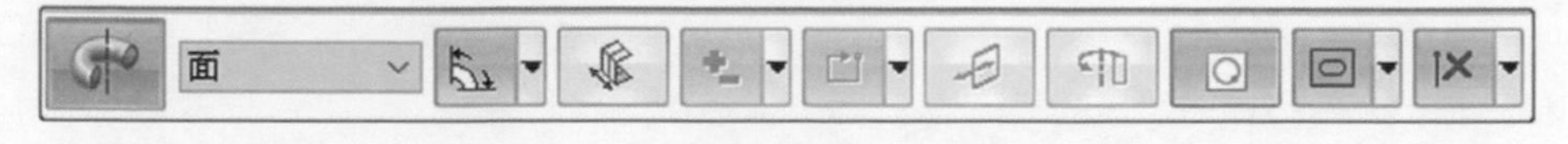

▲圖 6-2-11

❹ 按滑鼠左鍵選取「封閉草圖」的輪廓面，如圖 6-2-12。

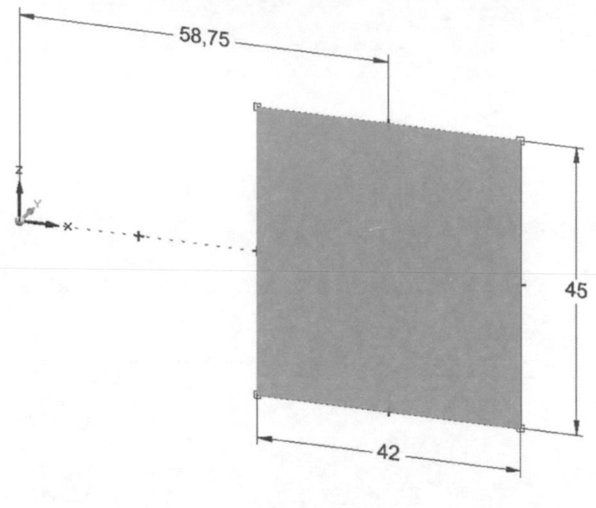

▲圖 6-2-12

❺ 選完輪廓之後，快速工具列中的「旋轉 - 軸」就會顯示，如圖 6-2-13。

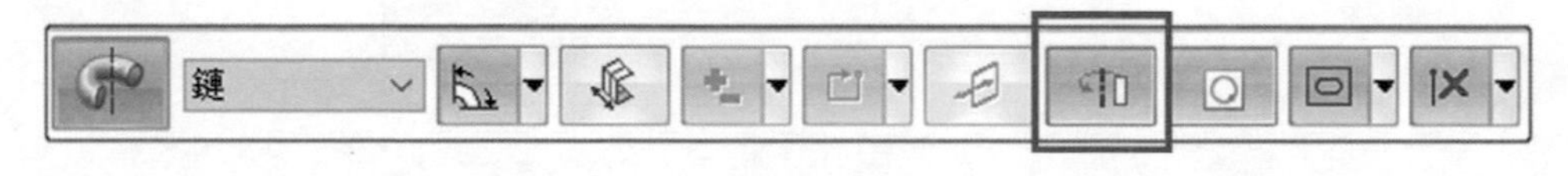

圖 6-2-13

❻ 接著選取「Z 軸」當作旋轉「軸」，並選擇範圍為 360 度，如圖 6-2-14。

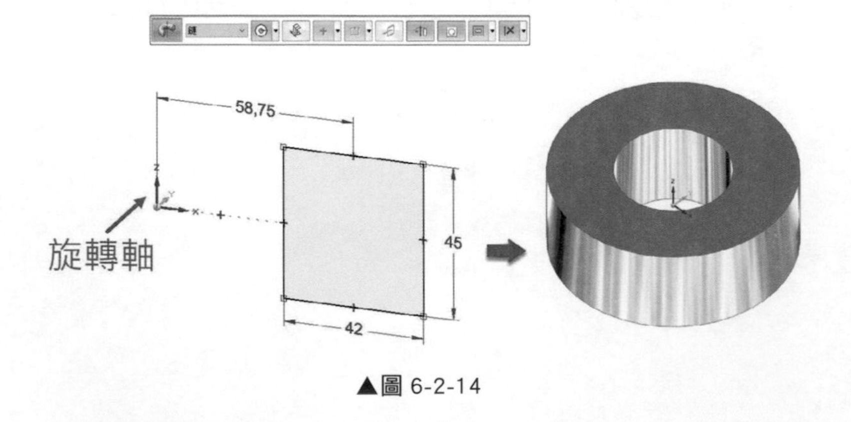

▲圖 6-2-14

❼ 繪製參考草圖：選取「首頁」→「繪圖」→「直線」，接著鎖定前視圖平面繪製草圖，如圖 6-2-15。

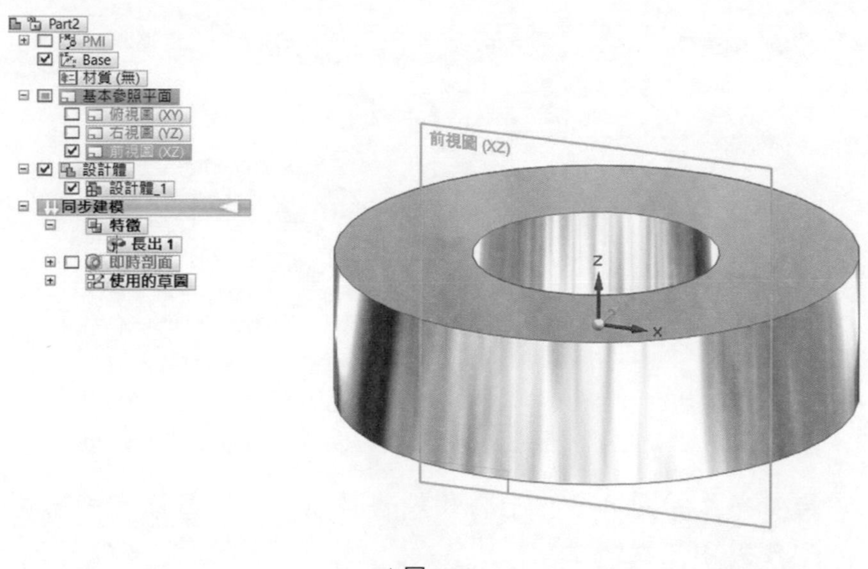

▲圖 6-2-15

❽ 繪製草圖，如圖 6-2-16。

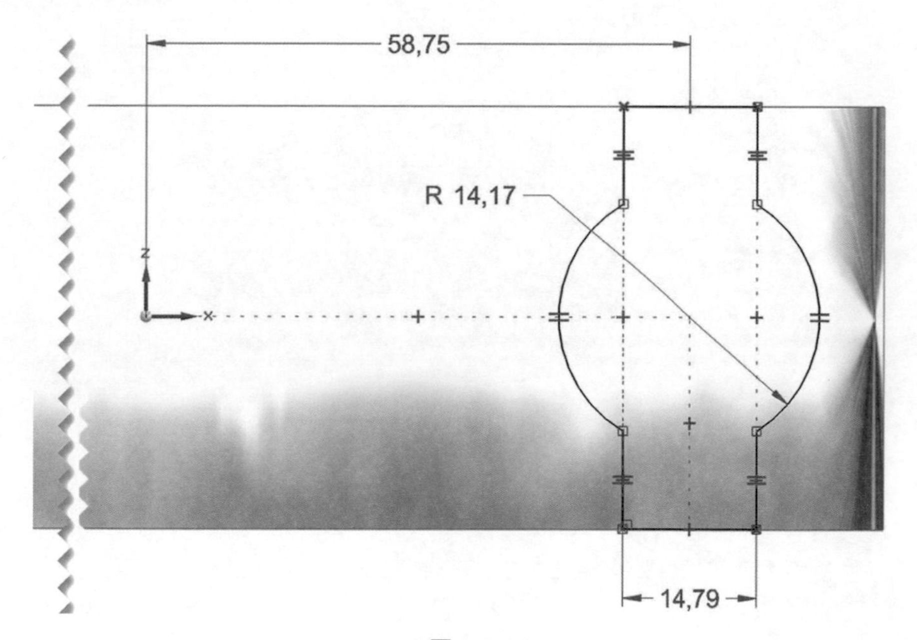

▲圖 6-2-16

❾ 「首頁」→「實體」→「旋轉」，選取輪廓後按「enter」確認，並指定「Z 軸」為旋轉軸，將工具條選項切換成「切除」，進行 360 度除料，如圖 6-2-17。

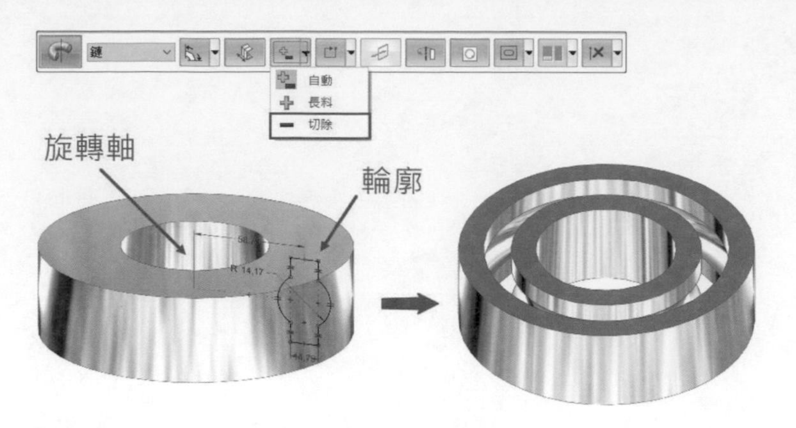

▲圖 6-2-17

❿ 選取「首頁」→「繪圖」→「中心和點畫圓弧」，接著鎖定前視圖平面繪製草圖，如圖 6-2-18。

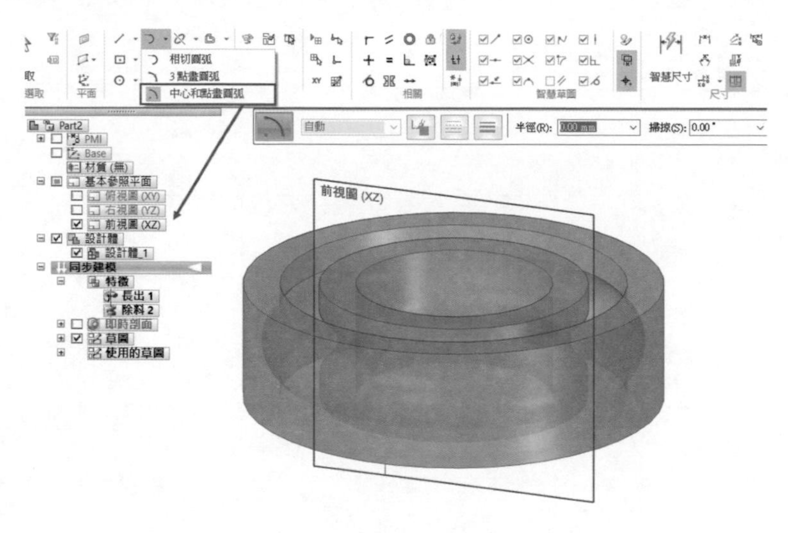

▲圖 6-2-18

備註 如需使用多實體，可先「新增體」。
步驟 :「首頁」→「實體」→「新增體」。

⓫ 繪製草圖，如圖 6-2-19。

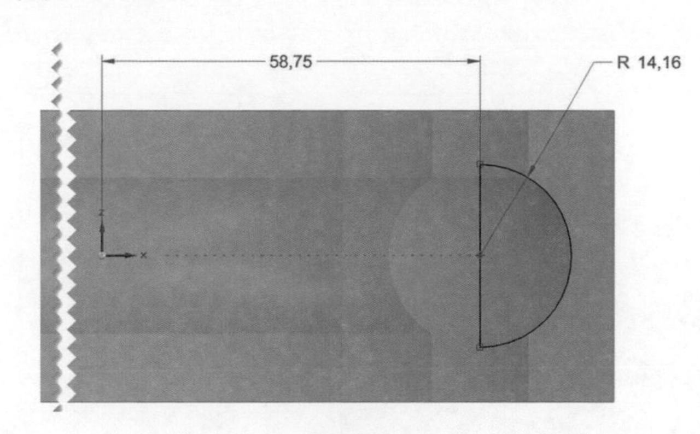

▲圖 6-2-19

⓬ 「首頁」→「實體」→「旋轉」，選取輪廓後按「enter」確認，並指定「半圓邊」為旋轉軸，將工具條選項切換成「長料」，進行 360 度長料，如圖 6-2-20。

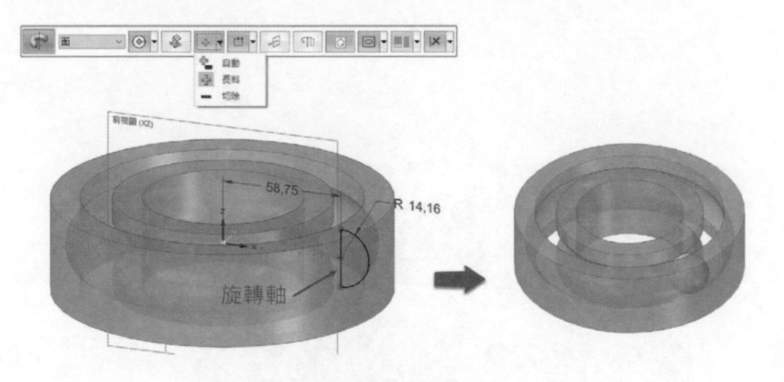

▲圖 6-2-20

⓭ 在導航者中將步驟 12 所建立的旋轉特徵選取，「首頁」→「陣列」→「圓形」如圖 6-2-21。

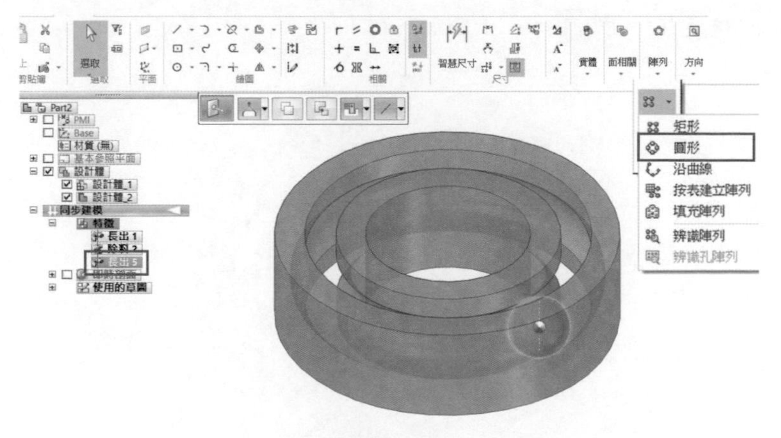

▲圖 6-2-21

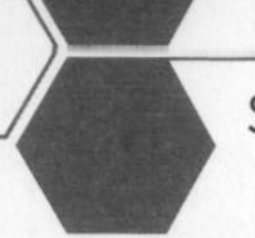

⓮ 將工具條的鎖點類型改為「中心點」後，將軸放置於模型圓心，並給定數量為 6，如圖 6-2-22、6-2-23。

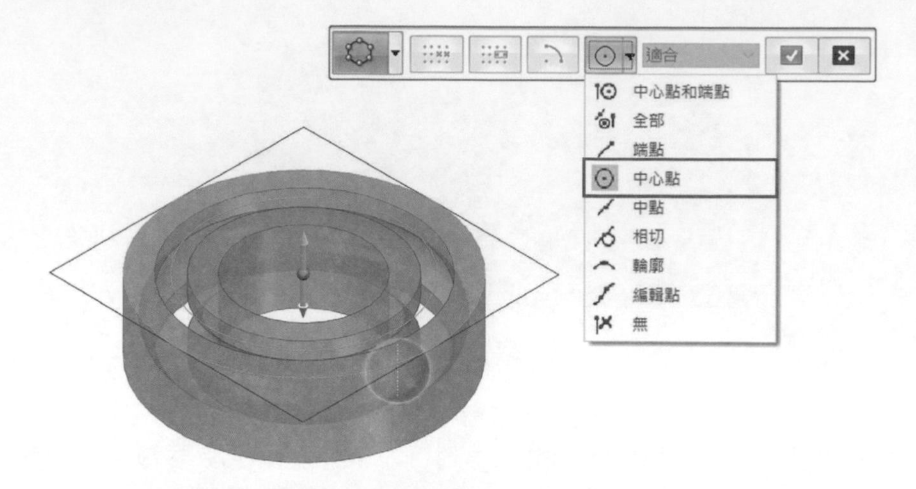

▲圖 6-2-22

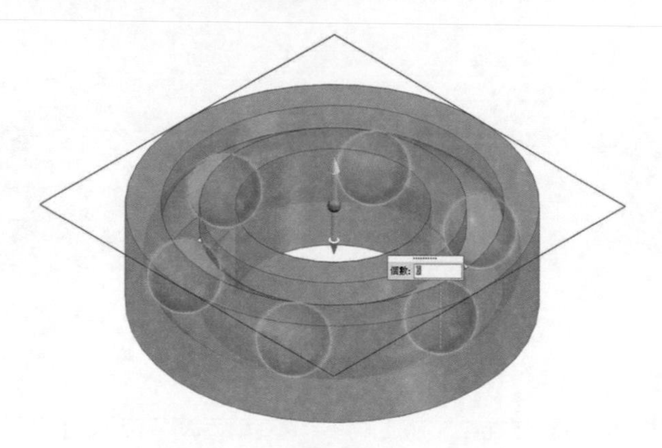

▲圖 6-2-23

⓯ 按「enter」→完成，如圖 6-2-24。

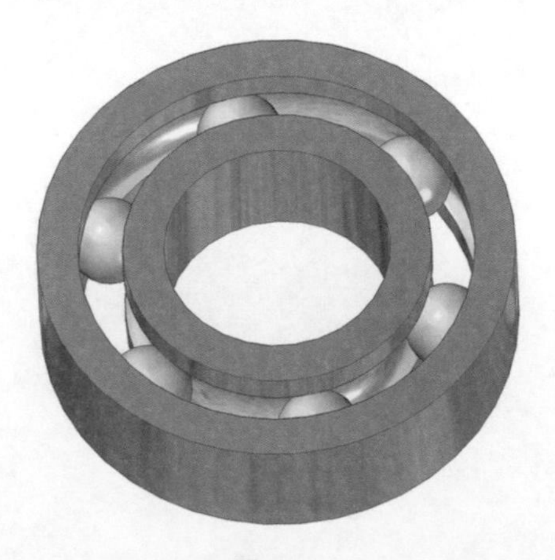

▲圖 6-2-24

備註 在步驟 11 時，如果繪製的半圓形與模型的圓弧為相切狀態，在進行旋轉長料或除料時，會出現錯誤訊息，如圖 6-2-25、6-2-26。

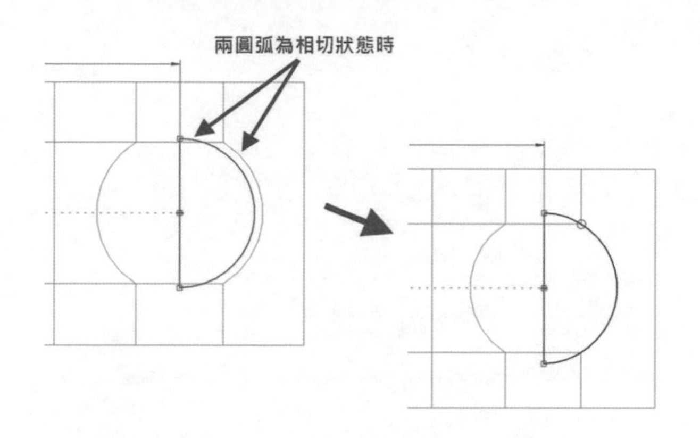

▲圖 6-2-25

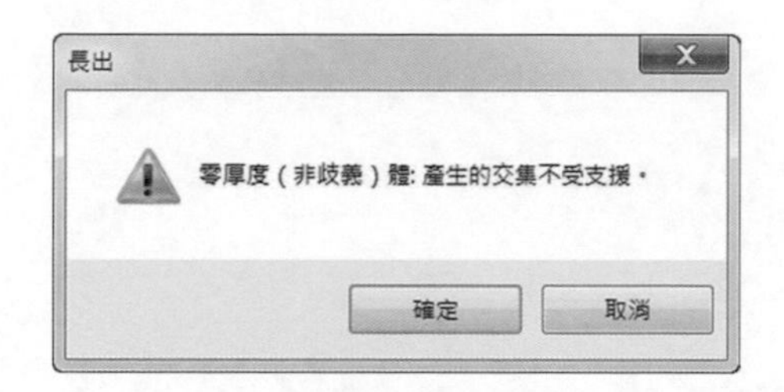

▲圖 6-2-26

Parasolid 核心軟體都有零厚度狀況的提醒，因為只有在數學中才會有零存在，現實中並不存在零厚度的情況，Solid Edge 的 3D 設計理念是以現實狀況為依據，因此會出現此提醒，只要給予小數值 (例如 0.001) 讓相切處不為 0 即可。

6-3 旋轉除料

❶ 開啟範例檔：開啟「範例三」檔案，模型如圖 6-3-1。

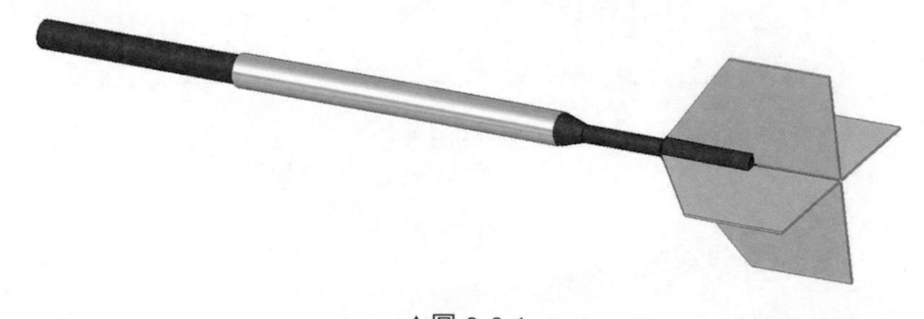

▲圖 6-3-1

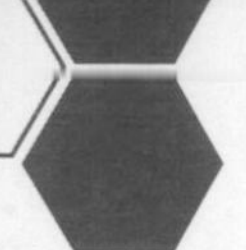

❷ 繪製草圖：選取「首頁」→「繪圖」→「直線」，並將草圖鎖定於(XZ)前視圖，如圖 6-3-2。

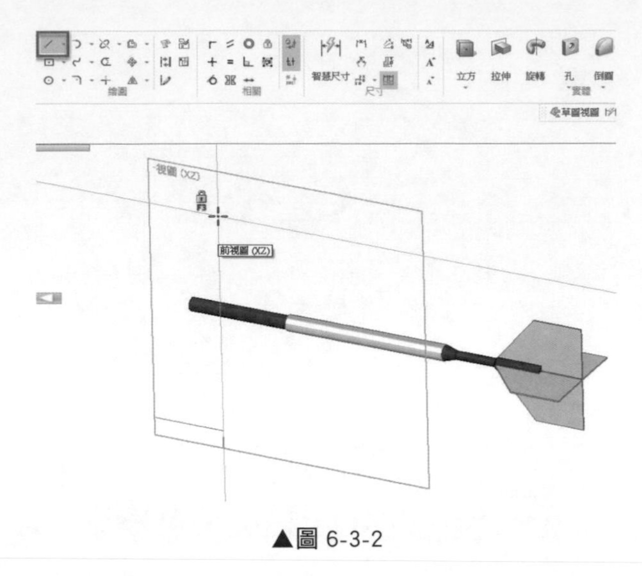

▲圖 6-3-2

❸ 繪製草圖，如圖 6-3-3。

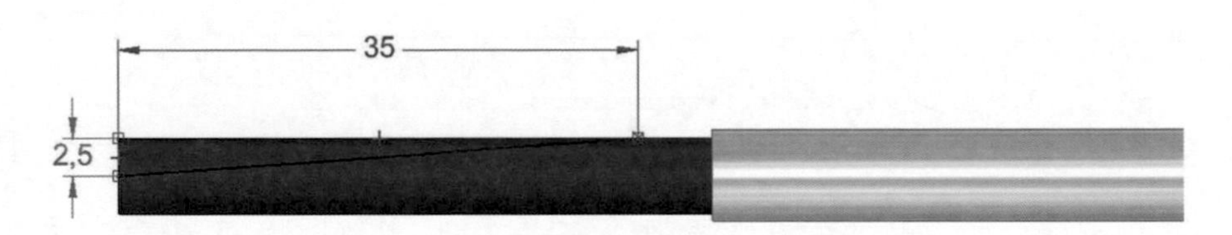

▲圖 6-3-3

❹ 點選指令：選取「首頁」→「實體」→「旋轉」，如圖 6-3-4。

▲圖 6-3-4

❺ 出現「快速工具列」，工具列調整為「鏈」、「360°」、「除料」等設定，如圖 6-3-5。

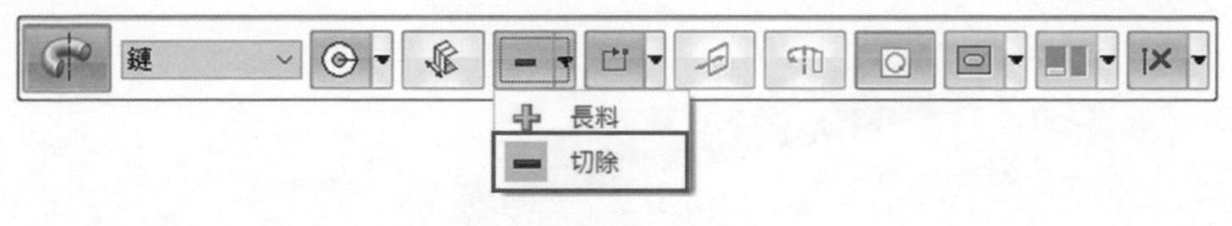

▲圖 6-3-5

❻ 選取封閉草圖的輪廓面，按滑鼠右鍵或「enter」，接著選取「圓柱」當作旋轉軸，如圖 6-3-6。

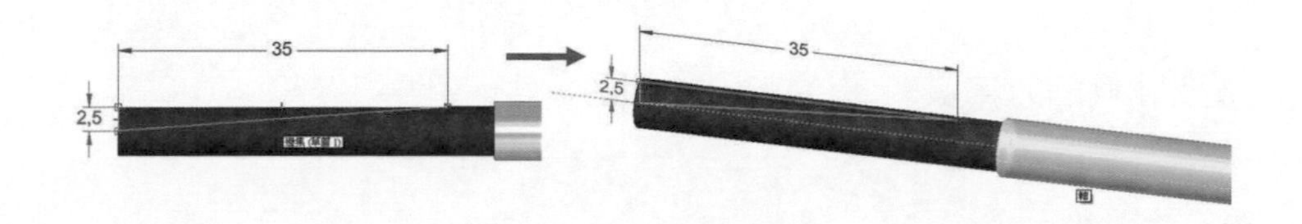

▲圖 6-3-6

❼ 當將旋轉範圍設定為 360 度時，會出現錯誤訊息，此狀況跟範例二同樣原理，如圖 6-3-7。

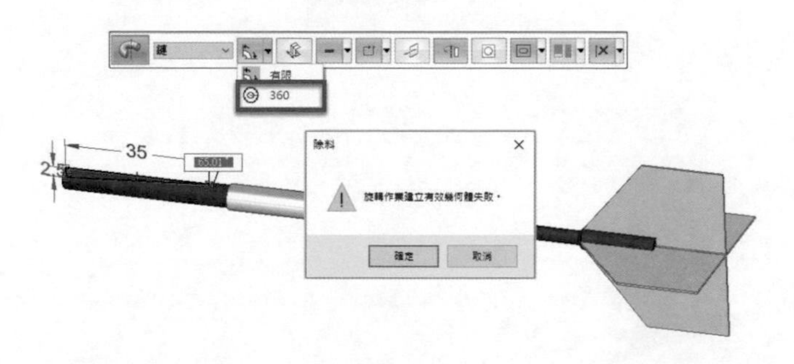

▲圖 6-3-7

❽ 回到「快速工具列」，工具列調整為「單一」、點選輪廓斜邊後，按滑鼠右鍵或「enter」，如圖 6-3-8。

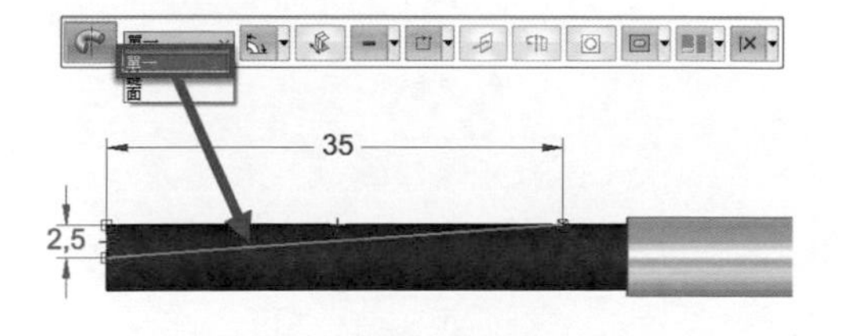

▲圖 6-3-8

❾ 接著選取「圓柱」當作旋轉軸，按滑鼠右鍵或「enter」，如圖 6-3-9。

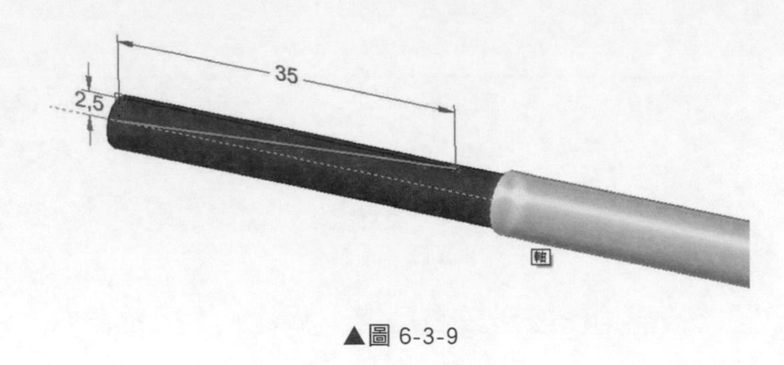

▲圖 6-3-9

❿ 選擇要除料的方向後，即可進行 360 度除料，如圖 6-3-10、6-3-11。

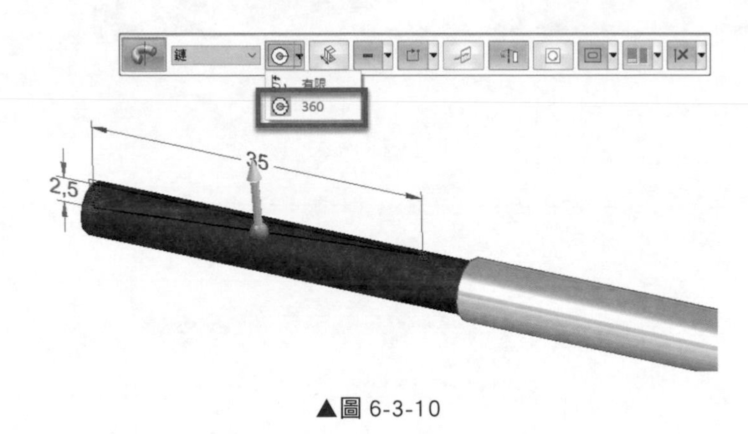

▲圖 6-3-10

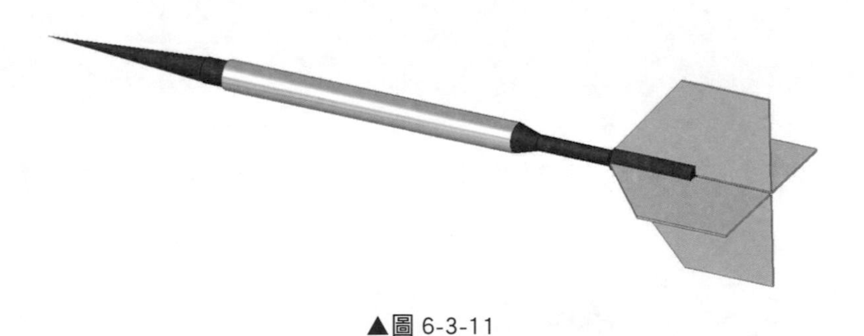

▲圖 6-3-11

練習範例

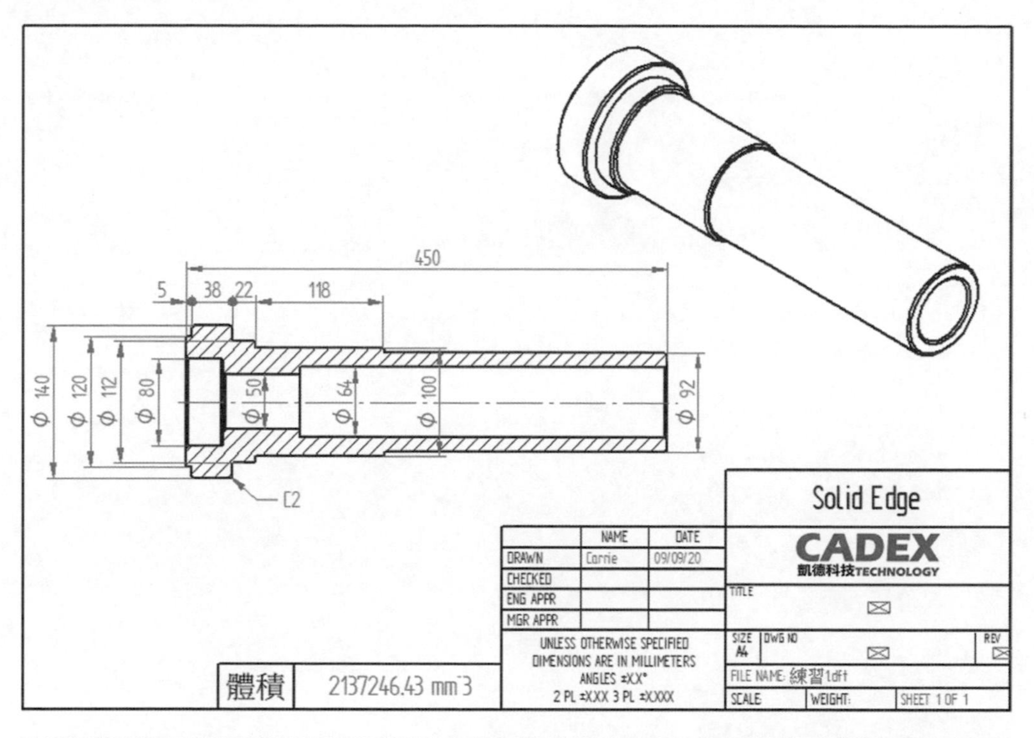
450
5
38
22
118
Φ 140
Φ 120
Φ 112
Φ 80
Φ 50
Φ 64
Φ 100
Φ 92
C2
Solid Edge
CADEX
凱德科技TECHNOLOGY
NAME
DATE
DRAWN
Carrie
09/09/20
CHECKED
ENG APPR
MGR APPR
TITLE
UNLESS OTHERWISE SPECIFIED
DIMENSIONS ARE IN MILLIMETERS
ANGLES ±XX°
2 PL ±XXX 3 PL ±XXXX
SIZE
A4
DWG NO
REV
FILE NAME: 練習1.dft
SCALE:
WEIGHT:
SHEET 1 OF 1
體積
2137246.43 mm^3

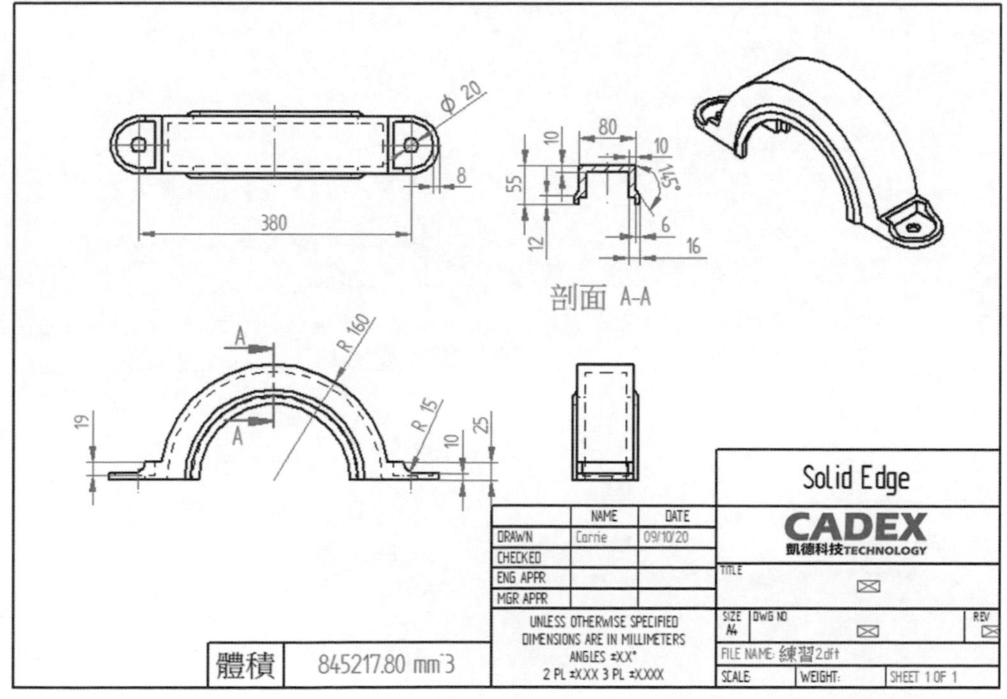
Φ 20
380
8
80
10
10
55
12
145°
6
16
剖面 A-A
A
A
R 160
R 15
19
10
25
Solid Edge
CADEX
凱德科技TECHNOLOGY
NAME
DATE
DRAWN
Carrie
09/10/20
CHECKED
ENG APPR
MGR APPR
TITLE
UNLESS OTHERWISE SPECIFIED
DIMENSIONS ARE IN MILLIMETERS
ANGLES ±XX°
2 PL ±XXX 3 PL ±XXXX
SIZE
A4
DWG NO
REV
FILE NAME: 練習2.dft
SCALE:
WEIGHT:
SHEET 1 OF 1
體積
845217.80 mm^3

notes

7 新增平面與即時剖面

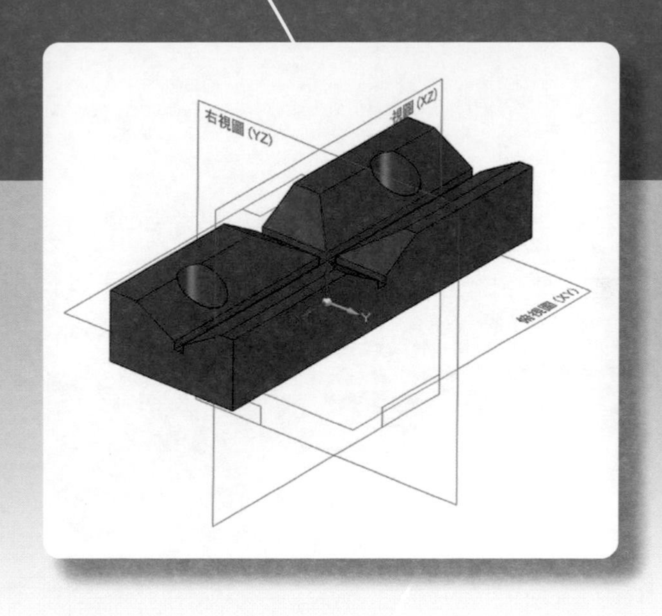

藉由此課程，您將會學到：

- 7-1 重合平面
- 7-2 角度建立平面
- 7-3 三點建立平面
- 7-4 相切建立平面
- 7-5 曲線建立平面
- 7-6 即時剖面
- 7-7 按平面剖切

7-1 重合平面

新建平面時，平面有方向性可以選擇，主要是放置文字草圖或圖片時，需要注意平面的方向；若僅用來做一般特徵，不太需要理會平面的方向性。

同步建模環境，以座標系預覽方向，亮綠色邊為平面的底端，如圖 7-1-1。

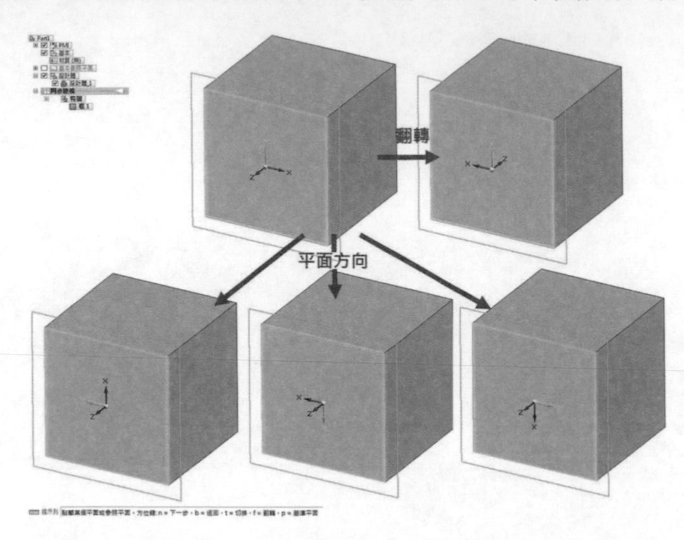

▲圖 7-1-1

順序建模環境，以橘框格預覽方向，亮綠色邊為平面的底端。按「N」切換平面方向、按「F」切換正反平面，如圖 7-1-2。

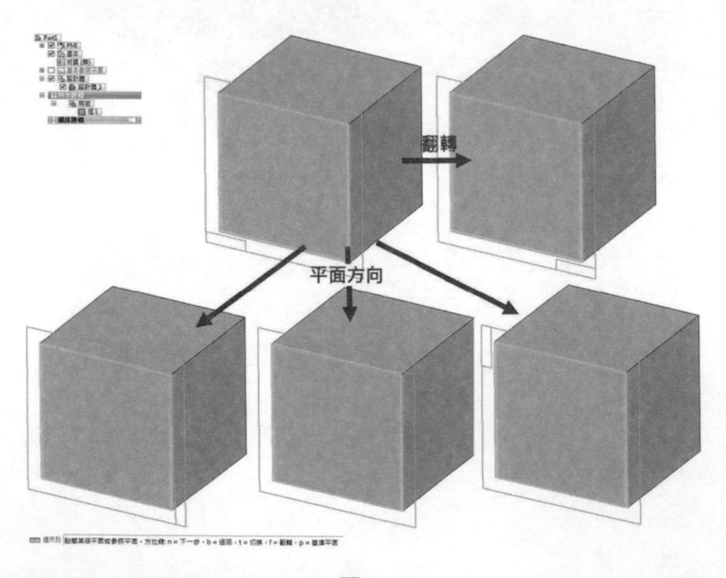

▲圖 7-1-2

❶ 開啟「7-1 範例」檔案，如圖 7-1-3。

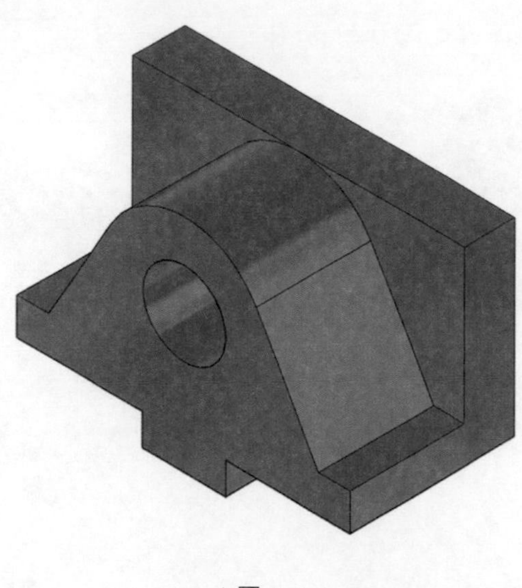

▲圖 7-1-3

❷ 選取「首頁」→「平面」→「重合面」，如圖 7-1-4，接著點選參照平面，來建立一「重合」的平面，如圖 7-1-5。

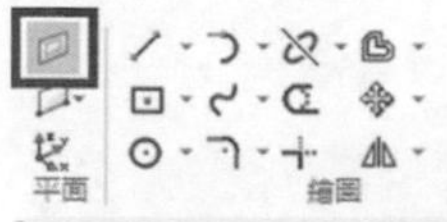

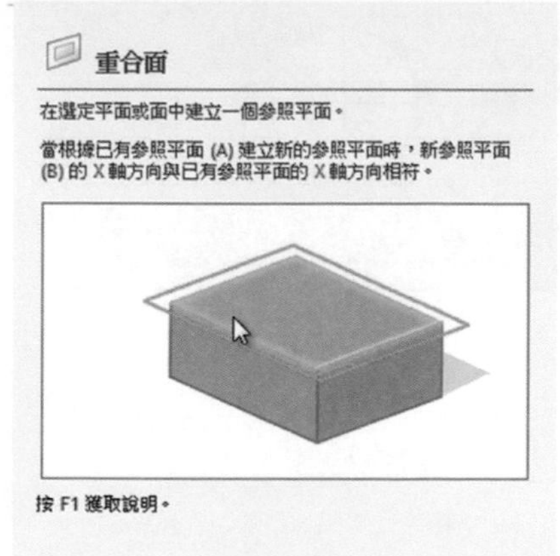

▲圖 7-1-4

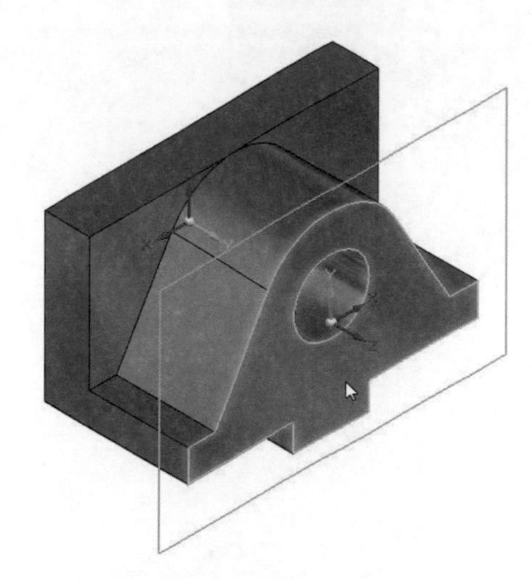

▲圖 7-1-5

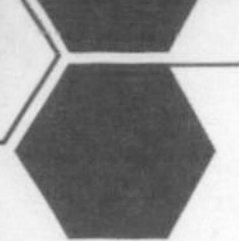

❸ 點擊到新建的平面後，平面上會出現「幾何控制器」，如圖 7-1-6，點擊 Y 軸方向的箭頭向內移動「2」mm，如圖 7-1-7。

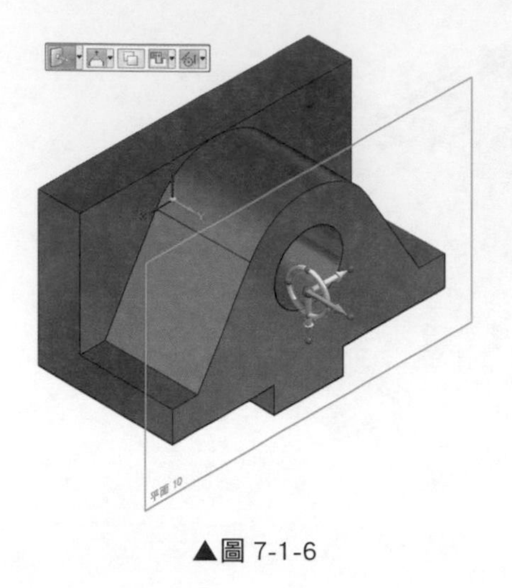

▲圖 7-1-6

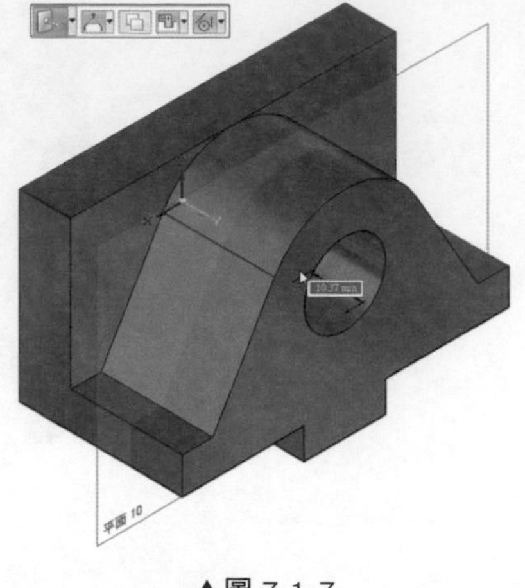

▲圖 7-1-7

❹ 選取「首頁」→「繪圖」→「直線」，並將「草圖平面」鎖定在新建立的平面上，如圖 7-1-8，接著畫一個「十」的線段，如圖 7-1-9。

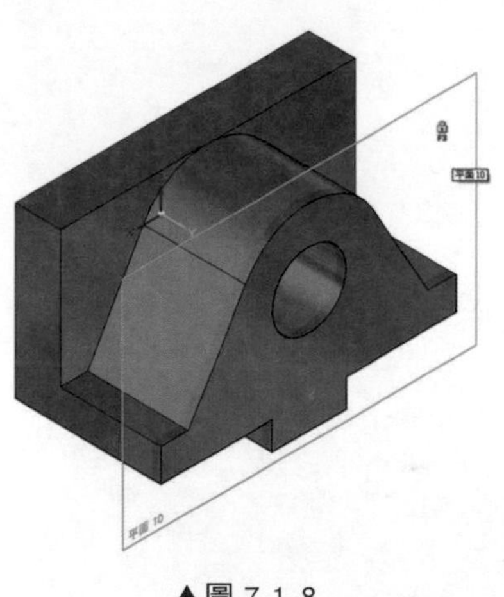

▲圖 7-1-8

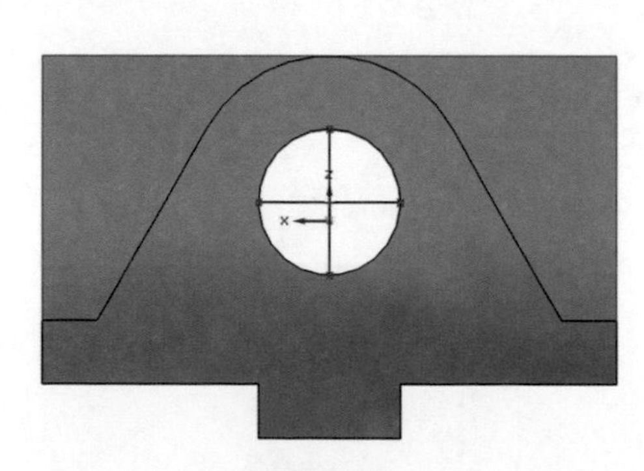

▲圖 7-1-9

❺ 選取「首頁」→「實體」→「薄殼」下拉式選單內的「網格筋」，選擇剛剛繪製「十」的兩條線段，如圖 7-1-11，完成後按打勾。

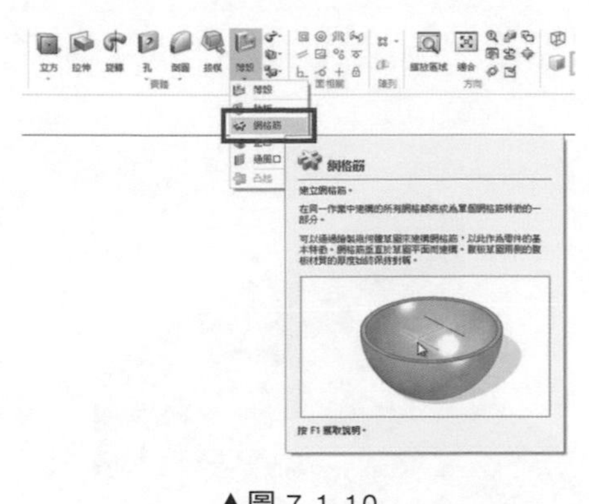

▲圖 7-1-10

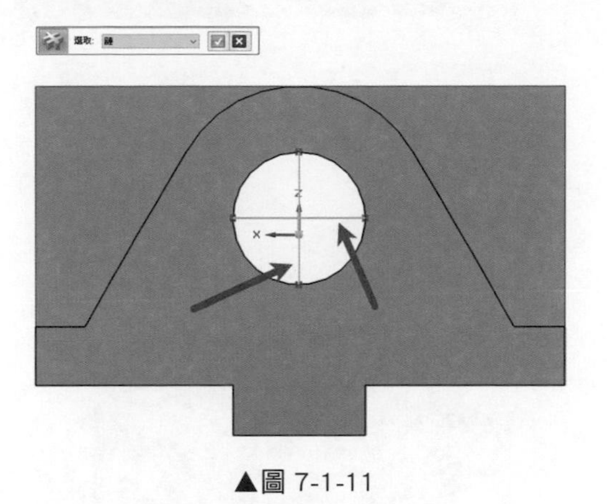

▲圖 7-1-11

❻ 在指令條上開啟「有限延伸」，雙擊箭頭將箭頭朝內，以及設定筋板的寬跟深度，如圖 7-1-12，完成後如圖 7-1-13。

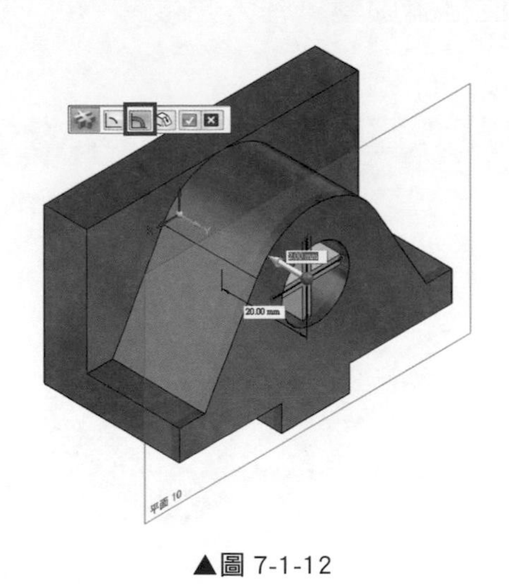

▲圖 7-1-12

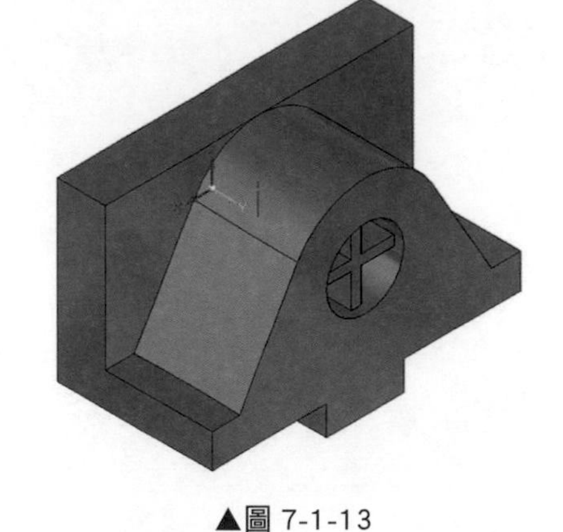

▲圖 7-1-13

7-2 角度建立平面

❶ 重複「7-1 重合平面」的做法先建立一平面，選取「首頁」→「平面」→「重合面」，如圖 7-2-1、圖 7-2-2。

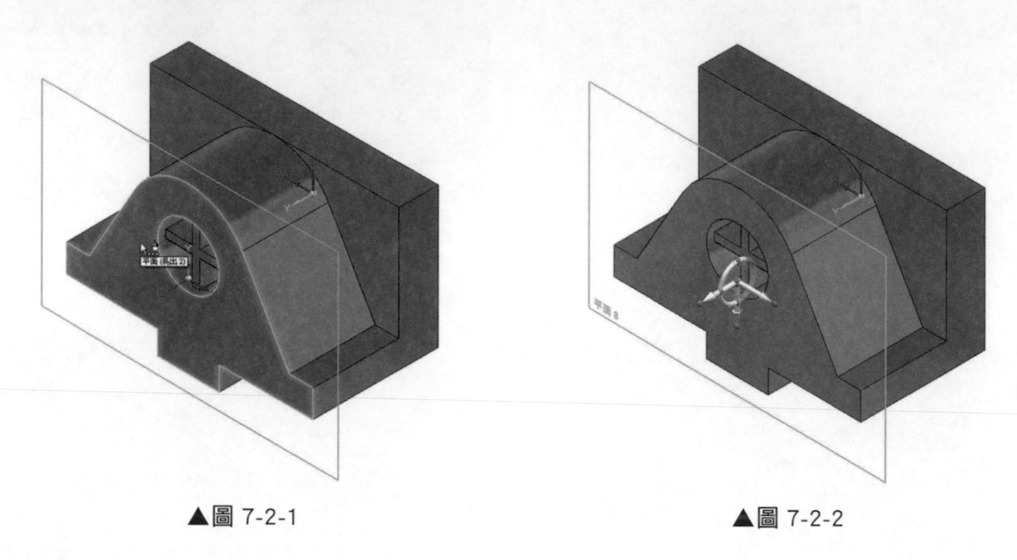

▲圖 7-2-1　▲圖 7-2-2

❷ 利用「幾何控制器」的「中心點」可調整平面旋轉中心軸，調整到箭頭指向的邊上，如圖 7-2-3，再點擊「圓環」並拖曳旋轉，輸入角度為「-15」度，如圖 7-2-4。

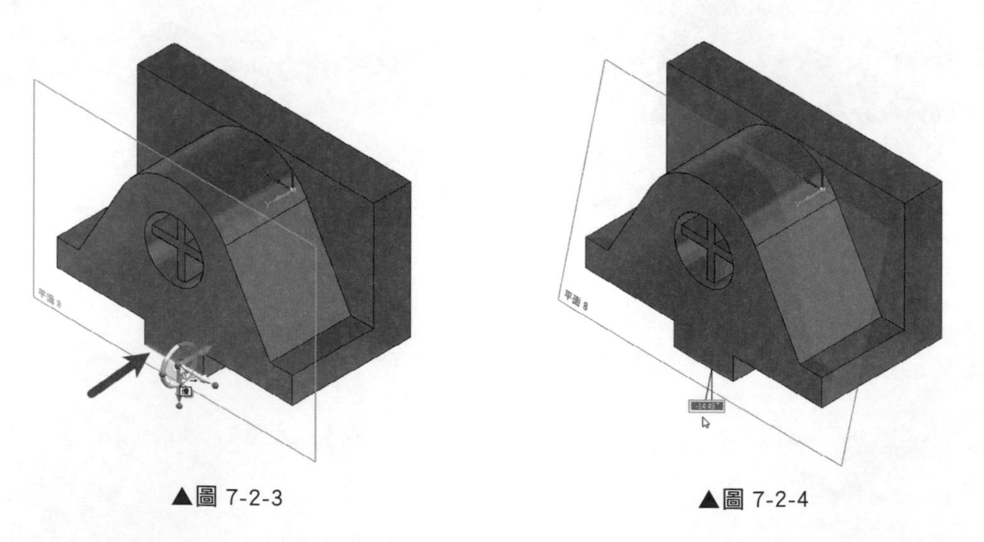

▲圖 7-2-3　▲圖 7-2-4

❸ 角度設定完成後，如圖 7-2-5。

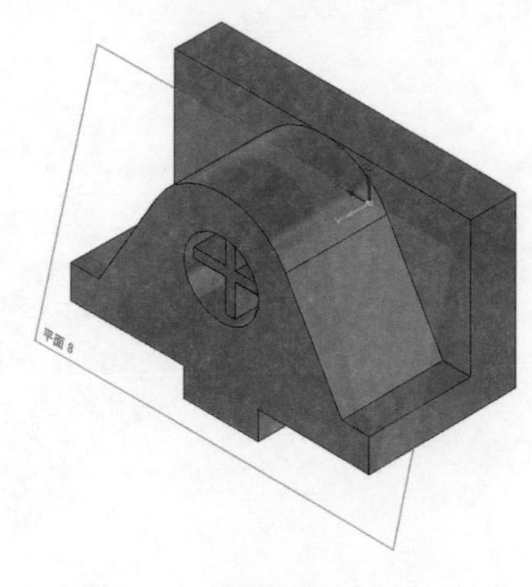

▲圖 7-2-5

❹ 選取「首頁」→「實體」→「新增體」→「減去」，如圖 7-2-6。出現「減去」工具列，依序點選「目標體」- 模型本身和「工具體」- 角度平面，如圖 7-2-7、圖 7-2-8。

▲圖 7-2-6

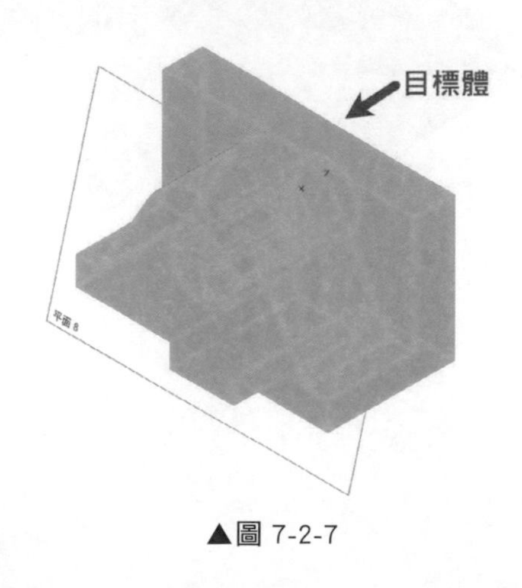

▲圖 7-2-7

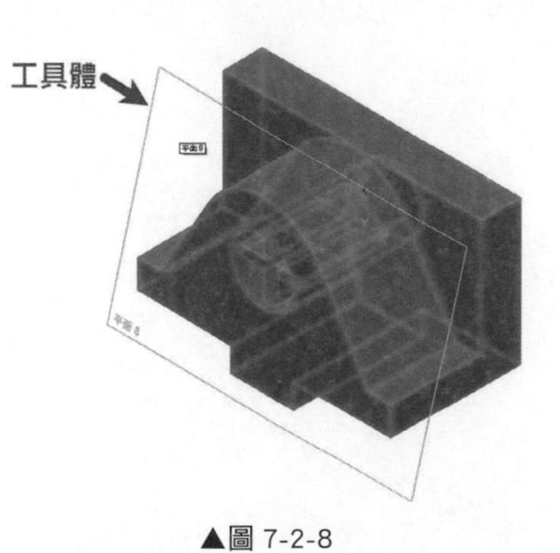

▲圖 7-2-8

❺ 出現「預覽」畫面，調整箭頭「向外」，如圖 7-2-9，確定後可按滑鼠「右鍵」結束指令，最後完成樣式，如圖 7-2-10。

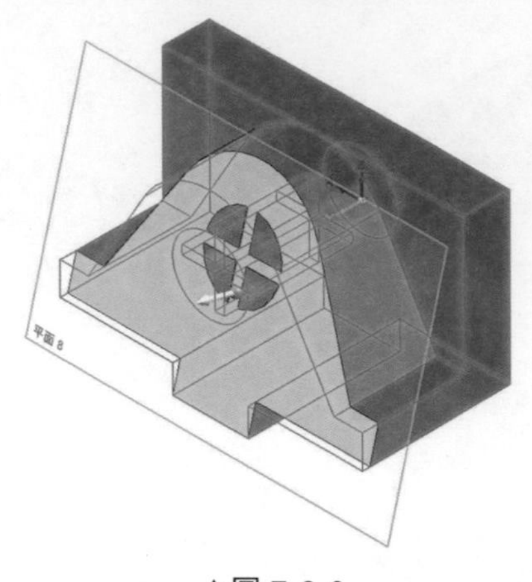

▲圖 7-2-9

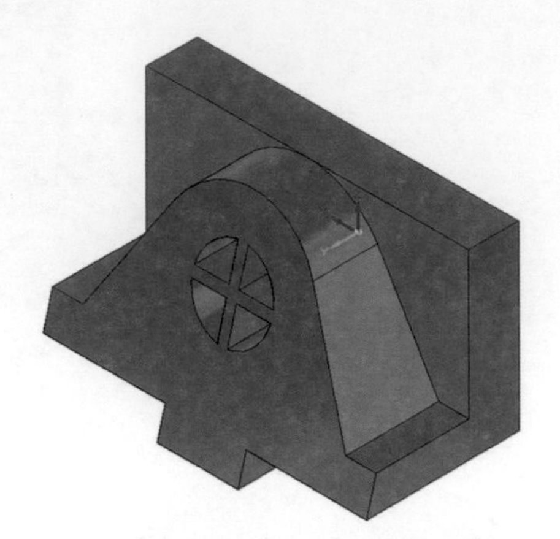

▲圖 7-2-10

7-3 三點建立平面

❶ 選取「首頁」→「平面」→「更多平面」→「三點建面」，如圖 7-3-1，接著點擊模型中的 3 個頂點，來建立一個新的平面，如圖 7-3-2。

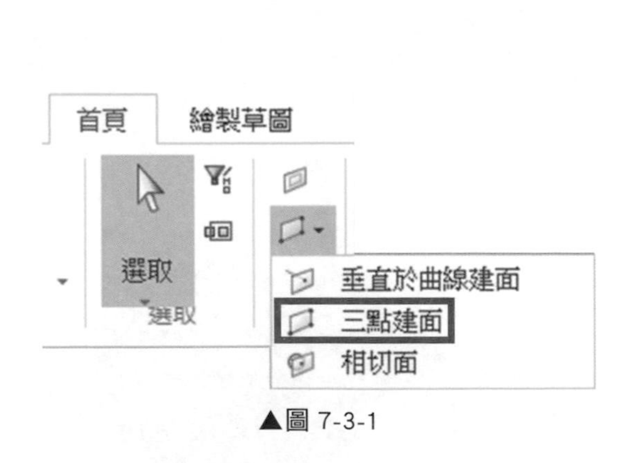

▲圖 7-3-1

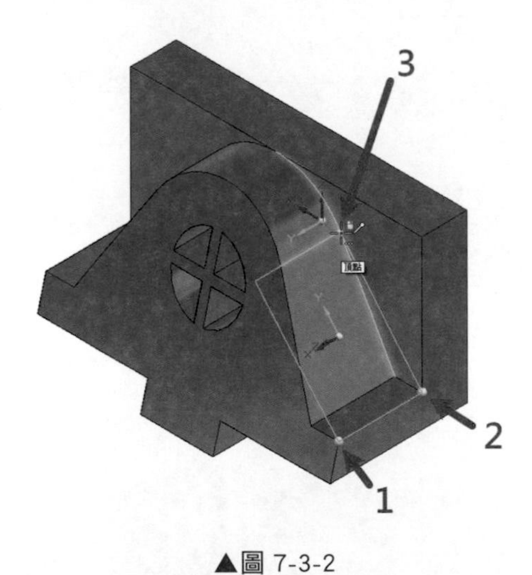

▲圖 7-3-2

❷ 「三點建面」設定完成後，如圖 7-3-3。

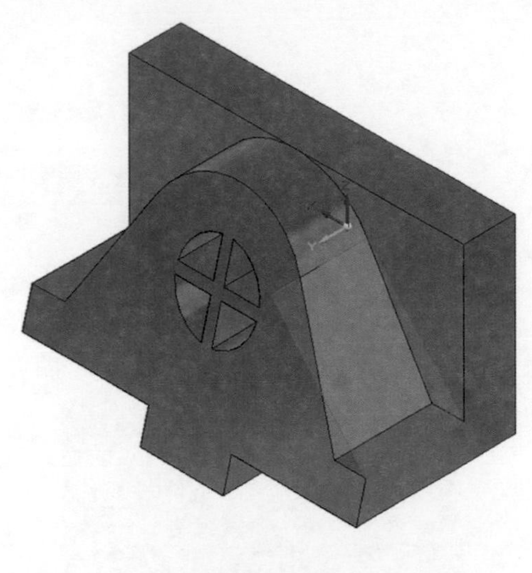

▲圖 7-3-3

❸ 選取「首頁」→「繪圖」→「中心建立矩形」，並點擊鎖頭鎖定在新建立的平面上，如圖 7-3-4。

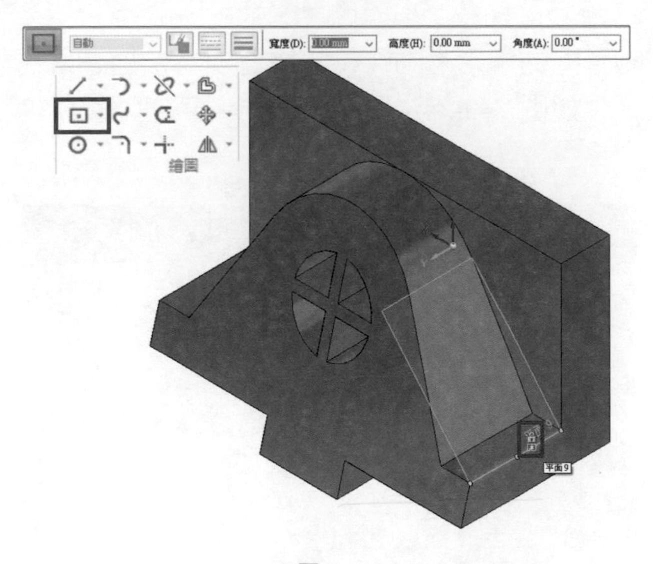

▲圖 7-3-4

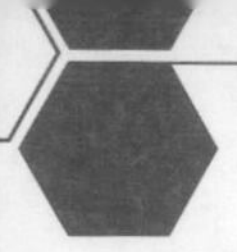

❹ 點選右下角「草圖視圖」將視角轉為正視於草圖，如圖 7-3-5，接著在平面上繪製一矩形尺寸，如圖 7-3-6。

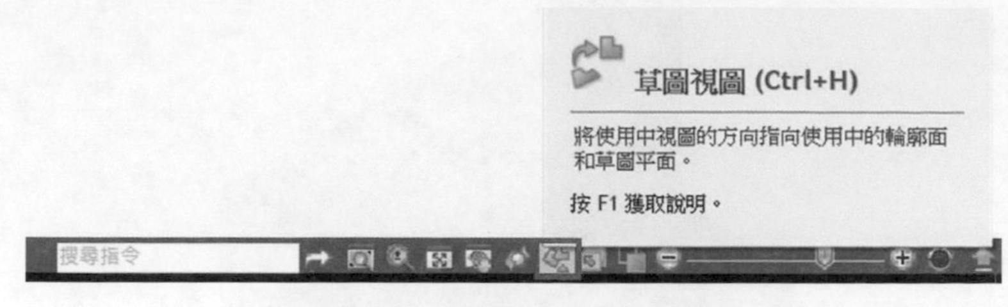

▲圖 7-3-5

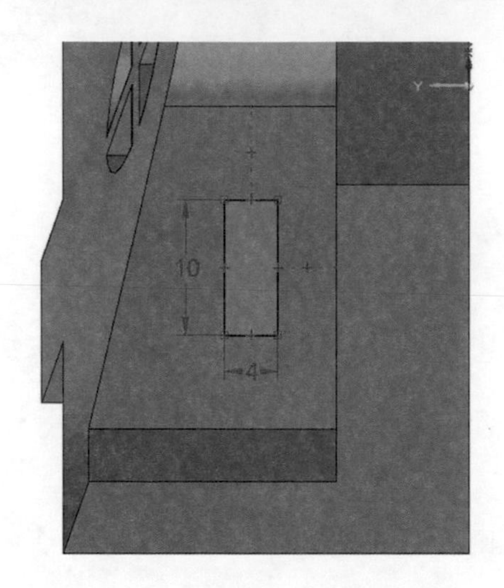

▲圖 7-3-6

❺ 將游標移動到剛畫好的矩形上方，待游標變換為快速選取圖示時按滑鼠右鍵，並選取「區域」，如圖 7-3-7，出現幾何控制器，點選方向軸向下除料，如圖 7-3-8。

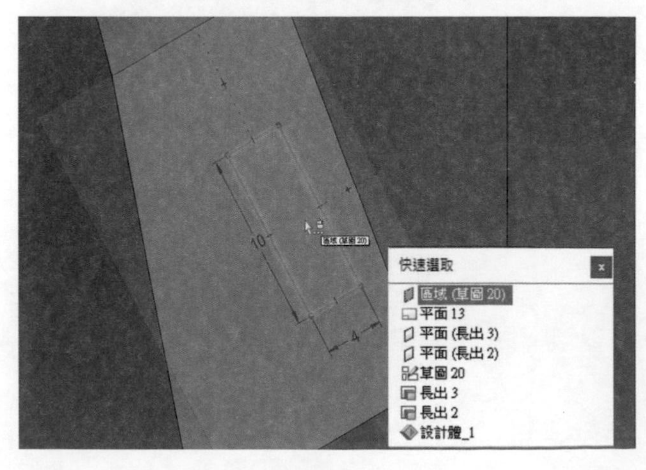

▲圖 7-3-7

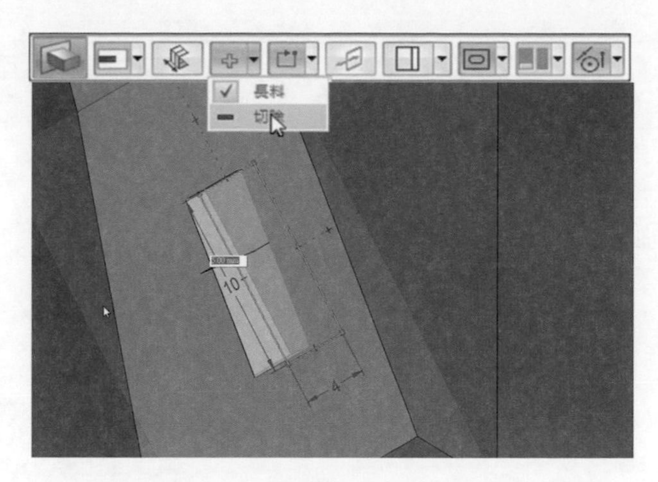

▲圖 7-3-8

❻ 有限延伸「5mm」，如圖 7-3-9，除料完成後，如圖 7-3-10。

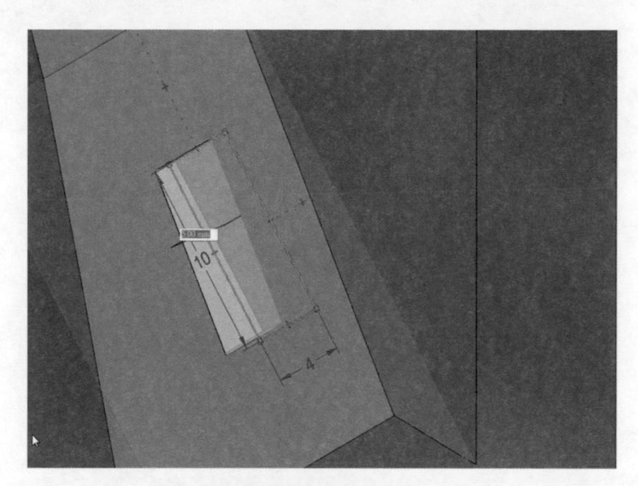

▲圖 7-3-9

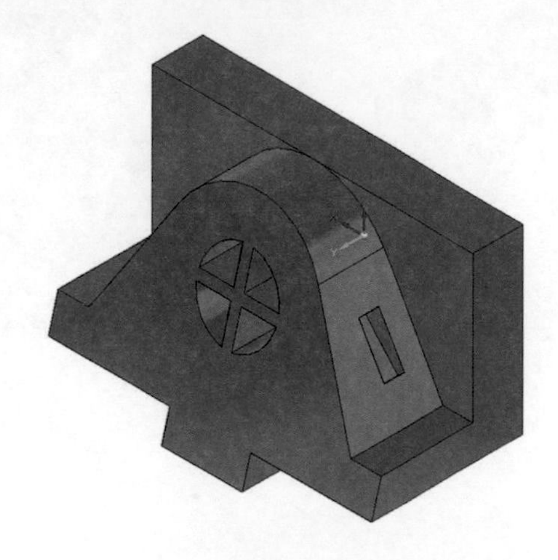

▲圖 7-3-10

7-4 相切建立平面

❶ 選取「首頁」→「平面」→「更多平面」→「相切面」，如圖 7-4-1，接著點擊如圖中的圓弧面，來建立與圓弧「相切」的平面，如圖 7-4-2。

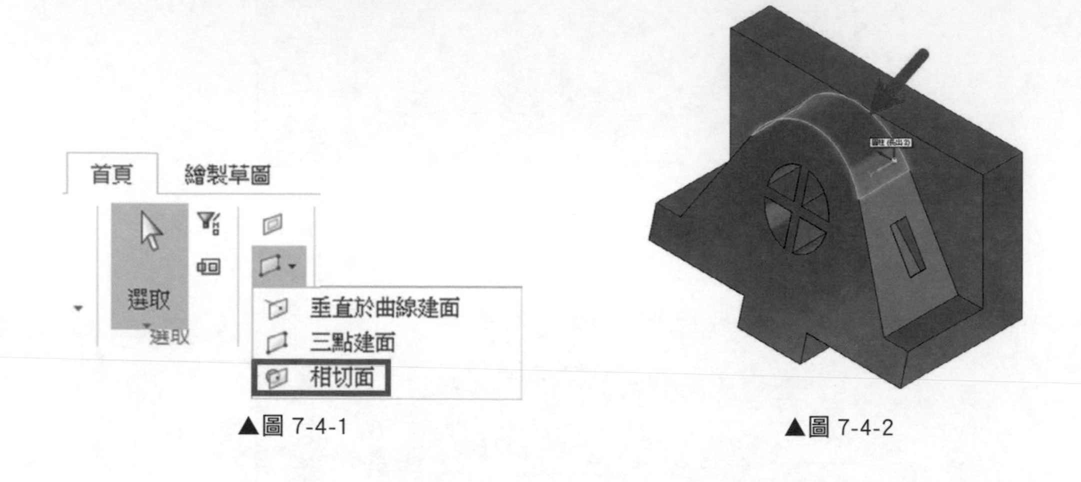

▲圖 7-4-1　　▲圖 7-4-2

❷ 點選「圓弧面」後會出現角度「控制軸」，調整相切面位置或給定角度控制，如圖 7-4-3，在「角度框」中輸入「45」度，完成後如圖 7-4-4。

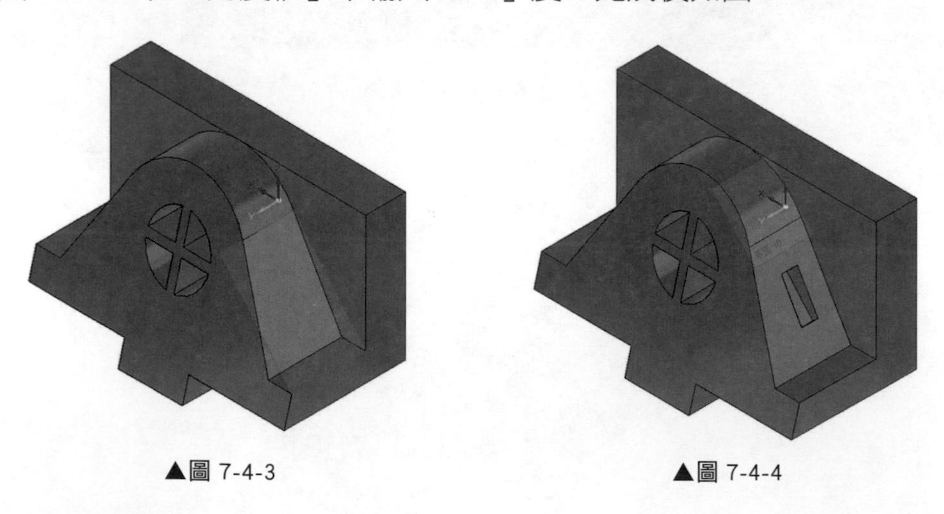

▲圖 7-4-3　　▲圖 7-4-4

❸ 選取「首頁」→「實體」→「孔」，在指令條上點選孔選項，選擇「沉頭孔」，孔範圍選擇「穿過下一個」，大小選擇「M3」，如圖 7-4-5，鎖定在剛才建立的「相切面」上來繪製孔，鎖不到面可以將設計體取消勾選只顯示平面，如圖 7-4-6。

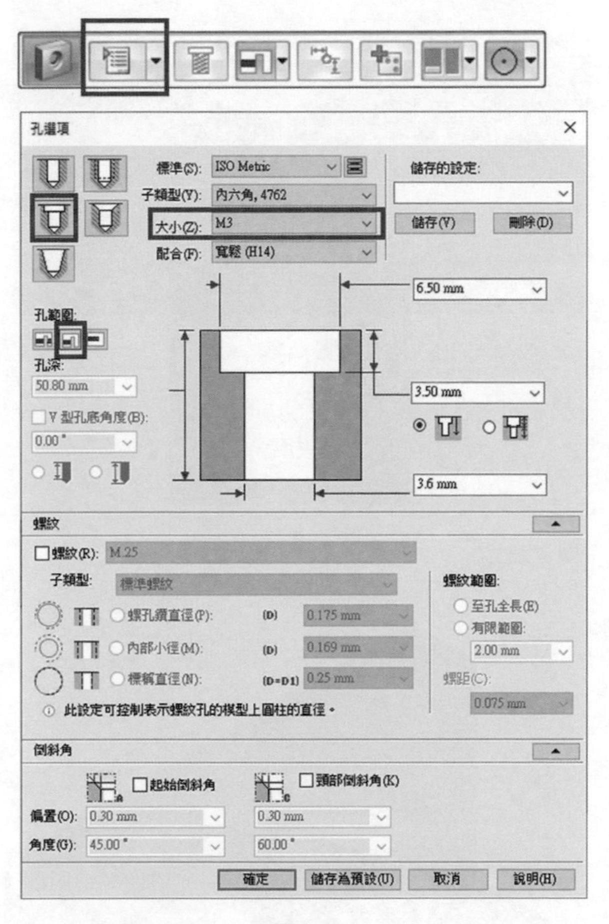

▲圖 7-4-5

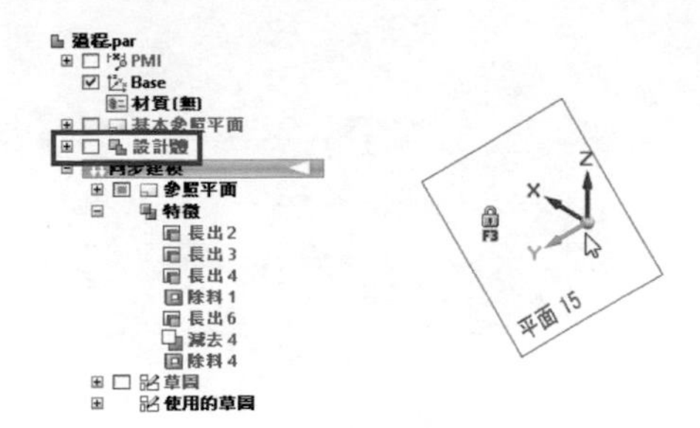

▲圖 7-4-6

❹ 鎖定平面後，就可以打開實體對其筋板線段以及下面線段的中點，如圖 7-4-7。

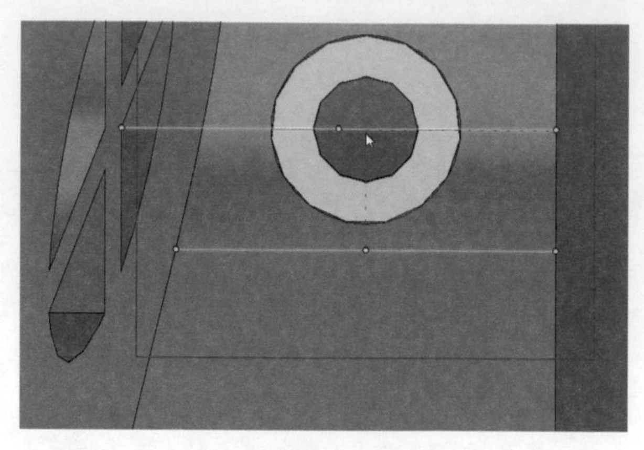

▲圖 7-4-7

❺ 除料完成後，如圖 7-4-8。

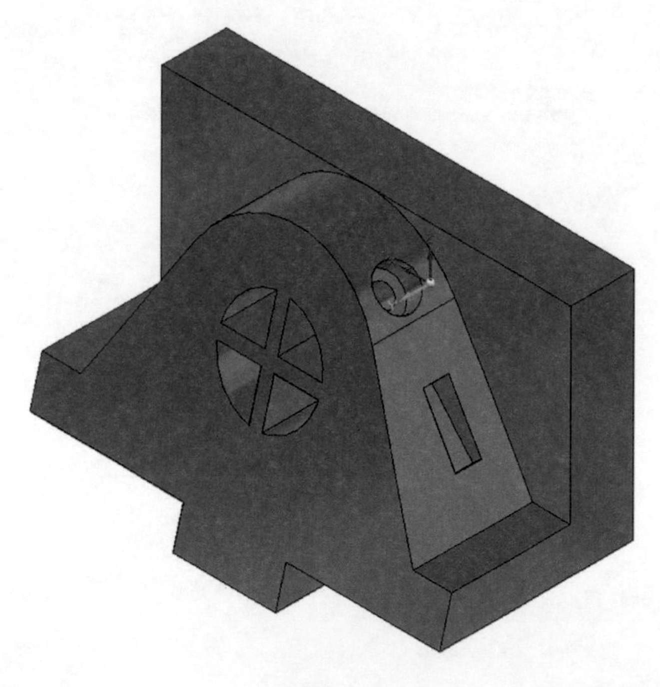

▲圖 7-4-8

7-5 曲線建立平面

❶ 開啟「7-5 範例」檔案，如圖 7-5-1。

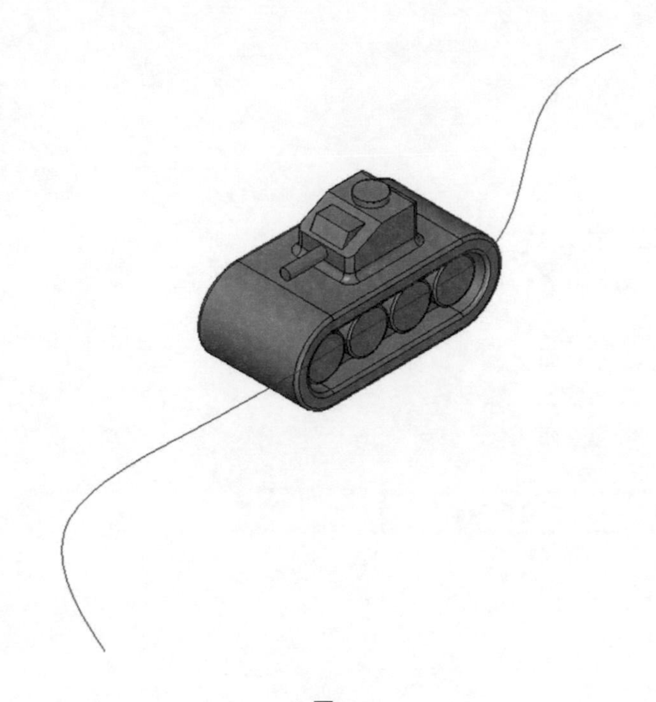

▲圖 7-5-1

❷ 在導航者中點選「順序建模」切換到順序建模環境，並打開「草圖」，如圖 7-5-2。

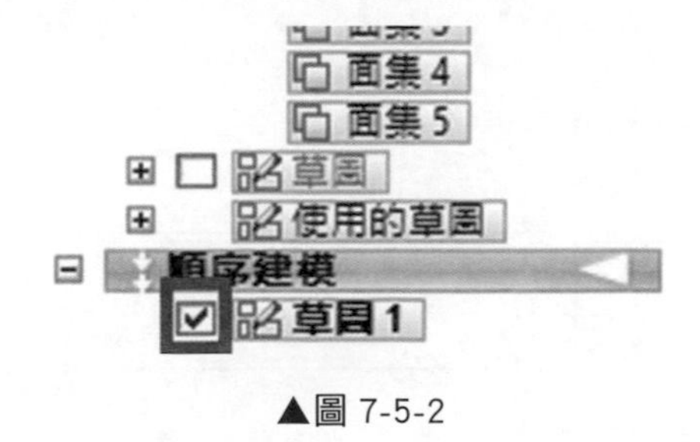

▲圖 7-5-2

❸ 選取「首頁」→「平面」→「更多平面」→「垂直於曲線建面」，如圖 7-5-3，接著點擊「曲線」會出現平面預覽，將平面拖拉至「頂點」並點擊「左鍵」放置平面，即可建立與曲線「垂直」的平面，如圖 7-5-4。

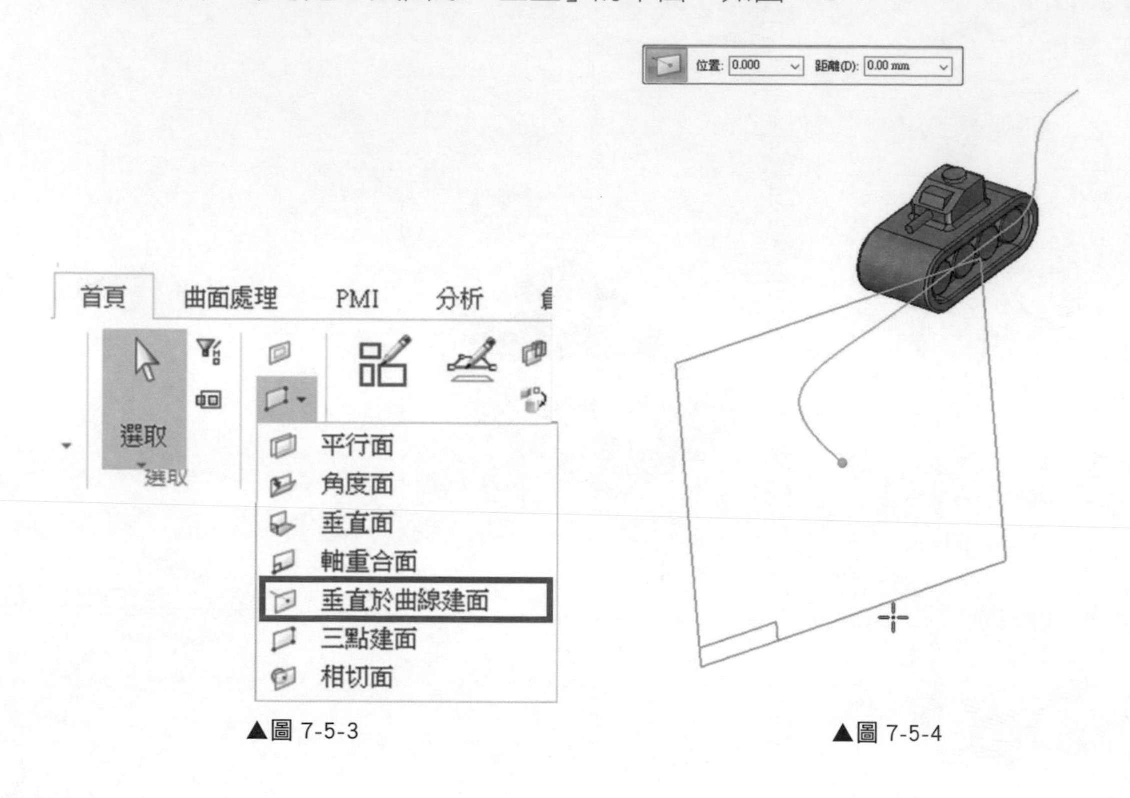

▲圖 7-5-3　▲圖 7-5-4

❹ 利用「首頁」→「草圖」→「重合面」，選擇「平面」，如圖 7-5-5，在平面上繪製草圖，如圖 7-5-6。

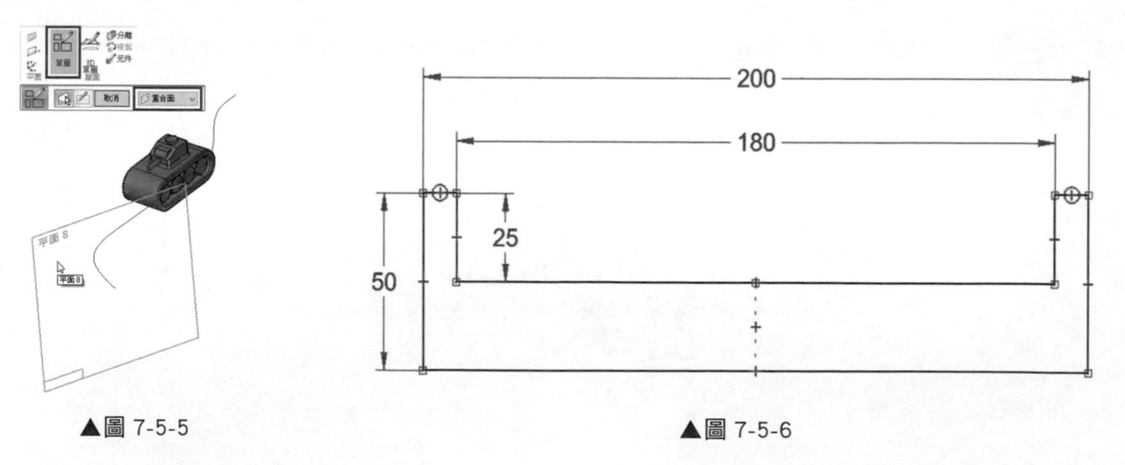

▲圖 7-5-5　▲圖 7-5-6

❺ 選取「首頁」→「實體」→「掃掠」，出現「掃掠選項」選擇「單一路徑和截斷面」→「確定」後可離開選項，如圖 7-5-7。

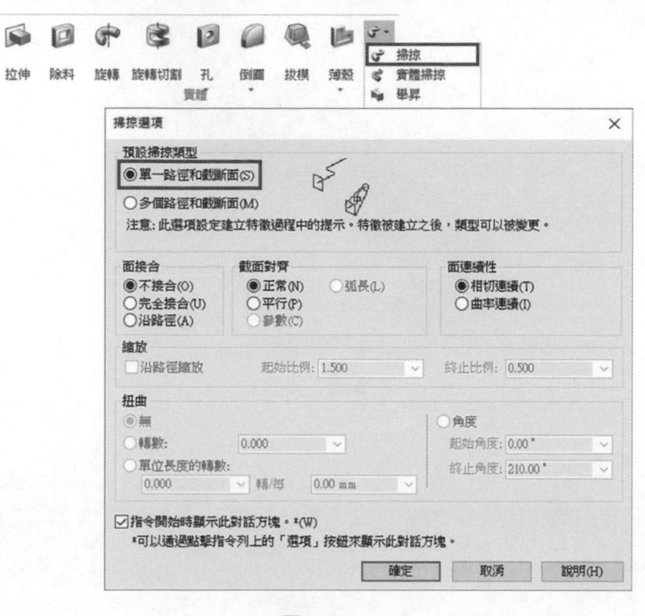

▲圖 7-5-7

❻ 出現「掃掠」工具列，如圖 7-5-8，先點選「路徑」後按滑鼠右鍵確認，接著選擇「截斷面」，如圖 7-5-9，即出現預覽圖樣，接著按下「完成」，如圖 7-5-10。

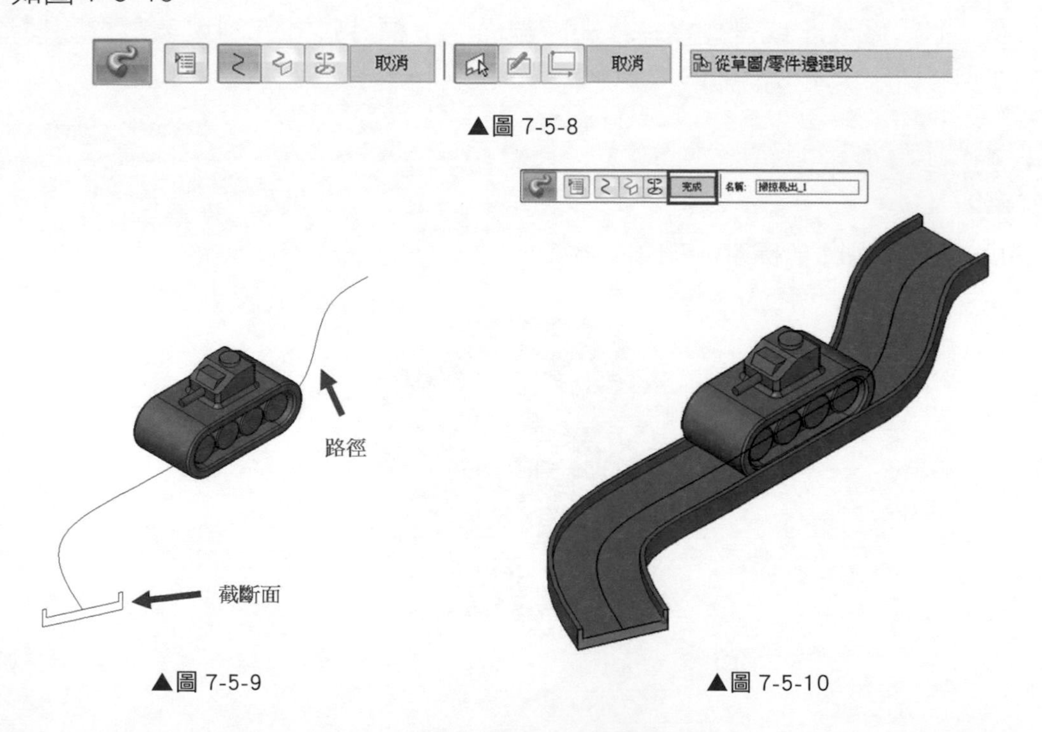

▲圖 7-5-8

▲圖 7-5-9

▲圖 7-5-10

❼ 完成模型，如圖 7-5-11。

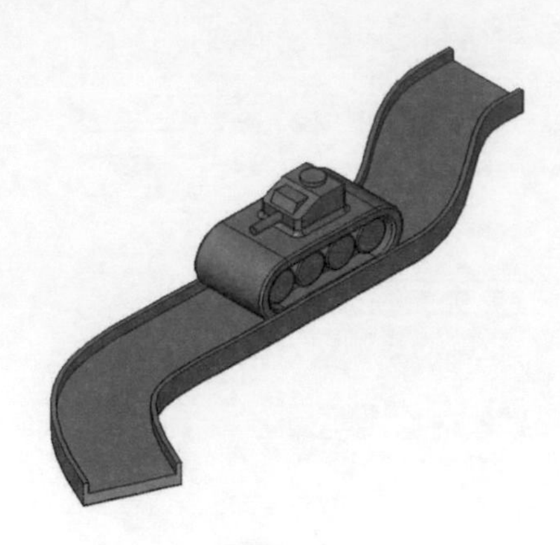

▲圖 7-5-11

7-6 即時剖面

「即時剖面」可以在 3D 模型上快速產生出「橫截面」草圖，不論是「原始檔」或「外來檔案」皆適用。

產生出「即時剖面」後，使用者可以直接拖曳草圖，3D 模型也會跟著修改，針對內部幾何複雜的模型，透過「即時剖面」可直接選取到原本不易點到的「面」或「邊」進行修改，或是直接在「即時剖面」上標註尺寸，利用參數驅動模型也非常方便，以下為範例說明。

範例 一

❶ 開啟「7-6 範例」檔案，如圖 7-6-1。

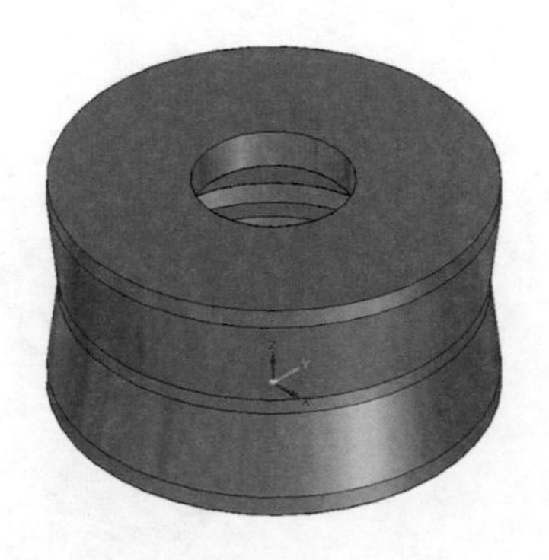

▲圖 7-6-1

❷ 選取「曲面設計」→「剖面」→「即時剖面」，如圖 7-6-2。並點選「前視圖 (XZ)」加入即時剖面，如圖 7-6-3。

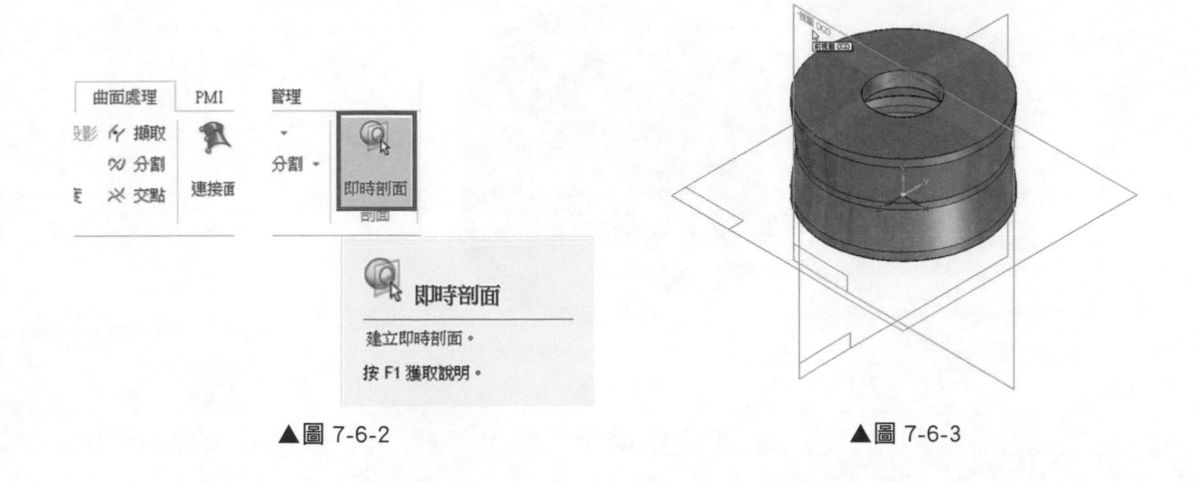

▲圖 7-6-2　　▲圖 7-6-3

❸ 產生「即時剖面」後，如圖 7-6-4，剖面呈現亮顯並出現「幾何控制器」，若不想定位在「前視圖 (XZ)」上，可透過「幾何控制器」拖曳到所需位置並配合鎖點功能定位，如圖 7-6-5。

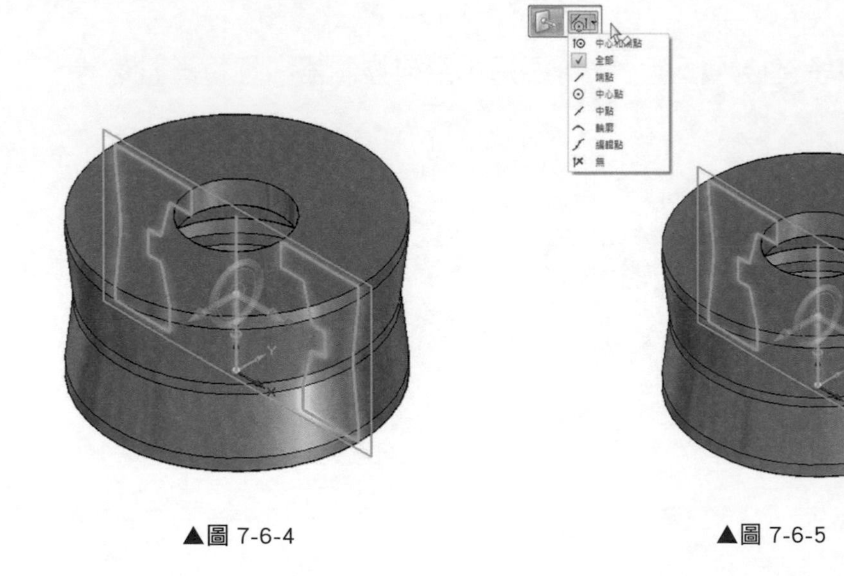

▲圖 7-6-4　　▲圖 7-6-5

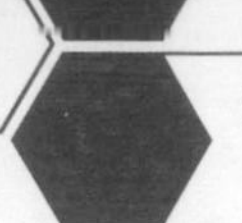

❹ 將「即時剖面」定位在「前視圖(XZ)」上，可清楚看到模型「即時剖面」草圖，如圖 7-6-6。

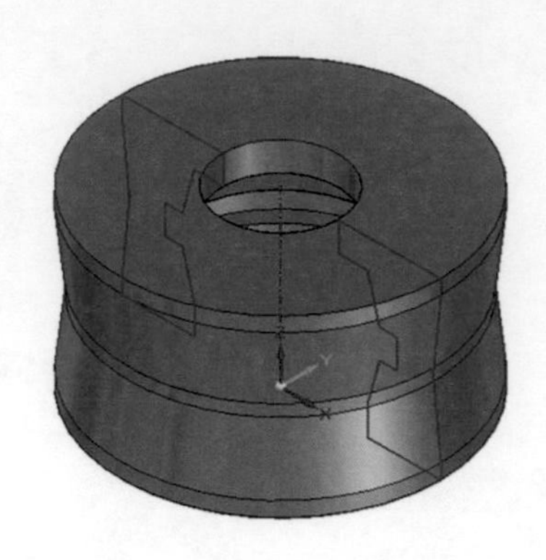

▲圖 7-6-6

❺ 直接點選「線段」拖曳，模型也會同步更新，如需一次「複選」多條線段可按住「ctrl 鍵」複選後再一起拖曳草圖，如圖 7-6-7。

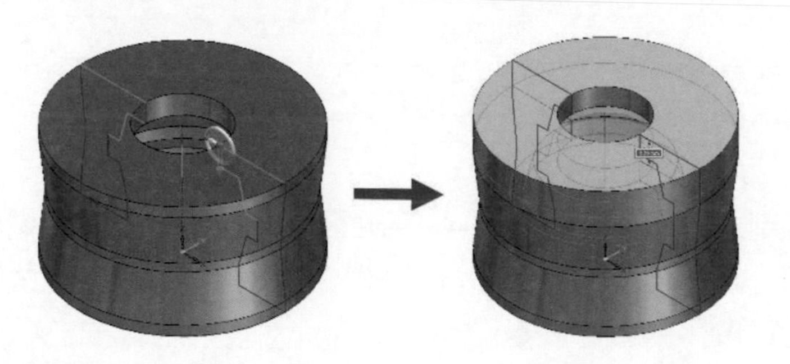

▲圖 7-6-7

❻ 或是將多條線段直接「框選」後，透過「幾何控制器」拖拉調整位置，如圖 7-6-8。

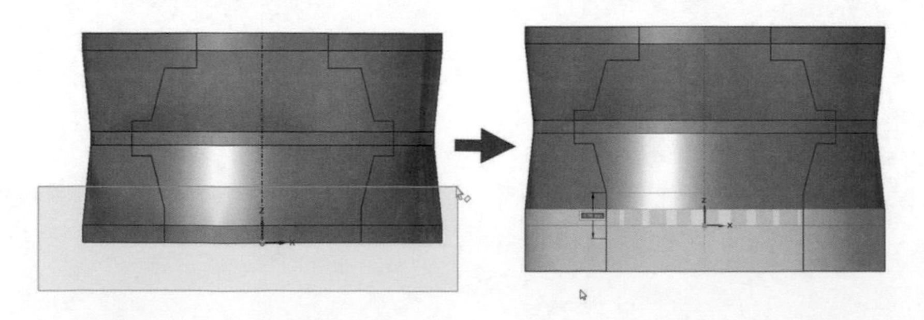

▲圖 7-6-8

❼ 除了使用拖曳草圖修改的方式之外，也能直接「標註尺寸」在「即時剖面」上，利用「參數控制」驅動模型修改，如圖 7-6-9。

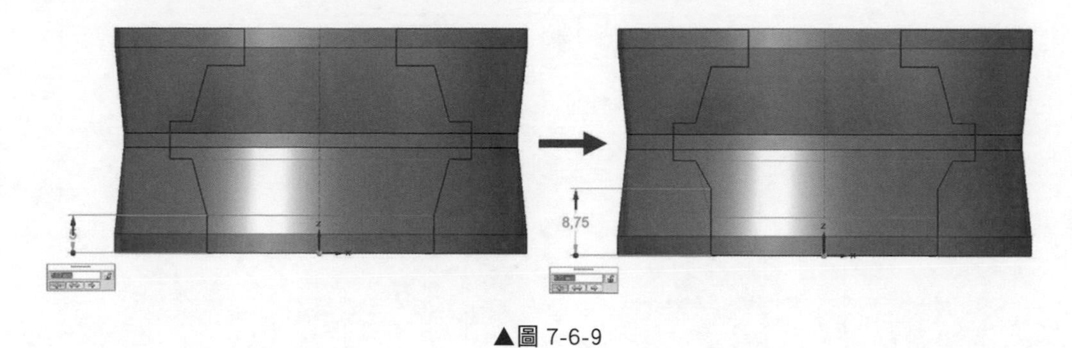

▲圖 7-6-9

範例二

❶ 開啟「7-6 範例二」檔案，如圖 7-6-10。

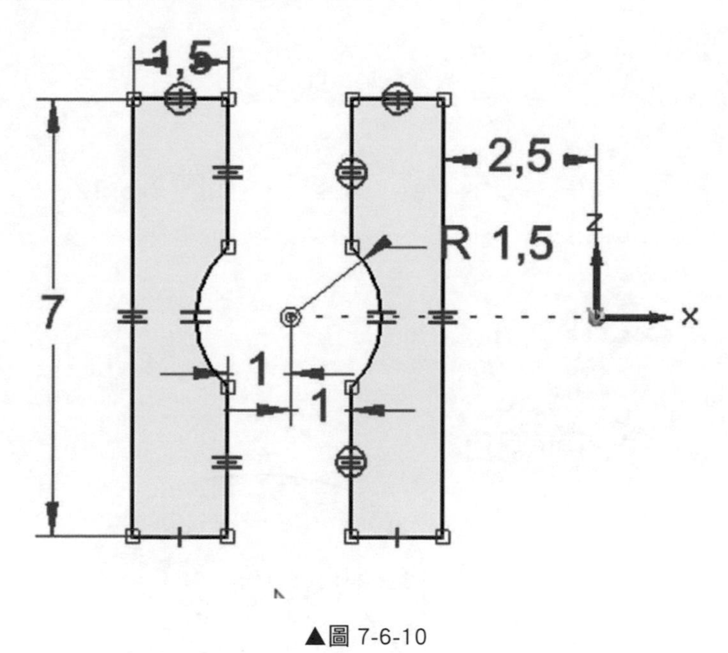

▲圖 7-6-10

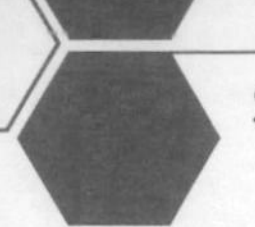

❷ 若是在 Solid Edge 中建立「旋轉特徵」，在旋轉「工具條」上有「建立即時剖面」的按鈕，模型在建立旋轉特徵後會自動產生即時剖面，如圖 7-6-11。

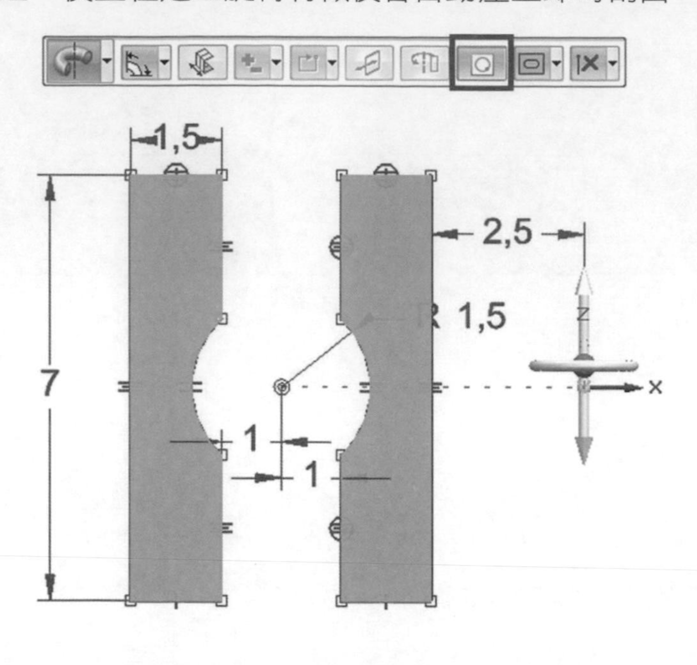

▲圖 7-6-11

❸ 可由「導航者」中勾選「顯示」或「隱藏」，如圖 7-6-12。

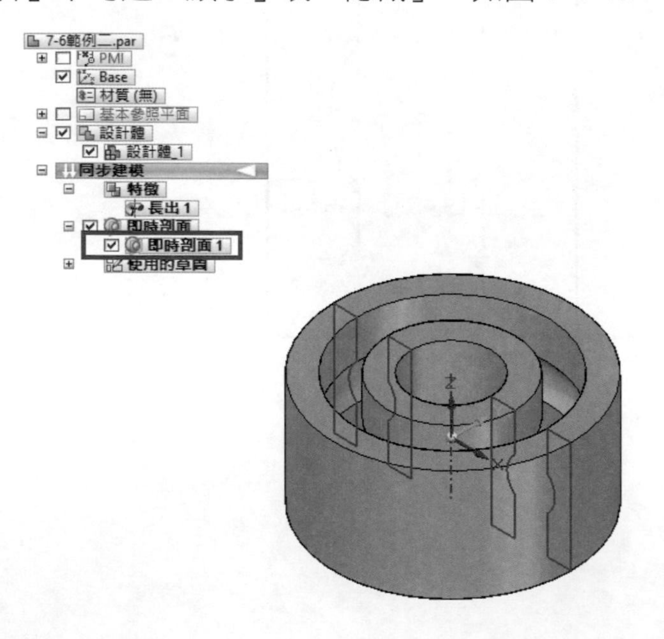

▲圖 7-6-12

7-7 按平面剖切

「按平面剖切」可以在 3D 模型上快速產生出多個「剖面」，不論是「原始檔」或「外來檔案」皆適用。

產生出「按平面剖切」後，可以讓使用者 3D 模型的剖面，針對內部幾何複雜的模型，透過「按平面剖切」可直接清楚看到原本不易看到的「面」或「邊」，以下為範例說明。

❶ 開啟「7-7 範例」，檔案如圖 7-7-1。

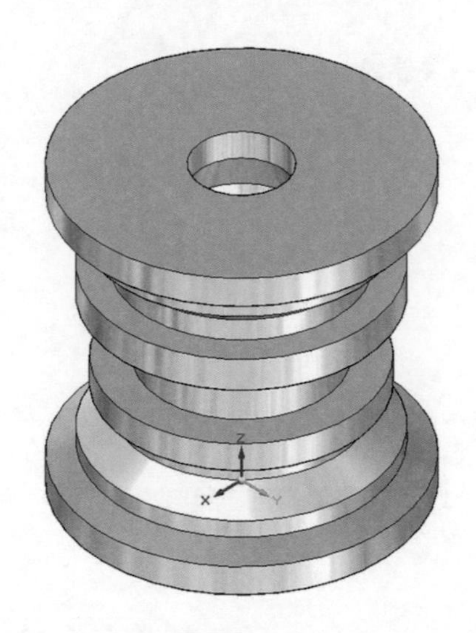

▲圖 7-7-1

❷ 選取「PMI」→「模型視圖」→「按平面剖切」，如圖 7-7-2。

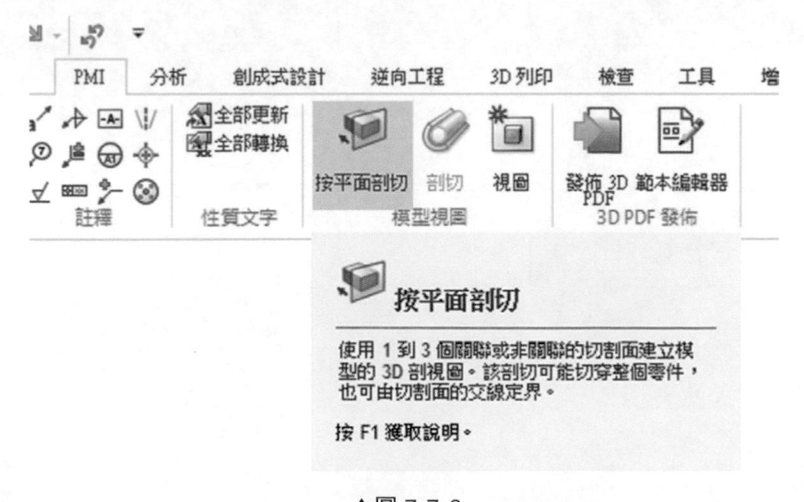

▲圖 7-7-2

❸ 打開「有界」跟「關聯平面」，選擇「重合面」，並點選「右視圖 (YZ)」加入平面剖切，如圖 7-7-3。

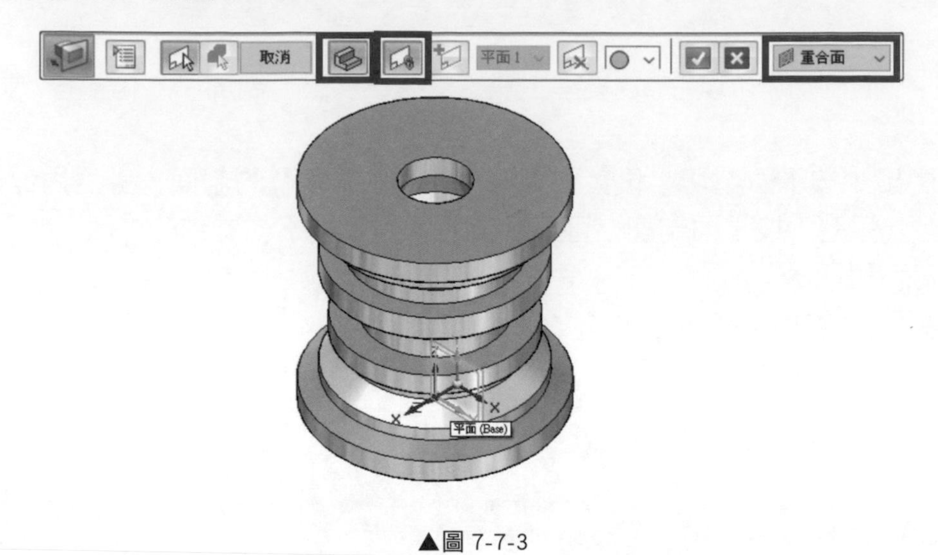

▲圖 7-7-3

❹ 選取完成後，如圖 7-7-4，點選「新增切割面」，並點選「前視圖 (XZ)」，如圖 7-7-5。

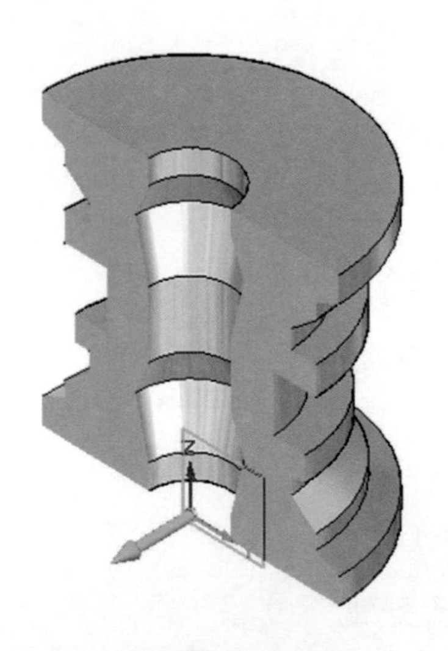

▲圖 7-7-4

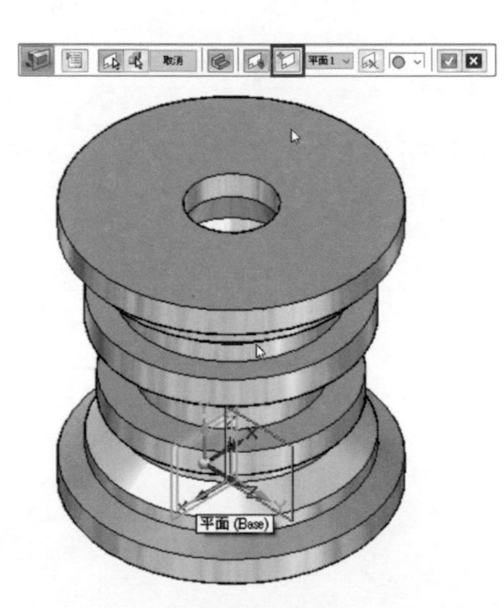

▲圖 7-7-5

❺ 選取完成後，如圖 7-7-6，點選指令條的「打勾」後按「完成」，如圖 7-7-7。

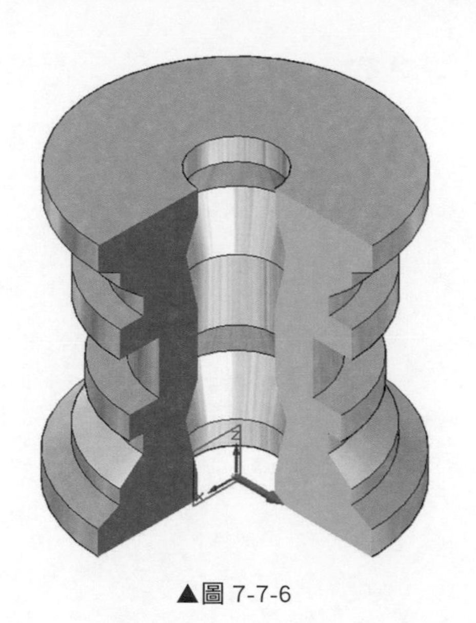

▲圖 7-7-6

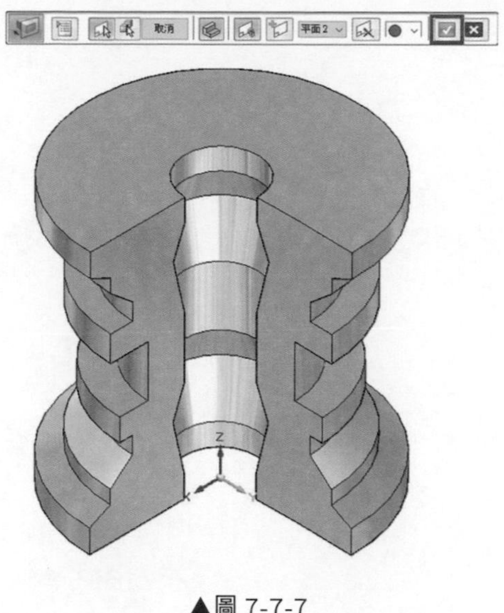

▲圖 7-7-7

❻ 導航者上方可以勾選是否要顯示剖視圖，如圖 7-7-8。

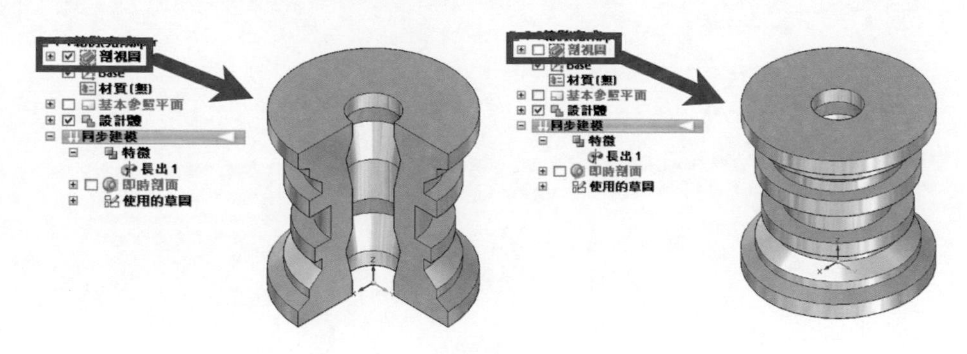

▲圖 7-7-8

notes

CHAPTER

螺旋、通風口、網格筋、刻字

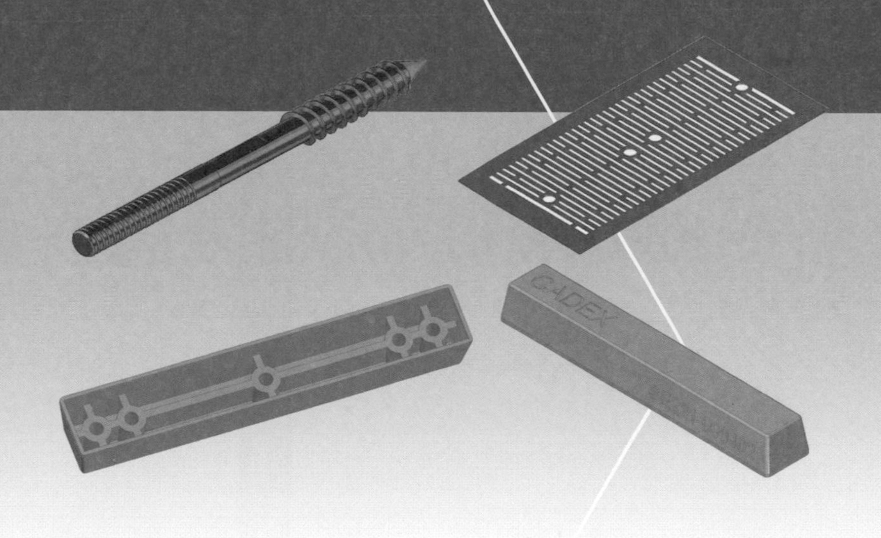

章節介紹

藉由此課程，您將會學到：

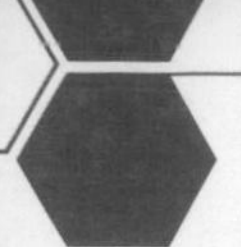

8-1 建立「螺旋」特徵

- 「螺旋」特徵在同步建模或是順序建模中，皆可以使用。
- 在此章節將說明同步建模與順序建模建立螺旋特徵的操作方法。在操作方法中選取「截斷面」與「軸」的草圖步驟是有所不同的。
- 在同步建模中，截斷面與軸的選取並沒有先後順序的差異；在順序建模中，需要先選取截斷面，在選取軸與起始方向。

範例一 螺旋長料

❶ 開啟「8-1 範例一」檔案，如圖 8-1-1。此段落我們將學習到如何使用同步建模完成螺旋長料操作。

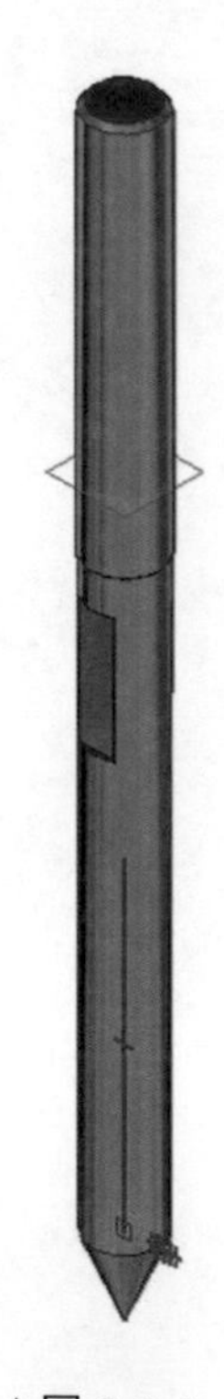

▲圖 8-1-1

❷ 由「首頁」→「實體」→「長出」下拉選單找到「螺旋」特徵，如圖 8-1-2。

▲圖 8-1-2

❸ 按照「指令條」提示選取作為螺旋的「截斷面」和「軸」的草圖輪廓，如圖 8-1-3。

備註 在同步建模中，截斷面與軸的選取並沒有先後順序的差異。

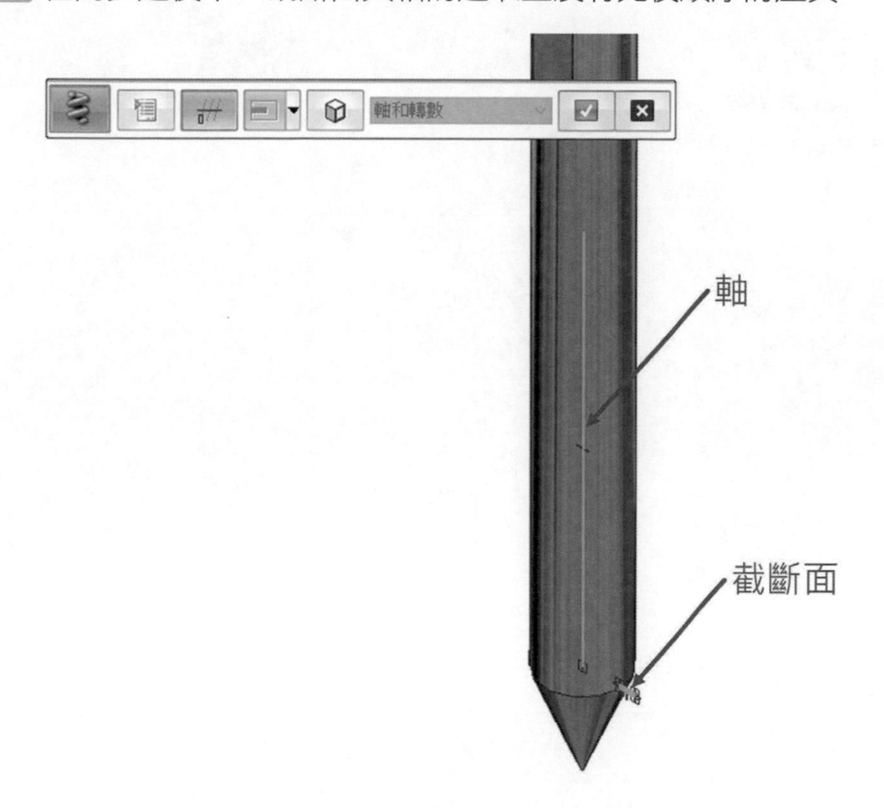

▲圖 8-1-3

❹ 在螺旋指令列中，可快速選擇螺旋法的設定，例如：軸和螺距、軸和轉數、螺距和圈數，如圖 8-1-4。

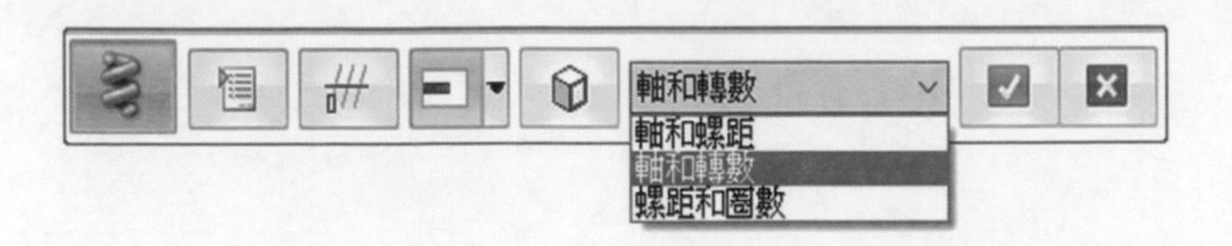

▲圖 8-1-4

或者點選進入「螺旋選項」，對於螺旋可進行更多的設定與調整，例如：右旋、左旋、錐度、螺距設定等等，如圖 8-1-5。

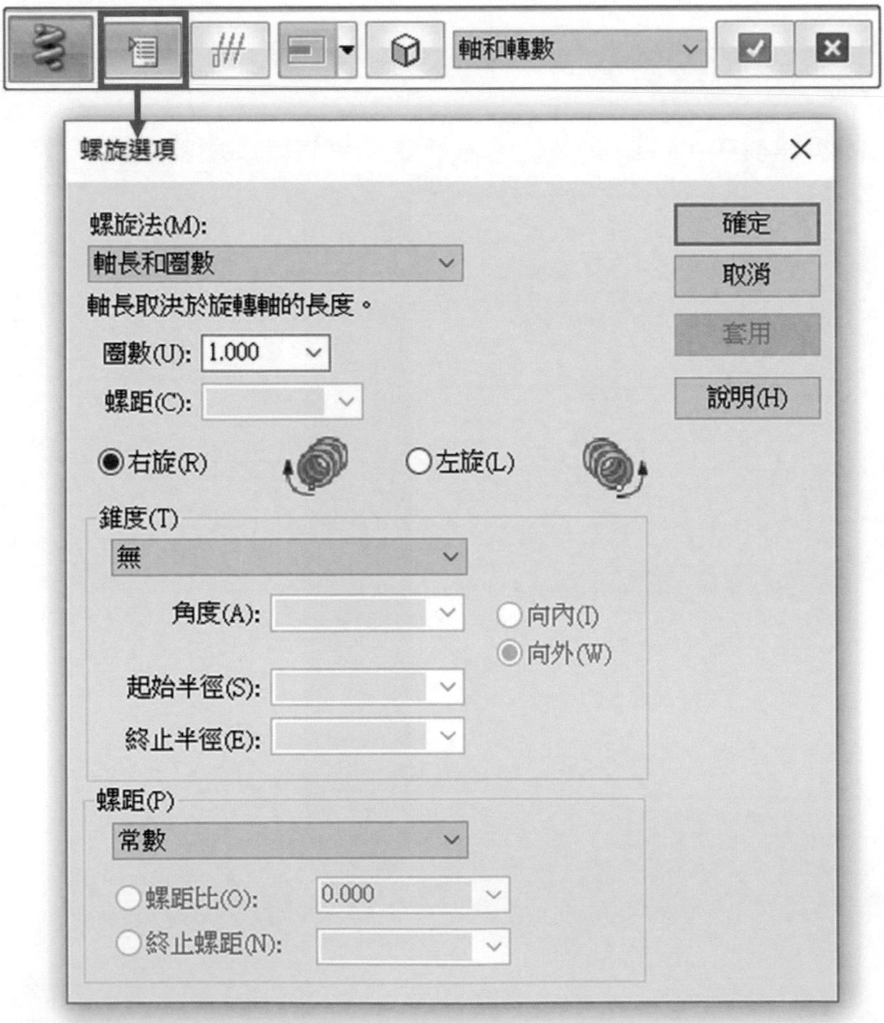

軸和轉數
螺旋選項
螺旋法(M):
軸長和圈數
軸長取決於旋轉軸的長度。
圈數(U): 1.000
螺距(C):
◉右旋(R) ○左旋(L)
錐度(T)
無
角度(A):
○向內(I)
◉向外(W)
起始半徑(S):
終止半徑(E):
螺距(P)
常數
○螺距比(O): 0.000
○終止螺距(N):
確定
取消
套用
說明(H)

▲圖 8-1-5

❺ 此範例，我們選擇「軸和轉數」並輸入圈數「10」，如圖 8-1-6。

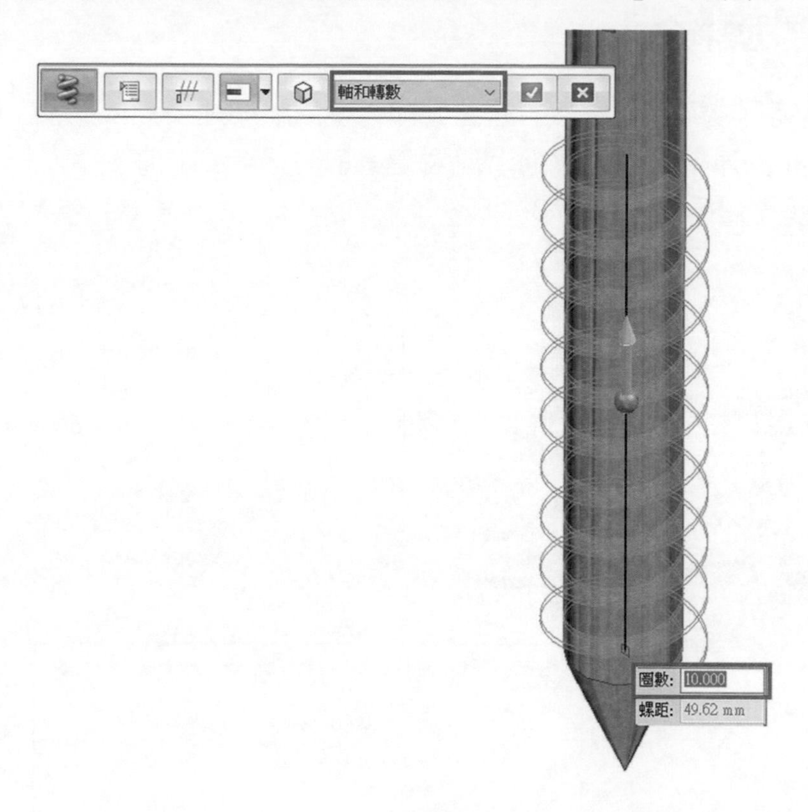

▲圖 8-1-6

❻ 完成模型，如圖 8-1-7。

▲圖 8-1-7

範例二 螺旋除料

延續前一個範例檔案我們將接著學習到如何使用順序建模完成「螺旋除料」。

❶ 首先，先將同步建模的環境透過滑鼠右鍵選取「過渡到順序建模」，將繪圖環境切換到順序建模中，如圖 8-1-8。

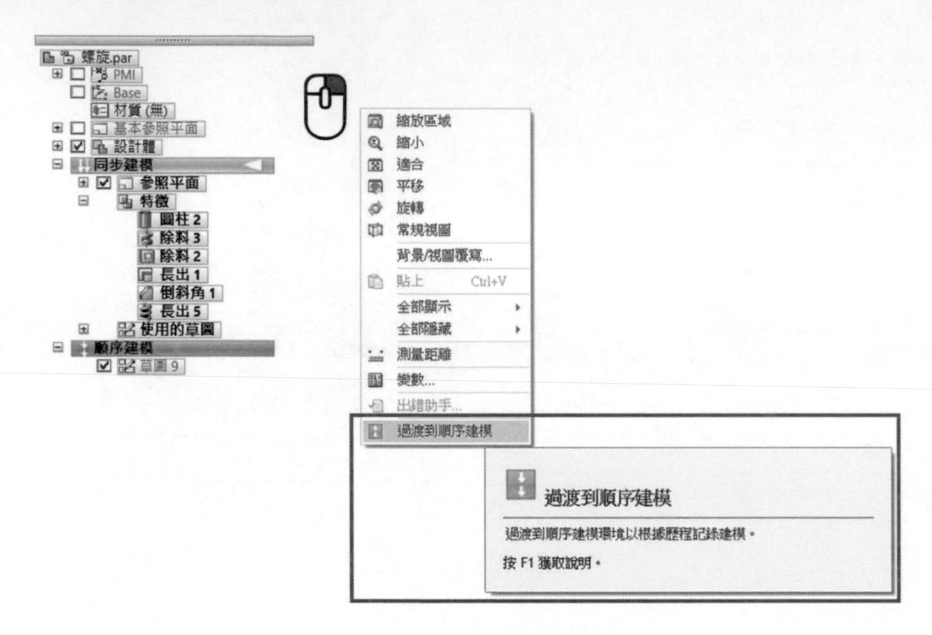

▲圖 8-1-8

❷ 由「首頁」→「實體」→「除料」下拉選單中找到「螺旋」特徵。如圖 8-1-9。

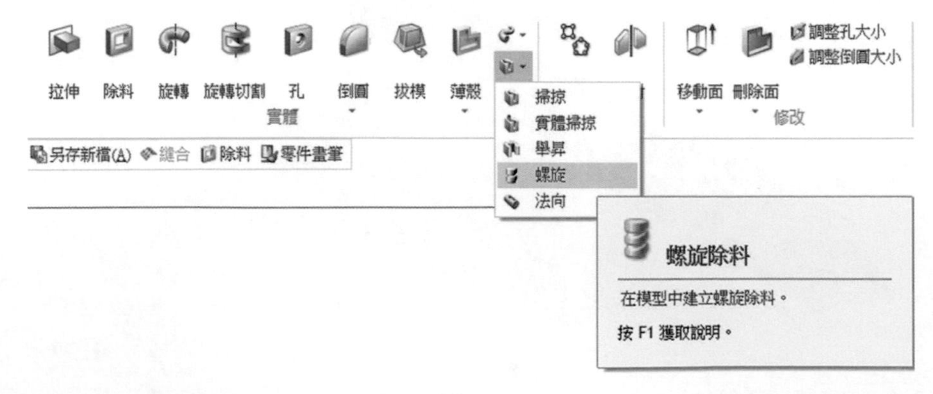

▲圖 8-1-9

❸ 點選所需的截斷面後點擊「確認」或「按滑鼠右鍵」，如圖 8-1-10。

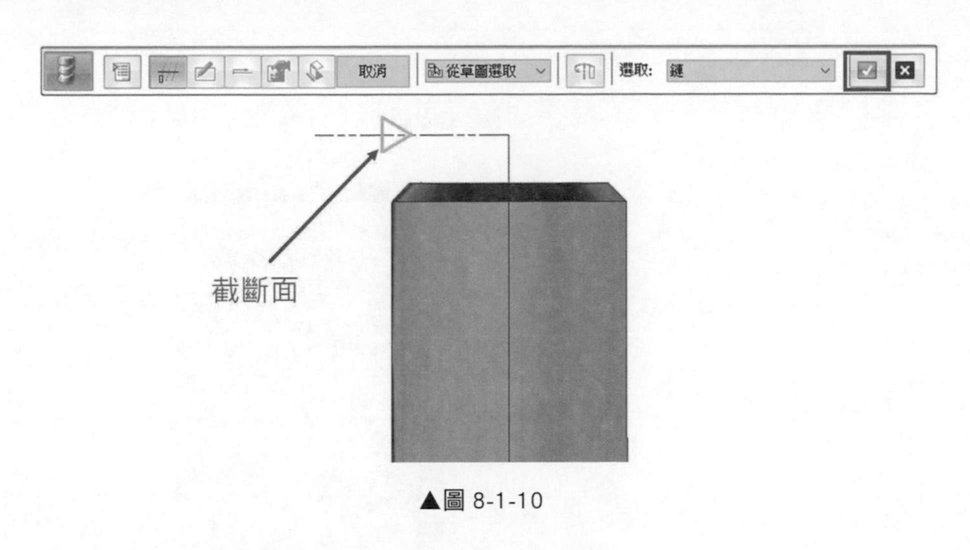

▲圖 8-1-10

❹ 選取中間的草圖作為軸心使用，如圖 8-1-11。
備註 指令條最後方此時會亮起軸心圖樣，為提示選取軸心步驟。

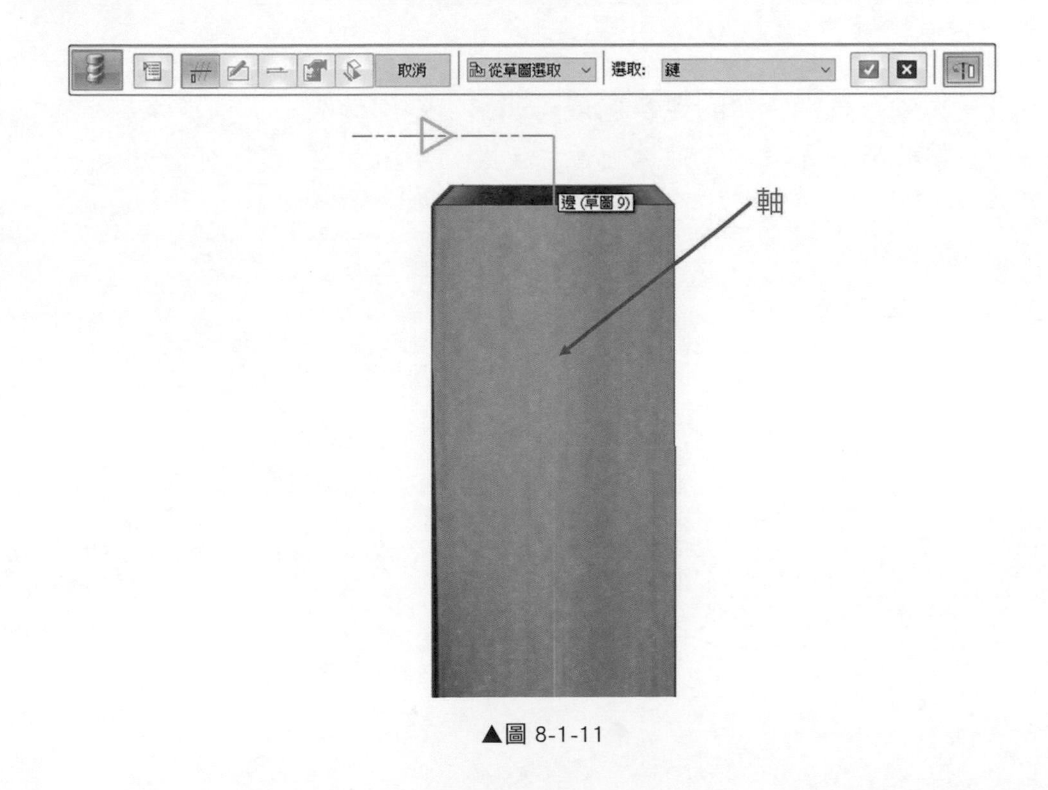

▲圖 8-1-11

❺ 選擇線段前端當作起點如圖 8-1-12。

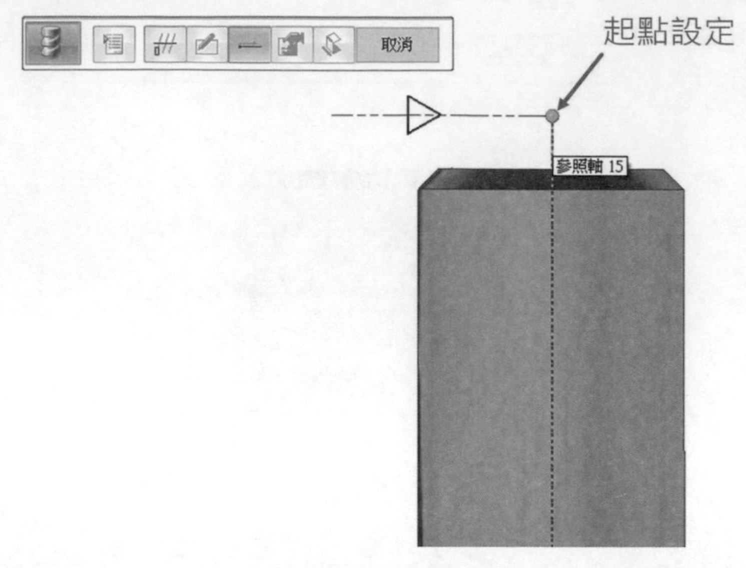

▲圖 8-1-12

❻ 接續跳出的對話框中，我們使用「軸長和螺距」，「螺距」對話框內輸入 2.5mm，如圖 8-1-13。

▲圖 8-1-13

順序建模中，透過後方的更多選項可叫出「螺旋參數」，對於螺旋進行更多的設定與調整，例如：右旋、左旋、錐度、螺距設定等等，如圖 8-1-14。

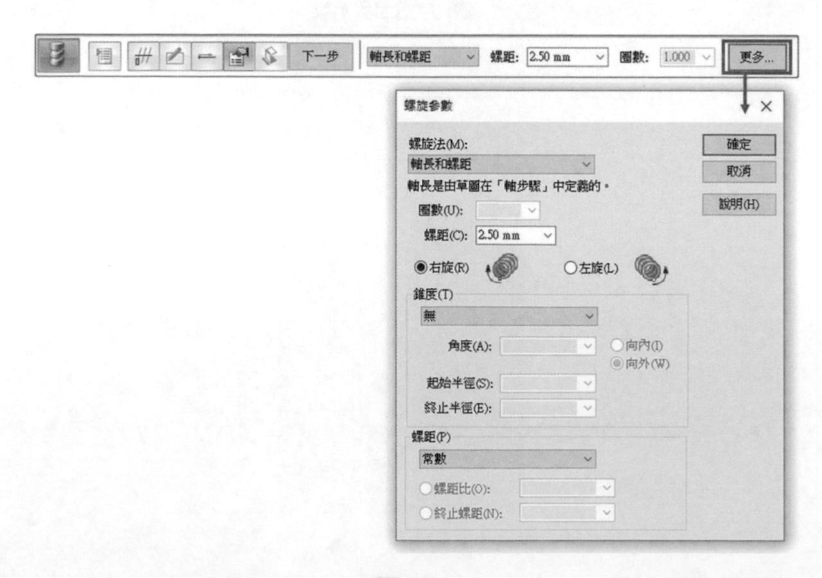

▲圖 8-1-14

❼ 本範例在深度條件選擇「起始 / 終止」，先點擊最前端的模型面當作「起始面」；接著點選參考平面「平面 1」為「終止面」，如圖 8-1-15。

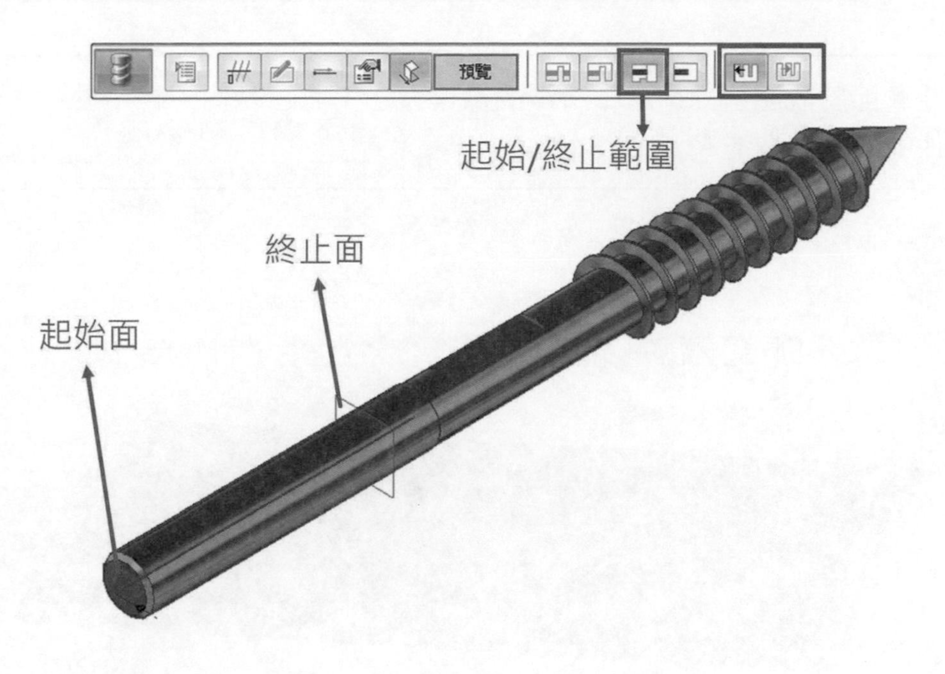

▲圖 8-1-15

❽ 完成模型，如圖 8-1-16。

▲圖 8-1-16

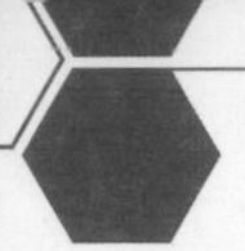

8-2 建立「通風口」特徵

● 在此章節將說明建立通風口特徵的操作方法，並在範例中應用於零件與鈑金件中的使用方法。

範例一

❶ 開啟「8-2 範例一」檔案，如圖 8-2-1。

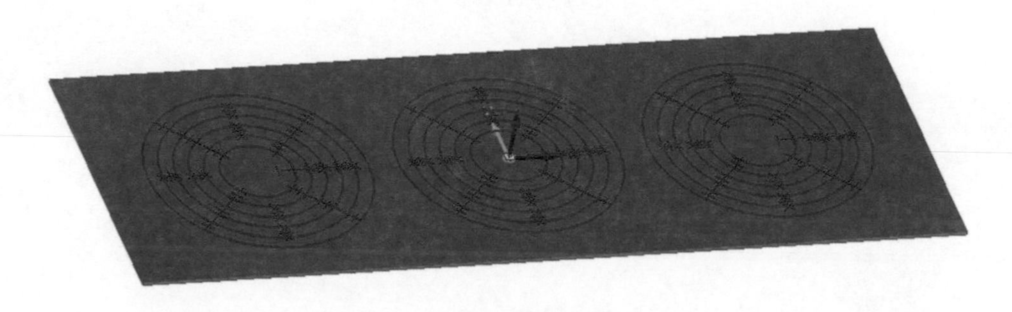

▲圖 8-2-1

❷ 由「首頁」→「實體」→「薄殼」下拉選單中找到「通風口」特徵。如圖 8-2-2。

▲圖 8-2-2

❸ 點擊「通風口」特徵之後，會彈出「通風口選項」，在選項中可設定「肋板」、「縱梁」、「拔模角度」、「圓角半徑值」等等。在此範例中設定「肋板」與「縱梁」厚度 3mm、深度皆為 1mm，完成後按「確定」完成選項設定，如圖 8-2-3。

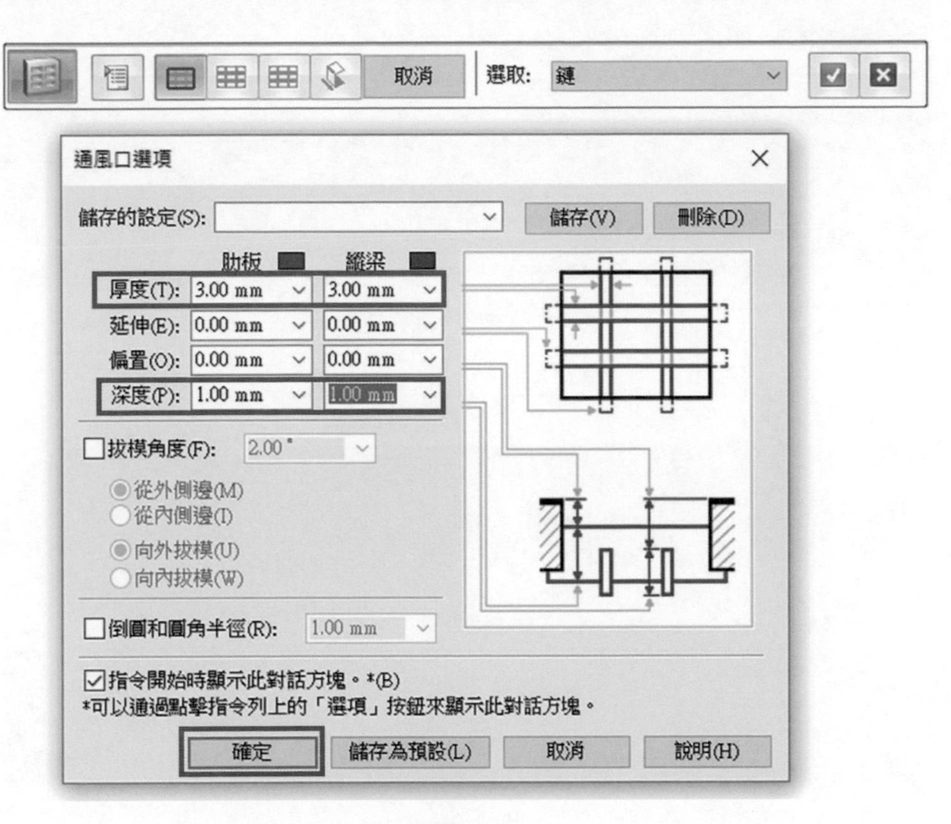

▲圖 8-2-3

❹ 按照指令條上的步驟，依序點選通風口所需「邊界」、「肋板」、「縱梁」範圍條件，並在完成每一次選取後點擊「確認」，如圖 8-2-4、圖 8-2-5、圖 8-2-6。

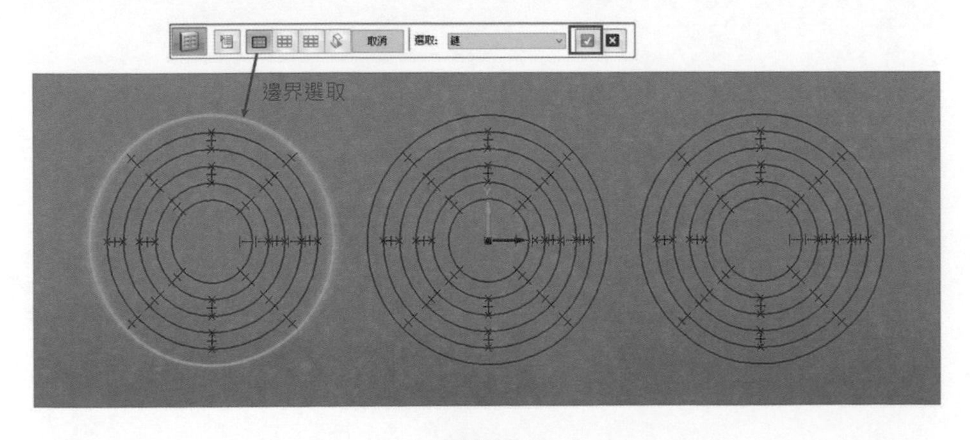

▲圖 8-2-4

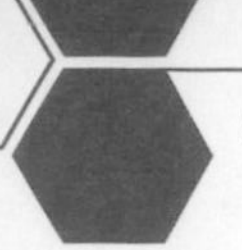

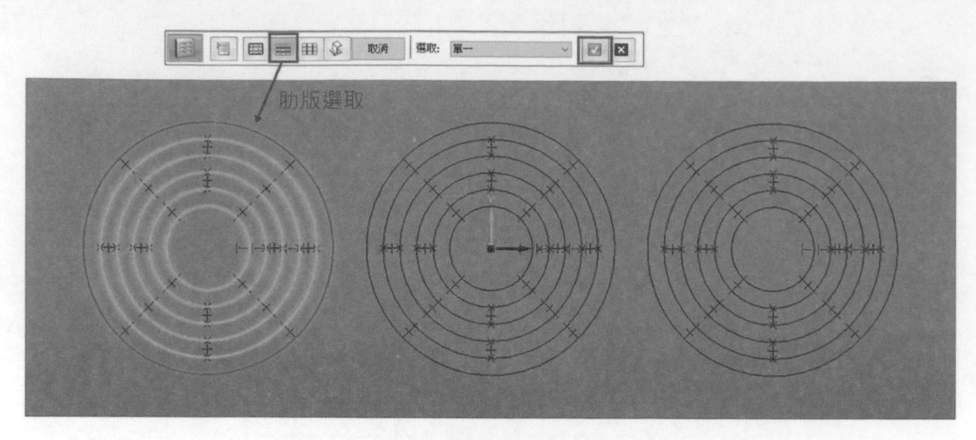

▲圖 8-2-5

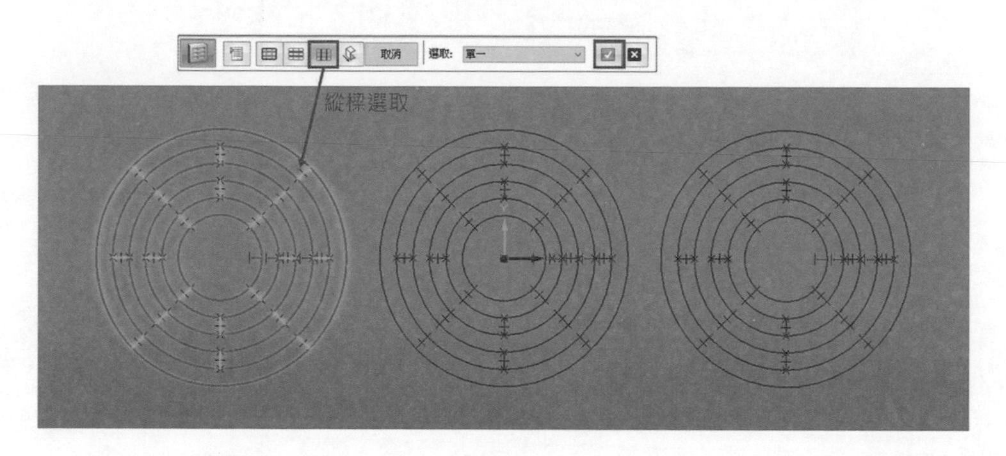

▲圖 8-2-6

❺ 完成選取後，最後一個步驟選擇通風口的生成方向，將生成方向的箭頭穿過模型的厚度完成特徵，如圖 8-2-7。

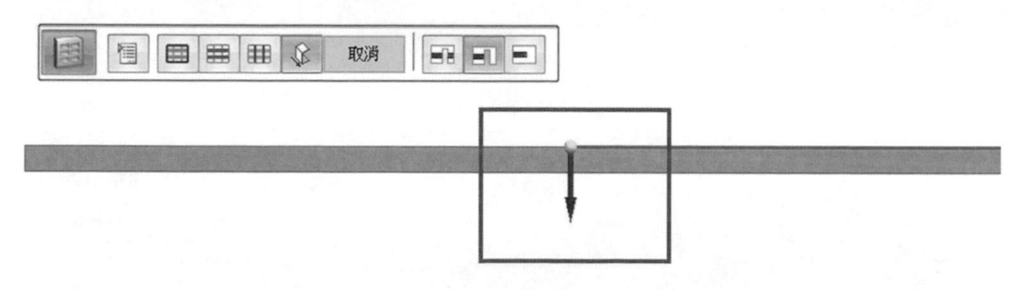

▲圖 8-2-7

❻ 完成單一通風口特徵，如圖 8-2-8。重複上述設定可完成剩下 2 個通風口特徵，如圖 8-2-9。

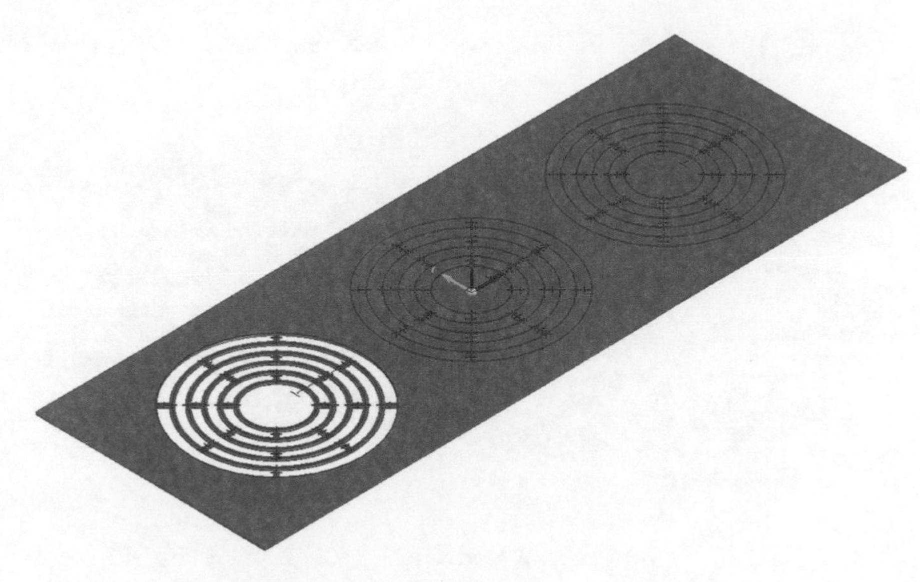

▲圖 8-2-8

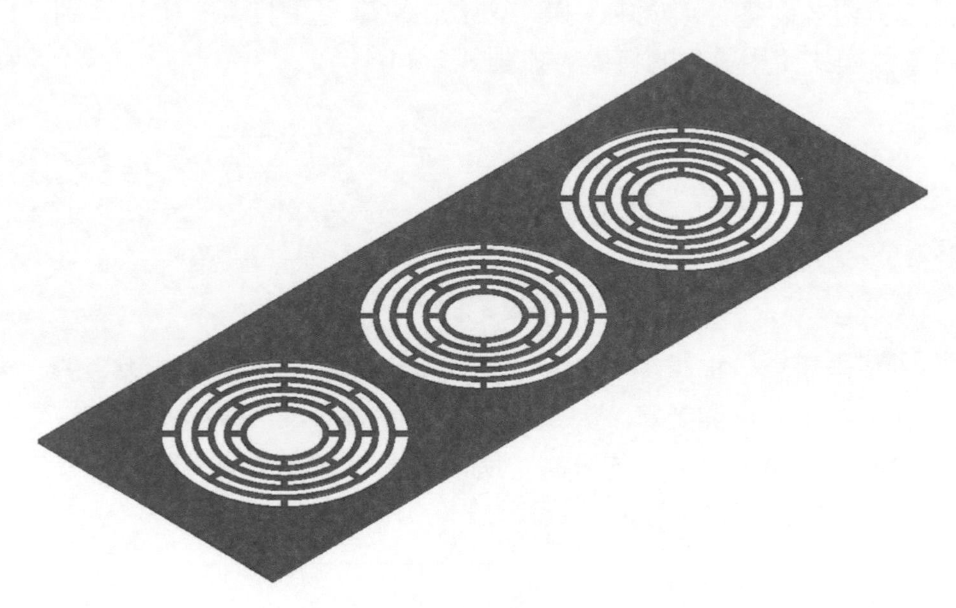

▲圖 8-2-9

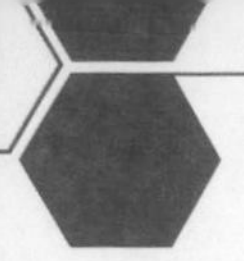

範例 二

❶ 開啟「8-2 範例二」檔案，如圖 8-2-10。本範例將說明在鈑金件中建立通風口特徵。

▲圖 8-2-10

❷ 範例二為「鈑金」檔案，通風口特徵是屬於零件檔案的特徵，因此需要先將繪圖環境切換到零件環境中。操作方式由點擊「工具」→「切換到」即可切換到零件模式使用零件的特徵。如圖 8-2-11。

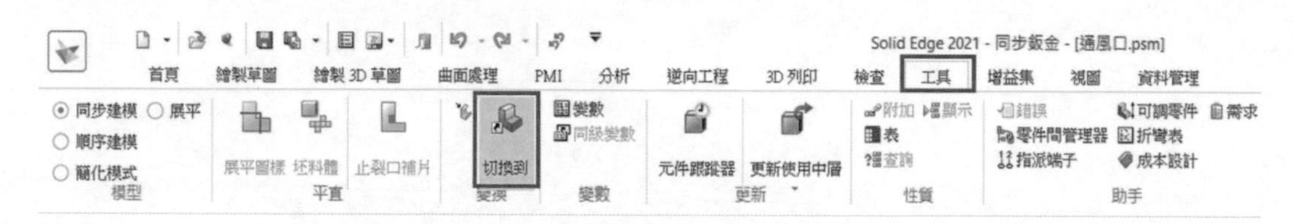

▲圖 8-2-11

備註 此警告訊息，提醒在「零件」模式下所建立的特徵，在鈑金的「展平圖樣」中不會展開計算。因為鈑金的定義為「單一厚度」，而在零件特徵中沒有「單一厚度」的限制，所以零件特徵在鈑金「展平圖樣」並不會計算展開，如圖 8-2-12。

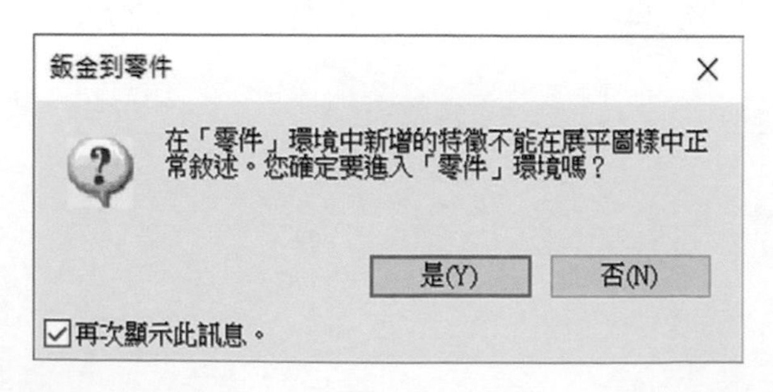

▲圖 8-2-12

❸ 如範例一步驟，由「首頁」→「實體」→「薄殼」下拉找到「通風口」特徵。如圖 8-2-13。

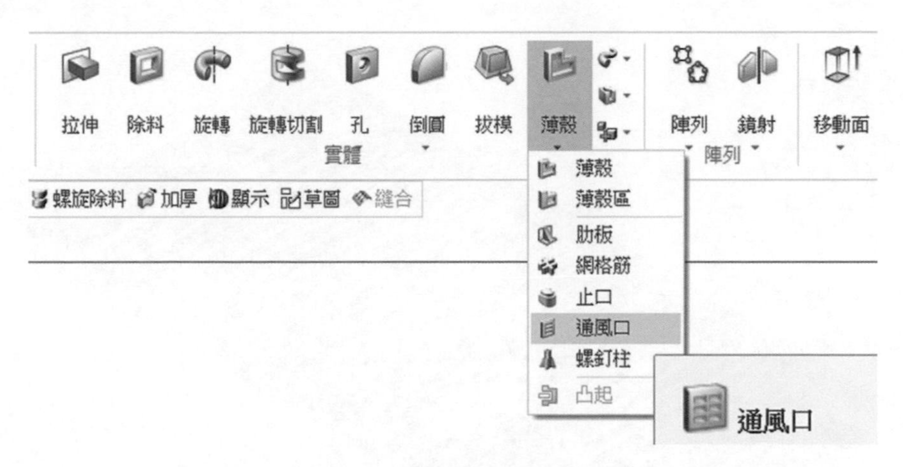

▲圖 8-2-13

❹ 點擊「通風口」特徵之後，在「通風口選項」此範例中設定「肋板」與「縱梁」厚度 2mm、深度皆為 1mm，完成後按「確定」完成選項設定，如圖 8-2-14。

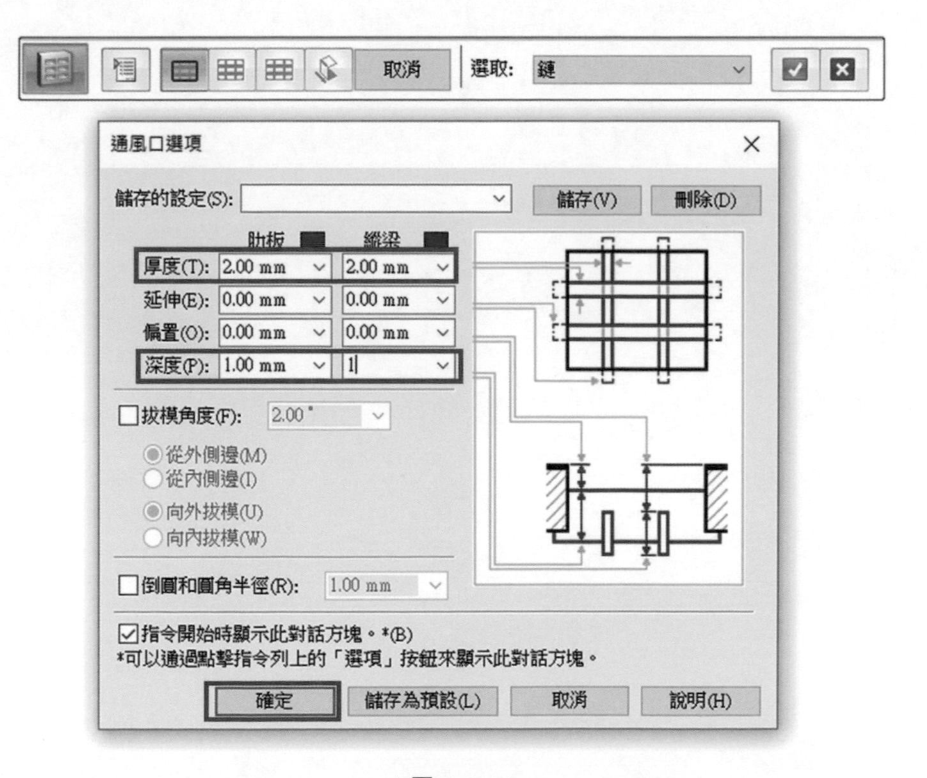

▲圖 8-2-14

❺ 選取「邊界」、「肋板」、「縱梁」，並設定範圍條件，即可完成模型，如圖 8-2-15。

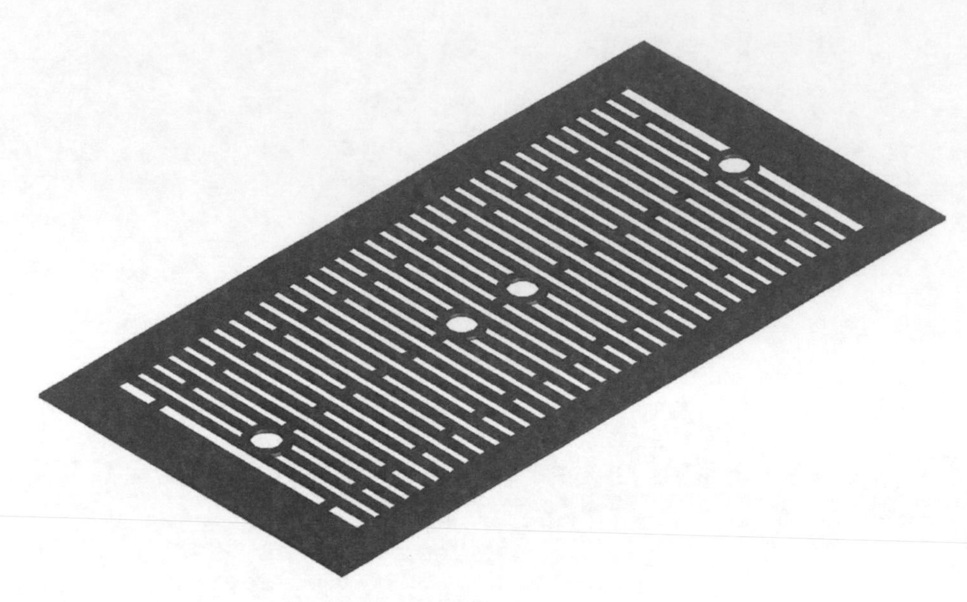

▲圖 8-2-15

8-3 建立「網格筋」特徵

❶ 開啟「8-3 範例一」檔案，如圖 8-3-1。此段落我們將學習網格筋的建立方式。

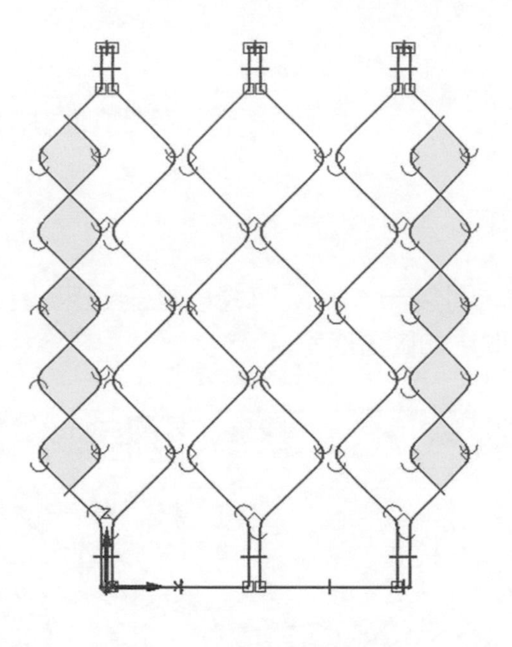

▲圖 8-3-1

❷ 由「首頁」→「實體」→「薄殼」下拉選單中找到「網格筋」特徵，如圖 8-3-2。

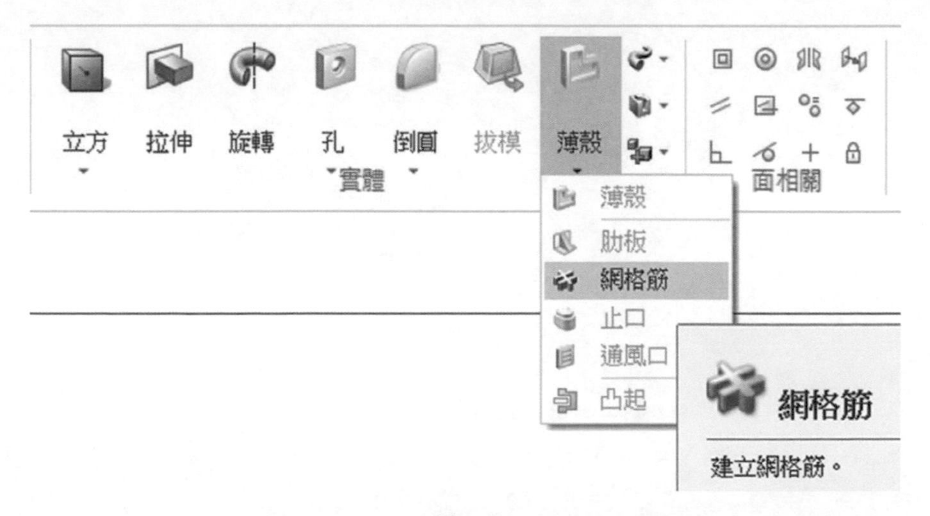

▲圖 8-3-2

❸ 叫出「網格筋」的指令條後，可以將選取模式改為單一線段選取，如圖 8-3-3。

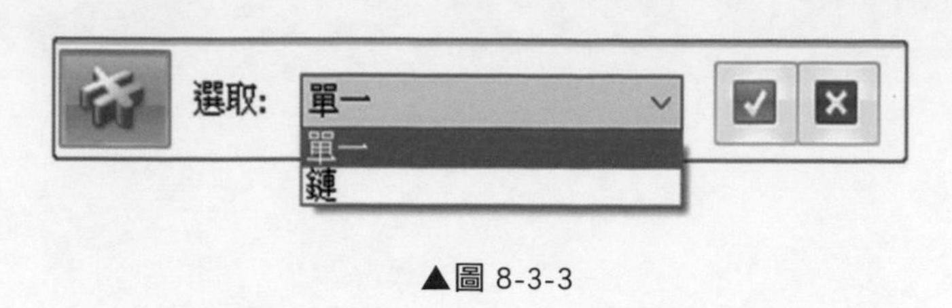

▲圖 8-3-3

❹ 透過選取單一指令，可以一次將所有線段框選起來，並點擊「確認」或「按滑鼠右鍵」完成選取，如圖 8-3-4。

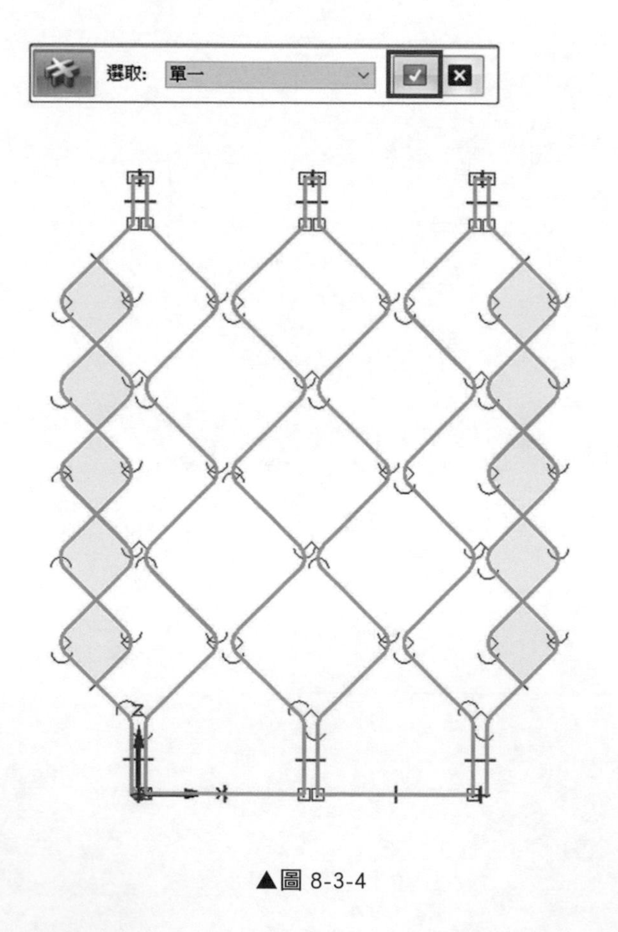

▲圖 8-3-4

❺ 在沒有實體的零件內，網格筋可調整厚度與延伸長度，我們可分別針對「厚度」輸入 2mm 與「延伸長度」10mm，並點擊「確認」完成模型，如圖 8-3-5。

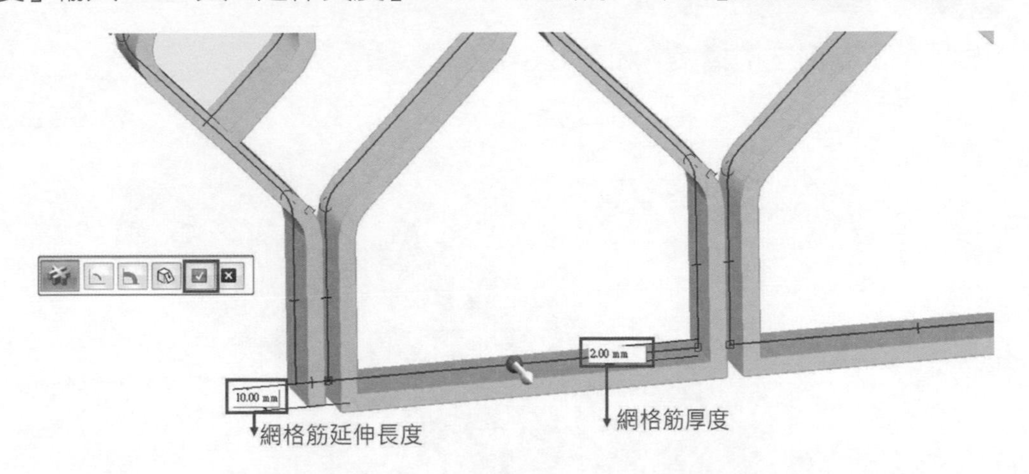

▲圖 8-3-5

❻ 完成模型，如圖 8-3-6。

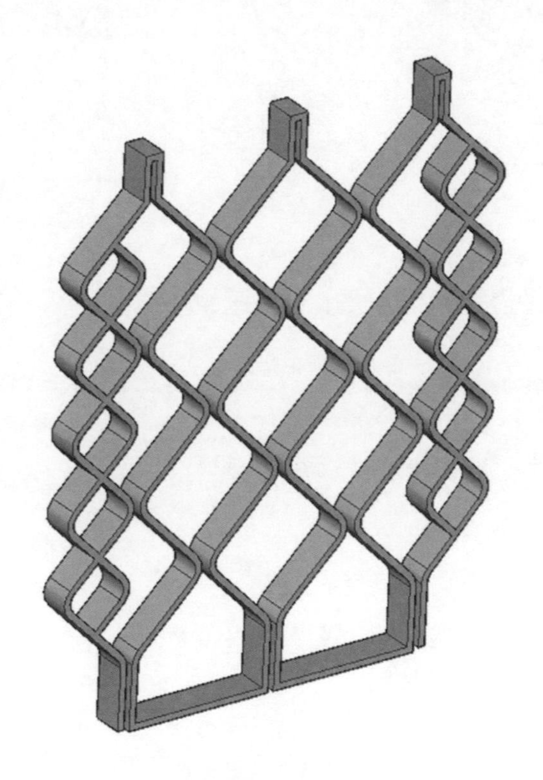

▲圖 8-3-6

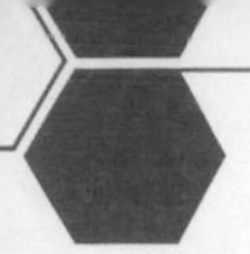

範例二

❶ 開啟「8-3 範例二」檔案，如圖 8-3-7。

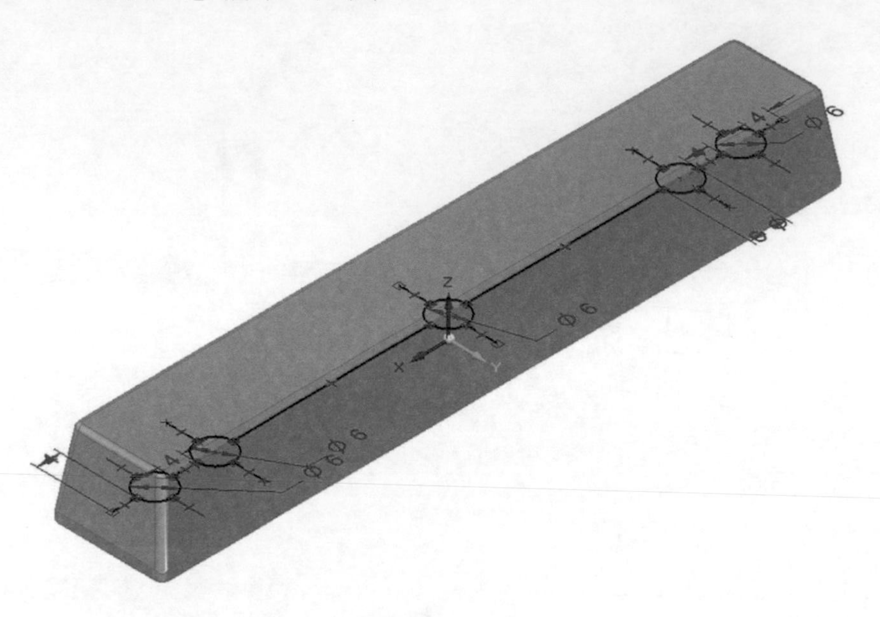

▲圖 8-3-7

❷ 由「首頁」→「實體」→「薄殼」下拉選單中找到「網格筋」特徵，如圖 8-3-8。

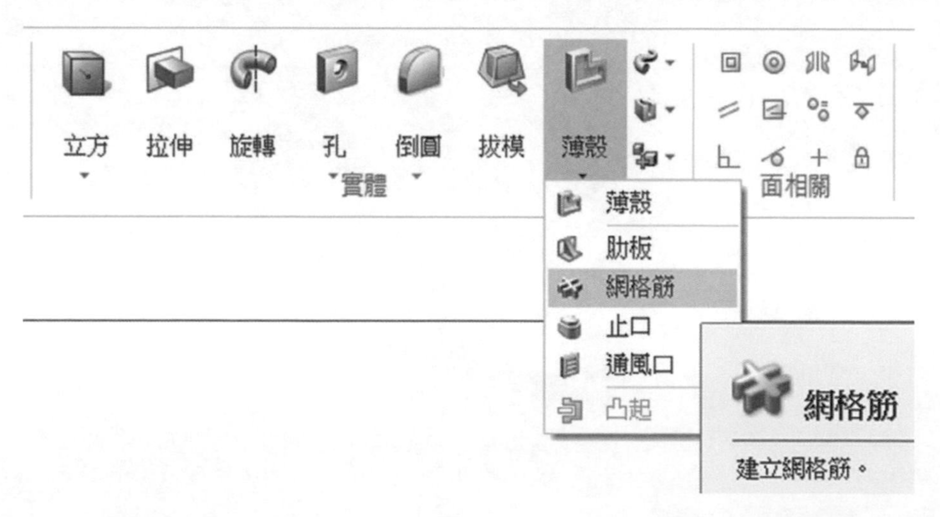

▲圖 8-3-8

❸ 叫出「網格筋」的指令條後，將選取模式改為單一線段選取，框選所有線段，並點擊「確認」或「按滑鼠右鍵」完成選取，如圖 8-3-9。

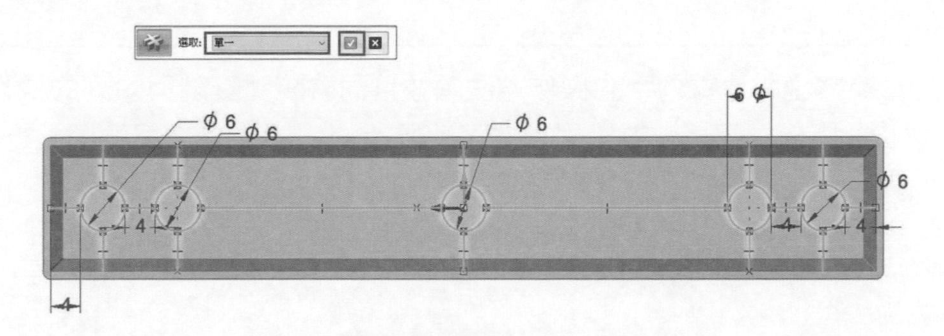

▲圖 8-3-9

❹ 完成選取後，設定網格筋厚度為 2mm，並向模型方向進行生成，如圖 8-3-10。

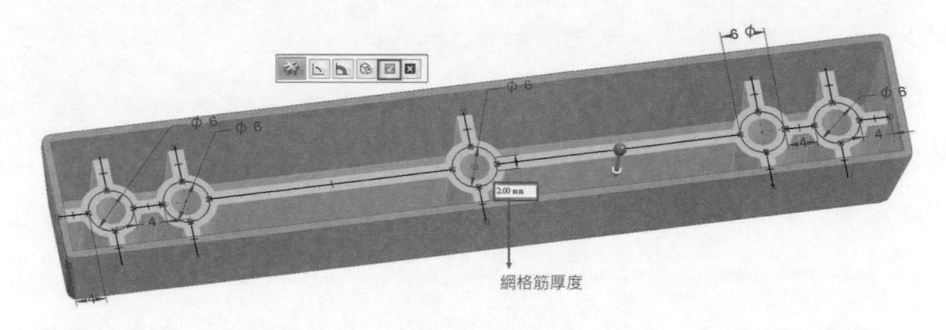

▲圖 8-3-10

❺ 完成模型，如圖 8-3-11。

▲圖 8-3-11

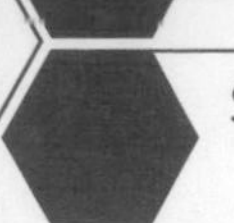

8-4 建立「刻字」特徵

- 在此章節將說明建立刻字的操作方法，並且同時說明陽刻與陰刻的操作。
- 刻字主要是在「草圖」中使用「文字輪廓」的功能，將文字輪廓建立後利用「長料」或「除料」指令來完成特徵。
- 在同步與順序的環境中皆可以建立刻字特徵，但在操作步驟上略有不同。

範例一 陰刻（同步建模環境）

❶ 接續 8-3 範例二的檔案，此章節將說明如何在同步建模上建立刻字特徵。

❷ 由「繪製草圖」→找到「文字」指令，如圖 8-4-1。

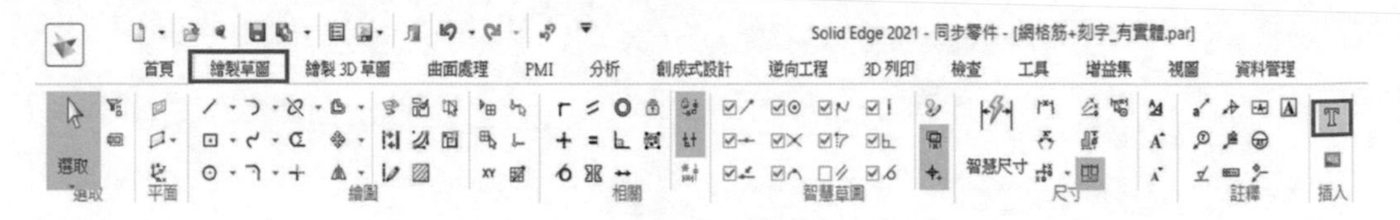

▲圖 8-4-1

❸ 叫出文字指令，可自行輸入所需要的文字，並針對文字字型、文字大小、間距等等進行設定，本範例可參考圖 8-4-2。

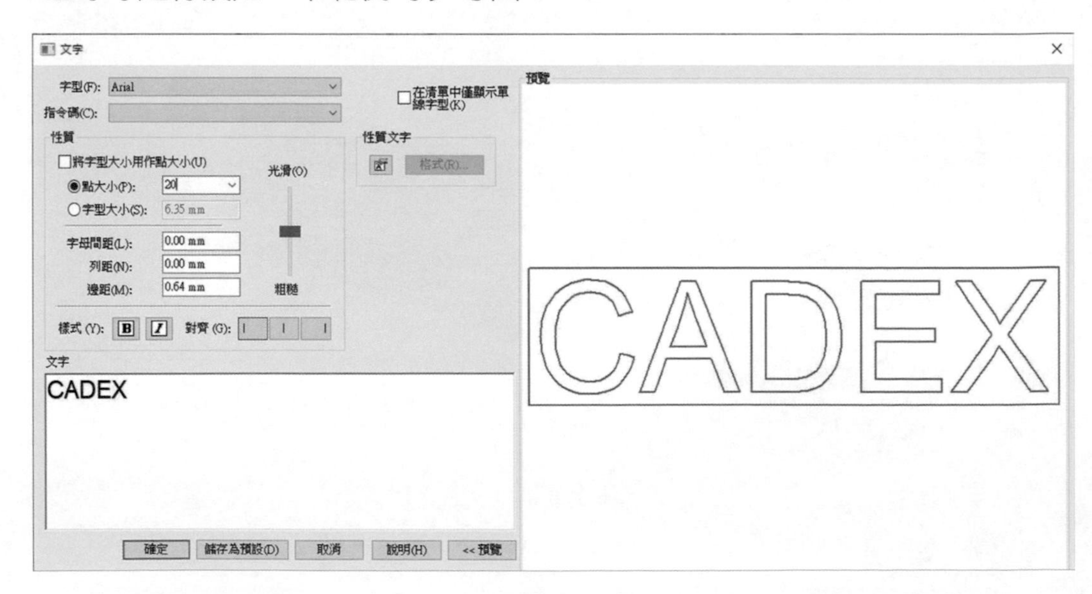

▲圖 8-4-2

備註 在 Solid Edge 2021 版本開始，對於文字大小設定加入「點大小」，也就是較為常見的文字 PT 大小設定，如圖 8-4-3。

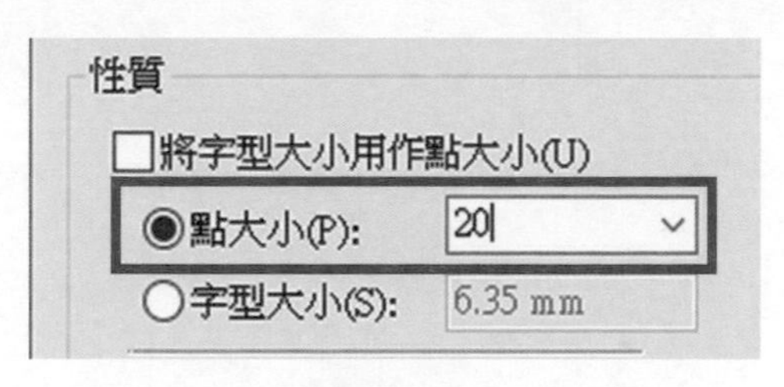

▲圖 8-4-3

❹ 設定完文字後，選取要放置的平面，鎖定模型平面並同時選取平面方向進行文字的放置，如圖 8-4-4。

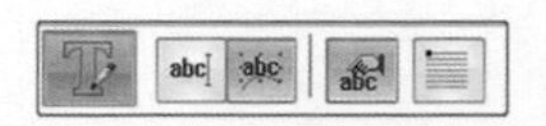

▲圖 8-4-4

❺ 可搭配智慧尺寸與 2D 相關約束對文字框進行定位，如圖 8-4-5。

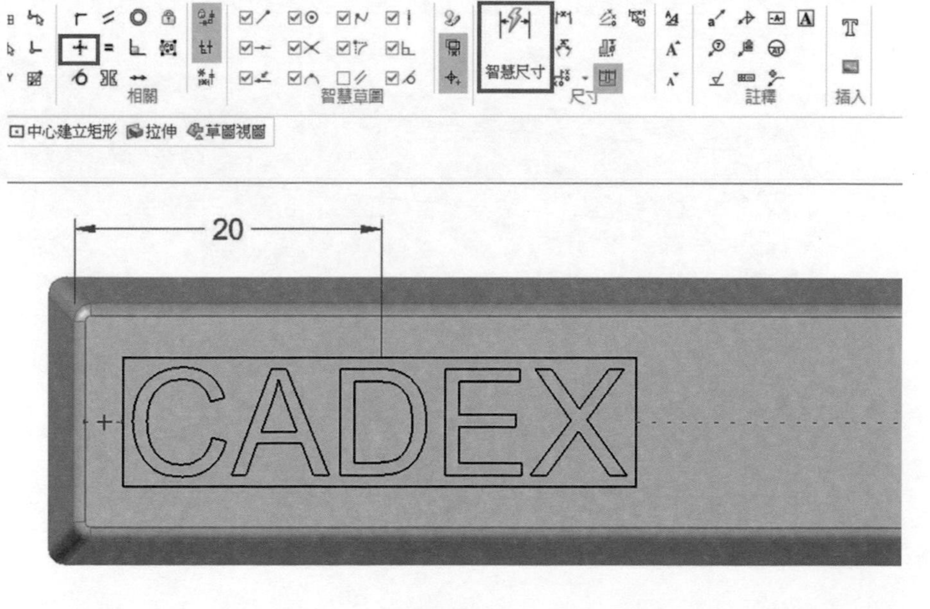

▲圖 8-4-5

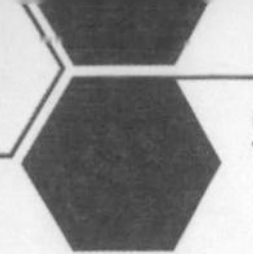

❻ 在同步建模中，陽刻或陰刻皆選取「首頁」→「拉伸」指令進行，如圖 8-4-6。

▲圖 8-4-6

❼ 將指令列改為「鏈」選取並選擇除料選項，選取文字線段，確認後點選滑鼠右鍵，如圖 8-4-7。

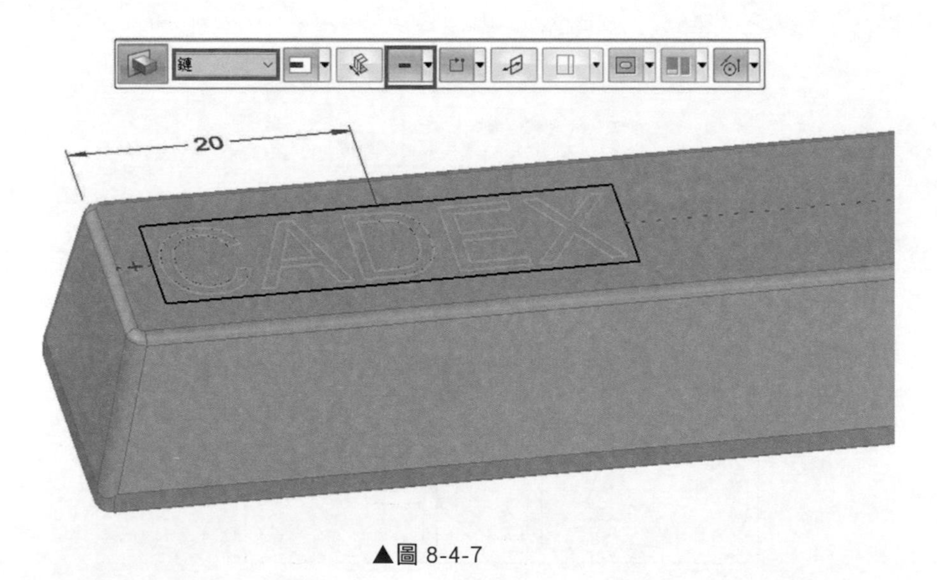

▲圖 8-4-7

❽ 確認選取後，即可設定除料深度與方向，本範例設定除料深度 0.5mm，向模型方向進行除料，如圖 8-4-8。

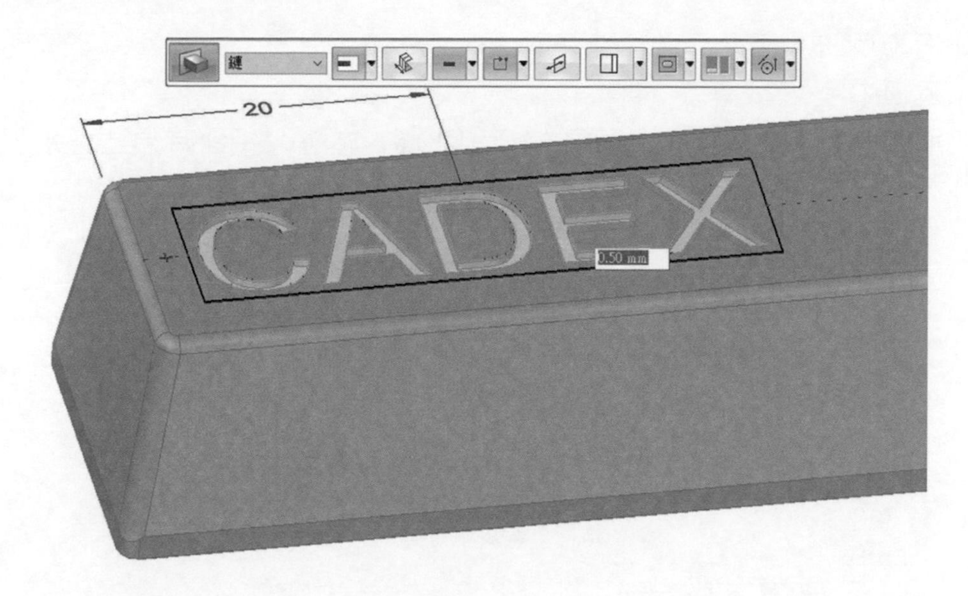

▲圖 8-4-8

❾ 完成模型如圖 8-4-9。

▲圖 8-4-9

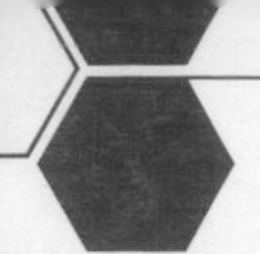

陽刻（順序建模環境）

❶ 延續範例一，透過滑鼠右鍵選取「過渡到順序建模」，將繪圖環境切換到順序建模中。

❷ 選取草圖指令，並選取要建立的模型平面，在選取平面時須注意平面的方向性，如圖 8-4-10、8-4-11。

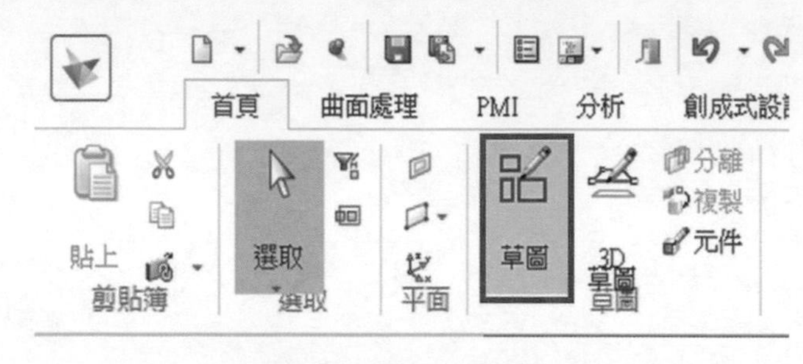

▲圖 8-4-10

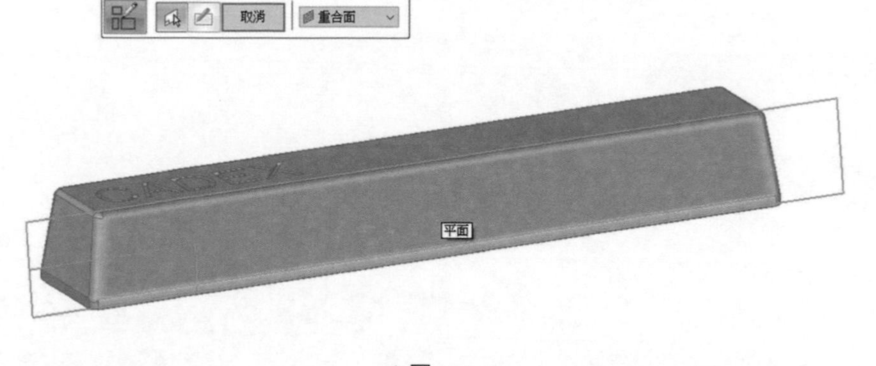

▲圖 8-4-11

❸ 進入草圖環境，由「工具」→找到「文字」指令，如圖 8-4-12。

▲圖 8-4-12

❹ 在文字指令中，可透過性質文字直接帶入檔案的性質資訊作為刻字使用，此範例可選取文件號作為使用，如圖 8-4-13。

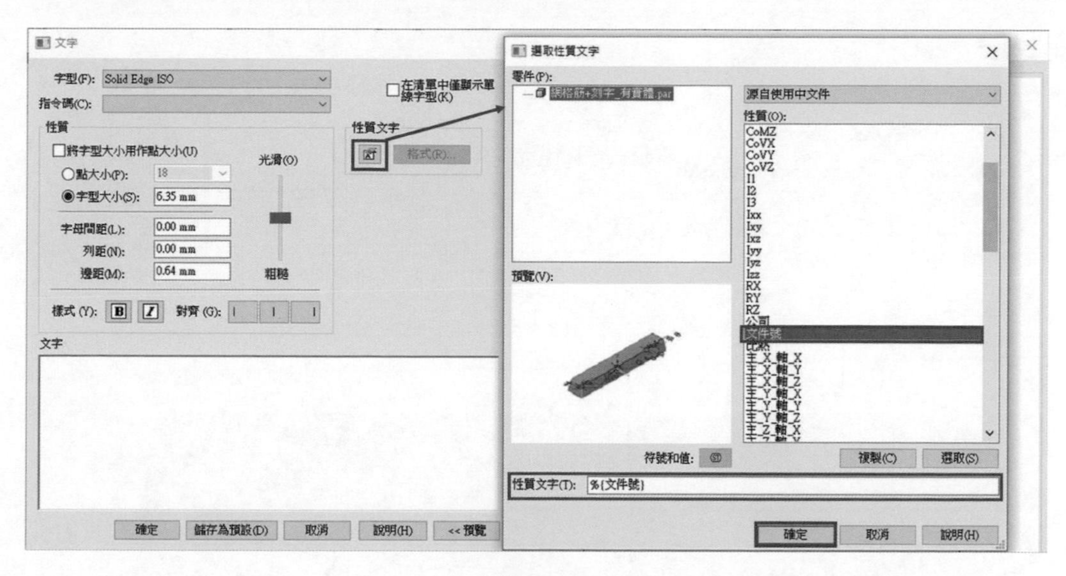

▲圖 8-4-13

❺ 設定完性質文字後，可針對文字字型、大小、間距等進行設定，本範例設定字型大小為 5mm，如圖 8-4-14。

▲圖 8-4-14

❻ 放置文字框，並關閉草圖環境，如圖 8-4-15。在順序建模中陽刻文字使用拉伸；陰刻文字則使用除料，本範例使用拉伸指令進行，可參考圖 8-4-16。

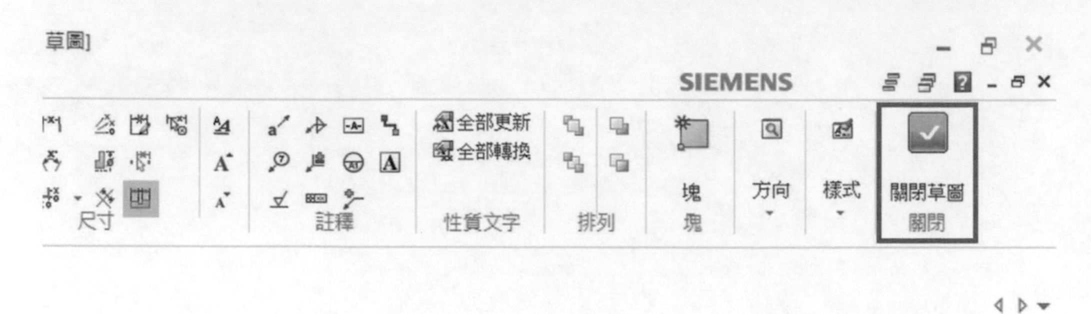

▲圖 8-4-15

▲圖 8-4-16

❼ 將指令條設定為「從草圖選取」選取「鏈」，選擇文字並點擊確認，如圖 8-4-17。

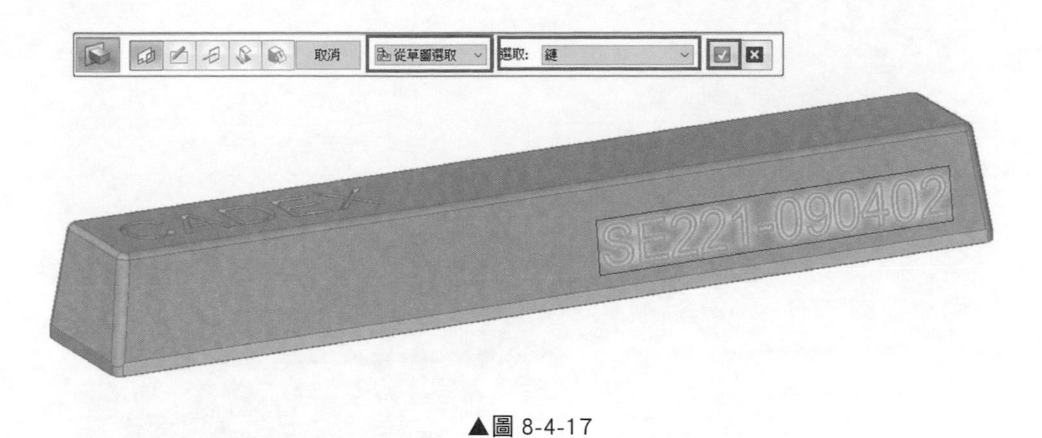

▲圖 8-4-17

❽ 設定拉伸的距離以及方向，如圖 8-4-18。

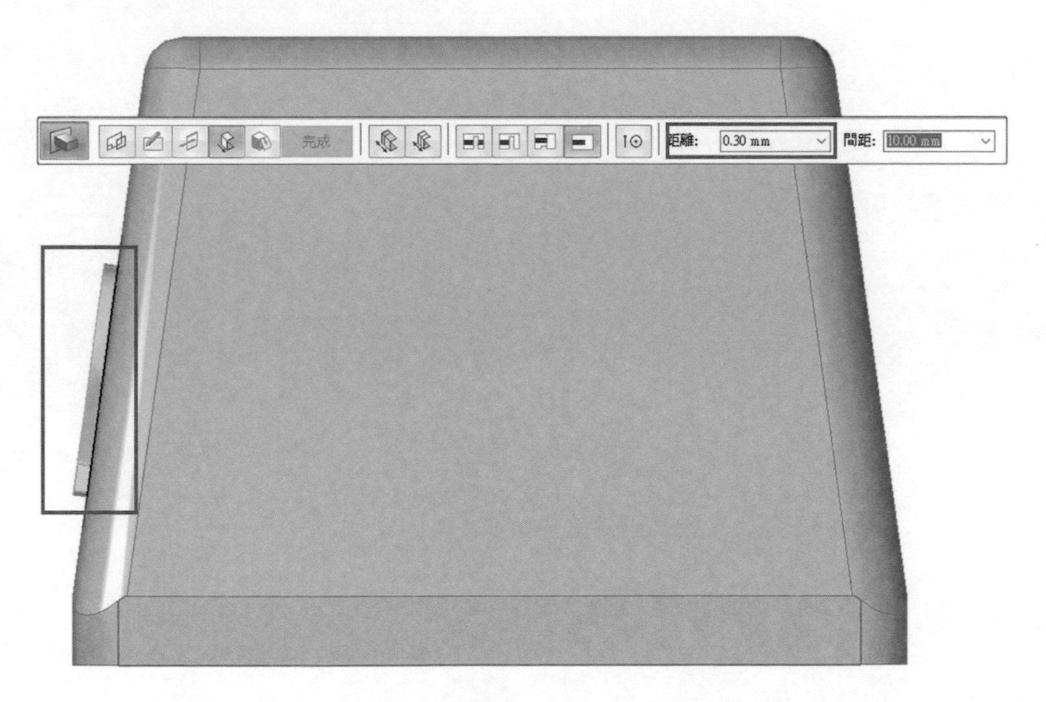

▲圖 8-4-18

❾ 完成模型，如圖 8-4-19。

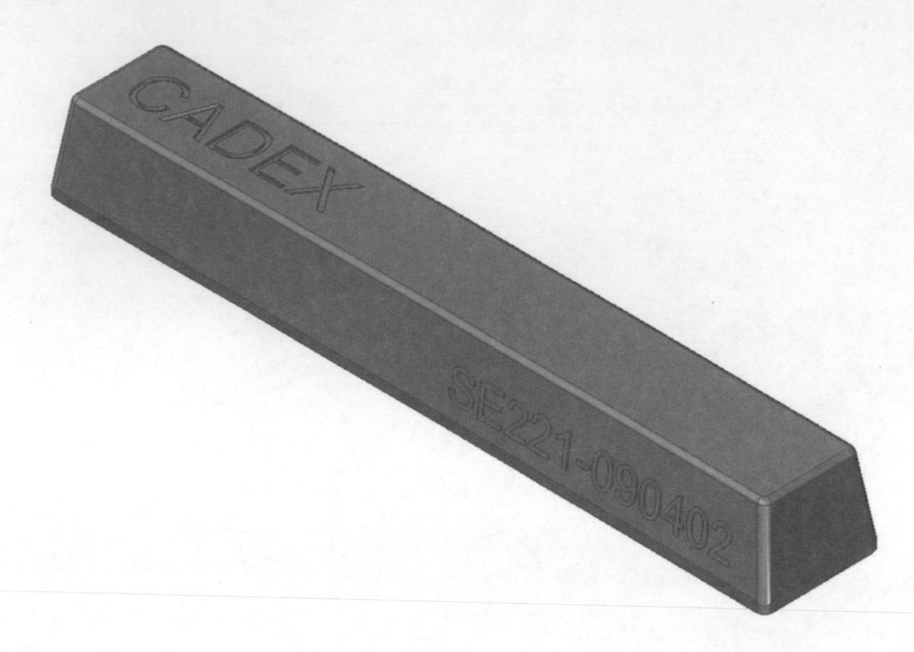

▲圖 8-4-19

CHAPTER

掃掠特徵

章節介紹

藉由此課程，您將會學到：

9-1　基本「掃掠特徵」觀念

9-2　3D 草圖

9-3　單一路徑和截斷面的掃掠

9-4　單一路徑和截斷面選項設定

9-5　多個路徑和截斷面的掃掠

9-6　掃掠除料

9-1 基本「掃掠特徵」觀念

「掃掠特徵」是通過沿「路徑」曲線和「截斷面」進行長出或除料所建構成的特徵，其中使用的「路徑」與「截斷面」必須具有下列的規則，如圖 9-1-1：

❶ 掃掠特徵，至少須有二個獨立草圖，且兩個草圖不得在同一平面上。兩個獨立草圖分別為「路徑」曲線草圖與「截斷面」草圖。

❷「截斷面」草圖：(1)可以為一個或多個草圖；(2)截斷面草圖必須是封閉的。

❸「路徑」曲線草圖：(1)最多只能使用三條；(2)每條路徑必須是相切的線段；(3)路徑草圖可以是開放或封閉的；(4)路徑可以為草圖曲線、3D 曲線或一組實體邊線。

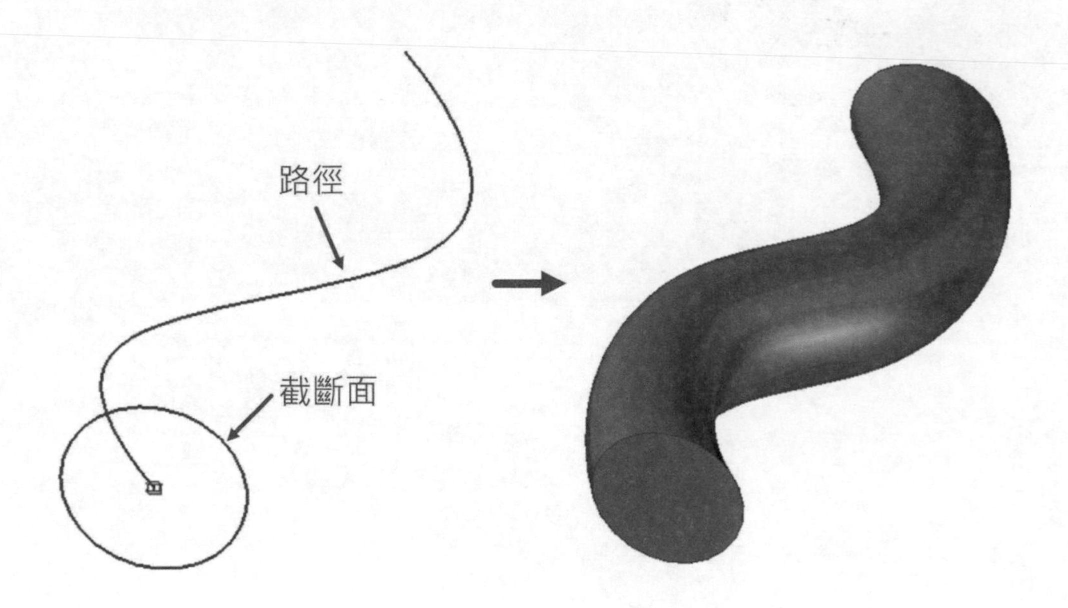

▲圖 9-1-1

❹ 建構「掃掠特徵」必須要透過人工給予線段作為路徑依據，且「掃掠路徑」都為不規則線段，並非單純直線拉伸及旋轉路徑，所以在同步建模技術是由實體概念建構，並無法做到草圖路徑中的編輯。建議在建構「掃掠特徵」時使用「順序建模」，切換順序建模在同步建模導航提示條處點擊滑鼠「右鍵」選取「過渡到順序建模」，如圖 9-1-2。

▲圖 9-1-2

9-2 3D 草圖

3D 草圖相較於一般草圖，繪製時不受限於單一平面上。3D 草圖可應用於「掃掠」與「舉昇」的特徵草圖上，是一個非常實用的草圖建構工具。

❖ 3D草圖概述說明

❶ 繪製 3D 草圖前需要先點選「新建 3D 草圖」的指令。在同步建模環境中由「繪製 3D 草圖」→「新建 3D 草圖」，如圖 9-2-1；順序建模環境中則由「首頁」→「3D 草圖」，如圖 9-2-2。

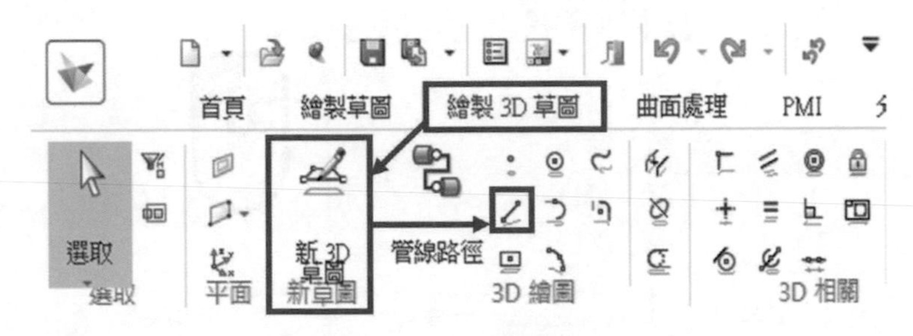

▲圖 9-2-1（同步建模）

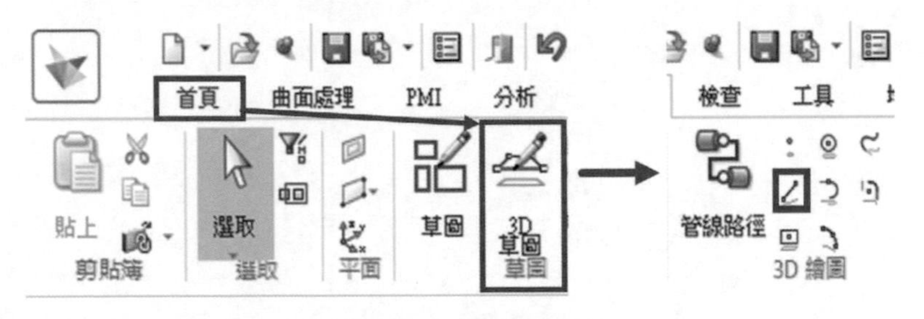

▲圖 9-2-2（順序建模）

❷ 使用 3D 草圖時，在繪圖區域內會有兩個座標，一個為原始座標；一個為控制繪圖方向的座標，如圖 9-2-3。

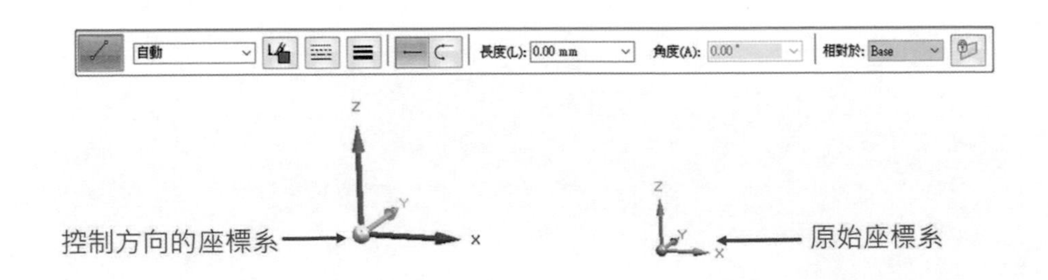

▲圖 9-2-3

❸ 3D 草圖的控制方式可分為兩種，按下「Z 鍵」可以切換 X、Y、Z 軸向，如圖 9-2-4；按下「X 鍵」可以切換 XZ（前視圖）、XY（俯視圖）、YZ（右視圖），如圖 9-2-5。

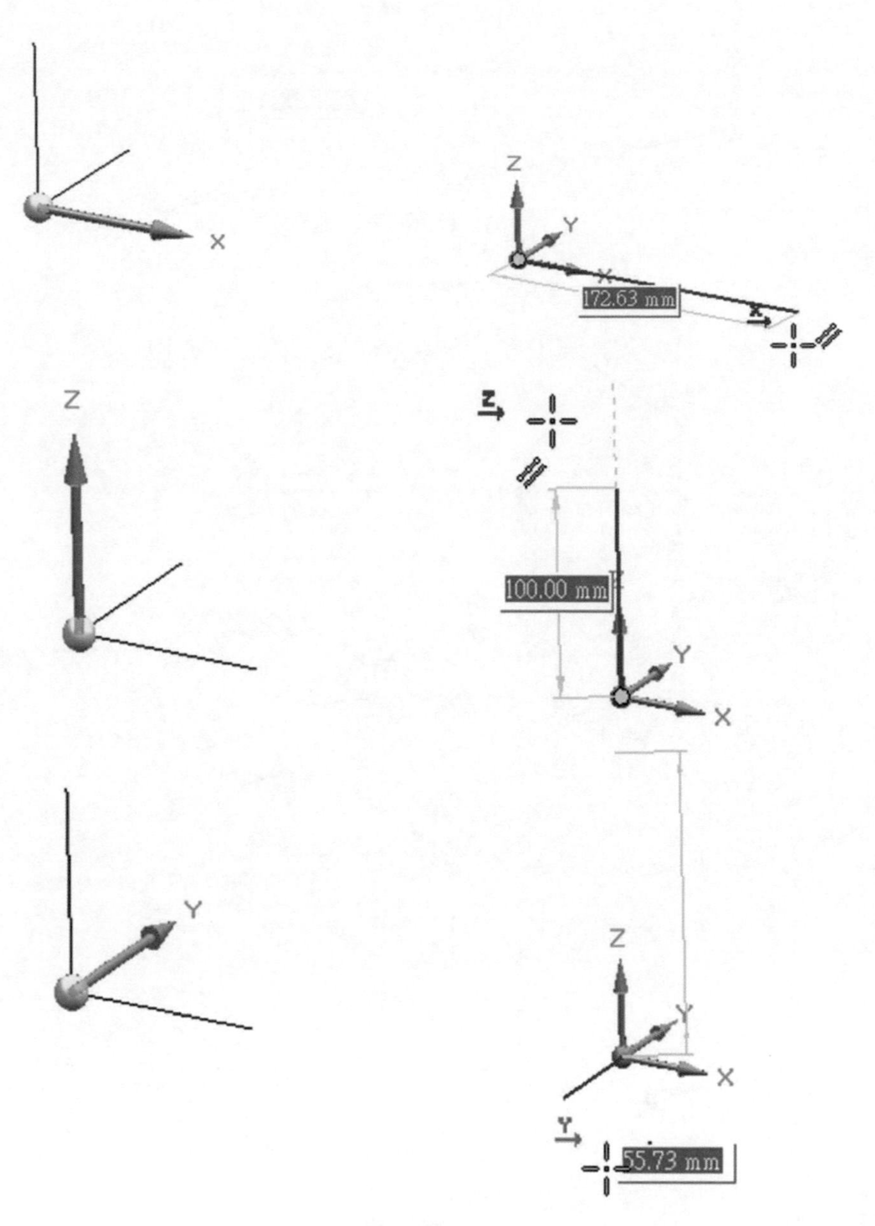

▲圖 9-2-4

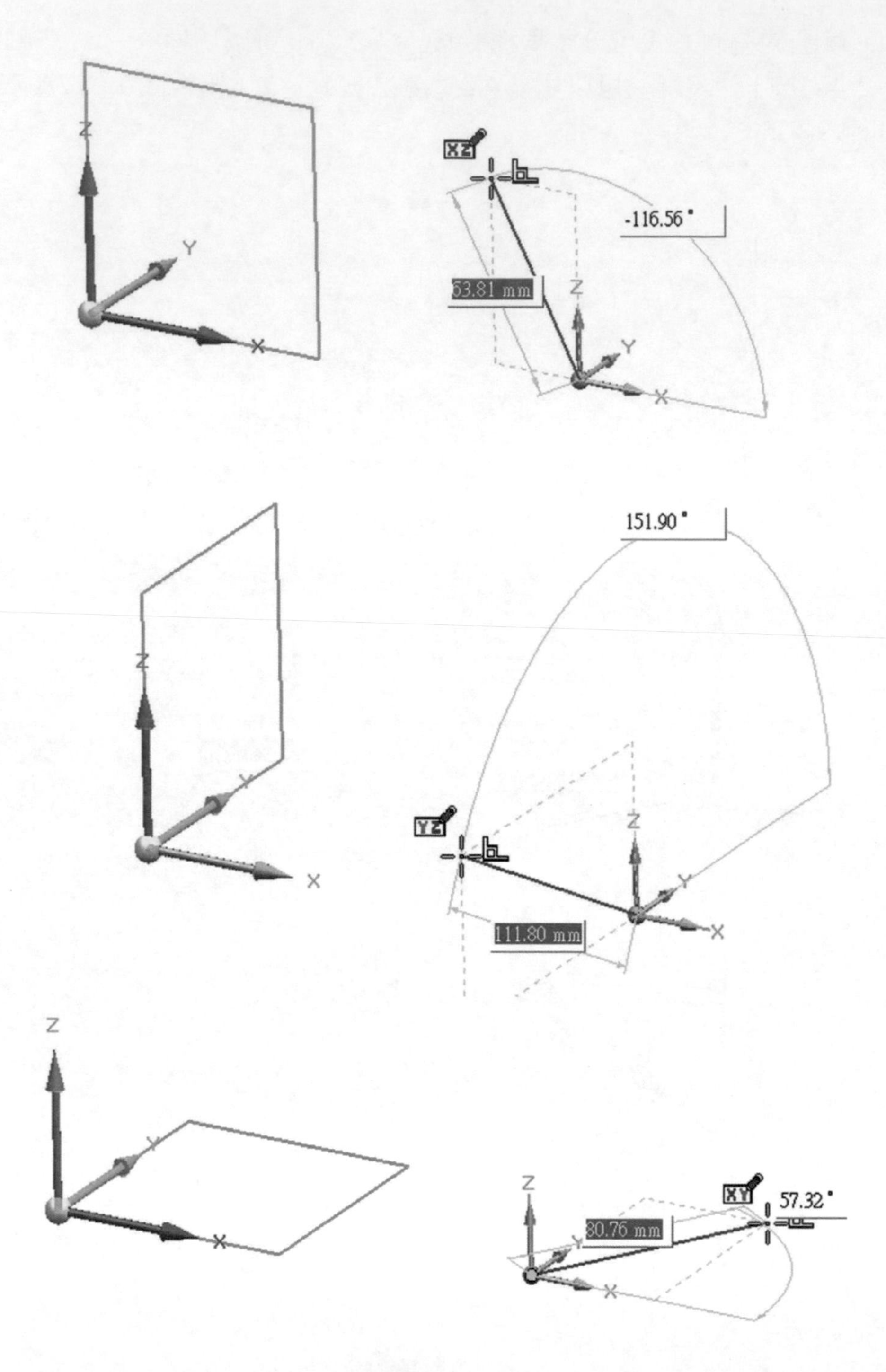
Z
Y
X
XZ
-116.56°
63.81 mm
Z
Y
X
151.90°
Z
Y
X
YZ
Z
Y
X
111.80 mm
Z
Y
X
Z
XY
57.32°
80.76 mm
Y
X

▲圖 9-2-5

❶ 從原點開始繪製，按下「Z 鍵」切換直線於 X 軸，給予長度「70mm」，如圖 9-2-6。

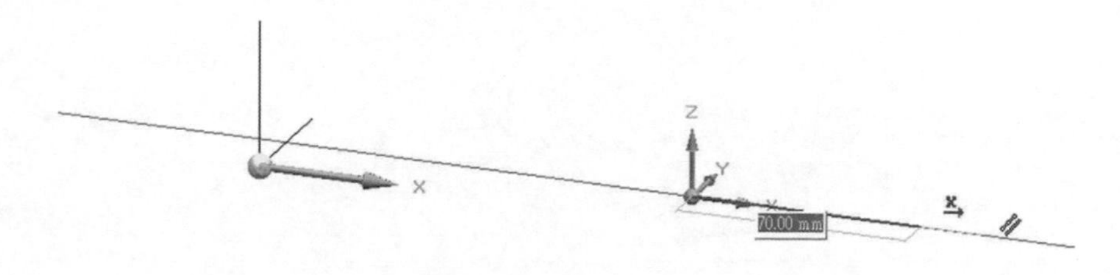

▲圖 9-2-6

❷ 按下「Z 鍵」切換直線於 Y 軸上，給予長度「60mm」，如圖 9-2-7。

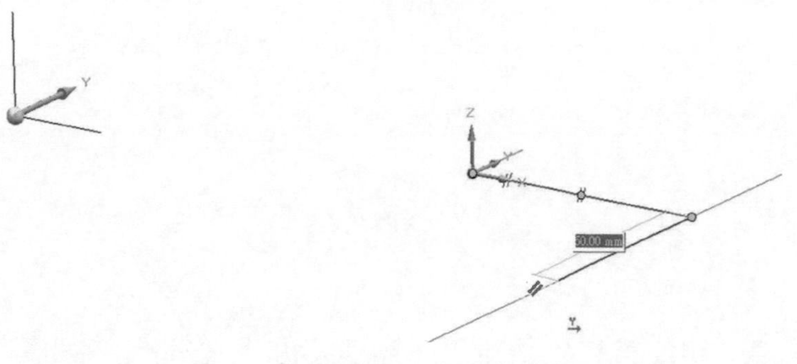

▲圖 9-2-7

❸ 按下「X 鍵」切換直線於 YZ 平面上，給予長度「90mm」、角度「-110」，如圖 9-2-8。

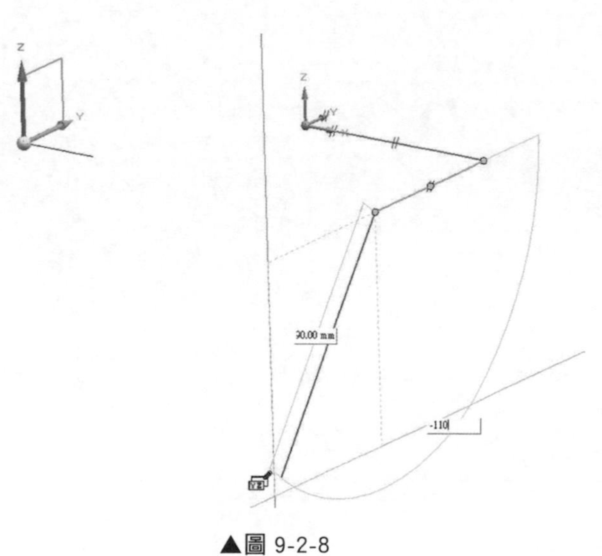

▲圖 9-2-8

❹ 按下「X 鍵」切換直線於 XY 平面上，給予長度「80mm」、角度「150」，如圖 9-2-9。

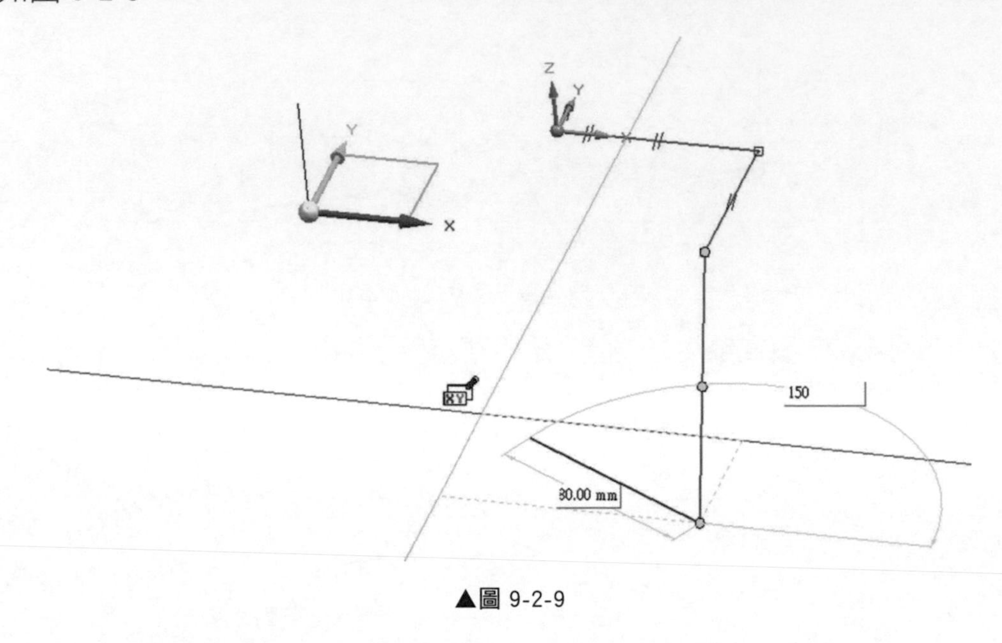

▲圖 9-2-9

❺ 按下「Z 鍵」切換直線於 Y 軸上，給予長度「40mm」，如圖 9-2-10。

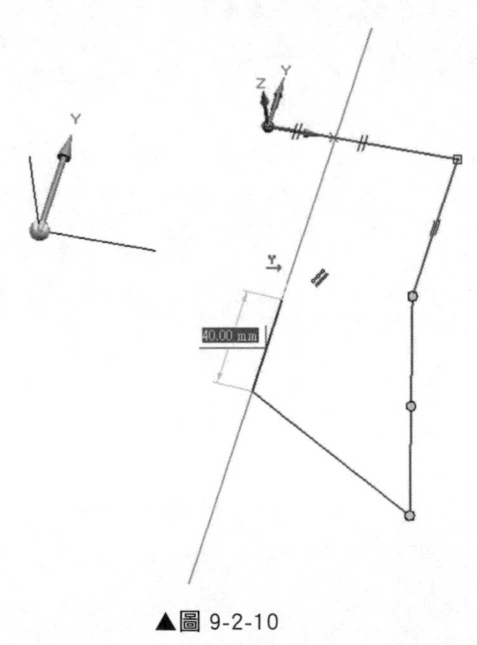

▲圖 9-2-10

❻ 按下「Z 鍵」切換直線於 X 軸上，給予長度「70mm」，如圖 9-2-11。

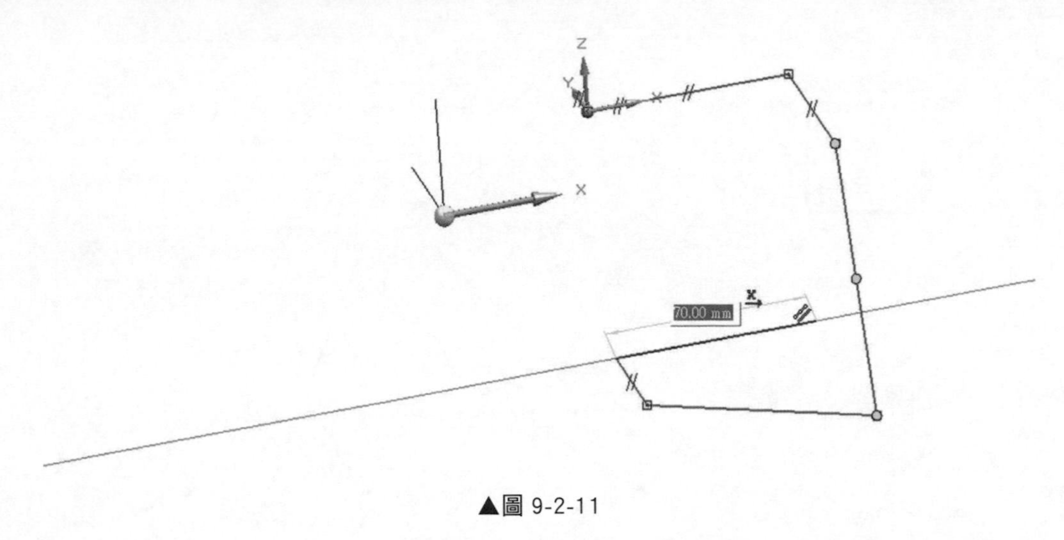

▲圖 9-2-11

❼ 按下「X 鍵」切換直線於 XZ 平面上，給予長度「70mm」、角度「-98」，如圖 9-2-12。

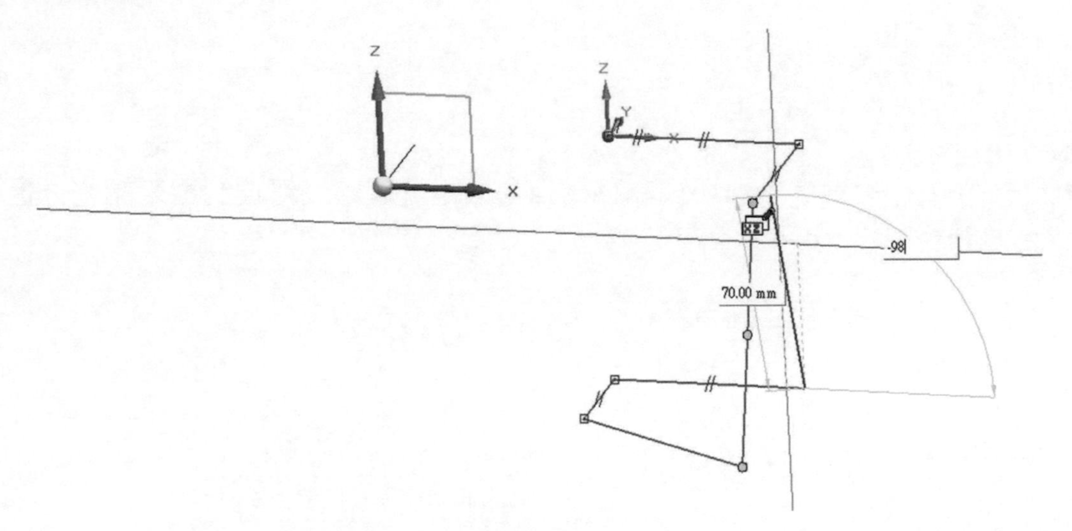

▲圖 9-2-12

❽ 透過智慧尺寸標註尺寸與角度，並將後方 60mm 尺寸改為不鎖定，如圖 9-2-13。

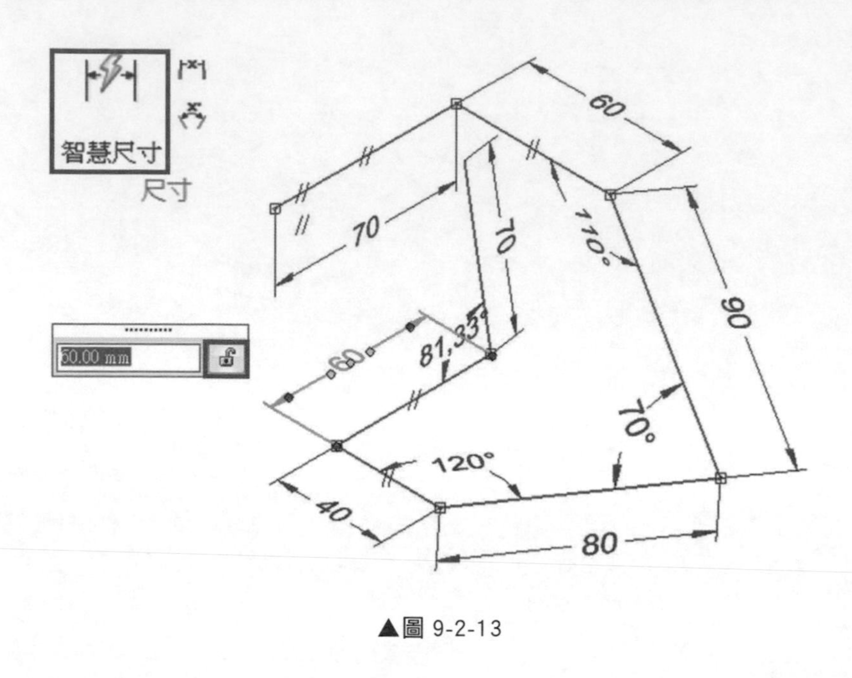

▲圖 9-2-13

❽ 點選線段，透過指令列切換為移動指令，即可透過幾何控制器來調整位置，向 X 軸移動 10mm，如圖 9-2-14。

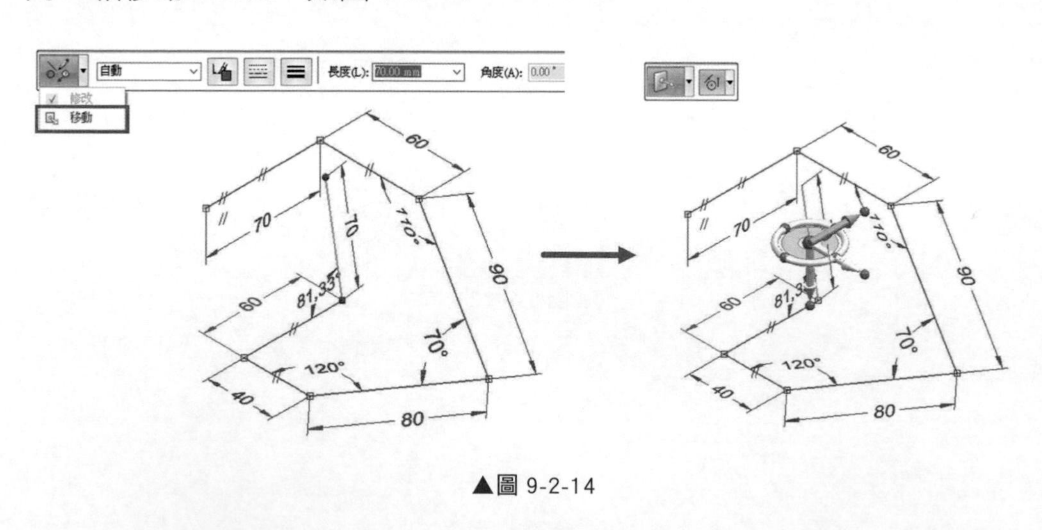

▲圖 9-2-14

❿ 點選「3D 圓角」，設定半徑「10mm」，點選夾角處繪製圓角，如圖 9-2-15。

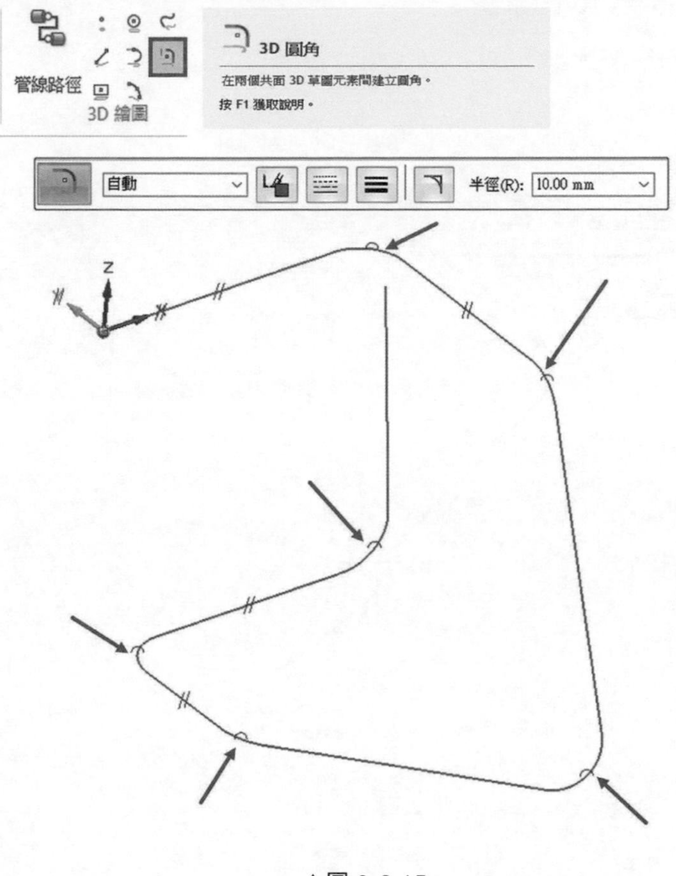

▲圖 9-2-15

⓫ 回到「首頁」→「中心畫圓」，選擇 YZ 平面繪製一個直徑為 10 的圓，如圖 9-2-16。

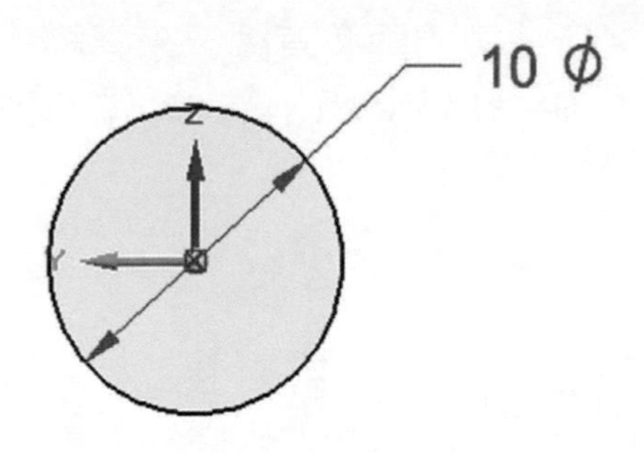

▲圖 9-2-16

⑫ 完成範例如圖 9-2-17，此時可注意，在導航者上必須看見兩個草圖分別為 3D 草圖所繪製與直徑 10 的草圖。

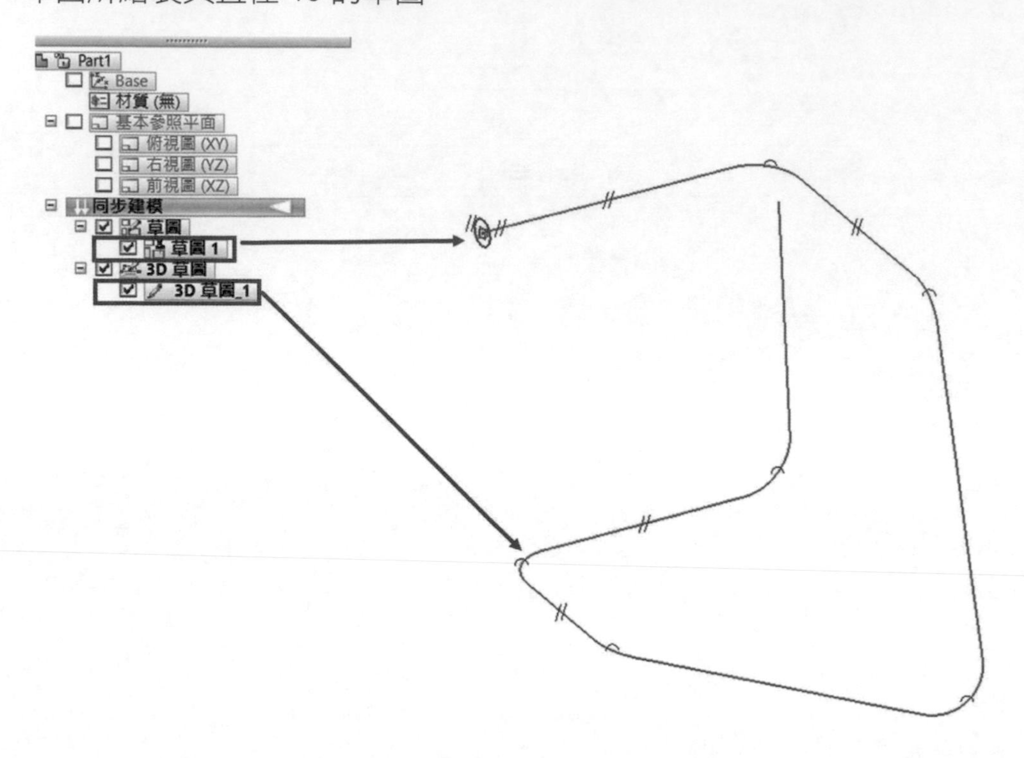

▲圖 9-2-17

9-3 單一路徑和截斷面的掃掠

此章節將透過 9-2 所繪製的兩個草圖，來建構「掃掠特徵」，應用範圍包含需要繪製有彎折或不規則形狀的複雜特徵，如圖 9-3-1。

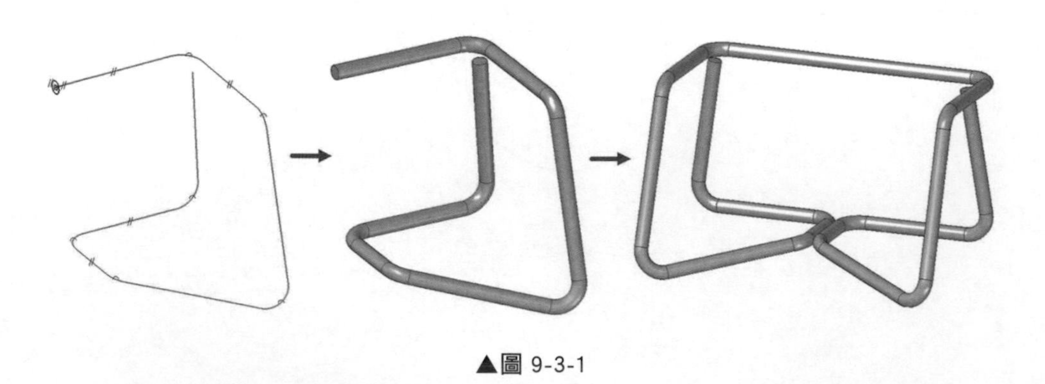

▲圖 9-3-1

❶ 點選「首頁」→「長料」下拉 →「掃掠」→ 出現「掃掠選項」視窗→掃掠類型選擇「單一路徑和截斷面」，點擊確定進入掃掠指令，如圖 9-3-2。

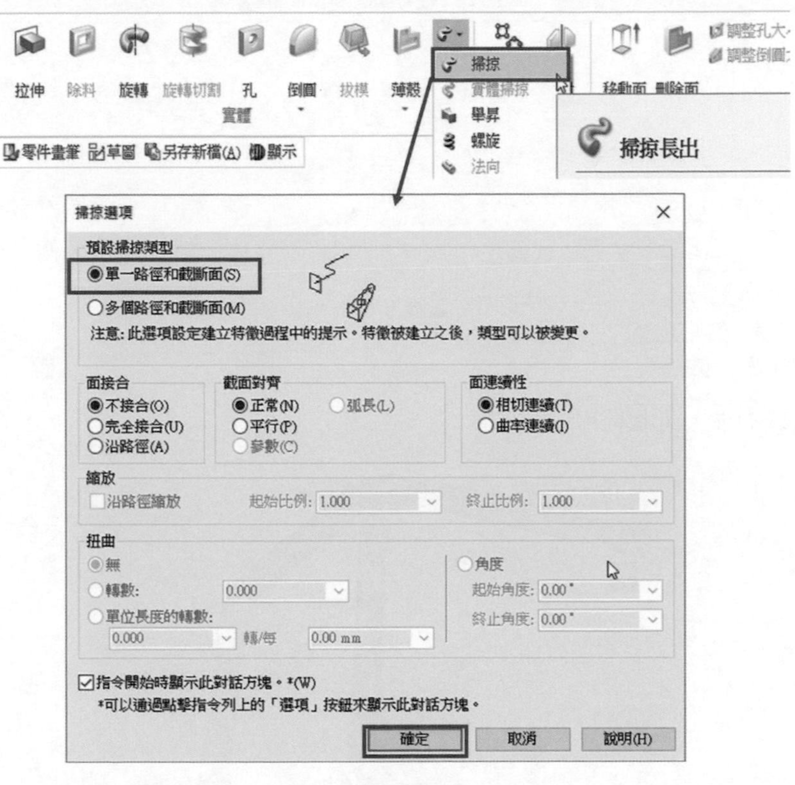

▲圖 9-3-2

❷ 根據掃掠指令上的步驟，先點選「路徑」，點擊「確認」或「按滑鼠右鍵」進入下一步驟，如圖 9-3-3。

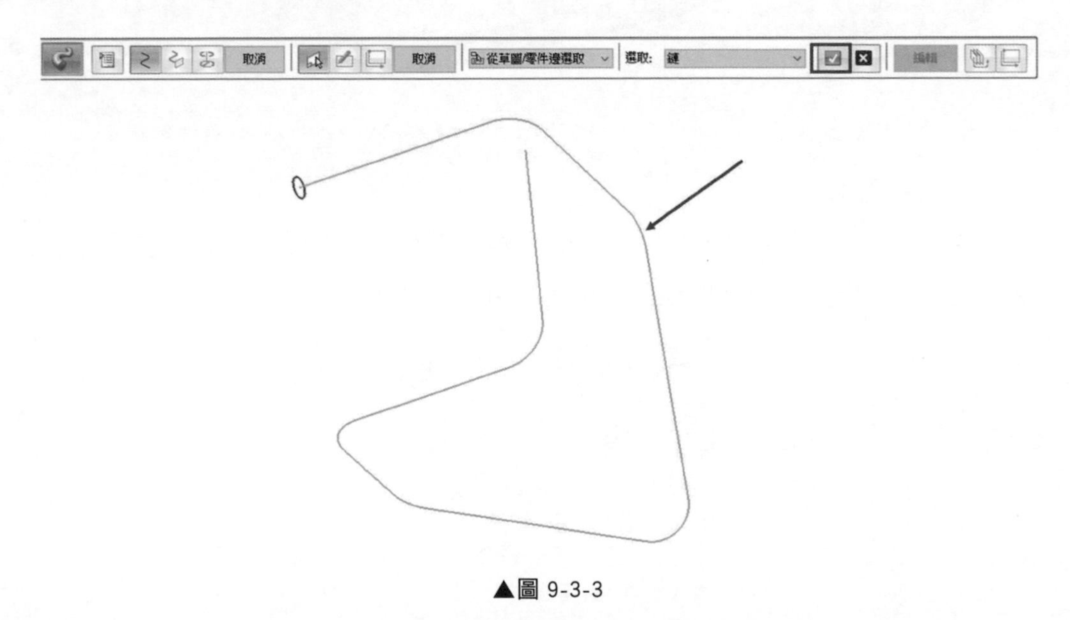

▲圖 9-3-3

❸ 選取截斷面，為先前所繪製的圓形草圖，並點選完成，如圖 9-3-4。

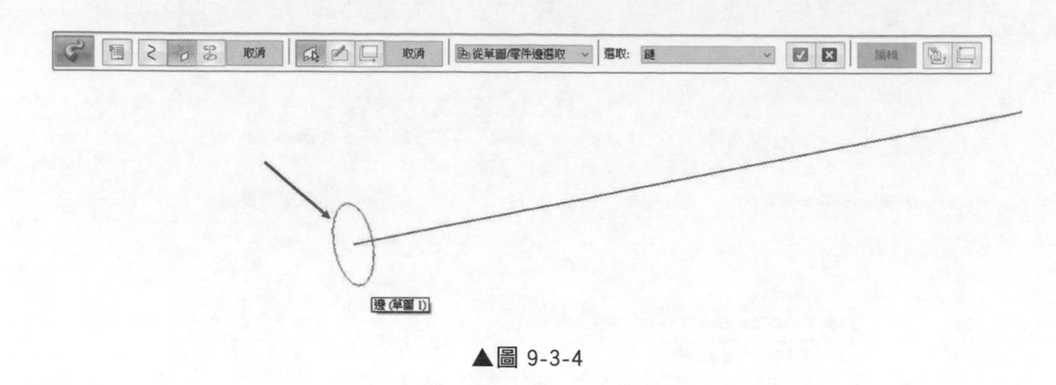

▲圖 9-3-4

❹ 完成掃掠特徵，如圖 9-3-5。

▲圖 9-3-5

❺ 點選「首頁」→「鏡射」下拉 →「鏡射複製零件」，如圖 9-3-6。依照指令列，先點「體」→點選鏡射的「重合面」，如圖 9-3-7。

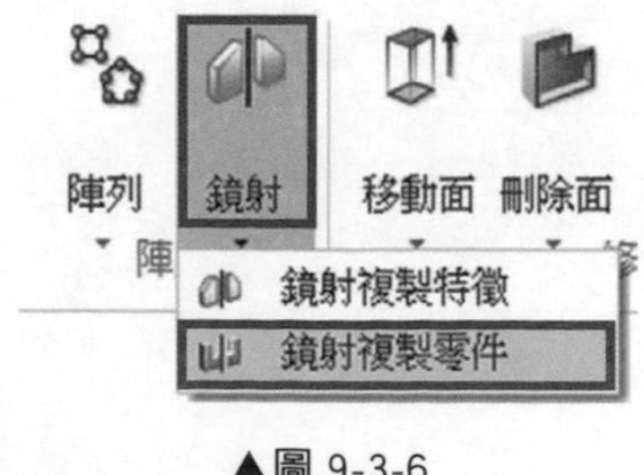

▲圖 9-3-6

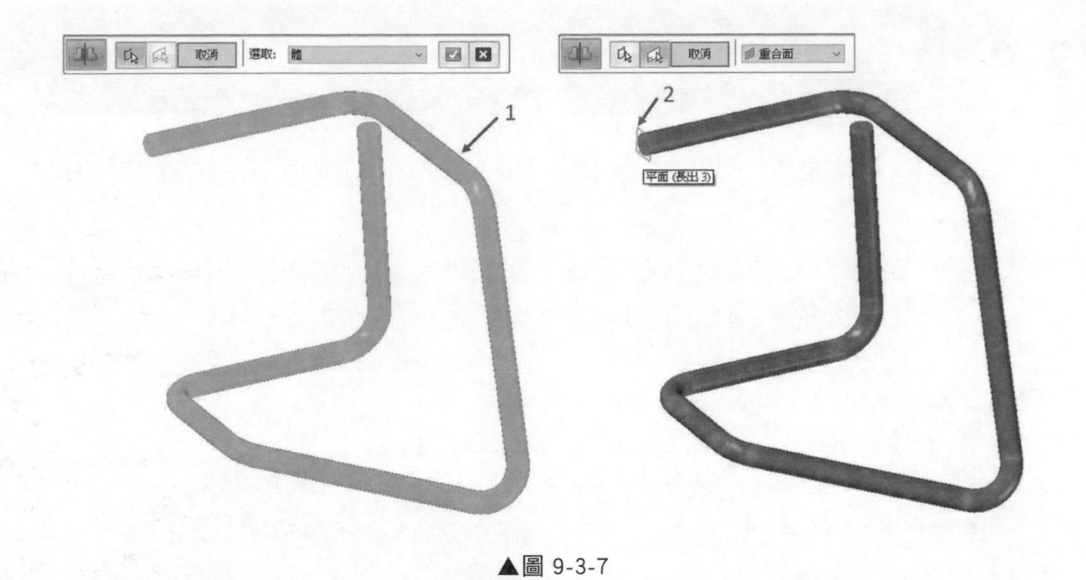

▲圖 9-3-7

❻ 完成模型，如圖 9-3-8

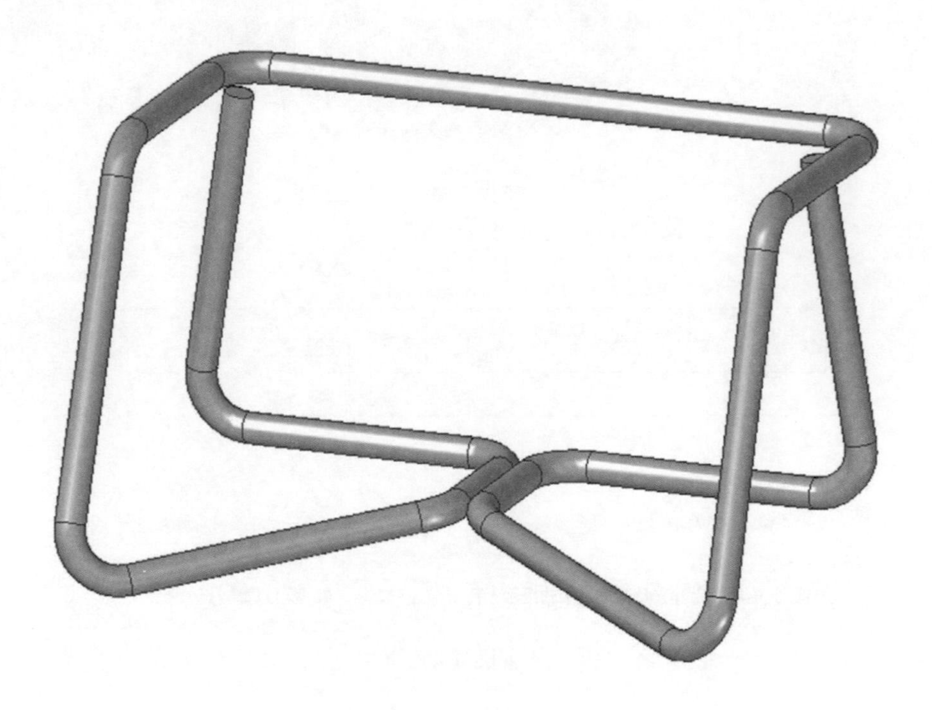

▲圖 9-3-8

9-4 單一路徑和截斷面選項設定

「單一路徑和截斷面」選項中提供掃掠進階變化的選項，此章節將說明多種掃掠變化的設定。

❶ 開啟「9-4 範例」，在導航者中選擇「掃掠特徵」，並按下「編輯定義」，如圖 9-4-1。並透過掃掠指令列上叫出「掃掠選項」，如圖 9-4-2。

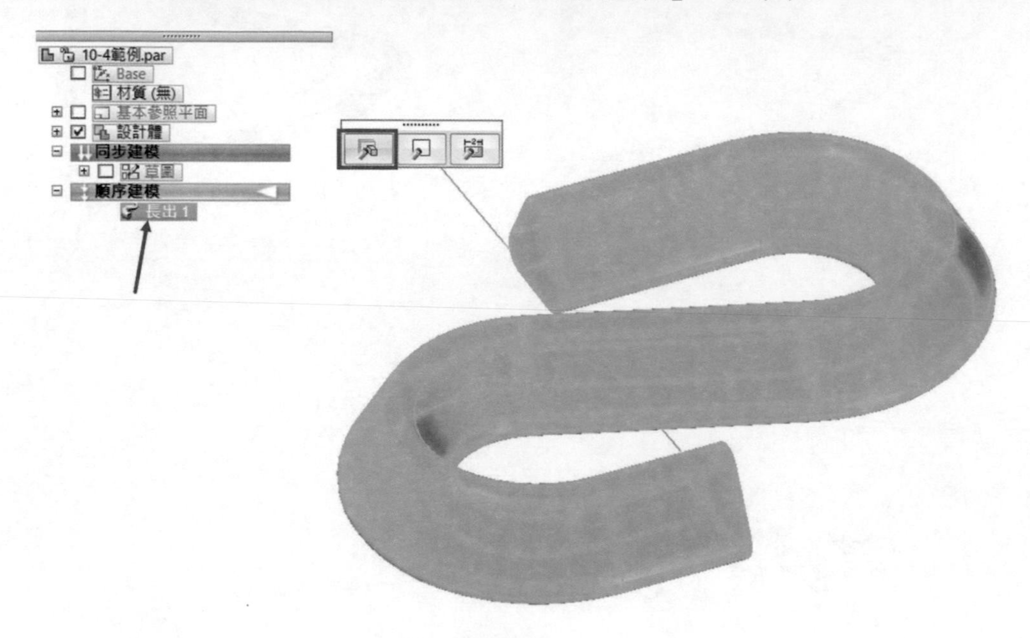

▲圖 9-4-1

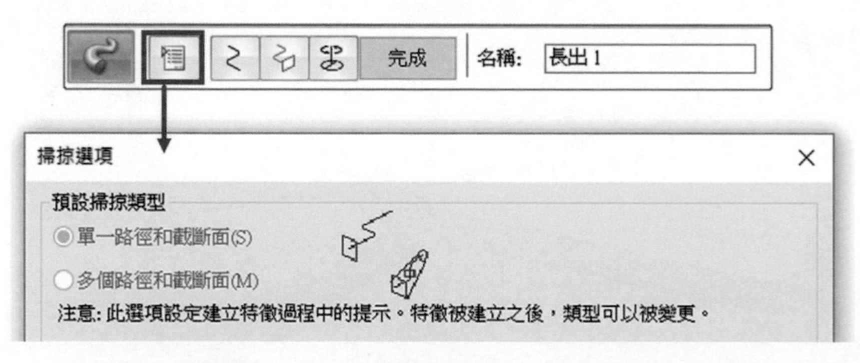

▲圖 9-4-2

❷ 「面接合」選項：主要針對掃掠特徵的面品質進行調整，如圖 9-4-3。Solid Edge 分別提供三種接合類型：(A) 不接合、(B) 完全接合和 (C) 沿路徑，如圖 9-4-4。

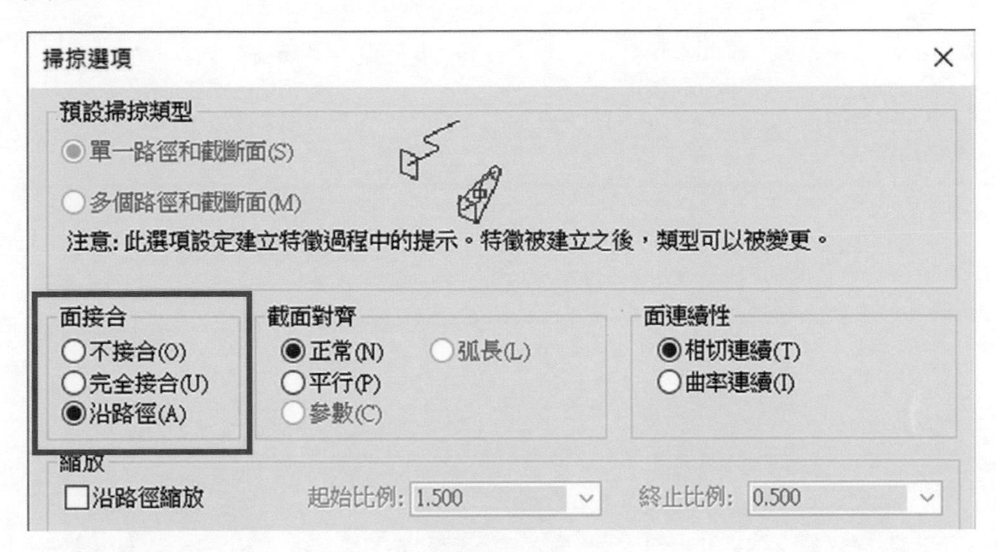

▲圖 9-4-3

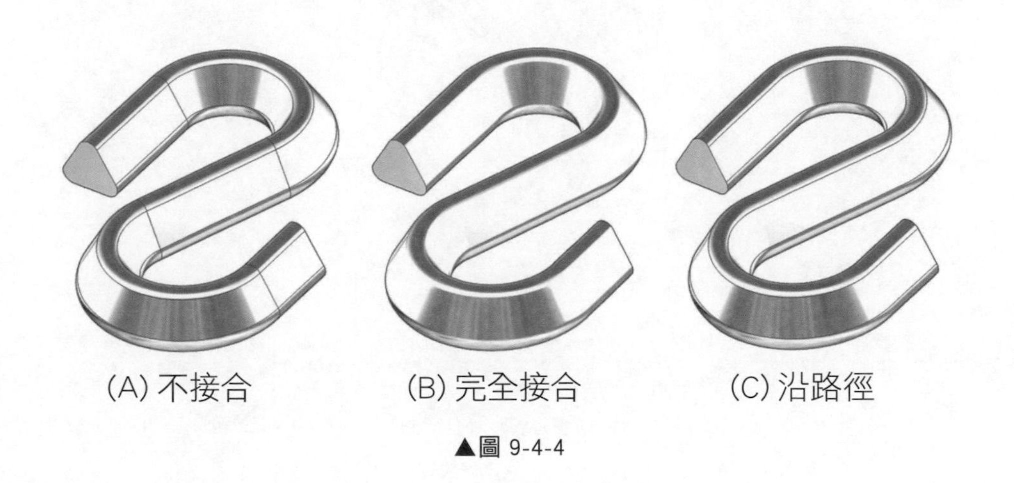

▲圖 9-4-4

(A) 不接合：相切處的面（圓角接合處），將產生多個獨立無接合狀態。
(B) 完全接合：相切處的面將沿路徑產生規則的面品質。
(C) 沿路徑：將相切處的面產生完整的連續面。

❸ 「比例」縮放：可以指定掃掠特徵的截斷面沿路徑曲線進行縮放，如圖 9-4-5。「大於 1」的值將增加特徵的大小，「小於 1」的值則會減少特徵的大小，如圖 9-4-5。

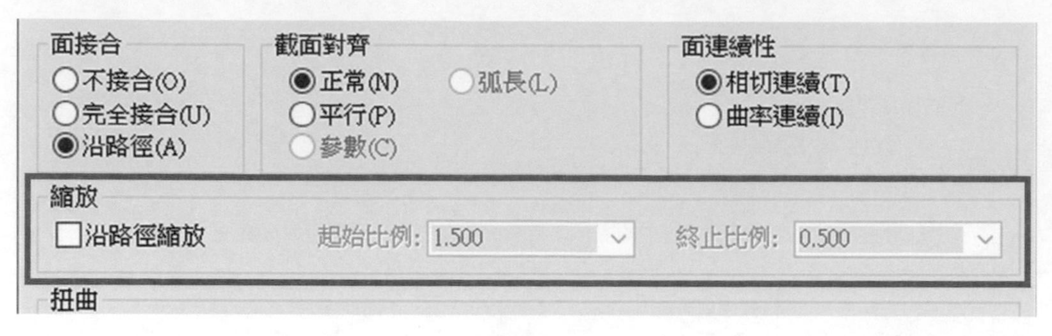

▲圖 9-4-5

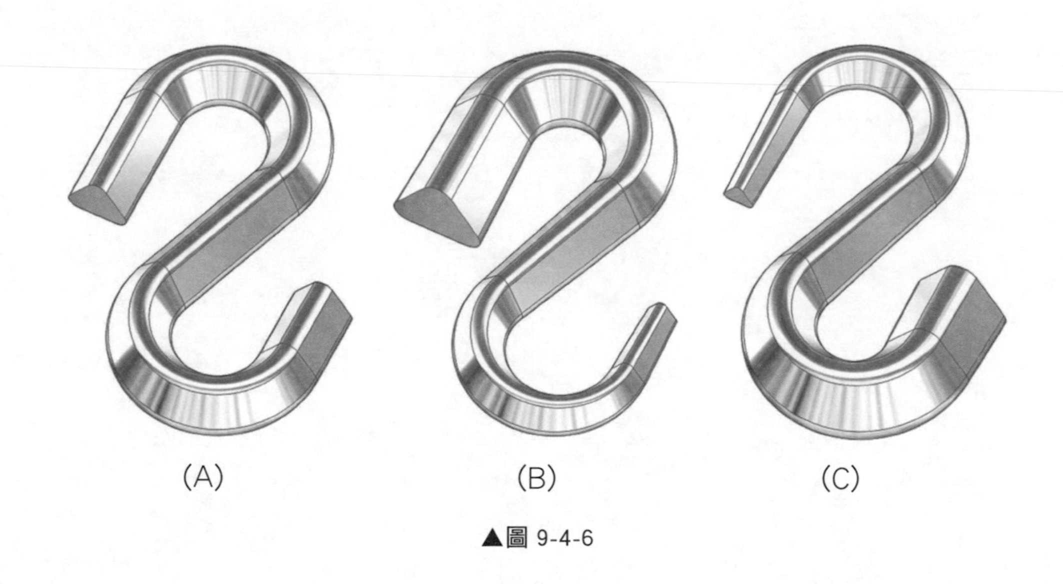

▲圖 9-4-6

(A) 無縮放。

(B) 起始比例為「1.5」，終止比例為「0.5」。

(C) 起始比例為「0.5」，終止比例為「1.5」。

❹ 「扭曲」選項：可將掃掠特徵依照參數設定扭轉變化，如圖 9-4-7。Solid Edge 分別提供三種設定方式：轉數、單位長度的轉數和角度，如圖 9-4-8。

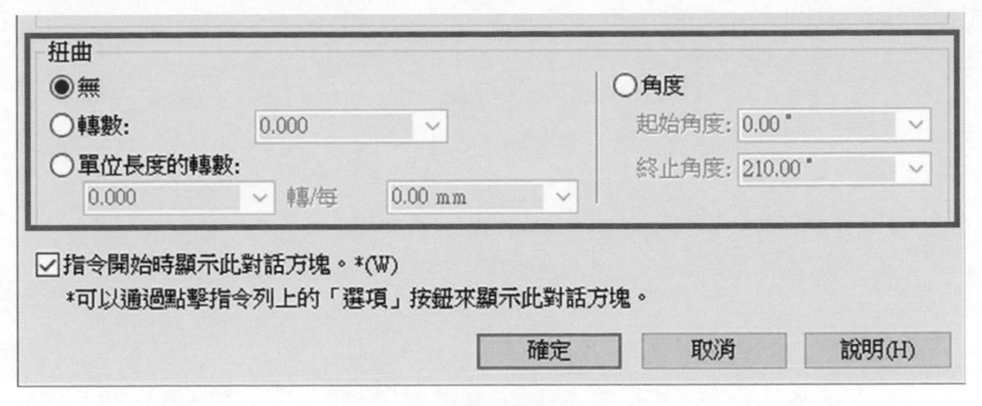

▲圖 9-4-7

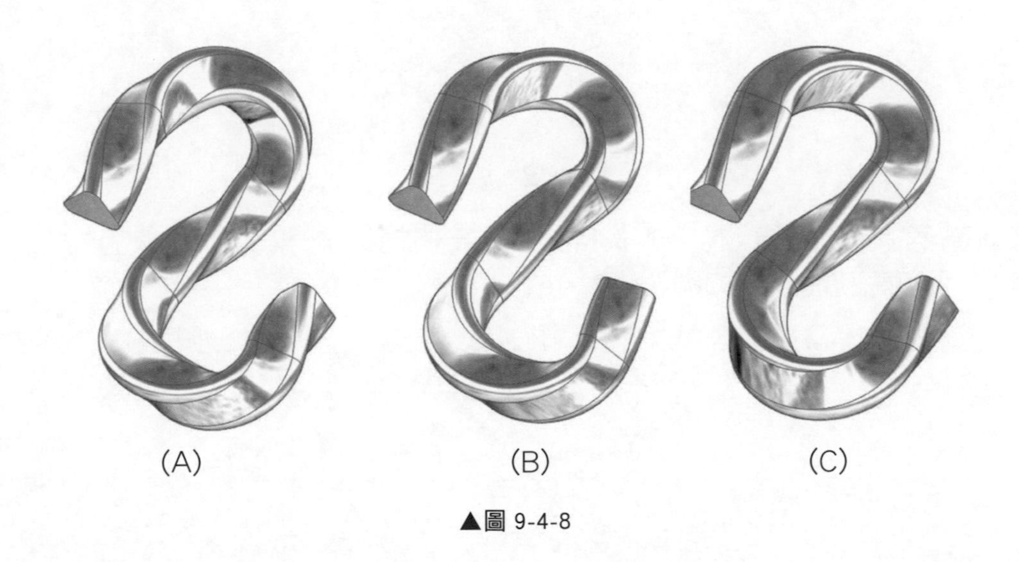

▲圖 9-4-8

(A)「轉數」2 圈。

(B)「單位長度的轉數」，「1」轉 / 每「100mm」。

(C)「角度」，起始角度為「0 度」，終止角度為「360」。

9-5 多個路徑和截斷面的掃掠

在 Solid Edge 中的掃掠特徵，除了可以使用單一的路徑和截斷面進行外，也可以使用「多個路徑和截斷面」來進行掃掠特徵，可達到更複雜造型的掃掠特徵，應用於擁有兩個以上相似或不同截斷面且有延伸路徑的造型。

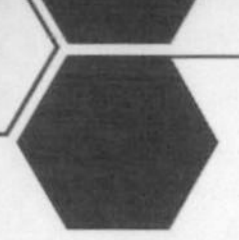

❶ 開啟「9-5 範例」，如圖 9-5-1。

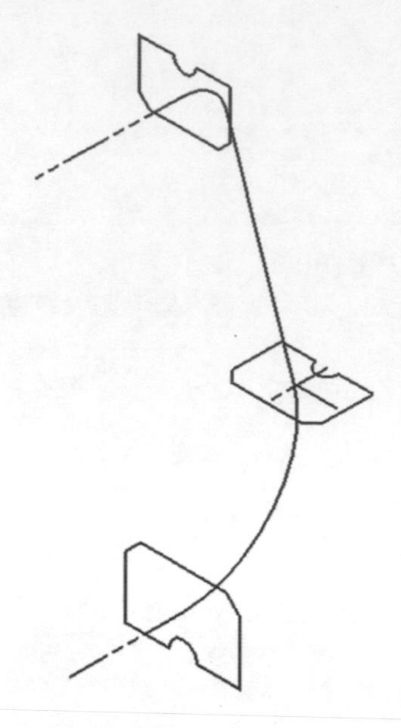

▲圖 9-5-1

❷ 選取「首頁」→「實體」→「長料」下拉 →「掃掠」→「掃掠選項」→選擇「多個路徑和截斷面」，如圖 9-5-2。

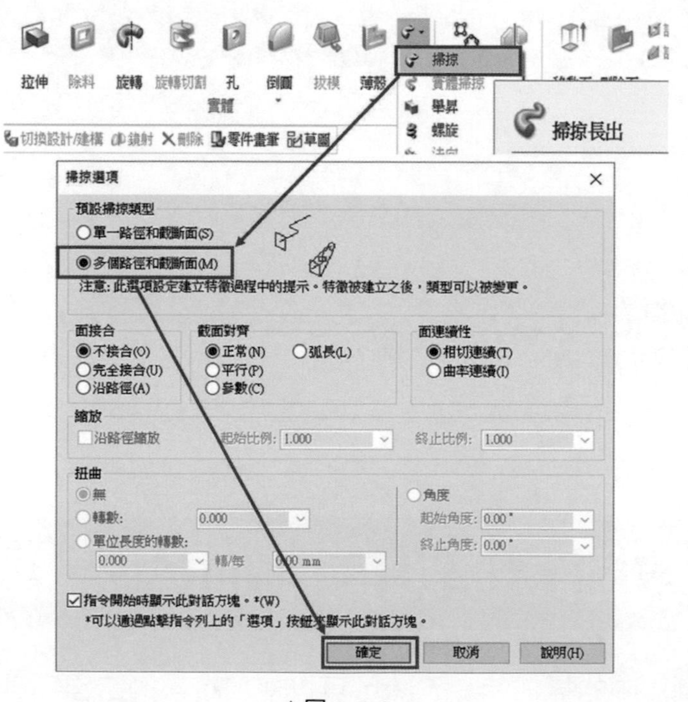

▲圖 9-5-2

❸ 依照指令列提示，選取「路徑」，點擊「確認」，如圖 9-5-3。

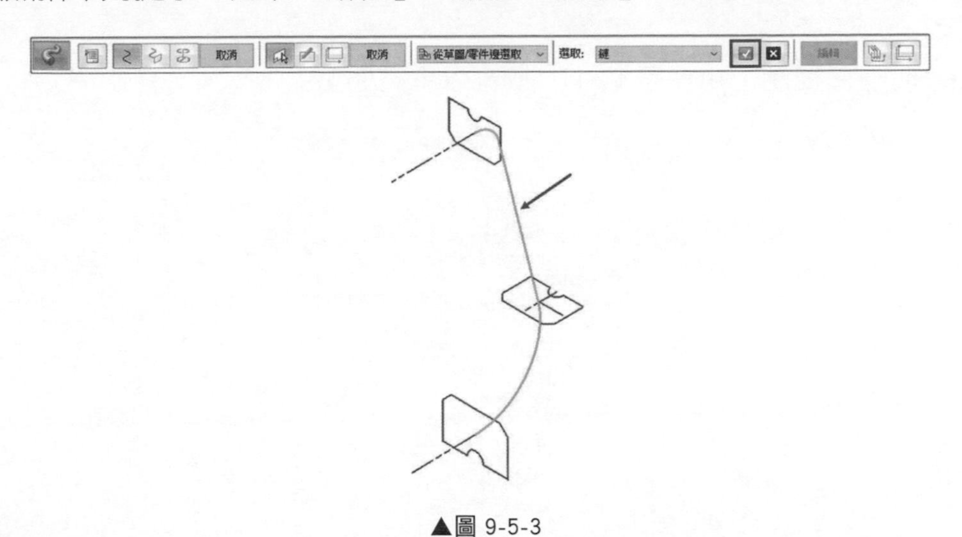

▲圖 9-5-3

❹ 確認完成路徑選取後，點選「下一步」進入截斷面選取中，如圖 9-5-4。

備註 此動作僅限於「多個路徑與截斷面」時需要手動點選，來告知 Solid Edge 選取完成多條路徑。

▲圖 9-5-4

❺ 「截斷面」步驟，點選「草圖 3」截斷面上「半圓的端點」，作為「起點」→接著點選「草圖 4」截斷面上「半圓的端點」，作為「中點」→接著點選「草圖 3」另一個截斷面上「半圓的端點」，作為「終點」。點選端點的過程中可注意端點與端點間所顯示的虛線，指示路徑方向，如圖 9-5-5。

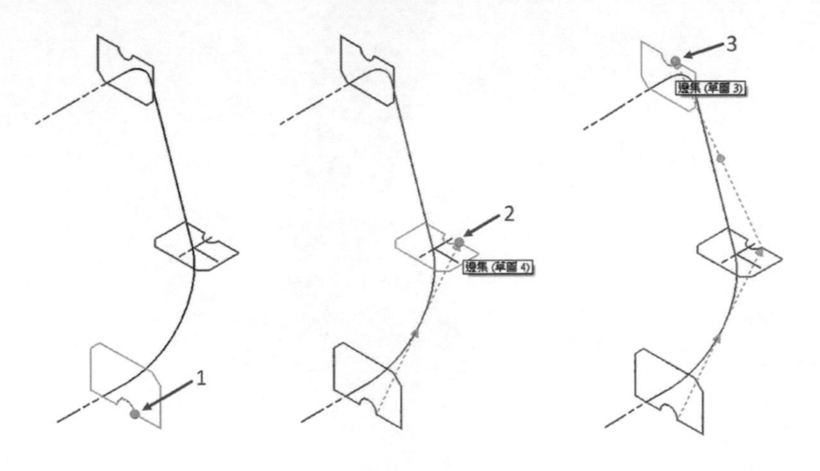

▲圖 9-5-5

❻ 選取完成後，選取指令條上「共用夾條件」→設定「夾至截面」，在點擊預覽，如圖 9-5-6。

備註 何謂夾控制，可參考 P217 補充説明：夾控制

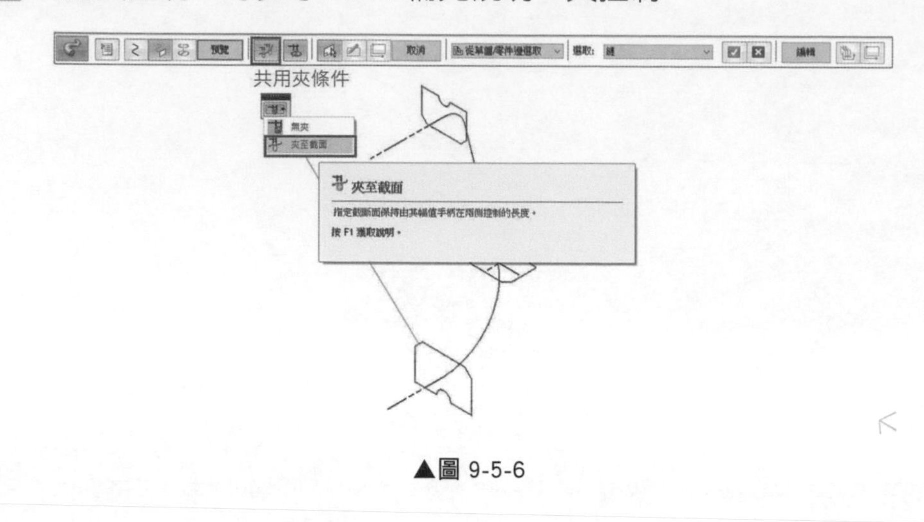

▲圖 9-5-6

❼ 出現預覽，讓使用者確認實體形狀是否通過沿著「路徑」將「截斷面」完整連接為「掃掠特徵」→確認點選「完成」，如圖 9-5-7。

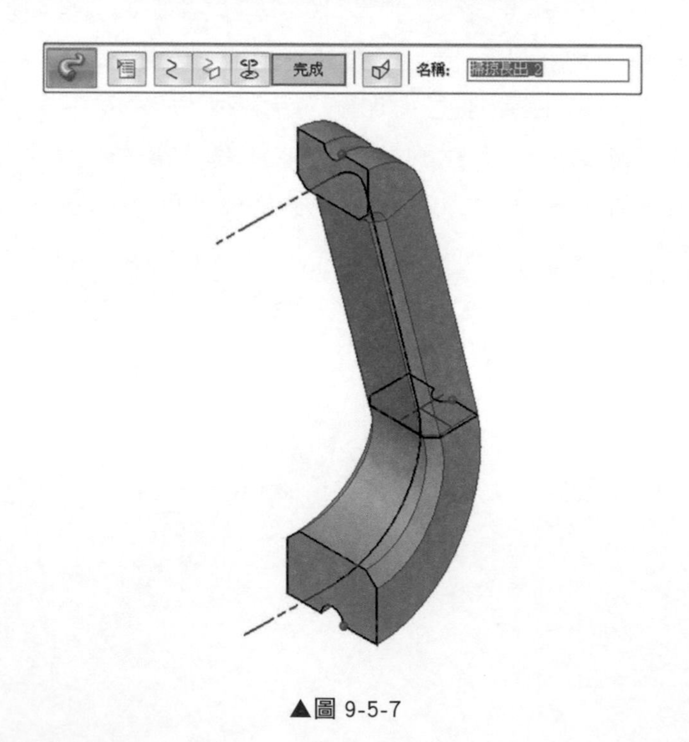

▲圖 9-5-7

❽ 點選「首頁」→「鏡射」下拉→「鏡射複製零件」，依照指令列，先點「體」→點選鏡射的「重合面」，完成模型，如圖 9-5-8。

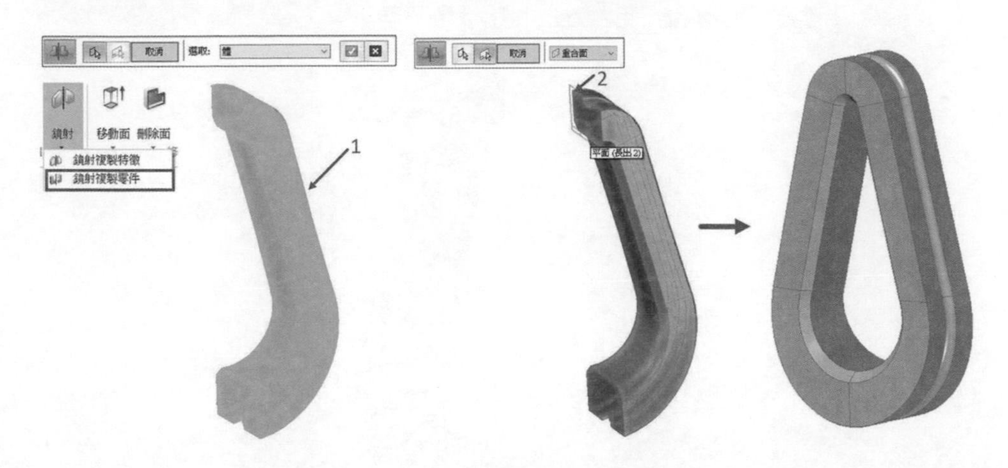

▲圖 9-5-8

❾ 完成模型後，我們可以透過調整掃掠特徵的截斷面起點，使模型的形狀產生變化。點選實體→「編輯定義」→「截斷面」步驟→點擊「定義起點」→透過游標即可中心定義起點位置，如圖 9-5-9。

備註1 在定義起點的指令中，可看見圖上的藍色端點為原始的起點，而「橘色端點」則為選取的新起點位置。

備註2 定義起點時，僅需透過游標靠近端點，即可看到橘色端點，在點選端點後即可更改位置。

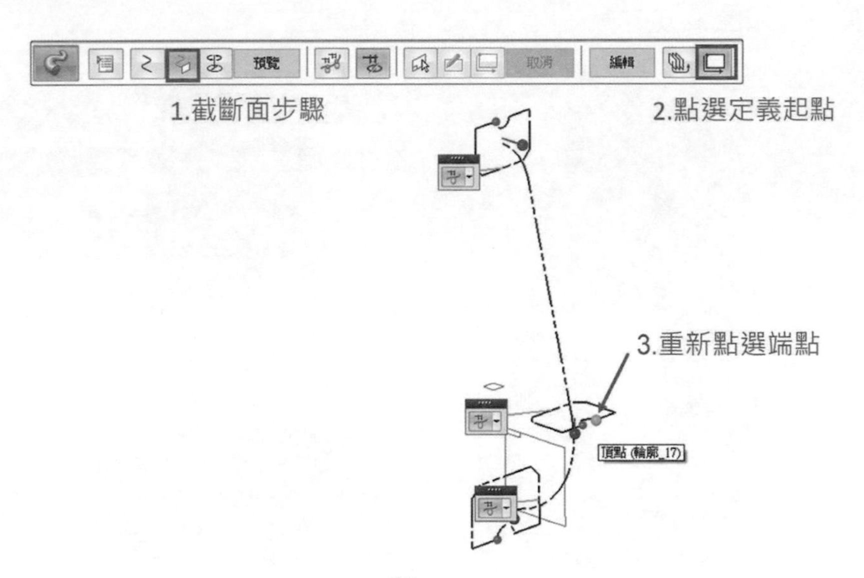

▲圖 9-5-9

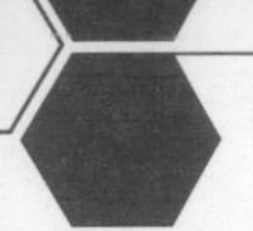

❿ 點選「預覽」，將會出現掃掠特徵扭曲，如圖 9-5-10。

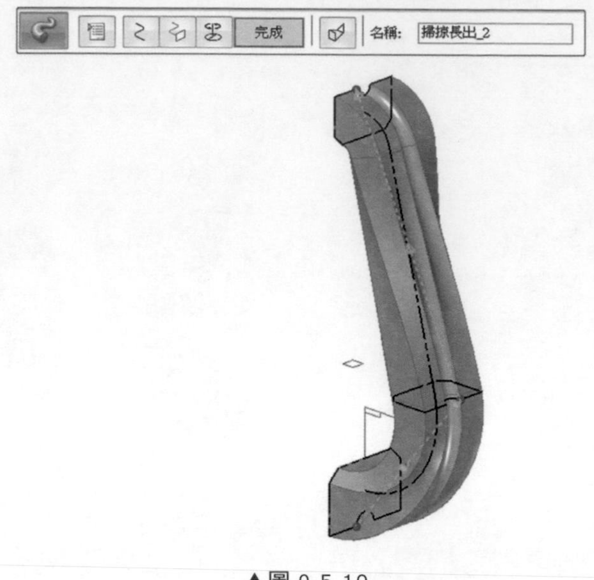

▲圖 9-5-10

⓫ 完成模型，如圖 9-5-11。

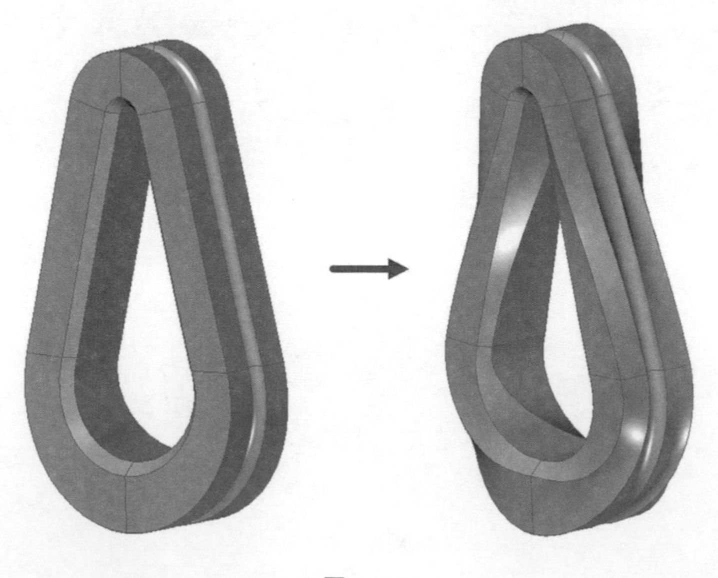

▲圖 9-5-11

注意 若選擇的起點位置造成扭轉過度，成形不合理，會出現「失敗訊息」→再進行「編輯」修改起點即可，如圖 9-5-12。在大多數情況下為了避免扭曲現象發生，正確的定義「起點」是非常重要的。

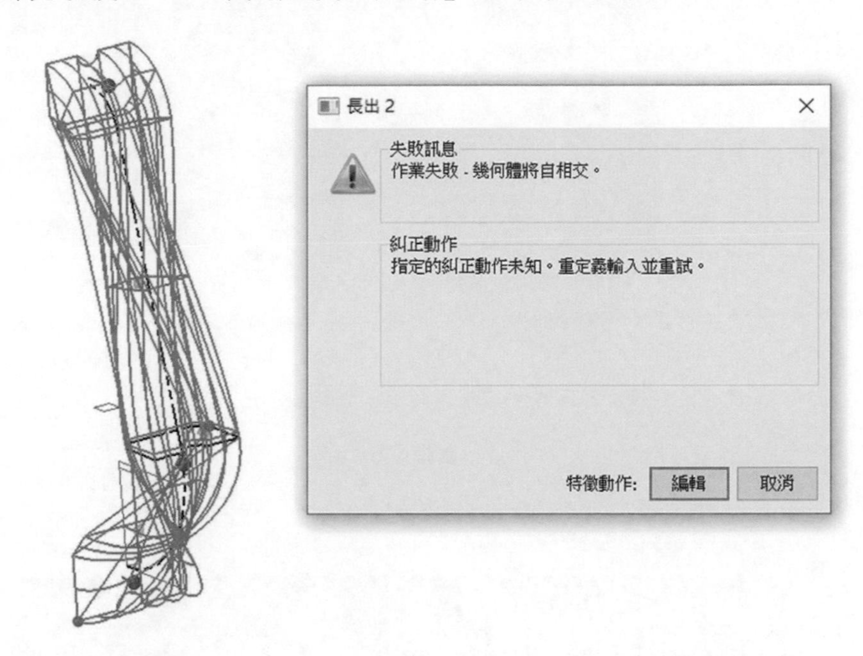

▲圖 9-5-12

☐ 補充說明：夾控制

夾控制使用於掃掠特徵中，截斷面造型相同，或有使用鏡射特徵時，「夾至斷面」的選項可將相連的接觸面形成較滑順的銜接。根據本章節的範例，在無設定夾控制中，可明顯看見銜接處出現尖端，如圖 9-5-13、圖 9-5-14。

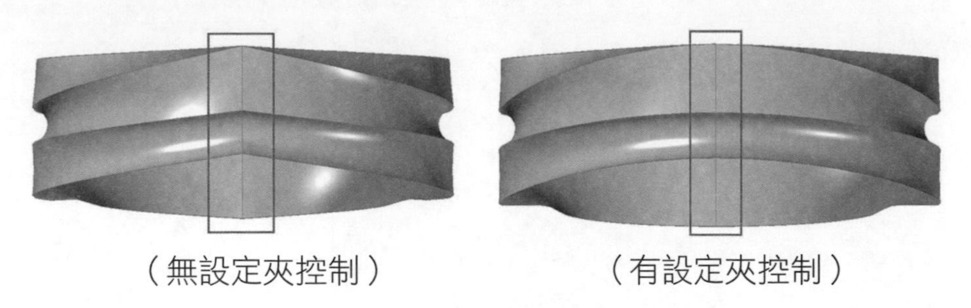

（無設定夾控制）　（有設定夾控制）

▲圖 9-5-13

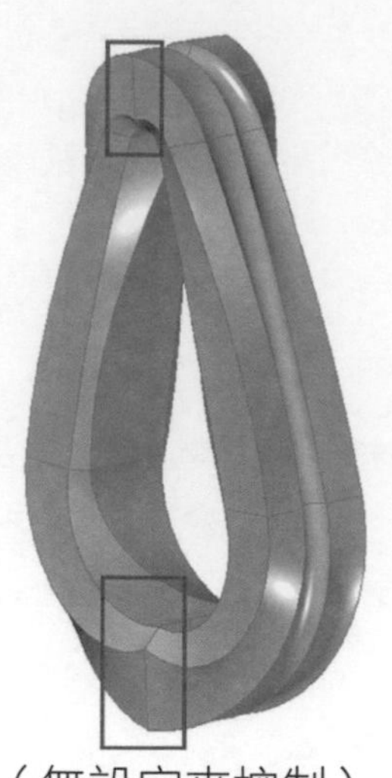

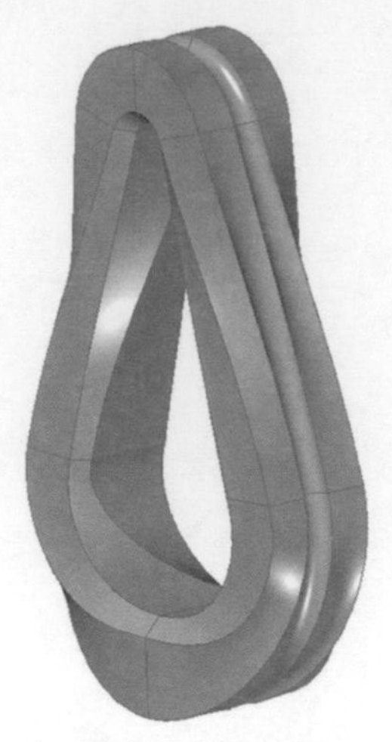

（無設定夾控制）　（有設定夾控制）

▲圖 9-5-14

9-6 掃掠除料

本範例提供使用者進行在「掃掠除料」建構特徵，利用一個「輪廓」草圖，再使用現有「實體邊線」來進行路徑的「掃掠除料」建構。

❶ 開啟「9-6 範例」，如圖 9-6-1。

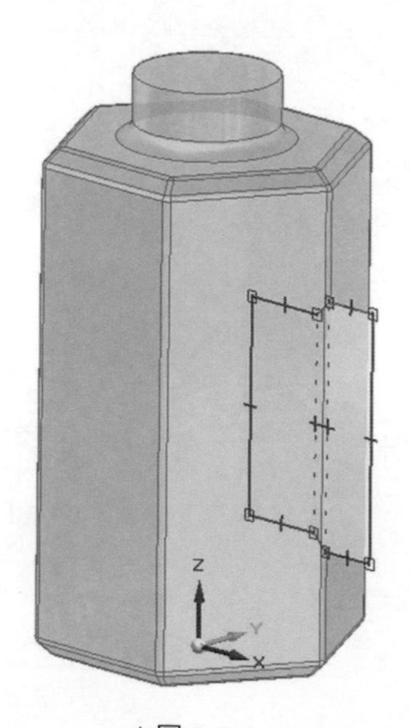

▲圖 9-6-1

❷ 點選「首頁」→「實體」→「除料」下拉→「掃掠除料」，如圖 9-6-2。

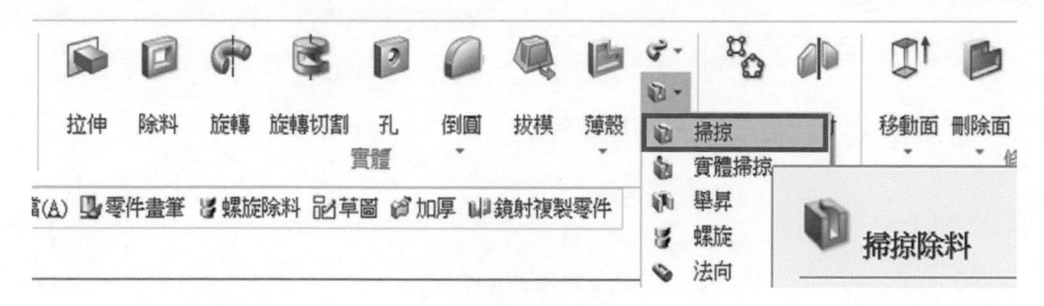

▲圖 9-6-2

❸「掃掠選項」視窗，掃掠類型選擇「單一路徑和截斷面」，如圖 9-6-3。

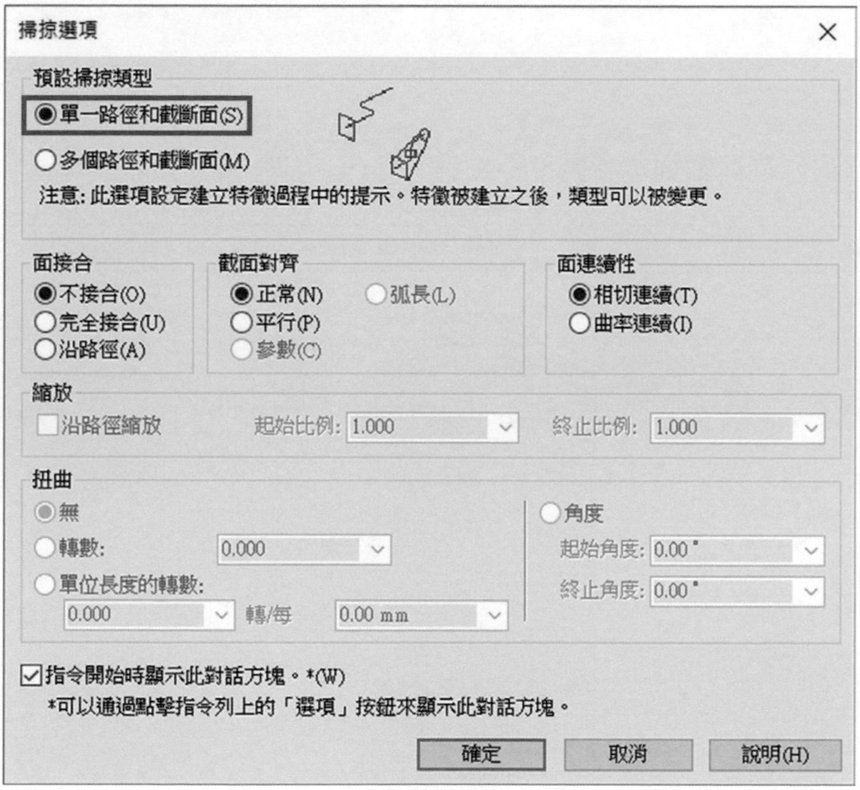

掃掠選項

預設掃掠類型

◉單一路徑和截斷面(S)

○多個路徑和截斷面(M)

注意: 此選項設定建立特徵過程中的提示。特徵被建立之後，類型可以被變更。

面接合
◉不接合(O)
○完全接合(U)
○沿路徑(A)

截面對齊
◉正常(N)
○弧長(L)
○平行(P)
○參數(C)

面連續性
◉相切連續(T)
○曲率連續(I)

縮放
☐沿路徑縮放　起始比例: 1.000　終止比例: 1.000

扭曲
◉無
○轉數: 0.000
○單位長度的轉數: 0.000 轉/每 0.00 mm
○角度
起始角度: 0.00°
終止角度: 0.00°

☑指令開始時顯示此對話方塊。*(W)
*可以通過點擊指令列上的「選項」按鈕來顯示此對話方塊。

確定　取消　說明(H)

▲圖 9-6-3

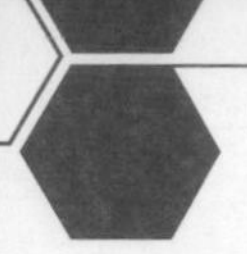

❹ 依照指令步驟，先點選模型邊線作為「路徑」，如圖 9-6-4。

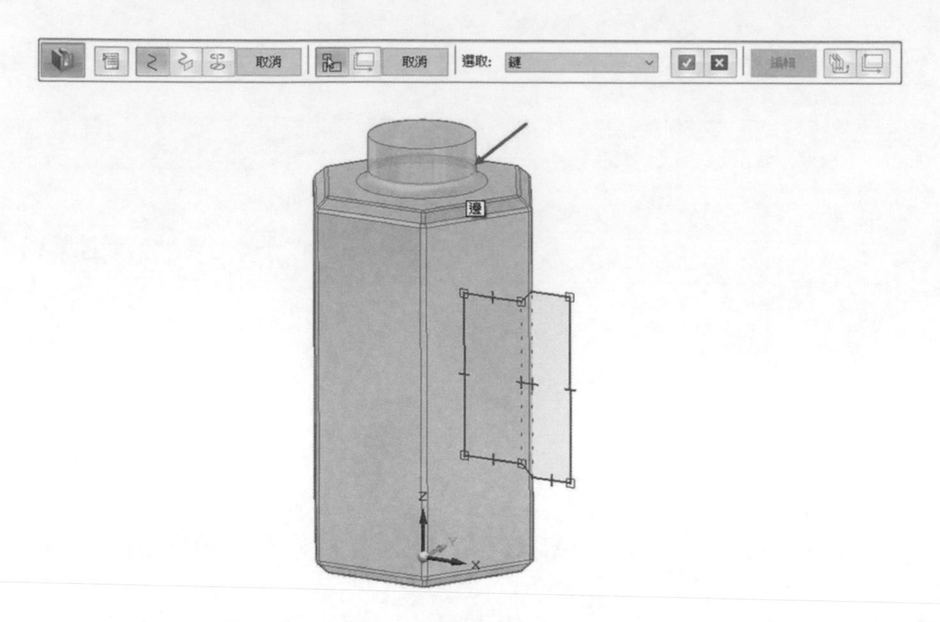

▲圖 9-6-4

❺ 點選草圖作為截斷面，如圖 9-6-5。

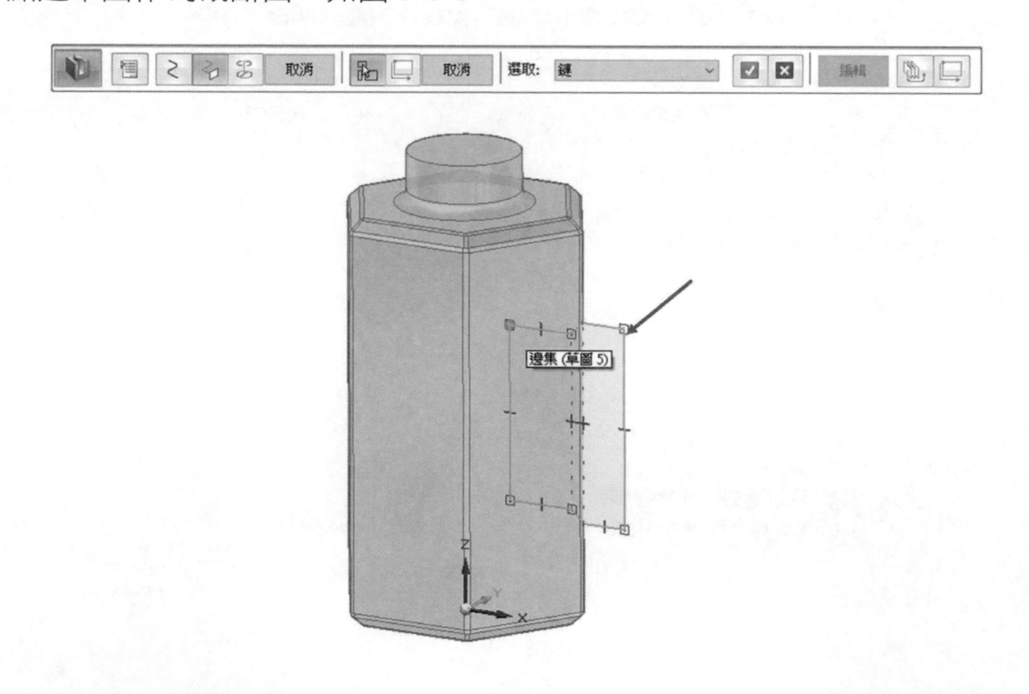

▲圖 9-6-5

❻ 點選「預覽」→「完成」，完成模型，如圖 9-6-6。

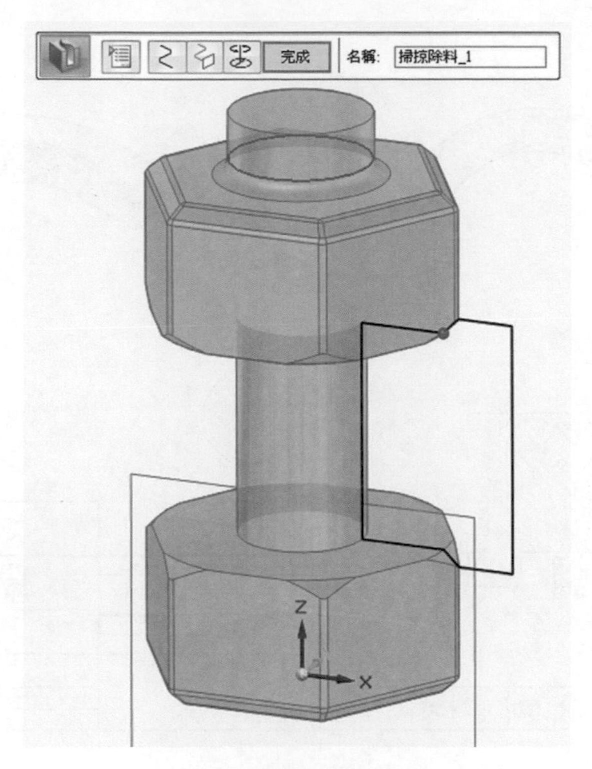

▲圖 9-6-6

❼ 完成模型，如圖 9-6-7。

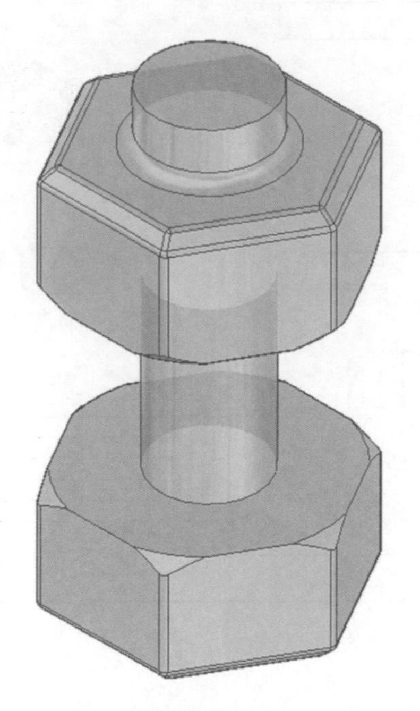

▲圖 9-6-7

練習範例

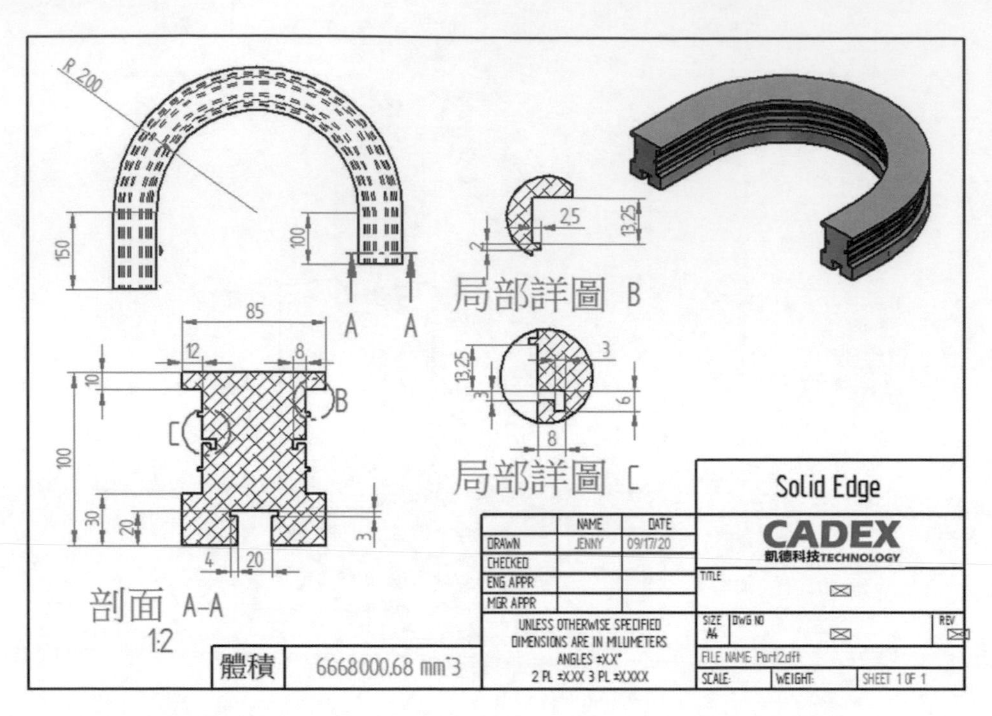
R 200
150
100
A A
局部詳圖 B
2.5
13.25
2
85
12
8
10
100
30
20
3
4
20
B
C
剖面 A-A
1:2
3
13.25
3
3
6
8
局部詳圖 C
Solid Edge
CADEX
凱德科技TECHNOLOGY
NAME
DATE
DRAWN
JENNY
09/17/20
CHECKED
ENG APPR
MGR APPR
TITLE
UNLESS OTHERWISE SPECIFIED
DIMENSIONS ARE IN MILLIMETERS
ANGLES ±XX°
2 PL ±X.XX 3 PL ±X.XXX
SIZE A4
DWG NO
REV
FILE NAME: Part2.dft
SCALE:
WEIGHT:
SHEET 1 OF 1
體積
6668000.68 mm^3

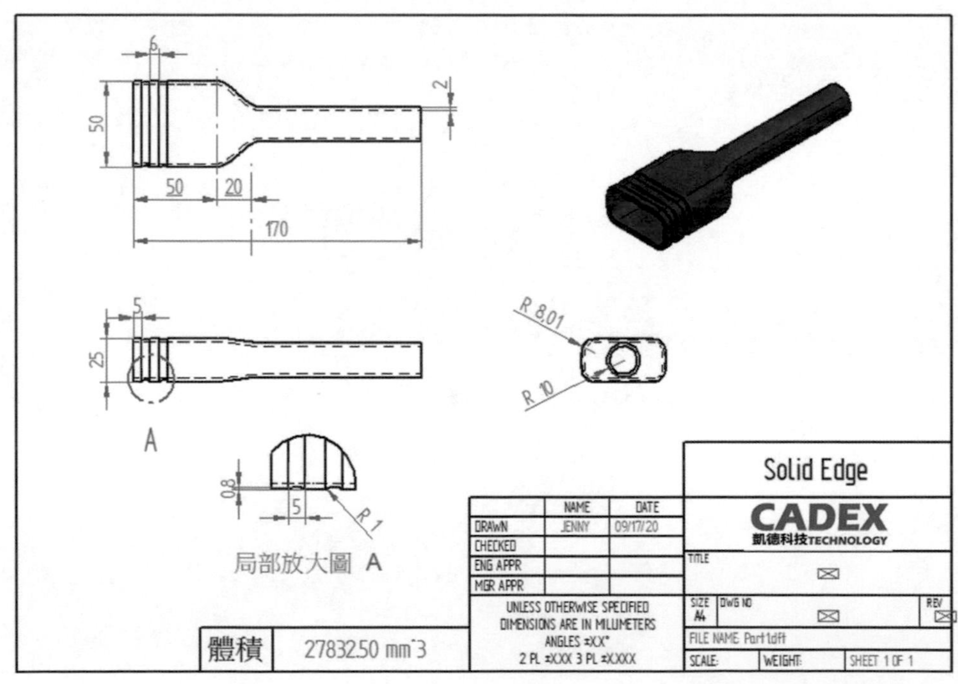
6
50
2
50
20
170
5
25
A
R 8.01
R 10
0.8
5
R 1
局部放大圖 A
Solid Edge
CADEX
凱德科技TECHNOLOGY
NAME
DATE
DRAWN
JENNY
09/17/20
CHECKED
ENG APPR
MGR APPR
TITLE
UNLESS OTHERWISE SPECIFIED
DIMENSIONS ARE IN MILLIMETERS
ANGLES ±XX°
2 PL ±X.XX 3 PL ±X.XXX
SIZE A4
DWG NO
REV
FILE NAME: Part1.dft
SCALE:
WEIGHT:
SHEET 1 OF 1
體積
27832.50 mm^3

CHAPTER

10 舉昇特徵

章節介紹

藉由此課程，您將會學到：

10-1　基本「舉昇特徵」觀念

10-2　基本舉昇

10-3　多個截斷面舉昇

10-4　舉昇加入引導曲線

10-5　舉昇除料

10-6　封閉延伸

10-1 基本「舉昇特徵」觀念

「舉昇特徵」是透過兩個（含）以上不同的「截斷面」輪廓，進行長出或除料所建構而成的特徵，並同時可搭配「引導曲線」作為模型外型的限制，其中使用的「截斷面」與「引導曲線」必須具有下列的規則，如圖 10-1-1：

❶ 舉昇特徵，須有二個以上的「截斷面」獨立草圖且兩個草圖不得在同一平面上。
❷ 舉昇特徵的高度，依據截斷面的高度作為依據。
❸ 「截斷面」草圖：⑴至少有兩個截斷面草圖；⑵截斷面草圖必須是封閉的；⑶在只有兩個截斷面時，兩個草圖不可在同一平面上。
❹ 「引導曲線」草圖，引導曲線非必要條件，如有需具備以下規則性：⑴每條引導曲線必須是相切且開放的線段；⑵每條引導曲線必須連線於對應的截斷面草圖上；⑶引導曲線可以為草圖曲線或 3D 曲線。

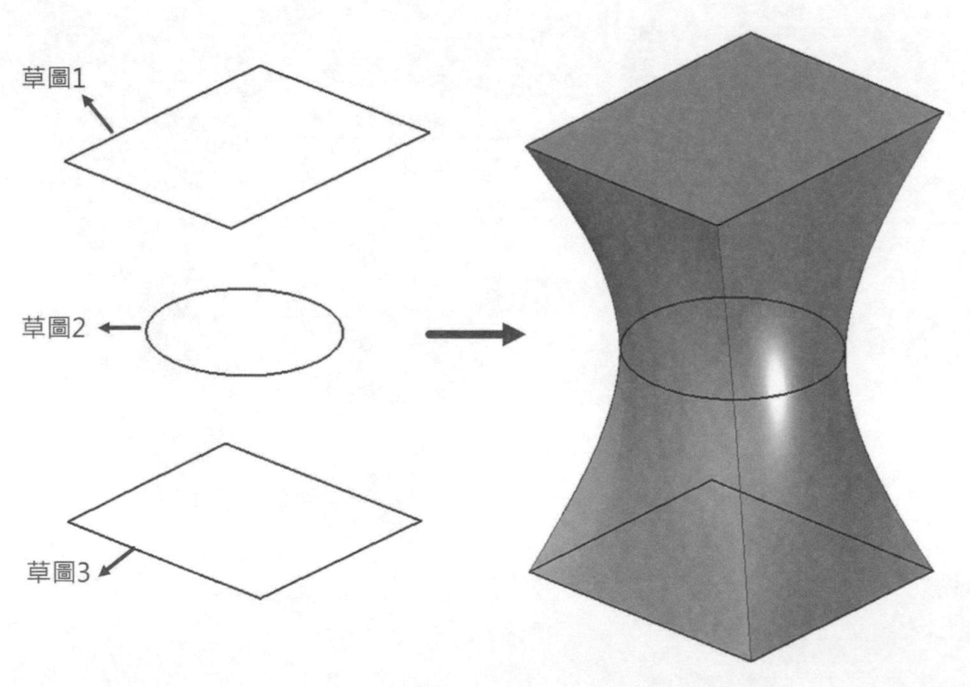

▲圖 10-1-1

❺ 建構「舉昇特徵」主要用於有造型之特徵上，所以中間的外型變化是由通過二個「截斷面」輪廓為混合的基礎，為了日後外型靈活度的變化可由輪廓「動態編輯」進行，所以在同步建模技術是由實體概念建構，並無法做到草圖輪廓編輯，建議在建構「舉昇特徵」使用「順序建模」，切換順序建模在同步建模導航提示條處點擊滑鼠「右鍵」選取「過渡到順序建模」，如圖 10-1-2。

▲圖 10-1-2

10-2 基本舉昇

❶ 開啟空白零件檔案，並將建模環境透過「滑鼠右鍵」→「過渡到順序建模」。

❷ 透過「首頁」→「平面」→「更多平面」→「平行面」，如圖 10-2-1。

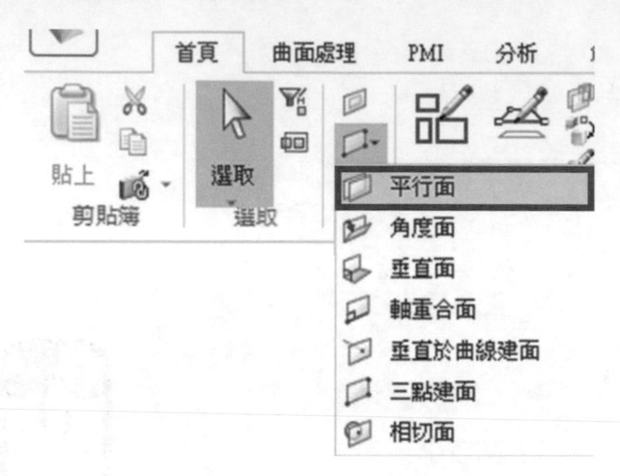

▲圖 10-2-1

❸ 選擇俯視圖（XY）平面作為參照，平行距離輸入為「150mm」，點選滑鼠「左鍵」放置平面，如圖 10-2-2。

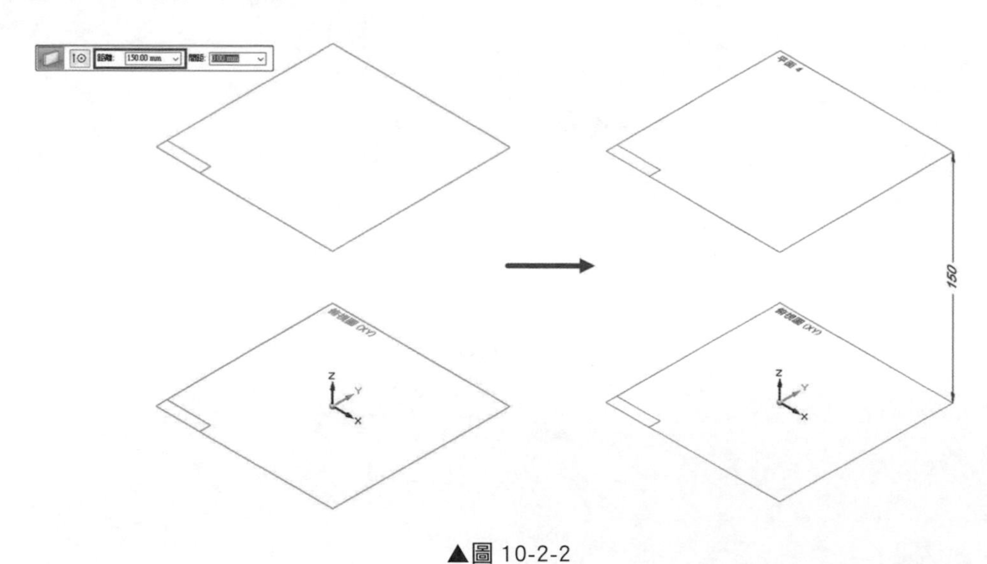

▲圖 10-2-2

❹ 點選「首頁」→「草圖」→「重合面」→點選「XY 平面」，進入草圖環境→繪製「矩形」輪廓草圖→「關閉草圖」→點選確認，完成草圖繪製，如圖 10-2-3、圖 10-2-4。

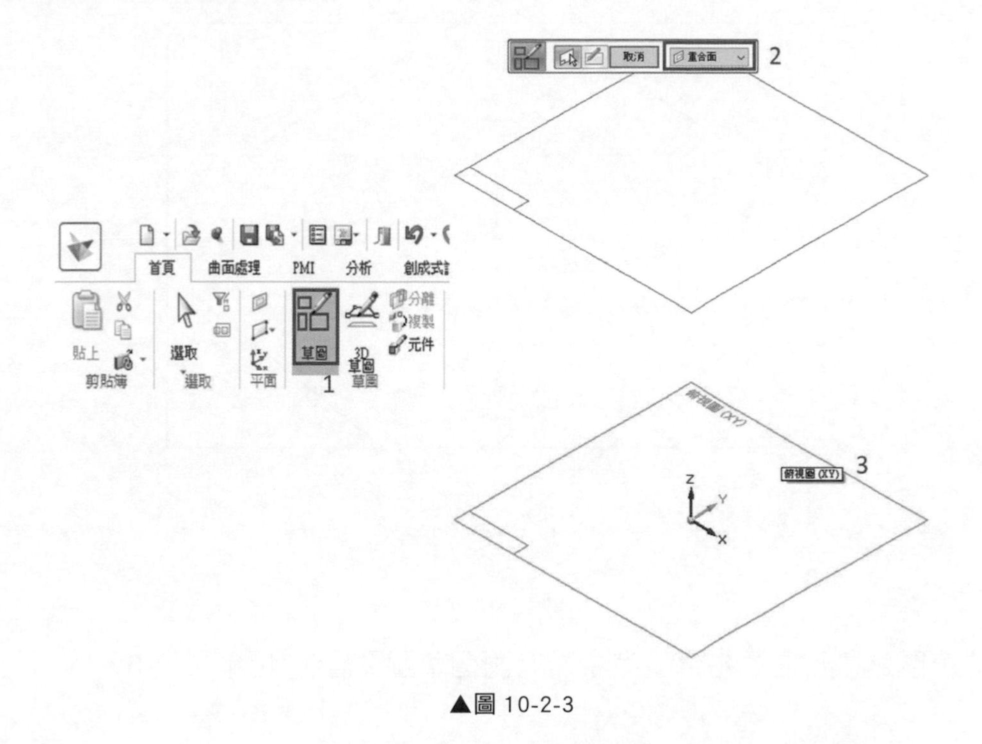

▲圖 10-2-3

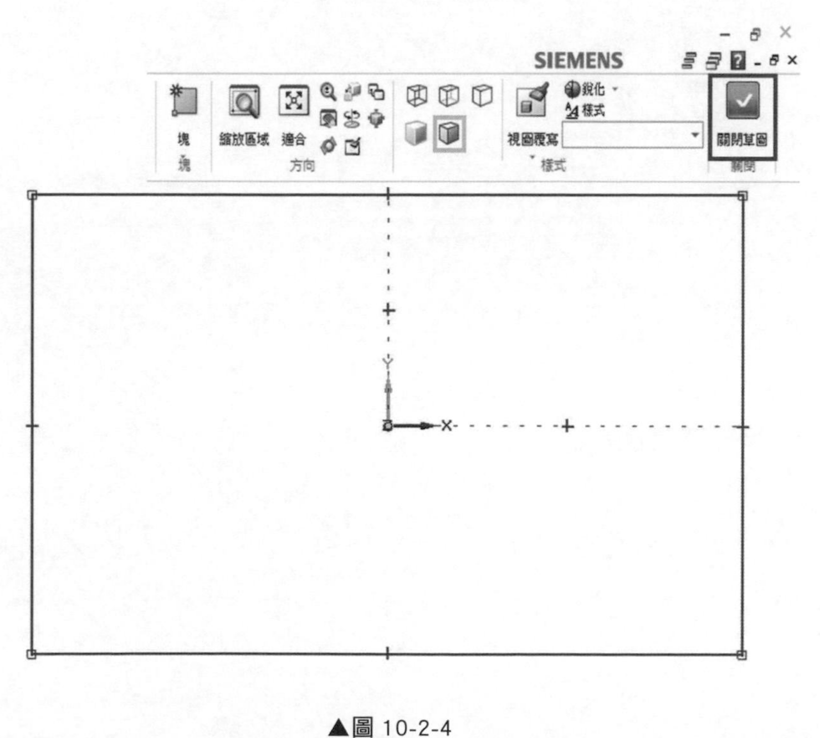

▲圖 10-2-4

❺ 再次點選「首頁」→「草圖」→「重合面」→點選新建的「平面」，進入草圖環境→繪製「矩形」輪廓草圖→「關閉草圖」→點選確認，如圖 10-2-5。

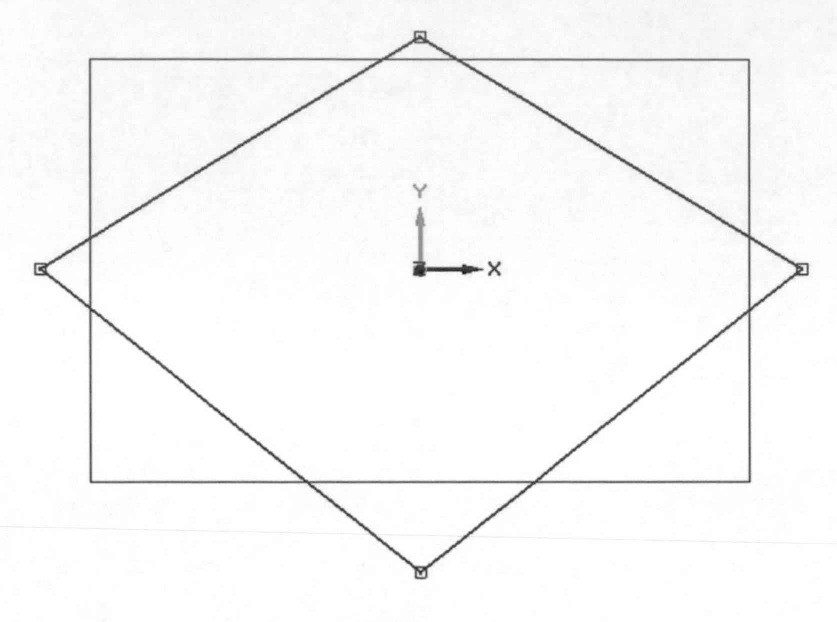

▲圖 10-2-5

❻ 完成草圖繪製可看見在導航者中，有兩個草圖圖層，如圖 10-2-6。

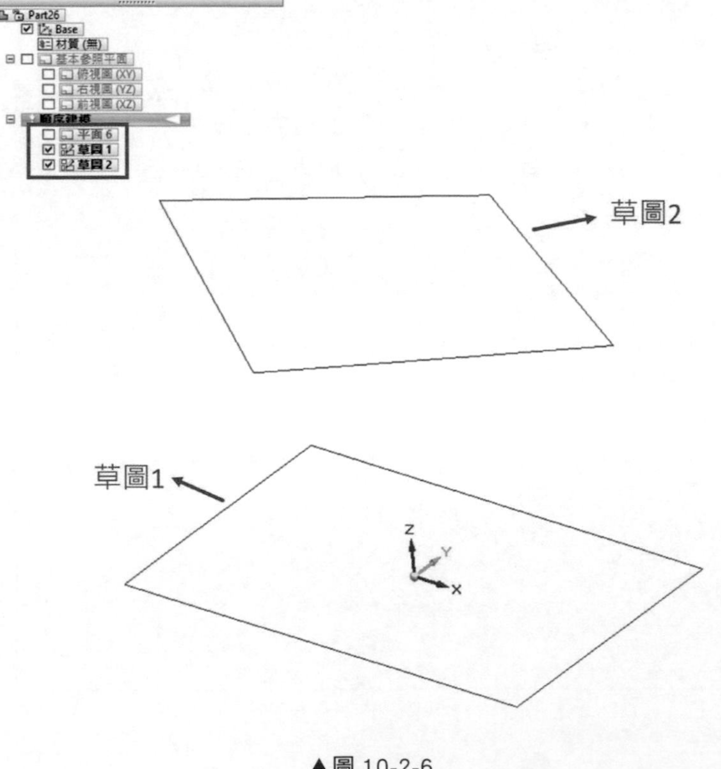

▲圖 10-2-6

❼ 完成草圖繪製後，點選「首頁」→「實體」→「長出」→下拉選單中找到「舉昇」，如圖 10-2-7。

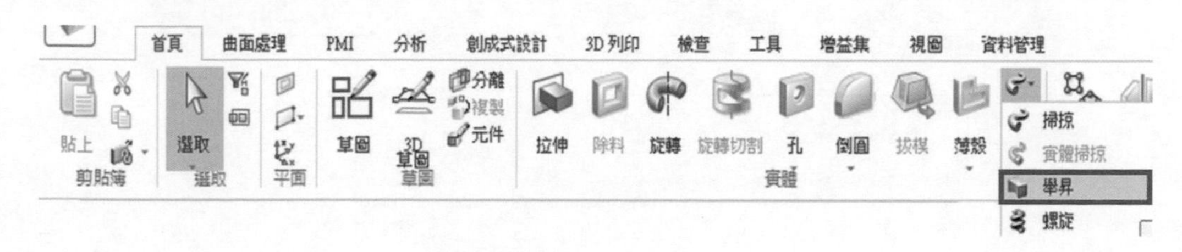

▲圖 10-2-7

❽ 進入舉昇指令後，根據指令條提示選取「截斷面」，先選取「草圖 1」→再選「草圖 2」，如圖 10-2-8。

備註 在選取草圖 2 時，可注意出現的綠色指引線，代表舉昇生成造型時的端點連接方向。綠色指引線遇到草圖為圓形或曲線時則不會出現。

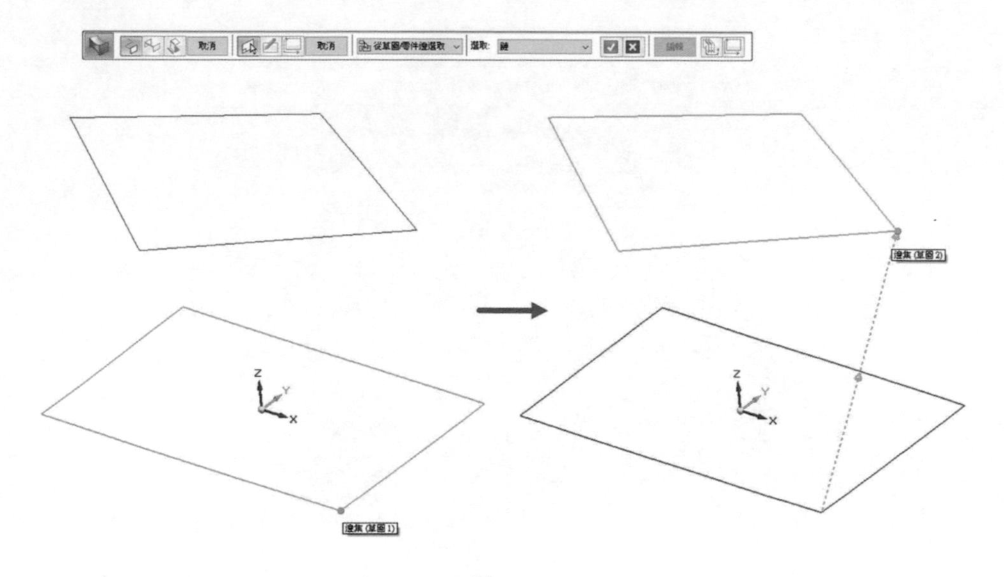

▲圖 10-2-8

❾ 選取完成後點選指令條上「預覽」→「完成」，如圖 10-2-9。

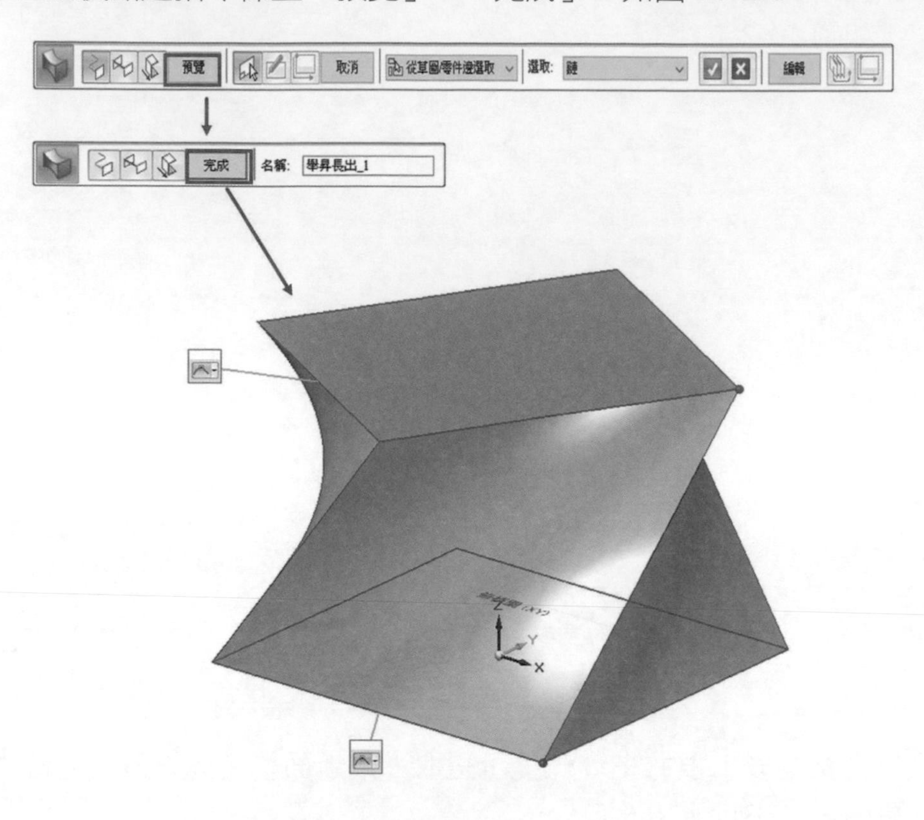

▲圖 10-2-9

❿ 完成模型，如圖 10-2-10。

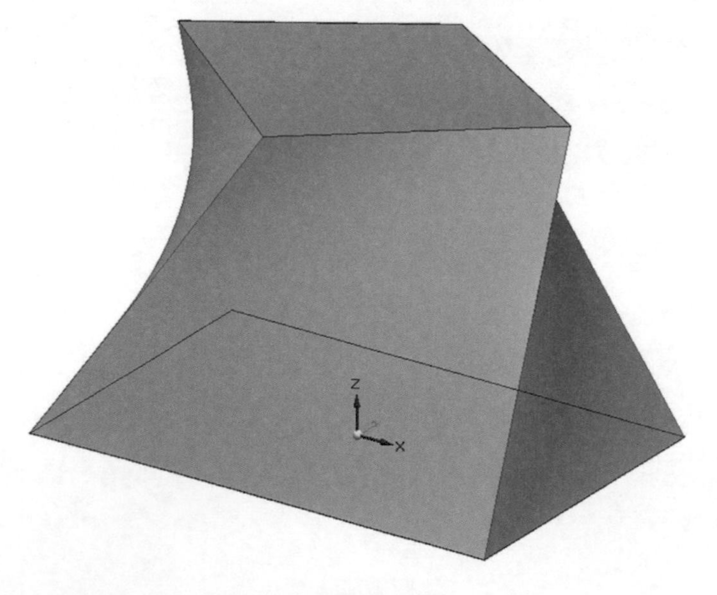

▲圖 10-2-10

❒ 補充說明

在繪製完成舉昇特徵後，多數會須要針對模型造型進行修改，此時可透過順序建模的「動態編輯」指令，叫出舉昇所使用到的所有草圖，並透過游標或尺寸針對草圖進行修改，如圖 10-2-11。

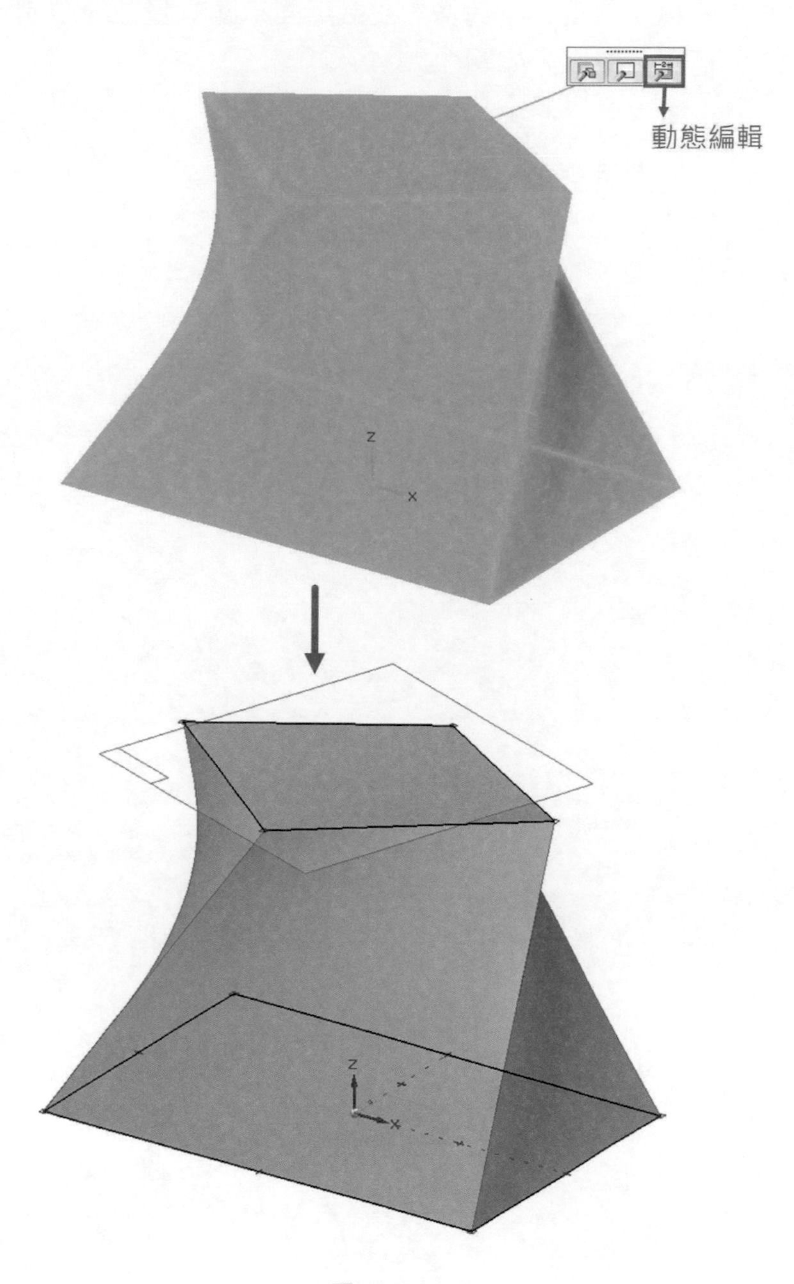

▲圖 10-2-11

10-3 多個截斷面舉昇

在舉昇特徵中，除了透過兩個截斷面進行基本舉昇外，也可以針對多個截斷面草圖進行舉昇特徵，因此舉昇特徵對於截斷面草圖數量並無限制。

❶ 開啟「10-3 範例」檔案，如圖 10-3-1。

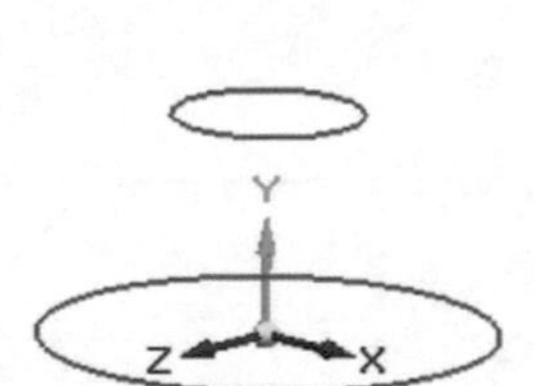

▲圖 10-3-1

❷ 點選「首頁」→「實體」→「長出」→下拉選單找到「舉昇」，如圖 10-3-2。

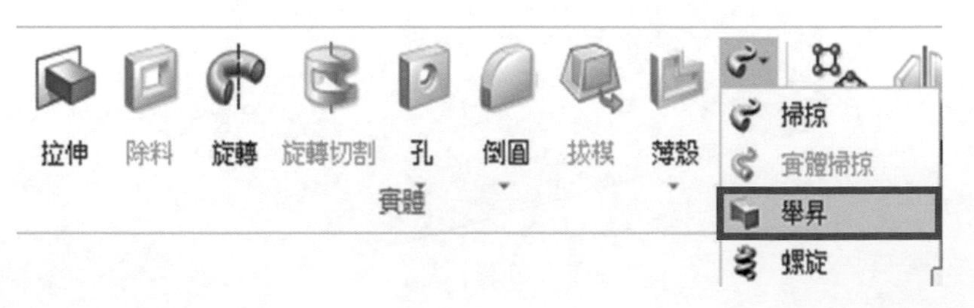

▲圖 10-3-2

❸ 根據舉昇指令條上步驟，將選取指令設定為「從草圖 / 零件邊選取」、選取為「鏈」，由最底層依序向上點選草圖，如圖 10-3-3。

備註 選取時注意有方形草圖端點位置，選取相對應的端點。

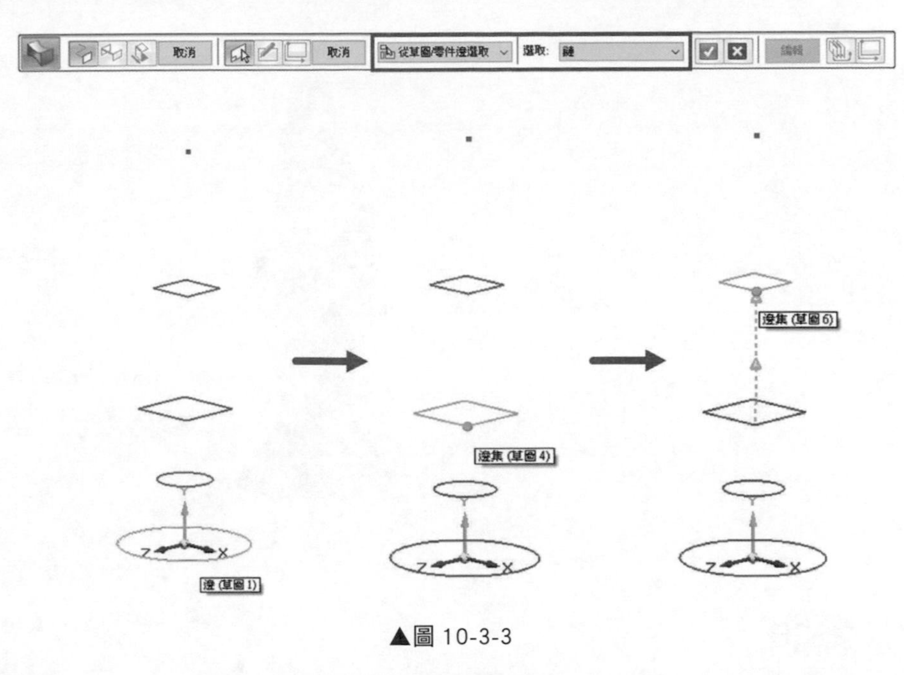

▲圖 10-3-3

❹ 最後頂點部分，先將指令條上選取取選項改為「點」，並點選最上層的草圖點，如圖 10-3-4。

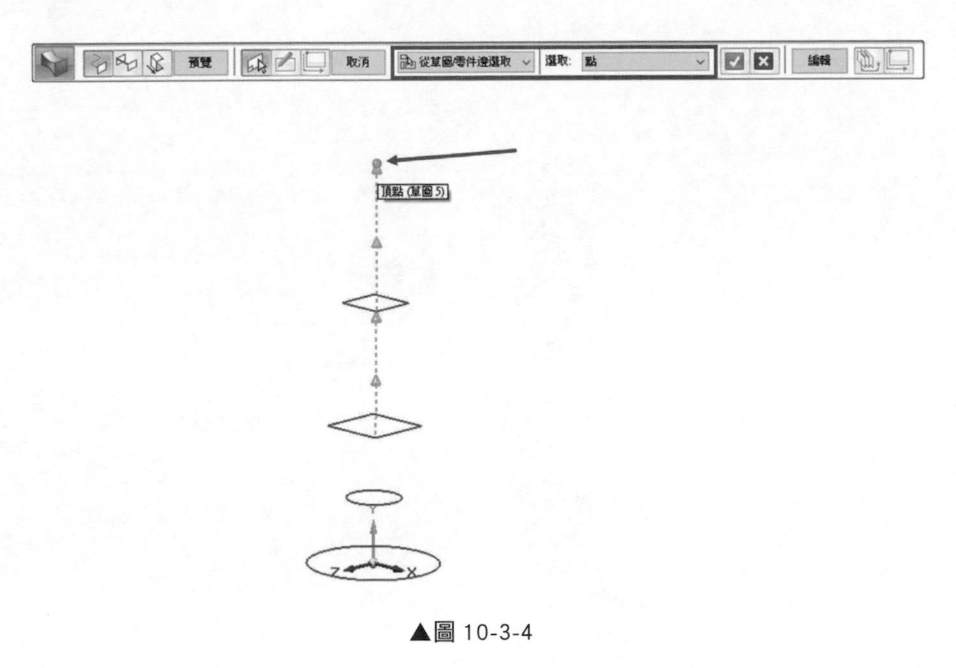

▲圖 10-3-4

❺ 選取完草圖後，點選指令條上「預覽」→「完成」模型，如圖 10-3-5。

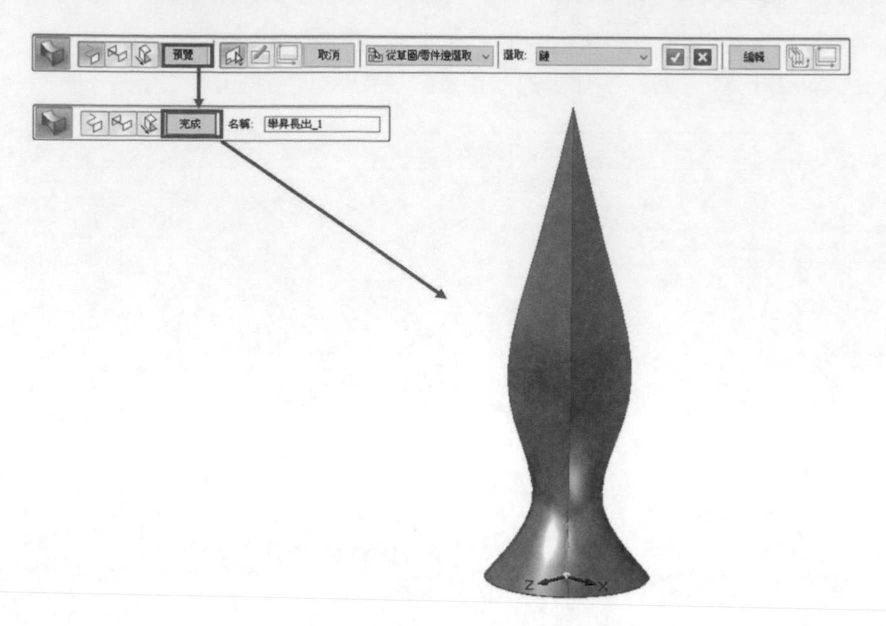

▲圖 10-3-5

❒ 補充說明

在完成舉昇特徵後，對於舉昇的端點或細節可透過順序建模的「編輯定義」進行調整。

❶ 選取模型，出現指令列點選「編輯定義」，如圖 10-3-6。

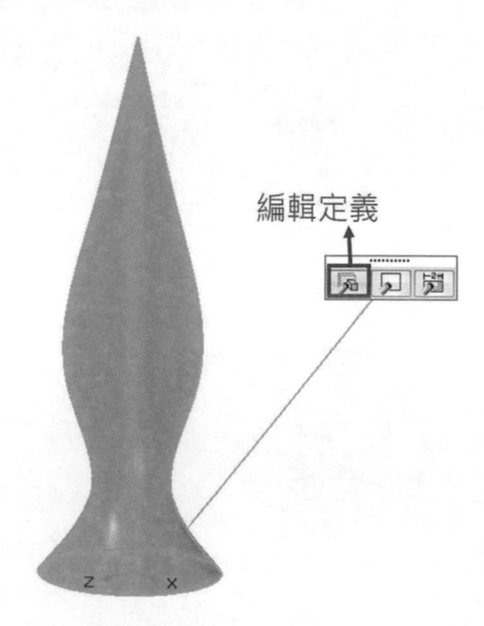

▲圖 10-3-6

❷ 修改截斷面端點，點選「截斷面」步驟→「定義起點」→選擇新的起點作為端點，並點選「預覽」→「完成」，如圖 10-3-7。

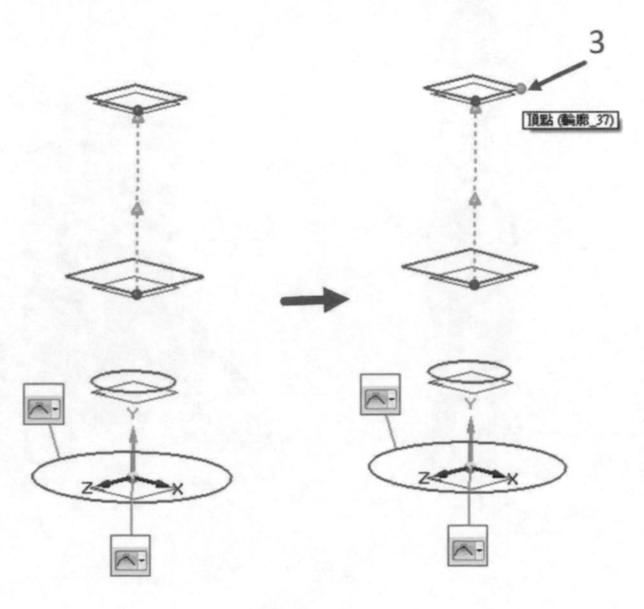

▲圖 10-3-7

❸ 完成如圖 10-3-8。

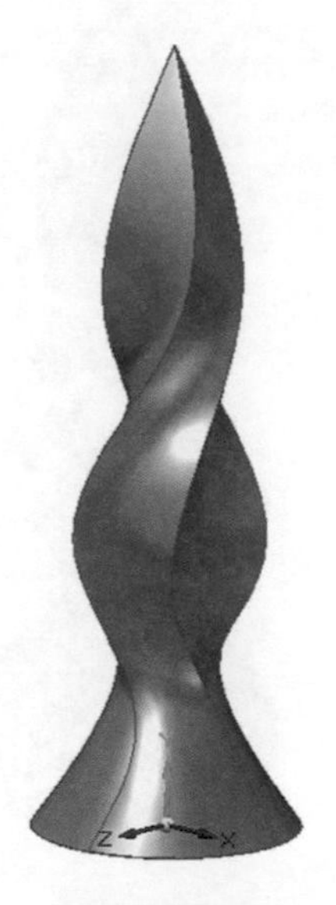

▲圖 10-3-8

❹ 「編輯定義」內，模型草圖邊線上可調整「相切控制」：「自然」、「垂直於截面」，輸入值或拉動粉紅色垂直線，使舉昇特徵產生更多變化，如圖 10-3-9。

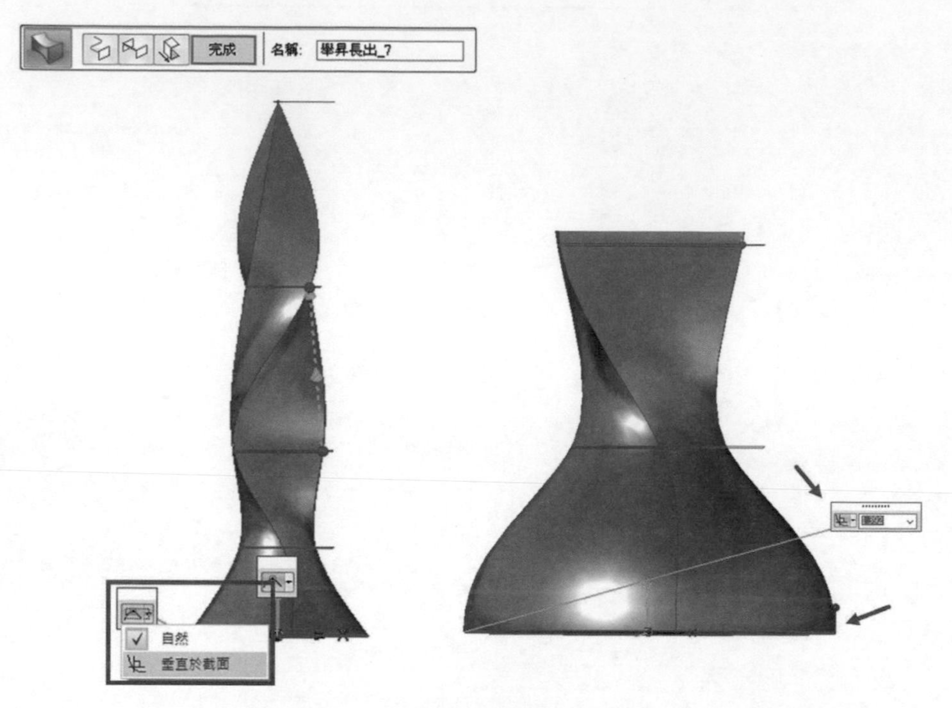

▲圖 10-3-9

❺ 調整完的模型，如圖 10-3-10。

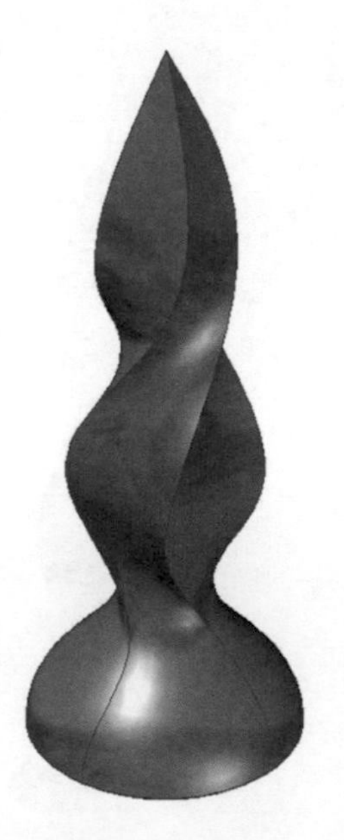

▲圖 10-3-10

10-4 舉昇加入引導曲線

舉昇特徵除了前面章節所介紹的基本舉昇外，還可以加入「引導曲線」來控制舉昇的外型變化，而在建立引導曲線時，須注意以下幾點事項：

(1) 引導曲線用於控制舉昇的外型。

(2) 引導曲線建立時，需貫穿每一個連結的截斷面作為約束條件。

(3) 使用直線所繪製的引導曲線，在轉折處需要有圓角和相切條件。

(4) 引導曲線須為開放的線段，同一草圖上可存在多條引導曲線。

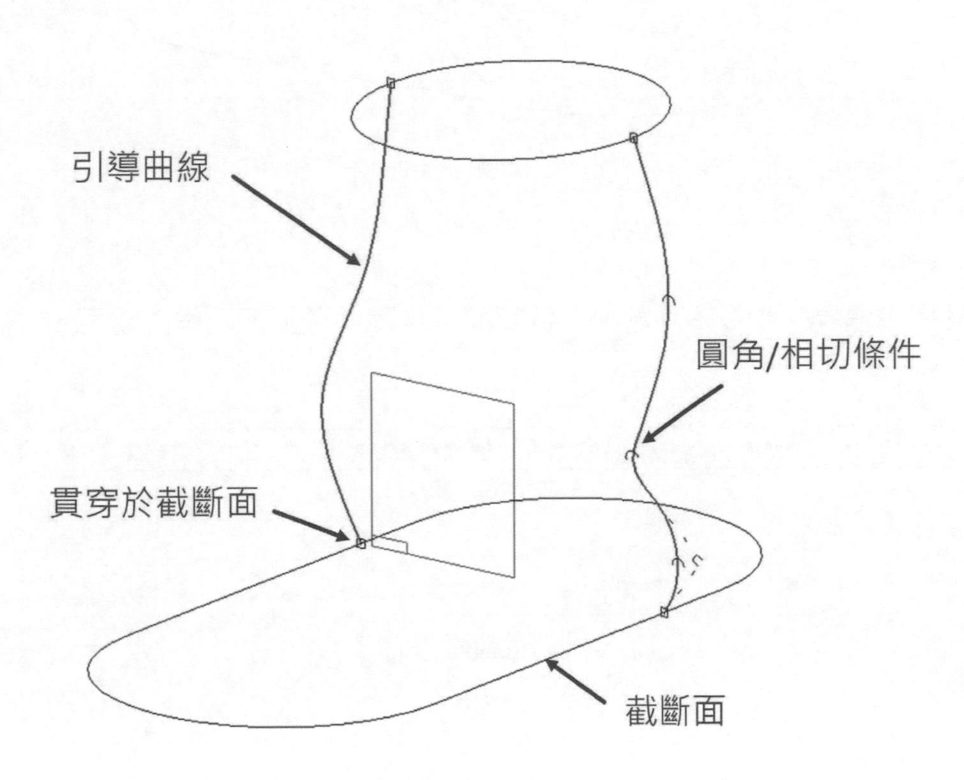

▲圖 10-4-1

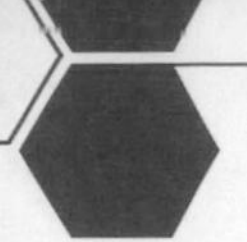

❶ 開啟「10-4 範例」，如圖 10-4-2。

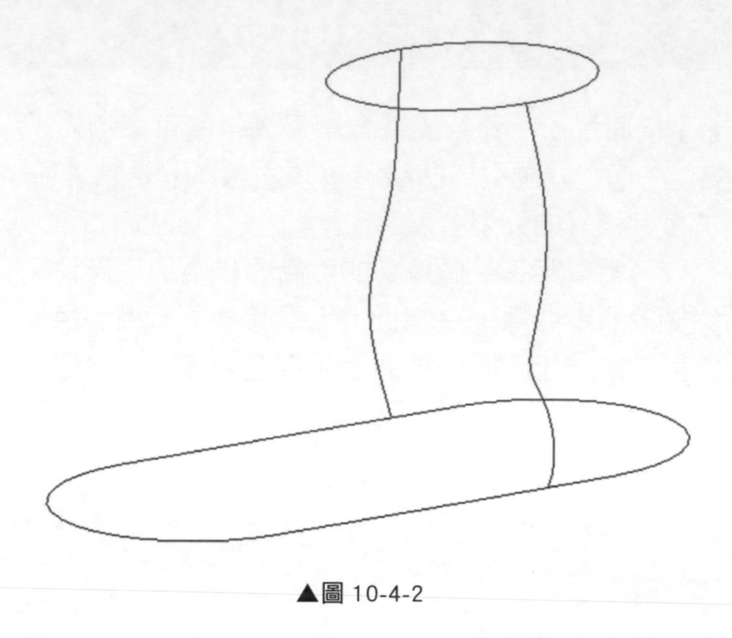

▲圖 10-4-2

❷ 點選「舉昇」指令→並根據「截斷面」步驟，選上下兩個截斷面，如圖 10-4-3。

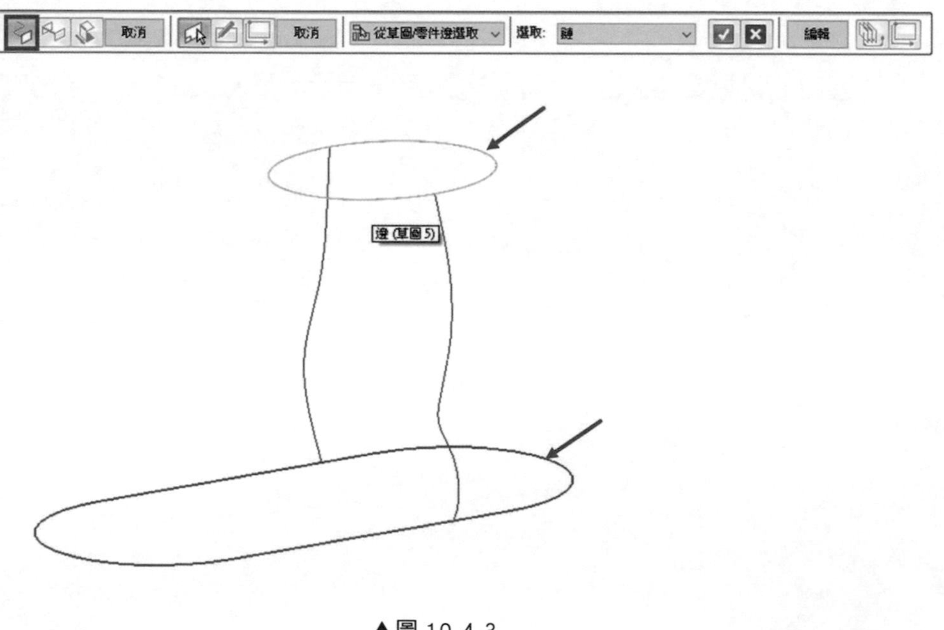

▲圖 10-4-3

❸ 選取完截斷面步驟後，點選「預覽」→「引導曲線」步驟，如圖 10-4-4。

備註 在舉昇特徵中，引導曲線步驟需透過手動選取進到引導曲線的步驟內。

▲圖 10-4-4

❹ 點選一條「曲線」，並點擊「確認」→再點選另一條「曲線」，並點擊「確認」，如圖 10-4-5。

備註 在引導曲線的選取步驟中並無先後順序，選取時選擇一條曲線需要進行一次確認後，再選擇下一條曲線。

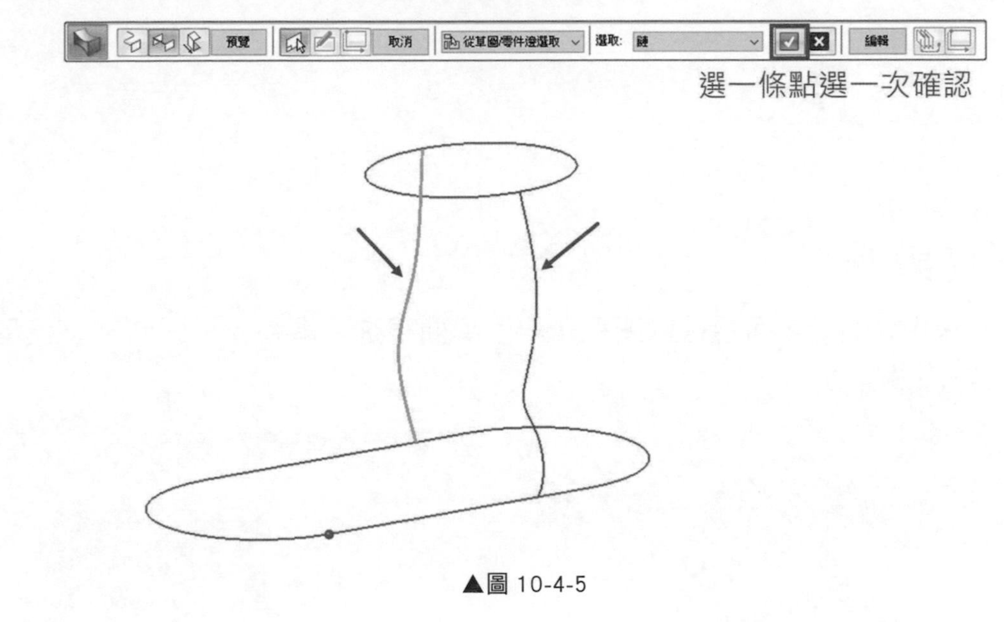

▲圖 10-4-5

❺ 點擊「預覽」→「完成」模型，如圖 10-4-6。

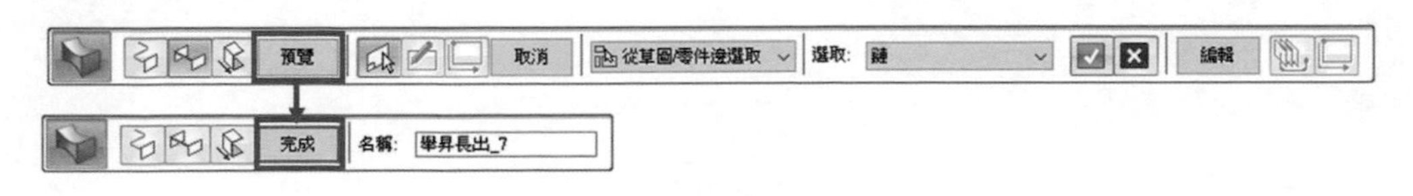

▲圖 10-4-6

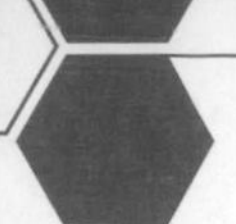

❻ 完成模型，如圖 10-4-7。

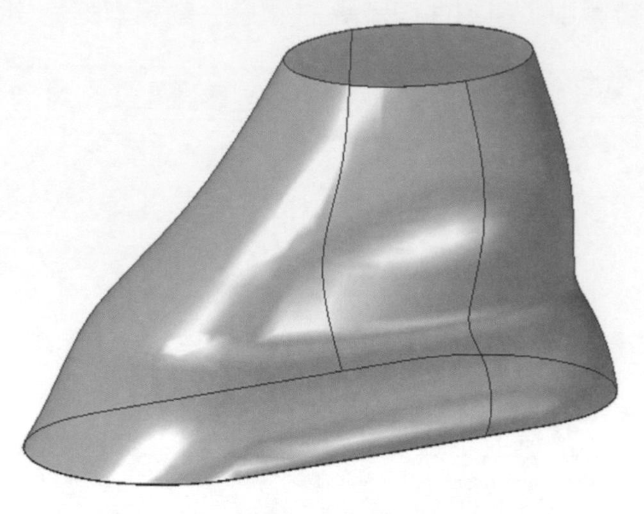

▲圖 10-4-7

❒ 補充說明

❶ 在完成此範例後，可透過動態編輯對引導曲線進行調整，可即時調整模型的外型，如圖 10-4-8。

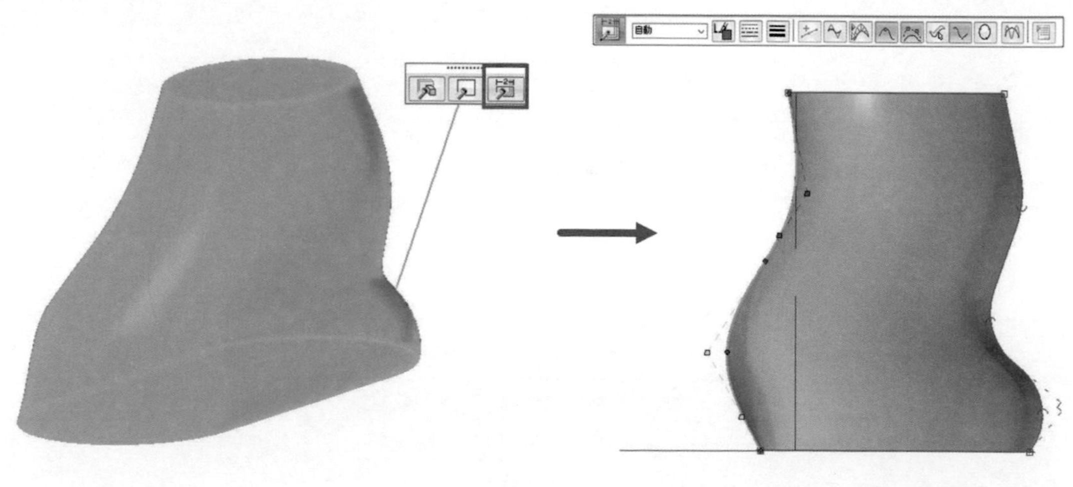

▲圖 10-4-8

❷ 除此之外，也可以自行繪製引導曲線，選擇「草圖」→「重合面」→選擇「XY 平面」，並可以選擇直線或曲線進行引導曲線的繪製，如圖 10-4-9。

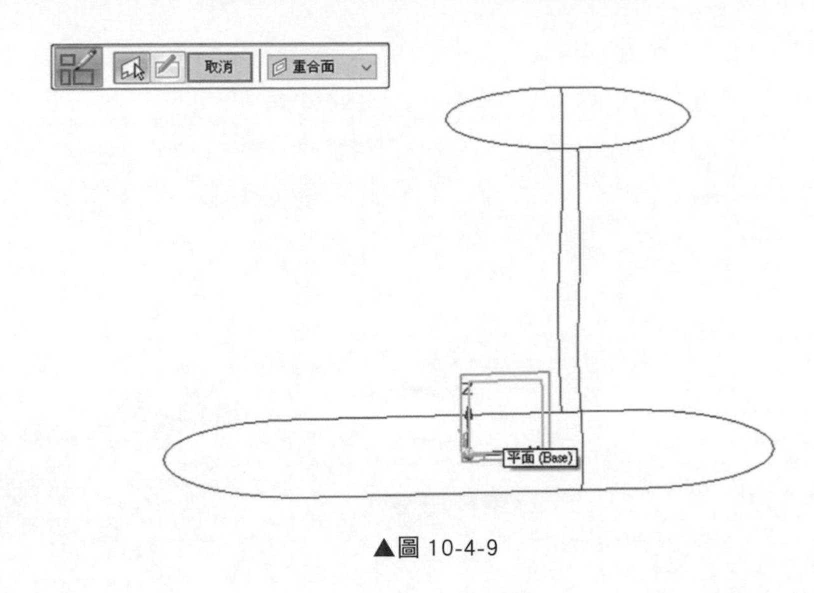

▲圖 10-4-9

❸ 在繪製引導曲線時，注意引導曲線必須通過每個截斷面的貫穿點，如圖 10-4-10。

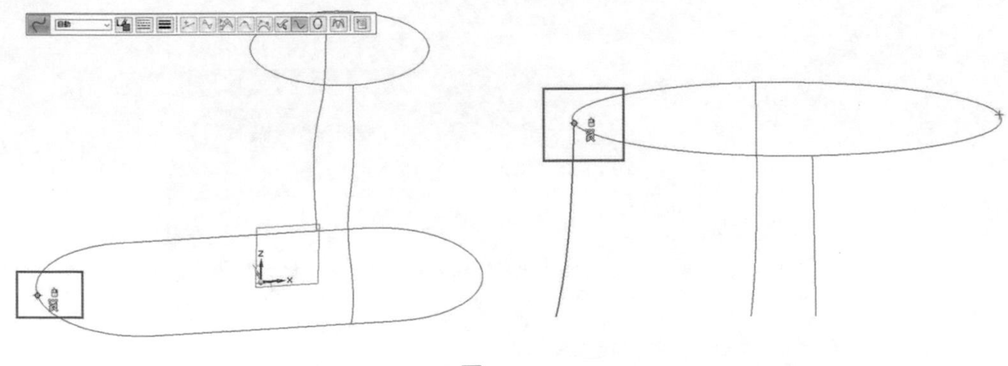

▲圖 10-4-10

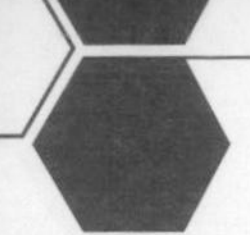

❹ 可以一次將左右兩邊的引導曲線繪製上去，如圖 10-4-11。

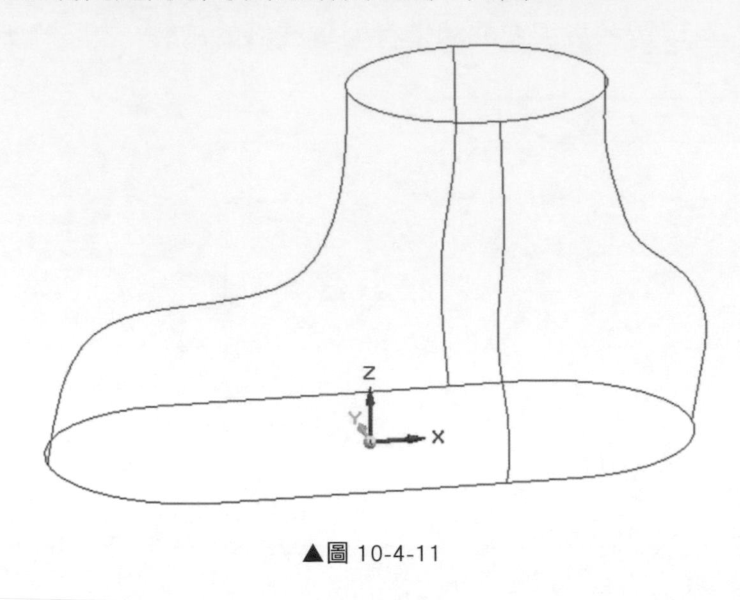

▲圖 10-4-11

❺ 接著只要再根據上方的指令選取「截斷面」與「引導曲線」，就可以完成模型，如圖 10-4-12。

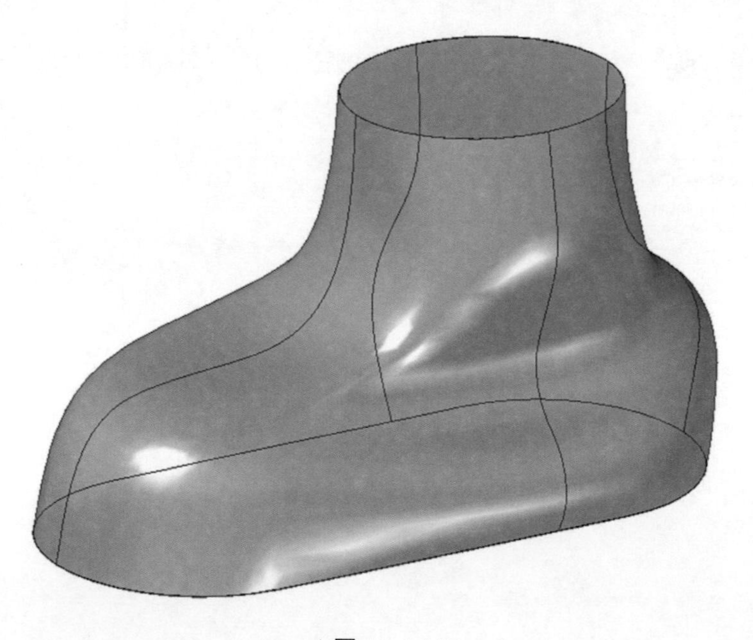

▲圖 10-4-12

10-5 舉昇除料

在 Solid Edge 中的掃掠特徵，除了可以使用單一的路徑和截斷面進行外，也可以使用「多個路徑和截斷面」來進行掃掠特徵，可達到更複雜造型的掃掠特徵，應用於擁有兩個以上相似或不同斷面且有延伸路徑的造型。

❶ 開啟「10-5 範例」，如圖 10-5-1。

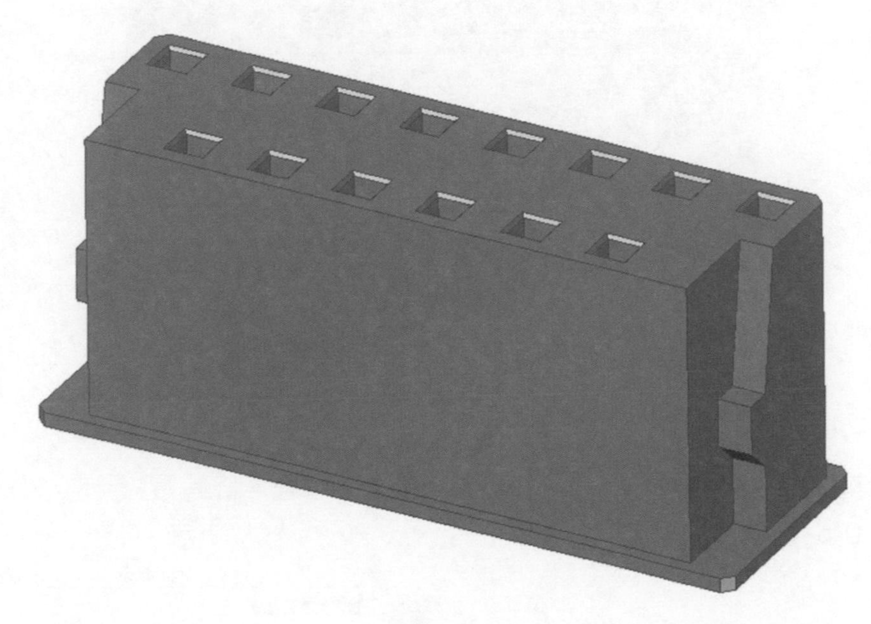

▲圖 10-5-1

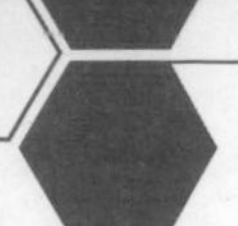

❷ 點選「草圖」指令→點選模型側邊「平面」→進入草圖環境，繪製「輪廓」草圖，如圖 10-5-2。。

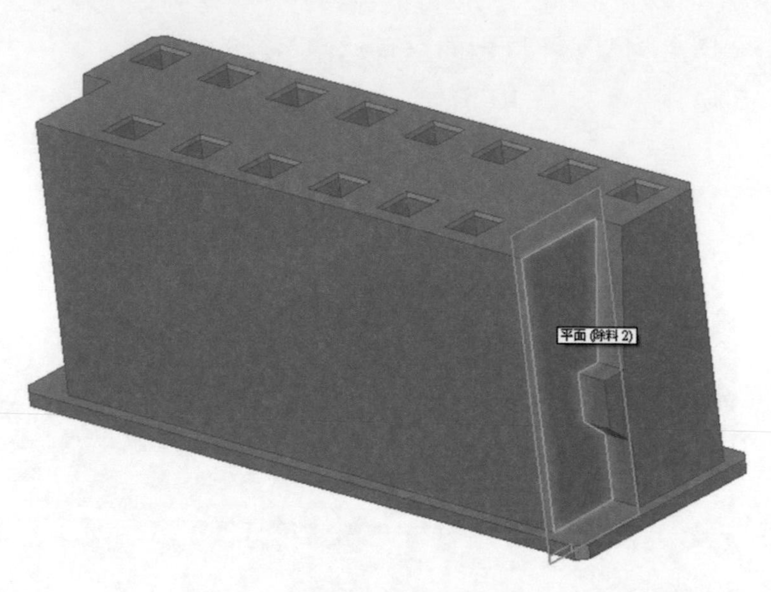

▲圖 10-5-2

❸ 點選「首頁」→「繪圖」→「投影到草圖」→勾選「帶偏置投影」→「確定」，如圖 10-5-3。

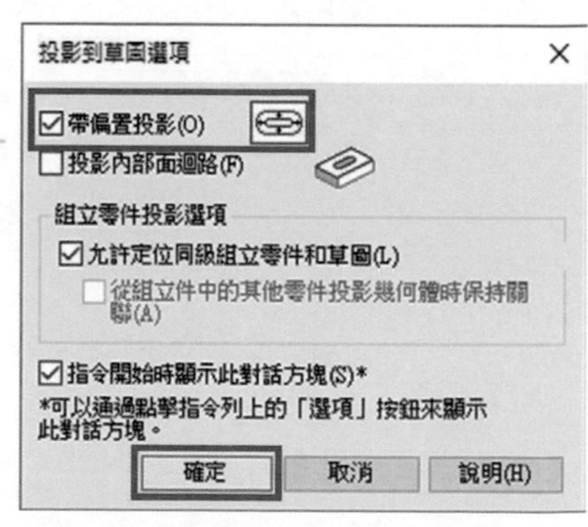

▲圖 10-5-3

❹ 在指令列中，選取類型選擇「單個面」、偏置距離為「2mm」→「確定」→移動滑鼠選擇偏置方向「向內」→並點選左鍵放置「確認」，如圖 10-5-4。

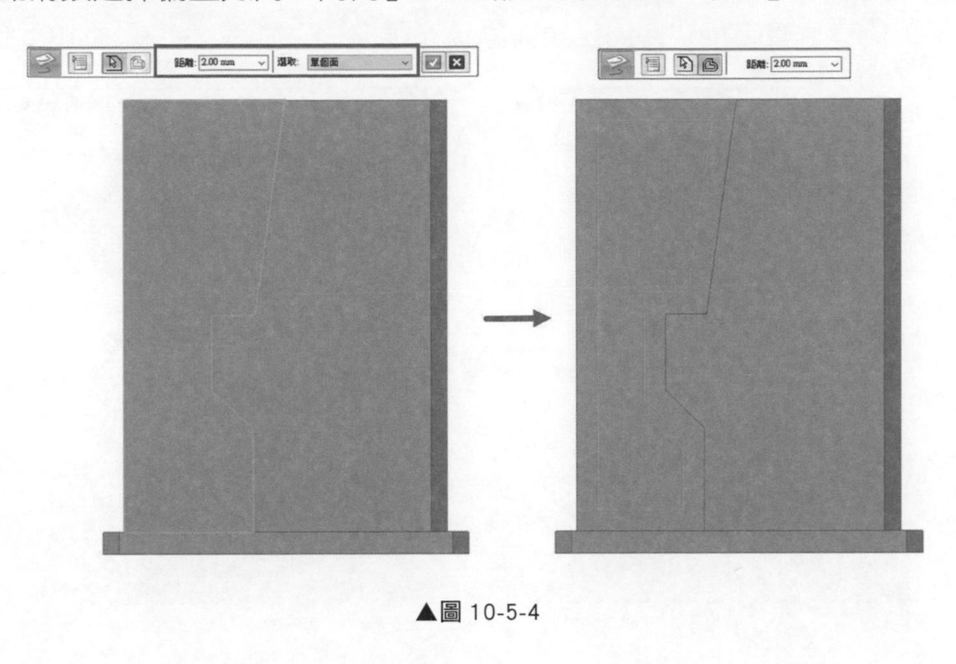

▲圖 10-5-4

❺ 再次點選「草圖」指令→點選模型另一側「平面」→進入草圖環境，繪製「輪廓」草圖，如圖 10-5-5。

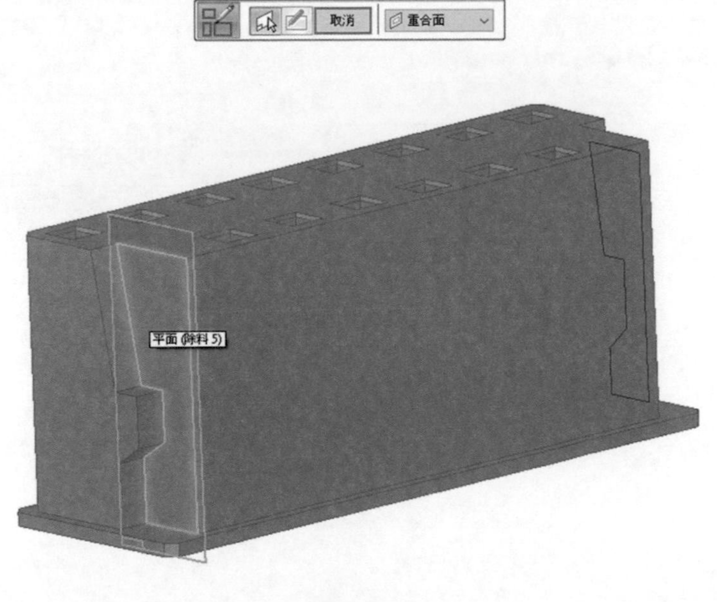

▲圖 10-5-5

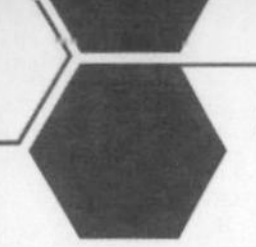

❻ 同樣選擇「首頁」→「繪圖」→「投影到草圖」→勾選「帶偏置投影」→「確定」，並將選取類型選擇「單個面」、偏置距離為「2mm」→「確定」→移動滑鼠選擇偏置方向「向內」→並點選左鍵放置「確認」，如圖 10-5-6。

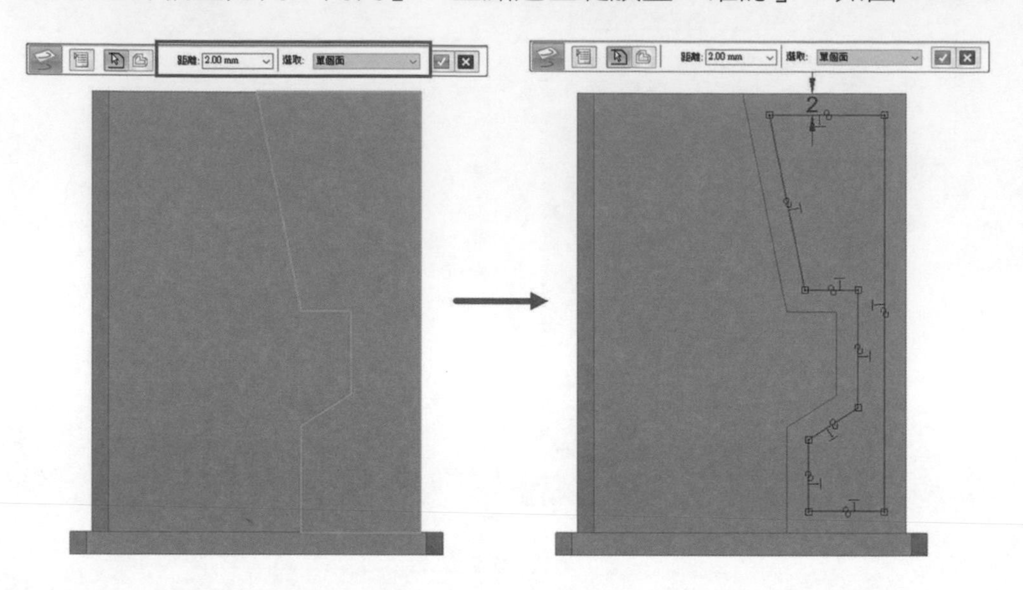

▲圖 10-5-6

❼ 完成草圖繪製後，選擇「首頁」→「實體」→「除料」→在下拉選單內找到「舉昇除料」，如圖 10-5-7。

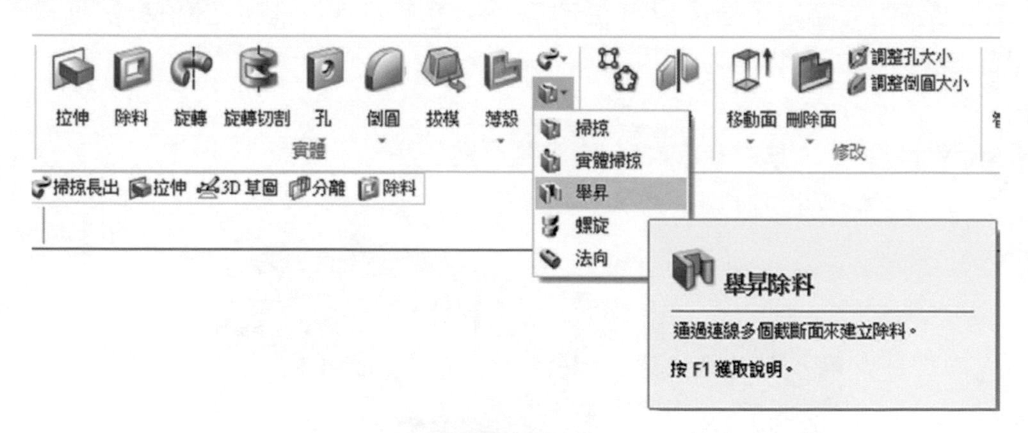

▲圖 10-5-7

❽ 依序選擇剛剛繪製完的兩個草圖，如圖 10-5-8。

備註 選取時注意選取的頂點位置，要為相對應的頂點。

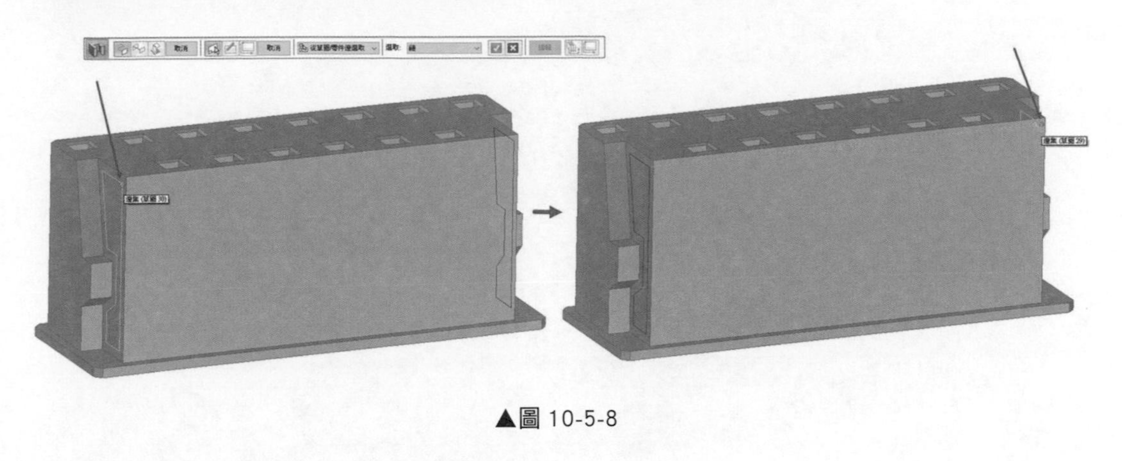

▲圖 10-5-8

❾ 完成選取後點選「預覽」→「完成」，如圖 10-5-9。

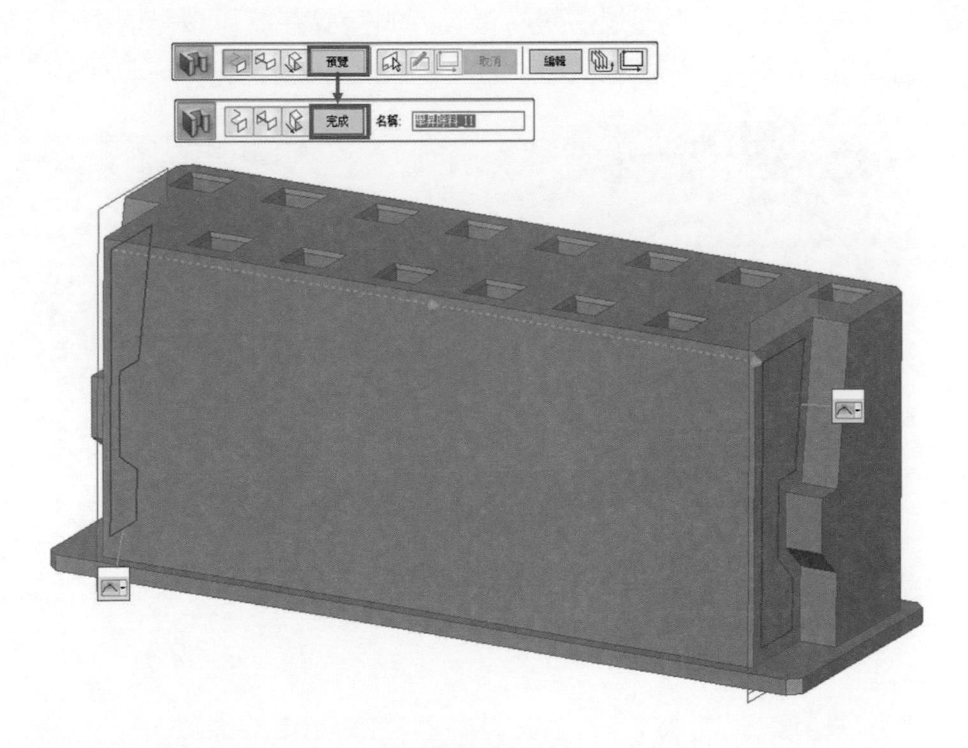

▲圖 10-5-9

⓾ 完成模型，如圖 10-5-10。

▲圖 10-5-10

備註 在舉昇除料中，與透過薄殼特徵較大的差異在於可以針對兩個不同的截斷面進行除料，並透過軟體計算兩個面間的延伸特徵，如圖 10-5-11。

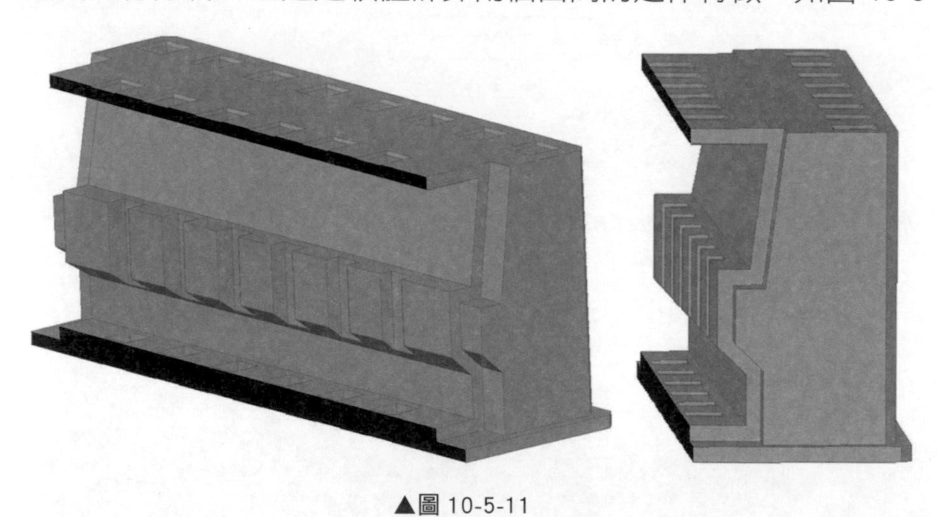

▲圖 10-5-11

10-6 封閉延伸

「舉昇特徵」可通過多個橫斷面輪廓作為封閉延伸之建構，而多個橫斷面輪廓並無限定只能是平行面，也可以為各種角度面上繪製草圖。

❶ 開啟「10-6 範例」，如圖 10-6-1。

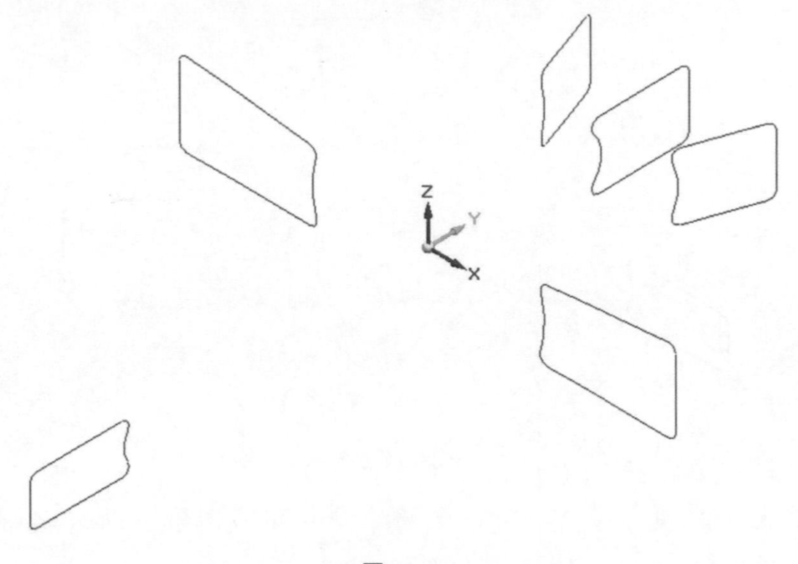

▲圖 10-6-1

❷ 點選「首頁」→「實體」→「長出」→下拉選單找到「舉昇」，如圖 10-6-2。

▲圖 10-6-2

❸ 根據「橫斷面」步驟，依序點選輪廓草圖各個相對應的端點，如圖 10-6-3。

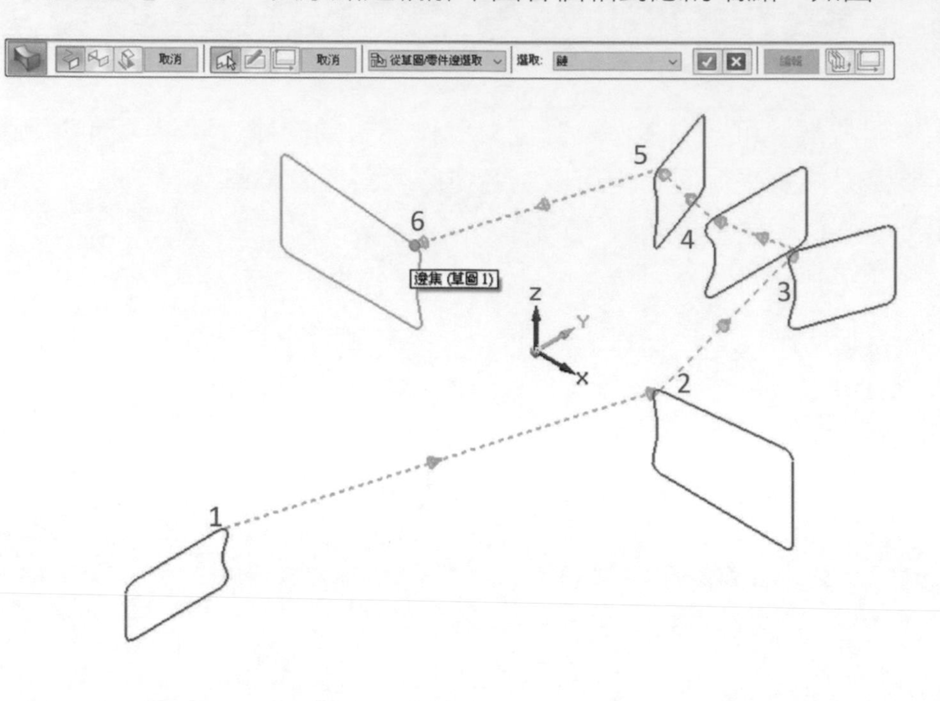

▲圖 10-6-3

❹ 選取完成後，點選指令條上的「預覽」此時可以得到一個未封閉的模型，接著選擇「延伸步驟」，如圖 10-6-4。

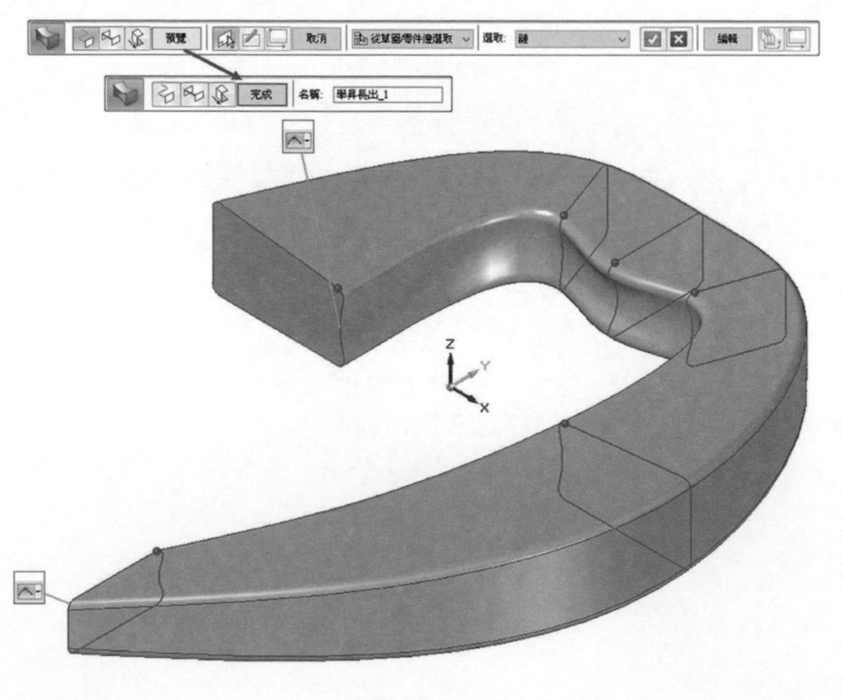

▲圖 10-6-4

❺ 點選「封閉延伸」→「預覽」，如圖 10-6-5。

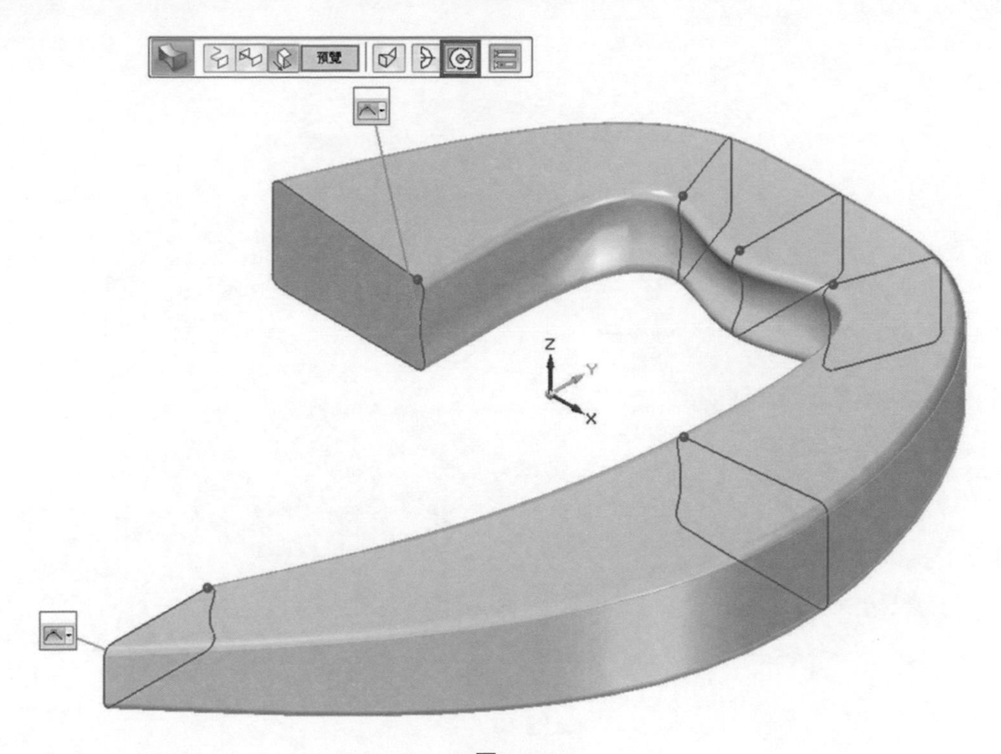

▲圖 10-6-5

❻ 點選「完成」，來完成模型，如圖 10-6-6。

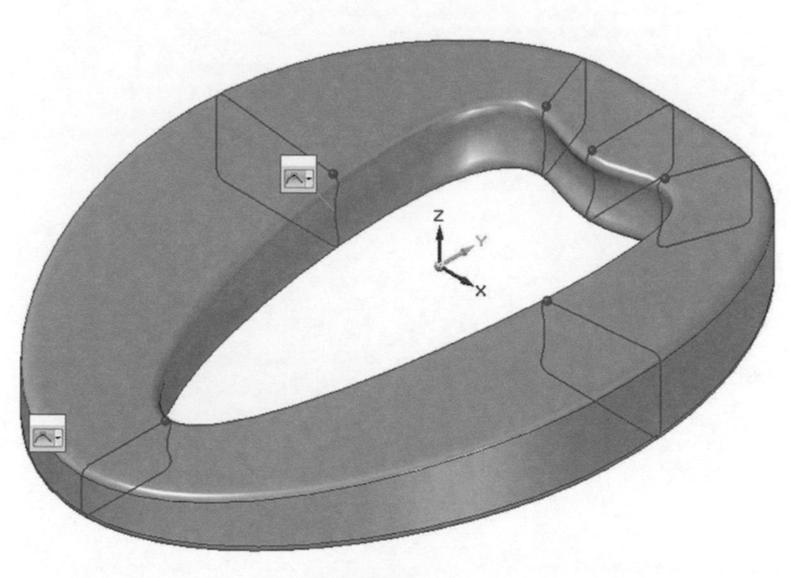

▲圖 10-6-6

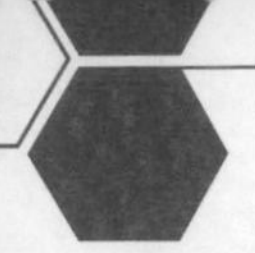

❼ 完成模型，如圖 10-6-7。

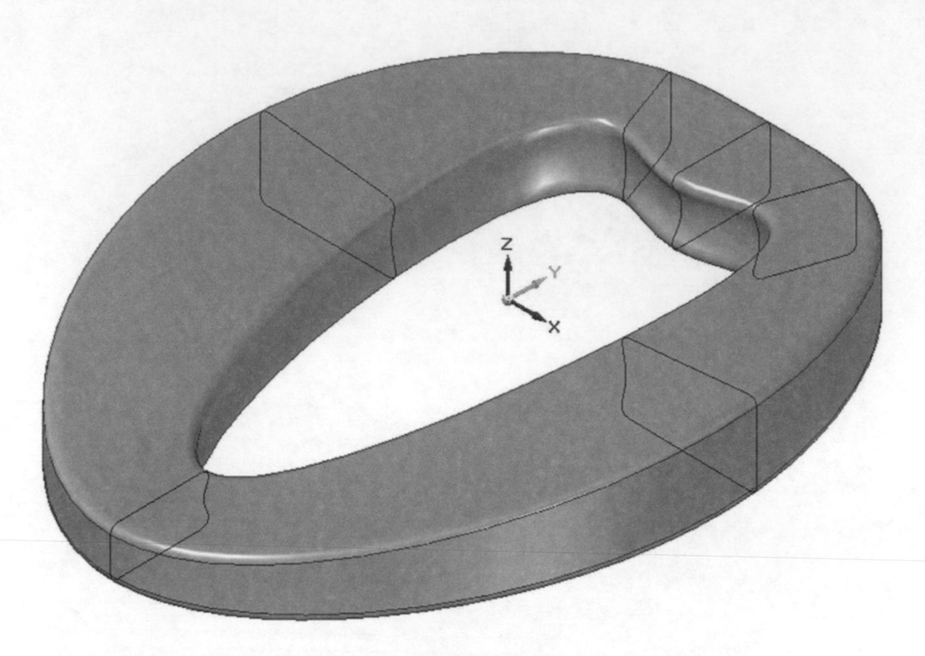

▲圖 10-6-7

練習範例

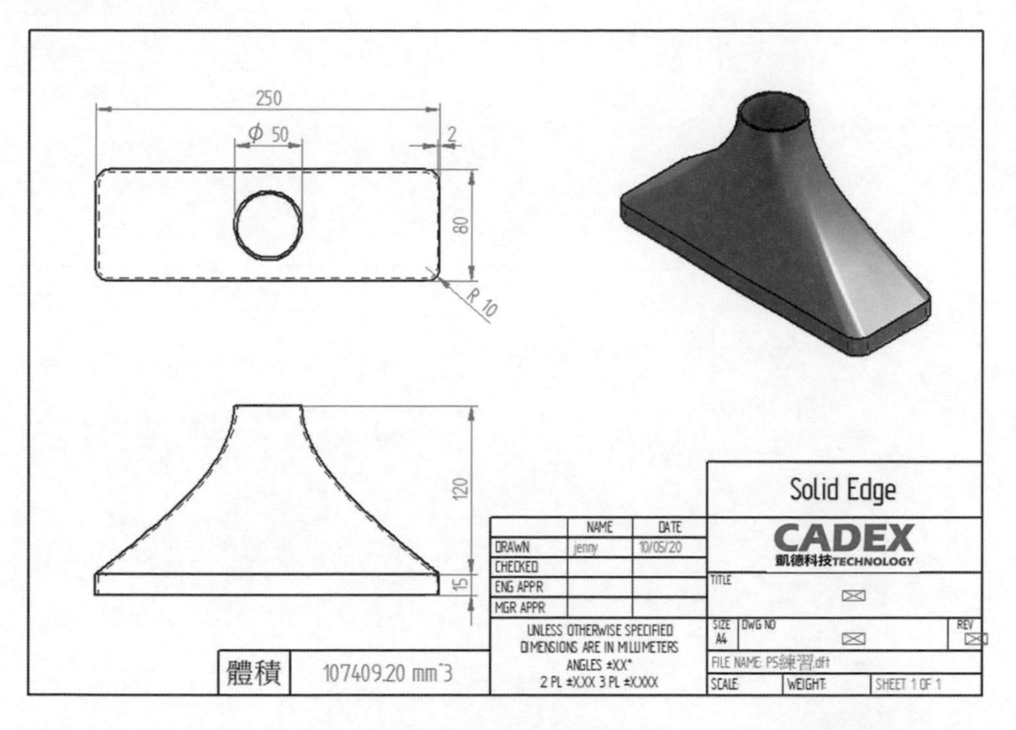
250
Φ 50
2
80
R 10
120
15
Solid Edge
CADEX
凱德科技TECHNOLOGY
NAME
DATE
DRAWN
jenny
10/05/20
CHECKED
ENG APPR
MGR APPR
TITLE
UNLESS OTHERWISE SPECIFIED
DIMENSIONS ARE IN MILLIMETERS
ANGLES ±XX°
2 PL ±X.XX 3 PL ±X.XXX
SIZE A4
DWG NO
REV
FILE NAME: P5練習.dft
SCALE:
WEIGHT:
SHEET 1 OF 1
體積
107409.20 mm^3

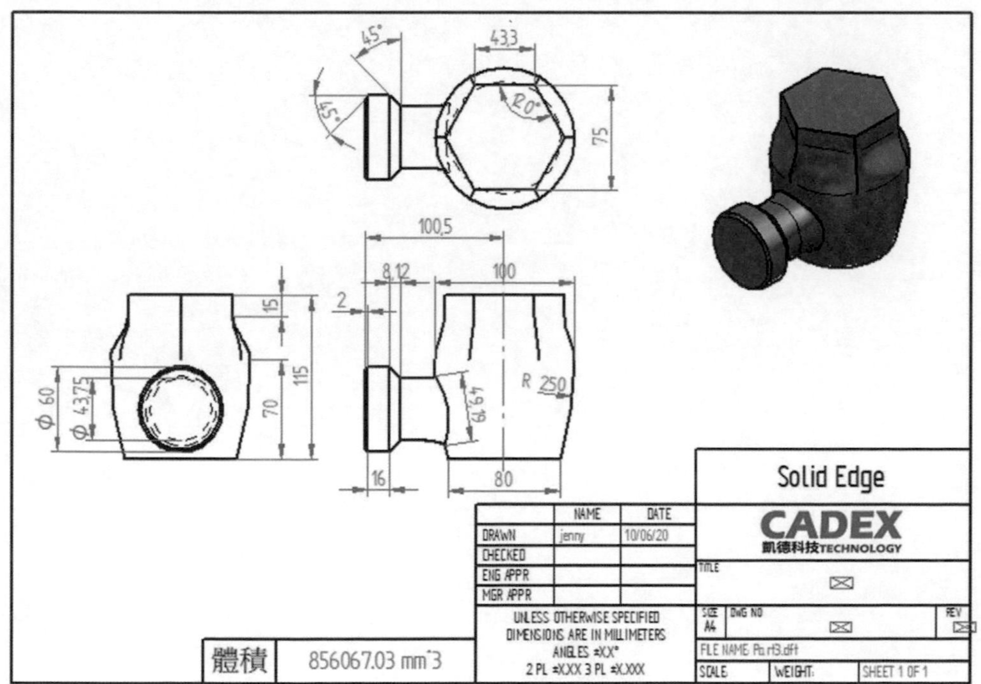
45°
43.3
120°
75
100.5
8.12
100
2
15
115
70
Φ 60
Φ 43.75
R 250
61.94
16
80
Solid Edge
CADEX
凱德科技TECHNOLOGY
NAME
DATE
DRAWN
jenny
10/06/20
CHECKED
ENG APPR
MGR APPR
TITLE
UNLESS OTHERWISE SPECIFIED
DIMENSIONS ARE IN MILLIMETERS
ANGLES ±XX°
2 PL ±X.XX 3 PL ±X.XXX
SIZE A4
DWG NO
REV
FILE NAME: Part3.dft
SCALE:
WEIGHT:
SHEET 1 OF 1
體積
856067.03 mm^3

notes

CHAPTER

11

陣列與辨識孔特徵

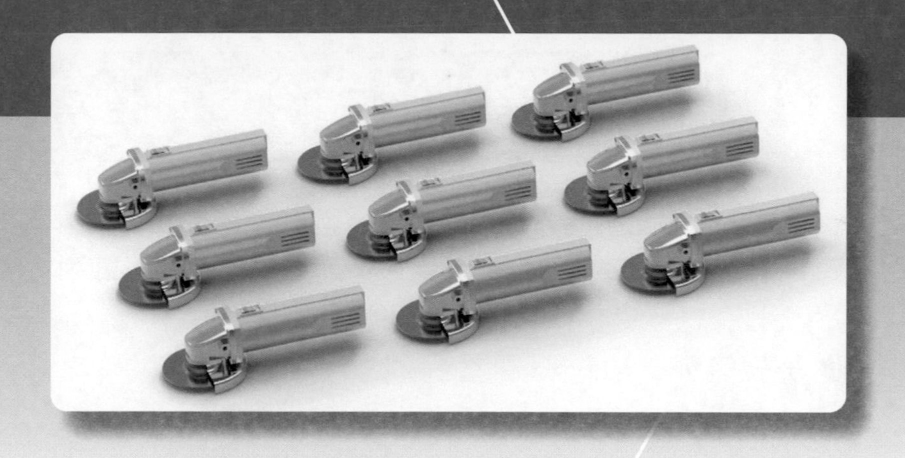

章節介紹

藉由此課程，您將會學到：

11-1 同步建模矩形陣列
11-2 同步建模圓形陣列
11-3 順序建模矩形陣列
11-4 順序建模圓形陣列
11-5 沿曲線陣列
11-6 填充陣列
11-7 鏡射特徵
11-8 組立陣列
11-9 辨識孔特徵及陣列

零件使用「特徵陣列」時，作為陣列的父元素可以包含多個特徵，依循著一定的規則性建立起相同的特徵，而本章節將以同步建模及順序建模的環境，分別介紹其陣列的用法。例如，使用者可以在一次陣列中，選擇特徵如：長出 (A)、孔 (B)、圓角 (C)…等，進行陣列如圖 11-0-1。

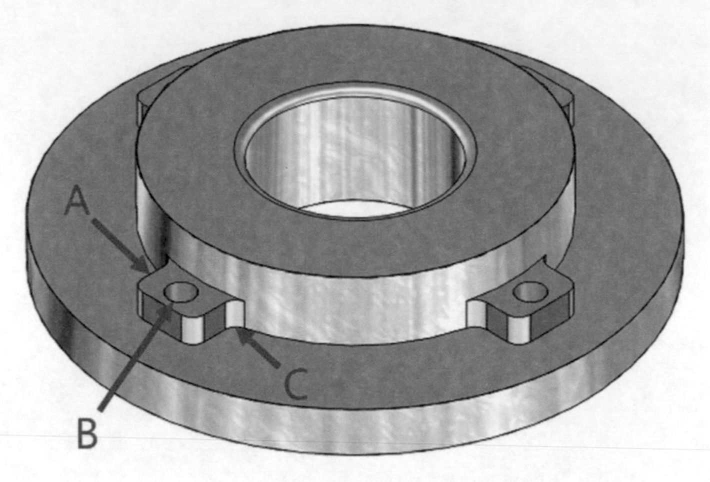

▲圖 11-0-1

11-1 同步建模矩形陣列

建立指定元素的「矩形陣列」。例如：繪製出需要陣列的特徵，然後利用該特徵做為「矩形陣列」的父元素，進而建構出「矩形陣列」的規則。

因此，可以利用範例 11-1.par 做為示範練習。

❶ 開啟範例 11-1.par，如圖 11-1-1。

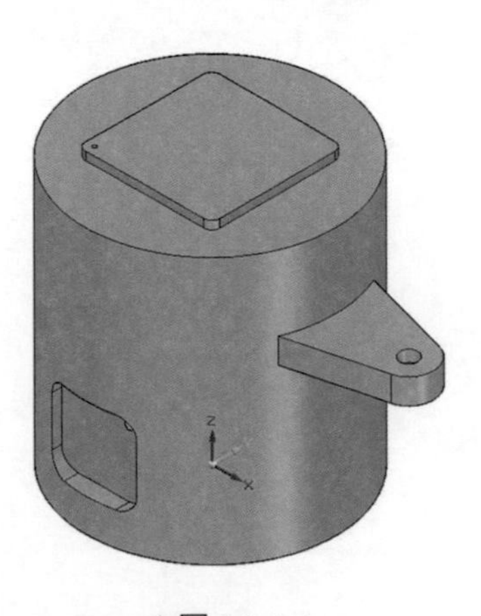

▲圖 11-1-1

❷ 同步陣列只能陣列同步特徵，此模型是混合建模，必須要先切到同步建模，如圖 11-1-2。

▲圖 11-1-2

❸ 選擇上方孔，如圖 11-1-3。

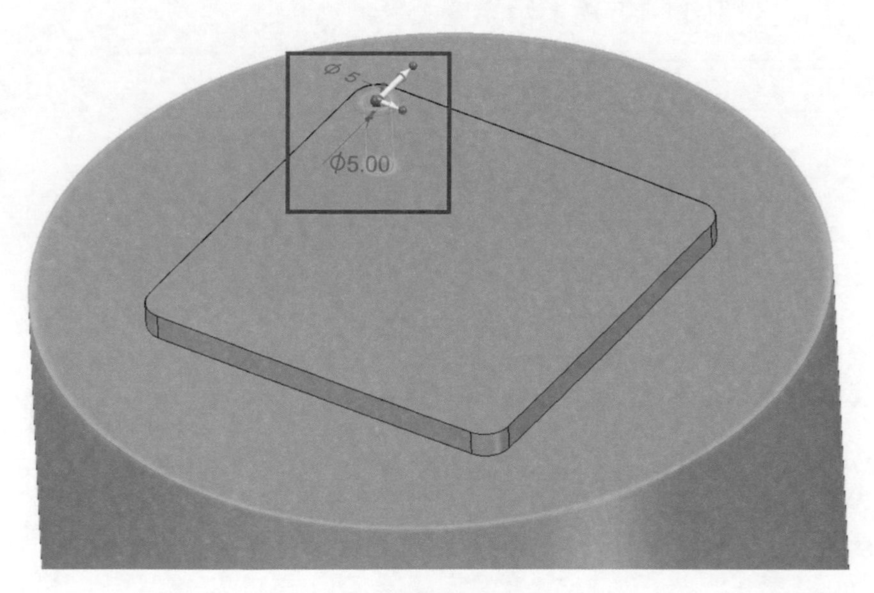

▲圖 11-1-3

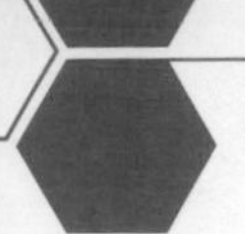

❹ 點選孔特徵之後，在「首頁」→「陣列」→「矩形」，如圖 11-1-4。

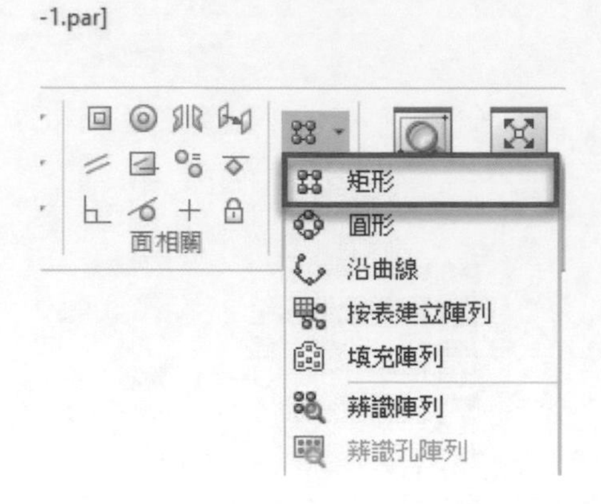

▲圖 11-1-4

❺ 選擇「矩形」後，此時可以按下 F3 平面鎖，藉此鎖定平面，並且給予矩形的範圍，會出現如圖 11-1-5 所顯示的畫面。

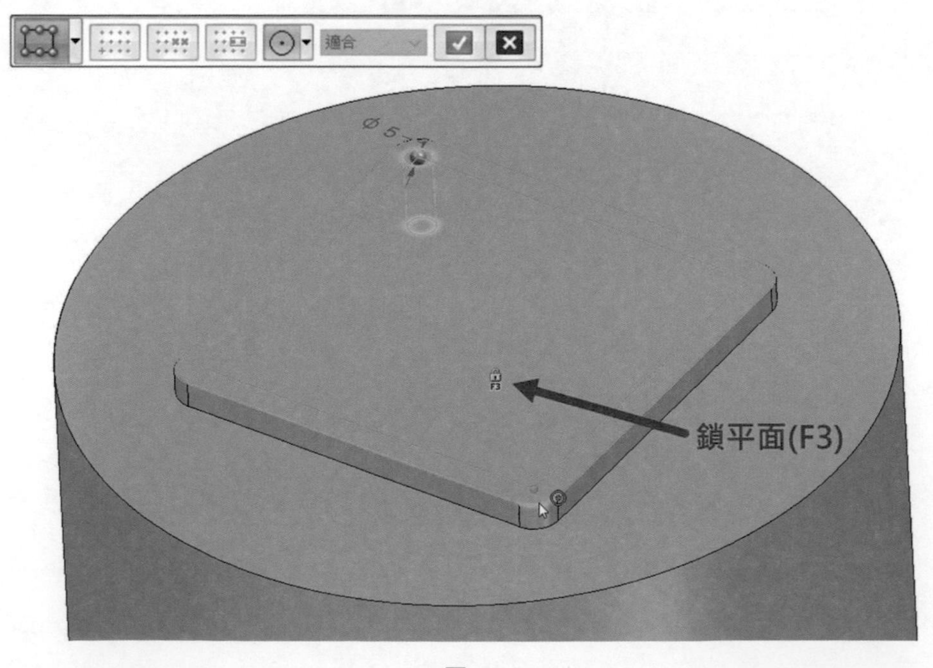

▲圖 11-1-5

❻ 透過預覽就會顯示出陣列的結果，以供使用者作為參考，如圖 11-1-6。

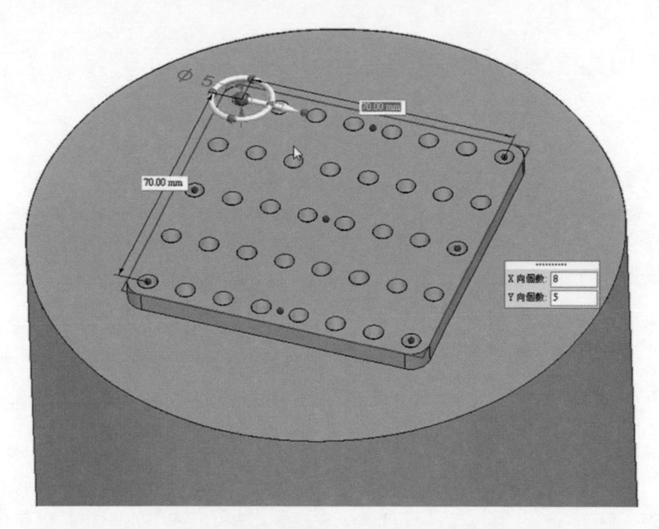

▲圖 11-1-6

❼ 螢幕上所出現的工具包括：「快速工具列 (A)」、「事例計數框 (B)」、「動態編輯方塊 (C)」、「事例手柄 (D)」、「幾何控制器 (E)」，如圖 11-1-7。

各項	功能
快速工具列 (A)	調整陣列使用參數
事例計數框 (B)	調整 XY 向陣列數量
動態編輯方塊 (C)	調整 XY 向陣列尺寸
事例手柄 (D)	拖動陣列範圍
幾何控制器 (E)	陣列整體旋轉、移動

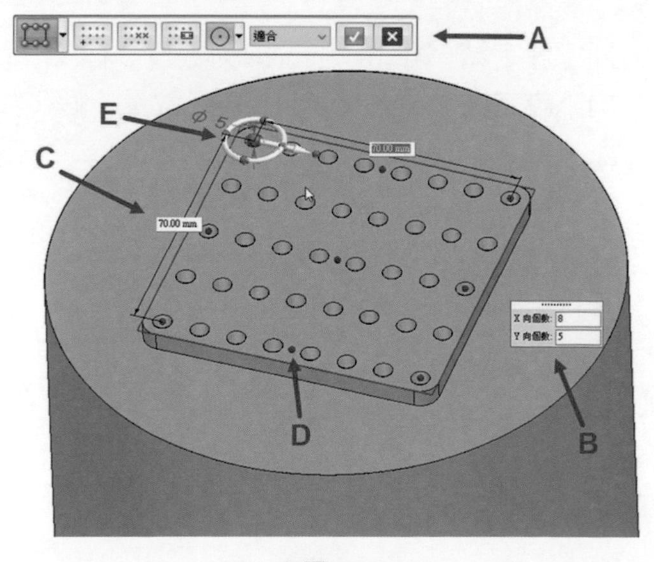

▲圖 11-1-7

❽ 使用者可以依照自己的需求調整陣列法，藉此定義矩形規則排列的規則，如圖 11-1-8。
同步建模當中可以看到以下兩種名稱，各代表不同的陣列方式，如下：
適合＝「總長度」x「數量」
固定＝「間距」x「數量」

▲圖 11-1-8

➢ 適合：

- 總長度：「X 方向」設定為「70 mm」，陣列數量 8 個。
- 總長度：「Y 方向」設定為「70 mm」，陣列數量 5 個，如圖 11-1-9。

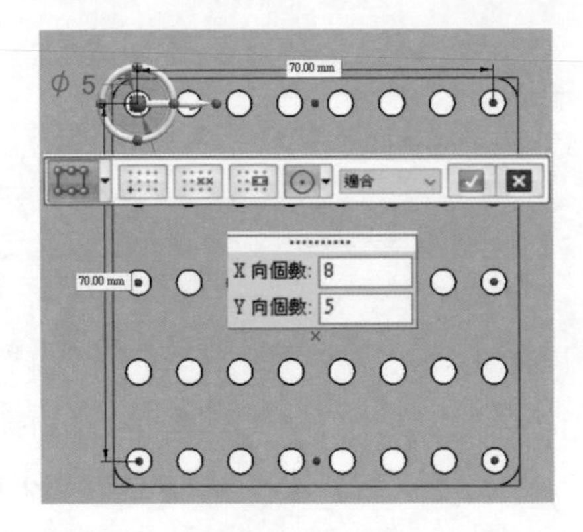

▲圖 11-1-9

➢ 固定：

- 總長度：「X 方向」設定為「10 mm」，陣列數量 8 個。
- 總長度：「Y 方向」設定為「17.5 mm」，陣列數量 5 個，如圖 11-1-10。

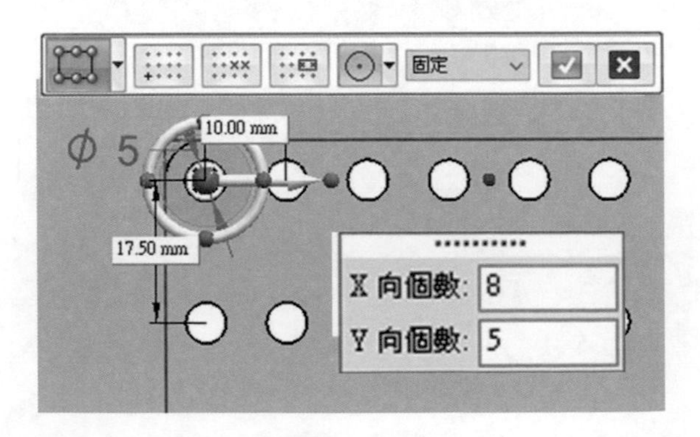

▲圖 11-1-10

❾ 使用者可以利用快捷鍵「N」，將陣列切換下一個方向，如圖 11-1-11；快捷鍵「C」則可以從外側切換至陣列中心，若中心有複數個特徵，也可以利用「N」鍵進行切換，如圖 11-1-12；這樣即可調整父元素在陣列當中的相對位置，但父元素並不移動，而是由整個陣列移動配合。

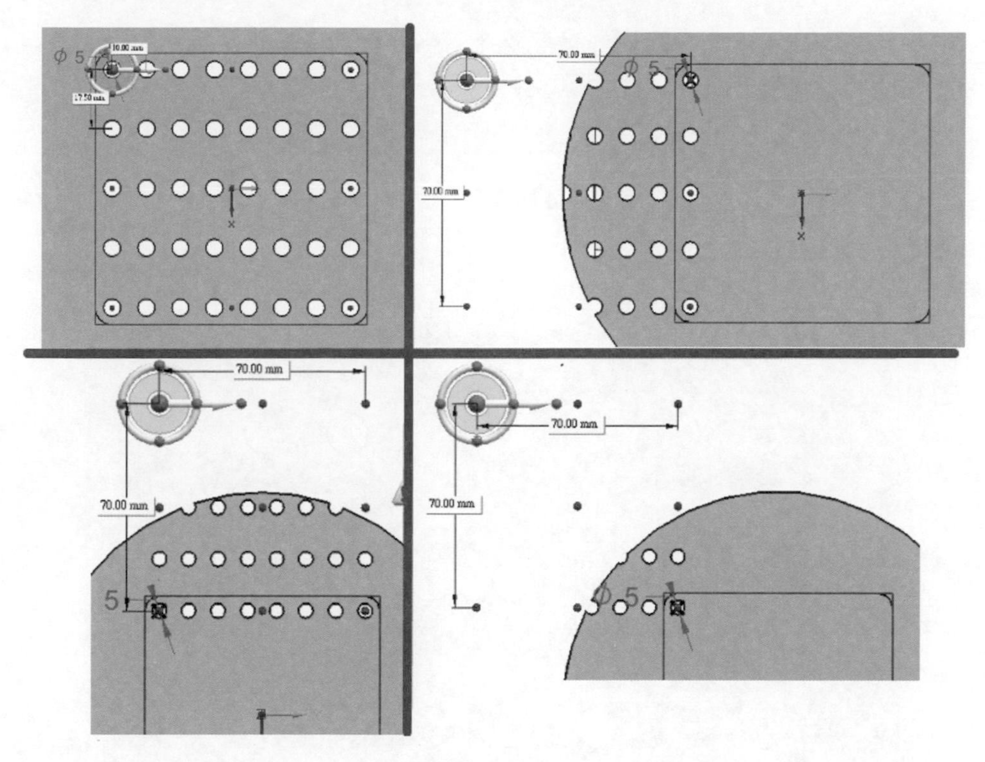

▲圖 11-1-11

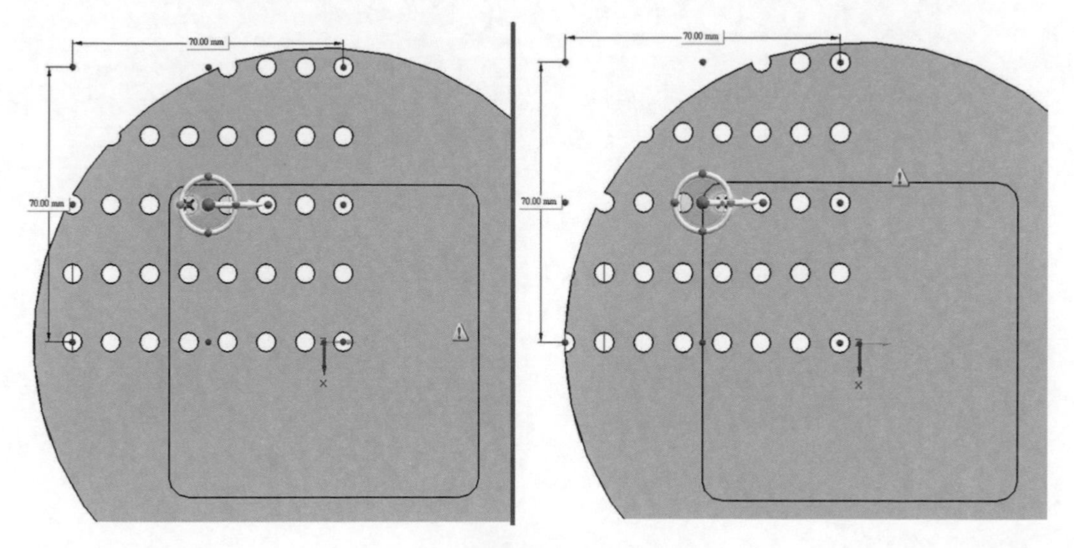

▲圖 11-1-12

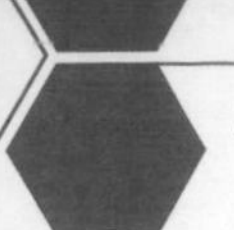

➢ 使用者也可以利用「參照點」指令，如圖 11-1-13，自行指定其中一個特徵（綠色圓點）位置為父元素所在位置，如圖 11-1-14。

▲圖 11-1-13

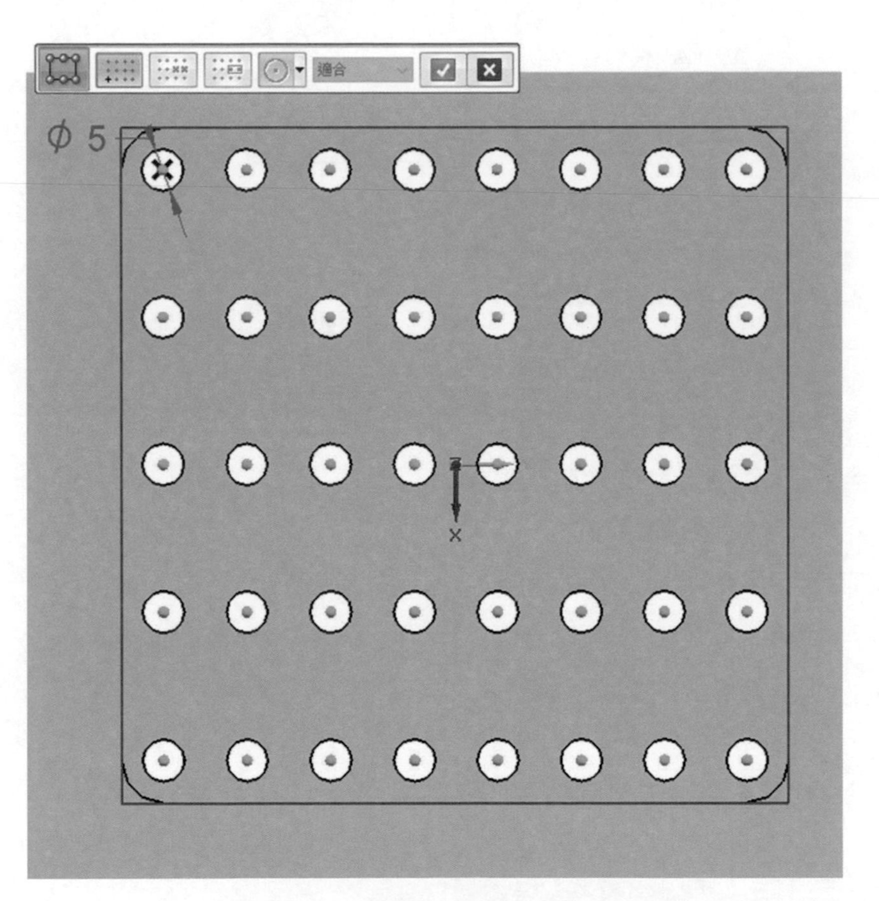

▲圖 11-1-14

> 使用動態編輯方塊和事例手柄：

透過滑鼠拖曳「事例手柄」可以變更陣列的高度及寬度。首先，將滑鼠游標置於「事例手柄」上，透過滑鼠點選拖曳動作，將事例手柄移動至新位置，高度及寬度中的數值將會動態更新，以利使用者辨識；也可以利用「動態編輯方塊」直接輸入數值的方式，修改高度及寬度，如圖 11-1-15。

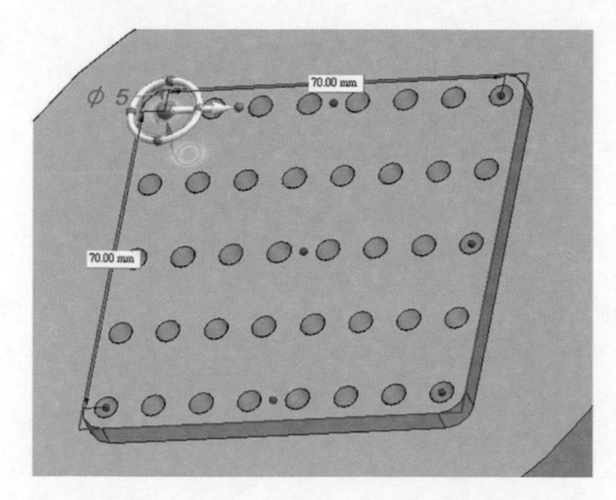

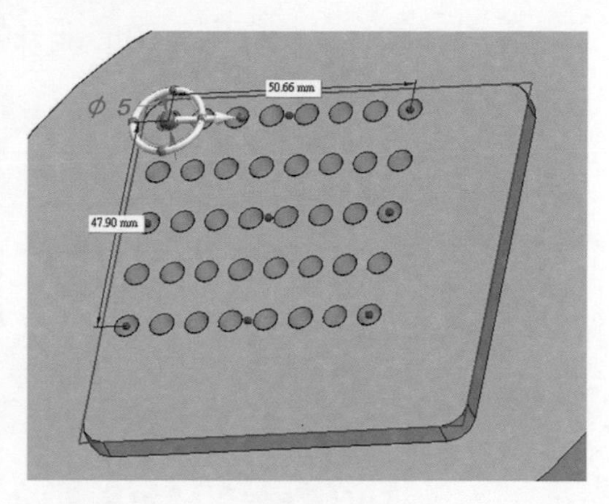

▲圖 11-1-15

> 幾何控制器：

使用者可以將幾何控制器，依照自己所需要的位置重新放置，利用幾何控制器上的方向軸或圓環，使陣列特徵整體進行移動或旋轉，如圖 11-1-16。

備註 若陣列特徵無法全部成型時，就會出現驚嘆號提醒。

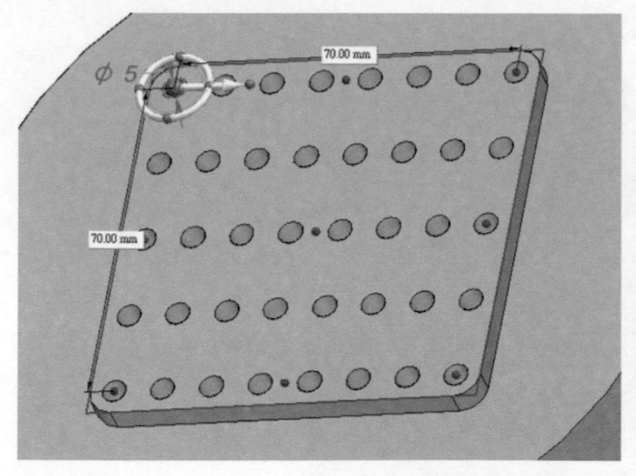

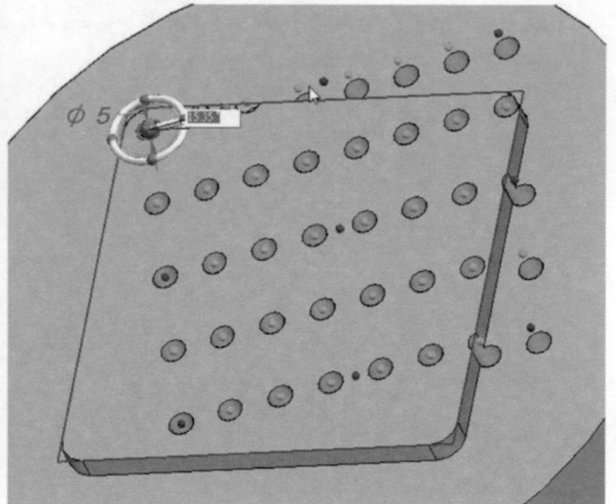

▲圖 11-1-16

➤ **抑制規則排列：**

使用者可以抑制「單個」或是「多個」的陣列特徵，也可以在建構陣列時抑制部分的陣列特徵，也可以在建構完陣列之後，再來抑制部分的陣列特徵。

- 抑制單個陣列事例：

  使用者可以使用快速工具列上的「抑制複體」指令，點選特徵上所顯示的綠色圓點，就可以將陣列當中的部分特徵進行抑制，點擊紅色圓點即可將抑制的特徵恢復，如圖 11-1-17。

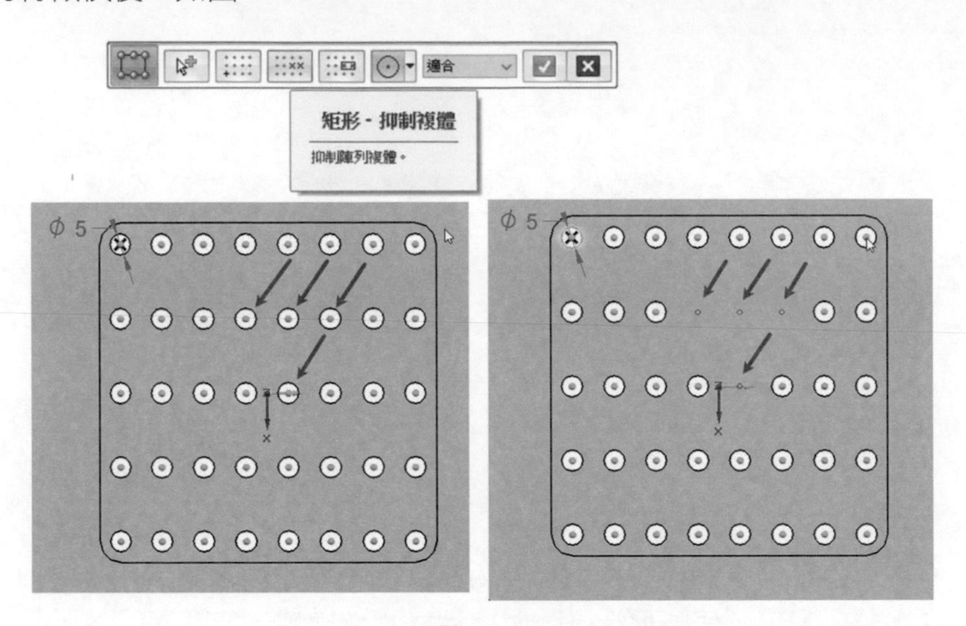

▲圖 11-1-17

使用者也可以利用框選的方式進行選擇需要抑制特徵，如圖 11-1-18。

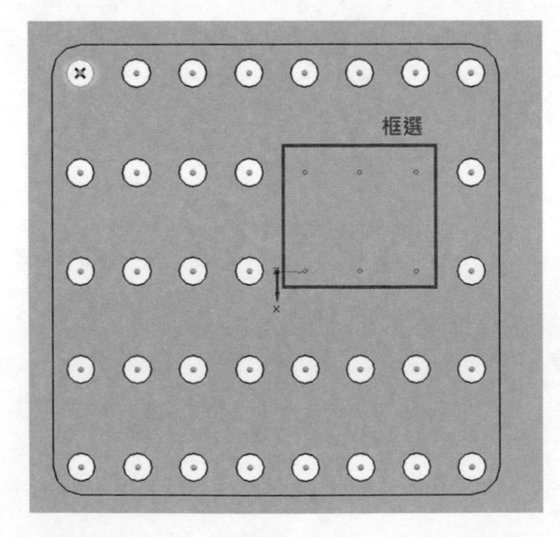

▲圖 11-1-18

> **使用區域抑制：**

使用者也可以以區域限制的方式進行抑制特徵。利用草圖繪製的方式，建立起一個區域，使用「抑制區域」指令，再點選區域及確認抑制方向，即可將草圖區域內的特徵進行抑制，如圖 11-1-19。

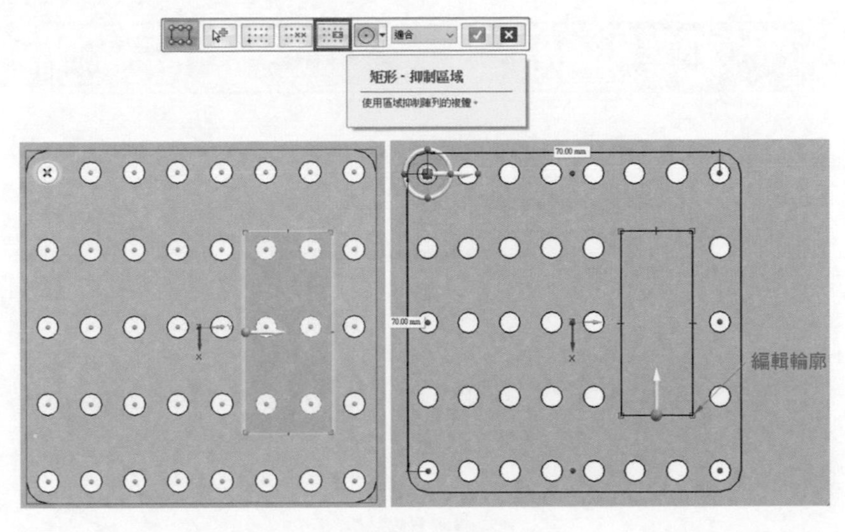

▲圖 11-1-19

備註 「抑制複體」與「抑制區域」的差異性，「抑制複體」為指定特徵，因此無論尺寸如何修改，特徵一樣保持抑制；「抑制區域」為記錄區域位置，當特徵進入區域內則會自動抑制，離開區域之後會自動顯示。

> **編輯陣列參數：**

透過「導航者」或「快速選取」選取陣列，並且點選陣列顯示文字，如圖 11-1-20，將會顯示該陣列的參數，使用者可以藉此修改，而陣列後的數字會根據使用者建立陣列時，所設定的陣列數量而有所不同。

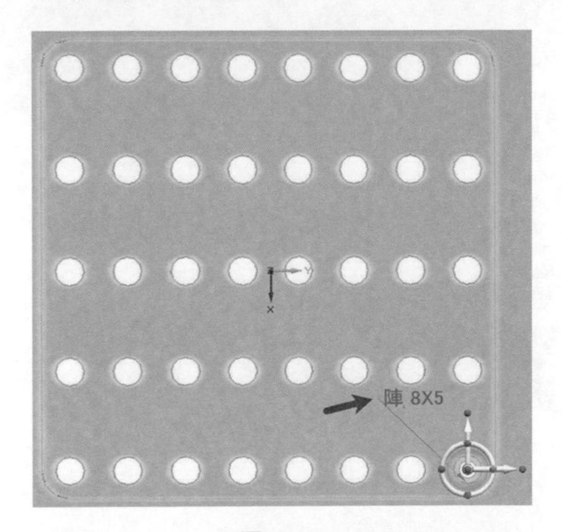

▲圖 11-1-20

➢ **將新元素新增至現有陣列：**

在編輯現有的陣列時，在快速工具列上會有「新增到陣列」的指令，如圖 11-1-21，透過「新增到陣列」的指令，可以將新特徵加入該陣列當中，使新特徵也可以依循陣列的參數設定，進行陣列。

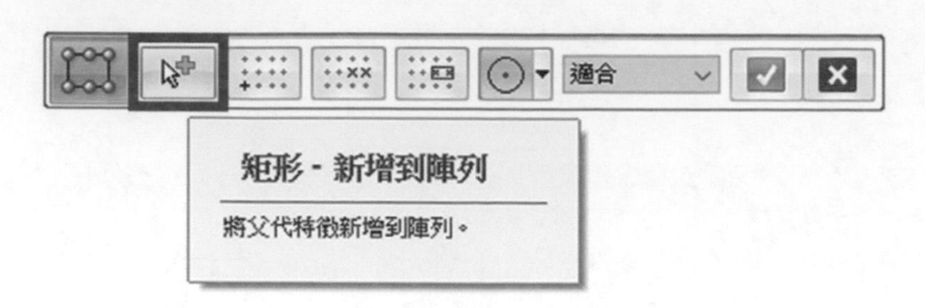

▲圖 11-1-21

使用者可以將長料特徵新增到完成的陣列上，如圖 11-1-22。

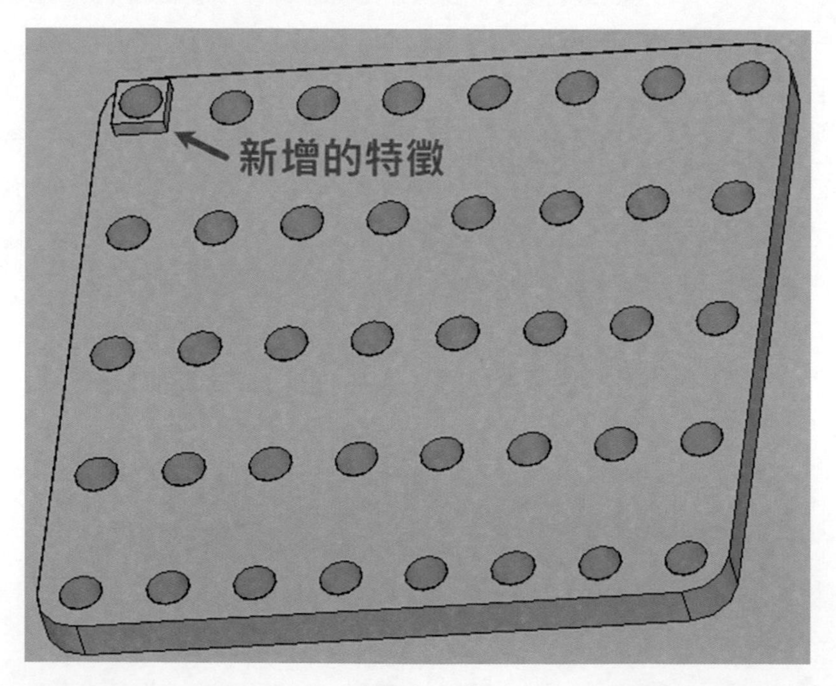

▲圖 11-1-22

在編輯陣列時，使用者可以點選「新增到陣列」指令，並且透過「導航者」或「快速選取」的方式，選擇長出特徵後，可以點選滑鼠右鍵或 enter 作為確定，如圖 11-1-23。

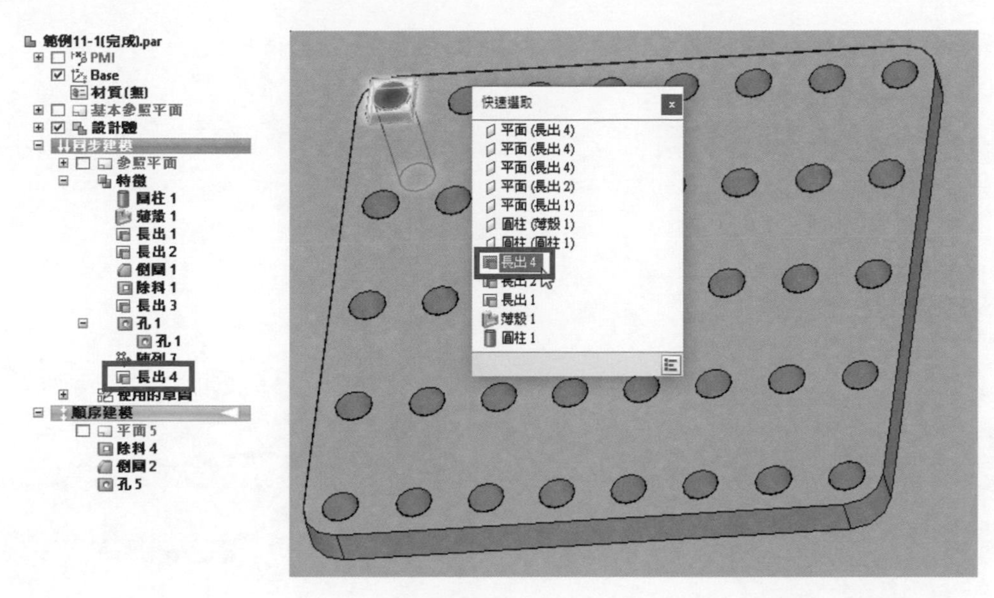

▲圖 11-1-23

接著指定一個綠色圓點，作為特徵要加入的參照點，如圖 11-1-24，確定之後特徵就會增加至該陣列當中。

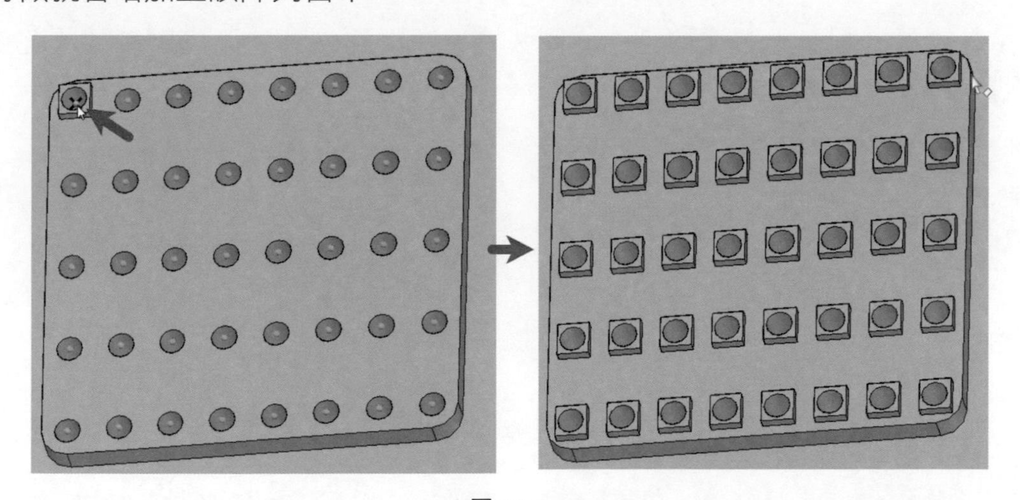

▲圖 11-1-24

11-2 同步建模圓形陣列

選取特徵之後，可以使特徵根據「圓形」的規則性，建立圓形陣列，以下利用範例 11-1.par 繼續做為示範。

❶ 選取要陣列的特徵後如圖 11-2-1，使用在「首頁」→「陣列」→「圓形陣列」指令，如圖 11-2-2。

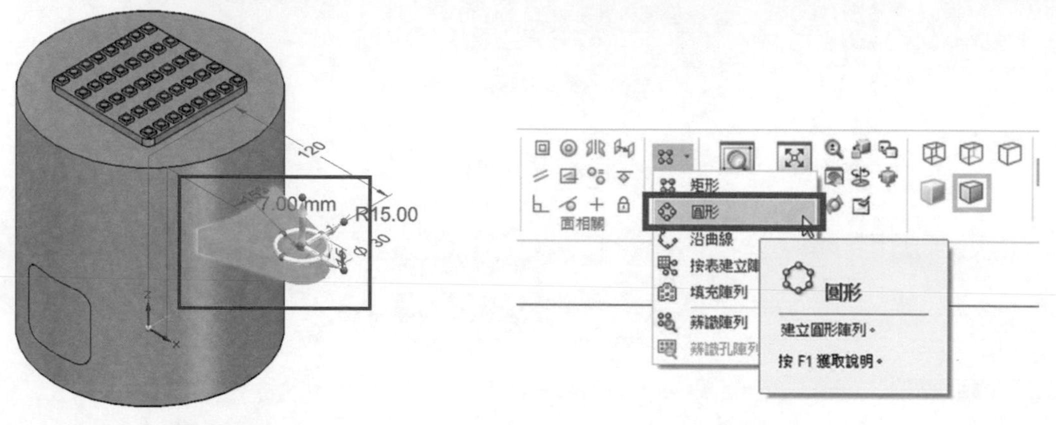

▲圖 11-2-1　　▲圖 11-2-2

❷ 要放置圓形陣列特徵，需要選取圓形陣列的旋轉軸心。
在此範例中，可以利用快速工具列上「關鍵點」選項，將使陣列旋轉軸更加容易放置於圓心上，選取圓的「圓弧邊」，即可快速的將旋轉軸放置在中心點，如圖 11-2-3。

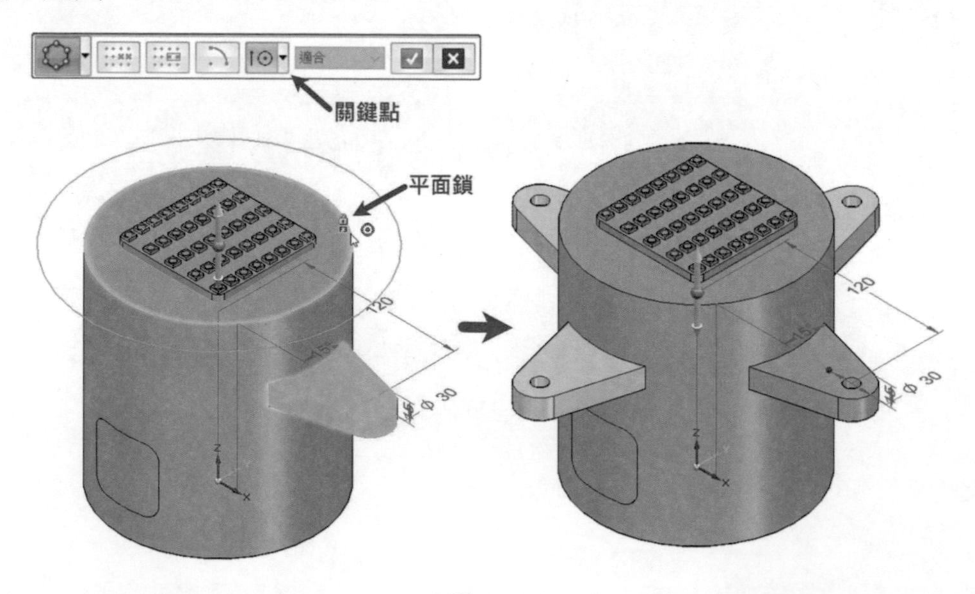

▲圖 11-2-3

❸ 定義陣列參數：可以使用「快速工具列」和「動態編輯方塊」定義使用者所需要的陣列參數。例如：使用者可以變更全圓的「陣列數量」如圖 11-2-4；或使用「圓形 / 圓弧陣列」以建立圓弧形的陣列，如圖 11-2-5。

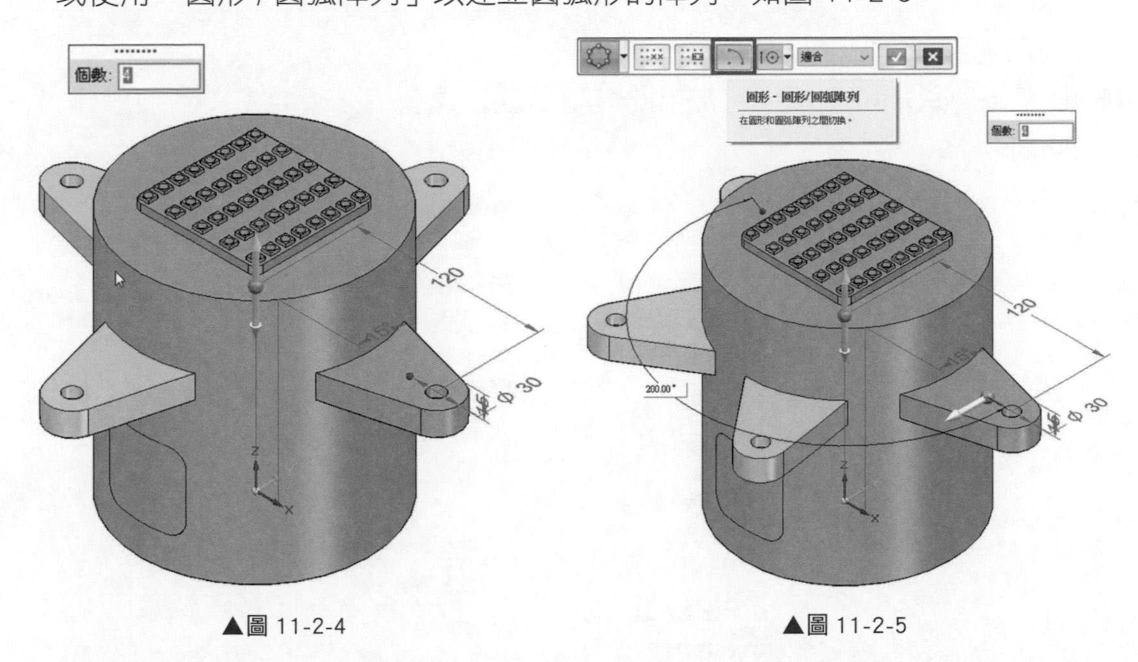

▲圖 11-2-4　　▲圖 11-2-5

備註 使用快速工具列上的「圓形 / 圓弧陣列」時，使用者就可以切換「適合」或「固定」的陣列法，用以建構所需的陣列。也可以點選方向軸，用以定義陣列以順時針或逆時針方向建構圓形陣列。（可以參考 11-1 的陣列說明）

❹ 圓形陣列完成之後，會出現陣列的直徑尺寸，可以直接選擇 PMI 修改圓形陣列的尺寸，如圖 11-2-6。

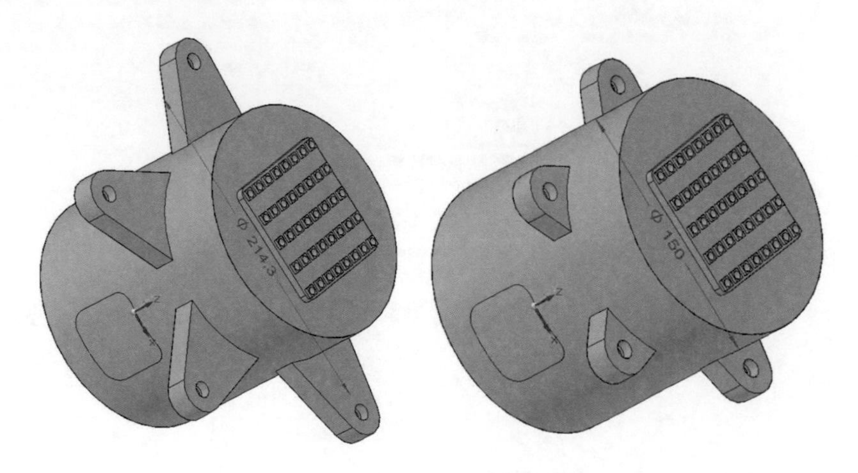

▲圖 11-2-6

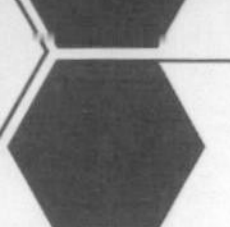

11-3 順序建模矩形陣列

利用範例 11-1.par 繼續做為示範。

❶ 順序陣列只能陣列順序特徵，此模型是混合建模，必須要先切到順序建模，如圖 11-3-1。

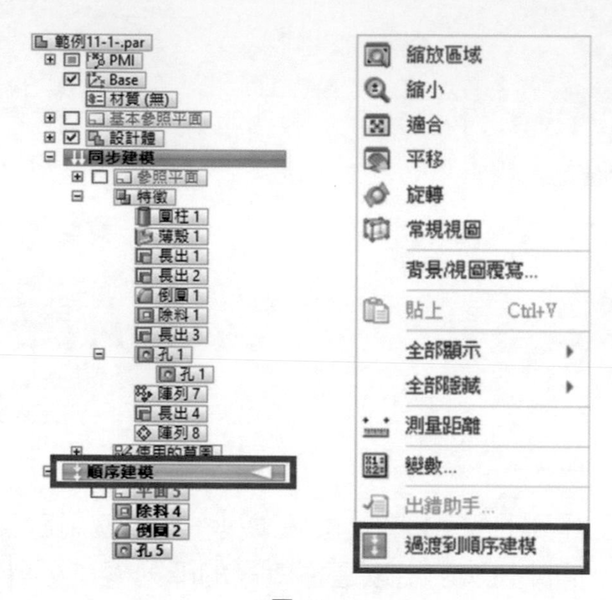

▲圖 11-3-1

❷ 選擇「首頁」→「陣列」指令，在順序建模當中，陣列指令可以根據使用者需求，建構矩形或圓形陣列，如圖 11-3-2。

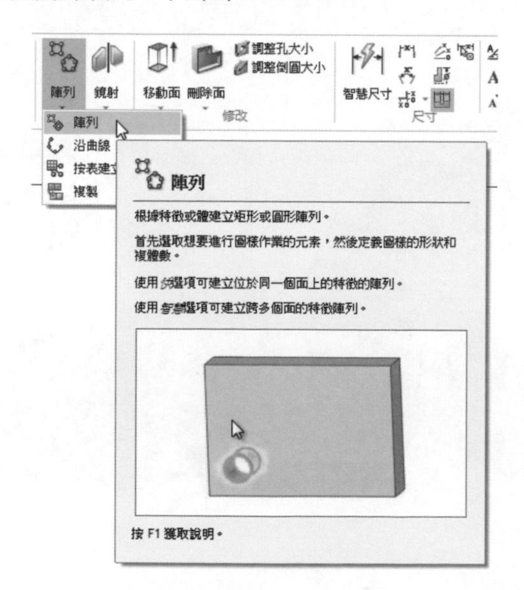

▲圖 11-3-2

❸ 選擇需要建構陣列的特徵，使用者可以透過導航者或是直接點選特徵選取並且確定，如圖 11-3-3。

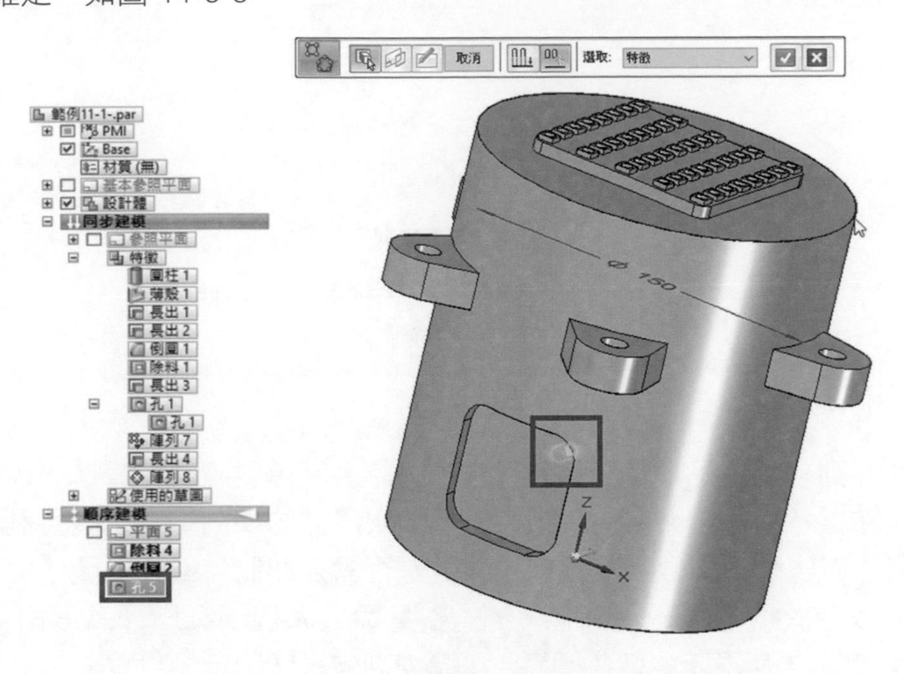

▲圖 11-3-3

❹ 指令條上選擇「重合面」，選擇草圖陣列所使用的平面，如圖 11-3-4。

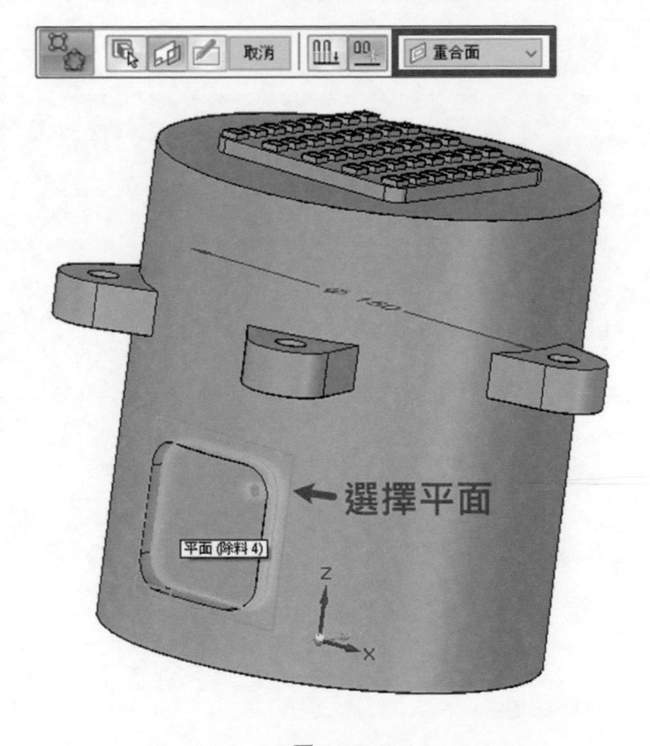

▲圖 11-3-4

❺ 選擇特徵中的「首頁」→「特徵」內的「矩形陣列」，如圖 11-3-5。

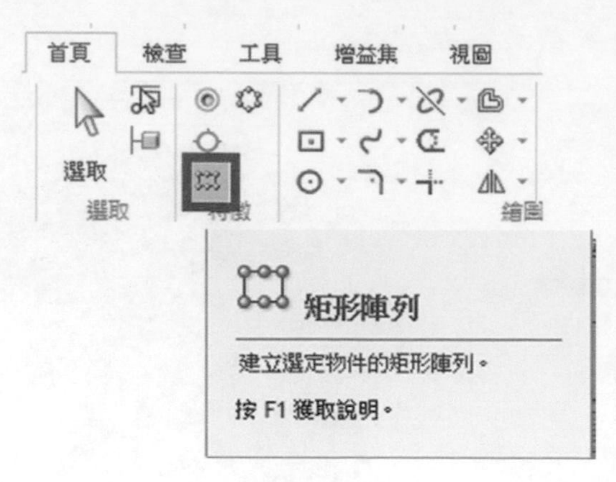

▲圖 11-3-5

❻ 「矩形陣列」指令是幫助使用者建立陣列時，所需要繪製的草圖，因此使用者可以點選特徵的端點作為參照點，繪製出所需的陣列草圖，並且利用快速工具列，確認陣列的數量及尺寸，以及是否需要抑制特徵，如圖 11-3-6，使用者可以在 X 的數量輸入 5 個，Y 的數量輸入 4 個，寬度、高度則輸入 30 mm，而草圖中所顯示的藍色圓點，即是陣列特徵所顯示的位置。

備註 順序建模當中可以看到多出一項名稱「填充」，代表不同的陣列方式，在後面 11-6 章節會做說明。

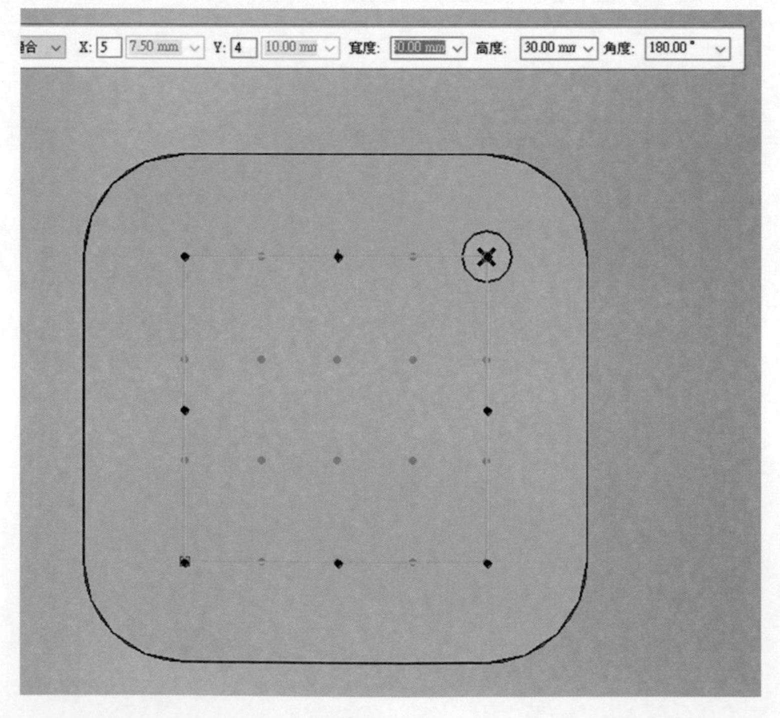

▲圖 11-3-6

❼ 關閉草圖並按下完成，即可完成陣列，如圖 11-3-7。

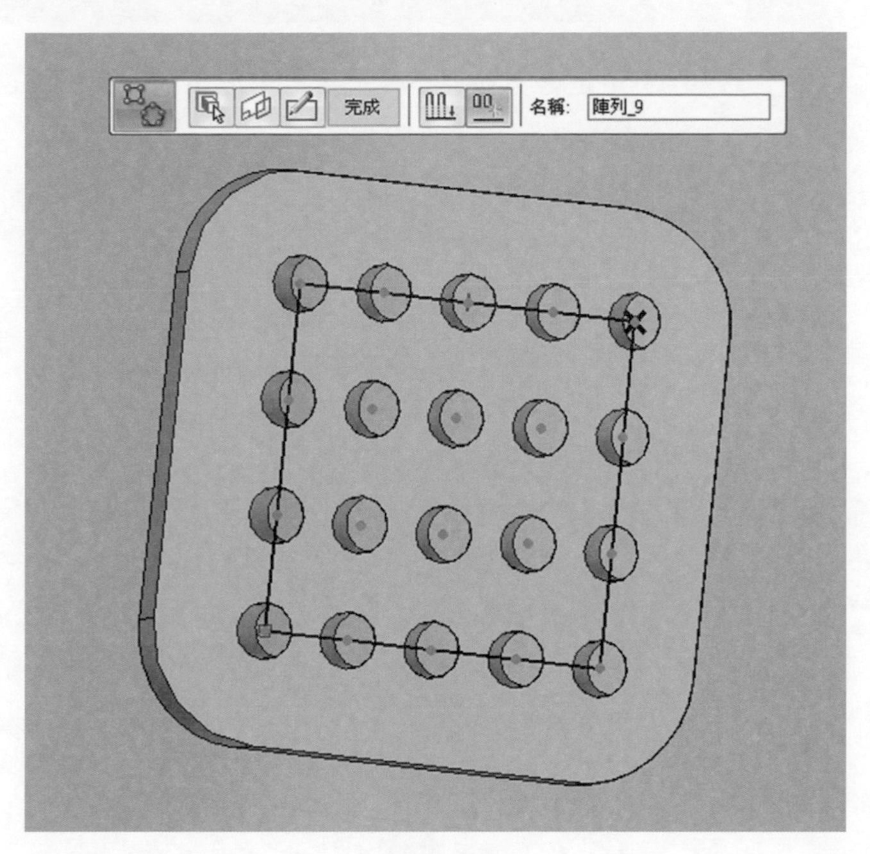

▲圖 11-3-7

11-4 順序建模圓形陣列

❶ 選擇「首頁」→「陣列」指令，並且選定需要陣列的特徵，如圖 11-4-1。

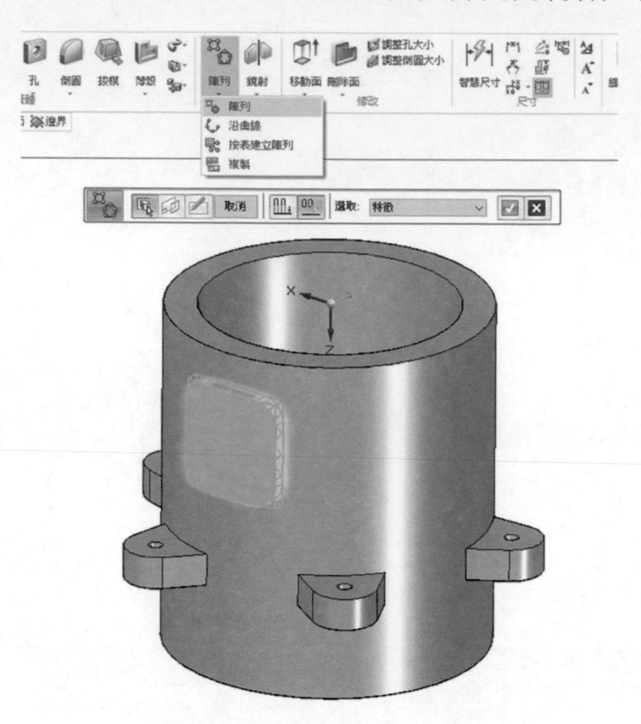

▲圖 11-4-1

❷ 指令條上選擇「重合面」，選擇草圖陣列所使用的平面，如圖 11-4-2。

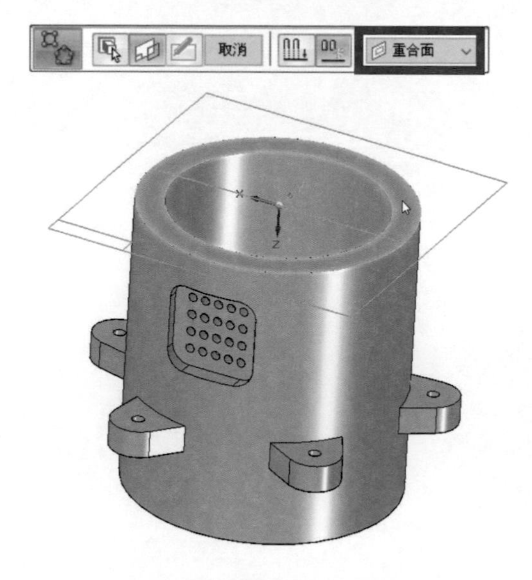

▲圖 11-4-2

❸ 使用「首頁」→「特徵」內的「圓形陣列」指令，繪製圓形陣列所需要的草圖，如圖 11-4-3。

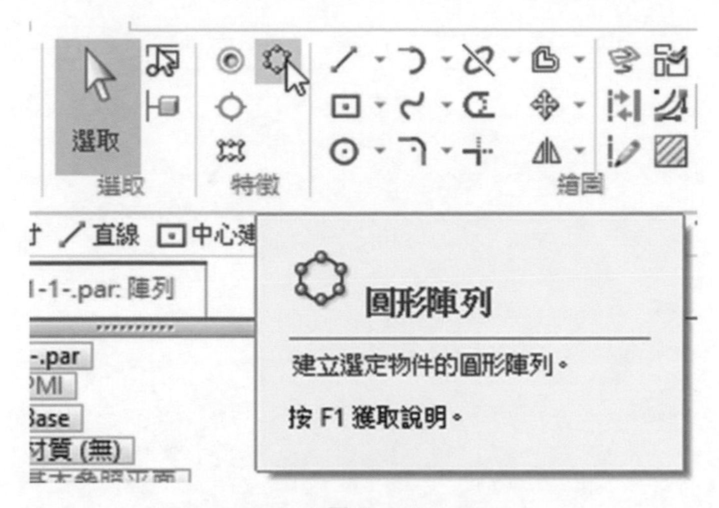

▲圖 11-4-3

❹ 使用者可以點選圓心繪製圓形陣列所需要的圓形草圖，利用鎖點工具鎖定於特徵之上，並且於個數輸入陣列數量：4 個，如圖 11-4-4。

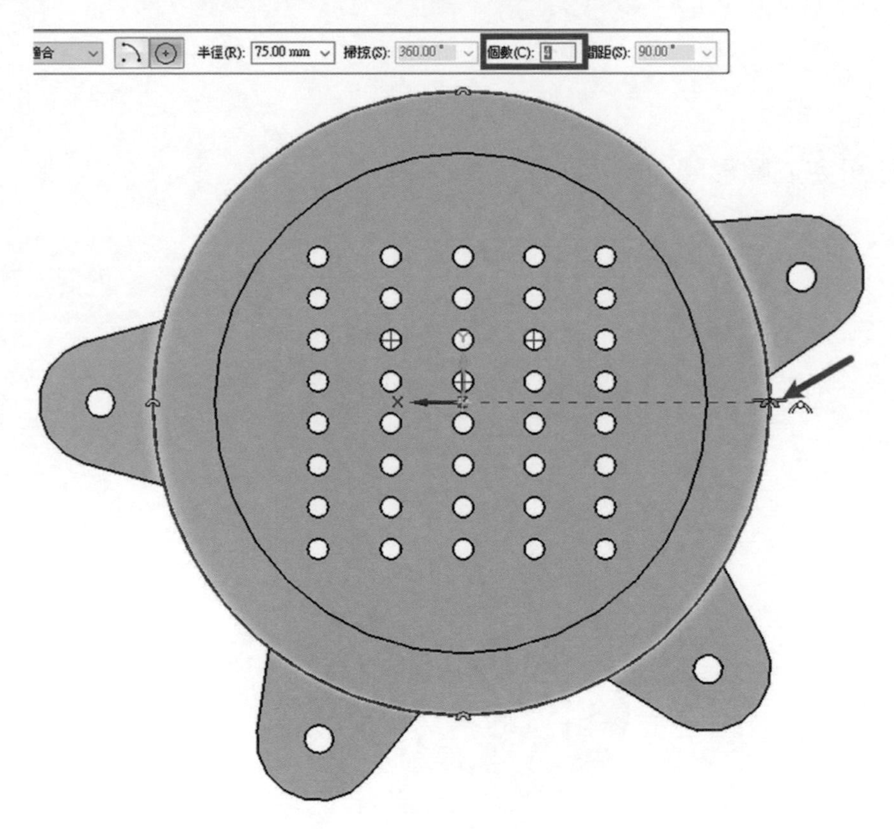

▲圖 11-4-4

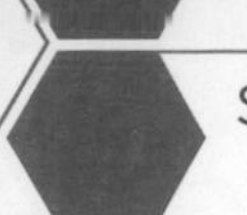

❺ 此時需給予陣列方向，箭頭用以決定順時針或逆時針方向，如圖 11-4-5，完成後關閉草圖。

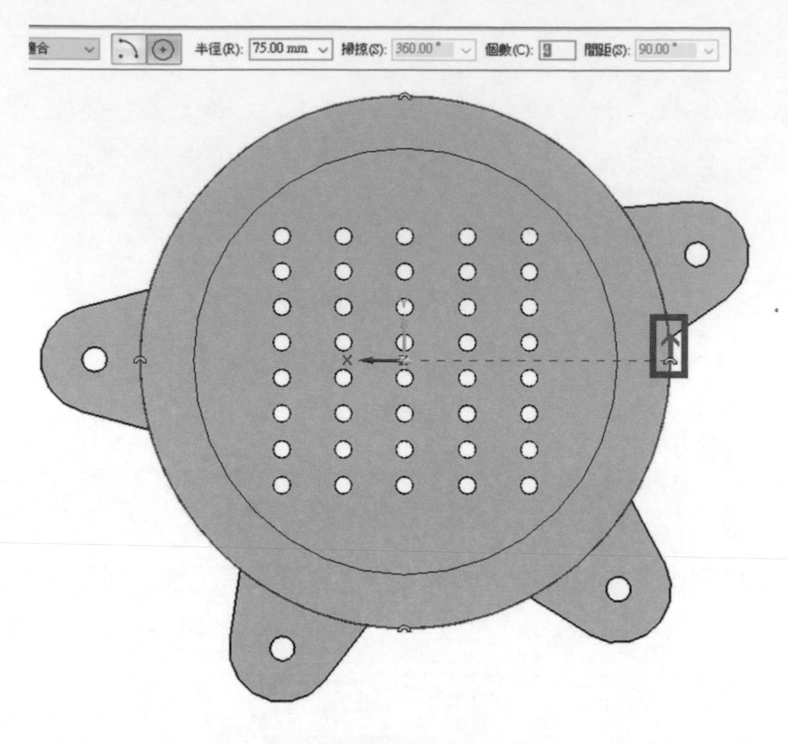

▲圖 11-4-5

❻ 這樣即可完成圓形陣列特徵，如圖 11-4-6。

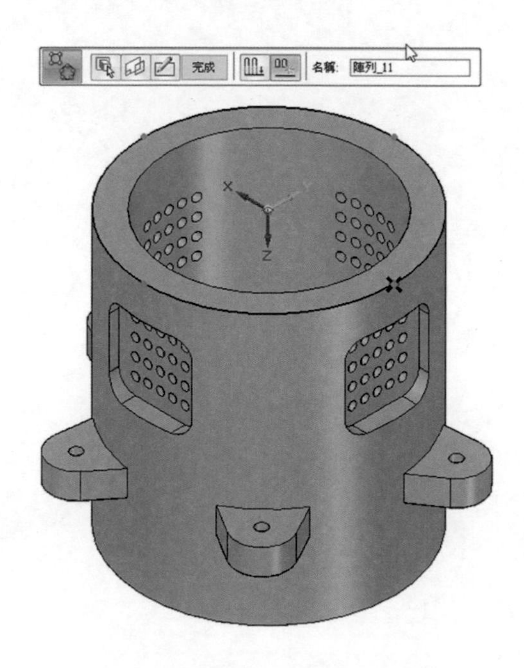

▲圖 11-4-6

❒ 補充

❶ 使用者如果不需要建立全圓陣列時，在繪製圓形陣列草圖時，選取「局部圓」指令，草圖則會根據使用者提供的參數，建立圓弧形陣列，如圖 11-4-7。

掃掠：圓弧線長度所使用的夾角。

個數：數量。

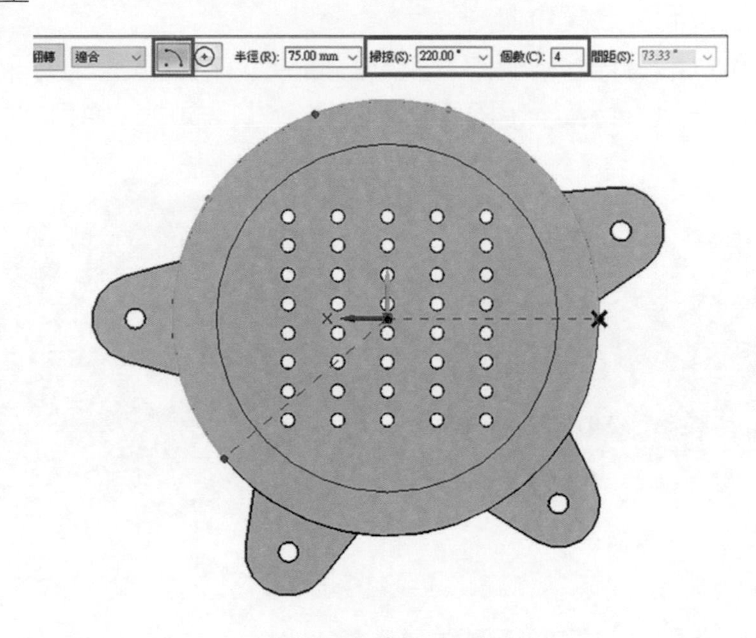

▲圖 11-4-7

❷ 關閉草圖並且點選完成，即可完成圓弧形陣列，如圖 11-4-8。

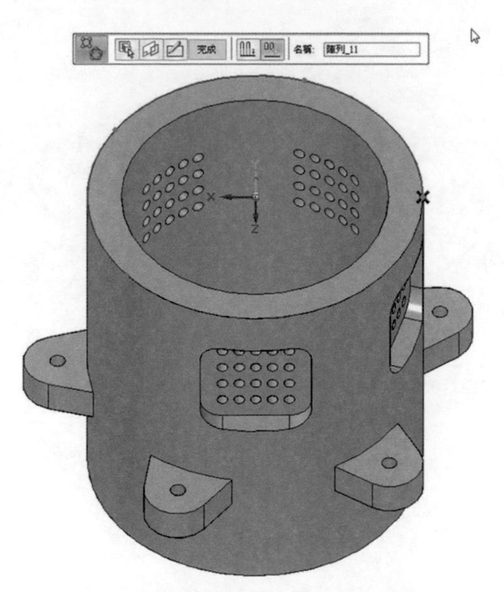

▲圖 11-4-8

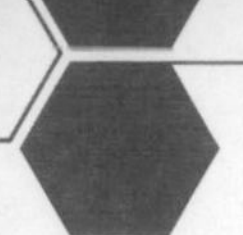

11-5 沿曲線陣列

沿指定的「曲線」建構出選定元素的陣列。使用者可以選取「特徵」、「面」、「面集」、「曲面」或「設計體」作為陣列所需的父元素，使用沿曲線陣列時，順序建模的做法與同步建模類似。

陣列參照可以沿著任意繪製的「2D、3D 曲線」或是「實體邊線」來進行陣列，例如：可以選取一組「特徵」沿著〔實體邊線〕進行規則性陣列，如圖 11-5-1。

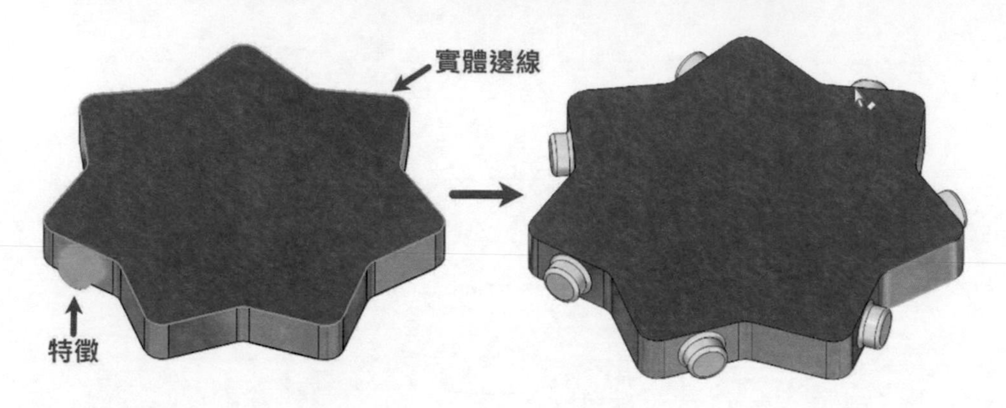

▲圖 11-5-1

以下利用一個簡單的同步建模範例進行示範：

❶ 開啟範例檔「11-5-2.par」，如圖 11-5-2。

▲圖 11-5-2

❷ 利用繪圖指令，在模型上建立一條「曲線」草圖，此時可觀察曲線的起點在特徵端點上，如圖 11-5-3。

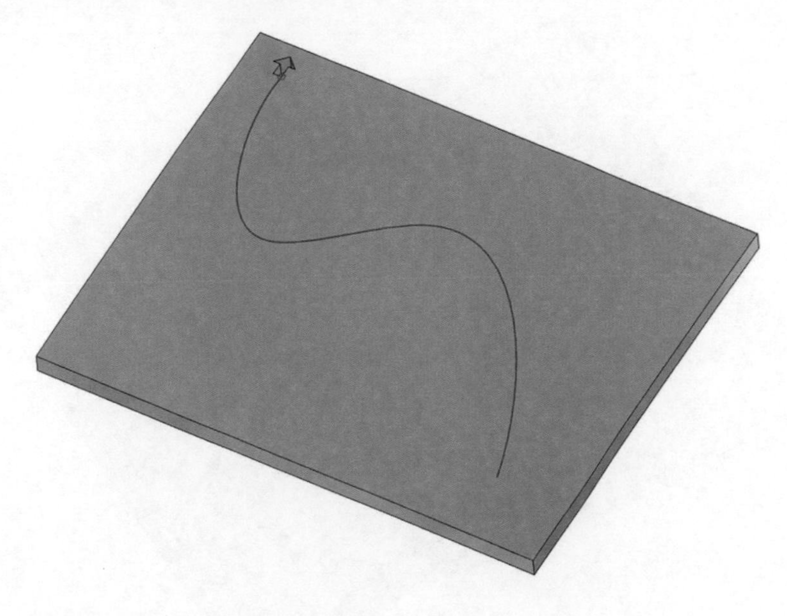

▲圖 11-5-3

❸ 透過導航者選取「除料」特徵或是框選特徵，執行「首頁」→「陣列」→「沿曲線陣列」，如圖 11-5-4。

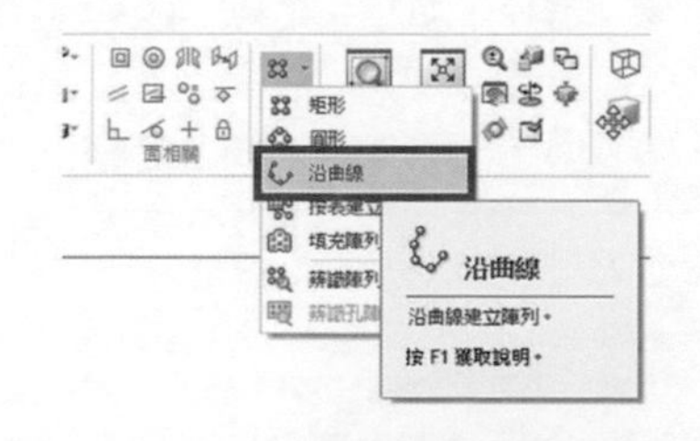

▲圖 11-5-4

❹ 選擇剛才繪製的曲線，並且按下「接受」，如圖 11-5-5。

▲圖 11-5-5

❺ 接著點擊「錨點」，作為陣列的參照點，如圖 11-5-6。

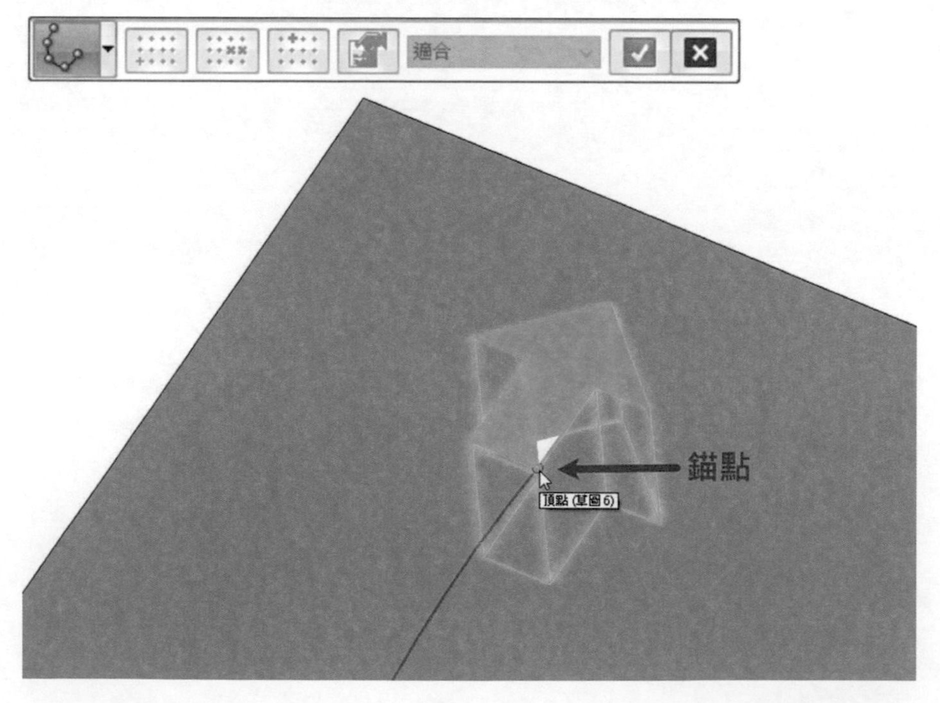

▲圖 11-5-6

❻ 點選完錨點之後，使用者可以利用方向軸確定陣列的方向，如圖 11-5-7。

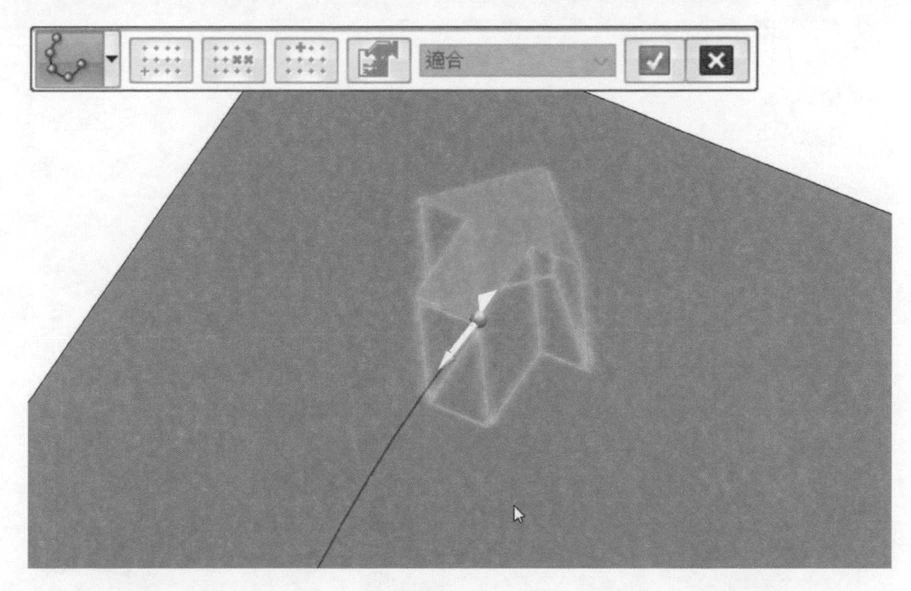

▲圖 11-5-7

❼ 使用者可以根據自己的需求選擇陣列方法，藉此完成沿曲線陣列，如圖 11-5-8。

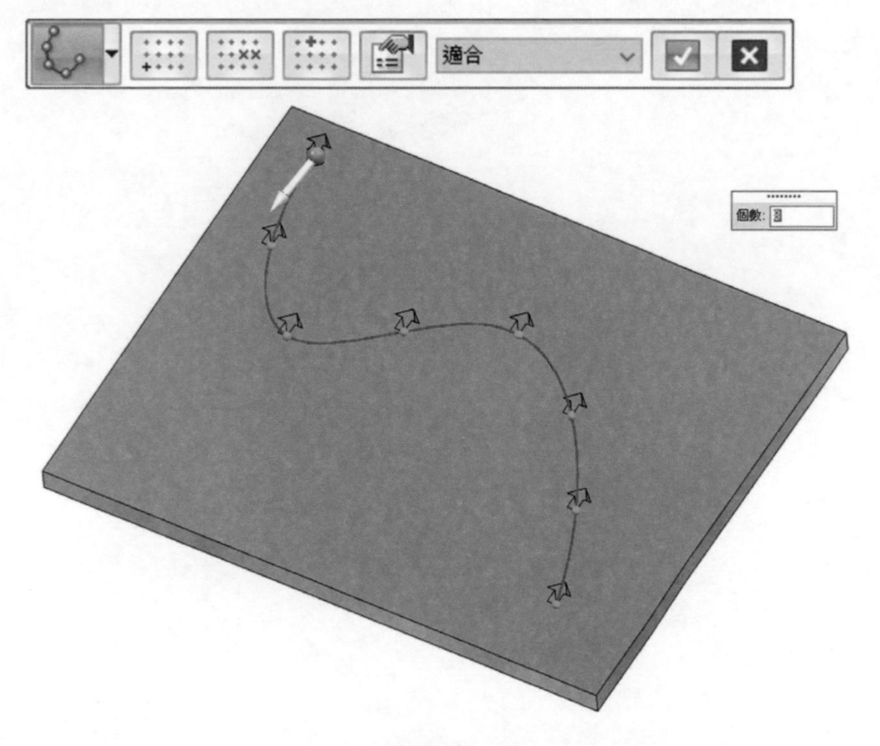

▲圖 11-5-8

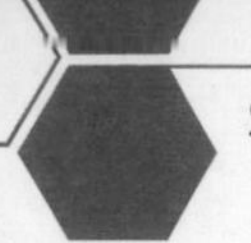

❽ 在沿曲線陣列的快速工具列當中，使用者可以透過選項進行進階設定，可以調整陣列建構的特徵，使其參照曲線的方向，如圖 11-5-9。

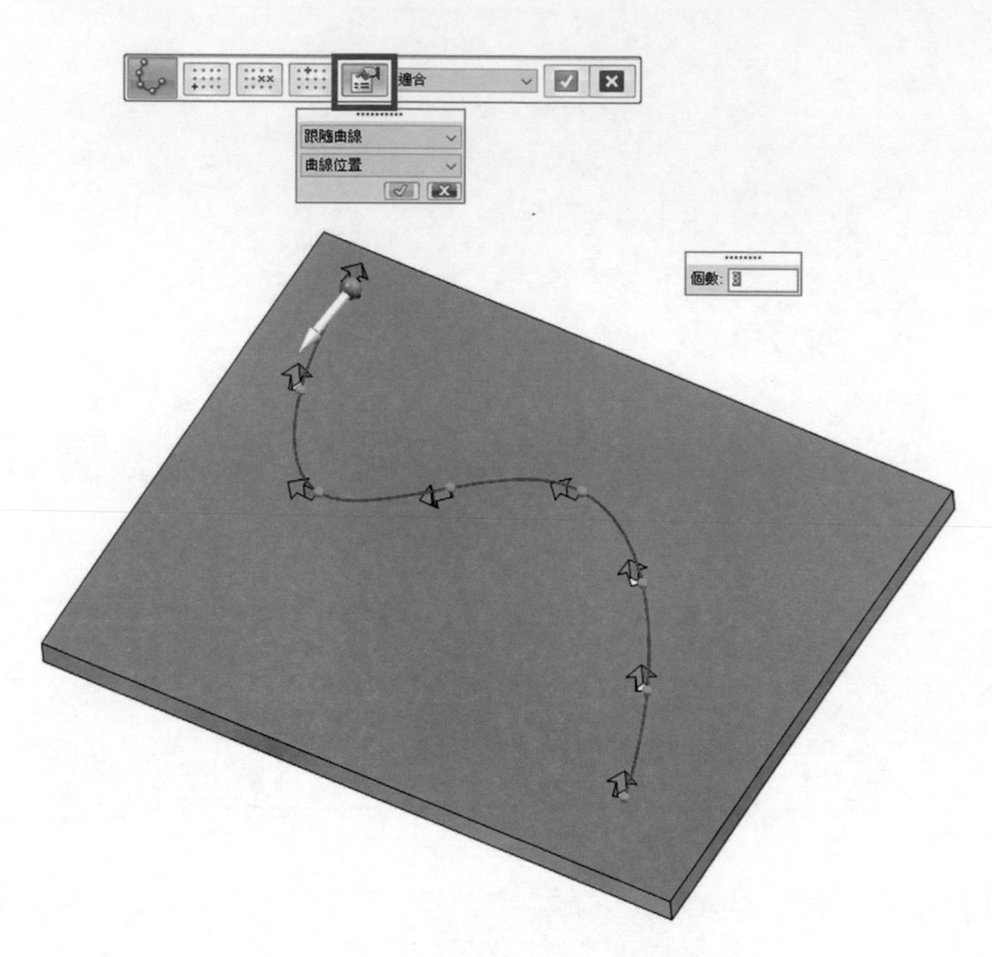

▲圖 11-5-9

11-6 填充陣列

「填充陣列」指令會根據使用者選取的特徵，將特徵完全填充到定義好的區域內。而填充方式可以選擇「矩形」、「交錯」或「徑向」方式。每種填充陣列類型均有一組定義陣列的選項。可以手動或使用陣列邊界偏置值抑制事例。可以對填充陣列進行編輯已產生所需的結果。

➢ **填充陣列類型**：如圖 11-6-1。

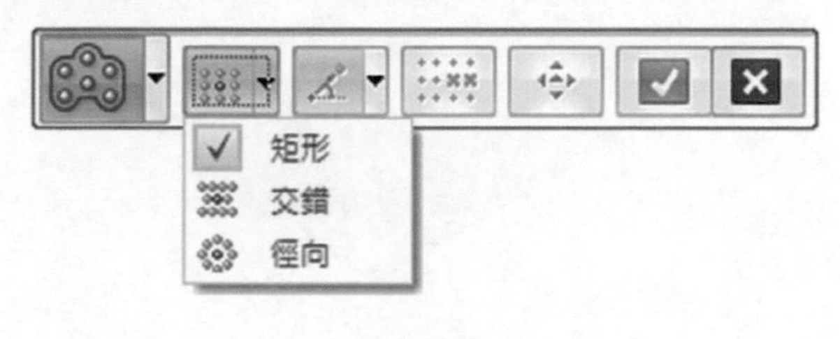

▲圖 11-6-1

打開範例「11-6.par」，利用此範例可分別介紹矩形、交錯、徑向三種填充類型。

使用者選取特徵之後，可利用「首頁」→「陣列」→「填充陣列」進行陣列的建構，如圖 11-6-2。

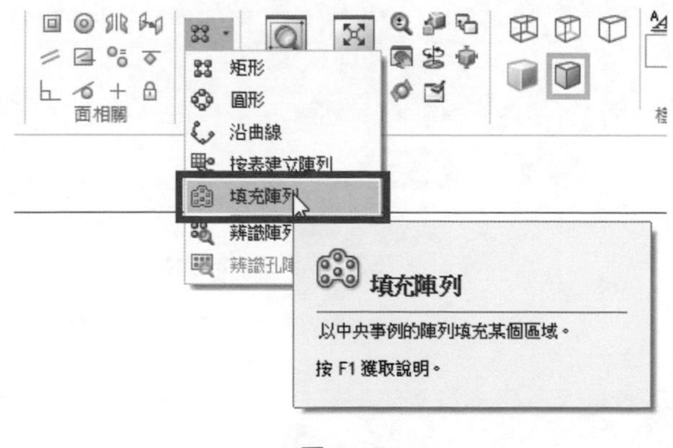

▲圖 11-6-2

指定一個區域進行填充陣列，如圖 11-6-3。

▲圖 11-6-3

➢ 矩形填充：

預設陣列填充類型，此陣列會充滿整個區域，兩個用於定義「列」與「欄」間距的值，使用「tab」鍵在間距值框之間進行更換，如圖 11-6-4。

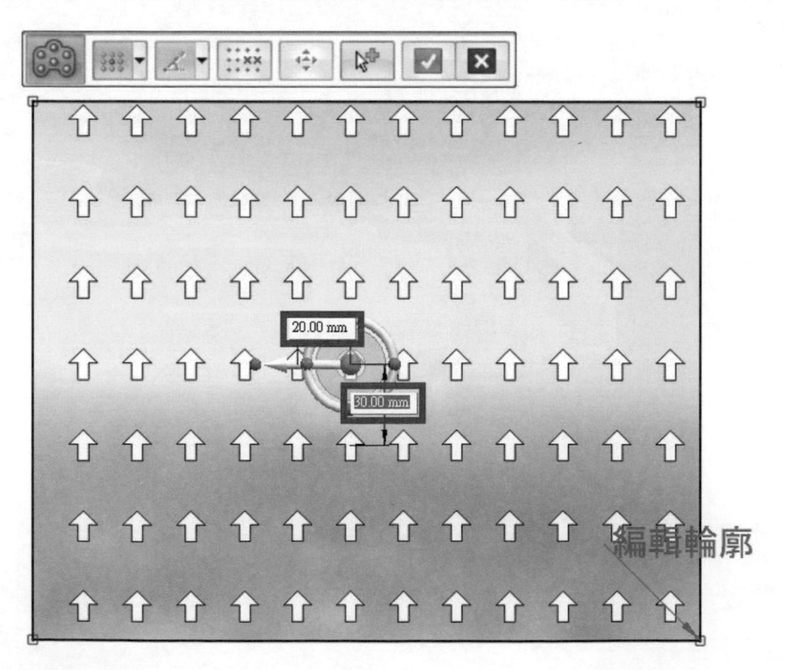

▲圖 11-6-4

點擊「幾何控制器」的圓環，再輸入一個「角度值」，即可變更陣列的旋轉角度，但列與欄的方向始終保持垂直關係，如圖 11-6-5。

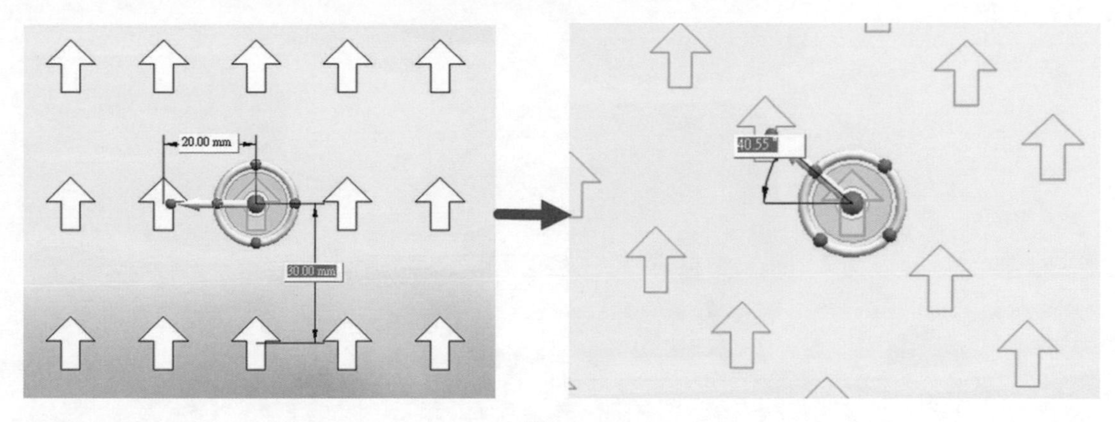

▲圖 11-6-5

➢ **交錯填充：**

此陣列類型使用「交錯」的填充樣式，如圖 11-6-6。

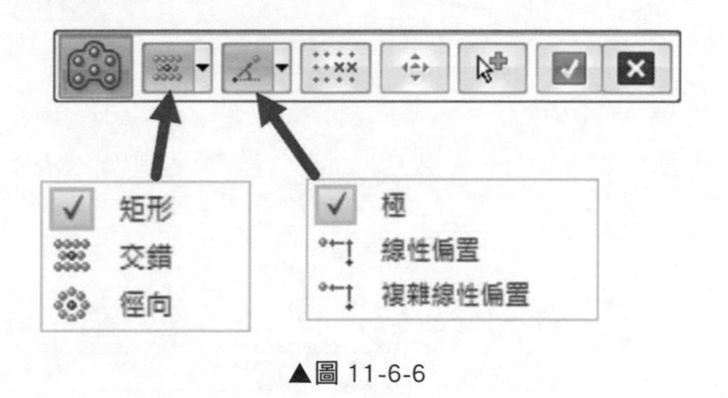

▲圖 11-6-6

使用者可以根據自己的需求設定的間距方式，間距方式可以使用「極」、「線性偏置」、「複雜線性偏置」三種方式。

使用「極」選項，使用者可以輸入特徵之間的「距離」與「角度」，藉此定義數量及交錯的角度，如圖 11-6-7。

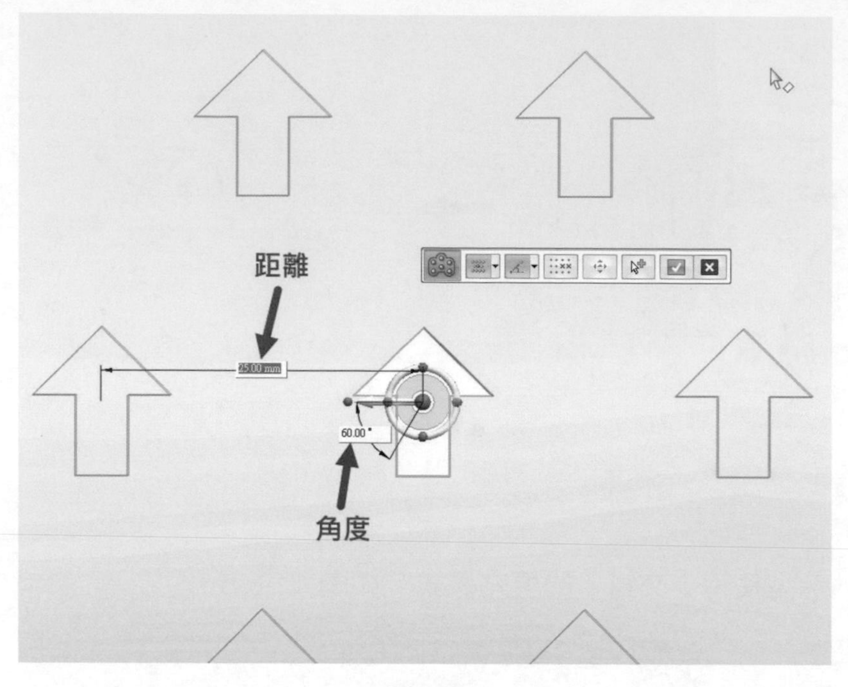

▲圖 11-6-7

使用「線性偏置」選項，使用者可以輸入特徵之間「水平向距離」與「垂直向距離」，如圖 11-6-8。

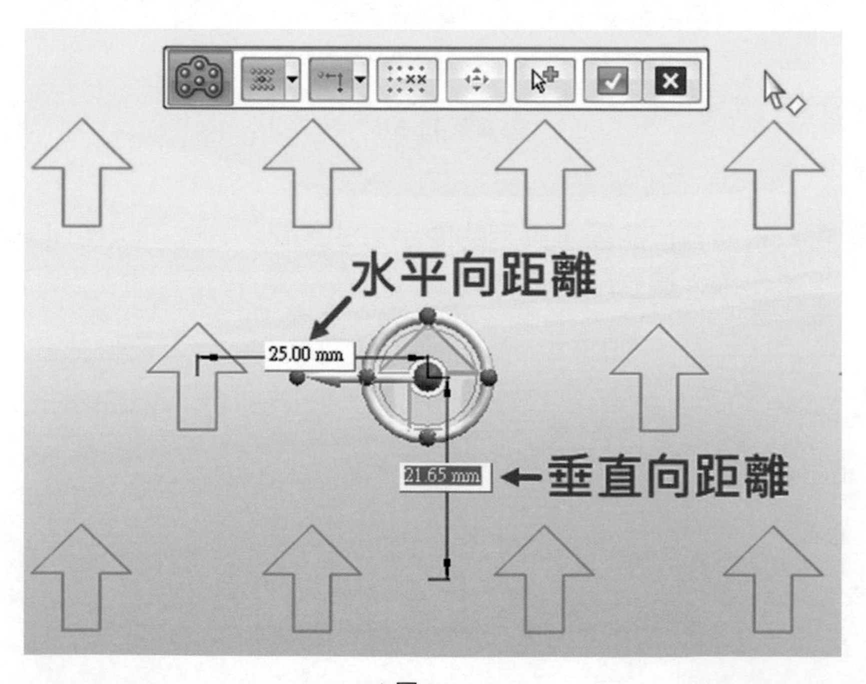

▲圖 11-6-8

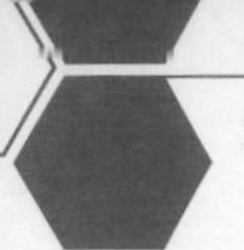

使用「複雜線性偏置」選項，使用者除了「水平向距離 1」與「垂直距離」之外，還會另外多一個「水平向距離 2」，以進行更多的調整，如圖 11-6-9。

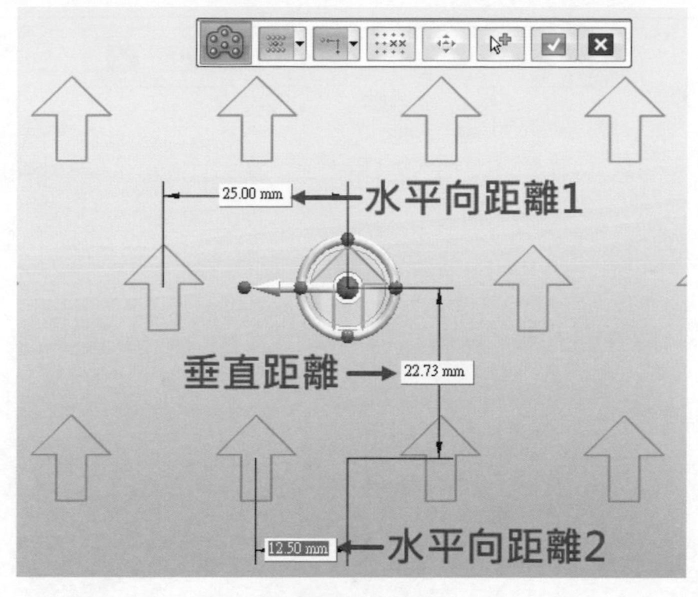

▲圖 11-6-9

➢ **交錯填充：**

此陣列類型使用「徑向」的填充區域，如圖 11-6-10。

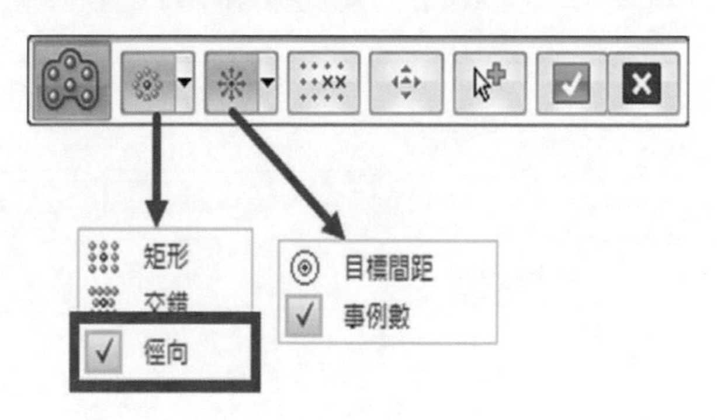

▲圖 11-6-10

使用者可以根據自己的需求設定的間距方式，間距方式可以使用「目標間距」、「事例數」兩種方式。

使用「目標間距」選項，使用者須輸入特徵之間的「間距」，Solid Edge 會根據間距，將陣列以環繞父元素的方式建構陣列，如圖 11-6-11。

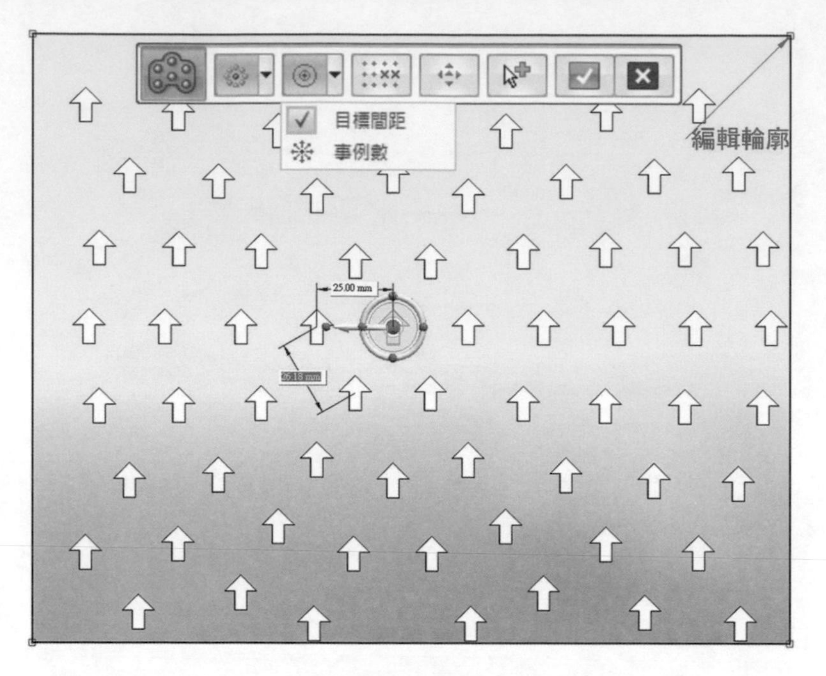

▲圖 11-6-11

使用「事例數」選項，使用者可以輸入「特徵數量」及「間距」，來調整在環繞時每一圈特徵數量及每個特徵間距，如圖 11-6-12。

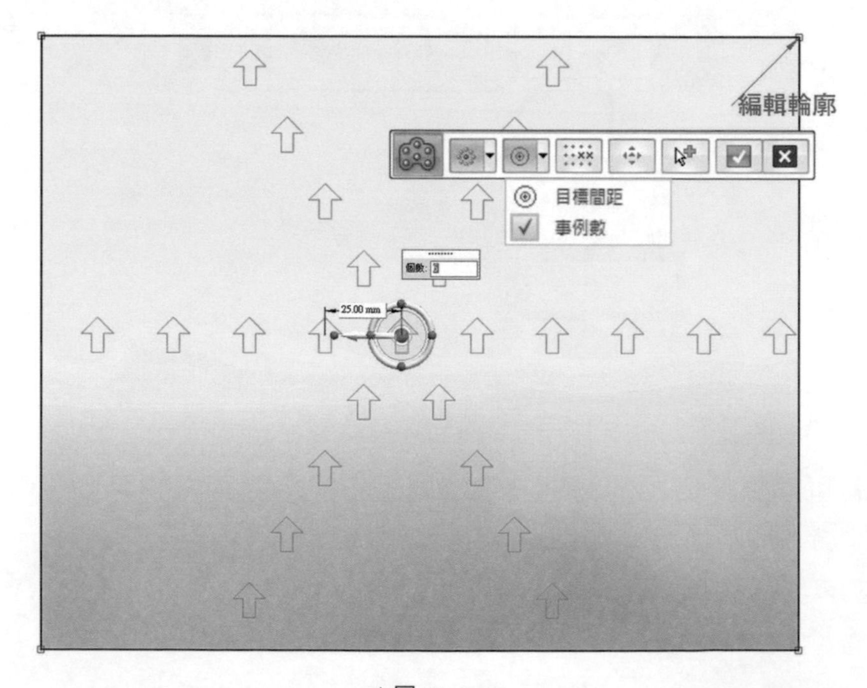

▲圖 11-6-12

➢ 中心定向：

中心定向指令僅提供於「徑向」填充陣列中使用，用以控制父元素以外的陣列特徵所旋轉的方向，如圖 11-6-13。

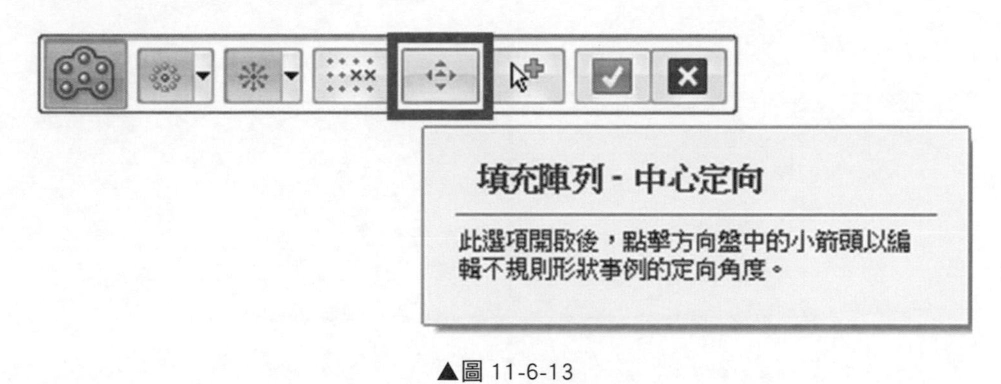

▲圖 11-6-13

選擇此選項之後，「幾何控制器」會新增加一個較短的方向軸，使用者可以點選新增的方向軸，藉此調整陣列特徵的方向，如圖 11-6-14。

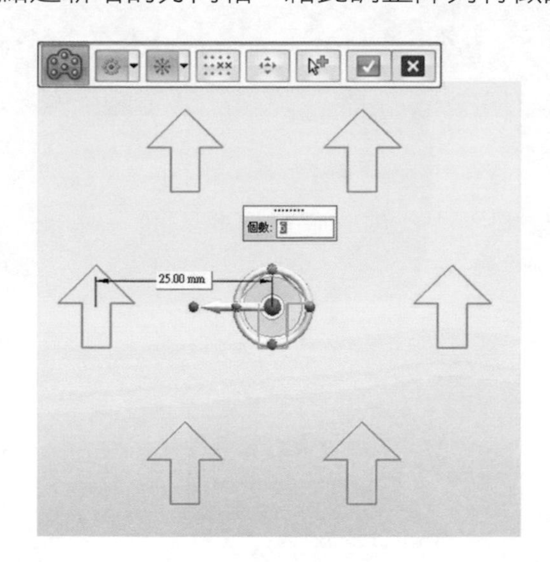

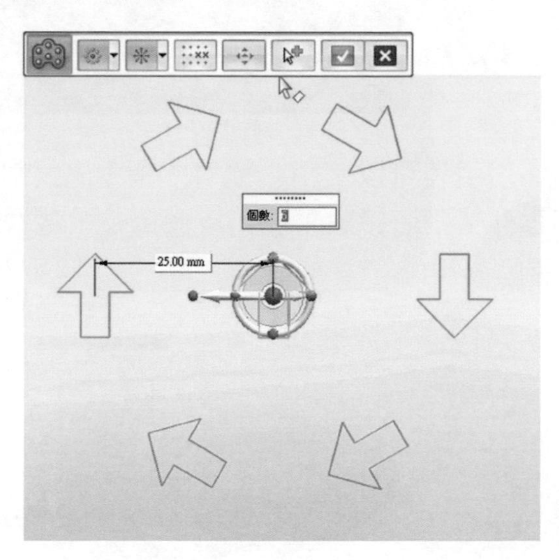

▲圖 11-6-14

備註 隨著中心定向的角度值變更，箭頭的方向也會進行旋轉，如圖 11-6-15，「填充陣列」快速工具列當中的「抑制複體」與「矩形陣列」相同，使用者可參閱先前章節的敘述。

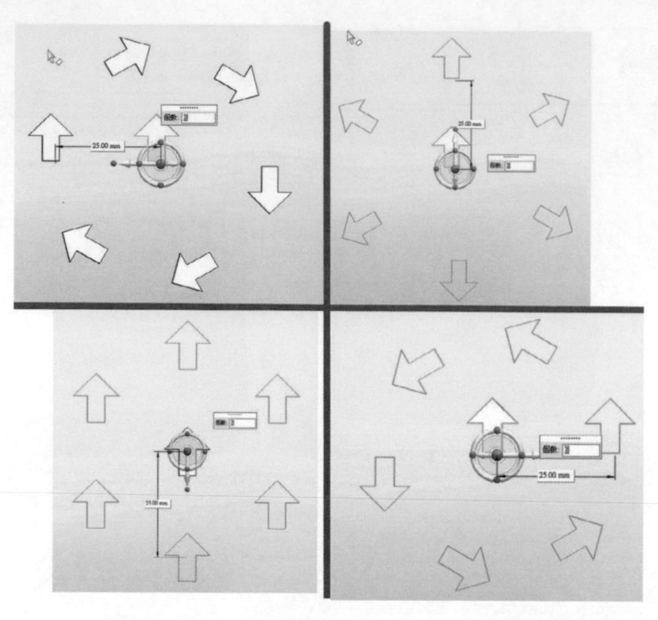

▲圖 11-6-15

11-7 鏡射特徵

使用者可以使用「鏡射」指令來鏡射一個或多個「特徵」、「面」、或「整個零件」；而鏡射平面可以選擇是「基本參照平面」或「任一實體平面」，如圖 11-7-1。

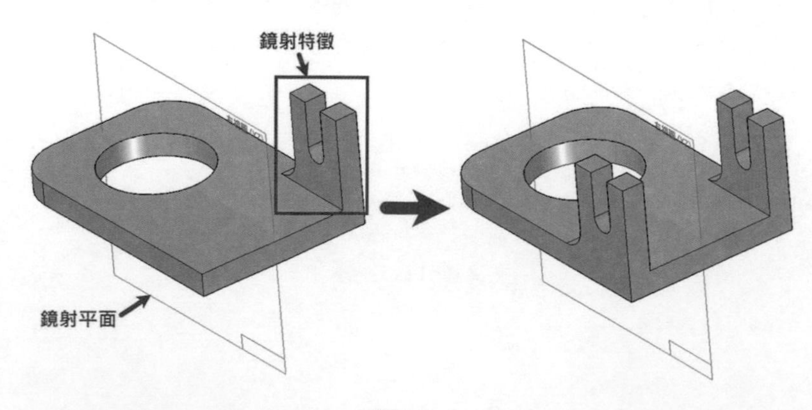

▲圖 11-7-1

❶ 開啟範例檔「11-7.par」，選擇需要進行鏡射的特徵，使用者可以透過導航者上的實體特徵選取，也可以利用滑鼠直接框選所需的特徵或面，如圖 11-7-2。

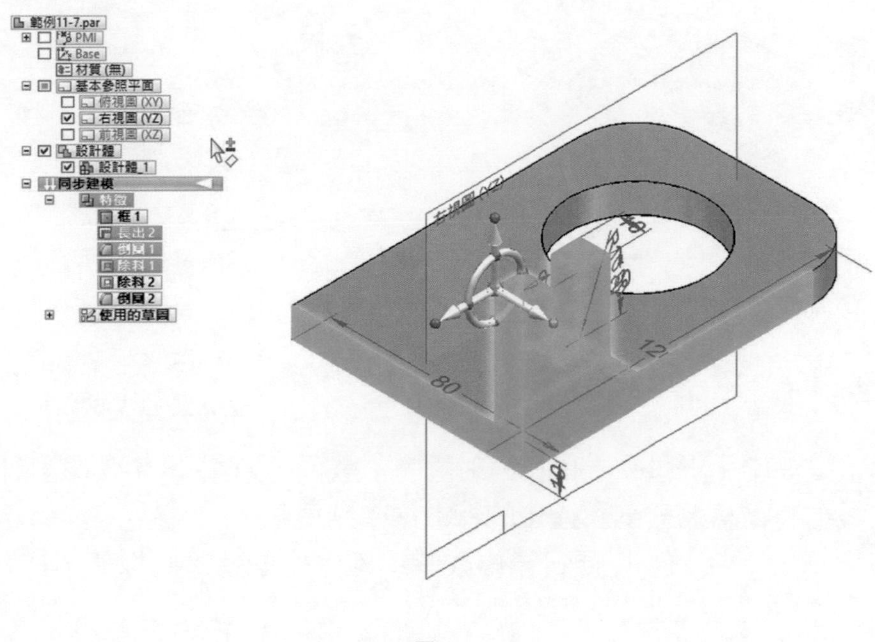

▲圖 11-7-2

❷ 使用「首頁」→「陣列」內的「鏡射」指令，如圖 11-7-3。

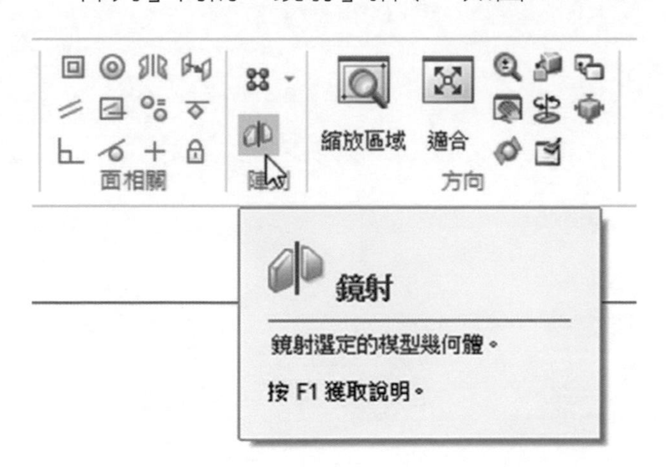

▲圖 11-7-3

❸ 選擇右視圖 (XZ 平面) 做為鏡射平面，如圖 11-7-4。完成結果，如圖 11-7-5。

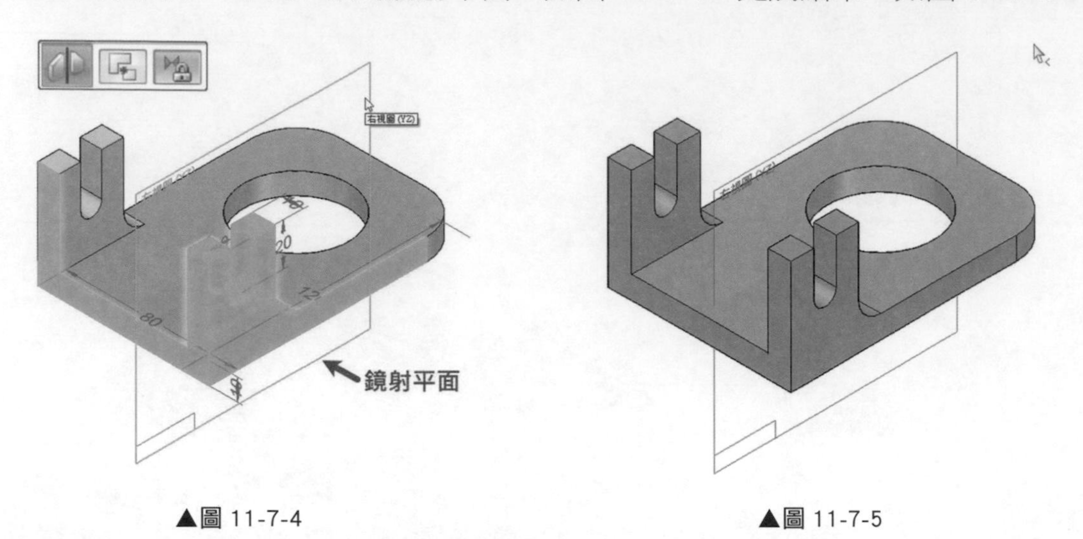

▲圖 11-7-4

▲圖 11-7-5

❹ 「鏡射」指令中，提供了「保持鏡射關聯」選項，如圖 11-7-6；選項開啟時，建立的鏡射特徵會將鏡射所產生的特徵集中到鏡射。
導航者紀錄底下特徵，以便日後修改時，確保這些特徵將以鏡射對稱規則修改，如圖 11-7-7。

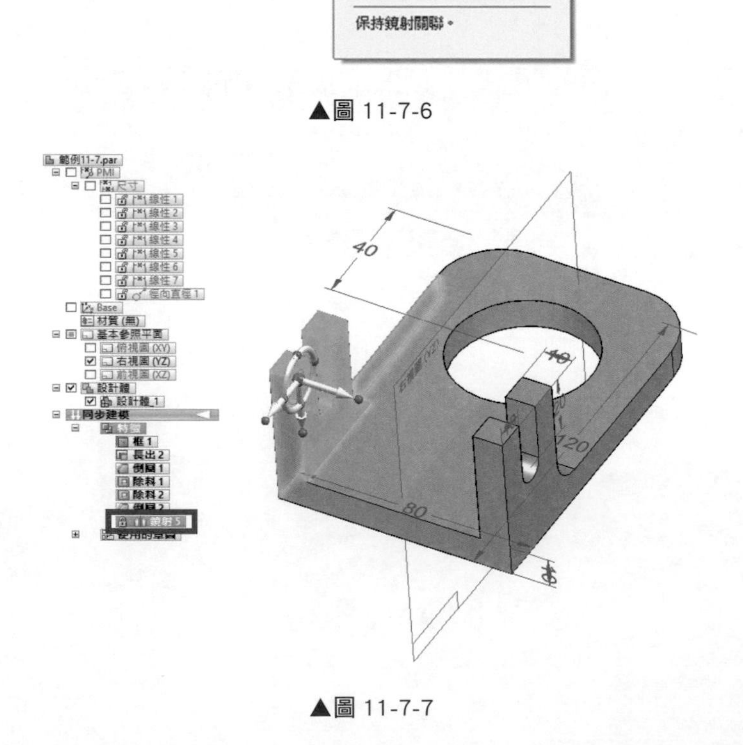

▲圖 11-7-6

▲圖 11-7-7

11-8 組立陣列

在組立件中，想要進行零件陣列，有兩種方式：

- 利用組立件中的零件陣列特徵（在組立件章節中有步驟）
- 繪製陣列草圖的方式

❶ 在此我們介紹第二種方式，直接繪製草圖的方式，開啟範例檔「11-8.asm」，如圖 11-8-1。

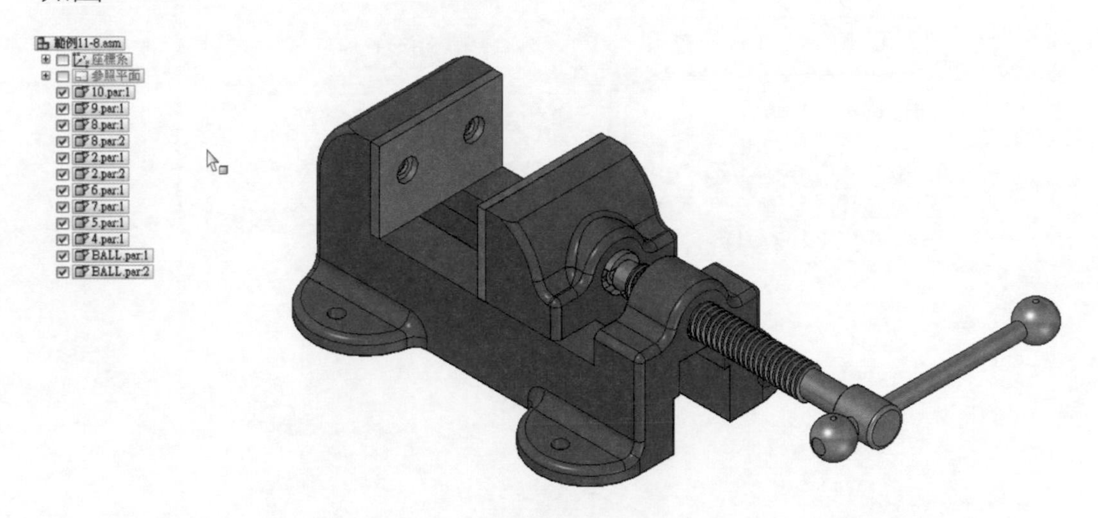

▲圖 11-8-1

❷ 選擇「草圖」，指令條內選取「重合面」選擇物件平面，如圖 11-8-2。

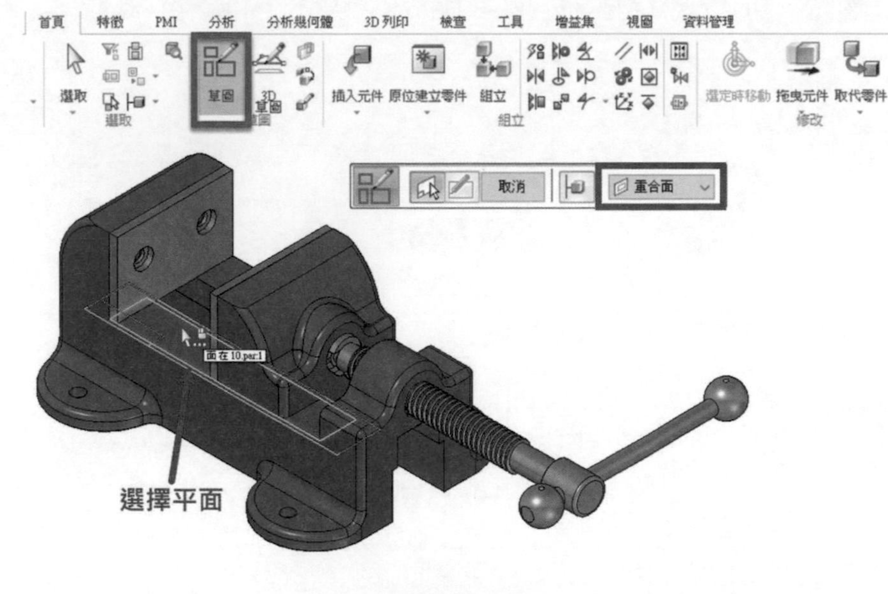

▲圖 11-8-2

❸ 與順序建模作法一樣，在草圖模式中，繪製陣列所需的草圖，如圖 11-8-3。

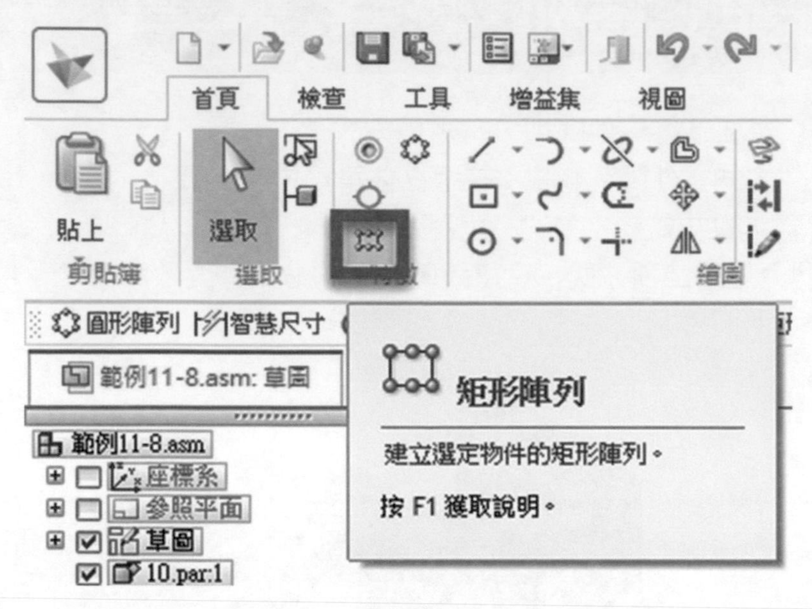

▲圖 11-8-3

❹ 開啟「工具」→「邊定位」內的「同級」功能，「同級」可以幫助使用者在繪製草圖時，可以參照到其他零件的各個參照點，如圖 11-8-4。

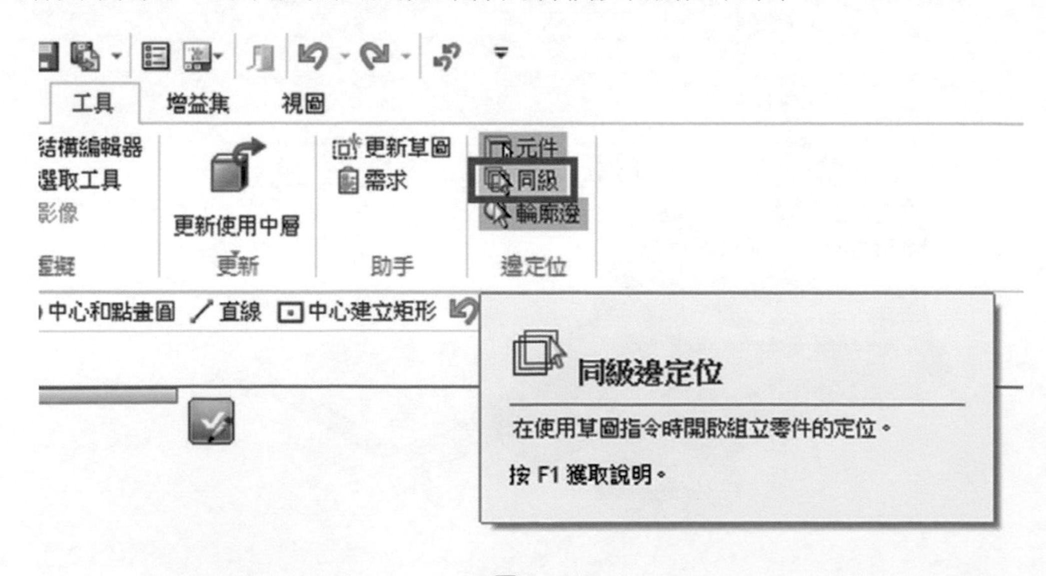

▲圖 11-8-4

❺ 接下來就可以在組立件中找到圓心點，並且定義為陣列的起點，如圖 11-8-5。

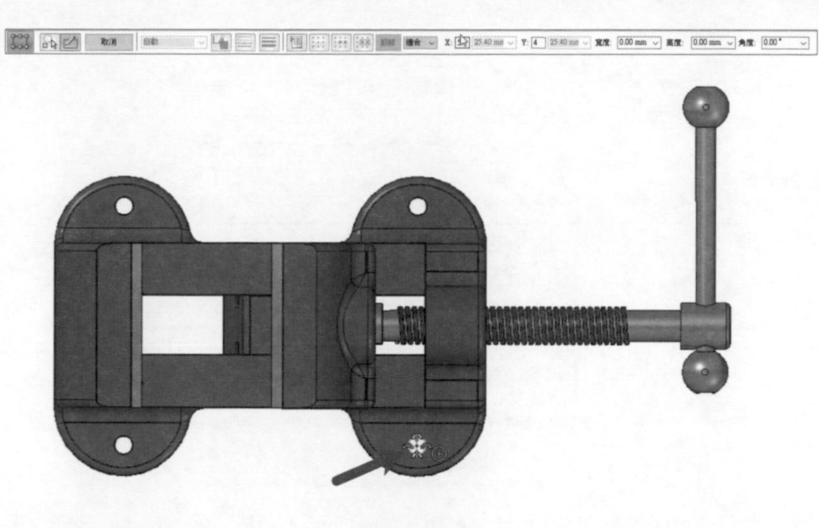

▲圖 11-8-5

❻ 繪製矩形陣列草圖並且調整陣列的距離及數量，接著關閉草圖，如圖 11-8-6。

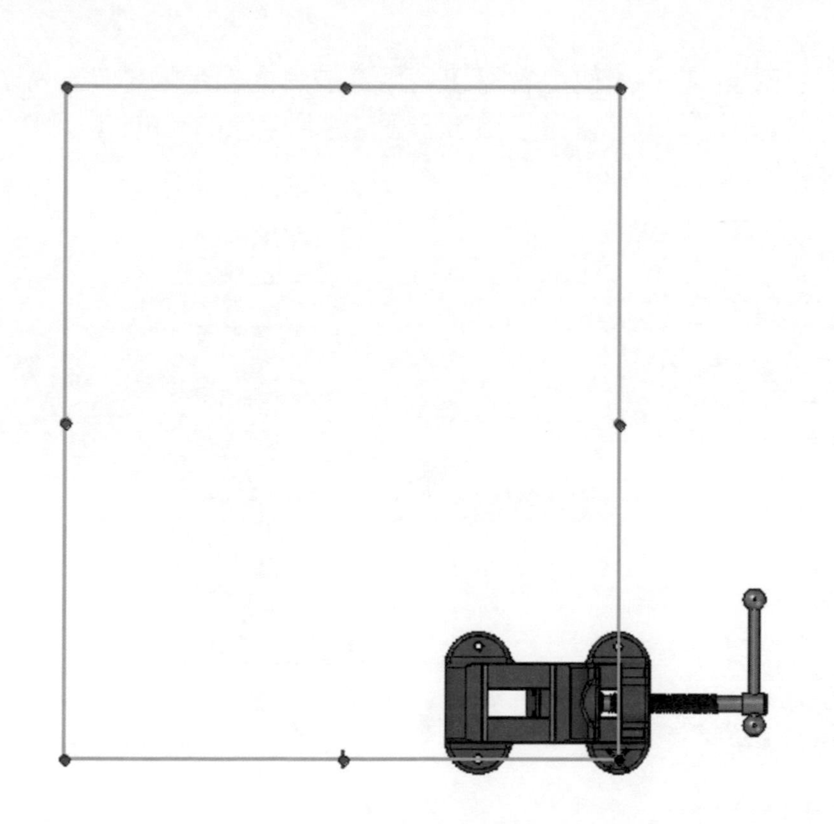

▲圖 11-8-6

❼ 選取「首頁」的「陣列」指令，如圖 11-8-7。

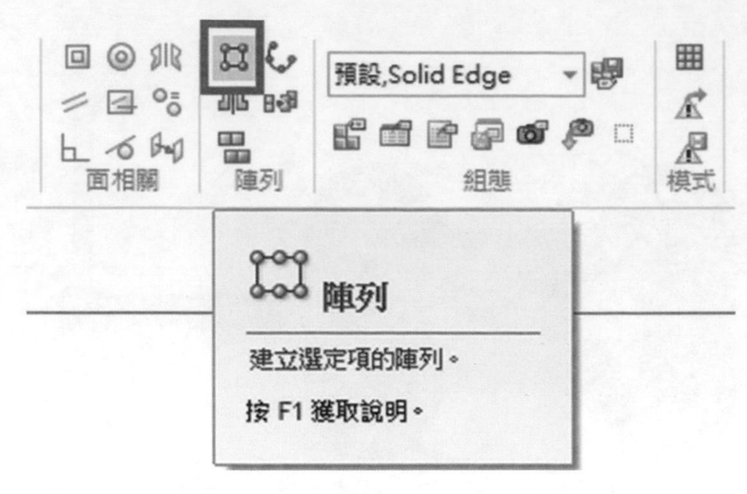

▲圖 11-8-7

❽ 選擇需要陣列的零件，使用者可以利用導航者內顯示的零件，先點第一個零件，接下來按住「shift」鍵選取最後一個，達到全選的目的；也可以按住「ctrl」鍵進行複選，如圖 11-8-8。

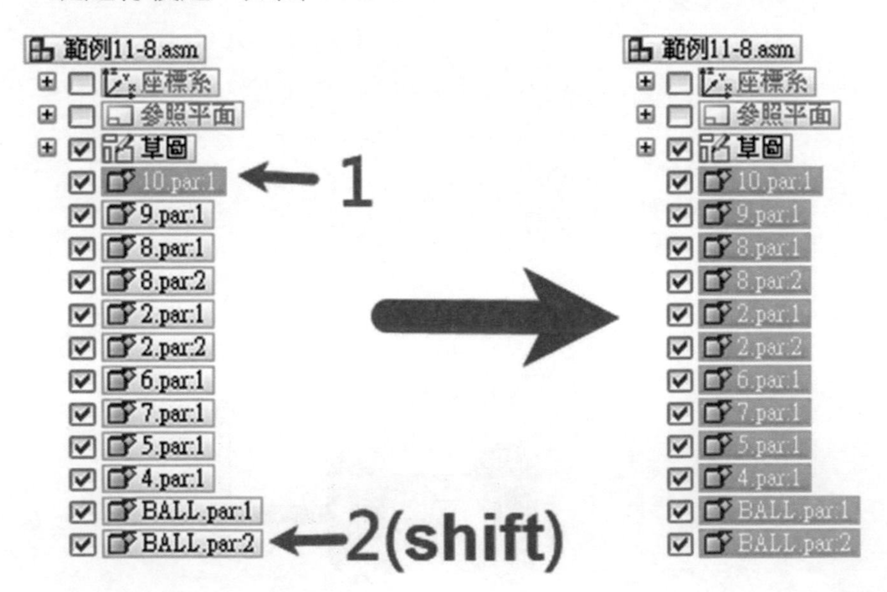

▲圖 11-8-8

❾ 後面兩個步驟都直接點選剛剛繪製的陣列草圖即可點選完成，如圖 11-8-9。

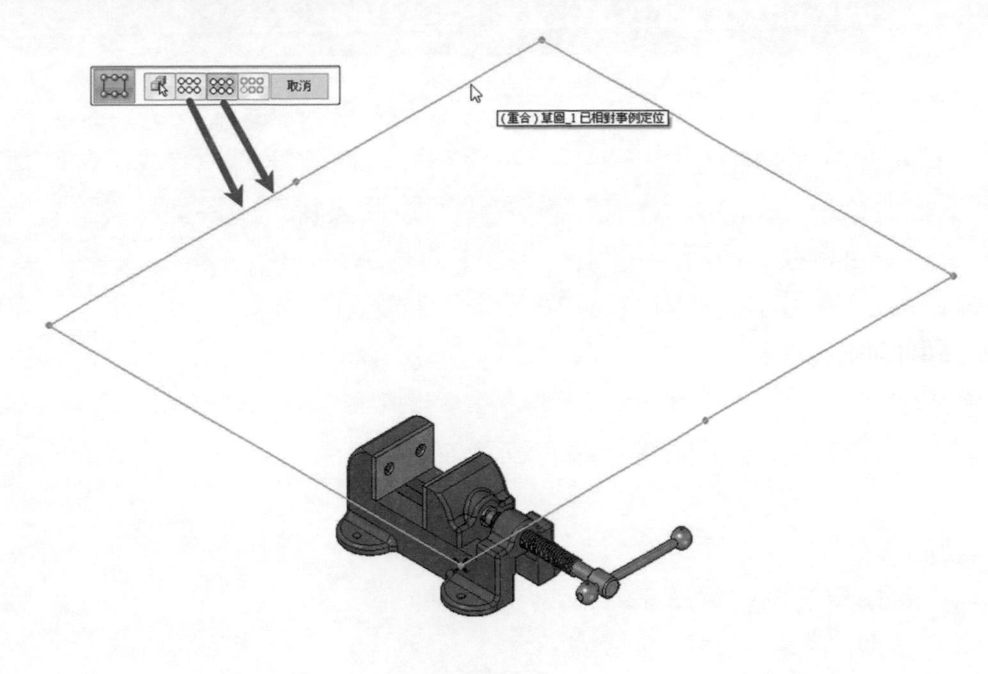

▲圖 11-8-9

❿ 完成陣列，如圖 11-8-10。

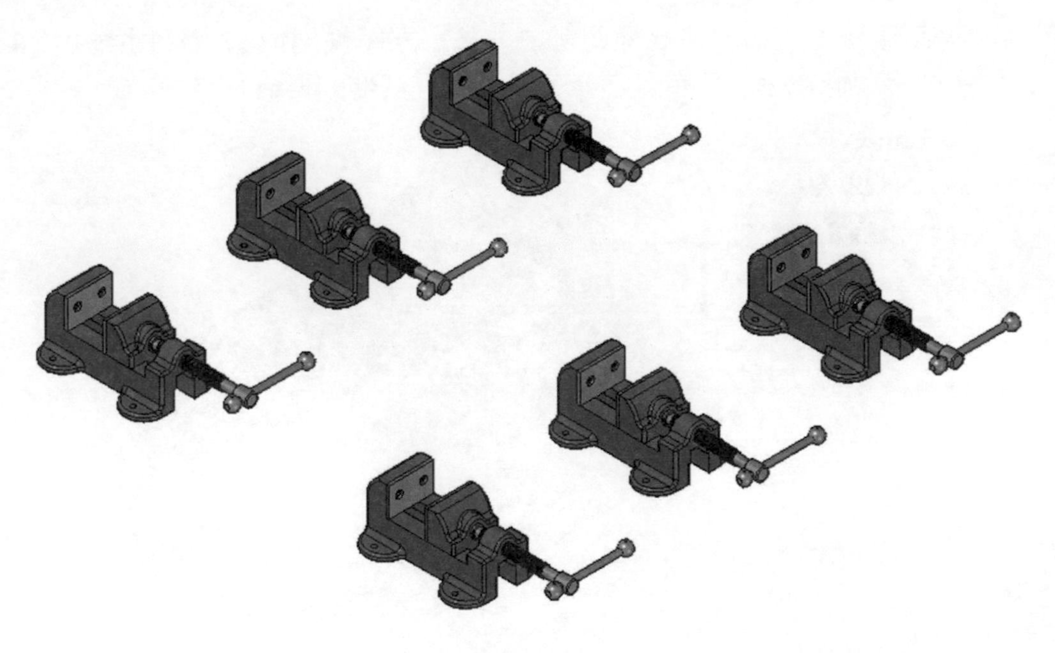

▲圖 11-8-10

11-9 辨識孔特徵及陣列

在讀取非 Solid Edge 的檔案，如：iges、step、parasolid、JT 或是大眾化的 3D CAD 檔案，在開啟模型之後，其實不會有孔特徵及陣列，造成修改時極為不便，因此透過 Solid Edge 強大的辨識功能，可以將無特徵的模型轉換成有特徵的模型，增加使用者在修改時的便利性。

在 Solid Edge 當中提供的強大的孔及陣列辨識系統：

➢ **非孔類型的陣列：**

❶ 選取特徵。

❷ 再將有規律並且相同的特徵轉換陣列特徵。

➢ **孔類型的陣列：**

❶ 需先將模型的孔進行辨識。

❷ 再將模型的孔轉換陣列特徵。

利用以上的步驟就可以輕鬆將模型進行轉換及辨識，之後就可進行調整。

➢ **辨識非孔類型的陣列：**

❶ 開啟範例「11-9.par」，此範例是由外來檔案轉換而成的，使用者可以從導航者中發現此檔案僅只有體特徵，並不存在其他的實體特徵，如圖 11-9-1。

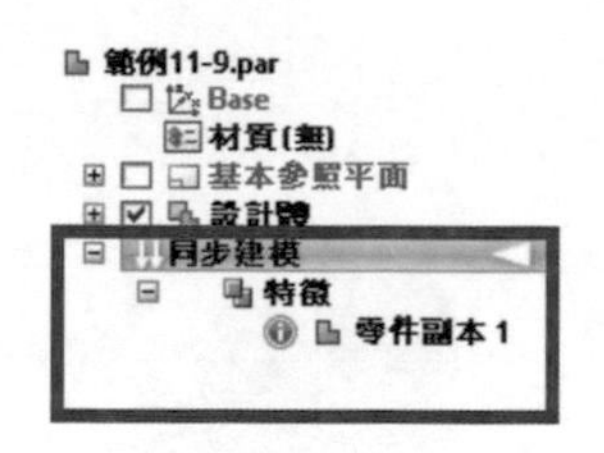

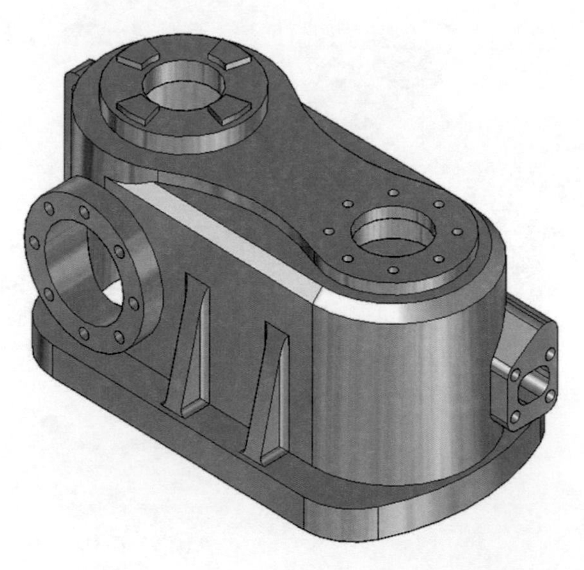

▲圖 11-9-1

❷ 檢查模型之後，可以發現很多特徵都有呈現陣列的排列，因此使用者就可以先選取一個特徵供 Soild Edge 辨識，如圖 11-9-2。

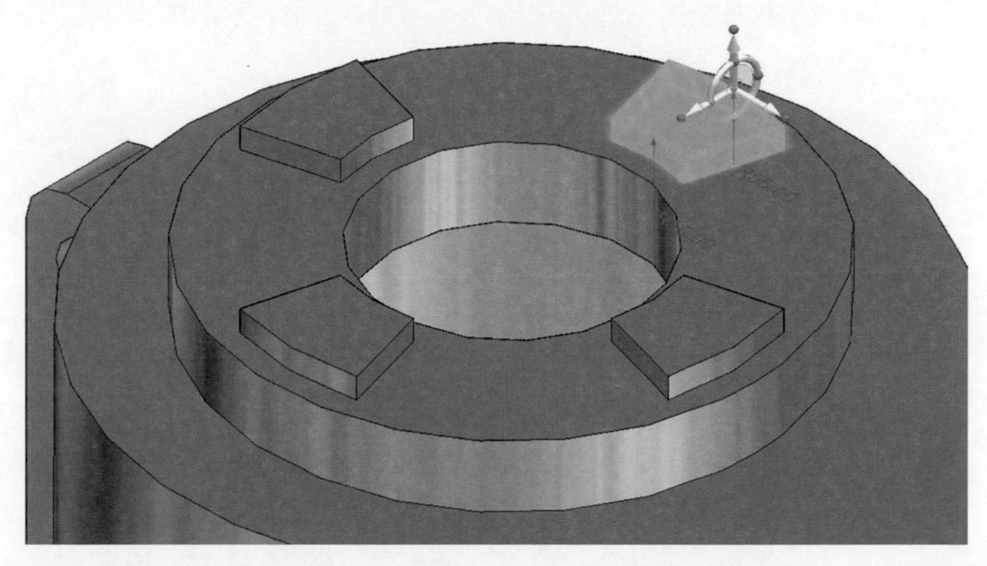

▲圖 11-9-2

❸ 選取之後，再使用「首頁」→「陣列」下拉選單內的「辨識陣列」指令，如圖 11-9-3。

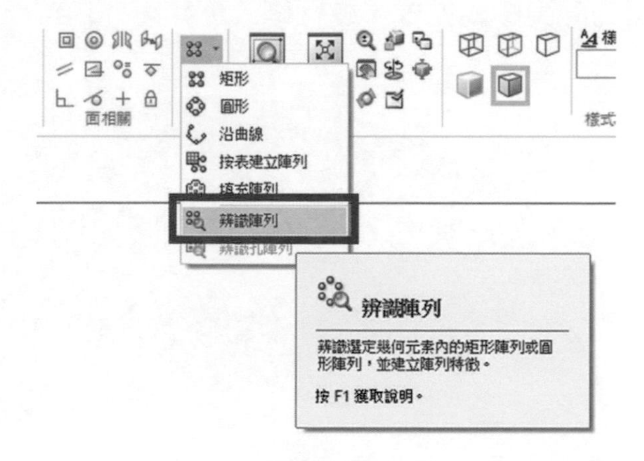

▲圖 11-9-3

❹ 點選「辨識陣列」指令之後，Solid Edge 即會自動辨識陣列規則性，如圖 11-9-4，而此圖可見綠色顯示的特徵即為陣列的父元素，橘色特徵則為陣列特徵，橘色線段則為陣列規則，從陣列辨識的表格也可以看出該陣列為圓形陣列。

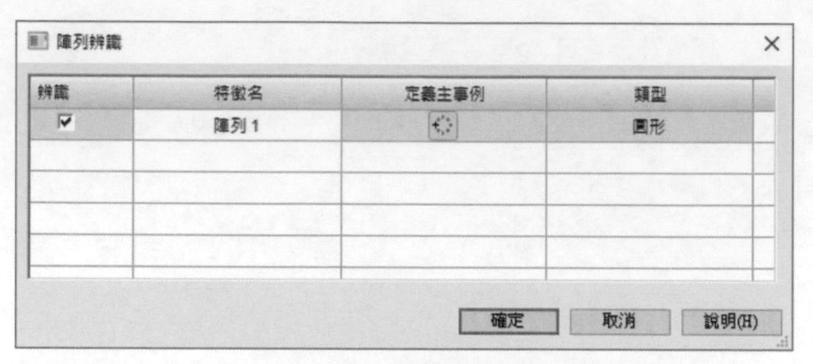

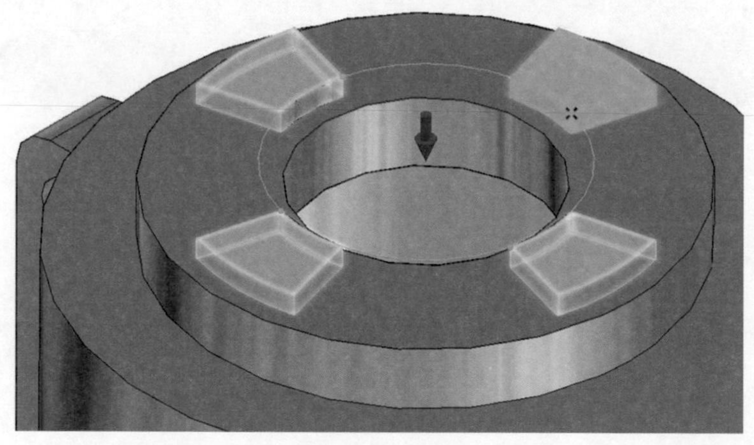

▲圖 11-9-4

❺ 點選確定之後，導航者就會出現一個陣列特徵，往後使用者就可以利用前面章節所介紹的陣列修改方式，進行修改，如圖 11-9-5。

▲圖 11-9-5

❻ 使用者也可以繼續框選其他特徵進行辨識，這次選取的是後方的肋板，如圖 11-9-6。

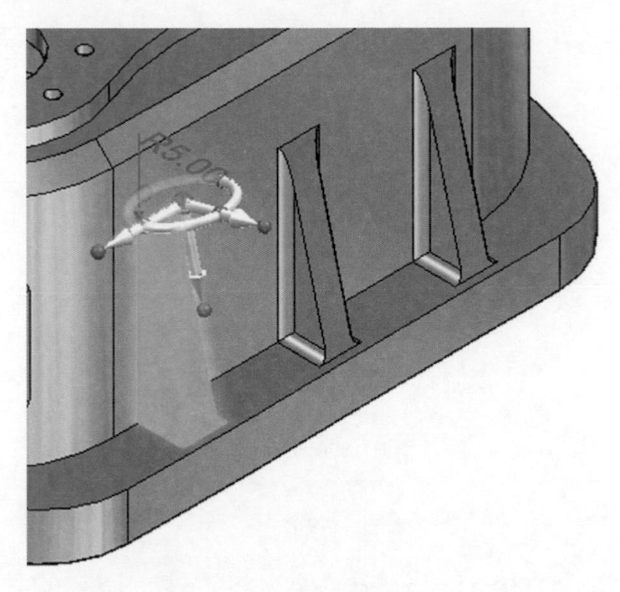

▲圖 11-9-6

❼ 透過陣列辨識即可完成，此時使用者可以發現前方的肋板呈現紫色顯示，即表示 Solid Edge 發現相同特徵，但因為尺寸間距不符合陣列規則，因此以紫色亮顯做為顯示，如圖 11-9-7。

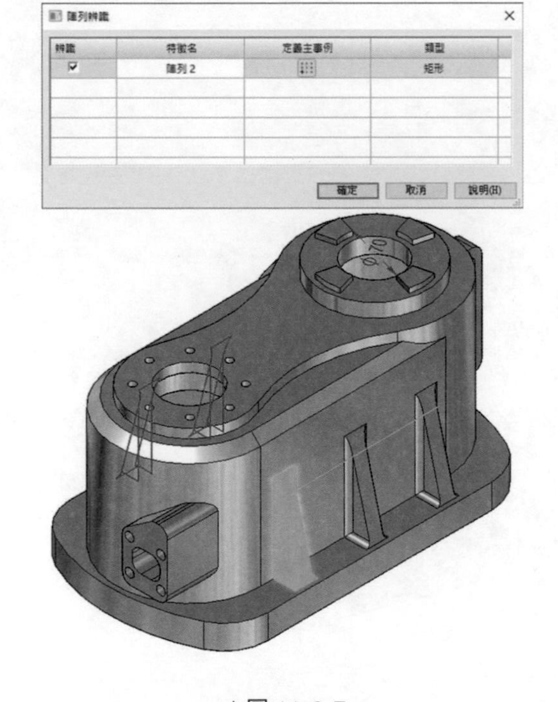

▲圖 11-9-7

➢ **辨識孔類型的陣列：**

❶ 在此範例中也有很多的孔需要辨識，因此使用者可以先使用「首頁」→「實體」內部的「孔」下拉選單內的「辨識孔」指令，將孔進行辨識，如圖 11-9-8。

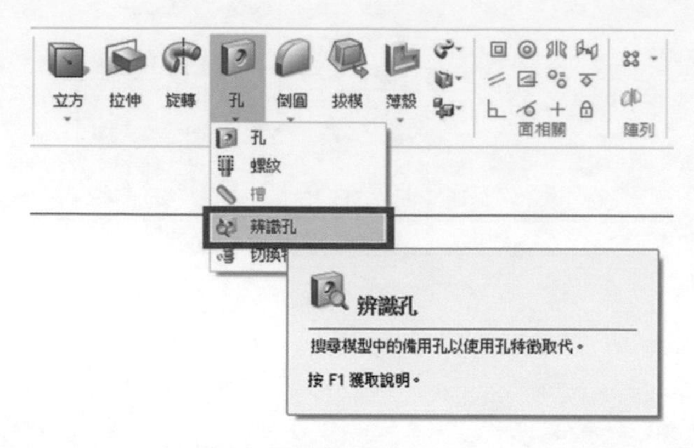

▲圖 11-9-8

❷ 點選「辨識孔」指令之後，Solid Edge 便會將零件上所有的孔特徵進行辨識，如圖 11-9-9，使用者可以將滑鼠游標移動至孔辨識表格當中，Solid Edge 會根據使用者所指示的孔進行亮顯，以供使用者辨識，如圖 11-9-9 中的孔 1，以橘色作為顯示。

孔辨識

辨識	事例數	特徵名	擷取備選孔類型	儲存的設定	類型	直徑
☑	8	孔 1			簡單孔	10.00 mm
☑	4	孔 2			簡單孔	15.00 mm
☑	1	孔 3			沉頭孔	60.00 mm
☑	1	孔 4			簡單孔	80.00 mm
☑	1	孔 5			簡單孔	60.00 mm
☑	8	孔 6			簡單孔	8.00 mm
☑	4	孔 7			簡單孔	10.00 mm

面選取(F)　確定　取消　說明(H)

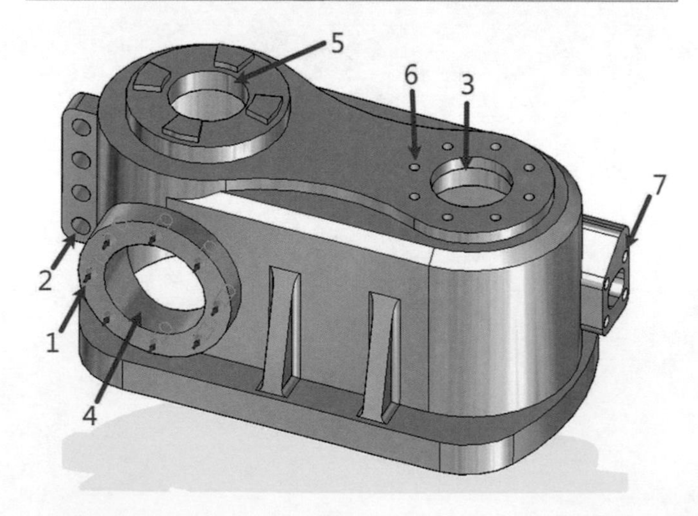

▲圖 11-9-9

❸ 如果不想整個模型都進行辨識，使用者也可以利用「面選取」指令，要求 Solid Edge 只辨識指定面上的孔，如圖 11-9-10。

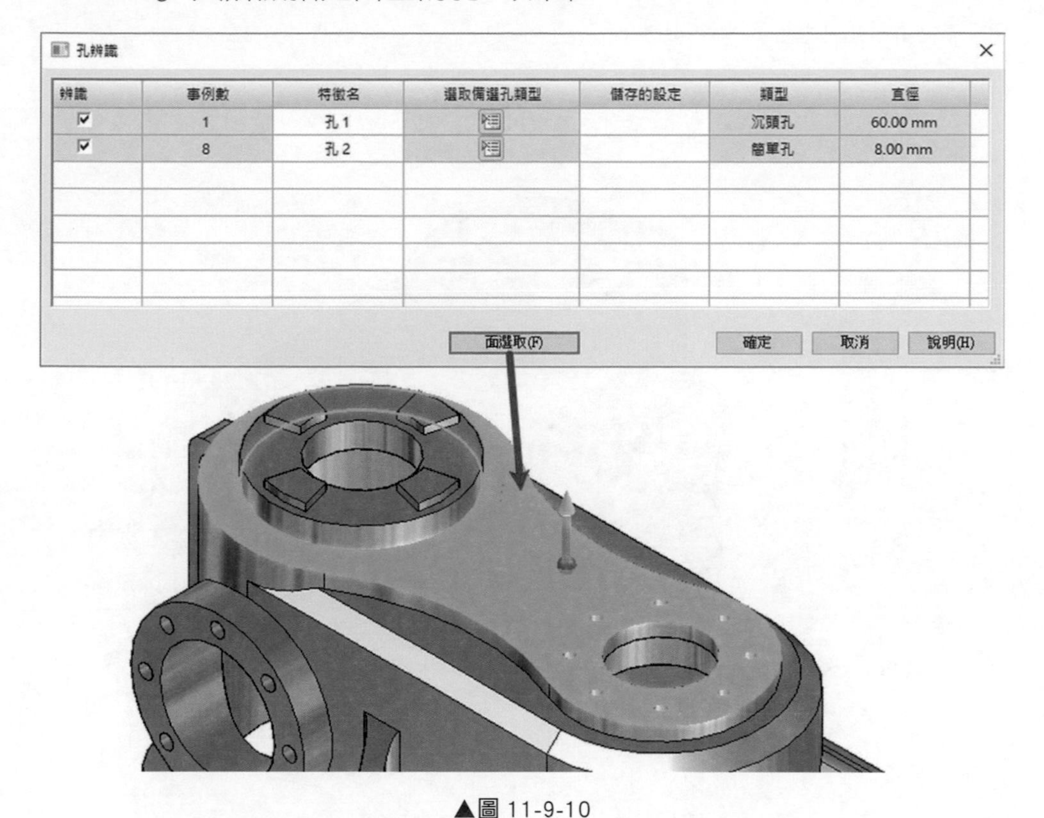

▲圖 11-9-10

❹ 由於外來檔並不存在螺紋定義，因此使用者可以透過「選取備選孔類型」底下的「選項圖示」，根據使用者需要修改的孔進行類型的修改，若之前已經有設定好孔類型，也可以利用「儲存的設定」快速選取，如圖 11-9-11。

孔辨識

辨識	事例數	特徵名	選取備選孔類型	儲存的設定	類型	直徑
☑	8	孔 1			簡單孔	10.00 mm
☑	4	孔 2			簡單孔	15.00 mm
☑	1	孔 3			沉頭孔	60.00 mm
☑	1	孔 4			簡單孔	80.00 mm
☑	1	孔 5			簡單孔	60.00 mm
☑	8	孔 6			簡單孔	8.00 mm
☑	4	孔 7			簡單孔	10.00 mm

1/2 Counterbore
1/2 Countersink
1/4 Tapered
1/4 Threaded
1/8 Simple

面選取(F) 確定 取消 說明(H)

▲圖 11-9-11

❺ 點選確定之後，使用者可以從導航者發現到 Solid Edge 已經將孔都辨識成特徵，往後使用者若還有需要再修改孔規格，可以依照孔特徵的修改方式進行修改，如圖 11-9-12。

備註 進行完「辨識孔」指令，若模型已無相似外型供Solid Edge辨識時，「辨識孔」指令即便點擊使用，也無法進行辨識。

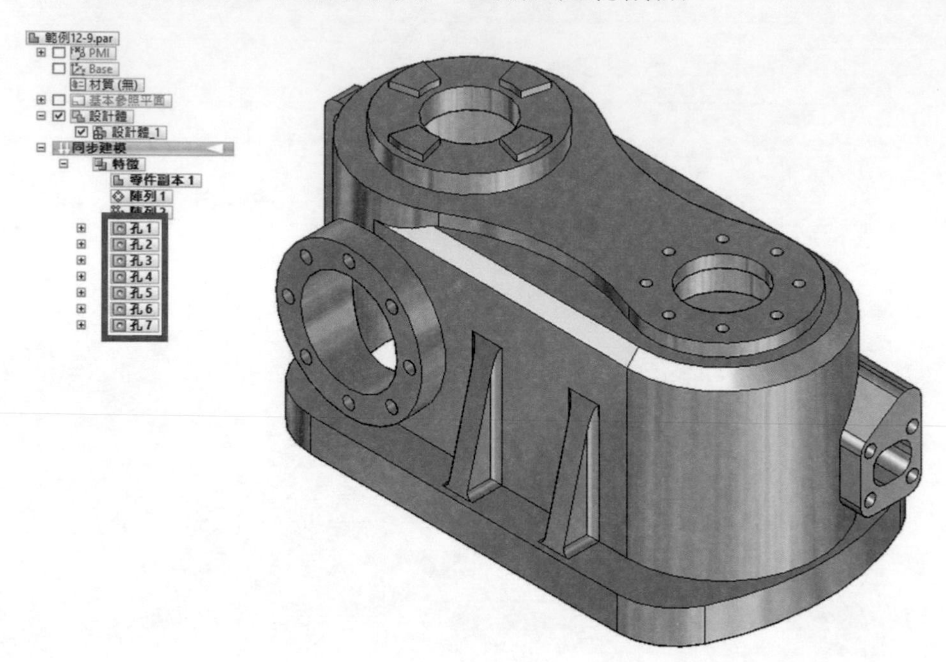

▲圖 11-9-12

❻ 接下來進行「首頁」→「陣列」下拉選單內的「辨識孔陣列」，如圖 11-9-13。

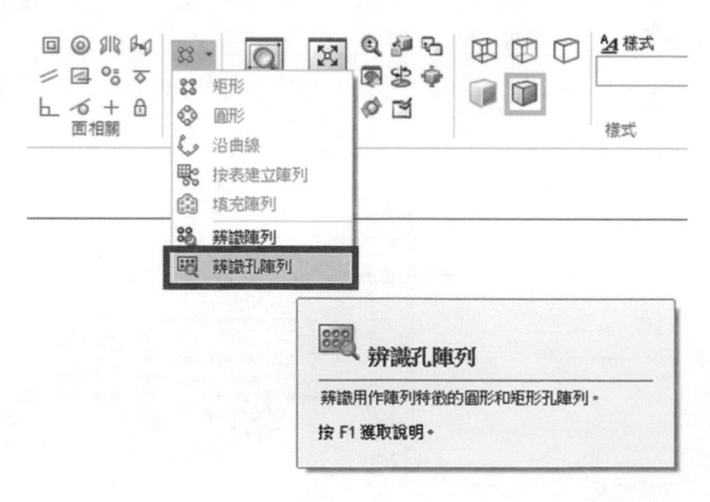

▲圖 11-9-13

❼ 使用者可以透過點選導航者當中的孔特徵進行辨識，也可以直接框選模型進行整體的辨識，選取完點擊滑鼠右鍵或 enter 作為確認，如圖 11-9-14。

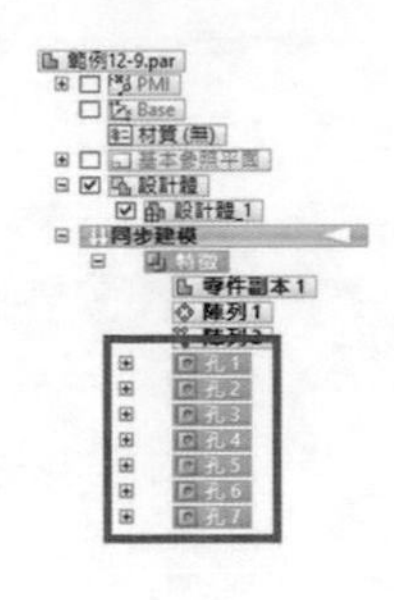

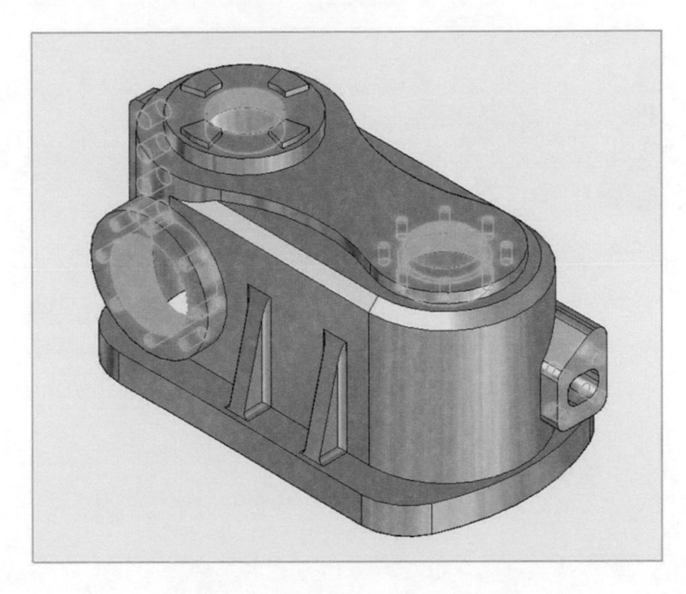

▲圖 11-9-14

❽ 確認之後，透過孔陣列辨識的表格，使用者可以了解辨識完成的孔陣列有哪些，綠色孔為該陣列的父元素，橘色線則為陣列規則，紫色孔為不符合陣列規則孔，如圖 11-9-15。

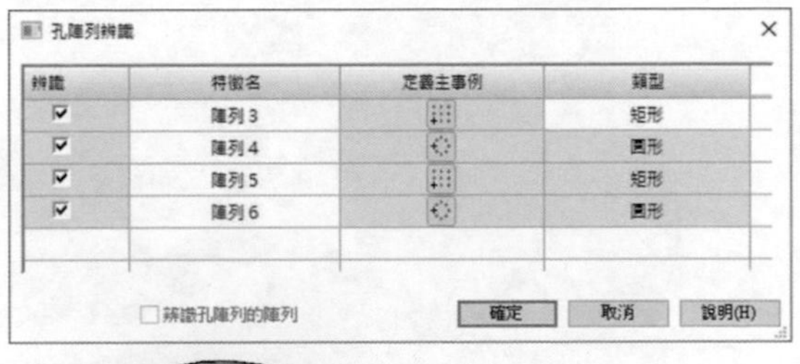

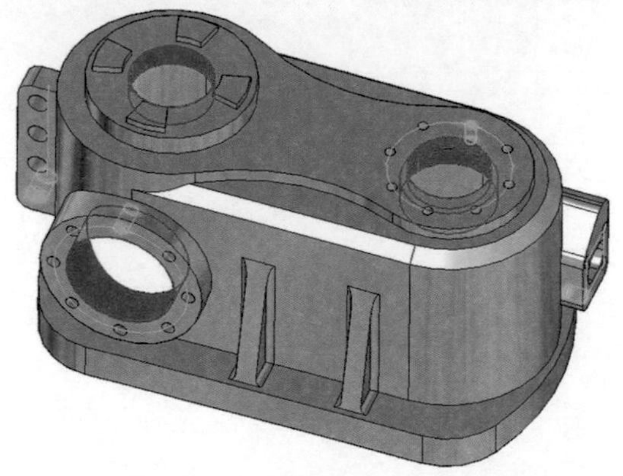

▲圖 11-9-15

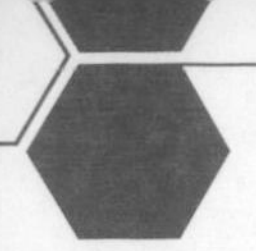

❾ 若有特徵排列同時符合矩形及圓形陣列的話，使用者可自行切換所屬的規則性，如圖 11-9-16。

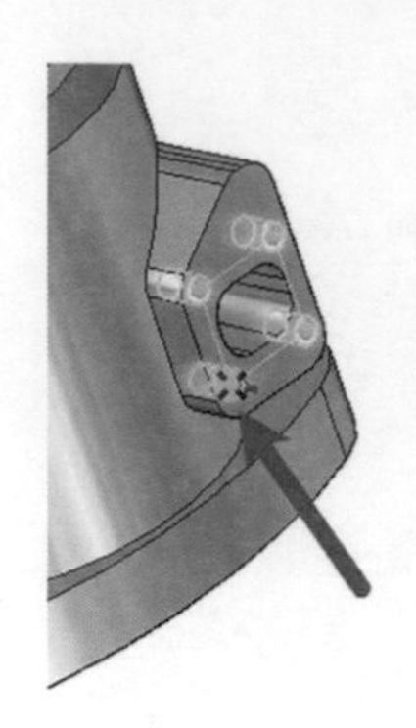

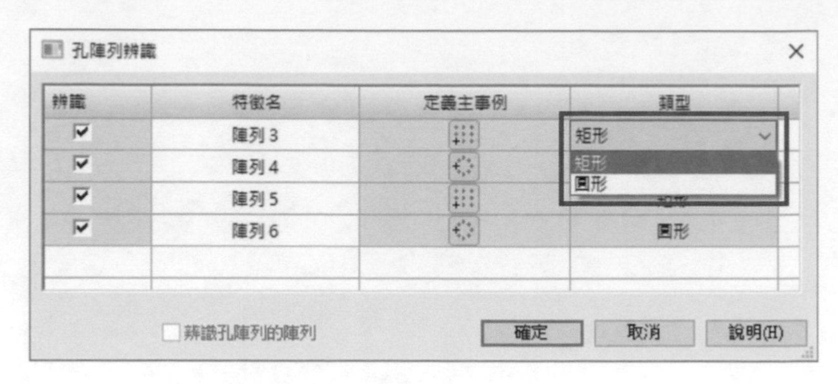

▲圖 11-9-16

❿ 完成圖，如圖 11-9-17，往後使用者如有需要修改陣列數量及直徑大小，即可依照前面章節所介紹的修改方式，進行修改調整。

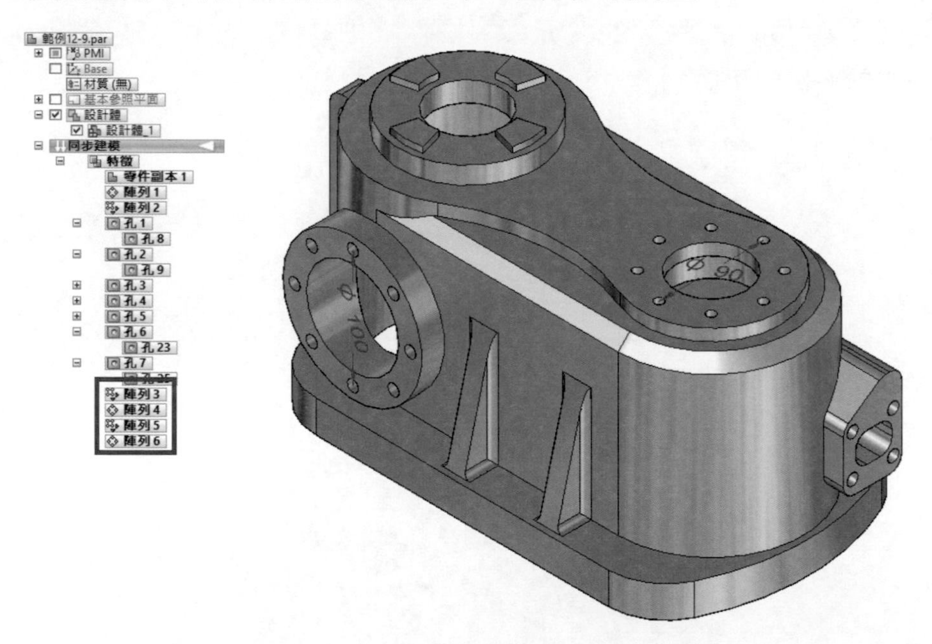

▲圖 11-9-17

CHAPTER 12

變數表與零件家族

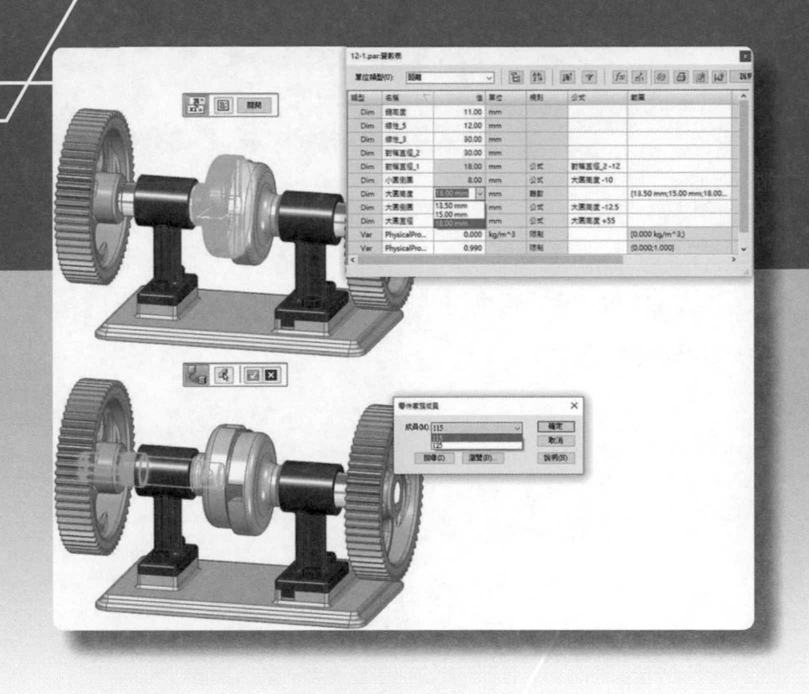

章節介紹

藉由此課程，您將會學到：

12-1　同步建模零件使用變數表

12-2　在 Solid Edge 中建立零件家族

12-3　組立件中調整零件變數及零件家族

本章節將帶領使用者操作 Solid Edge 變數表及零件家族，用以建立和編輯設計變數的指令，讓使用者便於建立相似的零件。

首先，在使用變數表時，使用者可藉由變數表修改下列變數：

- 尺寸名稱重新命名
- 定義用於控制零件模型的尺寸設計變數
- 定義用於修改設計變數的公式
- 變數規則編輯器的限制值

使用者將學會如何建構變數模型，在這變數模型當中，編輯關鍵尺寸的數值將導致模型相關尺寸以可預測的方式進行更新。這些觀念可以套用於多種零件模型，因為大多數設計都具有相關特徵。

《數學公式：被驅動尺寸＝驅動尺寸＋常數》

12-1 同步建模零件使用變數表

變數可用於「同步零件」和「順序零件」兩種類型範本中，所以此範例將指導使用者，建構一個「同步零件」模型，並套用數學關聯式進行修改圓柱高度尺寸，帶動其他變數修改，做到同步關聯式的零件修改，以節省類似零件的設計時間，如圖 12-1-1。

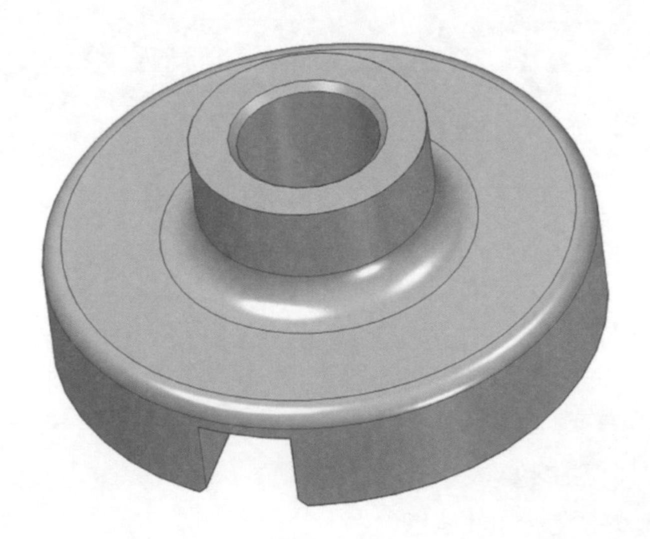

▲圖 12-1-1

❶ 選擇 ISO 制零件範本繪製零件，在同步環境當中，選擇前視圖繪製草圖，如圖 12-1-2。

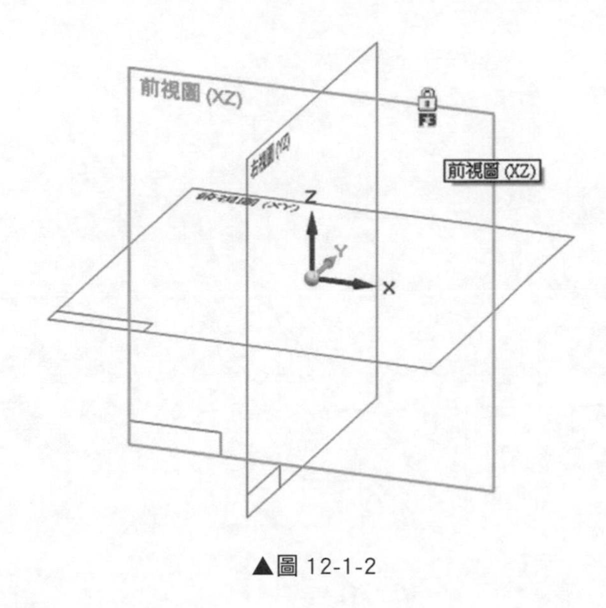

▲圖 12-1-2

❷ 鎖定平面之後，依圖繪製草圖，並且標註尺寸，如圖 12-1-3。

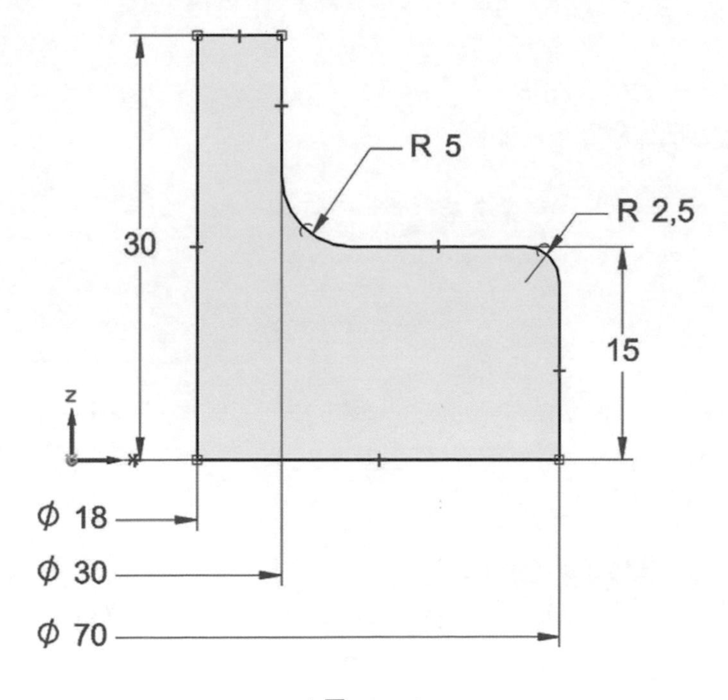

▲圖 12-1-3

❸ 草圖繪製完成之後，點選區域旋轉長出實體，以座標中心軸為旋轉中心，如圖 12-1-4。

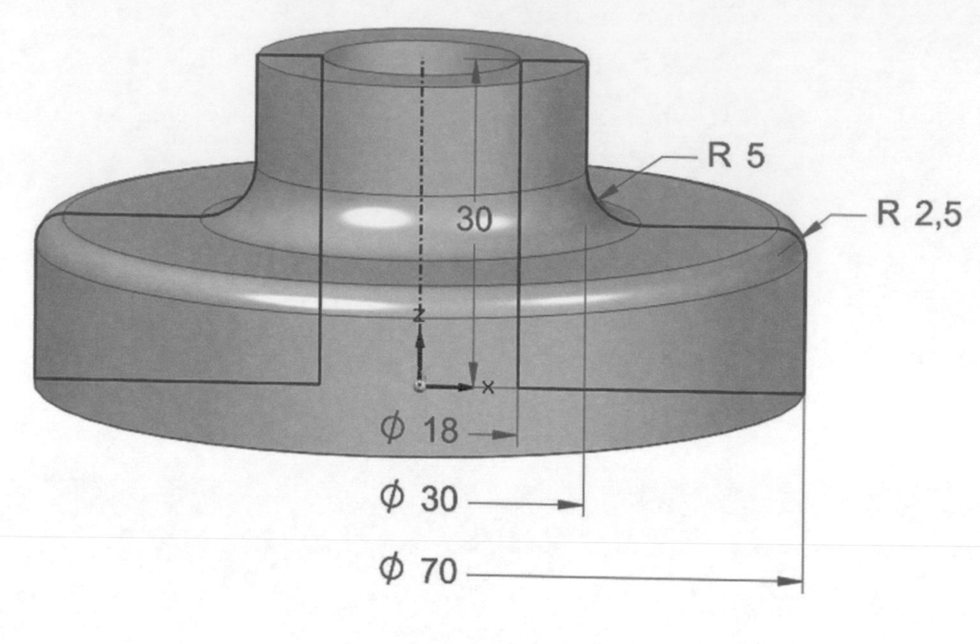

▲圖 12-1-4

❹ 在前視圖繪製草圖如下，如圖 12-1-5。

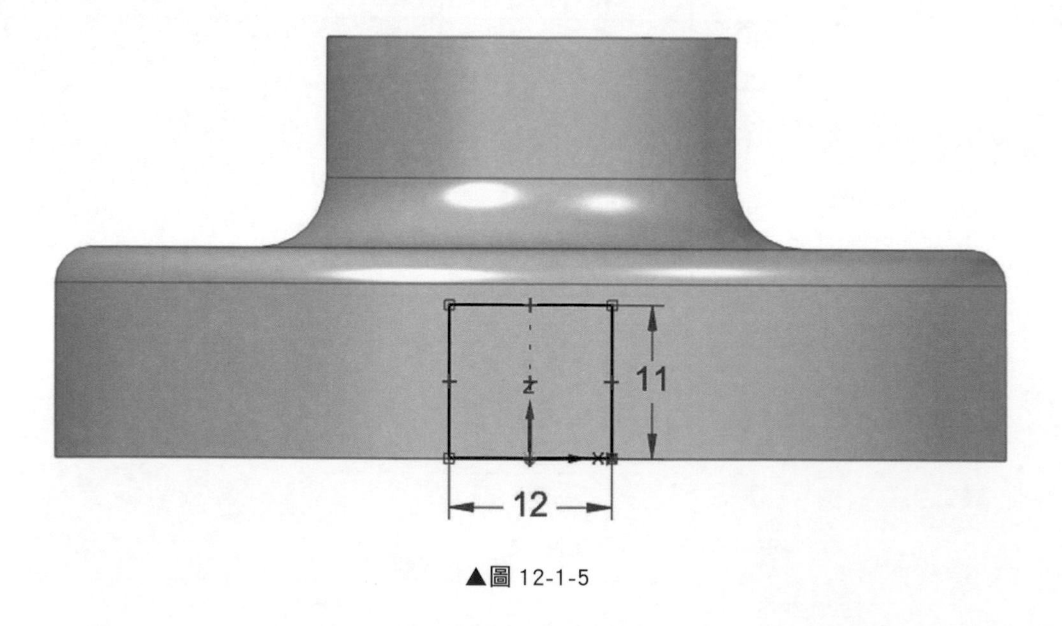

▲圖 12-1-5

❺ 將繪製好的草圖除料，貫穿整個模型，如圖 12-1-6。

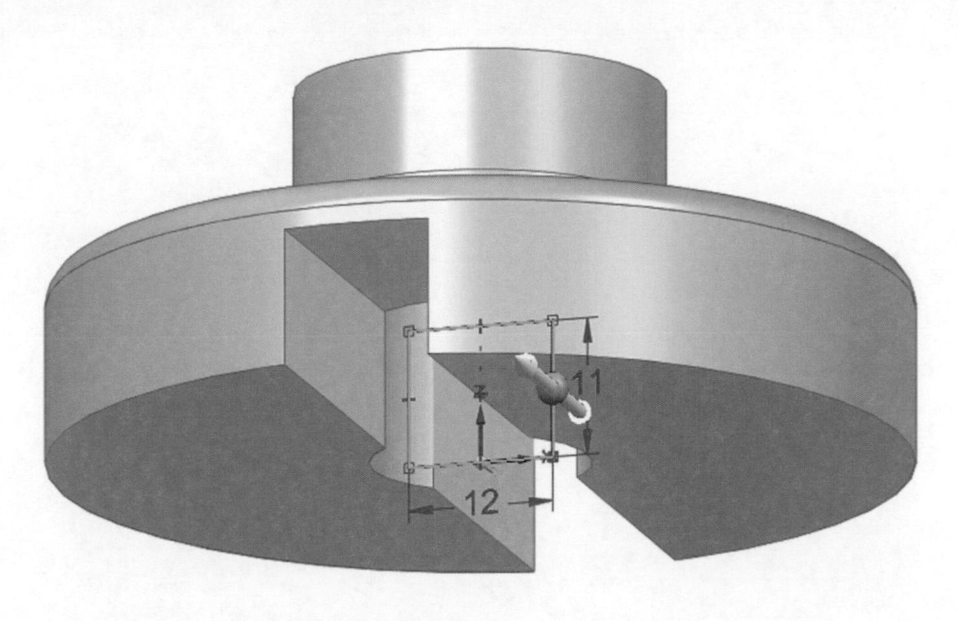

▲圖 12-1-6

❺ 選擇「倒斜角相等深度」指令，點選圓柱邊線及下方四條邊線進行倒角，尺寸為「1mm」，如圖 12-1-7。

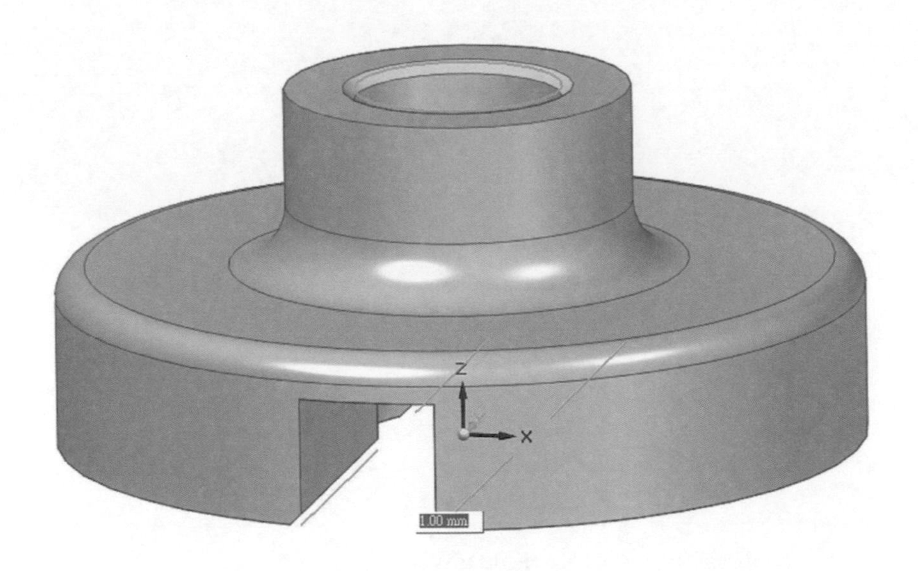

▲圖 12-1-7

❼ 完成模型之後，使用者可以發現所有的尺寸都屬於「被驅動尺寸」，如圖 12-1-8，如要使用變數表建構關聯式時，須將所有尺寸調整為「驅動尺寸」。

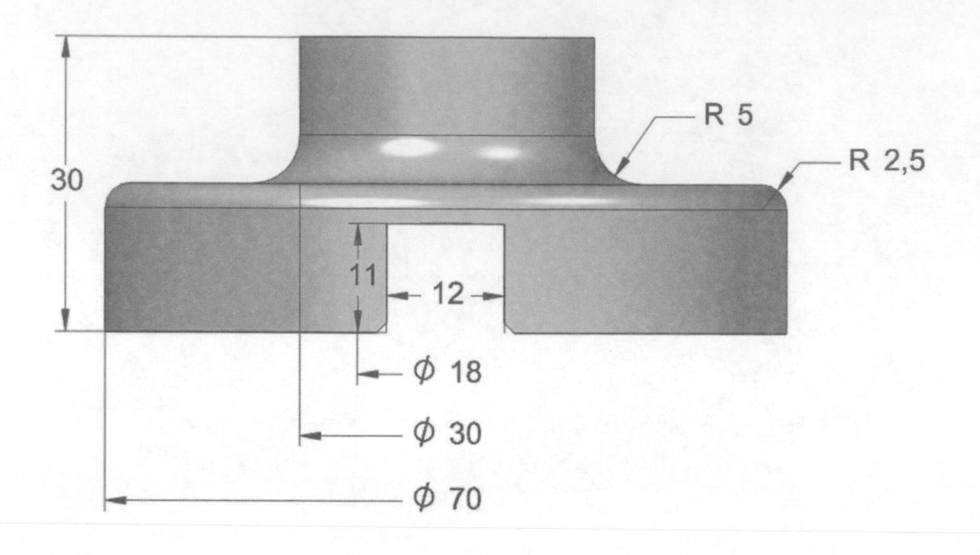

▲圖 12-1-8

❽ 透過導航者當中的 PMI，點選需要修改成「驅動尺寸」的尺寸，也可以先點擊第一個尺寸搭配「shift」鍵，再點擊最後一個尺寸，將PMI 尺寸全選的動作，如圖 12-1-9。

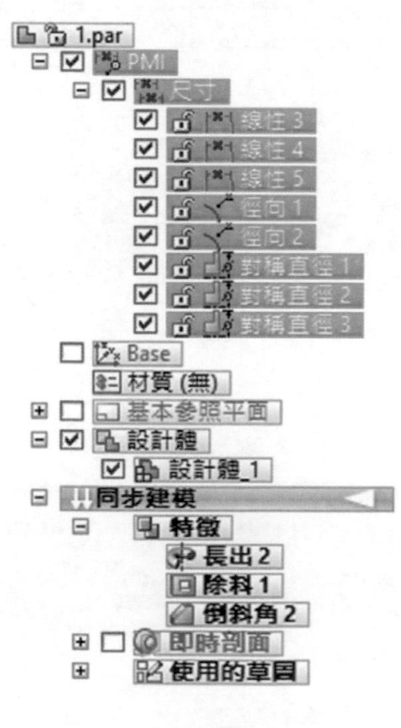

▲圖 12-1-9

❾ 選取 PMI 尺寸之後，利用滑鼠右鍵開啟下拉功能表，使用「鎖定尺寸」功能，將所有的 PMI 尺寸一次更改為「驅動尺寸」，如圖 12-1-10。

- 藍色尺寸：解除鎖定尺寸（可直接驅動模型尺寸）。
- 紅色尺寸：鎖定尺寸（透過數字修改才能修改模型）。
- 紫色尺寸：從動尺寸（參照其他條件的尺寸）。
- 棕色尺寸：未定義尺寸（失效尺寸）。

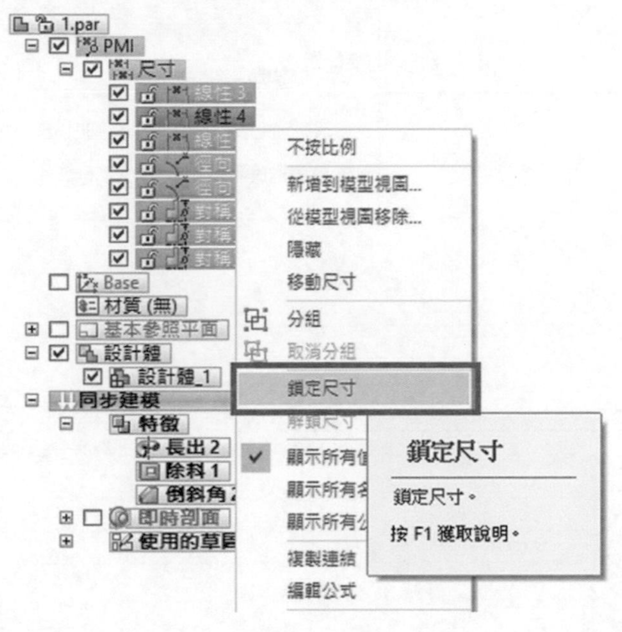

▲圖 12-1-10

❿ 當需要編寫成關聯式的尺寸都改為「驅動尺寸」時，即可進行變數表的編寫，如圖 12-1-11。

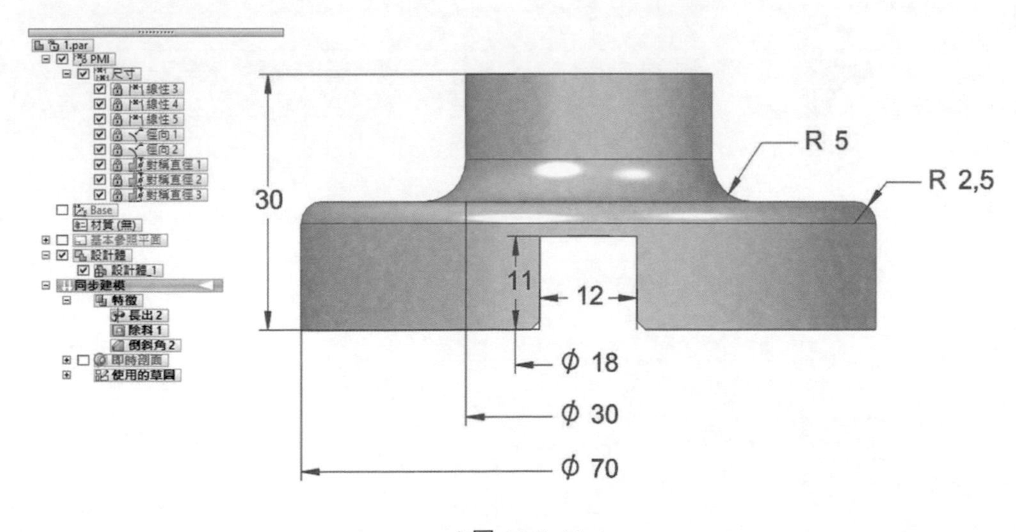

▲圖 12-1-11

⓫ 點選「工具」→「變數表」指令，開啟變數表進行關聯式的編寫，如圖 12-1-12、圖 12-1-13。

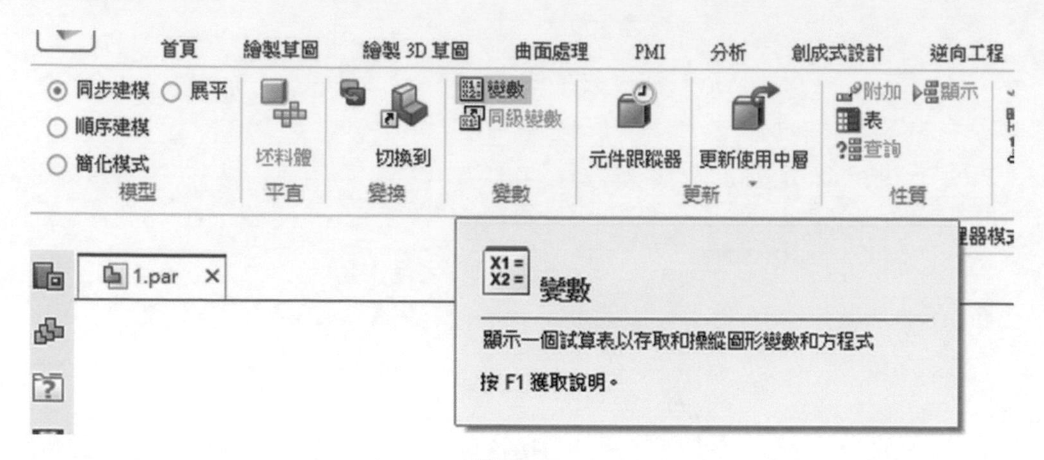

▲圖 12-1-12

1.par:變數表

單位類型(U): 距離　　說明

類型	名稱		值	單位	規則	公式	範圍	顯示	顯示名稱	註釋
D..	徑向_1	🔒	5.00	mm				☐		
D..	線性_5	🔒	12.00	mm				☐		
D..	線性_3	🔒	30.00	mm				☐		
D..	對稱直徑_3	🔒	70.00	mm				☐		
D..	徑向_2	🔒	2.50	mm				☐		
D..	對稱直徑_2	🔒	30.00	mm				☐		
D..	對稱直徑_1	🔒	18.00	mm				☐		
D..	線性_4	🔒	11.00	mm				☐		
V..	PhysicalPro...		0.000	kg/m^3	限制		[0.000 ...	☑	密度	
V..	PhysicalPro...		0.990		限制		(0.000;...	☑	精度	

▲圖 12-1-13

⓬ 在剛剛草圖旋轉成實體時，可以發現不完全所有尺寸會繼承至 3D PMI 中，高度「15mm」消失，這部分我們可以透過「智慧尺寸」進行標註，並鎖定尺寸，如圖 12-1-14。

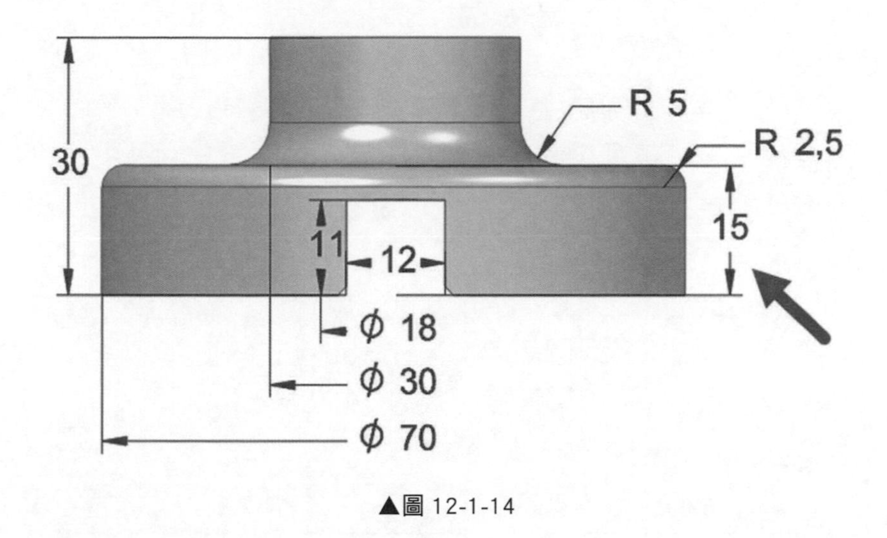

▲圖 12-1-14

⓭ 接下來開啟變數表之後，使用者可以點擊尺寸名稱兩次，更改 PMI 尺寸的名稱，如圖 12-1-15，在同步建模當中，PMI 尺寸名稱會以線性，徑向直徑為標準名稱，使用者若無法直接辨識尺寸名稱，可以滑鼠移動至該尺寸，零件模型將會顯示其尺寸供使用者比對。

可依序修改名稱：

- 將 15mm 的尺寸名稱改為「大圓高度」
- 將 5mm 的尺寸名稱改為「小圓倒圓」
- 將 70mm 的尺寸名稱改為「大圓直徑」
- 將 2.5mm 的尺寸名稱改為「大圓倒圓」

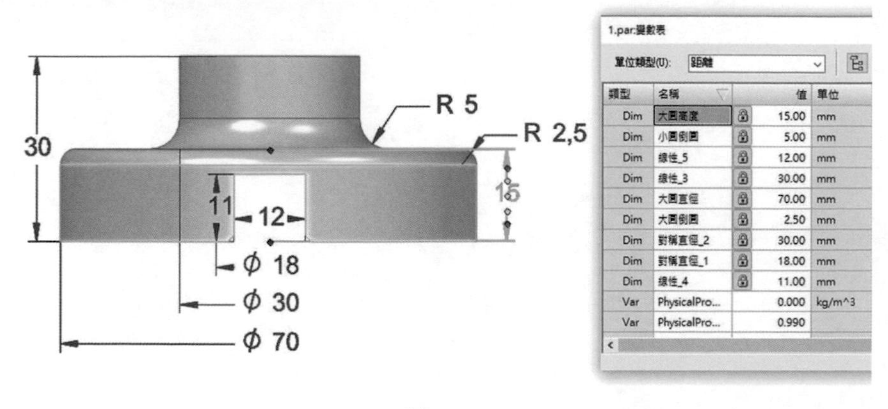

類型	名稱	值	單位
Dim	大圓高度	15.00	mm
Dim	小圓倒圓	5.00	mm
Dim	線性_5	12.00	mm
Dim	線性_3	30.00	mm
Dim	大圓直徑	70.00	mm
Dim	大圓倒圓	2.50	mm
Dim	對稱直徑_2	30.00	mm
Dim	對稱直徑_1	18.00	mm
Dim	線性_4	11.00	mm
Var	PhysicalPro...	0.000	kg/m^3
Var	PhysicalPro...	0.990	

▲圖 12-1-15

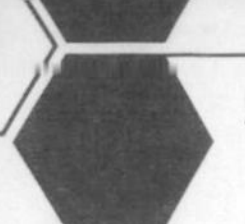

⓮ 使用者可以透過「公式」欄位編寫關聯式，如圖 12-1-16。

- 變數目的：以「大圓高度」為驅動修改的尺寸，進而同步更改「小圓倒圓」、「大圓直徑」、「大圓倒圓」等尺寸。
- 變數公式：被驅動尺寸＝驅動尺寸「＋」「－」常數。
- 變數定義：

  「小圓倒圓」為被驅動尺寸，「大圓高度」為驅動尺寸，10mm 為常數。
  「大圓直徑」為被驅動尺寸，「大圓高度」為驅動尺寸，55mm 為常數。
  「大圓倒圓」為被驅動尺寸，「大圓高度」為驅動尺寸，12.5mm 為常數。
- 變數需求：

  「小圓倒圓」尺寸 =「大圓高度」尺寸 −10mm。
  「大圓直徑」尺寸 =「大圓高度」尺寸 +55mm。
  「大圓倒圓」尺寸 =「大圓高度」尺寸 −12.5mm。

1.par:變數表

單位類型(U): 距離 　說明

類型	名稱	值	單位	規則	公式	範圍	顯示	顯示名稱
Dim	大圓高度	15.00	mm				☐	
Dim	小圓倒圓	5.00	mm	公式	大圓高度 -10		☐	
Dim	線性_5	12.00	mm				☐	
Dim	線性_3	30.00	mm				☐	
Dim	大圓直徑	70.00	mm	公式	大圓高度 +55		☐	
Dim	大圓倒圓	2.50	mm	公式	大圓高度 -12.5		☐	
Dim	對稱直徑_2	30.00	mm				☐	
Dim	對稱直徑_1	18.00	mm				☐	
Dim	線性_4	11.00	mm				☐	
Var	PhysicalPro...	0.000	kg/m^3	限制		[0.000 ...	☑	密度
Var	PhysicalPro...	0.990		限制		(0.000;...	☑	精度

▲圖 12-1-16

則給予完公式後，模型的尺寸會變為「參考尺寸」，如圖 12-1-17。

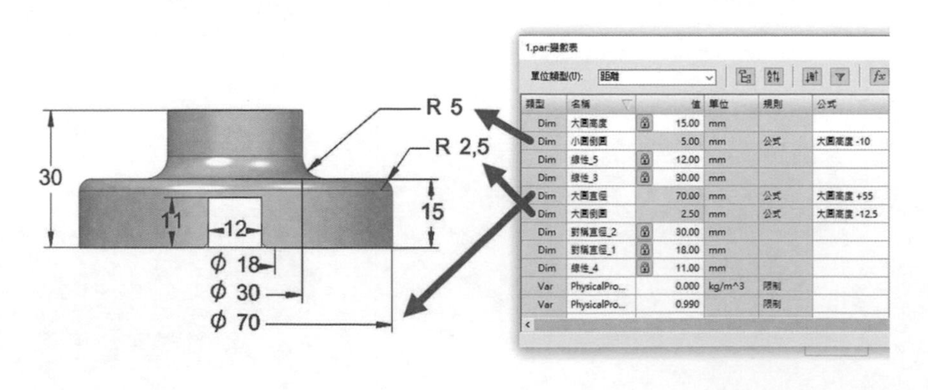

▲圖 12-1-17

⓯ 關聯式編寫完成之後，使用者可以點擊「大圓高度」的尺寸值進行修改，以驗證關聯式是否正確，不過是因為在同步建模上修改尺寸時，還是會被設計意圖所侷限一些限制條件，以這個例子修改時必須先關閉「偏置」，注意「修改方向」，不然會無法修改，如圖 12-1-18，接下來將大圓高度修改為 18mm，則根據關係式受影響的尺寸為小圓倒圓為 8mm、大圓直徑為 73mm、大圓倒圓為 5.5mm，如結果正確，則完成關聯式的編寫。

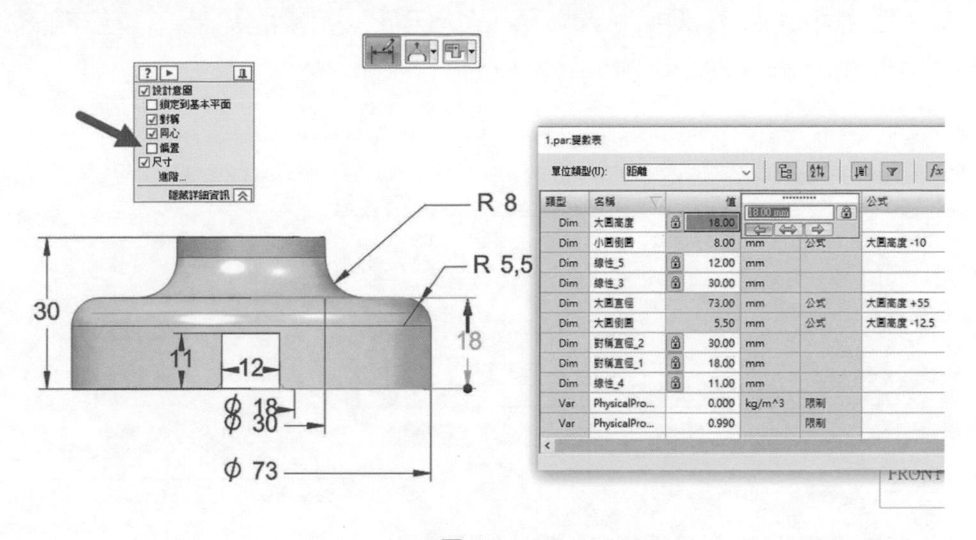

▲圖 12-1-18

⓰ 在接下來的步驟中，使用者將使用「變數規則編輯器」，對話方塊為「大圓直徑」變數定義一組規則性，將游標置於「大圓高度」變數列的旁邊，然後點擊以選取此列，再去點擊上方工具列「變數規則編輯器」按鈕以開啟「變數規則編輯器」對話方塊，如圖 12-1-19。

1.par:變數表

單位類型(U): 距離 　 說明

類型	名稱	值	單位	規則	公式	範圍	顯示	顯示名稱
Dim	大圓高度	18.00	mm				☐	
Dim	小圓倒圓	8.00	mm	公式	大圓高度 -10		☐	
Dim	線性_5	12.00	mm				☐	
Dim	線性_3	30.00	mm				☐	
Dim	大圓直徑	73.00	mm	公式	大圓高度 +55		☐	
Dim	大圓倒圓	5.50	mm	公式	大圓高度 -12.5		☐	
Dim	對稱直徑_2	30.00	mm				☐	
Dim	對稱直徑_1	18.00	mm				☐	
Dim	線性_4	11.00	mm				☐	
Var	PhysicalPro...	0.000	kg/m^3	限制		[0.000 ...	☑	密度
Var	PhysicalPro...	0.990		限制		(0.000;...	☑	精度

▲圖 12-1-19

⓱ 定義「大圓高度」變數規則：請設定以下選項：

A. 勾選「限制值為」核取方塊。

B. 設定「離散清單」選項。

C. 在「離散清單」中，輸入 13.5；15。確保「分號」分隔每一個數值，點擊「確定」以接受變更並關閉對話方塊及變數表；在這步驟中，使用者已經指定了尺寸數值只能為 13.5、15mm 為「大圓高度」的有效數值。由於在離散清單中未輸入當前數值：18mm，因此 Solid Edge 會出現提醒將當前數值加入離散清單當中，如圖 12-1-20。

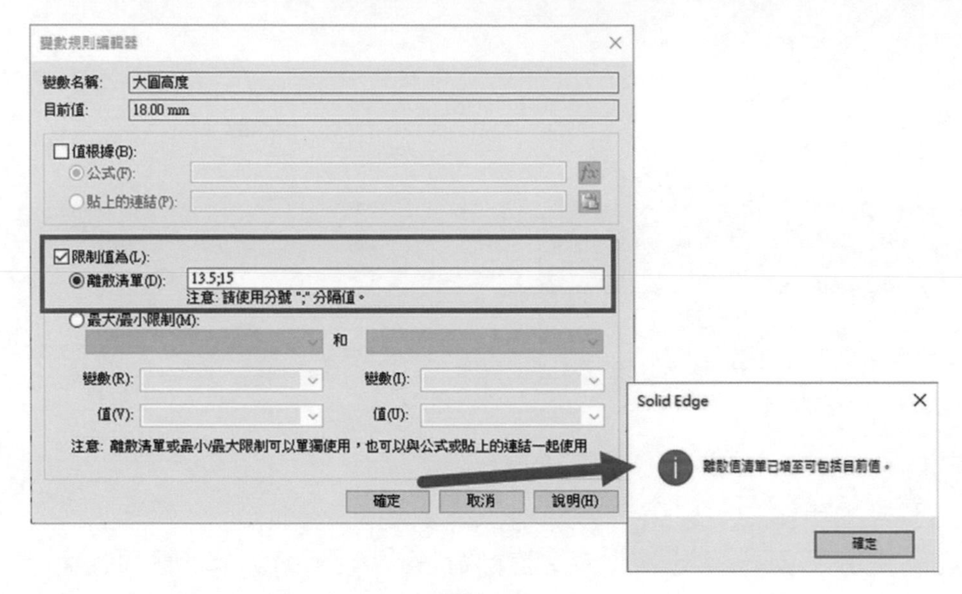

▲圖 12-1-20

⓲ 當變數表設定完成之後，當變數表進行尺寸修改時，也會受到「設計意圖」的規則性影響，因此需要確認設計意圖中，使用者所需要的規則性為何，此範例變數修改時，所需的設計意圖規則如圖 12-1-21。

▲圖 12-1-21

⑲ 此時點選大圓高度尺寸值進行修改，會發現數值為下拉選單方式，下拉選單會顯示在「變數規則編輯器」當中所設定的有效值清單，透過這些既定的尺寸值，給予調整修改零件，以防止套到不合適的參數值。

選取「13.50mm」的高度尺寸，小圓倒圓修正為「3.50mm」，大圓直徑修正為「68.50mm」，大圓倒圓修正為「1.00mm」，如圖 12-1-22。

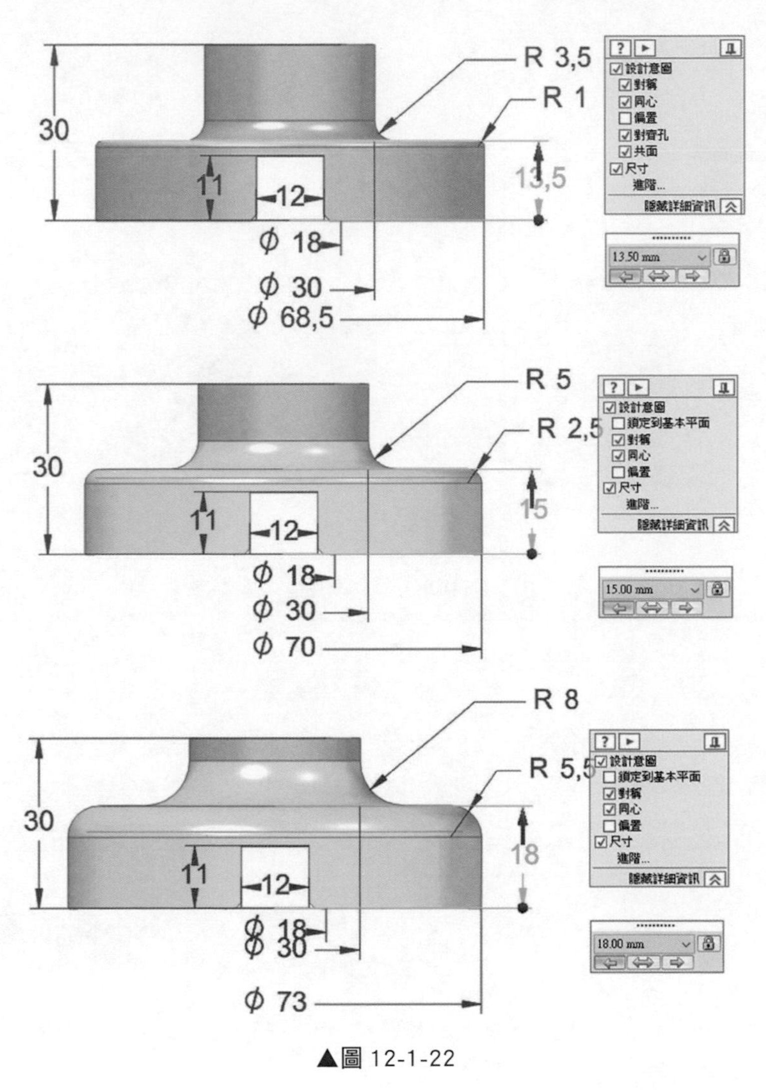

▲圖 12-1-22

❒ 補充：

❶ 除了利用變數表可以進行尺寸名稱的修改之外，也可以利用導航者上的「PMI」，選擇所需的尺寸名稱點擊滑鼠右鍵，透過下拉工具列當中的「重新命名」，即可修改名稱，可以將「線性 4」重新命名為「鍵高度」，如圖 12-1-23。

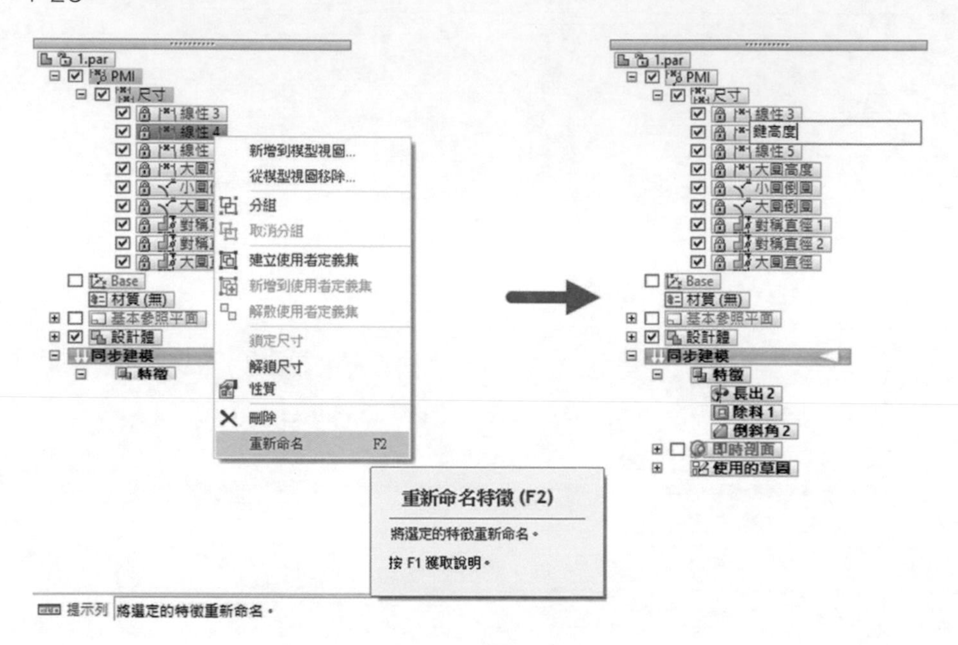

▲圖 12-1-23

❷ 顯示尺寸名稱，隨意點選一個尺寸後點擊滑鼠「右鍵」，跳出功能表選單選取「顯示所有名稱」，畫面中將會顯示出尺寸名稱以取代尺寸數值，如圖 12-1-24；也可以選擇「顯示所有公式」，用以顯示前面所建立的關聯式。

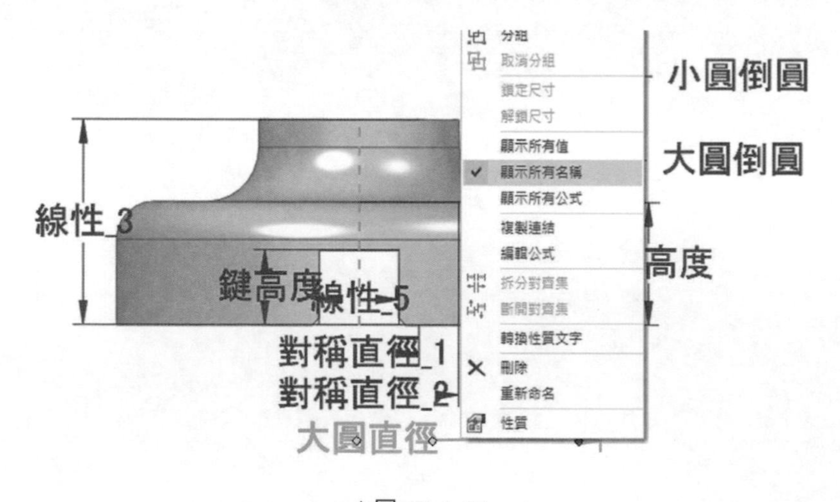

▲圖 12-1-24

❸ 編輯公式，點選一個需要建立變數關係式的尺寸後，點擊滑鼠「右鍵」，跳出功能表選單選取「編輯公式」（或對尺寸連點兩下左鍵），如圖 12-1-25。

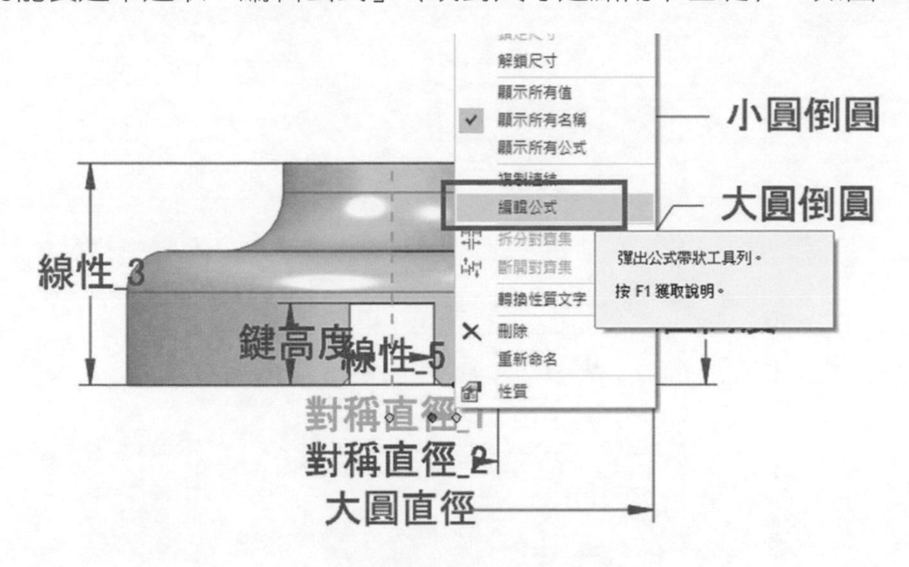

▲圖 12-1-25

❹ 畫面中會出現公式選單，在公式表當中，可透過名稱編輯框，進行尺寸的重新命名，也可以利用公式編輯框，編輯尺寸關聯式，如圖 12-1-26。
透過此方法編寫尺寸關聯式時，可直接點選需要作為驅動尺寸的尺寸，這樣可減少打字的錯誤率。

- 變數公式：「對稱直徑 _1」＝「對稱直徑 _2」−12

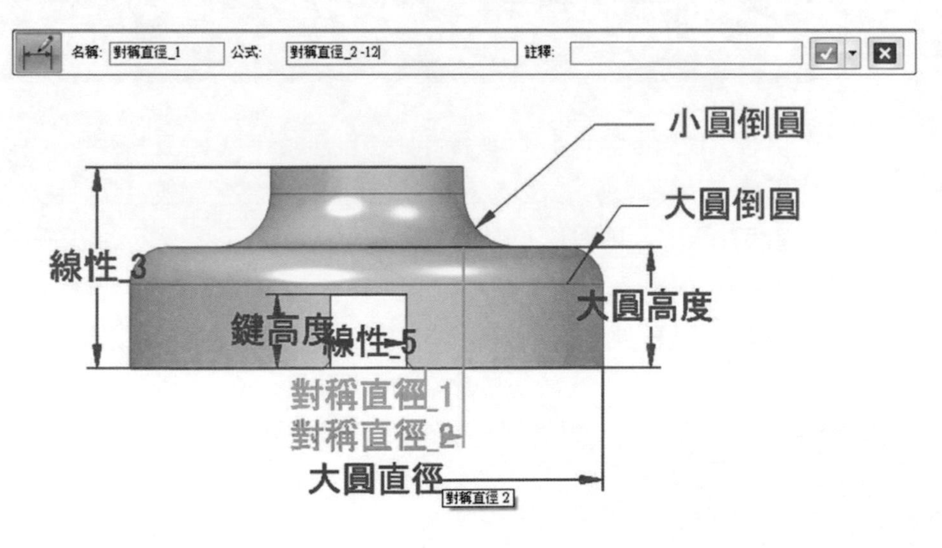

▲圖 12-1-26

❺ 調整「對稱直徑_2」，以確認「對稱直徑_1」是否根據關聯式修改作為確認，如圖 12-1-27。

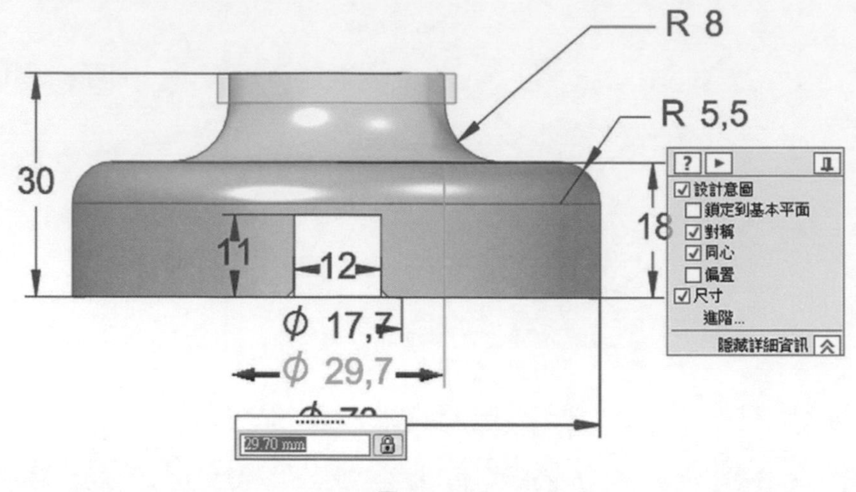

▲圖 12-1-27

備註 此範例是在同步建模建立，證明在同步建模也可以使用變數進行控制，但因為同步建模控制變數有些限制，如無法在調整變數時，控制每個參數中的設計意圖及方向性調整，所以建議還是在順序建模使用變數比較為靈活一些。

12-2 在 Solid Edge 中建立零件家族

零件家族提供使用者管理一群有著不同尺寸的零件或組立件參數模型的簡便方式。本章節將指導使用者使用 Solid Edge 建立如圖 12-2-1 的「零件家族」，零件家族可透過變數表，但不需要經過數學公式限制，即可進行產生多重變化的不同規格尺寸之零件大小，也可將這些家族成員各自生成為獨立的零件檔案，方便後續在組立件中的 BOM 表數據管理，也保有與原始檔案的相互關聯性。

使用零件家族時，使用者可藉由零件家族修改下列變數：

- 控制零件模型的尺寸設計變數
- 設計意圖的開啟 / 關閉
- 永久關係的開啟 / 抑制
- 「順序特徵」的開啟 / 抑制

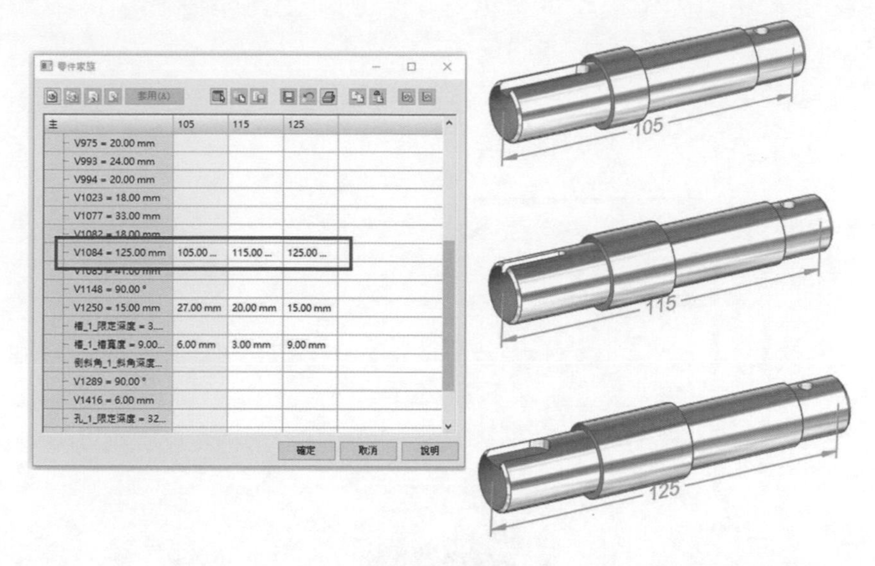

▲圖 12-2-1

「零件家族」成員建立，可同時用於「同步零件」和「順序零件」兩種類型，在 Solid Edge 中「零件家族」可針對「設計意圖」及「永久關係」做不同成員的幾何條件設定，但必須注意在設定變數和零件家族的同時，使用者必須要透過尺寸的參數進行設定應用，所以在「同步零件」中的 PMI 尺寸必須要做「鎖定」的動作，才可應用於「家族成員」中的參數進行變化套用。

本章節直接使用範例進行說明及練習「零件家族」，開啟練習範例：12-2.par，如圖 12-2-2。

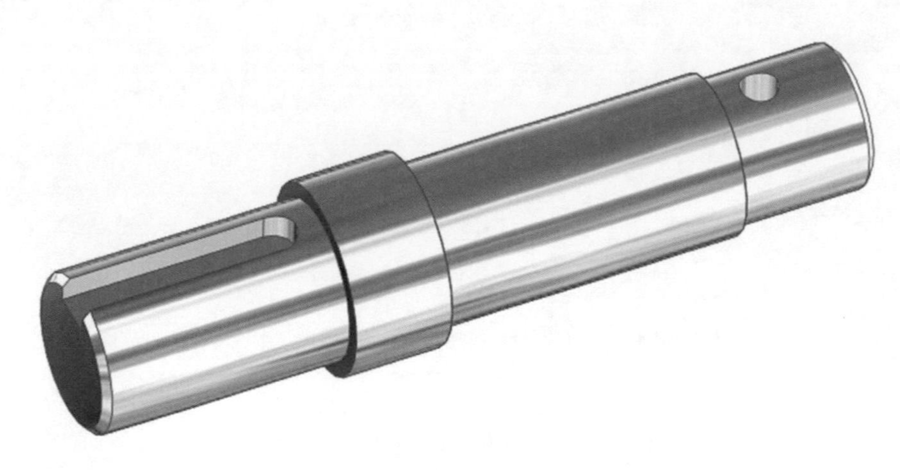

▲圖 12-2-2

❶ 「零件家族」功能列位在應用程式左側中的「工具指令條」當中，點選「零件家族」標籤顯示，如圖 12-2-3。
若左側工具指令條當中，找不到零件家族的標籤，可透過「視圖」→「窗格」→「零件家族」指令開啟零件家族，如圖 12-2-4。

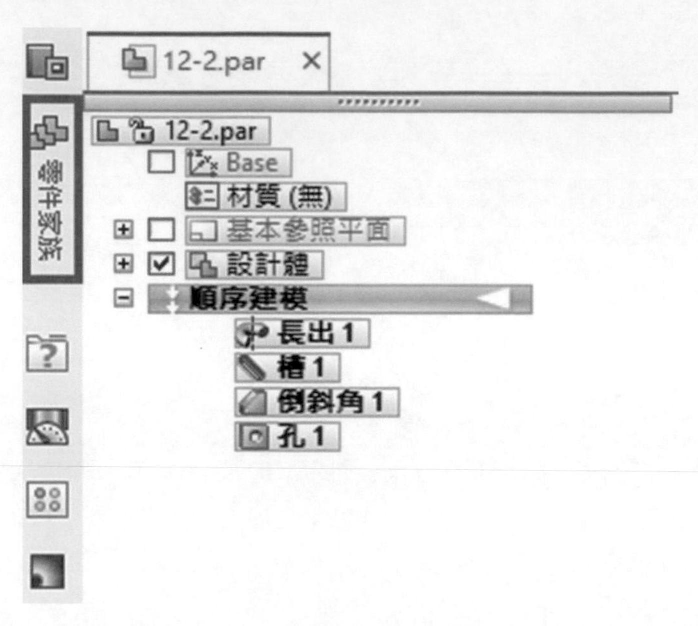

▲圖 12-2-3

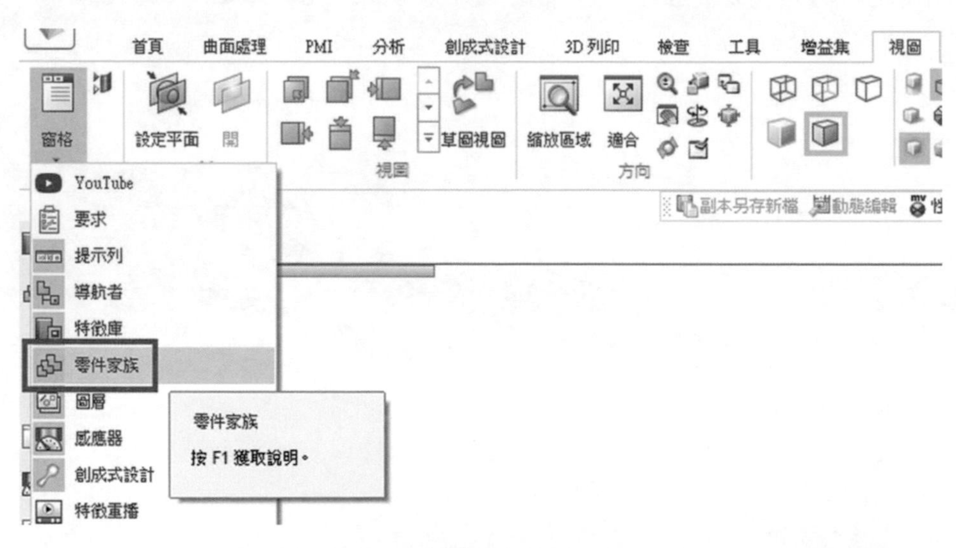

▲圖 12-2-4

❷ 在「零件家族」標籤上，點擊「編輯表」按鈕以顯示「零件家族編輯表」，如果此零件在順序建模的話，會包含了建立零件家族成員欄和「順序建模特徵列」、「建構列」及「變數列」，在同步建模或混合模式下則會多了「設計意圖」、「永久關係」兩列，進行參數修改以建立家族成員，可以參考下圖差異，如圖 12-2-5。

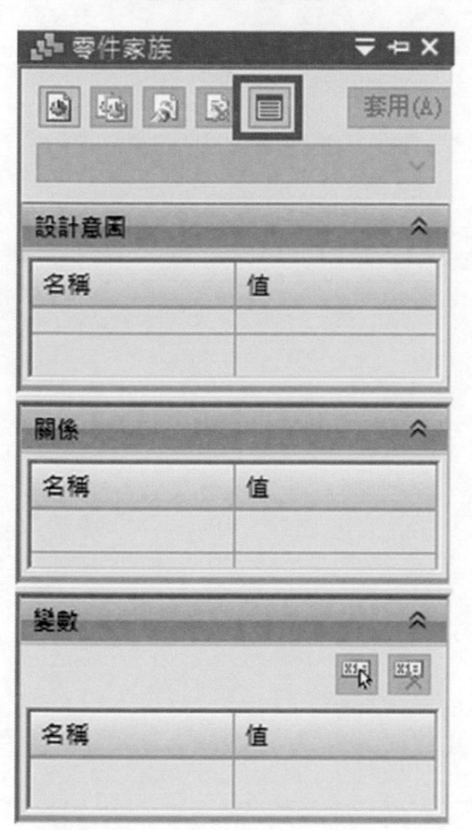

▲圖 12-2-5

❸ 在「零件家族編輯表」上，可利用「新建成員」指令，建立新的家族成員並且輸入成員名稱：「105」，然後點擊「確定」以建立新成員，如圖 12-2-6。

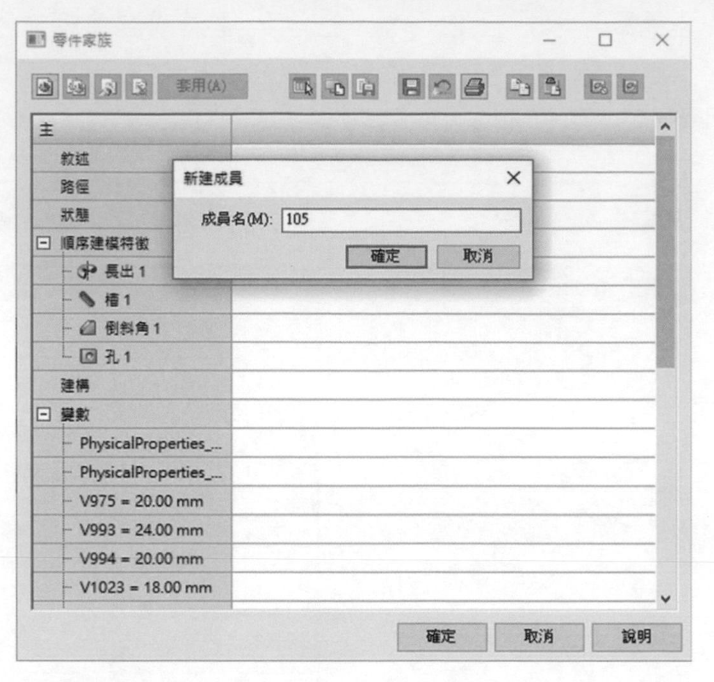

▲圖 12-2-6

❹ 接著再點擊「新建成員」按鈕，建立兩個新的成員「115」、「125」，如圖 12-2-7。

▲圖 12-2-7

❺ 將滑鼠游標移動至變數欄位時，在模型上會以亮顯的方式顯示出該特徵或尺寸，確認後可透過「115」及「125」成員的變數欄位做變更，如圖 12-2-8。

- 先將「槽 1」在成員「125」改為抑制
- 在「V1084」總長變數於三個成員上值各為 105mm、115mm、125mm
- 在「V1250」槽長度變數於三個成員上值各為 27mm、20mm、15mm
- 在「槽_1_槽寬度」槽寬變數於三個成員上值各為 6mm、3mm、9mm

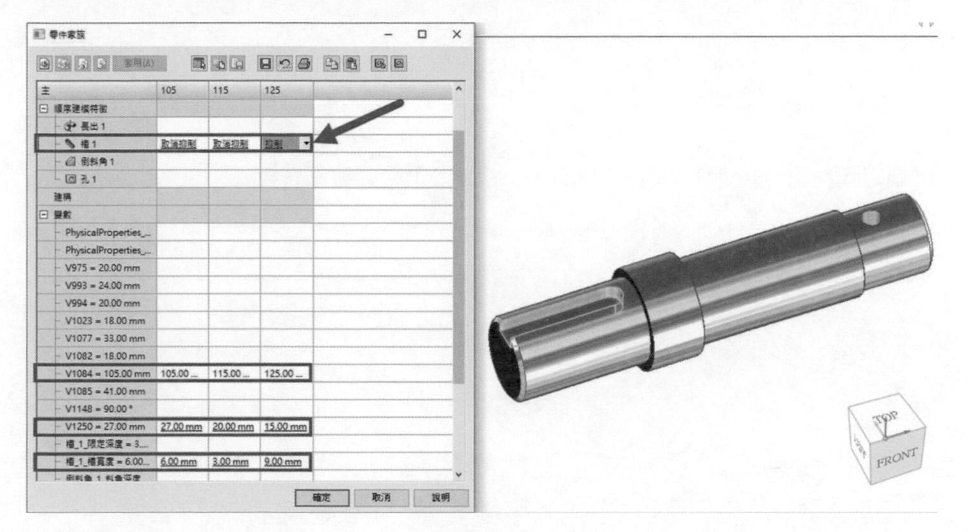

▲圖 12-2-8

❻ 零件成員的變數修改完後，可利用「儲存表資料」將修改後的變數儲存，如圖 12-2-9。

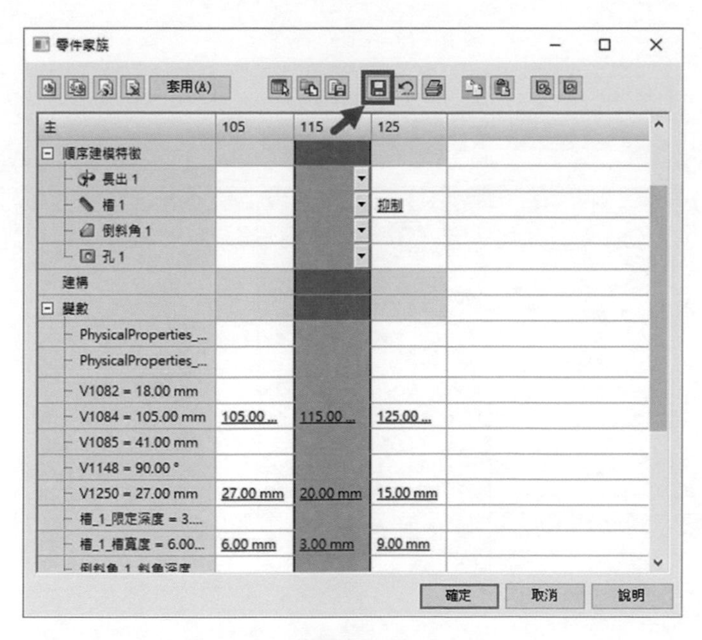

▲圖 12-2-9

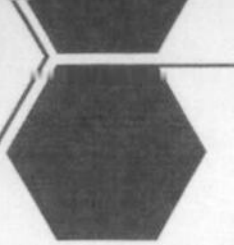

❼ 「儲存表資料」後，點選「115」並且選擇「套用」，即可在畫面上顯示「115」的零件外型，以確認設定的變數是否正確，如需要修改，直接繼續修改變數並儲存表資料即可，如圖 12-2-10。

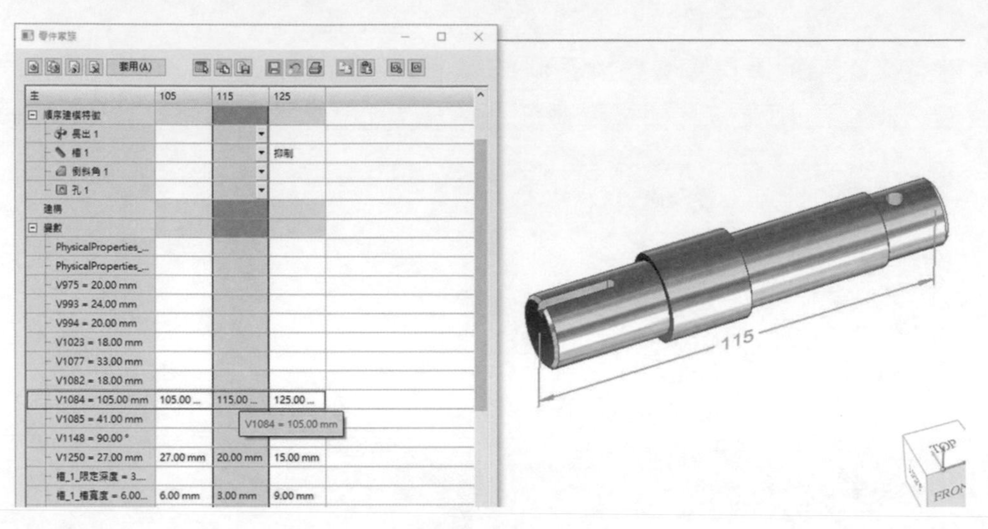

▲圖 12-2-10

❽ 到目前為止使用者已經建立了三個家族成員（105、115、125），並且各自定義了其變數，這些變數透過儲存表資料的方式儲存於檔案之中，但這些零件並不存在著實體檔案，因此使用者將為每個家族成員建立新的單獨檔。

在「零件家族」標籤的「成員」部分中，點擊「編輯表」按鈕在「零件家族編輯表」上，點擊「選取所有成員」按鈕，三個零件家族即將全部選取，如圖 12-2-11。

▲圖 12-2-11

❾ 在建立實體檔案前，可以透過「設定路徑」指令，確認家族成員檔案的儲存位置，而預設的檔案路徑將會儲存在與主零件同一個資料夾當中，如圖 12-2-12。

▲圖 12-2-12

❿ 在「零件家族編輯表」對話方塊上，點擊「填充成員」按鈕，顯示出填充成員對話方框詢問使用者是否將已經選取了 3 個成員建立新的單獨檔，點擊「確定」按鈕，如圖 12-2-13。

備註 在修改零件家族編輯表之後，如還未儲存檔案，Solid Edge 在執行填充成員之前，會要求使用者先儲存檔案。

▲圖 12-2-13

⓫ 在「零件家族」點擊滑鼠「右鍵」以顯示功能表，再快顯功能表中，點擊「開啟成員」以開啟零件家族成員檔案，如圖 12-2-14。

▲圖 12-2-14

⓬ 檢視完成的檔案，在「視圖」→「視窗」→「排列」指令，用以視窗的排列顯示。在「排列」對話方塊上，選取「磚塊式並排」，如圖 12-2-15。

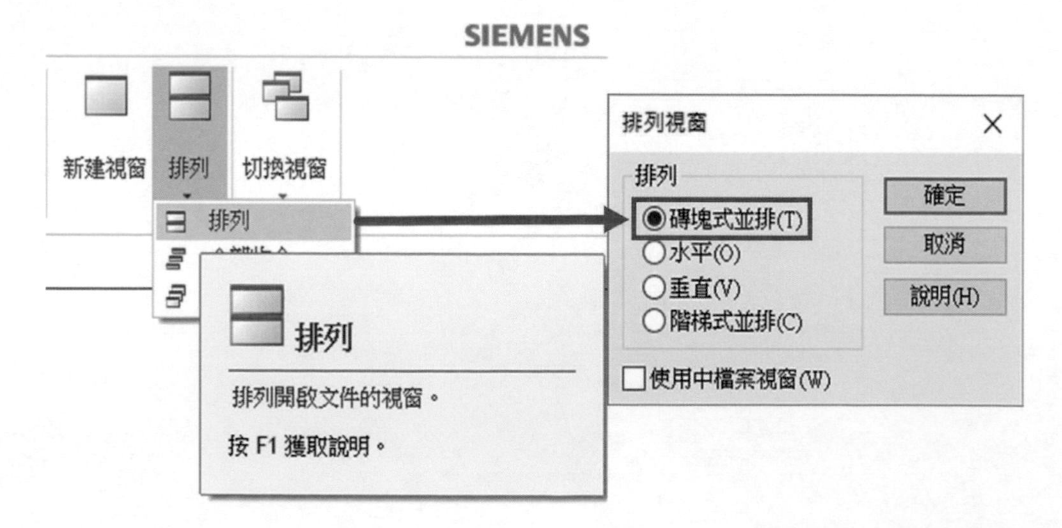

▲圖 12-2-15

⓭ 完成「填充成員」，每個成員檔案都符合「零件家族編輯表」當中的變數設定，這些成員都以「關聯方式」依賴著主零件，如圖 12-2-16。

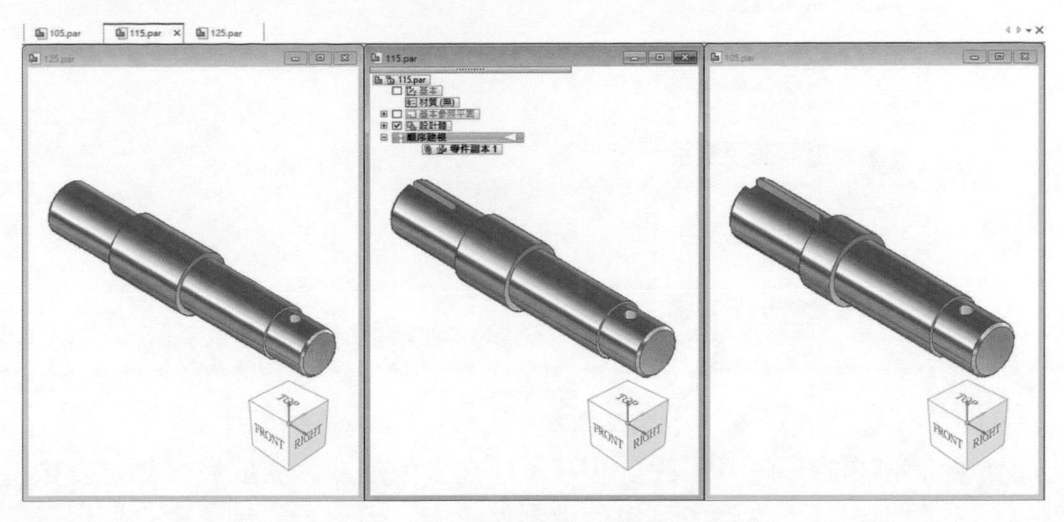

▲圖 12-2-16

⓮ 如需要修改成員零件變數，可以透過主零件檔案當中的「零件家族編輯表」修改成員變數，然後透過「儲存表資料」儲存新的修改變數。

此時，在「零件家族編輯表」中「狀態」將會顯示成員為過期檔案，因此使用者須點選該成員，透過「填充成員」進行零件的更新，如圖 12-2-17。

零件家族

套用(A)

主	105	115	125
敘述			
路徑	D:\2021...	D:\2021...	D:\2021書
狀態			
順序建模特徵			
長出 1			
槽 1			取消抑制
倒斜角 1			
孔 1			
建構			
變數			
PhysicalProperties_...			
PhysicalProperties_...			
V1082 = 18.00 mm			
V1084 = 105.00 mm	105.00 ...	115.00 ...	125.00 mm
V1085 = 41.00 mm			
V1148 = 90.00 °			
V1250 = 27.00 mm	27.00 mm	20.00 mm	15.00 mm

確定 取消 說明

▲圖 12-2-17

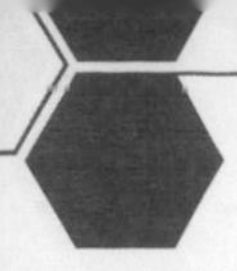

⓯ 狀態符號代表意義，如圖 12-2-18。

- 尚未建立檔案。
- 檔案是最新的。
- 檔案需要更新。
- ? 連結的檔案找不到。
- ! 建立或更新檔案時出錯。

▲圖 12-2-18

備註 此範例是在順序建模設計，在順序建模下建立家族成員去調整變數值，在同步建模下當然也可以使用零件家族，但因為同步建模主要以靈活設計修改為主，之中會存在設計意圖及尺寸方向性設定問題，也會有所限制。

12-3 組立件中調整零件變數及零件家族

本章節繼續指導使用者，如已經透過「12-1 章節」方式建立出零件「變數」以及「12-2 章節」方式建立出多個「零件家族」成員檔案後，該如何在組立件中變更零件中的變數或成員方式變更，但又無需重新裝配，如圖 12-3-1。

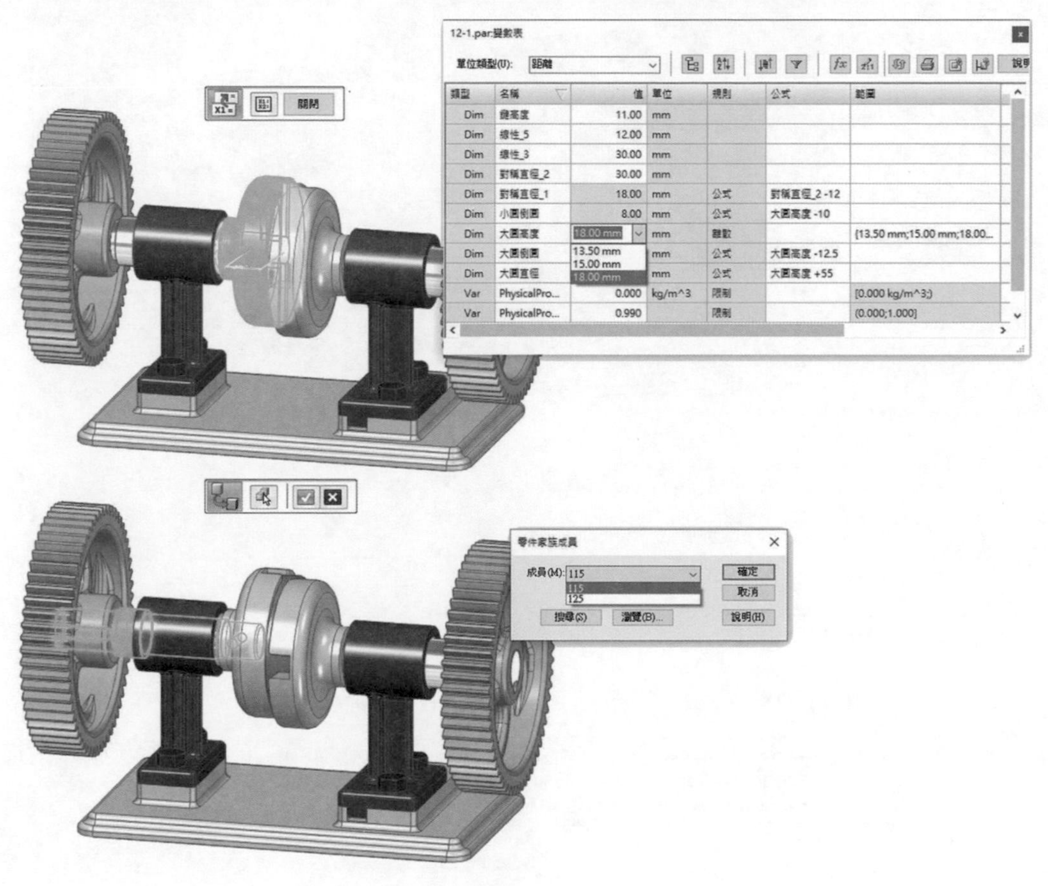

▲圖 12-3-1

❶ 以本章節的範例進行說明，因此使用者可以直接開啟範例「12-3.asm」練習，可以看到「12-1 章節」及「12-2 章節」設計的零件已經裝配在齒輪機構的次組立件中，如圖 12-3-2。

▲圖 12-3-2

❷ 在功能區中選取「工具」→「變數」→「同級變數」，如圖 12-3-3。

▲圖 12-3-3

❸ 接下來選取「齒輪機構」中的零件「12-1」，就會出現當時在「12-1 章節」設定的零件變數及離散清單，如圖 12-3-4。

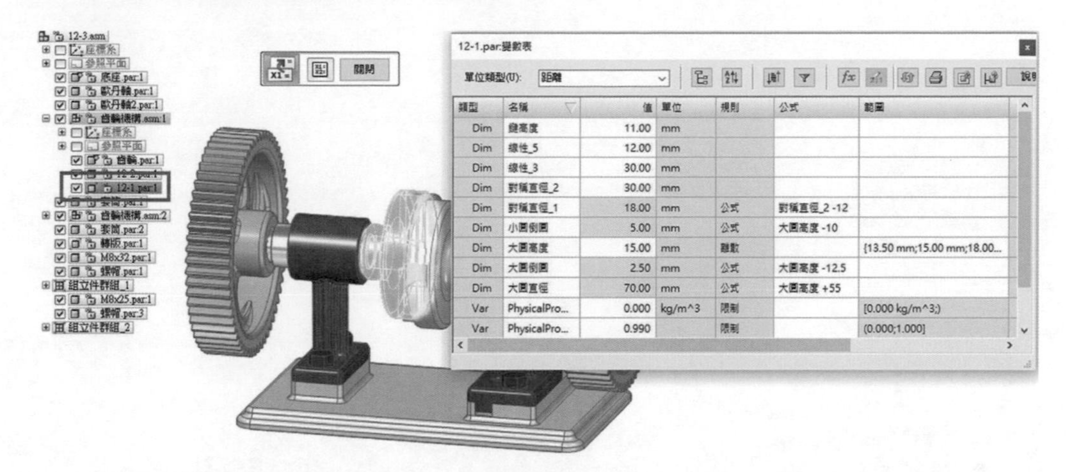

▲圖 12-3-4

❹ 點選「大圓高度」尺寸及可選擇其餘兩個離散清單尺寸，這時我們選擇「18mm」，當然如果這時候再去設定其它零件變數公式也是沒問題的，如圖 12-3-5。

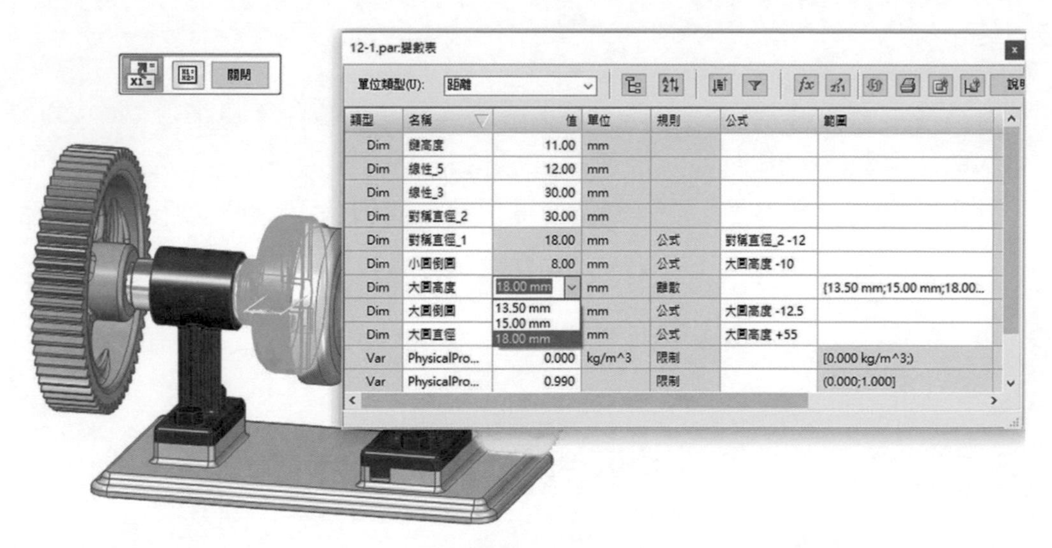

▲圖 12-3-5

❺ 這時我們調整完「12-1 章節」中的零件變數後，接下來點擊「12-2 章節」中的零件，就是在「齒輪機構」次組立件中的零件「12-2」透過滑鼠右鍵「更多」→「取代零件」，如圖 12-3-6。

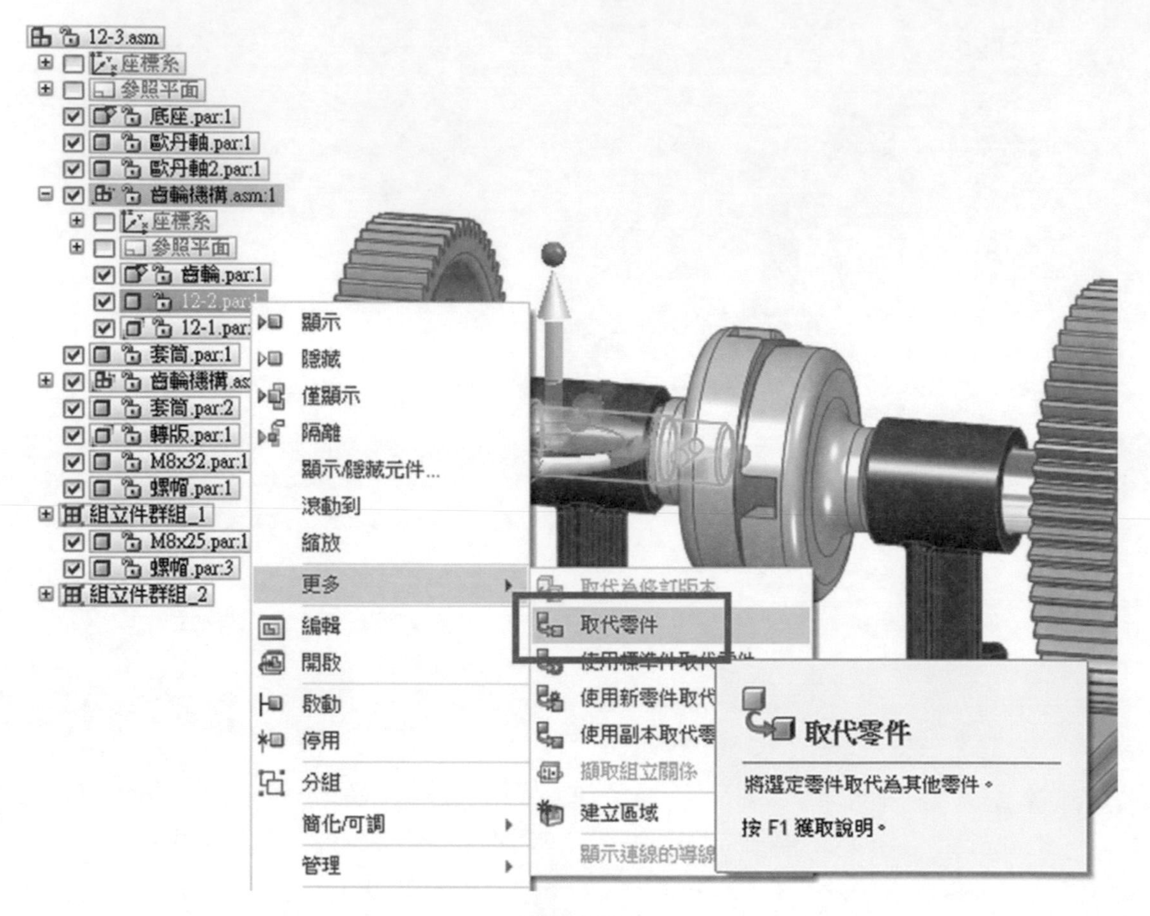

▲圖 12-3-6

❻ 如組立件中有多個相同零件需同時更換家族成員，請在工具指令條中選取「事例選取」，Solid Edge 將會快速選取相同檔名的零件，並且以高亮度顯示如只需要針對單一零件做變更，則不需要點選「事例選取」，確認後點擊「接受」鍵，如圖 12-3-7。

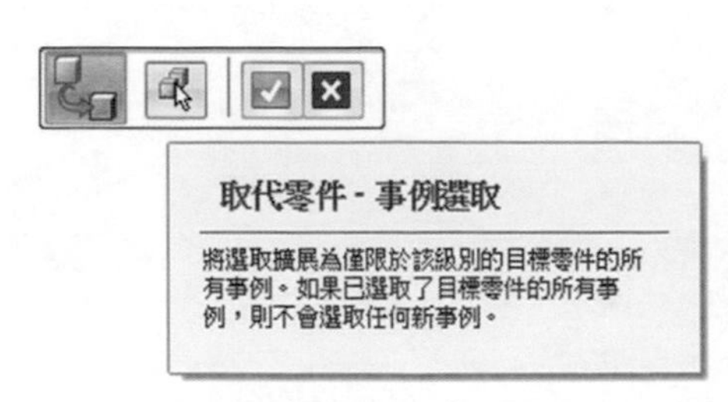

▲圖 12-3-7

❼ 請於零件家族成員選單中，選取所要的成員如「125」，點擊「確定」鍵即可取代變更，如圖 12-3-8。

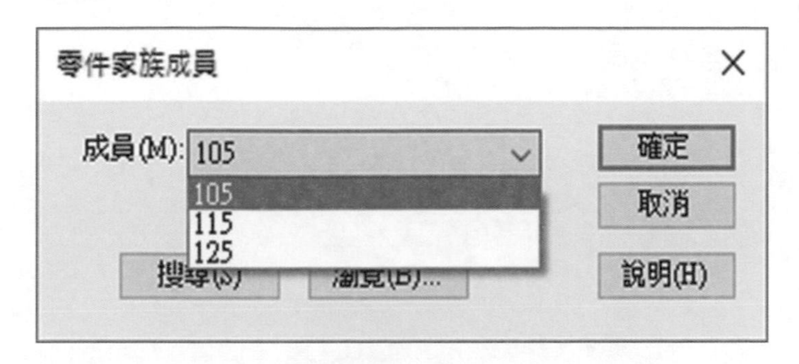

▲圖 12-3-8

❽ 完成取代變更之後，可在左側「齒輪機構」次組立件中的零件原有的「12-2」零件已變更為「125」，如圖 12-3-9。

▲圖 12-3-9

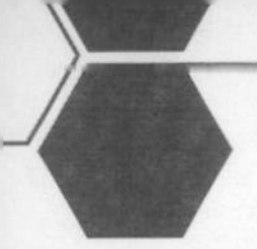

練習範例

打開範例中的「練習範例 .par」，此為第四章節順序建模中的完成範例，可以嘗試利用去學習建立各種不同零件家族。

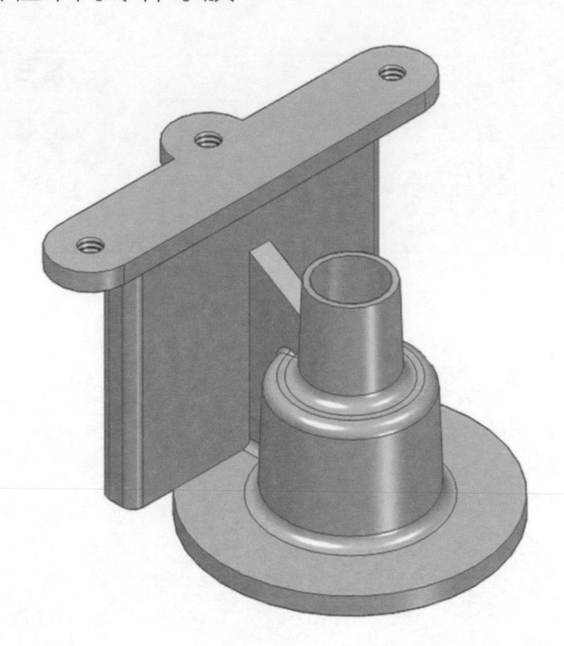

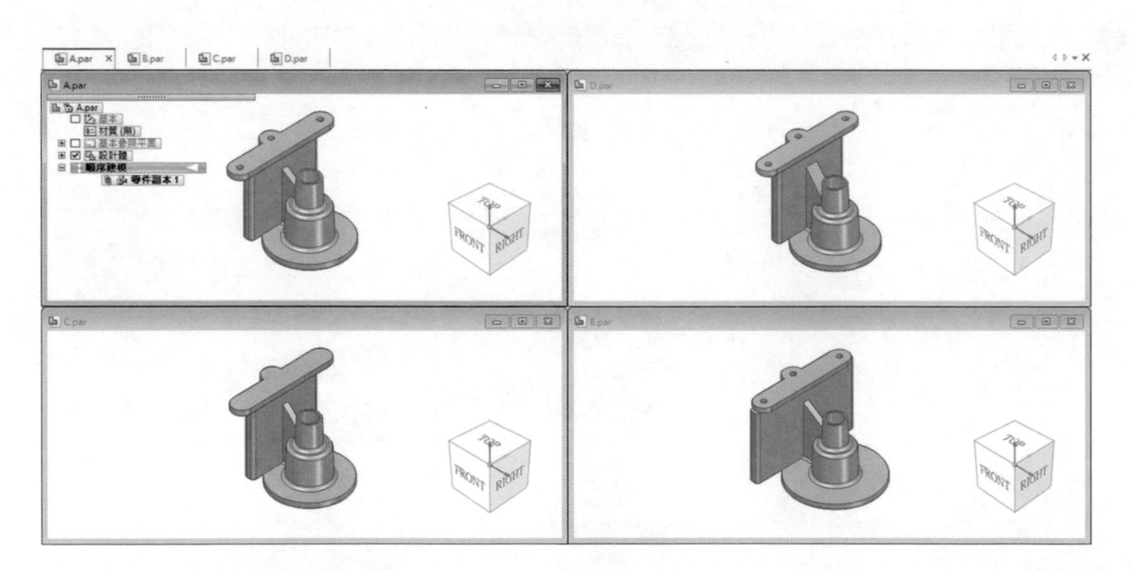

CHAPTER 13

組立件和干涉檢查

章節介紹

藉由此課程，您將會學到：

13-1　組立件的組裝

13-2　順序組立件

13-3　干涉檢查

13-4　原位建立零件

13-5　同步組立件

13-1 組立件的組裝

「組立件」就是將各個零件組裝起來的環境。在「組立件」上可以建構包含「順序」或「同步」零件的混合組立件，讓使用者在操作上更具靈活性。

在「組立件」建構中包含「順序」零件和次組立件也可包含「同步」零件和次組立件。

零件組立

在將零件或次組立件置於組立件中時，必須通過套用「組立關係」，確定如何根據組立件中的其他零件來定位該零件；零件組立可用關係包含：「固定」、「貼合」、「平面對齊」、「軸對齊」、「軸貼合」、「平行」、「連接」、「角度」、「凸輪」、「傳動裝置」、「置中」和「相切」等等，如下表。

圖示	指令	說明
	配對	兩個零件之間的面或平面套用貼合關係
	平面對齊	兩個零件之間的面或平面套用平面對齊關係
	軸對齊	兩個零件之間軸孔套用軸向對齊關係
	插入	套用固定偏置值的貼合關係以及固定旋轉角度的軸向對齊關係
	平行	兩個零件之間套用平行關係
	連接	使用點與點進行連接關係來定位
	角度	兩個零件的兩個面或兩條邊之間的角度關係
	相切	兩個零件的圓柱、圓錐、圓環及平面之間套用相切關係
	凸輪	讓一個圓柱、平面或點一系列的相切伸長面重合或相切
	符合座標系	可以使用指令條上的「座標系平面」和「座標系偏置」選項來定義各座標系軸的偏置值
	傳動裝置	兩個零件之間套用傳動關係。可使用傳動關係定義一個零件如何相對於另一個零件移動
	剛性集	此關係套用於兩個或兩個以上元件之間，若將它們固定，則它們的相對位置會保持不變
	固定	對組立件中的零件或次組立件套用固定關係
	置中	兩個面或一個面之間套用置中關係
	路徑	可使用路徑關係定義一個零件沿路徑移動。和凸輪關係一樣，路徑關係也需要軸心和鏈作為軌道移動

其中以「快速組立」為最常用的裝配條件，因為自動判斷包括「配對」、「平面對齊」、「軸對齊」三種條件。以上述表格說明的條件將空間中的自由度固定，而固定的尺寸方式也分為「固定」、「浮動」、「範圍」，如下表：

圖示	指令	說明
	固定	距離為固定一個定數
	浮動	距離依據現在尺寸為參考，可以隨便被移動
	範圍	距離可以設定最大值和最小值，只能在範圍內變化

13-2 順序組立件

若所有零件皆由「順序建模」繪製，則為順序組立件。零件透過組裝條件將面、軸、孔產生裝配，形成小型組立件，再將小型組立件和其他組立件或是零件再組裝成大型組立件。

組裝小組立件

❶ 新建新的組立件檔案。「新建」→「ISO 公制組立件」。
點擊「插入元件」將「卡軸 .par」從零件庫拖曳至繪圖區，使零件的座標系原點與組件的座標系原點重合。如圖 13-2-1。

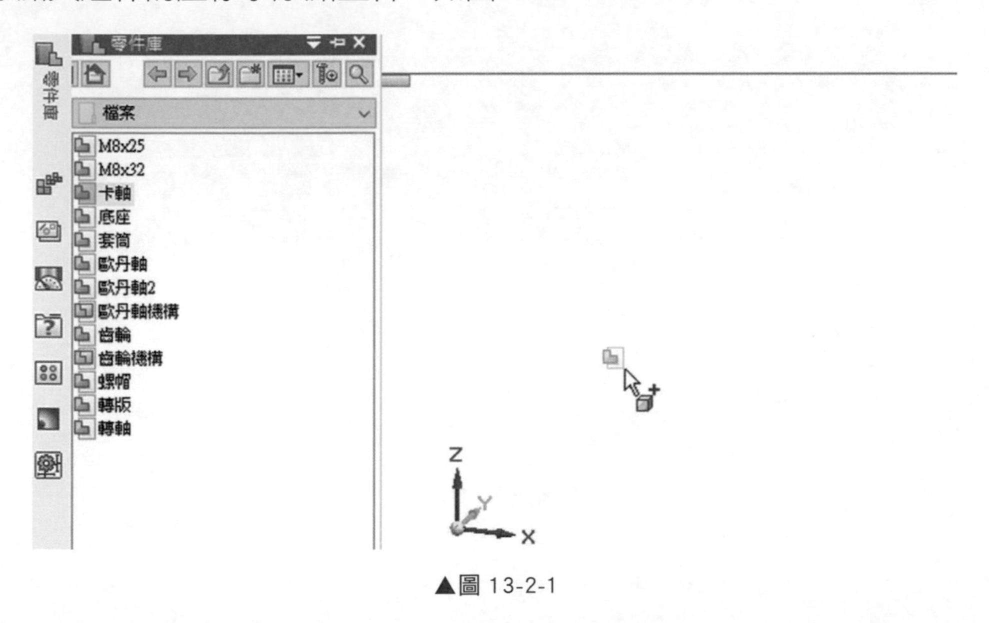

▲圖 13-2-1

❷ 「插入元件」將「齒輪 .par」從零件庫拖曳至繪圖區。
建立關係 1：點選齒輪的軸孔與卡軸的軸配對。如圖 13-2-2。

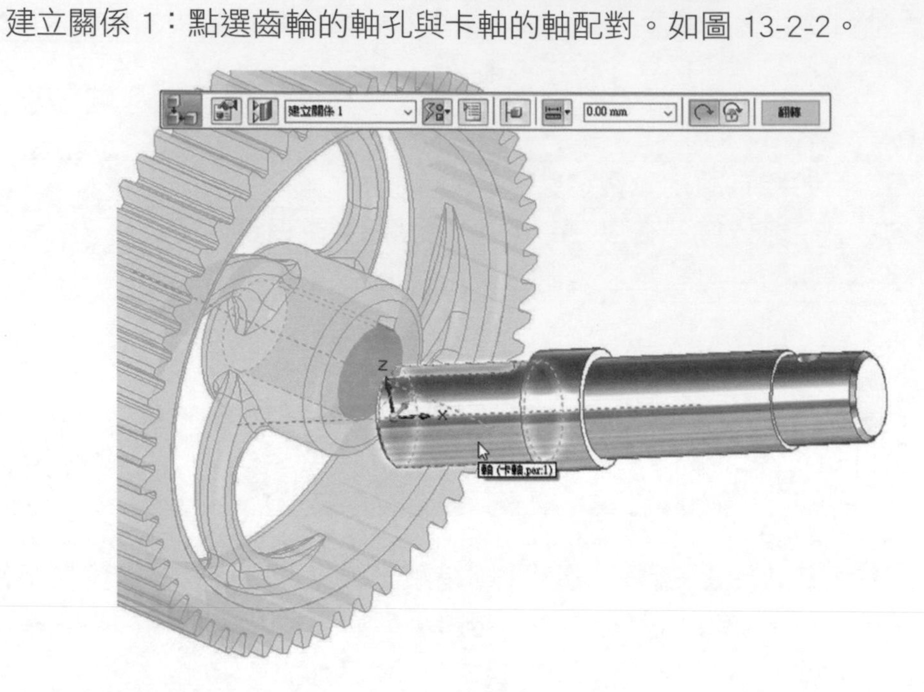

▲圖 13-2-2

建立關係 2：點選齒輪的平面與卡軸的平面對齊。如圖 13-2-3。

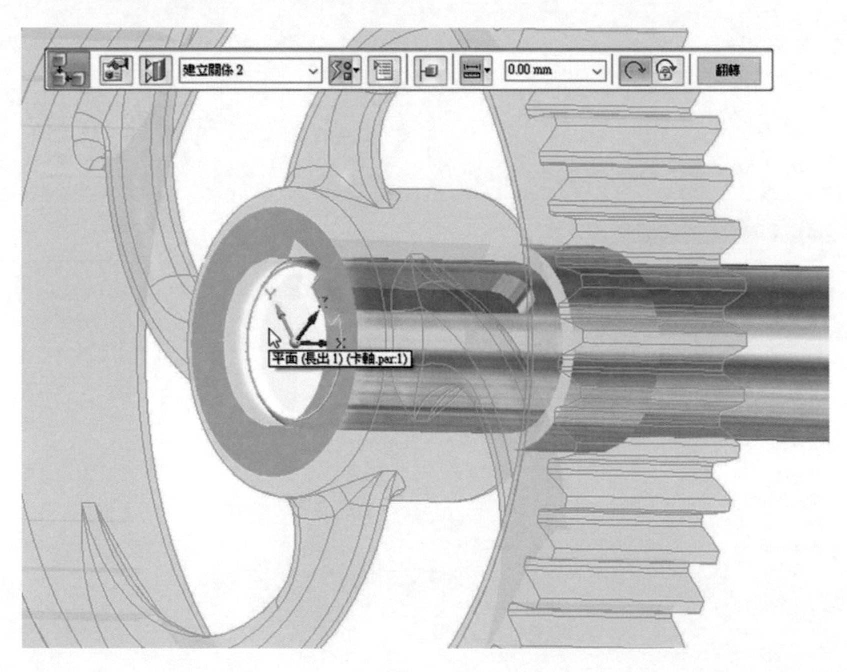

▲圖 13-2-3

建立關係 3：點選齒輪定位孔的面與卡軸定位孔的面對齊，完成三個方向自由度的固定。如圖 13-2-4。

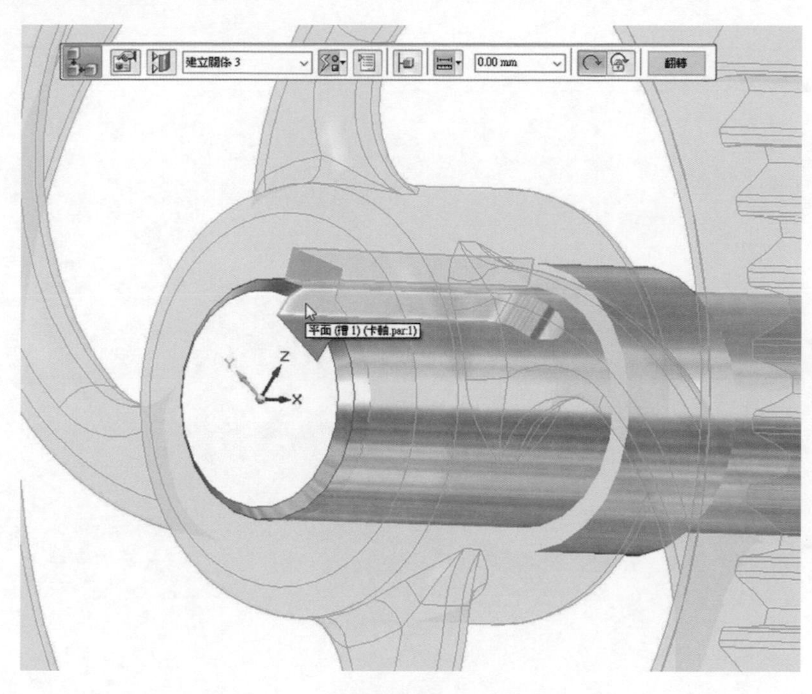

▲圖 13-2-4

❸ 「插入元件」將「轉軸 .par」拖曳至繪圖區。

建立關係 1：點選轉軸的軸孔與卡軸的軸配對。如圖 13-2-5。

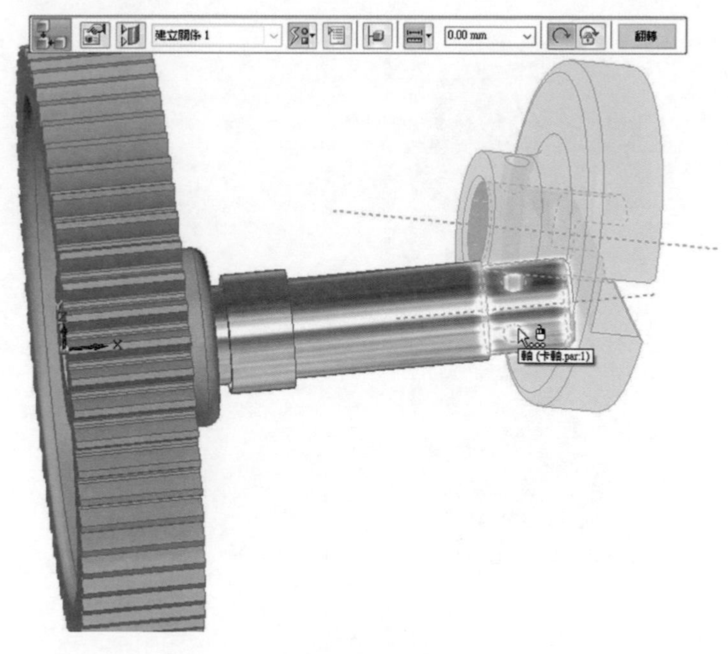

▲圖 13-2-5

建立關係 2：點選轉軸的定位銷孔與卡軸的定位銷孔對齊，使其固定旋轉方向。如圖 13-2-6。

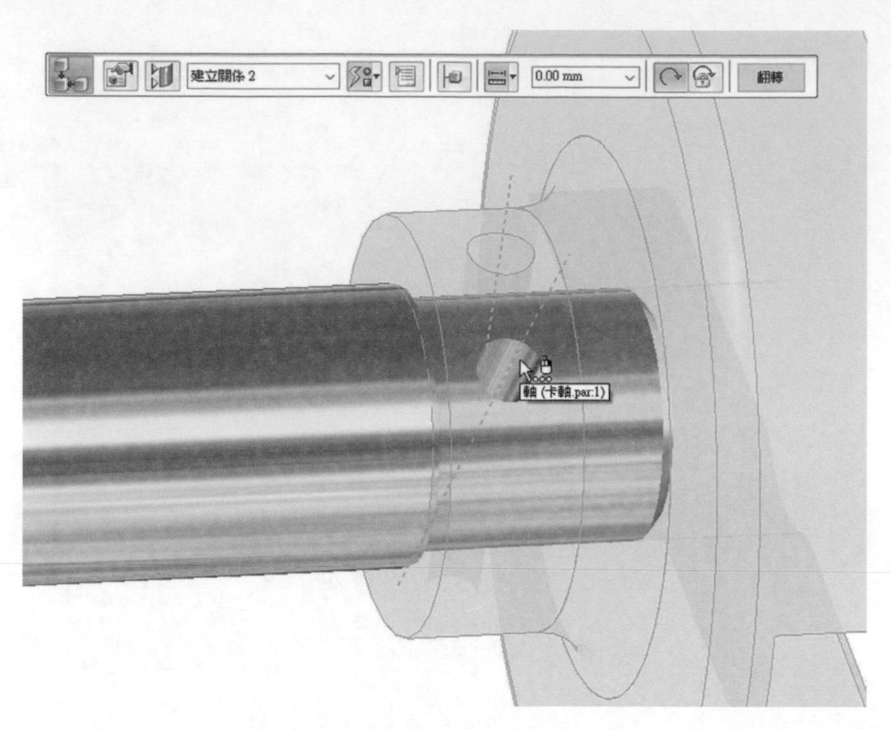

▲圖 13-2-6

完成組裝小組立件。完成後，點選存檔將檔案名稱變更為「齒輪機構 .asm」，如圖 13-2-7。

▲圖 13-2-7

組裝總組立件

❶ 開啟零件「底座 .par」，「新建」→「目前模型的組立件」，使用範本 ISO Metric Assembly.asm，此動作將零件「底座 .par」直接放置在新的組立件的原點座標系上。如圖 13-2-8、13-2-9、13-2-10。

▲圖 13-2-8

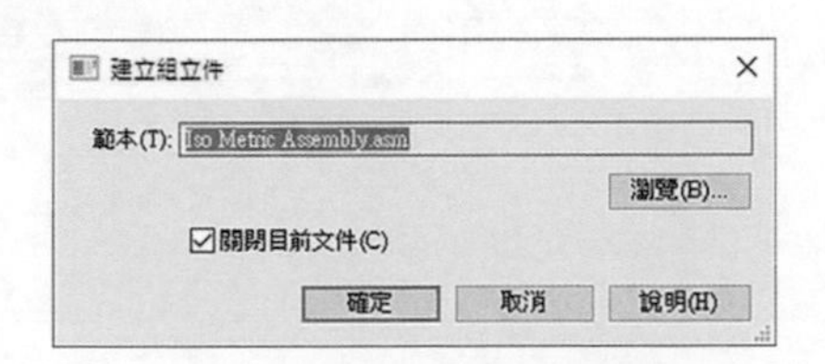

▲圖 13-2-9

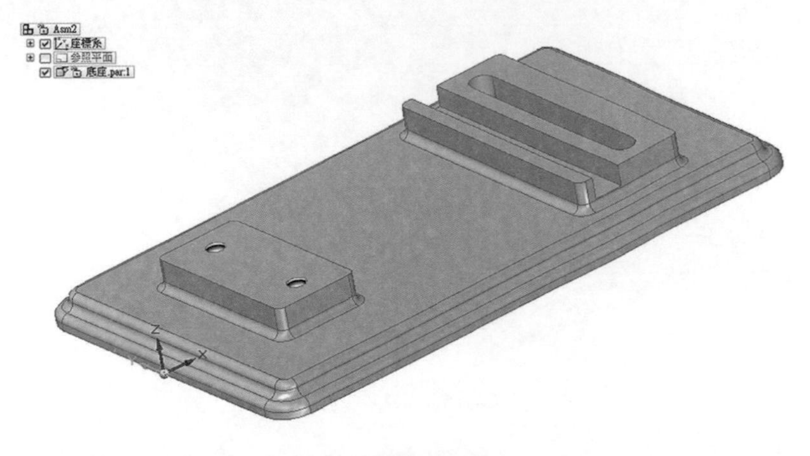

▲圖 13-2-10

❷ 「插入元件」將「歐丹軸 .par」拖曳至繪圖區。

建立關係 1：點選歐丹軸的鎖孔與底座的鎖孔軸對齊。如圖 13-2-11。

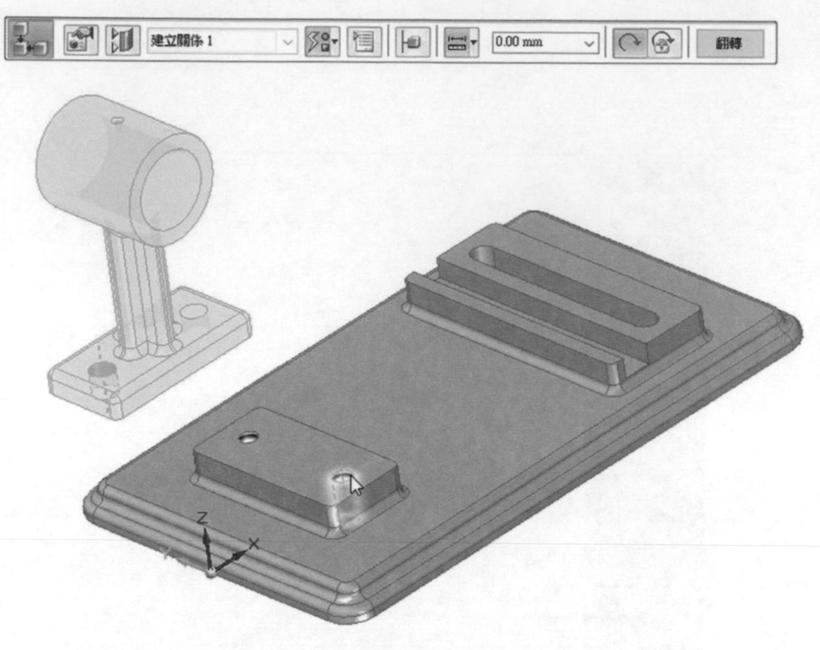

▲圖 13-2-11

建立關係 2：點選歐丹軸的鎖孔與底座的鎖孔軸對齊。如圖 13-2-12。

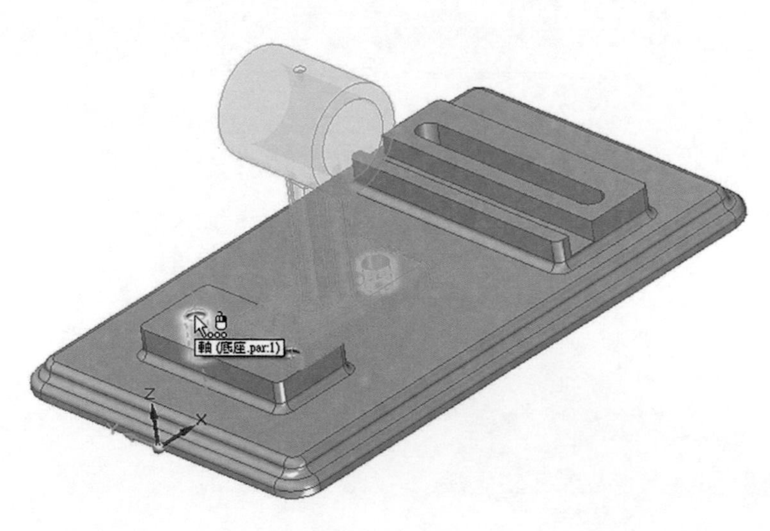

▲圖 13-2-12

建立關係 3：點選歐丹軸的底平面與基座平面配對。如圖 13-2-13

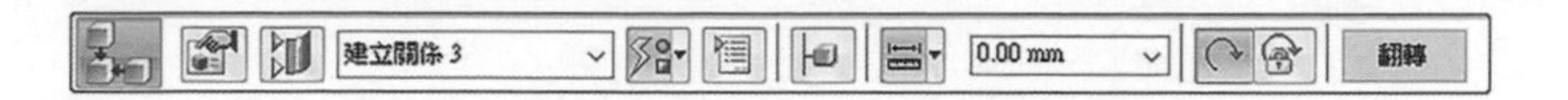

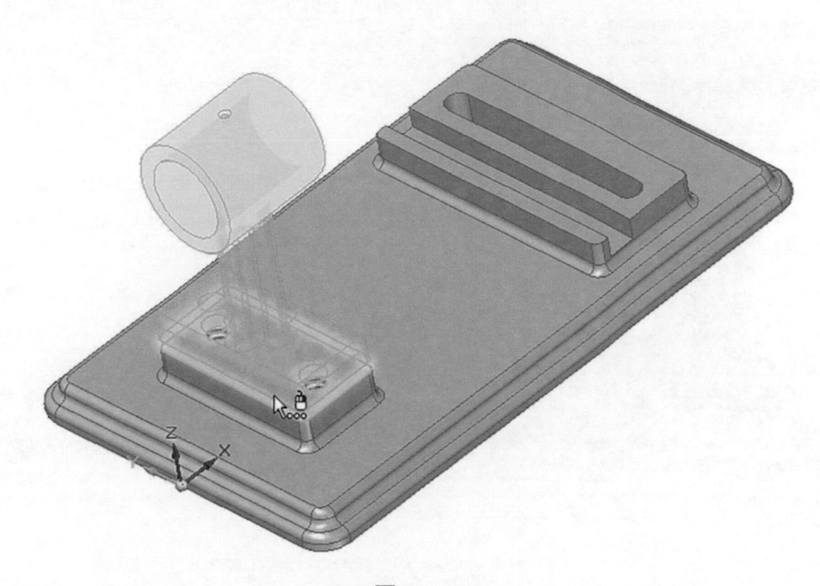

▲圖 13-2-13

❸ 「插入元件」將「歐丹軸 2.par」拖曳至繪圖區。
建立關係 1：點選歐丹軸的底面與底座的平面配對。如圖 13-2-14。

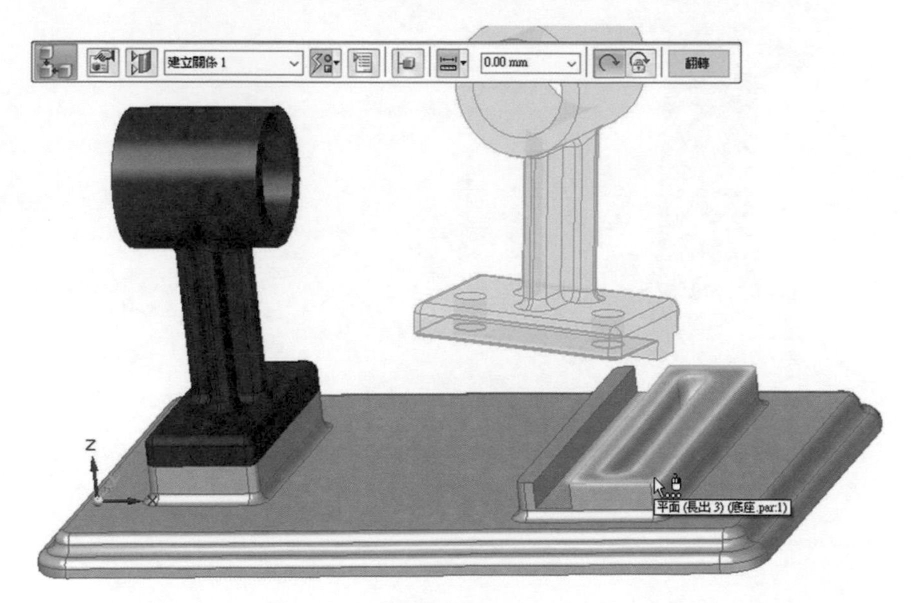

▲圖 13-2-14

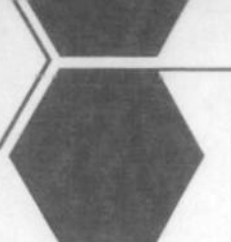

建立關係 2：使用「中心平面」關係，將歐丹軸 2 的卡溝（雙面）與底座卡溝（雙面）中心平面對齊。切換「中心平面」關係，將「單一」切換成「雙面」選取歐丹軸 2 兩個面，如圖 13-2-15。再選取底座的兩個面，將中心平面對齊，如圖 13-2-16。再點擊「旋轉」將方向轉正。如圖 13-2-17。

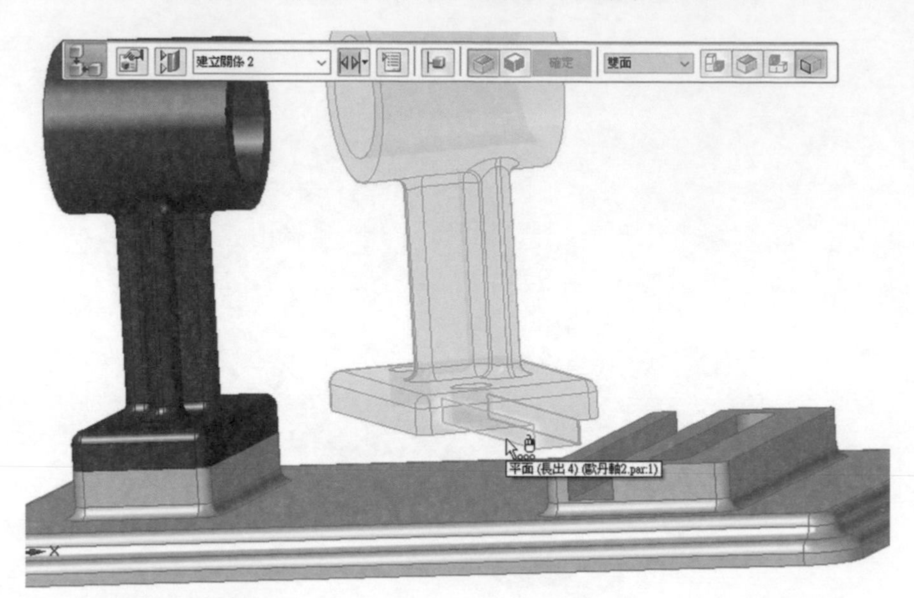

▲圖 13-2-15

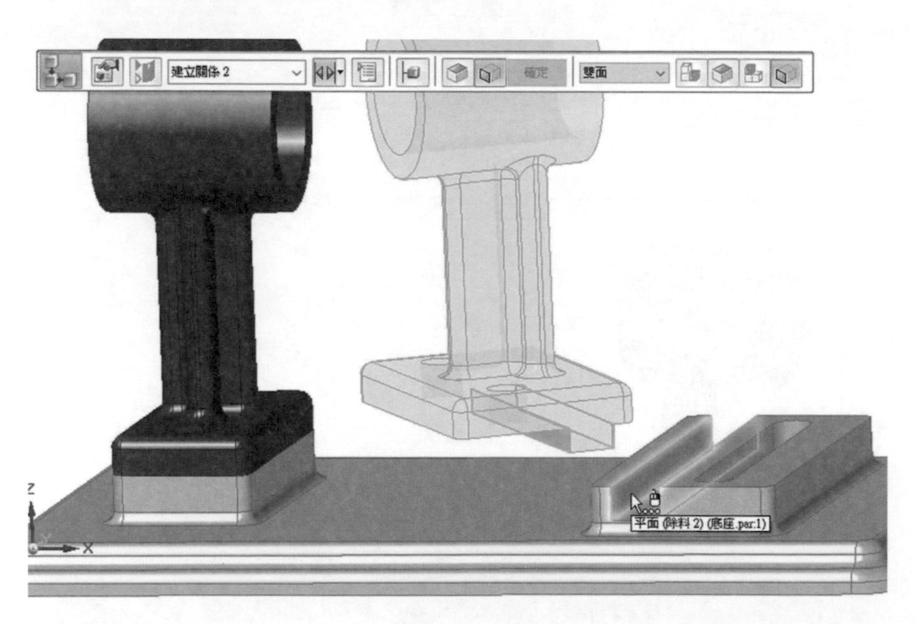

▲圖 13-2-16

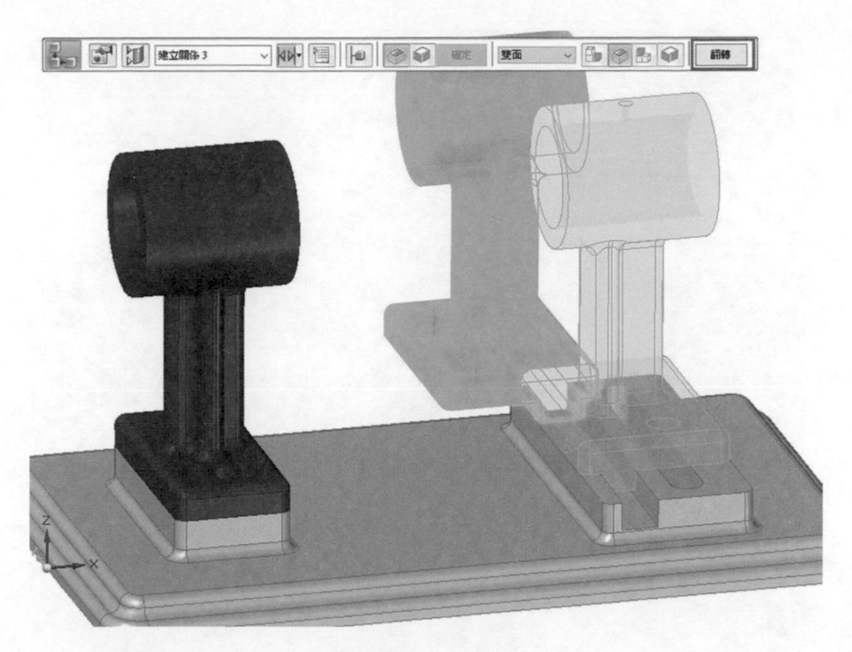

▲圖 13-2-17

建立關係 3、4：使用「路徑」關係，將歐丹軸的鎖孔與底座槽路徑的軌跡配合後，點選「確認」。如圖 13-2-18、圖 13-2-19。。

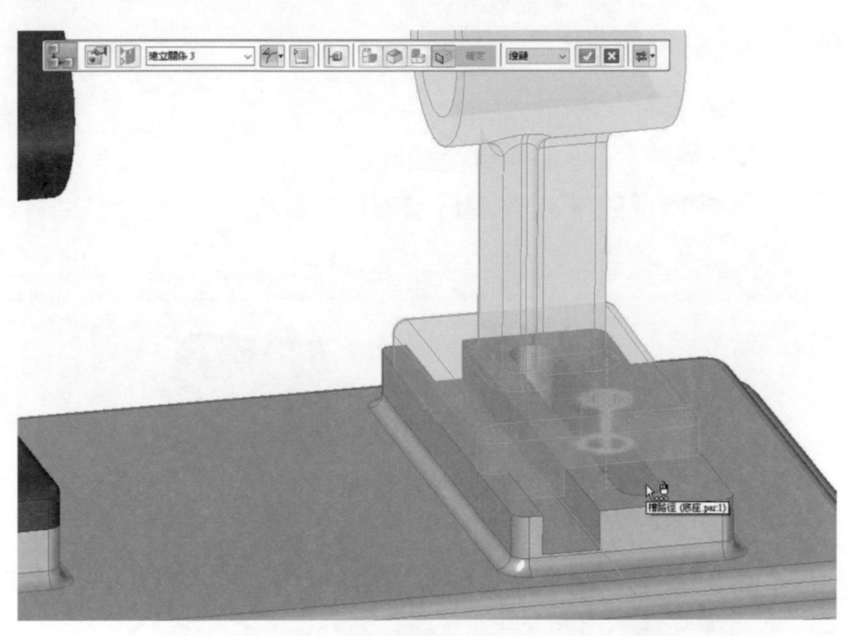

▲圖 13-2-18

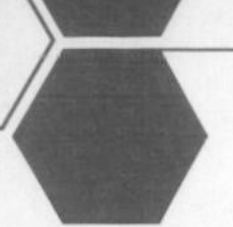

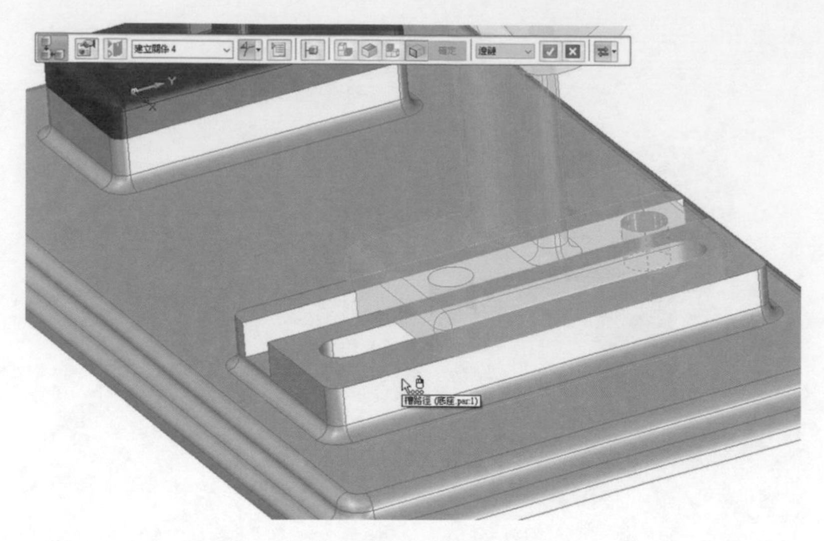

▲圖 13-2-19

➤ 注意導航者圖示

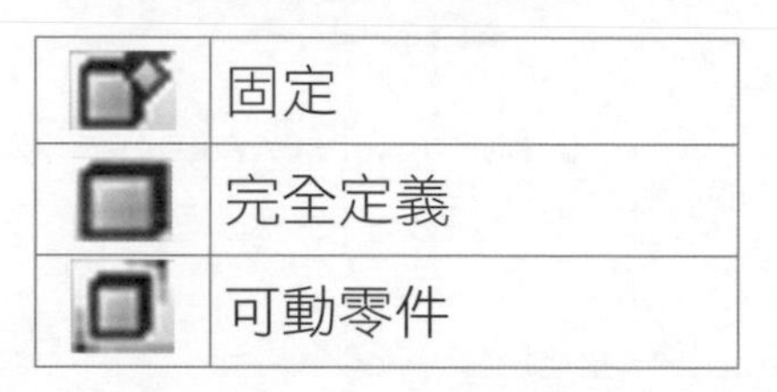

	固定
	完全定義
	可動零件

❹ 「插入元件」將「套筒 .par」拖曳至繪圖區。

建立關係 1：點選套筒的外側與歐丹軸的軸孔配對。如圖 13-2-20

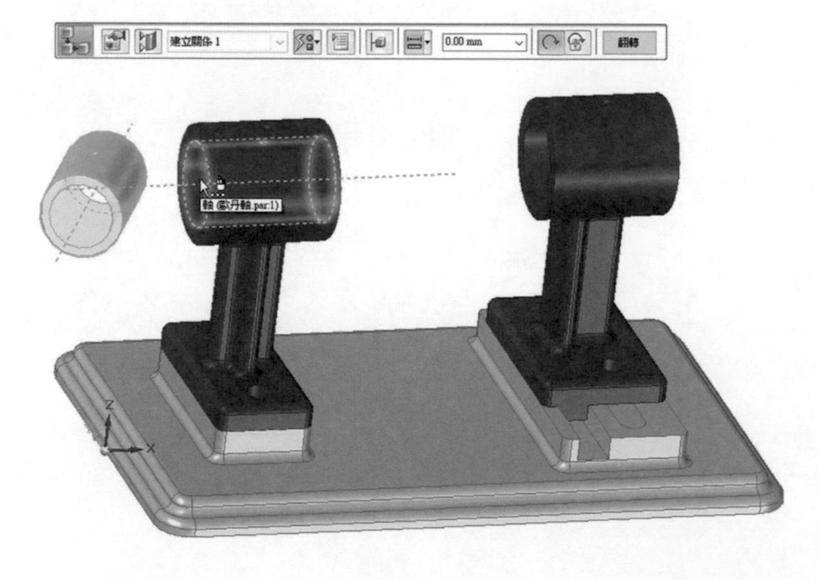

▲圖 13-2-20

建立關係 2：點選定位孔配對。

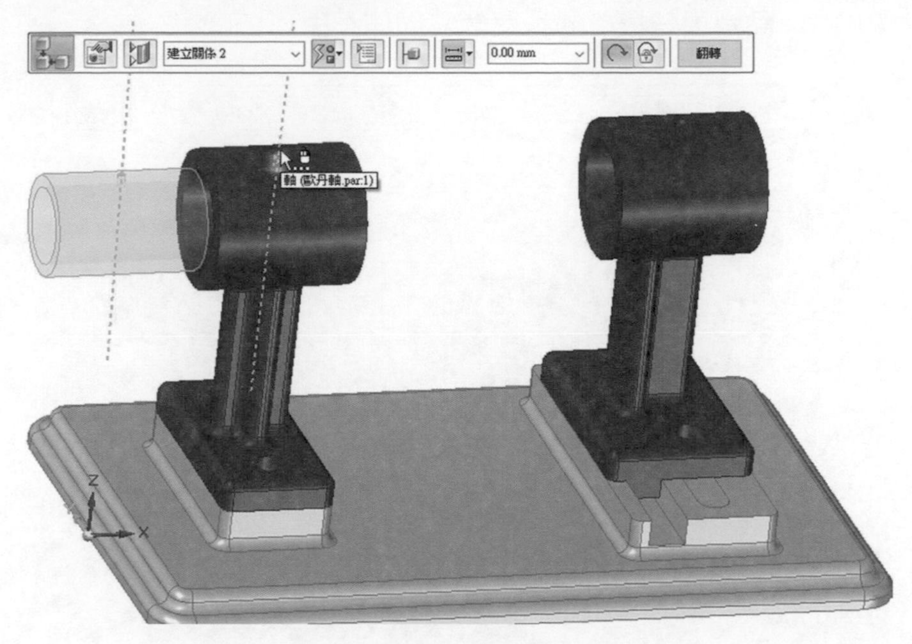

▲圖 13-2-21

❺ 重複組裝「套筒 .par」至歐丹軸 2 內。如圖 13-2-22。

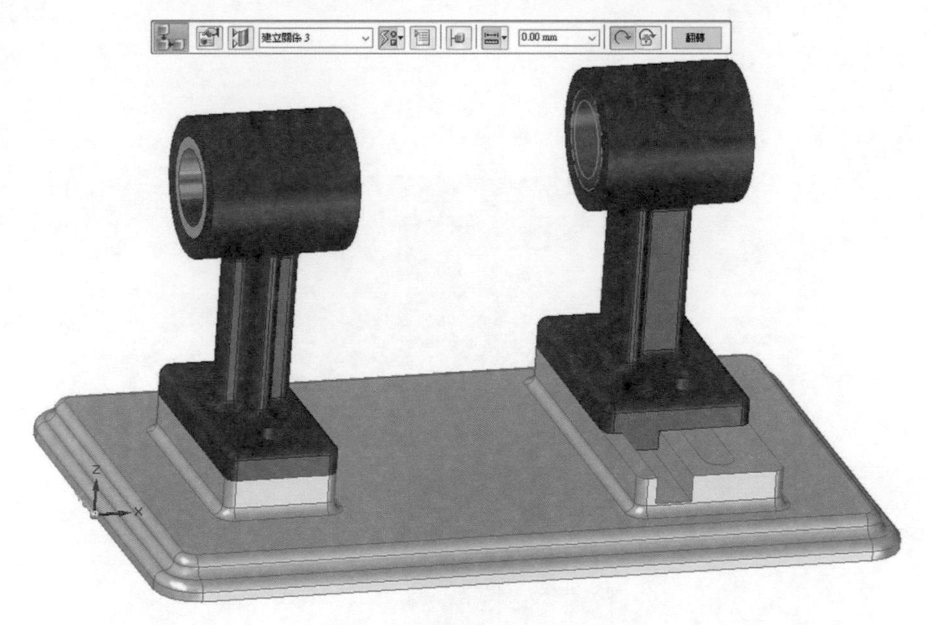

▲圖 13-2-22

❻ 「插入元件」將「齒輪機構 .asm」拖曳至繪圖區。
建立關係 1：點選齒輪機構的軸與套筒內側配對。如圖 13-2-23。

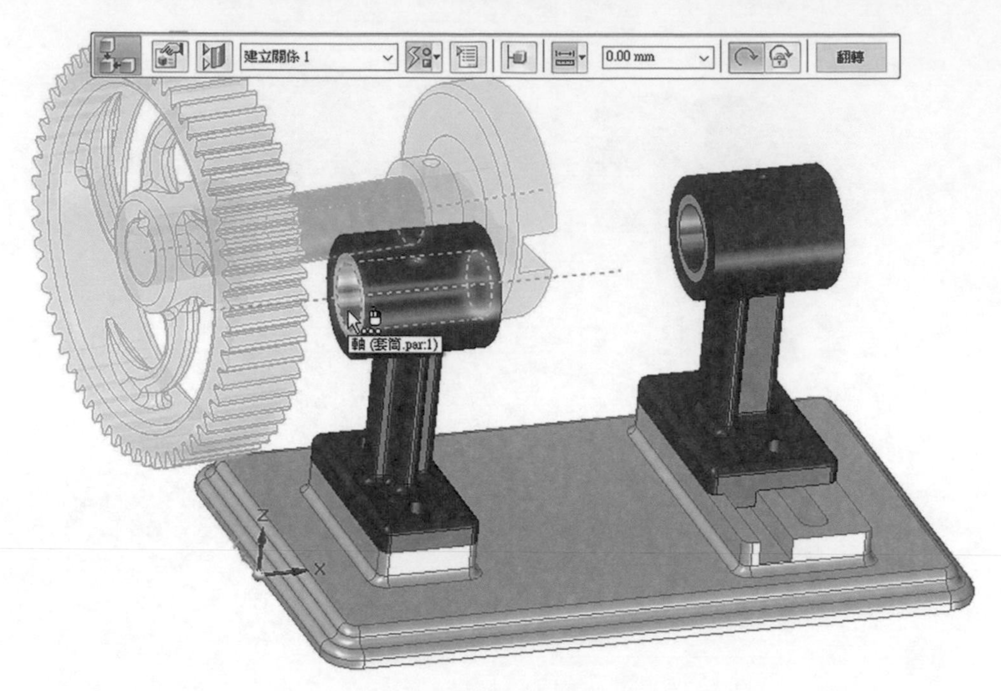

▲圖 13-2-23

建立關係 2：點選齒輪機構的面與套筒的側邊面配對。如圖 13-2-24。

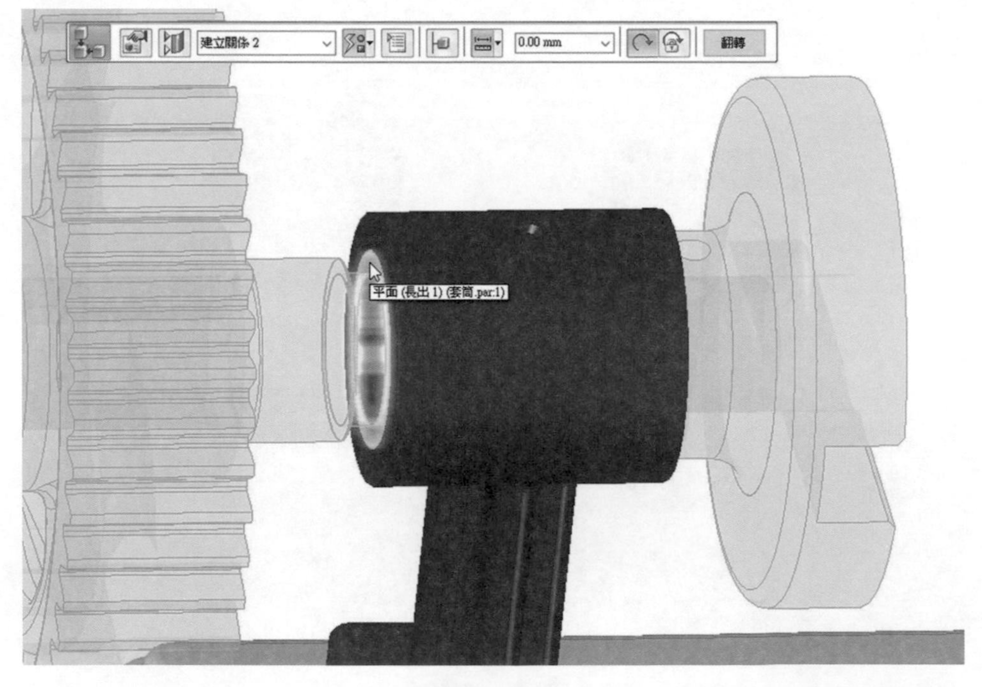

▲圖 13-2-24

❼「插入元件」重複將「齒輪機構.asm」組裝至另一側套筒。如圖 13-2-25。

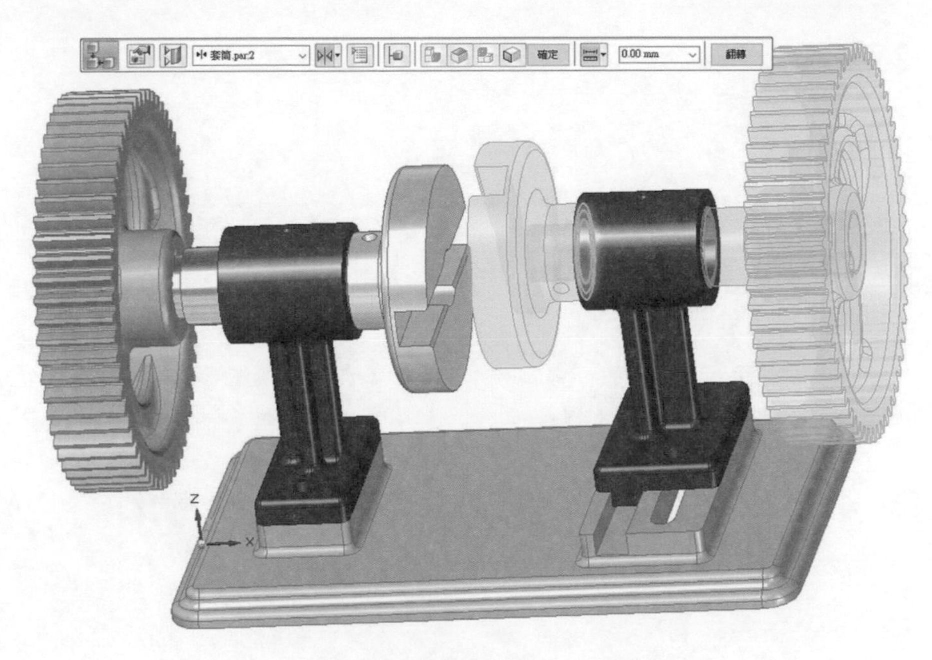

▲圖 13-2-25

❽「插入元件」將「轉版.par」拖曳至繪圖區。
建立關係 1：點選面與面配對。如圖 13-2-26。

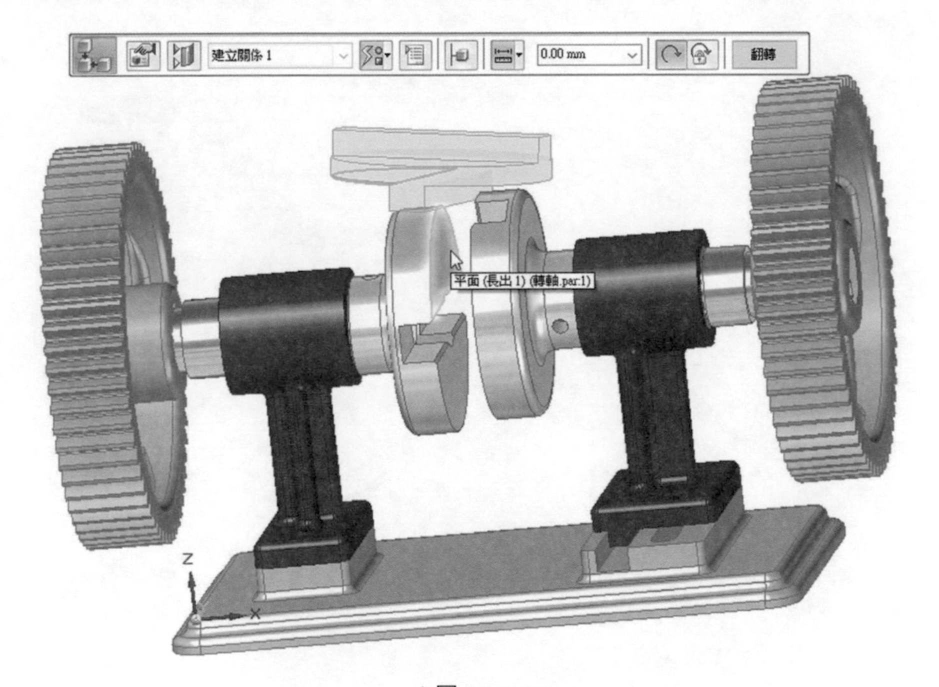

▲圖 13-2-26

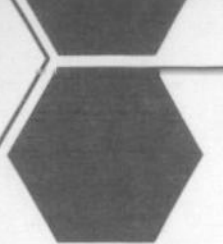

建立關係 2：點選面與面配對。如圖 13-2-27。

▲圖 13-2-27

建立關係 3：使用「中心平面」將轉版左側的雙面面中心與轉軸的雙面面中心配對。如圖 13-2-28。

▲圖 13-2-28

建立關係 4：使用「中心平面」將轉版右側的雙面面中心與另一個轉軸的雙面面中心配對。如圖 13-2-29。

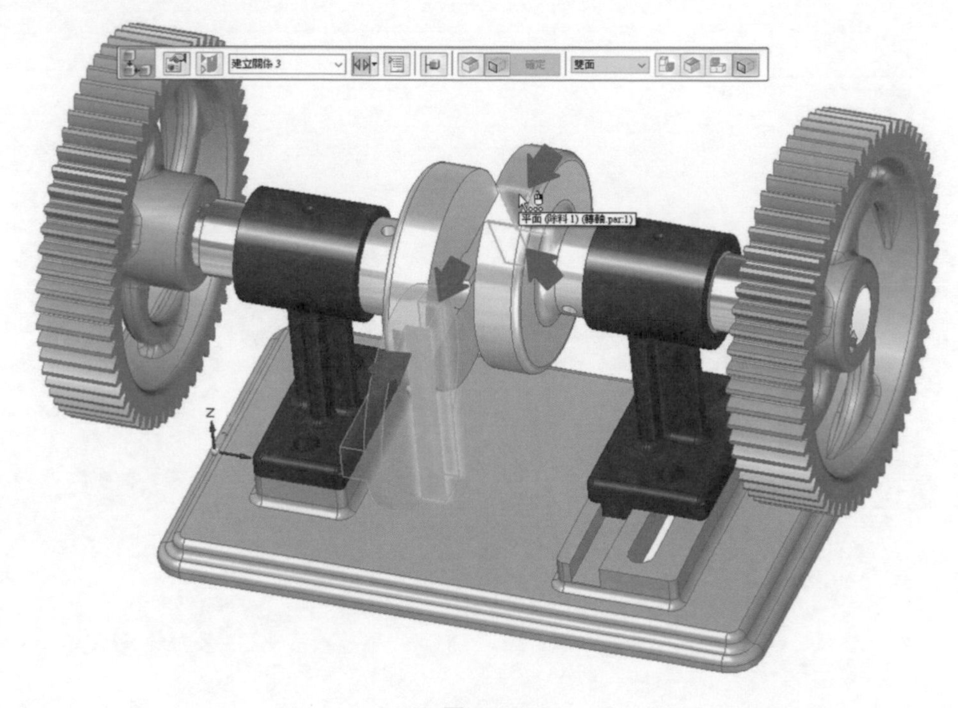

▲圖 13-2-29

❾ 「插入元件」將「推拔銷 .par」拖曳至繪圖區。

建立關係 1：點選推拔銷軸心與轉軸定位孔配對。如圖 13-2-30。

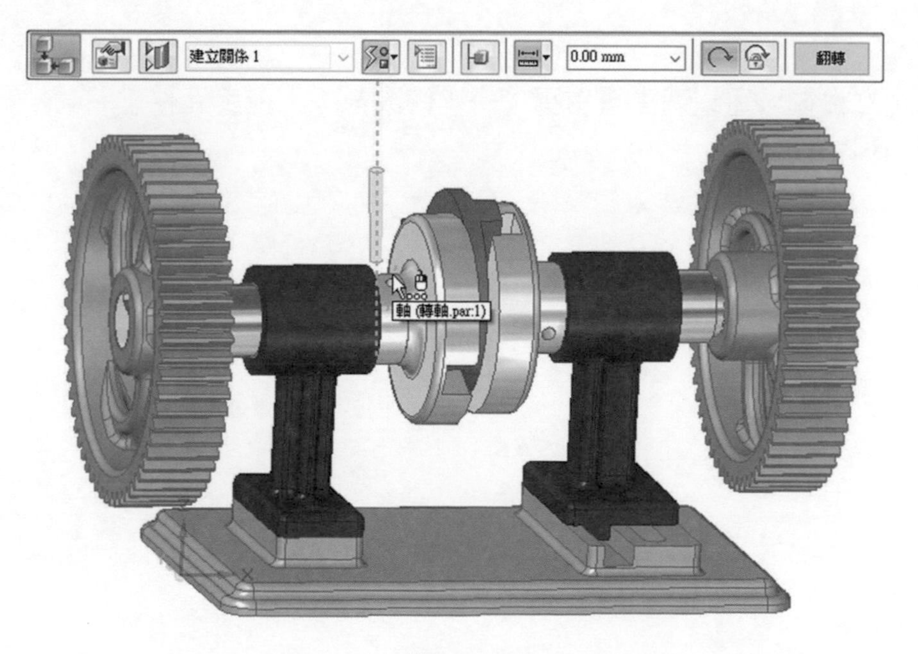

▲圖 13-2-30

建立關係 2：使用「相切」關係，使推拔銷平面與轉軸外曲面相切。如圖 13-2-31

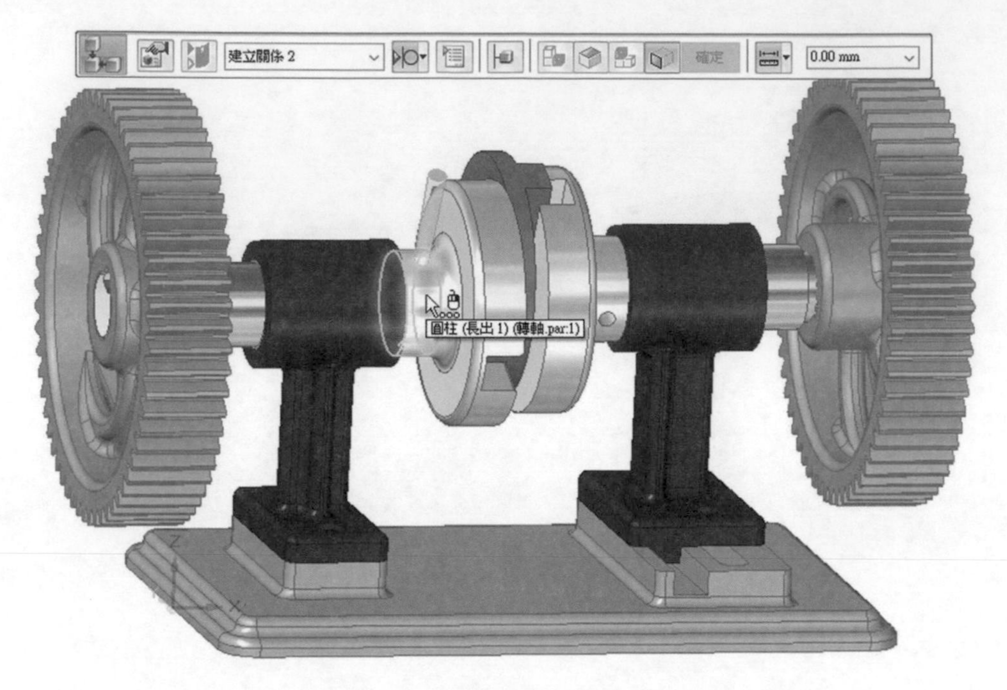

▲圖 13-2-31

❿ 完成組立件後，可以藉由「首頁」→「修改」→「拖曳元件」。如圖 13-2-32

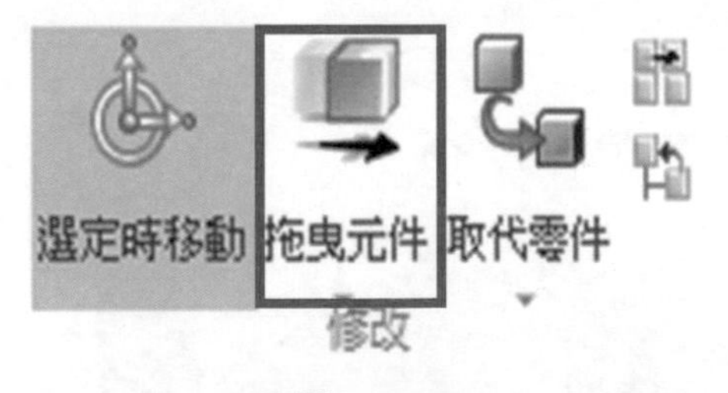

▲圖 13-2-32

將分析選項彈出視窗「確定」，如圖 13-2-33。

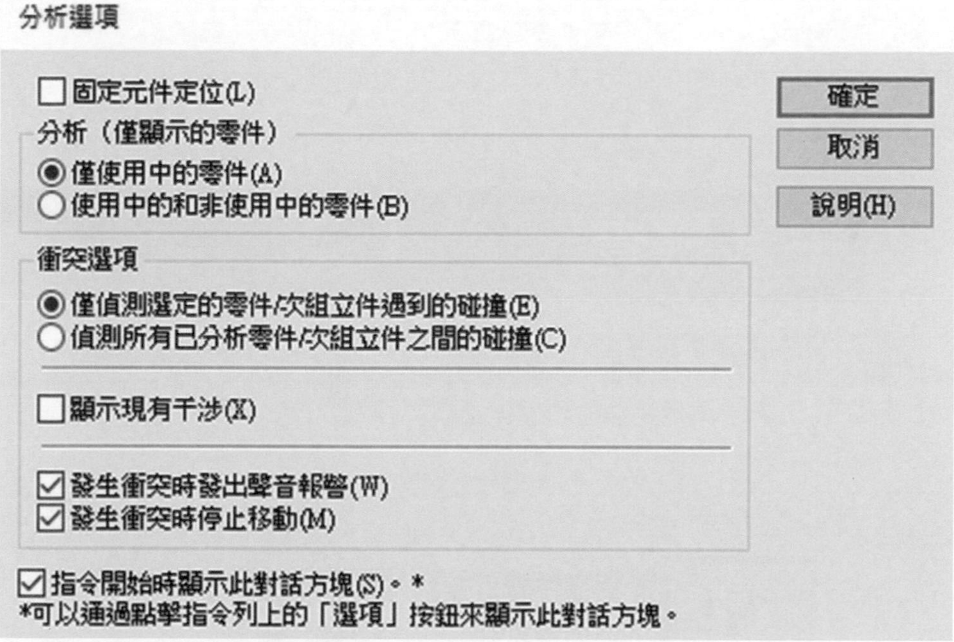

分析選項

☐ 固定元件定位(L)
分析（僅顯示的零件）
◉ 僅使用中的零件(A)
○ 使用中的和非使用中的零件(B)
衝突選項
◉ 僅偵測選定的零件/次組立件遇到的碰撞(E)
○ 偵測所有已分析零件/次組立件之間的碰撞(C)
☐ 顯示現有干涉(X)
☑ 發生衝突時發出聲音報警(W)
☑ 發生衝突時停止移動(M)
☑ 指令開始時顯示此對話方塊(S)。*
*可以通過點擊指令列上的「選項」按鈕來顯示此對話方塊。

確定
取消
說明(H)

▲圖 13-2-33

點選畫面任何一個亮顯零件後，拖曳移動。如圖 13-2-34

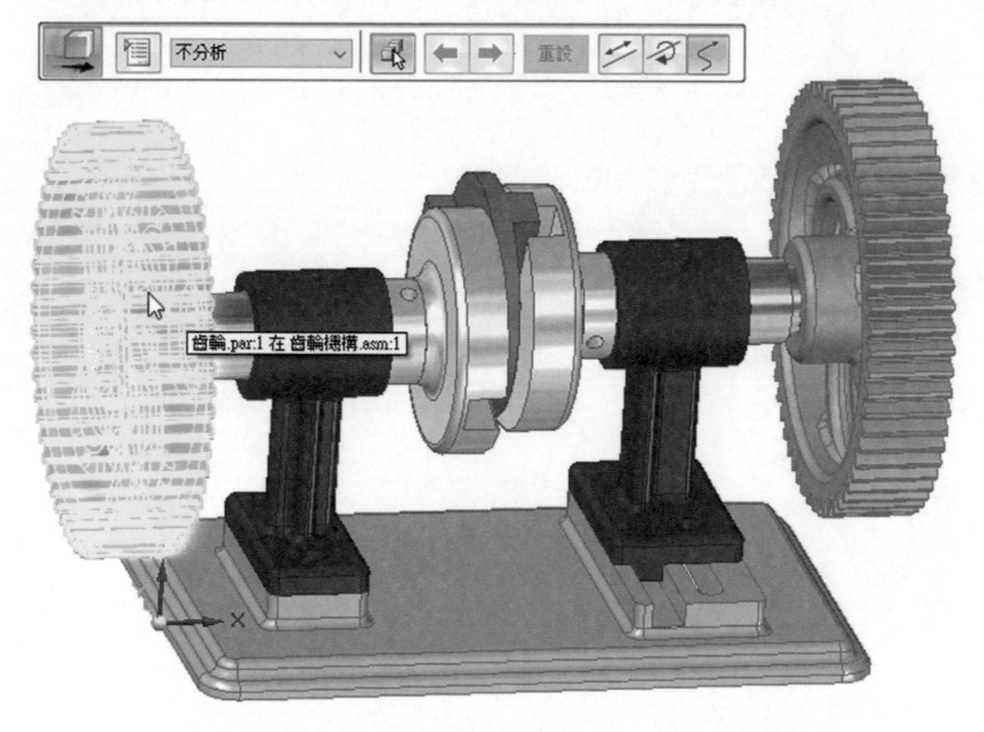

▲圖 13-2-34

➢ 拖曳元件－運動分析

不分析：根據組裝關係，還可動的零件會自由移動。

偵測碰撞：若移動過程干涉則模型會亮顯，可做動態干涉檢查。

物理運動：撞到固定物體則前進不了，撞到可動零件則推動前進。

13-3 干涉檢查

組立件靜態的情況下檢查是否有干涉，判斷是否裝配或是零件繪製錯誤。

開啟組合件檔案「歐丹軸機構.asm」後，選取「檢查」→「評估」→「檢查干涉」。如圖 13-3-1。

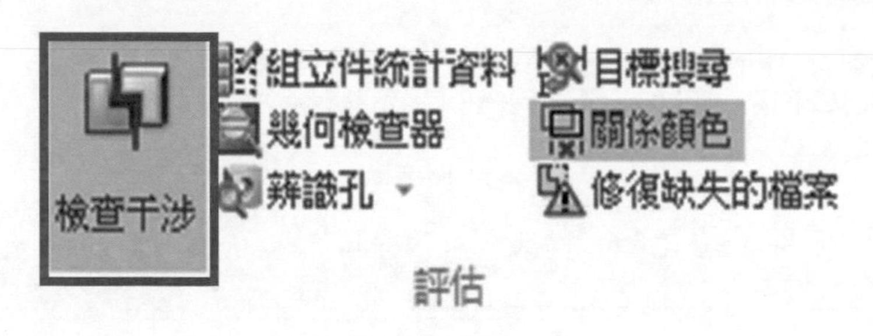

▲圖 13-3-1

出現快速工具列時，點選干涉選項。如圖 13-3-2。

▲圖 13-3-2

在干涉選項中，將設定選擇「本身」類型。如圖 13-3-3。

干涉選項

選項　報告

根據以下選項檢查選取集 1

○ 選取集 2(S)
○ 組立件中的所有其他零件(A)
○ 目前顯示的零件(P)
◉ 本身(I)

輸出選項

☑ 產生報告（請檢視「報告」選項）(R)
☑ 干涉體積(V)
◉ 顯示(W)　○ 另存為零件(E)
☐ 隱藏不在選取集 1 和 2 中的零件(N)
☐ 標示干涉的零件(H)
☐ 對建構幾何體進行干涉檢查(C)
☐ 灰色顯示不干涉的零件(M)
☐ 隱藏不干涉的零件
☐ 忽略名義直徑相同的干涉(D)
☐ 忽略與非螺紋孔干涉的螺紋緊固件(T)

確定　取消　說明

▲圖 13-3-3

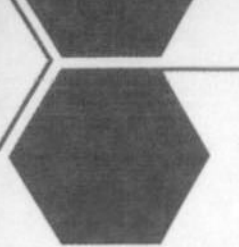

直接框選整個組立件。如圖 13-3-4。

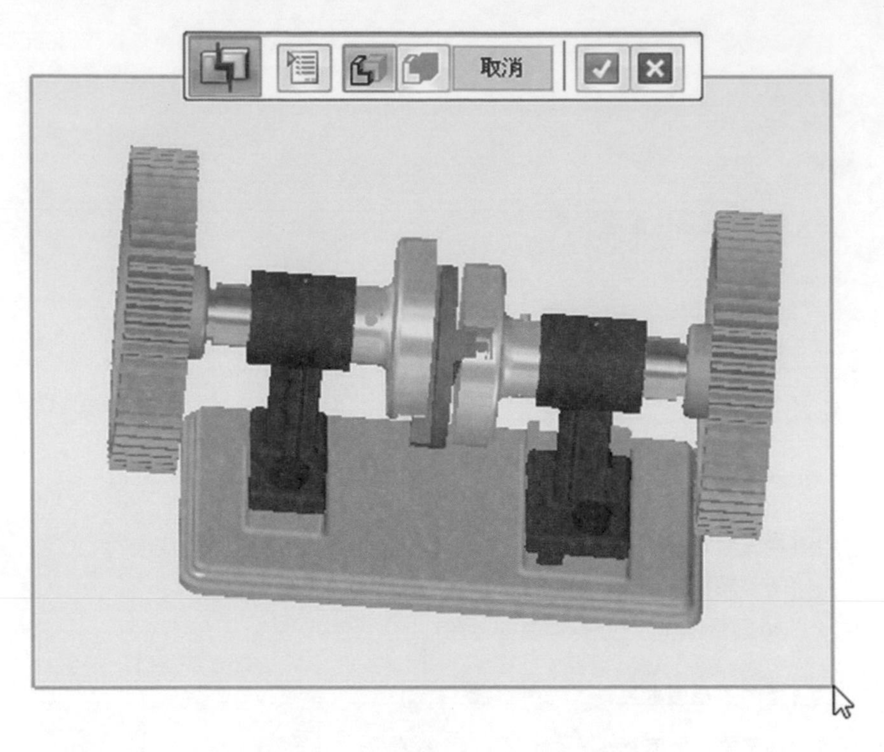

▲圖 13-3-4

框選到的部分會變為綠色，確認為所需的檢查的部分，先點選「打勾」，接著再點擊「處理」，如果有干涉部分會出現亮顯。如圖 13-3-5。

▲圖 13-3-5

接下來就針對有干涉的地方逐個去修改零件檔案，將干涉排除至點選「干涉檢查」後，出現「再選定的元件中沒有發現干涉」。如圖 13-3-6。

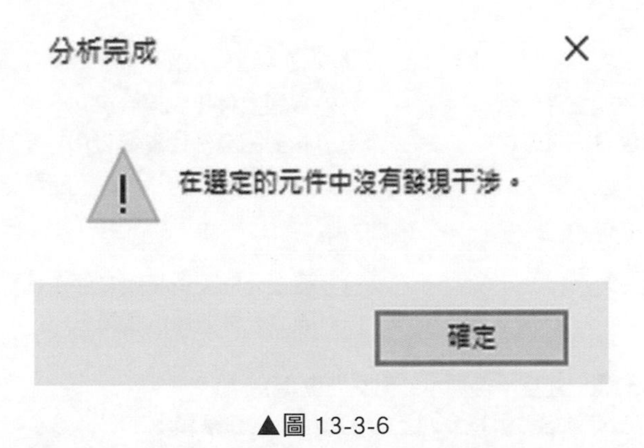

▲圖 13-3-6

13-4 原位建立零件

透過「原位建立零件」可以在組立件環境建立新的零件，並且在看得到相關組件的狀態下繪製新零件。

❶ 執行「首頁」→「組立」→「原位建立零件」，如圖 13-4-1。

▲圖 13-4-1

❷ 「原位建立零件選項」，決定了新建的零件原點位置，所以選擇「與組立件原點重合」，還有「建立元件並原位編輯」，點「確定」。如圖 13-4-2。

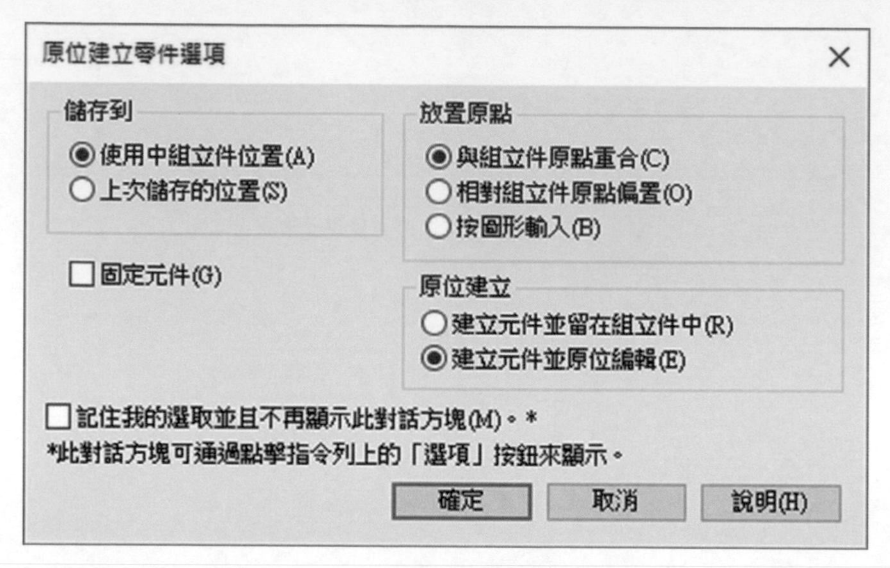

▲圖 13-4-2

❸ 決定零件範本、零件材質，勾選接受。如圖 13-4-3。

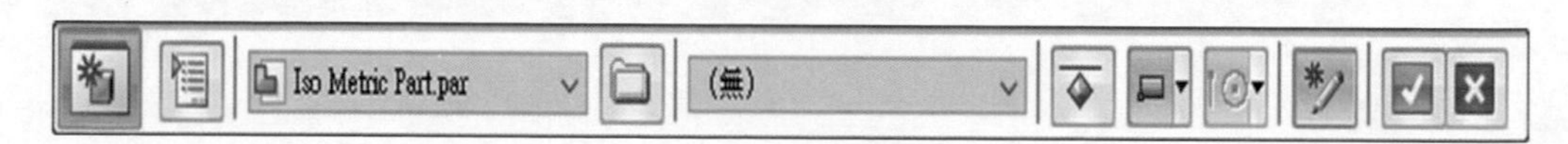

▲圖 13-4-3

❹ 確定檔名「卡榫」和確定儲存位置。如圖 13-4-4

▲圖 13-4-4

❺ 執行「首頁」→「剪貼」→「零件間複製」，透過這功能將組立件內的其他零件面複製至新零件。如圖 13-4-5。

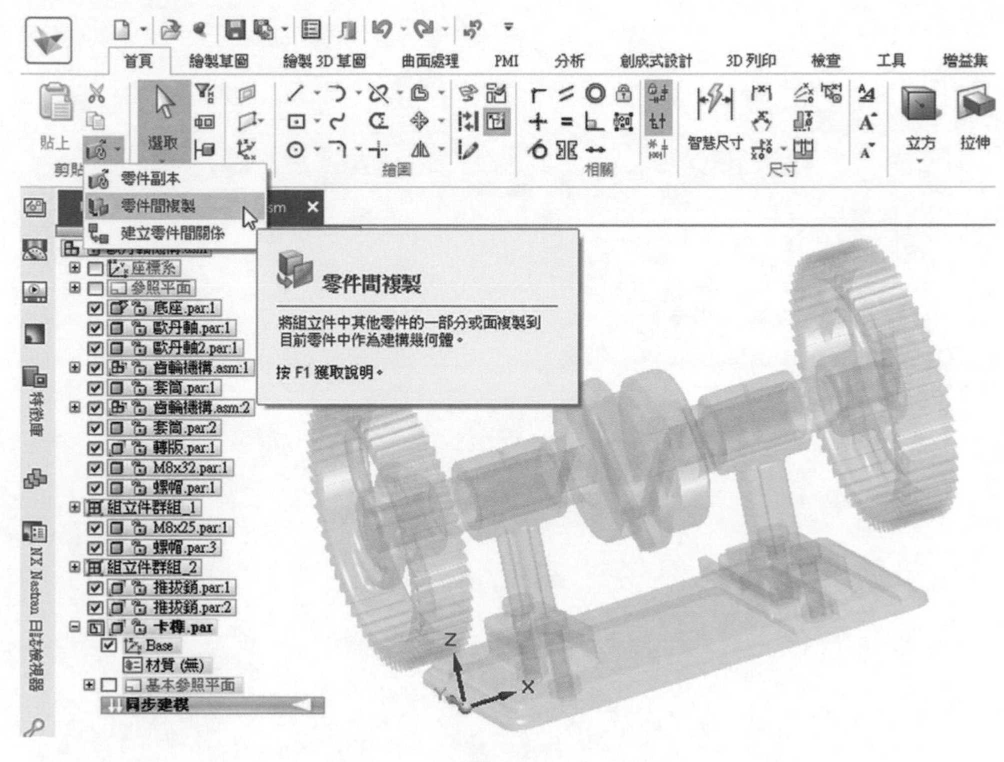

▲圖 13-4-5

❻ 點選複製來源的零件。如圖 13-4-6。

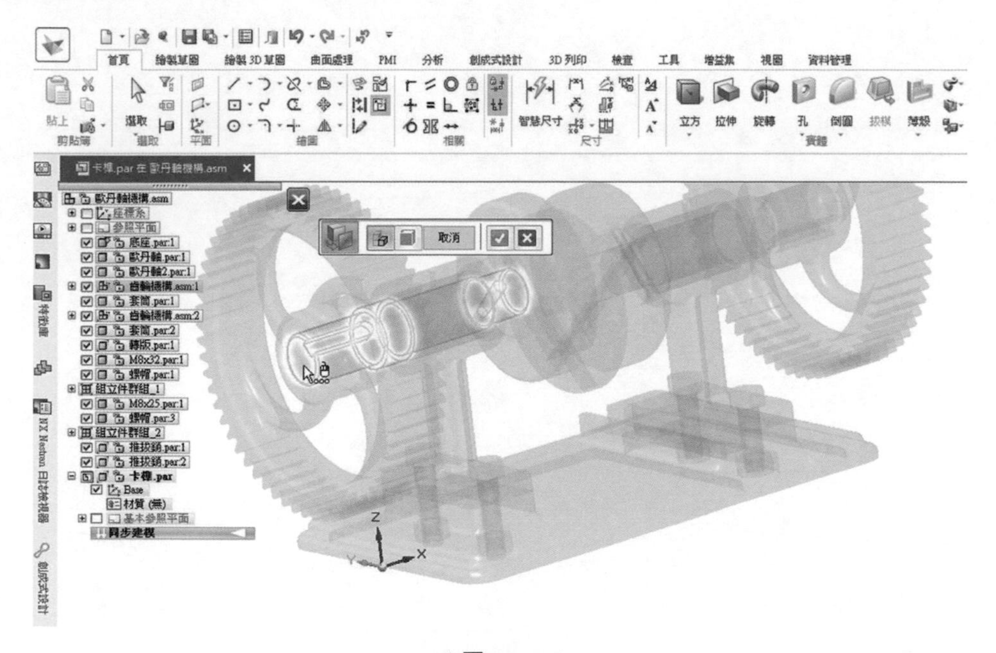

▲圖 13-4-6

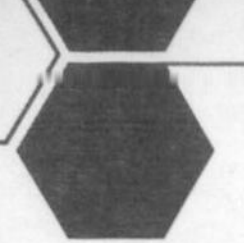

❼ 點選要複製的面，之後點「接受」。如圖 13-4-7、13-4-8。

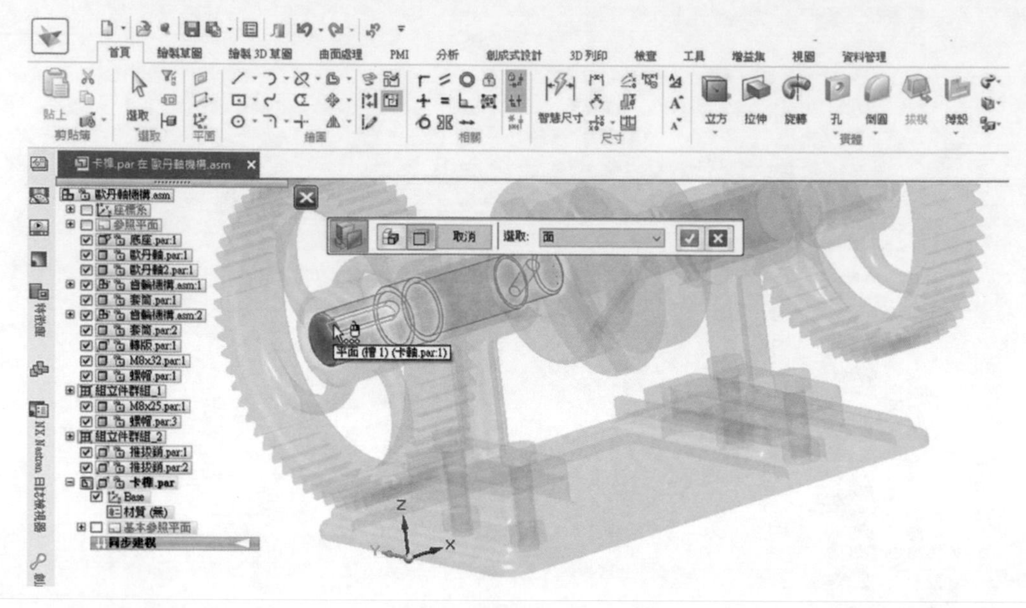

▲圖 13-4-7

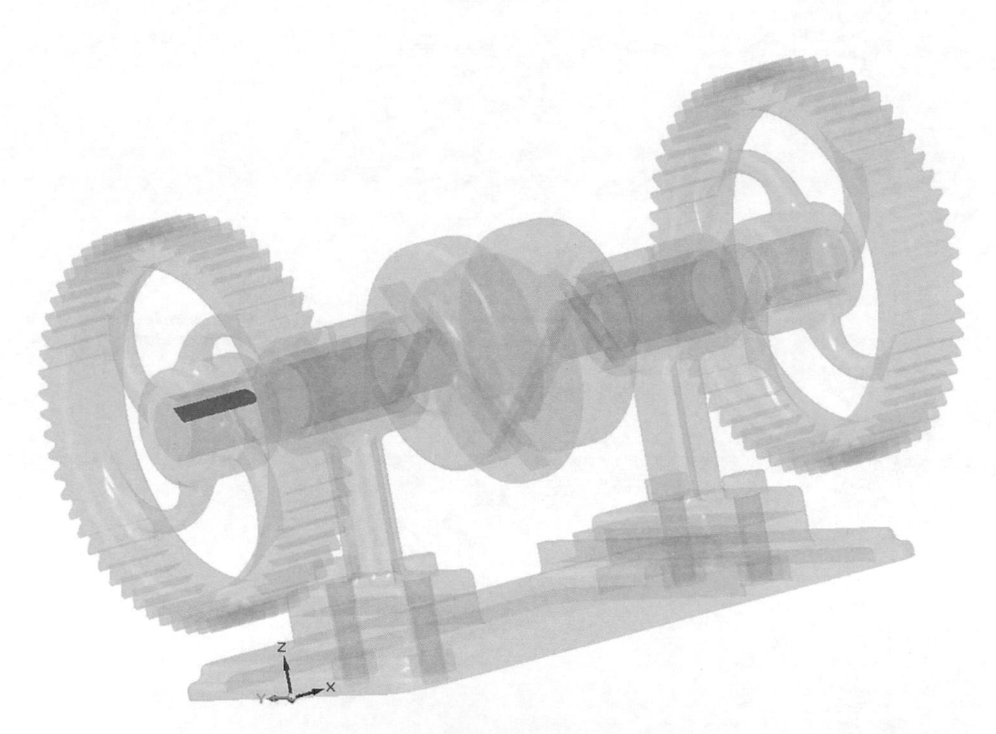

▲圖 13-4-8

❽ 執行「拉伸」將複製的曲面長出實體。如圖 13-4-9。

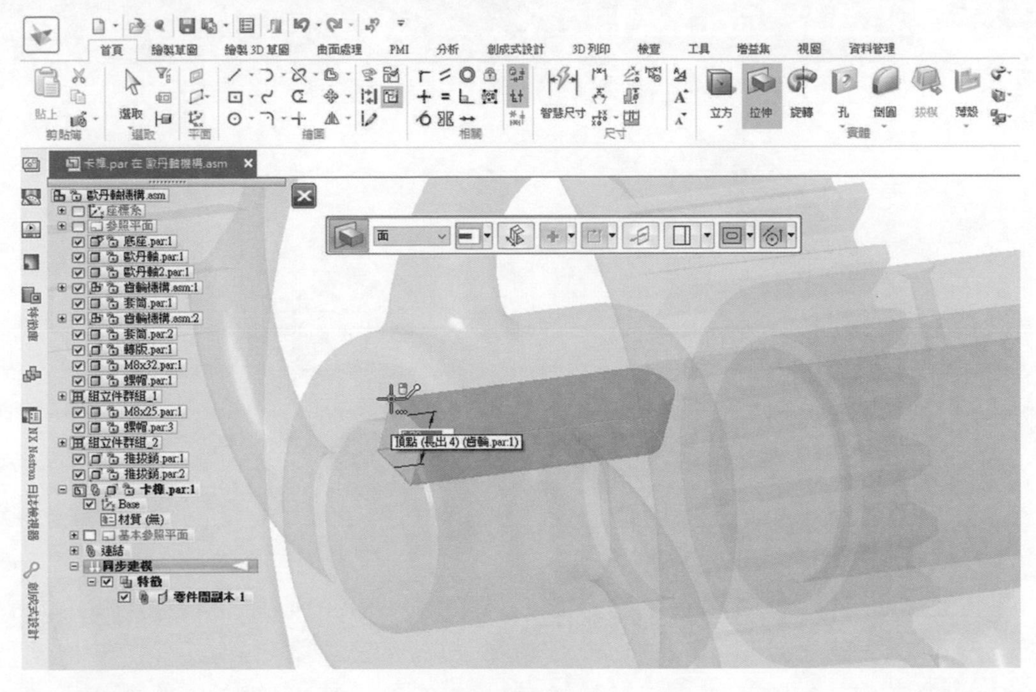

▲圖 13-4-9

❾ 繪製完成後，點擊畫面中的關閉圖示即可離開新零件編輯。如圖 13-4-10。

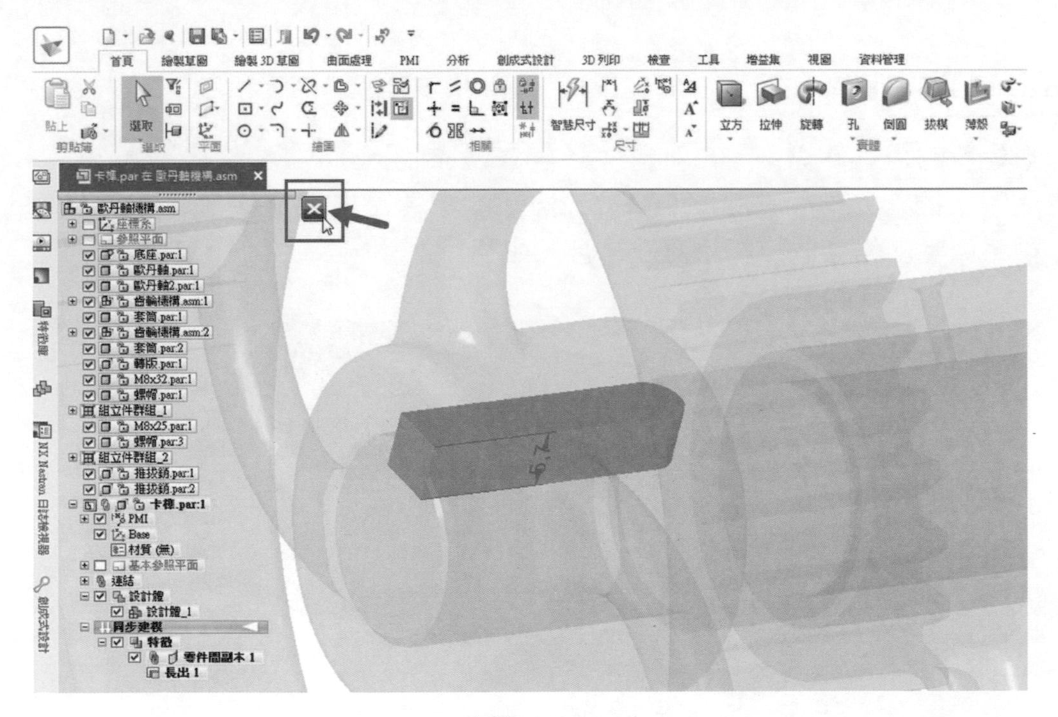

▲圖 13-4-10

13-5 同步組立件

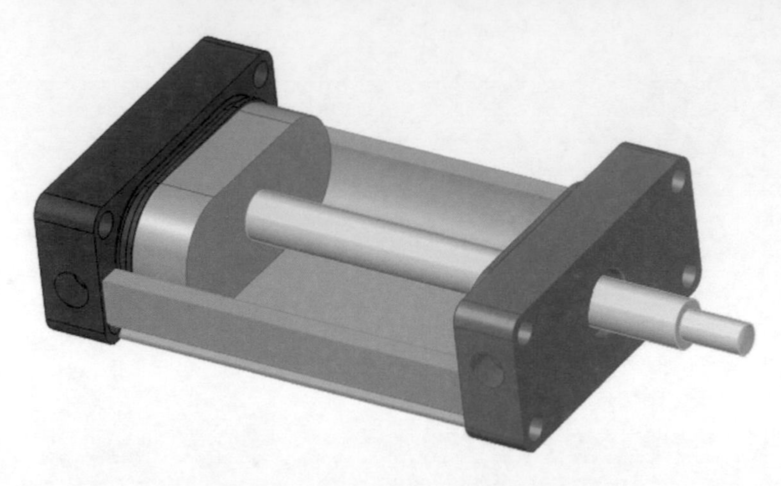

當組立件都是「順序建模」所繪製而成的零件組裝則為順序組立件，而若零件皆為「同步建模」繪製而成的零件，或是皆為外來檔案所組裝而成，此類型為同步組立件，「同步組立件」特色是不需要進入到零件「編輯」即可修改，可以利用面選取，將選取到的「面」直覺性的各別或是集體修改。

組裝組立件

❶ 新建新的組立件檔案。「新建」→「ISO 公制組立件」。
點擊「插入元件」將「BASE ROD.par」從零件庫拖曳至繪圖區，使零件的座標系原點與組件的座標系原點重合。如圖 13-5-1。

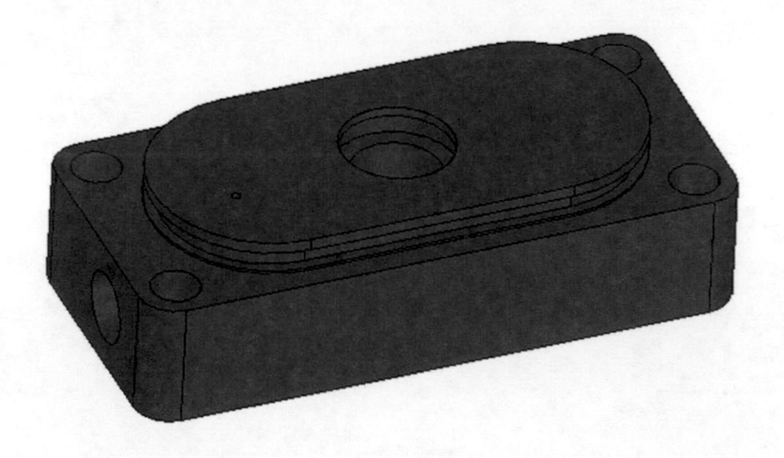

▲圖 13-5-1

❷ 「插入元件」將「TUBE.par」從零件庫拖曳至繪圖區。
建立關係 1：點選 BASE ROD 的軸孔與 TUBE 的孔配對。圖 13-5-2。

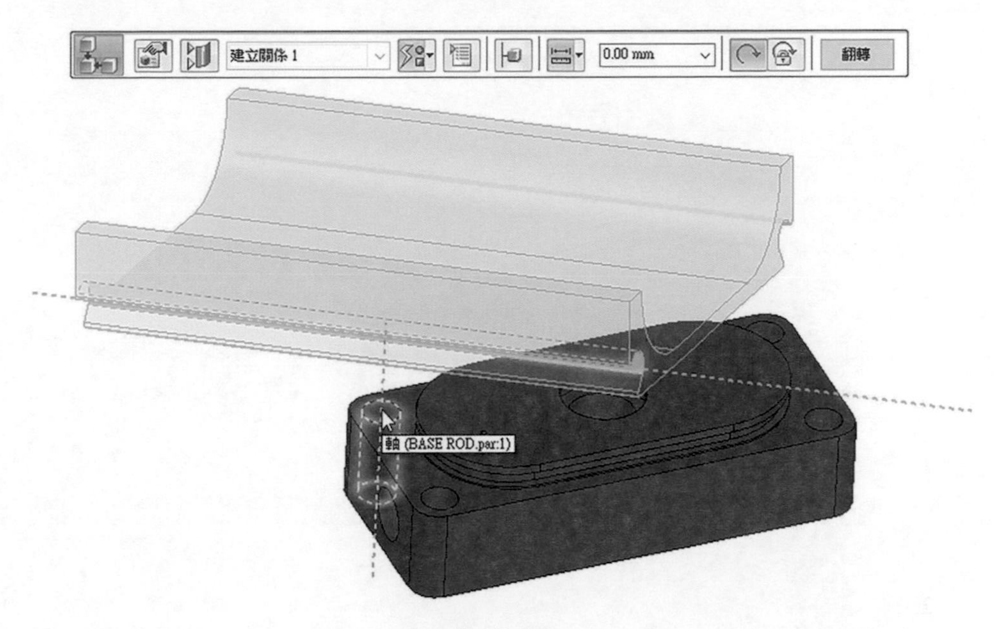

▲ 13-5-2

建立關係 2：點選 BASE ROD 的軸孔與 TUBE 的孔配對。如圖 13-5-3。

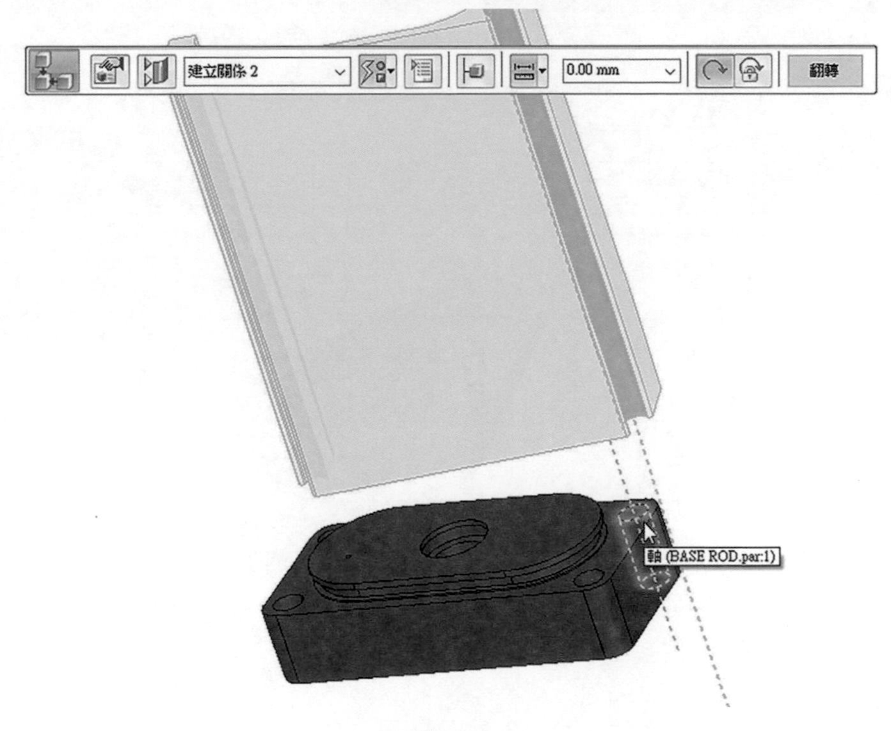

▲圖 13-5-3

建立關係 3：由於方向反向，先點擊工具列「翻轉」，再將組裝條件切換回「快速組立」，使兩者面與面平面配對。如圖 13-5-4。

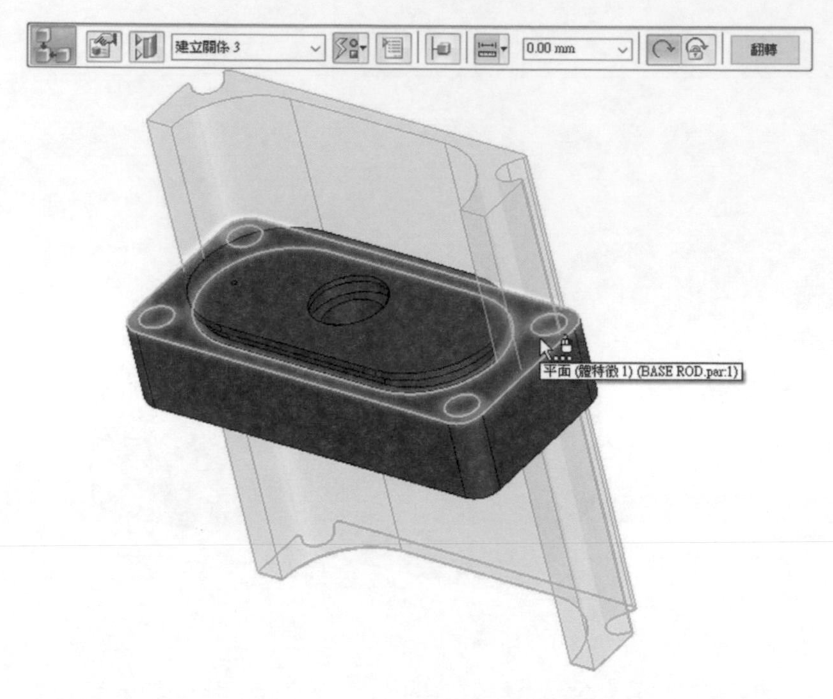

▲圖 13-5-4

❸ 「插入元件」將「END CAP.par」從零件庫拖曳至繪圖區。
建立關係 1：點選 END CAP 的孔與 TUBE 的孔軸配對。如圖 13-5-5。

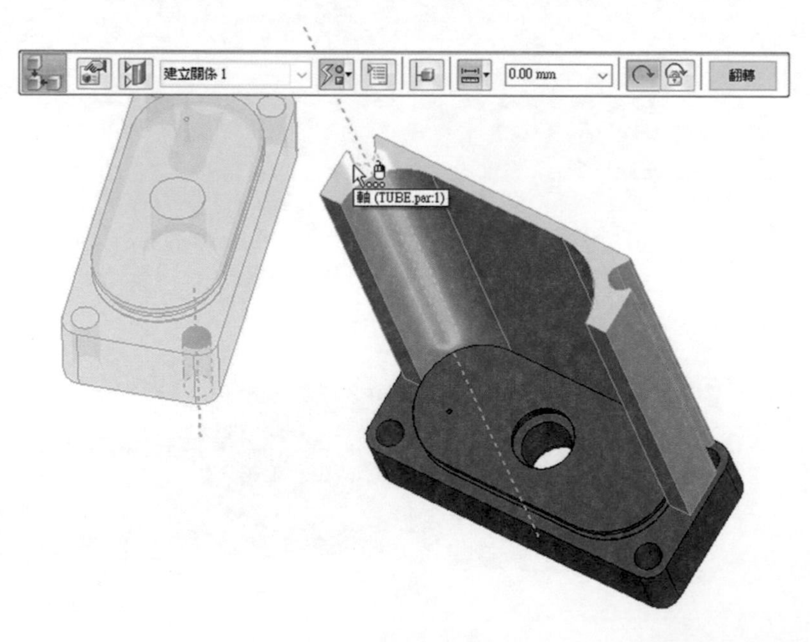

▲圖 13-5-5

建立關係 2：先「翻轉」後，再使兩零件的孔配對。如圖 13-5-6。

▲圖 13-5-6

建立關係 3：使兩零件的平面對齊。如圖 13-5-7。

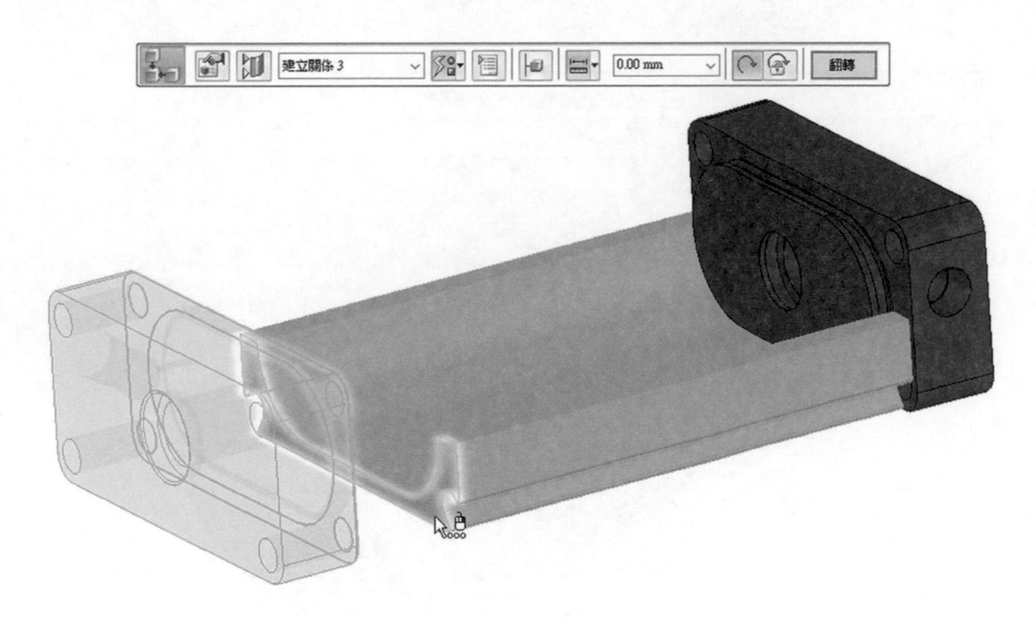

▲圖 13-5-7

❹ 「插入元件」將「PISTON ROD.par」從零件庫拖曳至繪圖區。
建立關係 1：將兩軸對齊，即可完成。如圖 13-5-8。

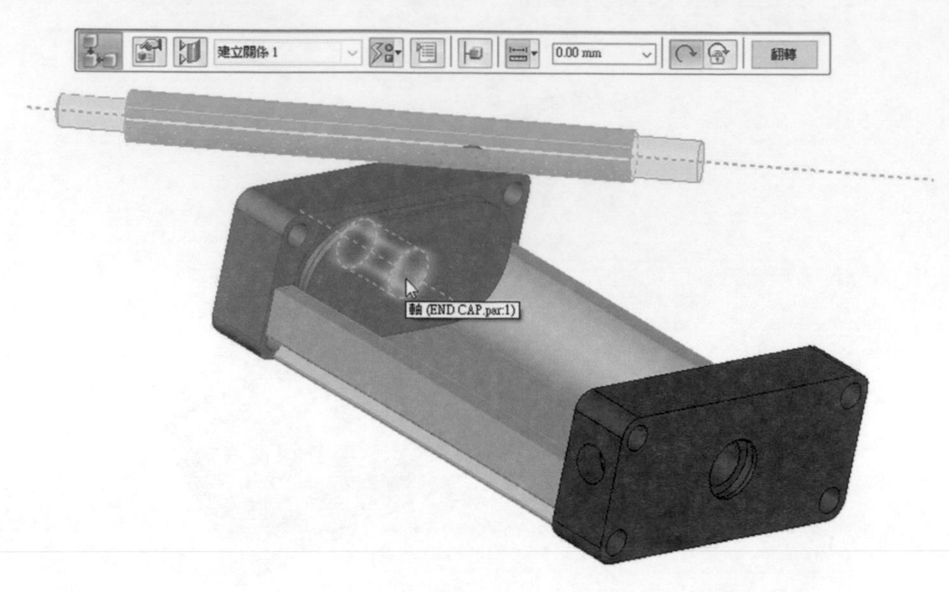

▲圖 13-5-8

❺ 「插入元件」將「PISTON.par」從零件庫拖曳至繪圖區。
建立關係 1：將中間軸心與孔對齊。如圖 13-5-9。

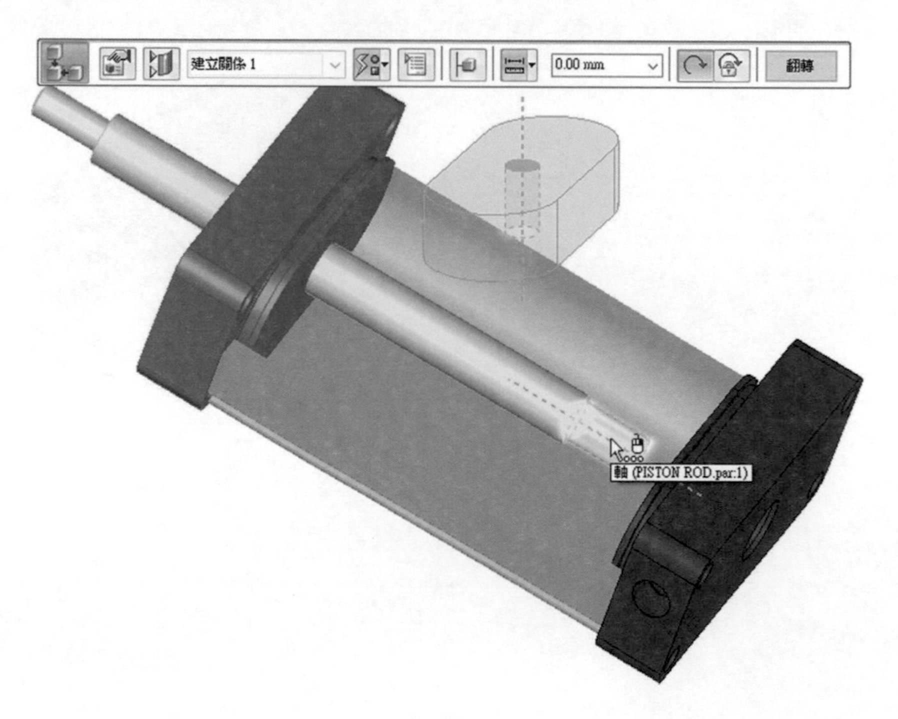

▲圖 13-5-9

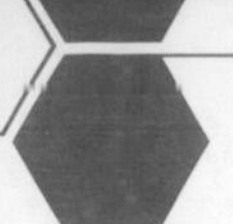

建立關係 2：將兩者零件面貼合對齊。如圖 13-5-10。

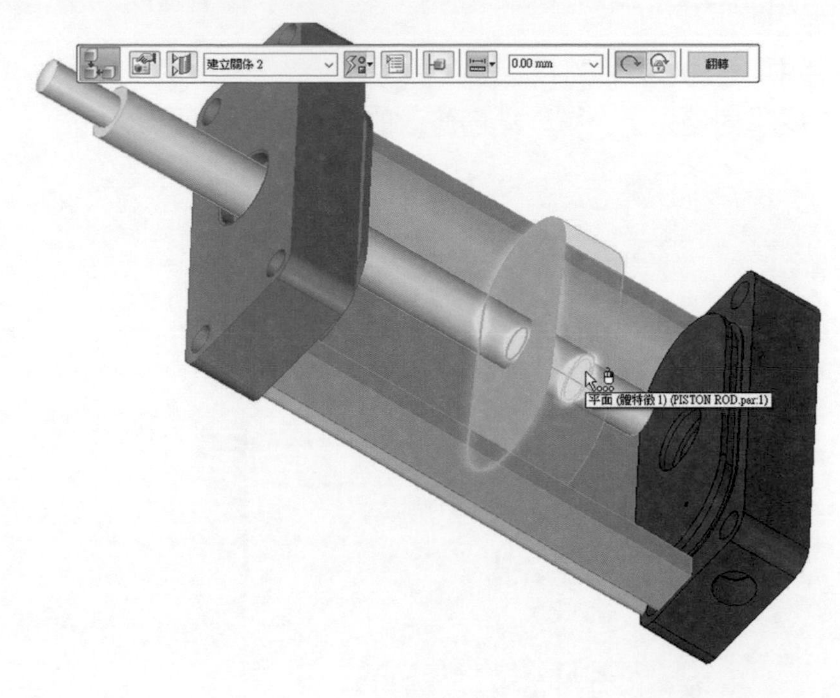

▲圖 13-5-10

建立關係 3：將面與面平行，完成組立件組裝。如圖 13-5-11。

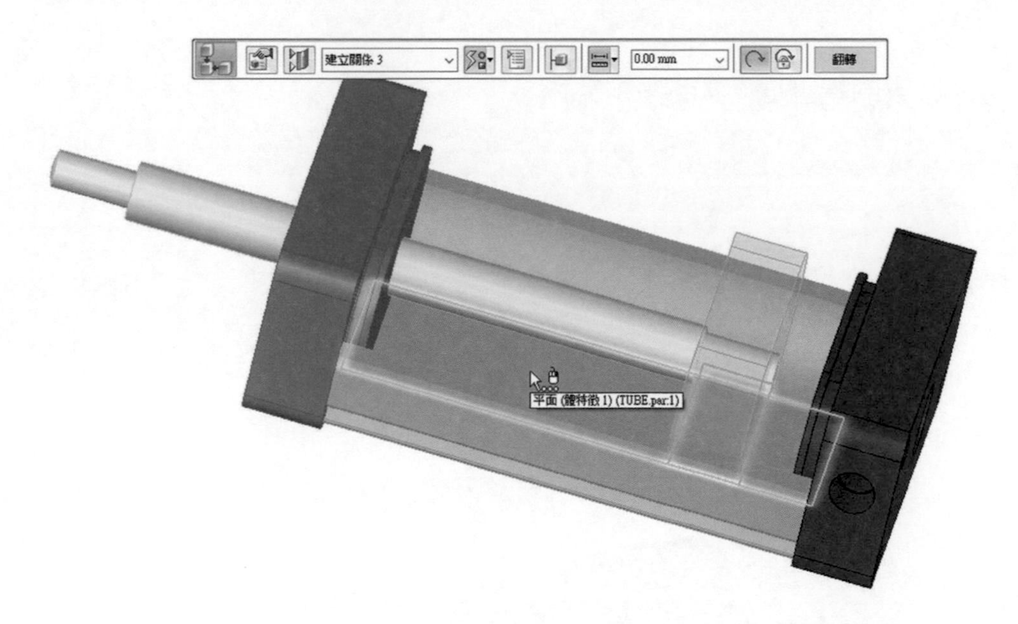

▲圖 13-5-11

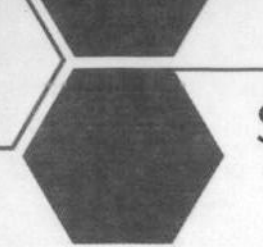

修改同步組立件中零件

「在同步組立件中，直接修改零件模型」

❶ 將選取切換成「面優先」，選取準備修改的模型面。如圖 13-5-12。

▲圖 13-5-12

❷ 框選欲修改的模型面。如圖 13-5-13。

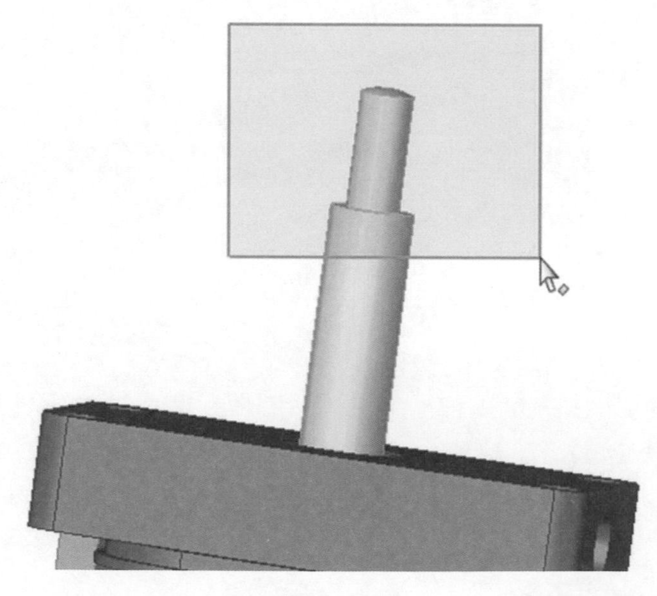

▲圖 13-5-13

❸ 利用幾何控制器的方向移動修改模型。如圖 13-5-14。

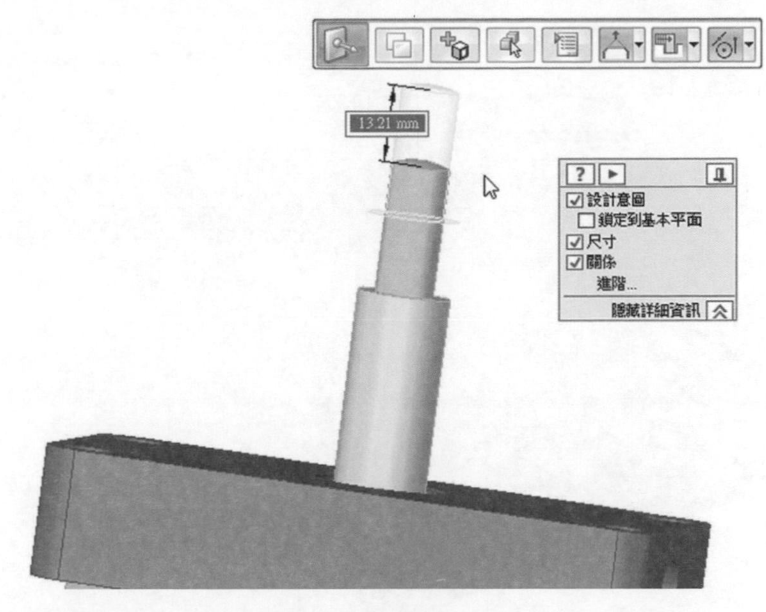

▲圖 13-5-14

「在同步組立件中，直接一次修改多個零件模型」。

❹ 切換到「面優先」，框選欲修改的模型。圖 13-5-15。

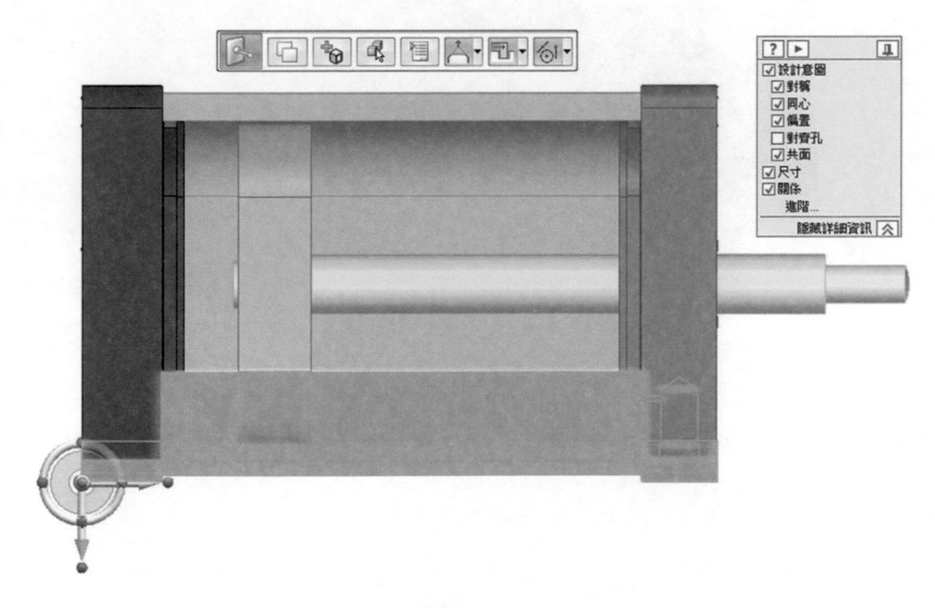

▲圖 13-5-15

❺ 利用幾何控制器方向修改尺寸。如圖 13-5-16。

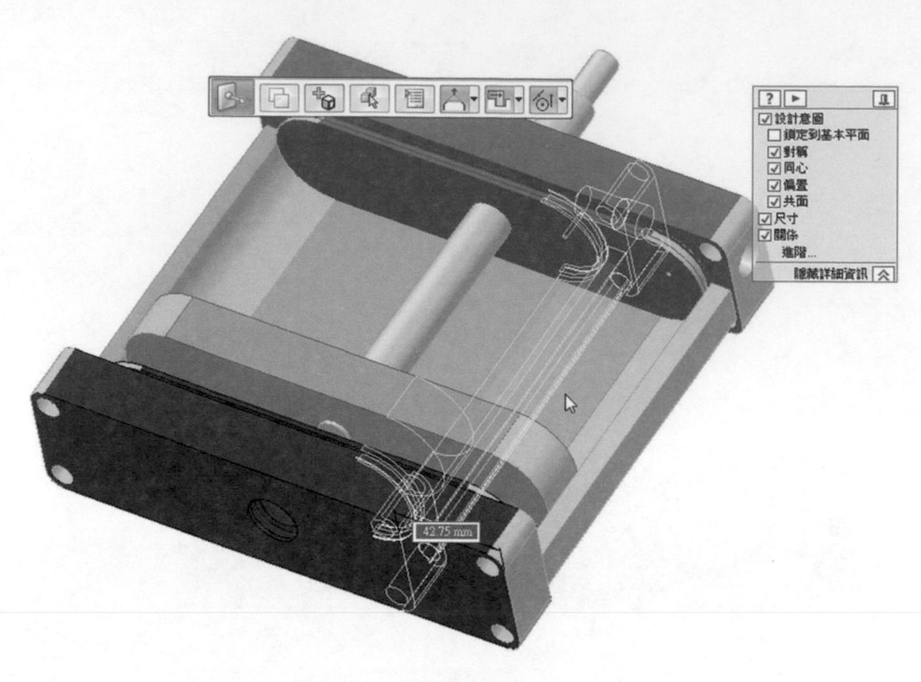

▲圖 13-5-16

❻ 完成後，如圖 13-5-17。

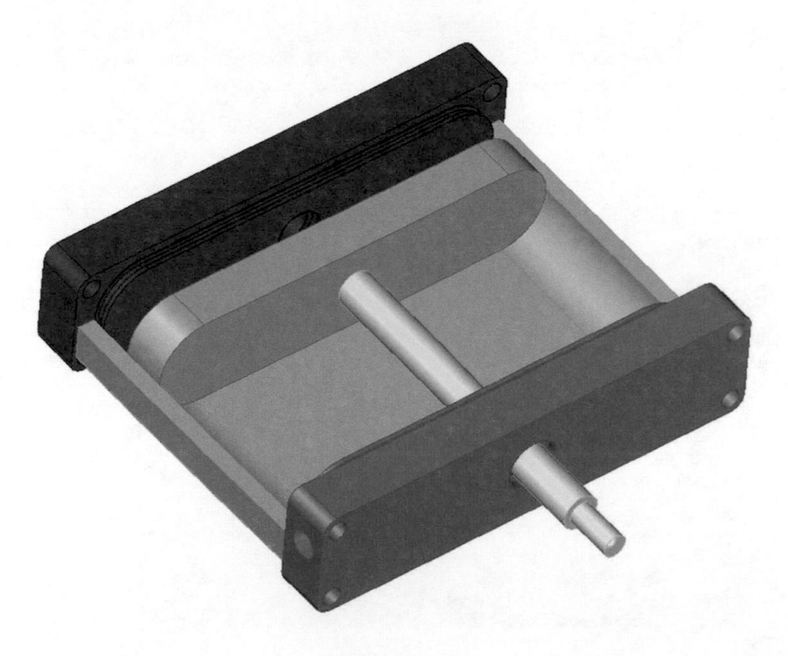

▲圖 13-5-17

❼ 如果要實現其他修改或非對稱等等，參照第五章幾何控制器與設計意圖章節的方法。

CHAPTER 14

爆炸圖與零件明細表之應用

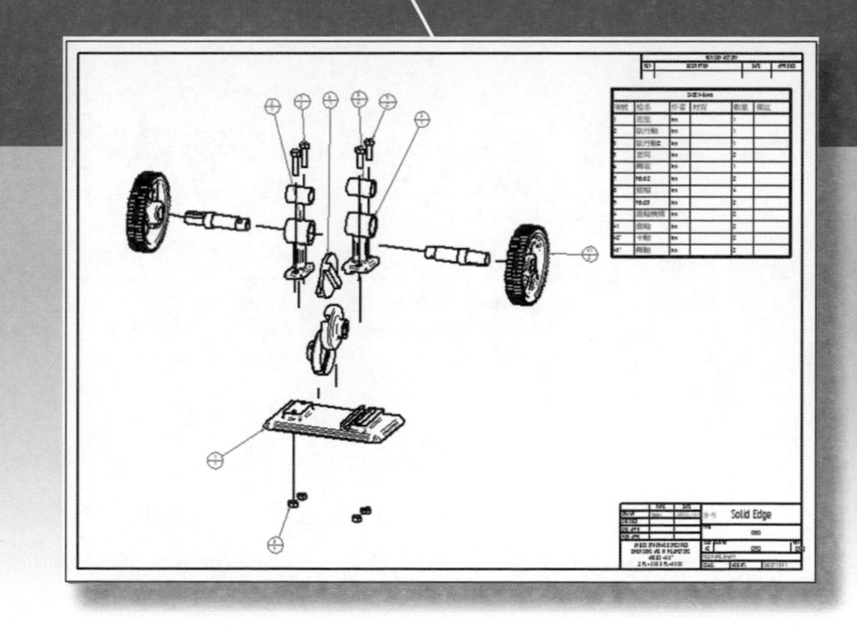

章節介紹

藉由此課程，您將會學到：

14-1　產生爆炸圖

14-2　產生組立件 BOM 表

14-3　性質與 BOM 表連結

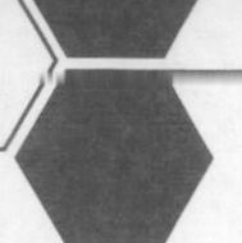

14-1 產生爆炸圖

本章節將介紹，如何在組立件定義每個零件的分解圖，零件的「爆炸定義」是透過軸向來控制「方向」與「距離」位置，然而組立件中會有次組立件與單一零件的從屬關係，使用者可以透過自動爆炸選取定義，來產生出所要的爆炸圖。使用者可利用範例「歐丹軸機構 .asm」練習，如圖 14-1-1。

▲圖 14-1-1

❶ 開啟組立件「歐丹軸機構 .asm」後，可以透過「ERA」環境進行爆炸視圖的建立。建構爆炸圖的指令，在「工具」→「ERA」，如圖 14-1-2。

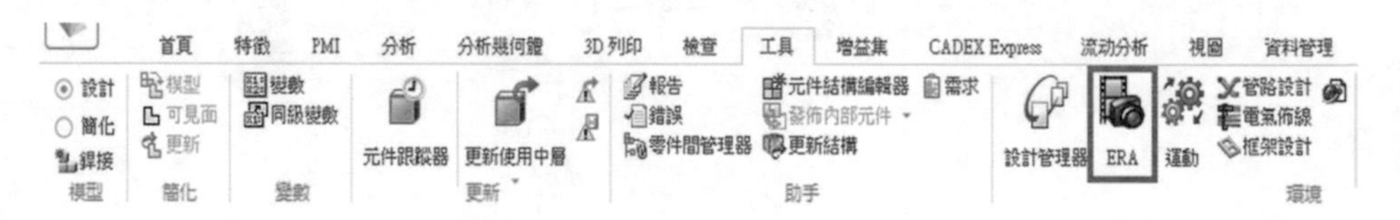

▲圖 14-1-2

❷ 在「ERA」環境中，使用者可以進行「動畫」、「渲染」、「爆炸」等動作，利用「首頁」→「爆炸」群組當中的「爆炸」指令進行爆炸。「自動爆炸」為 Solid Edge 根據「組立關係」進行自動爆炸；「爆炸」為使用者自行定義爆炸元件及方向，如圖 14-1-3。

▲圖 14-1-3

❸ 自動爆炸：點擊「自動爆炸」按鈕，使用者可以快速在組立件中，產生所要的零件分解圖。顯示出爆炸指令條，點擊「選取」→「頂層組立件」，此功能為將組立件中的所有組立件，由 Solid Edge 透過組立關係的條件，為一個群組和零件做同步爆炸，確認後再點擊「自動爆炸」→「接受」按鈕，如圖 14-1-4。

▲圖 14-1-4

備註 所謂「頂層組立件」的意思，是最頂層的組立件名，組立件樹狀結構下的其他組立件稱為「次組立件」，如圖 14-1-5。

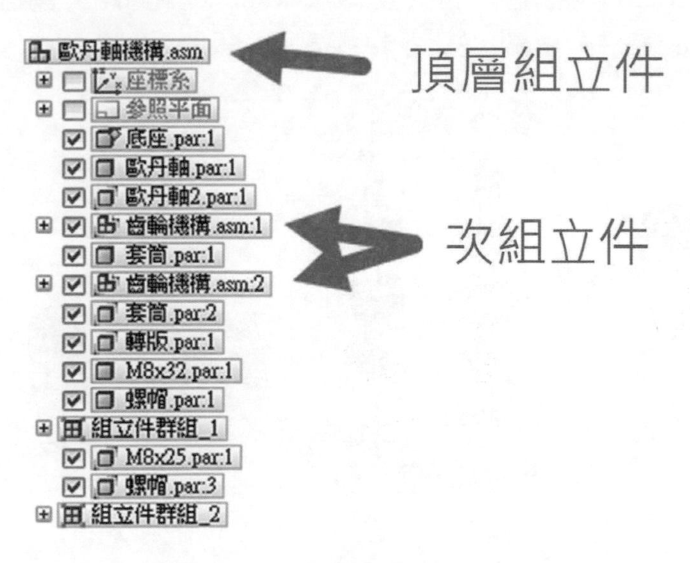

▲圖 14-1-5

❹ 自動爆炸「選項」，使用者可參考預設的選項，勾選「綁定所有次組立件」，「按次組立件層」，按下確定後，爆炸結果會跟著組立件級別來進行爆炸，如圖 14-1-6。

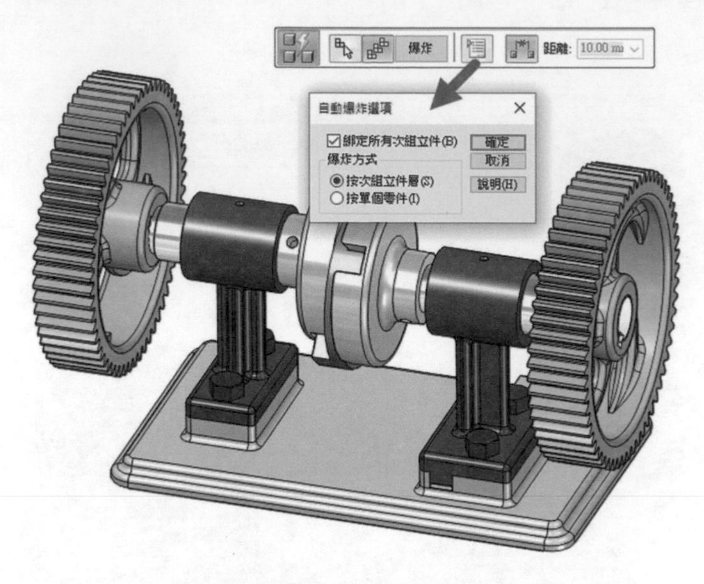

▲圖 14-1-6

❺ 點擊「爆炸」按鈕，如圖 14-1-7。

▲圖 14-1-7

❻ 畫面會自動顯示出爆炸狀態，此狀態為 Solid Edge 根據組立關係，進行「自動爆炸」所產生的零件分解圖，如圖 14-1-8。

▲圖 14-1-8

❼ 使用者還可以繼續利用自動爆炸，針對次組立件進行「自動爆炸」，由於「頂層組立件」已經爆炸過，Solid Edge 會自動切換成爆炸「次組立件」，因此須選擇要爆炸的次組立件，如圖 14-1-9。

▲圖 14-1-9

❽ 選擇要進行「自動爆炸」的次組立件，並點選確定，此動作會將次組立件中的零件，做自動爆炸分解，確認後再點擊「自動爆炸」→「接受」按鈕或滑鼠「右鍵」和 enter 鍵，如圖 14-1-10。

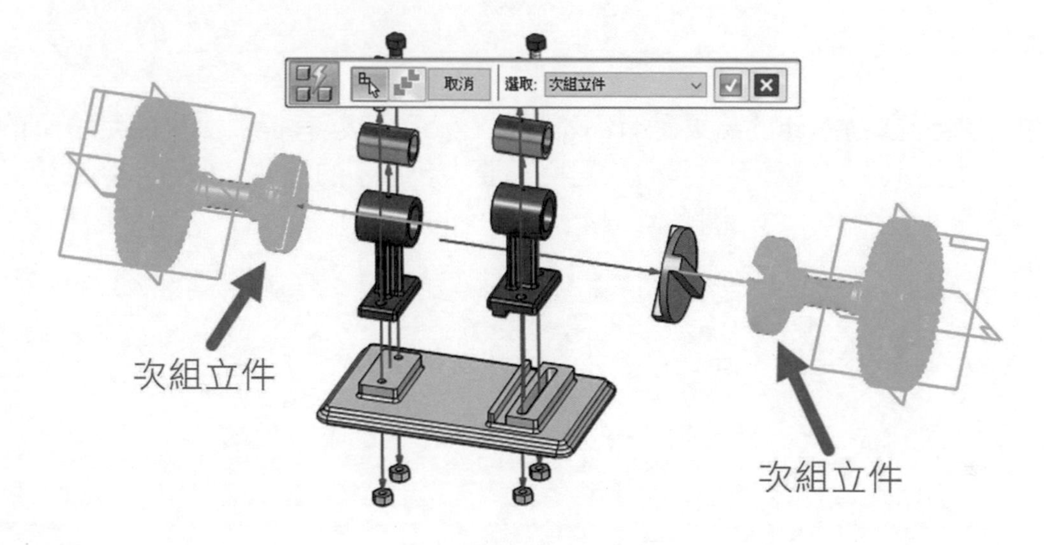

▲圖 14-1-10

❾ 點擊「爆炸」按鈕，如圖 14-1-11。

▲圖 14-1-11

❿ 畫面上顯示出爆炸狀態為，Solid Edge 自動對次組立件進行零件爆炸分解，點擊「完成」即可，如圖 14-1-12。因為自動爆炸的結果是根據組立條件判斷的，所以還是可以透過「手動爆炸」的方式，調整至設計者所需的結果。

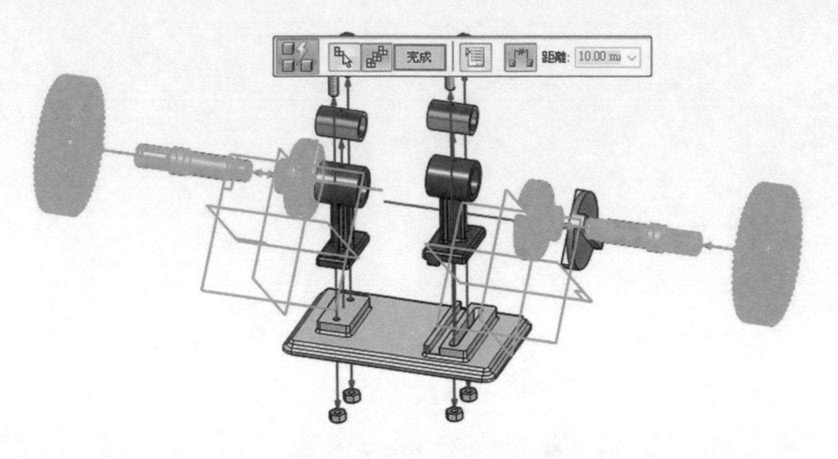

▲圖 14-1-12

⓫ 如果看到自動爆炸的結果是有點奇怪，在修改這邊有提供「重新定位」的功能，先選取要「調整」的零件，再點擊要「參考」的零件，即可重新定位元件位置，如圖 14-1-13、圖 14-1-14。

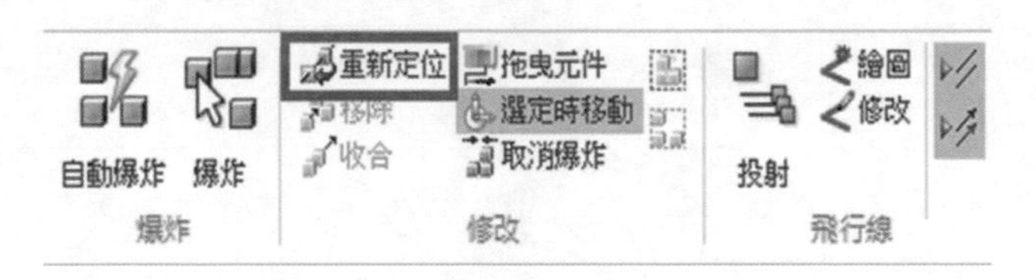

▲圖 14-1-13

▲圖 14-1-14

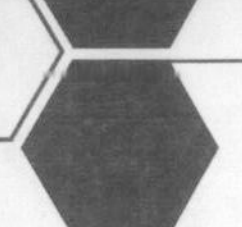

⓬ 接續剛剛的「重新定位」的功能重新調整轉軸位置至轉版的下方，
如圖 14-1-15。

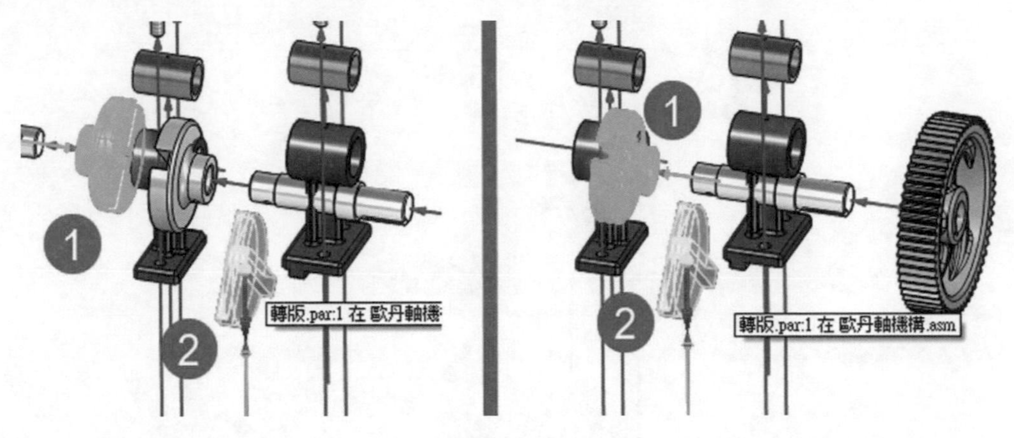

▲圖 14-1-15

⓭ 手動爆炸：使用「爆炸」，使用者可以點選需要爆炸的零件，這時因為我們剛剛使用重新定位，所以讓爆炸整體往上移動，導致螺帽也跑上來，所以我們要調整的是底下螺帽的位置，如圖 14-1-16。

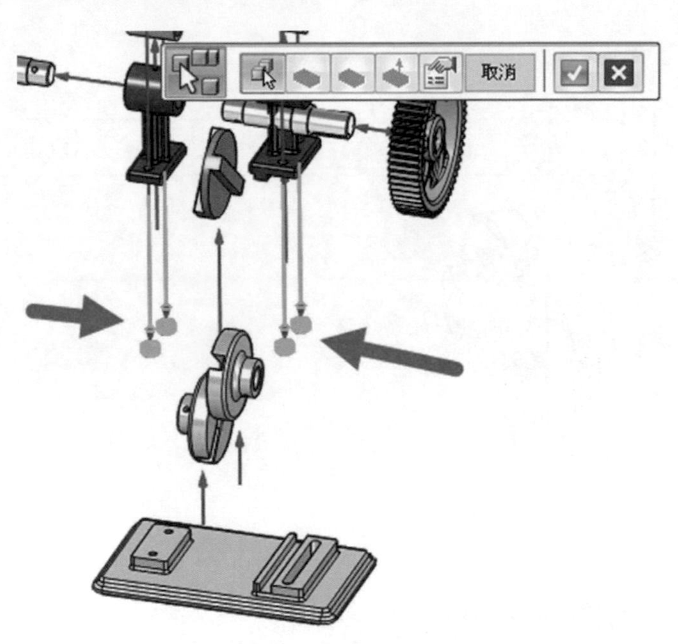

▲圖 14-1-16

⓮ 選擇在爆炸中，作為爆炸基準的零件，如圖 14-1-17。

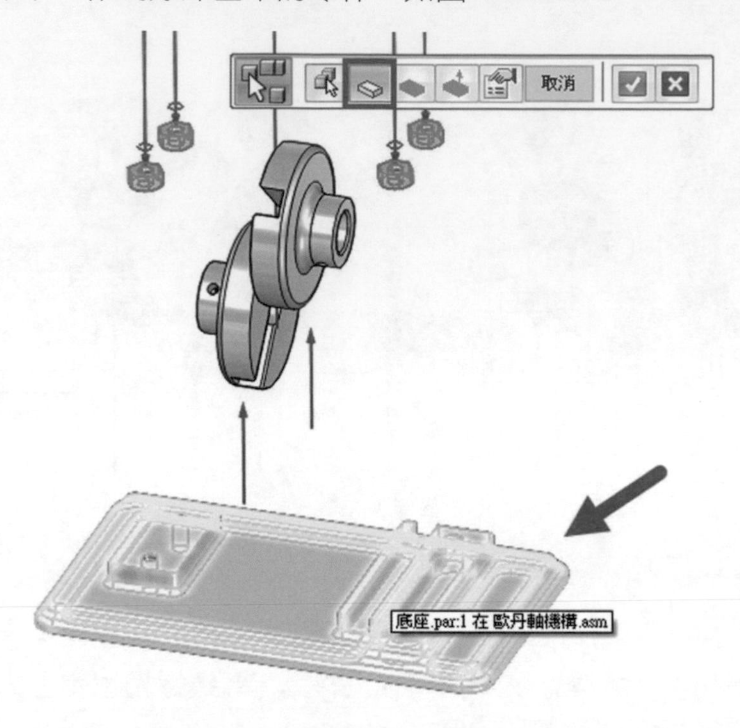

▲圖 14-1-17

⓯ 選擇爆炸的基準面，如圖 14-1-18。

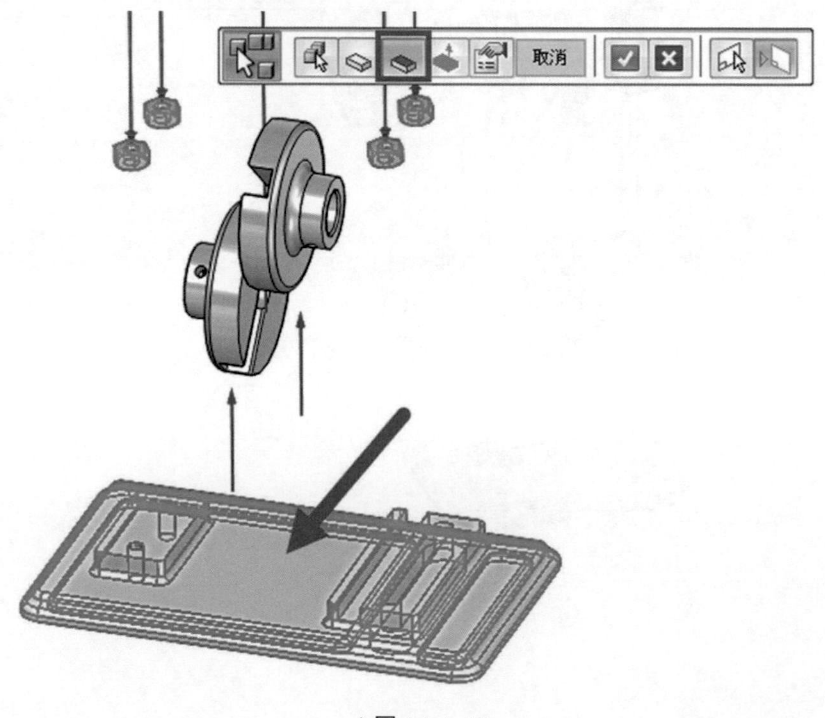

▲圖 14-1-18

⑯ 透過箭頭定義爆炸的方向性，如圖 14-1-19。

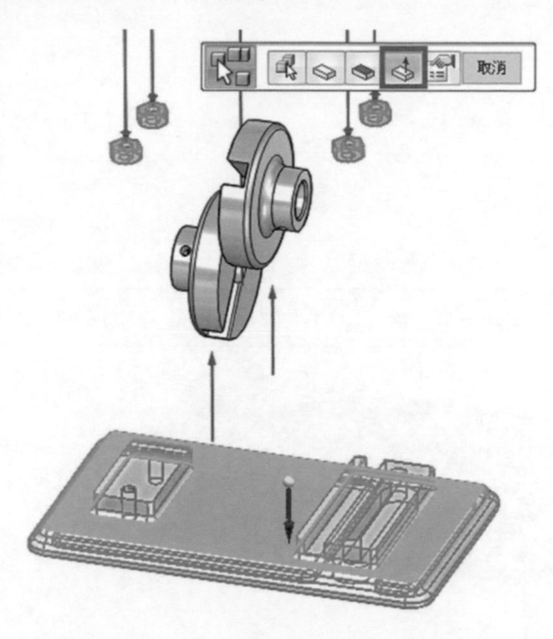

▲圖 14-1-19

⑰ 可輸入爆炸的距離，並點擊「爆炸」按鈕，如圖 14-1-20。

▲圖 14-1-20

⑱ 爆炸結果如圖 14-1-21。

▲圖 14-1-21

⓳ 可以看到在螺帽這邊缺乏飛行線，其實可以透過「飛行線」→「繪圖」指令重新繪製，如圖 14-1-22。

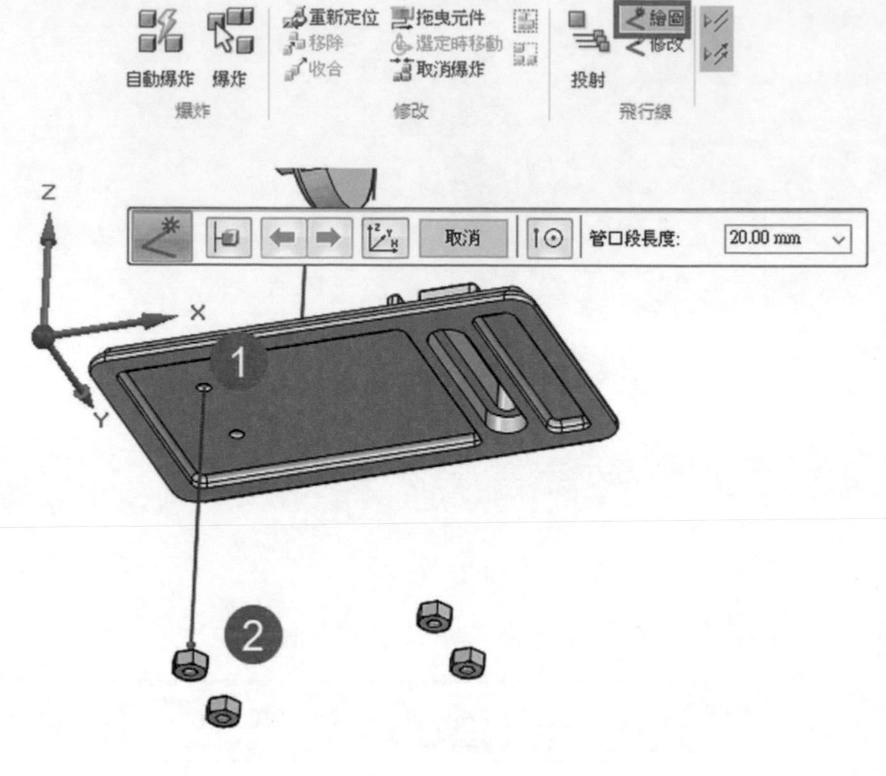

▲圖 14-1-22

⓴ 最後可以看到整體模型位置需要再做些調整，可能太遠或太寬，可以透過「修改」→「拖曳元件」來修改爆炸後的零件位置，如圖 14-1-23。

▲圖 14-1-23

㉑ 選擇要移動的零件或次組件，接受後就可以依照座標方向移動位置，如圖 14-1-24、圖 14-1-25。

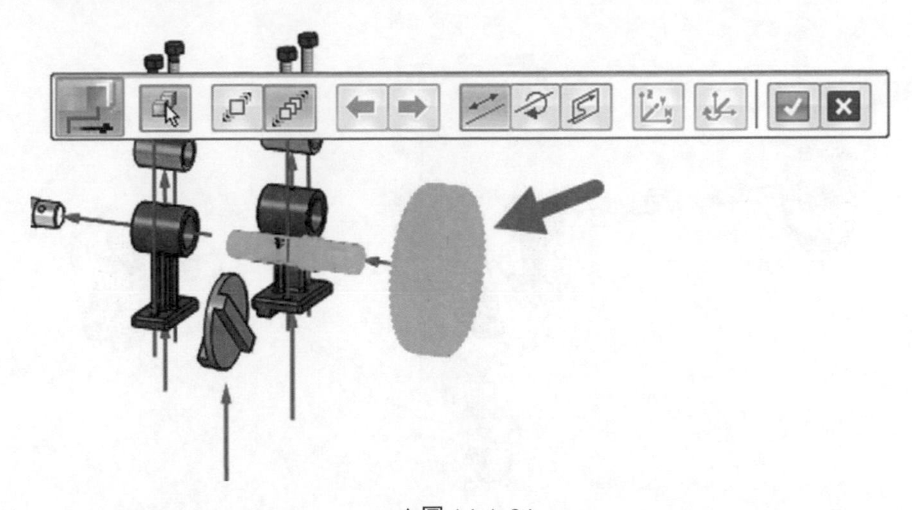

▲圖 14-1-24

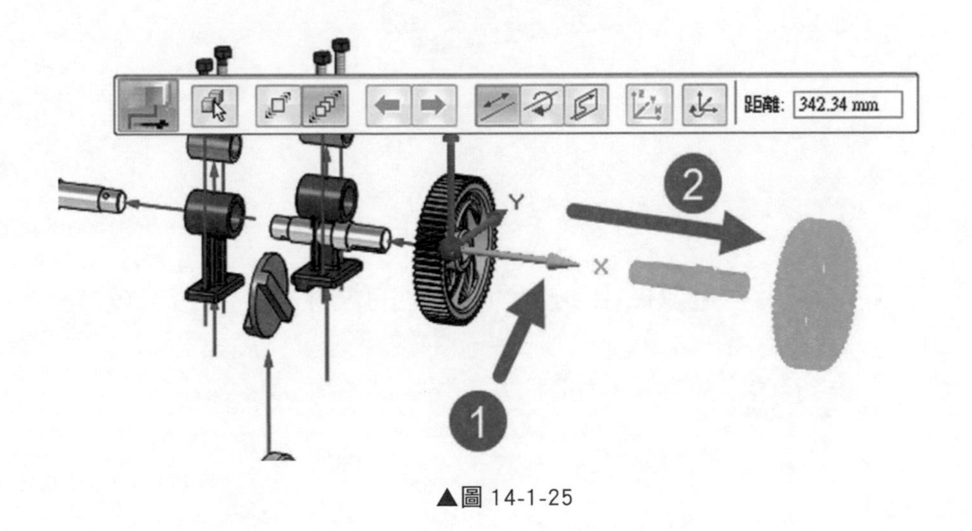

▲圖 14-1-25

㉒ 使用者可以透過剛剛「拖曳元件」指令，把模型的零件調整到適合的位置，如圖 14-1-26。

▲圖 14-1-26

㉓ 在爆炸圖中，使用者可以做出多種不同類型的爆炸圖，而這些爆炸圖必須透過「組態」進行儲存，以保持在「ERA」中的組態，使用者可以點擊「顯示組態」按鈕，進行組態的儲存，如圖 14-1-27。

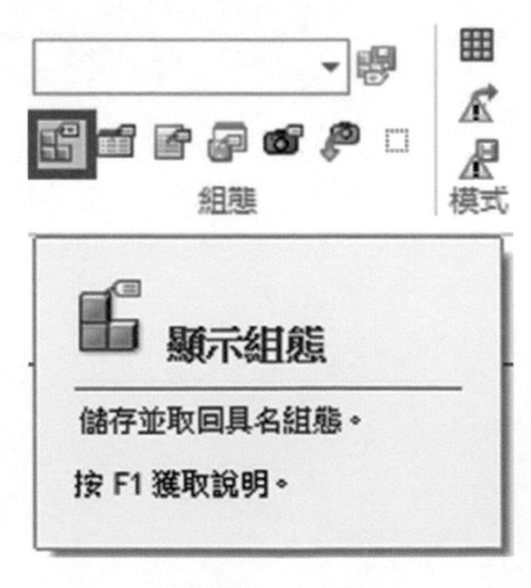

▲圖 14-1-27

備註 「.cfg」的組態檔會自動產生在與組立件相同的路徑下，組態檔會存放所有的組態資訊，建議不要任意刪除組態檔，如圖 14-1-28。
每當組立件存檔時，也會同時生成新的組態檔覆蓋當前的組態檔，所以若是組態群組中的指令無法使用時，使用者只需要透過「儲存檔案」動作即可使用。

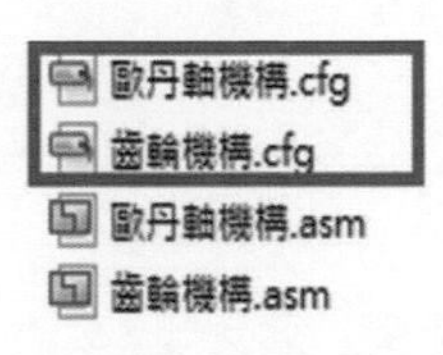

▲圖 14-1-28

㉔ 「顯示組態」指令對話方框中，點選「新建」按鈕，使用者即可建立新的組態，在新建組態視窗中輸入名稱為「CADEX_Bomb」，輸入完成後點擊「確定」，即可完成組態的儲存，如圖 14-1-29。新建組態無論建立多少個，都儲存在一個「.cfg」檔中，因此使用者不用擔心是否會有過多的檔案。

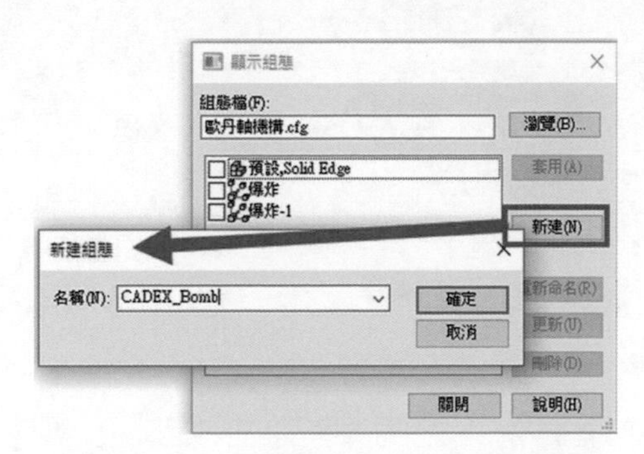

▲圖 14-1-29

㉕ 新建組態之後，使用者點擊「更新」按鈕，可將目前模型顯示的視角及外型儲存於組態檔之中，如圖 14-1-30。

▲圖 14-1-30

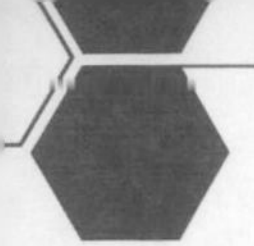

㉖ 如果要切換成未爆炸的狀態，可以在顯示組態中，選擇「預設 ,Solid Edge」，如果要變成剛剛設定好的爆炸狀態，在組態中選擇的組態「CADEX_Bomb」後點擊「確定」，模型將依照組態檔中所儲存的爆炸外型進行爆炸，如圖 14-1-31。

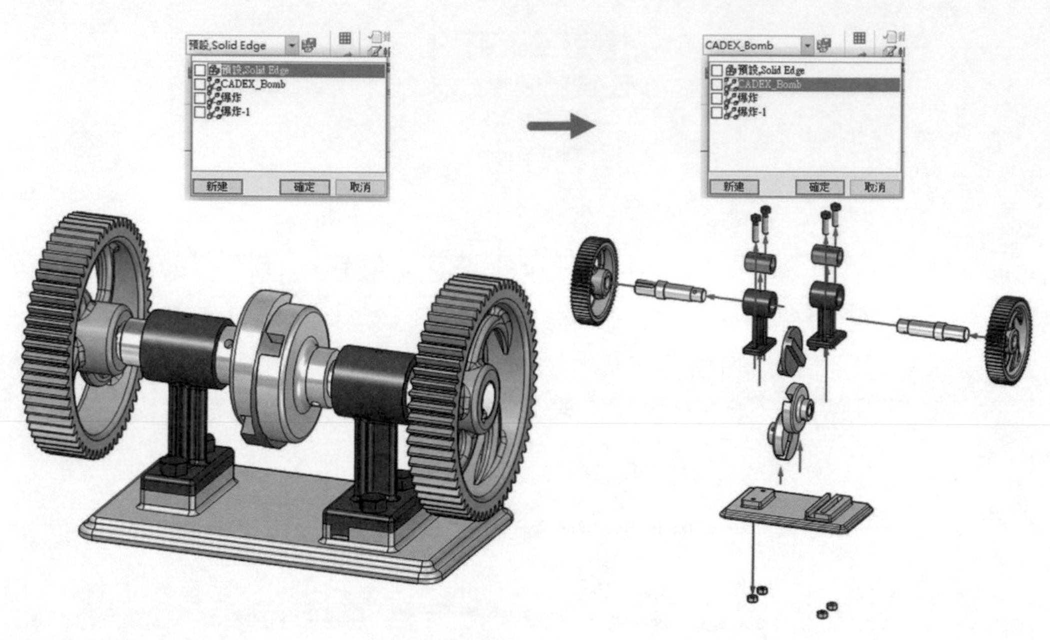

▲圖 14-1-31

㉗ 如要回到繪圖模式，請點擊「關閉 ERA」按鈕即可。

14-2 產生組立件 BOM 表

透過此範例將介紹，如何使用「組立件」和「爆炸圖」來產生工程圖的爆炸圖並建立「BOM 表」，產生零件表「BOM 表」是 Solid Edge 自動計算出所有零件的總數量，和各別零件的名稱，以達到正確掌握零件數量，避免人工計算的錯誤，進而實現零件表來源的單一性，以及和零件設計變更後，同步資料更新的正確性，如圖 14-2-1。

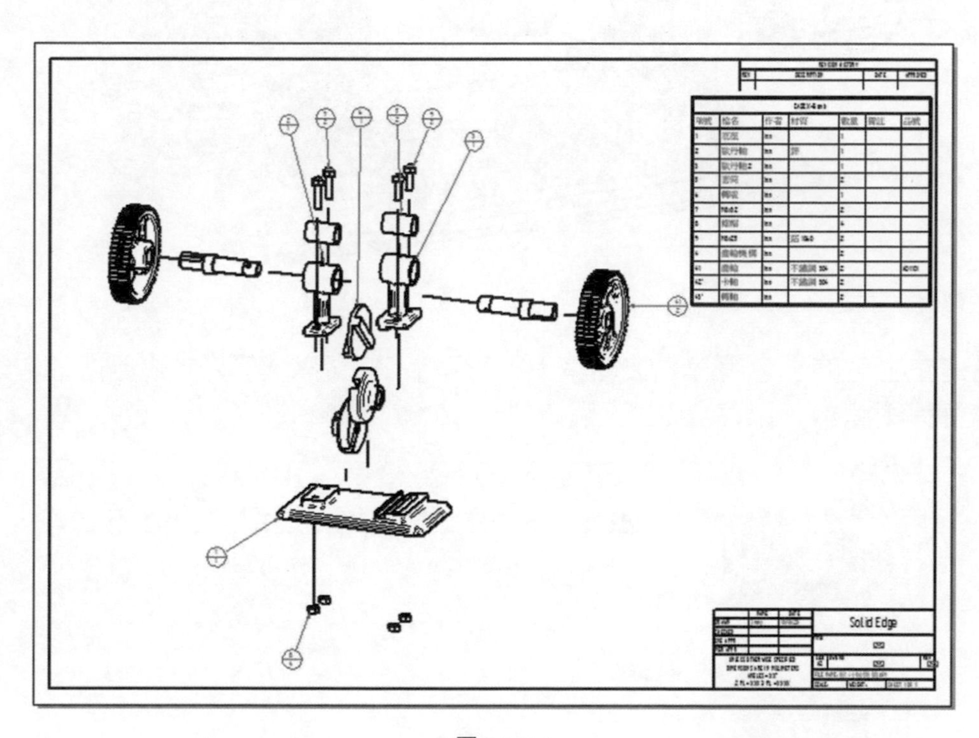

▲圖 14-2-1

❶ 延續上節，開啟做好爆炸組態的「歐丹軸機構 .asm」練習範例，如圖 14-2-2。

▲圖 14-2-2

❷ 點選左上角的「應用程式按鈕」→「新建」→「目前模型的圖紙」，將模型拋轉工程圖範本，以建立 2D 工程圖，如圖 14-2-3。

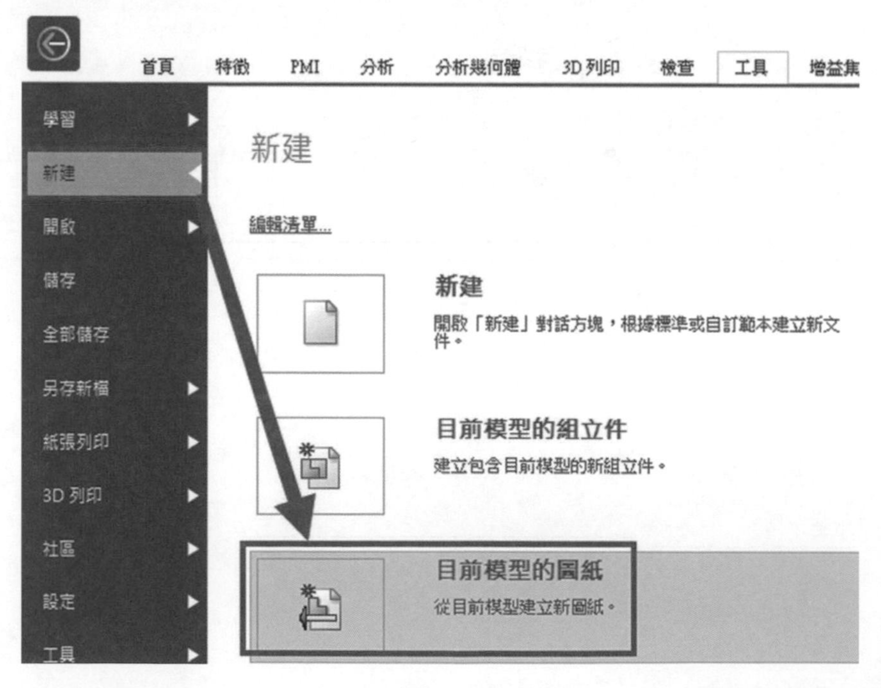

▲圖 14-2-3

❸ 選擇圖紙範本：可透過「瀏覽」按鈕選取自行建立的圖紙範本，或透過系統內建圖紙範本「Iso Metric Draft.dft」，點擊「確定」按鈕，如圖 14-2-4。

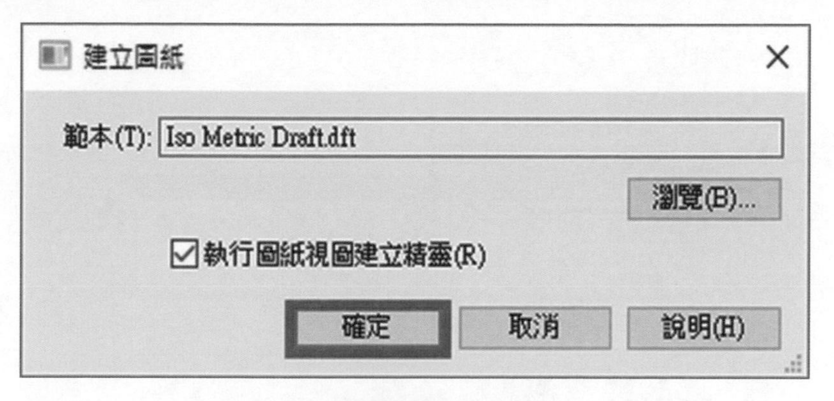

▲圖 14-2-4

❹ 在畫面中可以直接放置圖紙視圖，在圖紙視圖工具列裡，先點擊「圖紙視圖精靈選項」，如圖 14-2-5。

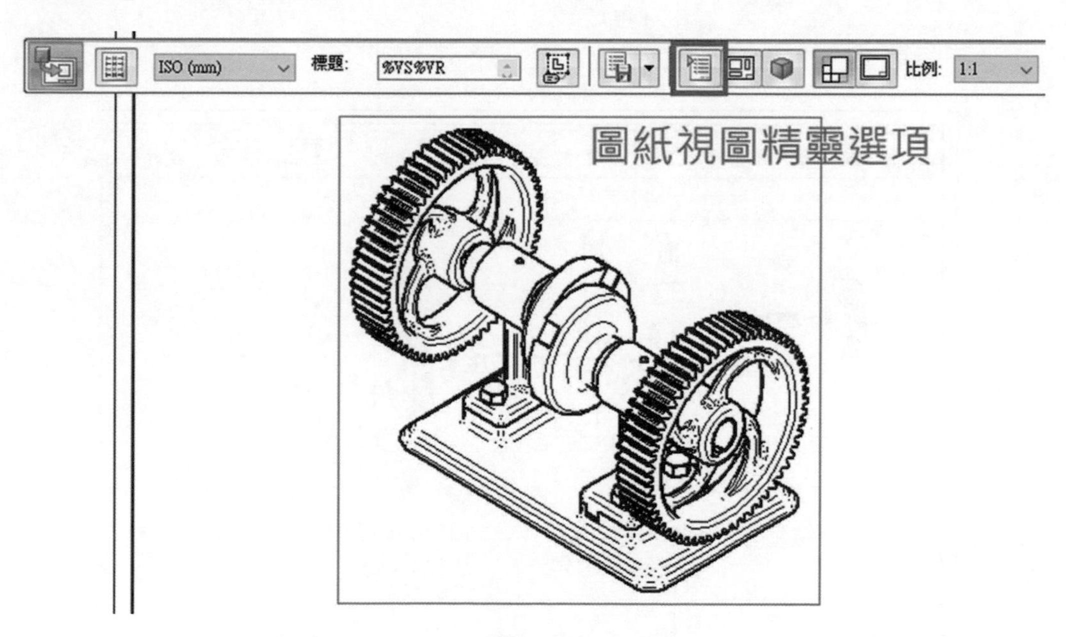

▲圖 14-2-5

❺ 在「.cfg、PMI 模型視圖或區域」內選擇「CADEX_Bomb」，然後點擊「確定」，如圖 14-2-6。

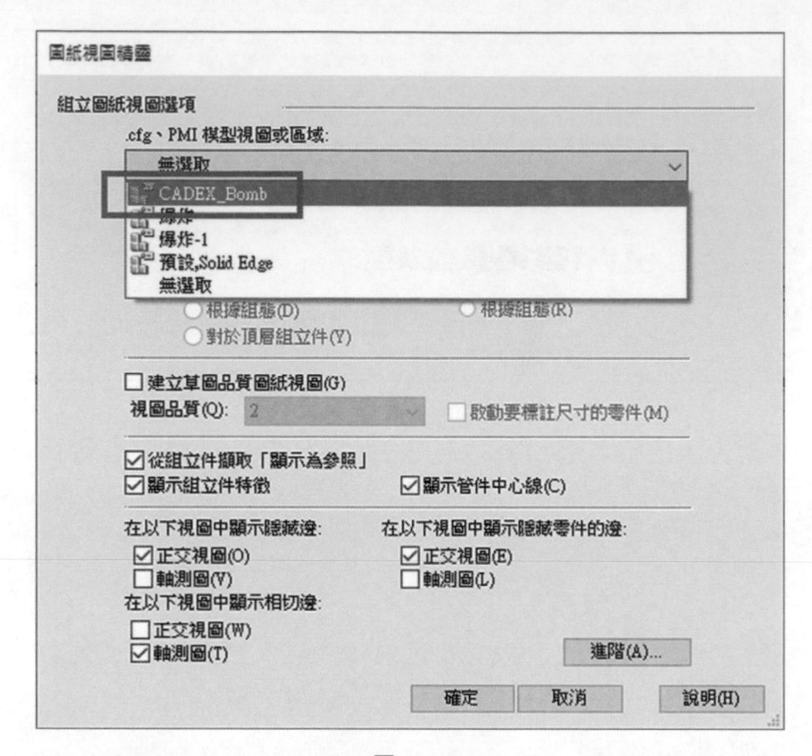

▲圖 14-2-6

❻ 點擊滑鼠放置，以完成爆炸視圖呈現，如圖 14-2-7。

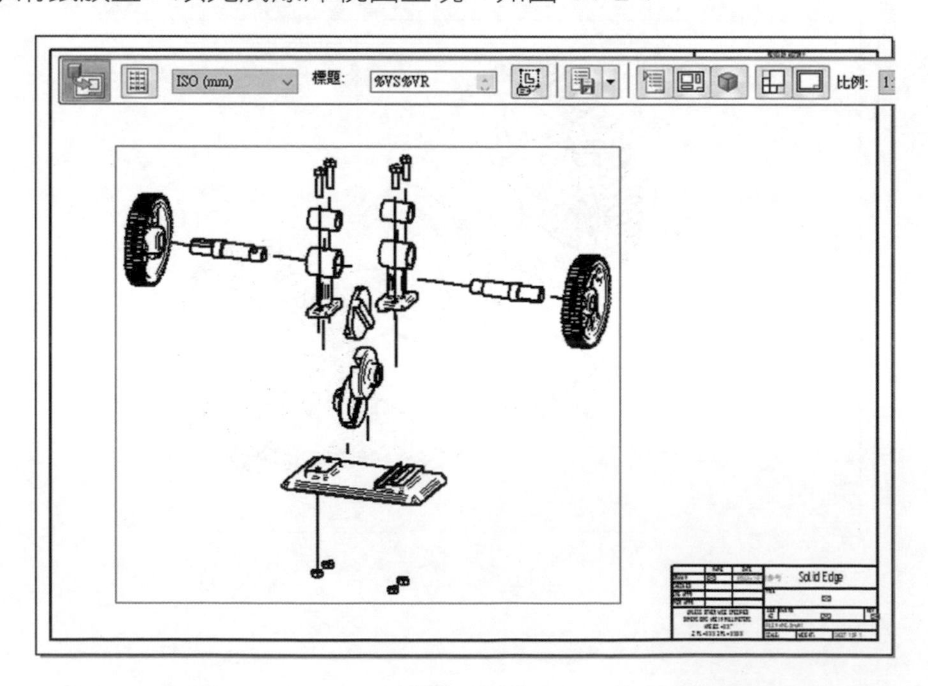

▲圖 14-2-7

❼ 可利用工具列上的「比例」選取需要的比例，或在比例值中輸入所需的數值，也可以利用滑鼠「滾輪」滾動更改視圖比例以符合所需要，如圖 14-2-8。

▲圖 14-2-8

❽ 產生零件明細表：點擊指令「首頁」→「表格」→「零件明細表」，如圖 14-2-9。顯示出「零件明細表」指令條，零件明細表產生須點選「爆炸視圖」，點選後畫面會以紅色高亮顯方式呈現，如圖 14-2-10。

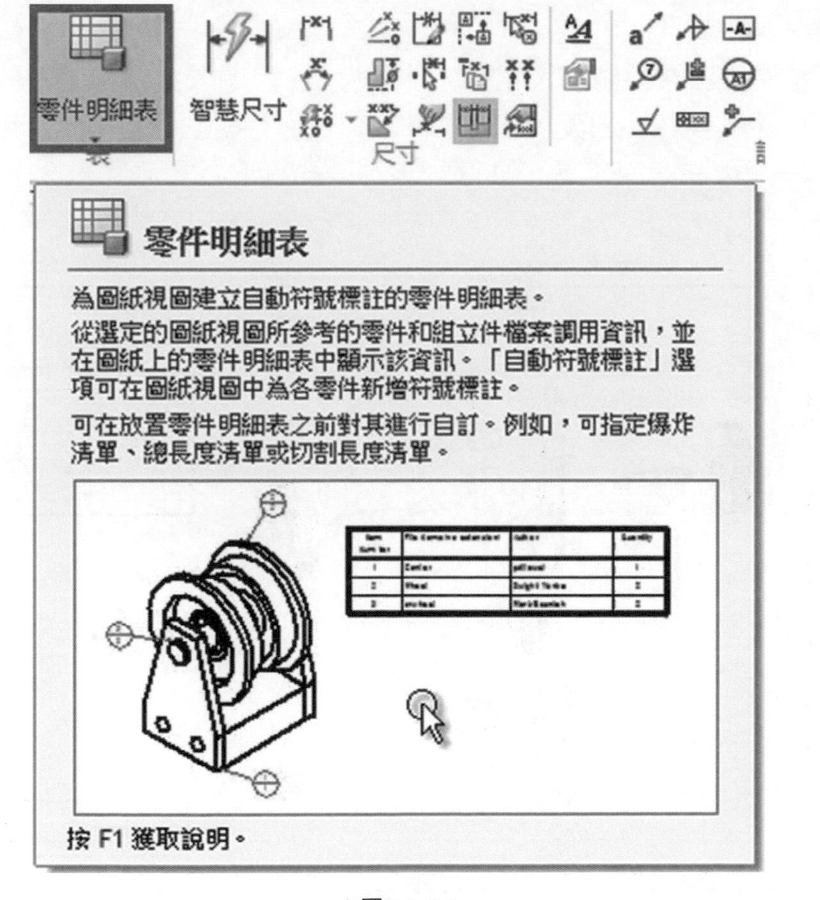

▲圖 14-2-9

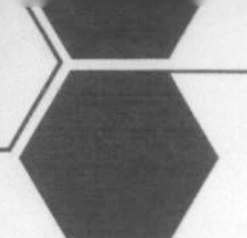

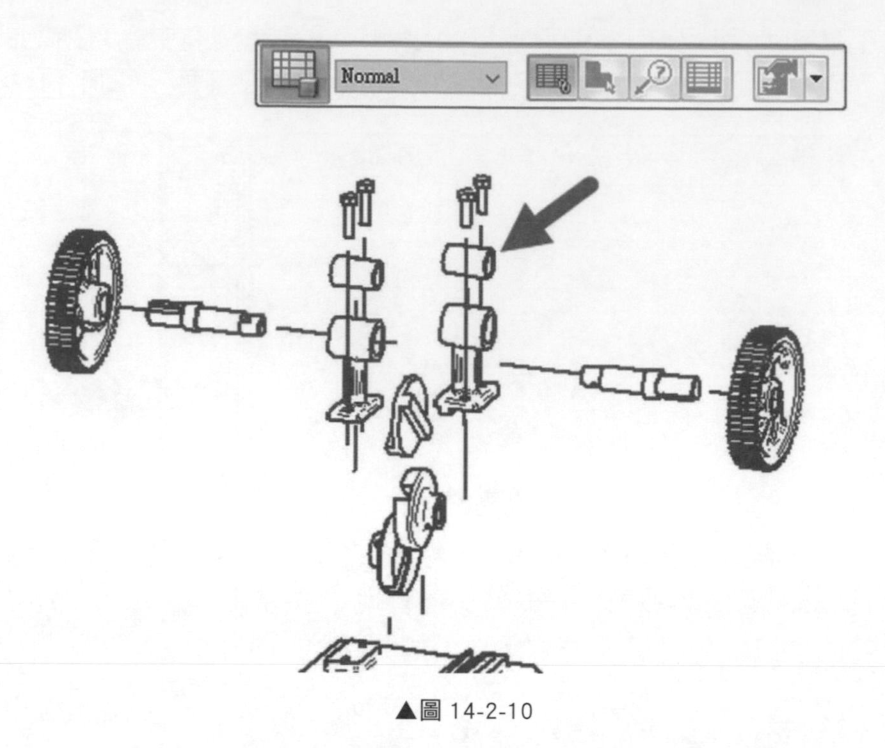

▲圖 14-2-10

❾ 接著，會顯示出零件明細表預覽的「區塊」，透過滑鼠游標點擊放到適合的位置，即可產生零件明細表，如圖 14-2-11。使用者也可從指令工具列中，透過「自動符號標註」決定是否要建立號球；透過「放置清單」決定是否要建立 BOM 表。

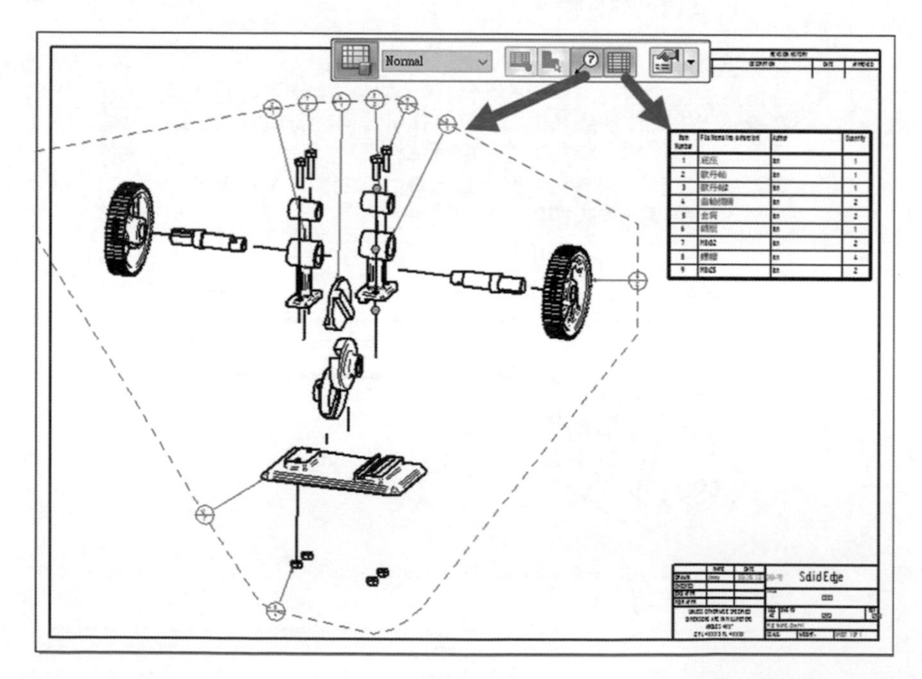

▲圖 14-2-11

⑩ 調整零件表性質：點擊零件明細表後顯示出指令條，再點擊「選取」→「性質」按鈕進入編輯，如圖 14-2-12。

Item Number	File Name (no extension)	Author	Quantity
1	底座	Ian	1
2	歐丹軸	Ian	1
3	歐丹軸2	Ian	1
4	齒輪機構	Ian	2
5	套筒	Ian	2
6	轉版	Ian	1
7	M8x32	Ian	2
8	螺帽	Ian	4
9	M8x25	Ian	2

▲圖 14-2-12

⑪ 在零件明細表性質中，可選擇「標題」點選「新建標題」以建立新的標題欄位，並且輸入標題名稱：「CADEX-Bomb」，套用後即可呈現，如圖 14-2-13。

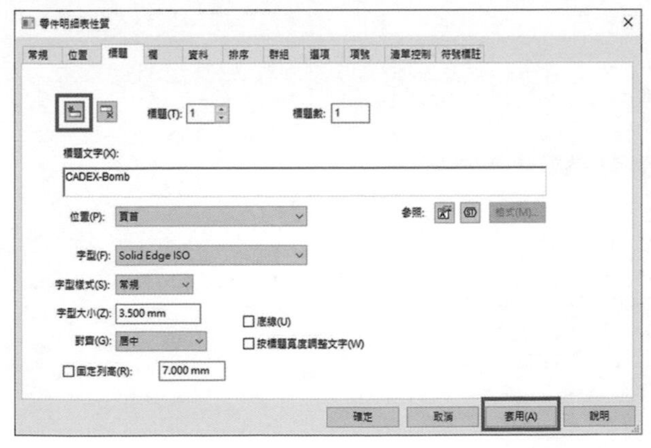

CADEX-Bomb			
Item Number	File Name (no extension)	Author	Quantity
1	底座	Ian	1
2	歐丹軸	Ian	1
3	歐丹軸2	Ian	1
4	齒輪機構	Ian	2
5	套筒	Ian	2
6	轉版	Ian	1
7	M8x32	Ian	2
8	螺帽	Ian	4
9	M8x25	Ian	2

▲圖 14-2-13

⓬ 在「欄」當中，可以把相關或需要的欄位，從下方新增至 BOM 表上的資訊，「性質」中尋找「項號」、「檔名(無副檔名)」、「作者」、「材質」、「數量」等五個性質，利用「新增欄」按鈕將性質增加於欄內，如圖 14-2-14。如有不需要的性質，則可透過「刪除欄」移除性質。

▲圖 14-2-14

備註 如果順序沒有調整好，可以利用新增的「性質」去「上移」及「下移」按鈕，來控制前後順序的擺放，如圖 14-2-15。

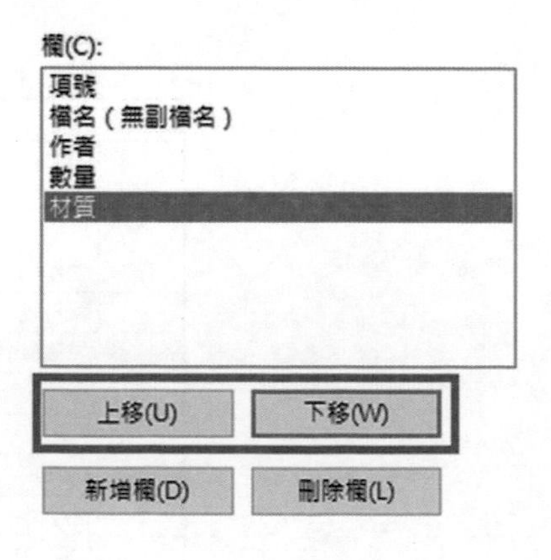

▲圖 14-2-15

⓭ 透過右邊「欄格式」當中的「欄標題」，可輸入需要在表格上顯示的性質名稱，如圖 14-2-16。

備註 能改的是上方的文字列，以下圖為例，把「檔名(無副檔名)」後的括弧內刪除只留「檔名」，但底下的「性質文字」因為有資訊連結的語法，所以請勿任意更動。

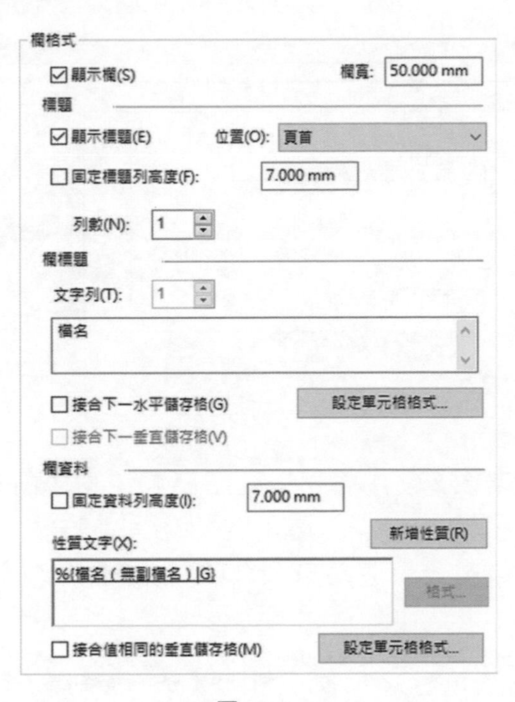

▲圖 14-2-16

⓮ 「欄」修改之後的結果，如圖 14-2-17。

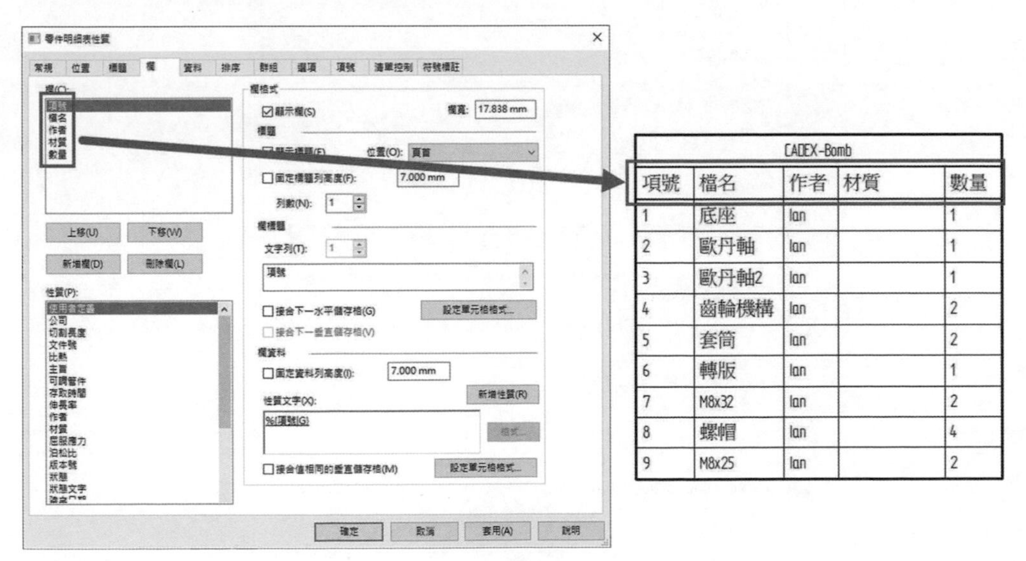

CADEX-Bomb				
項號	檔名	作者	材質	數量
1	底座	Ian		1
2	歐丹軸	Ian		1
3	歐丹軸2	Ian		1
4	齒輪機構	Ian		2
5	套筒	Ian		2
6	轉版	Ian		1
7	M8x32	Ian		2
8	螺帽	Ian		4
9	M8x25	Ian		2

▲圖 14-2-17

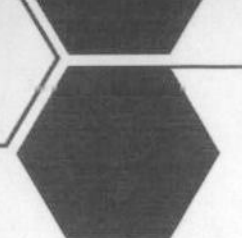

⓯ 在「資料」索引中，使用者可以透過點選任一欄位，如：材質。點選「插入欄」按鈕，可在點選的欄位前或後插入空白欄，以便建立空白欄位使用，如圖 14-2-18。

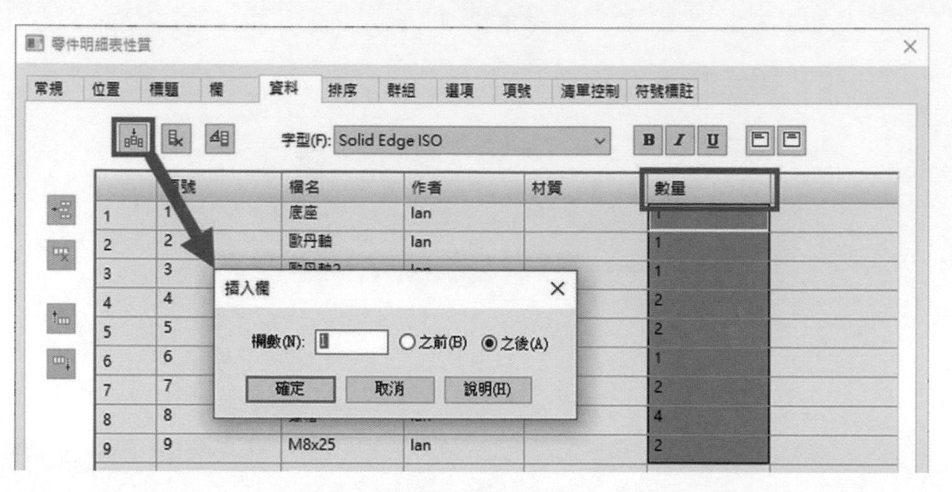

▲圖 14-2-18

⓰ 建立新的空白欄位之後，使用者可以在空白欄位上，輸入所需要的資訊。利用滑鼠「左鍵」快速點擊兩次「標題欄」呼叫出「格式化欄」對話方框，在「欄標題」中可以輸入使用者需要顯示的名稱，如圖 14-2-19。

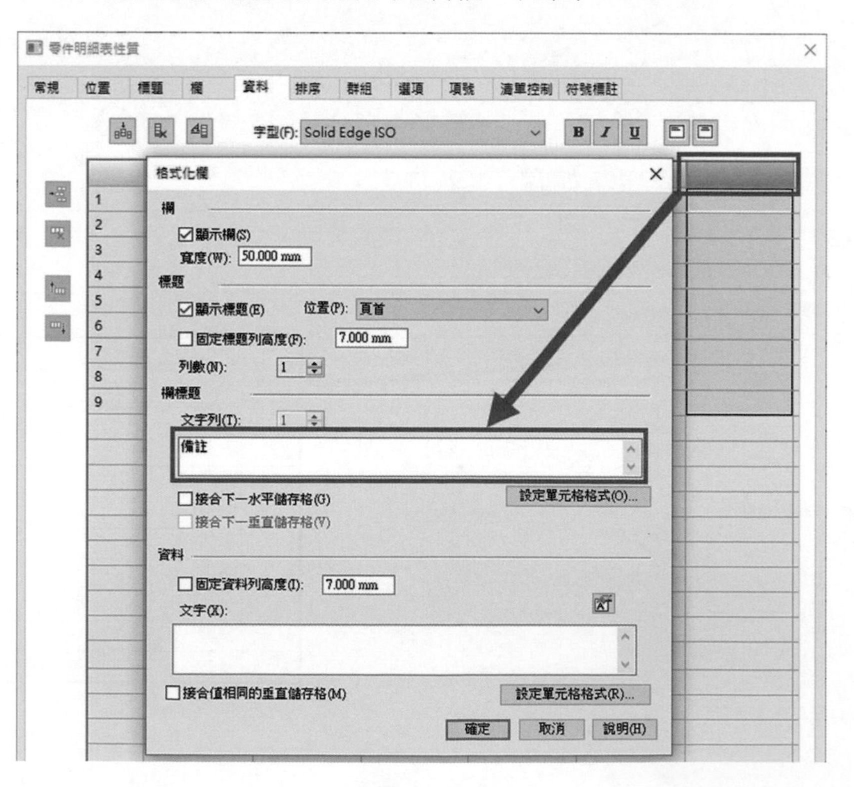

▲圖 14-2-19

⑰ 點選「套用」之後，可以發現「BOM 表」上會多增加一個備註欄位，以供使用者輸入所需要的內容，如圖 14-2-20。

CADEX-Bomb					
項號	檔名	作者	材質	數量	備註
1	底座	Ian		1	
2	歐丹軸	Ian		1	
3	歐丹軸2	Ian		1	
4	齒輪機構	Ian		2	
5	套筒	Ian		2	
6	轉版	Ian		1	
7	M8x32	Ian		2	
8	螺帽	Ian		4	
9	M8x25	Ian		2	

▲圖 14-2-20

備註 在 BOM 裡面寫的備註欄的內容，是不會回饋至零件中的性質，如果需要寫在零件中的性質，就必須要用 14-3 章的性質管理器的方式，或者回到單一零件的性質去加入。

⑱ 在「清單控制」欄位功能中，可以調整零件與次組立件的清單顯示，零件明細表中擁有三種清單格式。

「頂級清單」：此格式為呈現出，頂層組立件中所用的零件及次組立件，如圖 14-2-21。

全域
◉ 頂級清單（頂級元件和展開元件）(T)
○ 詳細清單（所有零件）(L)
○ 爆炸清單（所有零件和次組立件）(O)
☐ 使用根據級別的項號(V)
☐ 乘以次組立件數
☐ 在清單中顯示頂層組立件(B)
☐ 展開銲接次組立件(W)
☐ 使用簡化次組立件(U)

CADEX-Bomb					
項號	檔名	作者	材質	數量	備註
1	底座	Ian		1	
2	歐丹軸	Ian		1	
3	歐丹軸2	Ian		1	
4	齒輪機構	Ian		2	
5	套筒	Ian		2	
6	轉版	Ian		1	
7	M8x32	Ian		2	
8	螺帽	Ian		4	
9	M8x25	Ian		2	

▲圖 14-2-21

「詳細清單」：此格式為呈現出，組立件中用的所有零件，並不列入次組立件，如圖 14-2-22。

全域
○ 頂級清單（頂級元件和展開元件）(T)
◉ 詳細清單（所有零件）(L)
○ 爆炸清單（所有零件和次組立件）(O)
☐ 使用根據級別的項號(V)
☐ 乘以次組立件數
☐ 在清單中顯示頂層組立件(B)
☐ 展開銲接次組立件(W)
☐ 使用簡化次組立件(U)

CADEX-Bomb					
項號	檔名	作者	材質	數量	備註
1	底座	Ian		1	
2	歐丹軸	Ian		1	
3	歐丹軸2	Ian		1	
7	套筒	Ian		2	
8	轉版	Ian		1	
9	M8x32	Ian		2	
10	螺帽	Ian		4	
11	M8x25	Ian		2	
4	齒輪	Ian		2	
5'	卡軸	Ian		2	
6'	轉軸	Ian		2	

▲圖 14-2-22

「爆炸清單」：此格式為呈現出，組立件中用的所有零件及次組立件，如圖 14-2-23。

- 「使用根據級別的項號」：勾選之後，「BOM 表」會根據次組立件與零件之間的關係進行項號調整，如：項號 4.1-4.3 的物件為項號 4 底下的零件，因此項號 4 為次組立件。
- 「乘以次組立件數」：勾選之後，次組立件底下的零件數量，會自動乘上次組立件數量，使零件數量為總組立使用的總數。

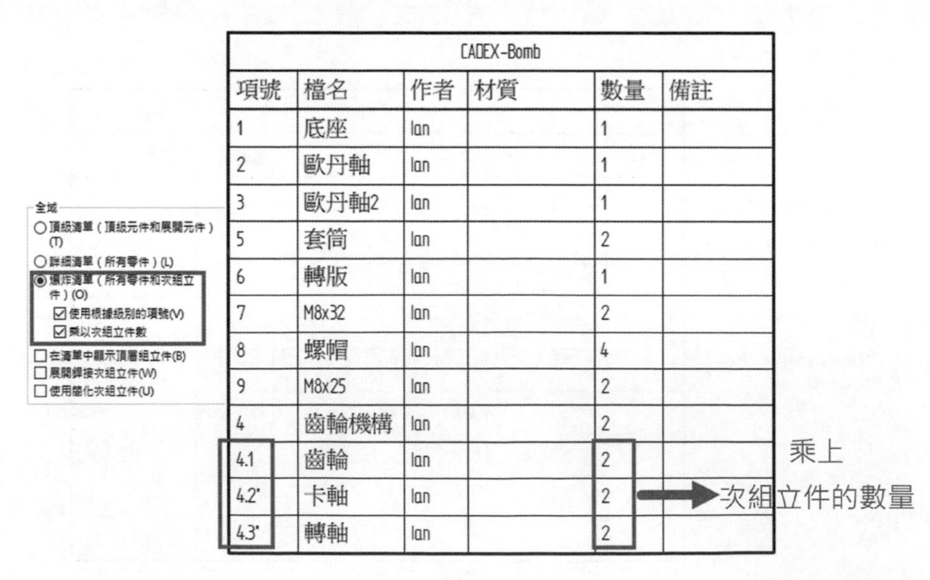

CADEX-Bomb					
項號	檔名	作者	材質	數量	備註
1	底座	Ian		1	
2	歐丹軸	Ian		1	
3	歐丹軸2	Ian		1	
5	套筒	Ian		2	
6	轉版	Ian		1	
7	M8x32	Ian		2	
8	螺帽	Ian		4	
9	M8x25	Ian		2	
4	齒輪機構	Ian		2	
4.1	齒輪	Ian		2	
4.2'	卡軸	Ian		2	
4.3'	轉軸	Ian		2	

▲圖 14-2-23

⑲ 將前面步驟所要呈現在零件明細表的設定，透過在「常規」欄位功能處，輸入儲存的設定名稱為「BOM」後，點擊「儲存」按鈕，再點擊對話方框中的右下角「確定」按鈕離開，如圖 14-2-24。

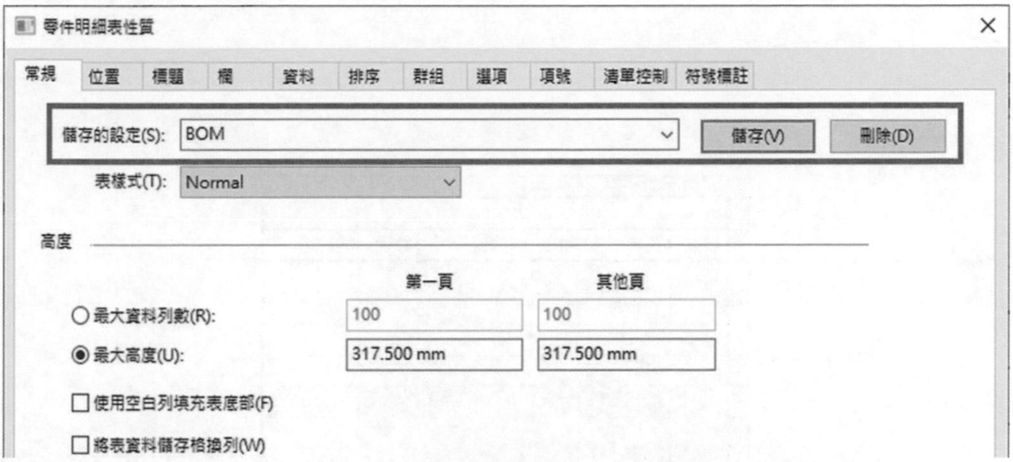

零件明細表性質
常規
位置
標題
欄
資料
排序
群組
選項
項號
清單控制
符號標註
儲存的設定(S):
BOM
儲存(V)
刪除(D)
表樣式(T):
Normal
高度
第一頁
其他頁
最大資料列數(R):
100
100
最大高度(U):
317.500 mm
317.500 mm
使用空白列填充表底部(F)
將表資料儲存格換列(W)

▲圖 14-2-24

⑳ 使用者下次使用「零件明細表」時，在零件明細表指令條中點擊「選取」→「性質」的按鈕清單選取「BOM」，即可切換顯示自訂「BOM」的零件明細表內容，如圖 14-2-25。

Normal
ANSI
BOM
ISO
ISO - New Sheets

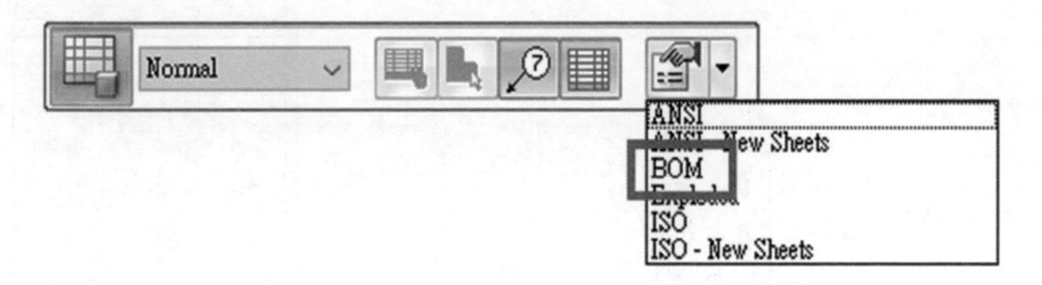

▲圖 14-2-25

❒ 補充

❶ 當「BOM 表」建立後，使用者可以利用滑鼠「左鍵」快速點擊 BOM 表兩次，「BOM 表」將會呈現如圖 14-2-26，將滑鼠游標移動至左上角並點擊滑鼠「右鍵」，可選擇是否需要開啟「標示」及「縮圖」。

CADEX-Bomb					
項號	檔名	作者	材質	數量	備註
1	底座	Ian		1	
2	歐丹軸	Ian		1	
3	歐丹軸2	Ian		1	
5	套筒	Ian		2	
6	轉版	Ian		1	
7	M8x32	Ian		2	
8	螺帽	Ian		4	
9	M8x25	Ian		2	
4	齒輪機構	Ian		2	
4.1	齒輪	Ian		2	
4.2'	卡軸	Ian		2	
4.3'	轉軸	Ian		2	

▲圖 14-2-26

❷ 勾選選項之後，當點選表格內任一欄位，在「BOM 表」旁邊 Solid Edge 會開啟縮圖提供使用者辨識零件；在「視圖」中會以紅色線段顯示零件，如圖 14-2-27。

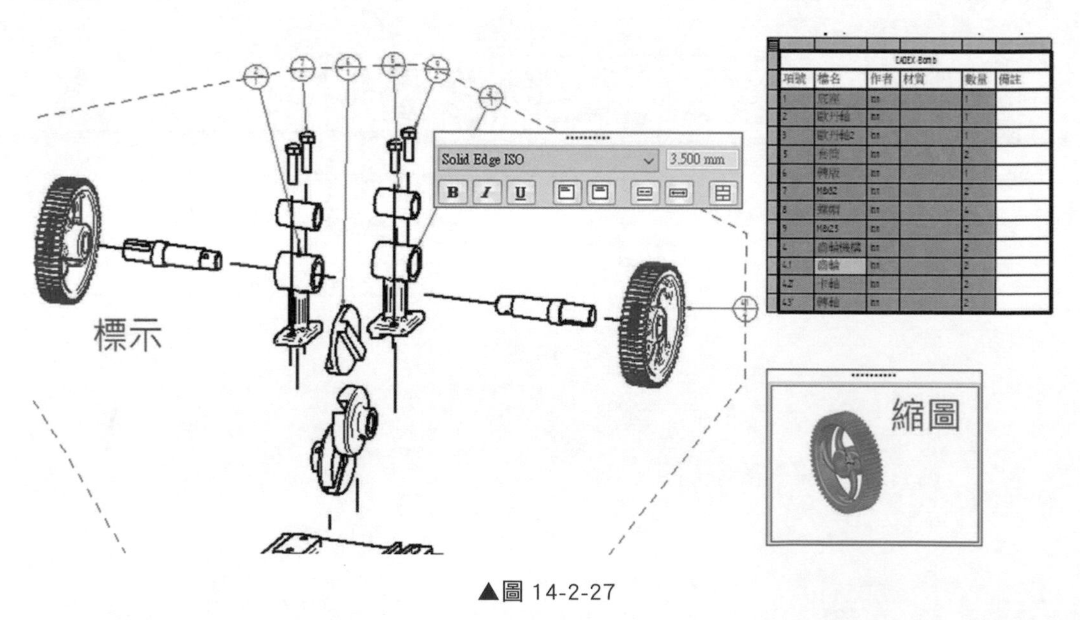

▲圖 14-2-27

14-3 性質與 BOM 表連結

可以透過性質管理器，將所有相關或自訂的性質帶入到零件中，利用這樣的方式將零件或公用零件的資訊，帶入到 BOM 表中，以符合公司作業習慣。

❶ 利用「歐丹軸機構 .asm」組立件所建立的工程圖進行練習，如圖 14-3-1。

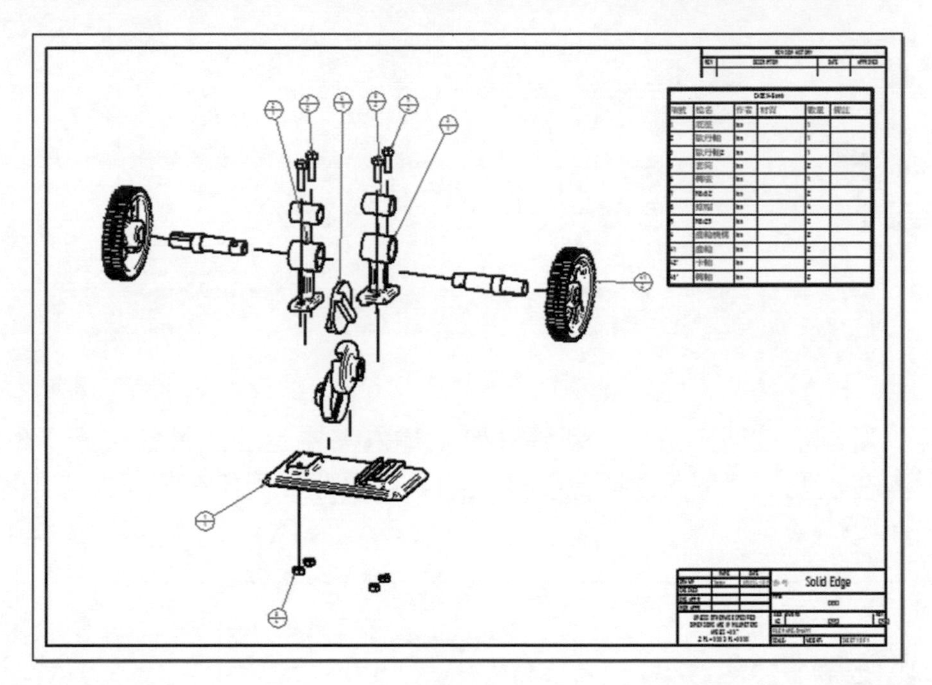

▲圖 14-3-1

❷ 在開啟前，需要先儲存此工程圖，接下來透過上方頁籤「資料管理」→「性質」→「性質管理器」，可以快速修改工程圖、組立件及零件當中的性質資訊，如圖 14-3-2。

▲圖 14-3-2

❸ 在欄位中，使用者可以任意修改自己所需要的性質參數，如果性質管理器中沒有需要的性質欄位時，可點選任意一個欄位，再點擊滑鼠「右鍵」，透過快速工具列選擇「顯示性質」，如圖 14-3-3。

▲圖 14-3-3

❹ 點選「新建」按鈕，透過「新建性質」輸入需要建立的性質名稱，例如：品號，並在類型中選擇該性質需要建立的訊息類型，例如選擇：文字類型，如圖 14-3-4。

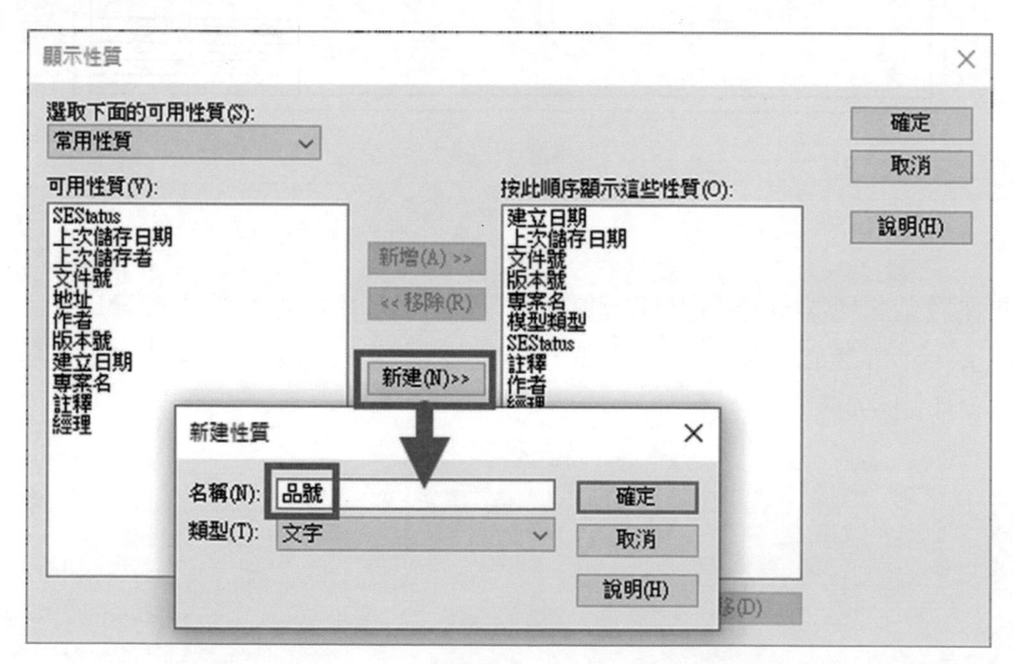

▲圖 14-3-4

❺ 在性質管理器中，會顯示出剛剛新增的性質供使用者修改，可搭配預覽視窗對各個零組件編寫品號，修改完成之後，可點選「確定」以完成修改，如圖 14-3-5。

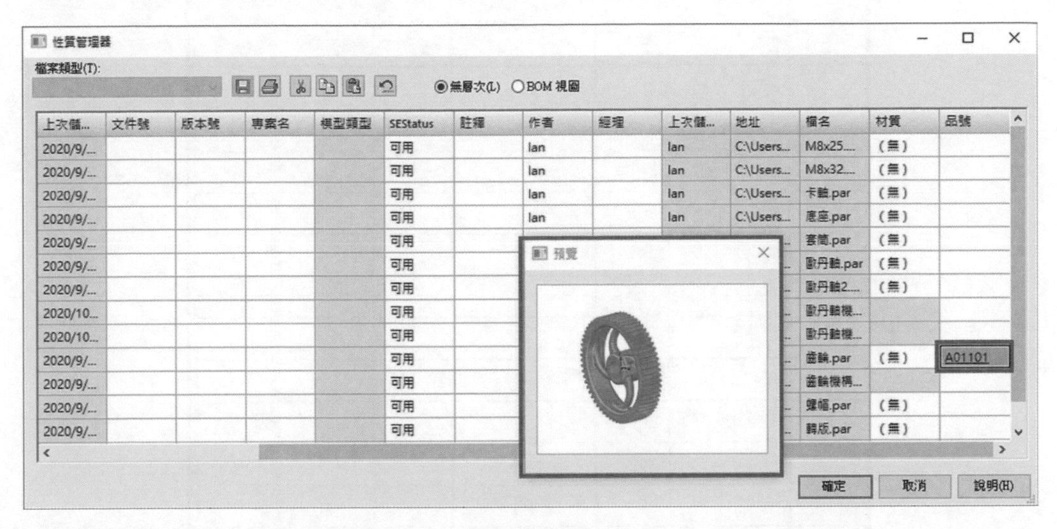

▲圖 14-3-5

❻ 此時，利用「BOM 表」中的性質，在「欄」索引中，可找到剛才新增的性質，如：品號，透過「新增欄」按鈕將性質加入，如圖 14-3-6。

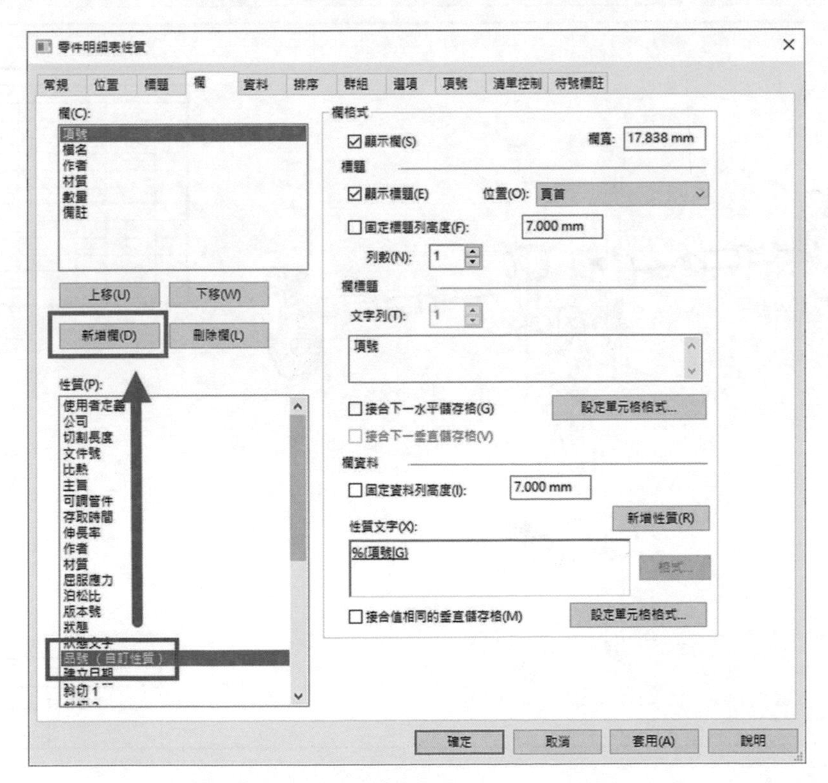

▲圖 14-3-6

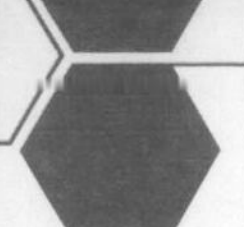

❼ BOM 表即可根據使用者設定進行修改，將「性質管理器」當中修改的性質載入表中，如圖 14-3-7、圖 14-3-8。

CADEX-Bomb						
項號	檔名	作者	材質	數量	備註	品號
1	底座	lan		1		
2	歐丹軸	lan	鋅	1		
3	歐丹軸2	lan		1		
5	套筒	lan		2		
6	轉版	lan		1		
7	M8x32	lan		2		
8	螺帽	lan		4		
9	M8x25	lan	鋁 1060	2		
4	齒輪機構	lan		2		
4.1	齒輪	lan	不鏽鋼 304	2		A01101
4.2*	卡軸	lan	不鏽鋼 304	2		
4.3*	轉軸	lan		2		

▲圖 14-3-7

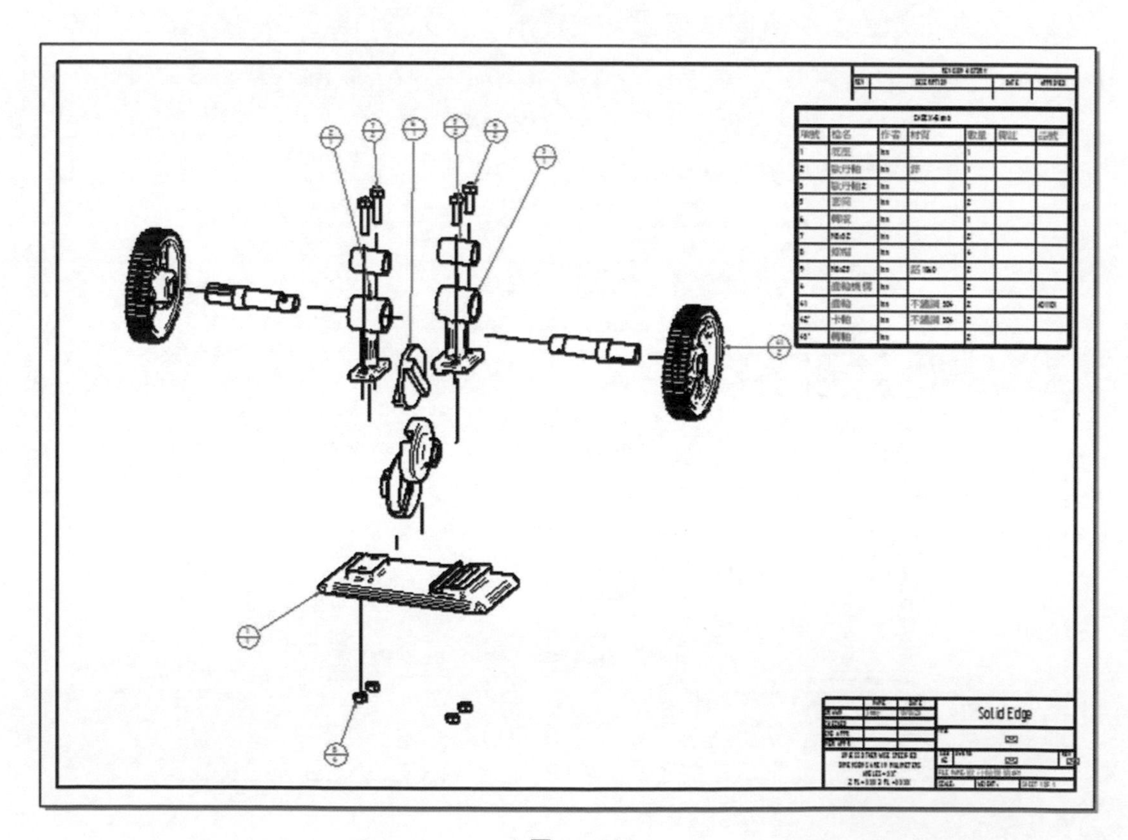

▲圖 14-3-8

CHAPTER

15 鈑金設計

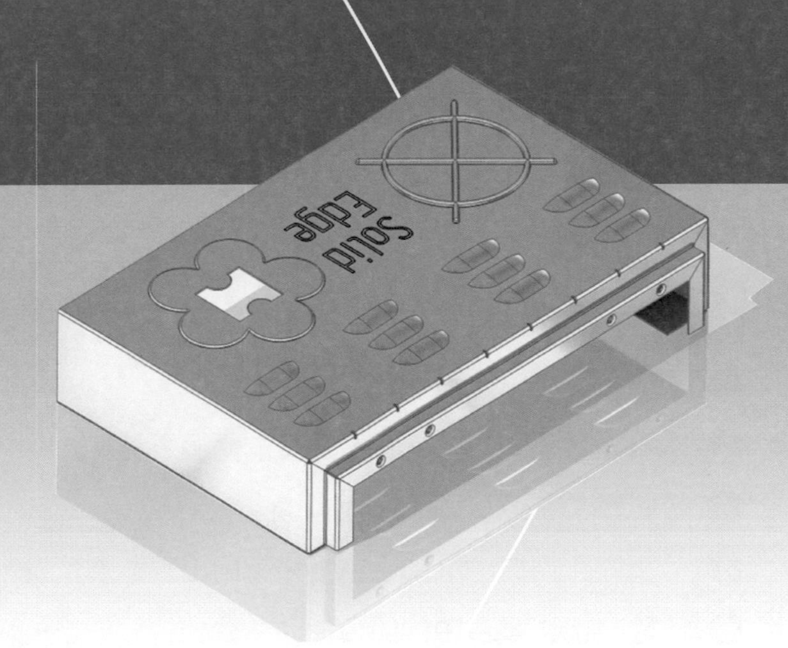

章節介紹

藉由此課程，您將會學到：

15-1 鈑金件簡介與專有名詞

15-2 材質表指令

15-3 建立鈑金件特徵

15-4 使用「同步鈑金」的即時規則修改幾何體

15-5 建立展平圖樣

15-1 鈑金件簡介與專有名詞

「鈑金設計」是 Solid Edge 的標準模組之一，提供了鈑金設計與加工的模組化功能，提供使用者快速正確的建立模型。Solid Edge 能依據鈑金的不同種類，設計出符合鈑金成形工業要求的數值化設計過程，具有一定的自動化及靈活性。

Solid Edge 的鈑金設計過程，其實就是依照實際鈑金成形的流程，如：「輪廓彎邊」、「打孔」、「沖型」、「百葉窗」、「角撐板」…等等。在鈑金設計中，常用到的一些專有名詞，如圖 15-1-1，請參考下列說明。

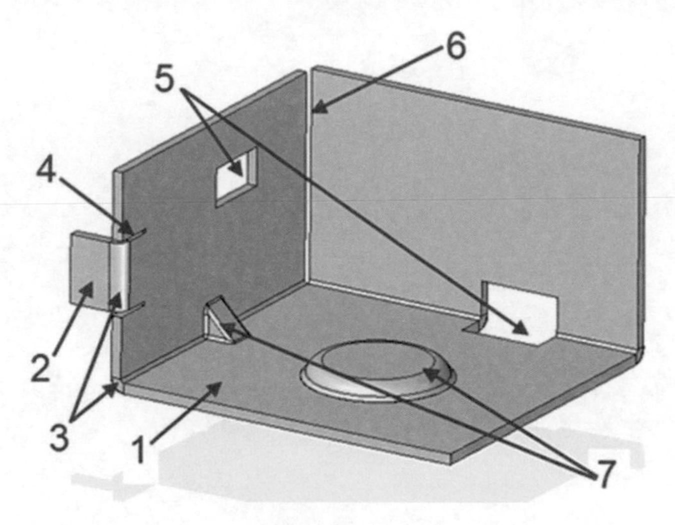

▲圖 15-1-1

❶「平板」：由層面和厚度面組成。

❷「平板彎邊」：通過折彎連接的兩個平板。

❸「折彎」：連接兩個平板彎邊。

❹「折彎止裂口」：防止在折彎期間出現撕裂情況的選項。

❺「除料」：零件中的開口。

❻「彎角」：兩個或三個折彎的相交之處。

❼「過程特徵」：變形特徵，如輪廓彎邊、打孔、沖型、百葉窗、角撐板…等等，某些歷程紀錄得到保留且可以進行編輯。

15-2 材質表指令

定義鈑金件的「折彎厚度」和「折彎係數」。可從「應用程式按鈕」→「資訊」→「材質表」→「量規性質」設定所需的參數。如圖 15-2-1、圖 15-2-2。

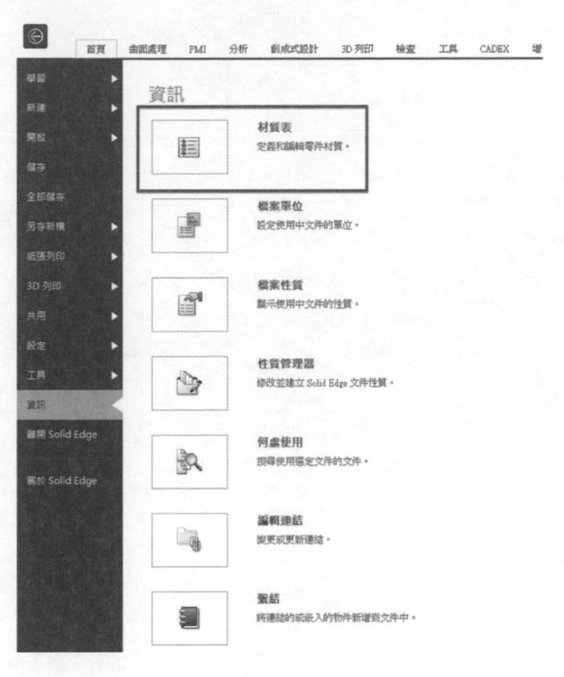

▲圖 15-2-1

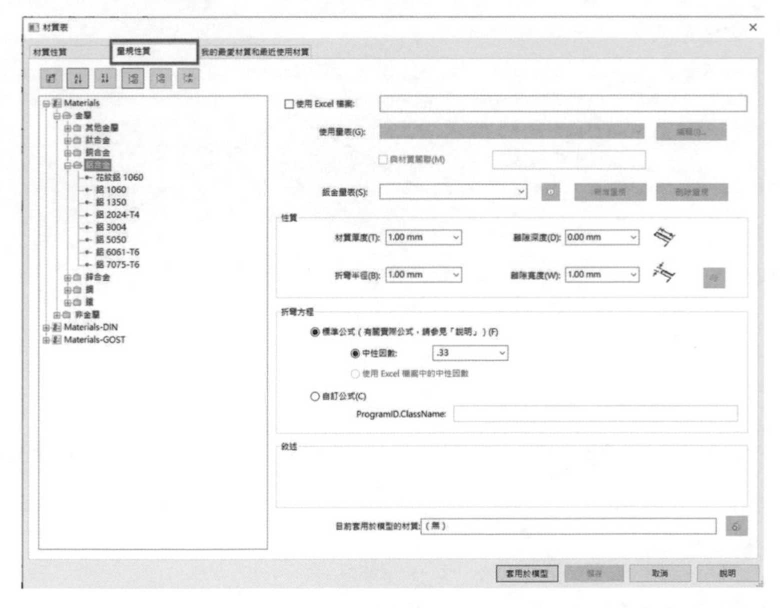

▲圖 15-2-2

15-3 建立鈑金件特徵

本章節將帶領您建立一個箱體鈑金件，範例如圖 15-3-1。

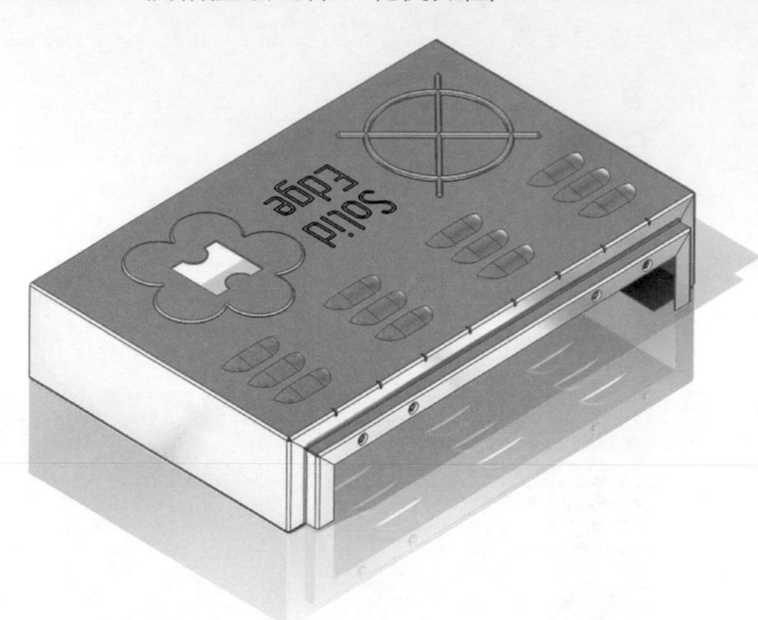

▲圖 15-3-1

❶ 點選「應用程式按鈕」→「新建」點選「ISO 公制鈑金」。

❷ 建立平板，在「俯視圖 (XY)」平面中繪製一個邊長為 250mm×400mm 的長方形。如圖 15-3-2。

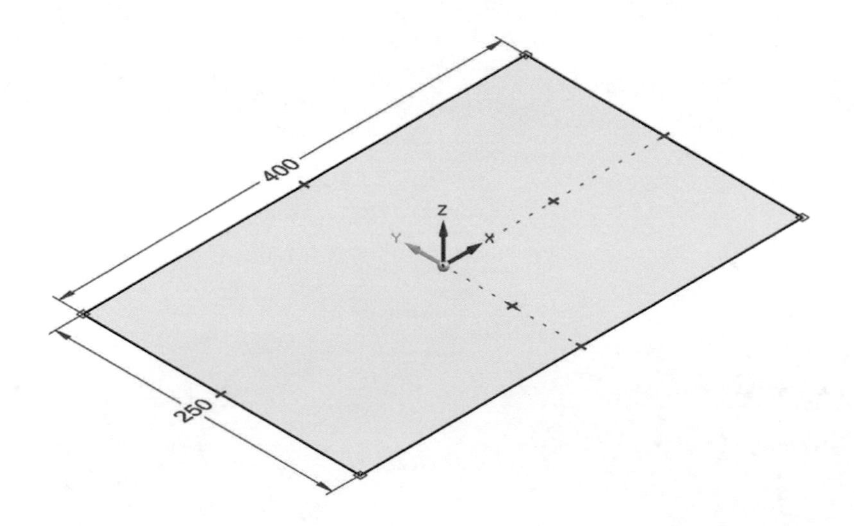

▲圖 15-3-2

❸ 選取顯示的區域。如圖 15-3-3。

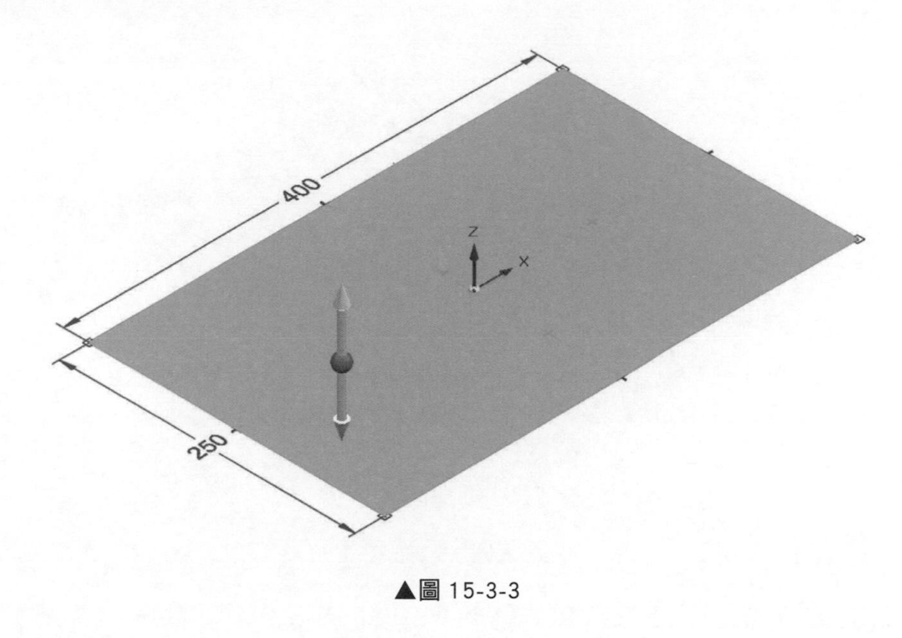

▲圖 15-3-3

❹ 透過選取指向下方的方向箭頭建立平板，點擊滑鼠「右鍵」，或按「enter」接受。如圖 15-3-4。

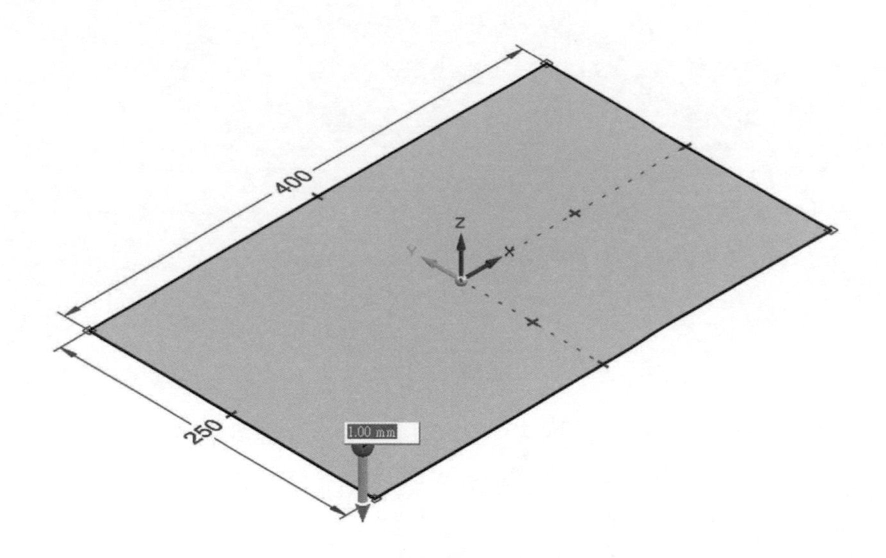

▲圖 15-3-4

備註 此時的厚度為「材質表」中「量規」內所設定之厚度。如有需要，現在可以變更厚度。

❺ 按住 ctrl 選取平板較短的兩個側邊，如圖 15-3-5。

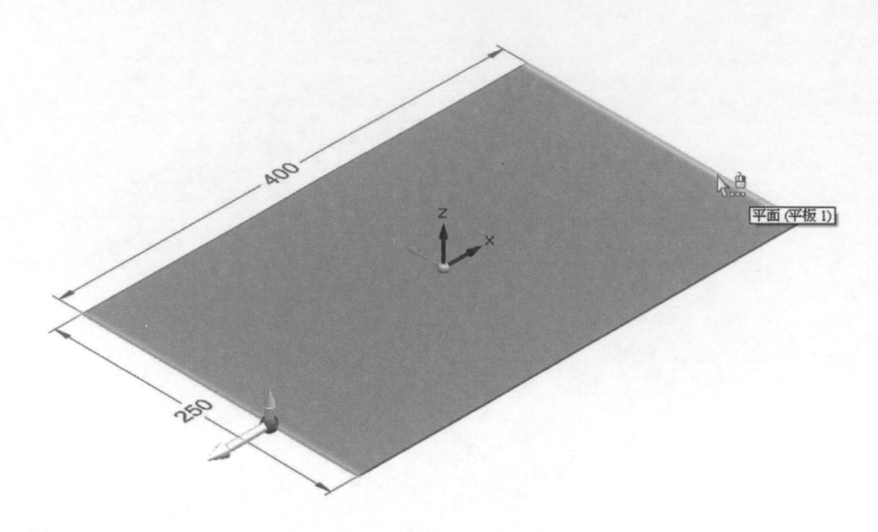

▲圖 15-3-5

❻ 點選側邊選取短邊「凸緣方向」箭頭，如圖 15-3-6。

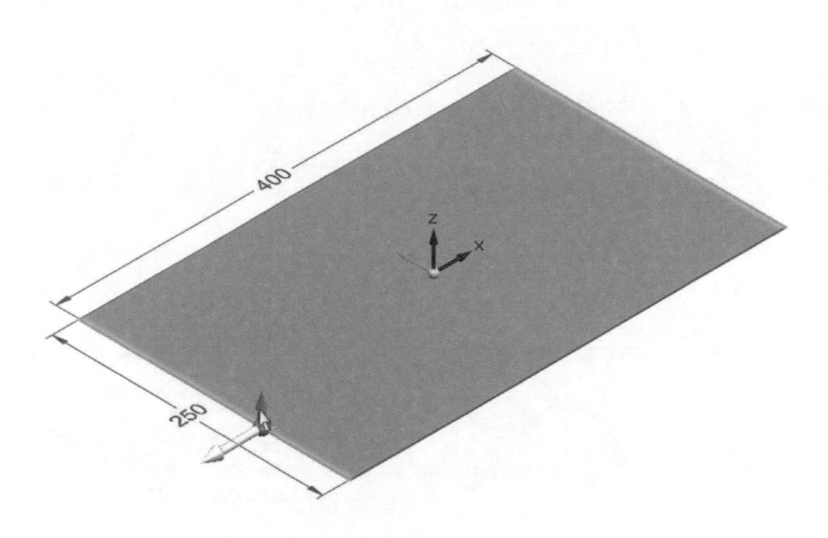

▲圖 15-3-6

❼ 為新建立之「凸緣」的工具列中之「測量點」選擇「測量外部」，如圖 15-3-7，接著同樣在工具列中的「材質側」選擇「材質在內」，如圖 15-3-8，輸入 80mm 的長度距離，如圖 15-3-9。

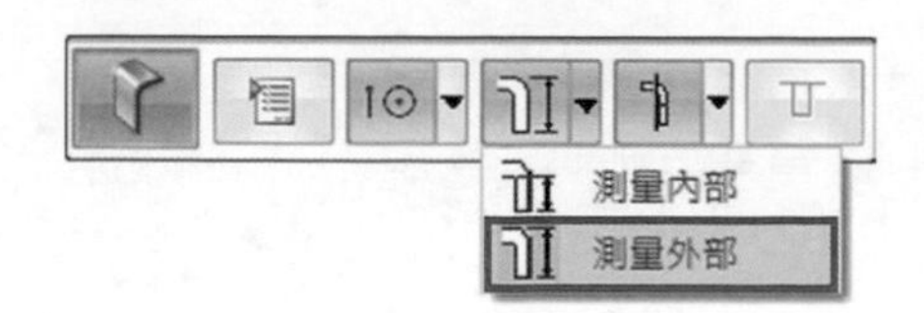

▲圖 15-3-7

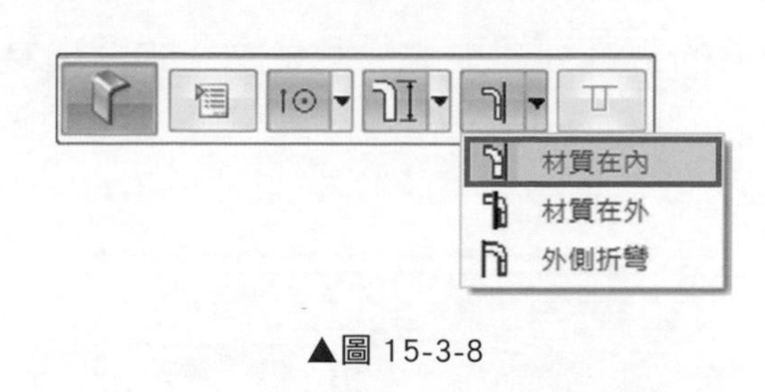

▲圖 15-3-8

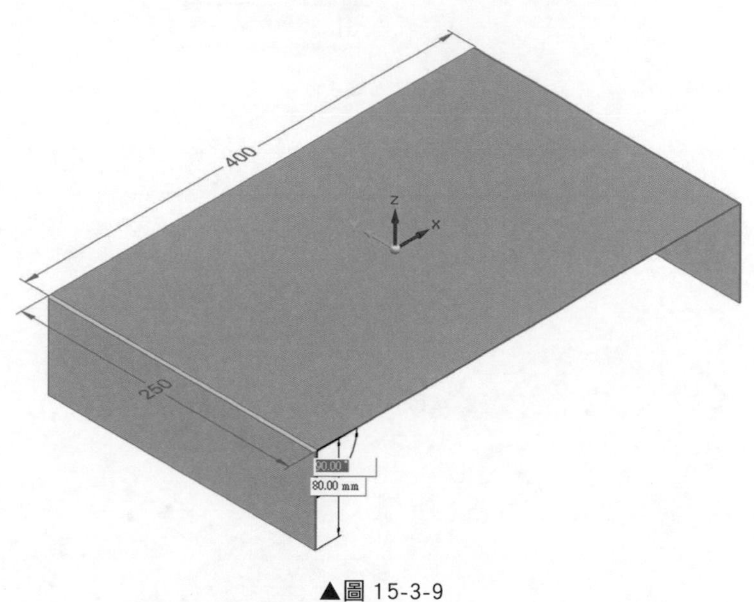

▲圖 15-3-9

❽ 接著點選新增凸緣部分的兩側，與先前一樣點取「凸緣方向」箭頭，如圖 15-3-10。

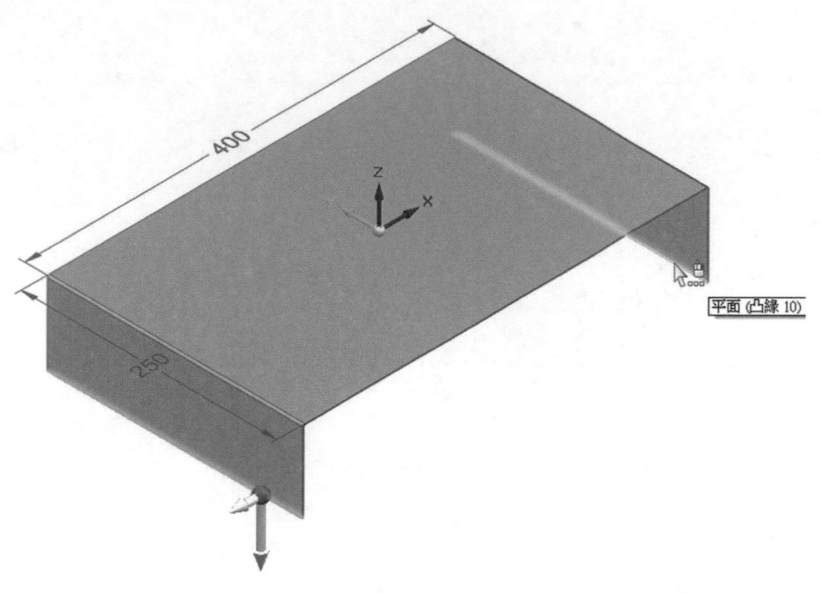

▲圖 15-3-10

❾ 再為新建立「凸緣」的工具列裡更改「測量點」的選項為「測量內部」，如圖 15-3-11，並將「材質側」選項改為「材質在外」，如圖 15-3-12，並且輸入 40mm 的長度，如圖 15-3-13。

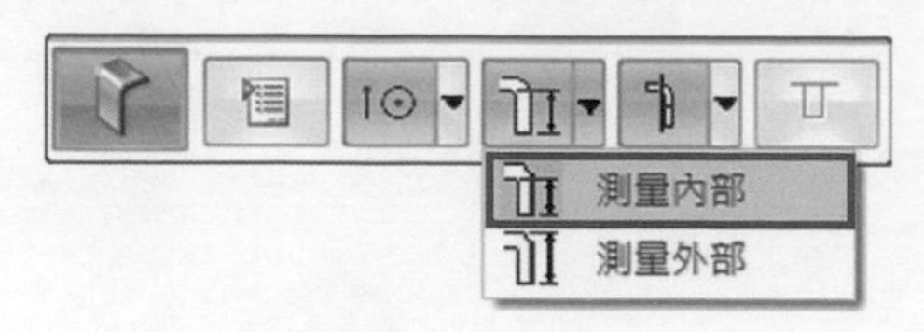

▲圖 15-3-11

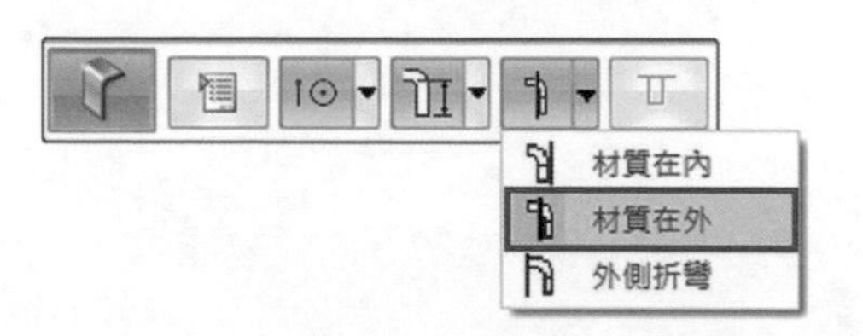

▲圖 15-3-12

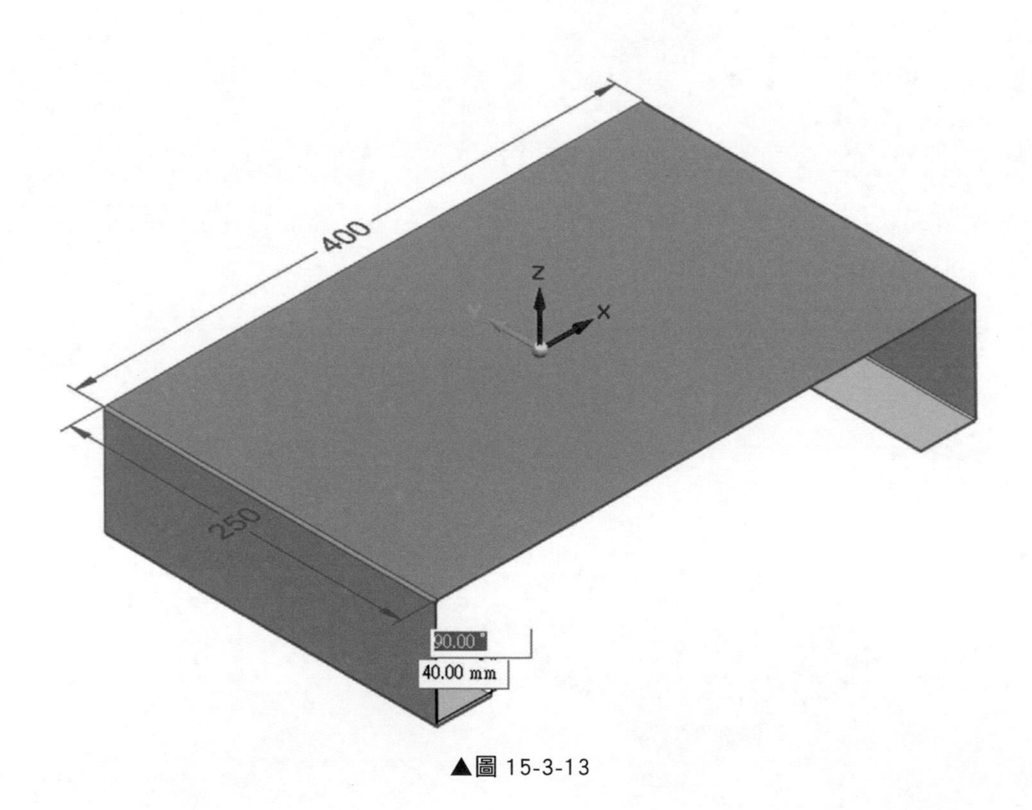

▲圖 15-3-13

❿ 此時，若標註尺寸上去應該會是如圖 15-3-14 的尺寸。(此處我們已學習到如何控制凸緣的包外、包內的尺寸控制與材質側的變換)。

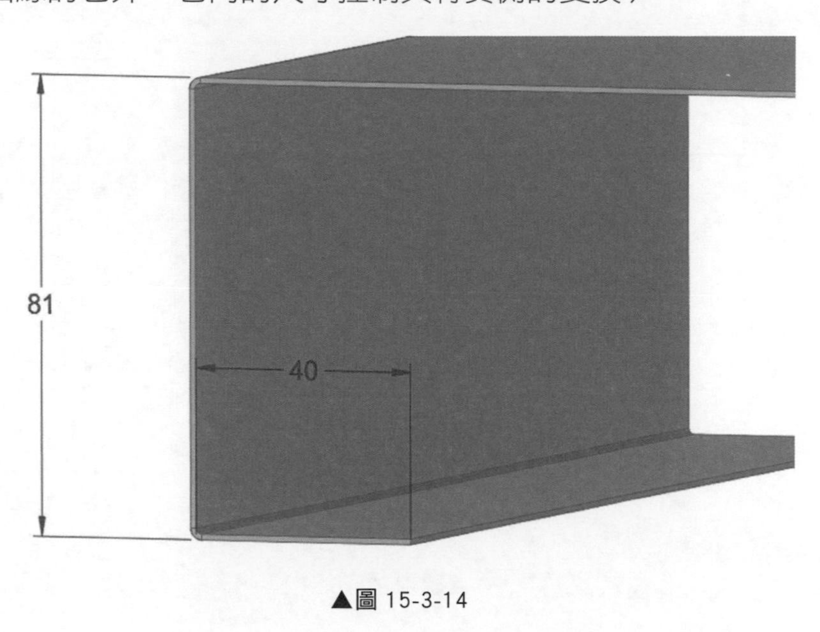

▲圖 15-3-14

備註 在平板的厚度面中建立四個凸緣，會在「導航者」中產生新的特徵項目。如圖 15-3-15。

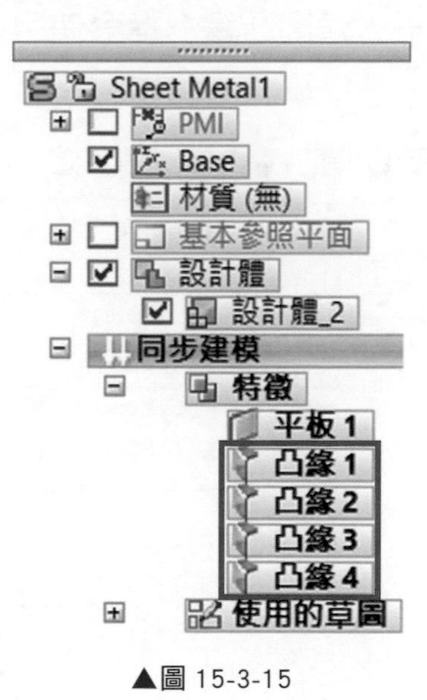

▲圖 15-3-15

⓫ 建立一個平行面「平面 1 」繪製草圖 16 mm×12mm×16mm，如圖 15-3-16。

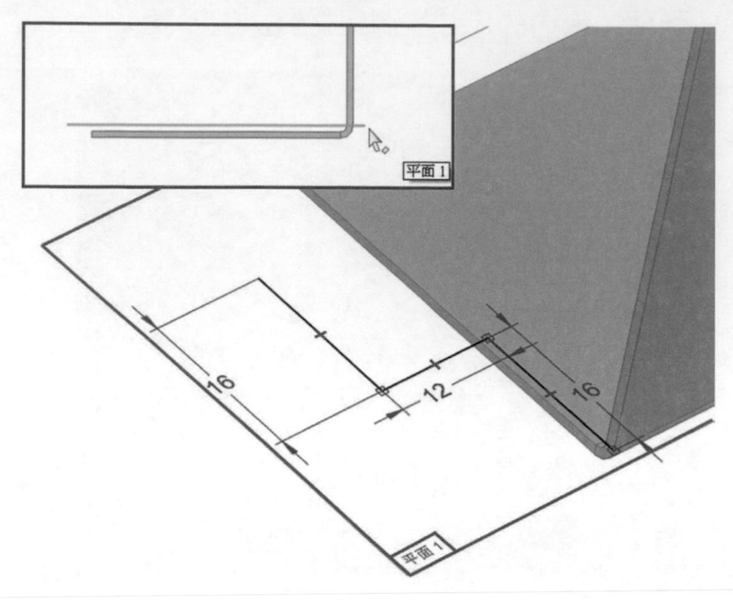

▲圖 15-3-16

⓬ 在「首頁」→「鈑金」→「輪廓凸緣」指令使用此草圖來建構此凸緣，如圖 15-3-17。

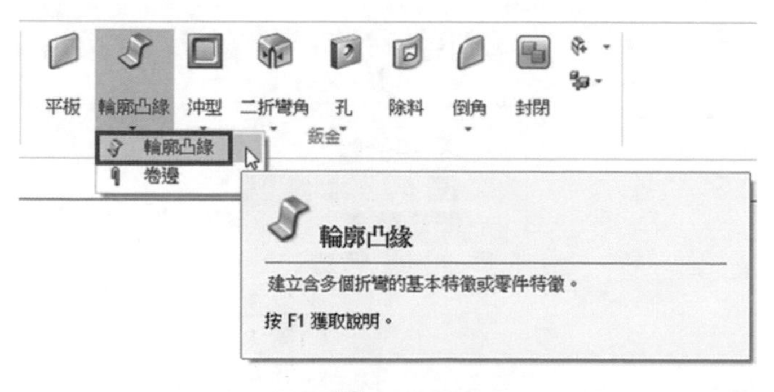

▲圖 15-3-17

⓭ 點選草圖後，再點選箭頭任意一端，可產生凸緣，如圖 15-3-18。

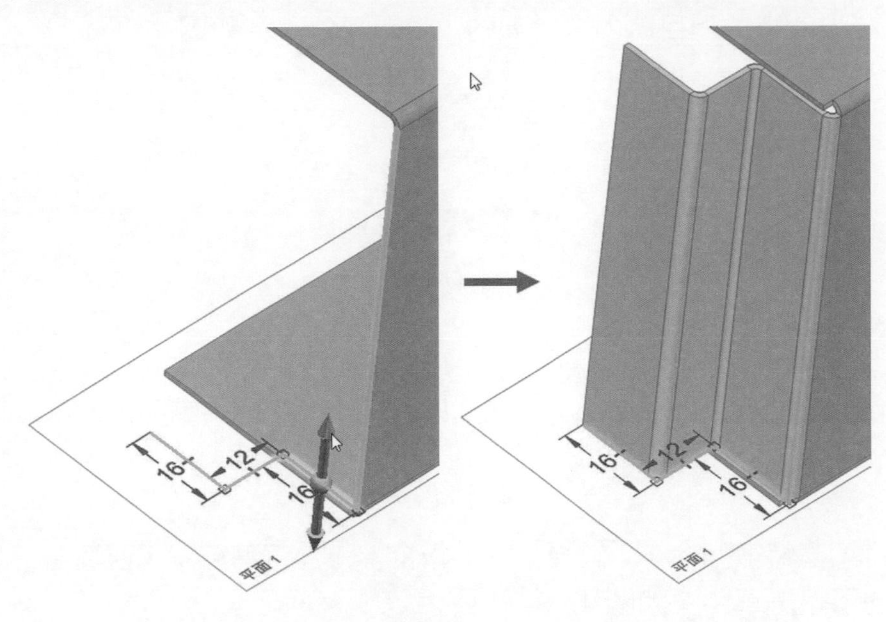

▲圖 15-3-18

⓮ 接著再選取其餘沒有凸緣的兩個邊，來產生凸緣，如圖 15-3-19。

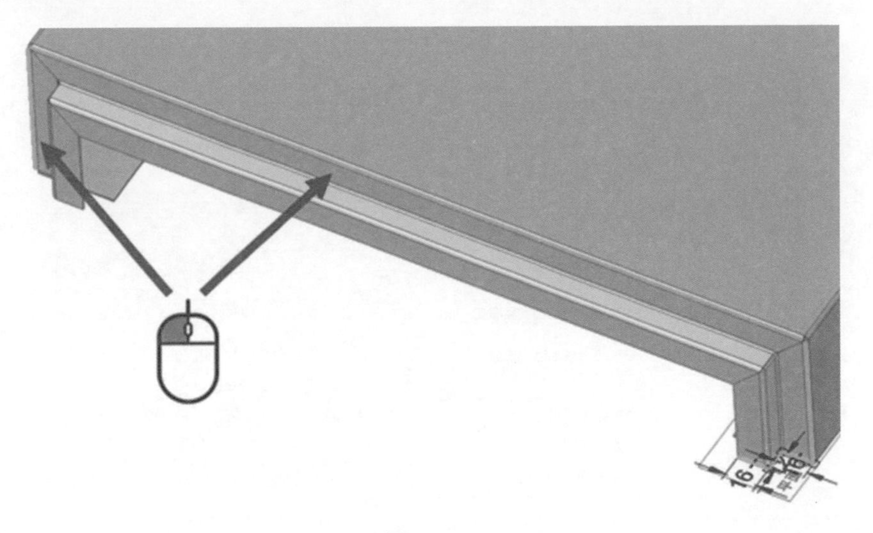

▲圖 15-3-19

備註 所建立的輪廓凸緣，會在「導航者」中產生新的特徵項目，將其展開可發現此特徵項目將內含所需的「封閉轉角」。如圖 15-3-20。

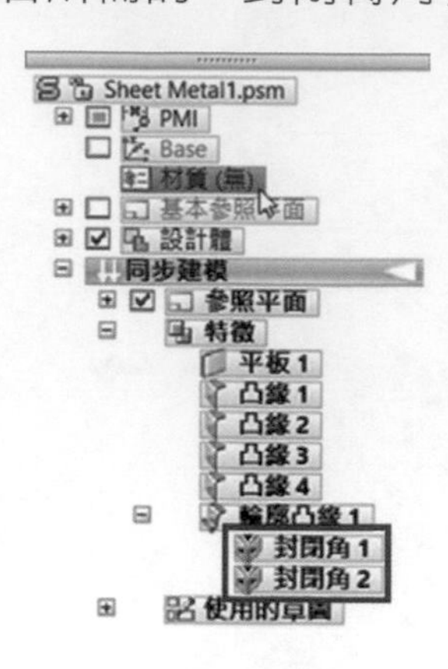

▲圖 15-3-20

⓯ 建構百葉窗特徵指令，「首頁」→「鈑金」→「百葉窗」，百葉窗指令在沖型指令的下拉選單中，如圖 15-3-21。

▲圖 15-3-21

⓰ 在百葉窗指令右邊為「百葉窗選項」，關於百葉窗的選項都可以由此設定，請先參照圖 15-3-22 的設定，設計出一個百葉窗。

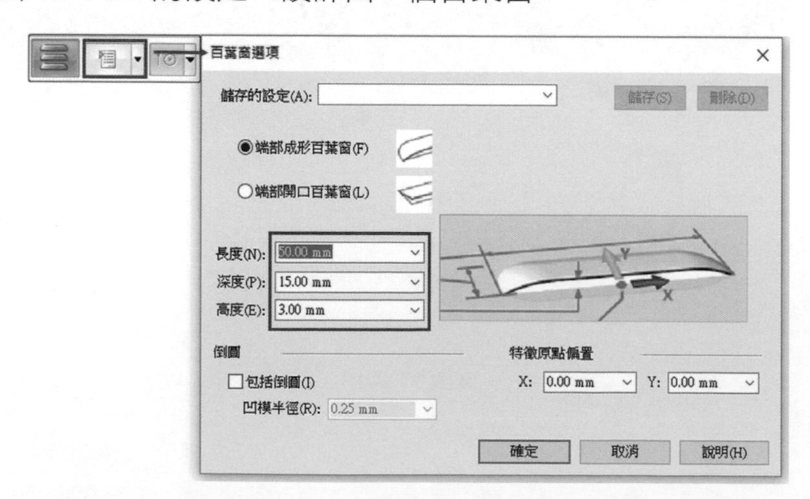

▲圖 15-3-22

⑰ 按下「確定」，將滑鼠游標移至鈑金件的前方，此時會出現一個「平面鎖」，點擊「平面鎖」，並將百葉窗放置於鈑金件前方的適當位置，位置確定後，按下滑鼠「左鍵」置放。如圖 15-3-23。

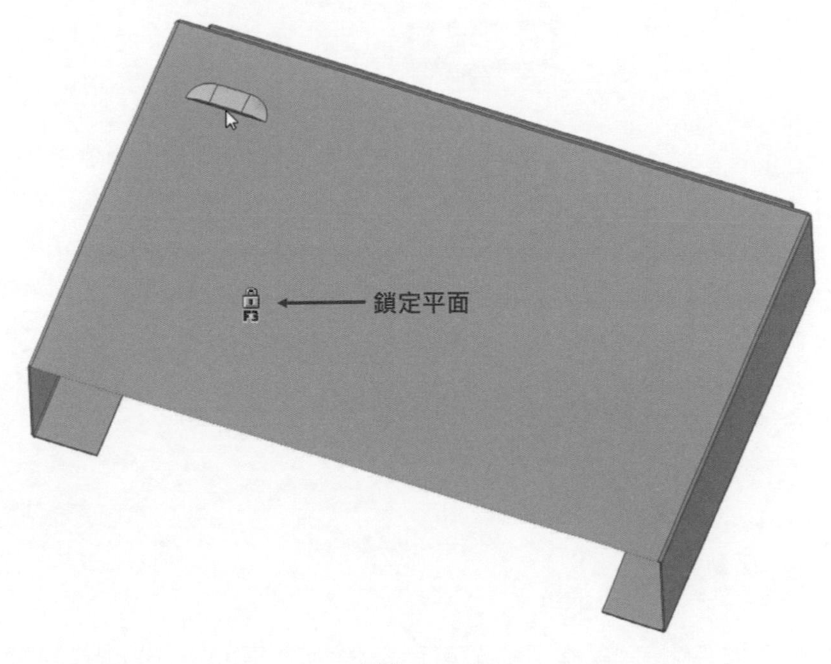

▲圖 15-3-23

⑱ 放置完百葉窗之後，利用「智慧尺寸」，將此百葉窗定位，如圖 15-3-24。

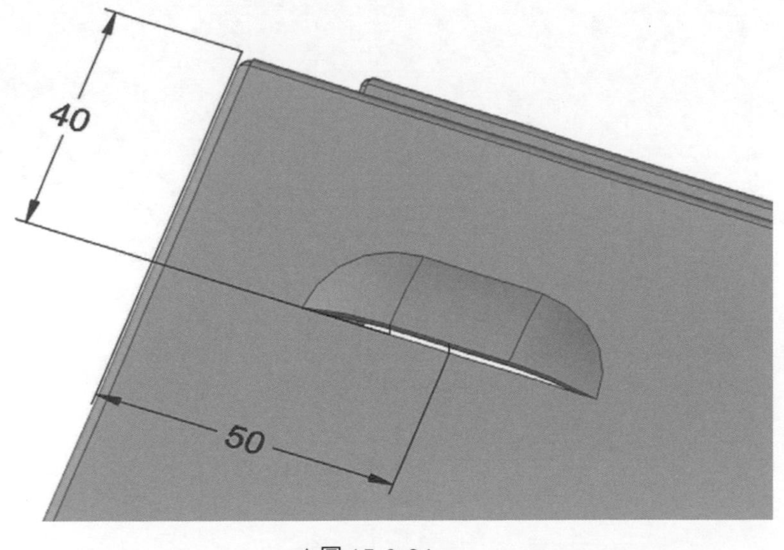

▲圖 15-3-24

⓳ 對百葉窗進行陣列操作，選取百葉窗，接著在「首頁」→「規則排列」中找到「矩形」選項，並選取「矩形」指令，如圖 15-3-25。

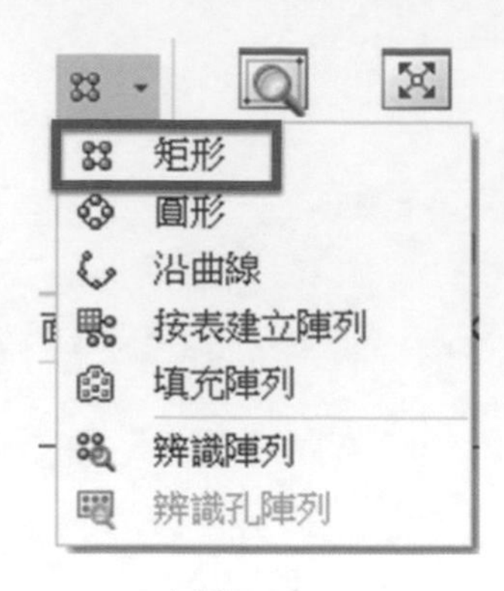

▲圖 15-3-25

⓴ 選取「矩形」指令後，將游標移至百葉窗的鈑金平面上，此時該平面會以高亮顯示，平面上會出現「平面鎖」，點擊「平面鎖」，會出現如圖 15-3-26 的畫面。

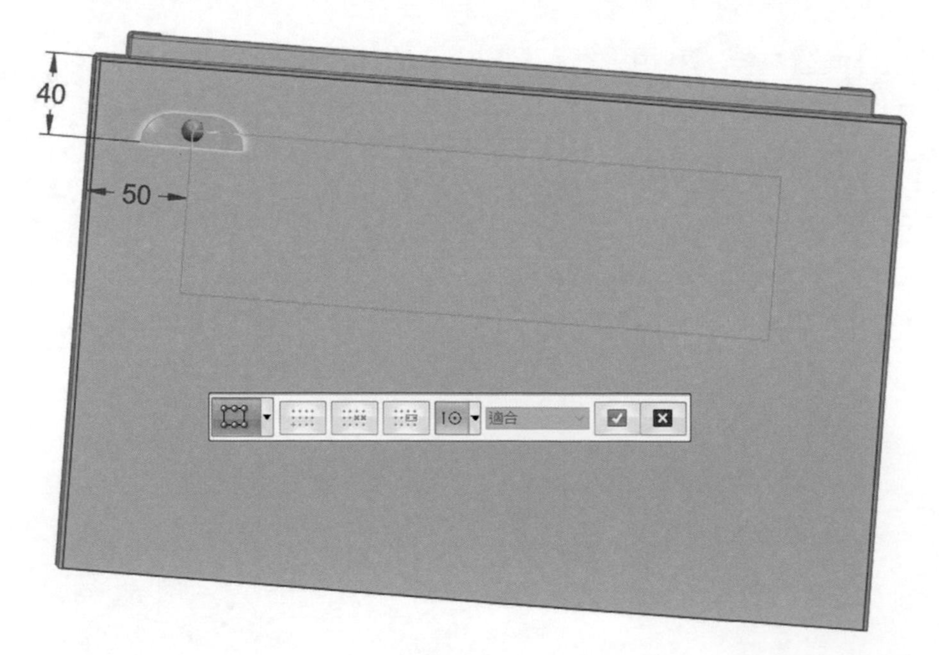

▲圖 15-3-26

㉑ 在工具列裡的填充樣式內選擇「適合」，陣列範圍為「300」mm×「50」mm，X 向個數為「4」，Y 向個數為「3」，如圖 15-3-27。

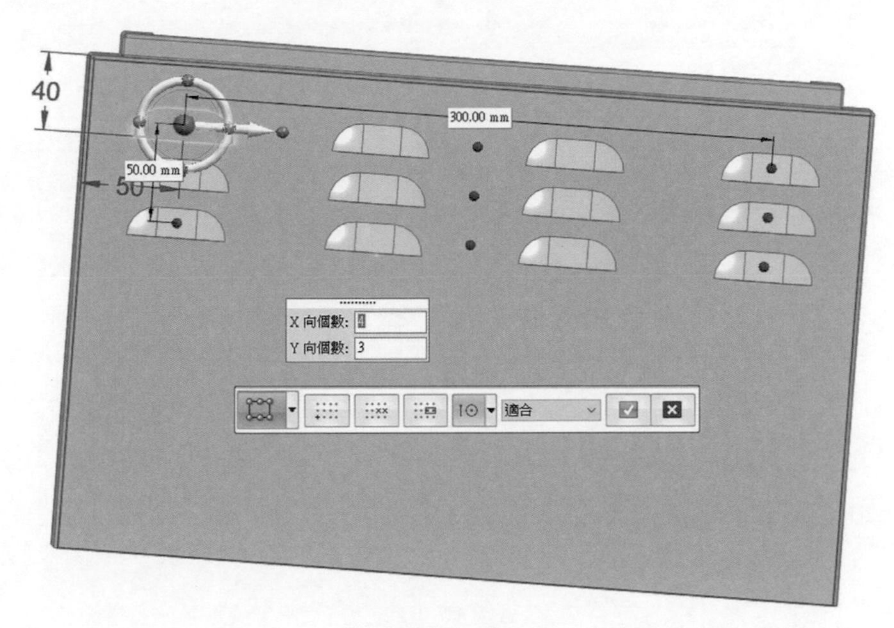

▲圖 15-3-27

㉒ 設定完成，點擊滑鼠「右鍵」確認，如圖 15-3-28。

▲圖 15-3-28

㉓ 選取「首頁」→「繪圖」→「直線」及「中心和點畫圓」指令，在正面的平板上繪製如圖 15-3-29 的直線及圓。

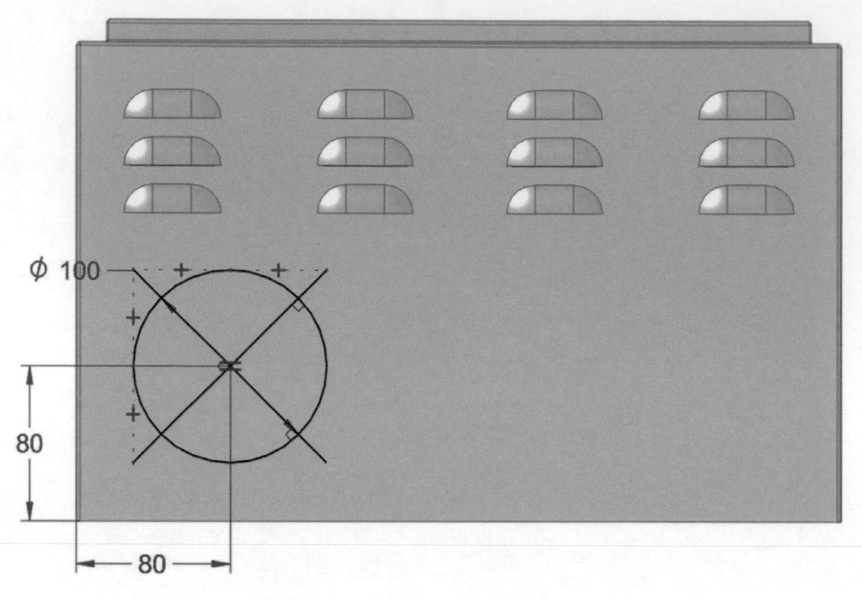

▲圖 15-3-29

㉔ 選取「首頁」→「鈑金」→「沖型」→「補強肋」指令，如圖 15-3-30。選取「補強肋」指令後，畫面會出現如圖 15-3-31「補強肋選項」。

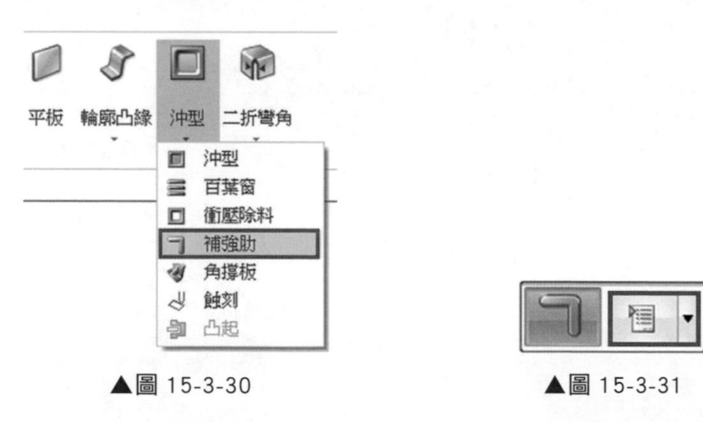

▲圖 15-3-30

▲圖 15-3-31

㉕ 選取「補強肋選項」指令後，將內容設定為圖 15-3-32。

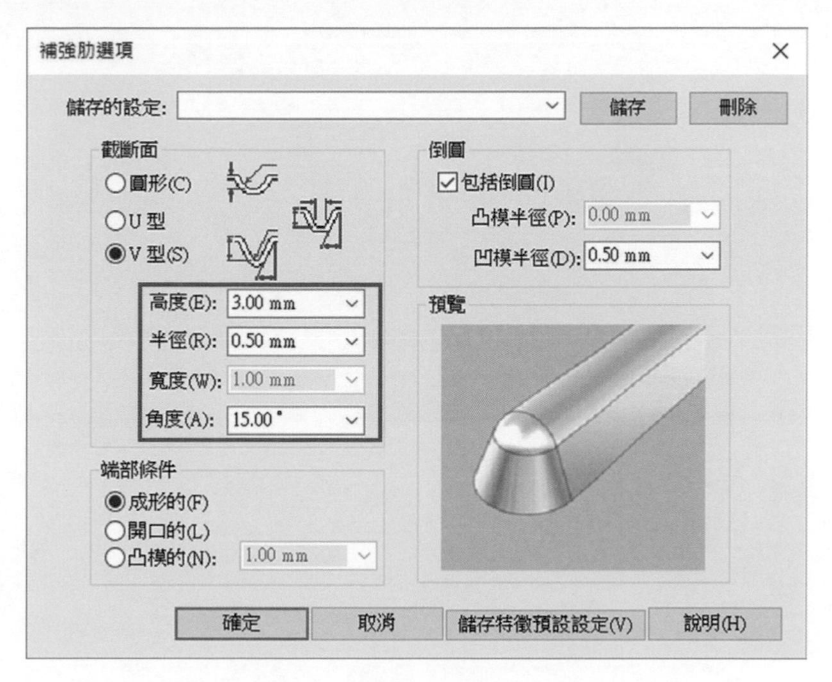

▲圖 15-3-32

㉖ 設定完成後，按下「確定」，接著選取剛才所繪製的草圖，點擊箭頭可反轉補強肋建立的「方向」，如圖 15-3-33。

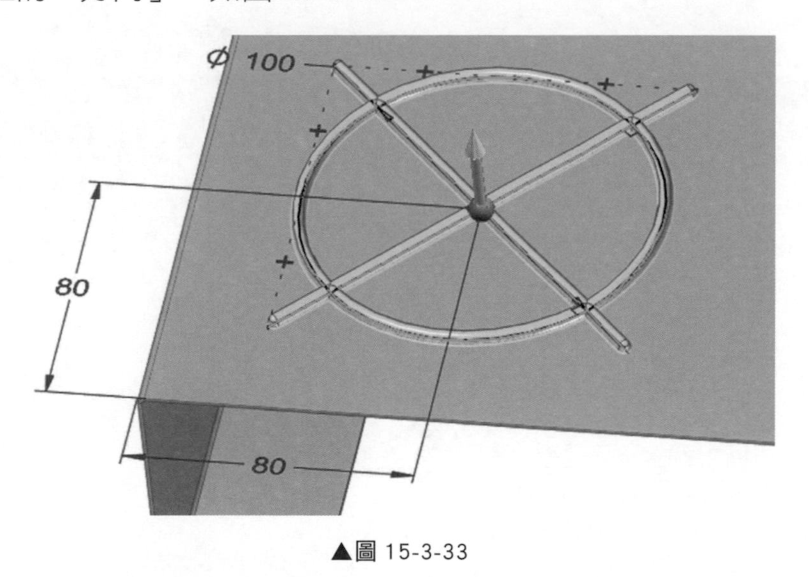

▲圖 15-3-33

㉗ 點擊滑鼠「右鍵」接受補強肋，如圖 15-3-34。

▲圖 15-3-34

㉘ 繼續建立「衝壓除料」，選取「首頁」→「繪圖」→「中心和點畫圓」指令，將滑鼠移至後面邊的凸緣平面上，點擊「平面鎖」，繪出如圖 15-3-35 的圖形。

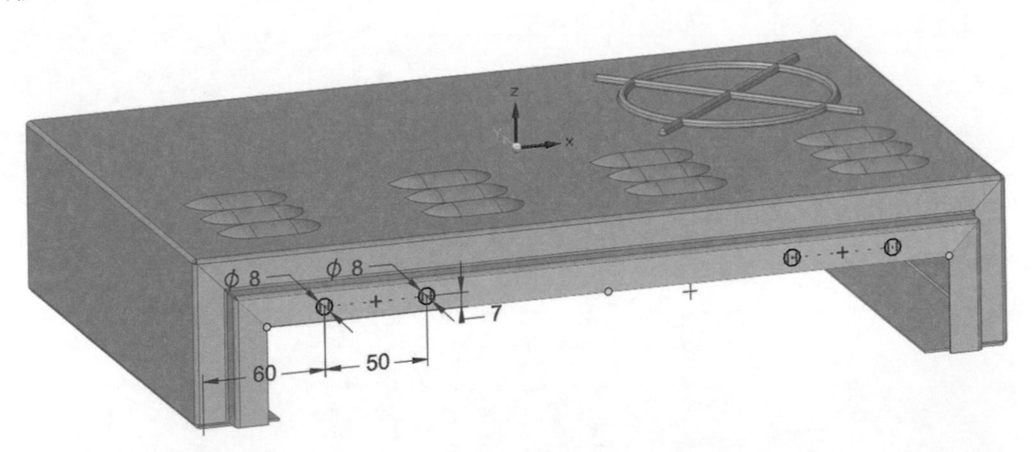

▲圖 15-3-35

㉙ 選取「首頁」→「鈑金」→「沖型」→「衝壓除料」，如圖 15-3-36。

▲圖 15-3-36

㉚ 選取「衝壓除料」指令後，會出現「衝壓除料選項」，並設定「選項」內容中的參數。如圖 15-3-37、圖 15-3-38。

▲圖 15-3-37

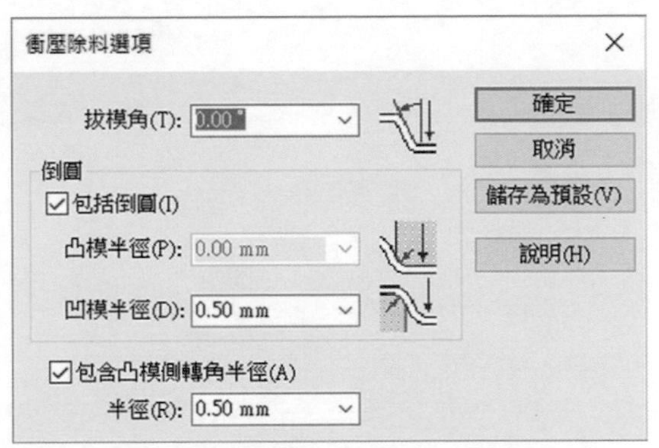

▲圖 15-3-38

㉛ 設定完成後，按下「確定」，將滑鼠移至草圖圓形區域內，點擊滑鼠「左鍵」，點擊箭頭將反轉「衝壓除料」建立的方向，如圖 15-3-39。

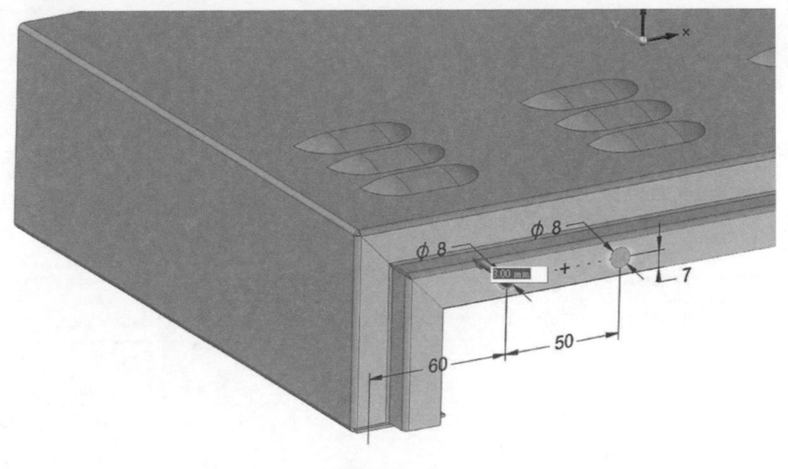

▲圖 15-3-39

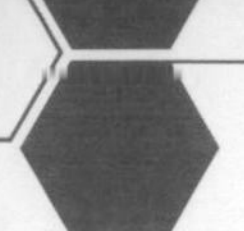

㉜ 點擊「右鍵」以接受「衝壓除料」，衝壓除料特徵已建立，如圖 15-3-40。

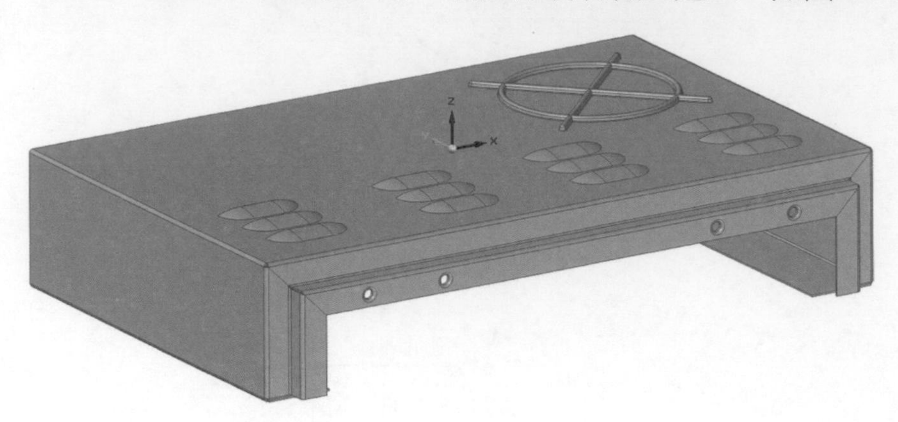

▲圖 15-3-40

㉝ 繼續建立「沖型」；選取「首頁」→「繪圖」→「中心建立矩形」及「中心和點畫圓弧」指令，建立如圖 15-3-41 的圖形。

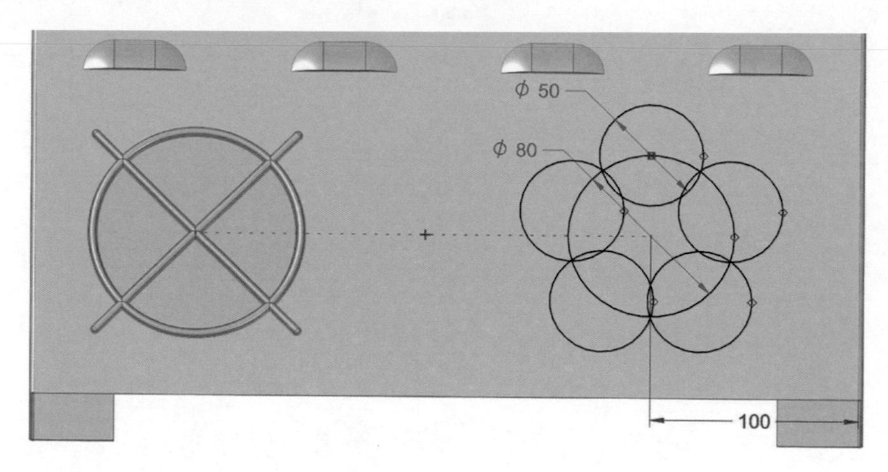

▲圖 15-3-41

㉞ 選取「首頁」→「鈑金」→「沖型」指令，選取「沖型 - 沖型選項」，如圖 15-3-42、圖 15-3-43。

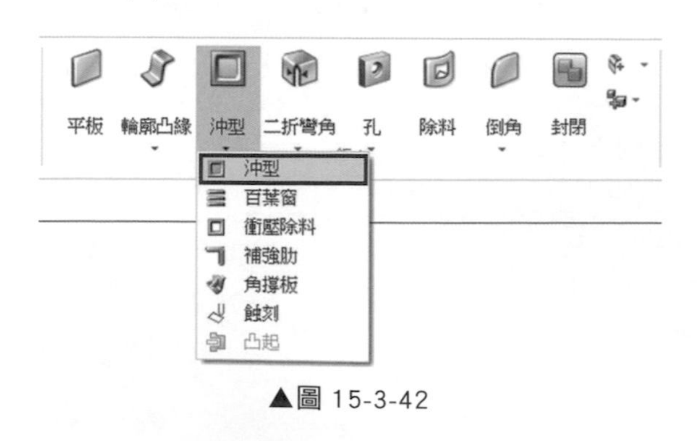

▲圖 15-3-42

▲圖 15-3-43

❸❺ 設定「沖型選項」中的參數，設定完成按下「確定」，如圖 15-3-44。

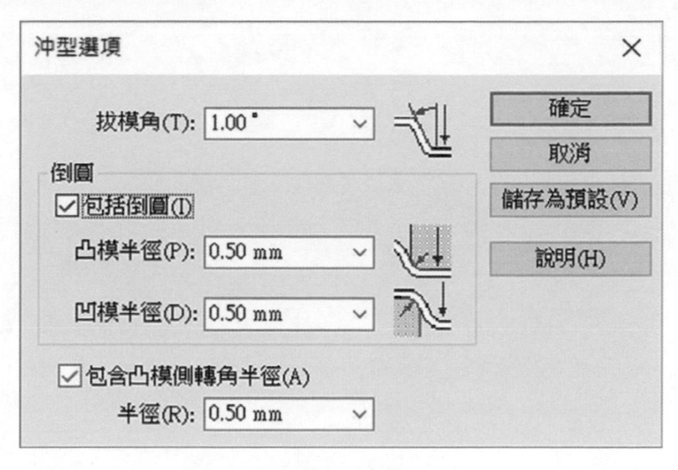

▲圖 15-3-44

❸❻ 框選草圖後輸入距離「1.5」mm，點擊箭頭將反轉「沖型」建立的方向，如圖 15-3-45。

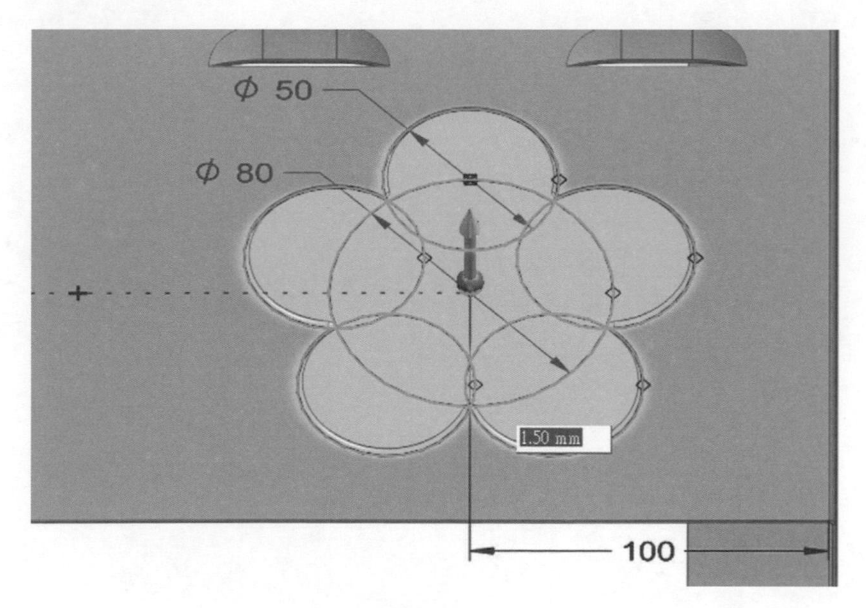

▲圖 15-3-45

㊲ 點擊滑鼠「右鍵」以接受沖型，完成建立「沖型特徵」，如圖 15-3-46。

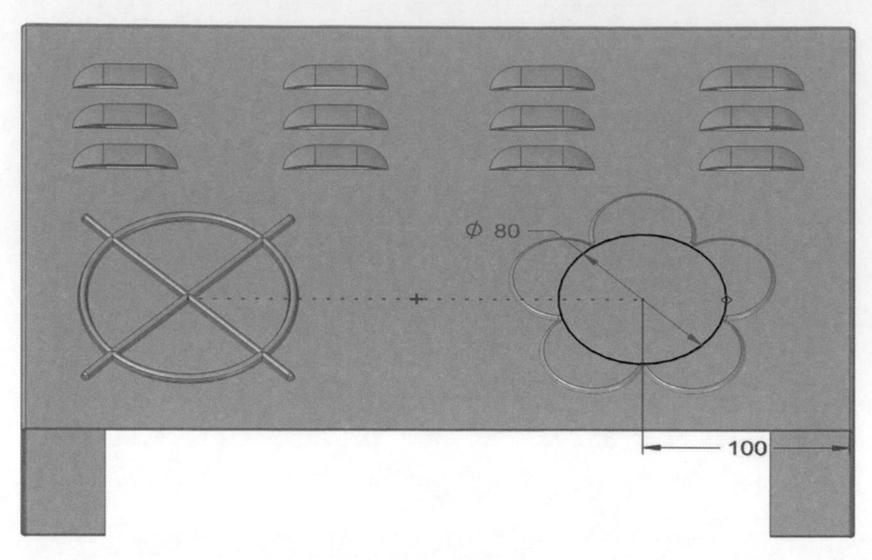

▲圖 15-3-46

㊳ 建立「角撐板」，選取「首頁」→「鈑金」→「角撐板」，如圖 15-3-47，角撐板的選項，如圖 15-3-48。

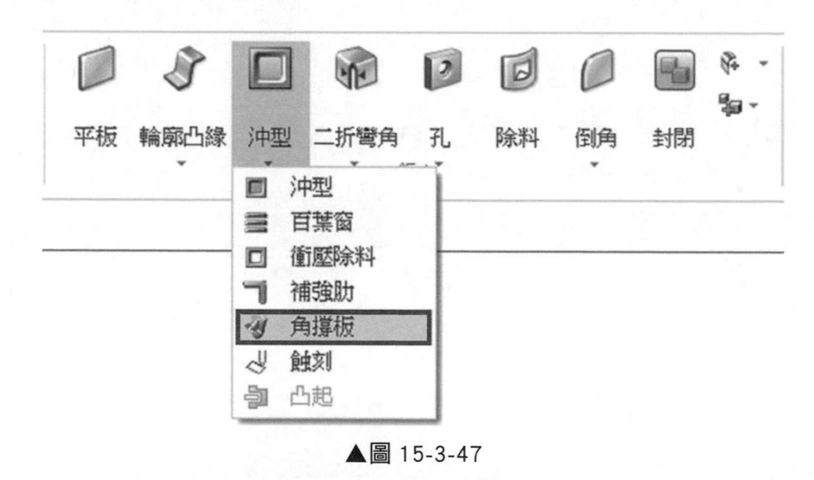

▲圖 15-3-47

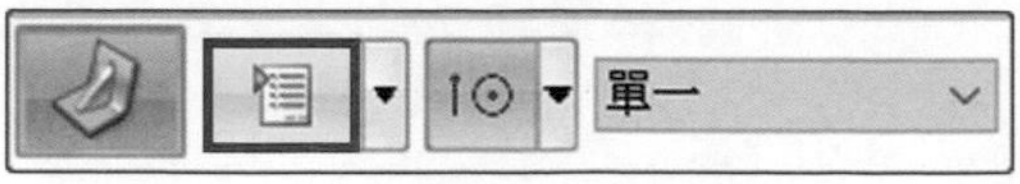

單一

▲圖 15-3-48

㊴ 將「選項」內容設定為如圖 15-3-49，設定完成後按「確定」。

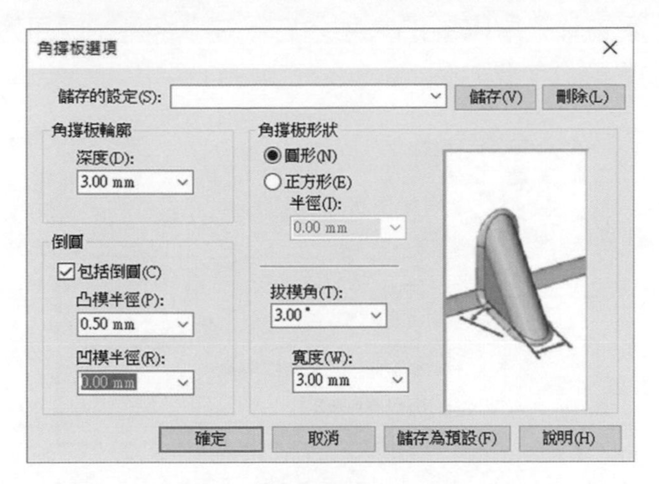

▲圖 15-3-49

㊵ 點擊「折彎處」以放置「角撐板」來預覽，將「角撐板 - 陣列」選擇「適合」，計數設為「8」，如圖 15-3-50。

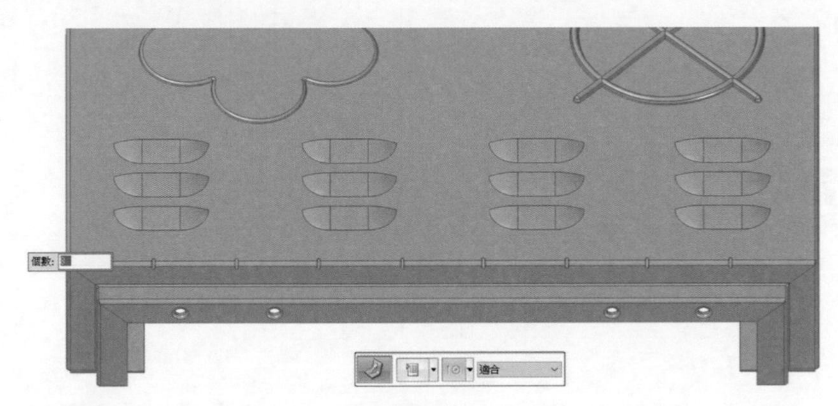

▲圖 15-3-50

㊶ 點擊滑鼠「右鍵」以接受「角撐板」，完成建立「角撐板特徵」，如圖 15-3-51。

▲圖 15-3-51

㊷ 選取「繪製草圖」→「插入」→「文字輪廓」指令來插入文字，如圖 15-3-52。並且於文字視窗內輸入所需要的文字內容，在「字型」處可選擇想要的文字字型，蝕刻可支援單線字型如圖 15-3-53 紅框。

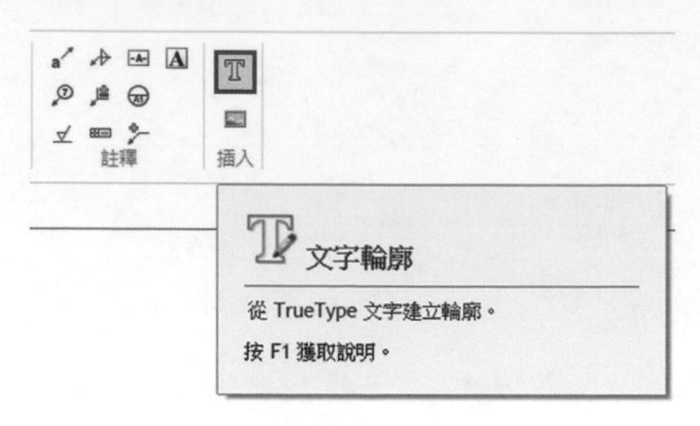

▲圖 15-3-52

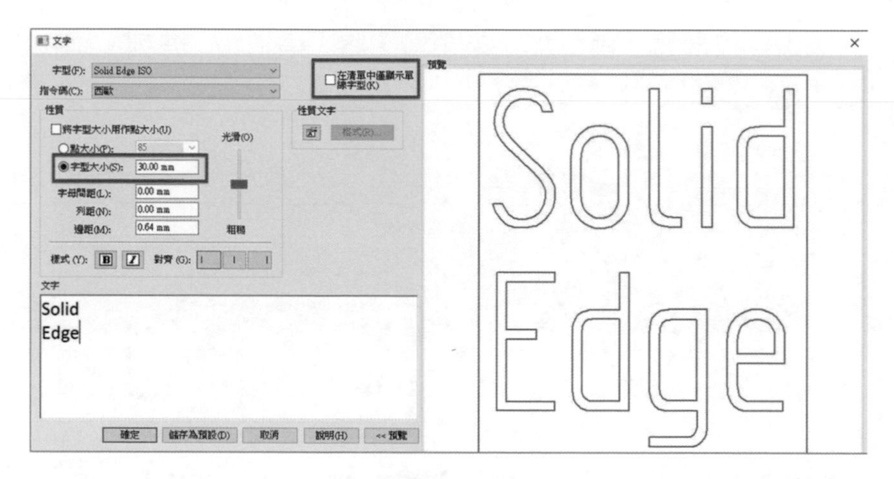

▲圖 15-3-53

㊸ 在門板的正面上按下「F3」以鎖定平面，可按下「N」可切換方向，將文字放置於門板上，如圖 15-3-54。

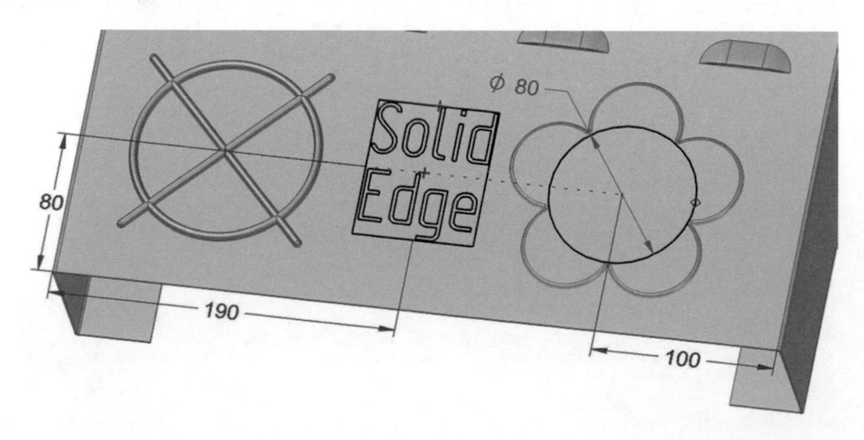

▲圖 15-3-54

㊹ 選取「首頁」→「鈑金」→「蝕刻」指令，如圖 15-3-55，透過該指令可將草圖刻在鈑金體上，可用於焊接時的記號上，進入指令後直接選擇草圖並打勾即可完成，如圖 15-3-56。

▲圖 15-3-55

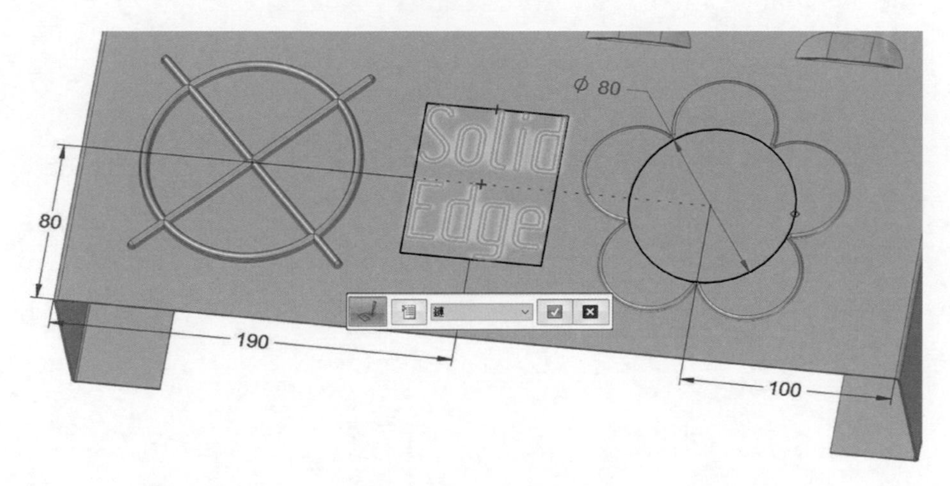

▲圖 15-3-56

㊺ 蝕刻完成後的板件，如圖 15-3-57。

▲圖 15-3-57

㊻ 利用鈑金的「除料」指令；選取「首頁」→「繪圖」→鎖定梅花圖形上的平面，使用「中心建立矩形」及「中心和點畫圓弧」指令，建立如圖 15-3-58 的圖形。

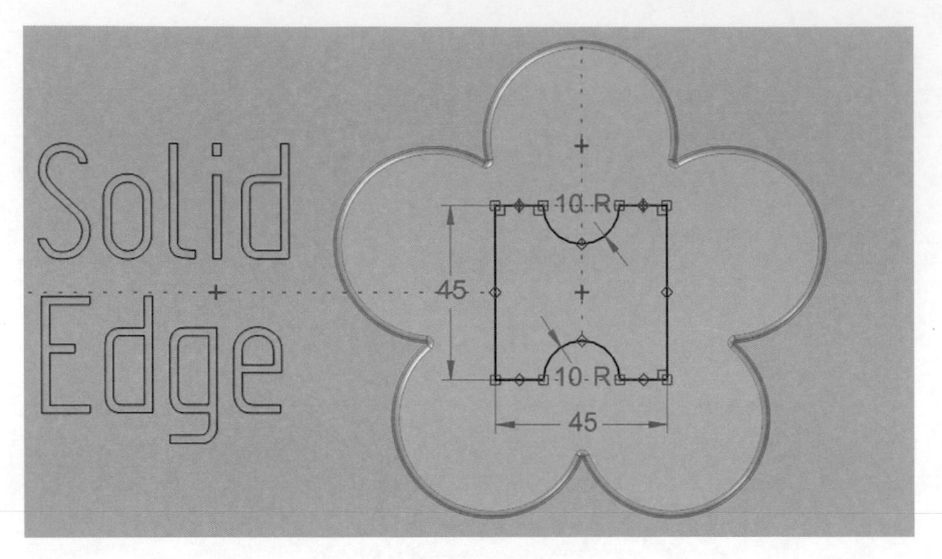

▲圖 15-3-58

㊼ 選取「首頁」→「鈑金」→「除料」指令，如圖 15-3-59。並且於工具列中將「除料 - 範圍」選擇「貫穿」，如圖 15-3-60。

▲圖 15-3-59

▲圖 15-3-60

❹❽ 點擊除料面並利用滑鼠移動選擇貫穿除料方向，如圖 15-3-61。

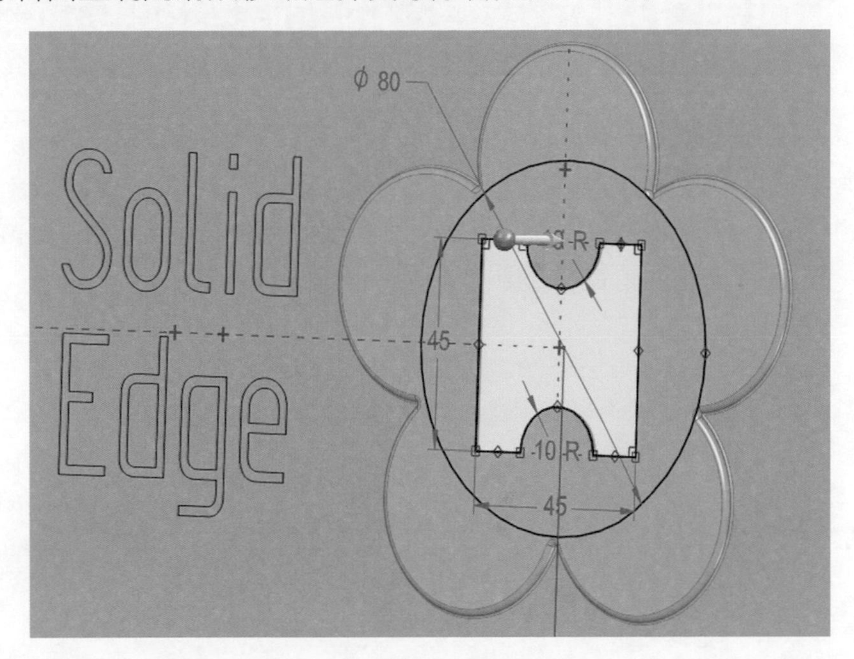

▲圖 15-3-61

❹❾ 完成點擊滑鼠右鍵即完成除料特徵，如圖 15-3-62。

▲圖 15-3-62

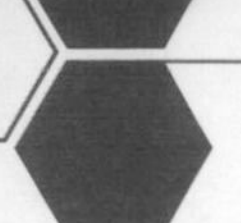

15-4 使用「同步鈑金」的即時規則修改幾何體

本章節將使用檔案「範例二.psm」作範例，透過範例您將會了解「同步鈑金」的「即時規則」，以及使用 Solid Edge 特有的「幾何控制器」(方向盤)，達到正確且快速的修改，本範例將帶領您使用「幾何控制器」配合「設計意圖」，完成鈑金設計，並做到快速與直覺性的設計變更。如圖 15-4-1。

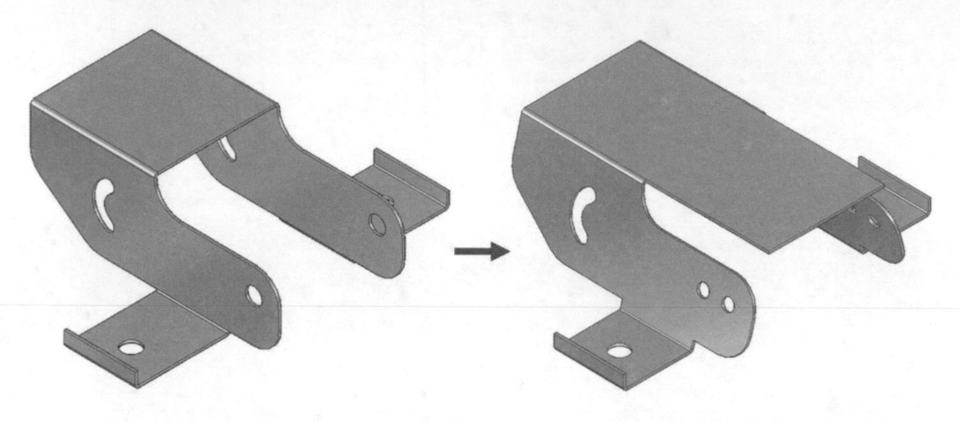

▲圖 15-4-1

❶ 點擊「應用程式按鈕」→「開啟」找到「範例二.psm」並開啟該檔案。

❷ 選取圖 15-4-2 的平面，同時畫面會出現「設計意圖」選單，點選進階螢幕下方會出現「設計意圖」清單。

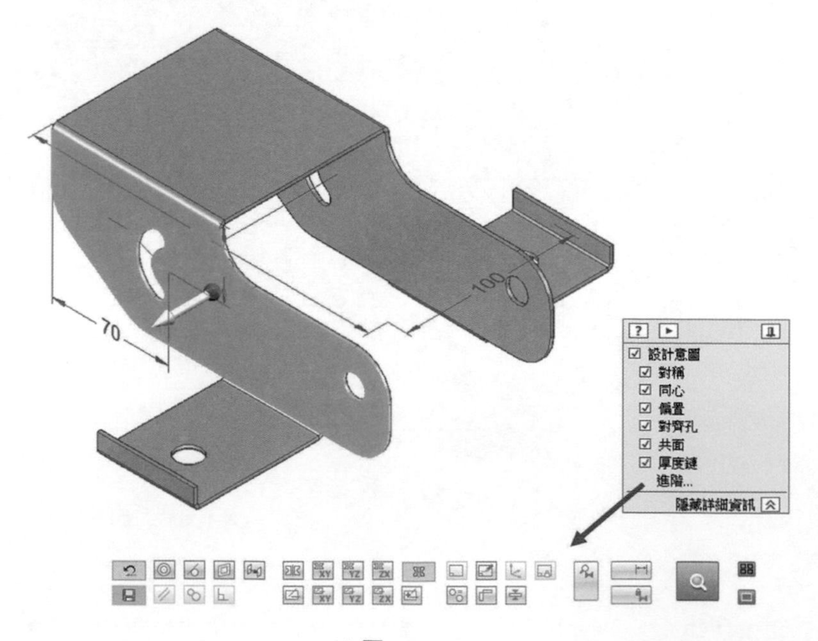

▲圖 15-4-2

❸ 選取中心點，將「幾何控制器」放置在圖 15-4-3 的位置。

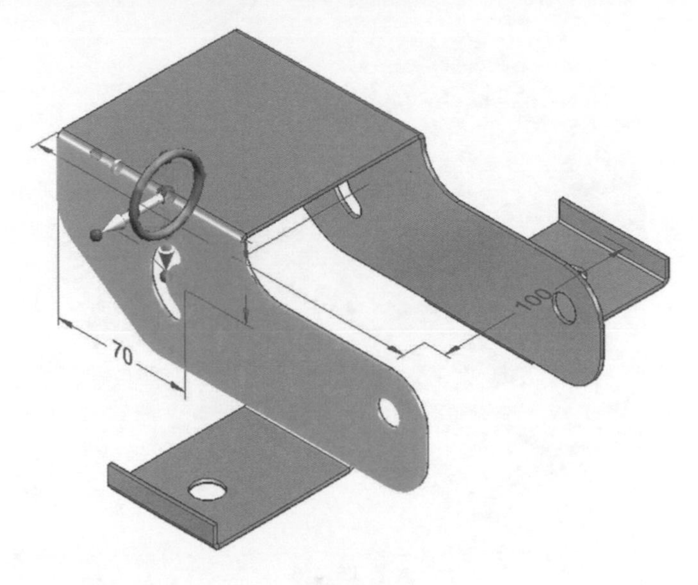

▲圖 15-4-3

❹ 點擊「幾何控制器」圓環，移動滑鼠即可做到變數修改，也可輸入數值做到參數修改，本範例將以參數修改為主，輸入角度「15」，可以發現由設計意圖辨識到的關聯性會自動同步修改，如圖 15-4-4。

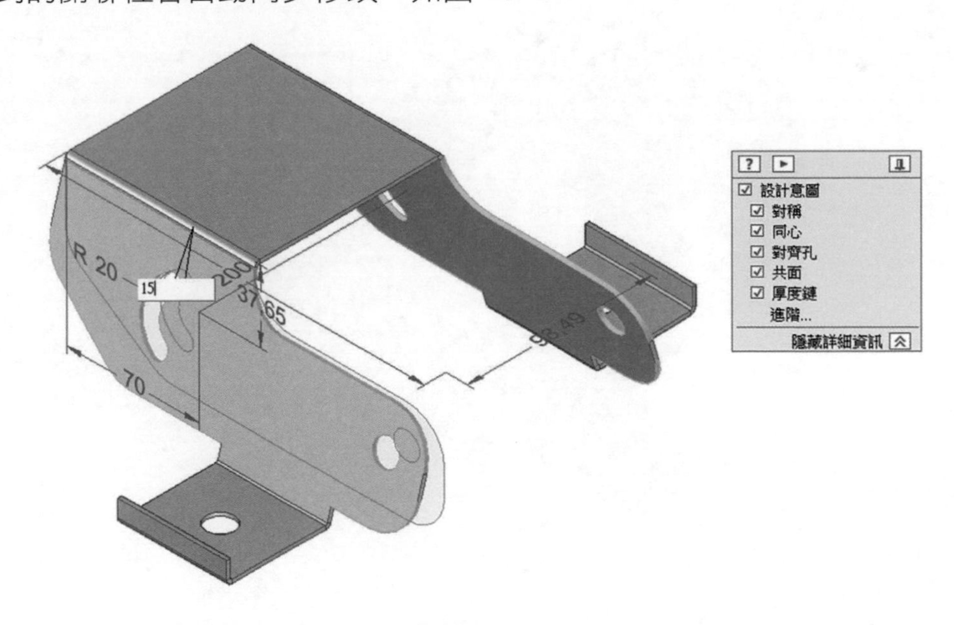

▲圖 15-4-4

❺ 角度輸入完畢，按下「enter」，即完成角度修改，如圖 15-4-5。

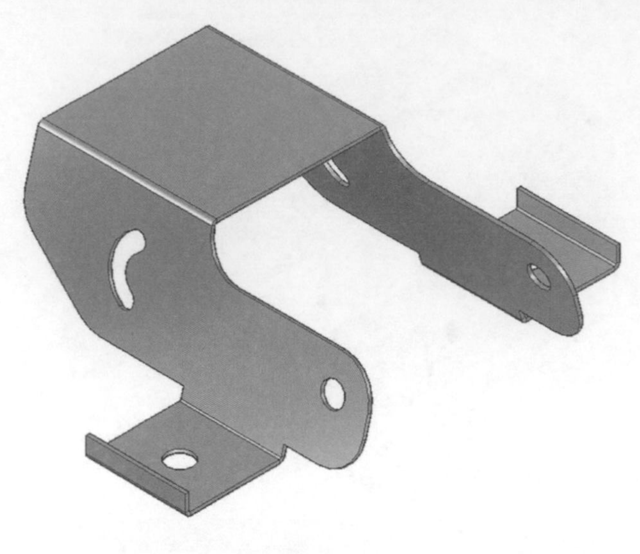

▲圖 15-4-5

❻ 利用「幾何控制器」修改鈑金上的圓孔，以及快速複製圓孔特徵；選取鈑金上的圓孔，「幾何控制器」會顯示圓孔大小，如圖 15-4-6。

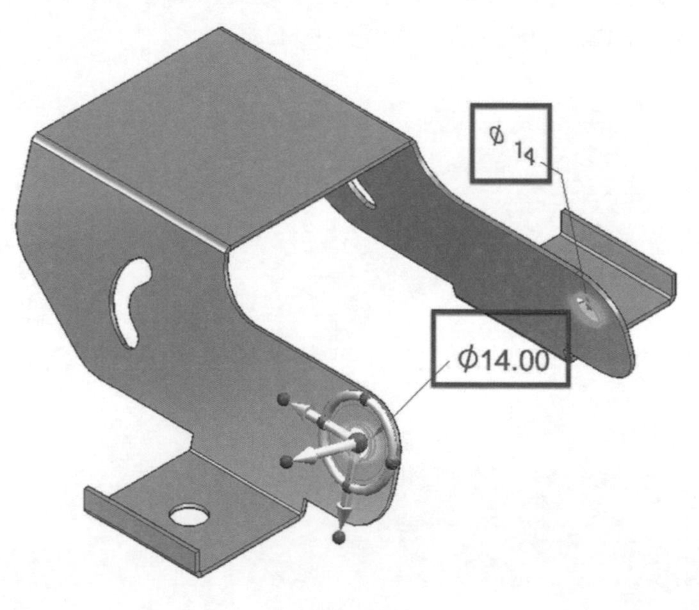

▲圖 15-4-6

❼ 點擊任意一個尺寸，出現圖 15-4-7 的畫面，將直徑改為「10mm」。

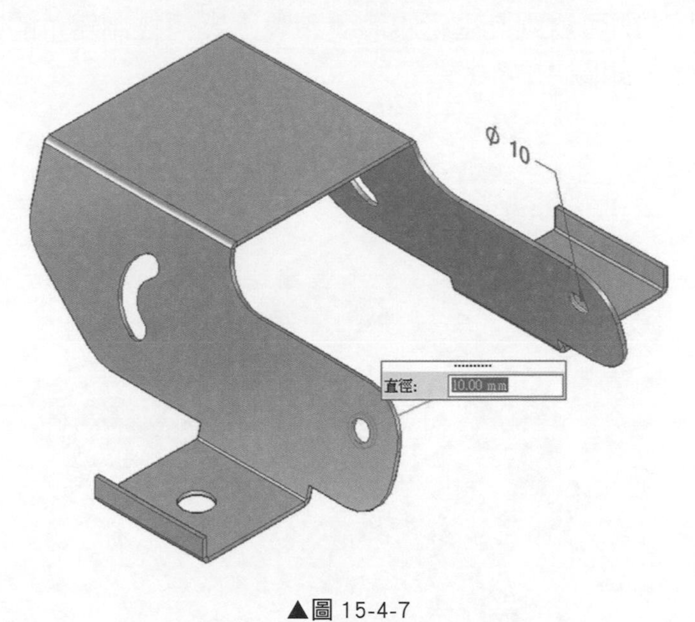

▲圖 15-4-7

❽ 修改完成後，按下「enter」，圓孔大小即修改完畢，如圖 15-4-8。

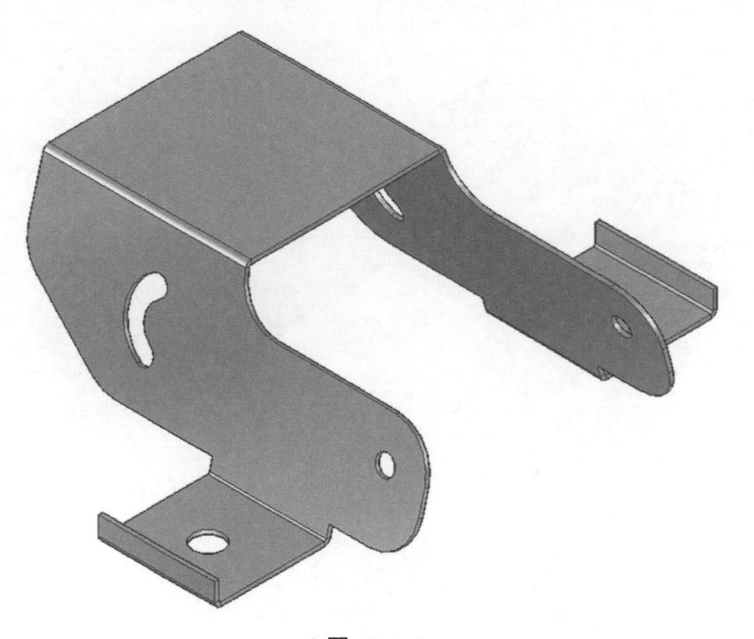

▲圖 15-4-8

❾ 利用「幾何控制器」複製圓孔特徵；點擊鈑金件上的圓孔，選取即時工具列的「複製」選項，即可對圓孔進行複製，點擊「幾何控制器」的軸向即可進行即時複製的功能，如圖 15-4-9。

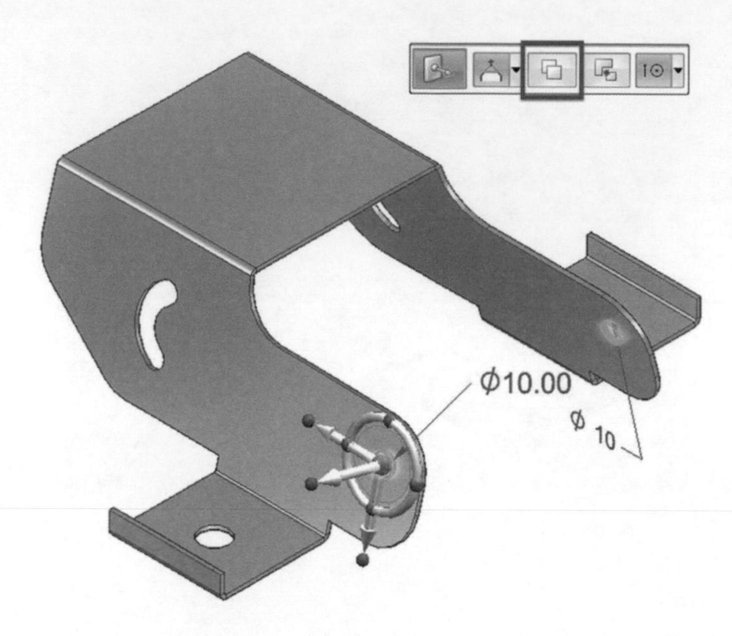

▲圖 15-4-9

❿ 距離輸入「20mm」，如圖 15-4-10。

▲圖 15-4-10

⓫ 輸入完成後，按下「enter」，完成圓孔複製，如圖 15-4-11。

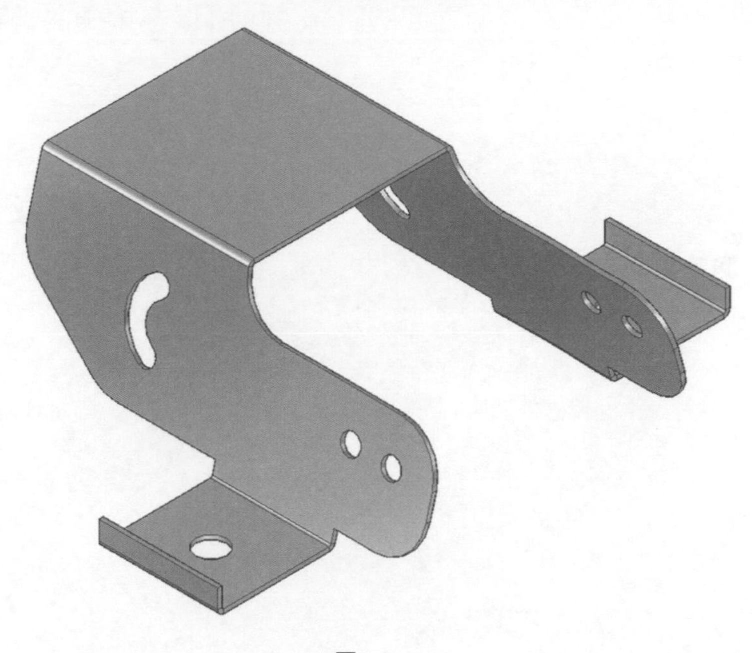

▲圖 15-4-11

⓬ 點擊圖 15-4-12 的鈑金面，修改鈑金部分長度。

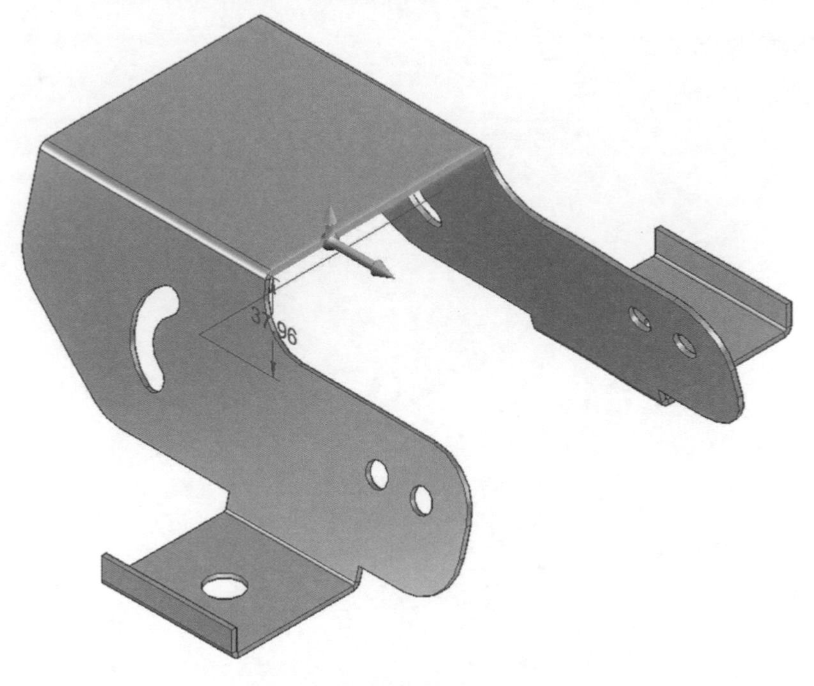

▲圖 15-4-12

⓭ 點擊「幾何控制器」長軸方向，觀察鈑金修改方向，此時由於「設計意圖」幫使用者判斷出該平面與其他面之間的關聯性，所以在拉伸的過程中會一起修改，如圖 15-4-13。

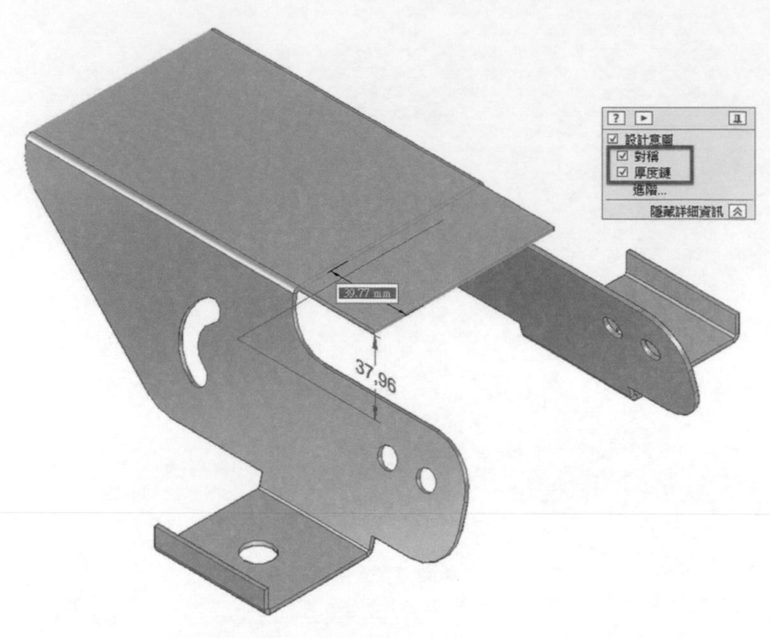

▲圖 15-4-13

⓮ 鈑金的「設計意圖」功能與零件相同，所以可參考第五章「幾何控制器與設計意圖」，本範例只需要做單一鈑金平面的長出，如圖 15-4-14 的設定，將「對稱」及「厚度鏈」取消勾選。

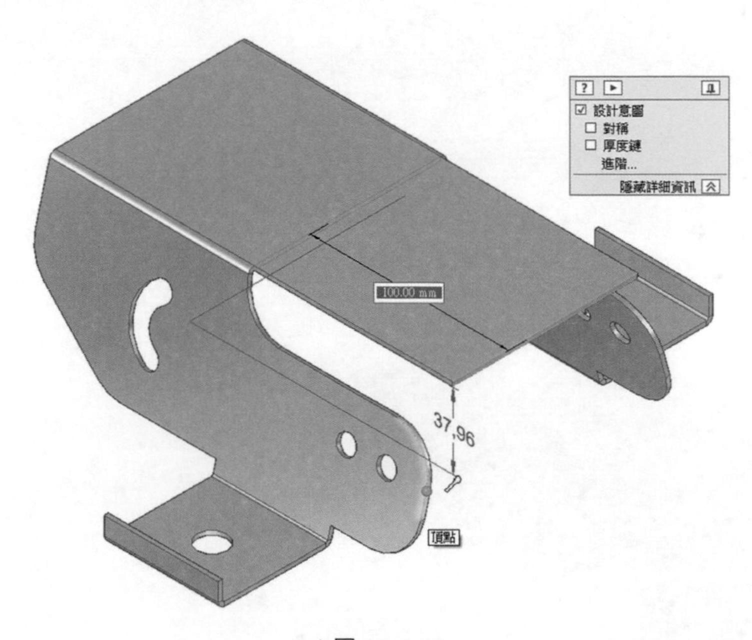

▲圖 15-4-14

⓯ 由上圖可以看出，「厚度鏈」是鈑金獨有的即時規則，將「厚度鏈」取消後，可藉由滑鼠移動的方式，或者輸入數值長度，決定鈑金的伸長量，此範例輸入長度「100mm」，按下「enter」確認，完成如圖 15-4-15。

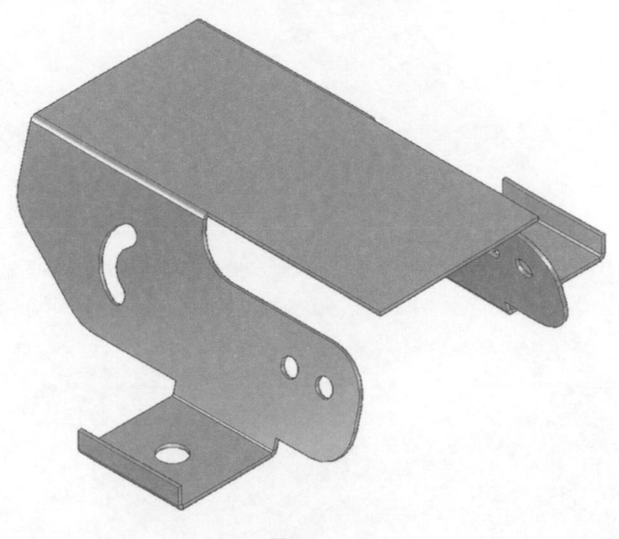

▲圖 15-4-15

15-5 建立展平圖樣

在建立鈑金件之後，您可能需要將鈑金件展開以供製造商使用，您可以使用 Solid Edge 的「展平圖樣」，把鈑金件展平，並在工程圖環境中建立已展開的鈑金零件工程圖。如圖 15-5-1。

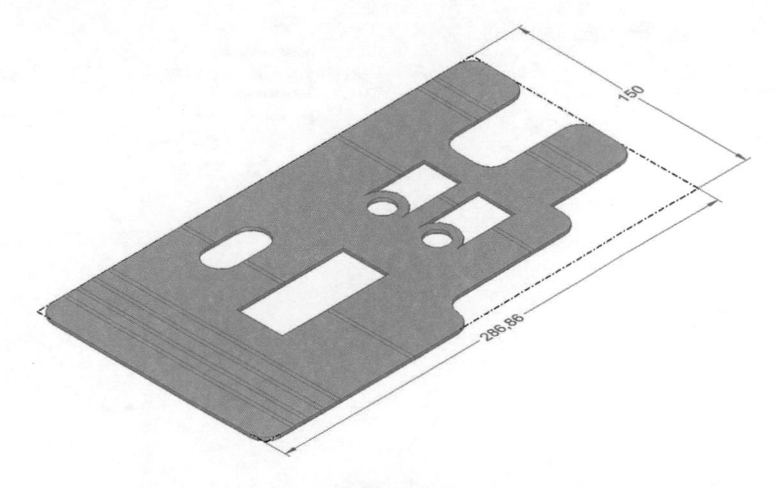

▲圖 15-5-1

❶ 開啟範例檔案「範例三.psm」，如圖 15-5-2。

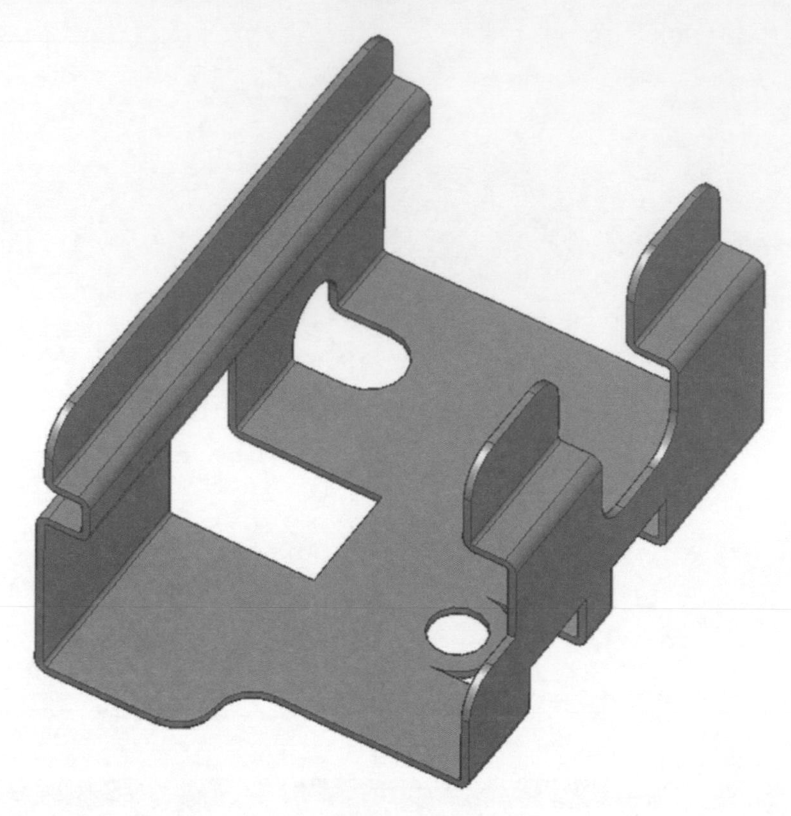

▲圖 15-5-2

❷ 選取「工具」→「展平」，如圖 15-5-3。

▲圖 15-5-3

❸ 點擊鈑金平面，如圖 15-5-4。

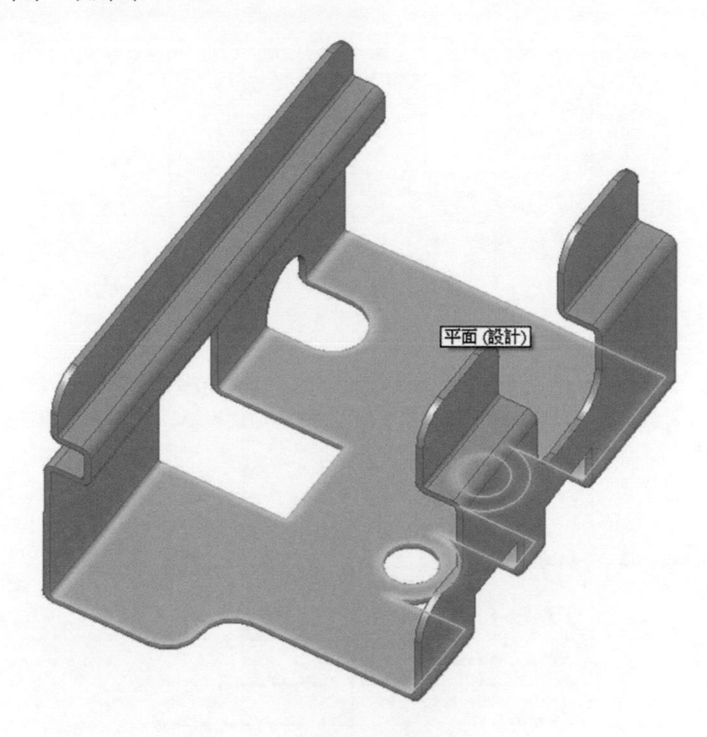

▲圖 15-5-4

❹ 將滑鼠移至邊緣以定義 X 軸和原點，如圖 15-5-5。

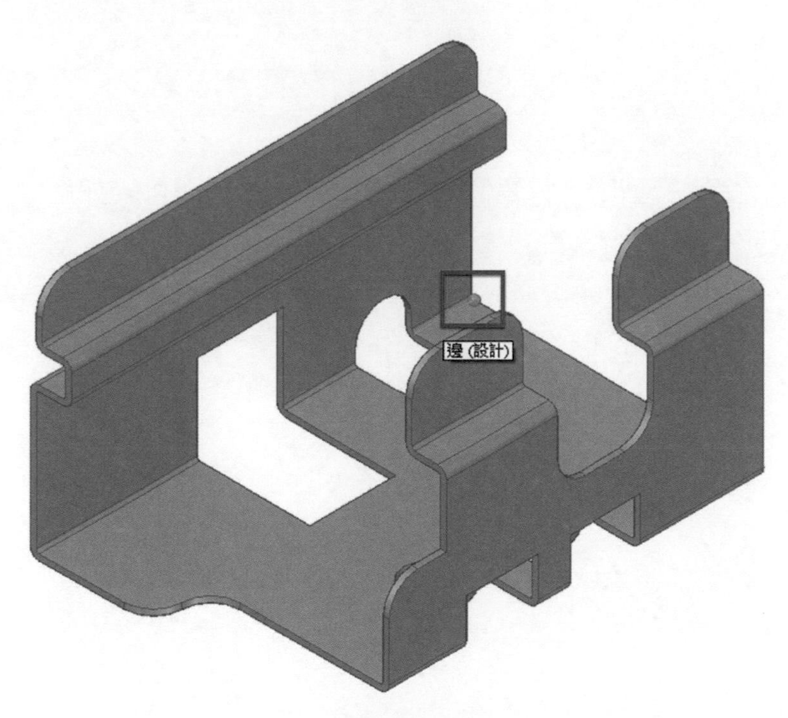

▲圖 15-5-5

❺ 邊緣選取完畢即「自動展平」，並自動顯示出鈑金平板的長寬，如圖 15-5-6。

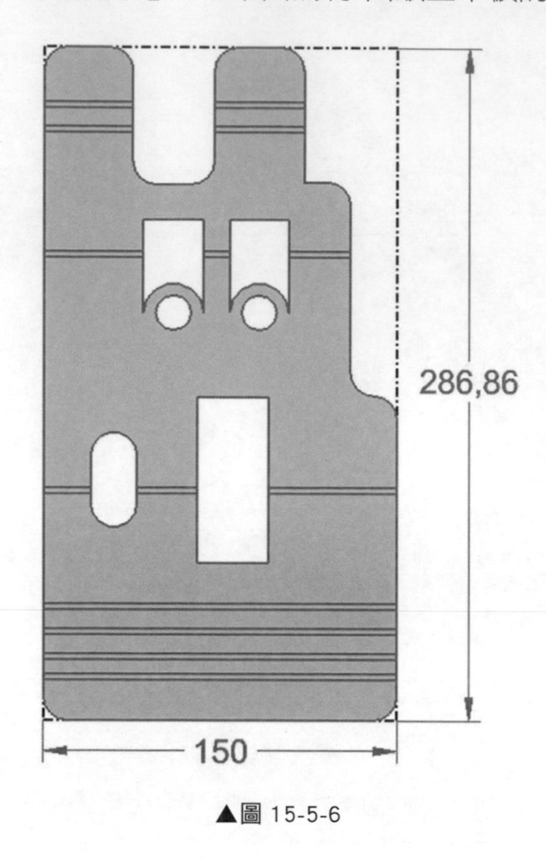

▲圖 15-5-6

❻ 若要恢復鈑金彎折型式，只需點選回「順序建模」即可，如圖 15-5-7。

▲圖 15-5-7

❼ 在工程圖中建立已展平的鈑金零件，點擊「新建」→「目前模型的圖紙」，如圖 15-5-8。

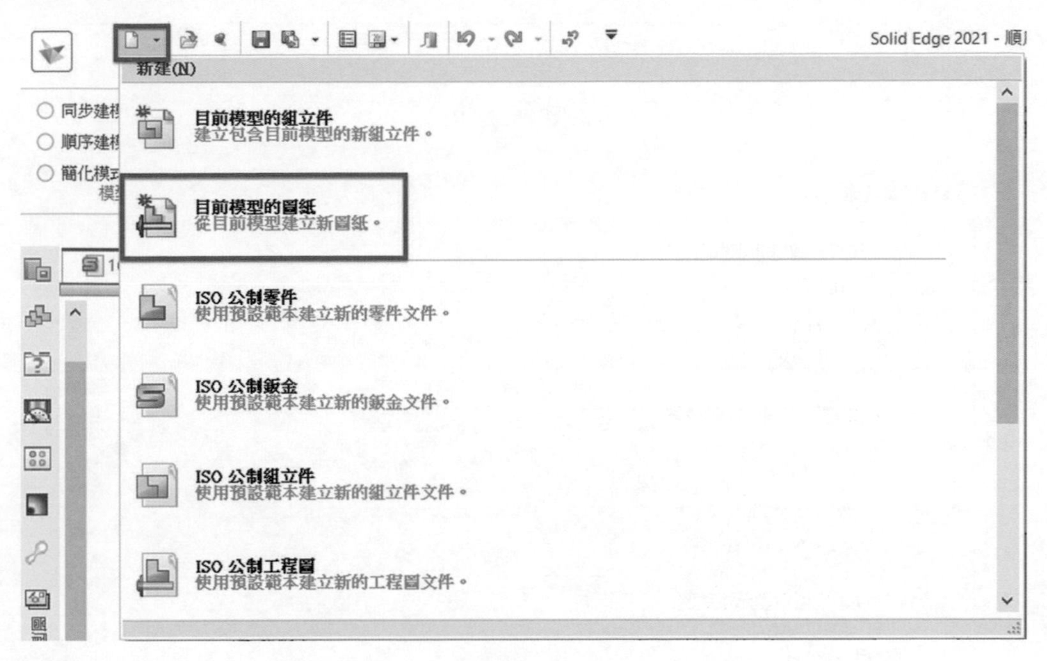

▲圖 15-5-8

❽ 出現「建立圖紙」對話框，按下確定，如圖 15-5-9。本範例先利用 Solid Edge 預設提供的範本，日後也可更換為自行修改過的範本。

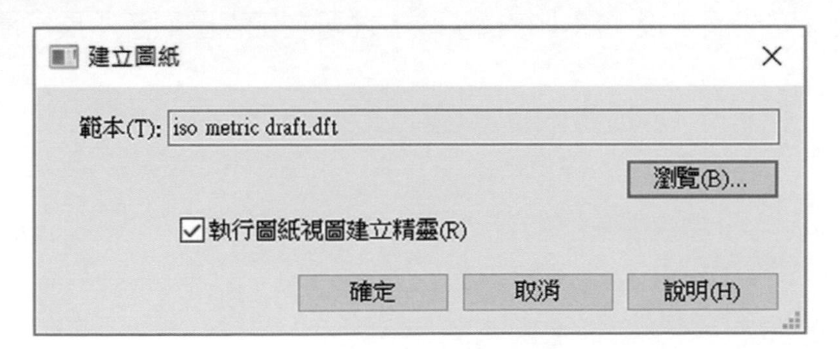

▲圖 15-5-9

❾ 出現「圖紙視圖建立精靈」的工具列，選擇「圖紙視圖精靈選項」，如圖 15-5-10，接著點取「展平圖樣」，按下「確定」，如圖 15-5-11。

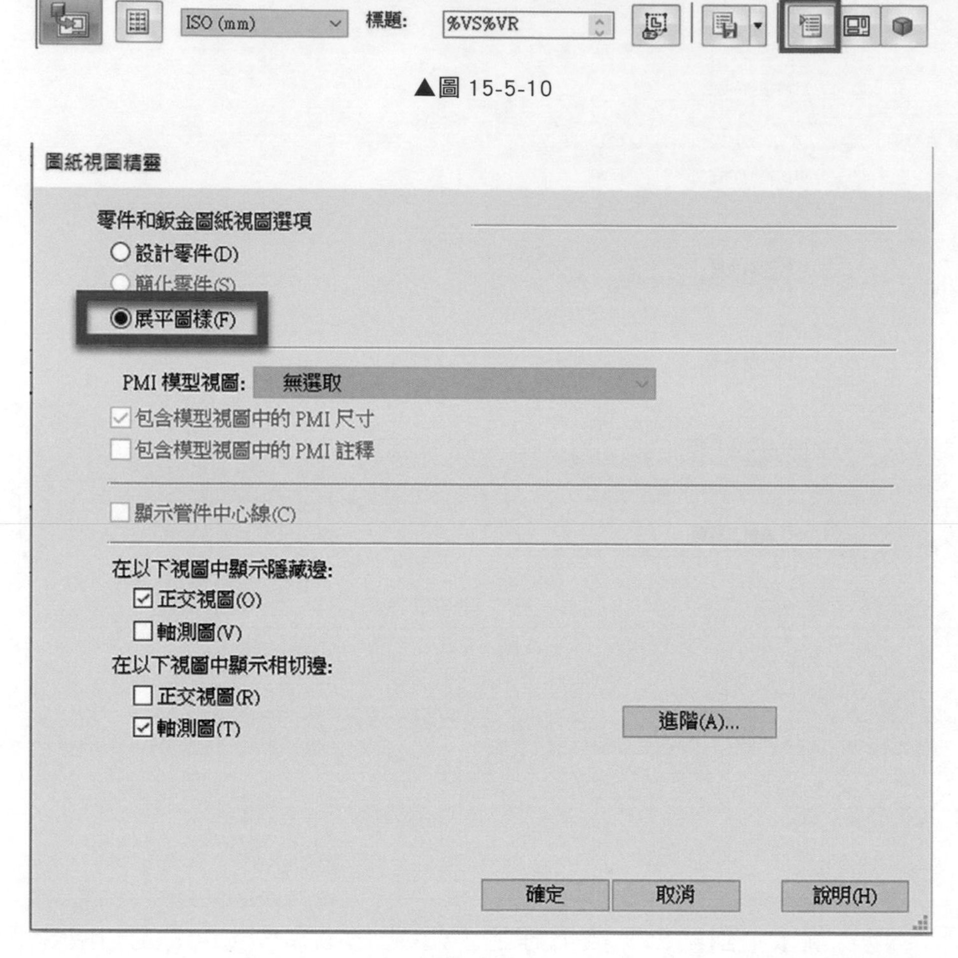

▲圖 15-5-10

▲圖 15-5-11

備註 鈑金完成展平後，需「存檔」後，才可在工程圖顯示「展平圖樣」。

❿ 在工程圖中將展平圖樣移至適當位置，點擊滑鼠「左鍵」以放置視圖，如圖 15-5-12。

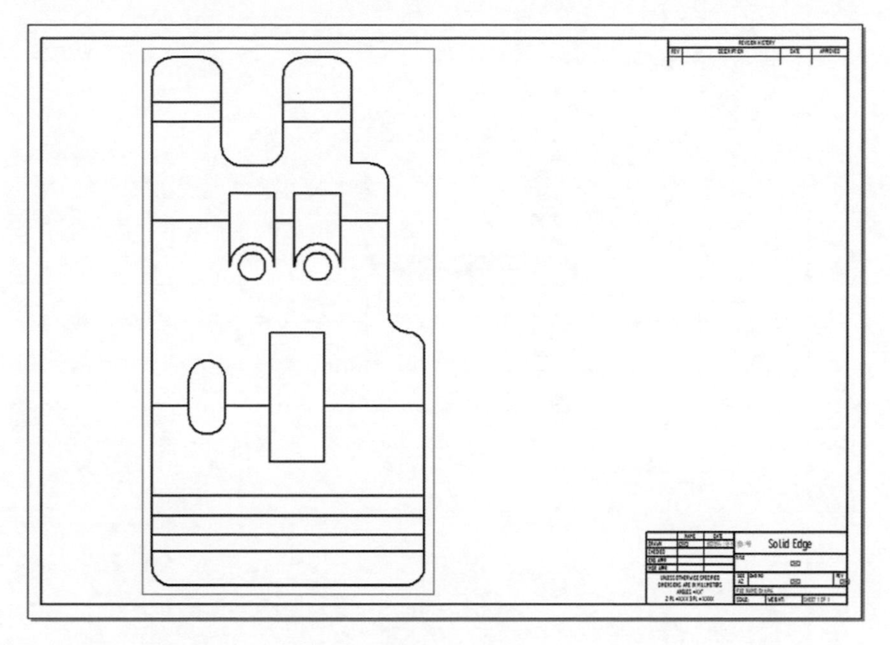

▲圖 15-5-12

這時會發現，預設的展平圖樣中，線型都為「可見線」(實線)，接下來，我們可以根據需求，調整「正折線」、「反折線」所需要的線型。

⓫ 點選「樣式」→樣式類型選擇「線」→「新建」，如圖 15-5-13。

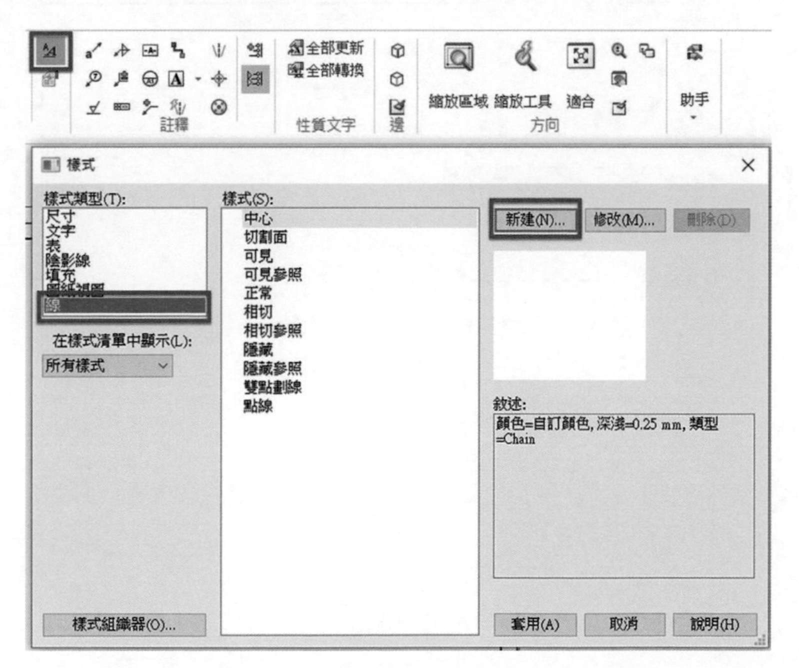

▲圖 15-5-13

⓬ 輸入名稱為「正折線」，根據樣式為「中心」，如圖 15-5-14。

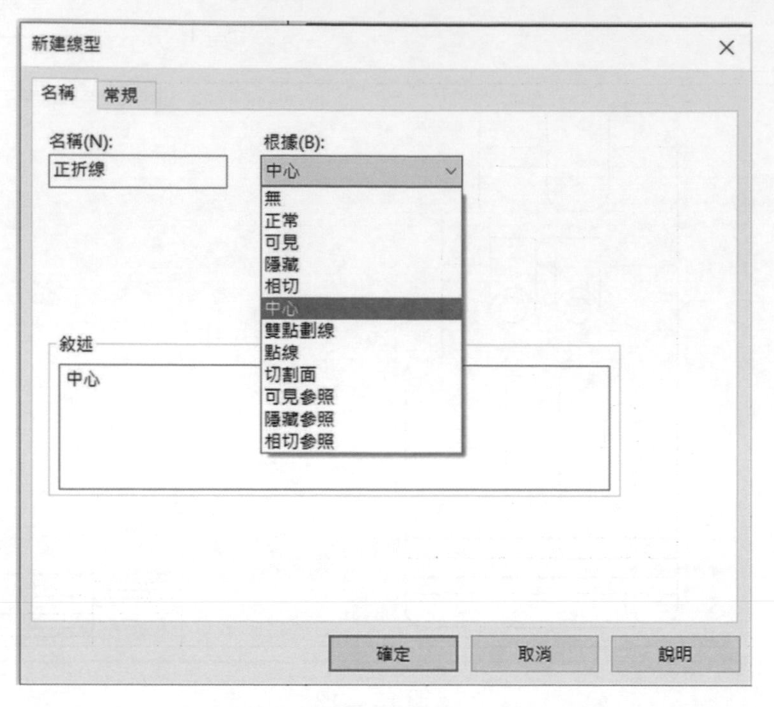

▲圖 15-5-14

⓭ 切換至「常規」頁籤。將顏色改為「藍色」，完成後點選「確定」，如圖 15-5-15。

▲圖 15-5-15

⑭ 重複步驟 11~13，建立反折線，根據樣式為「隱藏」、顏色改為「紅色」，如圖 15-5-16、圖 15-5-17。

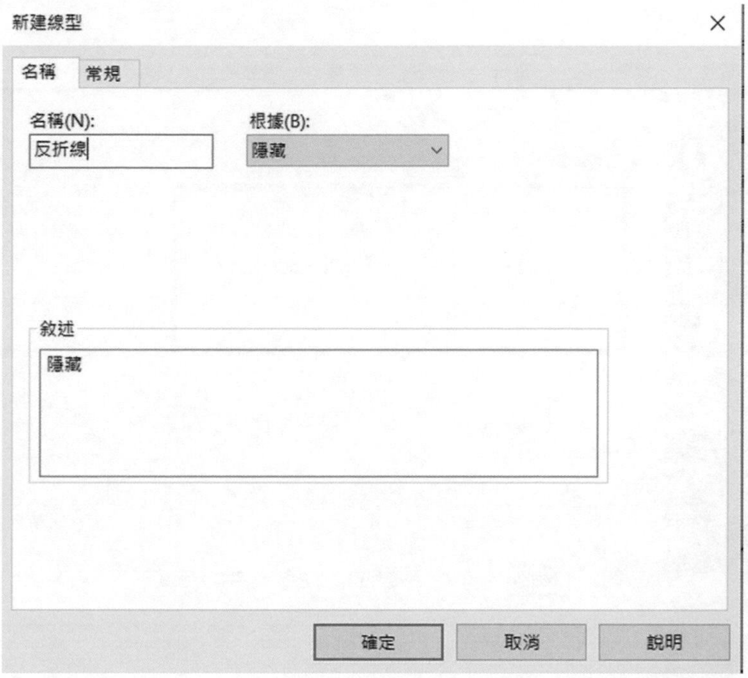

新建線型
名稱
常規
名稱(N):
反折線
根據(B):
隱藏
敘述
隱藏
確定
取消
說明

▲圖 15-5-16

新建線型
名稱
常規
樣式: 反折線
顏色(C):
紅色
寬度(W):
0.25 mm
類型(T):
敘述
隱藏 + 顏色=紅色
確定
取消
說明

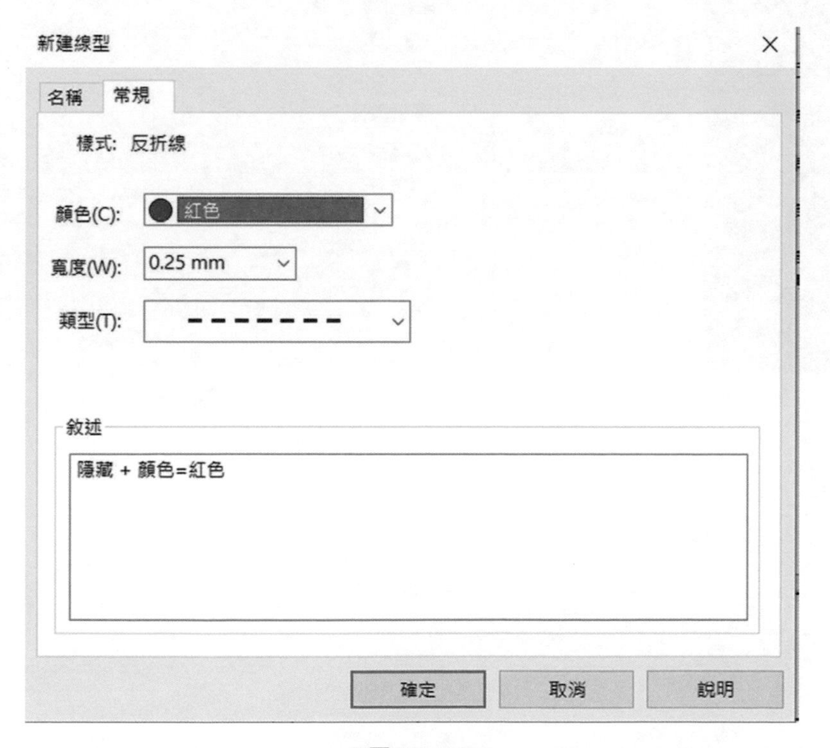

▲圖 15-5-17

⓯ 點擊「應用程式按鈕」→「設定」→「選項」，如圖 15-5-18。

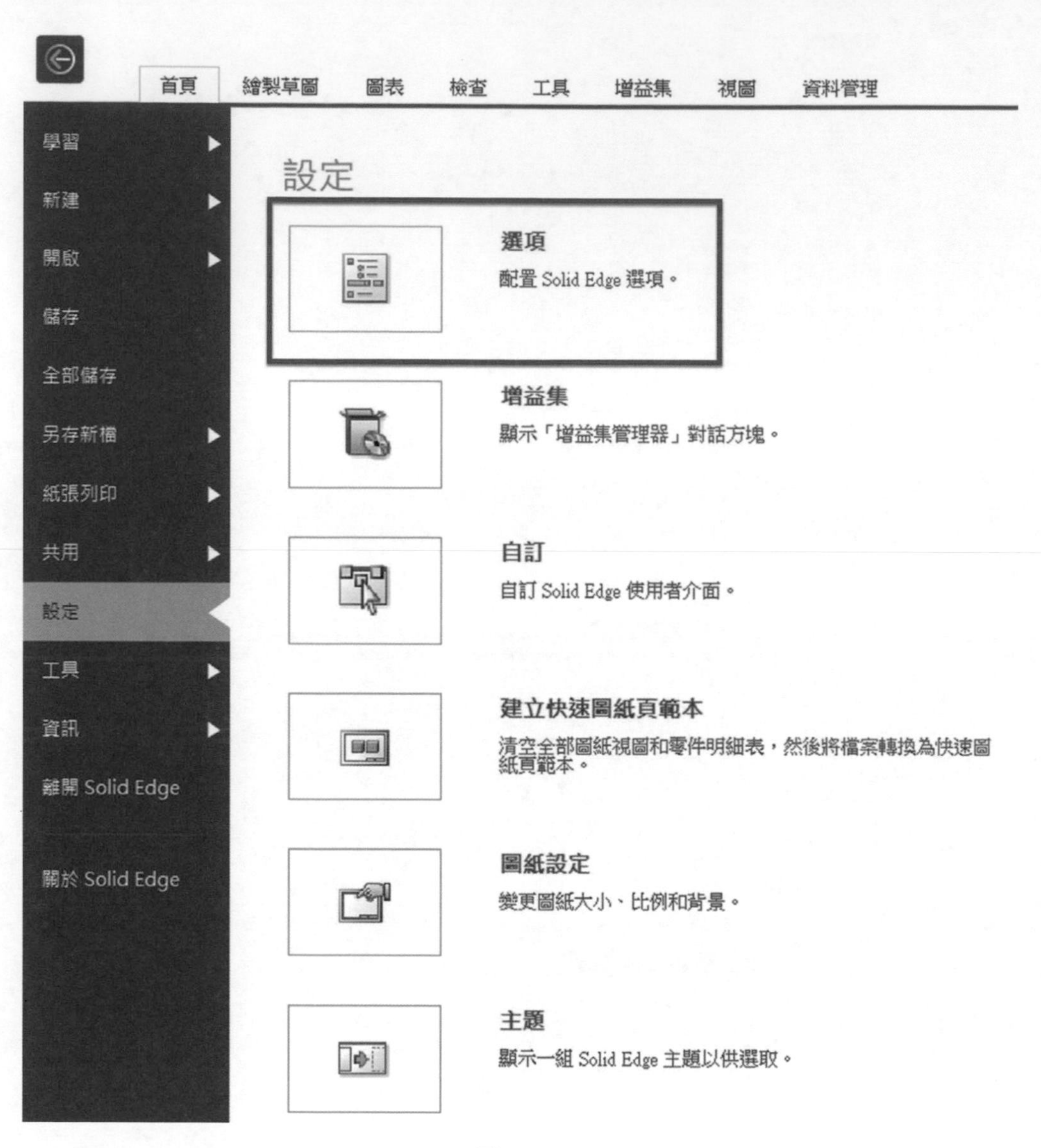

▲圖 15-5-18

⑯ 選擇「註釋」→修改鈑金展平圖樣，將「向上折彎中心線樣式」下拉選單改為先前設定好的「正折線」、將「下彎中心線樣式」改為先前設定好的「反折線」，並將「向上折彎線串」改為「正折」、將「向下折彎線串」改為「反折」，如圖 15-5-19。

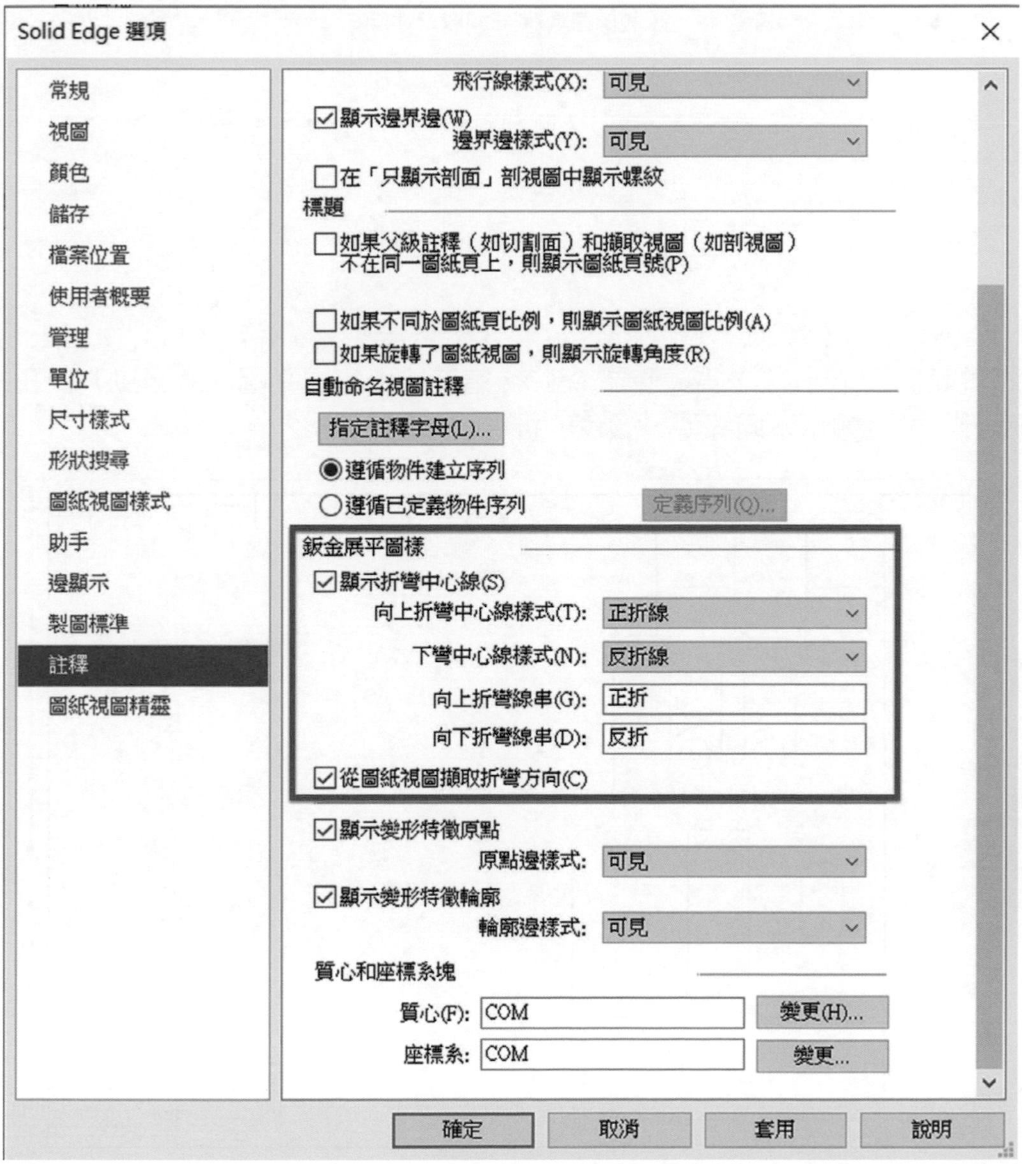

Solid Edge 選項

常規
視圖
顏色
儲存
檔案位置
使用者概要
管理
單位
尺寸樣式
形狀搜尋
圖紙視圖樣式
助手
邊顯示
製圖標準
註釋
圖紙視圖精靈

飛行線樣式(X): 可見
☑顯示邊界邊(W)
邊界邊樣式(Y): 可見
☐在「只顯示剖面」剖視圖中顯示螺紋
標題
☐如果父級註釋（如切割面）和擷取視圖（如剖視圖）不在同一圖紙頁上，則顯示圖紙頁號(P)
☐如果不同於圖紙頁比例，則顯示圖紙視圖比例(A)
☐如果旋轉了圖紙視圖，則顯示旋轉角度(R)
自動命名視圖註釋
指定註釋字母(L)...
◉遵循物件建立序列
○遵循已定義物件序列 定義序列(Q)...
鈑金展平圖樣
☑顯示折彎中心線(S)
向上折彎中心線樣式(T): 正折線
下彎中心線樣式(N): 反折線
向上折彎線串(G): 正折
向下折彎線串(D): 反折
☑從圖紙視圖擷取折彎方向(C)
☑顯示變形特徵原點
原點邊樣式: 可見
☑顯示變形特徵輪廓
輪廓邊樣式: 可見
質心和座標系塊
質心(F): COM 變更(H)...
座標系: COM 變更...
確定 取消 套用 說明

▲圖 15-5-19

⓱ 將前面放置好的展平圖樣刪除，點選「視圖精靈」，如圖 15-5-20。

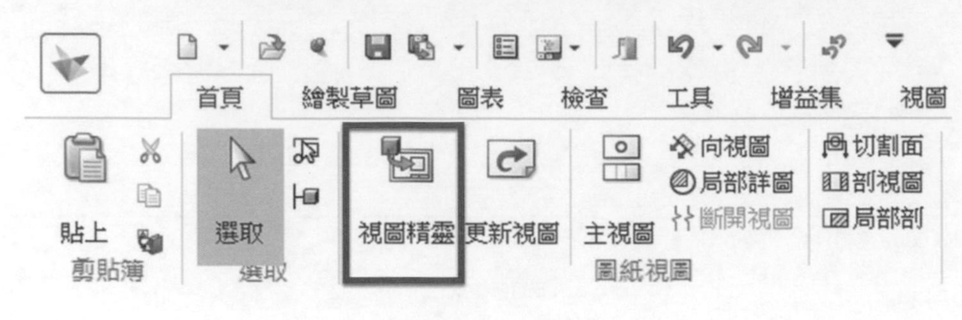

▲圖 15-5-20

⓲ 瀏覽範例三.psm 後，重複步驟 9~10，這時所出的展平圖就會自動判斷正折或反折，並且顯示不同線型、顏色的折線，如圖 15-5-21。

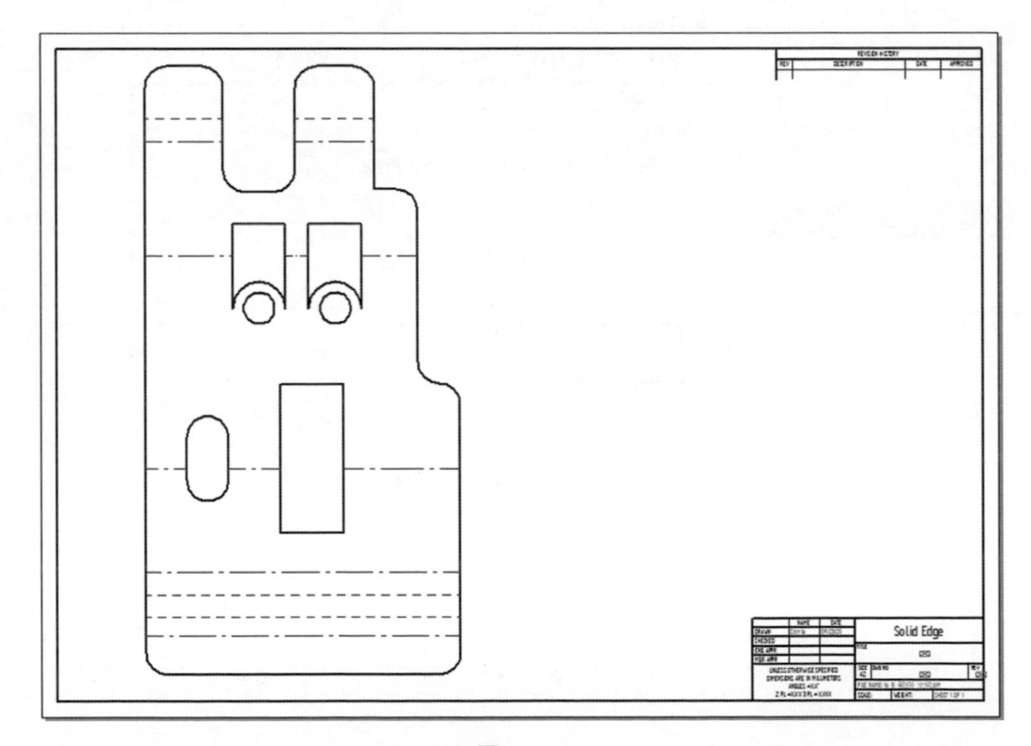

▲圖 15-5-21

⓳ 一旦在工程圖環境中建立展開的鈑金零件圖紙，那麼相關聯的「折彎表」便可新增到此圖紙中。選取「首頁」→「表格」→「折彎表」，如圖 15-5-22。

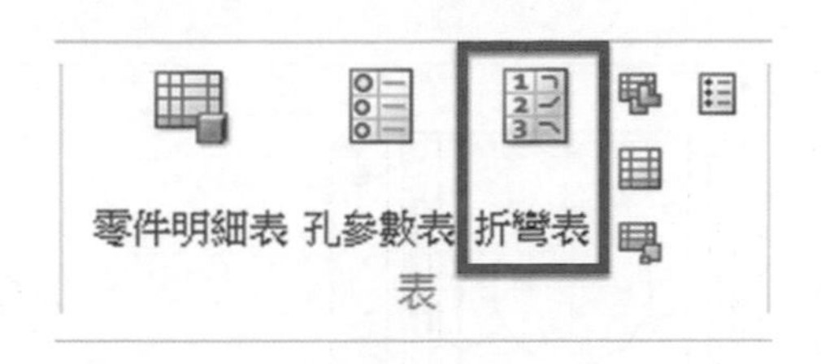

▲圖 15-5-22

⓴ 點擊「鈑金平圖樣」的圖紙視圖，將游標移至適當位置點擊以放置「折彎表」，經過本次範例，您已經建立了展平圖樣，並產生折彎表，如圖 15-5-23。

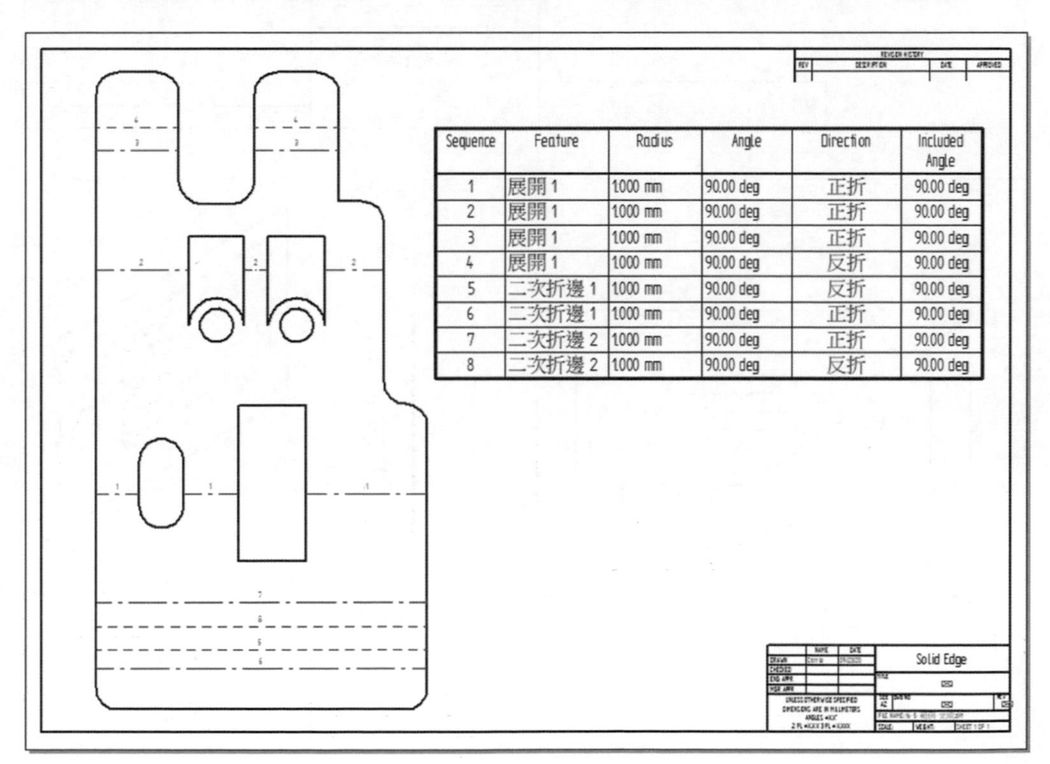

Sequence	Feature	Radius	Angle	Direction	Included Angle
1	展開 1	1.000 mm	90.00 deg	正折	90.00 deg
2	展開 1	1.000 mm	90.00 deg	正折	90.00 deg
3	展開 1	1.000 mm	90.00 deg	正折	90.00 deg
4	展開 1	1.000 mm	90.00 deg	反折	90.00 deg
5	二次折邊 1	1.000 mm	90.00 deg	反折	90.00 deg
6	二次折邊 1	1.000 mm	90.00 deg	正折	90.00 deg
7	二次折邊 2	1.000 mm	90.00 deg	正折	90.00 deg
8	二次折邊 2	1.000 mm	90.00 deg	反折	90.00 deg

▲圖 15-5-23

練習範例

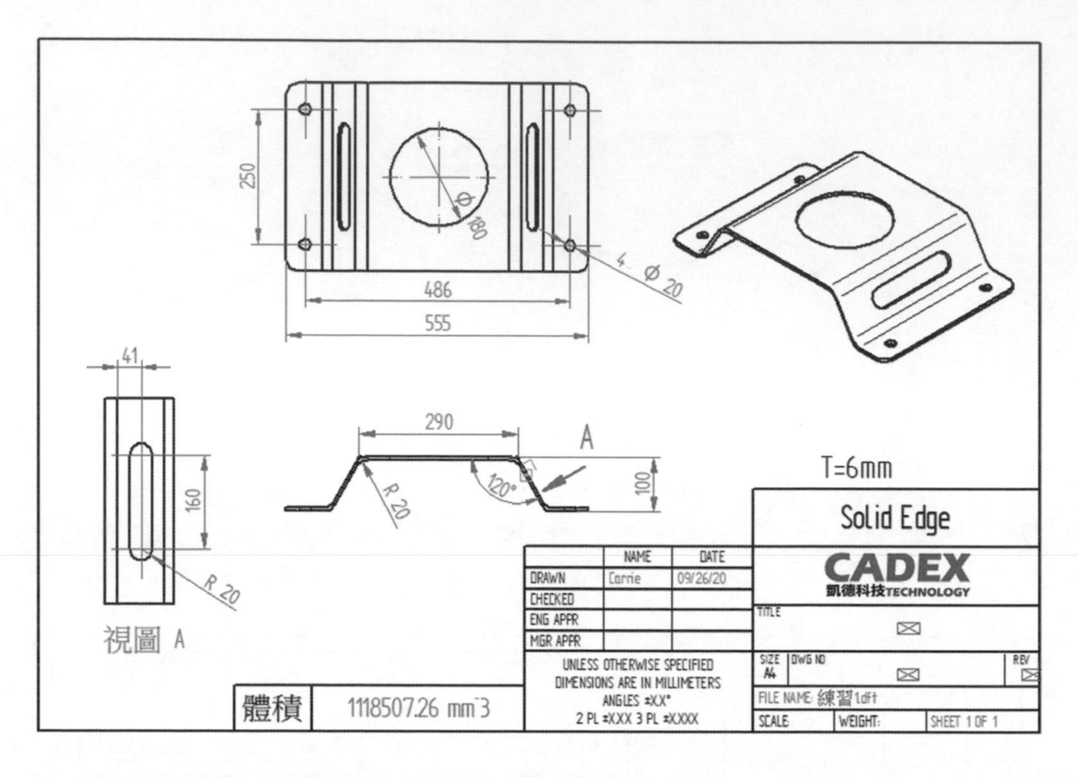
250
Φ180
4- Φ20
486
555
41
160
R 20
視圖 A
290
A
R 20
120°
100
T=6mm
Solid Edge
NAME
DATE
DRAWN
Carrie
09/26/20
CHECKED
ENG APPR
MGR APPR
CADEX
凱德科技TECHNOLOGY
TITLE
UNLESS OTHERWISE SPECIFIED
DIMENSIONS ARE IN MILLIMETERS
ANGLES ±XX°
2 PL ±XXX 3 PL ±XXXX
SIZE
A4
DWG NO
REV
FILE NAME: 練習1.dft
SCALE:
WEIGHT:
SHEET 1 OF 1
體積
1118507.26 mm^3

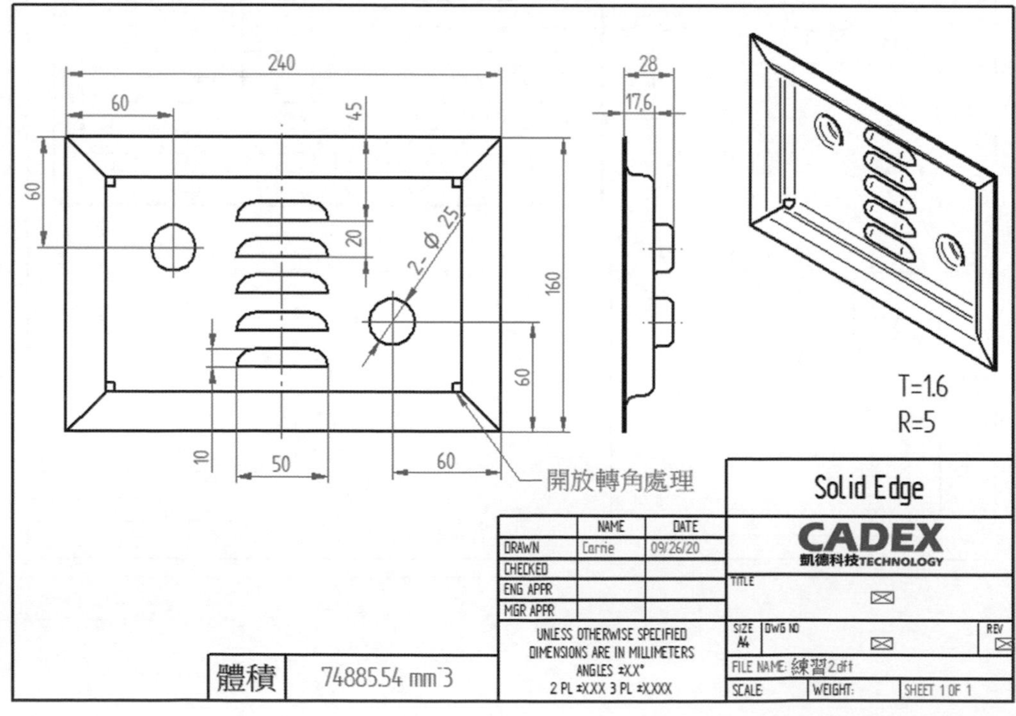
240
60
45
60
20
2- Φ25
160
60
10
50
60
28
17.6
開放轉角處理
T=1.6
R=5
Solid Edge
NAME
DATE
DRAWN
Carrie
09/26/20
CHECKED
ENG APPR
MGR APPR
CADEX
凱德科技TECHNOLOGY
TITLE
UNLESS OTHERWISE SPECIFIED
DIMENSIONS ARE IN MILLIMETERS
ANGLES ±XX°
2 PL ±XXX 3 PL ±XXXX
SIZE
A4
DWG NO
REV
FILE NAME: 練習2.dft
SCALE:
WEIGHT:
SHEET 1 OF 1
體積
74885.54 mm^3

CHAPTER

16 建立工程圖紙

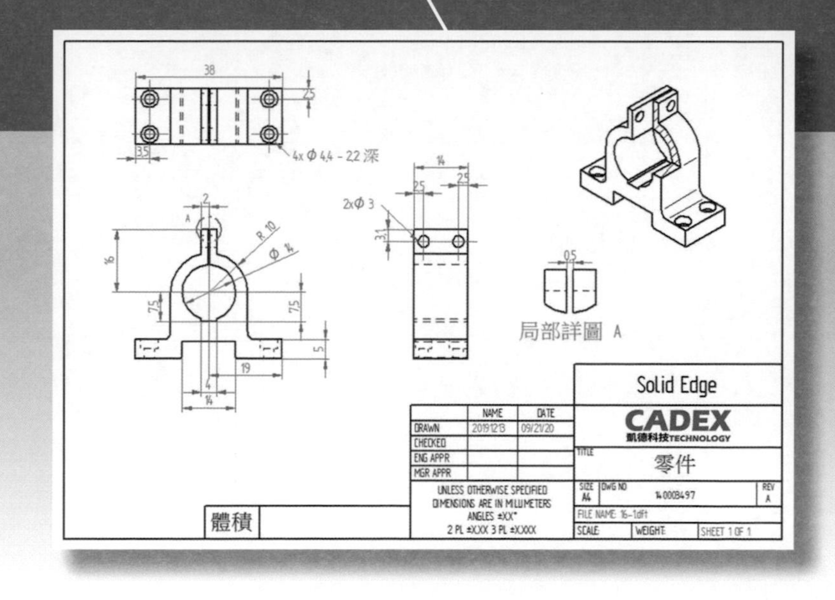

章節介紹

藉由此課程，您將會學到：

16-1　由 Auto CAD 圖框範本建立 Solid Edge 工程圖圖框

16-2　建立模型的圖紙視圖

16-3　局部放大視圖、剖視圖

16-4　取回尺寸及設計變更

16-5　產品加工資訊 PMI 應用

16-6　使用 Solid Edge 建立 2D 圖形

16-7　樣式修改說明

16-8　從圖紙視圖製作零件模型

16-1 由 Auto CAD 圖框範本建立 Solid Edge 工程圖圖框

本章節範例帶領使用者由舊有 Auto CAD 的圖框範本檔來建立 Solid Edge 的工程圖圖框，透過此範例我們將學到如何建立符合自己公司內部規範的圖框。

❶ 開啟本章節範例檔案：「16-1.dwg」，由於此檔案並非 Solid Edge 自身的檔案，因此開啟時需指定為「.dft」的工程圖範本，如圖 16-1-1。

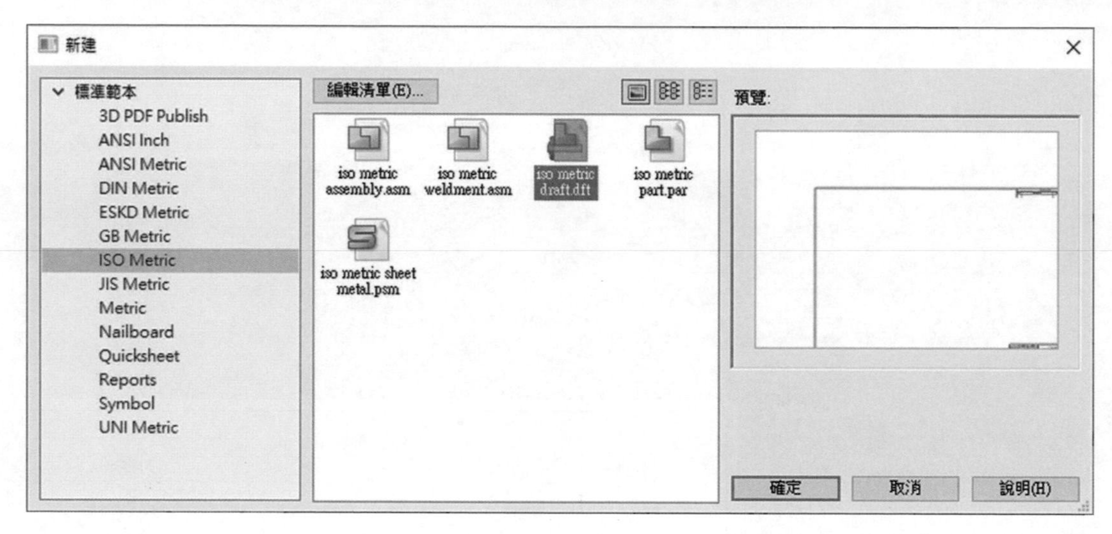

▲圖 16-1-1

❷ 開啟後，將整個圖框選取後，在「首頁」→「剪貼簿」內點選「複製」指令，或直接以「ctrl+C」快速鍵來複製此圖框，然後關閉此檔案，如圖 16-1-2。

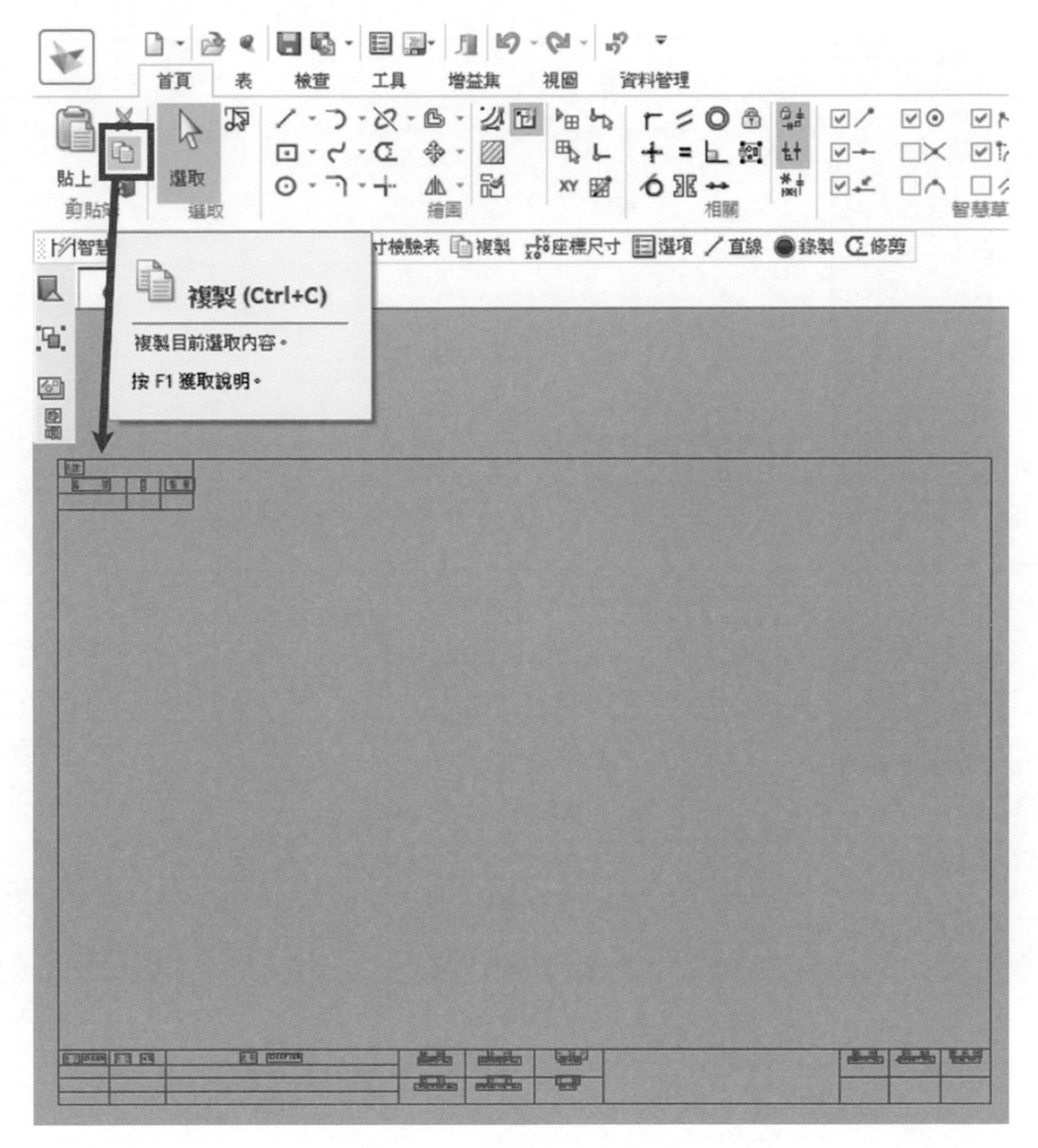

▲圖 16-1-2

❸ 利用「應用程式按鈕」→「新建」→「ISO 公制工程圖」開啟一個新的工程圖，作為範本的基礎，如圖 16-1-3。

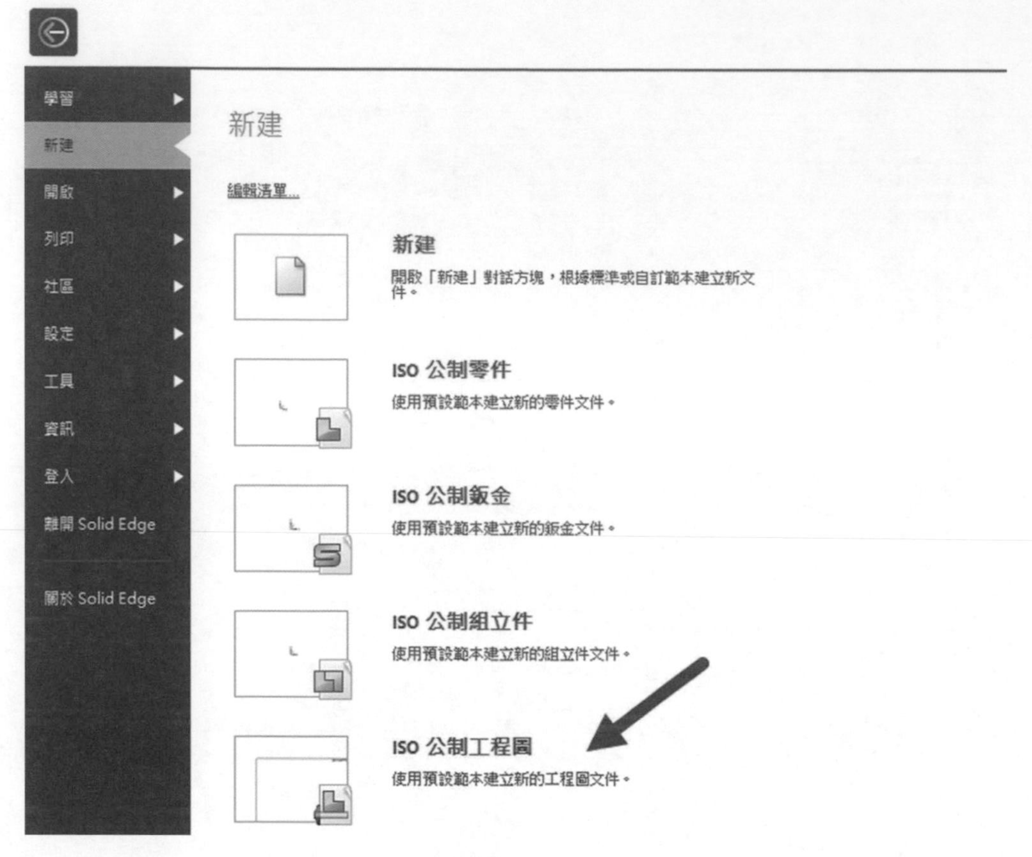

▲圖 16-1-3

❹ 在「視圖」→「圖紙視圖」點擊「背景」以開啟背景環境，也可以由提示列上方的「Sheet1」索引，點擊滑鼠「右鍵」，透過快速功能表選擇背景，如圖 16-1-4。「編輯背景」指令也可用於開啟背景，並且優先更改當前所使用的背景。

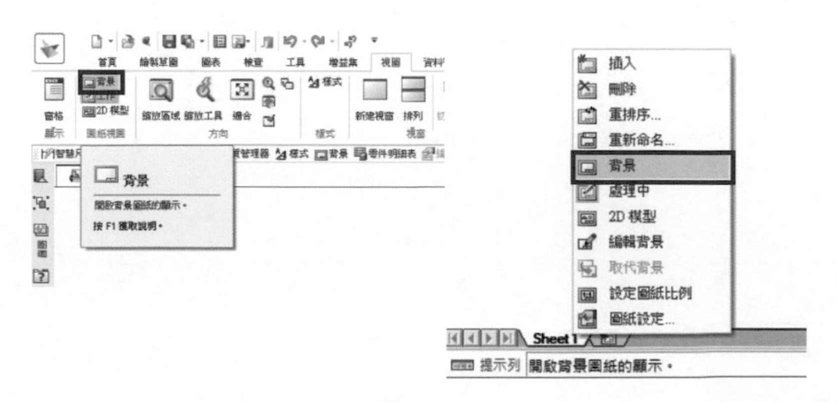

▲圖 16-1-4

❺ 開啟了背景環境之後，在視窗的底部會出現背景分頁，使用者可點選「A4-Sheet」來使用，如圖 16-1-5。

▲圖 16-1-5

❻ 進入到 A4-Sheet 的背景畫面中，這是預設的圖框，我們將此圖框整個框選後按下鍵盤的「delete」按鍵來刪除，如圖 16-1-6。
工作區域中，使用者可以透過「背景」兩字的浮水印來辨識當前的圖紙視圖為背景環境，而最外圍矩形框為 A4 紙的長寬顯示無法刪除。

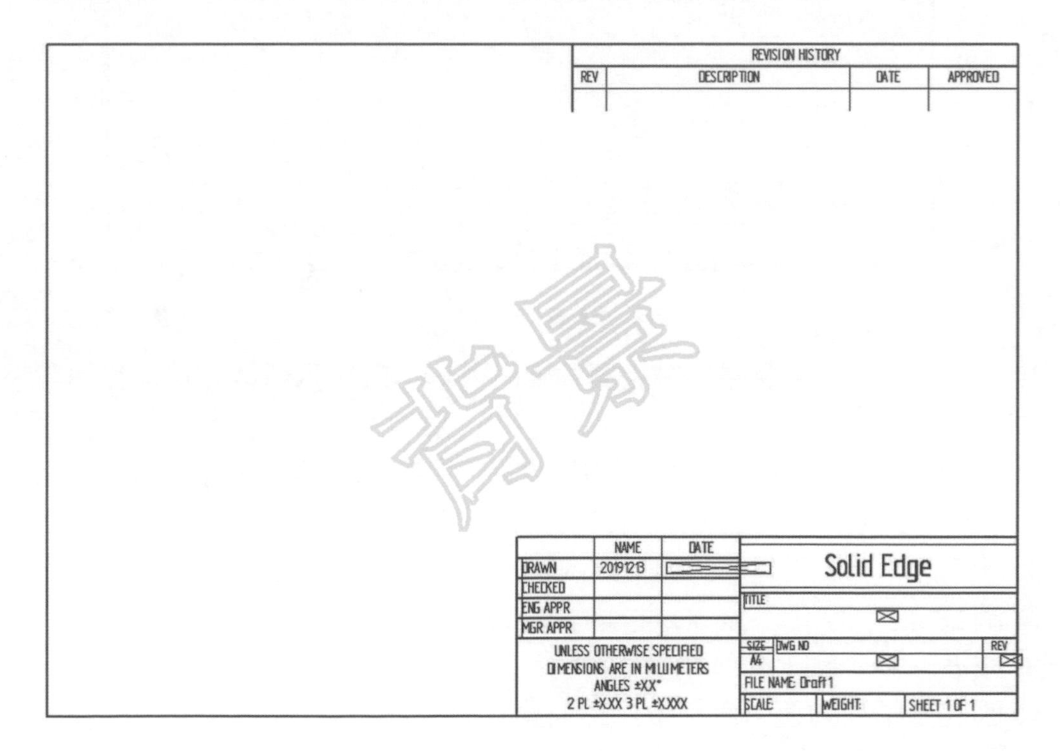

▲圖 16-1-6

❼ 在「首頁」→「剪貼簿」內點擊「貼上」，或者利用快速鍵「ctrl+V」來貼上，然後在畫面上點擊滑鼠左鍵以確認放置，如圖 16-1-7。

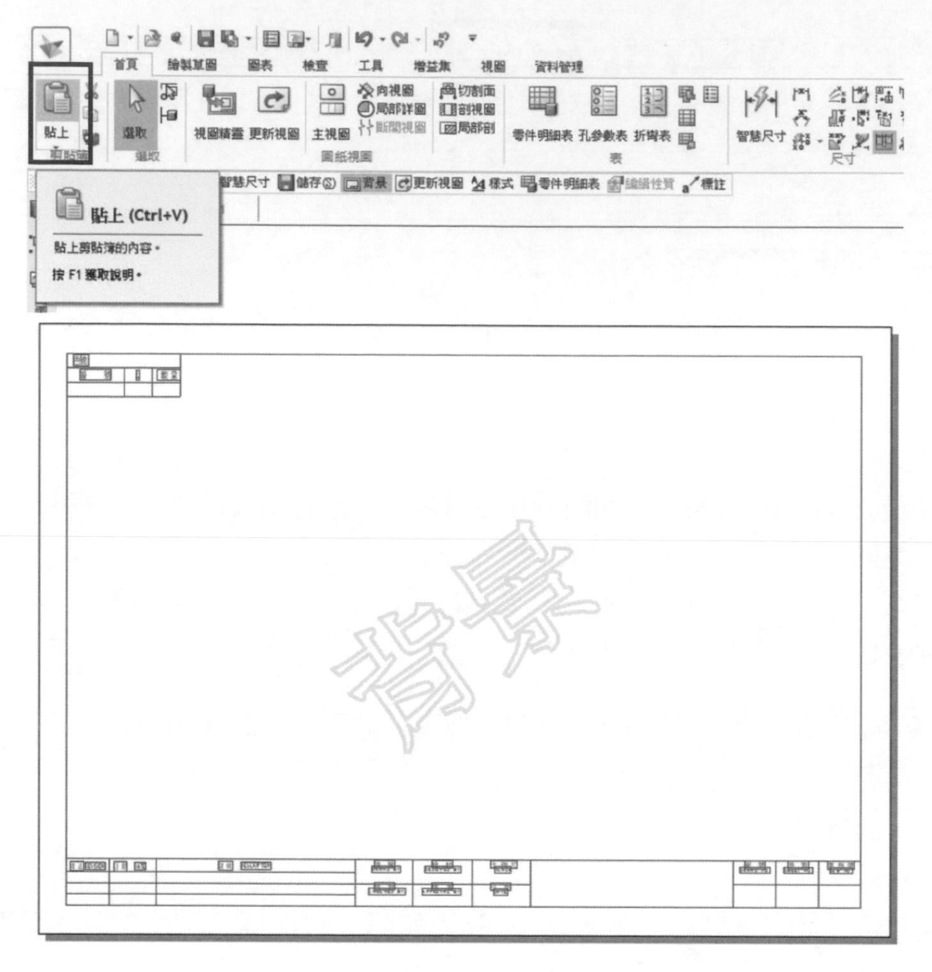

▲圖 16-1-7

❽ 接著我們的圖框中會需要有相關的資訊內容，這裡我們以 4 項常見內容來做說明：

- **設計：**假設此欄位為該 3D 檔繪製人員，且該 3D 檔案內已有作者欄位資訊，如圖 16-1-8。
- **比例尺：**為此工程圖的圖紙比例。
- **圖號：**通常可能為該 3D 檔案的檔名，不帶副檔名。
- **核准：**通常為審核的主管。

因此圖框裡的這 4 個欄位該如何建立如 Auto CAD 般的標籤，使我們在插入視圖後會自行帶入零件或工程圖的資訊。

▲圖 16-1-8

❾ 在「繪製草圖」→「塊」內點擊「塊標籤」，如圖 16-1-9。

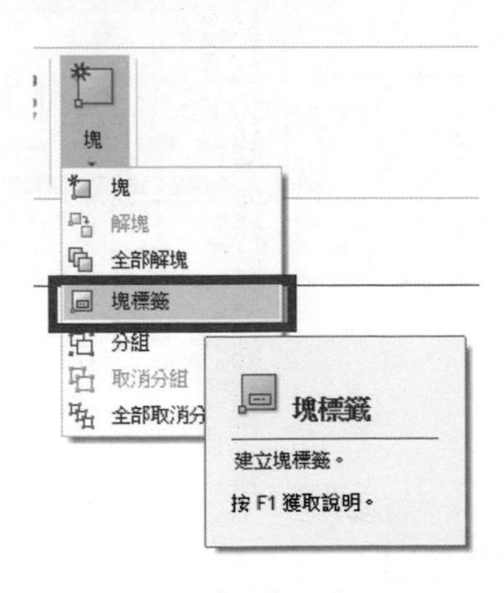

▲圖 16-1-9

⑩ 出現「塊標籤性質」的視窗，以圖框中的「設計」欄位為例，使用者在「名稱(N)」欄位中填入「設計者」作為供使用者辨識標籤所用的名稱，底下字型部分可依照需要調整字型與字型大小，根據範例，使用者可以將大小設定為「2.5」，並且在「值(V)」欄位的旁邊點選「選取性質文字」，如圖 16-1-10。

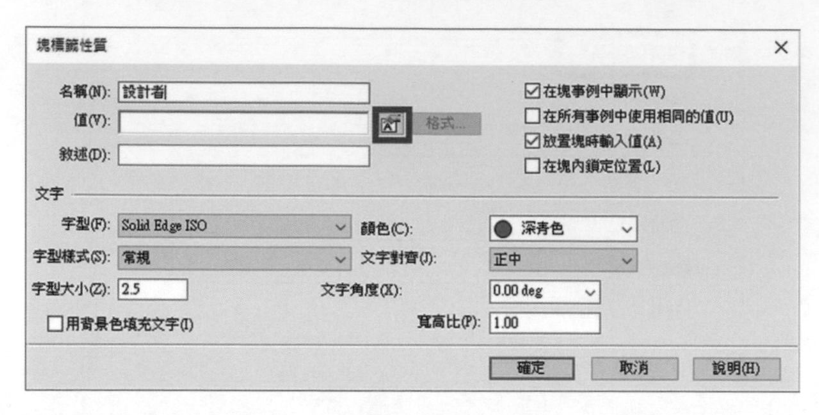

▲圖 16-1-10

⑪ 在「選取性質文字」的視窗中，使用者可將來源項改為「索引參考」，並且在性質內找尋「作者」，並點右下角的「選取」，可將該連結插入至底下的「性質文字(T)」之中，如圖 16-1-11。

備註 「索引參考」可取得載入工程圖的『零件』或『組立件』的檔案性質，以供使用者使用。

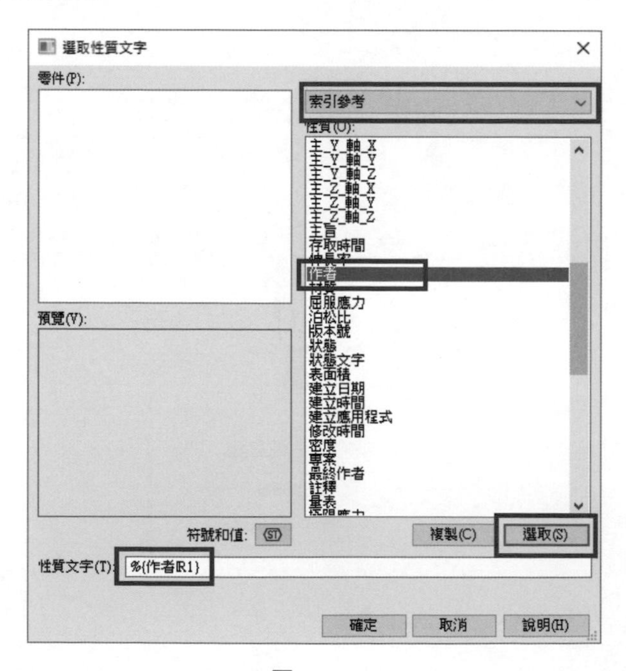

▲圖 16-1-11

⓬ 按下確定後，將此「塊標籤」放置於欲放置的位置上，如圖 16-1-12。

繪　圖 DRAWD BY	設　計 DESIGNED BY 設計者	比 例 尺 SCALE
核　對 CHECKED BY	核　准 APPROVAL BY	日　期 DATE

▲圖 16-1-12

⓭ 接著建立「比例尺」的欄位，重複上述建立「塊標籤」的動作，使用者在「名稱(N)」欄位中填入「比例」作為供使用者辨識標籤所用的名稱，同樣執行「選取性質文字」的動作，但來源處是選擇「源自使用中的文件」選項，並且在該性質內容中找到「圖紙比例」，並點右下角的「選取」，可將該連結插入至底下的「性質文字(T)」之中，如圖 16-1-13。

備註 「源自使用中的文件」可取得『工程圖』的檔案性質，以供使用者使用。

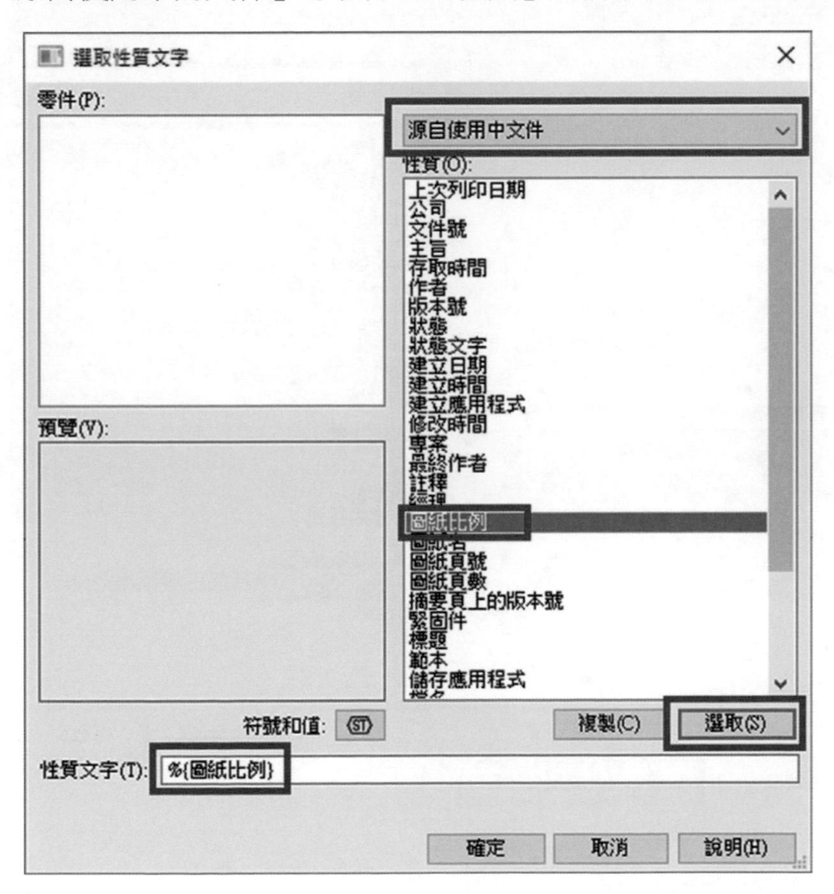

▲圖 16-1-13

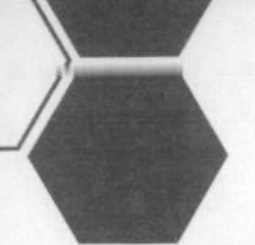

⓮ 完成後將該標籤放置於指定位置以完成此動作，如圖 16-1-14。

繪 圖 DRAWD BY	設 計 DESIGNED BY 設計者	比 例 尺 SCALE 比例
核 對 CHECKED BY	核 准 APPROVAL BY	日 期 DATE

▲圖 16-1-14

⓯ 「圖號」欄位中，同樣依照建立「塊標籤」的步驟，使用者在「名稱 (N)」欄位中填入「圖號」作為供使用者辨識標籤所用的名稱，在進入到「選取性質文字」的頁面中，在來源項選擇「索引參考」，底下的性質內找到「檔名（無副檔名）」，並點右下角的「選取」以帶入該屬性，可將該連結插入至底下的「性質文字 (T)」之中，如圖 16-1-15。

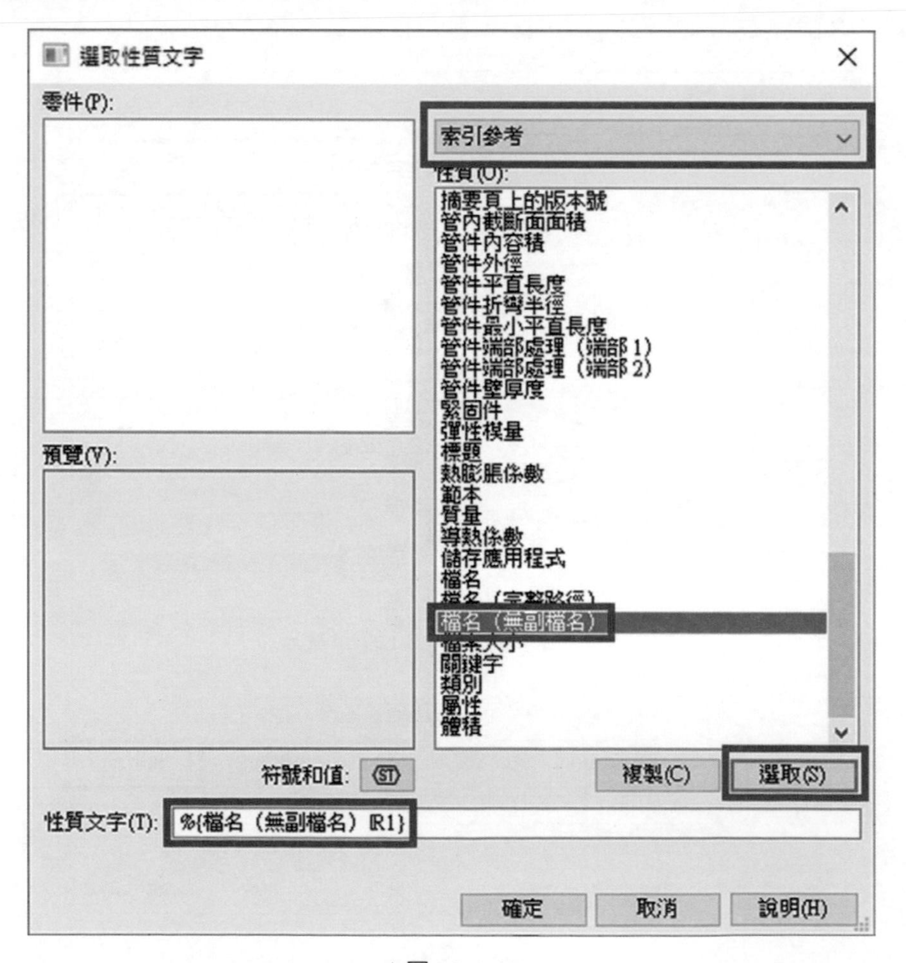

▲圖 16-1-15

⑯ 完成後將此標籤放置定位，如圖 16-1-16。

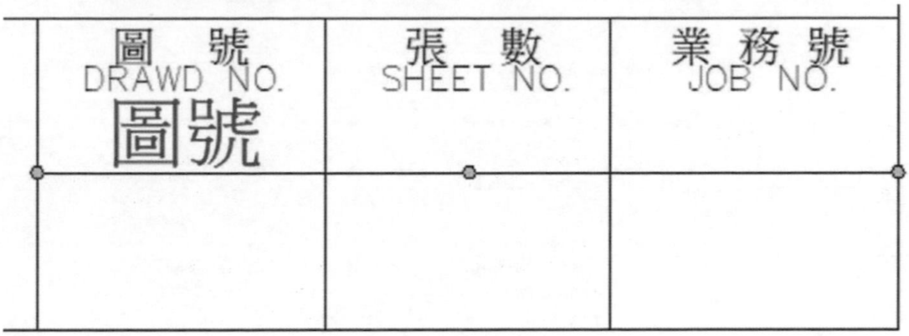

▲圖 16-1-16

⑰ 最後為圖框中的「核准」欄位，若使用者想自行輸入資訊，可重複上述放置「塊標籤」的動作，使用者在「名稱(N)」欄位中填入「審核」作為供使用者辨識標籤所用的名稱，但不需進入「選取性質文字」的頁面內，直接如圖 16-1-17，將所需的項目鍵入後按下確定，並放置好標籤位置即可。

備註 若為手動輸入的欄位，則不需要「選取性質文字」，且「塊標籤性質」內的「值(V)」可先以使用者需求先行輸入，顯示時將以此名稱作為顯示。

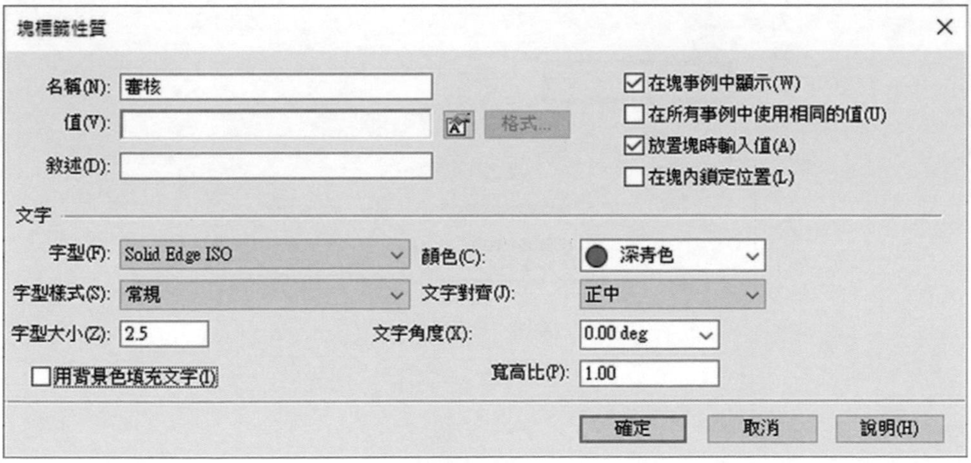

▲圖 16-1-17

⑱ 塊標籤建立之後，如有需要修改調整，可點選塊標籤，透過快速工具列上的「性質」呼叫出「塊標籤性質」的對話方框，並且進行調整，如圖 16-1-18。

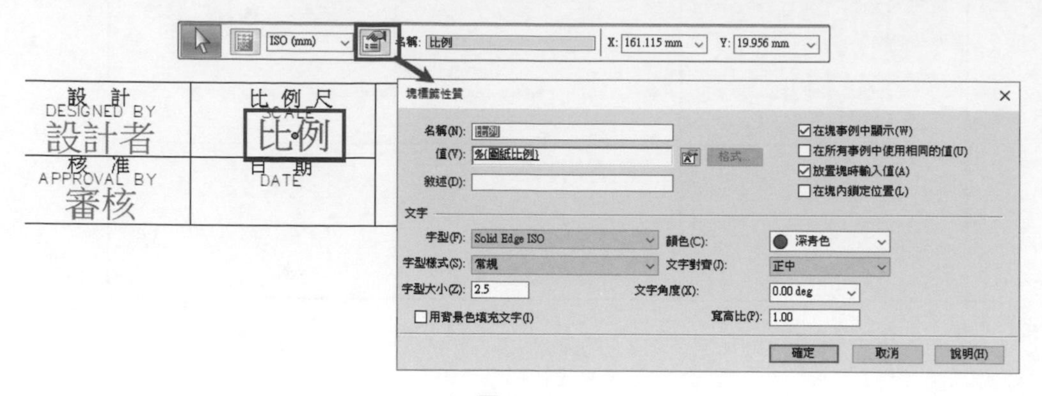

▲圖 16-1-18

⑲ 在建立完所有的塊標籤之後，於功能區「繪製草圖」→「塊」內點擊「塊」來建立圖塊，如圖 16-1-19。

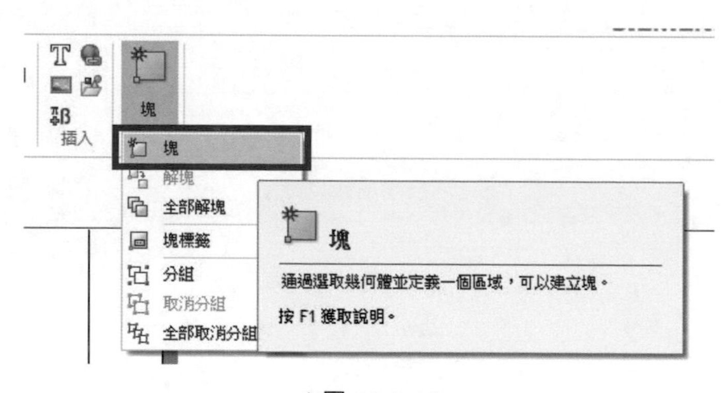

▲圖 16-1-19

⑳ 進入「塊」指令後，在「選取幾何體」欄位，將整個圖框都選取並確定，如圖 16-1-20。

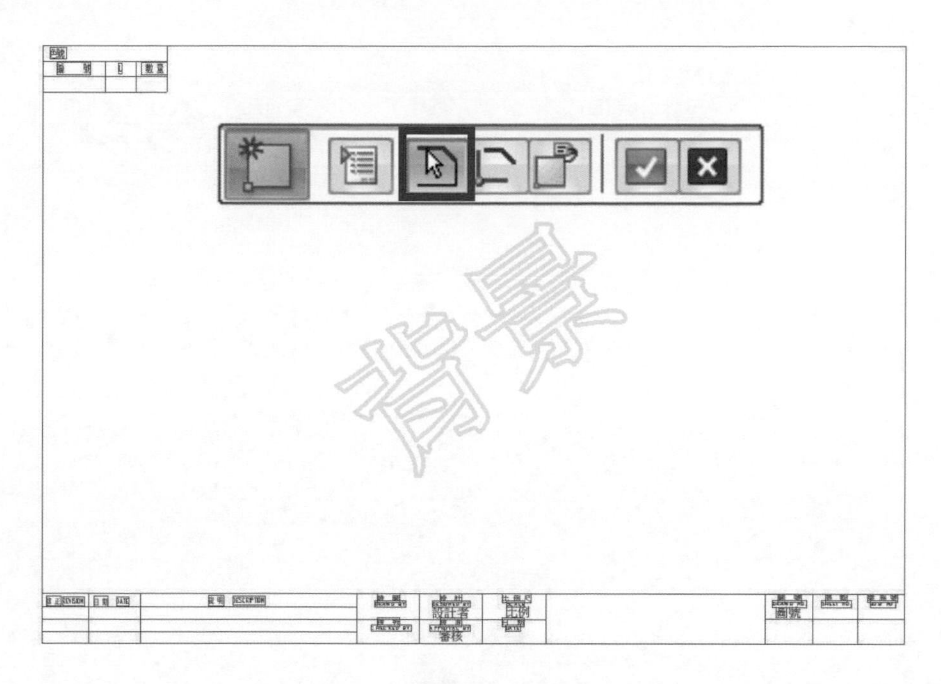

▲圖 16-1-20

㉑ 接著會跳至「原點」欄位，此時移動滑鼠至圖框左下選取端點，如圖 16-1-21。

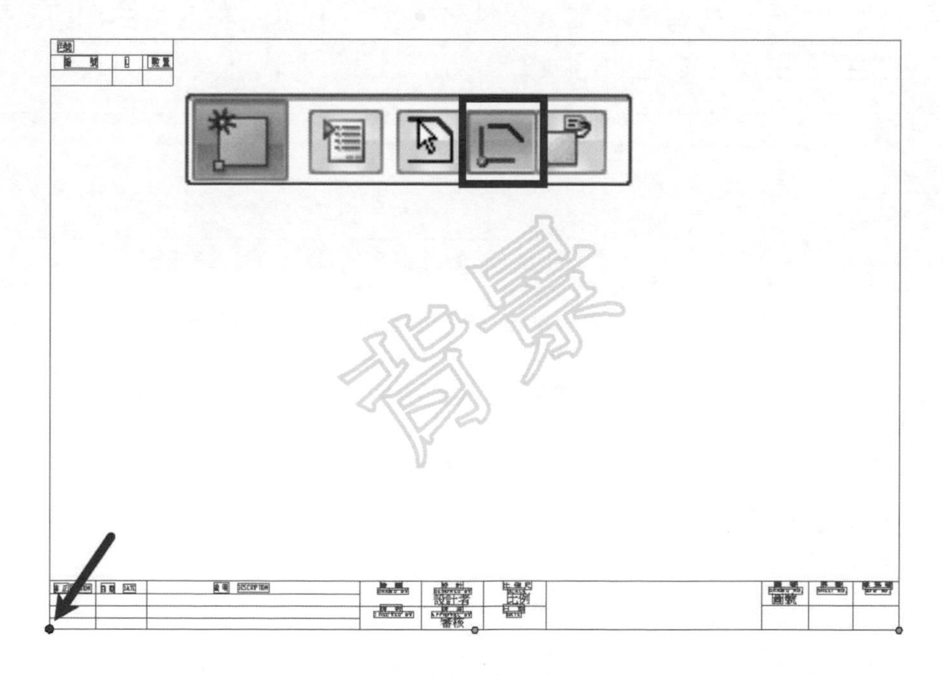

▲圖 16-1-21

㉒ 接著可在「名稱」欄位內填入自訂名稱，打勾以完成設定，如圖 16-1-22。

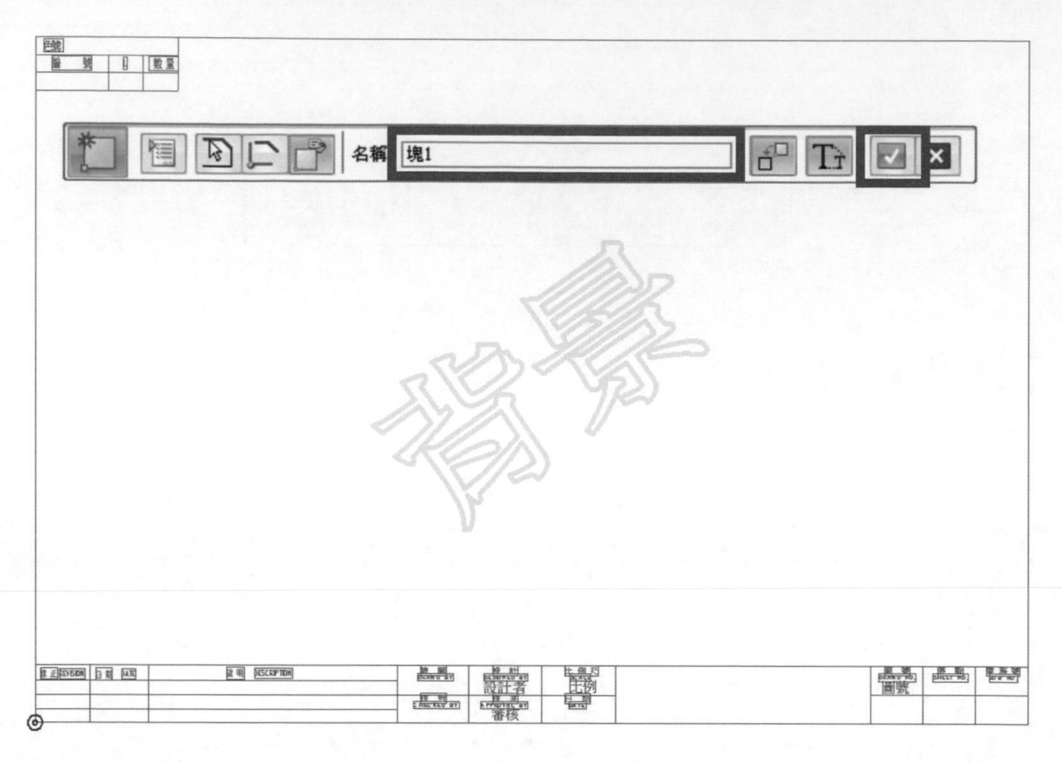

▲圖 16-1-22

㉓ 接著會出現「塊性質」的視窗，透過「塊性質」視窗可檢視塊標籤是否還有需要更改的部分，如有需要加入「性質文字」，可由左上角的按鈕點選開啟「性質文字」視窗，如圖 16-1-23。

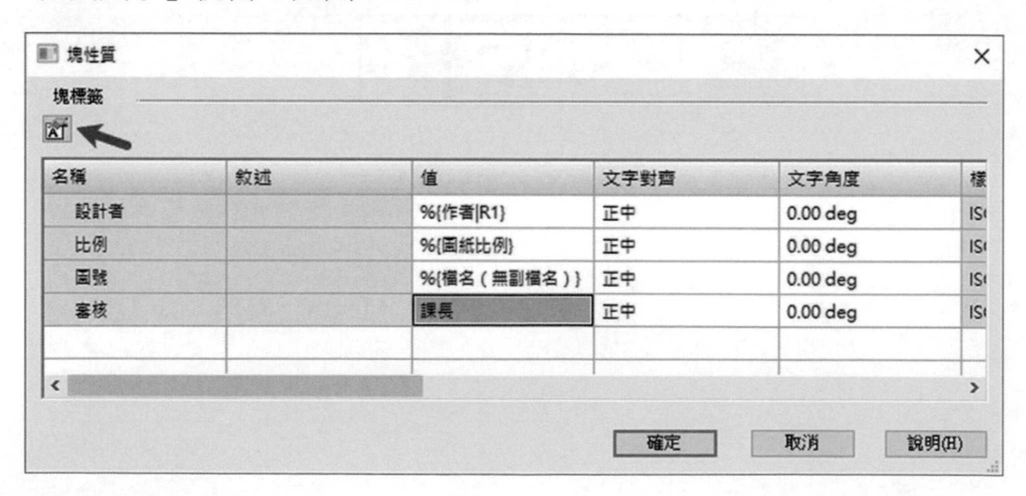

▲圖 16-1-23

㉔ 透過「塊」的建立，使用者可以檢查塊標籤的設定是否錯誤。如標籤顯示有錯，可點選「塊」，透過快速工具列上的「性質」進行塊標籤的修改，如圖 16-1-24。

- 「設計者」、「圖號」：由於尚未載入零件進行工程圖的建立，因此顯示為「錯誤：沒有參考」。
- 「比例」：由於取得的資訊為工程圖資訊，因此圖紙比例會根據預設為「1：1」，在載入零件之後，會根據圖紙比例調整。
- 「審核」：由於此欄位為使用者自行輸入文字，因此顯示為使用者所輸入之文字。

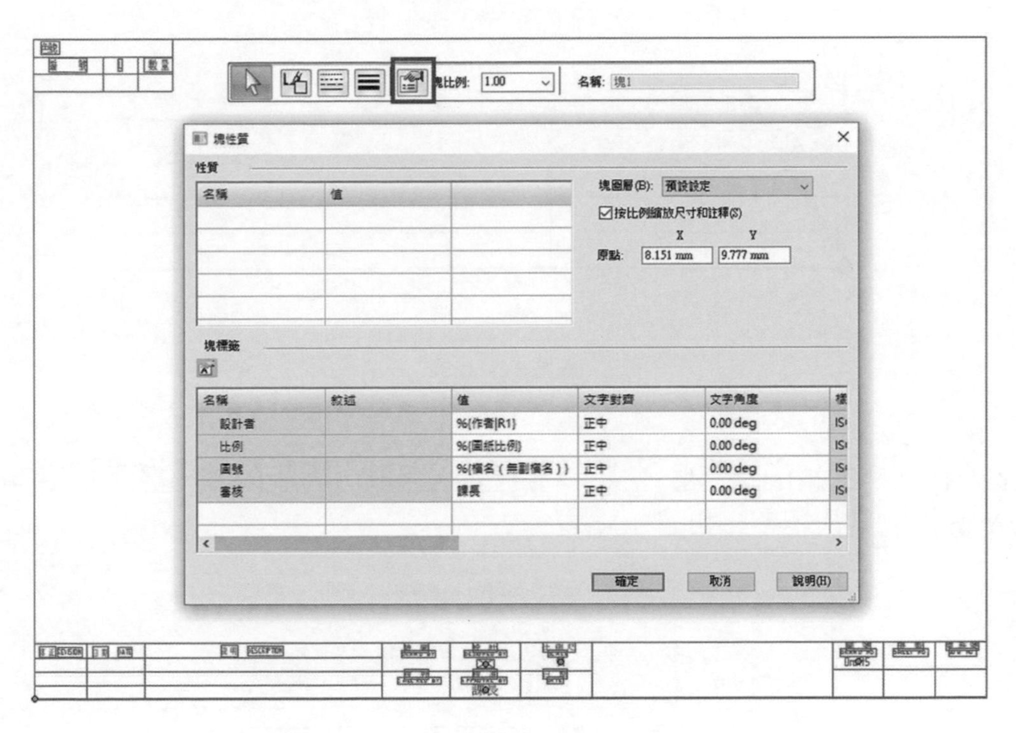

▲圖 16-1-24

㉕ 接著將此圖框放置定位，在「繪製草圖」→「繪圖」內點擊「移動」指令，如圖 16-1-25，選取「塊」後，以左下角的交點處為移動的基準點。

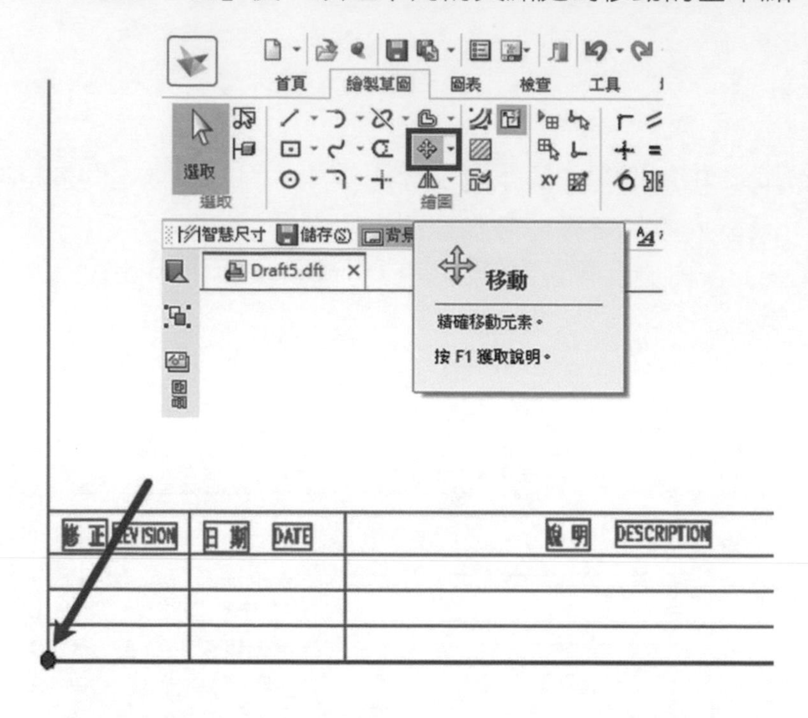

▲圖 16-1-25

㉖ 接著在同樣的繪圖指令裡，將「XY 鍵入」開啟，開啟後會於畫面左下角出現 XY 數值的鍵入視窗，如圖 16-1-26。

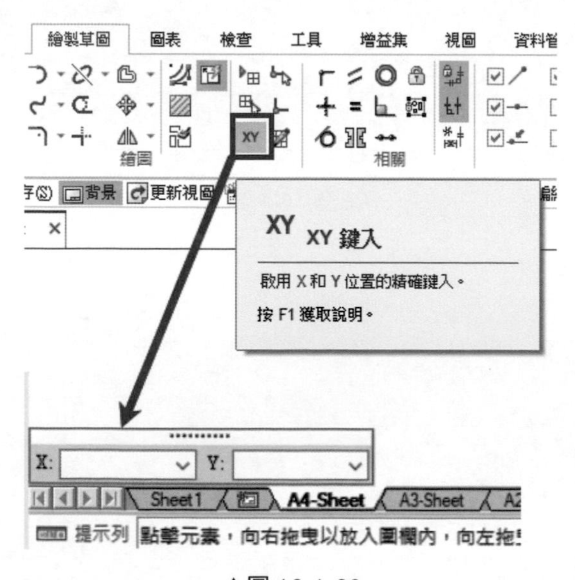

▲圖 16-1-26

㉗ 在視窗的 X 值填入「10」，Y 值填入「10」，並且稍微移動一下滑鼠，該圖框會顯示在正確的位置，如圖 16-1-27，此時可點擊滑鼠左鍵以確定移動。

備註 「XY 鍵入」的 X、Y 值為絕對座標，圖紙的左下角為座標原點；「移動」指令的快速工具列上的 X、Y 值為相對座標。

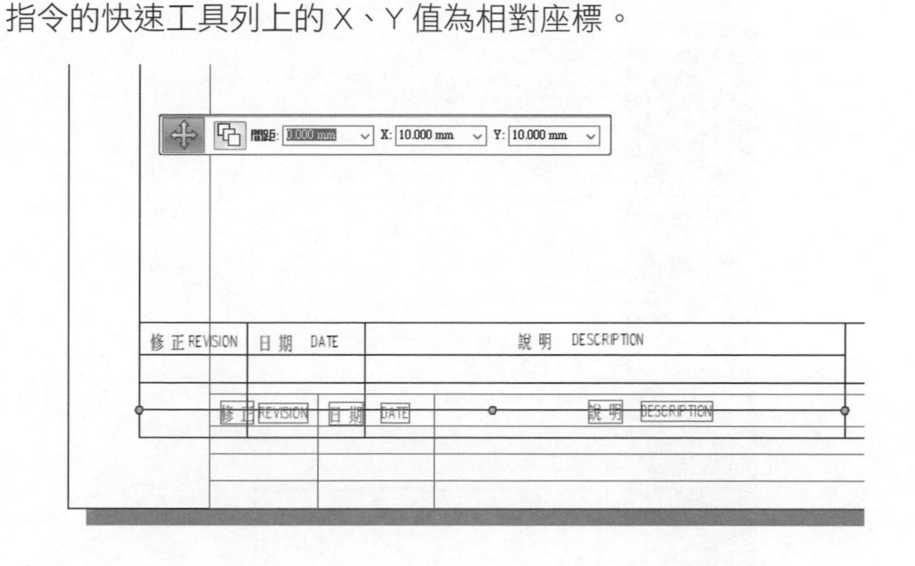

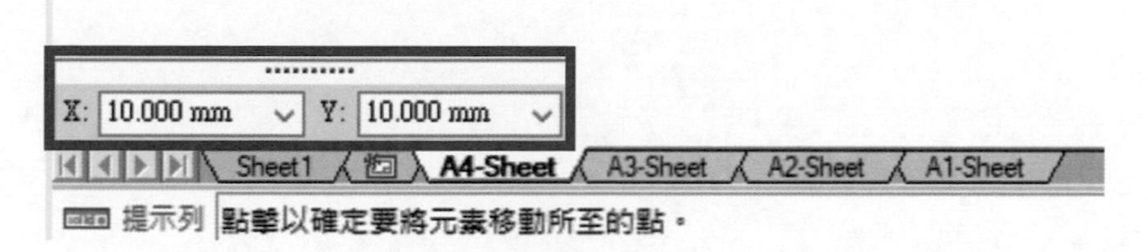

▲圖 16-1-27

㉘ 圖框設定至此完成，請關閉「背景」環境，如圖 16-1-28。

▲圖 16-1-28

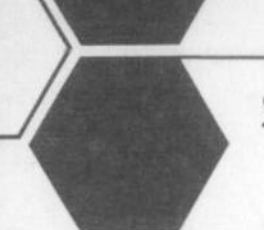

㉙ 接著進行圖紙的初始設定值，選取「應用程式按鈕」→「設定」→「圖紙設定」，如圖 16-1-29。

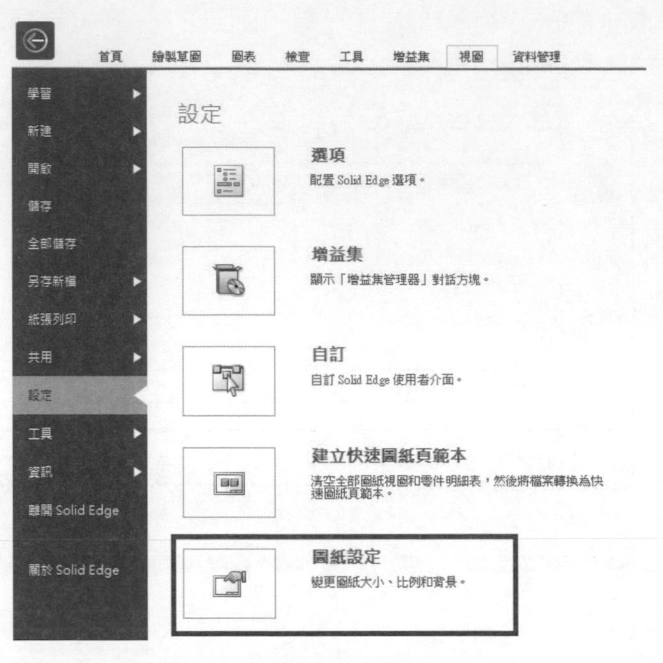

▲圖 16-1-29

㉚ 在「圖紙設定」對話方塊中的「背景」頁上，將「背景圖紙」選項設定為「A4-Sheet」，並且點選下方的「儲存為預設」按鈕，這樣一來，當建立新的分頁時，也是以「A4-Sheet」為預設值，如圖 16-1-30。

備註 「大小」頁上的圖紙大小為列印時，所用的圖紙大小，並非選擇圖框，使用者修改時請多加注意。

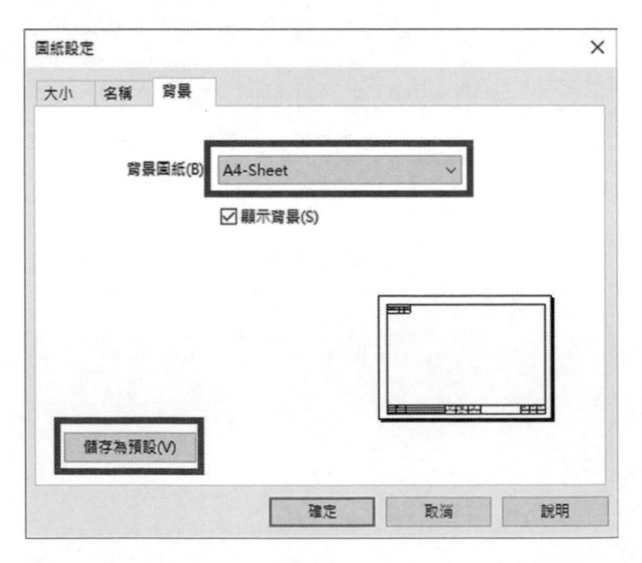

▲圖 16-1-30

㉛ 接著點擊「適合」指令，使圖框適合視窗大小，如圖 16-1-31。

▲圖 16-1-31

㉜ 設定投影角度及視圖規則：在「ISO 工程圖」範本中，例如：公制測量系統的預設投影角是第一角，而台灣的 CNS 標準為「第三角法」；因此，使用者須選取「應用程式按鈕」→「設定」→「Solid Edge 選項」，進行選項設定修改，使其規則與 CNS 標準相同，如圖 16-1-32。

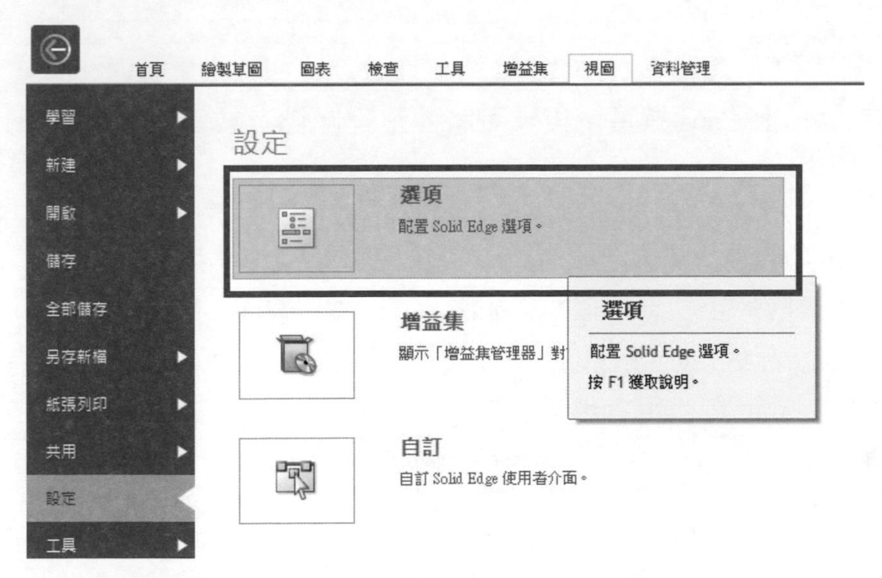

▲圖 16-1-32

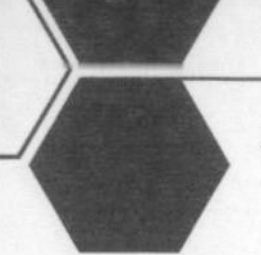

33 在「Solid Edge 選項」的對話方框中，使用者透過「製圖標準」選項可進行修改，使其設定符合台灣所使用的 CNS 規範，如圖 16-1-33。

- 螺紋顯示模式更改為「JIS / ISO」。
- 投影角度更改為「第三角法」。
- 「在剖視圖中剖切緊固件」更改為「不切割」。
- 「在剖視圖中剖切肋板」更改為「不剖切」。

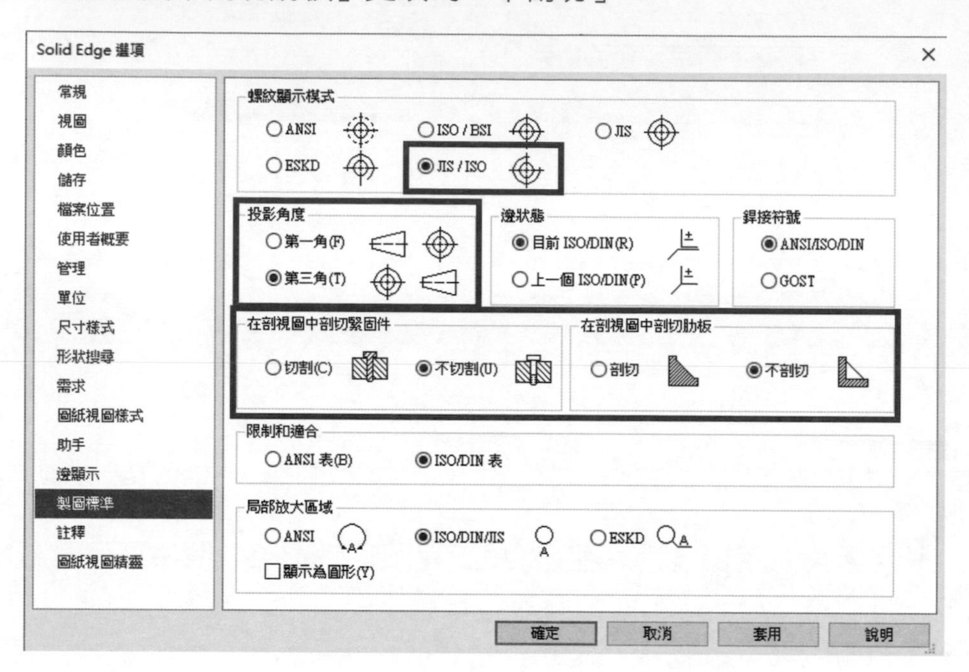

▲圖 16-1-33

34 修改完「Solid Edge 選項」後，可將此工程圖儲存成範本，以供下次建立工程圖時使用。

儲存之後，利用「應用程式按鈕」→「新建」→「編輯清單」，將範本的資料夾再做一次載入的動作，「確定」後即可將新建的範本顯示於清單中，方便使用者選取範本建立工程圖，如圖 16-1-34、圖 16-1-35。

備註 範本儲存於『C:\Program Files\Siemens\Solid Edge xxxx\Template\(任一資料夾)；或者使用者也可以自訂一個專屬的資料夾，並且把所有的範本都放置在內，但不可只放置於 Template 內任何一個資料夾當中。

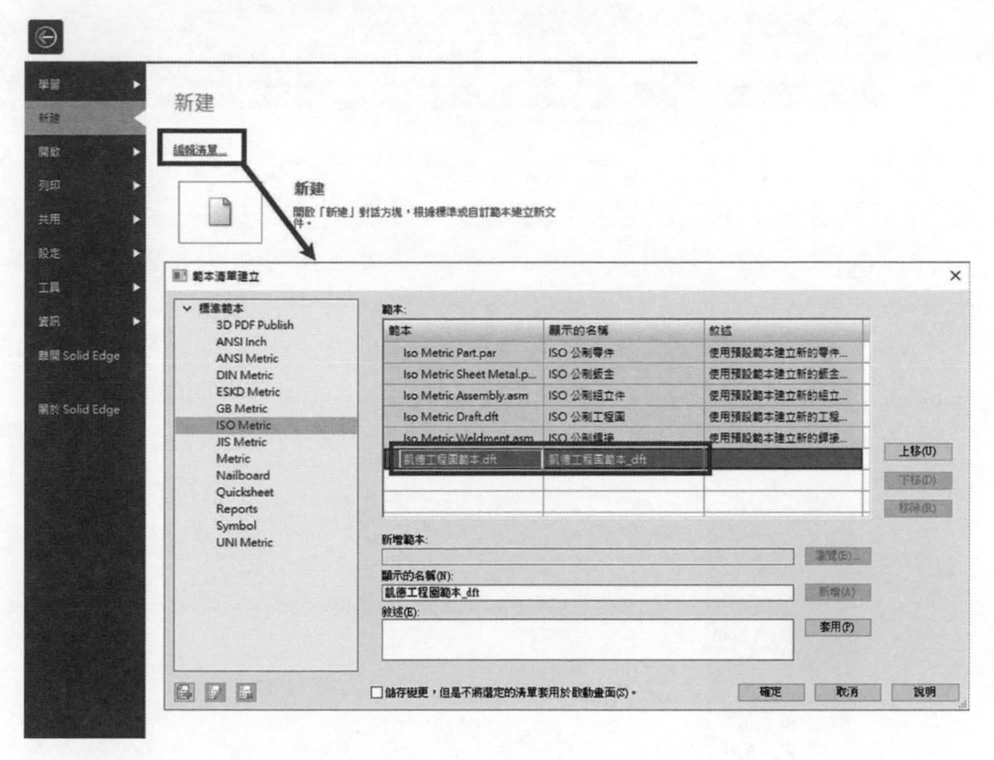

▲圖 16-1-34

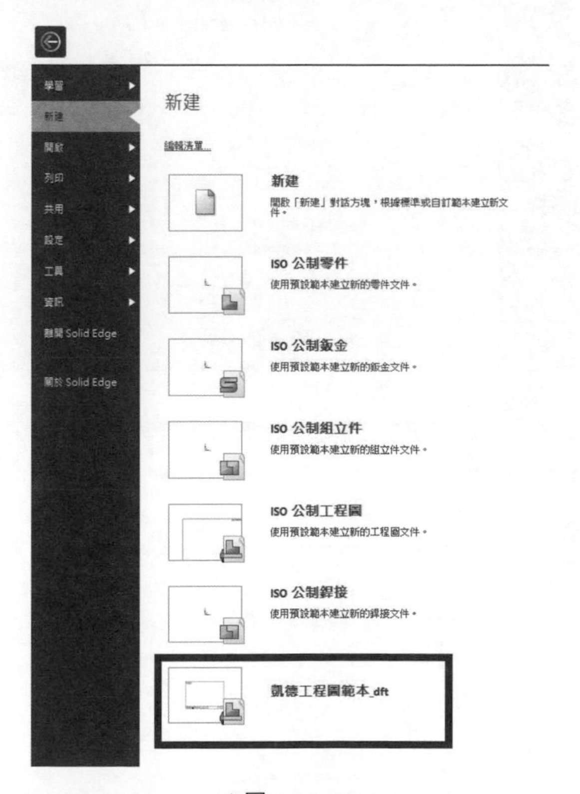

▲圖 16-1-35

16-2 建立模型的圖紙視圖

本章節範例帶領使用者由新建的圖框範本檔來建立工程視圖，透過此範例我們將學到如何建立基本的正視圖及等角視圖。

❶ 使用者可透過「應用程式按鈕」→「新建」中選擇專屬的工程圖範本，本範例利用前面章節所建立的工程圖範本進行說明，如圖 16-2-1。

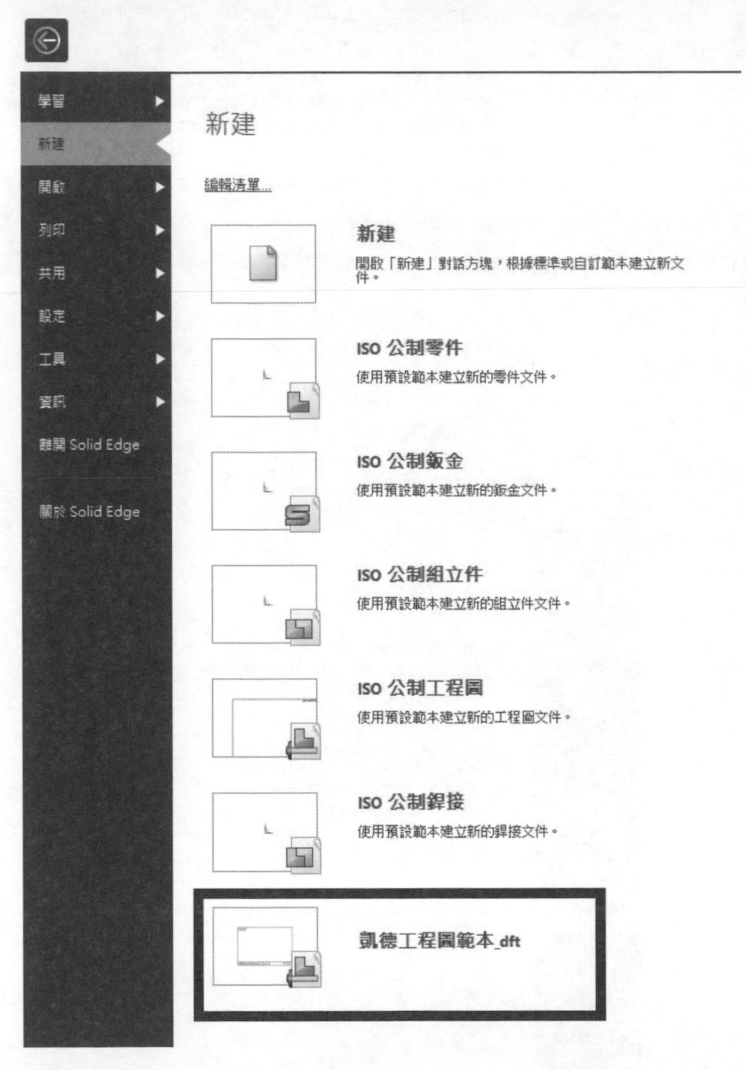

▲圖 16-2-1

❷ 利用「視圖精靈」指令，並且從「選取模型」對話方塊中選擇「16-2.par」零件，透過「開啟舊檔」即可將零件視圖擺放入工程圖紙中，如圖 16-2-2。

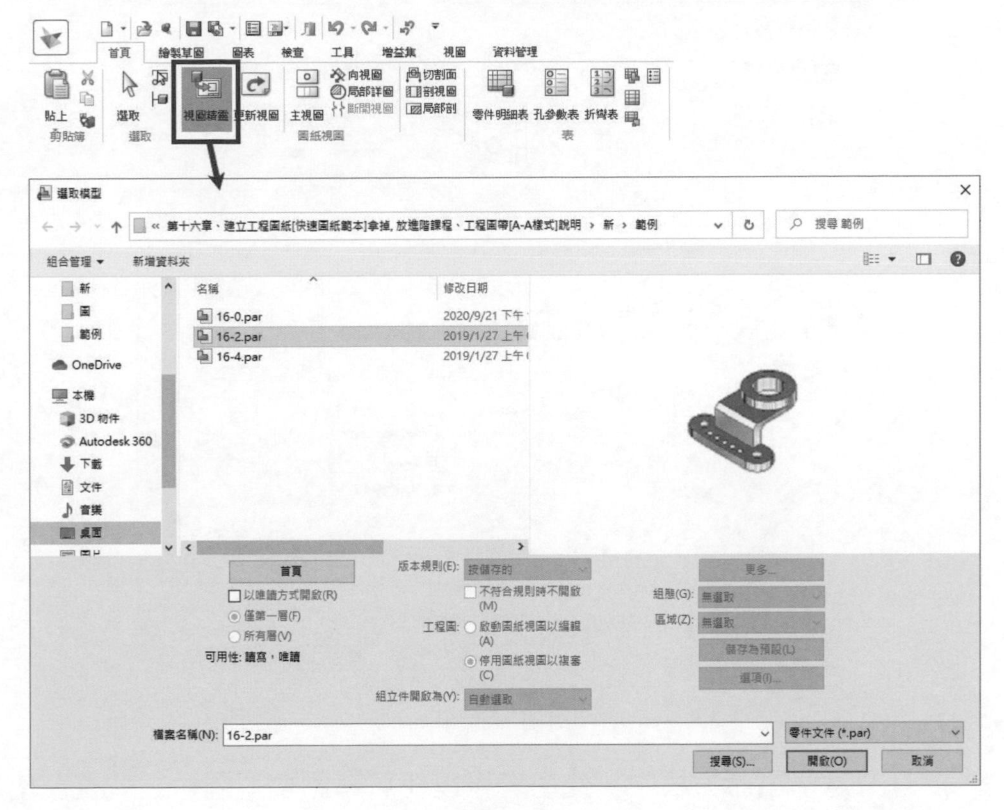

▲圖 16-2-2

❸ 檔案開啟後，在視圖尚未擺放好位置之前，使用者可從快速工具列中利用「圖紙視圖佈局」按鈕，進行其他視圖的同步建立，如圖 16-2-3。

▲圖 16-2-3

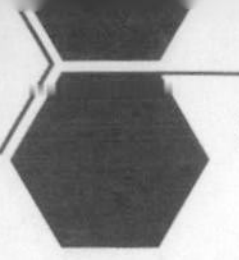

❹ 主視圖可透過使用者自行決定視圖方向，當主視圖選擇「使用者定義」時，點選下方的「自訂」按鈕進行修改，如圖 16-2-4。

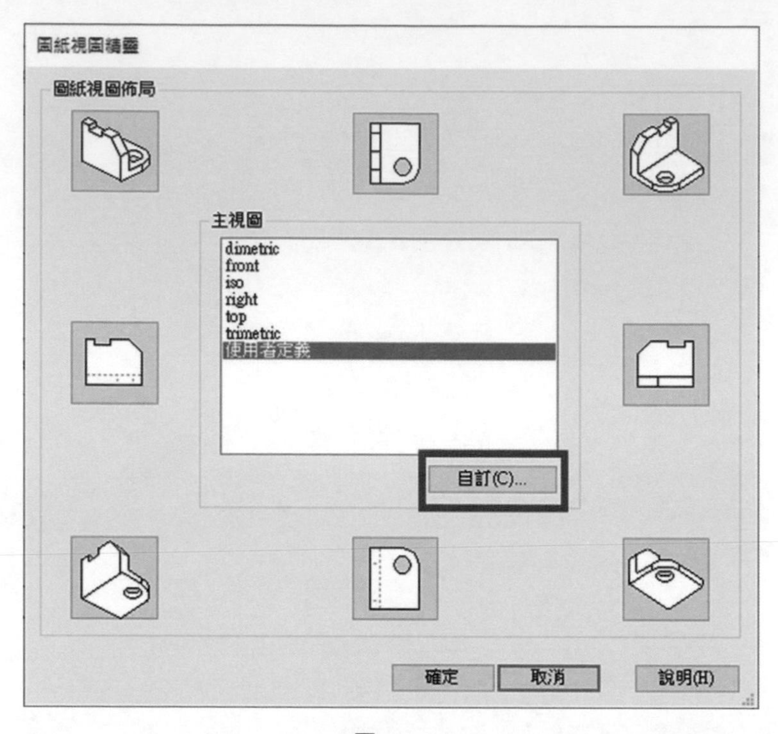

▲圖 16-2-4

❺ 在「自訂方位」對話方框中，使用者可以任意轉動模型視角，調整至使用者所需的視角以建立視圖，當確認視角之後，點選右上角的「關閉」按鈕可結束「自訂方位」對話方框，如圖 16-2-5。

備註 使用者須點選關閉按鈕，Solid Edge 才會記得新的視圖視角。若是選擇 ☒ 按鈕，Solid Edge 會認為使用者放棄這次調整視角的動作，因此使用原本的視角。

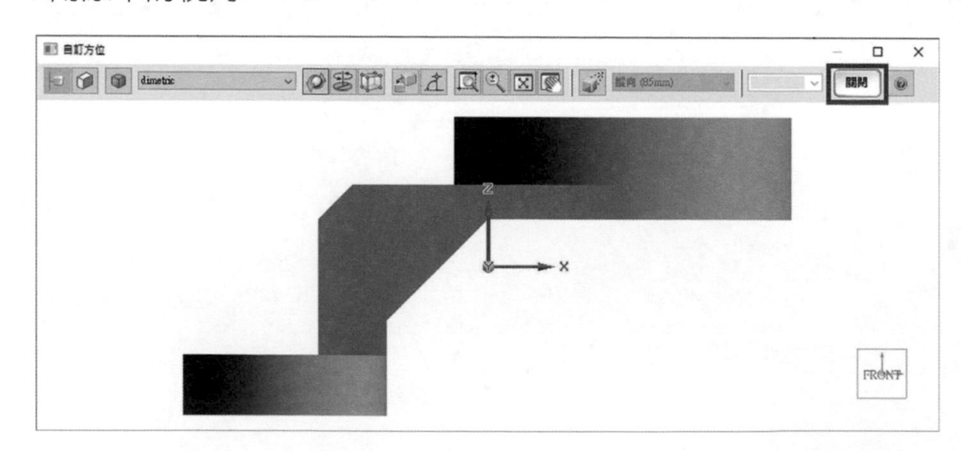

▲圖 16-2-5

❻ 確定好主視圖的方向後，可點選其他與主視圖相對應的視圖，最多可點選到八個視圖，按下「確定」按鈕即可擺放選取的視圖，如圖 16-2-6。

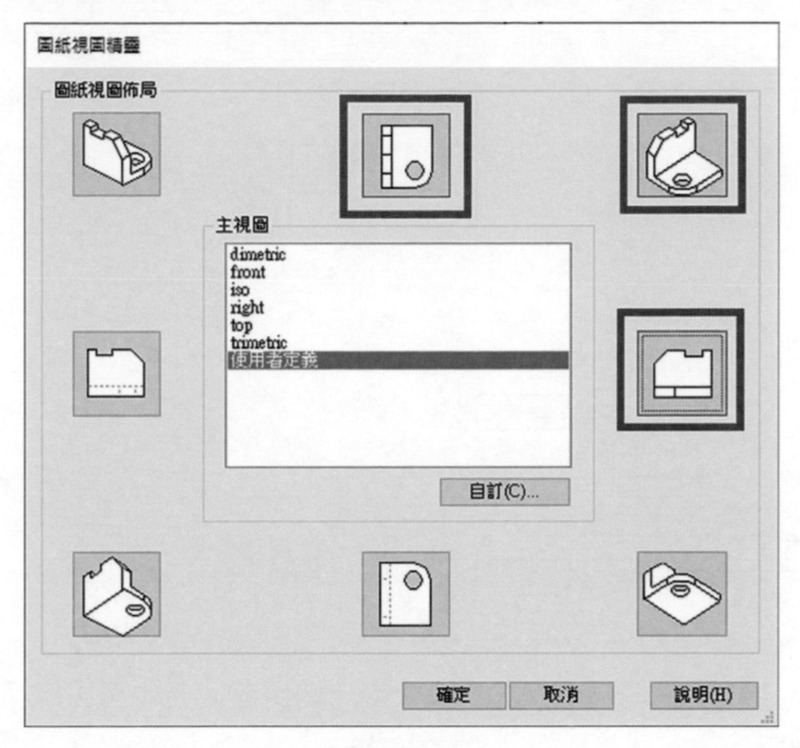

▲圖 16-2-6

❼ 變更視圖「比例」，使用者可以通過變更視圖的顯示大小而使視圖變小或變大，從而為尺寸和註釋留出更多的空間。

視圖確定之後，在快速工具列上，點擊下拉「比例」清單，選擇所需的比例，若沒有所需要的比例，也可在「比例值」欄位中自行輸入，如圖 16-2-7。

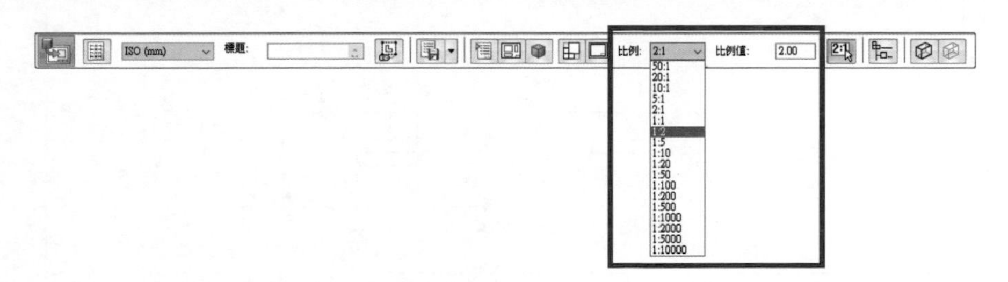

▲圖 16-2-7

❽ 確認視圖比例後，使用者可依照自己的需求擺放好視圖位置，如圖 16-2-8。

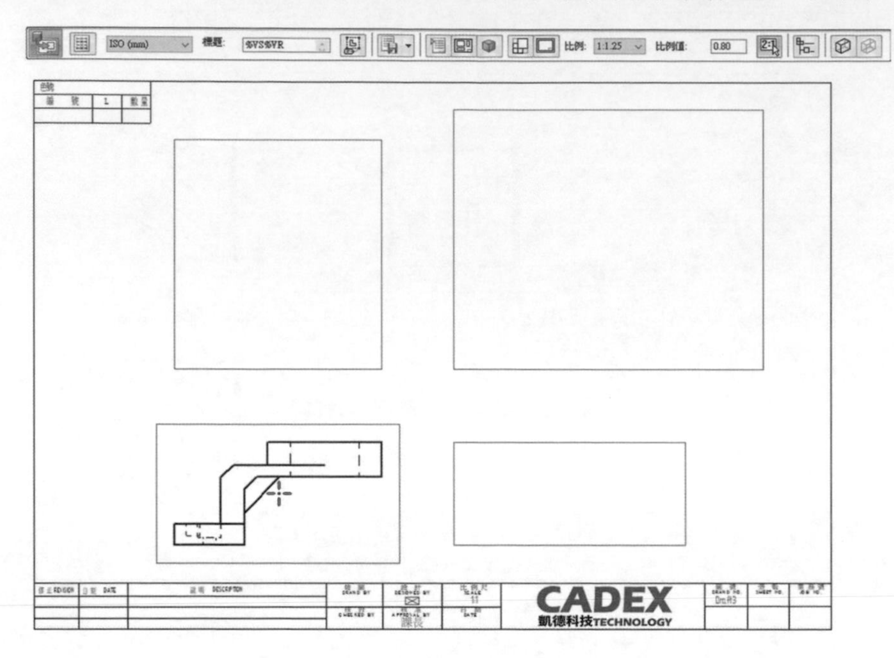

▲圖 16-2-8

❾ 擺放完成後，由於範本中有建立塊標籤，使用者此時也可以確認塊標籤所顯示的性質是否符合需求，如圖 16-2-9。

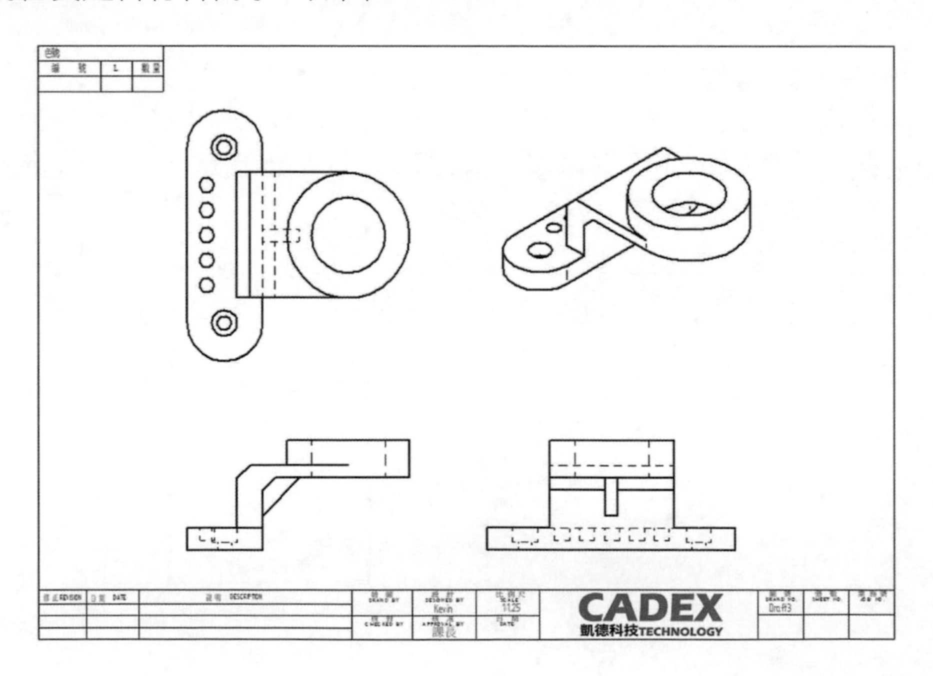

▲圖 16-2-9

❐ 補充：

❶ 視圖視角如果在擺放好之後，還需要再修改視角，可直接點選要改變的視圖，再點選工具列上「選取 - 視圖方向」指令，進行調整修改，如圖 16-2-10。
若從視圖名稱無法辨識視圖方向，也可以再利用「圖紙視圖佈局」當中的使用者定義重新定義視圖方向。

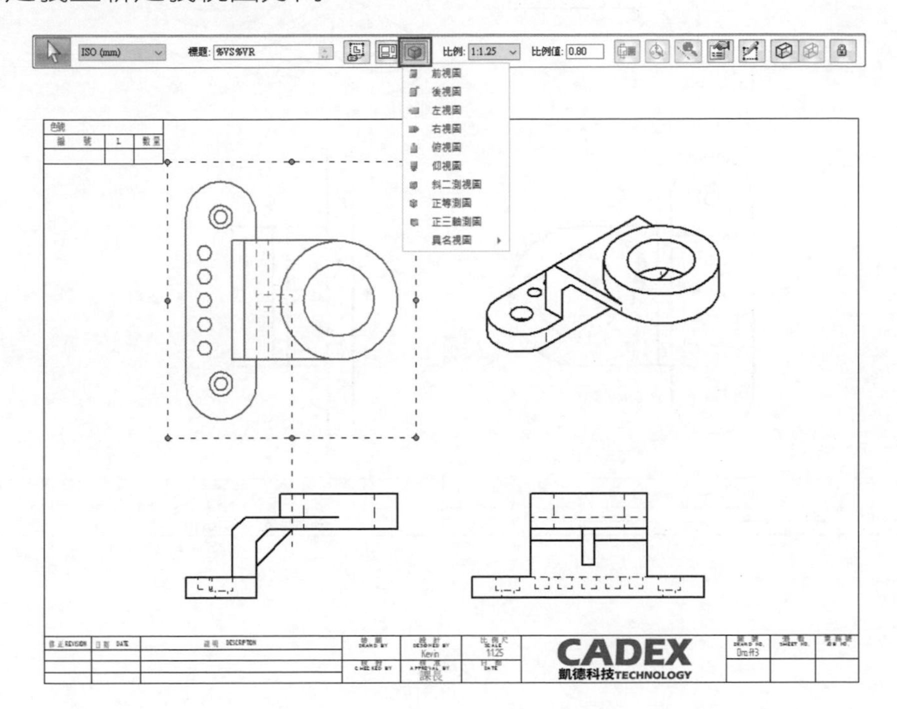

▲圖 16-2-10

❷ 視圖選定之後，由於正視圖之間有視圖對齊的規則性，因此相對應的正視圖也會一同修改視角，如圖 16-2-11 ，只有等角視圖則不受影響。
備註 點選「是」則是確定修改，點選「否」則是不修改，回到原本視角。

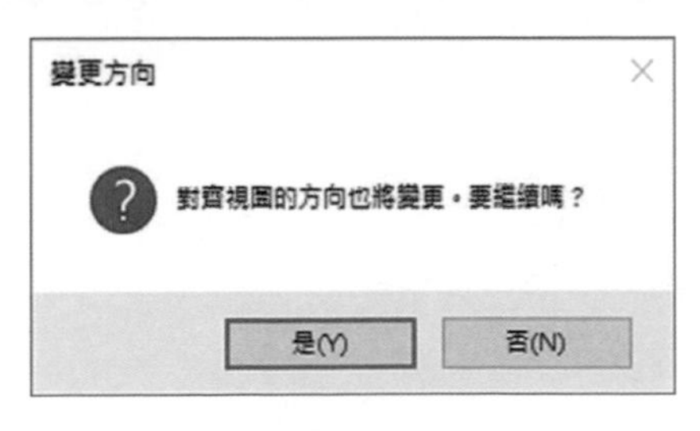

▲圖 16-2-11

❸ 修改完成之後，使用者可以點選視圖拖曳，進行視圖位置調整即可，如圖 16-2-12。

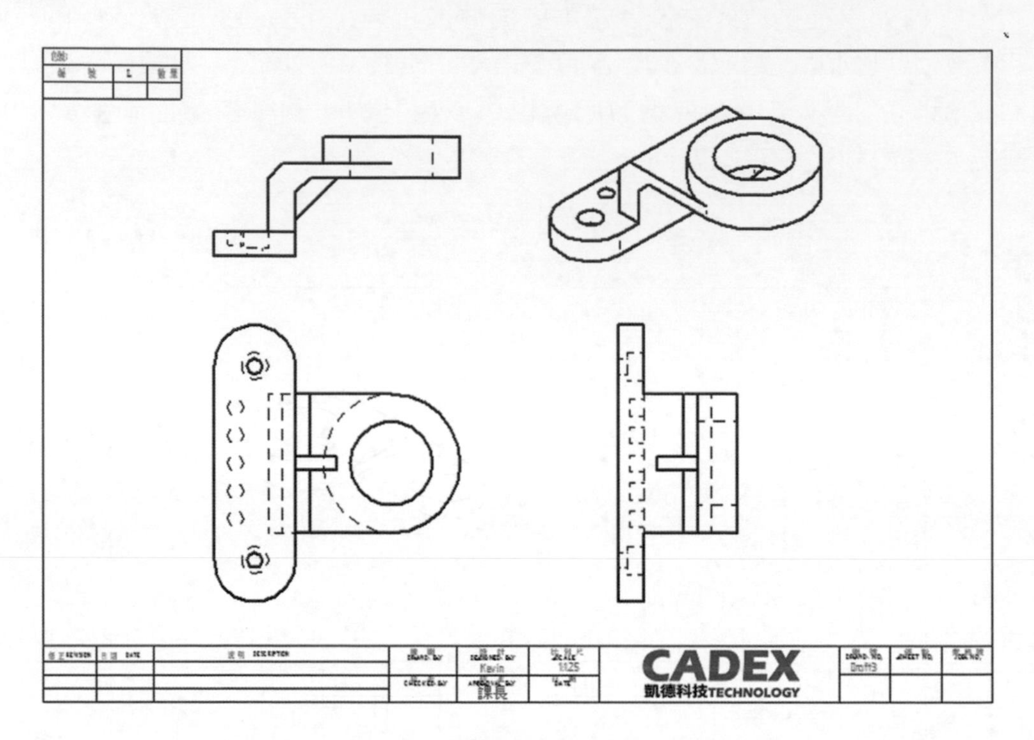

▲圖 16-2-12

16-3 局部放大視圖、剖視圖

工程圖中除了基本的正視圖與等角視圖之外，還會使用許多的輔助視圖以供現場人員識圖，本章節將以常見的「局部放大視圖」及「剖視圖」進行介紹說明。

➢ 局部詳圖

❶ 利用前面章節建立的工程圖介紹「局部放大視圖」，如圖 16-3-1。

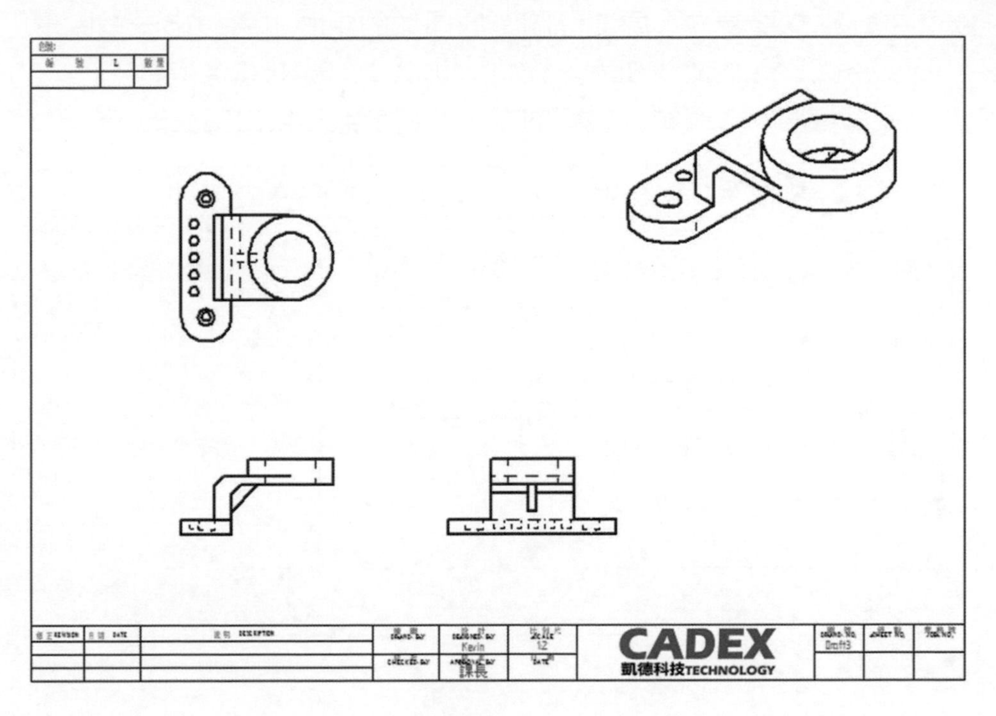

▲圖 16-3-1

❷ 在「首頁」→「圖紙視圖」內點選「局部詳圖」指令，以建立局部放大視圖，如圖 16-3-2。

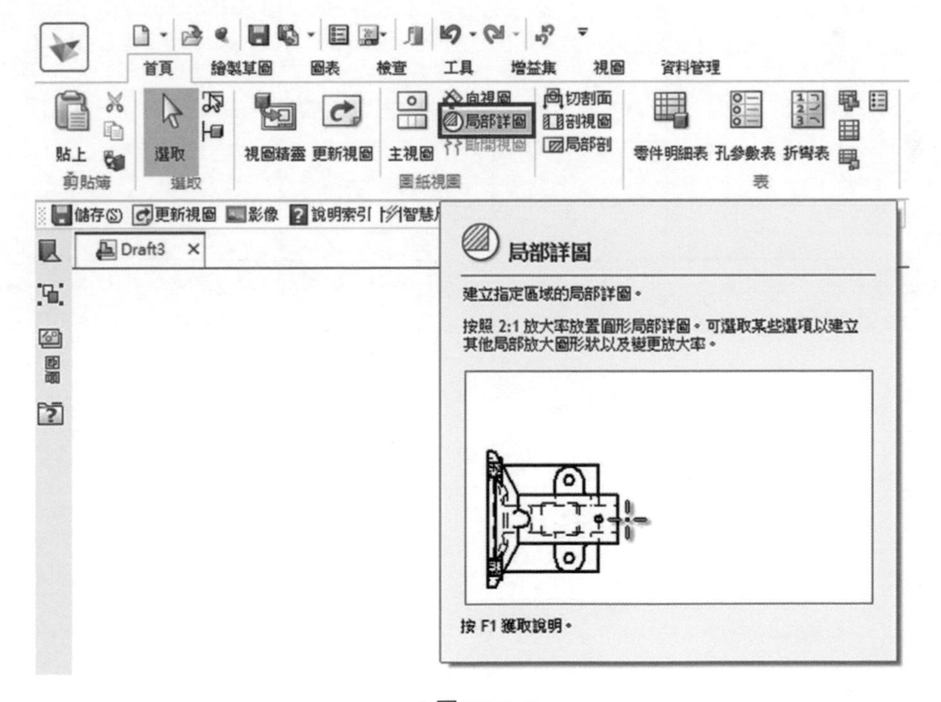

▲圖 16-3-2

❸ 在視圖中，點擊要建立「局部詳圖」的區域的中心，繪製出一個圓形區域；這圓形區域就是局部放大的區域，如圖 16-3-3、圖 16-3-4。

備註 繪製區域時，如有鎖到視圖的點，區域是無法自由拖曳的。

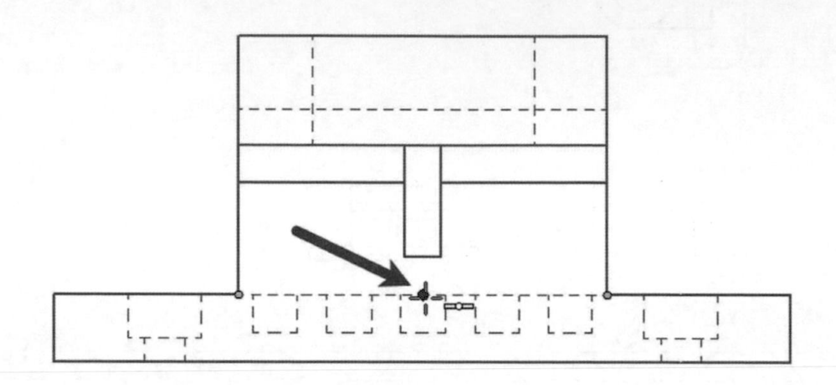

▲圖 16-3-3

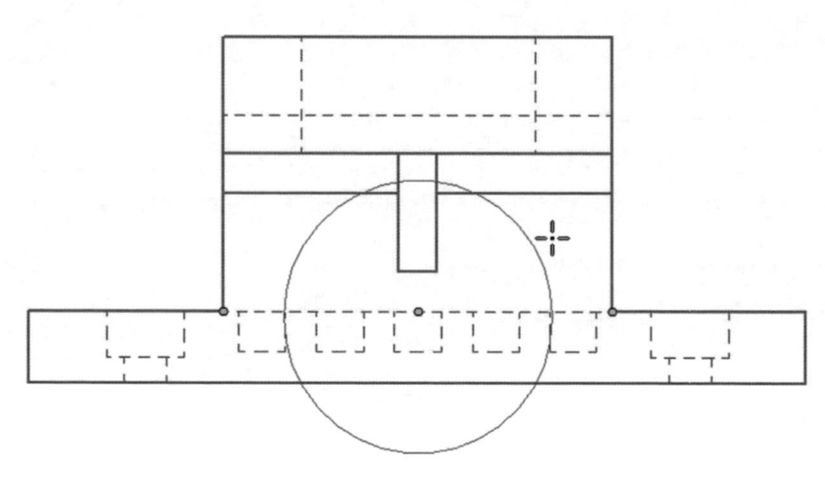

▲圖 16-3-4

❹ 利用快速工具列上紅色框框內，可以修改放大視圖的比例，如圖 16-3-5。

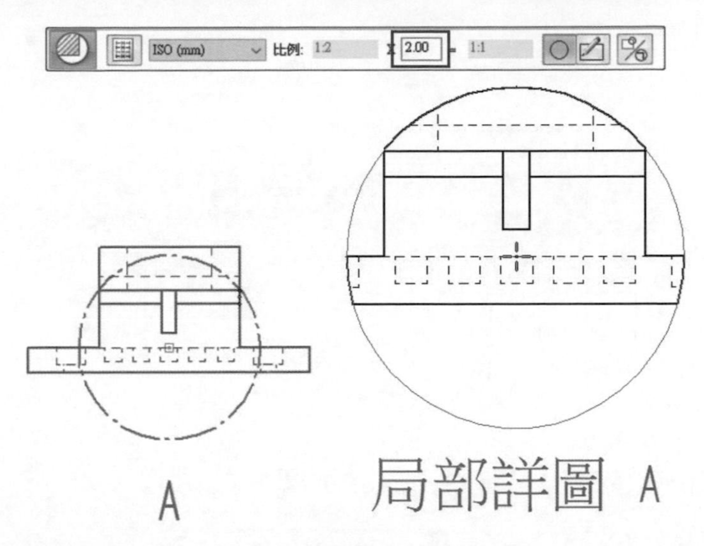

▲圖 16-3-5

❺ 使用者可以點選視圖進行調整修改，如：視圖名稱不符合使用者需求時，可在「標題編輯欄」中進行修改，「% AS」為語法名稱請勿更動；在「選取 - 顯示標題」按鈕中，點擊「顯示視圖比例」按鈕以顯示視圖比例，如圖 16-3-6。

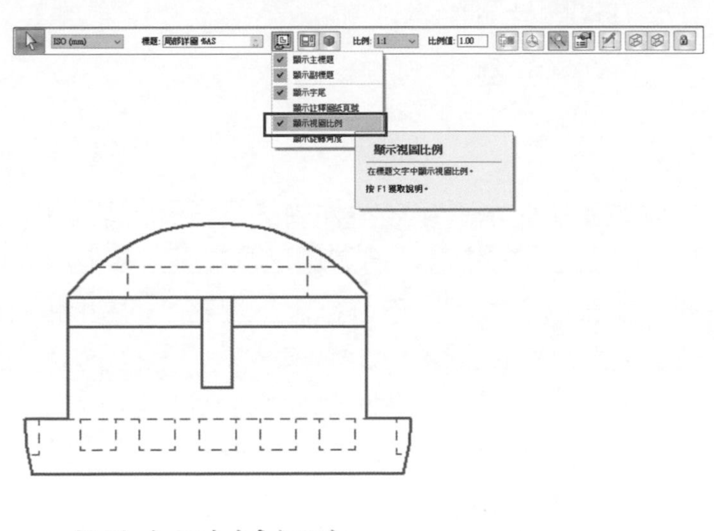

▲圖 16-3-6

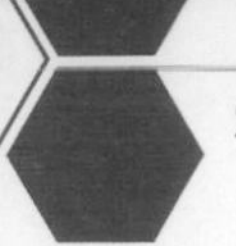

> 剖視圖

❻ 在建立「剖視圖」之前，需要先行建立「切割面線」，因此請先點選「首頁」→「圖紙視圖」中的「切割面」指令，如圖 16-3-7。

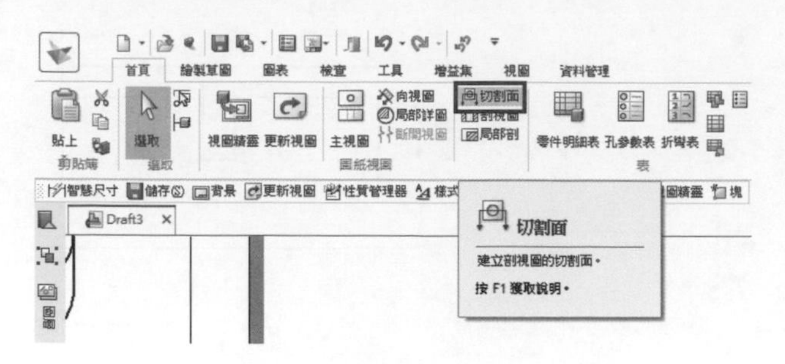

▲圖 16-3-7

❼ 選擇一個視圖用以繪製「切割面線」，如圖 16-3-8。

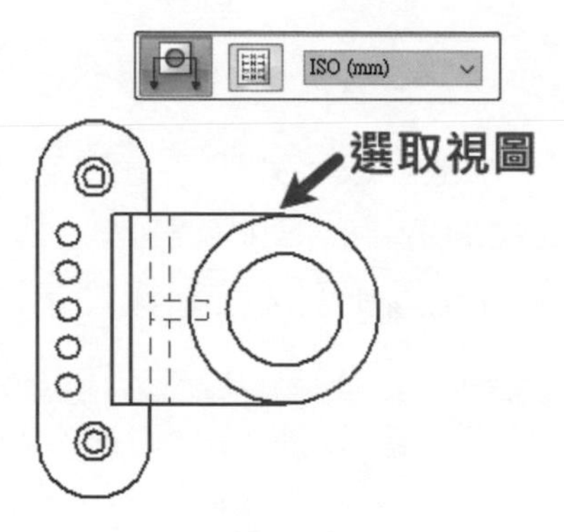

▲圖 16-3-8

❽ 調整視圖大小以方便繪製水平穿過零件中的兩個孔的切割面線，因此，使用者可以在繪製線時定位孔的中心。將游標定位在孔上，但不點擊滑鼠。此時，圓會高亮度顯示並在圓心處出現中心標記；現在，向視圖的右側或左側移動游標，然後點擊以開始繪製直線，如圖 16-3-9。

備註 切割面線僅限直線的連續線段，因此在此環境中不得繪製成封閉草圖或是使用曲線或圓弧線繪製。

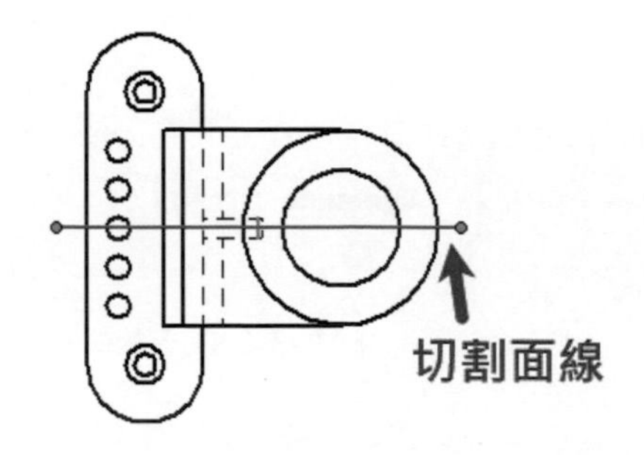

▲圖 16-3-9

❾ 切割面線繪製完成後，點選右上角的「關閉切割面」指令，關閉此繪圖環境，如圖 16-3-10。

▲圖 16-3-10

❿ 透過滑鼠上下移動來定義剖視圖的視圖方向，確定方向之後，點擊滑鼠左鍵以確定方向，如圖 16-3-11。

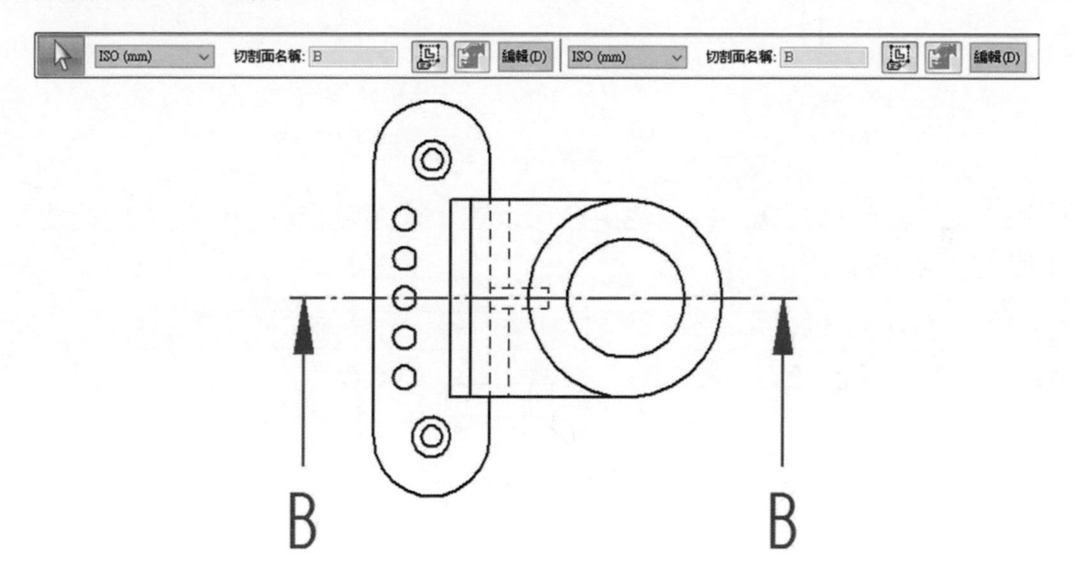

▲圖 16-3-11

⓫ 接著使用「剖視圖」指令，並且點選切割面線建立視圖，如圖 16-3-12。

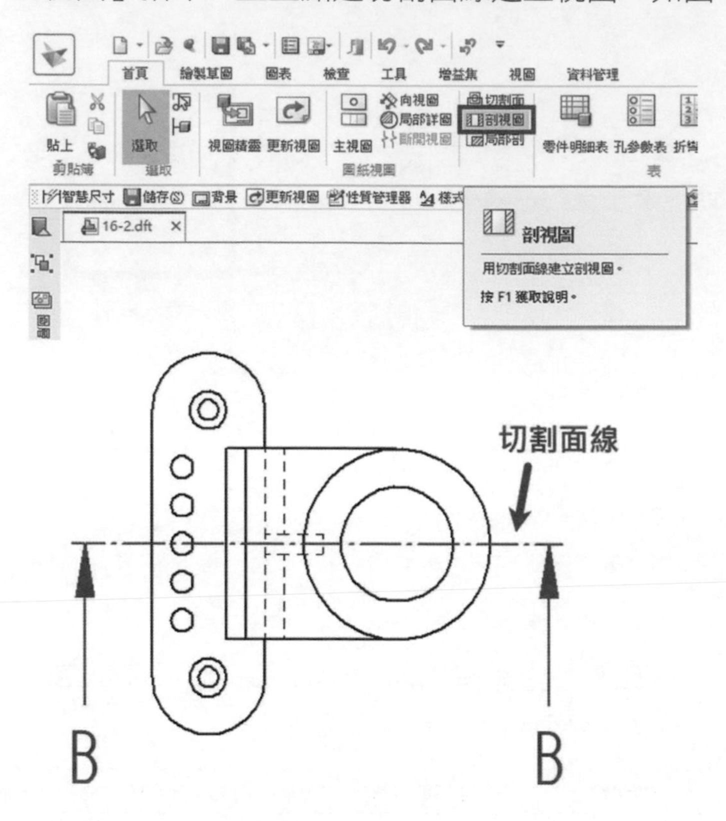

▲圖 16-3-12

⓬ 透過滑鼠移動建立視圖後，使用者可以在「標題編輯框」中輸入所需要的名稱，如圖 16-3-13。

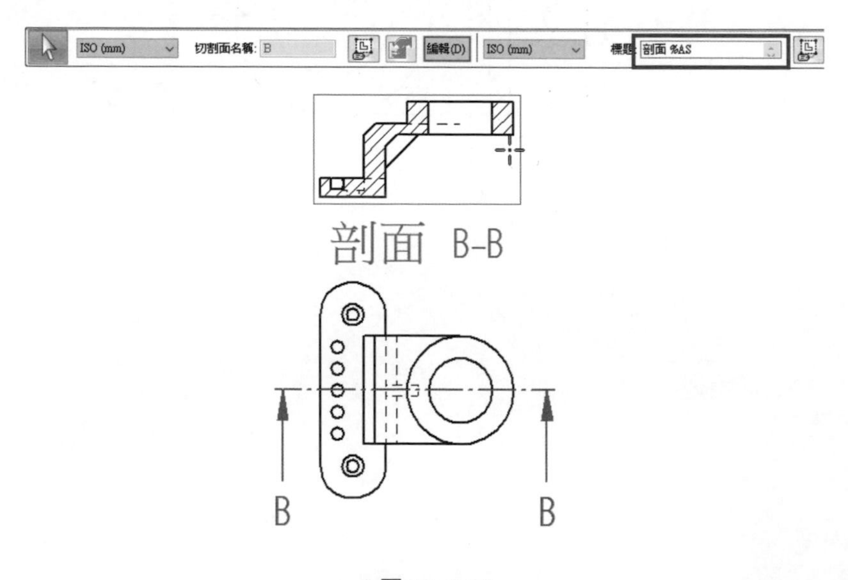

▲圖 16-3-13

⓭ 關閉剖視圖的隱藏線，使用者可以點選剖視圖之後，在快速工具列上開啟「性質」指令，於性質中修改隱藏線的顯示，如圖 16-3-14。

▲圖 16-3-14

⓮ 在「顯示」標籤中清除「隱藏邊樣式」選項前面的勾選標記，如圖 16-3-15。請注意，您將看到一個對話方塊，其中說明了對顯示設定所做的變更會影響此圖紙視圖預設的零件邊顯示設定；點擊「確定」將關閉此對話方塊。

▲圖 16-3-15

⓯ 對話方塊點選確定後，視圖更新如圖 16-3-16。

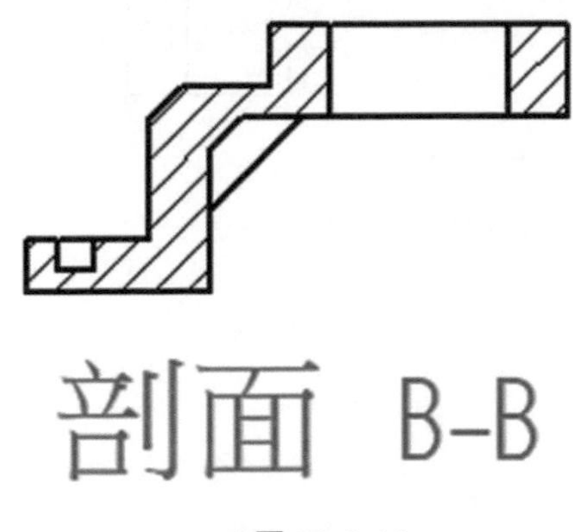

▲圖 16-3-16

16-4 取回尺寸及設計變更

本章節範例接續前面章節的範例：從『建立模型的圖紙視圖』結束的地方開始。

❶ 使用者可以如同 3D 模型時，使用「智慧尺寸」來標註尺寸。
然而在繪製 3D 模型時，使用者都會標註尺寸以供建立 3D 模型使用，因此在 Solid Egde 中標註尺寸最快的方式就是使用「取回尺寸」指令，將 3D 模型所用的尺寸帶入工程圖當中。
選取「首頁」→「尺寸」→「取回尺寸」，如圖 16-4-1。

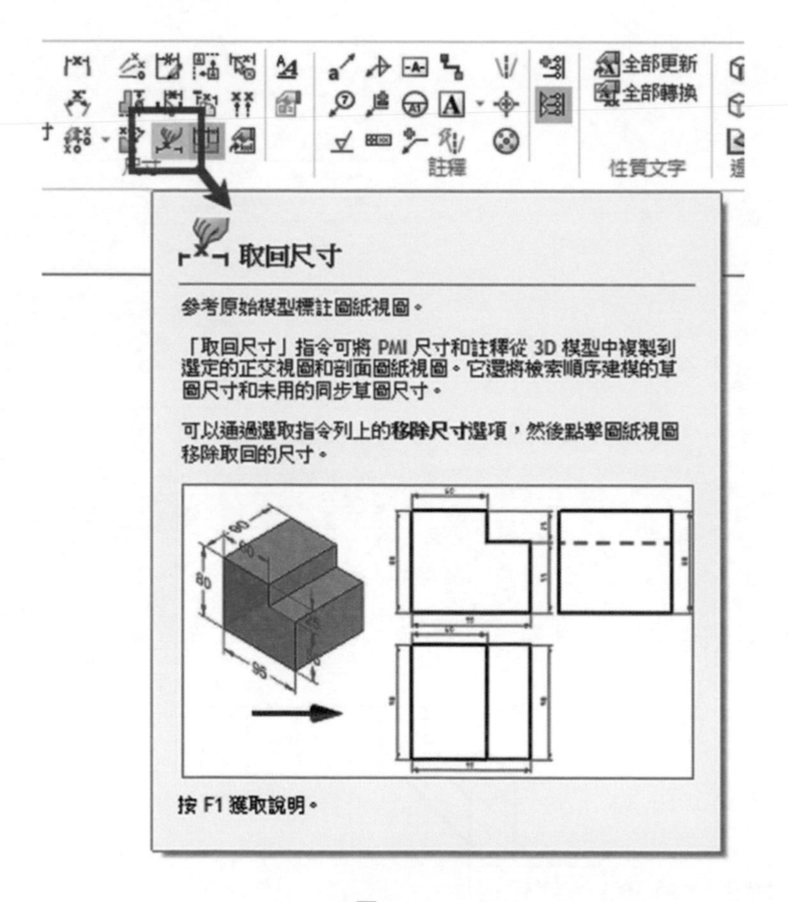

▲圖 16-4-1

❷ 點選指令之後，只要點選視圖即可調入 3D 模型所使用的尺寸，以達到快速標註尺寸的效果，如圖 16-4-2。

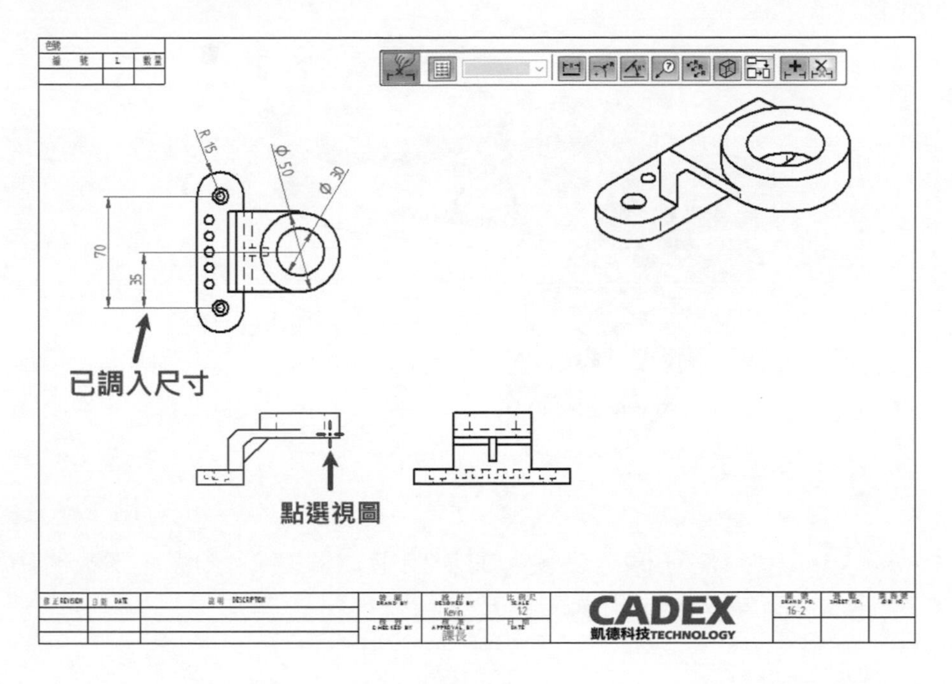

▲圖 16-4-2

備註 「取回尺寸」指令會根據使用者在繪製 3D 模型時，所標註的 PMI 尺寸方向，如圖 16-4-3。

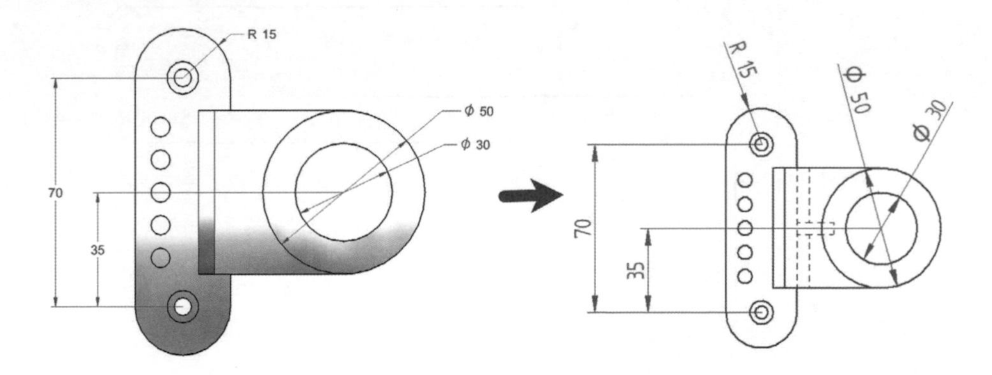

▲圖 16-4-3

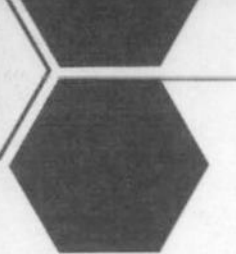

另外，使用者在標註尺寸但未確定尺寸方向時，可利用快捷鍵「N」、「B」切換尺寸方向，進而影響「取回尺寸」時所調入尺寸顯示的視圖，如圖 16-4-4。

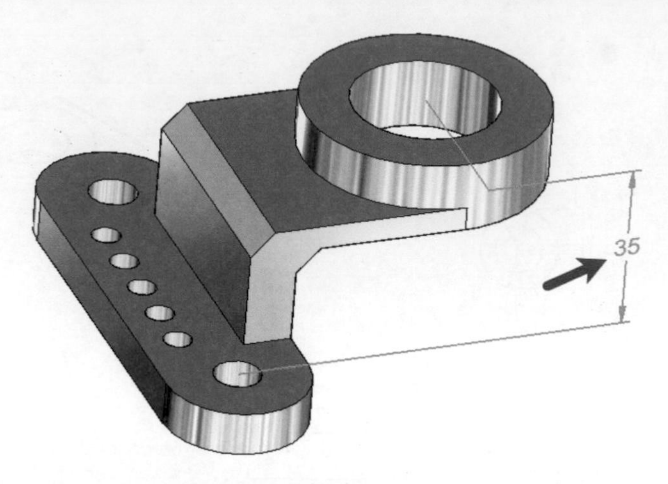

▲圖 16-4-4

以下將說明如果零件在標註之後，還需要進行設變修改時，該做何處理？本章節將延續前面章節所使用的零件及工程圖進行說明。

❸ 確認零件中需要修改設變的部分，接下來將以圖 16-4-5 中的「50 mm」進行修改並且說明。

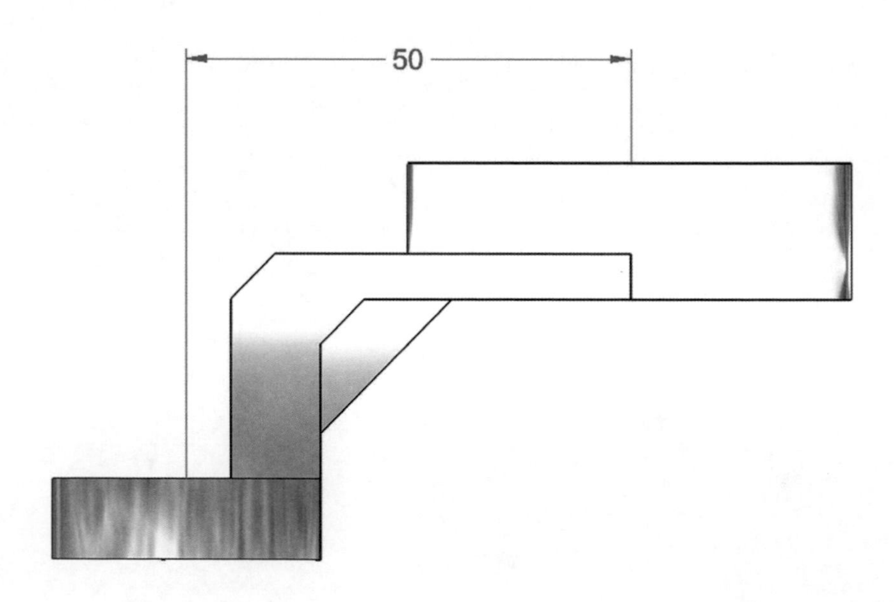

▲圖 16-4-5

❹ 將模型尺寸「50 mm」更改為「70 mm」，如圖 16-4-6。

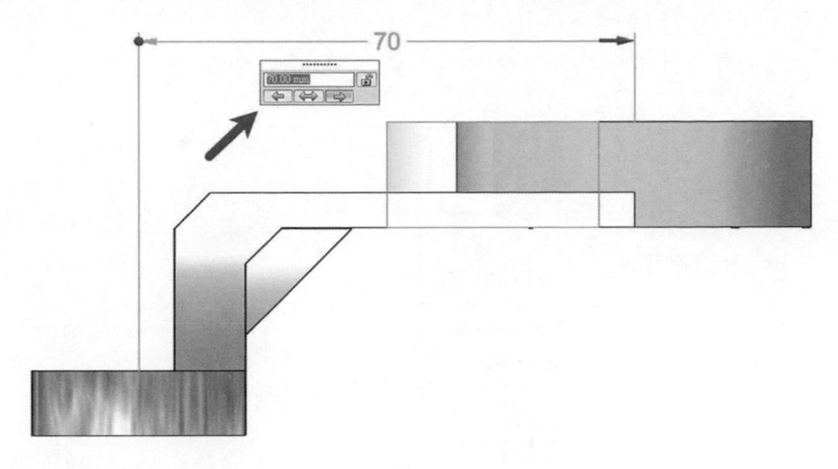

▲圖 16-4-6

❺ 此時在切換回工程圖中時，可以發現到各視圖上帶著灰色細線框，如圖 16-4-7。

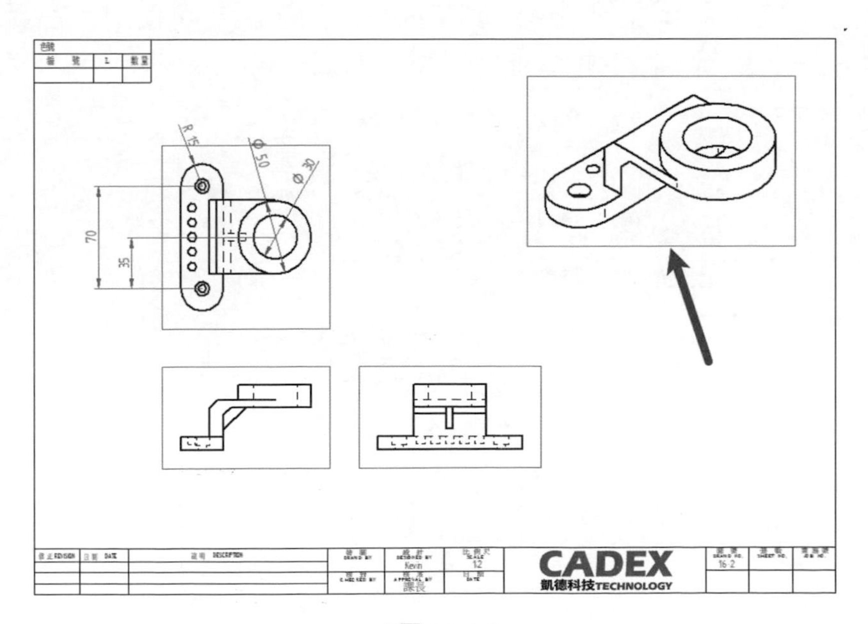

▲圖 16-4-7

❻ 每個視圖周圍圍著灰色的外輪廓線表示此視圖已過期，變更模型中任何的尺寸都會導致圖紙視圖過期。
使用者可以利用「工具」→「助手」→「圖紙視圖跟蹤器」指令，透過「圖紙視圖跟蹤器」查閱過期視圖，如圖 16-4-8。

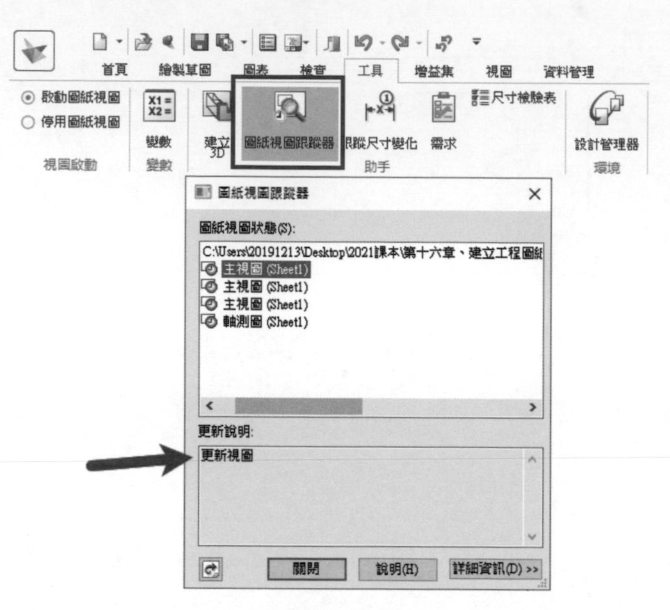

▲圖 16-4-8

❼ 透過「圖紙視圖追蹤器」指令中顯示的視圖狀態，使用者知道此時的視圖已經過期了，需要更新視圖以修改成當前模型的視圖，可使用「首頁」→「圖紙視圖」→「更新視圖」指令進行更新，如圖 16-4-9。

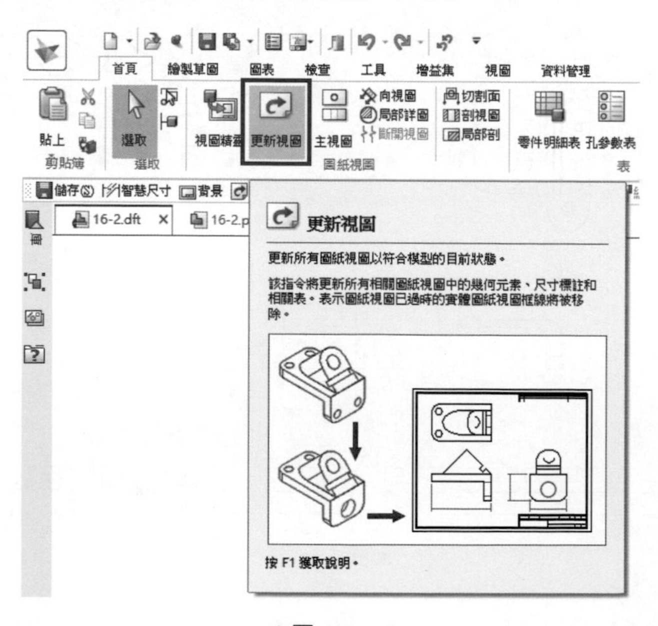

▲圖 16-4-9

❽「更新視圖」之後，由於先前已經標註好尺寸了，因此 Solid Edge 會自動啟動「尺寸跟蹤器」，從「尺寸跟蹤器」中使用者可以知道那些尺寸原本值以及修改後的數值，同時會加上設變記號供使用者辨識，如圖 16-4-10。

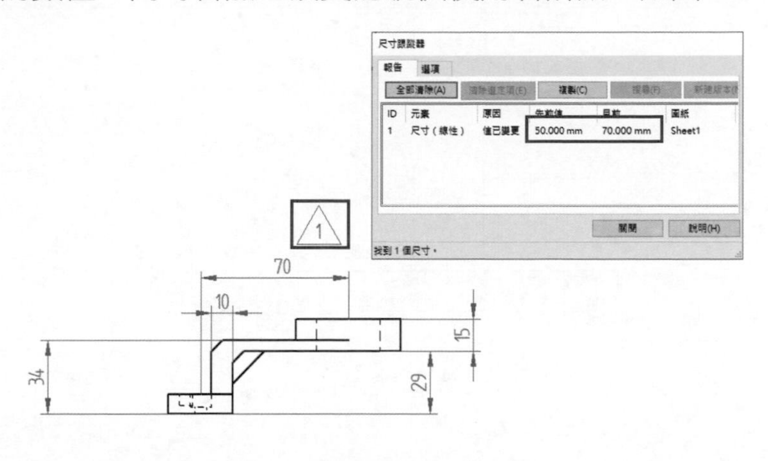

▲圖 16-4-10

❾ 若使用者不清楚設變的尺寸在視圖的哪個位置，可以點選尺寸透過「搜尋」按鈕，畫面會自動縮放至該尺寸；如果此次修改並不需要設計記號，也可以利用「全部清除」或「清除選定項」將設變記號刪除，如圖 16-4-11。

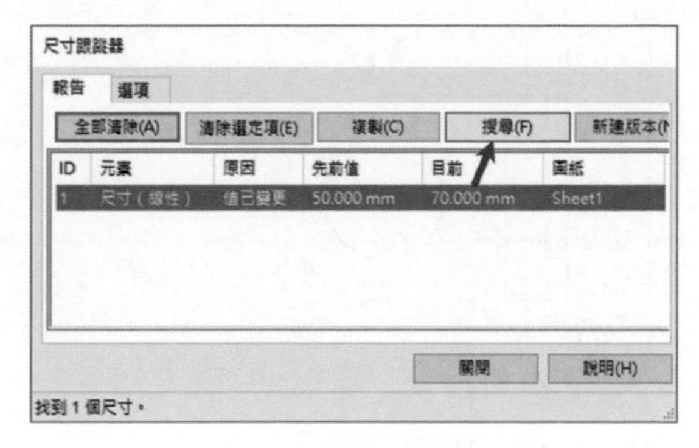

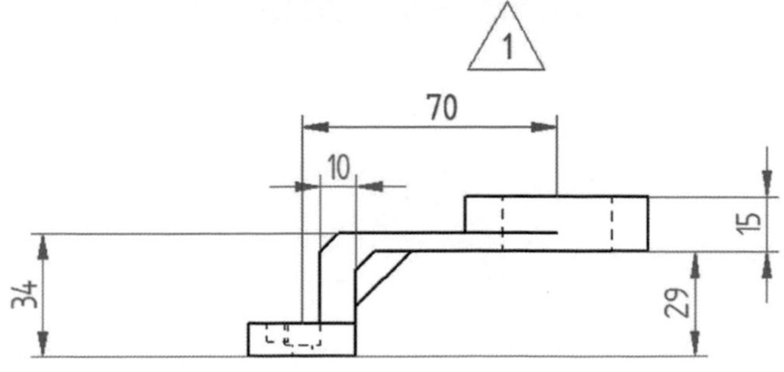

▲圖 16-4-11

❿ 使用者利用「首頁」→「註釋」→「中心線」指令，利用「中心線」指令建立視圖使用的中心線段，指令中可以選擇「兩點」或「兩條線」的模式，如圖 16-4-12。

▲圖 16-4-12

⓫ 「兩點」方式：如同繪製直線一般，藉由鎖點方式鎖定兩個點即可繪製。
「兩條線」方式：可選取兩條線段，Solid Edge 會計算兩線段的中間位置繪製中心線，如圖 16-4-13。

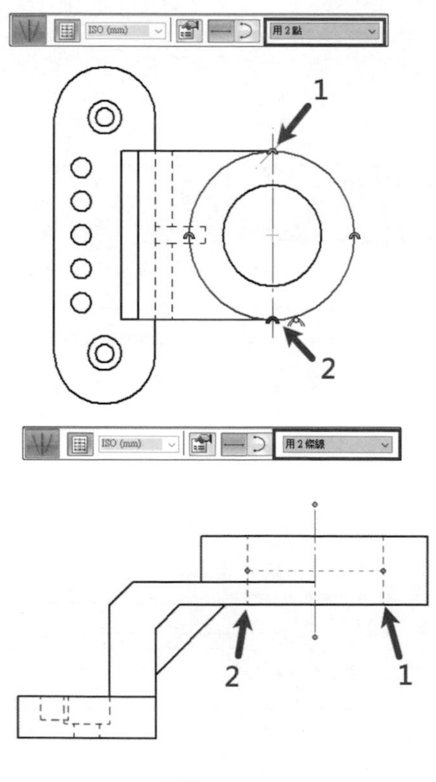

▲圖 16-4-13

⓬ 然而，透過「中心線」指令繪製時所需的動作較多，因此Solid Edge提供了「自動建立中心線」，點選任一視圖之後，Solid Edge 會自行辨識視圖中需要繪製中心線的部分，由 Solid Edge 自行繪製中心線，如圖 16-4-14。

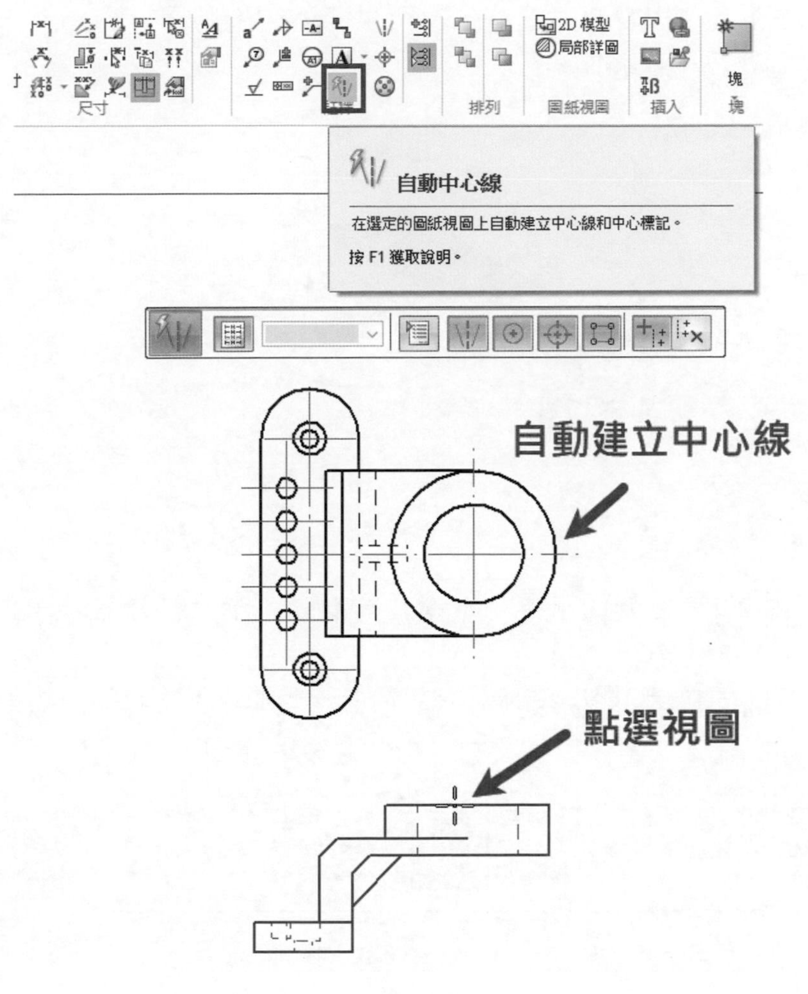

▲圖 16-4-14

16-5 產品加工資訊 PMI 應用

西門子的 Product and Manufacturing Information (PMI) 解決方案有助於實現全面的 3D 註釋環境，以及傳達這些信息可供下游製造應用。透過 PMI 有利於信息的重用於整個產品生命週期。

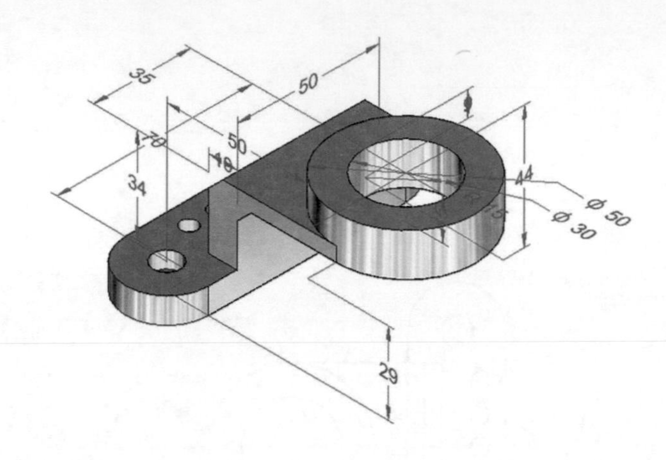

本章將利用 2D 標註介紹常見 PMI 應用範疇，包括尺寸標註、單位公差、幾何公差符號、特徵標註等。

❶ 除了利用「取回尺寸」以達到快速標註尺寸之外，使用者也可以利用「智慧尺寸」進行標註，點選「智慧尺寸」指令之後，如圖 16-5-1。

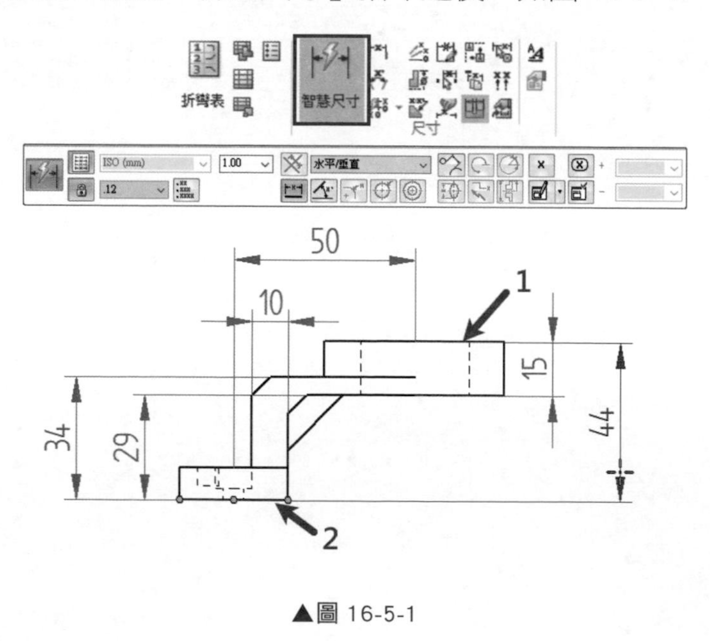

▲圖 16-5-1

❷ 標註尺寸之後，有時會在尺寸前方加入數量標示，以確認其數量，如圖 16-5-2，當中的「R15」尺寸，也可以加入數量標示如「2×R15」以供加工人員知道兩邊圓弧尺寸皆為 R15。

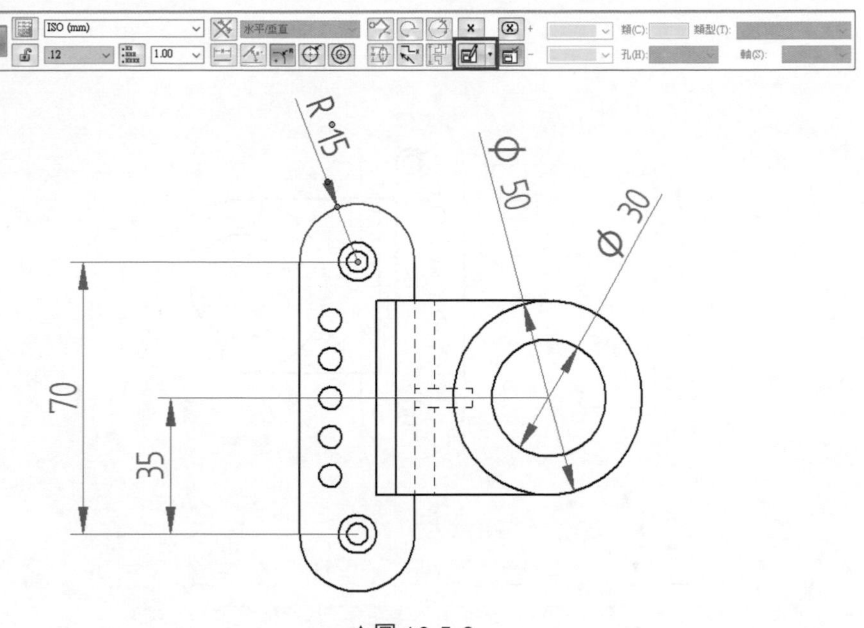

▲圖 16-5-2

❸ 在「尺寸字首」對話方塊中，使用者可在「字首」、「字尾」自行輸入所需的文字內容，而中間顯示的「1.123」代表著尺寸，因此可於「字首」編輯欄中輸入「2x」，這樣一來尺寸將會顯示為「2x R15」，如圖 16-5-3 ，而使用者也可以利用一旁的「特殊字元」帶入所需要的符號，也可以利用「孔參照尺寸」、「智慧深度」顯示孔特徵的資訊。

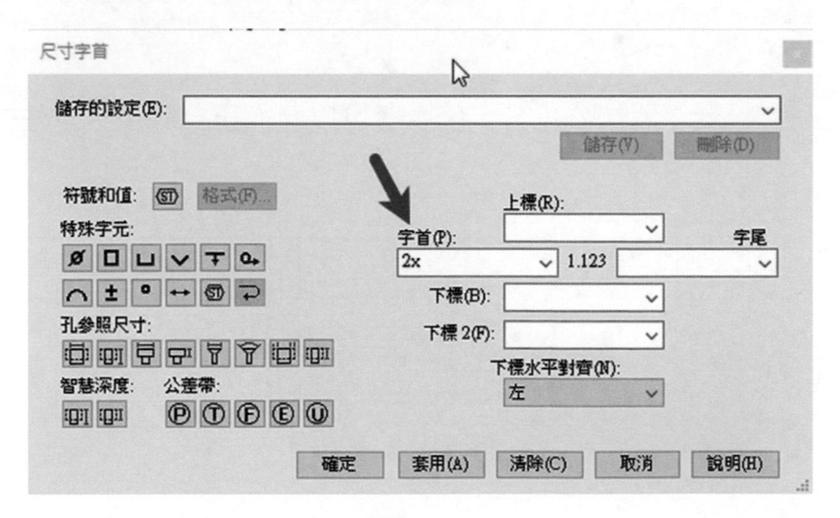

▲圖 16-5-3

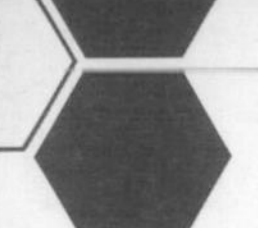

❹ 點選「確定」之後，Solid Edge 會自動關閉「尺寸字首」對話方框，尺寸上會加入使用者所需要的字首或字尾，如圖 16-5-4。

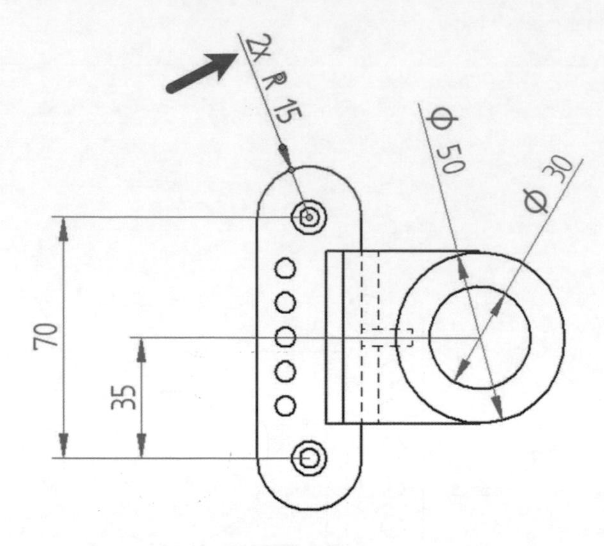

▲圖 16-5-4

❺ 如果有需要建立公差，使用者可點選需要加入公差的尺寸，點擊快速工具列上的「尺寸類型」選擇需要使用的公差類型，如圖 16-5-5。

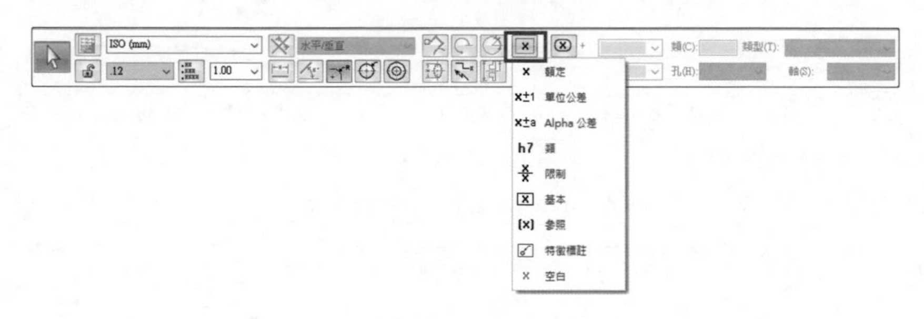

▲圖 16-5-5

❻ 比如説選擇「X±1 單位公差」，使用者可以輸入正負公差，以建立公差，如圖 16-5-6。

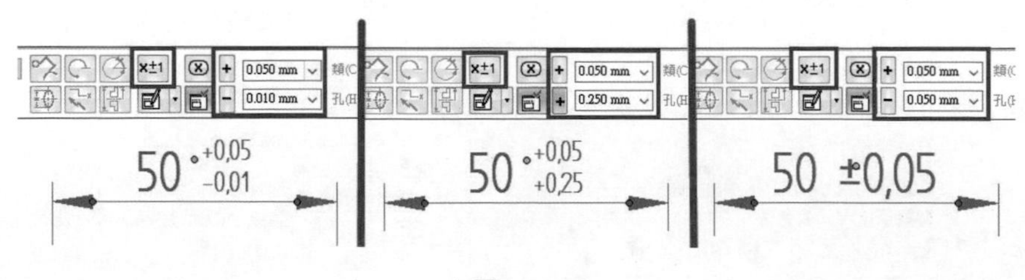

▲圖 16-5-6

❼ 也可以選擇「h7 類」建立基孔制或基軸制這類的標準公差，在選擇「h7 類」之後依照基孔制或基軸制選擇「孔 (H)」或「軸 (S)」並且選擇所需的公差單位即可，如圖 16-5-7。

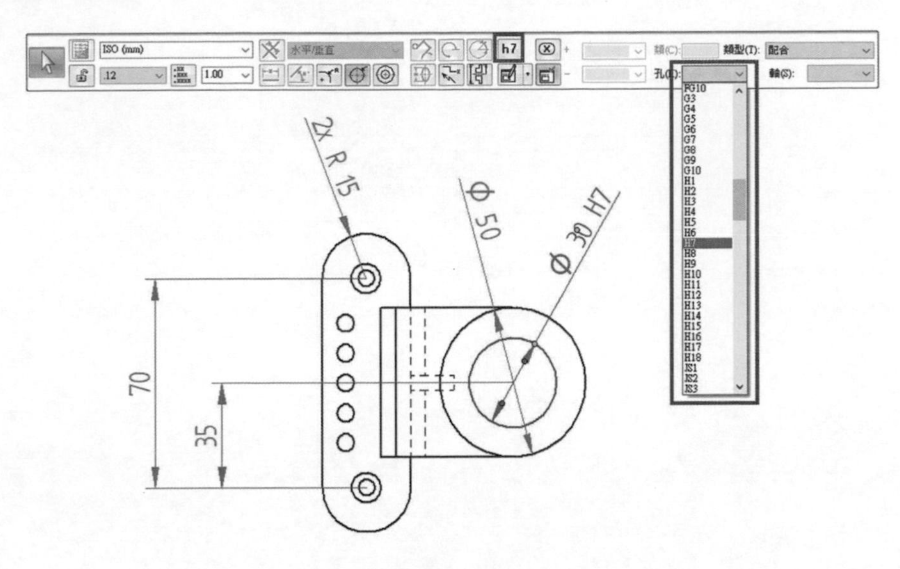

▲圖 16-5-7

❽ 而這樣的公差為了方便辨識，使用者也可以將類型 (T) 切換至「帶公差配合」，這樣基孔制的公差會帶上尺寸以供辨識，如圖 16-5-8。

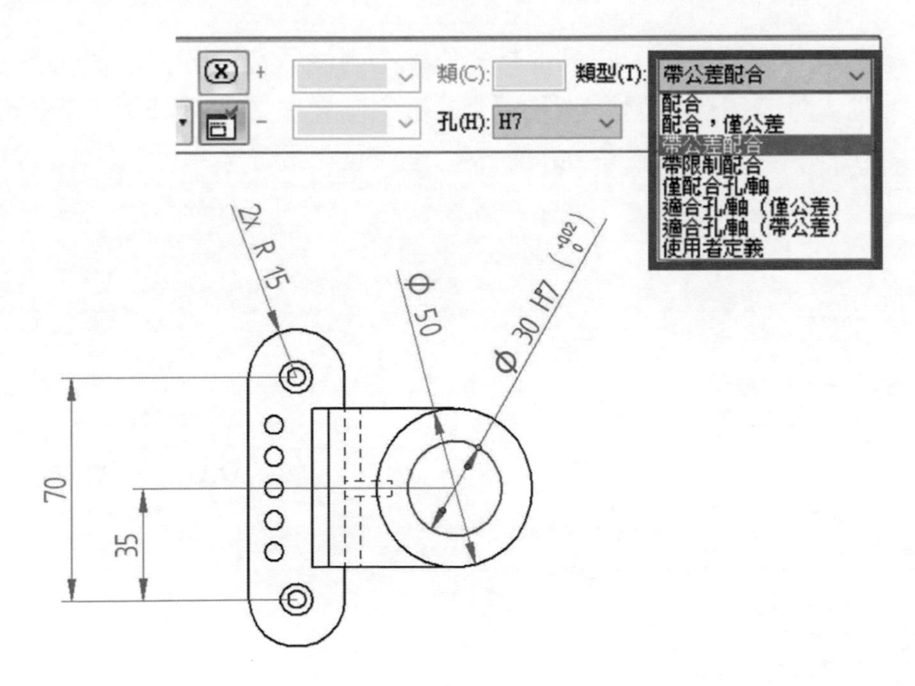

▲圖 16-5-8

❾ 工程圖當中除了尺寸公差之外，也經常使用「幾何公差」作為公差表示，因此使用者可以利用「幾何公差符號」指令建立幾何公差，如圖 16-5-9。

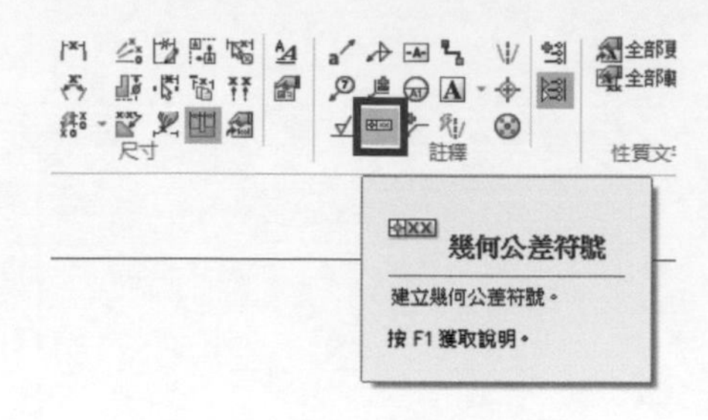

▲圖 16-5-9

❿ 點選指令之後，可利用「幾何公差符號性質」對話方塊進行幾何公差的編寫，以圖 16-5-10 預覽圖中的「幾何公差」 // 0.02 A 作為說明。

- 在內容編輯欄中進行編輯，先點選「幾何符號」中的「平行度」按鈕，以建立平行度的幾何符號。
- 接著點選「分隔符號」按鈕作為分隔線，再輸入需要的公差值「0.02」。
- 再點選「分隔符號」建立分隔線，再輸入需要對照的基準面「A」。
- 此建立的幾何公差定義為：針對「A」基準面，要求「平行度」精度為「0.02 mm」。

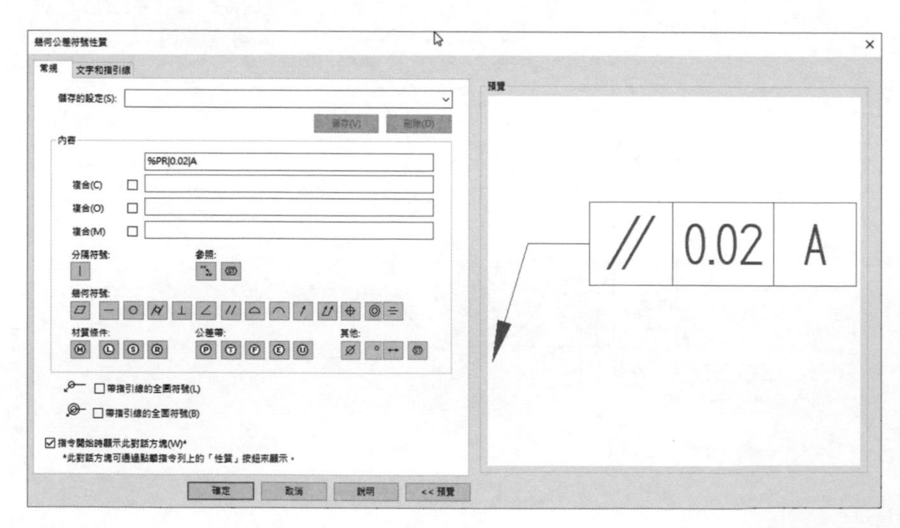

▲圖 16-5-10

⓫ 編寫完幾何公差的設定之後，點選「確定」按鈕，即可選定一個平面以建立幾何公差，如圖 16-5-11。

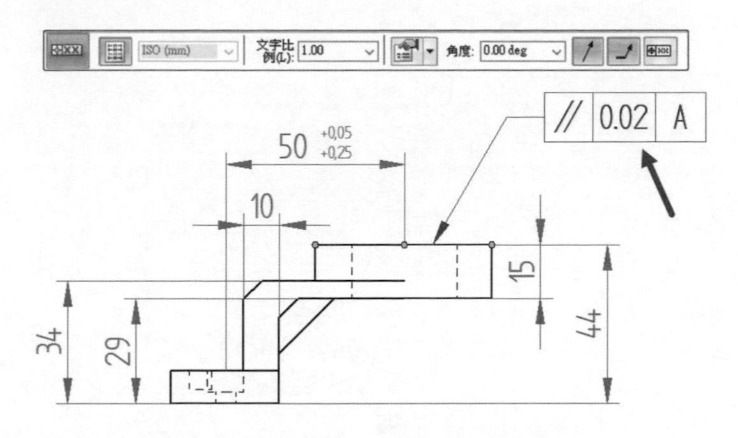

▲圖 16-5-11

⓬ 既然建立的幾何公差有需要「A 基準面」作為參照，因此使用者可利用「首頁」→「註釋」→上方的「基準框」指令建立基準面的標示，如圖 16-5-12。

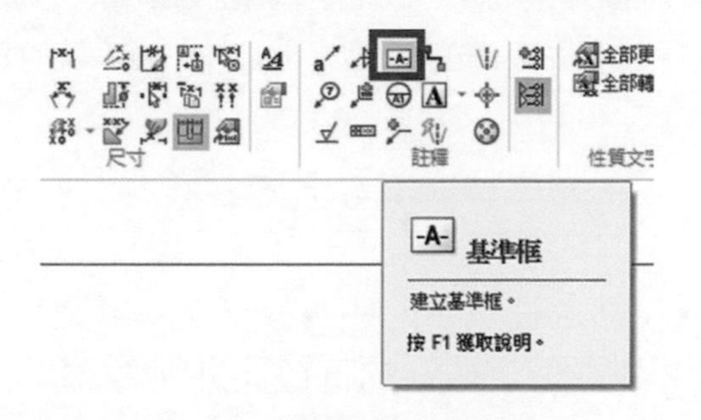

▲圖 16-5-12

⓭ 點選「基準面」指令之後，使用者可於快速工具列中「文字」的編輯框中輸入基準面編號「A」，在點選與幾何公差對應的基準面即可建立，如圖 16-5-13。

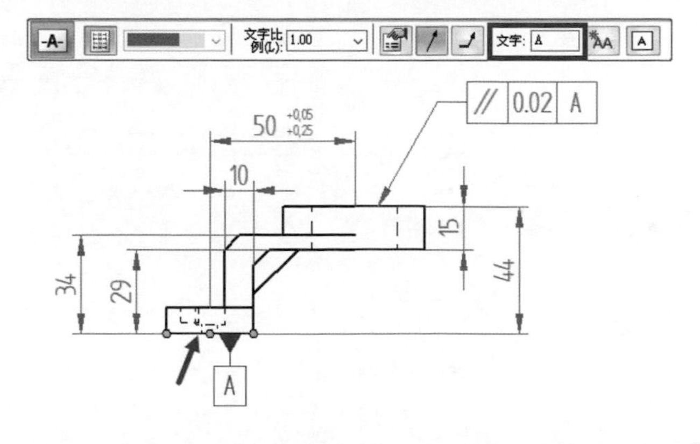

▲圖 16-5-13

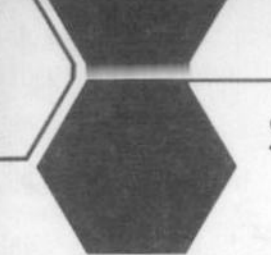

⓮ 利用「標註」使用者可以快速標註需要標註的註記，或是建立 3D 模型時，所使用的孔特徵，以節省標註時所花費的時間，因此使用者可點選「首頁」→「註釋」→「標註」，如圖 16-5-14。

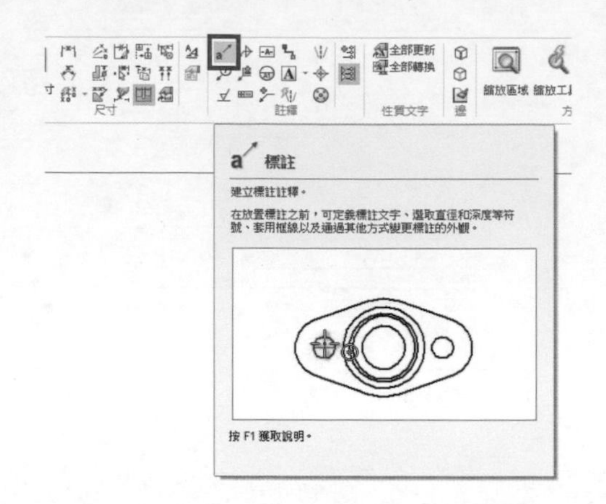

▲圖 16-5-14

⓯ 在「標註性質」對話方塊中，使用者可以在「標註文字」欄位中，輸入所需的文字，在此將以沉頭孔的標註方式作為範例練習，如圖 16-5-15。

建立完成之後，可利用「儲存的設定」將此文字串儲存起來以供下次方便使用。

- 輸入「沉頭內孔」，點選特殊字元中 按鈕，以建立 Φ 文字，再點選特徵參照中 按鈕，以擷取沉頭內孔的直徑尺寸。
- 輸入「沉頭孔」，點選特殊字元中 按鈕，以建立 Φ 文字，再點選特徵參照中 按鈕，以擷取沉頭孔的直徑尺寸。
- 輸入「沉頭深度」，點選特徵參照中 按鈕，以擷取沉頭孔的深度尺寸。

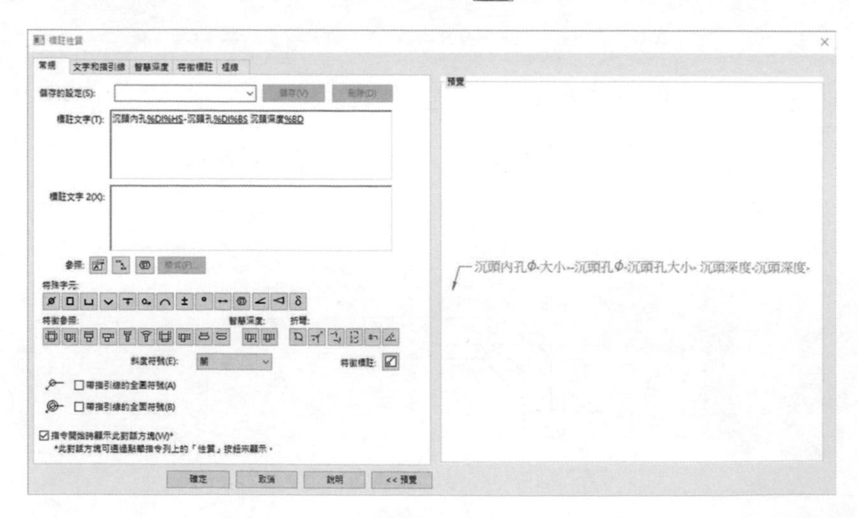

▲圖 16-5-15

⑯ 「標註性質」對話方塊編輯完成後，點選「確定」並且選取一個沉頭孔，Solid Edge 會根據 3D 模型帶入相關尺寸，如圖 16-5-16。

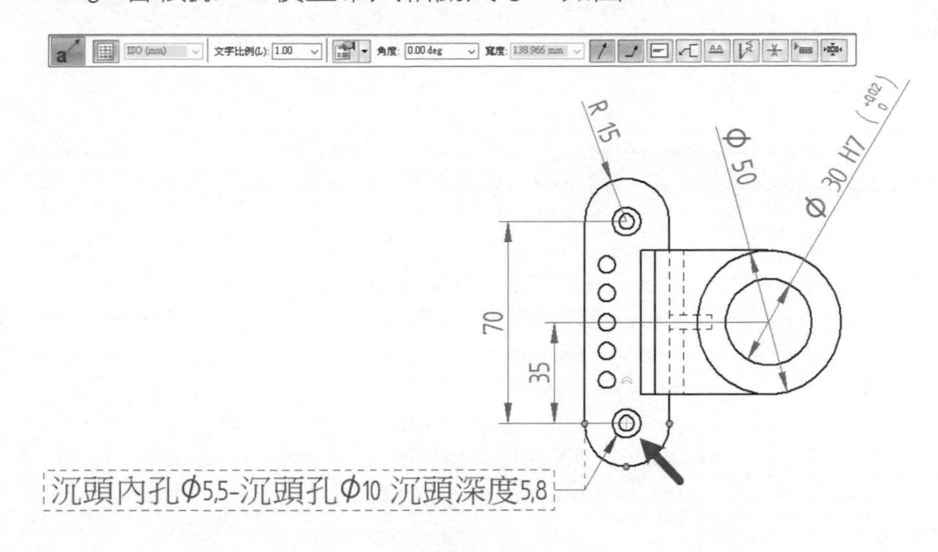

▲圖 16-5-16

⑰ 而 Solid Edge 更提供了「特徵標註」的方式以供使用者快速標註，並且可自行辨識「孔特徵」，依循孔特徵選擇標示方式，如圖 16-5-17。

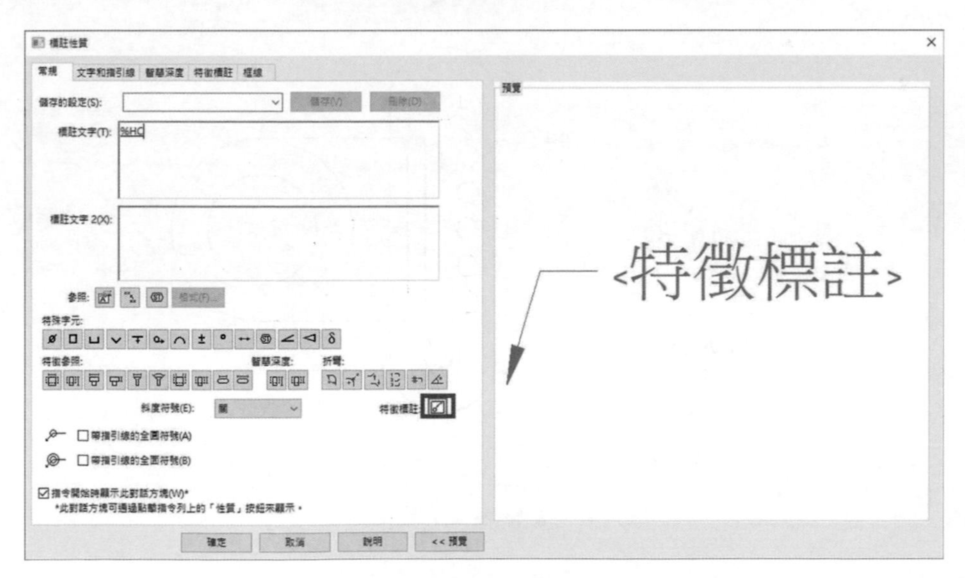

▲圖 16-5-17

⑱ 在選取孔特徵作為標註時，Solid Edge 會自行判斷該特徵為「簡單孔」、「沉頭孔」、「埋頭孔」、「螺紋鑽」類型，並且根據該類型的標示方式進行標示，如圖 16-5-18。

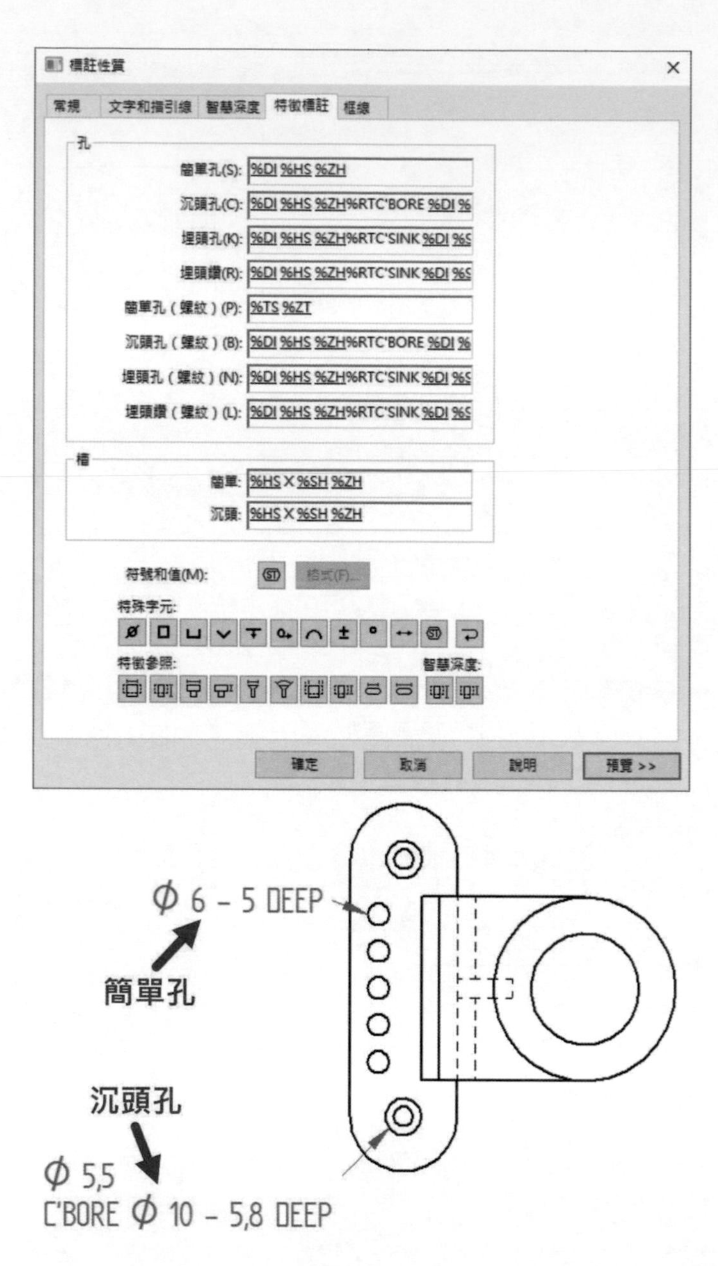

▲圖 16-5-18

⑲ 然而標註出來的名稱，或許不是使用者所需要的，因此可以將前面所建立的名稱複製，並且在「特徵標註」索引中，貼上於沉頭孔的欄位之中即可，如圖 16-5-19。

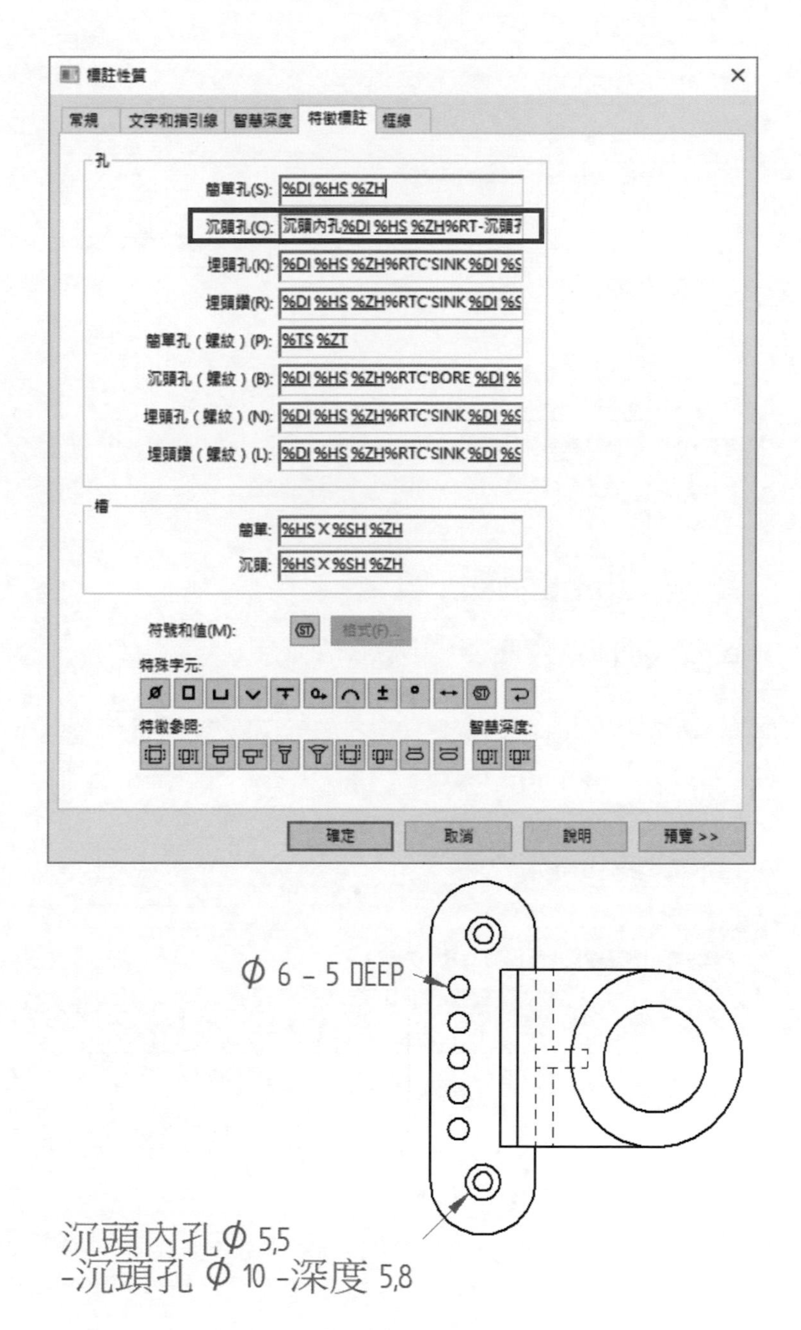

▲圖 16-5-19

⑳ 發現「Φ6」的孔總共有五個，也可以利用標註方式由 Solid Edge 幫使用者計算孔特徵的數量，在標註文字中除了使用「特徵標註」按鈕以供 Solid Edge 辨識孔徑之外，也可以利用「選取符號和值」幫助使用者取得其他重要的性質，如圖 16-5-20。

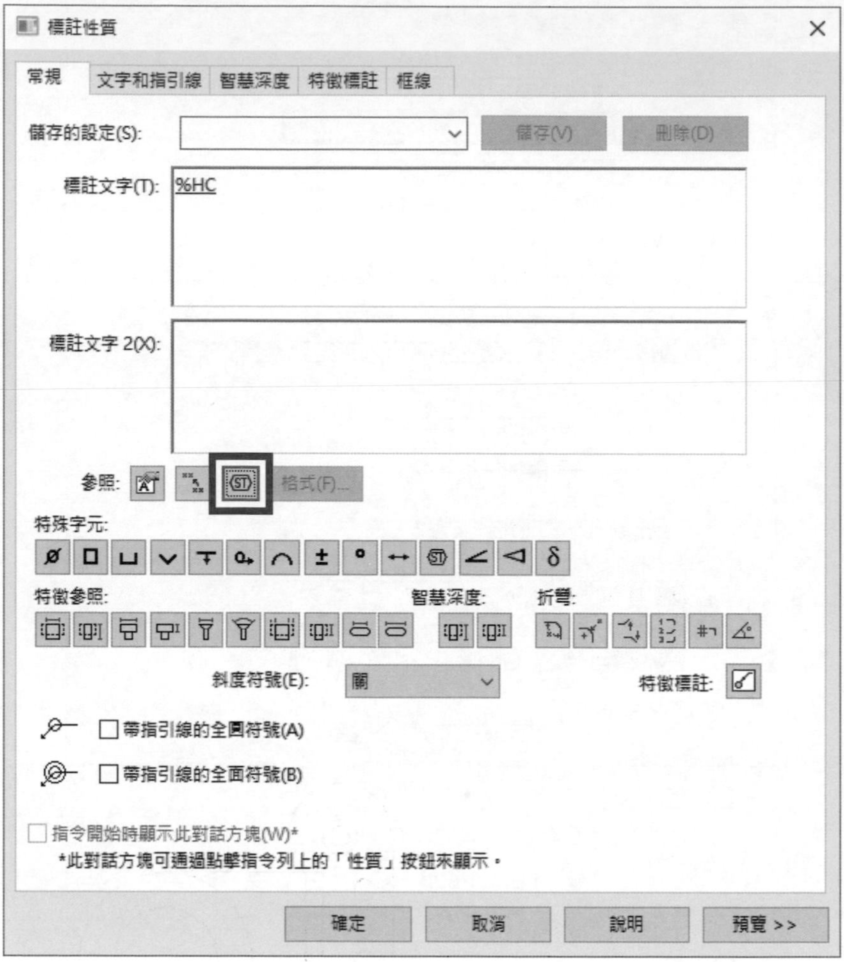

標註性質

常規　文字和指引線　智慧深度　特徵標註　框線

儲存的設定(S):　儲存(V)　刪除(D)

標註文字(T): %HC

標註文字 2(X):

參照:　格式(F)...

特殊字元:

特徵參照:　智慧深度:　折彎:

斜度符號(E): 圖　特徵標註:

帶指引線的全圓符號(A)

帶指引線的全面符號(B)

指令開始時顯示此對話方塊(W)*

*此對話方塊可通過點擊指令列上的「性質」按鈕來顯示。

確定　取消　說明　預覽 >>

▲圖 16-5-20

㉑「選取符號和值」對話方塊中，使用者可以選取「值」→「數量 - 共面」，並且點擊旁邊的「選取」按鈕，將文字內容帶入標註文字中，如圖 16-5-21。

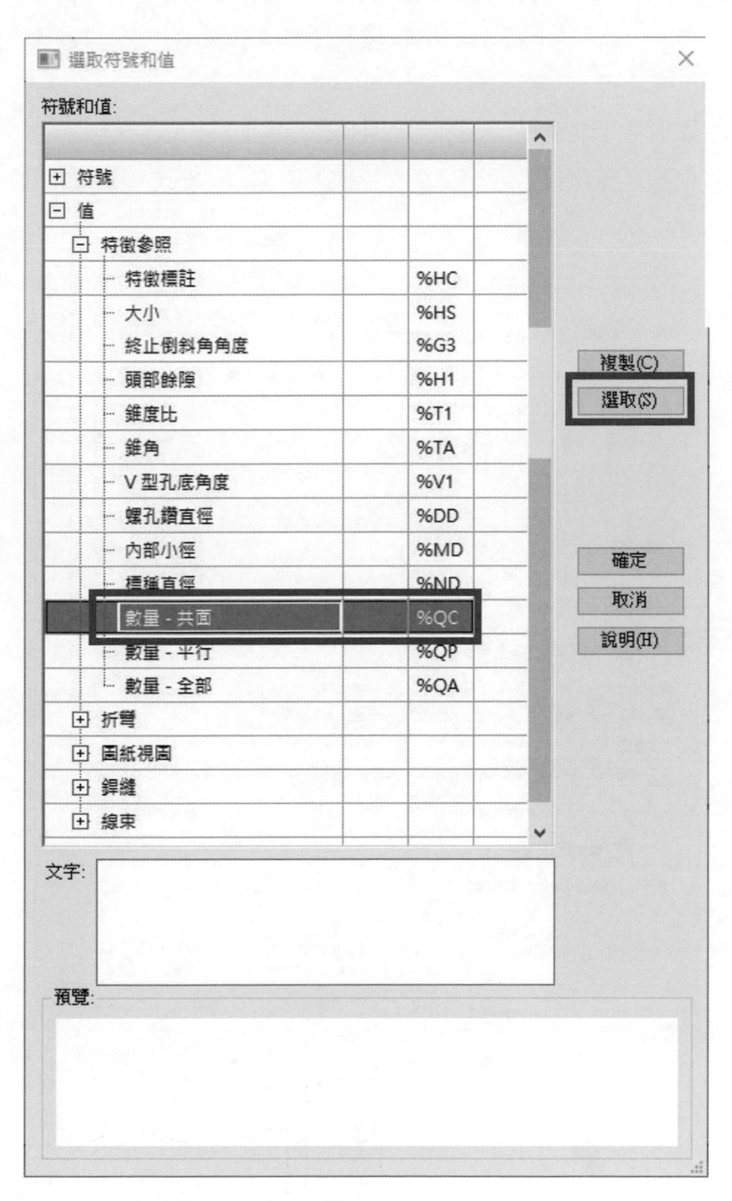

▲圖 16-5-21

㉒ 從標註文字中可以確認「%QC×%HC」這樣的語法，此時標註孔時，即會顯示為「5×Φ6 - 5 DEEP」，如圖 16-5-22。

備註 「特徵標註 (%HC)」當中即包含了「智慧深度」辨識，特徵若為貫穿孔則不做標示，若特徵為有限深度則會顯示其深度，其中「DEEP」即為深度。

若使用者想將「DEEP」更改為中文，可以在「智慧深度」索引當中，在孔深當中的「有限深度 (D)」編輯框中自行修改，如圖 16-5-23。

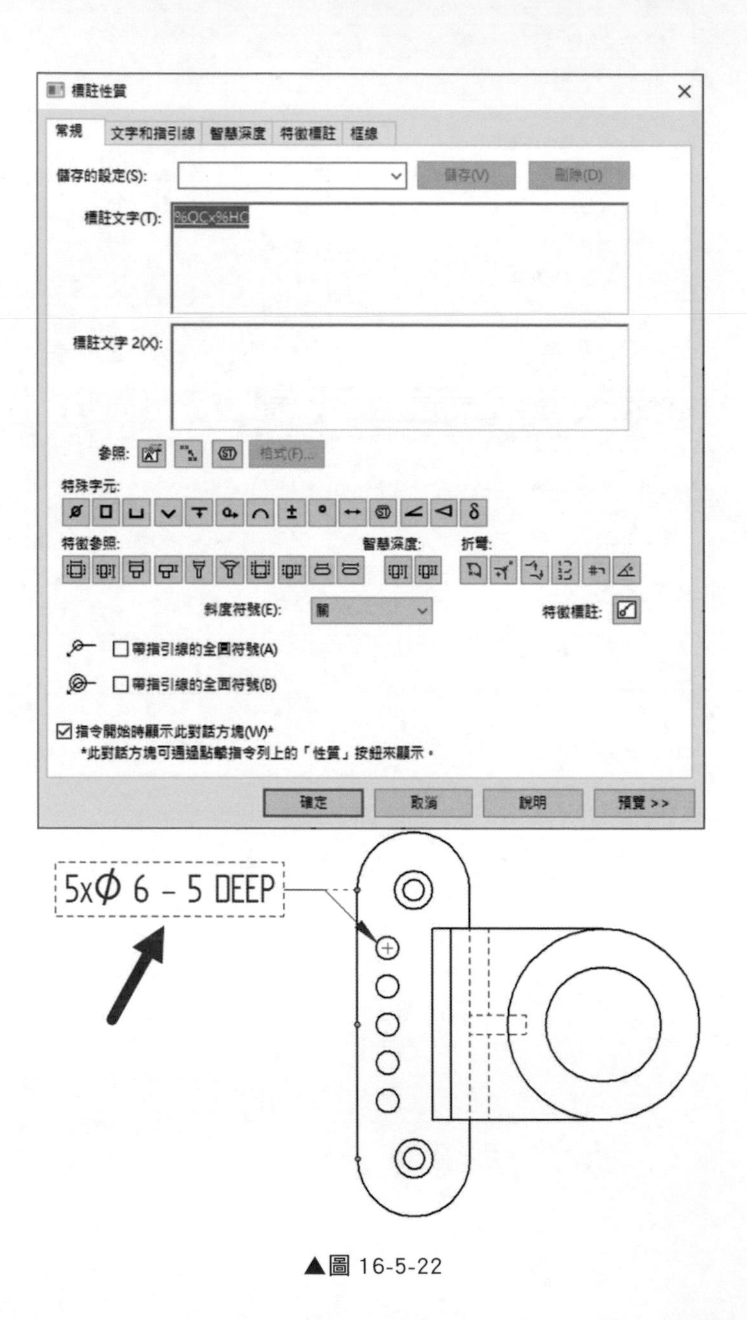

▲圖 16-5-22

▲圖 16-5-23

16-6 使用 Solid Edge 建立 2D 圖形

本章節範例說明不使用 Solid Edge 3D 模型建立 2D 圖紙的一般工作流程。您將學習如何建立 2D 幾何圖形，使用「圖層」、改變線的「樣式」、「放置」和「編輯」尺寸，在尺寸間建立公式以及使用 Solid Edge 其他可用的工具，這些工具可以使建立和修改 2D 幾何圖形變得簡單。

❶ 開啟工程圖範本，並且開啟「關係手柄」：選取「繪製草圖」→「相關」→「關係手柄」跟「保持關係」，設定完畢後關係手柄會更新於視圖上，如圖 16-6-1。

▲圖 16-6-1

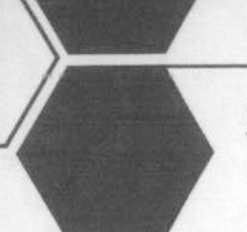

下面説明「關係手柄」開與關的差異，如圖 16-6-2。

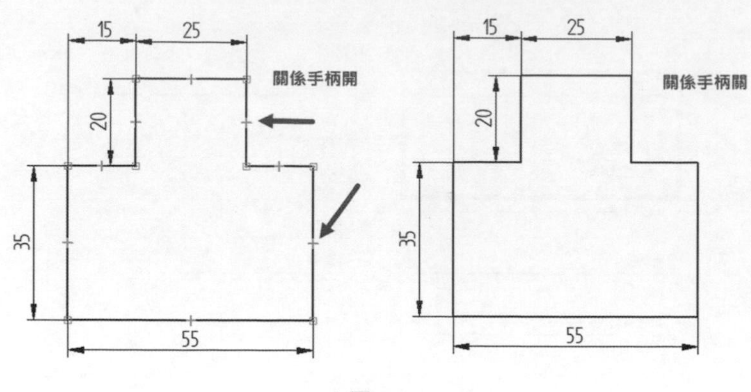

▲圖 16-6-2

下面説明「保持關係」開與關的差異，如圖 16-6-3。

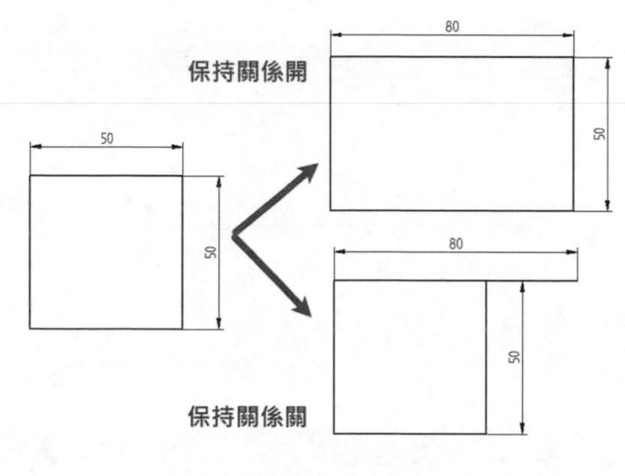

▲圖 16-6-3

❷ 繪製完 2D 元素之後顯示「圖層」標籤，並且利用「圖層」標籤控制使用中圖層以及顯示哪些圖層，在應用程式視窗左側，點擊「圖層」標籤，如圖 16-6-4。

備註 「圖層」標籤上顯示了現有的一些圖層的名稱，這些「圖層名稱」可由使用者建立的，往後有需要的話，「圖層名稱」可以更改，也可以再增加新圖層。

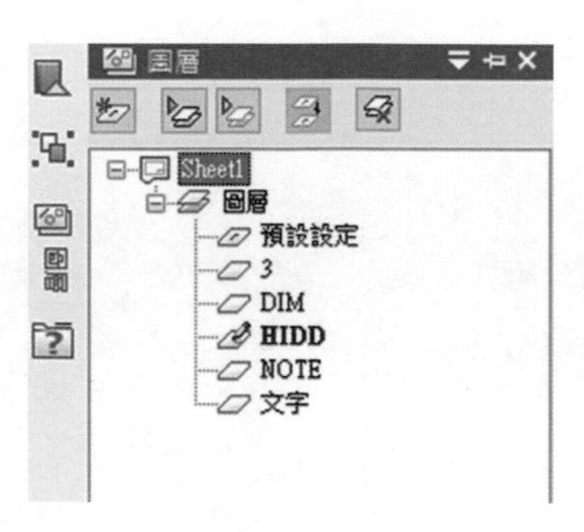

▲圖 16-6-4

❸ 建立的新 2D 元素會被放置在使用中圖層，在「圖層」標籤中以使用中圖層將會以符號標明，如圖 16-6-5 中紅色框框選的符號，使用者可點選其他圖層，利用滑鼠「右鍵」，選擇「設為使用中」即可更改使用中圖層；或者利用滑鼠「左鍵」雙擊圖層條目也可以改變使用中的圖層。

▲圖 16-6-5

❹ 選取「繪製草圖」→「繪圖」中的繪圖工具，繪製出使用者所需要的圖形，如圖 16-6-6。
以下以「矩形」指令作為說明。

▲圖 16-6-6

❺ 在繪圖工具的工具列上，確保「樣式」選項設為「可見」。您可以使用「矩形」工具列上的「樣式」選項控制使用哪種常用線型（可見、隱藏或其他類型）繪製 2D 元素。如圖 16-6-7。

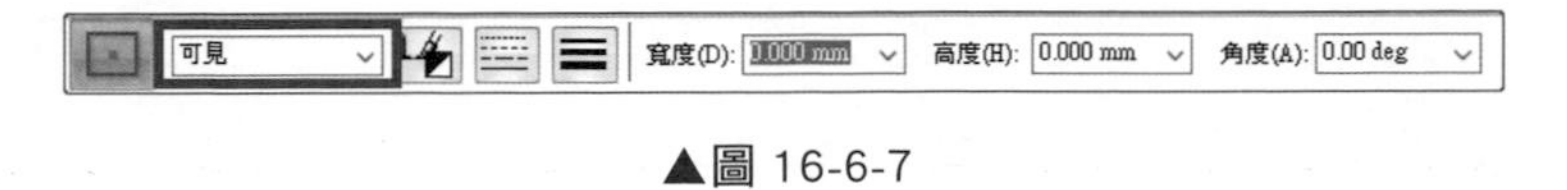

▲圖 16-6-7

❻ 在作圖區中拖拉滑鼠「左鍵」，拉出矩形大致的對角線，如圖 16-6-8，然後放開滑鼠「左鍵」。

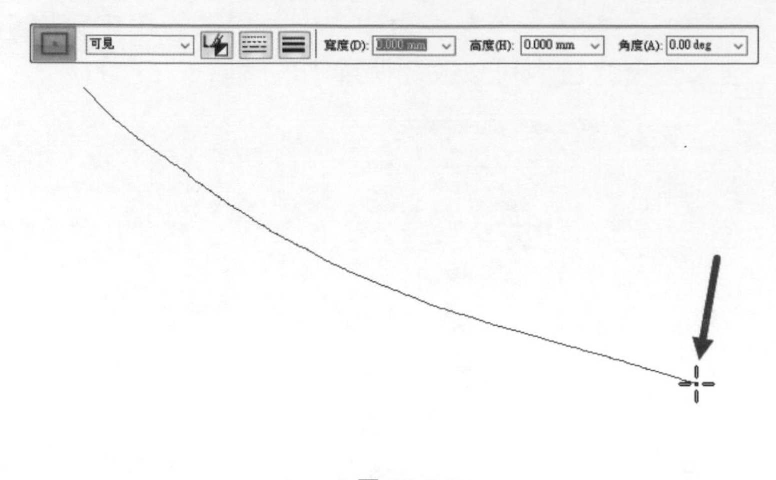

▲圖 16-6-8

❼ 此時將顯示一個矩形，其中包含兩個水平線和兩個垂直線，這四條線都是端點相交的，也就是不論您如何改變他們始終相交，因為作圖前有設定「保持關係」指令的緣故。請觀察矩形上代表幾何關係的符號，當您將游標停留在符號上面時，該符號會高亮度顯示，而且幾何關係控制草圖幾何結構對您做出的修改作出何種反應，根據游標位置和目前的「智慧草圖」設定會自動套用這些關係，如圖 16-6-9。

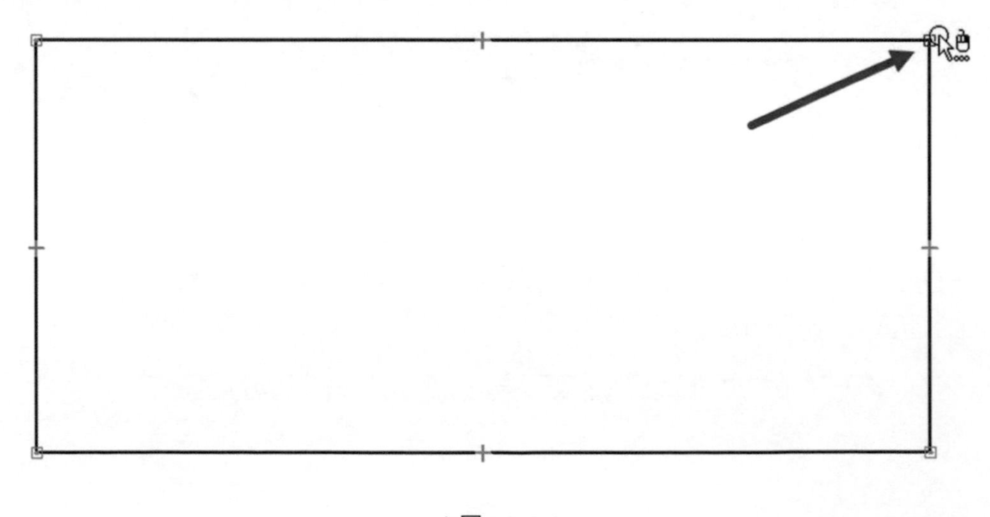

▲圖 16-6-9

❽ 再繪製一個矩形，在「矩形」工具列上的「寬度」框中鍵入「30」，「高度」框中鍵入「50」，「角度」框中鍵入「0」，然後按下「enter」鍵，然後在視窗中藉由滑鼠游標定位鎖點，點擊滑鼠「左鍵」以放置矩形，如圖 16-6-10。

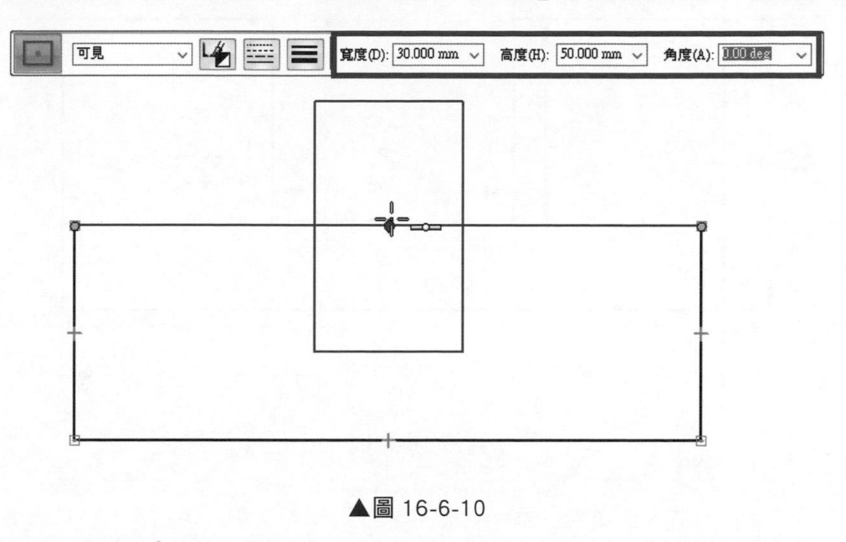

▲圖 16-6-10

❾ 刪除不必要的線段，選取「繪製草圖」→「繪圖」→「修剪」，點擊滑鼠「左鍵」並且拖曳游標劃過需要刪除的線段，當需要刪除的線段透過拖曳線劃過之後，便會立即刪除拖曳到的線段，如圖 16-6-11。

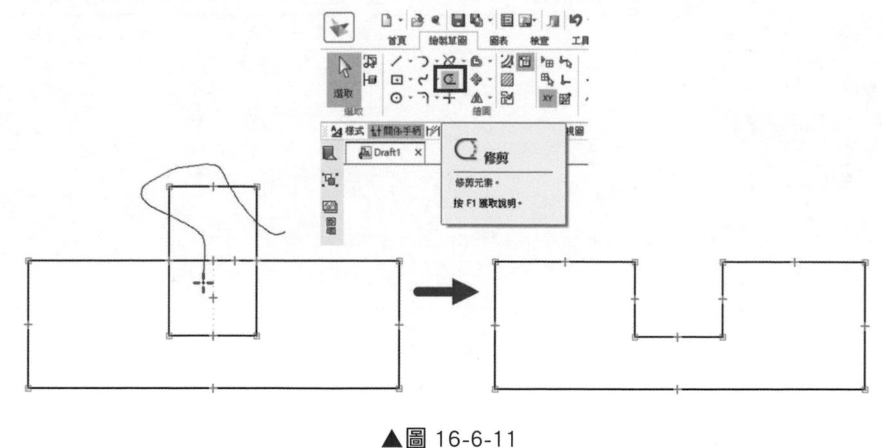

▲圖 16-6-11

⑩ 並且利用「智慧尺寸」標註尺寸，以完成前視圖，如圖 16-6-12。

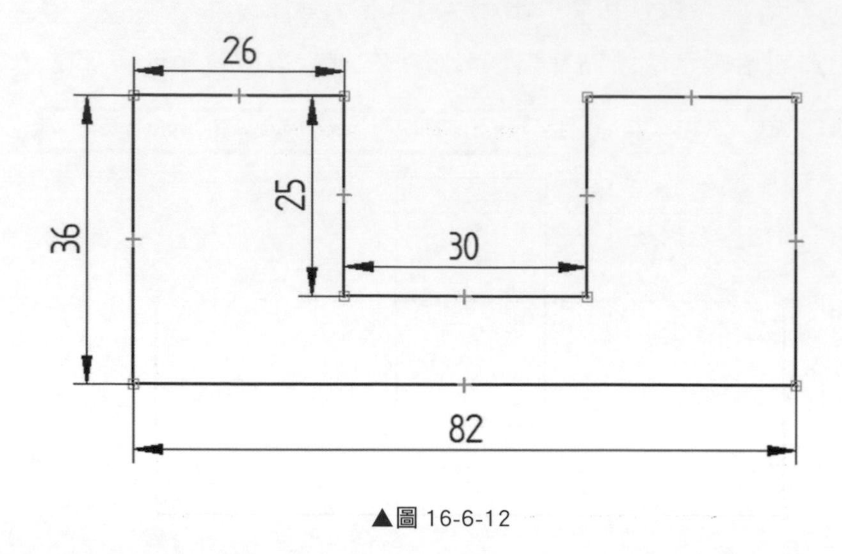

▲圖 16-6-12

⑪ 繪製「右視圖」使用者在前視圖右側繪製一個矩形，它們表示前視圖的厚度，並且利用「繪製草圖」→「繪圖」→「直線」繪製虛線。
繪製虛線時，在「直線」的工具列上點選「樣式」，設定「隱藏」選項，如圖 16-6-13。

▲圖 16-6-13

⑫ 將游標大約定位在如圖 16-6-14 的中間線段上，但不要點擊；當端點（或中點）關係符號顯示在游標旁時，向右移動游標至如圖 16-6-15 的矩形線段上。請注意，在游標的目前位置和您選中並高亮度顯示的矩形線段之間將出現一條虛線並且出現交點記號，這說明游標和矩形線段已經精確對齊。

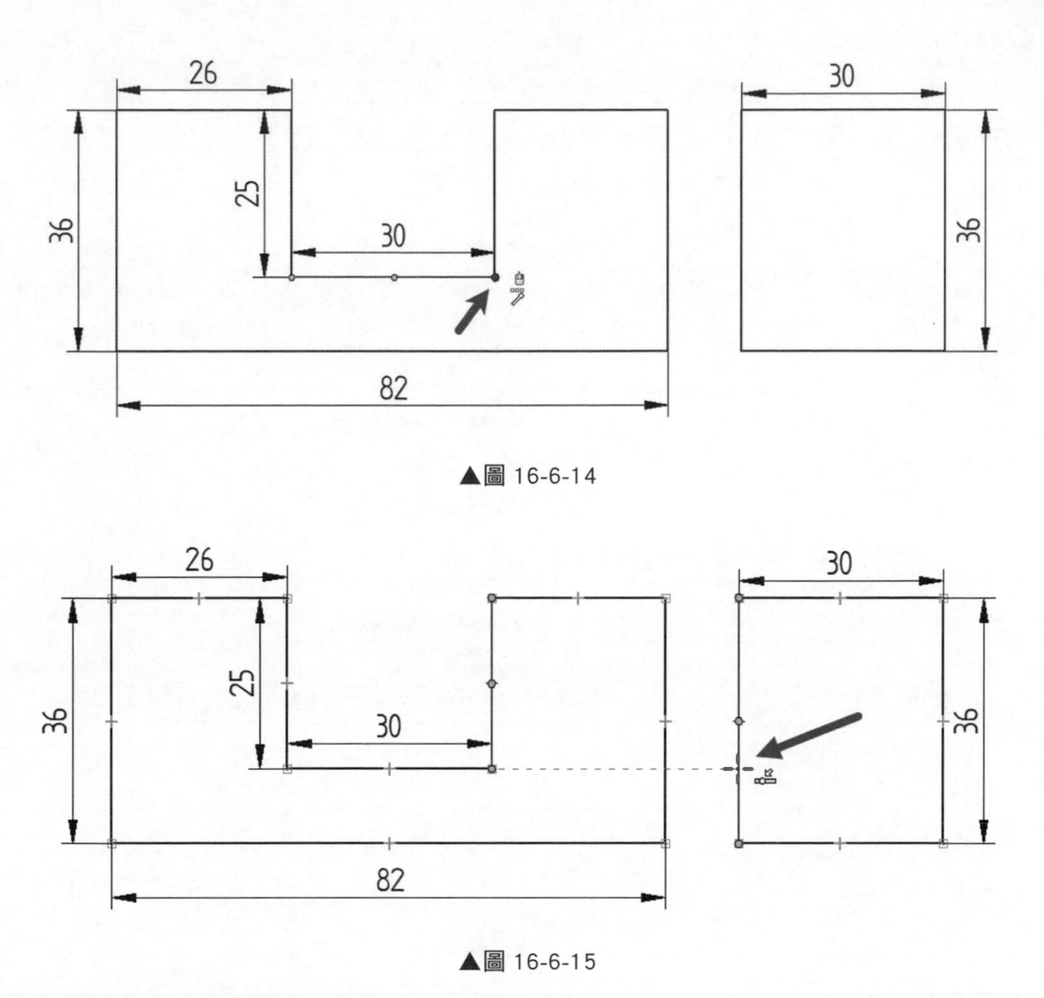

▲圖 16-6-14

▲圖 16-6-15

⓭ 點擊滑鼠開始繪製線，繪製完虛線之後，使用者可以發現線段上有對齊的虛線以供使用者辨識，如圖 16-6-16。

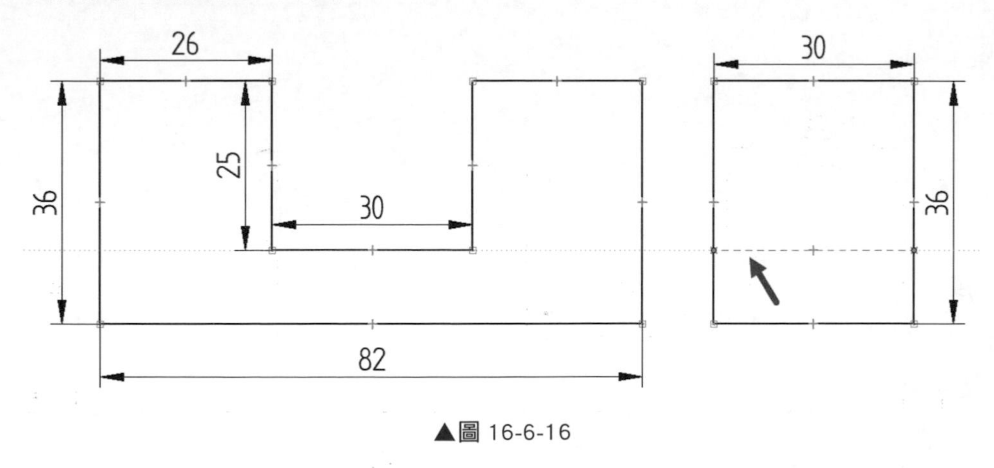

▲圖 16-6-16

⓮ 對齊不同視圖中的元素除了指定直線保持水平或垂直之外，也可以使用水平 / 垂直關係指定某個元素保持水平對齊或垂直對齊，您將使用垂直關係來指定俯視圖中垂直線的端點與前視圖中垂直線的端點保持垂直對齊，這將確保俯視圖中的垂直線準確的與前視圖中的對應元素對齊，不論其大小如何，該技法是一種強大的工具，可以在很多種情況下使用。

⓯ 套用垂直關係：選取「繪製草圖」→「相關」→「水平 / 垂直」，如圖 16-6-17。

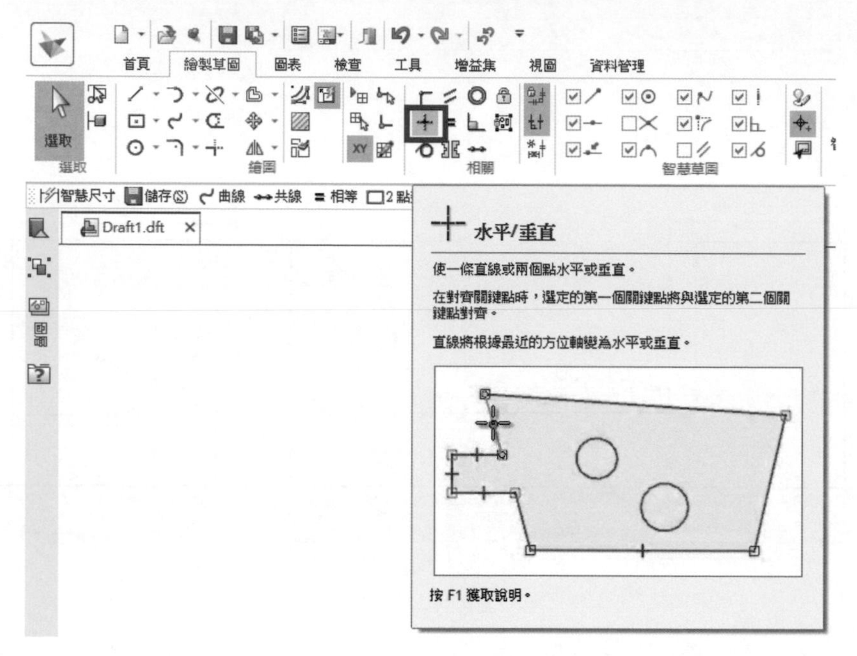

▲圖 16-6-17

⓰ 定位游標於右視圖的矩形上方線段，當顯示端點關係符號時點擊滑鼠左鍵，如圖 16-6-18。

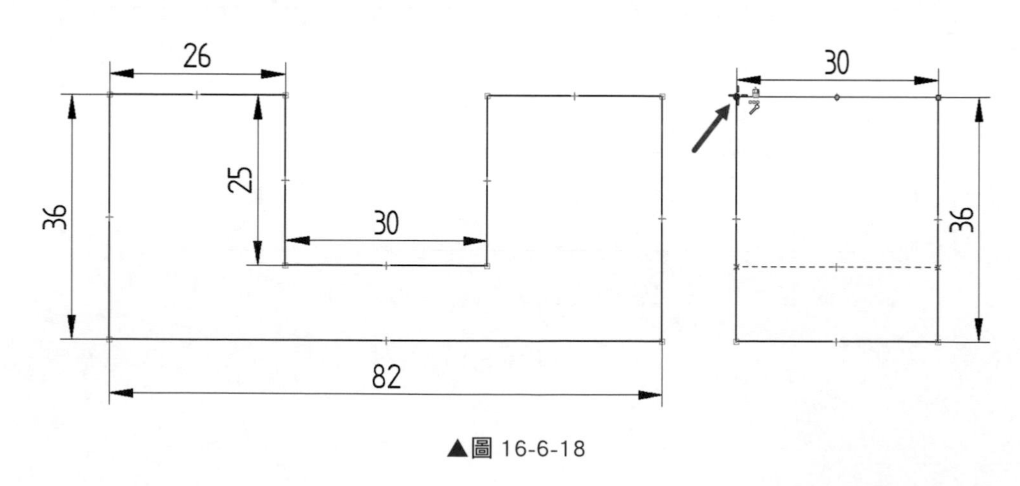

▲圖 16-6-18

⓱ 再將游標移至前視圖的上方線段，當顯示端點關係符號時點擊滑鼠左鍵，如圖 16-6-19。

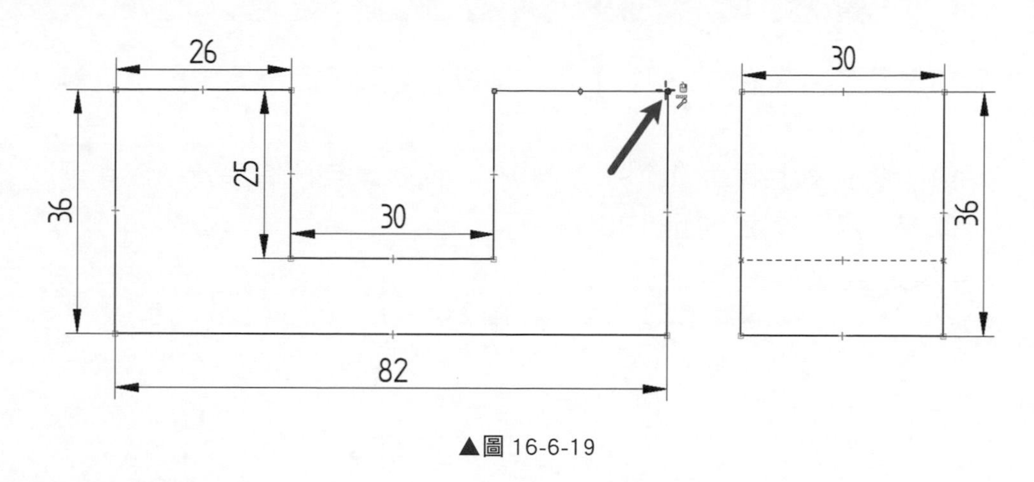

▲圖 16-6-19

⓲ 此時線位置被更新，如圖 16-6-20。

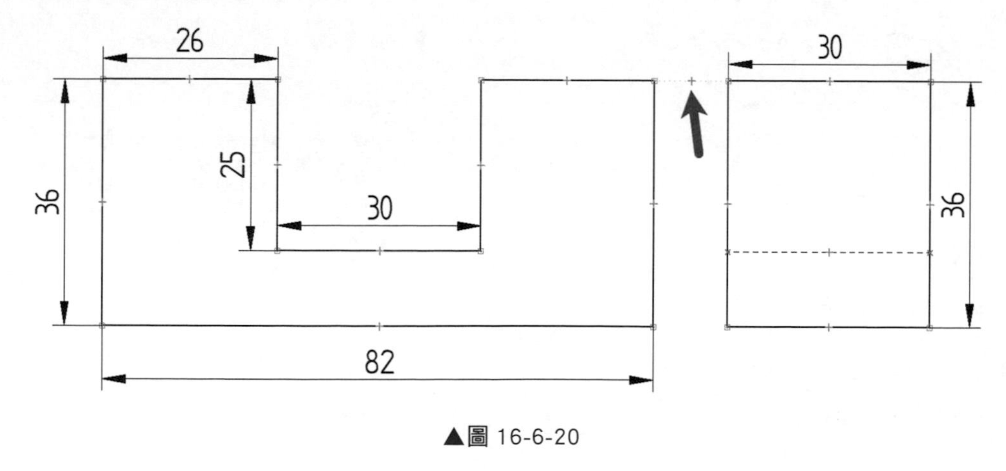

▲圖 16-6-20

16-7 樣式修改說明

本章節帶領使用者在 2D 圖紙上可以修改尺寸顯示大小、線段粗細等一些細部設定。

本章節繼續使用上個章節範例進行操作，而本章節所有設定都將在選取「首頁」→「樣式」內部設定，如圖 16-7-1。

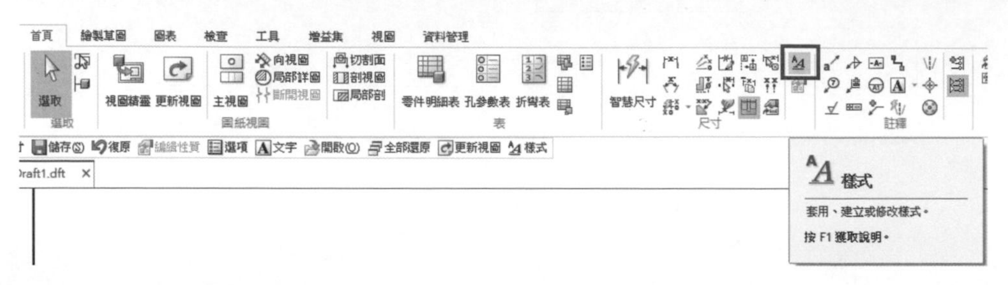

▲圖 16-7-1

❶ 點選樣式開啟，樣式類型選擇「尺寸」，樣式選擇「ISO(cm)」點選「套用」，如圖 16-7-2。

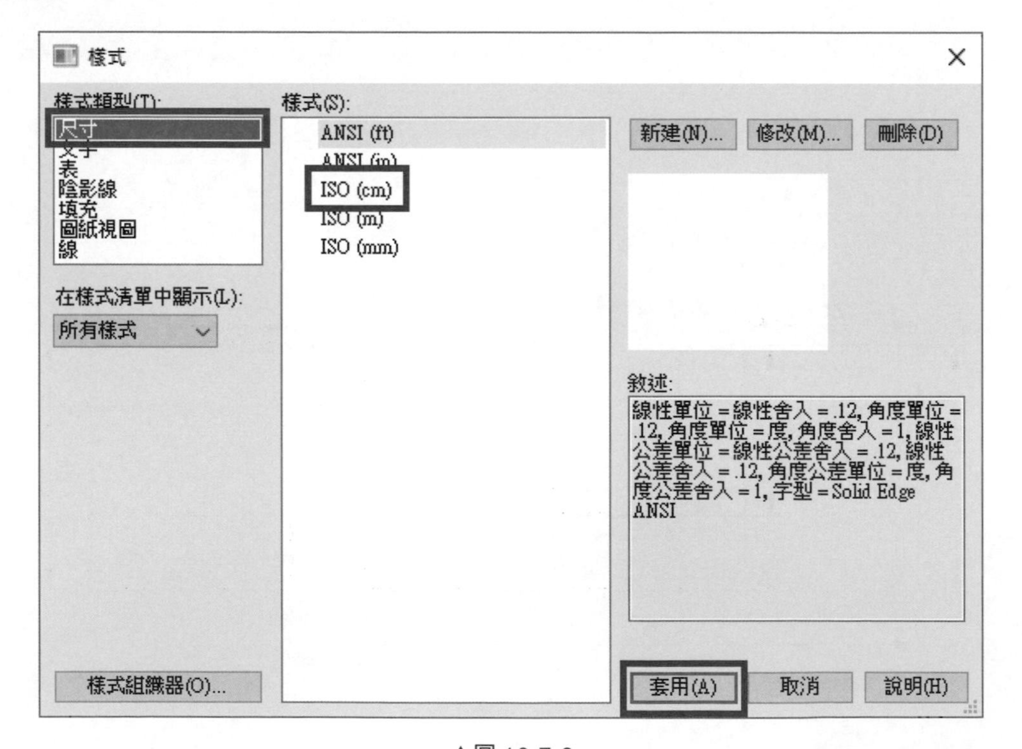

▲圖 16-7-2

❷ 接下來新的標註會是修改完成單位為「cm」，而數值小數點也會有所不同，如圖 16-7-3。

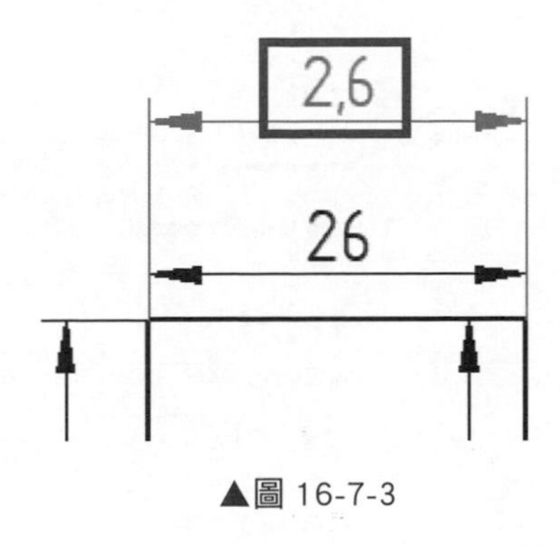

▲圖 16-7-3

❸ 點選樣式開啟後左邊「在樣式清單中顯示」下拉，選擇「正在使用的樣式」，在樣式內就會顯示你目前所有正使用的樣式，選擇「ISO(mm)」點擊右邊「修改」，如圖 16-7-4。

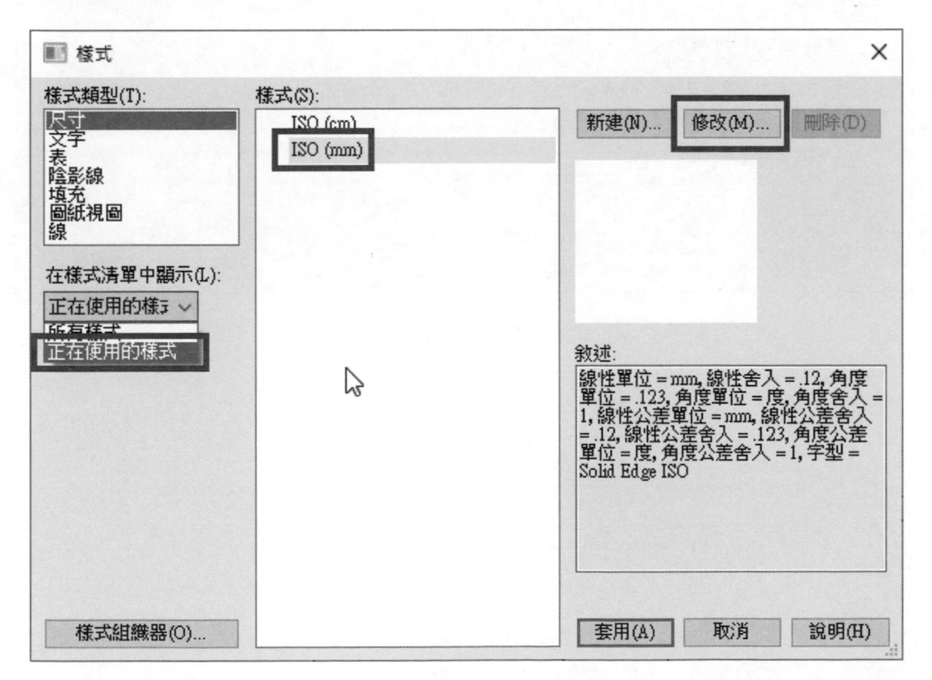

▲圖 16-7-4

❹ 在上方標籤選擇「文字」，左邊字型大小更改為「10」，如圖 16-7-5。

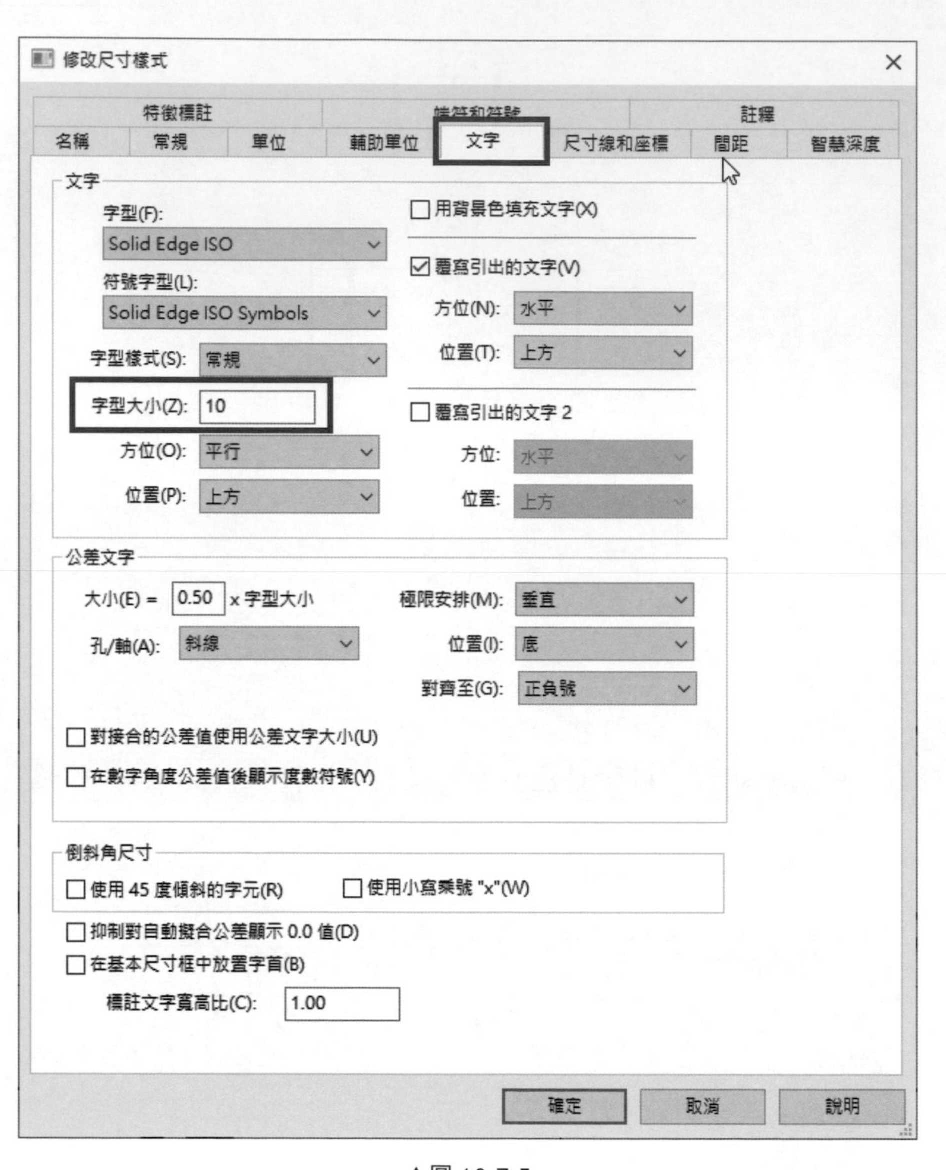

▲圖 16-7-5

❺ 完成修改後點選確定並套用，就可以修改所有尺寸大小，如圖 16-7-6。

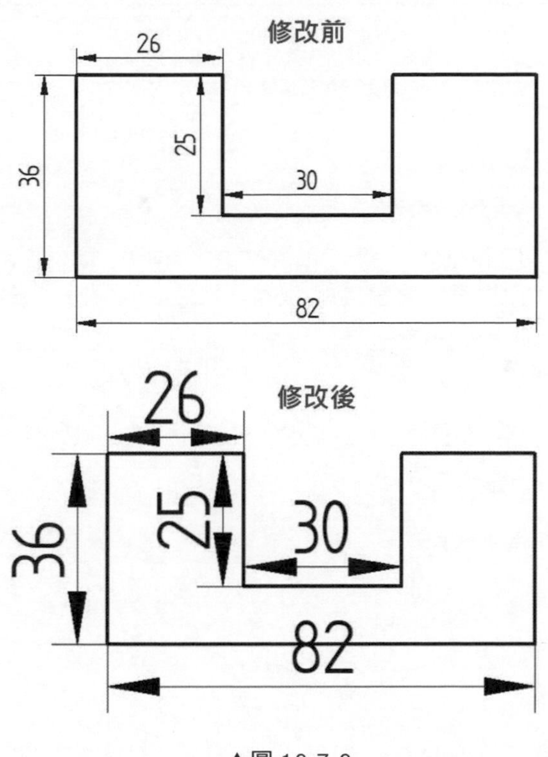

▲圖 16-7-6

❻ 點選樣式開啟，樣式類型選擇「文字」，樣式選擇「Normal」點選「修改」，如圖 16-7-7。

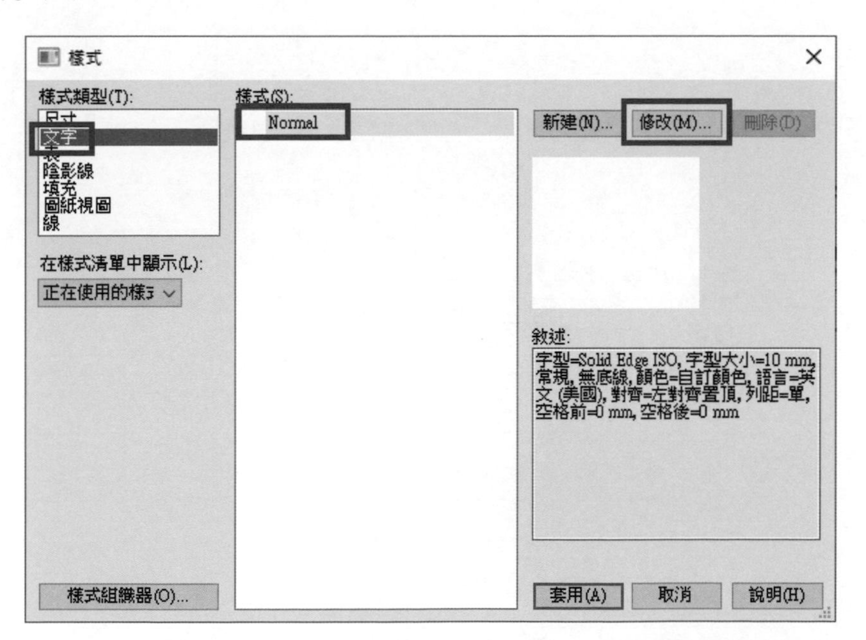

▲圖 16-7-7

❼ 在上方標籤選擇「段落」，左邊字型大小更改為「10」，如圖 16-7-8。

修改文字框樣式

名稱　段落　縮排和間距　項目符號和編號

文字框樣式: Normal

字型(F): Solid Edge ISO

底線(U)　對齊(J): 左上

字型大小(S): 10　寬高比(R): 1.00

字型樣式(O): 常規　最小寬高比(M): 0.00

字型顏色(C): 黑/白

字元間距(H): 標準　磅值(Y): 0

語言(G): 英文 (美國)

確定　取消　說明

▲圖 16-7-8

❽ 完成修改後點選確定，然後選取「繪製草圖」→「註釋」→「文字」，如圖 16-7-9。

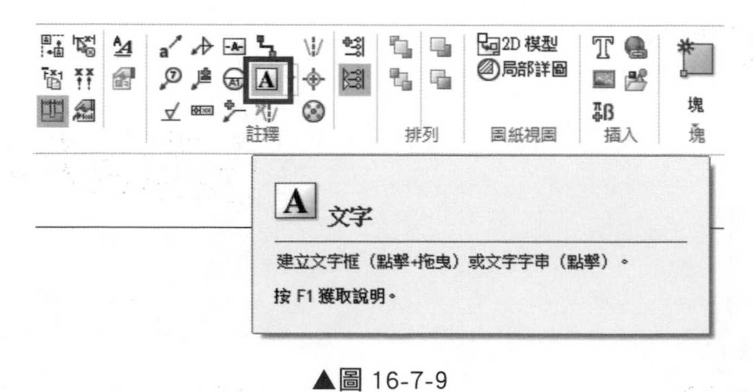

▲圖 16-7-9

❾ 在任何空白處點滑鼠左鍵，就可以輸入你要的文字，如果還想修改文字大小，可以選取文字並修改下圖紅色框框內數值，或參照第 6 個步驟之後操作，如圖 16-7-10。

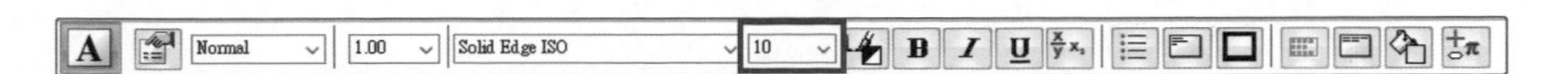

▲圖 16-7-10

❿ 點選樣式開啟後，樣式類型選擇「線」，下方「在樣式清單中顯示」下拉，選擇「正在使用的樣式」，在樣式內就會顯示你目前所使用的樣式，選擇「可見」點擊右邊「修改」，如圖 16-7-11。

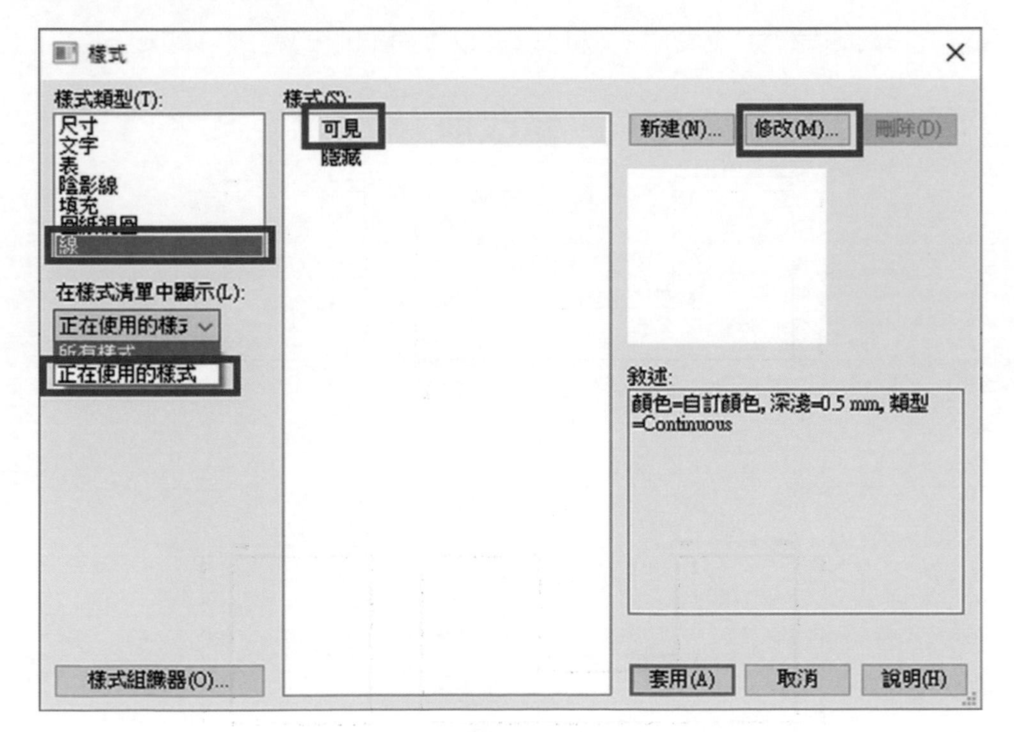

▲圖 16-7-11

⓫ 在上方標籤選擇「常規」，下方寬度更改為「2」mm，如圖 16-7-12。

▲圖 16-7-12

⓬ 完成修改後點選確定並套用，就可以修改所有線段的粗細，如圖 16-7-13。

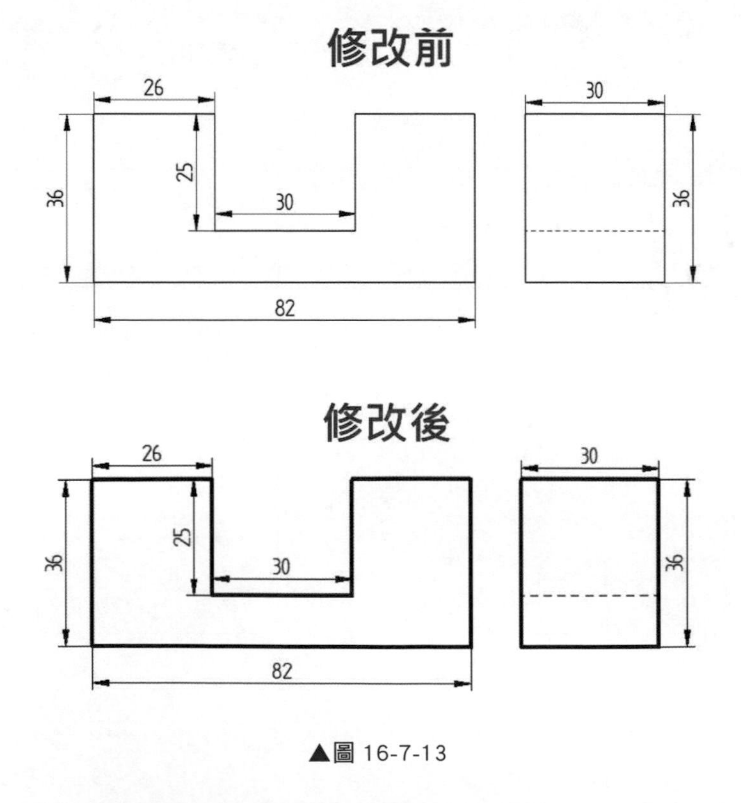

▲圖 16-7-13

⓭ 點選線段，在指令條上就可以調整線段所屬的樣式，如圖 16-7-14。

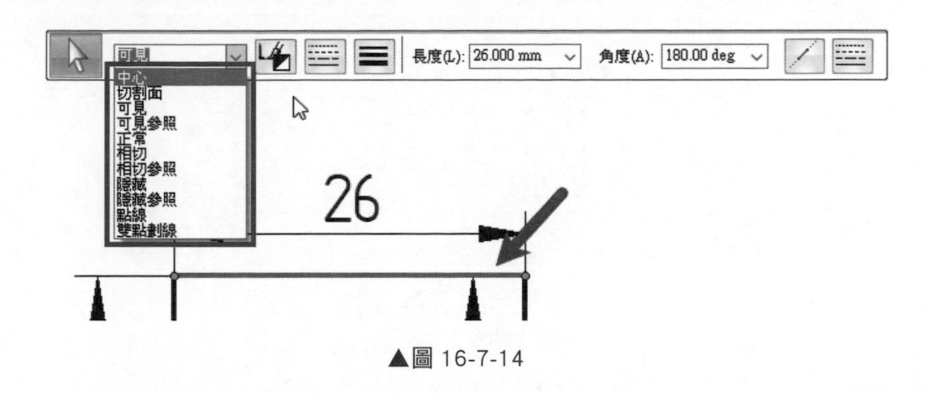

▲圖 16-7-14

16-8 從圖紙視圖製作零件模型

本章節範例帶領使用者使用「建立 3D」指令從「2D 圖紙」中建立「3D 模型」的標準工作流程，在 Solid Edge 工程圖環境下可以使用「建立 3D」指令在 ISO 零件的環境底下將 2D 工程圖快速建立成 3D 模型，除了使用 Solid Edge 本身的 2D 工程圖外，亦可使用其他軟體所繪製出來的工程圖進行建立 3D 模型，例如：Auto CAD 所建立的 *.dwg 檔。

❶ 開啟本章節範例檔案：「16-8.dwg」，如圖 16-8-1。

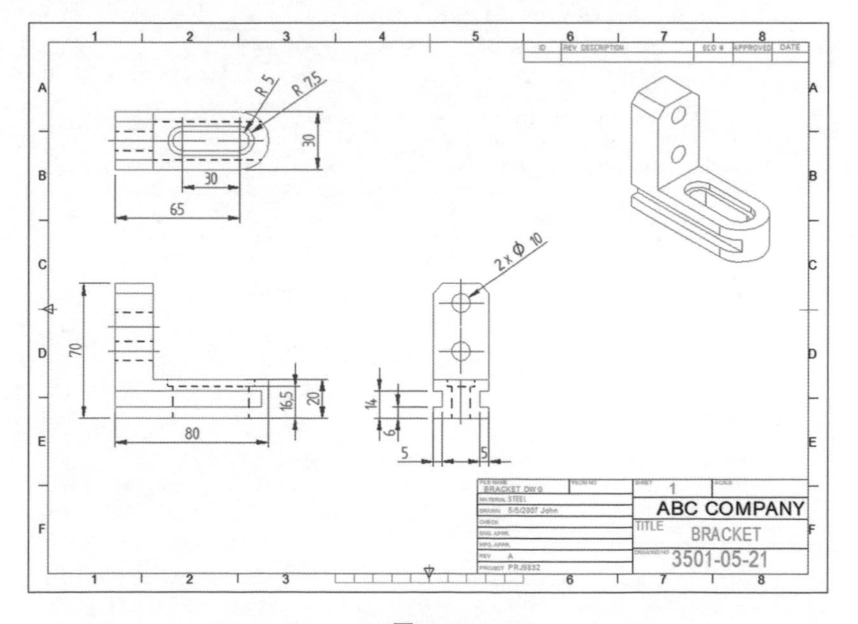

▲圖 16-8-1

❷ 開啟後，在「工具」→「助手」內點選「建立 3D」指令，來將 2D 工程圖轉入 3D 零件範本中繪製零件，如圖 16-8-2。

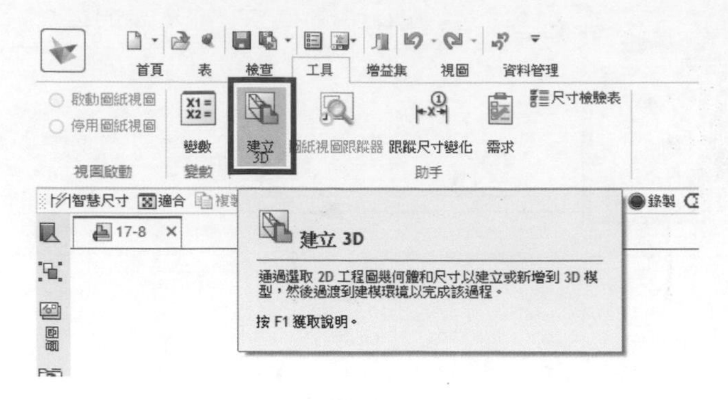

▲圖 16-8-2

❸ 在「檔案」選項中，使用者可透過瀏覽選擇要建立的 3D 範本，而本範例為 3D 零件類型，因此選擇「iso metric part.par」類型，如圖 16-8-3。

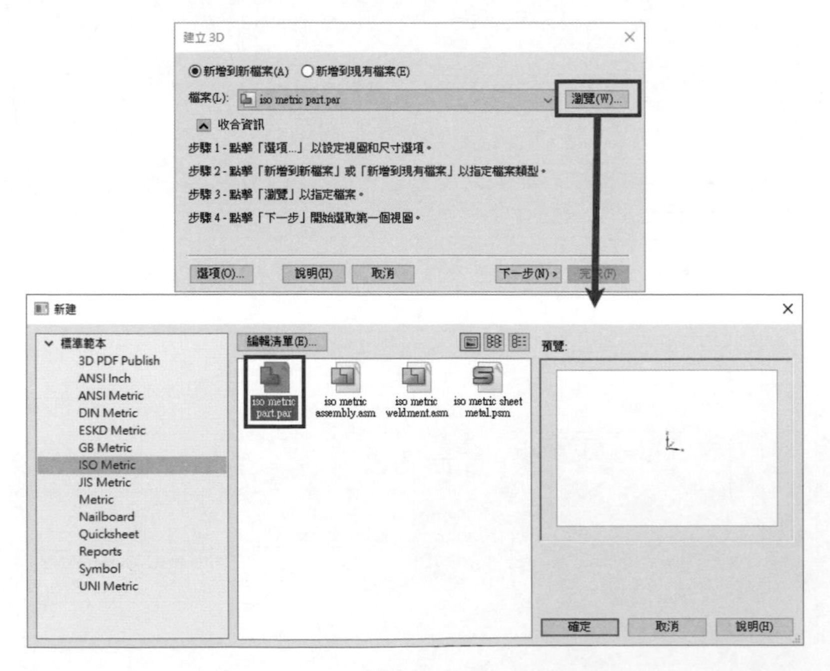

▲圖 16-8-3

❹ 透過「選項」按鈕，使用者可確認建立 3D 零件時，視圖使用的視圖角法為哪種類型，台灣使用的視圖角法為第三角法，因此可選擇第三角法，並且勾選「線性」、「徑向」、「角度」，確定完成之後點選「下一步」按鈕，如圖 16-8-4。

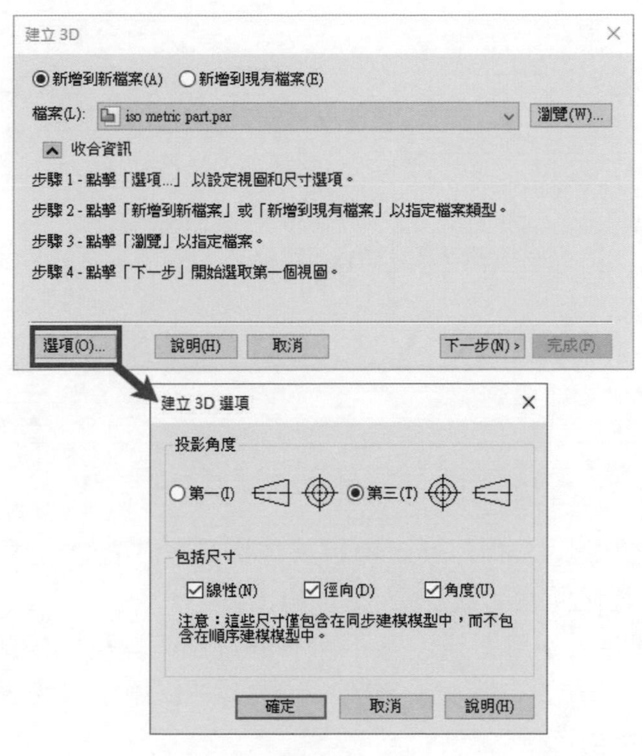

▲圖 16-8-4

❺ 點選「下一步」之後，請確認圖檔使用的比例，如圖 16-8-5。

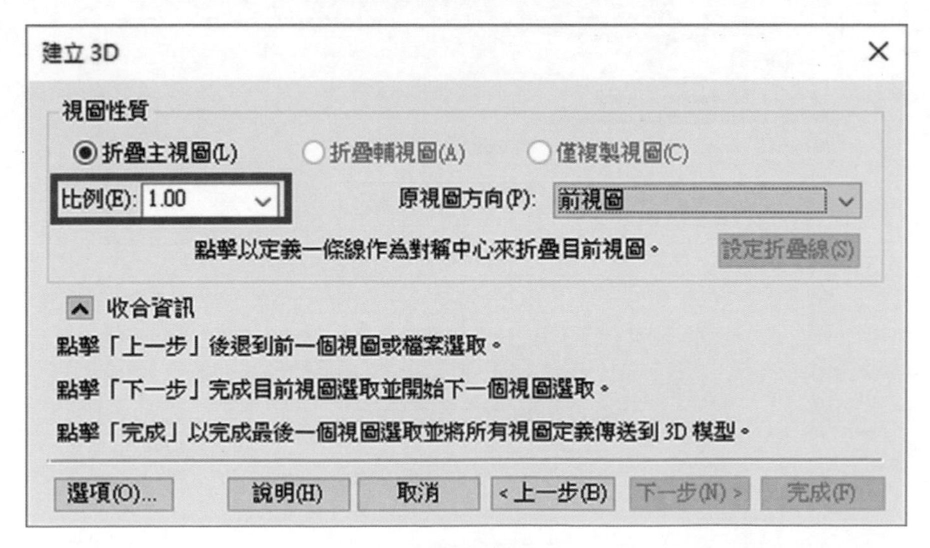

▲圖 16-8-5

❻ 框選一個視圖作為「前視圖」，框選之後點選「下一步」以選取其他視圖，如圖 16-8-6。

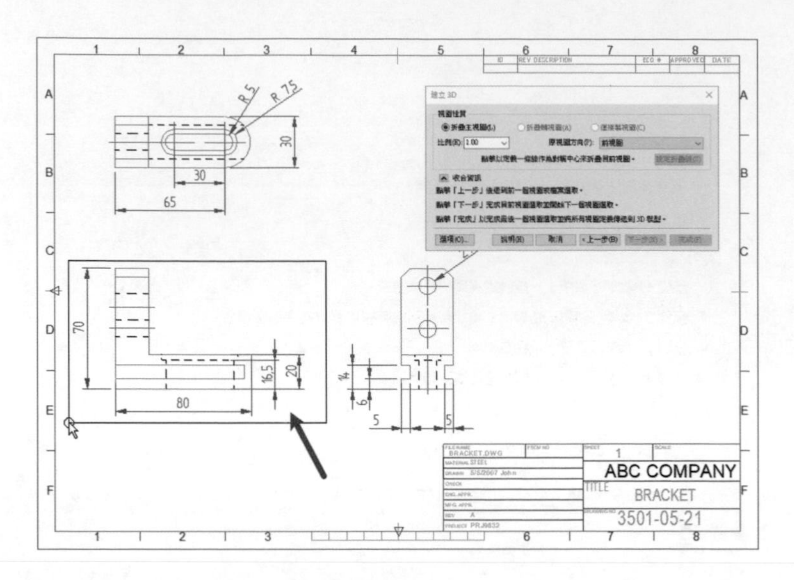

▲圖 16-8-6

❼ 接著框選其他視圖，Solid Edge 會根據「選項」中的視圖角法設定，自動判斷何者為上視圖、何者為右視圖，如圖 16-8-7。

備註 框選視圖時，使用者須注意不可多框選到不需要的線段，但也不要缺漏所需的線段；如有遺漏 / 多選，可按住「shift」鍵透過點選的方式進行加入 / 排除動作。

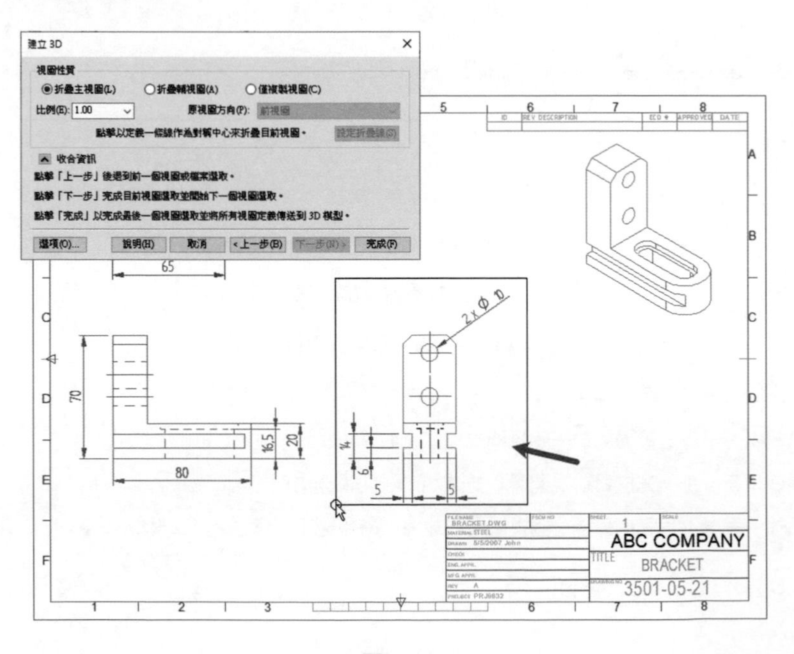

▲圖 16-8-7

❽ 當必要的「視圖」及「尺寸」都選取之後，點擊「完成」按鈕，如圖 16-8-8。

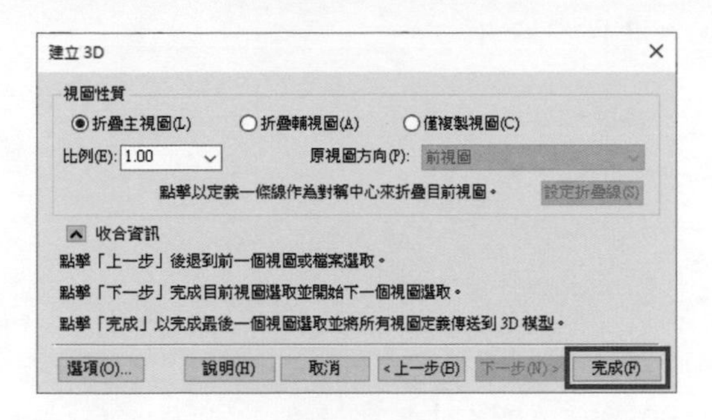

▲圖 16-8-8

❾ 此時會把框選的 2D 視圖及尺寸帶入 3D 模型當中，並且根據視圖角法自行排好視圖方向，如圖 16-8-9。

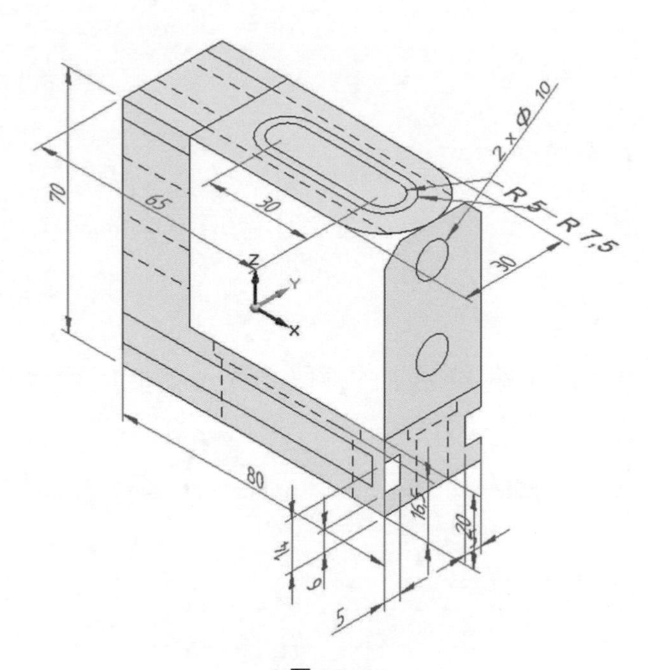

▲圖 16-8-9

❿ 可利用「拉伸」指令，並且將類型切換成「鏈」模式，以選取草圖線段，如圖 16-8-10。

▲圖 16-8-10

⓫ 當必要的線段都選取之後，可利用「滑鼠右鍵」或「enter」鍵作為確定，進而可以拉伸實體，如圖 16-8-11。

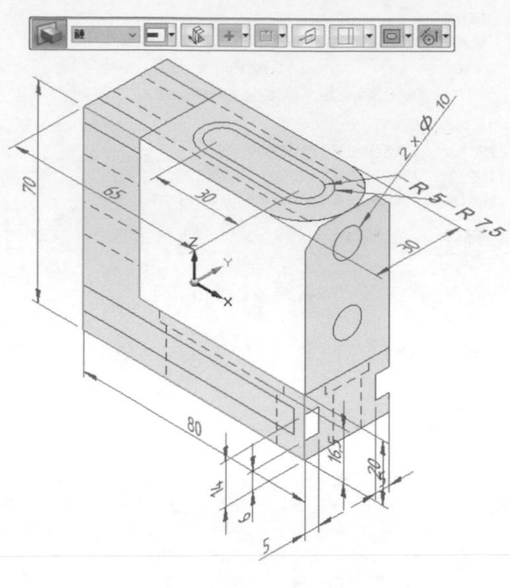

▲圖 16-8-11

⓬ 透過關鍵點可鎖定「右側草圖」的線段端點，如此就可以確定零件厚度，如圖 16-8-12。

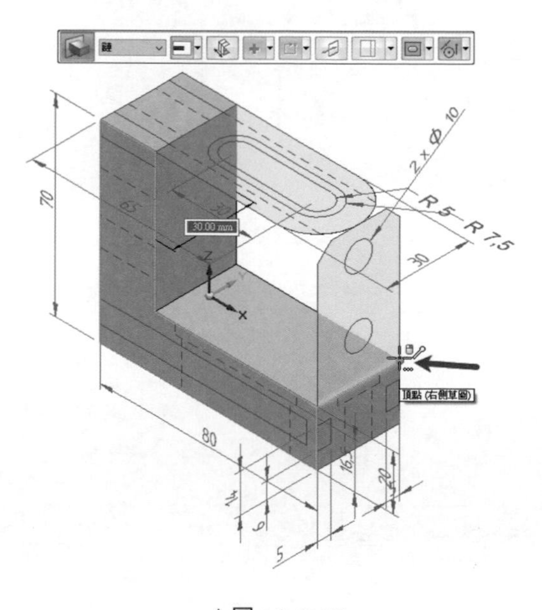

▲圖 16-8-12

⑬ 也可以點選區域，透過「幾何控制器」直接拉伸除料，利用鎖點方式即可決定除料深度，如圖 16-8-13、圖 16-8-14。

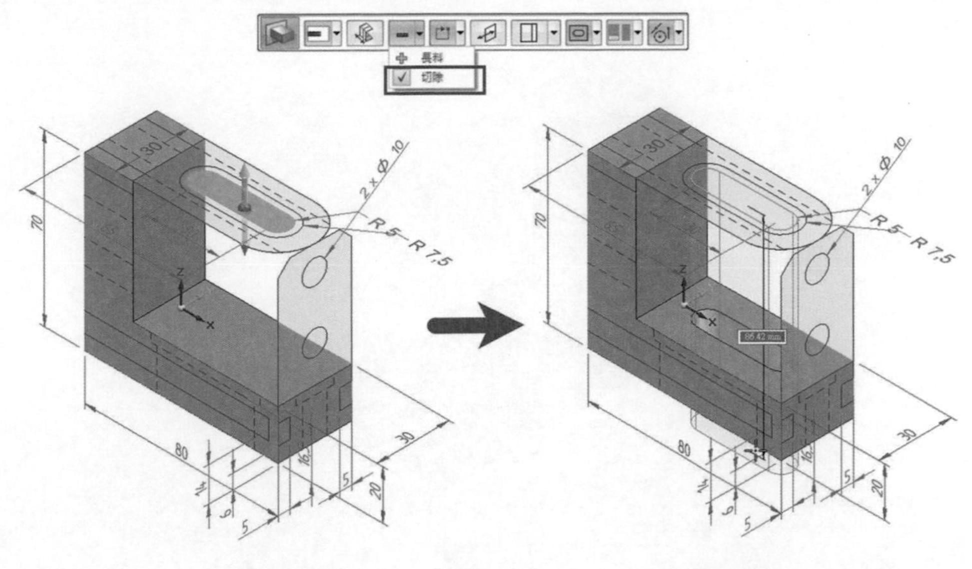

▲圖 16-8-13

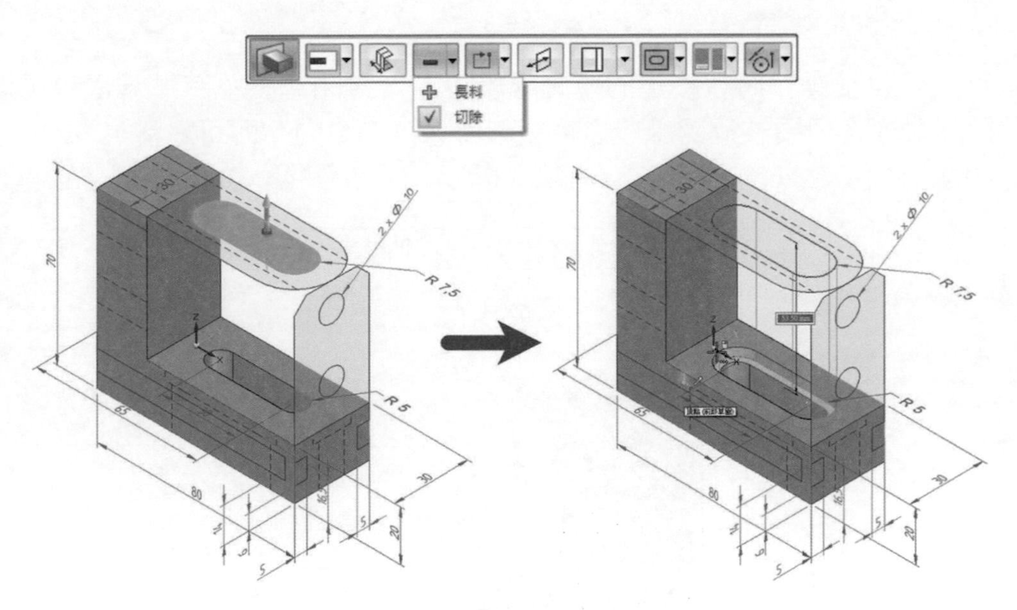

▲圖 16-8-14

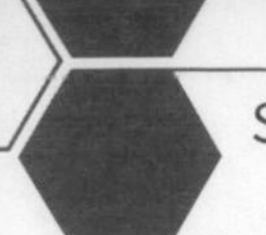

⓮ 也可以利用「ctrl」複選多個區域，透過「幾何控制器」進行除料，如圖 16-8-15。

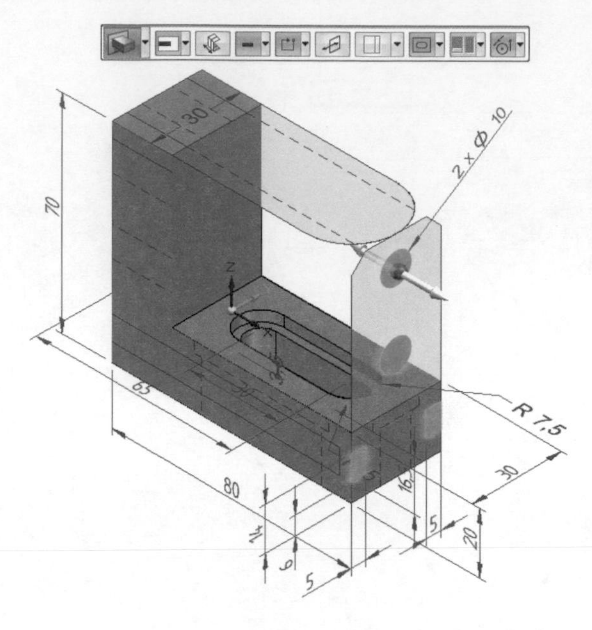

▲圖 16-8-15

⓯ 進行「除料」動作時，點選的草圖線段並非「封閉草圖」時，一樣也可以進行除料動作，只要在確認線段之後，確認除料「方向」即可除料，如圖 16-8-16。

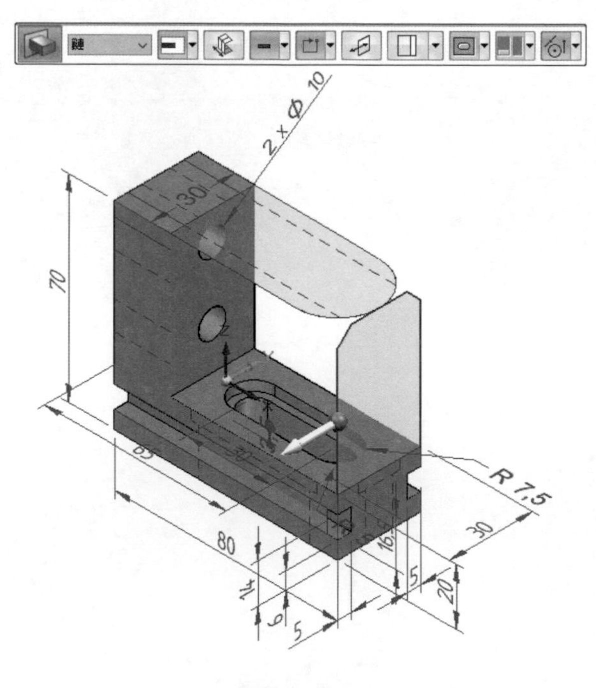

▲圖 16-8-16

⑯ 若選擇的草圖為「封閉草圖」時，除料動作中預設會除去草圖區域內的料件，此時使用者可點選工具列上的「方向步驟」按鈕，切換為除去草圖區域外的料件，如圖 16-8-17。

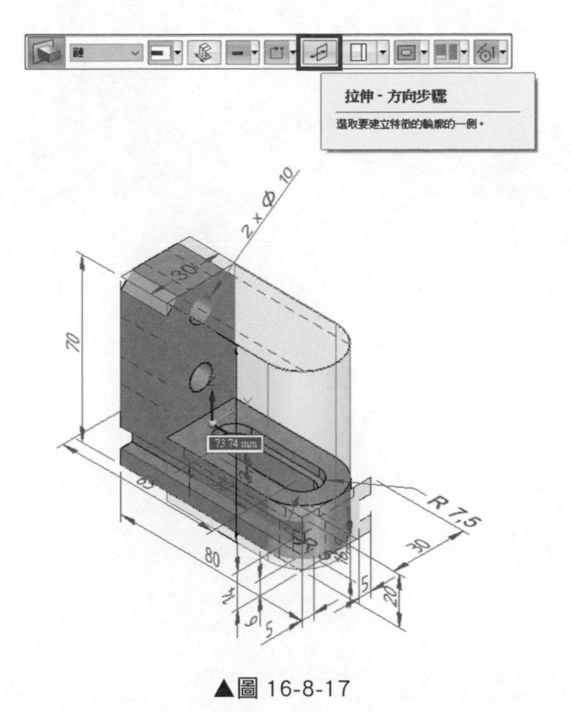

▲圖 16-8-17

⑰ 此時即可完成此範例 3D 模型，同時使用者可以發現到 3D 零件同時都標註好尺寸，而這些尺寸都是由 2D 零件當中匯入並且標註於 3D 零件之上，因此日後若有需要設變動作，使用者都可以透過「藍色尺寸」配合「設計意圖」或是利用「幾何控制器」進行修改，如圖 16-8-18、圖 16-8-19。

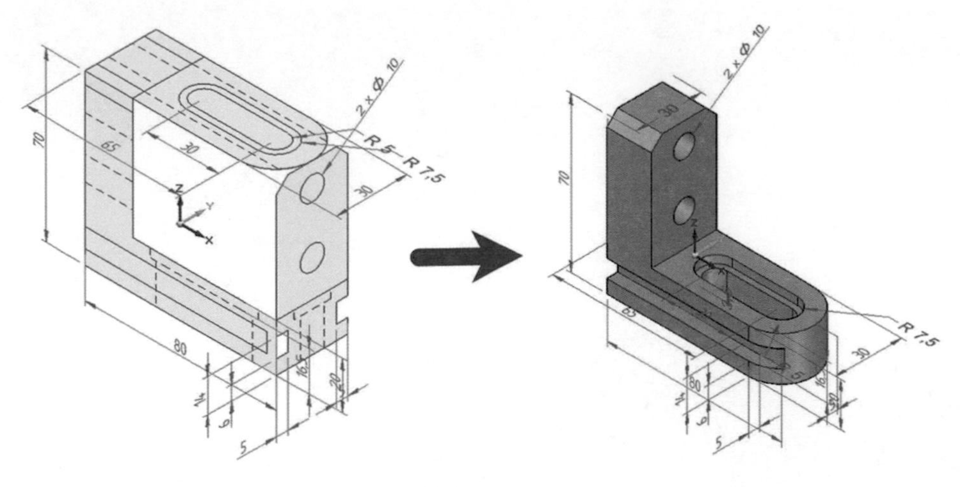

▲圖 16-8-18

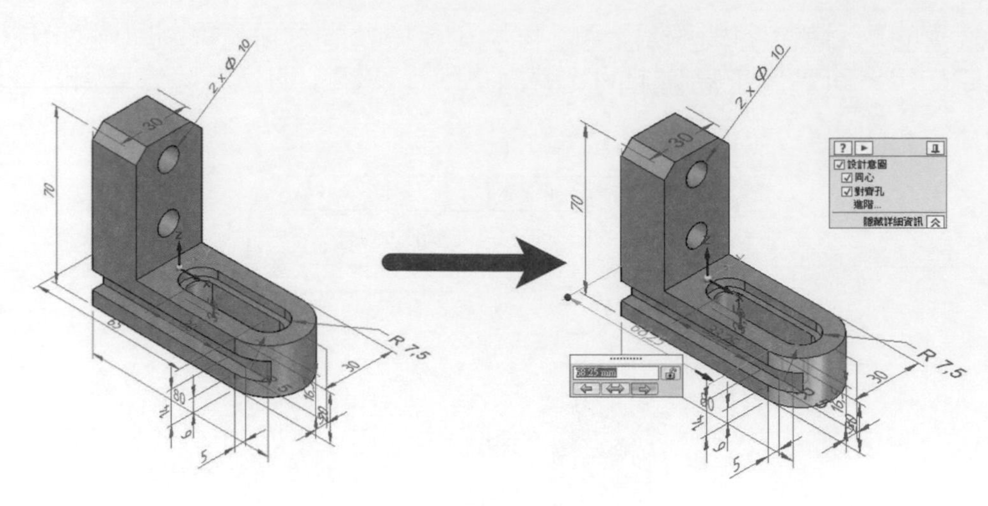

▲圖 16-8-19

CHAPTER

附錄一　設計管理器

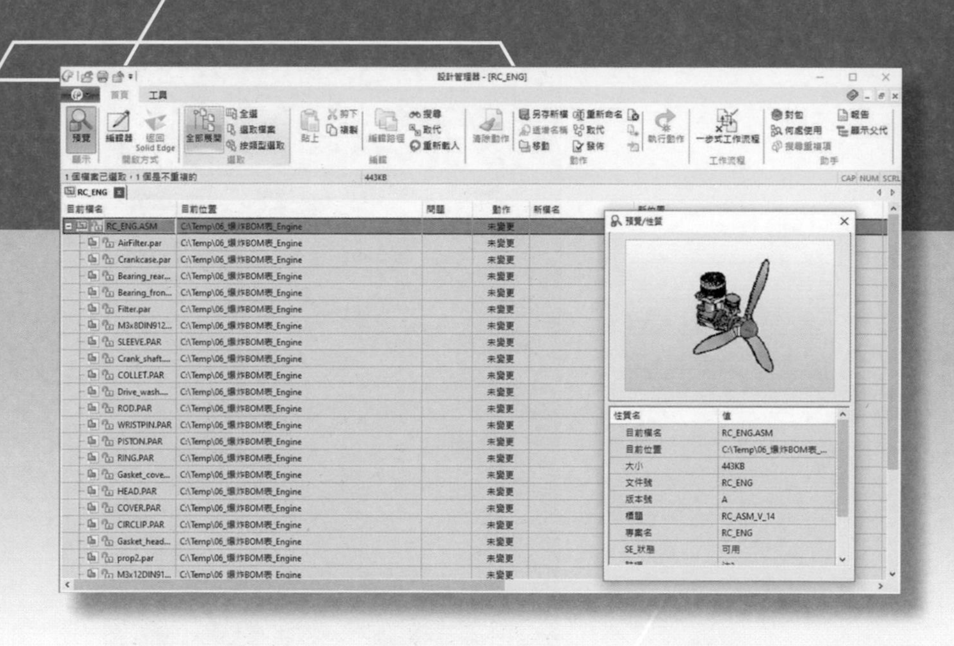

章節介紹

藉由此課程，您將會學到：

附錄 A 封包 - 打包相關資料

附錄 B 取代檔案

附錄 C 重新命名

附錄 A 封包 - 打包相關資料

本章節將帶領使用者如何快速與方便地將 Solid Edge 組立件上下階層的關聯性檔案進行打包方式，避免將檔案複製給他人或不同資料夾，造成內部零件遺失的困擾。

❶ 在 Windows 環境中，選取「開始」→搜尋「設計管理器」，如圖 A-1。

▲圖 A-1

❷ 開啟總組立件檔或總組立件工程圖檔，如圖 A-2。

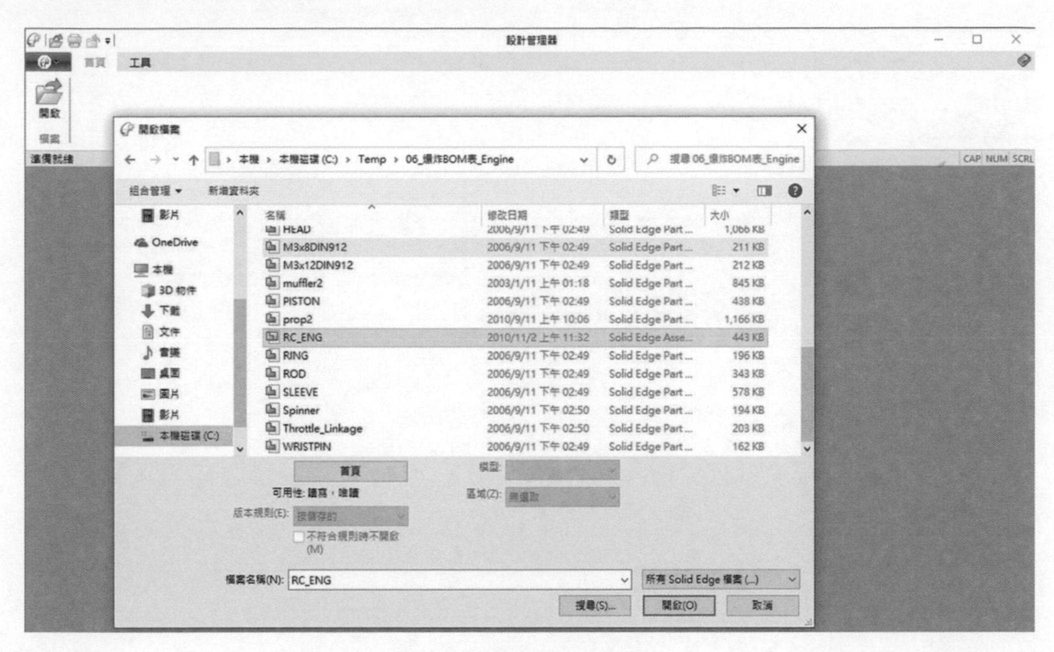

▲圖 A-2

❸ 於功能區「首頁」→「助手」→ 點選「封包」，如圖 A-3。

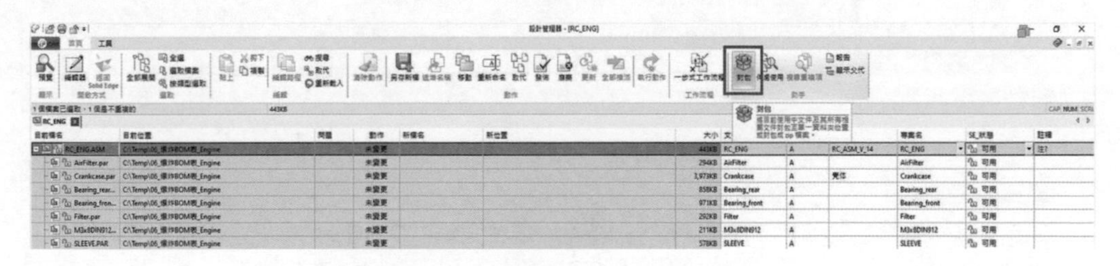

▲圖 A-3

❹ 也可以於Solid Edge開啟一個組立件檔案後，點選「應用程式按鈕」→「社區」→「封包」指令可選擇，如圖 A-4。

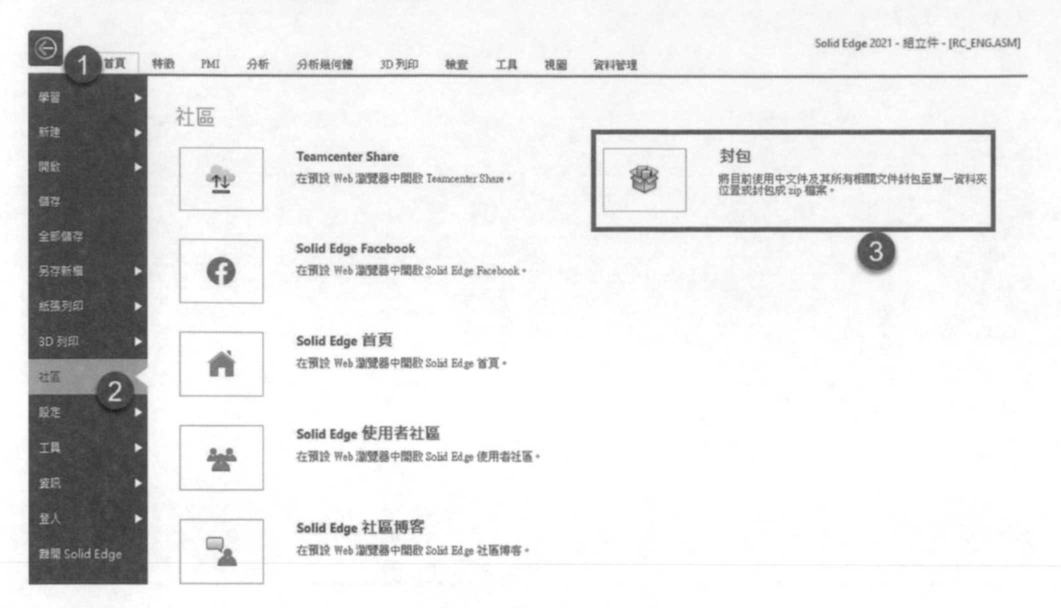

▲圖 A-4

❺ 皆點選後，出現「封包」視窗，會列出總組立件、次組立件、零件檔，可勾選「包含圖紙」選項，將組立件底下所有零件的工程圖一併做打包→選擇打包路徑「資料夾」位置，亦可選擇打包為壓縮檔至路徑資料夾中，如圖 A-5。

▲圖 A-5

❻ 按下「儲存」後會出現「何處使用」視窗→點擊「下一步」，如圖 A-6。

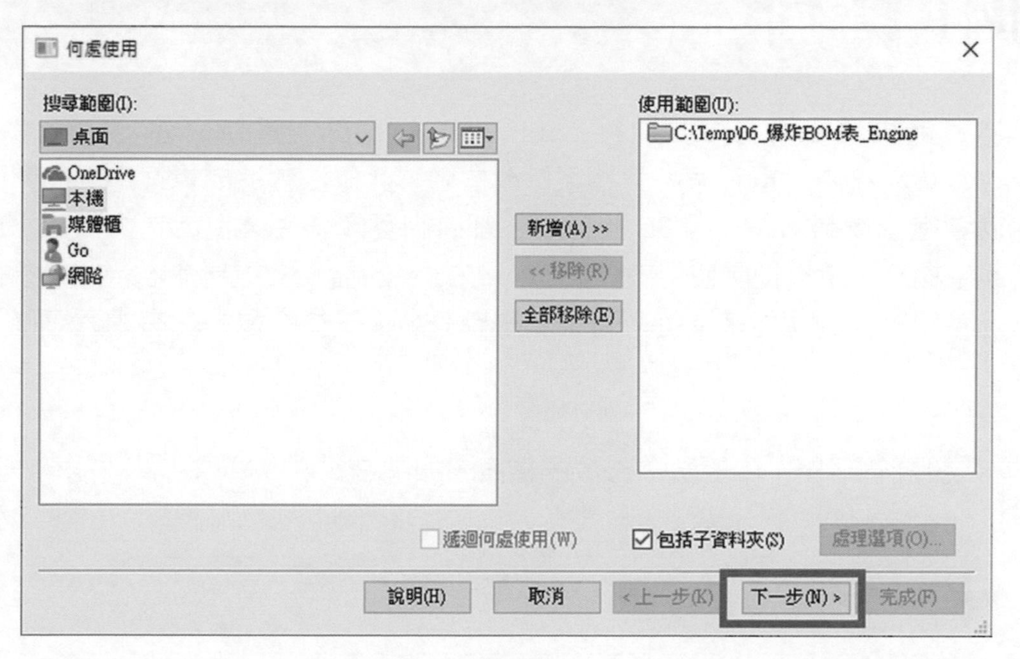

▲圖 A-6

❼ 按下「下一步」→開始進行封包動作→完成後，出現封包完成的訊息，如圖 A-7。

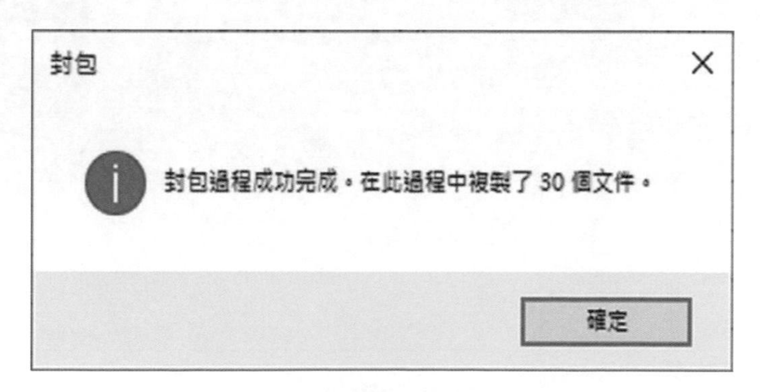

▲圖 A-7

附錄 B 重新命名

本章節指導使用者如要進行 Solid Edge 檔案的「重新命名」，嚴禁使用 Windows 資料夾中的重新命名對檔案修改檔名，此作法會造成檔案之間的關聯性斷開就會造成檔案遺失。因 3D 設計檔案都有相互關聯性，也就是俗稱的「單一資料庫」概念，所以提醒使用者要對 Solid Edge 的檔案「重新命名」，必須使用「設計管理器」的功能來進行，可確保重新命名後，檔案還是保有相互正確的關聯性。

❶ 在「設計管理器」中開啟欲修改的檔案，如圖 B-1。

▲圖 B-1

❷ 點選「全部展開」，瀏覽全部的檔案並找到要重新命名的檔案，如圖 B-2。

設計管理器 - [F

首頁　工具

預覽　編輯器　返回 Solid Edge　全部展開　全選　選取檔案　按類型選取　貼上　剪下　複製　編輯路徑　搜尋　取代　重新載入　清除動作　另存新檔　遞增名稱　移動　重新命名　取代　發佈　廢棄

顯示　開啟方式　選取　編輯　動作

29 個關係，29 個不重複文件　全部展開 (Ctrl+Shift+8)　展開樹中的所有節點。　15.67MB

RC_ENG

目前檔名	目前位置	問題	動作	新檔名	新位置
RC_ENG.ASM	C:\Temp\Sample01		未變更		
AirFilter.par	C:\Temp\Sample01		未變更		
Crankcase.par	C:\Temp\Sample01		未變更		
Bearing_rear....	C:\Temp\Sample01		未變更		
Bearing_fron....	C:\Temp\Sample01		未變更		
Filter.par	C:\Temp\Sample01		未變更		
M3x8DIN912....	C:\Temp\Sample01		未變更		
SLEEVE.PAR	C:\Temp\Sample01		未變更		
Crank_shaft....	C:\Temp\Sample01		未變更		
COLLET.PAR	C:\Temp\Sample01		未變更		
Drive_wash....	C:\Temp\Sample01		未變更		
ROD.PAR	C:\Temp\Sample01		未變更		
WRISTPIN.PAR	C:\Temp\Sample01		未變更		

▲圖 B-2

❸ 點選欲重新命名的檔案→點選「重新命名」，如圖 B-3。

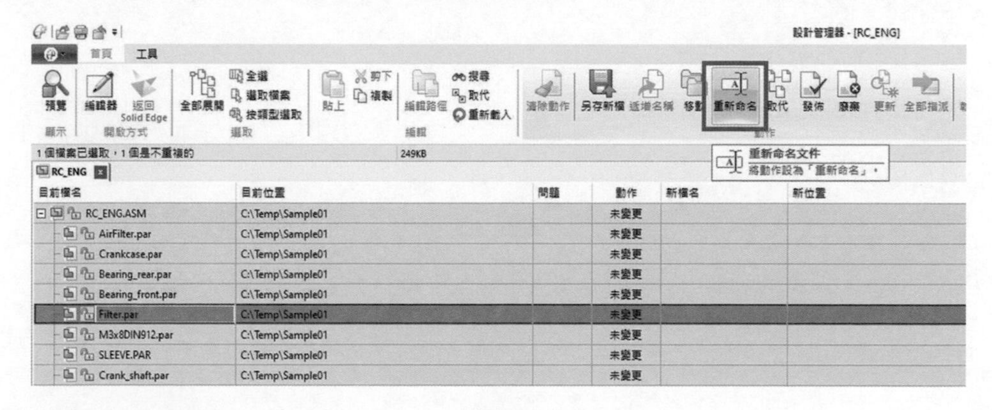

▲圖 B-3

❹ 在新檔名的欄位輸入新名稱，並注意後面的「副檔名」必須保留→再點選「執行動作」，如圖 B-4。

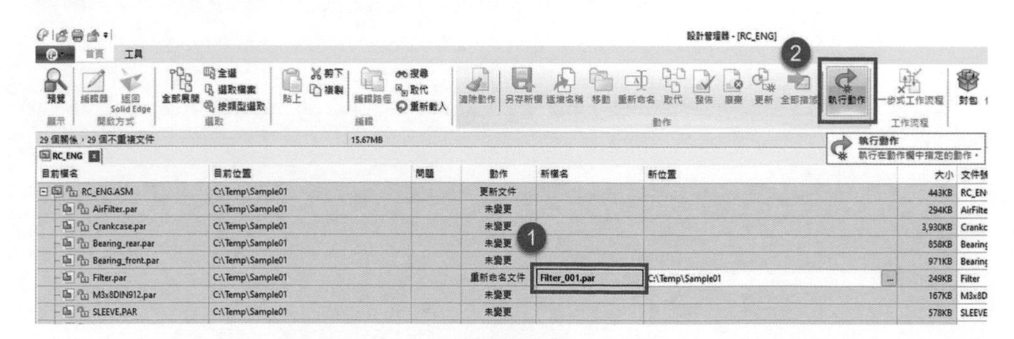

▲圖 B-4

❺ 開啟組立件檔案，即可在導航者看到修改過後的新檔名，如圖 B-5。

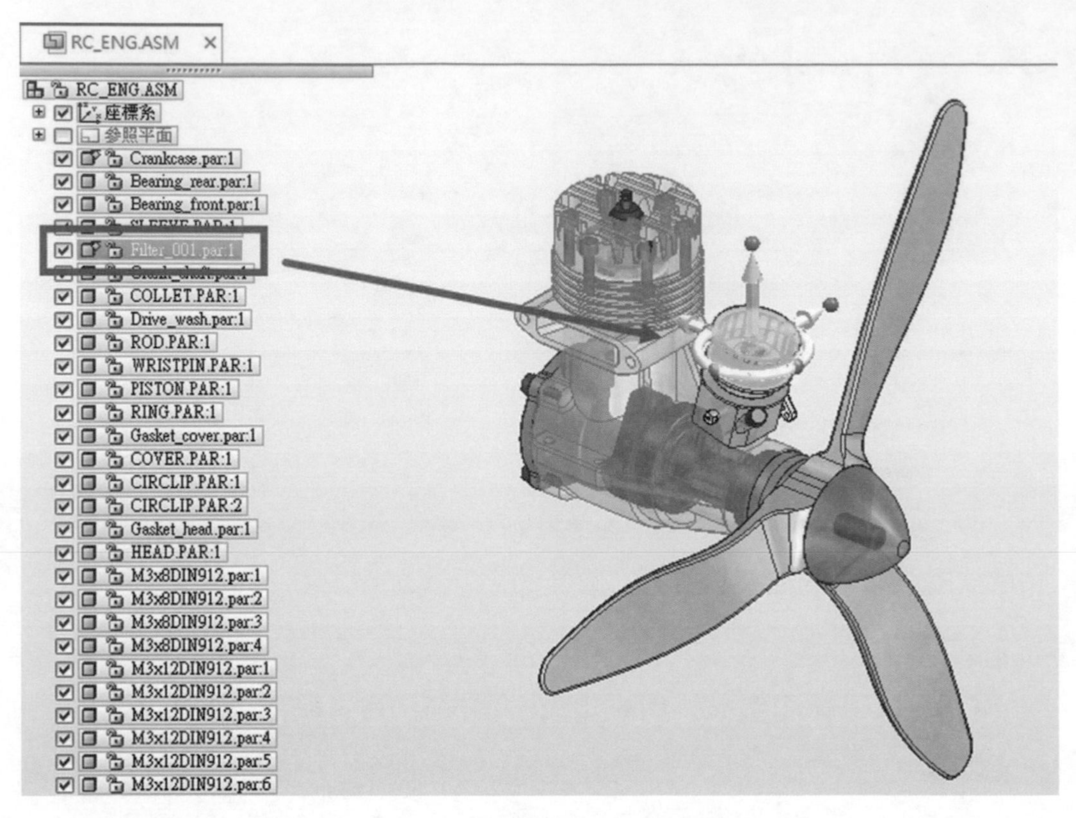

▲圖 B-5

附錄 C　取代檔案

本章節將帶領使用者如何將 Solid Edge 設計中無意被修改過的檔名或被移動的檔案，所造成的檔案遺失，就可利用「設計管理器」來把檔案「取代」回來。不論開啟組件立件檔案或是缺失零件的工程圖檔，都會跳出警告訊息，說明檔案遺失，如圖 C-1、圖 C-2。

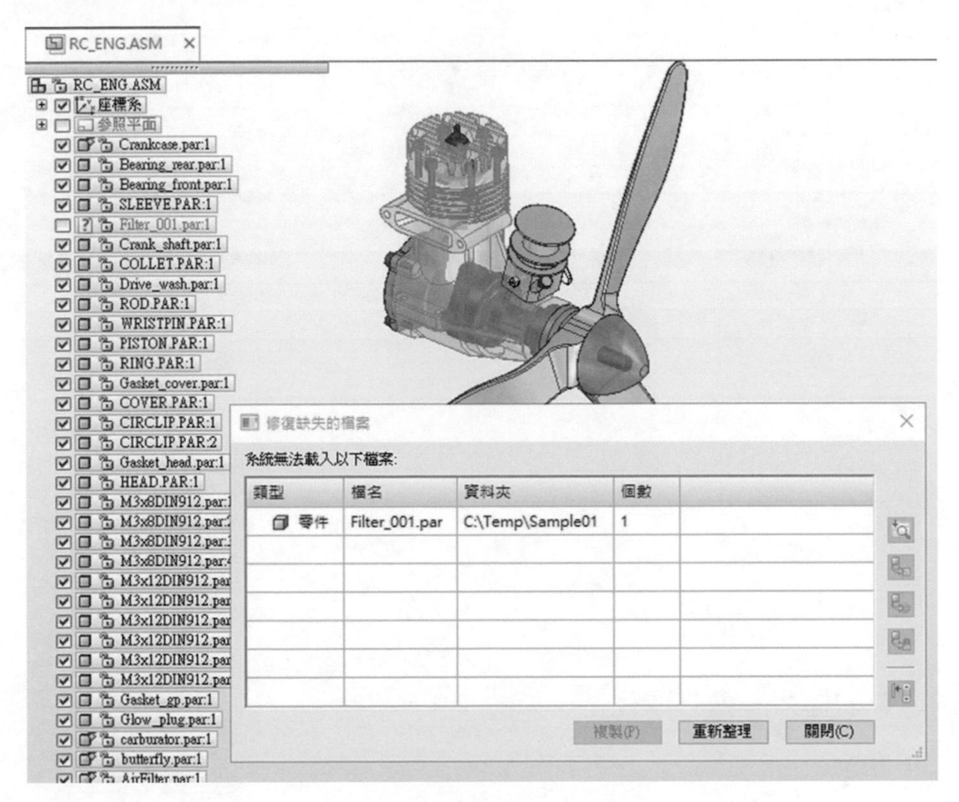

▲圖 C-1

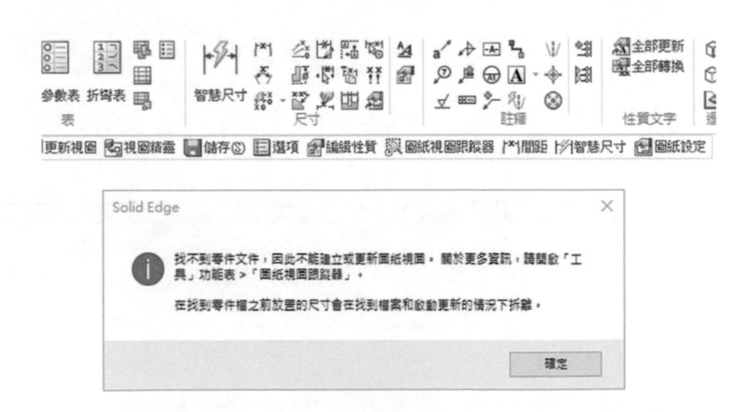

▲圖 C-2

❶ 在「設計管理器」中開啟欲修改的檔案。

❷ 「全部展開」後，即發現有一紅色欄位，為遺失的檔案，如圖 C-3。

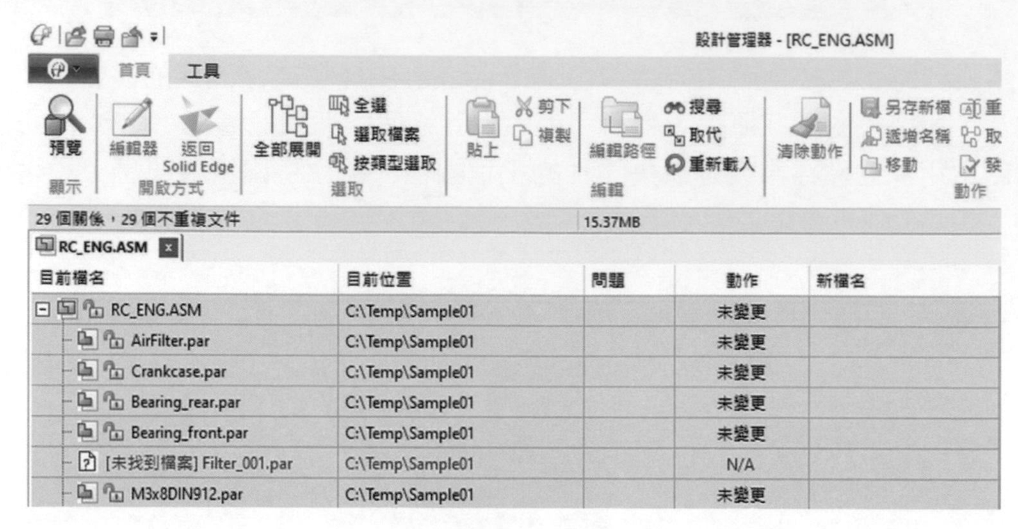

▲圖 C-3

❸ 點選遺失的檔案→做「取代」，如圖 C-4。

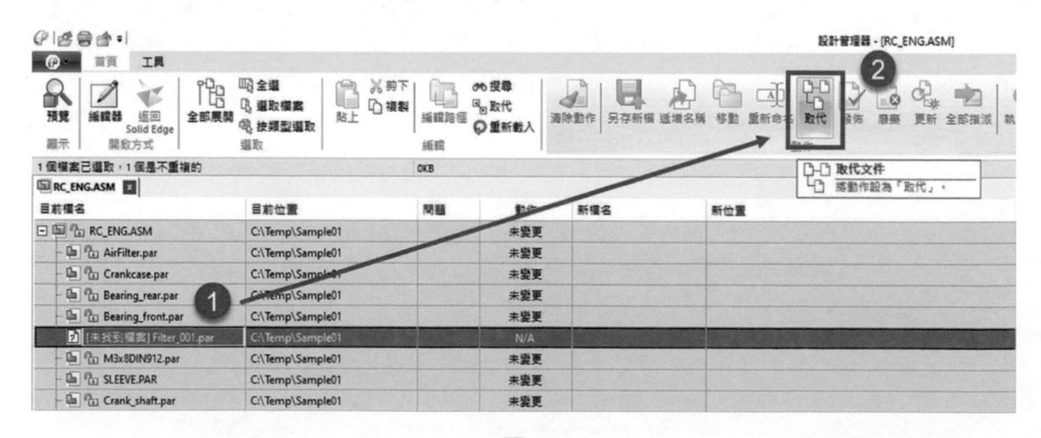

▲圖 C-4

❹ 出現「取代件」視窗，搜尋並選擇遺失檔案之關聯性的「對應檔案路徑」→找到「對應的檔案」後點擊「開啟」，如圖 C-5。

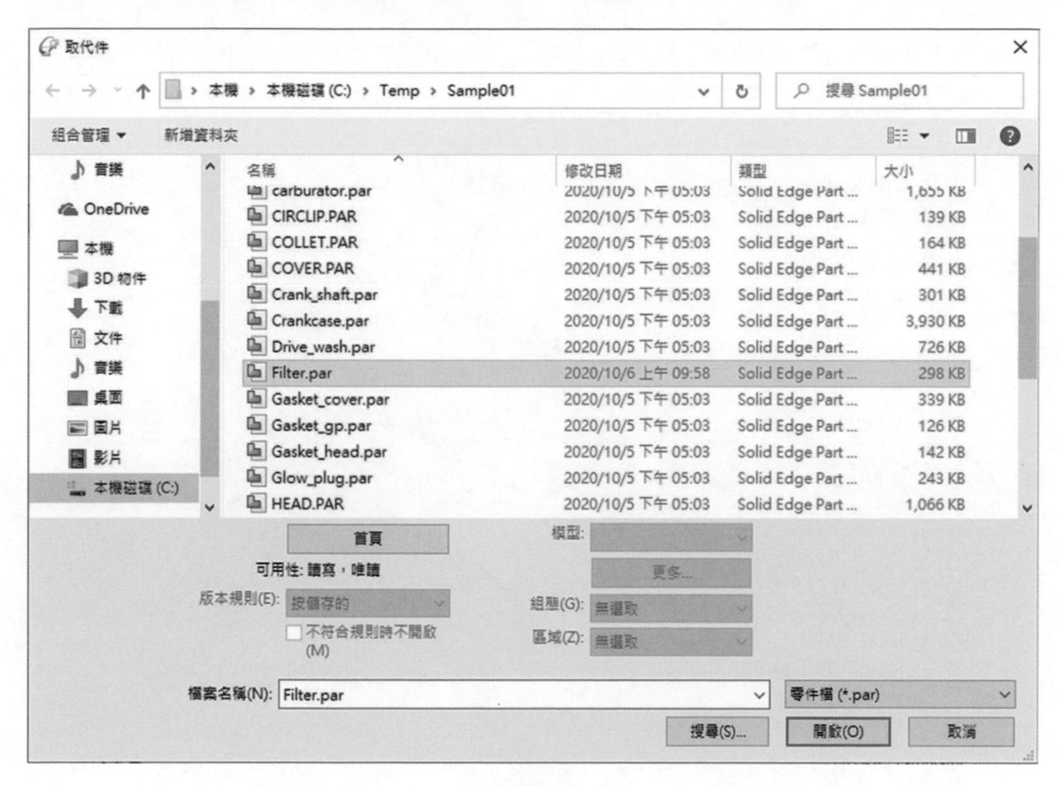

▲圖 C-5

❺ 取代檔選擇好後，點選「執行動作」進行取代，如圖 C-6。

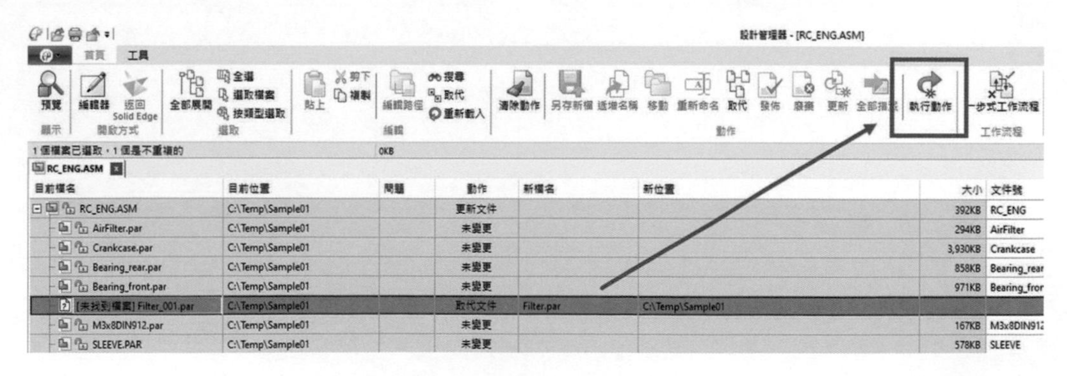

▲圖 C-6

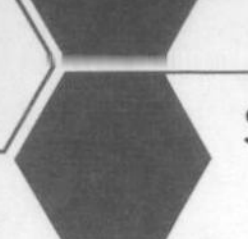

❻ 開啟檔案，即為完整且也有連結關係存在，如圖 C-7。

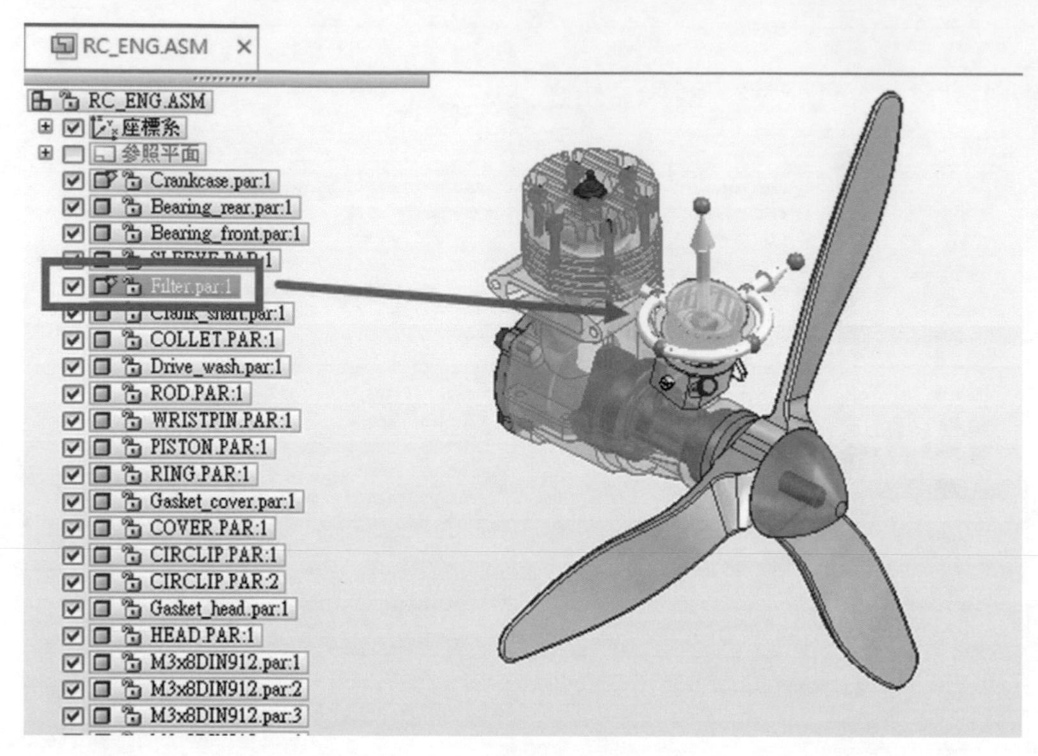

▲圖 C-7

CHAPTER

附錄二　單一零件結構分析

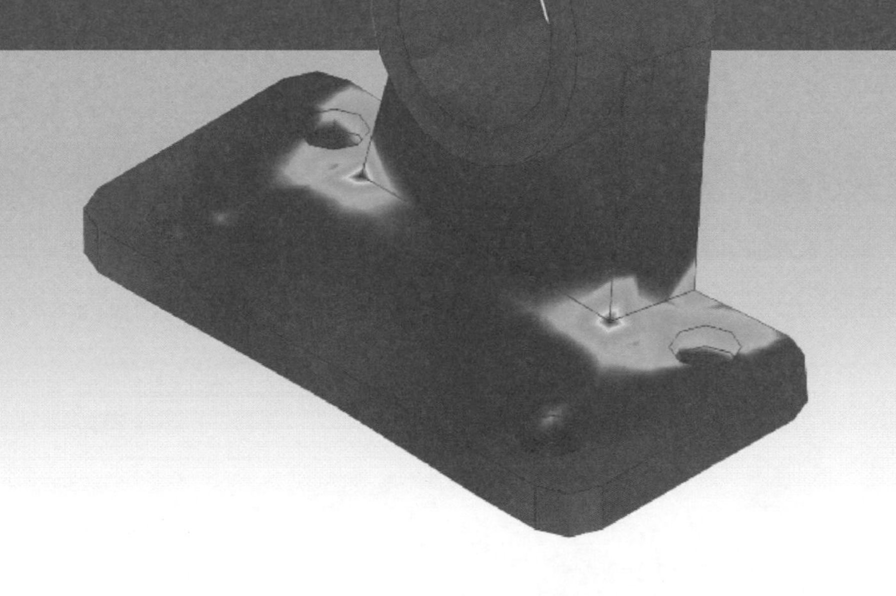

分析流程

➢ 適用 Solid Edge 2020 以上的版本任何模組

❶ 接下來請開啟練習範例：FE_bearing.par，如圖 2-1。

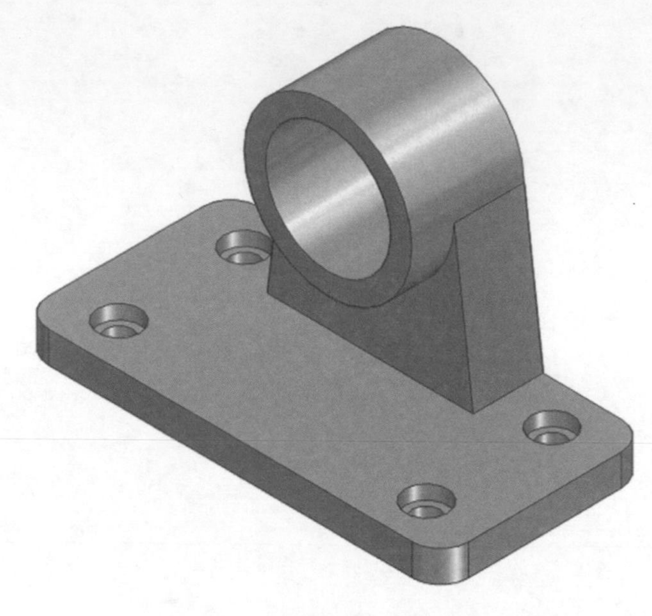

▲圖 2-1

❷ 在分析之前，需要先了解單位對應，可以透過上方快速存取工具列中的選項，如圖 2-2，或者可以從左上角「應用程式按鈕」→「設定」→「選項」。

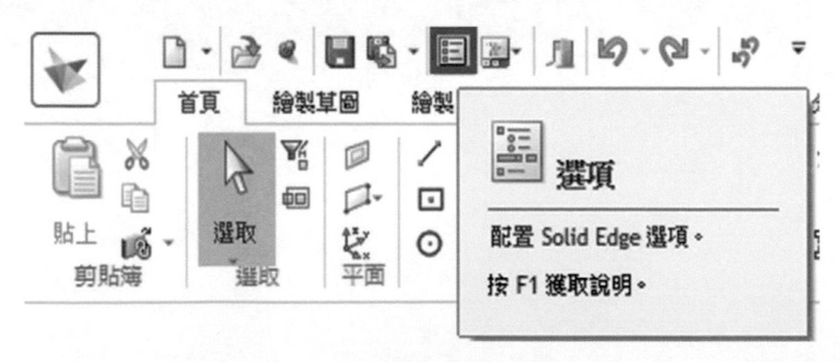

▲圖 2-2

❸ 選項之中單位預設值，「力」單位「mN」應設置為「N」。「應力」單位「kpa」應設置為 「MegaPa」，如圖 2-3。

▲圖 2-3

❹ 接下來在功能區中找到「分析」，然後新建研究，如圖 2-4。

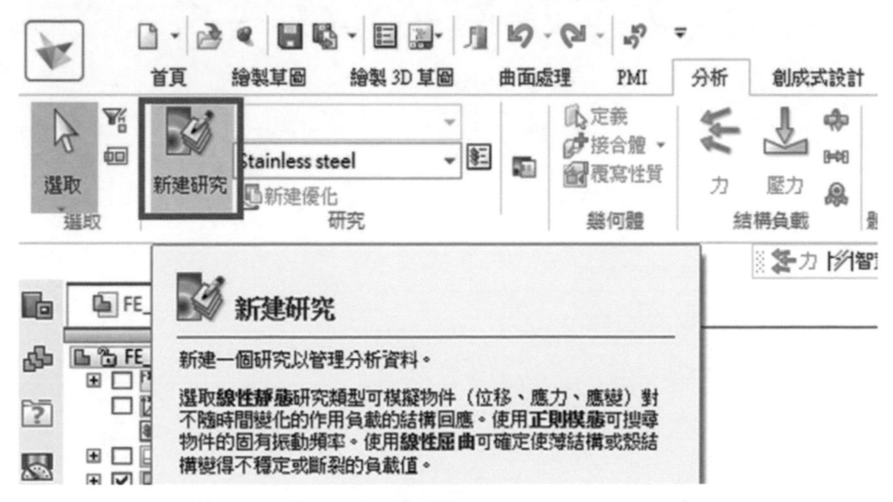

▲圖 2-4

❺ 新建靜態研究，研究類型「線性靜態」，網格類型「四面體」如圖 2-5。

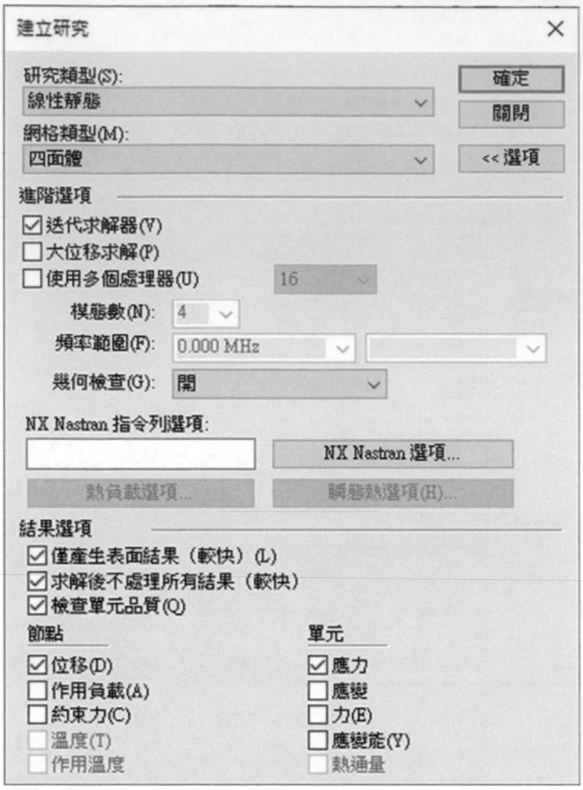

建立研究

研究類型(S): 線性靜態

網格類型(M): 四面體

確定

關閉

<< 選項

進階選項

☑迭代求解器(V)

☐大位移求解(P)

☐使用多個處理器(U) 16

模態數(N): 4

頻率範圍(F): 0.000 MHz

幾何檢查(G): 開

NX Nastran 指令列選項:

NX Nastran 選項...

熱負載選項...

瞬態熱選項(H)...

結果選項

☑僅產生表面結果（較快）(L)

☑求解後不處理所有結果（較快）

☑檢查單元品質(Q)

節點

☑位移(D)

☐作用負載(A)

☐約束力(C)

☐溫度(T)

☐作用溫度

單元

☑應力

☐應變

☐力(E)

☐應變能(Y)

☐熱通量

▲圖 2-5

❻ 點擊材質表，然後選擇「Materials」→「金屬」→「鋁合金」→「鋁 1060」，然後在右邊下面有個「標示分析性質」，這個按鈕可以讓使用者知道如果要此分析所設定的材料性質是哪些，深綠色 ▭ 指的是此分析必要輸入的屬性，淺綠色 ▭ 指的是生成結果或報告需要的部分，如圖 2-6、圖 2-7。

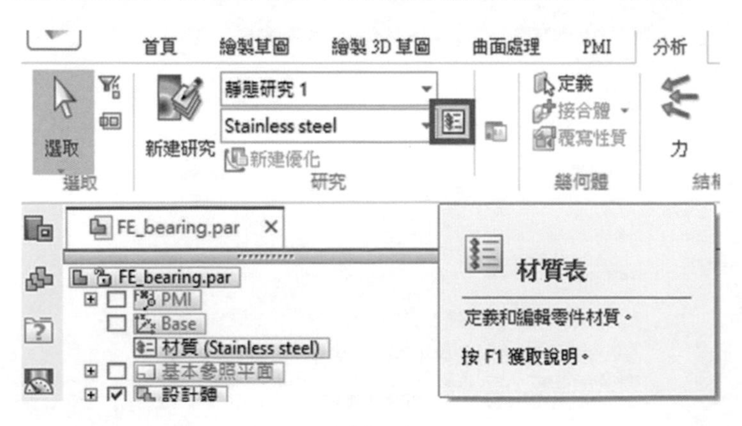

▲圖 2-6

▲圖 2-7

❼ 按「定義」幾何體，然後選擇該零件，「接受」即可，如圖 2-8。

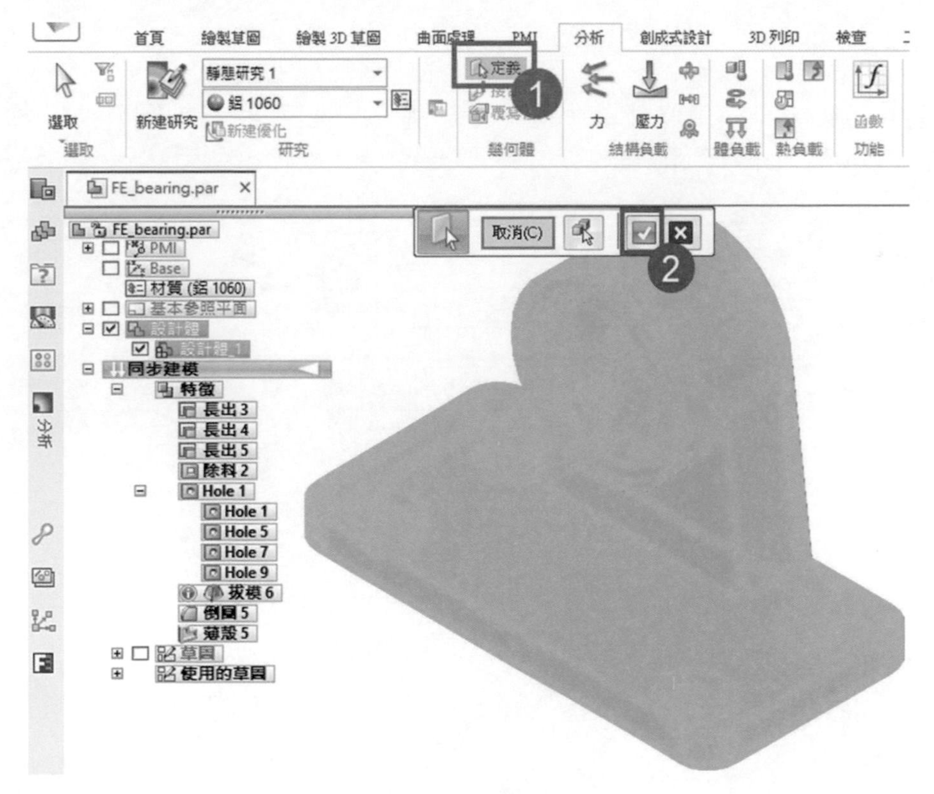

▲圖 2-8

❽ 定義結構負載中的「力」→選擇「模型面」→輸入值「500」N，最後可以調整施力方向，按滑鼠右鍵即可接受，如圖 2-9。在下圖工具列右側箭頭處，可以調整箭頭疏密及大小（不會因為箭頭大小或疏密，值就會跟著變化）。

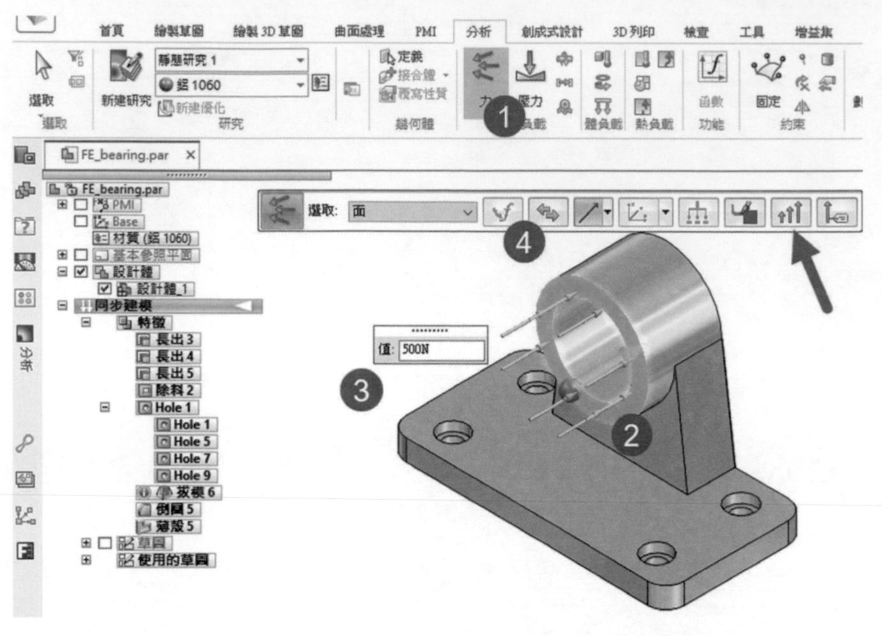

▲圖 2-9

❾ 新增約束條件，約束條件為「固定」，選取沉頭孔底部「圓孔」，按滑鼠右鍵即可接受，如圖 2-10。

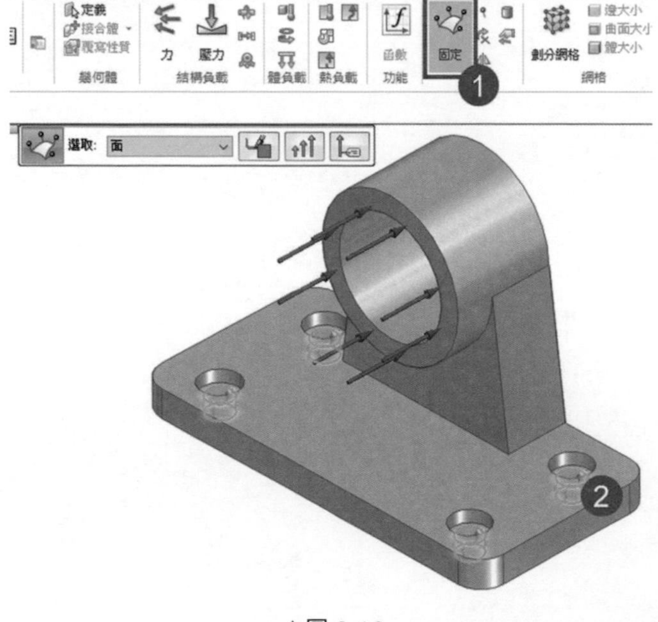

▲圖 2-10

❿ 按下「劃分網格」，選擇最粗的網格為 1，然後點擊網格劃分，如圖 2-11。

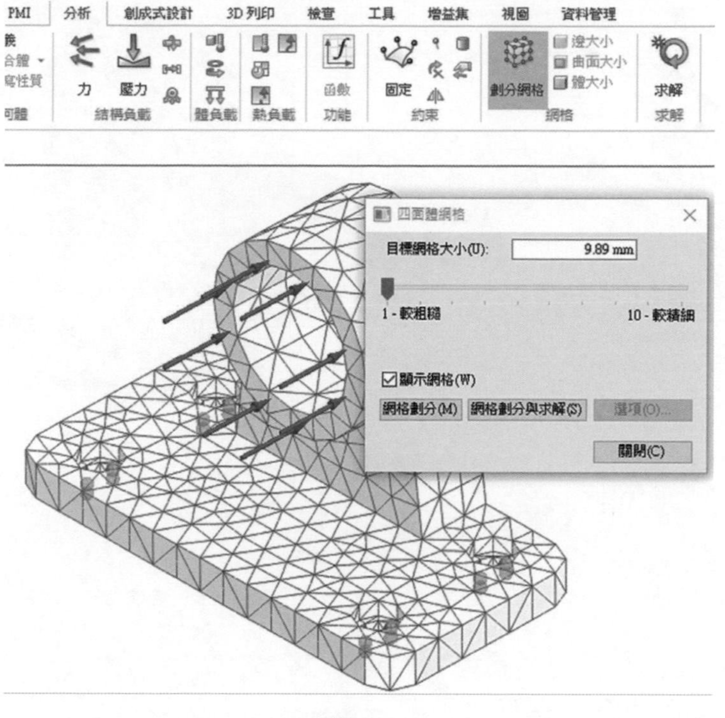

▲圖 2-11

⓫ 然後點擊功能區的「求解」，或是直接點擊「網格劃分與求解」也一樣可以執行求解功能，如圖 2-12。

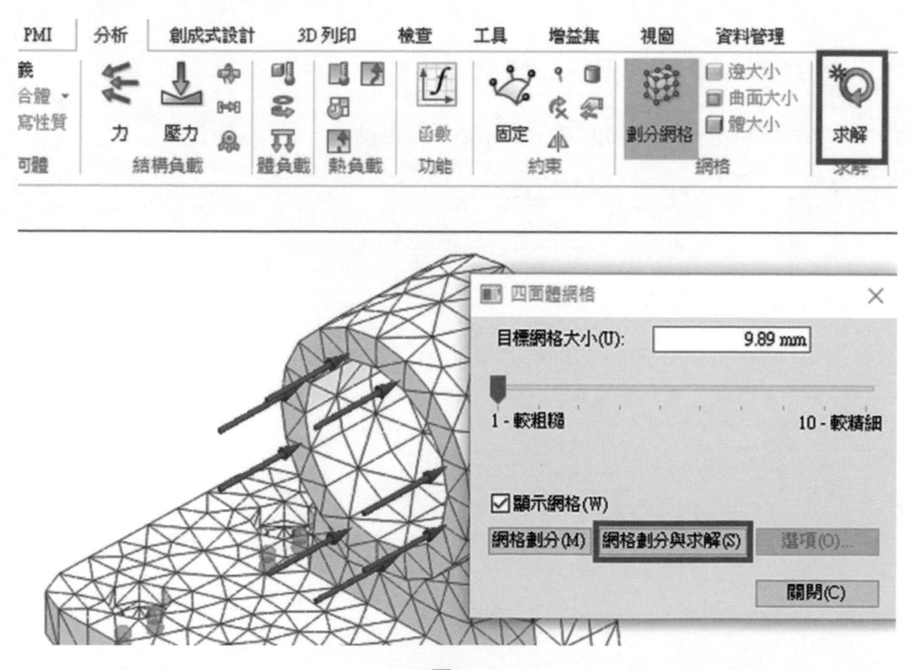

▲圖 2-12

⓬ 求解完成後，如圖 2-13。

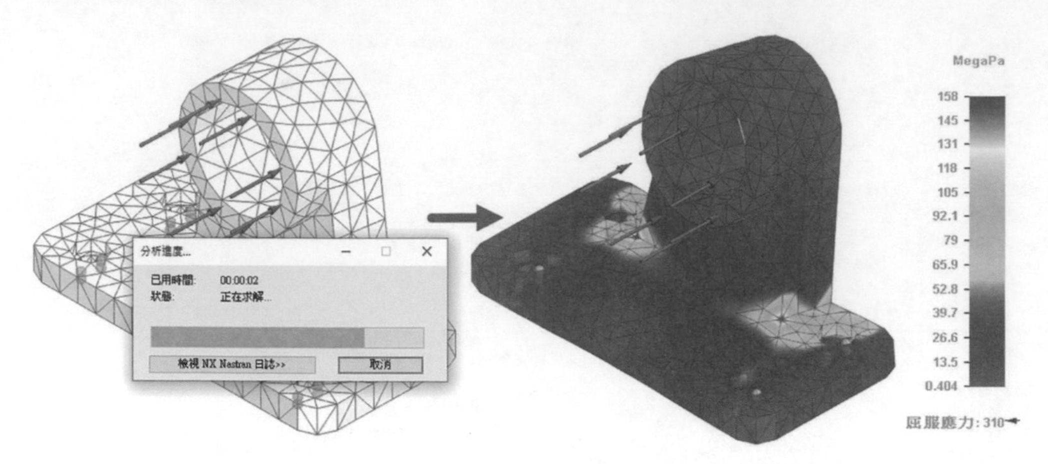

▲圖 2-13

⓭ 後處理中可以看到有幾個區域，如圖 2-14。

(A) **探測器**：探測網格點應力。

(B) **顯示**：可以設定想要顯示的雲圖、未變形模型等等。

(C) **平衡檢查**：顯示所有節點和單元的力平衡資料。(此為 Solid Edge Premium 以上才行。)

(D) **雲圖樣式**：選擇你想要看的樣式

(E) **變形**：選擇變形的百分比、標準化、實際

(F) **動畫播放**：可以播放分析動畫

(G) **輸出結果**：建立報告、另存影片或影像

(H) **資料選取**：選擇應力、位移、安全係數等等

(I) **設定**：可以儲存設定好的狀態，像組態的概念

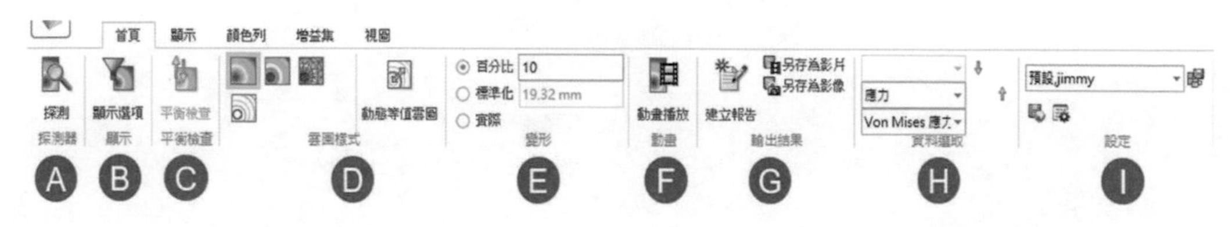

▲圖 2-14

⓮ 在「顯示」→「主顯示」→「邊樣式」→「模型」，可以關閉多餘的網格線，看得比較清晰，如圖 2-15。

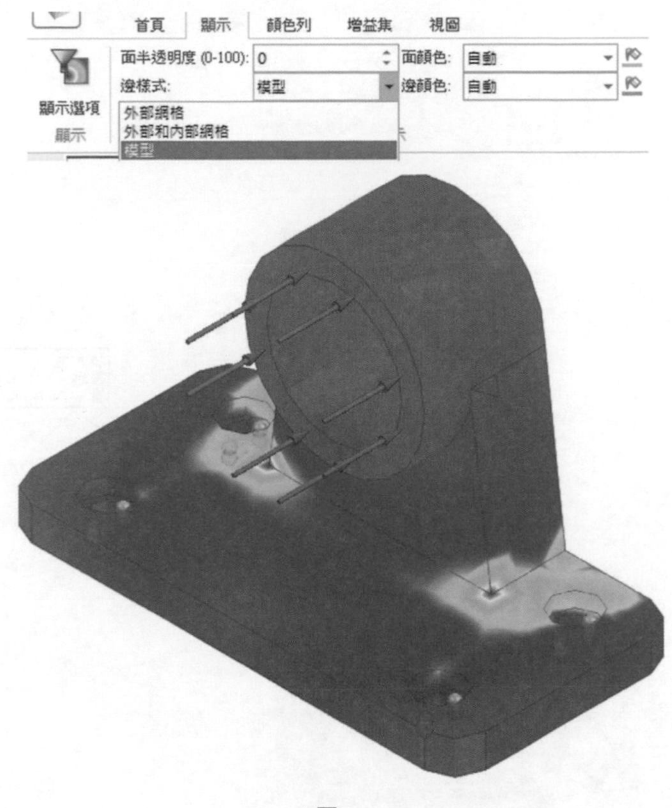

▲圖 2-15

⓯ 如果要將負載及約束符號在模型中隱藏，可以在浮動視窗的分析導航者中找到它們並關閉，如圖 2-16。

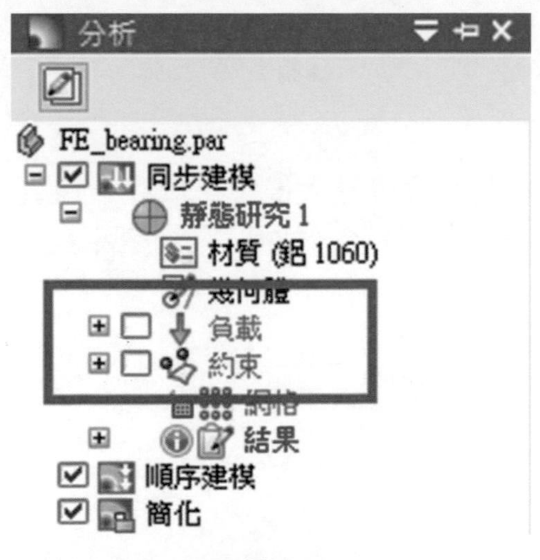

▲圖 2-16

⓰ 要看到這個模型的應力最大值，可以在「顏色列」→「顯示」→「最大值標記」開啟就可以看到，如圖 2-17、圖 2-18。

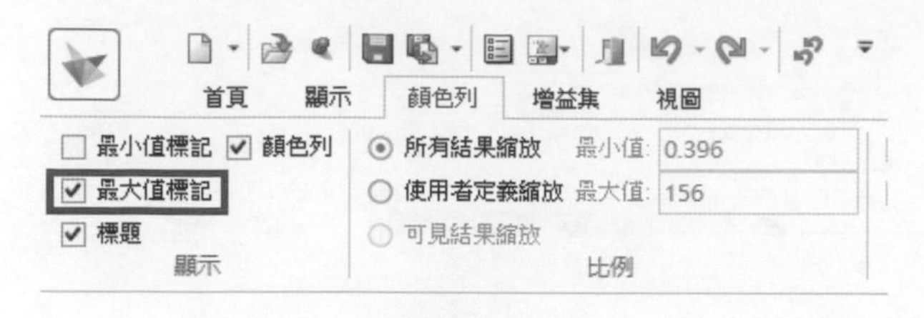

▲圖 2-17

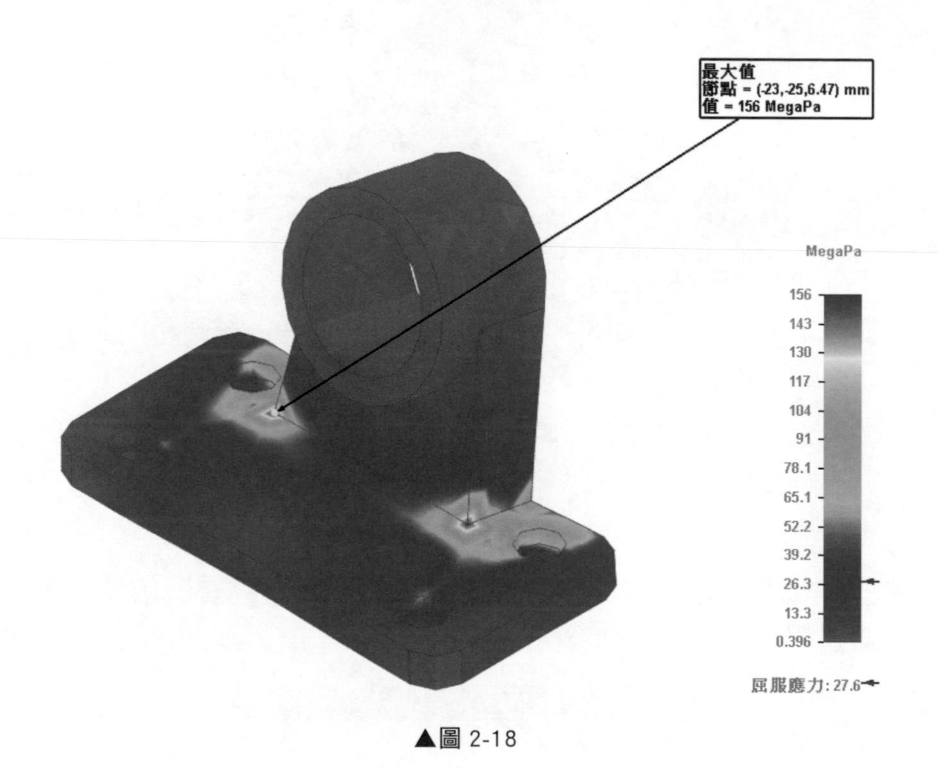

▲圖 2-18

⓱ 那假設要看到這個模型的位移最大值，可以在「首頁」→「資料選取」中，把「應力」改成「位移」就好了，如圖 2-19、圖 2-20。

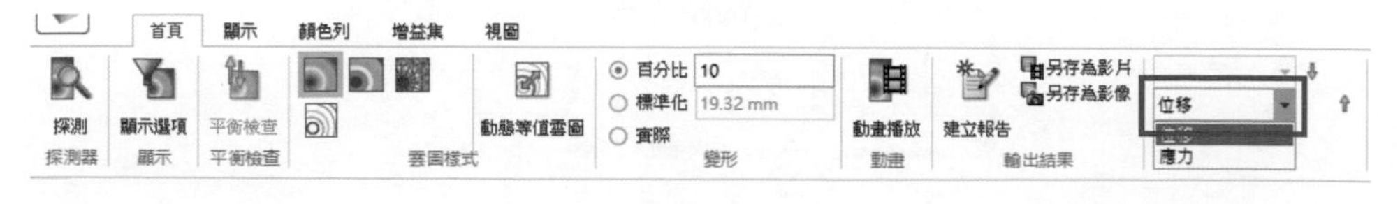

▲圖 2-19

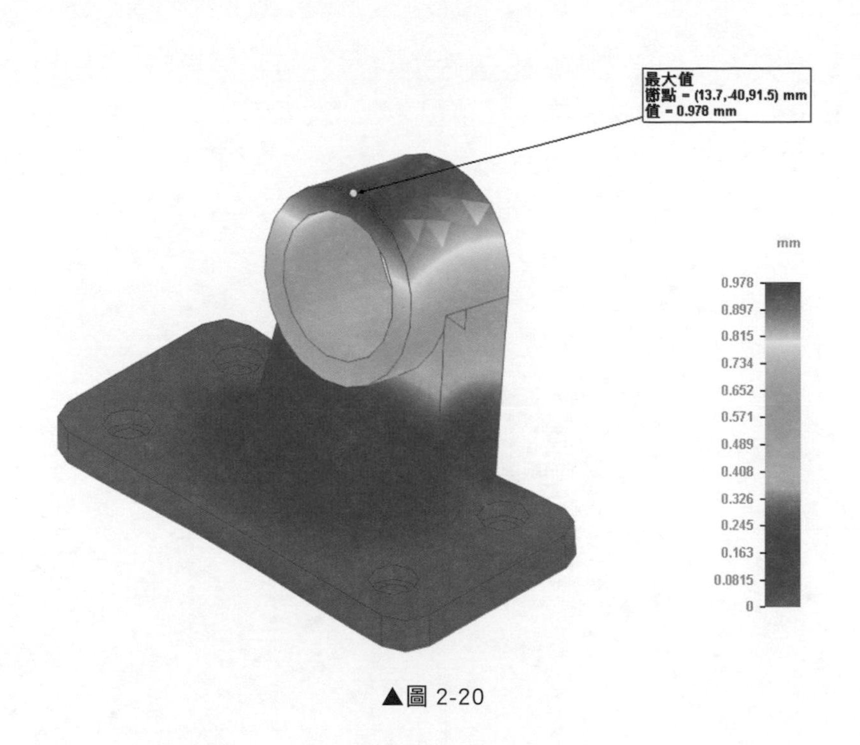

▲圖 2-20

備註 分析導航者中的綠色圓型體可以看出目前狀態，會依照 1/4 型態提示目前的狀態，如圖 2-21。

新建研究
分析
FE_bearing.par
同步建模
靜態研究 1
材質 (Aluminium, 1060)
幾何體
負載
約束
網格
順序建模
簡化

建立負載/約束
分析
FE_bearing.par
同步建模
靜態研究 1
材質 (Aluminium, 1060)
幾何體
負載
約束
網格
順序建模
簡化

劃分網格
分析
FE_bearing.par
同步建模
靜態研究 1
材質 (Aluminium, 1060)
幾何體
負載
約束
網格
順序建模
簡化

已求解
分析
FE_bearing.par
同步建模
靜態研究 1
材質 (Aluminium, 1060)
幾何體
負載
約束
網格
結果
順序建模
簡化

模型條件變更
分析
FE_bearing.par
同步建模
靜態研究 1
材質 (Aluminium, 1060)
幾何體
負載
約束
! 網格
! 結果（已解除安裝）
順序建模
簡化

▲圖 2-21

備註 當模型分析完成之後，在資料夾中就會出現「.ssd」的檔案格式，這個格式就是分析的結果檔。如果刪除此檔案，模型的分析結果就會消失，須注意，如圖 2-22。

名稱
FE_bearing.par
FE_bearing_par.ssd

▲圖 2-22

⓲ 如果想要複製專案做比對，有兩個方式：(1) 在分析結果時，針對「靜態研究」按「滑鼠右鍵」→「建立副本」，如圖 2-23；(2) 可以在分析導航者中點擊「靜態研究」按「滑鼠右鍵」，然後選「複製」，然後再對「同步建模」按「滑鼠右鍵」，選「貼上」即可，如圖 2-24，複製完成如圖 2-25，兩者皆可以達到目的。

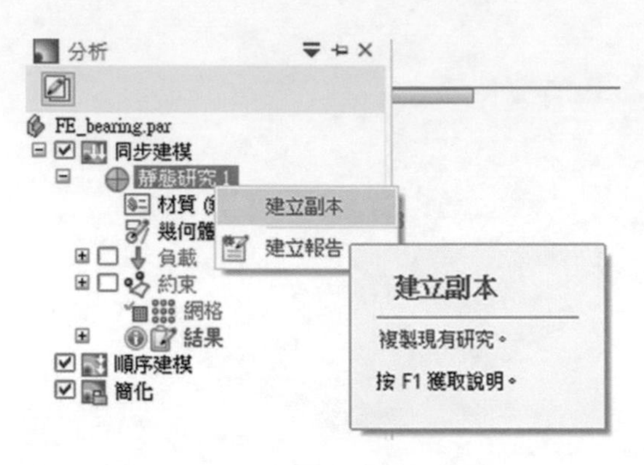

▲圖 2-23

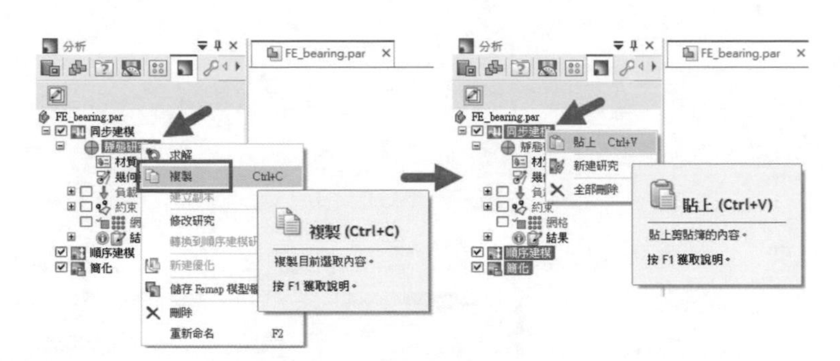

▲圖 2-24

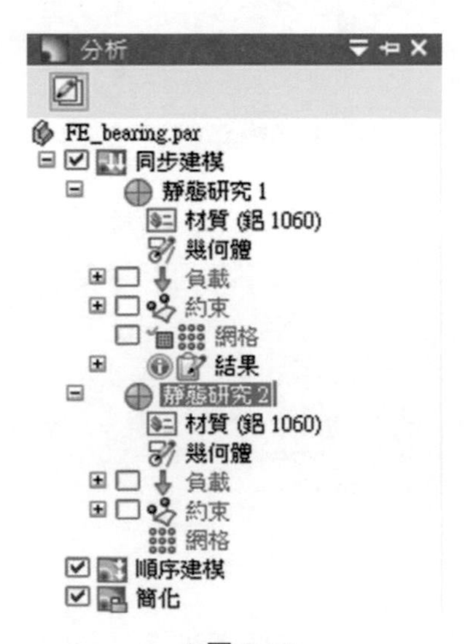

▲圖 2-25

CHAPTER

附錄三 Solid Edge 資料管理

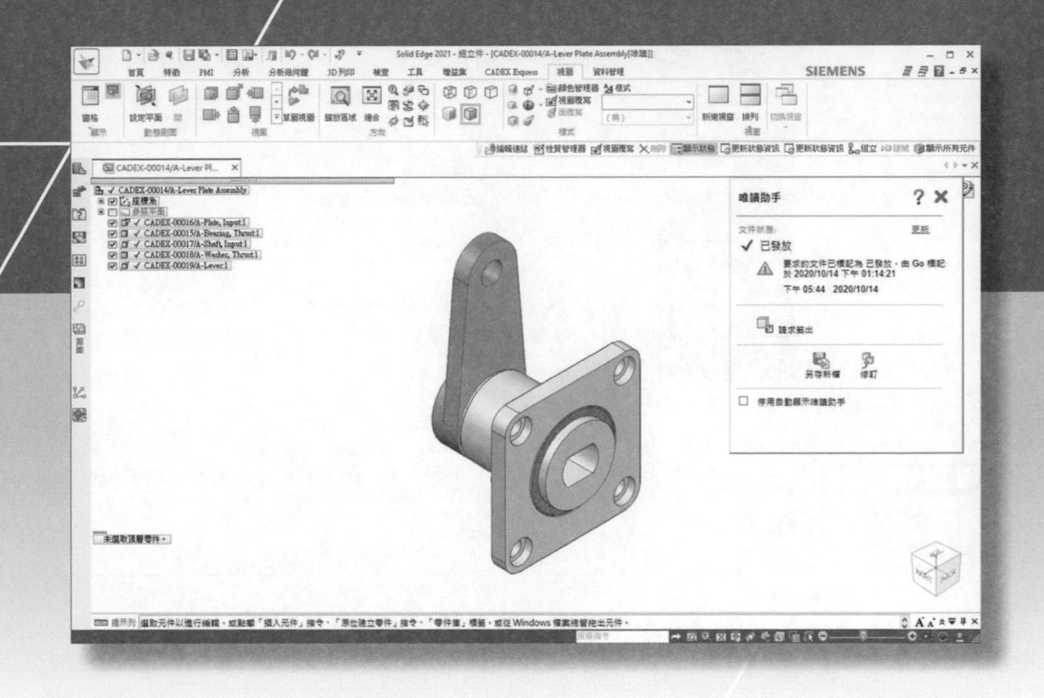

章節介紹

藉由此課程，您將會學到：

附錄 A 基本功能介紹

附錄 B 各功能基本設定

附錄 C Solid Edge 資料管理快捷列功能介紹

附錄 D 其他應用

附錄 E 多人使用設定說明

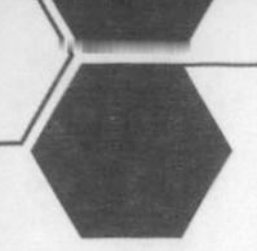

附錄 A 基本功能介紹

本章節將帶領使用者如何開啟內建檔案管理功能及設定，並透過圖片指示說明讓使用者了解各功能運作內容。

❶ 在 Solid Edge 環境中，選取左上角「應用程式按鈕」→「設定」→「選項」，如圖 A-1。

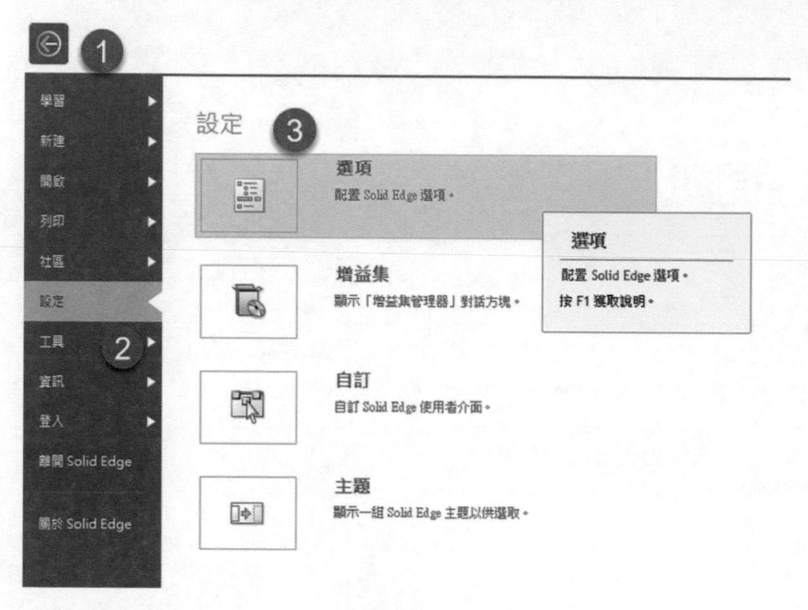

▲圖 A-1

❷ 開啟設定後，選擇「管理」→ 勾選「使用 Solid Edge 資料管理」來啟動管理功能，如圖 A-2。

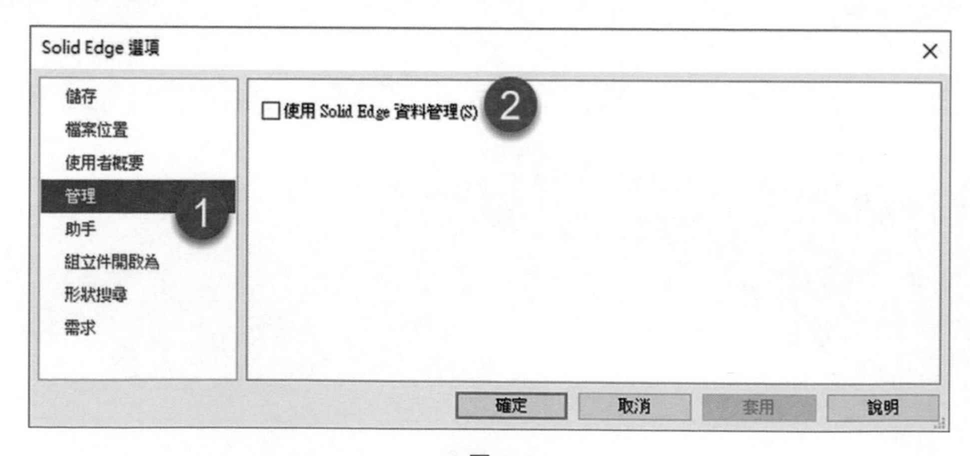

▲圖 A-2

❸ 勾選後就會啟動基本五大功能，「保管庫定義」、「自訂性質」、「文件命名原則」、「生命週期」、「工作流程」如圖 A-3。

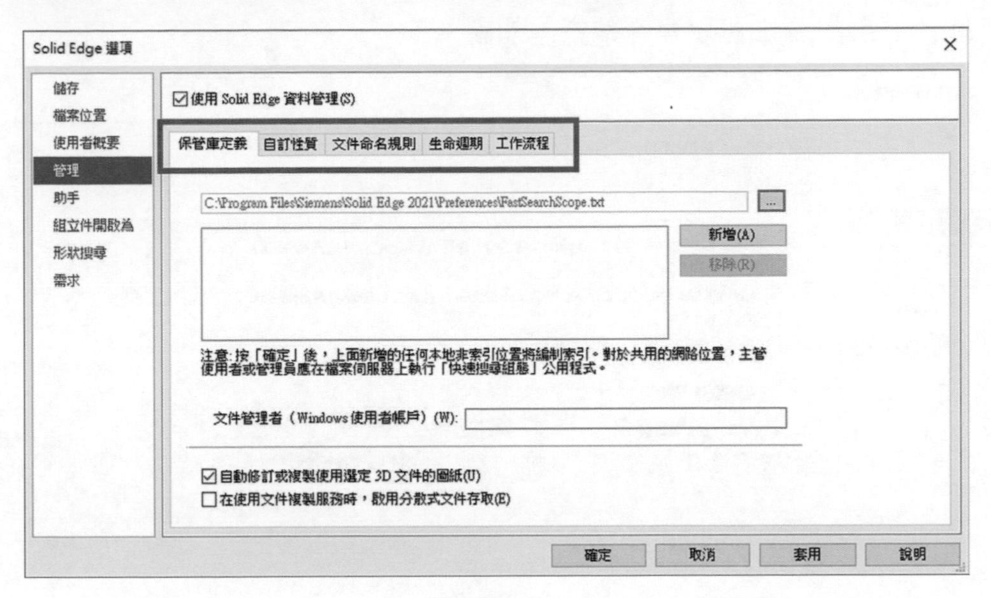

▲圖 A-3

❹ 「保管庫定義」：此頁面可設定檔案主要擺放位置，未來檔案找尋時，也會以此設定為主要搜尋位置，搜尋位置支援一般雲端硬碟空間，如：Dropbox、One Drive、Google Drive、Box，如圖 A-4。

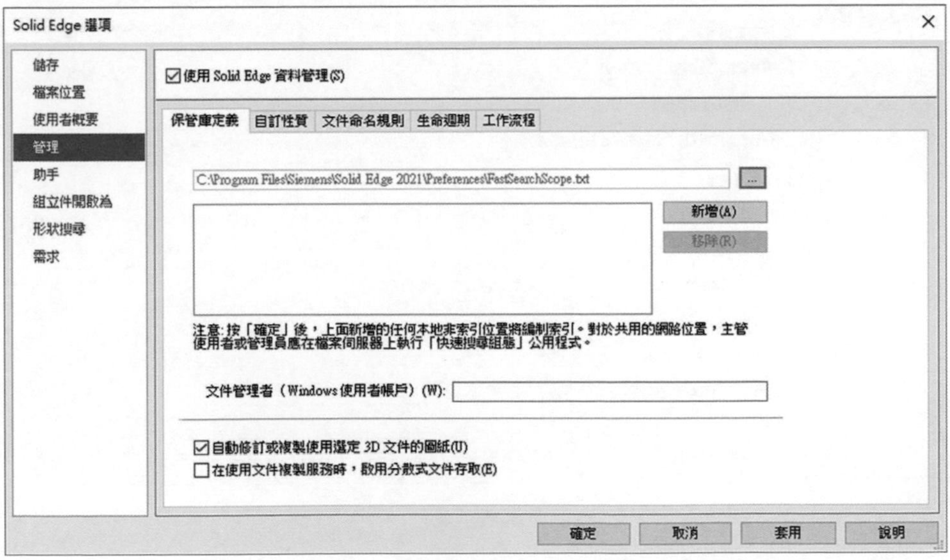

▲圖 A-4

❺ 「自訂性質」：此頁面可以查看自定義性質，將自定義性質帶入 Solid Edge。可將設定檔案提供給其他使用者，如此一來，所有使用者的自訂性質就可以一致，甚至內容也可以有一致性，如圖 A-5。

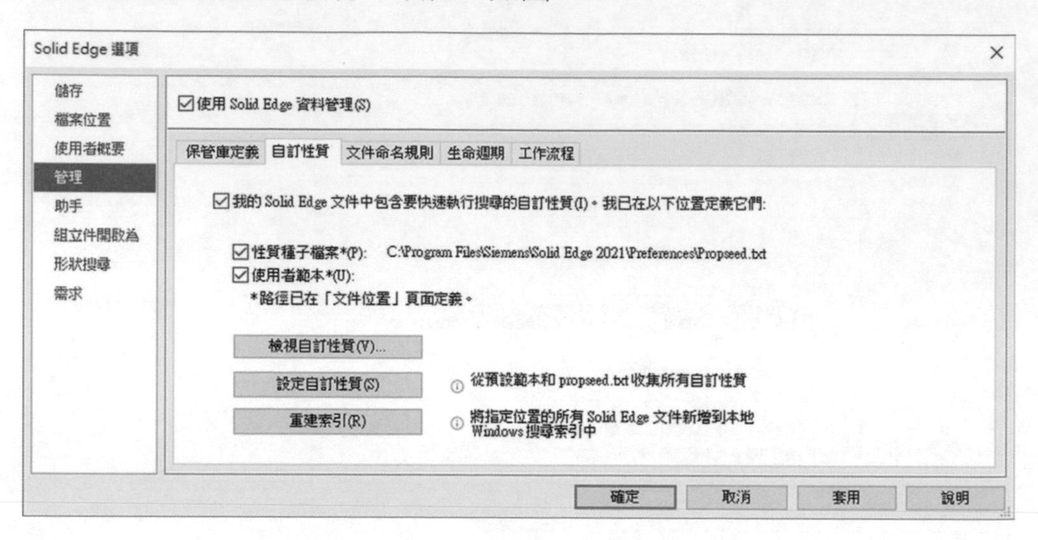

▲圖 A-5

❻ 「文件命名原則」：此頁面能設計檔案命名規則，讓存檔時會自動產生流水編號，方便使用者使用，如圖 A-6。

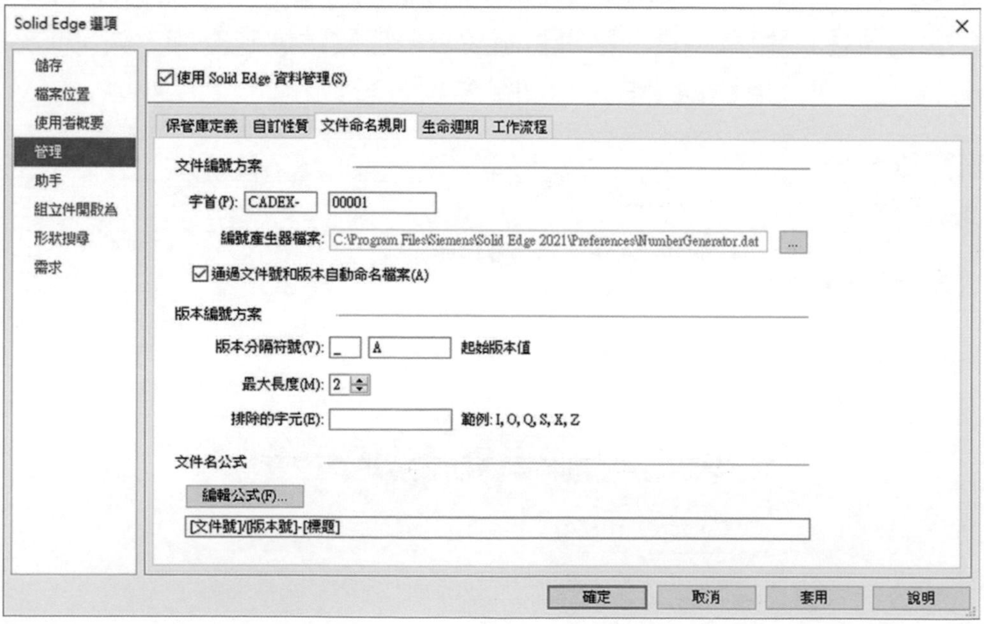

▲圖 A-6

❼ 「生命週期」：此頁面能設定檔案預設擺放位置，並會因為檔案的生命週期狀態不同，由 Solid Edge 自動幫使用者轉移檔案至對應位置，如圖 A-7。

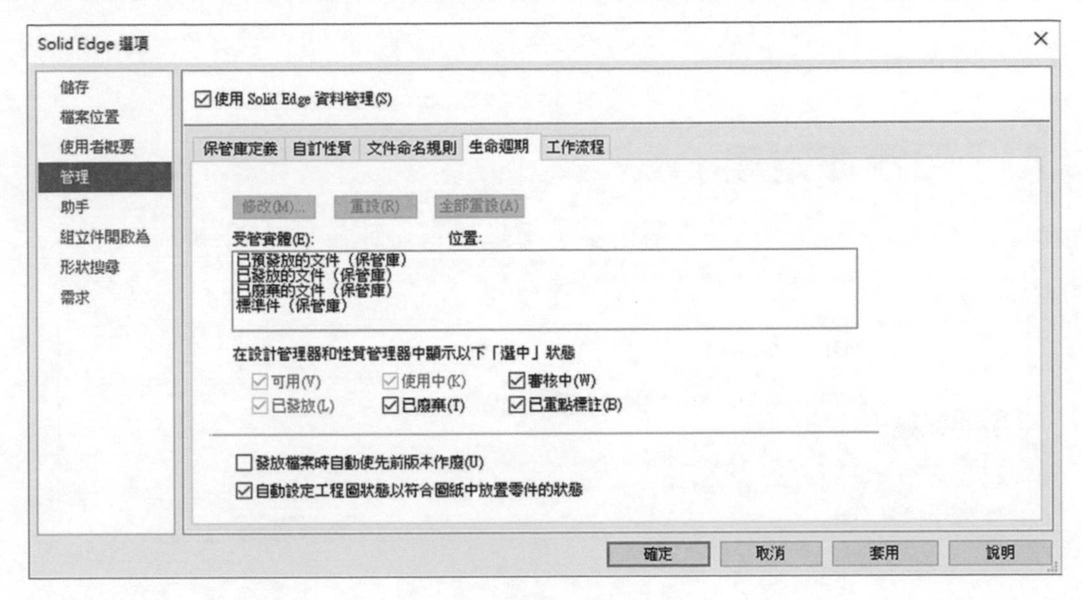

▲圖 A-7

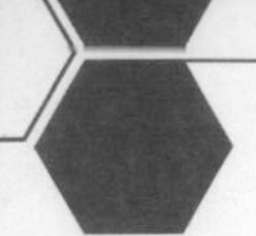

附錄 B 各功能基本設定

本章節指導使用者如要進行前一章節介紹四大資料管理功能設定，要如何設定？

❖ A.「保管庫定義」

❶ 在資料庫定義頁面，選擇「新增」，增加檔案擺放位置，如圖 B-1。

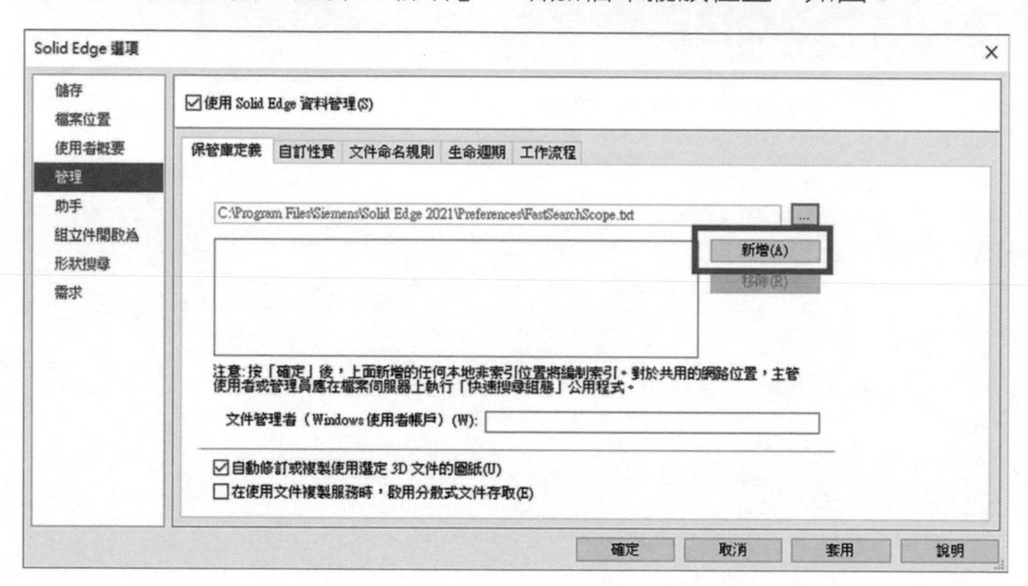

▲圖 B-1

❷ 確認好欲新增資料夾位置後，點選「選擇資料夾」，如圖 B-2。

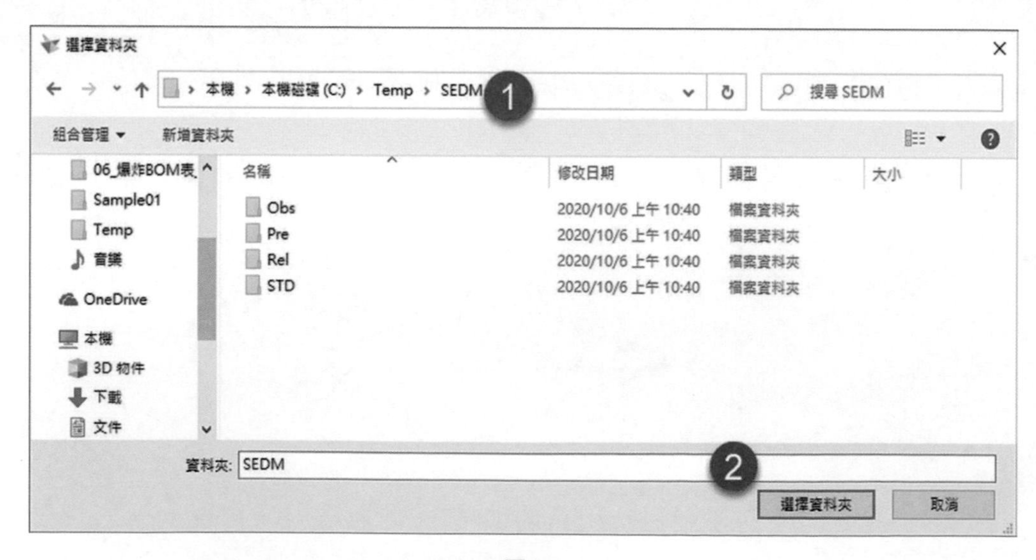

▲圖 B-2

❸ 新增後，可以看到頁面多了一個方才新增的資料夾位置，如圖 B-3。

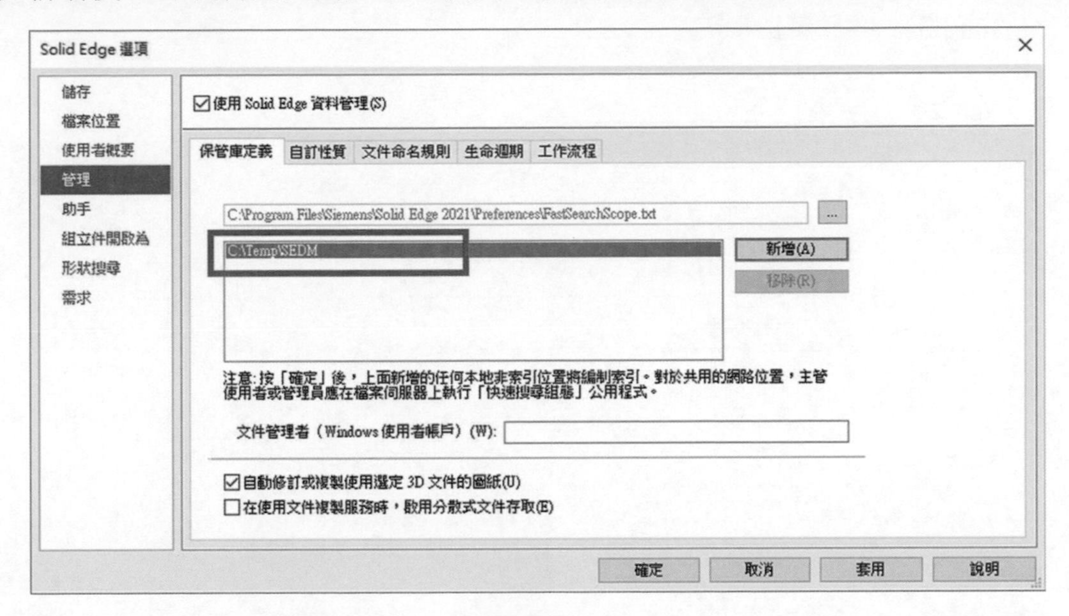

▲圖 B-3

❖ B.「自訂性質」

❶ 在自訂性質頁面，可先選擇「檢視自訂性質」，預設是沒有任何自訂性質的，如圖 B-4，如需新增其他性質則要到性質種子文件位置修改。

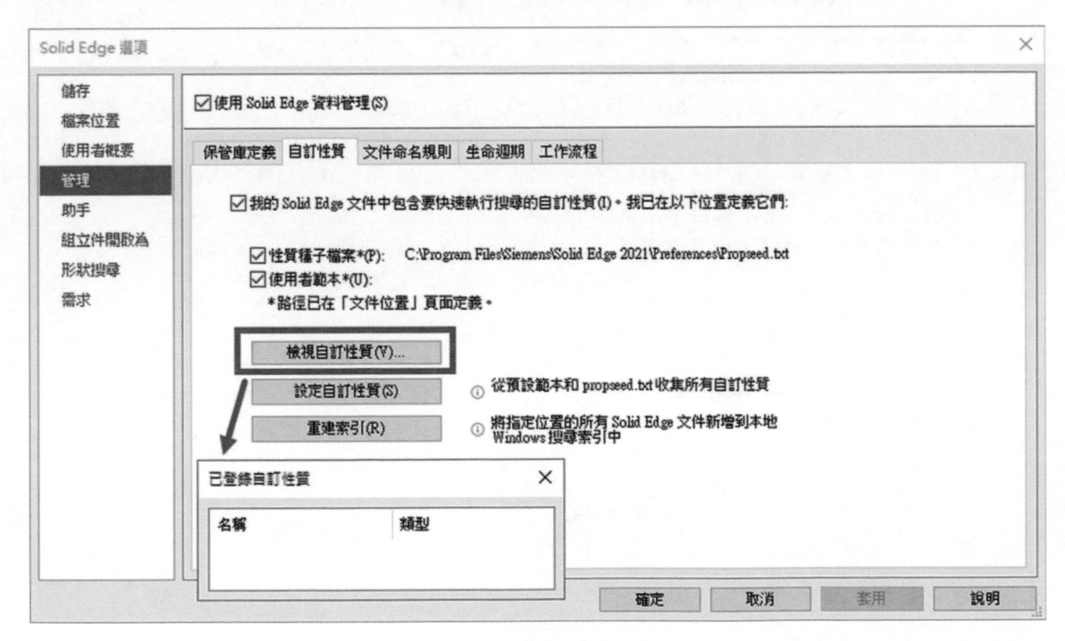

▲圖 B-4

❷ 至 Solid Edge 安裝位置目錄下→「Preferences」資料夾→找尋「propseed.txt」文件並開啟，如圖 B-5。

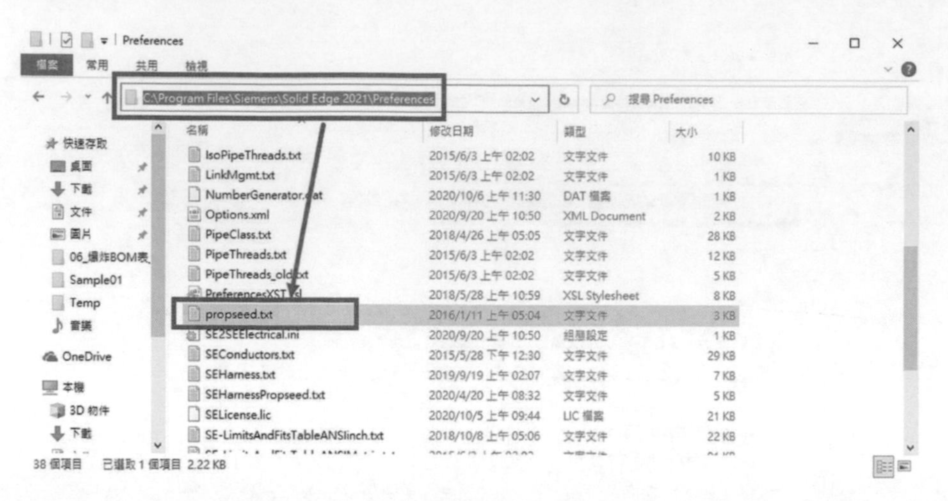

▲圖 B-5

❸ 開啟檔案後，往下找到「Custom property section」區塊，要先設定欲新增性質名稱及內容類型，如圖 B-6。語法為：「define 性質名稱 ; 性質內容類型」，性質內容類型有數字（number）、文字（text）、日期（date）、布林（yes or no），若該性質需為必填欄位，則在性質類型後方加上「;required」即可。

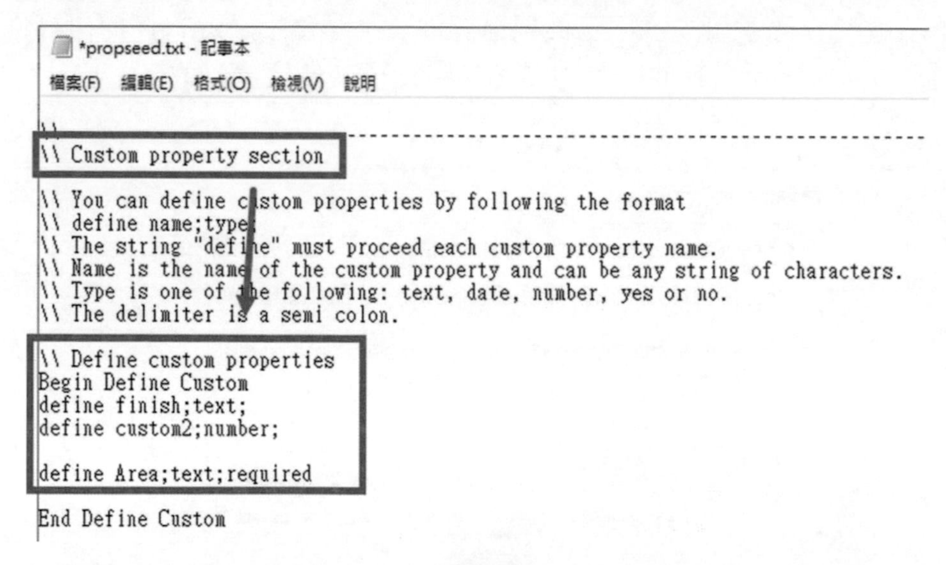

▲圖 B-6

❹ 定義好自定義的性質名稱後，若該性質需要有固定輸入選項的下拉式選單，則需做此動作，若無則不用，語法方式為：

\\ 備註說明

Begin 屬性名稱

選項清單 1;
選項清單 2;
選項清單 3;
default= 選項清單 2;(若無選擇則會以此預設為主)
End 屬性名稱
如圖 B-7。

```
\\ Define custom properties
Begin Define Custom
define finish;text;
define custom2;number;

define Area;text;required

End Define Custom

\\ Contents of finish list
Begin Finish
gold;
nickel;
copper;
default=nickel;
End Finish

\\ Contents of custom2 list
Begin Custom2
1;
2;
3;
default=2;
End Custom2
```

▲圖 B-7

❺ 將自訂性質檔案關閉後，至 Solid Edge 資料管理頁面，依照圖 B-8 步驟點選，便可更新自定義性質內容。

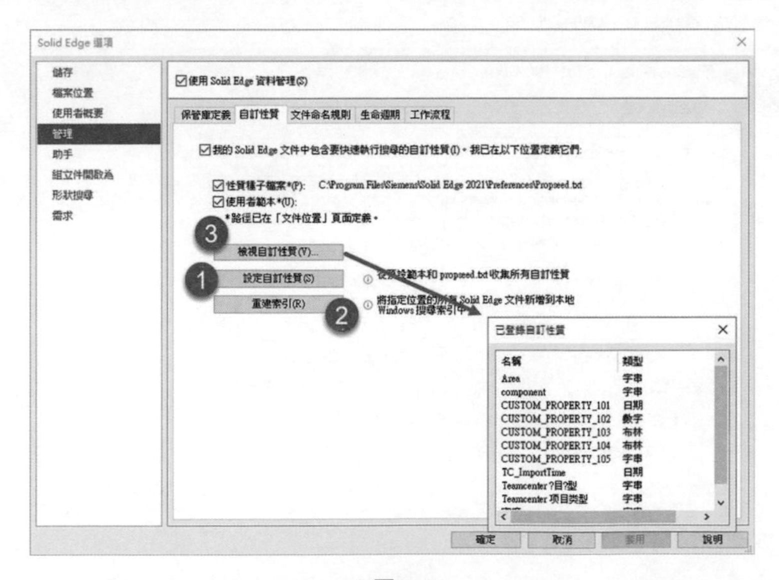

▲圖 B-8

❖ C.「文件命名規則」

❶ 在此頁面，可設定儲存檔案時的編碼規則（字首＋流水號），如圖 B-9。

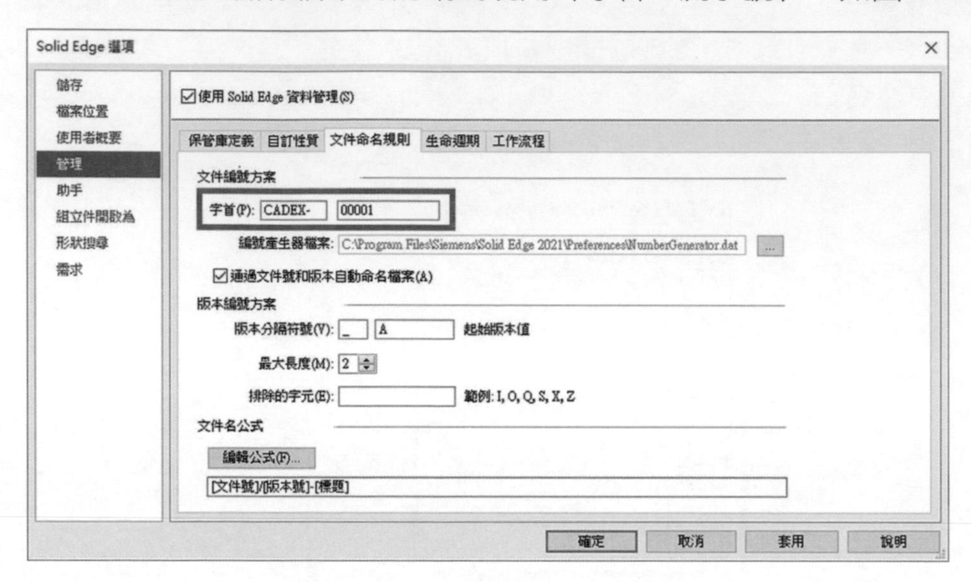

▲圖 B-9

❷ 若需要自動加上版本號碼則需勾選「通過文件號和版本自動命名檔案」，便可編輯版本號碼規則，如圖 B-10。

▲圖 B-10

❸ 「文件名公式」則是用Solid Edge開啟檔案時，左方狀態列會顯示檔案的名稱，點擊「編輯公式」並依序操作就可更改顯示方式，如圖 B-11。

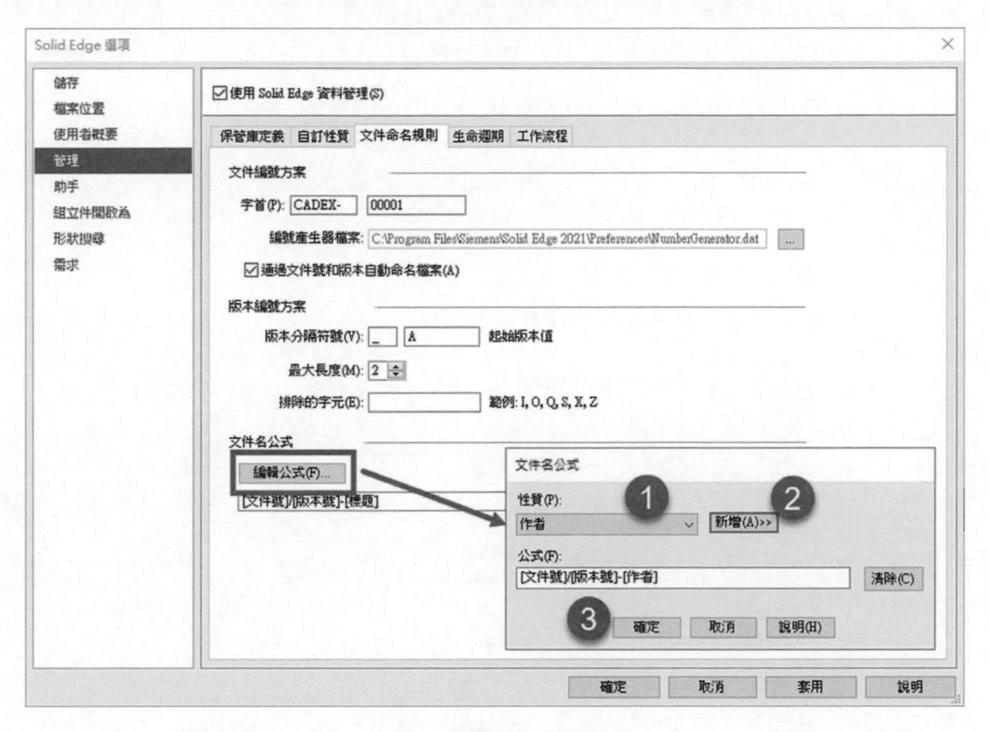

▲圖 B-11

❹ 設定完成後，如圖 B-12。

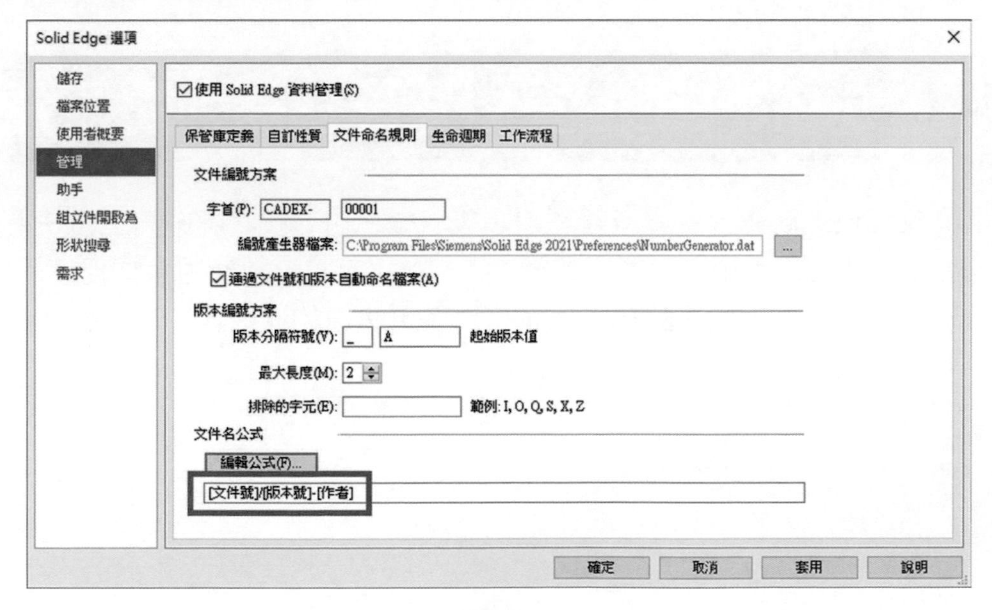

▲圖 B-12

❖ D.「生命週期」

此頁面設定 Solid Edge 檔案在各種狀態時所存放的位置，設定好後，Solid Edge 會依照檔案的狀態自動移轉檔案至對應資料夾，如圖 B-13，預設狀態有三種：**可用**、**使用中**、**已發放**，另有**已廢棄**、**審核中**、**已重點標註**三種，共六種狀態。

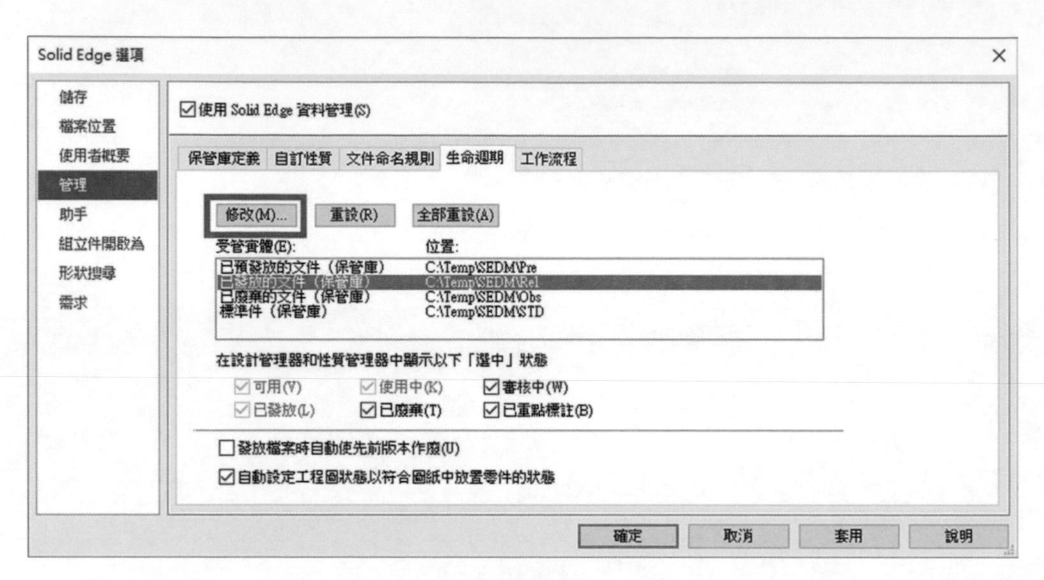

▲圖 B-13

附錄 C Solid Edge 資料管理快捷列功能介紹

開啟 Solid Edge 並啟用資料管理選項後，Solid Edge 環境中，上方快捷列的「資料管理」就可使用更多功能，如圖 C-1，本章節將帶領使用者如何使用 Solid Edge 資料管理快捷列上的按鈕功能，讓使用者更快速的使用。

▲圖 C-1

❖ A.「文件狀態」區塊，如圖C-2。

▲圖 C-2

❶「顯示狀態」：此功能為多人協同合作時，顯示檔案狀態用，若檔案有其他人開啟時，則會如圖 C-3 顯示（紅框與籃框），此時若有人也開啟同檔案，則會變為唯讀狀態無法修改，並顯示橘色字體，如圖 C-4。

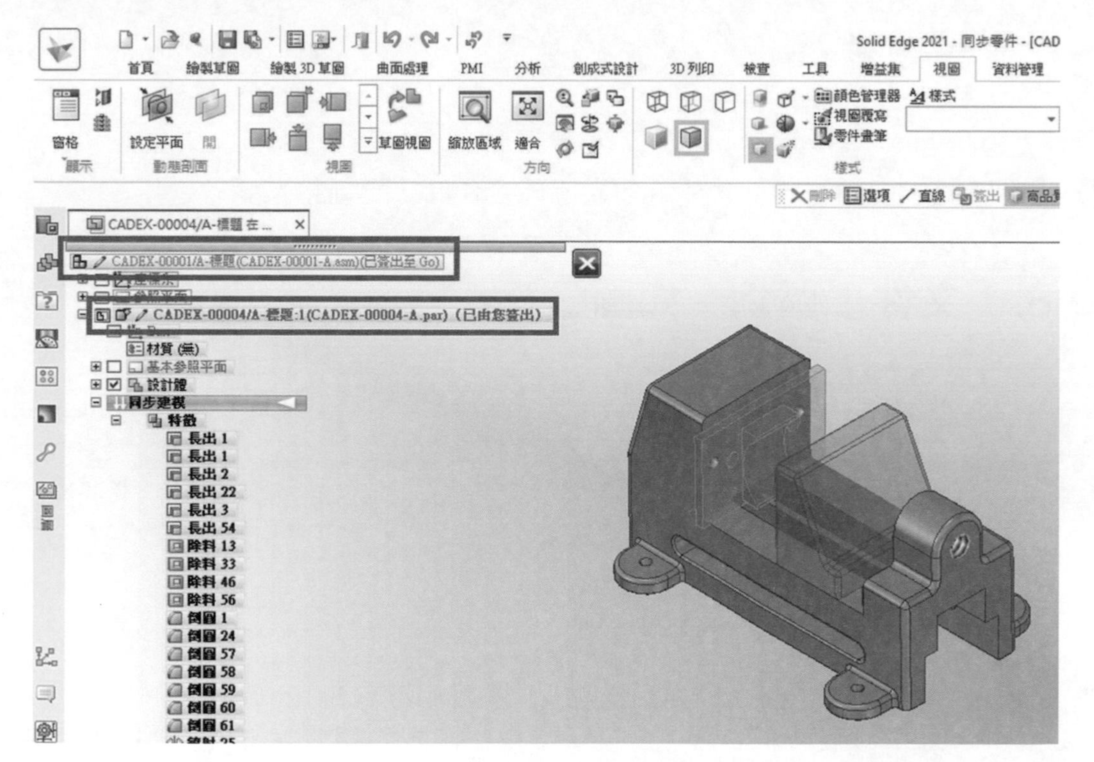

▲圖 C-3

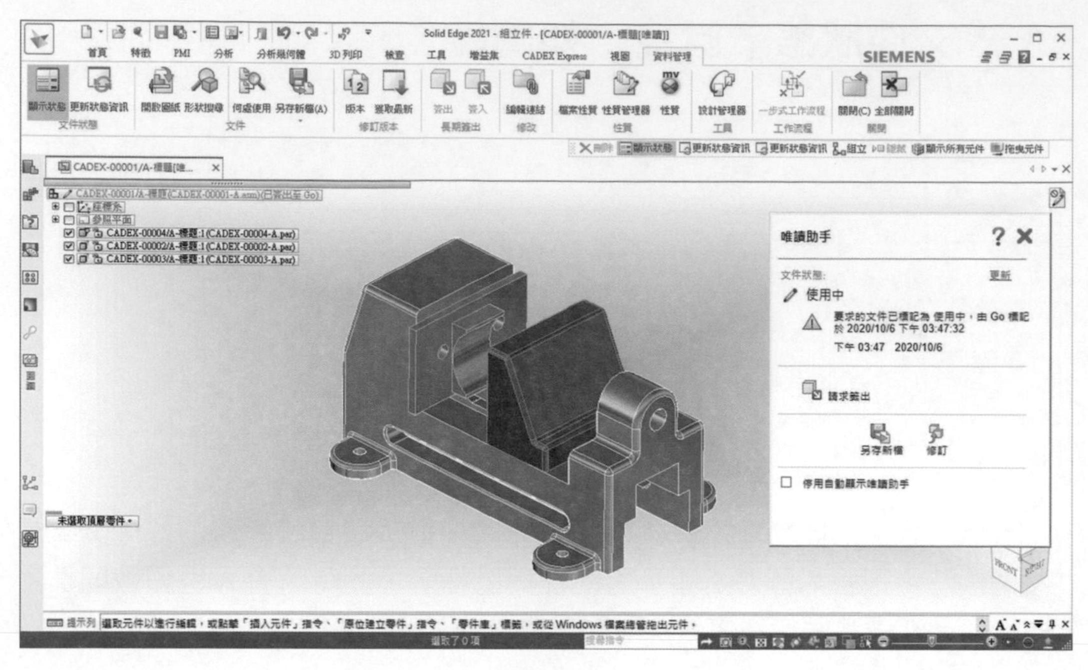

▲圖 C-4

❷「更新狀態資訊」：此功能為多人協同合作時，更新檔案狀態之用。

❖ B.「文件」區塊，如圖C-5。

▲圖 C-5

❸「開啟圖紙」：開啟用此圖檔建立的工程圖，若為 Solid Edge 2019 前版本的檔案，需儲存為 Solid Edge 2019(含) 之後版本的檔案方可執行，若無法正常開啟，請使用設計管理器確認圖紙是否有與 3D 圖有關聯存在，如圖 C-6。

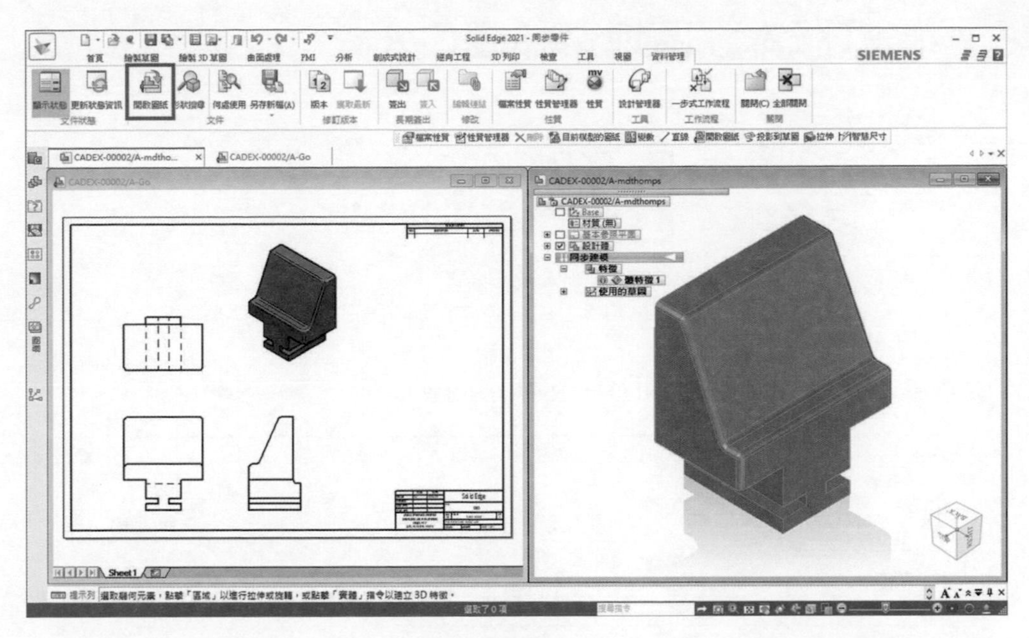

▲圖 C-6

❹ 「何處使用」：確認圖檔的被使用情況，如圖 C-7。

何處使用結果

檔名	建立日期	上次儲...	文件號	版本號	專案名	模型類型	SEStatus	註
CADEX-00002-A.par	2008/5/...	2020/10...	CADEX-...	A			可用	
CADEX-00001-A.asm	2008/5/...	2020/10...	CADEX-...	A			使用中	
CADEX-00002-A.dft	2020/10...	2020/10...	CADEX-...	A			可用	

確定　取消　說明(H)

▲圖 C-7

❺ 「另存新檔」：此操作與未使用資料管理時另存新檔並無差異，不多作介紹。

❖ C.「修訂版本」區塊，如圖C-8。

▲圖 C-8

❶「版本」：查看此零組件的所有版本，如圖 C-9。

▲圖 C-9

若需要改版零組件，首先點選需改版物件→點選「新建」，如圖 C-10。輸入屬性欄位後，點選「驗證」確認，最後點選「儲存」來建立新版本，儲存後，頁面就會出現新版本。

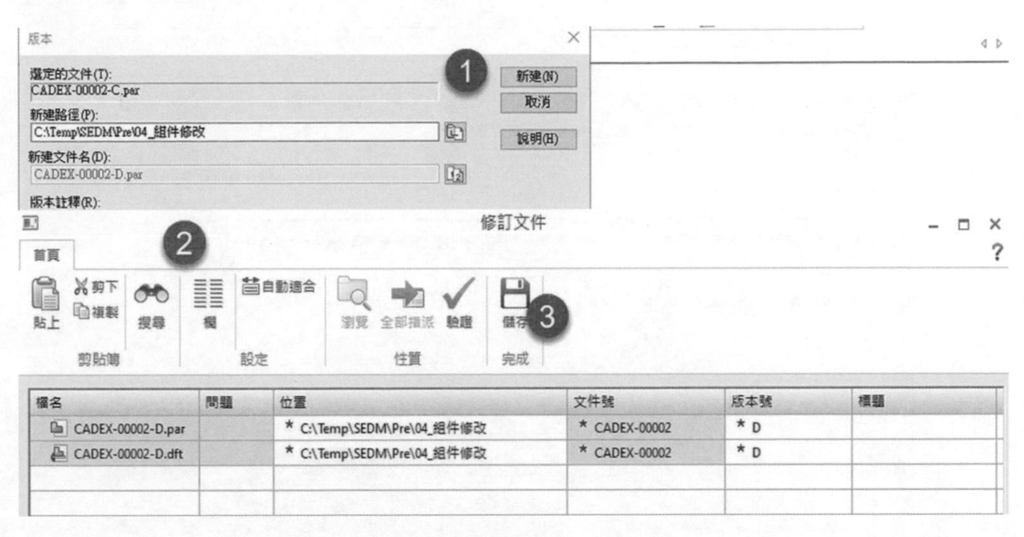

▲圖 C-10

❷ 新增版本後，除了可以看到所有版本外，也可對其他版本作預覽、取代、性質、何處使用等功能，如圖 C-9。

❸ 「獲取最新」：可獲取此零組件最新版本狀態，若該零件有新版存在，檔案狀態圖示會改變，如圖 C-11。

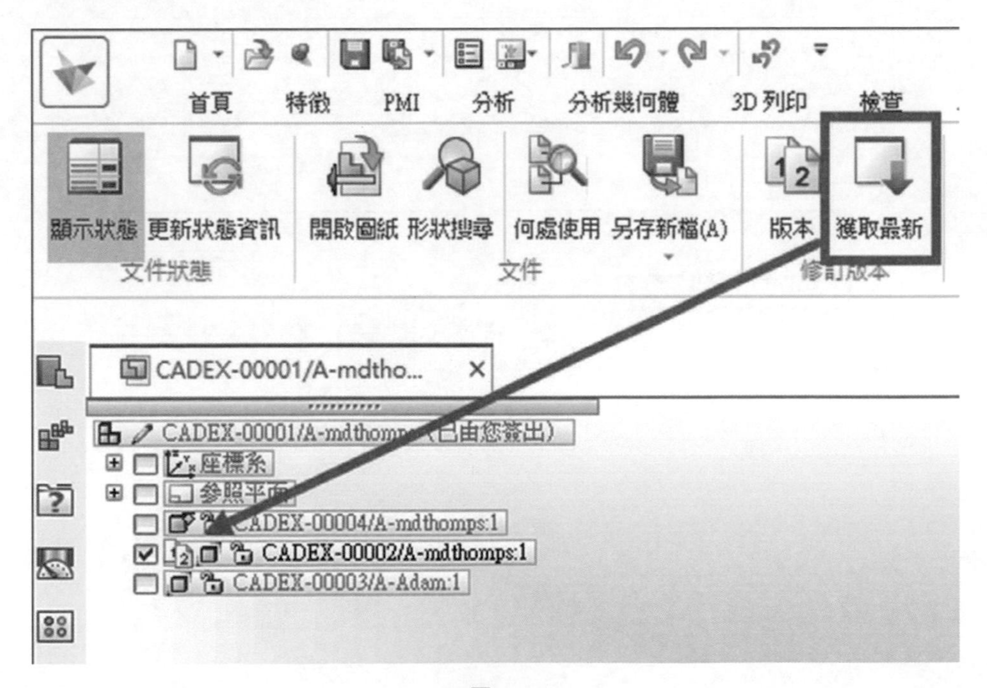

▲圖 C-11

❹ 若需要獲取該版本最新的版本樣貌，請依照順序步驟操作，如圖 C-12，點選需獲取的零件→點選「獲取最新」→打勾確認就會替換，檔案版本就會從原本的版本改變成為最新版，如圖 C-13。

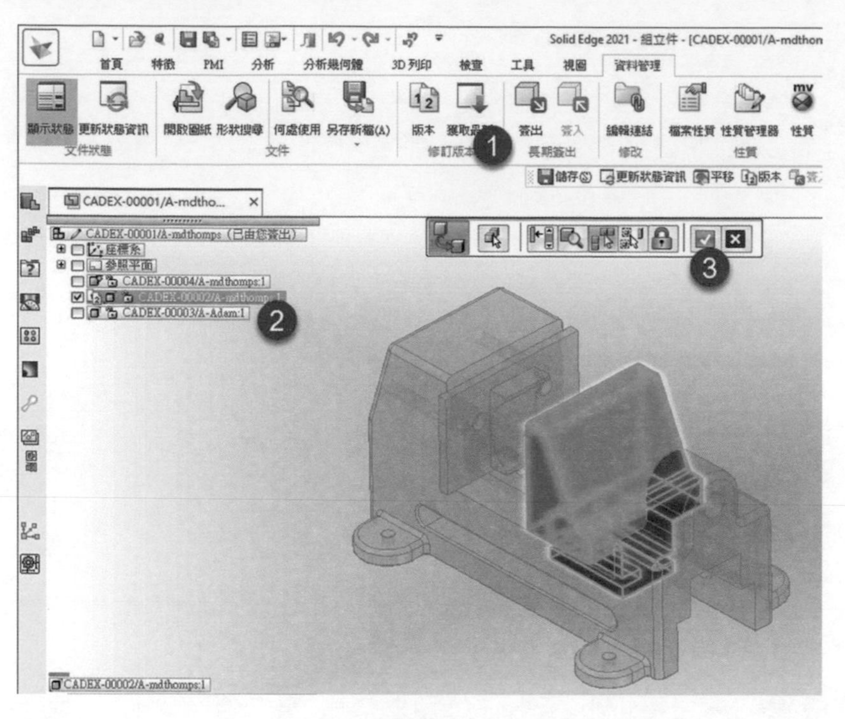

▲圖 C-12

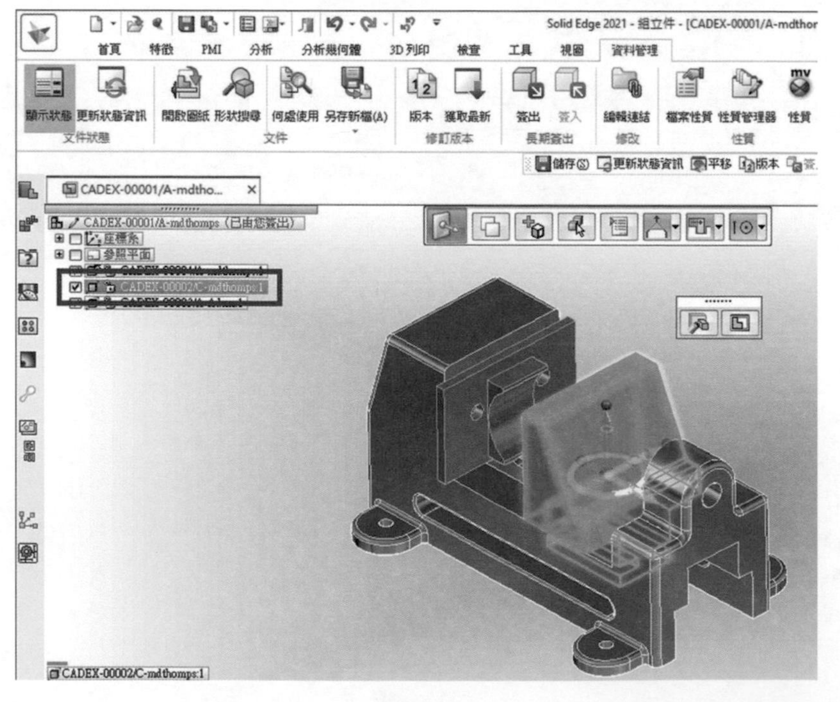

▲圖 C-13

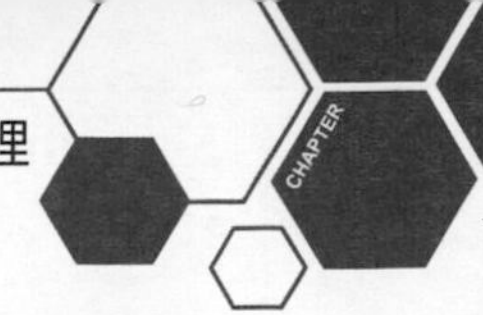

❖ D.「長期簽出」區塊，如圖C-14。

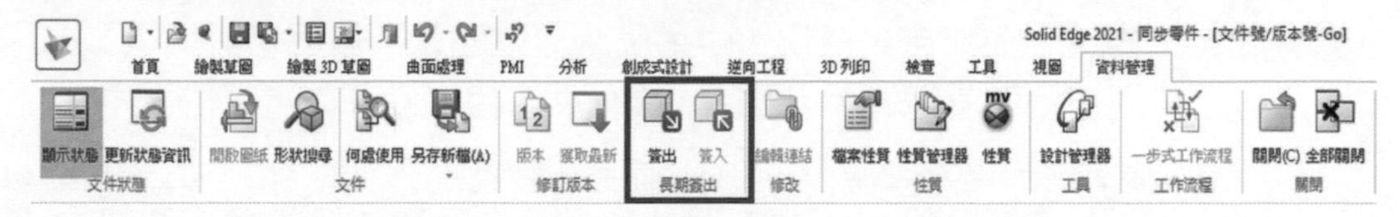

▲圖 C-14

❶ 「簽入」、「簽出」：獲取檔案的編輯權力（簽出）、歸還檔案的編輯權力（簽入），使用前請先確認應用程式按鈕→設定→選項→管理→保管庫定義頁面的「在使用文件複製服務時，啟用分散式文件存取」選項是否勾選，如圖 C-15。

備註 此選項為使用雲端服務者，如 Google Drive、Dropbox 等，或資料夾共用時使用。

Solid Edge 選項

儲存
檔案位置
使用者概要
管理
助手
組立件開啟為
形狀搜尋
需求

☑使用 Solid Edge 資料管理(S)

保管庫定義　自訂性質　文件命名規則　生命週期　工作流程

C:\Program Files\Siemens\Solid Edge 2021\Preferences\FastSearchScope.txt

C:\Temp\SEDM
C:\Temp\SEDM\Obs
C:\Temp\SEDM\Pre
C:\Temp\SEDM\Rel
C:\Temp\SEDM\STD

新增(A)
移除(R)

注意：按「確定」後，上面新增的任何本地非索引位置將編制索引。對於共用的網路位置，主管使用者或管理員應在檔案伺服器上執行「快速搜尋組態」公用程式。

文件管理者（Windows 使用者帳戶）(W): go

☑自動修訂或複製使用選定 3D 文件的圖紙(U)
☑在使用文件複製服務時，啟用分散式文件存取(E)

確定　取消　套用　說明

▲圖 C-15

❷ 勾選後，若檔案已先被其他人開起，會產生 *.selock 檔案將檔案鎖住，如圖 C-16，而其他人使用該檔案時則會是唯讀狀態，無法修改。如圖 C-17。

備註 開啟檔案後，並無自動簽出，可手動將檔案點擊「簽出」並點選「儲存」後，其他使用者就可透過前面介紹的「更新狀態資訊」看到檔案被簽出。同理，檔案修改完後，點選「簽入」並點選「儲存」後，方可將檔案關閉，其他使用者也可以透過「更新狀態資訊」查看最新版本內容資訊，如圖 C-18。

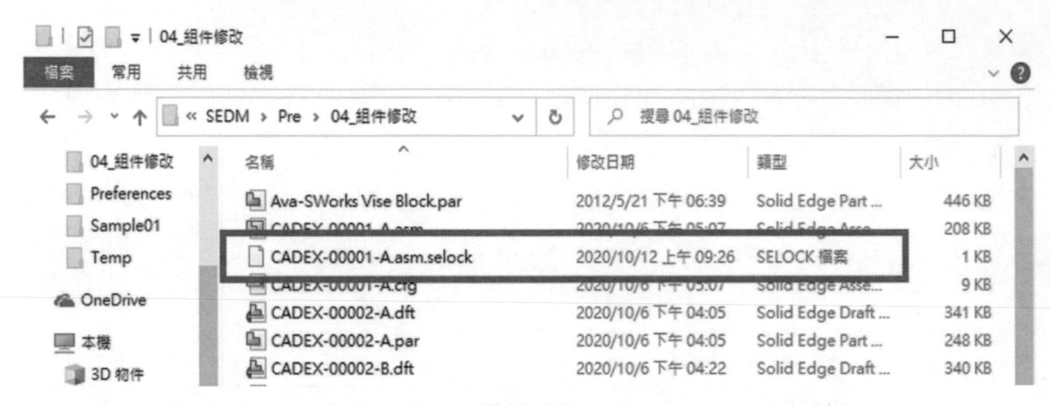

▲圖 C-16

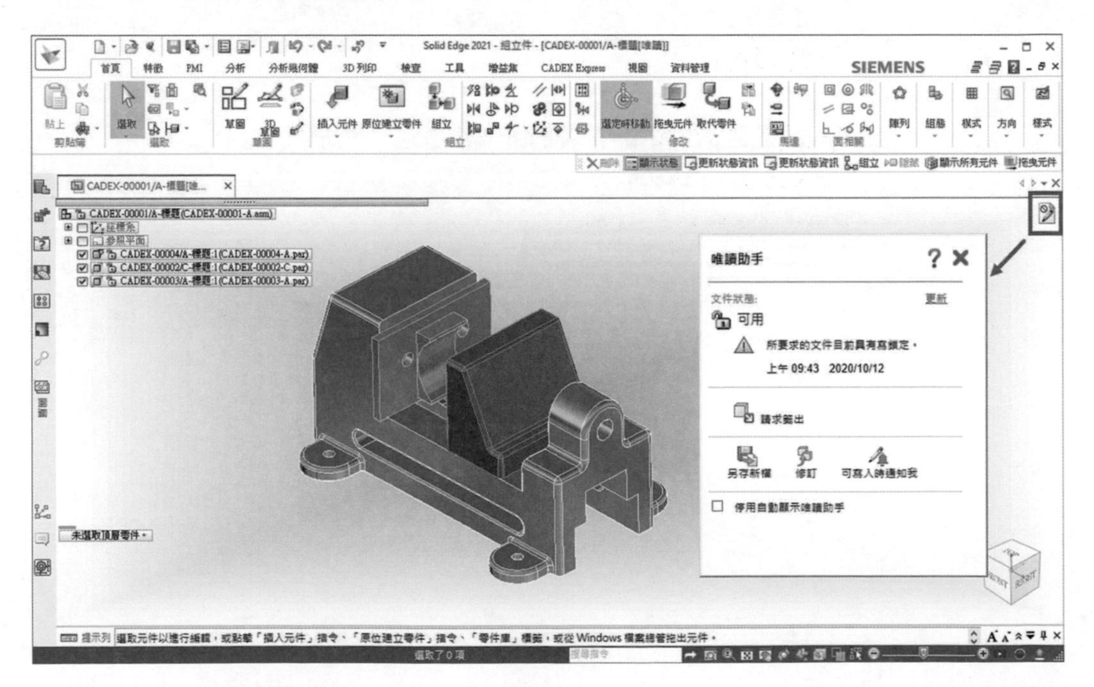

▲圖 C-17

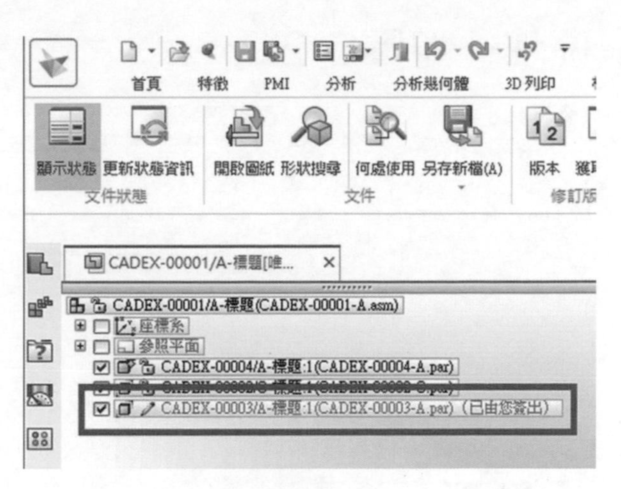

▲圖 C-18

❖ E.「修改」區塊，如圖C-19。

▲圖 C-19

「編輯連結」：確認零組件目前檔案所在位置，並提供更新檔案、開啟檔案、變更檔案來源位置等操作，如圖 C-20。

此功能也可從「應用程式按鈕」→「資訊」→「編輯連結」。

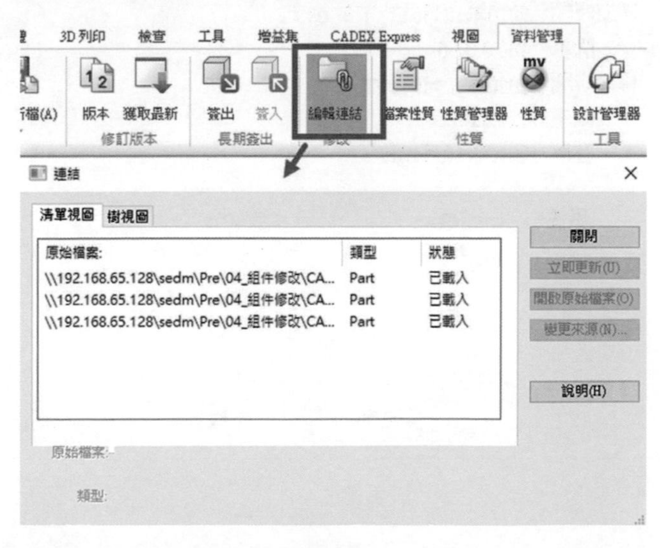

▲圖 C-20

❖ F.「性質」區塊，如圖C-21。

▲圖 C-21

❶ 「檔案性質」：開啟檔案後，查看相關資訊，如圖 C-22。

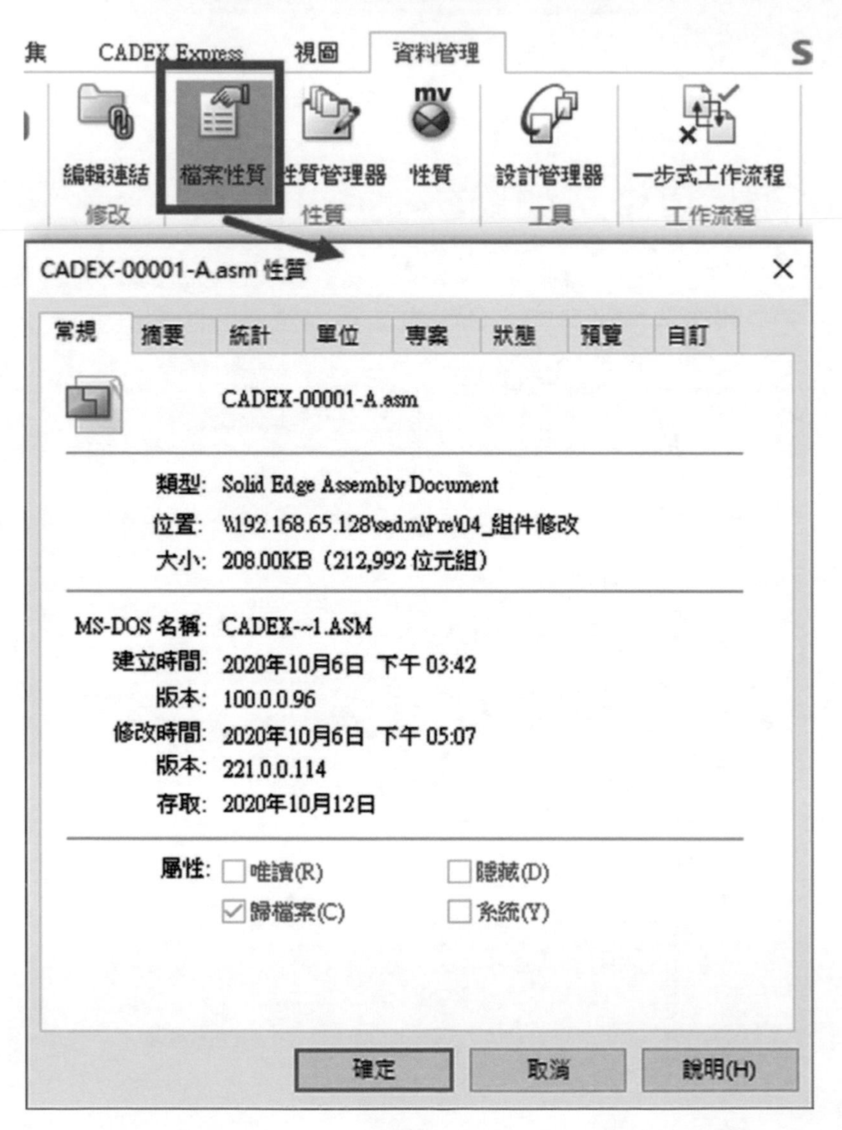

▲圖 C-22

❷ 「性質管理器」：開啟性質管理器，查看性質資訊，如圖 C-23。

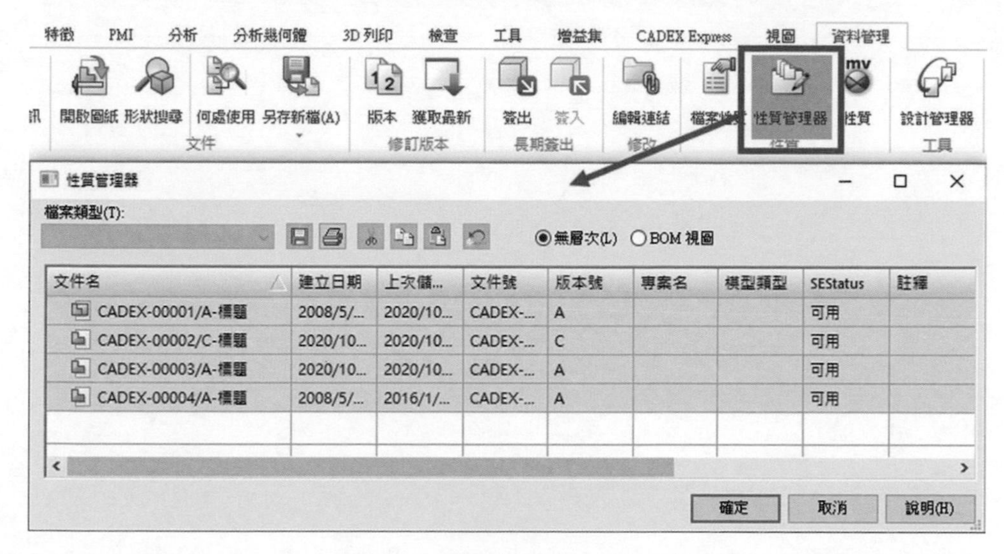

▲圖 C-23

❸ 「性質」：開啟物理性質頁面，查看表面積、質量、體積等資訊，如圖 C-24。

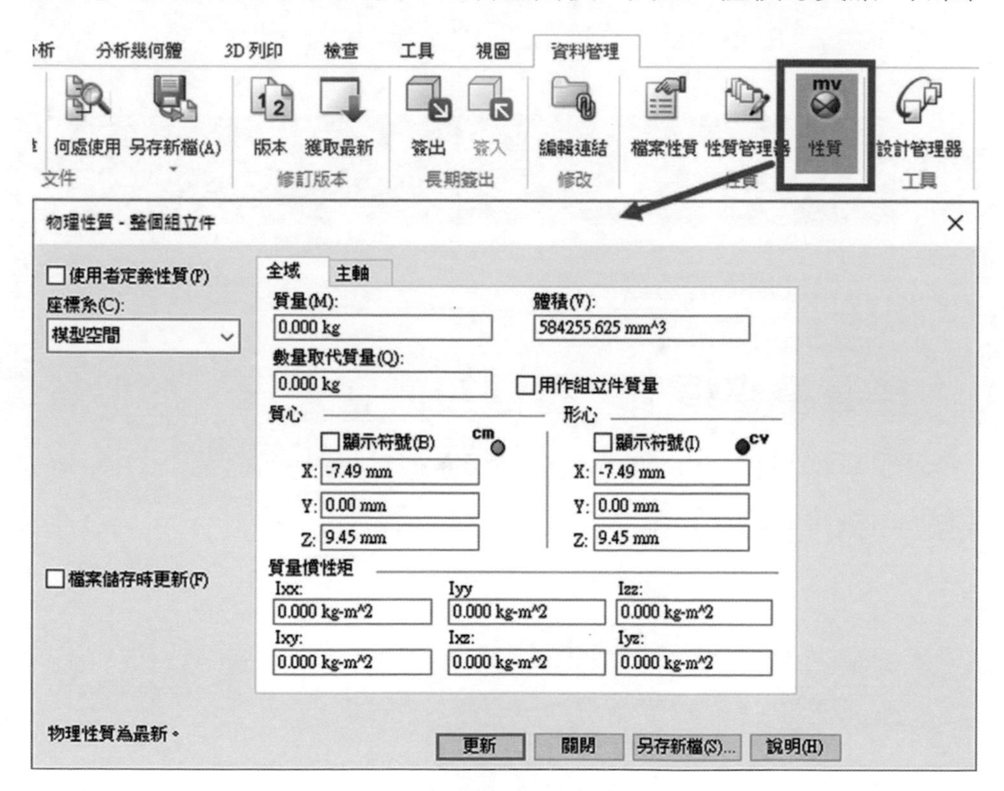

▲圖 C-24

❖ G.「工具」，如圖C-25。

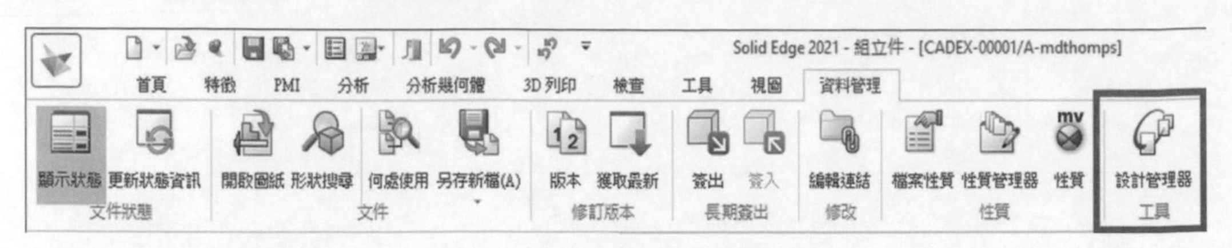

▲圖 C-25

「設計管理器」：開啟設計管理器功能，如圖 C-26。

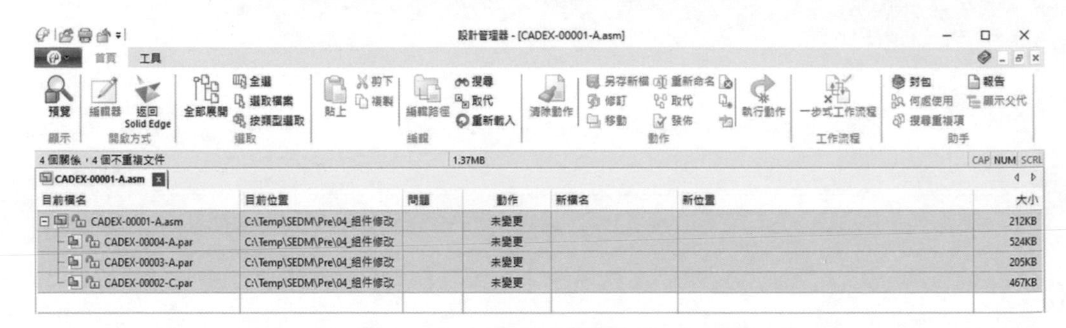

▲圖 C-26

附錄 D 其他應用

本章節將帶領使用者在透過設定資料管理選項後達到額外的管理效果，透過圖片指示說明讓使用者了解各功能運作內容。

❖ A.「搜尋重複項」：透過設計管理器，於保管庫內找尋出相同檔名、文件號和版本或幾何版本的檔案，如圖D-1。

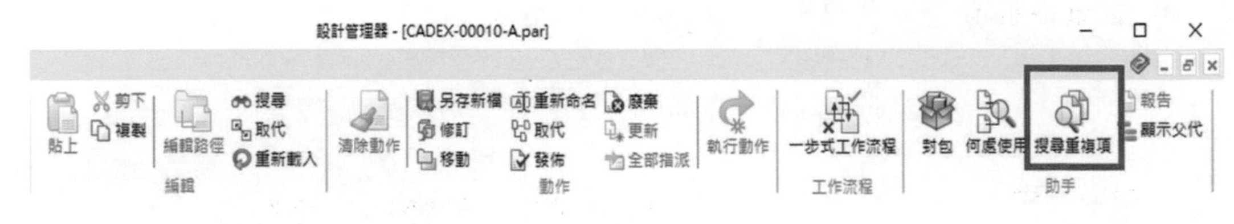

▲圖 D-1

❶ 使用設計管理器開啟檔案後，點選欲查詢重複的檔案→搜尋重複項，如圖 D-2。

▲圖 D-2

❷ 隨後，會跳出查詢結果視窗，便可得知此檔案是否有重複項目，若無重複項，則如圖 D-3；若有重複項目，則如圖 D-4。

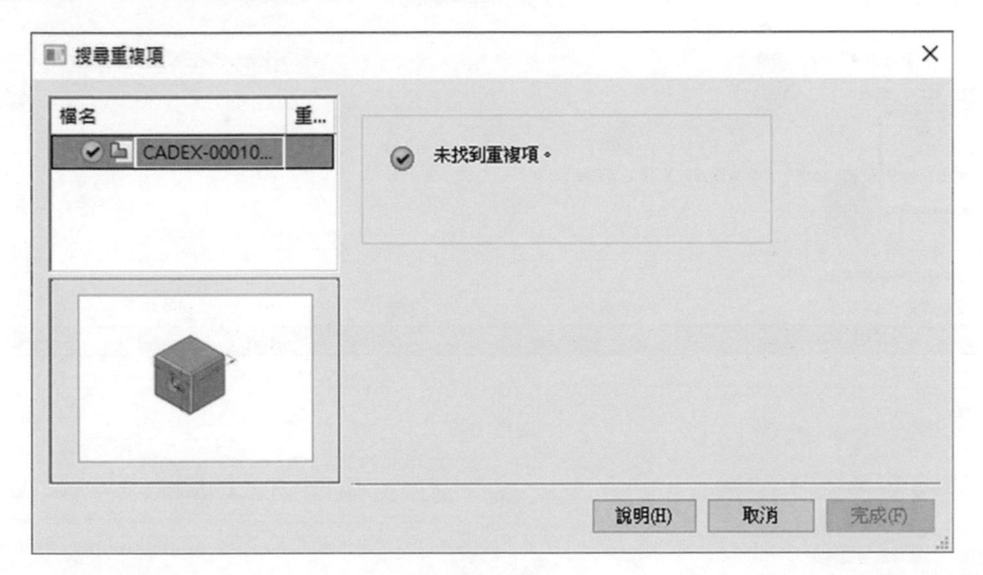

▲圖 D-3

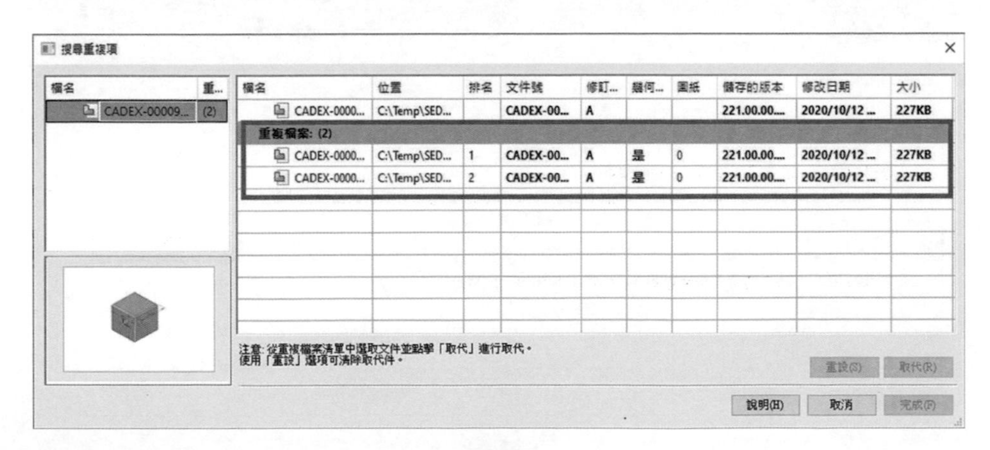

▲圖 D-4

❖ B.「重複的名稱」：透過設計管理器，找尋出設定位置中有檔案名稱相同之檔案位置，如圖 D-5。

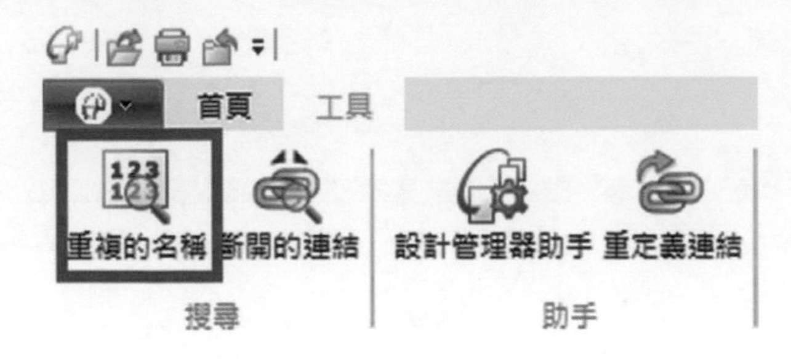

▲圖 D-5

❶ 開啟設計管理器→上方工具快捷列→重複的名稱，如圖 D-6。

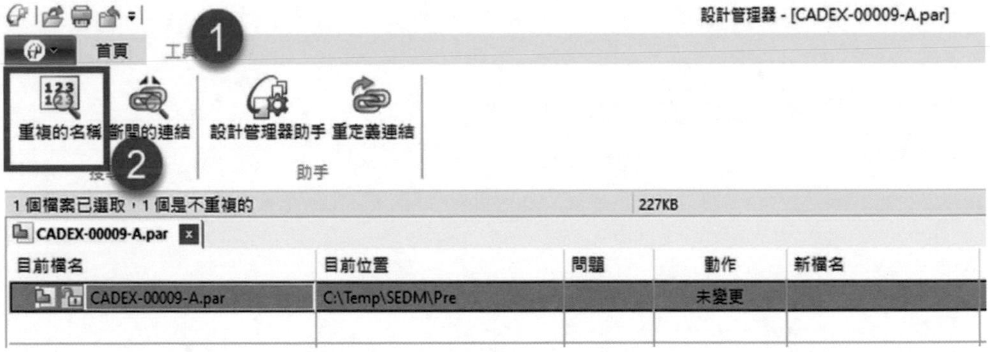

▲圖 D-6

❷ 點選後便會跳出結果視窗，可點選視圖開啟結果明細，如圖 D-7。

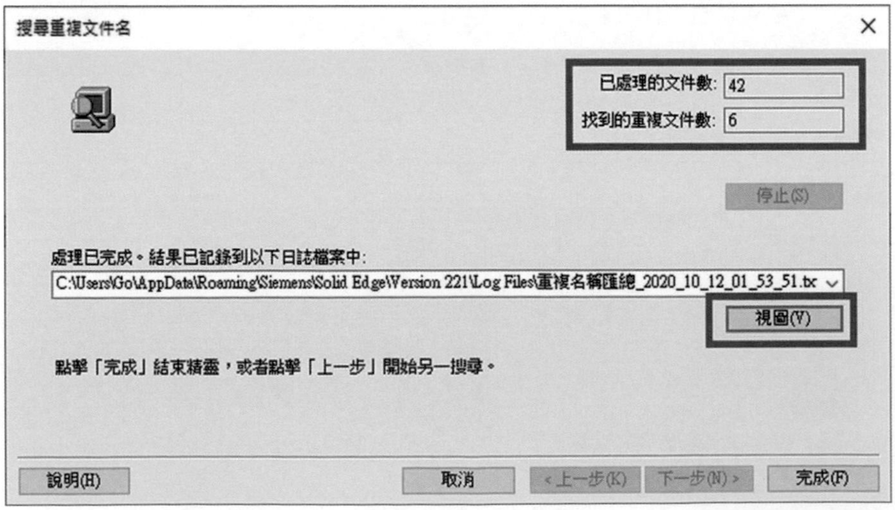

▲圖 D-7

❸ 開啟視圖後，可發現搜尋位置為一開始設定的「保管庫定義位置」，若有找到重複項則會顯示找到 X 個重複件及其位置相關資訊，如圖 D-8。

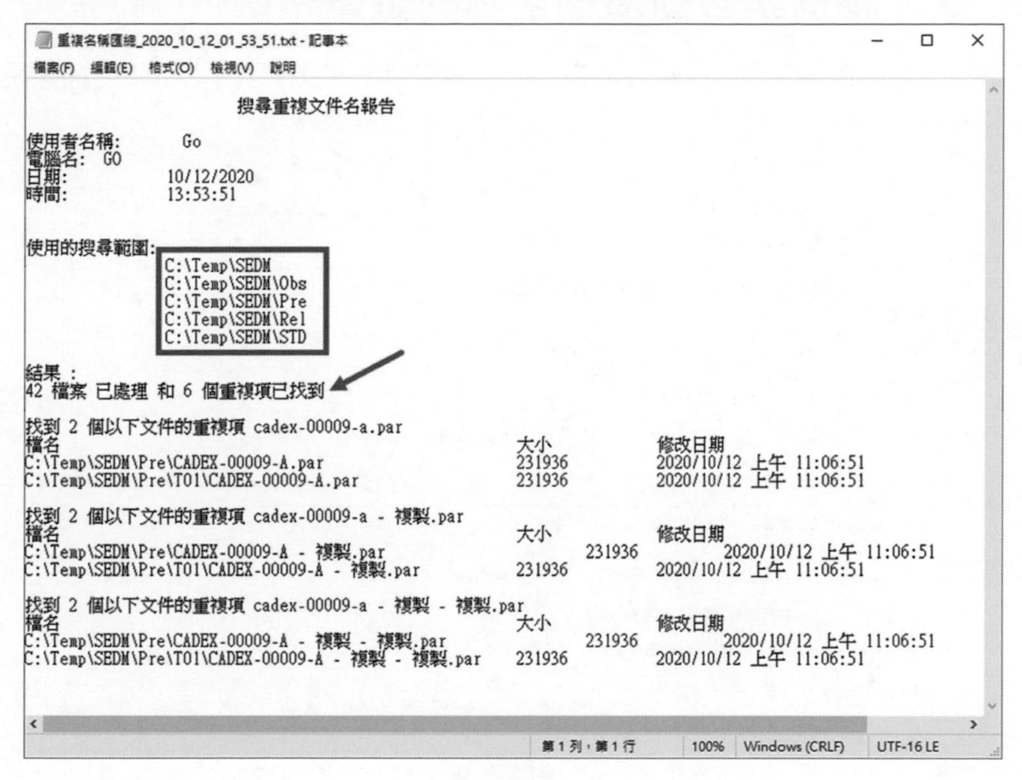

重複名稱匯總_2020_10_12_01_53_51.txt - 記事本

檔案(F) 編輯(E) 格式(O) 檢視(V) 說明

搜尋重複文件名報告

使用者名稱: Go
電腦名: GO
日期: 10/12/2020
時間: 13:53:51

使用的搜尋範圍:
C:\Temp\SEDM
C:\Temp\SEDM\Obs
C:\Temp\SEDM\Pre
C:\Temp\SEDM\Rel
C:\Temp\SEDM\STD

結果 :
42 檔案 已處理 和 6 個重複項已找到

找到 2 個以下文件的重複項 cadex-00009-a.par

檔名	大小	修改日期
C:\Temp\SEDM\Pre\CADEX-00009-A.par	231936	2020/10/12 上午 11:06:51
C:\Temp\SEDM\Pre\T01\CADEX-00009-A.par	231936	2020/10/12 上午 11:06:51

找到 2 個以下文件的重複項 cadex-00009-a - 複製.par

檔名	大小	修改日期
C:\Temp\SEDM\Pre\CADEX-00009-A - 複製.par	231936	2020/10/12 上午 11:06:51
C:\Temp\SEDM\Pre\T01\CADEX-00009-A - 複製.par	231936	2020/10/12 上午 11:06:51

找到 2 個以下文件的重複項 cadex-00009-a - 複製 - 複製.par

檔名	大小	修改日期
C:\Temp\SEDM\Pre\CADEX-00009-A - 複製 - 複製.par	231936	2020/10/12 上午 11:06:51
C:\Temp\SEDM\Pre\T01\CADEX-00009-A - 複製 - 複製.par	231936	2020/10/12 上午 11:06:51

第 1 列，第 1 行　100%　Windows (CRLF)　UTF-16 LE

▲圖 D-8

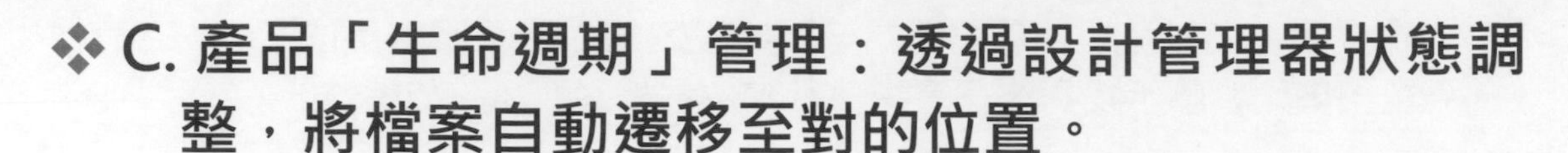

❖ C. 產品「生命週期」管理：透過設計管理器狀態調整，將檔案自動遷移至對的位置。

❶ 首先，確認應用程式按鈕→設定→選項→管理→生命週期頁面的位置是否都已經配置好，如圖 D-9。

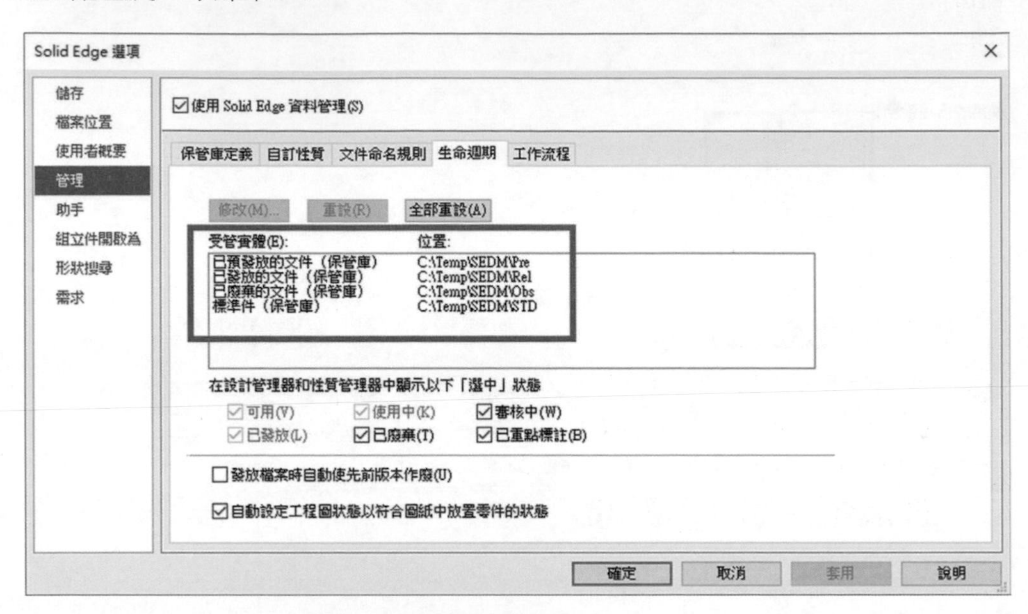

▲圖 D-9

❷ 開啟設計管理器，並開啟欲調整狀態檔案，在 Solid Edge 狀態欄可以修改檔案狀態，如圖 D-10，基本預設會自動遷移檔案資料的狀態為：**可用**、**使用中**、**已發放**、**已廢棄**，另外兩種：**審核中**及**已重點標註**兩個狀態需要在操作時手動設定位置。

▲圖 D-10

❸ 更改好檔案的狀態後，點選執行動作確認執行狀態的改變，如圖 D-11。

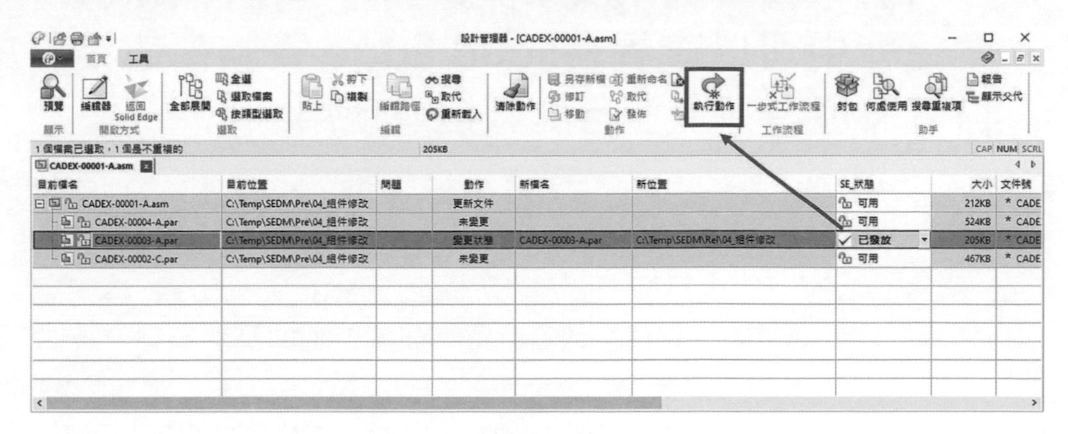

▲圖 D-11

❹ 執行後，Solid Edge 會自動將檔案遷移至設定資料夾（紅框），如圖 D-12。

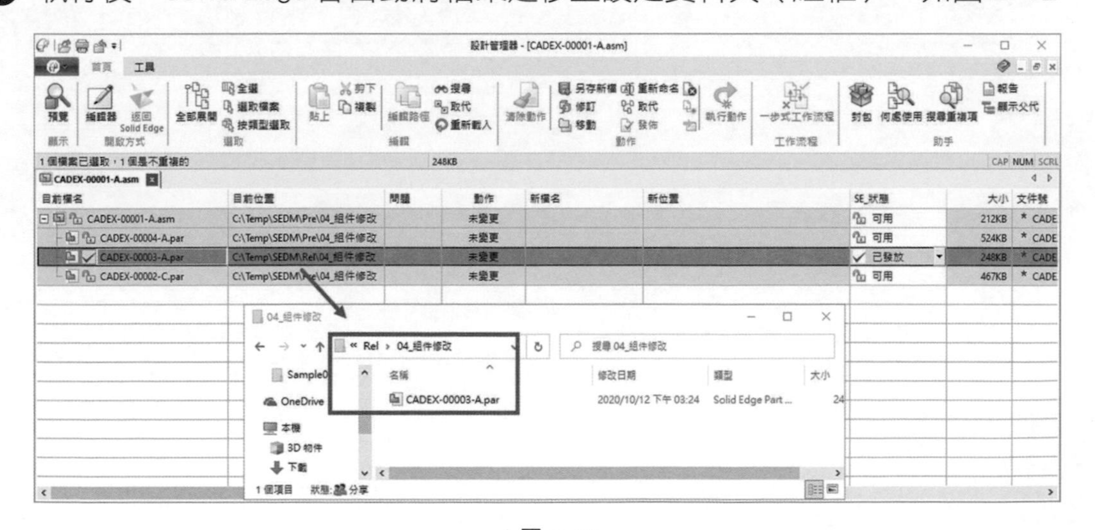

▲圖 D-12

❖ D.「自訂性質與Windows 整合」：在Windows 檔案總管中可以查看在Solid Edge 資料所設定好的自訂欄位名稱，並且能夠搜尋使用。

備註 此應用之欄位必須是使用 Solid Edge 資料管理功能→自訂性質頁面中有設定的項目，若是使用性質管理器所設定之性質將無法使用此功能。

❶ 設定好自訂性質欄位後，到檔案放置位置，在欄位上面點選右鍵→其他，如圖 D-13。

▲圖 D-13

❷ 開啟所有欄位表後，找尋並勾選已在 Solid Edge 中設定好的性質欄位，並點選確定，如圖 D-14。

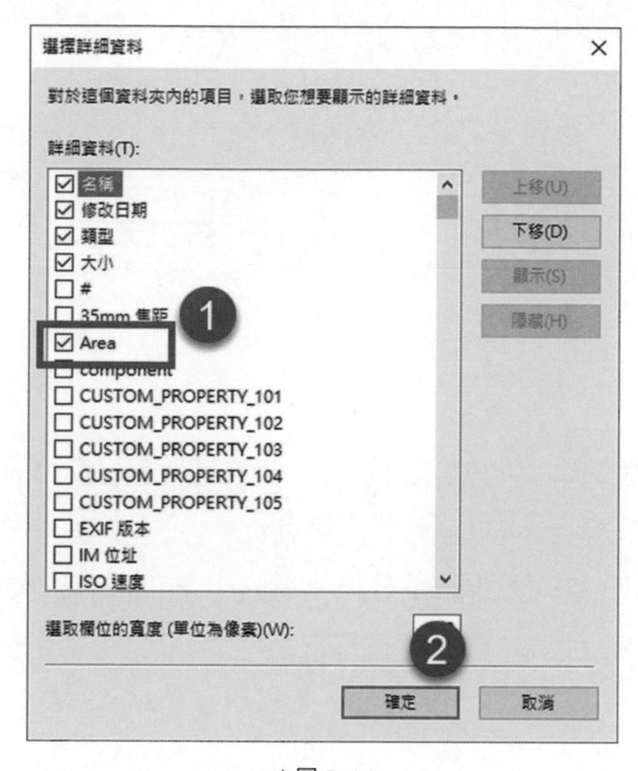

▲圖 D-14

❸ 確定後，可發現資料夾已顯示方才勾選之欄位及相關資訊，如圖 D-15。

▲圖 D-15

❹ 可以透過資料夾頁面右上方的搜尋視窗來搜尋性質欄位裡的資訊，搜尋方法只需輸入欄位名稱就可以，若需要進階搜尋可以在欄位名稱後方加上“：”，如搜尋條件為 Area:Taiwan，則會顯示欄位 Area 的數值為 Taiwan 的檔案，如圖 D-16。

▲圖 D-16

❖ E.「多個零件一次取代」：在附錄 C 介紹快捷列功能時，介紹到「獲取最新」，以單一個零件為範例，若此有 2 個或以上零件有新版本、單一零件在組立件中有使用到兩次或以上，操作會有些許不同。

❶ 進入組立件後，點選「獲取最新」確認版本是否為最新，若有更新版本則零件狀態會特別顯示出來，且其他零件會反灰或半透明狀態，如圖 D-17。

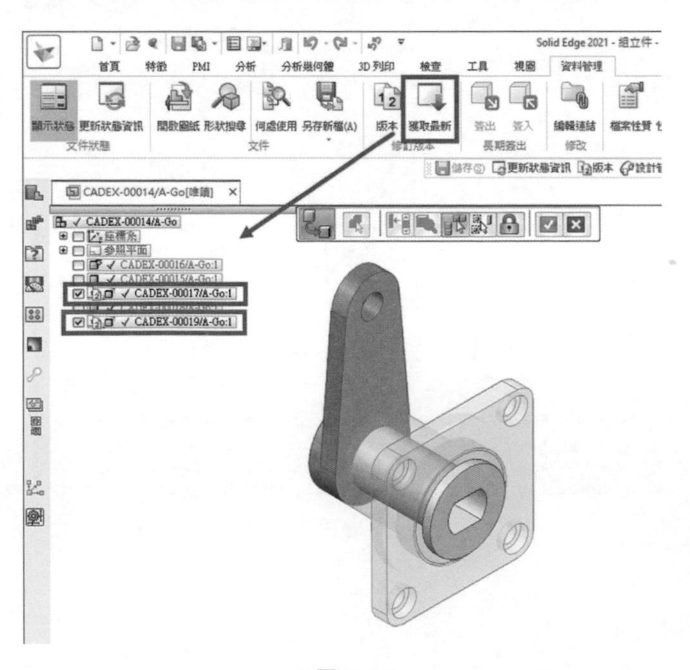

▲圖 D-17

❷ 點選需要更改的零件→點選綠色勾勾確認，如圖 D-18，便可完成更新，如圖 D-19。

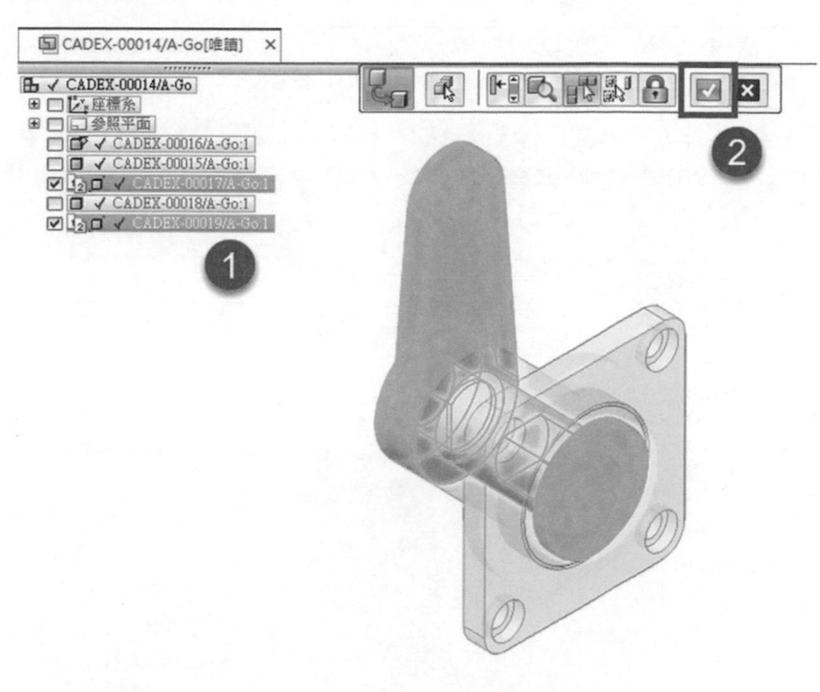

▲圖 D-18

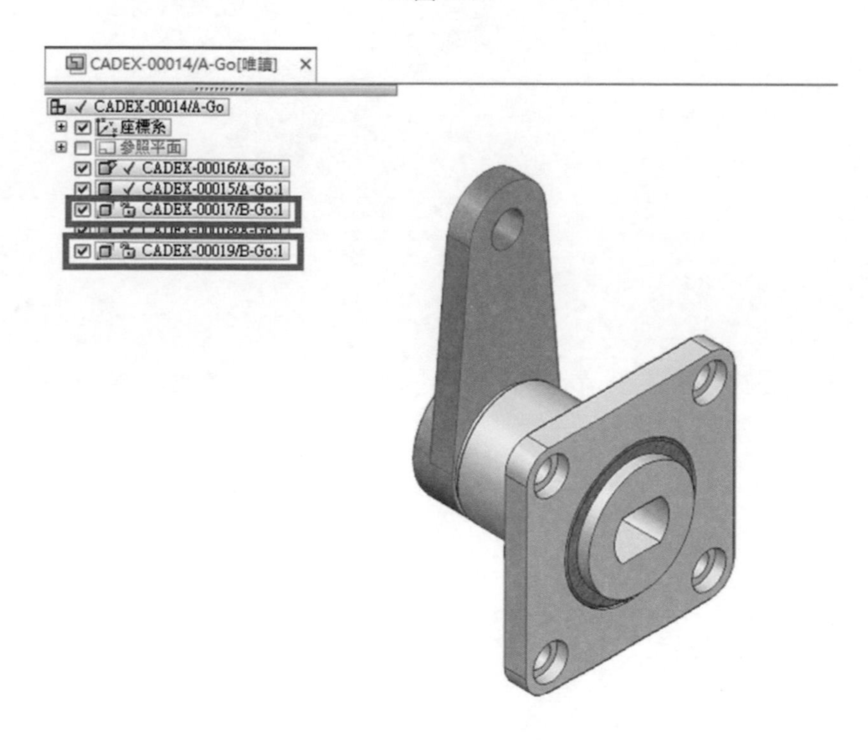

▲圖 D-19

❸ 除了使用點選取代以外，也可以使用「版本」方式取代。首先，確認零件有最新版本後，點選替換零件→點選版本，進入版本視窗，如圖 D-20。

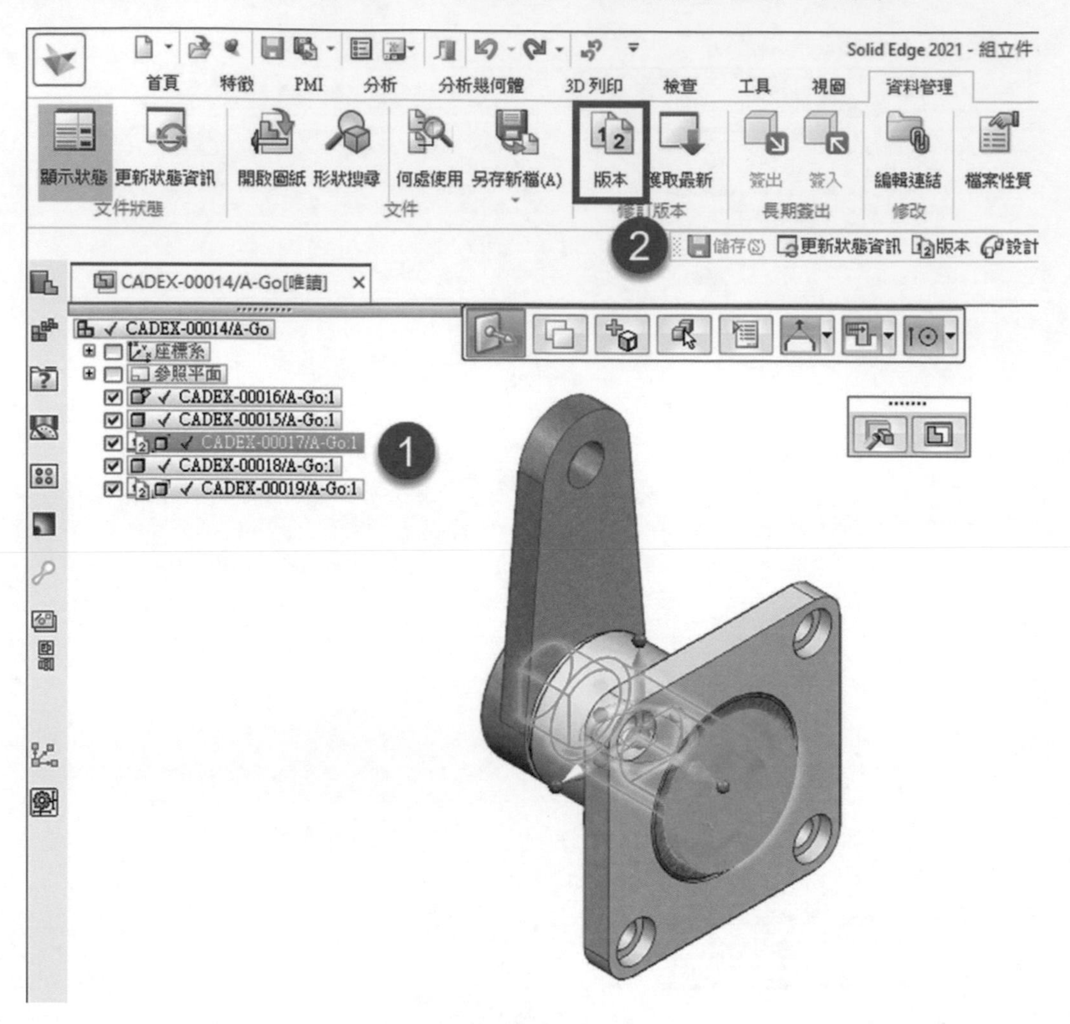

▲圖 D-20

❹ 進入版本頁面後，可以查看到此零件的所有版本，選擇欲更新的版本→滑鼠右鍵→取代，如圖 D-21。

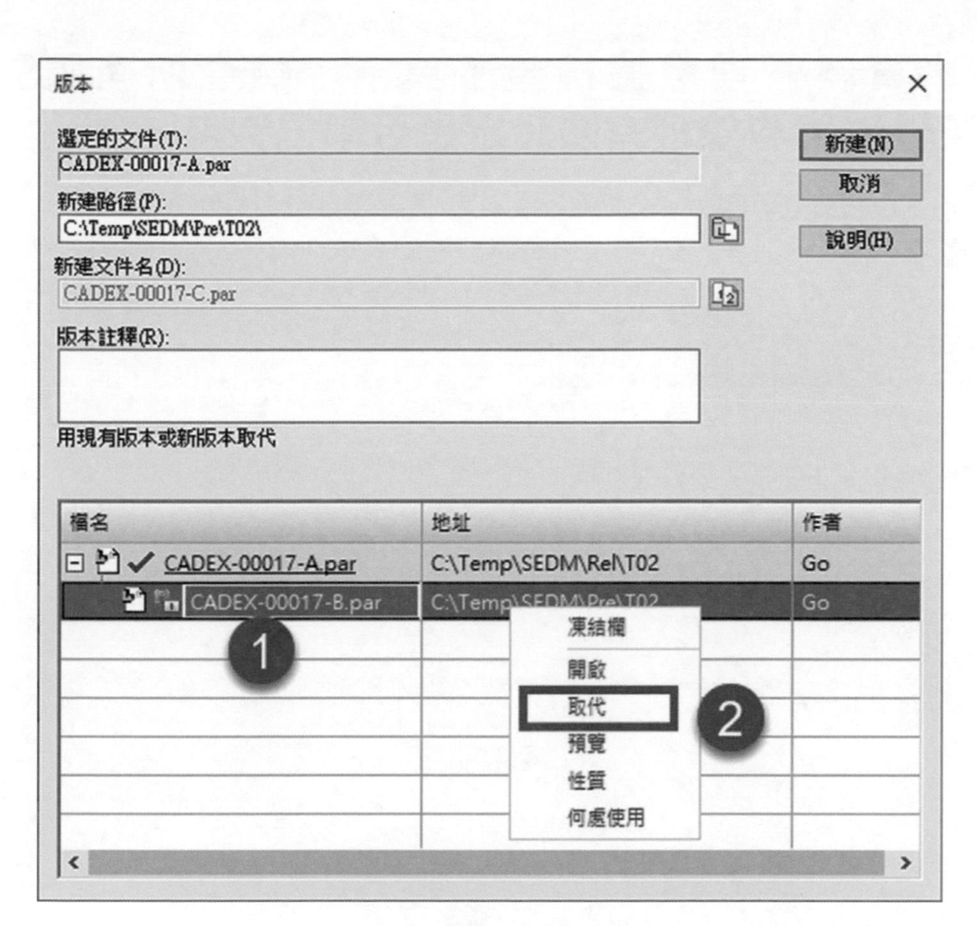

▲圖 D-21

❺ 點選後，如出現下列視窗，表示該零件於組立件中被組裝多個，如圖 D-22，使用者可以選擇是否要全部取代或是單個取代作使用。

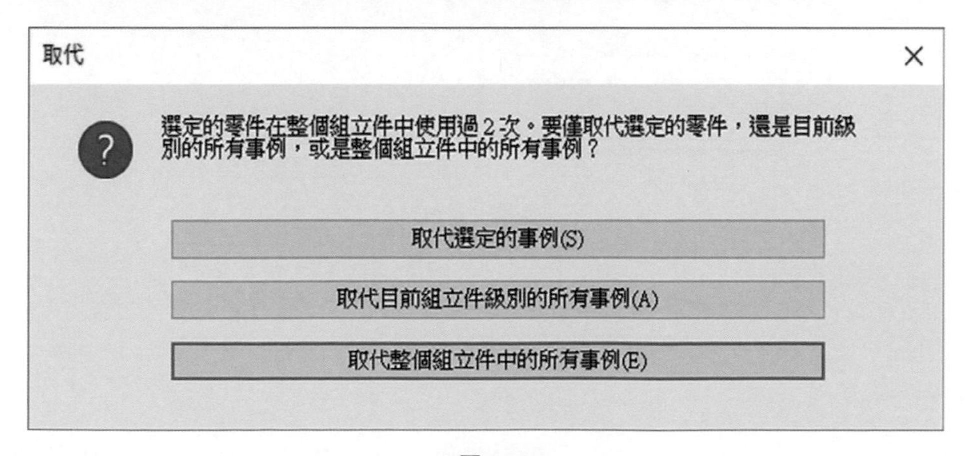

▲圖 D-22

❖ F.「資料管理數據檢查工具」：檢查所有跟Solid Edge 資料管理有關設定是否都已完備。

❶ 請至圖 D-23 位置開啟程式並執行。此程式需要系統管理員權限，如圖 D-24。

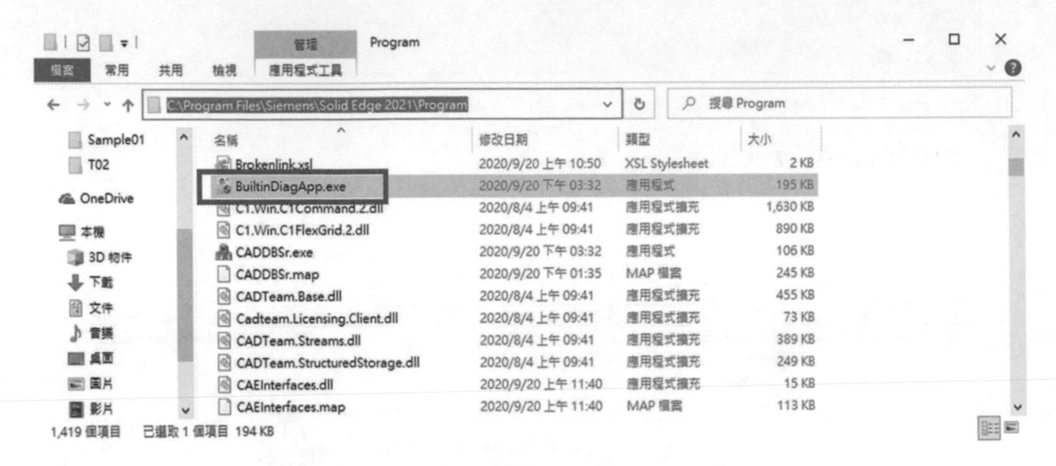

▲圖 D-23

▲圖 D-24

❷ 執行後，如圖 D-25，直接點選 Validate（紅框）執行。

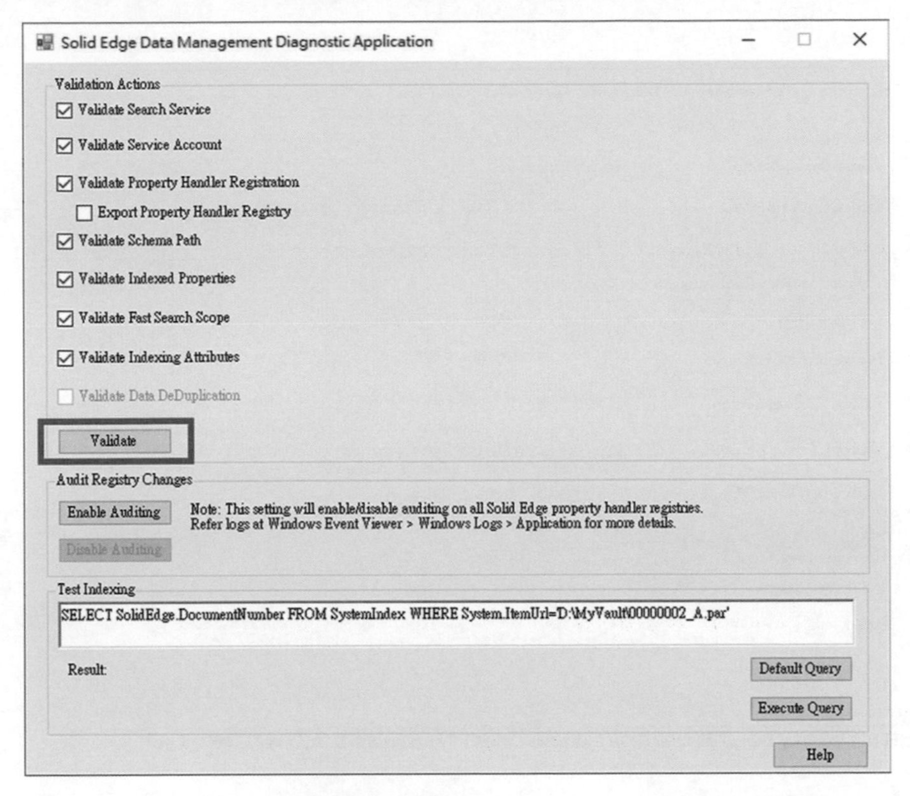

▲圖 D-25

❸ 執行後若有錯誤，則會以紅字顯示錯誤，請點選旁邊的 Repair，如圖 D-26。

Solid Edge Data Management Diagnostic Application

Validation Actions

Validate Search Service — Windows Search service is running.

Validate Service Account — Service account for Windows Search service is local system.

Validate Property Handler Registration — SEPropertyHandler.dll doesn't have 'Eveyone' or 'Authenticated' groups permission. [Repair]

Export Property Handler Registry

Validate Schema Path — Solid Edge schema path(s) is registered.

Validate Indexed Properties — Solid Edge properties are indexed.

Validate Fast Search Scope — All Solid Edge data from FastSearchScope.txt found indexed.

Validate Indexing Attributes — 'Allow files in this folder to have contents indexed in addition to file properties' option is set on all folders within Vault definition

Validate

Audit Registry Changes

Enable Auditing — Note: This setting will enable/disable auditing on all Solid Edge property handler registries. Refer logs at Windows Event Viewer > Windows Logs > Application for more details.

Disable Auditing

▲圖 D-26

❹ 修復完成後，則全部都會顯示藍色字，這時就請放心使用 Solid Edge 資料管理功能，如圖 D-27。

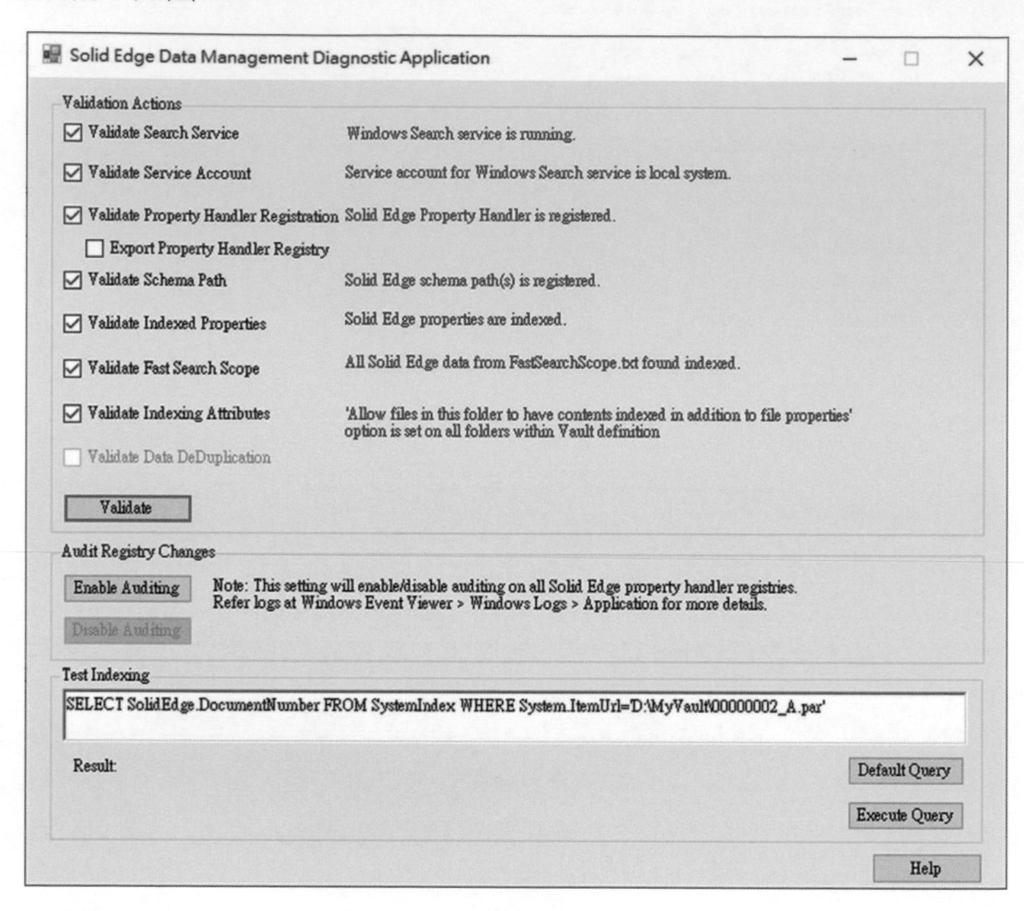

▲圖 D-27

❺ 以下為此程式中英文對照說明，圖 D-28

Validate 驗證

- **驗證搜索服務** - 驗證Windows搜索服務是否正在運行
- **驗證服務帳戶** - 驗證Windows搜索服務是否在本地系統帳戶上運行
- **驗證屬性處理程序註冊** - 驗證屬性處理程序是否已正確註冊
  - **導出屬性處理程序註冊表** - 允許您將當前Solid Edge屬性處理程序註冊表導出到本地磁盤。此數據在診斷應用程序位置生成。
- **驗證架構路徑** - 驗證默認Solid Edge屬性和已註冊的自定義屬性的屬性架構註冊。
- **驗證索引的SE屬性** - 驗證Solid Edge屬性是否已正確編入索引
- **驗證快速搜索範圍** - 驗證文件庫定義是否有效
- **驗證索引屬性** - 驗證驅動索引內容和屬性的Windows文件夾選項

▲圖 D-28

附錄 E　多人使用設定說明

❶ 在預作為 File Server 的主機上安裝 Fast Search 軟體，如圖 E-1，軟體存放在交貨時的安裝隨身碟裡，若無此軟體請向負責業務提出。

名稱	大小	封裝後大小	修改日期	屬性	CRC	加密	方式	區塊	資料夾	檔案
Autostart	148 017	0	2018-06-1...	D	E142385C	-			1	11
Data Migration	0	0	2018-06-1...	D	00000000	-			0	0
Electrode Design	8 262 308	0	2018-06-1...	D	09E33772	-			0	6
Fast Search	55 161 475	0	2018-06-1...	D	23B5B1E7	-			2	6
License Manager	52 501 529	0	2018-06-1...	D	12A42DA9	-			4	12
Mold Tooling	52 155 052	0	2018-06-1...	D	B88D3A3C	-			0	6
SDK	127 035 5	0	2018-06-1...	D	9D7E32CB	-			152	454
Solid Edge	2 844 407	350 959 7	2018-06-1...	D	AEF1CC02	-			14	167
Standard Parts A...	471 403 4	0	2018-06-1...	D	C402BB6A	-			4	11
autorun.inf	452	2 041 724	2018-06-1...	A	F733E04D	-	LZMA2:24	0		
autorun.tag	11		2018-06-1...	A	BAB53DC7	-	LZMA2:24	0		
autostart.exe	956 848	1 015 119	2018-06-1...	A	9C205B52	-	BCJ LZMA2	2		
autostart_TW.lib	1 182		2018-06-1...	A	44736D90	-	LZMA2:24	0		

▲圖 E-1

❷ 安裝後開啟設定，請將紅框處的檔案從有安裝 Solid Edge 的電腦中複製過來，如圖 E-2，範本及自訂性質位置請參考圖 E-3 及 E-4(請以實際安裝位置為主)。

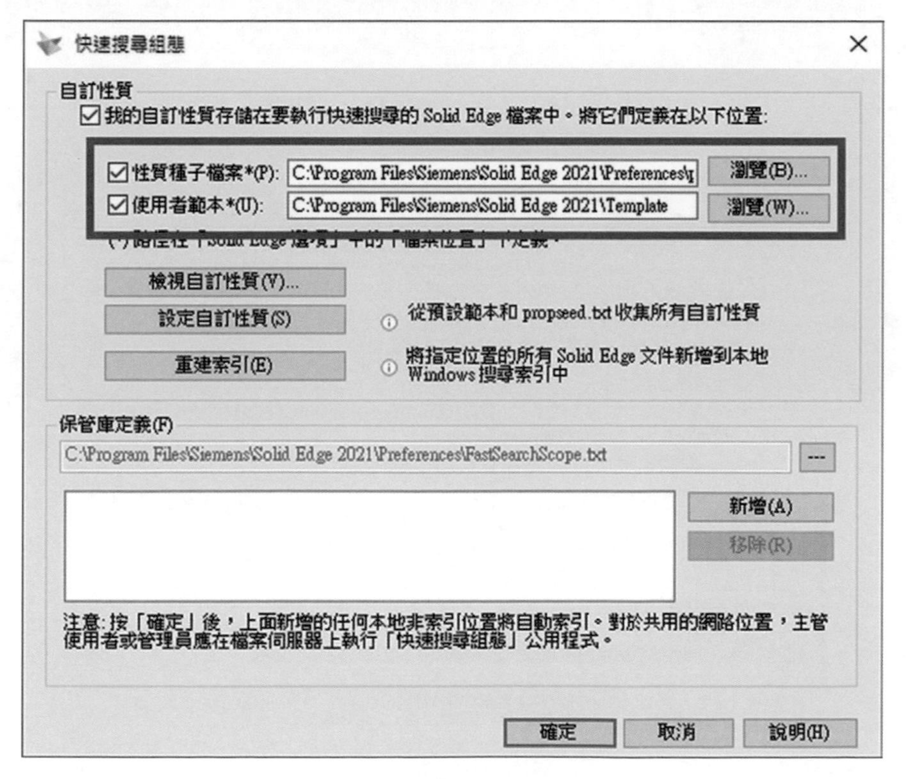

▲圖 E-2

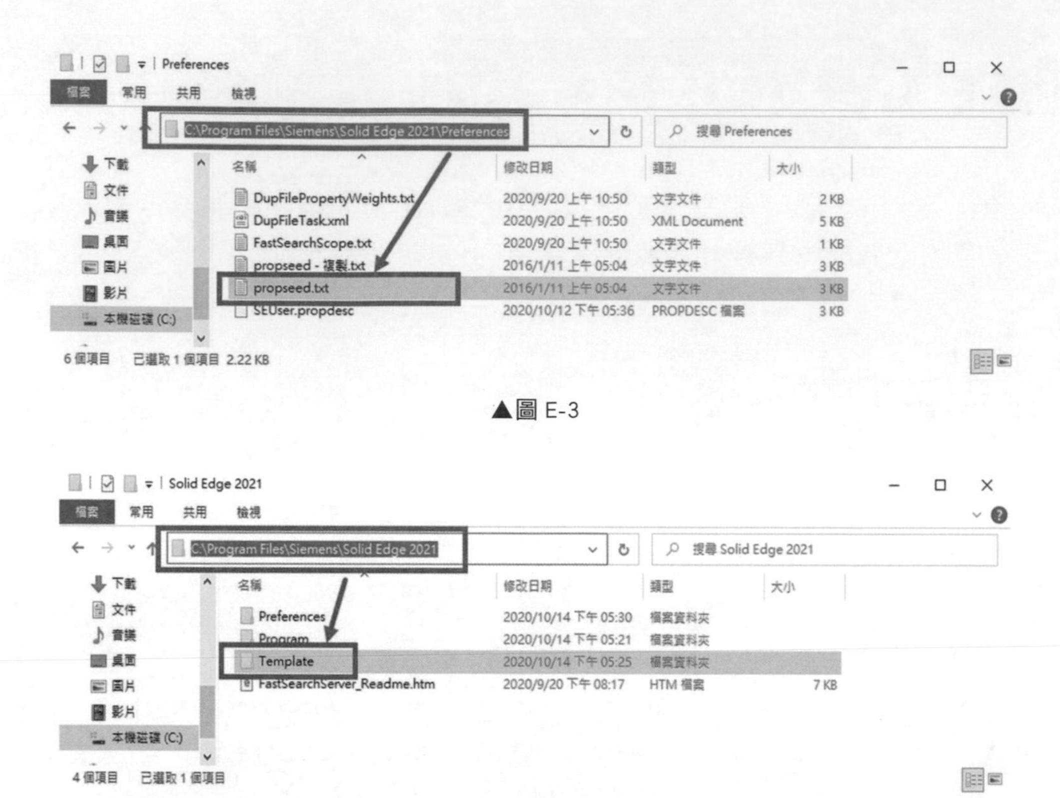

▲圖 E-3

▲圖 E-4

❸ 確認放置後，請在保管庫位置設定擺放位置，如圖 E-5。

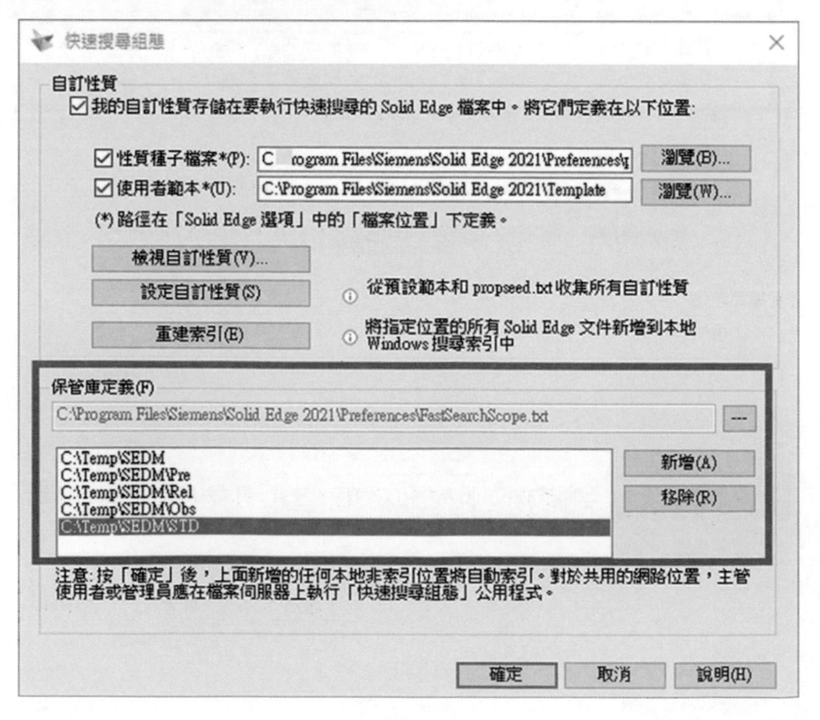

▲圖 E-5

❹ 設定後，將資料夾開啟共用，如圖 E-6 及圖 E-7。

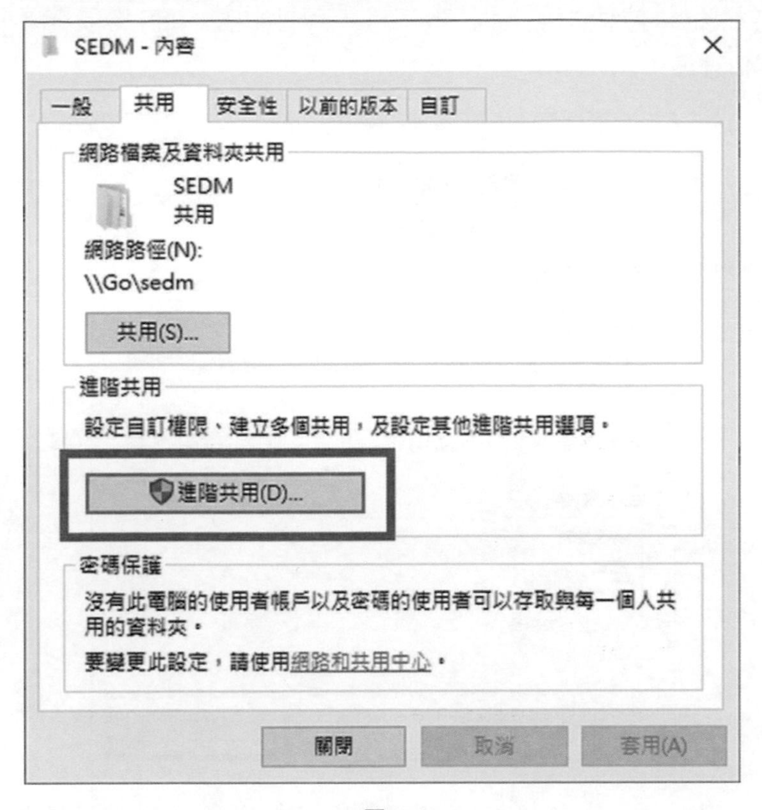

▲圖 E-6

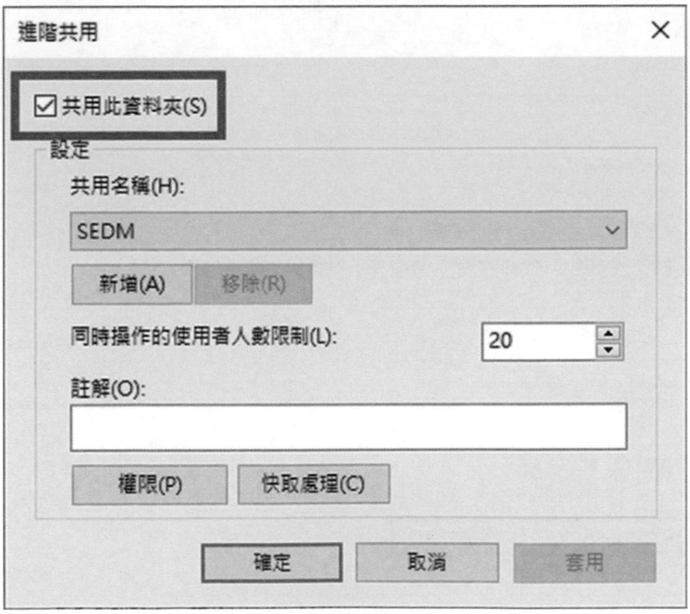

進階共用

☑ 共用此資料夾(S)

設定

共用名稱(H):

SEDM

新增(A)　移除(R)

同時操作的使用者人數限制(L): 20

註解(O):

權限(P)　快取處理(C)

確定　取消　套用

▲圖 E-7

❺ 最後，設定此共用資料夾的使用者權限，請設定各使用者登入時的權限，如圖 E-8，並確認每位使用者權限都有將「包括此物件的父項繼承而來的權限」做勾選，如圖 E-9。

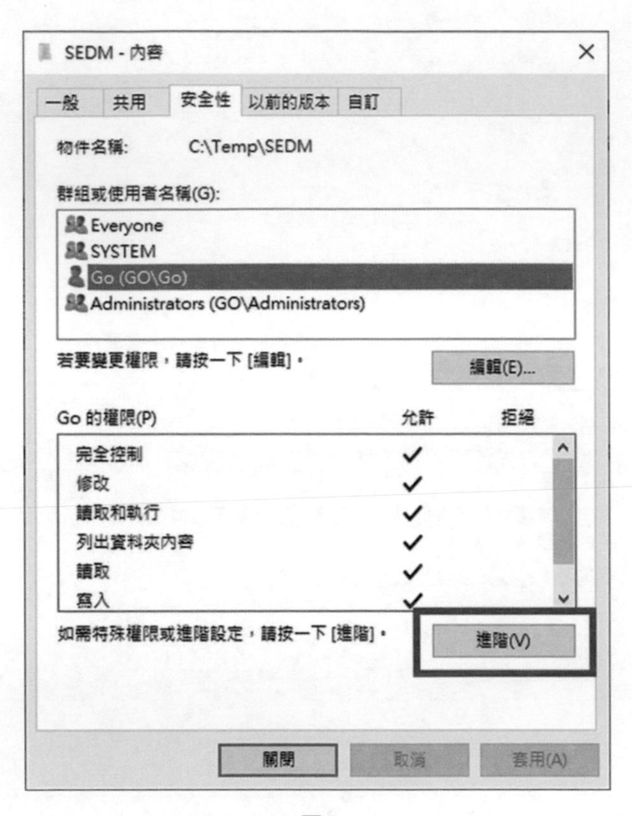

▲圖 E-8

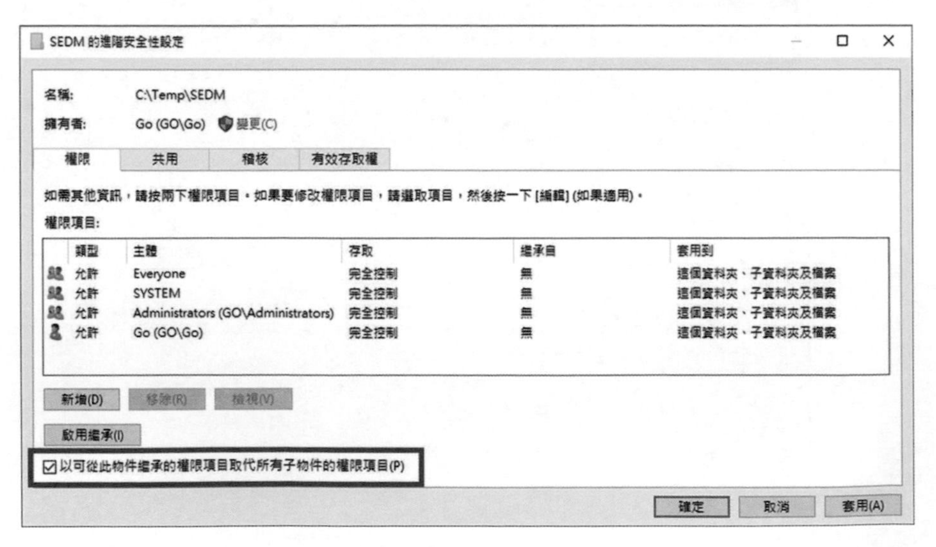

▲圖 E-9

❻ 設定完成後，就可以開始使用了。

國家圖書館出版品預行編目(CIP)資料

Siemens solid edge 引領設計思維 / 李俊達, 黃昱寧, 黃照傑, 廖芳儀, 蔡義智, 簡勤毅作. -- 初版. -- 臺北市 : 凱德科技股份有限公司, 2021.01

面； 公分

ISBN 978-986-89210-6-1 (平裝)

1.Solid Edge(電腦程式) 2. 電腦繪圖

312.49S675 109020565

Siemens Solid Edge 引領設計思維

總校閱 / 李俊達
作者群 / 李俊達、黃昱寧、黃照傑、廖芳儀、蔡義智、簡勤毅
發行者 / 凱德科技股份有限公司
出版者 / 凱德科技股份有限公司
地址：11494 台北市內湖區新湖二路 168 號 2 樓
電話：(02) 7716-1899
傳真：(02) 7716-1799
總經銷 / 全華圖書股份有限公司
地址：23671 新北市土城區忠義路 21 號
電話：(02) 2262-5666
傳真：(02) 6637-3695、6637-3696
郵政帳號 / 0100836-1 號
設計印刷者 / 爵色有限公司
圖書編號 / 10508
初版一刷 / 2021 年 1 月
定價 / 新臺幣 950 元
ISBN / 978-986-89210-6-1 (平裝)
全華圖書 / www.chwa.com.tw
全華網路書店 / www.opentech.com.tw
若您對書籍內容、排版印刷有任何問題，歡迎來信指導 service@cadex.com.tw

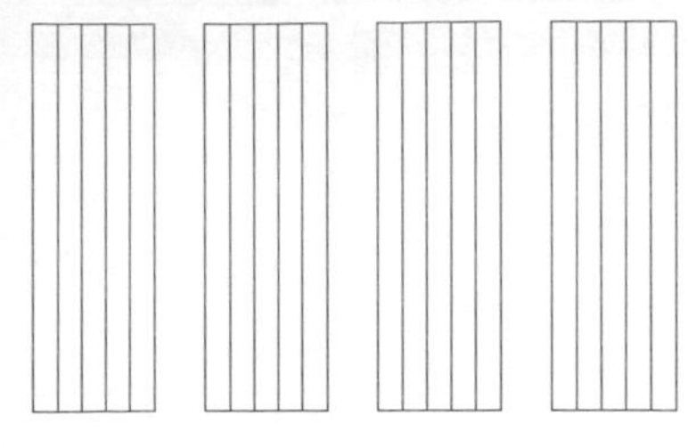

廣 告 回 信
板橋郵局登記證
板橋廣字第540號

行銷企劃部 收

23671
新北市土城區忠義路21號
全華圖書股份有限公司

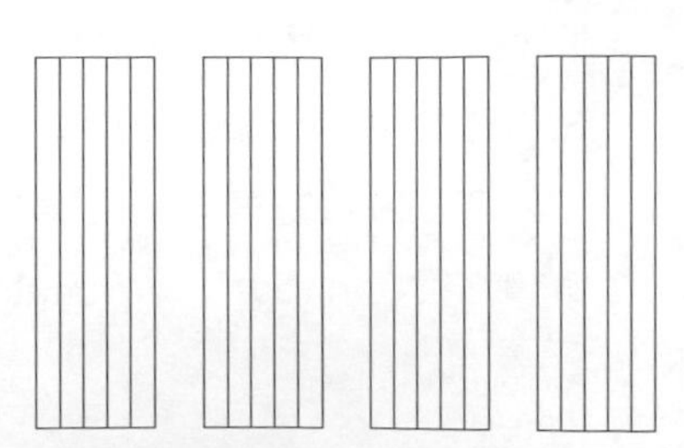

（請由此線剪下）

讀者回函卡

填寫日期：　　/　　/

姓名：＿＿＿＿＿＿ 生日：西元＿＿＿＿年＿＿＿＿月＿＿＿＿日 性別：□男 □女

電話：（　）＿＿＿＿＿＿ 傳真：（　）＿＿＿＿＿＿ 手機：＿＿＿＿＿＿

e-mail：（必填）＿＿＿＿＿＿

註：數字零，請用 Φ 表示，數字 1 與英文 L 請另註明並書寫端正，謝謝。

通訊處：□□□□□＿＿＿＿＿＿

學歷：□博士 □碩士 □大學 □專科 □高中・職

職業：□工程師 □教師 □學生 □軍・公 □其他

學校／公司：＿＿＿＿＿＿ 科系／部門：＿＿＿＿＿＿

・需求書類：

□ A. 電子 □ B. 電機 □ C. 計算機工程 □ D. 資訊 □ E. 機械 □ F. 汽車 □ I. 工管 □ J. 土木

□ K. 化工 □ L. 設計 □ M. 商管 □ N. 日文 □ O. 美容 □ P. 休閒 □ Q. 餐飲 □ B. 其他

・本次購買圖書為：＿＿＿＿＿＿ 書號：＿＿＿＿＿＿

・您對本書的評價：

封面設計：□非常滿意 □滿意 □尚可 □需改善，請說明＿＿＿＿＿＿

內容表達：□非常滿意 □滿意 □尚可 □需改善，請說明＿＿＿＿＿＿

版面編排：□非常滿意 □滿意 □尚可 □需改善，請說明＿＿＿＿＿＿

印刷品質：□非常滿意 □滿意 □尚可 □需改善，請說明＿＿＿＿＿＿

書籍定價：□非常滿意 □滿意 □尚可 □需改善，請說明＿＿＿＿＿＿

整體評價：請說明＿＿＿＿＿＿

・您在何處購買本書？

□書局 □網路書店 □書展 □團購 □其他＿＿＿＿＿＿

・您購買本書的原因？（可複選）

□個人需要 □幫公司採購 □親友推薦 □老師指定之課本 □其他＿＿＿＿＿＿

・您希望全華以何種方式提供出版訊息及特惠活動？

□電子報 □ DM □廣告（媒體名稱＿＿＿＿＿＿）

・您是否上過全華網路書店？（www.opentech.com.tw）

□是 □否 您的建議＿＿＿＿＿＿

・您希望全華出版那方面書籍？＿＿＿＿＿＿

・您希望全華加強那些服務？＿＿＿＿＿＿

～感謝您提供寶貴意見，全華將秉持服務的熱忱，出版更多好書，以饗讀者。

全華網路書店 http://www.opentech.com.tw　　客服信箱 service@chwa.com.tw

2011.03 修訂

親愛的讀者：

感謝您對全華圖書的支持與愛護，雖然我們很慎重的處理每一本書，但恐仍有疏漏之處，若您發現本書有任何錯誤，請填寫於勘誤表內寄回，我們將於再版時修正，您的批評與指教是我們進步的原動力，謝謝！

全華圖書　敬上

勘　誤　表

書　號		書　名		作　者	
頁　數	行　數	錯誤或不當之詞句		建議修改之詞句	

我有話要說：（其它之批評與建議，如封面、編排、內容、印刷品質等・・・）